## Prinzipien-Seiten

- Nach jedem großenThemengebiet wie Zellbiologie, Genetik oder Evolution geben die Prinzipien-Seiten einen Rückblick auf zentrale Inhalte und stellen Zusammenhänge zu anderen Kapiteln her.
- Als „roter Faden" dienen die bekannten Prinzipien des Lebendigen, die in der Biologie auch als Basiskonzepte genutzt werden.

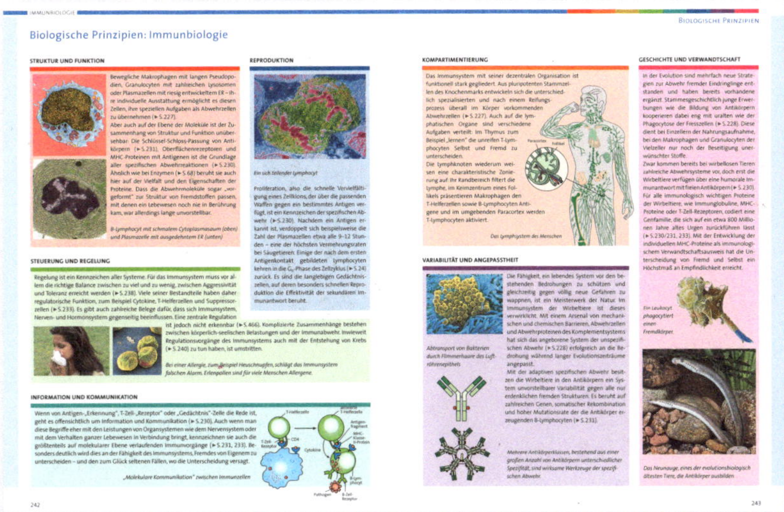


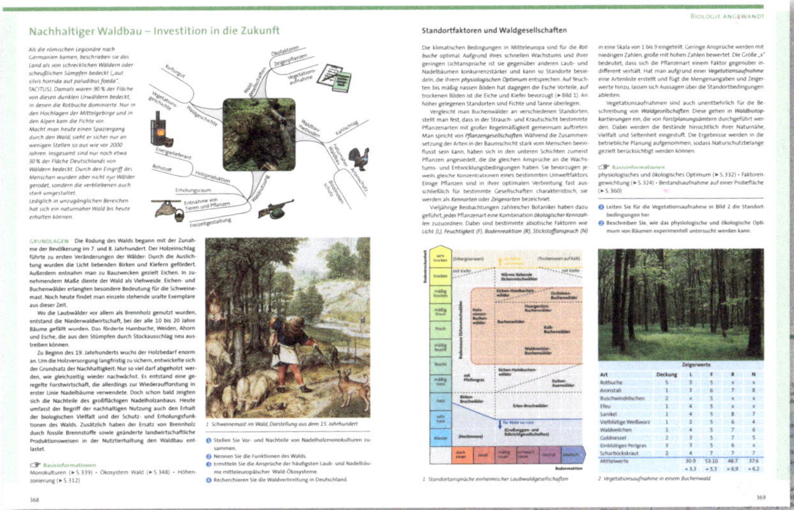


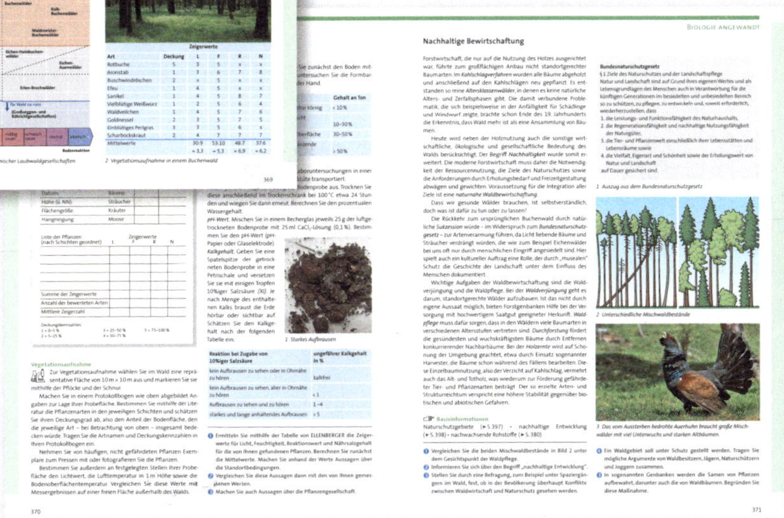


## Biologie angewandt

- Diese vierseitigen Einheiten, eingeleitet durch *Mindmap* und *Grundlagen-Text*, erlauben ein projektartiges Vorgehen. Unter einem anwendungsbezogenen Thema werden Inhalte aus mehreren Kapiteln erarbeitet. Fast immer steht hier praktisch-experimentelles Arbeiten im Vordergrund.

## Glossar wichtiger Fachbegriffe

Besonders wichtige biologische Fachbegriffe und ihre Erklärung sind am Schluss des Lehrbuchs zusammengestellt. So lassen sie sich wenn nötig rasch nachschlagen.

▶ **Verweis auf Bilder oder andere Seiten des Lehrbuchs**

Die *Verweise* sind als Lernhilfe gedacht. „Vernetzt" lernt es sich einfach besser.

**Biologie Oberstufe**
**Gesamtband**
2. neubearbeitete Auflage

Herausgegeben von Prof. Ulrich Weber, Süßen

Autoren:
Anne Born, Dortmund
Axel Brott, Neuwied
Dr. Brigitte Engelhardt, Bonn
Dr. Stefanie Esders, Stuttgart
Dr. Andrea Gnoyke, Essen
Gabriele Gräbe, Sprockhövel
Dr. Walter Kleesattel, Schwäbisch Gmünd
Reiner Kleinert, Hanau
Dr. Henning Kunze, Minden
Wolfgang Ruppert, Dreieich
Dr. Frank Scholz, Priesendorf
Prof. Dr. Michael Succow, Greifswald
Prof. Ulrich Weber, Süßen
Dr. Karl Wilhelm, Bann

Beratung:
Prof. Dr. Hans-Heiner Bergmann, Bad Arolsen
Engelhardt Göbel, Magdala
Dr. Sabine Hild, Erfurt
Prof. Dr. Bernhard Huchzermeyer, Hannover
Bernd Langnäse, Magdeburg
PD Dr. Wulf-Dieter Lepel, Greifswald
Christiane Schultz, Großpösna
Dr. Johannes Thielen, Oberhausen
Dr. Marianne Weis, St. Wendel

Redaktion:
Jutta Waldow, Maren Glindemann, Heike Antvogel, Christine Braun, Natascha Kohnen
Kathrin Kretschmer, Elke Schirok (Bildbeschaffung)

Layoutkonzept, Layout und technische Umsetzung: Miriam Bussmann, Berlin

Umschlaggestaltung: Klein & Halm, Berlin, und Cornelsen Verlag Design

Einbandfoto: Corbis/Westmorland
*Nautilus (Perlboot)*
*Dieser Verwandte der Tintenfische lebt als Jäger in tropischen Korallenriffen. Er ernährt sich von Krebsen. Nautilus gilt als lebendes Fossil. Ganz ähnliche Formen sind aus dem Erdaltertum bekannt. Von der ganzen Gruppe sind heute nur fünf Arten übrig geblieben. Ihr etwa 20 cm langes Gehäuse ist wie bei fossilen Ammoniten gekammert.*

**www.cornelsen.de**

2. Auflage, 5. Druck 2014

Alle Drucke dieser Auflage sind inhaltlich unverändert
und können im Unterricht nebeneinander verwendet werden.



Druck: Stürtz GmbH, Würzburg

ISBN 978-3-464-17185-1

PEFC
PEFC/04-31-1404

**PEFC zertifiziert**
Dieses Produkt stammt aus nachhaltig bewirtschafteten Wäldern und kontrollierten Quellen.

www.pefc.de

# Biologie
## Oberstufe

Gesamtband



VOLK UND WISSEN

# Inhaltsverzeichnis

## Prinzipien des Lebendigen – Basiskonzepte der Biologie

Im 17. und 18. Jahrhundert wurde ein erbitterter wissenschaftlicher Streit über eigenartig geformte Steine geführt, sogenannte Petrefakten, die sich an vielen Orten immer wieder fanden. Waren sie nur „Naturspiele" oder aber zu Stein gewordene Überreste früherer *Lebewesen*?

*1 Petrefakten und aufgeschnittene Nautilusschale (vorn), Zeichnung von ROBERT HOOKE*

Der vielseitige Mathematiker und Physiker ROBERT HOOKE (►S.17), der 1665 als Erster mikroskopische Zeichnungen von Pflanzenteilen angefertigt und seine Beobachtungen als „cells" beschrieben hatte, war überzeugt, dass es sich um Reste von Lebewesen handelte. Nachdem er die Schale des kurz zuvor entdeckten Kopffüßers *Nautilus* in Händen hielt, erklärte er die spiralig geformten „Schlangensteine" seiner südenglischen Heimat als Reste von ähnlichen, jedoch noch unbekannten oder vorzeitlichen, ausgestorbenen Tieren. Die außergewöhnliche Übereinstimmung der spiralig gewundenen, gekammerten Schale von Nautilus mit den heute als Ammoniten bezeichneten Petrefakten war ihm Beweis genug: Nur Lebewesen sind in der Lage, so komplexe Strukturen aufzubauen. Die Ammoniten mussten demnach Verwandte von Kopffüßern wie Nautilus sein!

**Kennzeichen von Lebewesen.** Lebewesen von Unbelebtem zu unterscheiden gelingt in der Regel leicht. Selbst völlig unbekannte Organismen erkennen wir meist ohne Probleme als lebendig. Zwar gibt es kein Einzelmerkmal, um Lebendiges von Unbelebtem zu unterscheiden, doch finden sich bei allen Organismen kennzeichnende Merkmale, die zusammen nur bei ihnen vorkommen. In der Summe machen sie das aus, was wir als Systemeigenschaft (►S.13) mit „Leben" bezeichnen. Sie werden daher als *Prinzipien des Lebendigen* betrachtet (►Bild rechts).

Diese Prinzipien bewähren sich auch als *Basiskonzepte der Wissenschaft Biologie:* Unbekannte Phänomene lassen sich so auf die bekannten Prinzipien zurückführen und für die Untersuchung unbekannter Lebewesen liefern die Basiskonzepte die Schlüsselfragen. Damit helfen sie, in der Mannigfaltigkeit der Organismen und der Fülle an Lebenserscheinungen den Überblick zu behalten. Gleichzeitig führen sie zu einem besseren Verständnis von Leben als komplexeste „Seinsform irdischer Materie" (G. OSCHE, Biologe).

Alle jemals auf der Erde existierenden Lebewesen haben über diese Grundeigenschaften des Lebendigen verfügt: die über 400 Millionen Jahre alten gemeinsamen Vorfahren aller Kopffüßer ebenso wie die am Ende der Kreidezeit ausgestorbenen Ammoniten, die Arten der Gattung Nautilus ebenso wie die anderen heute lebenden Tintenfische. Gerade solche „Oldtimer" unter den Lebewesen, die wie Nautilus seit vielen Millionen Jahren mit kaum veränderten Merkmalen existieren („lebende Fossilien"), belegen sehr eindrucksvoll die Kontinuität des Lebendigen und seiner Prinzipien.

**Prinzipien des Lebendigen**

**STRUKTUR UND FUNKTION**

Lebewesen und Lebensvorgänge sind an Strukturen gebunden; es gibt einen Zusammenhang von Struktur und Funktion.

**KOMPARTIMENTIERUNG**

Lebende Systeme zeigen abgegrenzte Reaktionsräume.

**STOFF- UND ENERGIEUMWANDLUNG**

Lebewesen sind offene Systeme; sie sind gebunden an Stoff- und Energieumwandlungen.

**STEUERUNG UND REGELUNG**

Lebende Systeme halten bestimmte Zustände durch Regulation aufrecht und reagieren auf Veränderungen.

**INFORMATION UND KOMMUNIKATION**

Lebewesen nehmen Informationen auf, speichern und verarbeiten sie und kommunizieren.

**REPRODUKTION**

Lebewesen sind fähig zur Reproduktion (Fortpflanzung); damit verbunden ist die Weitergabe von Erbinformationen.

**VARIABILITÄT UND ANGEPASSTHEIT**

Lebewesen sind bezüglich Bau und Funktion an ihre Umwelt angepasst. Angepasstheit wird durch Variabilität ermöglicht. Grundlage dieser Variabilität sind Mutation, Rekombination und Modifikation.

**GESCHICHTE UND VERWANDTSCHAFT**

Ähnlichkeit und Vielfalt von Lebewesen sind das Ergebnis stammesgeschichtlicher Entwicklungsprozesse.

*2 Diese Prinzipien dienen auch als Basiskonzepte der Biologie.*

**Struktur und Funktion.** Lebewesen zeichnen sich durch hochgeordnete, komplexe *Strukturen* wie Moleküle, Zellen oder Organe aus (► S. 12). In ihrer Gesamtheit ergeben sie die charakteristische Gestalt des Lebewesens. Diese ist für das einzelne Individuum typisch, aber auch für die Art oder die ganze Verwandtschaftsgruppe, zu der es gehört.

Die spiralig aufgerollte, gekammerte Schale hatte ROBERT HOOKE als besonderes Gestaltmerkmal der schalentragenden Kopffüßer erkannt. Tentakel, papageienschnabelartige Kiefer, Reibzunge, Kiemen in der Mantelhöhle und ein Trichter zum Ausstoßen von Wasser sind dagegen für alle Kopffüßer typisch. Mag uns die Gestalt eines Lebewesens noch so absonderlich erscheinen, sie steht immer in engem Zusammenhang mit einer bestimmten Funktion: Die Schale schützt Nautilus vor den Bissen von Feinden. Ihr gekammerter Teil dient als hydrostatisches Organ zum Schweben, Steigen oder Sinken. Aus dem Trichter ausgestoßenes Wasser treibt das Tier durch Rückstoß an. Über den Trichter aufgenommenes Wasser umspült die zwei Paar Kiemen, die Nautilus mit dem nötigen Sauerstoff versorgen. Mit den Tentakeln fängt Nautilus Krebse. Seine kräftigen Kiefer knacken den Krebspanzer.

**Kompartimentierung.** Dass ein Lebewesen gegen seine Umgebung abgegrenzt ist, scheint selbstverständlich – und ist doch eine entscheidende Voraussetzung seiner Existenz. Die Abgrenzung ermöglicht ihm, einen definierten Zustand seiner Materie und empfindliche Lebensvorgänge in andersartiger Umwelt zu erhalten, zugleich aber mit der Umwelt im Austausch zu bleiben. Auch innerhalb des Organismus erfordern die vielen verschiedenen Prozesse des Lebens abgegrenzte Bereiche oder *Kompartimente*: Im Verdauungskanal von Nautilus wird Nahrung abgebaut, Kiemen nehmen Sauerstoff auf, Sehzellen bilden elektrische Signale bei Belichtung. Die Kompartimentierung in Abschnitte oder Räume mit unterschiedlichen Bedingungen und daran gebundenen Funktionen ist ein Prinzip lebender Systeme auf verschiedenen Organisationsebenen (► S. 12).

*2 Kompartimentierung zeigt auch die aufgeschnittene Nautilusschale.*

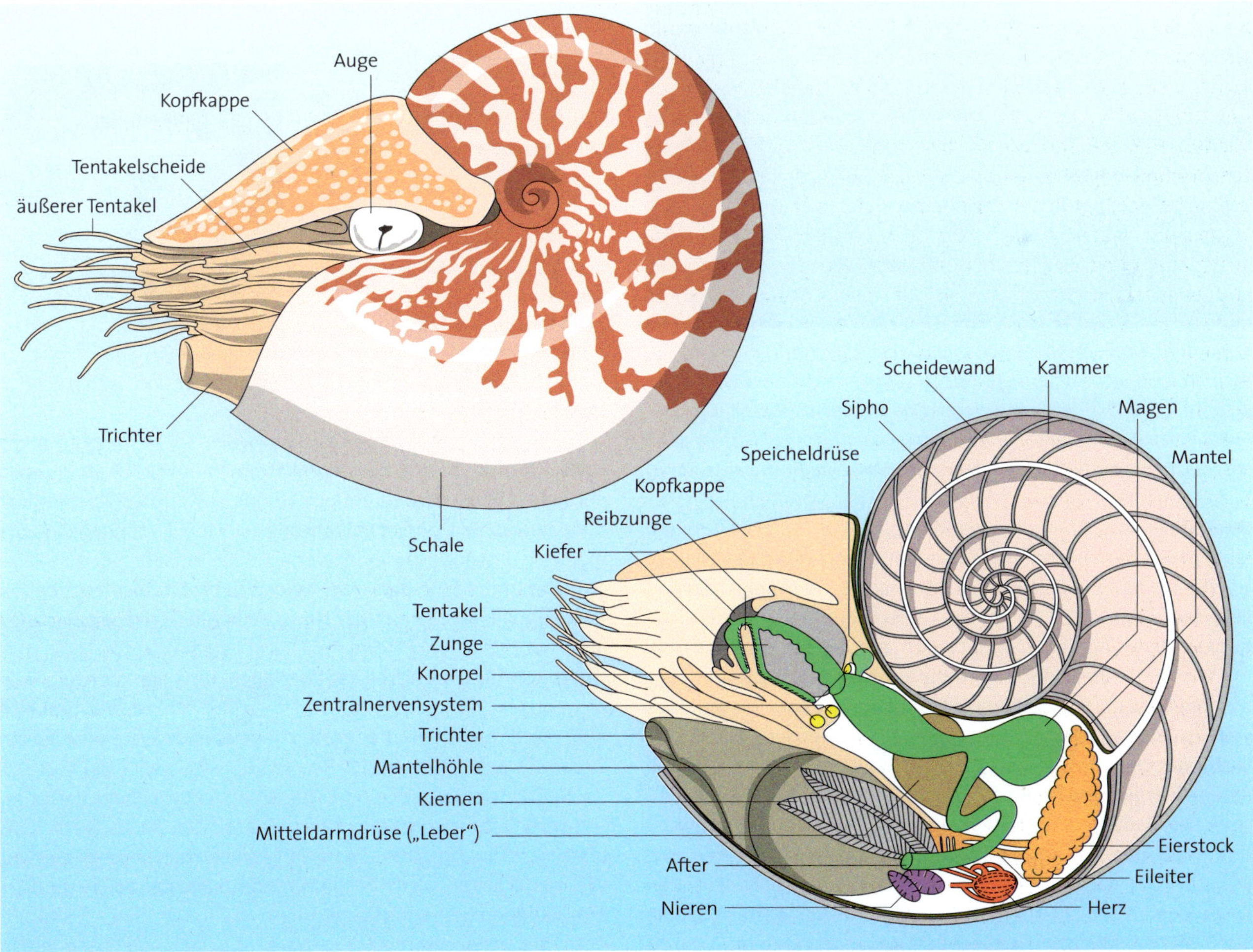


*1 Sowohl im äußeren Bau als auch in der inneren Organisation besteht ein enger Zusammenhang zwischen Struktur und Funktion.*

*1 Nautilus, ein Bewohner tropischer Korallenriffe, ruht am Tag in mehreren Hundert Meter Tiefe. Nachts steigt er auf der Suche nach Krebsen an den Riffabhängen empor. Das Krebsfleisch liefert ihm Energie. Seine aufwendige Wanderung wird dadurch erleichtert, dass er seine Dichte regulieren und so in jeder Wassertiefe schweben kann.*

**Stoff- und Energieumwandlung.** Die komplexe Ordnung lebender Systeme kann nur durch ständige *Energiezufuhr* erhalten oder – bei Entwicklung und Wachstum – vermehrt werden. Pflanzen nutzen die Energie des Lichts, Tiere gewinnen Energie aus der Nahrung, manche Bakterien aus der Umwandlung anorganischer Stoffe. Stoffe sind für Lebewesen aber nicht nur Energieträger, sondern auch zum Aufbau körpereigener Materie notwendig. Lebewesen sind daher *offene Systeme*, die Energie und Stoffe mit der Umwelt austauschen. Sie werden zeitlebens von einem Energie- und Materiestrom durchflossen.

Wenn Nautilus wächst und sein Mantel eine neue Kammer bildet, muss das Tier aus der Nahrung stammende Energie und Mineralstoffe dafür aufwenden. Aber auch im ausgewachsenen Zustand werden nicht nur die Schleimhaut der Fangarme oder die Hornzähne der Reibzunge abgenutzt und ersetzt, sondern die gesamte Körpersubstanz wird ständig abgebaut und erneuert.

**Steuerung und Regelung.** Organismen müssen, ob sie ruhen oder sich bewegen, ob sie hungern oder fressen, ob es hell oder dunkel ist, für ihre Lebensvorgänge ein sehr konstantes inneres Milieu aufrechterhalten. Es gehört daher zu den Prinzipien des Lebens, Vorgänge oder Größen nach Intensität und Richtung durch *Steuerung* (ohne Rückkopplung) zu beeinflussen und bestimmte Zustände durch *Regelung* (mit Rückkopplung) zu erhalten.

Nautilus bespielsweise *steuert* sein Rückstoßschwimmen, indem er Wasser aus der Mantelhöhle auspresst und dabei die Richtung des Wasserstroms mithilfe des beweglichen Trichters lenkt. Über sein hydrostatisches System kann Nautilus den mit der Tiefe zunehmenden Wasserdruck ausgleichen und seine Dichte so *regulieren*, dass er zwischen Oberfläche und 600 m Wassertiefe beliebig schweben kann. Entscheidend ist dabei der Sipho (► S. 9, Bild 1), ein blutgefäßreicher Strang, der die mit Gas und Körperflüssigkeit gefüllten Kammern durchzieht und den Ein- oder Ausstrom von Wasser in die Kammern bewirkt. Unter Energieaufwand wird dazu die Konzentration von Stoffen in den Zellen des Siphos verändert und so der Wasserdruck in den Kammern reguliert. Man hat beobachtet, dass Nautilus auf diese Weise bei der Suche nach Krebsen mehrere Hundert Meter pro Tag die meerseitigen Riffabhänge auf- und absteigt.

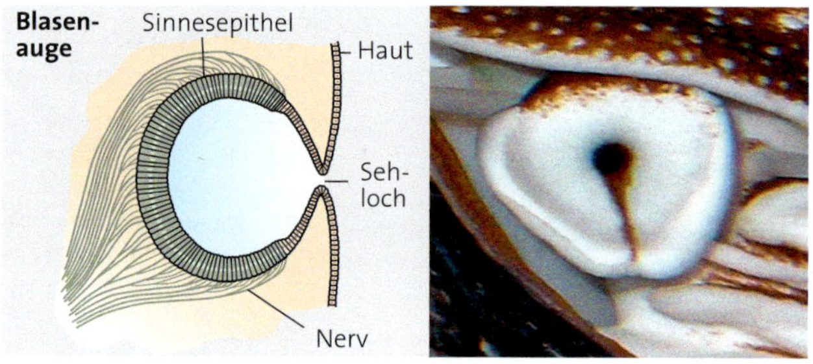


*2 und 3 Das einfache Blasen- oder Lochkameraauge nimmt Informationen aus der Umwelt auf. Das Bild ist scharf, doch wenig lichtstark.*

**Information und Kommunikation.** Wenn sich Bedingungen der unbelebten Umwelt ändern, Feinde auftauchen, Partner fortpflanzungsbereit sind oder Nahrung zu orten ist, können Organismen nur passend reagieren, wenn sie die entsprechenden Reize aufnehmen und die darin steckenden *Informationen* verarbeiten. Auch Signale aus dem Organismus selbst liefern lebenswichtige Informationen.

Typisch für Lebewesen ist aber auch, dass sie Informationen nicht nur empfangen, sondern auch senden. *Kommunikation*, also Austausch von Informationen, zeichnet lebende Systeme auf allen Organisationsebenen aus.

Wenn zum Beispiel ein Nautilusmännchen bei der Fortpflanzung sein Spermienpaket in der Mantelhöhle eines Weibchens platziert, seine Fangarme beim Fang eines Fisches koordiniert zusammenarbeiten, wenn das linsenlose Lochkameraauge dem Gehirn Bilddaten der Umgebung übermittelt oder die Zellen des Siphos ihre Transportarbeit dem Wasserdruck entsprechend regeln, werden Informationen aufgenommen oder ausgetauscht.

*1 Nautilusembryo. Die Eischalen wurden entfernt.*

**Reproduktion.** Sich zu *reproduzieren*, also durch Fortpflanzung weitgehend gleiche Nachkommen zu erzeugen, ist die vielleicht fundamentalste Eigenschaft der Lebewesen: Im Organismus gespeicherte Erbinformation wird gesichert an die nächste Generation weitergegeben.

Bei „lebenden Fossilien" wie Nautilus fällt das auf Fortpflanzung gegründete Kontinuum der Generationen besonders ins Auge: Alle heute existierenden Individuen stehen in einem nie unterbrochenen Fortpflanzungs- und Vererbungszusammenhang mit ihren Vorfahren. Umso erstaunlicher ist die Tatsache, dass sich der im Indopazifik lebende Nautilus erst im Alter von 5 bis 10 Jahren fortpflanzt und ein Weibchen jedes Jahr nur 10 bis 12 Eier erzeugt, die mit 3 cm aber sehr groß sind.

**Variabilität und Angepasstheit.** In einem unvorstellbar langen Zeitraum ist jeder Vorfahre eines heutigen Lebewesens mit den zu seiner Lebenszeit herrschenden Bedingungen zumindest so weit zurechtgekommen, dass er sich erfolgreich fortpflanzen konnte. Die dazu notwendige lebenserhaltend zweckmäßige Übereinstimmung von Bau, Entwicklung und Leistung eines Organismus mit seiner Umwelt bezeichnet man als *Anpassung*. Sie beruht darauf, dass Erbinformation veränderlich ist und ständig neue Varianten der Erbprogramme entstehen. Über deren Anpassungswert entscheidet die Umwelt: Je besser ein Programm die Passung zur Umwelt zustande bringt, umso größer ist der Fortpflanzungserfolg seiner Träger.

Mit Schale, Sipho, Tentakeln, Trichter und Kiemen ist Nautilus zweifellos auch seiner heutigen Umwelt angepasst. Die Vorgänge, die zu dieser Angepasstheit geführt haben, liegen aber in der Vergangenheit.

**Geschichte und Verwandtschaft.** In allem, was heute lebt, steckt die *Geschichte* von fast 4 Milliarden Jahren *Evolution*. Sie umfasst Entstehung, Wandlung und Entfaltung des Lebens und ist mit ihm untrennbar verbunden. Aus ihrer Kenntnis lassen sich nicht nur Merkmale eines Lebewesens als Anpassungen an vergangene Umwelten verstehen, sondern auch Ähnlichkeiten mit anderen Organismen durch gemeinsame Abstammung und *Verwandtschaft* erklären.

Die Evolution der Nautiliden, der Verwandtschaftsgruppe, zu der Nautilus gehört, lässt sich rund eine halbe Milliarde Jahre zurückverfolgen. Das liegt vor allem daran, dass diese „Außenschaler" unter den Kopffüßern – wie ihre Schwestergruppe, die Ammoniten – ein Gehäuse besitzen und dadurch die Chance besteht, dass sie als Fossilien erhalten bleiben. Durch welche speziellen Anpassungen die Nautiliden das große Artensterben am Ende der Kreidezeit vor etwa 70 Millionen Jahren überlebten, während ihm die sehr ähnlichen Ammoniten in ihrer ganzen Artenvielfalt zum Opfer fielen, ist bis heute ungeklärt. Vielleicht war entscheidend, dass sie die Tiefsee bewohnen und sich hier auch ihre Jungen entwickeln.

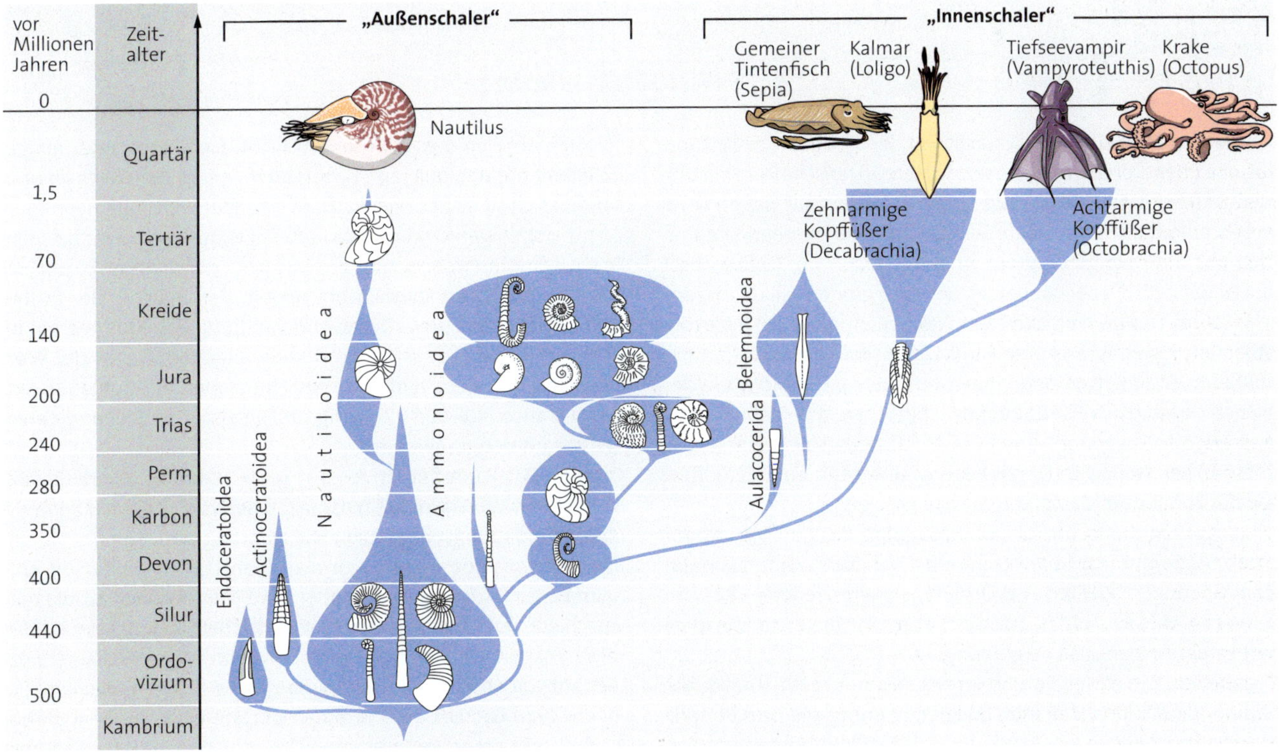


*2 Die Geschichte von Nautilus und seiner Verwandten spiegelt sich im Stammbaum wider.*

## Organisationsebenen des Lebendigen

Untersucht man Lebewesen genauer, erkennt man ihre komplexe Ordnung. Im Unterschied zu Kristallen oder auch zu Maschinen, die ebenfalls ein hohes Maß an Ordnung aufweisen, sind Lebewesen in vielen *Strukturebenen* organisiert. Ein Organismus kann demnach in verschiedenen Dimensionen betrachtet werden. Je nachdem, ob man eher den Aufbau der Moleküle, bestimmte Stoffwechselprozesse, das Verhalten oder die Lebensgemeinschaft des Organismus untersuchen will, erfordert dies verschiedene Methoden und eventuell auch technische Hilfsmittel. Wer beispielsweise die Blätter der Wasserpest unter dem Mikroskop betrachtet, kann zwar so den Aufbau der Zellen erforschen, er erfährt jedoch nur relativ wenig über die Ansprüche der Pflanze an ihren Lebensraum.

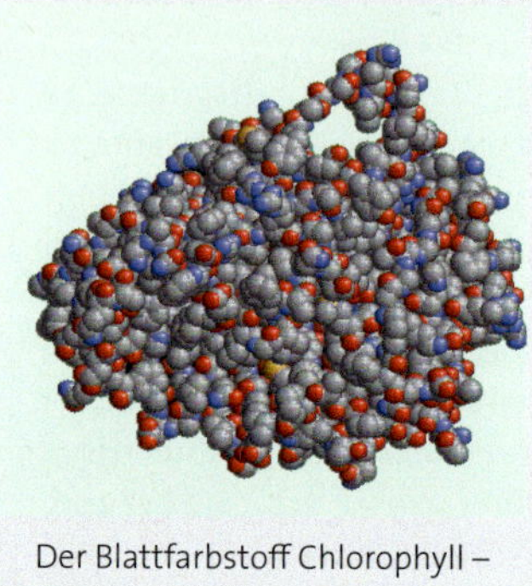

Der Blattfarbstoff Chlorophyll – hier das Kalottenmodell eines Moleküls

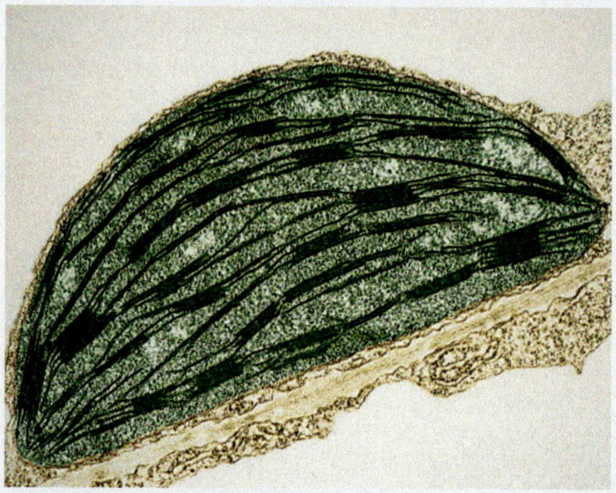

In Chloroplasten wird Lichtenergie in chemische Energie umgewandelt.

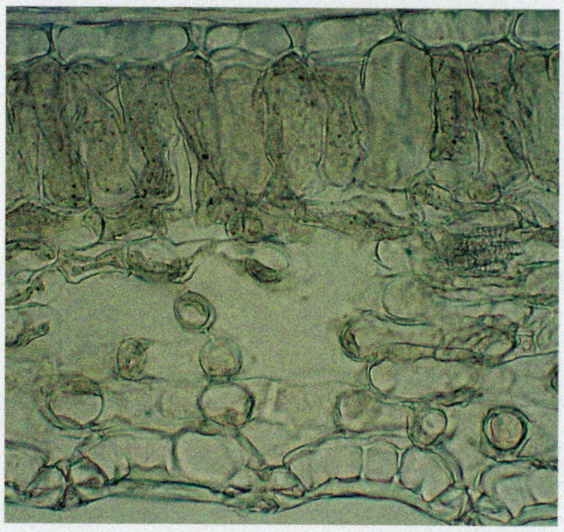

Die Zellen in den Blättern sind auf verschiedene Funktionen spezialisiert.

*1–6 Die Organisationsebenen des Lebendigen: vom Molekül bis zur Lebensgemeinschaft*

**Atome und Moleküle.** Die Betrachtung der Lebensprozesse kann auf der Ebene der *Atome* einsetzen. Ihre Eigenschaften bestimmen Struktur und Reaktionsweise der *Moleküle*, aus denen Lebewesen aufgebaut sind. Einen Teil der Moleküle nehmen Organismen aus ihrer Umgebung auf. Andere werden im Stoffwechsel erst hergestellt. Dabei handelt es sich zum großen Teil um organische Stoffe. Das gemeinsame Kennzeichen organischer Moleküle ist ihr Grundgerüst aus Kohlenstoff. Dabei sind Kohlenstoffatome miteinander zu Ketten und Ringen verbunden. Die Moleküle des grünen Blattfarbstoffs Chlorophyll bestehen aus Kohlenstoff-, Wasserstoff-, Sauerstoff- und Stickstoffatomen sowie einem Magnesium-Ion (▶ Bild 1). Die Abbildung vermittelt einen Eindruck von der komplexen Gestalt organischer Moleküle.

Lange Zeit herrschte die Überzeugung, dass solche organischen Stoffe nur von Lebewesen selbst gebildet werden können. Dem Chemiker FRIEDRICH WÖHLER gelang es jedoch 1828, im Reagenzglas Harnstoff zu erzeugen. Dies war die erste künstlich hergestellte organische Verbindung.

**Organellen.** Die Moleküle sind im Organismus nicht zufällig verteilt, sondern bilden Einheiten höherer Ordnung wie zum Beispiel Membranen oder andere Strukturen, die im Elektronenmikroskop sichtbar gemacht werden können. Aus diesen Strukturen setzen sich *Organellen* zusammen. Diese „Organe der Zelle" nehmen jeweils ganz bestimmte Aufgaben wahr. So enthält der Zellkern die für den Aufbau und den Stoffwechsel der Zelle notwendigen Informationen. Enzymhaltige Vakuolen im Zellplasma dienen dazu, die aufgenommene Nahrung zu verdauen. In den Zellen grüner Pflanzenteile findet sich Chlorophyll nur in den Chloroplasten (▶ Bild 2). Diese wandeln die Energie des Sonnenlichts in chemische Energie organischer Stoffe um.

**Zellen.** Einzelne Zellbestandteile wie Zellkern und Zellmembran besitzen für sich allein nicht die Eigenschaften des Lebendigen. Erst aus dem geordneten Zusammenwirken aller Zellorganellen entsteht ein lebendes System (▶ S. 13). Die *Zelle* ist das Organisationsniveau, auf dem erstmals eigenständiges Leben möglich ist.

Viren erfüllen dieses Kriterium nicht: Sie weisen zwar einige Bauelemente der Zelle auf, haben aber keinen Stoffwechsel und können sich so nicht ohne die Hilfe lebender Zellen vermehren.

Im vielzelligen Organismus unterscheiden sich die einzelnen Zellen stark in ihrem Aussehen. Das liegt daran, dass sie auf bestimmte Aufgaben spezialisiert sind. In den Blättern der Buche sind bestimmte Zellen für die Umwandlung von Lichtenergie in chemische Energie zuständig. Andere dagegen dienen der Wasserversorgung, dem Verdunstungsschutz oder der Regulation des Gasaustauschs (▶ Bild 3). Häufig sind gleichartige Zellen zu *Geweben* zusammengeschlossen.

**Organe.** Das Pantoffeltier verdaut seine Nahrung innerhalb von Nahrungsvakuolen im Zellplasma. Diese Nahrungsvakuolen enthalten Verdauungsenzyme, die die Nahrung abbauen. Bei vielzelligen Organismen finden sich dieselben Lebensfunktionen wie beim Pantoffeltier. Sie laufen aber jeweils in *Organen* ab, die aus verschiedenen Geweben bestehen. Speicheldrüse, Zähne, Speiseröhre, Magen, Galle, Leber, Darm ... – beim Menschen sind eine Vielzahl von Organen an der Verdauung beteiligt. Diese sind zu einem *Organsystem*, dem Verdauungssystem, zusammengefasst. Es stellt nur eines von mehreren Organsystemen des Menschen und auch vieler Tiere dar.

Im Körper der Buche ist die Hauptaufgabe des Organs Blatt die Fotosynthese (► Bild 4). Durch die gezielte Abgabe von Wasserdampf halten die Blätter außerdem den Transport von Wasser und gelösten Stoffen im Pflanzenkörper in Gang.

Allerdings gibt es auch sehr einfach gebaute Vielzeller, bei denen keine Organe ausgebildet sind. Beim Süßwasserpolypen zum Beispiel lassen sich nur zwei Zellschichten unterscheiden: Die äußere Zellschicht oder Epidermis bildet die Körperdecke, die innere Zellschicht oder Gastrodermis kleidet den Darmraum aus. Dazwischen liegt eine stützende Gallertschicht. Beide Zellschichten enthalten zahlreiche Zelltypen, die auf verschiedene Aufgaben spezialisiert, aber noch nicht zu Geweben und Organen zusammengeschlossen sind.

Blätter sind die Organe der Fotosynthese und des Gasaustauschs.

Der Organismus funktioniert durch das Zusammenwirken aller Strukturebenen.

Die Elemente einer Lebensgemeinschaft stehen miteinander in Wechselwirkung.

**Organismus.** Der *Organismus* ist die Einheit, an der sich alle Merkmale des Lebendigen leicht erkennen lassen. Er funktioniert nur durch das Zusammenwirken aller seiner Organisationsebenen, also der verschiedenen Moleküle und Organellen beim Einzeller beziehungsweise der Moleküle, Organellen, Zellen, Gewebe, Organe und Organsysteme beim vielzelligen Organismus. Während die kleinsten einzelligen Lebewesen nur Bruchteile von Mikrometern messen, werden manche Vielzeller wie Bäume oder Blauwale über 30 m lang. Das entspricht einem 100millionenfachen Größenunterschied. Dementsprechend sind für die Untersuchung von Organismen ganz unterschiedliche Methoden erforderlich.

**Lebensgemeinschaft.** Die Organisationsebenen des Lebendigen gehen jedoch über den Organismus hinaus, da ein Lebewesen selten allein vorkommt. Meist lebt es gemeinsam mit anderen Individuen derselben Art in einem Lebensraum. Diese lokal begrenzte Gruppe bezeichnet man als *Population*. Zusammen mit Populationen vieler anderer Arten bildet sie eine *Lebensgemeinschaft* oder *Biozönose*, die zusammen mit dem Lebensraum ein *Ökosystem* darstellt. Wie zwischen den Organellen einer Zelle oder den Organen eines Vielzellers bestehen auch zwischen den Arten einer Lebensgemeinschaft zahlreiche Wechselbeziehungen und Abhängigkeiten. So setzen zum Beispiel im Wald Pilze und Bakterien durch den Abbau der Laubstreu Nährstoffe frei, die wieder neues Pflanzenwachstum ermöglichen (► Bild 6).

Da der belebte Bereich der Erde, die *Biosphäre*, auch unbelebte Bereiche wie die Lufthülle beeinflusst, betrachten einige Wissenschaftler die Erde als „Superorganismus".

**Lebende Systeme.** Der Biologe LUDWIG VON BERTALANFFY versuchte Lebewesen allgemein zu beschreiben und mit Unbelebtem zu vergleichen. Dabei entwickelte er ab 1930 den Systembegriff, der heute in der gesamten Wissenschaft große Bedeutung hat. Ein *System* bezeichnet ein gegen die Umwelt abgegrenztes, geordnetes Ganzes aus untereinander in Beziehung stehenden und sich wechselseitig beeinflussenden Teilen, das zur *Selbstregulation* fähig ist.

Tauscht ein solches System – wie Lebewesen – mit seiner Umwelt Materie und Energie aus, nennt man es *offen*. Bei ausgeglichenem Zufluss und Abfluss erscheint sein Zustand unverändert oder *quasistationär*. In Wirklichkeit herrscht im lebenden System jedoch ein *dynamisches* oder *Fließgleichgewicht*.

**Das Ganze – mehr als die Summe der Teile.** Von der Zelle bis hin zur Lebensgemeinschaft hat jede Organisationsebene des Lebendigen Systemcharakter und weist Eigenschaften auf, die auf der darunter liegenden Ebene nicht vorhanden sind. Diese neu auftretenden Qualitäten, auch *emergente* Eigenschaften genannt (von lat. *emergere:* auftauchen), beruhen auf *Wechselwirkungen* zwischen den einzelnen Bestandteilen. Erst das geregelte Zusammenwirken vieler Moleküle bildet zum Beispiel die Grundlage für Bewegung, Stoffwechsel, Teilung und andere Kennzeichen der Zelle. Besonders deutlich wird diese zusätzliche Qualität an den Leistungen des Organismus, die weit über die Funktionen seiner einzelnen Organe hinausgehen.

Die Kompliziertheit lebender Systeme macht es zwar notwendig, sich bei ihrer Untersuchung auf einzelne Dimensionen wie Gestalt, Stoffwechsel oder Vererbung zu beschränken. Ein Lebewesen lässt sich jedoch nur verstehen, wenn man alle seine Organisationsebenen im Blick behält und es als *Ganzheit* betrachtet.

## Wissenschaft vom Leben

Unter den anderen Lebewesen ragt der Mensch durch seine *geistigen Fähigkeiten* hervor. Sie befähigen ihn zum *Erkennen* der Welt:

- Durch *Wahrnehmung* rekonstruieren wir aus Sinneseindrücken, die unsere Sinnesorgane und unser Nervensystem verarbeiten und interpretieren, ein inneres Abbild der Welt. Dieses „Modell" verstehen wir als Realität.
- *Erfahrung* erweitert unsere Erkenntnis. Sie ermöglicht uns, bewusst zu unterscheiden, zu ordnen und in Sprache zu fassen. Sie kann Wahrnehmung bestätigen oder korrigieren.
- *Wissenschaft* steigert Erkenntnis, indem sie objektive Daten gewinnt, durch *Hypothesen* – das sind begründete Vermutungen – zu erklären sucht und daraus *Theorien* entwickelt.

Dieser dreistufige Prozess der Erkenntnis beruht jedoch letztlich auf hypothetisch postulierter Realität. Er kann nie zu völlig sicherem, endgültigem Wissen führen. Selbst eine Theorie – ein System wissenschaftlich begründeter, widerspruchsfreier Aussagen zur Beschreibung, Erklärung und Vorhersage der Wirklichkeit – bleibt immer vorläufiges Wissen.

**Naturwissenschaft Biologie.** Um 1800 waren die Erkenntnisse über die Natur so weit fortgeschritten, dass das Interesse daran wuchs, Lebewesen und Lebenserscheinungen gesondert zu erforschen. Unabhängig voneinander schlugen LAMARCK und der Arzt TREVIRANUS 1802 für diese *Wissenschaft vom Leben* die Bezeichnung *Biologie* vor. Während zu Beginn die spezielle Biologie einzelner Lebewesen im Zentrum stand, setzte sich in der zweiten Hälfte des 19. Jahrhunderts die Vorstellung durch, dass eine allgemeine Biologie den Gemeinsamkeiten der Lebenserscheinungen aller Organismen am besten gerecht wird. War die Biologie anfangs vor allem eine ordnende und beschreibende Wissenschaft, gelingt es ihr inzwischen immer erfolgreicher, Lebensvorgänge zu analysieren. Zusammen mit Biochemie, Pharmazie und Medizin ist sie heute Teil der *Biowissenschaften*.

**Methoden der Biologie.** Biologie ist eine *Erfahrungswissenschaft*. Sie gewinnt ihre Erkenntnisse durch Beobachtung, Experiment und Vergleich.

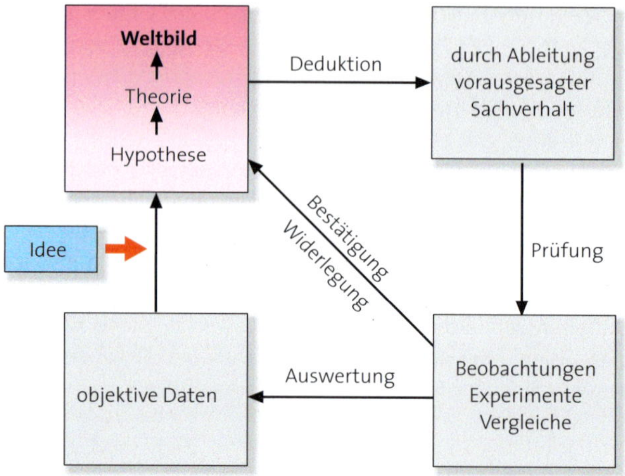


*1 Der Weg naturwissenschaftlicher Erkenntnisgewinnung*

- *Beobachtung* ist das Erfassen von Objekten oder Vorgängen mit den Sinnen, ohne sie zu beeinflussen. Der Einsatz von Beobachtungshilfen wie dem Mikroskop ändert am Prinzip der Methode nichts: Jede Beobachtung wird durch die Leistung der Sinne oder der Instrumente gefiltert und begrenzt.
- Wie die anderen Naturwissenschaften ist Biologie eine *Experimentalwissenschaft*. Sie schafft im Experiment Situationen, durch die sie die Natur „nötigt, auf die Fragen zu antworten, die man ihr vorlegt" (IMMANUEL KANT, Philosoph). Dabei entscheidet die richtige Fragestellung darüber, welche Erkenntnisse das Experiment zu liefern vermag.
- Der Vergleich kennzeichnet die Biologie als *historische Wissenschaft*: Jedes Lebewesen ist „nichts als ein Glied in einer Evolutionskette sich wandelnder Formen" (MAX DELBRÜCK, Biologe und Nobelpreisträger). Der wissenschaftliche Vergleich ermöglicht es, diese Evolutionskette teilweise zu rekonstruieren. So lassen sich historische Ursachen der Merkmale von Organismen erklären.

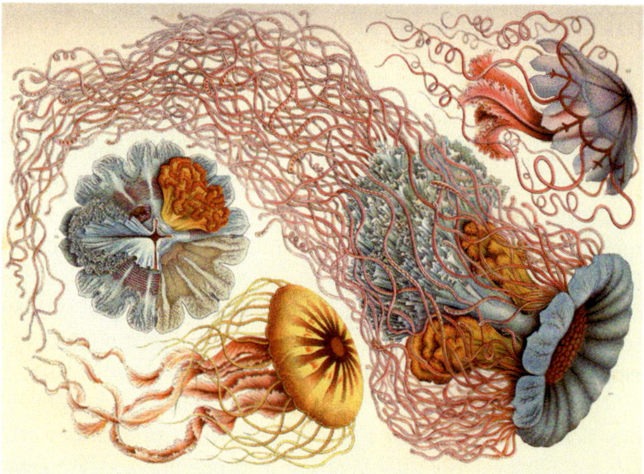

*2 Ordnen und Beschreiben des Lebendigen kennzeichnen die Biologie im 19. Jahrhundert (aus: HAECKEL, Kunstformen der Natur).*

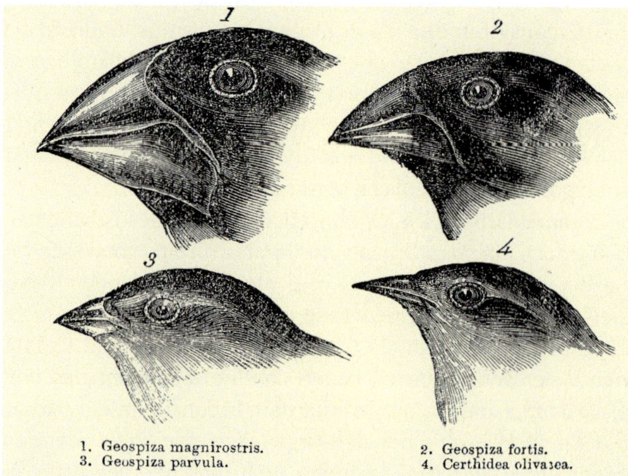


*3 DARWINS Evolutionstheorie ist das theoretische Fundament der Biologie (aus DARWINS Reisebericht: Galapagosfinken).*

**Besonderheiten der Biologie.** Lange hielt man die Biologie für „unvollkommene Physik". Ihre Erkenntnisse sind weniger allgemeingültig, selten als „Gesetze" formulierbar und kaum mathematisch zu beschreiben. Zudem lassen sich biologische Sachverhalte oft nicht kausal erklären. Das Verhalten biologischer Systeme vorherzusagen ist schwierig oder unmöglich. Inzwischen hat sich das Verständnis durchgesetzt, dass sich diese Besonderheiten der Lebenswissenschaft zwangsläufig aus den speziellen Eigenheiten ihrer Gegenstände ergeben:

- Organismen sind die *kompliziertesten Systeme*, die wir kennen. Sie sind nicht nur aus einer unvorstellbar großen Zahl von Bauelementen wie Molekülen, Organellen und Zellen aufgebaut. Diese sind selbst auch komplex strukturiert und miteinander durch vielfältige Wechselwirkungen verknüpft: „Einfache Systeme kennt die Biologie überhaupt nicht" (GERHARD VOLLMER, Wissenschaftstheoretiker und Naturphilosoph).
- Als komplexe Systeme können Lebewesen in *größter Verschiedenheit* existieren. Millionen verschiedener Arten und eine nicht zu beziffernde Zahl unterschiedlicher Individuen zeugen davon.
- Leben kann es ohne *Information* nicht geben. Die in den Molekülen der DNA gespeicherte Erbinformation programmiert nicht nur die „bewundernswerte Regelmäßigkeit und Ordnung, die in der unbelebten Materie nicht ihresgleichen findet" (ERWIN SCHRÖDINGER, theoretischer Physiker, Nobelpreisträger), sie garantiert auch den Fluss des Lebens von Generation zu Generation. Diese Information hindert lebende Organismen daran, sich – wie leblose Objekte – dem Gleichgewichtszustand völliger Unordnung oder maximaler Entropie zu nähern. Dem hohen Ordnungsgrad lebender Systeme entspricht ihre *niedrige Entropie*.
- Die Information lebender Systeme ist darauf angelegt, sich selbst zu erhalten. Damit hat sie einen *Zweck*.

Dies ist der Grund, warum es in der Biologie – und unter allen Naturwissenschaften *nur* in der Biologie – Sinn macht, nach der Funktion eines Sachverhalts zu fragen: „Wozu aber hat das Vieh diesen Schnabel?" (KONRAD LORENZ, Verhaltensforscher, Nobelpreisträger). Jedes biologische Phänomen hat in seiner Ausstattung mit Genen, Enzymen, Zellen und Organen begründete unmittelbare oder *proximate Ursachen*. Dahinter stecken jedoch mittelbare oder *ultimate Ursachen*, die durch seine Evolution bedingt sind. Sie wirken letztlich systemerhaltend und in diesem Sinn „zweckdienlich".

**Wohin führt die Biologie?** Die Biologie berührt mit ihren Erkenntnissen immer auch uns selbst. Keine andere Wissenschaft hat seit dem Zeitalter der Aufklärung das *Bild vom Menschen* so revolutioniert wie sie. Manche Menschen empfinden biologische Erkenntnisse wie die unserer Abstammung, angeborener Grundlagen unseres Verhaltens oder unserer ökologischen Abhängigkeit noch immer als „Kränkungen".

Besonders in den letzten Jahrzehnten hat sich das Wissen über Lebewesen und Lebensvorgänge explosionsartig vermehrt. Ein Ende des Wissenszuwachses ist nicht absehbar. Die Stimmen mehren sich, die – aus Furcht vor möglichen Folgen biowissenschaftlicher Erkenntnisse – der Forschung in Gentechnik, Biotechnologie, Fortpflanzungsmedizin, Virus- oder Gehirnforschung Grenzen setzen wollen. Nicht erst heute ist jede wissenschaftliche Erkenntnis *ambivalent*, lässt sich also sowohl zum Nutzen gebrauchen wie zum Schaden missbrauchen. Zweifellos haben die Biowissenschaften inzwischen ein Potenzial erreicht, das eine klare *Trennung von Wissen, Können und Handeln* erforderlich macht.

Viele Menschen haben die Vorstellung, dass sich die Normen für unser Tun aus der Wissenschaft selbst ergeben. Die Wissenschaft vom Leben kann jedoch aus der Kenntnis des „Natürlichen" nicht ableiten, was gut oder böse ist. Sie kann aber fundiertes Wissen liefern, mit dessen Hilfe sich *Ziele ethisch verantworteten Handelns* festlegen lassen. Und sie kann dazu beitragen, Ziele wie die folgenden zu erreichen:

- Erhaltung einer dauerhaft lebensfähigen Biosphäre,
- Sicherung der Menschenwürde,
- Gewährleistung menschlicher Ernährung und Gesundheit.

*1 Mit ihrem Modell der DNA-Struktur schufen WATSON und CRICK die entscheidende Grundlage der Molekularbiologie.*

*2 Biologische Erkenntnisse, wie die der von LORENZ begründeten Ethologie, berühren fast immer auch uns selbst.*

# Zelle – Gewebe – Organismus

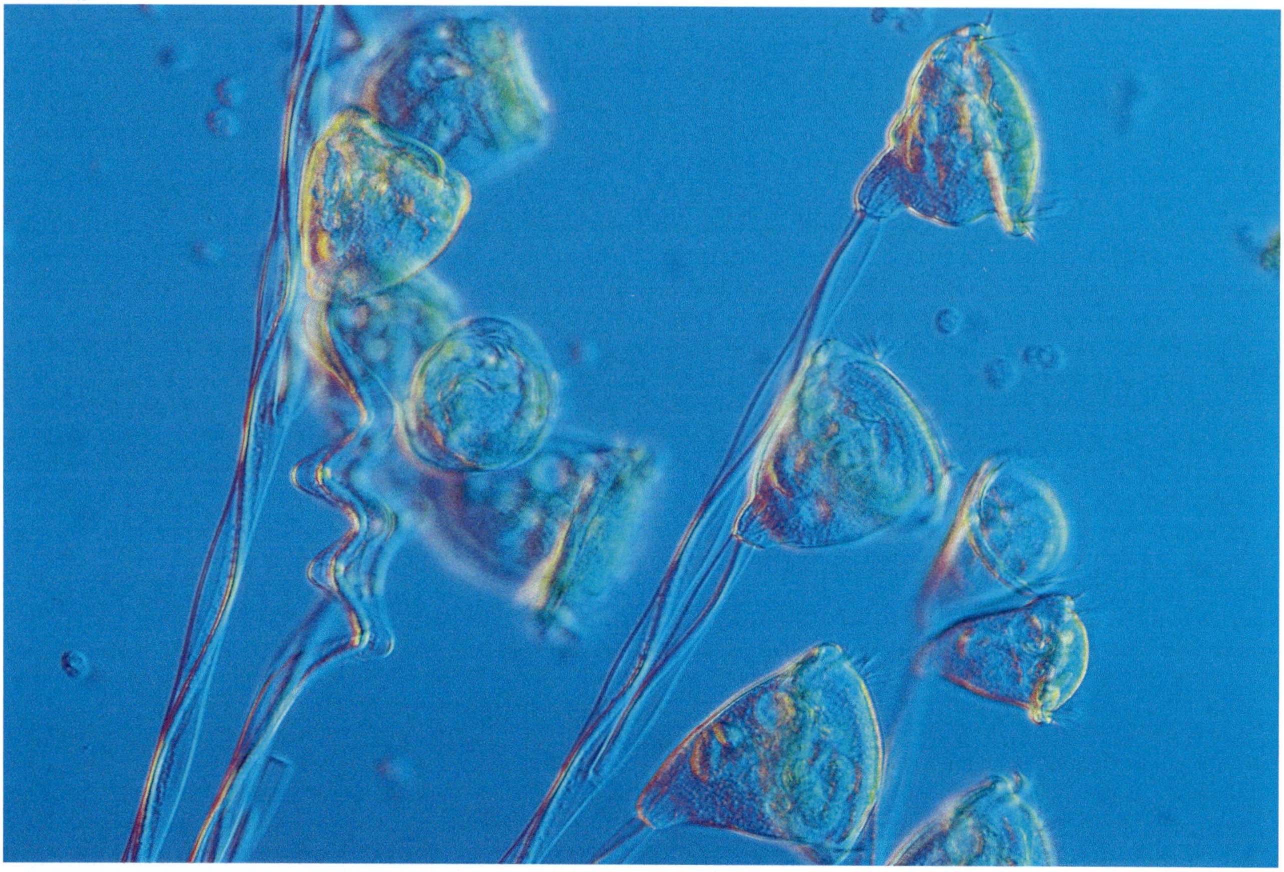

1 *Der Einzeller Zoothamnion gehört zu den Wimpertieren. Er bildet Kolonien, die aus einer einzelnen Zelle entstehen.*

*Zoothamnion ist ein Einzeller. Er lebt in Zellkolonien, die rasenartig am Grund von Gewässern wachsen. Die beweglichen Stiele der Einzelzellen sind untereinander verwachsen. Bei Störungen knicken die Stiele der gesamten Kolonie blitzschnell ein, um so Fressfeinden auszuweichen. Die Einzeller ernähren sich von Kleinstlebewesen, die sie aus dem Wasser herbeistrudeln. In der Kolonie besteht eine einfache Form der Arbeitsteilung: Einzelne, auffällig große Zellen nehmen selbst keine Nahrung auf, sondern sie werden von den anderen Zellen miternährt. Sie können sich aus dem Verband lösen und anderswo ansiedeln. Durch vielfache Längsteilungen entsteht aus ihnen eine neue Kolonie.*

**Im Blickpunkt**

- die Zelle als Einheit des Lebens
- Entwicklung der Zellbiologie: Forschung im Mikrokosmos
- Präparation tierischer und pflanzlicher Gewebe für die Untersuchung mit dem Lichtmikroskop
- Arbeitsteilung und Spezialisierung: Veränderung der Zellgestalt entsprechend der Funktion im Organismus
- der Zellzyklus: Abfolge von Wachstum und Zellteilung
- Apoptose – der programmierte Zelltod
- Erfolgskonzept Einzeller: Anpassungen der Zelle an unterschiedliche Lebensbedingungen
- Entstehung von Vielzelligkeit

**GRUNDLAGEN** Vom Einzeller bis zum Elefanten, vom Bakterium bis zur Buche: Die Lebewesen auf der Erde sind äußerst vielgestaltig. Der Vielfalt im äußeren Erscheinungsbild entspricht im mikroskopischen Bereich jedoch eine große Einheitlichkeit: Alle Lebewesen sind aus Zellen aufgebaut.

Die Zelle ist die kleinste lebens- und vermehrungsfähige Einheit, ein Elementarorganismus, an dem sich alle Merkmale des „Lebendigseins“ untersuchen lassen. Zwei verschiedene Organisationstypen von Zellen werden unterschieden: die Protocyte, das ist die kleine, zellkernlose Zelle der Prokaryoten (Bakterien und Archaeen), und die Eucyte der Eukaryoten (alle übrigen Lebewesen).

Größe und Gestalt der Eucyte hängen von ihrer spezifischen Funktion ab. Während beim Einzeller eine einzige Zelle sämtliche Lebensfunktionen erfüllt, sind im vielzelligen Organismus die meisten Zellen spezialisiert, wodurch eine sehr effektive Arbeitsteilung erreicht wird. Zellen gleicher Funktion sind zu Geweben zusammengeschlossen. Unterschiedliche Gewebe bilden ein Organ, das seinerseits Teil eines Organsystems ist. Alle Organsysteme zusammen begründen die Eigenschaften eines Organismus.

Die Zellbiologie oder Cytologie ist ein Forschungsbereich mit enormem Wachstum. Ihre Erkenntnisse beeinflussen fast alle biologischen Fachrichtungen und ihre Methoden machen sich auch moderne medizinische Diagnoseverfahren zunutze.

## Geschichte der Zellbiologie

Die Fortschritte in der Zellbiologie sind eng verknüpft mit der Erfindung neuer optischer Geräte. Um 1600 entwickelten die Brüder JANSSEN, zwei holländische Brillenmacher, durch die Kombination von mehreren Linsen das erste Mikroskop.

1 Nachbau von HOOKES Mikroskop, nach einer Abbildung in seinem Buch „Micrographia"

Die Geburtsstunde der Zellbiologie selbst lässt sich auf das Jahr 1665 datieren. Der englische Physiker ROBERT HOOKE untersuchte mit einem weiterentwickelten Mikroskop, das eine 30-fache Vergrößerung ermöglichte, die Rinde von Korkeichen. In dünnen Schnitten erkannte er kästchenförmige Strukturen, „little boxes". Da ihn diese Kästchen an Bienenwaben erinnerten, bezeichnete er sie als *„cells"*. HOOKE führte auch eine neue Untersuchungsmethode in die Biologie ein: Er hielt alle Beobachtungen in Form von Zeichnungen und Skizzen fest. 1667 veröffentlichte er das erste Lehrbuch zur Mikroskopie.

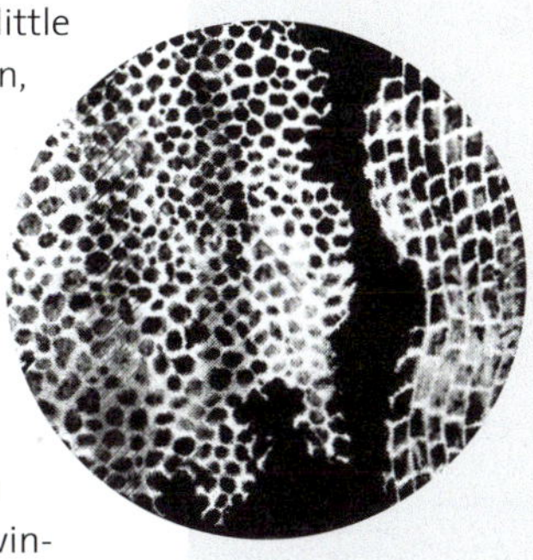

2 HOOKES „cells"

Etwa zur gleichen Zeit konstruierte der Holländer ANTONI VAN LEEUWENHOEK einlinsige Mikroskope mit extremen Linsenkrümmungen. Er erreichte bis zu 200-fache Vergrößerungen. Damit war es ihm möglich, winzige Lebewesen in Wassertropfen zu entdecken: die *Einzeller*. Bei der Untersuchung eines menschlichen Zahns fand er mehr Kleinstlebewesen, „als es Untertanen in einem Königreich gibt". Darüber hinaus beschrieb LEEUWENHOEK rote Blutkörperchen und „Samentierchen" (Spermien).

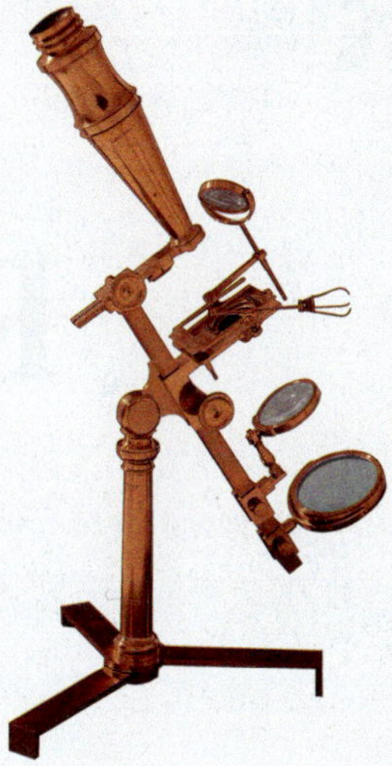

3 Mikroskop aus dem frühen 19. Jahrhundert

In den folgenden Jahrzehnten verbesserten sich die optische und mechanische Qualität der Mikroskope, sodass nach und nach mehr Zellbestandteile im mikroskopischen Bild sichtbar wurden. Rund zwei Jahrhunderte nach den Entdeckungen von HOOKE und LEEUWENHOEK zogen die Biologen MATTHIAS SCHLEIDEN und THEODOR SCHWANN aus den Beschreibungen verschiedenster Zellen die entscheidende Schlussfolgerung. Sie erkannten, dass der Aufbau von Einzellern sowie allen tierischen und pflanzlichen Zellen grundsätzlich gleich ist. Die Bedeutung *der Zelle als strukturelle und funktionelle Einheit aller Lebewesen* hielten sie 1838/39 in der allgemeinen Zelltheorie fest. Diese Theorie wurde 1855 durch den Berliner Arzt RUDOLF VIRCHOW erweitert. Aus der Beobachtung von Zellteilungen folgerte er, dass alle Zellen immer nur aus schon vorhandenen Zellen entstehen: *Omnis cellula e cellula*.

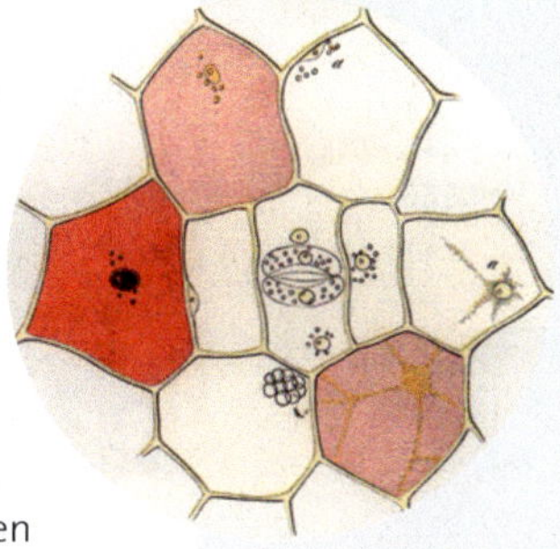

4 Pflanzliche Zellen der Blattunterseite, Zeichnung von SCHLEIDEN

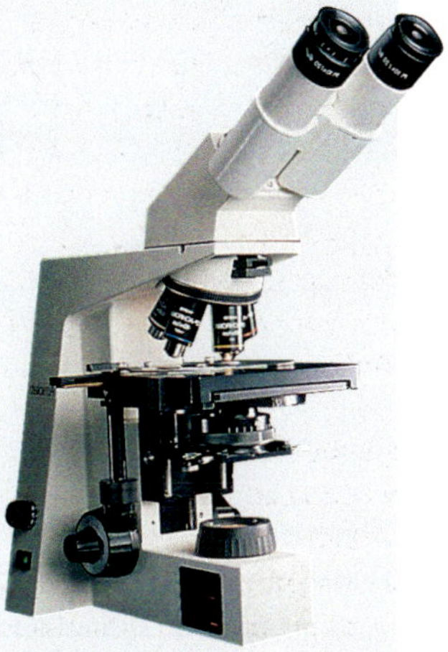

5 Modernes Lichtmikroskop

Zwei Jahrzehnte später erkannten die Zellbiologen, dass sich bei der Zellteilung die Chromosomen genauso verhalten, wie es GREGOR MENDEL für die „Erbfaktoren" vorausgesagt hatte.

Nachdem es lange vom Geschick der „Instrumentenbauer" abhing, welche Leistung ein Mikroskop erbrachte, gelang es dem Physiker und Mathematiker ERNST ABBE (1840–1905), den Bau optischer Geräte auf eine rechnerische Basis zu stellen. Ein entscheidender Durchbruch war damit geschafft. Trotz immer ausgefeilterer Technik – durch die Ausnutzung physikalischer Effekte und den Einsatz von Färbemethoden konnten gezielt einzelne Strukturen sichtbar gemacht werden – kam die Lichtmikroskopie jedoch bald an Grenzen. Erst die Entwicklung des Elektronenmikroskops 1931 ermöglichte es, die *Ultrastruktur* der Zelle, also den Feinbau der Zellbestandteile zu untersuchen.

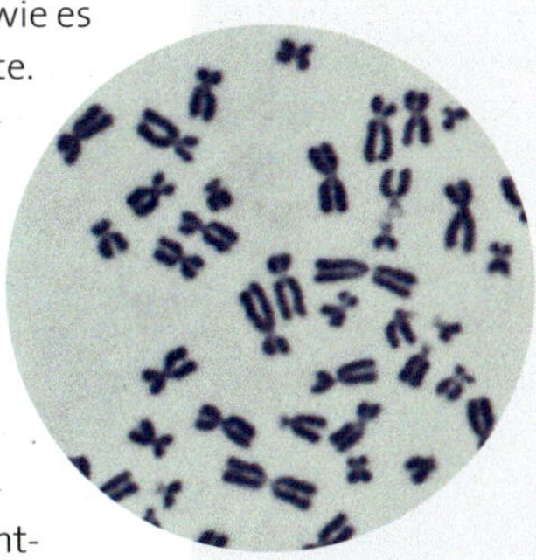

6 Menschliche Chromosomen im Lichtmikroskop

# Das Lichtmikroskop

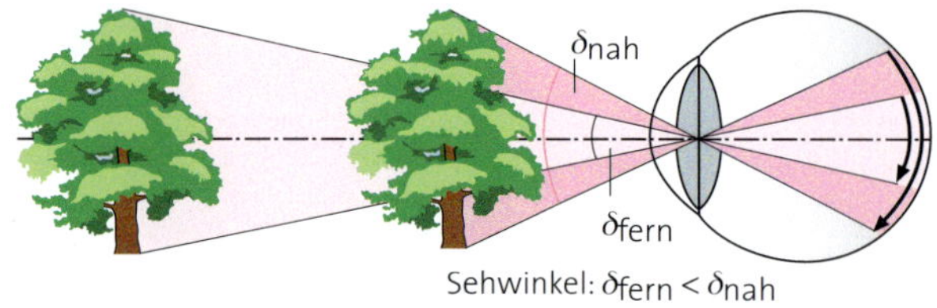


*1 Perspektivische Vergrößerung: Je näher ein Gegenstand kommt, desto größer wird er auf der Netzhaut abgebildet.*

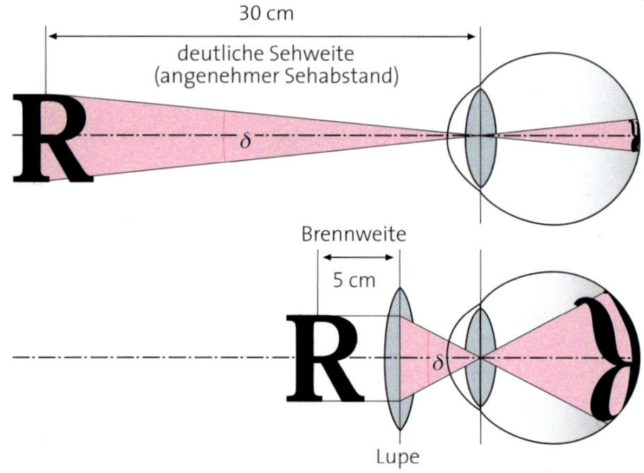


*2 Lupenvergrößerung: Die „Brechkraft" der Lupe bewirkt, dass auch sehr nahe Objekte noch scharf abgebildet werden: kleiner Abstand → großer Sehwinkel → großes Netzhautbild.*

| Grenzen des Auflösungsvermögens | | |
|---|---|---|
| **Betrachtungsmittel** | **Noch sichtbar** | **Auflösungsgrenze** |
| Auge | Haardurchmesser | 0,1 mm =100 µm |
| Lichtmikroskop | Zellen | 5–10 µm |
| mit UV-Licht | Bakterien | 0,25 µm |
| Elektronen-mikroskop | Viren, Makro-moleküle | 0,001 µm = 1 nm |
| Röntgenstrahlen | Bau von Molekülen | 0,1 nm |

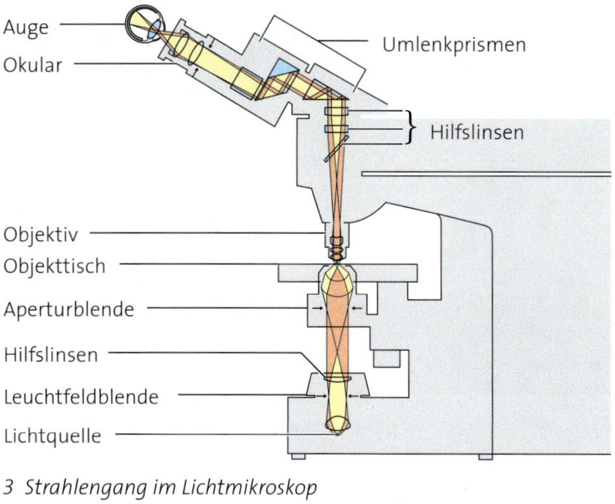


*3 Strahlengang im Lichtmikroskop*

**Physikalische Grundlagen.** Unser Auge nimmt nur solche Objekte wahr, die ein ausreichend großes Abbild auf der Netzhaut entwerfen. Dabei hängt die Größe des Netzhautbilds vom *Sehwinkel* ab, das heißt von der Größe des Gegenstands selbst und von seiner Entfernung zum Auge. Sehr kleine oder weit entfernte Objekte erkennen wir bestenfalls als Punkte. Je näher ein Objekt dem Auge kommt, desto größer wird es abgebildet *(perspektivische Vergrößerung)*.

Die maximal erreichbare Größe wird vom *Nahpunkt* bestimmt. Dies ist die kleinste Entfernung zum Auge, bei der die Linse gerade noch ein scharfes Bild auf der Netzhaut erzeugt. Bei geringerer Entfernung kann die Linse die von einem Objektpunkt ausgehenden Lichtstrahlen nicht mehr auf denselben Punkt auf der Netzhaut brechen. Das Bild wird unscharf.

Der Sehwinkel ist auch ein Maß für das *Auflösungsvermögen* des Auges. Es bezeichnet die Fähigkeit, zwei nahe beieinanderliegende Punkte auf gerade noch voneinander getrennten Bereichen der Netzhaut abzubilden. Aus einer Entfernung von 30 cm betrachtet, müssen die Punkte mindestens 0,1 mm Abstand haben. Dies entspricht einem Sehwinkel von 50 Bogensekunden.

Mithilfe von optischen Geräten wie einer Lupe ist es möglich, den Sehwinkel zu vergrößern. Da sich die „Brechkraft" von Auge und Lupe addieren, können Objekte näher an das Auge herangeführt werden. Dadurch entsteht ein größeres Bild auf der Netzhaut. Durch das Hintereinanderschalten von mehreren Linsen lässt sich die Vergrößerung weiter steigern.

Eine Linse vergrößert umso mehr, je stärker sie gekrümmt ist. Mit der Krümmung nehmen jedoch auch die für Linsen charakteristischen Abbildungsfehler, die *Aberrationen*, zu. Parallele Strahlen, die auf eine Sammellinse fallen, werden im Randbereich stärker gebrochen als im Zentrum der Linse, es kommt zu Unschärfen *(sphärische Aberration)*. Fällt weißes Licht auf eine Sammellinse, werden die blauen Anteile stärker gebrochen als die roten *(chromatische Aberration)*. Beide Fehler können durch eine geeignete Kombination von Sammel- und Zerstreuungslinsen korrigiert werden.

**Das Lichtmikroskop.** Der vergrößernde optische Apparat besteht aus zwei Linsensystemen: dem *Objektiv* und dem *Okular*. Unterhalb des Objekttischs befindet sich der Kondensor, ein System aus Hilfslinsen mit Blende. Er dient zur Regelung der Bildhelligkeit und einer möglichst gleichmäßigen Ausleuchtung. Ein Untersuchungs*objekt*, das auf dem Objekttisch liegt, wird von unten her durchstrahlt. Das Objektiv erzeugt im Tubus ein *vergrößertes Zwischenbild* des Objekts (Primärvergrößerung). Dieses wird vom Okular wie von einer Lupe nochmals vergrößert (Sekundärvergrößerung). Mit Grob- und Feintrieb lässt sich die Entfernung zwischen Objekttisch und Objektiv so verändern, dass im Auge eine scharfe Abbildung entsteht. *Das Produkt der Vergrößerungen von Objektiv und Okular ergibt die Gesamtvergrößerung des Mikroskops.*

Entscheidend für die Leistungsfähigkeit des Geräts ist jedoch sein Auflösungsvermögen. Es hängt außer von der Qualität der Linsen von der Art der Lichtquelle ab. Die theoretische Auflösungsgrenze des Lichtmikroskops liegt bei etwa 0,2 µm.

**Präparationstechniken.** Objekte, die mit dem Lichtmikroskop untersucht werden sollen, müssen für Lichtstrahlen durchlässig sein. Bei sehr dünnen, lichtdurchlässigen Objekten ist keine Präparation erforderlich. Sie werden in einen Wassertropfen auf dem Objektträger eingebracht und mit einem Deckgläschen abgedeckt. So lassen sie sich auch im lebenden Zustand beobachten. Dickere Objekte müssen erst geschnitten werden, zum Beispiel mit einer Rasierklinge. Im Labor werden spezielle Schneidegeräte, *Mikrotome*, verwendet, mit denen sich Schnitte in großer Zahl und in gleicher Dicke herstellen lassen (► S. 38). Das Untersuchungsobjekt wird abgetötet, gefärbt, in Paraffin oder Kunststoff eingebettet und im Mikrotom mithilfe einer Metallklinge geschnitten. Für die Herstellung von *Dauerpräparaten* werden die Objekte zusätzlich fixiert und entwässert, um die Zersetzung zu verhindern. Die fertigen Schnitte werden mit Kunstharz versiegelt.

**Lichtmikroskopische Untersuchungstechniken.** Die gängigste Methode, die sich auch mit einfacher Ausrüstung in der Schule realisieren lässt, ist die Untersuchung im *Hellfeld*. Hierbei fängt das Objektiv das durch das Präparat fallende Licht direkt auf. Bei geeigneten Immersionsobjektiven kann ein Tropfen Immersionsöl, das die gleichen Brechungseigenschaften hat wie Glas, Reflexionen am Deckglas verhindern. Da viele biologische Objekte nicht pigmentiert sind und das Licht daher nur wenig absorbieren oder brechen, zeigen die Abbilder nur geringe Kontraste. *Farbstoffe*, die sich an unterschiedlichen Zellstrukturen anlagern, verstärken die optischen Unterschiede.

Alle anderen Untersuchungstechniken erfordern spezielles Zubehör oder andere Mikroskoptypen.

Bei der *Dunkelfeldmikroskopie* lenkt ein Dunkelfeldkondensor den Beleuchtungsstrahl am Objektiv vorbei. Nur das vom Untersuchungsobjekt abgelenkte Streulicht gelangt zum Auge des Betrachters. Dadurch erscheinen die Objekte hell leuchtend vor dunklem Hintergrund. Diese Technik ermöglicht es, auch sehr feine Strukturen ohne spezielle Färbung sichtbar zu machen.

Im *Polarisationsmikroskop* sorgt ein Polarisationsfilter dafür, dass die Lichtstrahlen, die das Präparat beleuchten, in einer Ebene schwingen. Ein zweiter Filter absorbiert das polarisierte Beleuchtungslicht. Liegt kein Präparat auf, so bleibt das Bild völlig dunkel. Ein durchstrahltes Objekt dreht jedoch die Schwingungsebene der Lichtstrahlen. Lichtbrechende Strukturen sind im Bild als Aufhellungen zu erkennen. Unter bestimmten Umständen können physikalische Effekte, Interferenzen genannt, entstehen. Dadurch erscheint das Präparat farbig leuchtend.

Lebende, ungefärbte Objekte sind oft so transparent, dass sie das durchfallende Licht kaum absorbieren. Sie „bremsen" die Lichtwellen jedoch ab, sodass sich deren Schwingungsrhythmus verschiebt. Das *Phasenkontrastmikroskop* setzt diese Verschiebung der Schwingungsphase mithilfe von Phasenkontrastkondensoren und -objektiven in Helligkeitskontraste um. Die Helligkeitsunterschiede im Abbild entsprechen den Dichteunterschieden innerhalb des Objekts.

Die *Interferenzkontrastmikroskopie* nutzt ebenfalls die Dichte- und Dickenunterschiede des Objekts aus. Unterschiedliche Brechungseigenschaften werden in Farbunterschiede umgewandelt. Die spezielle Lichtführung erzeugt ausgesprochen plastisch wirkende, farbige Abbilder.

Im *Fluoreszenzmikroskop* bestrahlt man Objekte mit ultraviolettem Licht. Manche Substanzen geben einen Teil der absorbierten Energie als Fluoreszenzstrahlung wieder ab. Durch Behandlung mit fluoreszierenden Farbstoffen, die an biologische Substrate wie Antikörper oder Genmarker gekoppelt sind, lassen sich gezielt bestimmte Strukturen hervorheben.

Die *Rasterkonfokaltechnik* basiert darauf, dass Einzelbilder im Computer zu einem Gesamtbild vereinigt werden. Mithilfe von Laserstrahlen und Spezialobjektiven werden die einzelnen Ebenen eines Objekts punktgenau abgetastet. Der Rechner setzt die Rasterpunkte Zeile für Zeile zu einem Schnittbild zusammen. Aus der Schnittserie errechnet er ein dreidimensionales Bild des Objekts.

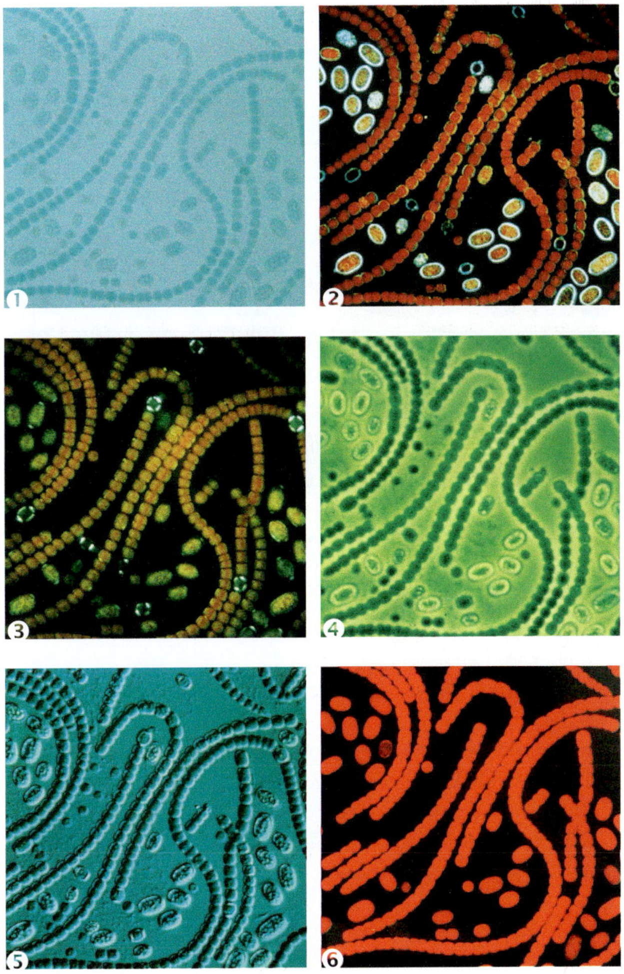


*1–6 Aufnahmen des Cyanobakteriums Anabaena variabilis bei unterschiedlicher Mikroskopiertechnik*
*1: im Hellfeld; 2: im Dunkelfeld;*
*3: in polarisiertem Licht; 4: im Phasenkontrast;*
*5: im Differenzial-Interferenz-Kontrast;*
*6: im Fluoreszenzmikroskop*

# Der Einsatz des Lichtmikroskops

Das *Lichtmikroskop* erlebt eine Renaissance. Durch die Kombination zellbiologischer Verfahren mit *gentechnischen* und *immunbiologischen Methoden* ist es möglich geworden, einzelne Krebszellen in gesundem Gewebe zu erkennen und ihre Herkunft aufzuklären. Außer in der medizinischen Diagnostik werden Lichtmikroskope nach wie vor in der biologischen Forschung eingesetzt sowie zur Kontrolle der Wasser- und Bodenqualität.

Doch nicht nur in medizinischen und biologischen Labors gehören Lichtmikroskope zur Standardausrüstung. Auch bei der industriellen Fertigung von Mikrochips, wie sie in Computern, Fernsehern und zahlreichen Haushaltsgeräten verwendet werden, oder in der Werkstoffentwicklung ist die mikroskopische Überprüfung ein unverzichtbares Mittel der Qualitätskontrolle (▶ Bild unten). Darüber hinaus kommen *Stereomikroskope* auch bei mikrochirurgischen Eingriffen wie Augen- und Herzoperationen zum Einsatz.

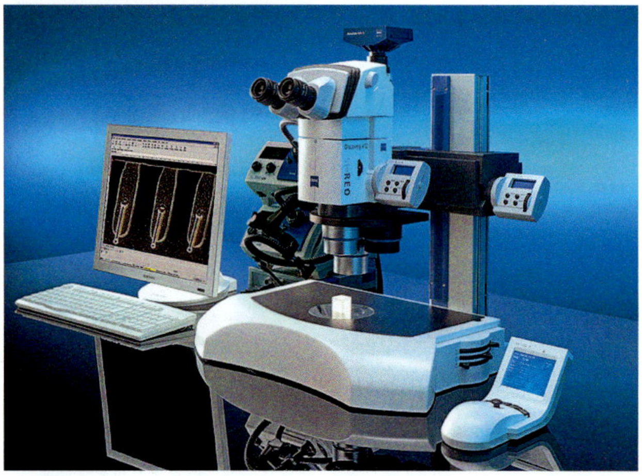

Um beim Mikroskopieren verwertbare Ergebnisse zu erzielen, sollten einige Grundregeln beachtet werden:

- Immer sauber arbeiten.
- Objekte stets mit einem Deckgläschen abdecken.
- Kondensor (wenn vorhanden) in die höchste Stellung bringen, zunächst mit offener Blende arbeiten; Blende höchstens halb zuziehen.
- Immer mit der kleinsten Objektivvergrößerung beginnen, auf das Einrasten der Objektive am Objektivrevolver achten und bei jeder neuen Vergrößerung die Schärfe nachstellen.
- Beim Scharfstellen mit dem Grobtrieb den Objekttisch immer vom Objektiv wegbewegen (Gefahr von Glasbruch und Schäden am Objektiv)!
- Durch Fokussieren – leichtes Drehen am Feintrieb – einen räumlichen Eindruck des Objekts gewinnen.

Von allen Untersuchungen sollte ein Protokoll angefertigt werden. Darauf ist der eigene Name, das Datum, das Präparat und die Untersuchungsmethode zu vermerken. Die Zeichnung wird mit Bleistift ausgeführt, sorgfältig beschriftet und mit einem Maßstab versehen. Bei komplizierten Objekten kann eine Übersichtsskizze sinnvoll sein. Im Textteil werden Methode und eigene Beobachtungen genauer beschrieben.

## Das Abziehpräparat

**MATERIAL:** Küchenzwiebel, Mikroskop und Zubehör (Objektträger, Deckgläser, Pinzette, Pipette, Präpariernadel, Messer, Rasierklinge, Leitungswasser, Haarpinsel)

**DURCHFÜHRUNG:** Bringen Sie mit der Pipette einen Wassertropfen auf einen sauberen Objektträger. Ritzen Sie die konkave Innenseite einer Zwiebelschuppe mit der Rasierklinge rechteckig ein. Ziehen Sie das dünne Häutchen ab und legen Sie es auf den Objektträger. Gegebenenfalls muss das Gewebestück mit Präpariernadel und Haarpinsel glatt gestrichen werden. Das Deckgläschen wird nun am Rand des Wassertropfens angesetzt und vorsichtig abgesenkt. Überschüssiges Wasser saugen Sie mit Filterpapier ab. Falls zu wenig Wasser vorhanden ist, geben Sie mit der Pipette von der Seite einen Tropfen zu. Nutzen Sie dabei die Kapillarwirkung.

Legen Sie das Präparat auf den Objekttisch und skizzieren Sie den Zellverband der Zwiebelhaut bei schwächster und bei stärkster Vergrößerung.

## Das Quetschpräparat

**MATERIAL:** Mikroskop und Zubehör, Banane

**DURCHFÜHRUNG:** Bringen Sie ein dünn geschnittenes Stückchen Fruchtfleisch einer Banane auf einen vorbereiteten Objektträger. Zerquetschen Sie das Fruchtfleisch mithilfe eines zweiten Objektträgers, indem Sie die Glasscheiben vorsichtig gegeneinander verschieben. Dabei werden die Zellen der Banane teilweise zerstört. Färben Sie das Präparat mit einer Iod-Kaliumiodid-Lösung an. Skizzieren und beschreiben Sie Ihre Beobachtungen.

Besorgen Sie sich in einer Metzgerei tierisches Gewebe (zum Beispiel Knochenmark, Hoden) und stellen Sie wie oben beschrieben ein Quetschpräparat her. Nach einer geeigneten Färbung, zum Beispiel Azur-Eosin nach GIEMSA *(F, T)*, untersuchen Sie das Objekt unter dem Mikroskop.

## Das Abstrichpräparat

**MATERIAL:** Mikroskop und Zubehör, Holzspatel oder Löffelstiel

**DURCHFÜHRUNG:** Schaben Sie mit Holzspatel oder Löffelstiel vorsichtig über die Oberfläche der ausgestreckten Zunge. Hierdurch lösen sich eine große Zahl Schleimhautzellen ab und bleiben am Spatel hängen. Bereiten Sie einen Objektträger vor und bringen Sie die Zellen in den Wassertropfen ein. Das Präparat wird mit einem Deckglas versehen und wie oben beschrieben mikroskopiert.

Um Zellgrenzen und Zellstrukturen besser zu erkennen, färben Sie das Präparat an: 0,1%ige Methylenblaulösung *(Xn)* an den Rand des Deckglases tropfen und mit einem Filterpapier darunterziehen. Beobachten Sie bei stärkster Vergrößerung und halten Sie Veränderungen fest.

## Das Zupfpräparat

**MATERIAL:** Mikroskop und Zubehör, Wasserpest

**DURCHFÜHRUNG:** Zupfen Sie mit einer Pinzette ein Blättchen der Pflanze ab und bringen Sie es auf einen vorbereiteten Objektträger in einen Wassertropfen. Legen Sie ein Deckglas auf. Mikroskopieren Sie und skizzieren Sie einige Zellen der Wasserpest bei stärkster Vergrößerung.

## Dünnschnitte mit der Rasierklinge

**MATERIAL:** Mikroskop und Zubehör, junge Triebe der Waldrebe, 2 Styroporblöckchen

**DURCHFÜHRUNG:** Schneiden Sie den Trieb etwa 15 cm unterhalb der Knospe quer durch. Klemmen Sie ihn zwischen die Styroporblöckchen und stellen Sie mit einer Rasierklinge eine glatte Oberfläche her. Legen Sie nun die Klinge auf die Fläche und benutzen Sie diese als Führung, um ziehend möglichst dünne Querschnitte herzustellen. Die Scheibchen müssen nicht vollständig sein, „Fetzen" genügen. Immer mehrere Schnitte anfertigen! Vergleichen Sie mit dem Querschnitt im unteren Bild. Zeichnen Sie mehrere Zellen aus dem Randbereich des Marks.

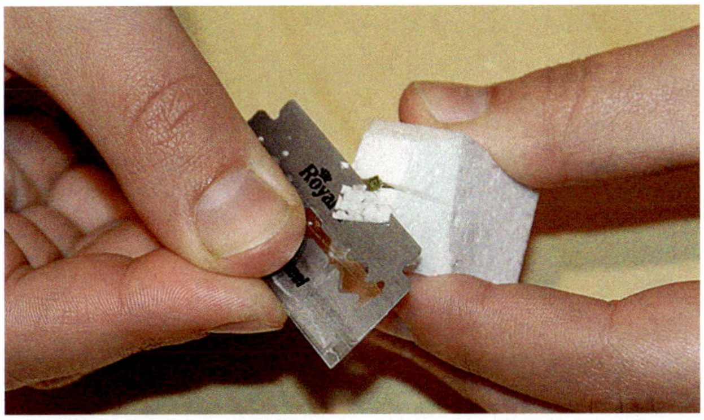

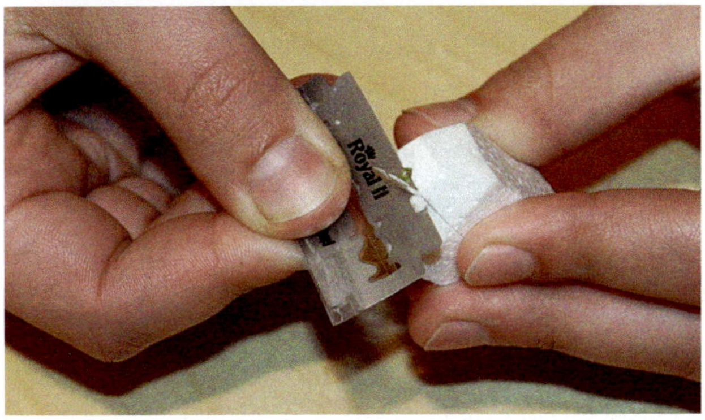


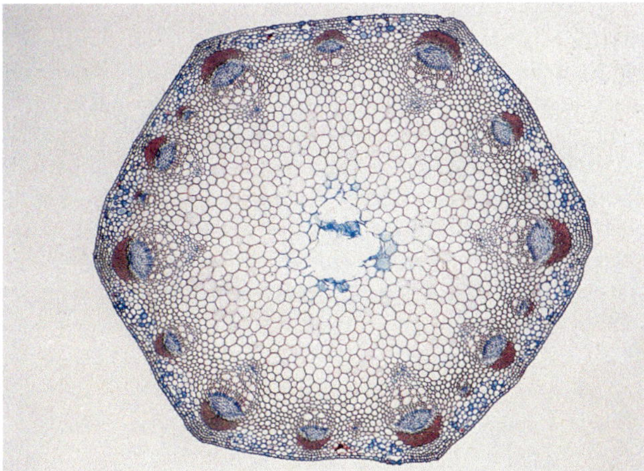

## Das Ausstrichpräparat

**MATERIAL:** Mikroskop und Zubehör, Tierblut

**DURCHFÜHRUNG:** Vorsicht: Menschliches Blut darf nicht verwendet werden! Besorgen Sie sich beim Schlachthof Schweineblut. Bringen Sie einen Tropfen Blut auf einen gut gereinigten, fettfreien Objektträger auf, etwa 1 cm vom Rand entfernt. Mit einem schräg angesetzten zweiten Objektträger oder einem Deckglas wird das Blut möglichst ohne Druck verstrichen, sodass ein dünner Film entsteht. Den fertigen Ausstrich an einem staubfreien Ort lufttrocknen lassen. Anschließend in einer flachen Glaswanne mit Eosin-Methylenblau *(Xn)* oder mit Azur-Eosin nach GIEMSA *(F, T)* färben, erneut trocknen lassen und mit oder ohne Deckglas mikroskopieren. Die Präparate sind, in staubdichten Kästen aufbewahrt, ohne weitere Fixierung gut haltbar.

## Das Dauerpräparat

Grundsätzlich lässt sich aus jedem Präparat ein Dauerpräparat anfertigen. Zunächst sollte das Präparat sorgfältig unter dem Mikroskop betrachtet werden, um seine Güte zu kontrollieren. Danach stellt man das Präparat mit Deckglas in eine Glaswanne, die so weit mit 80- bis 95%igem Alkohol gefüllt ist, dass eine Kante des Deckglases in die Flüssigkeit eintaucht. Meist fällt nach kurzer Zeit das Deckglas ab, andernfalls muss es vorsichtig mit einer Rasierklinge als Hebel entfernt werden. Führen Sie das Präparat nun zum Entwässern eine aufsteigende Alkoholreihe entlang. Anschließend wird es mit Kunstharz bedeckt und mit einem Deckglas versehen.

Für vorübergehende Haltbarmachung reicht es aus, die vollständig getrockneten Präparate durch einen Lackring am Deckglasrand zu verschließen.

1. **Erkären Sie, warum zur Herstellung von Dauerpräparaten eine vollständige Entwässerung notwendig ist.**
2. **Begründen Sie, weshalb in der Schule nicht mit menschlichem Blut experimentiert werden darf.**
3. **Bestimmen Sie die mittleren Zellgrößen der untersuchten Präparate anhand Ihrer Skizzen. Achten Sie dabei auf den Maßstab! Vergleichen Sie pflanzliche und tierische Gewebe.**

### ☞ Stichworte zu weiteren Informationen

Immunhistochemie • Stereomikroskop • Mikrochips • Blattepidermis • Schleimhaut • Stärke • Spross • Blut

| Häufig verwendete Färbemittel in der Lichtmikroskopie und ihre spezifischen Nachweise | |
|---|---|
| Methylenblau | Zellkern |
| Hämatoxilin-Eosin (HE) | Zellkern und Cytoplasma |
| Karmin-Essigsäure | Chromosomen |
| GIEMSA | Chromosomen |
| Iod-Kaliumiodid-Lösung | Stärkekörner |
| Phloroglucin/Salzsäure | Lignin (Holzstoff) |
| Neutralrot | Zellsaftvakuole |
| Chlorzinkiod | Cellulose |
| Sudan-III-Glycerin | Cuticula |
| GRAM-Färbung | Bakterienzellwand |

## Das lichtmikroskopische Bild der Zelle

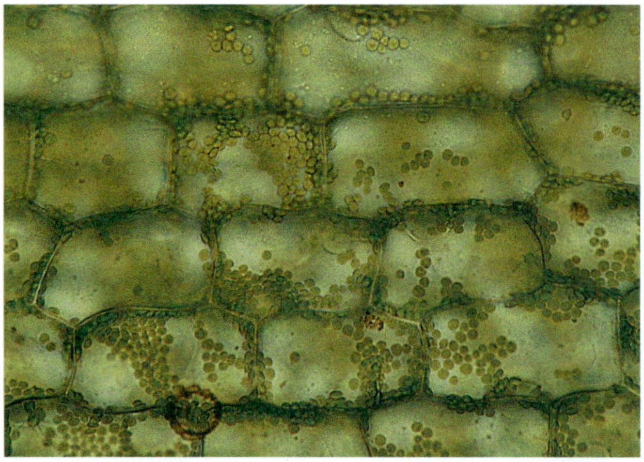

1 Zellen der Wasserpest

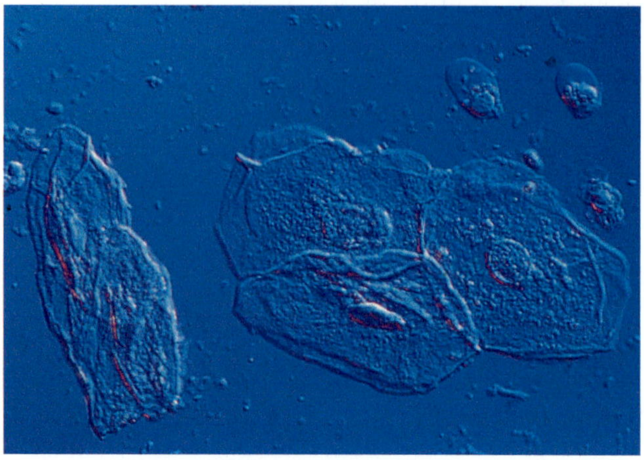

2 Zellen der menschlichen Mundschleimhaut

**Die pflanzliche Zelle.** Beim Mikroskopieren von Wasserpestblättchen fällt die regelmäßige Struktur des Gewebes auf. Die Zellwände treten als Zellgrenzen deutlich hervor. Im Innern sind die *Chloroplasten* zu erkennen, die sich in der lebenden Zelle mit der Plasmaströmung bewegen. Das *Cytoplasma* erscheint relativ strukturlos. Der *Zellkern* ist als meist rundlicher, etwas dunklerer Körper nur schwer zu erkennen. Die vom Cytoplasma umgebene *Zellsaftvakuole* kann durch Farbstoffe sichtbar gemacht werden. Sie enthält eine wässrige Lösung aus organischen und anorganischen Stoffen. Eine Membran, der *Tonoplast*, begrenzt sie gegen das Cytoplasma.

**Die tierische Zelle.** Zellen der menschlichen Mundschleimhaut sind unregelmäßig geformt. Da sie nur durch die *Zellmembran* begrenzt sind, erscheinen die Zellgrenzen undeutlich. Das Cytoplasma ist fein granuliert. Im Zentrum liegt der Zellkern. Nur bei sehr hoher Vergrößerung werden im Plasma weitere Strukturen sichtbar: *Nahrungsvakuolen* und *Zellorganellen*. Ihr Aussehen ist im Lichtmikroskop nicht genauer zu erkennen. In der intakten Mundschleimhaut sind die Zellen zu einem Gewebe, dem *Plattenepithel* (► S. 31), verbunden.

**Zellgröße.** Pflanzliche Zellen haben einen Durchmesser von 10 bis 100 µm, tierische Zellen sind mit 10–30 µm deutlich kleiner. Allerdings gibt es auch Ausnahmen: Das Eigelb des Straußeneies, das einer einzigen Zelle entspricht, misst 7,5 cm im Durchmesser; die extrem dünnen Axone von Nervenzellen großer Tiere können sogar mehrere Meter lang werden.

Zellen können jedoch nicht jede beliebige Größe annehmen. Die lebende Zelle ist vom Stoffaustausch mit der Umgebung abhängig. Durch ihre Oberfläche tritt eine bestimmte Menge an Molekülen hindurch. Je größer die Zelle, desto ungünstiger wird das Verhältnis der Oberfläche zum Volumen, das versorgt werden muss. Mit der Zellgröße wächst auch der Weg der Moleküle von der Oberfläche ins Zellinnere. In kleinen Zellen dagegen sind die Diffusionswege kurz (► S. 46), der Stoffaustausch mit der Umgebung wird begünstigt.

Zu den kleinsten Zellen gehören die *Mykoplasmen*, zellwandlose Bakterien mit einem Durchmesser von 0,2 bis 0,3 µm. Der von der Zellmembran umschlossene Raum ist gerade noch so groß, dass alle notwendigen Stoffwechselprozesse darin ablaufen können.

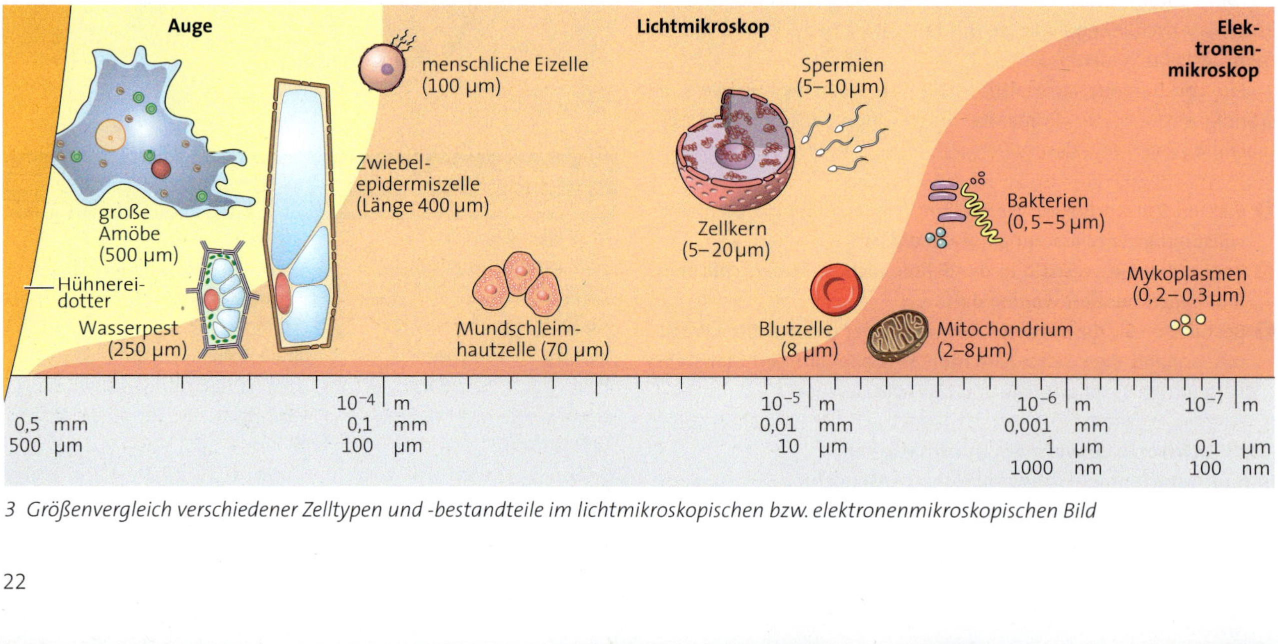



3 Größenvergleich verschiedener Zelltypen und -bestandteile im lichtmikroskopischen bzw. elektronenmikroskopischen Bild

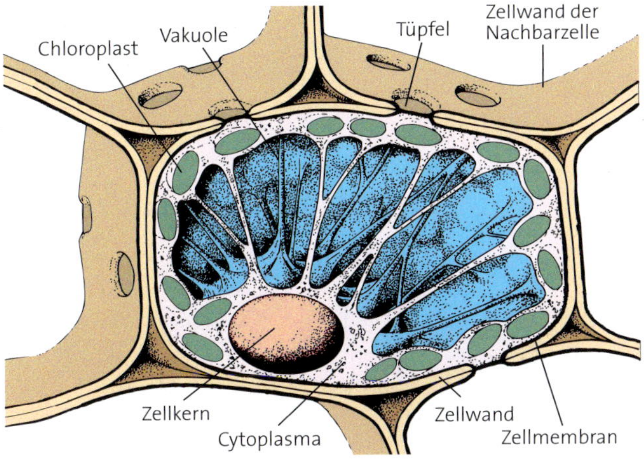


1 Im Lichtmikroskop sichtbare Strukturen der Pflanzenzelle

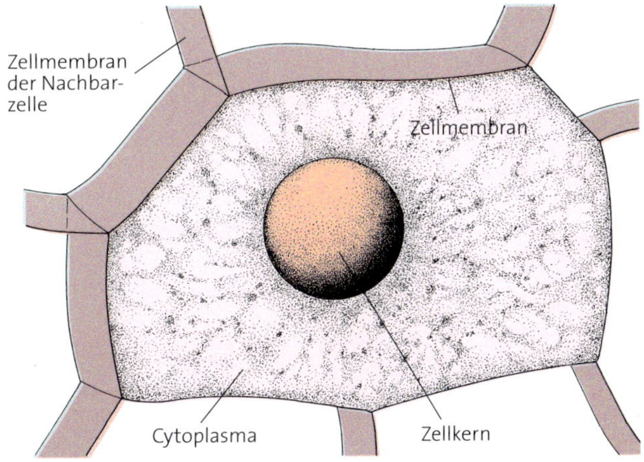


2 Im Lichtmikroskop sichtbare Strukturen der Tierzelle

**Tier- und Pflanzenzelle im Vergleich.** Die einzelnen Zellbestandteile mit bestimmter Struktur und Funktion werden *Organellen* genannt. Obwohl einige Organellen nur in pflanzlichen Zellen vorkommen, ist die Funktionsweise von Tier- und Pflanzenzelle sehr ähnlich.

*Plastiden* gibt es nur in pflanzlichen Zellen. Je nach der Funktion des Gewebes können Plastiden unterschiedlich ausgebildet sein. Die Zellen grüner Pflanzenteile enthalten *Chloroplasten*, denen eine besondere Funktion bei der Fotosynthese zukommt (► S. 122). *Chromoplasten* sind Träger roter und gelber Farbstoffe. Sie sind für die Färbung von Blüten, Früchten und Blättern verantwortlich. Die Farbveränderung beim Reifen von Früchten oder im Herbstlaub kommt dadurch zustande, dass sich Chloroplasten in Chromoplasten umwandeln. Die farblosen *Leukoplasten* dienen als Speicherorganellen zum Beispiel für Stärke. Sie kommen in ungefärbten Pflanzenteilen wie Wurzeln und im Speichergewebe von Samen und Früchten vor.

*Zellsaftvakuolen* finden sich nur in Pflanzenzellen. Neben ihrer Bedeutung für den Zelldruck (*Turgor* ► S. 47), der Zelle und Pflanzenkörper festigt, dienen sie der Stoffspeicherung.

Der Zellleib oder *Protoplast* der Pflanzenzelle ist von einer festen *Zellwand* aus Cellulose umgeben (► S. 53). Sie wird von der Zellmembran nach außen abgegeben und gehört nicht zu den Organellen der lebenden Zelle. Die Zellwand verleiht der Zelle eine unveränderbare Form. Lichtmikroskopisch erkennbare Aussparungen, die *Tüpfel*, ermöglichen direkte Verbindungen zwischen den Protoplasten benachbarter Zellen.

Die *Zellmembran* ist im Lichtmikroskop nicht deutlich sichtbar. Für die tierische Zelle stellt sie die einzige Begrenzung dar. In der Pflanzenzelle liegt sie der Zellwand direkt an. In beiden Fällen begrenzt die Zellmembran den Protoplasten als physiologische Barriere.

Auffälligstes Organell in beiden Zellarten ist der Zellkern *(Nucleus)*. In seinem Innern finden sich oft ein oder mehrere Kernkörperchen oder *Nucleoli* (Einzahl *Nucleolus*), die bei gefärbten Präparaten in eine netzartige Struktur, das *Chromatin*, eingebettet sind. Das Chromatin enthält die Erbinformation.

Lichtmikroskopisch kaum mehr zu erkennen sind die *Mitochondrien*, kugel- bis stäbchenförmige Organellen von etwa 10 µm Durchmesser, die in Pflanzen- und Tierzellen vorkommen. Ihr gehäuftes Auftreten in besonders stoffwechselaktiven Zellen – eine Leberzelle zum Beispiel enthält bis zu 1 000 Mitochondrien – deutet auf ihre Beteiligung an der Zellatmung hin (► S. 100).

**Die Dreidimensionalität des Zellkörpers.** Ähnlich wie in der Fotografie werden im Mikroskop nur solche Strukturen scharf abgebildet, die in der Schärfeebene liegen. Da die Schärfentiefe jedoch sehr gering ist, entsteht ein zweidimensionaler Eindruck. Um zu einer räumlichen Vorstellung von der Zelle zu kommen, müssen die Bilder der unterschiedlichen Schärfeebenen zu einem dreidimensionalen Gesamtbild zusammengefügt werden.

1. **Stellen Sie die Merkmale von Tier- und Pflanzenzelle zusammen und vergleichen Sie.**
2. **Erklären Sie die Bedeutung der Zellwand. Überlegen Sie, warum tierische Zellen ohne Zellwand auskommen.**

3 Mehrere Zellfäden der Fadenalge Spirogyra. Erst aus der Projektion verschiedener Schärfeebenen lässt sich ein räumliches Bild der Zelle gewinnen.

## Der Zellzyklus

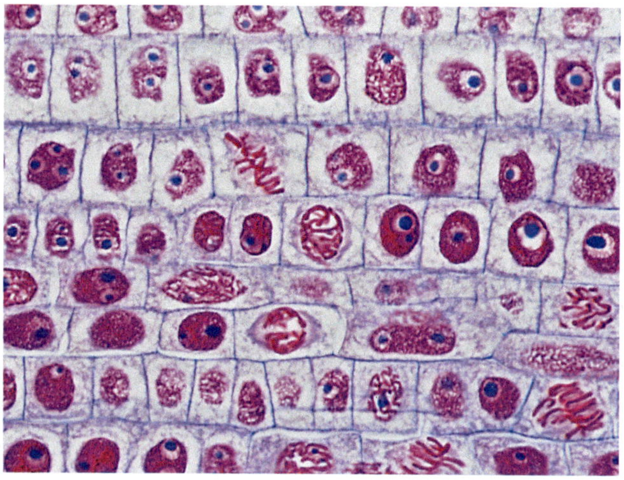

1 Zellen in verschiedenen Phasen des Zellzyklus

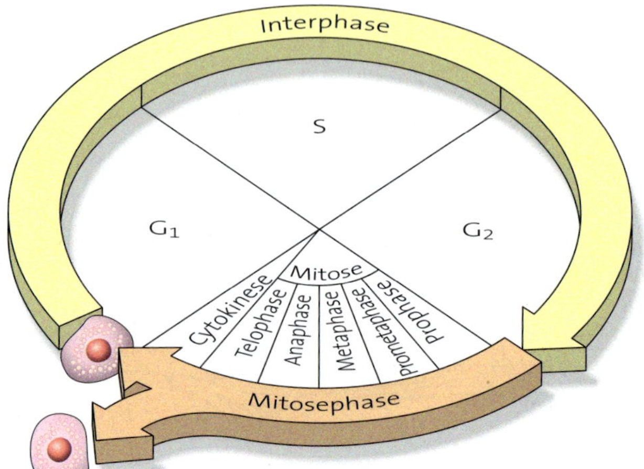


2 Die Phasen des Zellzyklus

Vielzellige Lebewesen entwickeln sich in der Regel aus einer einzigen Zelle, der befruchteten Eizelle. Während des Wachstums läuft eine Vielzahl von Zellteilungen ab. Im ausgewachsenen Organismus dient die Zellteilung zur Erneuerung und Reparatur von Geweben und Organen. Der Körper eines erwachsenen Menschen beispielsweise besteht aus etwa 60 Billionen Zellen, von denen täglich rund 2 % absterben und wieder ersetzt werden. Ohne die Fähigkeit zur Zellteilung wären Organismen nicht in der Lage, sich zu vermehren, zu wachsen und sich zu regenerieren.

**Teilungsfähigkeit verschiedener Zellen.** Im Labor können Zellen unter idealen Wachstumsbedingungen auf Nährmedien kultiviert werden. Mithilfe solcher Zellkulturen lässt sich die *Teilungsfähigkeit* verschiedener Zellen gut untersuchen und vergleichen. Einzeller teilen sich sehr schnell, sie verdoppeln ihre Anzahl innerhalb von 1 bis 2 Stunden. Bei Säugetierzellen dauert die Zellteilung dagegen zwischen 10 und 24 Stunden.

Die *Zellteilungsaktivität* verschiedener Gewebe eines Organismus ist sehr unterschiedlich. Leberzellen des Menschen zum Beispiel teilen sich nur sehr selten, sie werden in der Regel erst durch eine Schädigung zur Teilung angeregt. Manche Darmepithelzellen, die einem hohen Verschleiß unterliegen, teilen sich dagegen mehrmals pro Tag. Die Zellen des Herzmuskels und der Augenlinse sowie Gehirnzellen mit Ausnahme neuronaler Stammzellen haben ihre Teilungsfähigkeit nahezu verloren.

**Ungefähre Dauer der Phasen des Zellzyklus bei menschlichen Körperzellen**

(in Stunden)

| Zelltyp | Gesamtzyklus | $G_1$ | S | $G_2$ | M |
|---|---|---|---|---|---|
| Knochenmark (Bildung der Blutzellen) | 13 | 2 | 8 | 2 | 1 |
| Dünndarm | 17 | 6 | 8 | 2 | 1 |
| Dickdarm | 33 | 22 | 8 | 2 | 1 |
| Haut | 1 000 | 989 | 8 | 2 | 1 |
| Leber | 10 000 | 9 989 | 8 | 2 | 1 |

**Der Zellzyklus.** Aus der Zellteilung gehen zwei *genetisch identische* Zellen hervor. Dazu werden die Zellbestandteile zusammen mit dem Cytoplasma gleichmäßig auf die Tochterzellen verteilt. Die DNA nimmt hierfür eine *Transportform* ein, sodass sie bei der Aufteilung auf die Tochterzellen weniger leicht beschädigt werden kann. Die Moleküle kondensieren dabei so stark, dass die genetische Information nicht mehr abgelesen werden kann.

Damit jedoch überhaupt genetisch identische Zellen entstehen können, muss die Erbsubstanz zuvor verdoppelt werden. Dies setzt eine intensive Stoffwechselaktivität der Zelle voraus. Die Verdopplung der DNA ist ebenso wie Zellwachstum nur dann möglich, wenn die im Zellkern enthaltene genetische Information abgelesen werden kann, die DNA also in ihrer Arbeitsform, nicht in der Transportform vorliegt.

Das Wachstum und die Teilung von Zellen erfordern demnach unterschiedliche Prozesse. Die regelmäßige Abfolge dieser Prozesse wird als *Zellzyklus* bezeichnet. Der Zellzyklus gliedert sich in zwei Abschnitte: die Wachstums- oder *Interphase* und die Teilungs- oder *Mitosephase*. In der Mitosephase lässt sich die Kernteilung *(Mitose)* von der eigentlichen Zellteilung *(Cytokinese)* unterscheiden (► Bild 1, S. 27).

**Interphase.** Die weitaus längste Zeit liegen Zellen in der Interphase vor, die im lichtmikroskopischen Bild ruhig und ereignislos erscheint. Tatsächlich ist die Zeit zwischen zwei Zellteilungen eine „Arbeitsphase“ mit intensiver Stoffwechselaktivität. In einem mittleren Zeitabschnitt der Interphase wird die Erbinformation verdoppelt. Dieser Abschnitt heißt *S-Phase* (S für Synthese, gemeint ist die Synthese von DNA). Die direkt vor und nach der S-Phase liegenden Abschnitte werden als *$G_1$-* beziehungsweise *$G_2$-Phase* bezeichnet (G für engl. *gap:* Lücke). Während dieser Zeit wachsen die Zellen stark. Hierfür wird die genetische Information abgelesen und in Proteine umgesetzt.

Bei teilungsaktiven Zellen macht die Interphase zeitlich oft mehr als 90 % des Zellzyklus aus (► Tabelle). Im vielzelligen Organismus haben die meisten Zellen ihre Teilungsaktivität sogar ganz eingestellt und verharren in der Arbeitsphase. Dieser Zustand wird als $G_0$-Phase bezeichnet.

**Mitosephase.** In der Mitosephase entstehen durch Kern- und Zellteilung zwei neue Zellen. Der lichtmikroskopisch scheinbar strukturlose Kerninhalt verdichtet sich allmählich, sodass die Chromosomen sichtbar werden. Die Schwesterchromatiden jedes Chromosoms, die genetisch identische Informationen tragen, werden auf die beiden entgegengesetzten Zellpole verteilt (► S. 26).

**Cytokinese.** Nach der Kernteilung findet die eigentliche Zellteilung oder Cytokinese statt (► Bild 1). Tierische Zellen werden im Bereich der Zellmitte durchgeschnürt. Hierfür sind *kontraktile* Fasern aus *Aktin* und *Myosin* verantwortlich (► S. 53). Diese Proteine spielen auch bei der Muskelkontraktion eine Rolle (► S. 110). Aktin- und Myosinfilamente bilden unter der Zellmembran einen Ring, der die Membran nach innen zieht, bis die Tochterzellen vollständig getrennt sind.

In Pflanzenzellen, die von einer festen Zellwand umgeben sind, teilt sich das Cytoplasma, indem senkrecht zwischen den entstehenden Tochterzellen eine Zellwand aufgebaut wird. Hierbei lagern sich im Innern der Ursprungszelle membranumhüllte Bläschen zusammen, die „Baumaterial" für die neue Zellwand enthalten, und verschmelzen zu einer Platte. Aus den Membranbestandteilen der Zellplatte gehen die Zellmembranen hervor, zwischen denen die neue Zellwand entsteht.

Kern- und Zellteilung sind normalerweise gekoppelte Vorgänge. Nicht immer jedoch folgt auf die Kernteilung auch automatisch eine Zellteilung. Während der Embryonalentwicklung der Fruchtfliege zum Beispiel entstehen Zellen mit bis zu 6000 Kernen; erst nachträglich teilt sich auch das Cytoplasma.

**Steuerung und Regelung des Zellzyklus.** Ein vielzelliger Organismus kann nur bestehen, wenn der Zellzyklus einer Kontrolle unterliegt. Dies bedeutet, dass die *Vermehrung der einzelnen Zellen eingeschränkt* ist und nur *bei Bedarf aktiviert* wird. In Experimenten mit Zellkulturen wurde eine Reihe von Faktoren ermittelt, die den Zellzyklus beeinflusst. Fehlen zum Beispiel wichtige *Nährstoffe*, erfolgt keine Zellteilung. Aber auch bei optimaler Nährstoffversorgung teilen sich die Zellen nur, wenn zusätzlich ein als *Wachstumsfaktor* bezeichneter Regulatorstoff vorhanden ist. Ein solcher Wachstumsfaktor wird zum Beispiel von Blutplättchen freigesetzt, die in der Nähe einer Wunde zerfallen. Dieser löst bei den Zellen, die den Wundverschluss bilden, Zellteilungen aus.

Auch eine zu hohe *Zelldichte* hemmt die Zellteilung, was dazu beiträgt, dass in Geweben die Anzahl der Zellen einer Sorte annähernd konstant bleibt. Umgekehrt regt die Abnahme der Zelldichte die Teilung an. Starker Blutverlust hat zum Beispiel zur Folge, dass verstärkt Blutzellen gebildet werden.

Der korrekte Ablauf des Zellzyklus ist für das Überleben eines Organismus von entscheidender Bedeutung. In der Zelle finden offenbar am Übergang von einer Phase zur nächsten „Qualitätsprüfungen" statt. Diese *Kontrollpunkte* werden nur dann passiert, wenn der vorhergehende Arbeitsschritt vollständig und korrekt ausgeführt wurde. Als Taktgeber für diese Übergänge dienen molekulare „Schalter". Dabei handelt es sich um spezielle *Enzyme* (► S. 66), die in einer inaktiven Form in der Zelle vorliegen. Sie werden durch Regulatorstoffe aktiviert, die jeweils in der vorhergehenden Phase des Zyklus entstehen. Erst dann setzen die Enzyme den nächsten Arbeitsschritt in der Zelle in Gang. Durch die Kontrollpunkte ist sichergestellt, dass die einzelnen Prozesse korrekt und in ihrer festgelegten Reihenfolge ablaufen.

Ein solcher Kontrollpunkt befindet sich am Ende der $G_1$-Phase. Hier wird „geprüft", ob das Zellvolumen groß genug ist. Die Zelle nimmt ihre Größe offenbar indirekt über das Mengenverhältnis von Cytoplasma zu Zellkern wahr. Erreicht dieses Verhältnis einen bestimmten Schwellenwert, überschreitet die Zelle den *Restriktionspunkt* und tritt dann in die S-Phase ein. Die DNA wird verdoppelt und die Zelle teilt sich. Entspricht die Zelle jedoch nicht den für eine Teilung notwendigen Kriterien, verlässt sie am Restriktionspunkt den Zellzyklus und tritt in den $G_0$-Zustand ein.

Ein weiterer „Schalter" liegt am Ende der $G_2$-Phase. Die Zelle kann nur dann in die Mitosephase eintreten, wenn zuvor die gesamte DNA verdoppelt wurde. Die Zellgröße spielt hier ebenfalls eine Rolle.

**Zellalterung.** In Zellkulturen setzen die Körperzellen von Tieren ihre Vermehrung nicht unbegrenzt fort, selbst wenn das Medium genügend Nährstoffe und Wachstumsfaktoren enthält. Dabei ist die Zahl der Teilungen von der Art und vom Alter des Tiers abhängig, dem die Zellen entnommen wurden. Menschliche Bindegewebszellen aus einem Embryo durchlaufen in Kultur etwa 60 Zellzyklen, diejenigen eines 80-Jährigen teilen sich nur noch rund 30-mal. Die Zyklen verlaufen immer langsamer und kommen schließlich zum Stillstand. Dieses Phänomen wird als *Zellalterung* bezeichnet.

Bei Tumorzellen sind die *Regulationsmechanismen des Zellzyklus außer Kraft* gesetzt. Sie reagieren nicht mehr auf äußere und innere Signale, die normalerweise die Zellteilung unterbinden. In Kultur teilen sie sich unbegrenzt weiter. Tumorzellen sind *potenziell unsterblich*.

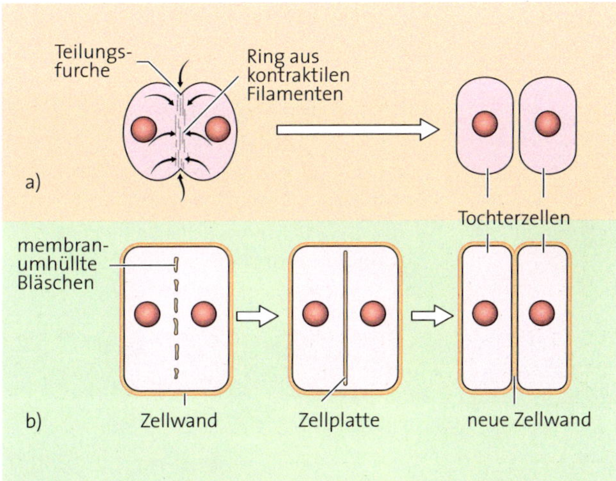


*1 Die Cytokinese verläuft bei tierischen Zellen (a) und pflanzlichen Zellen (b) unterschiedlich.*

1. **Beschreiben Sie diejenigen Faktoren, die für das Überschreiten der Kontrollpunkte im Zellzyklus verantwortlich sind.**
2. **Erstellen Sie ein Schema, das verdeutlicht, welche Einflussgrößen an der Steuerung des Zellzyklus beteiligt sind.**

## Der Ablauf der Mitose

Der Ablauf der Mitose lässt sich anhand lichtmikroskopischer Aufnahmen gut rekonstruieren (► Bild 1 auf der nächsten Seite). Um den an sich kontinuierlichen Prozess besser beschreiben zu können, wird er in die Abschnitte *Prophase, Prometaphase, Metaphase, Anaphase* und *Telophase* unterteilt.

**Prophase.** In der Prophase beginnt sich das Chromatin zu verdichten, sodass einzelne fadenartige Strukturen, die *Chromosomen*, erkennbar werden. Ihre Anzahl ist typisch für die jeweilige Art. In diesem Stadium besteht jedes Chromosom aus zwei identischen Hälften, den *Chromatiden*. Die Verbindungsstelle, an der die beiden Schwesterchromatiden zusammenhängen, wird als *Centromer* bezeichnet.

Da das Chromatin stets in der gleichen Weise „aufgewickelt" wird, sind alle Chromosomen gleich dick. Ihre Längen unterscheiden sich allerdings – sie sind dem DNA-Gehalt proportional. Durch die Kondensation der Chromosomen entstehen kompakte, gut zu transportierende Einheiten. Dadurch wird die Gefahr, dass bei der Kernteilung Teile des DNA-Moleküls abreißen, so gering wie möglich gehalten.

Im Verlauf der Prophase lösen sich außerdem die Nucleoli und die Kernhülle auf.

**Prometaphase.** Während der Prometaphase treten die Chromosomen allmählich deutlicher hervor. Oft sind heftige, unregelmäßige Bewegungen zu beobachten. Dabei werden die Centromere zur Zellmitte hin verlagert.

**Metaphase.** Die Metaphase ist ein bewegungsarmes Stadium. Alle Chromosomen sind in der Zellmitte in einer Ebene, der *Äquatorialplatte*, angeordnet. Man spricht auch von *Metaphaseplatte*. Die Chromatiden haben ihre maximale Verkürzung erreicht. In diesem Stadium kann der Chromosomenbestand gut untersucht werden, indem man den weiteren Ablauf der Mitose zum Beispiel durch Colchicin blockiert (► S. 28).

**Anaphase.** Auf ein Signal hin – wahrscheinlich handelt es sich dabei um einen Anstieg der $Ca^{2+}$-Konzentration – löst sich gleichzeitig bei allen Chromosomen die Verbindung der Schwesterchromatiden am Centromer. Die Chromatiden bewegen sich auf die entgegengesetzten Pole der Zelle zu. Dabei beträgt ihre Geschwindigkeit etwa 1 µm pro Minute.

**Telophase.** Die Chromatiden sind an den Zellpolen angekommen. An jedem Pol liegt nun der *vollständige Satz Einchromatid-Chromosomen* vor. Die Chromosomen entspiralisieren sich und gehen von der lichtmikroskopisch erkennbaren Transportform wieder in die scheinbar unstrukturierte Arbeitsform des Chromatins über. Die beiden neuen Kernmembranen bilden sich, nach und nach werden die Nucleoli wieder sichtbar. Die Telophase entspricht also weitgehend einer Umkehrung der Prophase.

Gleichzeitig bildet sich zwischen den beiden neu entstandenen Tochterzellen etwa auf der Höhe der ursprünglichen Äquatorialplatte eine neue Zellmembran aus – ein Prozess, der im Lauf der Cytokinese abgeschlossen wird. Damit ist die Zellteilung beendet.

**Die Mechanik der Chromosomenbewegung.** Für den Transport der Chromatiden bei der Mitose ist der *Spindelapparat* verantwortlich (► Bilder 1 u. 2). Diese Struktur aus Proteinfasern (*Mikrotubuli* ► S. 53) bildet sich zu Beginn der Prophase und wird nach Beendigung der Kernteilung wieder abgebaut. Die Fasern gehen von einem Organisationszentrum aus, dem *Centrosom*. Noch während der Interphase teilt sich das Centrosom. Mit Beginn der Prophase rücken die Tochtercentrosomen auseinander und bewegen sich zu den Zellpolen hin. Von dort aus „wachsen" die Spindelfasern in Richtung Zellmitte. Von beiden Seiten heften sie sich an die Centromere der Chromosomen an. Andere, als *Polfasern* bezeichnete Mikrotubuli verbinden sich im Bereich der Zellmitte mit Fasern vom gegenüberliegenden Pol. Die Trennung der Schwesterchromatiden in der Anaphase kommt dadurch zustande, dass sich die Spindelfasern verkürzen; die Chromatiden werden zu den Zellpolen hingezogen. Gleichzeitig „schieben" die überlappenden Fasern die Pole auseinander.

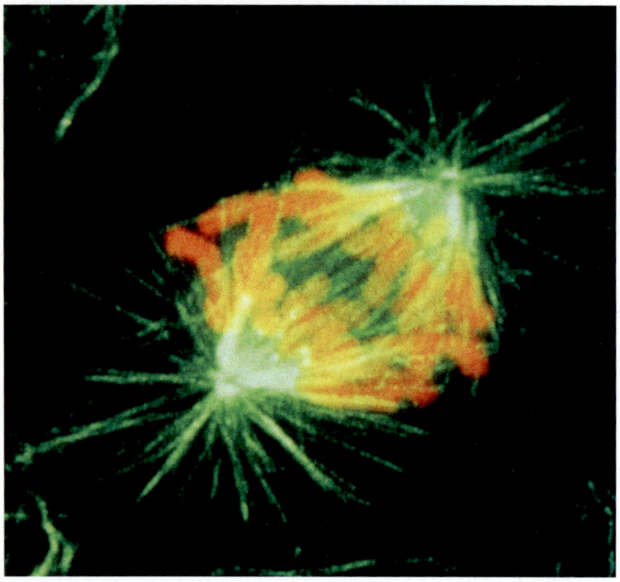

*1 Fluoreszenzaufnahme des Spindelapparats*

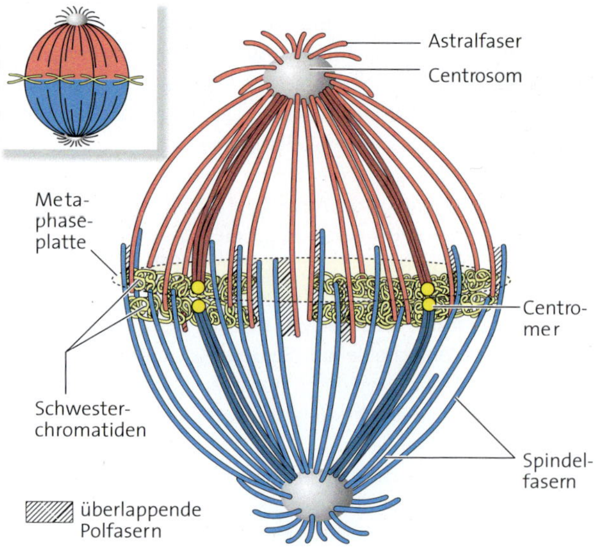


*2 Aufbau des Spindelapparats*

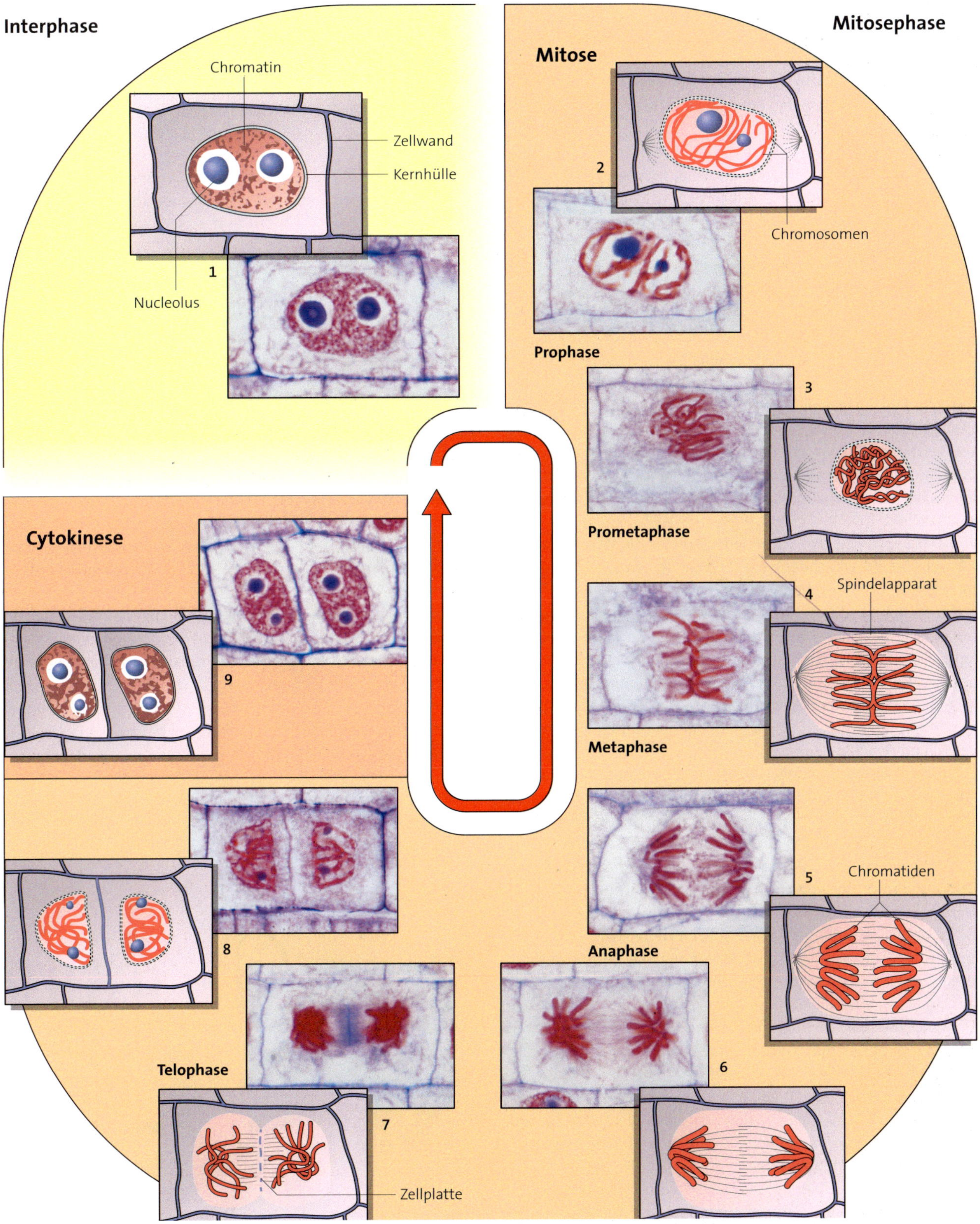


1 *Die Phasen des Zellzyklus in der Übersicht am Beispiel der Küchenzwiebel Allium cepa. Die Darstellung berücksichtigt nicht die Zeitdauer der einzelnen Stadien.*

# Untersuchung von Mitosestadien

Zellteilungen lassen sich besonders gut in denjenigen Teilen eines Organismus beobachten, die durch ständiges Wachstum gekennzeichnet sind. Bei Pflanzen sind dies zum Beispiel die *Vegetationspunkte*, die Spitzen von Spross und Wurzel. Hier findet man nebeneinander Zellen in den unterschiedlichsten Stadien der Zellteilung.

Als Untersuchungsobjekte sind die Wurzeln der gewöhnlichen Küchenzwiebel sehr geeignet, da Küchenzwiebeln leicht zu beschaffen sind, ihre Wurzeln schnell wachsen und einfach zu präparieren sind.

## Mitosestadien im Wurzelgewebe der Küchenzwiebel

**MATERIAL:** mehrere Küchenzwiebeln, Bechergläser, Reagenzgläser mit Stopfen, Karmin- oder Orcein-Essigsäure (C; *Achtung: Dämpfe ätzend!)*, Essigsäure 50 % *(C)*, Mikroskop und Zubehör (Fotoaufsatz, falls vorhanden)

**DURCHFÜHRUNG:** Sie erfolgt in mehreren Schritten.

*Anzucht.* Von mehreren Küchenzwiebeln werden die trockenen Hüllblätter entfernt. Die Zwiebeln werden anschließend so auf wassergefüllte Bechergläser gesetzt, dass die Wurzelscheiben gerade die Wasseroberfläche erreichen. Bei Zimmertemperatur haben sich bereits nach 3 oder 4 Tagen einige Zentimeter lange Wurzeln gebildet.

*Vorbereitung.* Schneiden Sie an jeder Zwiebel die Wurzeln ab. Behandeln Sie im Folgenden jede Zwiebel als einzelne Probe. Verwenden Sie jeweils mehrere Wurzeln.

*Färbung.* Trennen Sie zunächst mit einer Rasierklinge die äußersten 1–2 mm der Wurzelspitzen ab. Entnehmen Sie weitere 1–2 mm lange Stückchen in der Wurzelmitte und am Wurzelansatz. Bringen Sie jeweils mehrere Stücke getrennt nach Wurzelspitze, -mitte und -ansatz in verschiedene Reagenzgläser. Jedes Glas wird mit einem Tropfen Färbelösung (Karmin- oder Orcein-Essigsäure) versehen und verschlossen.

Nach etwa 24 Stunden wird die Lösung einmal kurz aufgekocht. Achten Sie dabei unbedingt darauf, dass die ätzende Färbelösung nicht herausspritzt! Verwenden Sie Siedesteinchen. Arbeiten Sie mit Schutzbrille, atmen Sie keine Dämpfe ein. Benutzen Sie Reagenzglashalter und achten Sie darauf, die Reagenzglasöffnung vom Körper weg und nicht auf einen Mitschüler oder eine Mitschülerin zu richten!

*Präparation.* Die gefärbten Wurzelspitzen werden mit einer Pipette (nicht mit dem Mund pipettieren!) aus den Reagenzgläsern entnommen und zu mehreren – drei bis vier pro Objektträger – auf einen sauberen Objektträger aufgebracht. Legen Sie dann ein Deckgläschen auf. Die Färbelösung wird jetzt möglichst vollständig abgesaugt und durch einen Tropfen Essigsäure ersetzt.

Decken Sie das Präparat mit mehreren Lagen Filterpapier ab und zerquetschen Sie die Wurzelspitzen durch einen kräftigen Daumendruck. Achtung: Deckgläschen dabei nicht verschieben! Herausgequetschte Flüssigkeit absaugen und gegebenenfalls neue Essigsäure hindurchziehen.

*Untersuchung im Mikroskop.* Betrachten Sie die Präparate zunächst bei 100-facher Vergrößerung. Welche Mitosestadien erkennen Sie? Zeichnen Sie für jedes Stadium eine Zelle bei 400-facher Vergrößerung.

### Karyogramme

Zellen, die sich in Teilung befinden, werden auch zum Herstellen von *Karyogrammen* benötigt. Dafür eignen sich besonders die Metaphasechromosomen. Sich teilende Zellen werden dazu mit Colchicin behandelt, dem Gift der Herbstzeitlose. Da *Colchicin* den Aufbau des Spindelapparats hemmt, kommt es nicht zur Trennung der Chromatiden. Die Chromosomen liegen in der typischen X-Form vor. Anhand von Mikrofotos des Chromosomensatzes werden die Chromosomen zu Paaren geordnet und nach Größe und Gestalt sortiert. Das Bild unten zeigt das Karyogramm der Pferdebohne.

Karyogramme werden zum Beispiel in der Pflanzengenetik dazu verwendet, den Erfolg bei der Züchtung von Pflanzen mit vervielfachtem Chromosomensatz zu überprüfen. Anhand menschlicher Karyogramme lassen sich Erbkrankheiten feststellen, die auf Veränderungen der Anzahl oder in der Struktur von Chromosomen beruhen (► S. 183).

## Karyogramm der Küchenzwiebel

**MATERIAL:** wie oben, 0,1%ige 8-Hydroxychinolin-Lösung (als Ersatzstoff für das stark giftige Colchicin)

**DURCHFÜHRUNG:** Ziehen Sie mehrere Zwiebeln an wie links angegeben. Wenn die Wurzeln 1–3 cm lang sind, setzen Sie die Zwiebeln für 24 Stunden auf Bechergläser mit Hydroxychinolin-Lösung. Fertigen Sie von den äußersten 1–2 mm der Wurzelspitze wie links beschrieben Quetschpräparate an.

Untersuchen Sie zunächst bei 100-facher Vergrößerung. Versuchen Sie dann zu ermitteln, wie groß der Chromosomensatz ist. Falls möglich, fotografieren Sie Ihr Präparat und fertigen Sie anhand des Fotos ein Karyogramm an.

---

**1 Erläutern Sie, in welchem Stadium der Mitose die Zellen nach einer Behandlung mit Colchicin verharren.**

## ☞ Stichworte zu weiteren Informationen

Meristem • Zellkultur • mikroskopische Färbemethoden • Hemmung der Chromosomenbewegung

## Genetisch programmierter Zelltod

Im Körper eines Erwachsenen sterben in jeder Sekunde Millionen von Zellen und ebenso viele entstehen durch Mitose neu. Damit die Gewebe ihren jeweiligen Funktionen gerecht werden, muss zwischen Zellsterben und Zellneubildung ein Gleichgewicht herrschen. Dabei spielt der genetisch programmierte Zelltod, auch *Apoptose* genannt, eine entscheidende Rolle.

Ursprünglich hatte der genetisch programmierte Zelltod wohl nur die Aufgabe, mit Krankheitserregern infizierte Zellen zu beseitigen. Im Verlauf der Evolution hat er darüber hinaus eine wichtige Regelfunktion im zellulären Geschehen der Vielzeller übernommen. Auch an Entwicklungsvorgängen ist er beteiligt, wenn in der Embryonal- oder Larvalentwicklung vorübergehend ausgebildete Gewebe wieder beseitigt werden (► Bilder 1 und 2).

**Apoptosevorgang.** Entdeckt wurde der programmierte Zelltod bei der mikroskopischen Untersuchung von Tierzellen. Die dramatischen Ereignisse, die man sah, nannte man Apoptose (von griech. *apoptosis:* Abfallen). Zellplasma, Zellkern und Mitochondrien schrumpfen, die Zellen verlieren den Kontakt zu ihren Nachbarzellen, spezifische Enzyme zerlegen DNA und Proteine in Bruchstücke. Allerdings bleibt die Zellmembran intakt und schnürt membranumschlossene Vesikel – sogenannte apoptotische Körperchen – von der Zelle ab. Sie werden von Nachbarzellen oder den Makrophagen des Immunsystems (► S. 228) aufgenommen, bis die gesamte Zelle auf diese Weise aufgelöst ist (► Bild 3).

**Auslöser.** Die Aktivierung bestimmter *Enzyme*, der *Caspasen*, leitet *unumkehrbar* den programmierten Zelltod ein. Sie unterliegt deshalb in allen Zellen einer strengen Kontrolle durch Proteine einer „übergeordneten Ebene". Ein fein abgestimmtes Gleichgewicht zwischen hemmenden und fördernden *Kontroll-Proteinen* sorgt dafür, dass die Caspasen inaktiv bleiben oder – wenn nötig – aktiviert werden. Eine Verschiebung des Gleichgewichts zugunsten der hemmenden Proteine kann zu unkontrollierter Zellteilung und damit zur *Krebsentstehung* beitragen.

**Kontrolle.** Eine wichtige Rolle spielt hierbei das Protein p53, ein Kontrollprotein im Zellzyklus (► S. 24), das die in der S-Phase verdoppelte DNA auf Vollständigkeit überprüft. Bei Schäden an der DNA wird vermehrt p53 hergestellt, das den Übergang in die Mitosephase blockiert und Proteine aktiviert, die den programmierten Zelltod einleiten. Dadurch wird normalerweise verhindert, dass sich Zellen mit veränderter DNA, beispielsweise Krebszellen, weiter teilen und vermehren. Ist allerdings p53 selbst von solchen Veränderungen betroffen, unterbleibt das Signal zum programmierten Zelltod und die Zellen vermehren sich ungehindert.

**Apoptose und Krankheiten.** Ein zu geringer Umfang an Apoptose scheint für etwa die Hälfte aller menschlichen Krebserkrankungen – in Brust, Lunge und Dickdarm – mitverantwortlich zu sein. Mit einem Übermaß an Apoptose werden dagegen Gewebezerstörung bei *Virusinfektionen*, das Absterben von Nervenzellen bei degenerativen Gehirnerkrankungen wie *Alzheimer* oder *Parkinson*, *Arteriosklerose* sowie manche *Erkrankungen des Herzmuskels* in Verbindung gebracht.

**Nekrose.** Gehen Zellen durch äußere Einflüsse wie Verbrennungen, Vergiftungen, Verletzungen, Sauerstoffmangel oder Strahlung „unprogrammiert" zugrunde, spricht man von *Nekrose*. Ein typisches Beispiel ist das Absterben von Hautzellen bei einem *Sonnenbrand*. Dabei schwillt die gesamte Zelle an, bis sie platzt. Die aus dem Cytoplasma freigesetzten Stoffe werden von Makrophagen und anderen Zellen des Immunsystems erkannt. Diese rufen – anders als beim programmierten Zelltod – eine Entzündungsreaktion hervor, die mitunter auch angrenzendes gesundes Gewebe betrifft (► Bild 3).

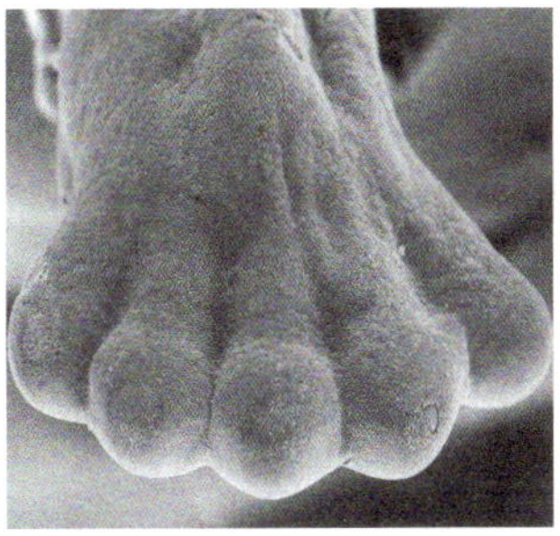

1 *Fuß eines menschlichen Embryos, 53 Tage alt*

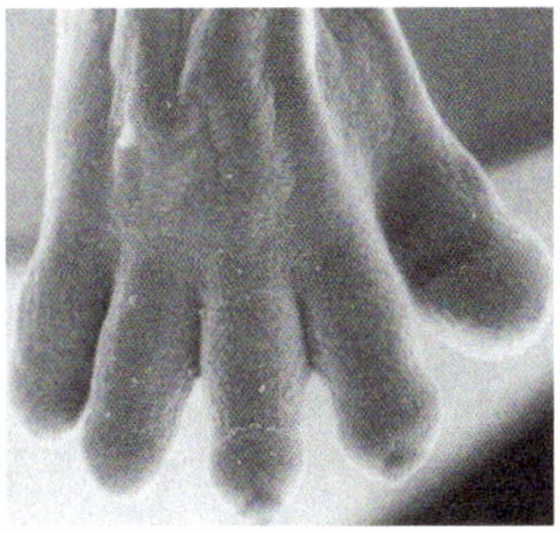

2 *Fuß eines menschlichen Embryos, 59 Tage alt*

**Wie entsteht Hautkrebs?** Normalerweise sterben Hautzellen, deren DNA durch Sonnenstrahlung geschädigt wurde, durch *Nekrose* und *Apoptose* ab. Zellen, in denen zum Beispiel durch einen früheren Sonnenbrand das Gen für das Protein p53 verändert ist, bleiben allerdings vom programmierten Zelltod verschont. Da die Zellen, die das Protein p53 enthalten, auf die übermäßige Strahlendosis mit Absterben reagieren, entstehen Gewebslücken, die durch die zur Apoptose unfähigen Zellen aufgefüllt werden. Dadurch begünstigt jeder Sonnenbrand zugleich auch die Vermehrung von Zellen, die zu Hautkrebs führen können.

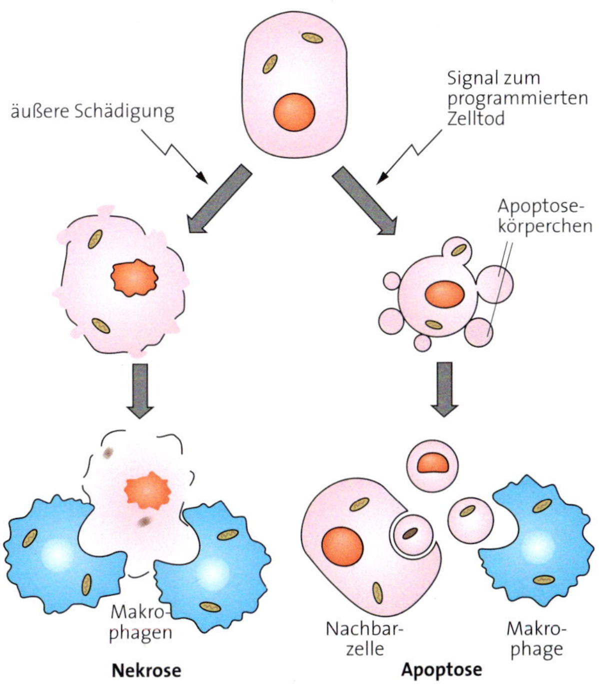


3 *Zellen können programmiert durch Apoptose oder unprogrammiert durch Nekrose zugrunde gehen.*

## Zell- und Gewebetypen

In der Regel entstehen bei einer Zellteilung zwei identische Tochterzellen. Anders bei den Zellteilungen, die in der frühen Embryonalentwicklung stattfinden: Aus der Zygote gehen durch rasche Teilungen Zellen hervor, die bereits Unterschiede in der Größe aufweisen. Dies ist der erste Schritt einer *Differenzierung*: Die Zellgestalt entwickelt sich so, dass sie der Funktion der Zelle entspricht. Durch weitere *asymmetrische Zellteilungen* entstehen Zellen, die sich in ihrer Gestalt und Struktur stark unterscheiden. Aus diesen unterschiedlich differenzierten Zellen gehen die verschiedenen *Gewebe* eines Organismus hervor. Als Gewebe bezeichnet man einen Verband von Zellen mit ähnlicher Größe, Form und Funktion.

**Zelltypen.** Die Gestalt einer Zelle ist ihrer spezifischen Leistung angepasst: Pflanzenzellen, die der *Wasserleitung* dienen, haben zum Beispiel einen deutlich größeren Durchmesser als andere Gewebezellen. Sie sind extrem lang gestreckt, oft verbinden sich sogar viele Zellen zu Gefäßen. Ihre Zellwände sind an bestimmten Stellen verstärkt. In voll funktionsfähigen Gefäßen sind die Querwände der aneinanderstoßenden Zellen durchbrochen. Die Zellen sterben dann ab.

Auch *Faserzellen*, die dem Pflanzenkörper Festigkeit verleihen, haben eine lang gestreckte Form. Ihre Zellwand ist so stark verdickt, dass der Zellinnenraum im Vergleich zum Gesamtdurchmesser der Zelle winzig erscheint.

*Fotosynthese betreibende Zellen* in den Blättern sind durch eine Vielzahl an Chloroplasten charakterisiert. *Speicherzellen* in der Wurzel weisen dagegen vermehrt Leukoplasten zur Stärkespeicherung auf.

*Nervenzellen*, die nur bei Tieren vorkommen, haben lange, vielfach verzweigte Ausläufer. Über diese *Dendriten* nehmen sie von anderen Nervenzellen oder Sinneszellen Informationen auf. Der längste dieser Ausläufer, das *Axon*, steht mit anderen Nervenzellen, Drüsen und Muskeln in Verbindung.

*Rote Blutkörperchen (Erythrocyten)* sind im reifen Zustand durch eine abgeflachte Form charakterisiert. Sie enthalten weder einen Zellkern noch andere Organellen. Ihr Hauptbestandteil ist Hämoglobin, was sie für die Funktion des Sauerstoff- und Kohlenstoffdioxidtransports optimiert.

Da Erythrocyten plastisch verformbar sind, können sie selbst durch die engsten Kapillaren „schlüpfen".

Bestimmte Zellen aus dem *Dünndarm* erfüllen andere Transportaufgaben. Sie sind asymmetrisch gebaut: Die Zellmembran bildet auf der dem Darm zugewandten Seite Tausende fingerförmige Ausstülpungen, die *Mikrovilli*. Dadurch wird die Zelloberfläche etwa 30-fach vergrößert. Diese Oberflächenvergrößerung erhöht die Transportkapazität für Moleküle aus dem Dünndarm erheblich.

**Gewebetypen bei Pflanzen.** Anders als Tiere zeigen Pflanzen ein lebenslanges Wachstum. Allerdings behalten nur die Zellen bestimmter Gewebe dauerhaft ihre Teilungsfähigkeit. Diese Gewebe heißen *Meristeme*. Sie befinden sich unter anderem in den Spitzen von Wurzel und Spross. Die Zellen sind annähernd würfelförmig (isodiametrisch), haben nur dünne Zellwände und kaum Vakuolen. Oft lassen sich in ihnen Zellteilungen beobachten. Diese wenig differenzierten Zellen entwickeln sich zu den ausdifferenzierten Zellen der *Dauergewebe*.

*Grundgewebe* oder *Parenchyme* sind die am wenigsten spezialisierten pflanzlichen Gewebe. Sie finden sich in allen Organen der Pflanze. Die anderen Gewebe sind in das Parenchym eingebettet.

Vor allem bei ausdauernden, großen Pflanzen spielen *Festigungsgewebe* eine wichtige Rolle. Sie verleihen dem Pflanzenkörper Stabilität gegenüber Zug- und Druckbelastung. Festigungsgewebe bestehen aus Zellen

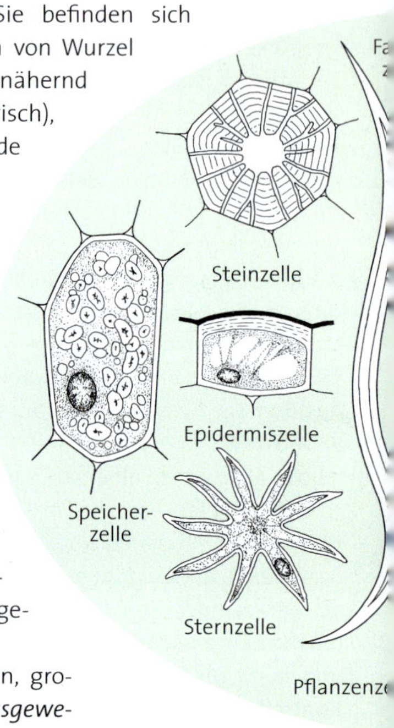


*1 Differenzierung von tierischen und pflanzlichen Zellen*

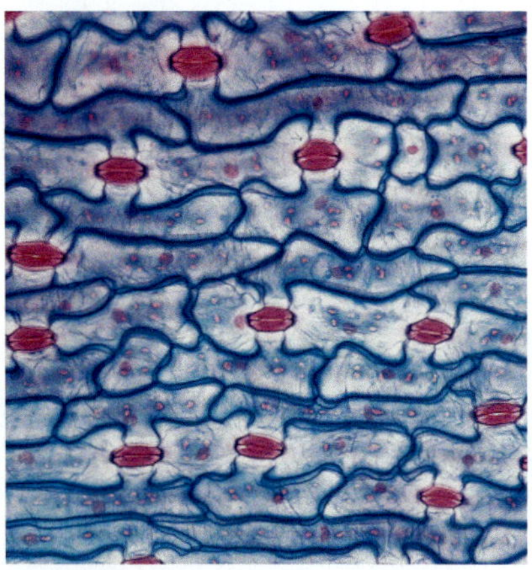

*2 Blattepidermis der Tulpe mit Spaltöffnungen (Aufsicht)*

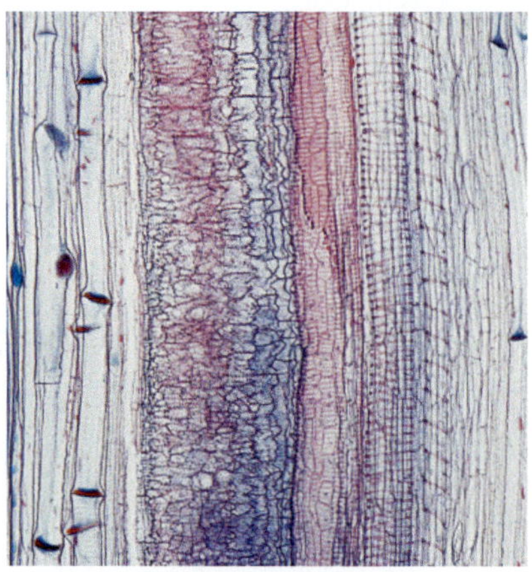

*3 Leitgewebe im Stängel des Kürbis (Längsschnitt)*

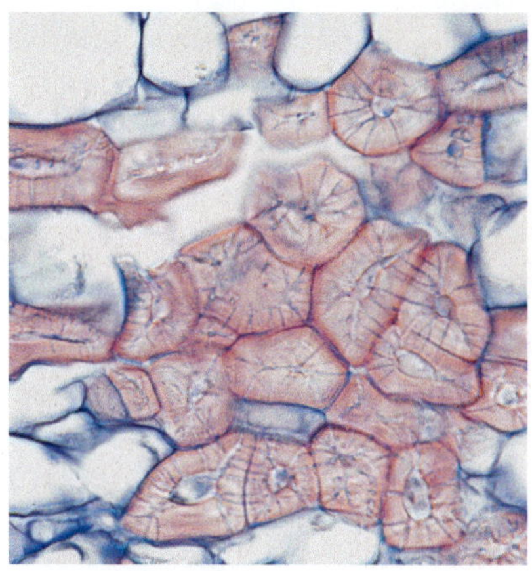

*4 Steinzellen im Fruchtfleisch der Birne haben Festigungsfunktion.*

mit stellenweise oder vollständig verdickten Wänden. Häufig sind die Zellen abgestorben, vor allem wenn die Zellwände durch Einlagerung von Kristallen oder anderen Stoffen zusätzlich verfestigt sind. Solche Zellen bilden zum Beispiel die harte Schale von Nüssen und Samen.

Festigungselemente wie beispielsweise Faserzellen sind jedoch auch im *Leitgewebe* enthalten, das den gesamten Pflanzenkörper durchzieht. Es dient zum einen der Versorgung der Pflanze mit Wasser und darin gelösten Mineralstoffen, zum anderen dem Transport von Fotosyntheseprodukten.

Die *Abschlussgewebe* begrenzen den Pflanzenkörper nach außen. Zu ihnen zählt die Epidermis. Die Außenwände der Zellen sind oft deutlich verdickt und mit einem zusätzlichen Verdunstungsschutz, einer Cuticula aus wachsartiger Substanz, versehen. Epidermiszellen der Wurzelhaarzone sind dagegen dünnwandig und ermöglichen so die Aufnahme von Wasser und darin gelösten Mineralstoffen.

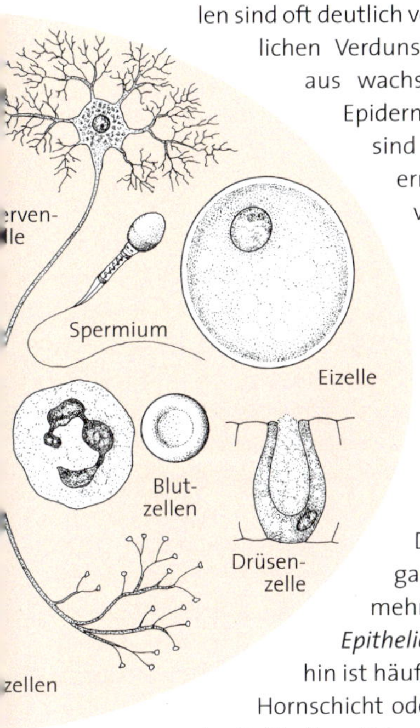


**Gewebetypen bei Tieren.** Die Vielfältigkeit der Zellen und Gewebe bei höheren Tieren ist deutlich größer als bei den Pflanzen. Dennoch lassen sich die Gewebe wenigen Grundtypen zuordnen:

Die Organe des tierischen Organismus sind durch ein- oder mehrschichtige *Deckgewebe* oder *Epithelien* begrenzt. Zur Außenwelt hin ist häufig eine Cuticula in Form einer Hornschicht oder Kalkschale aufgelagert. Zu den Epithelien zählen neben der Haut auch Drüsen und die Auskleidung der Blutgefäße.

Dem *Bindegewebe* kommen vielfältige Aufgaben zu, entsprechend verschiedenartig kann es ausgeprägt sein. Meist enthält es in unterschiedlichen Anteilen Zellen und Fasern, die in eine Grundsubstanz eingebettet sind. Zum Bindegewebe zählen Bänder und Sehnen, die auf Zugfestigkeit und Elastizität hin ausgelegt sind, aber auch Knorpel- und Knochengewebe.

Das *Muskelgewebe* besteht aus lang gestreckten Muskelzellen, die in ihrem Cytoplasma eine Vielzahl von kontraktilen Fasern aufweisen. In glatter Muskulatur, wie sie in der Haut oder in den inneren Organen vorkommt, finden sich einzelne, oft verzweigte Zellen. Bei der quer gestreiften Skelettmuskulatur dagegen spricht man von Muskelfasern; die Zellen sind zu einem vielkernigen Gebilde „verschmolzen" (► S. 110).

*Nervengewebe* dient der Signalübermittlung. Während die Nervenzellen auf Erregungsleitung spezialisiert sind, dienen andere Zellen deren Schutz und Versorgung mit Nährstoffen.

**Spezialisierung und Arbeitsteilung.** Die Ausbildung verschiedener Zell- und Gewebeformen ermöglicht dem Organismus eine effektive Arbeitsteilung. Beim Menschen unterscheidet man zum Beispiel mehrere Hundert Zelltypen. Insgesamt nimmt mit der Organisationshöhe der Organismen auch die Vielfalt der Gewebetypen zu. Diese Verschiedenartigkeit bei gleicher genetischer Ausstattung kommt dadurch zustande, dass bei verschiedenen Zellen jeweils andere Gene aktiv sind; die restlichen Gene bleiben passiv.

Ab einem bestimmten Differenzierungsgrad können tierische Zellen nicht mehr in den embryonalen Zustand zurückkehren und verlieren ihre Teilungsfähigkeit.

---

1. **Im Bild links sind neben den oben beschriebenen Zelltypen weitere Zellen dargestellt. Beschreiben Sie ihre spezifischen Merkmale und versuchen Sie diese mit der Funktion der Zellen im Organismus in Zusammenhang zu bringen.**
2. **Beschreiben Sie Unterschiede bezüglich der Zelldifferenzierung zwischen pflanzlichen und tierischen Vielzellern.**
3. **Nennen Sie Merkmale der Zellen, auf die sich die wesentlichen Unterschiede zwischen pflanzlichen und tierischen Vielzellern zurückführen lassen.**
4. **Informieren Sie sich, welche Zellen und Gewebe pflanzlicher und tierischer Herkunft als natürliche Rohstoffe Verwendung finden.**

*1 Quer gestreiftes Muskelgewebe, Längsschnitt*

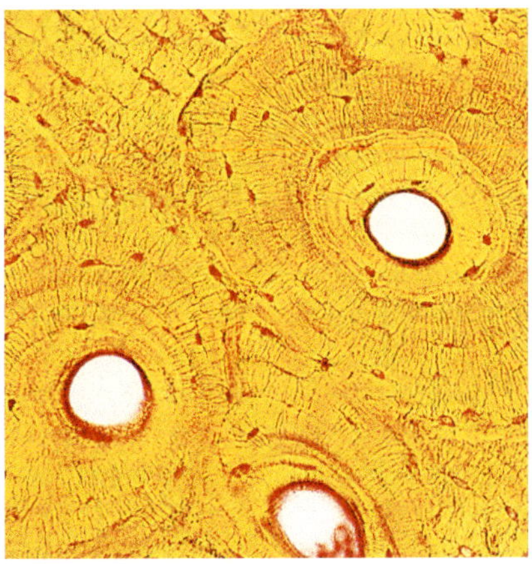

*2 Knochenzellen in einem Röhrenknochen, umgeben von Grundsubstanz*

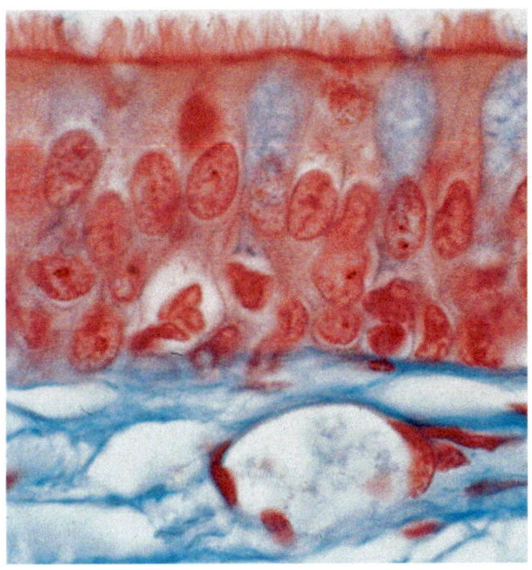

*3 Beim Frosch ist der Gaumen mit einem Flimmerepithel ausgekleidet.*

## Einzeller

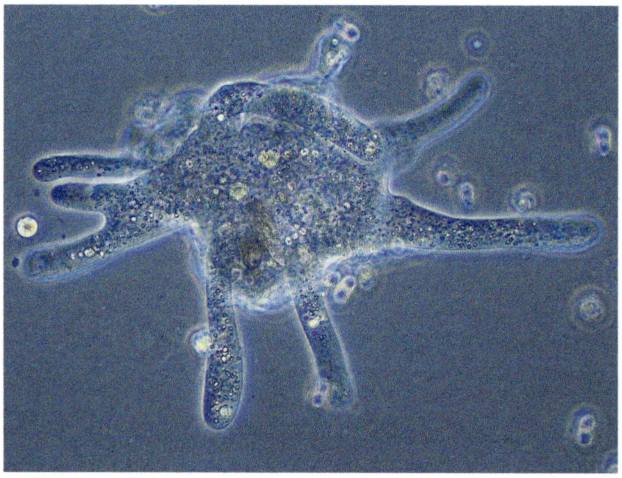

1 *Amoeba proteus bewegt sich mithilfe von Scheinfüßchen fort, den Pseudopodien.*

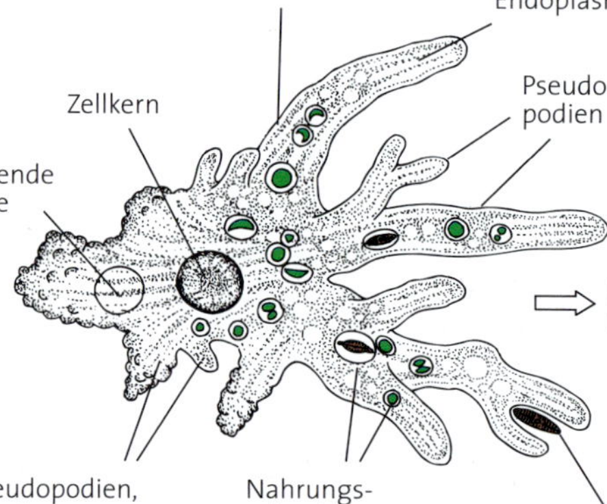


2 *Das Cytoplasma enthält neben den verschiedenen Zellorganellen in Vakuolen eingeschlossene Nahrungspartikel.*

Während Vielzeller wie Pflanzen, Tiere und Pilze ihre Leistungsfähigkeit durch Arbeitsteilung zwischen verschieden differenzierten Zellen erzielen, zeigen die eukaryotischen Einzeller besondere *Spezialisierungen innerhalb der Zelle.*

**Organisationstyp Einzeller.** Die ersten eukaryotischen Einzeller haben sich vermutlich schon vor 2 Milliarden Jahren entwickelt und stellen bis heute einen erfolgreichen Organisationstyp dar. Zusammen mit den Algen werden sie einem eigenen Reich, den *Protisten*, zugeordnet. Die verschiedenen Einzellergruppen, zum Beispiel die *Rhizopoda (Wurzelfüßer)*, zu denen die Süßwasseramöbe *Amoeba proteus* gehört, die *Ciliata (Wimpertiere)* wie *Paramecium caudatum* und die *Euglenobionta*, deren bekanntester Vertreter *Euglena viridis* ist, unterscheiden sich dabei so stark voneinander, dass Biologen sie als verschiedene Stämme oder sogar Unterreiche ansehen. Sie sind also mindestens so verschieden wie Mensch und Süßwasserpolyp! Eine Gruppe, die *Kragengeißelflagellaten* (► S. 34), ist nach heutiger Auffassung sogar näher mit den Tieren verwandt als mit anderen Protisten.

Einzeller zeigen nicht nur im Bau von Zelle und Zellorganellen eine große Vielfalt, sondern auch in Vorkommen und Lebensweise. Es gibt Gruppen, die Schalen ausbilden wie die *Foraminifera* (Kammerlinge) oder „Stacheln" wie die *Aktinopoda* (Strahlenfüßer). Diese beiden Gruppen leben ausschließlich oder überwiegend im Meer, während andere Einzeller im Süßwasser vorkommen, in Körperflüssigkeiten von Lebewesen, im Boden oder auf sich zersetzender organischer Substanz. *Autotrophe* Einzeller betreiben Fotosynthese, andere ernähren sich *heterotroph*, manche Arten können von autotropher auf heterotrophe Lebensweise umstellen.

Neben unbeweglichen Einzellern gibt es solche, die im Wasser schweben oder sich mithilfe von *Cytoplasmafortsätzen, Cilien* (Wimpern) oder *Geißeln* fortbewegen. Unter Cilien versteht man dabei kurze, haarähnliche Fortsätze, die die Zelle durch koordinierten Schlag fortbewegen. Geißeln sind länger und treiben die Zelle durch peitschenartige Bewegung an.

**Beispiel Amöbe.** Mit 0,5 mm Größe ist *Amoeba proteus* mit bloßem Auge gerade noch erkennbar. Sie verändert ihre Gestalt ständig („Wechseltier"): Die Zellmembran stülpt sich an manchen Stellen zu Fortsätzen aus, den *Pseudopodien*, in die Teile des Cytoplasmas einfließen, während sich anderswo das Cytoplasma zurückzieht. Direkt unter der Zellmembran liegt das klare, durchsichtige *Ektoplasma*. Das zentral gelegene *Endoplasma* erscheint körniger und trüber. Es enthält den Zellkern und die übrigen Zellorganellen.

Mithilfe der Pseudopodien bewegt sich die Amöbe fort. Einzelne Pseudopodien greifen dabei nach vorn, heften sich am Untergrund an und ziehen den übrigen Zellkörper nach. Die amöboide Bewegung wird durch lokale *Kontraktion* von *Mikrofilamenten* des Cytoskeletts bewirkt (► S. 53), die ein Strömen des Cytoplasmas zur Folge hat.

Zur Nahrungsaufnahme umfließen die *Pseudopodien* kleinere Einzeller, Algen oder Pflanzenreste und schließen diese wie in einer Höhle ein. Diesen Vorgang nennt man Phagocytose (► S. 49). Es entstehen dabei von Zellmembran umgebene *Nahrungsvakuolen*. Sie wandern ins Zellinnere und verschmelzen dort mit Lysosomen, kleinen Zellorganellen, die Enzyme zur Verdauung von Fett, Eiweiß und Kohlenhydraten enthalten (► S. 51). Die Nährstoffe werden dann über die Vakuolenmembran ins Cytoplasma abgegeben. Die Vakuolen selbst wandern zur Zellmembran und befördern die unverdaulichen Reste nach außen (*Exocytose* ► S. 49).

Amöben überfließen Sandkörner, Pflanzenreste, Bakterien und andere Einzeller. Dabei können sie zwischen Nahrung und anorganischem Material unterscheiden. Sie reagieren auf chemische Reize, Licht-, Berührungs-und Temperaturreize.

Da der osmotische Druck innerhalb der Amöbe höher ist als im umgebenden Süßwasser, dringt ständig Wasser in die Zelle ein. Durch die *pulsierende Vakuole*, ein besonderes Organell bei im Süßwasser lebenden Einzellern, wird eingedrungenes Wasser unter Energieaufwand rhythmisch wieder nach außen gepumpt.

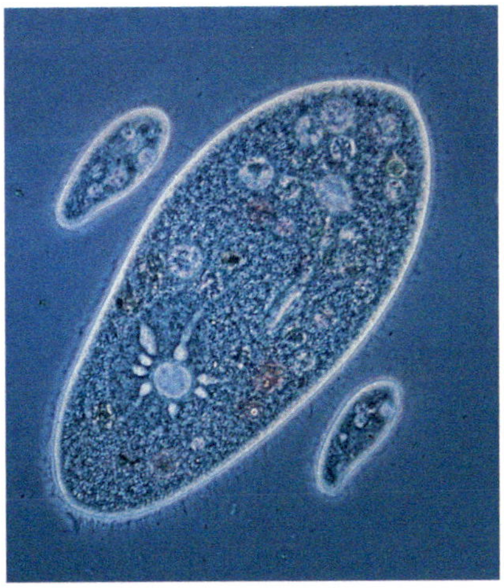

1 *Bei Paramecium caudatum ist die Lage der Organellen festgelegt.*

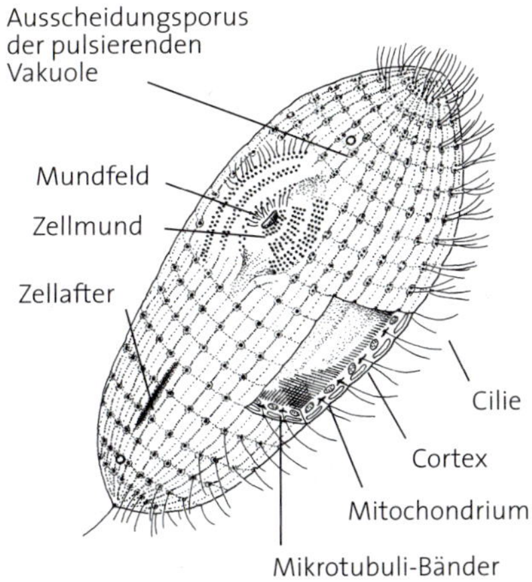


2 *Der Cortex verleiht den Wimpertieren eine arttypische Zellgestalt.*

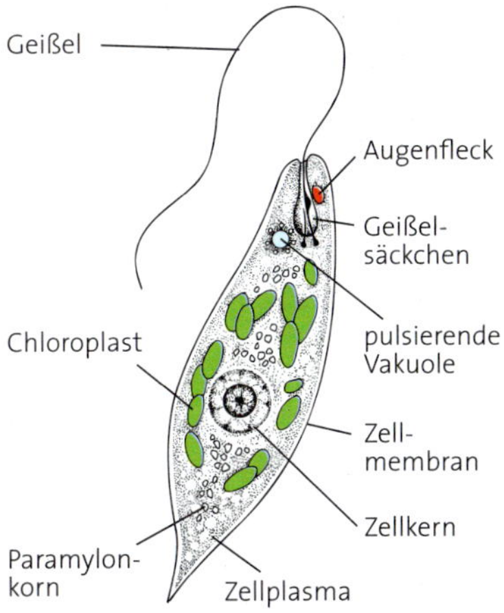


3 *Euglena viridis – ein fakultativ autotropher Einzeller*

Hat eine Amöbe eine bestimmte Zellgröße erreicht, kugelt sie sich ab. Der Zellkern teilt sich, anschließend schnürt sich der Zellleib durch. Durch *ungeschlechtliche Vermehrung* sind so zwei Tochteramöben entstanden. Sexuelle Fortpflanzung kommt nur in Ausnahmefällen vor.

**Beispiel Pantoffeltier.** Das Pantoffeltier *Paramecium caudatum* gehört zu den Wimpertieren. Es wird bis zu 0,3 mm lang und lebt in Gewässern, in denen genügend Bakterien – seine Nahrung – vorkommen. Wie alle Wimpertiere hat es eine arttypische Zellgestalt. Sie wird durch die äußere Cytoplasmaschicht bewirkt, *Cortex* genannt, in der neben den Wurzeln der *Wimpern* weitere Festigungselemente enthalten sind, zum Beispiel längs und quer verlaufende *Mikrotubuli*-Bänder (► S. 53). Auch viele Mitochondrien (► S. 52) finden sich hier.

Paramecium ist von Tausenden von Wimpern oder *Cilien* bedeckt, die in Längsreihen stehen. Ihr fortwährender rhythmischer Schlag treibt die Zelle durch das Wasser. Unter dem Mikroskop sieht man, wie über die Zelloberfläche des dicht bewimperten Pantoffeltiers Schlagwellen verlaufen, die an ein Getreidefeld im Wind erinnern. Dadurch entsteht eine vorwärtsgerichtete Drehbewegung.

Wimpern um das *Mundfeld*, eine trichterförmige Vertiefung, strudeln Bakterien herbei. Am Grund der Vertiefung befindet sich der *Zellmund*, ein Bereich ohne Festigungselemente. Nur hier ist *Phagocytose* möglich. Die entstehenden Nahrungsvakuolen verschmelzen mit Lysosomen und bewegen sich auf einer festen Bahn durch die Zelle. Dabei wird die Nahrung verdaut. Unverdauliche Nahrungsreste scheidet Paramecium am *Zellafter* durch *Exocytose* aus. Überschüssiges Wasser wird über den *Porus* der *pulsierenden Vakuole* ausgeschieden.

Bei starker Reizung stößt Paramecium lange, pfeilförmige Proteinfäden aus den *Trichocysten* aus. Diese im Cortex liegenden Organellen dienen vermutlich der Feindabwehr.

Für Wimpertiere sind zwei oder mehr Zellkerne typisch sowie eine besondere Form der *geschlechtlichen Fortpflanzung*, die *Konjugation*. Paramecien haben einen diploiden *Kleinkern* und einen *Großkern*, in dem die Gene vielfach vorliegen. Bei der Konjugation legen sich zwei Paramecien längs aneinander. Zwischen ihnen bildet sich eine Cytoplasmaverbindung. Die Großkerne werden aufgelöst, die Kleinkerne teilen sich mehrfach (Meiose). Ein Teil dieser Kerne geht zugrunde. Am Ende liegen jeweils zwei haploide Kleinkerne vor. Über die Plasmaverbindung wird je ein Kleinkern ausgetauscht. Er verschmilzt mit dem stationären Kleinkern. Die Konjugation entspricht also einer *wechselseitigen Befruchtung*. Nach der Trennung der Konjugationspartner entsteht je ein neuer Großkern. Er steuert den Zellstoffwechsel. In der Regel *vermehrt* sich Paramecium *ungeschlechtlich* durch Querteilung.

**Beispiel Euglena.** Der begeißelte Einzeller *Euglena viridis* lebt normalerweise *autotroph*. Er besitzt *Chloroplasten* und betreibt Fotosynthese. Dabei entsteht das stärkeähnliche *Paramylon*. Bei längerer Dunkelhaltung im Labor werden die Chloroplasten farblos oder verschwinden ganz. Euglena ernährt sich dann heterotroph wie viele nah verwandte begeißelte Einzeller, die keine Chloroplasten besitzen.

Euglena bewegt sich durch den Schlag der langen *Geißel* vorwärts. Die Geißel entspringt – zusammen mit einer zweiten, ganz kurzen – in einer Vertiefung am Vorderende der Zelle, dem *Geißelsäckchen*. Innerhalb des Geißelsäckchens ist die Geißel an einer Stelle verdickt. Dieser Bereich ist *lichtempfindlich*. Ein *Augenfleck* aus Fetttröpfchen, die mit Carotinen rot gefärbt sind, sitzt an der Wand des Geißelsäckchens. Er schirmt Licht ab. Durch den Beschattungsgrad nimmt Euglena die Richtung des einfallenden Lichts wahr. Sie bewegt sich zum Licht hin.

Als weitere Organellen sind bei Euglena ebenfalls *pulsierende Vakuolen* zu finden.

Euglena vermehrt sich *ungeschlechtlich* durch Längsteilung.

---

**1 Die Zelle ist die kleinste selbstständige Einheit des Lebens. Weisen Sie das für einen von Ihnen gewählten Einzeller nach. Ziehen Sie dazu die Prinzipien des Lebendigen (► S. 8) heran.**

# Einzeller – Zellkolonie – Vielzeller

Die große Zahl heute lebender Einzeller – allein etwa 8 000 Arten von Ciliaten (Wimpertierchen) sind bekannt – zeigt, dass die unterschiedliche innere Differenzierung einer Einzelzelle ein erfolgreiches Konzept darstellt.

Wie soll man sich die Entwicklung zu den ersten vielzelligen Organismen vorstellen? Die Betrachtung heute lebender Arten aus den Protistengruppen der *Grünalgen* (Chlorophyta) und der *Kragengeißelflagellaten* kann dazu Hinweise und Modellvorstellungen liefern.

**Grünalgen.** *Chlamydomonas* ist eine *einzellige Grünalge*. Sie hat zwei Geißeln zur Fortbewegung, einen roten Augenfleck und einen becherförmigen Chloroplasten. Ihre Zellwand ist von einer schleimigen Gallertschicht umgeben. Bei der ungeschlechtlichen Vermehrung entstehen in zwei Teilungsschritten vier Zellen. Sie werden kurzzeitig von der gemeinsamen Gallerte zusammengehalten, trennen sich aber dann.

Die Grünalge *Gonium* bildet eine flache Scheibe aus 4 bis 16 chlamydomonasähnlichen Zellen. Die Zellen sind durch eine gemeinsame Gallerthülle dauerhaft zu einer *Zellkolonie* verbunden. Dabei ist jede Zelle weitgehend eigenständig und kann durch Zellteilung ihrerseits eine Tochterkolonie bilden. Untereinander zeigen die einzelnen Zellen keine Differenzierung. Zwischen ihnen sind aber Plasmodesmen (► S. 45) ausgebildet, sodass sie zu gemeinsamer Leistung fähig sind. Beim Schwimmen schlagen ihre Geißeln synchron. Werden die Zellen getrennt, ist jede für sich allein lebensfähig.

Die Grünalge *Volvox* kann als Vielzeller angesehen werden. Bei ihr bilden bis zu 20 000 chlamydomonasähnliche Zellen einen *Zellverband*. Die innen mit Schleim ausgefüllte Hohlkugel erreicht einen Durchmesser von 0,5 bis 2 mm. Die einzelnen Zellen sind durch breite Cytoplasmastränge (Plasmodesmen) miteinander verbunden. Zwischen den Zellen besteht eine *Arbeitsteilung*. Die meisten dienen als *Körperzellen* dem Stoffwechsel und der Fortbewegung. Sie sind nicht mehr teilungsfähig und haben eine *beschränkte Lebensdauer*. Wenige Zellen der hinteren Kugelhälfte sind deutlich größer und als *Fortpflanzungszellen* zur Teilung fähig. Meist teilen sie sich ungeschlechtlich und wachsen im Innern der Mutterkugel zu neuen Volvoxkugeln heran. Erst wenn die Mutterkugel zerfällt, werden sie frei.

Volvox weist damit bereits einige für Vielzeller typische Merkmale auf:

- Stoffaustausch und Erregungsleitung zwischen den Zellen werden durch Plasmodesmen ermöglicht.
- Eine Differenzierung in Körperzellen und Fortpflanzungszellen ist vorhanden.
- Die Körperzellen sterben den Alterstod.

**Kragengeißelflagellaten.** Auch in der Gruppe der *Kragengeißelflagellaten* finden sich sowohl Einzeller als auch Zellkolonien. Die *Schwämme*, sehr einfach organisierte vielzellige Tiere ohne echte Gewebe und Organe, enthalten in ihrem Innern *Kragengeißelzellen*, die den Kragengeißelflagellaten sehr ähnlich sehen (► Bild 1). Nach Auffassung vieler Biologen haben die heute lebenden Schwämme und Kragengeißelflagellaten gemeinsame Vorfahren, sind also miteinander verwandt.

---

❶ **Grenzen Sie Zellkolonien nach Struktur und Funktion von echten Vielzellern ab.**

❷ **Begründen Sie, weshalb man heute lebende Zellkolonien und einfach organisierte Vielzeller nur als Modelle für die Entwicklung zu vielzelligen Pflanzen und Tieren betrachten darf.**

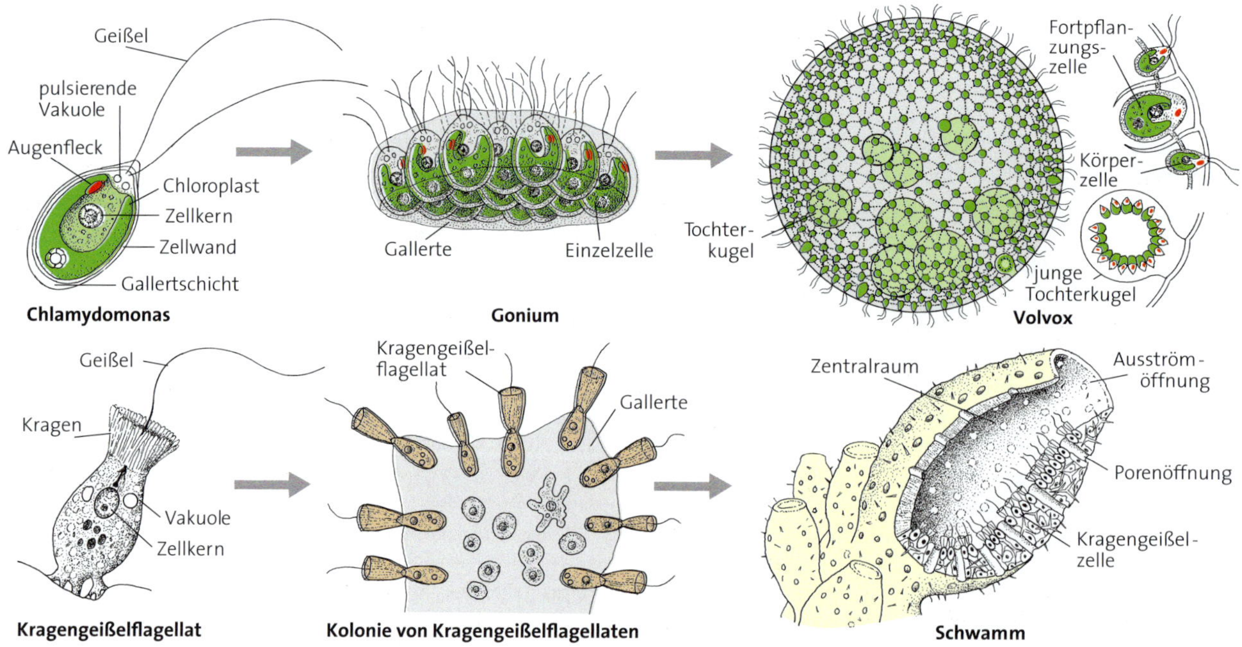


1 *Heute lebende Arten können Modellvorstellungen für die Entwicklung vom Einzeller zum Vielzeller liefern.*

## Mithilfe dieses Kapitels können Sie

- wesentliche Entwicklungsschritte der Zellbiologie nennen und die physikalischen Grundlagen beschreiben, die zu leistungsfähigen Lichtmikroskopen geführt haben
- unterschiedliche Untersuchungstechniken in Abhängigkeit von der konkreten Aufgabenstellung erläutern
- die Unterschiede zwischen pflanzlichen und tierischen Zellen angeben und grafisch darstellen
- lichtmikroskopische Präparate interpretieren
- die Problematik von zweidimensionalen mikroskopischen Bildern erläutern und Lösungsmöglichkeiten aufzeigen
- die Notwendigkeit der Zellteilung für den Organismus erklären
- die Steuerung des Zellzyklus darstellen und die Abschnitte der Mitose beschreiben
- unterschiedliche Zell- und Gewebetypen bei Pflanzen- und Tierzellen benennen und unter dem Struktur-Funktions-Prinzip deuten
- den Organisationstyp Einzeller charakterisieren und an Beispielen erläutern
- die Entwicklung von der Einzelligkeit zur Vielzelligkeit modellhaft darstellen

## Testen Sie Ihre Kompetenzen

Die Mitose ist ein für alle Lebewesen mit echtem Zellkern (Eukaryoten) charakteristischer Vorgang.

1. Fassen Sie kurz zusammen, welche Funktion sie bei Einzellern hat und welche bei Vielzellern.
2. Die lichtmikroskopische Aufnahme rechts zeigt einen Ausschnitt aus der Wurzelspitze einer Zwiebel. Analysieren Sie das Bild im Hinblick auf die Mitosephasen. Beschreiben Sie die für jedes Mitosestadium wichtigsten Vorgänge.
3. In der Grafik unten sind typische Abschnitte des Zellzyklus mit Buchstaben bezeichnet. Ordnen Sie diese Abschnitte den Phasen des Zellzyklus zu, ermitteln Sie deren ungefähre Dauer und beschreiben Sie, wodurch die einzelnen Phasen gekennzeichnet sind. Entscheiden Sie mithilfe der Angaben in der Tabelle auf Seite 24, um welchen Zelltyp es sich hier handelt.
4. Bei Tumorzellen sind die Regulationsmechanismen des Zellzyklus außer Kraft gesetzt. Das Medikament Vinblastin stört den Aufbau der Mikrotubuli nachhaltig. Es wird deshalb häufig zur Chemotherapie in der Krebsbehandlung eingesetzt. Entwickeln Sie Hypothesen, die die Wirkungsweise von Vinblastin auf das Tumorwachstum erklären.

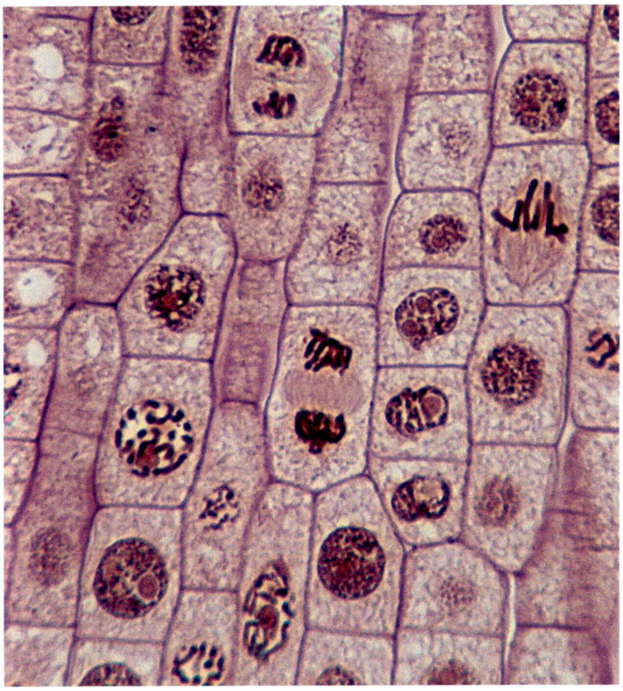

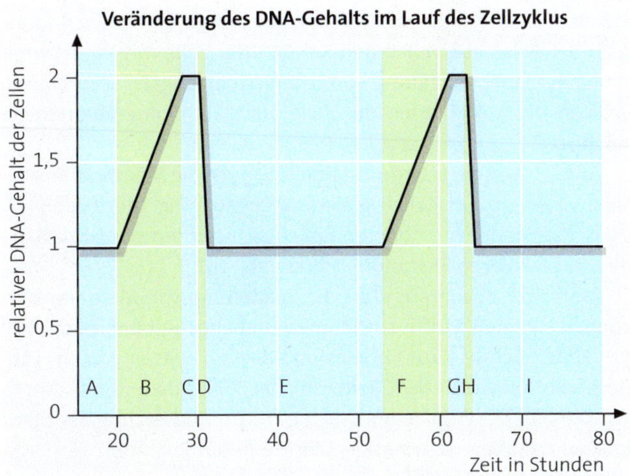


Einzeller sind ideale Modelle für das Verständnis der Lebensvorgänge auf zellulärer Ebene; zugleich sind sie (allerdings nicht die heute lebenden Arten) unter evolutionären Gesichtspunkten der Ausgangspunkt für die Vielzelligkeit.

5. Fertigen Sie eine beschriftete Skizze eines Pantoffeltiers an und geben Sie die Funktionen der lichtmikroskopisch sichtbaren Strukturen an.
6. Die Grünalge Volvox kann man als einfachen Vielzeller ansehen, dessen Lebensspanne begrenzt ist. Dagegen sind die Zellen der Grünalge Chlamydomonas potenziell unsterblich. Erläutern Sie diesen Befund.
7. Nennen und erläutern Sie weitere Unterschiede zwischen Einzelzellen eines Organismus und einem Einzeller.

# Feinbau der Zelle

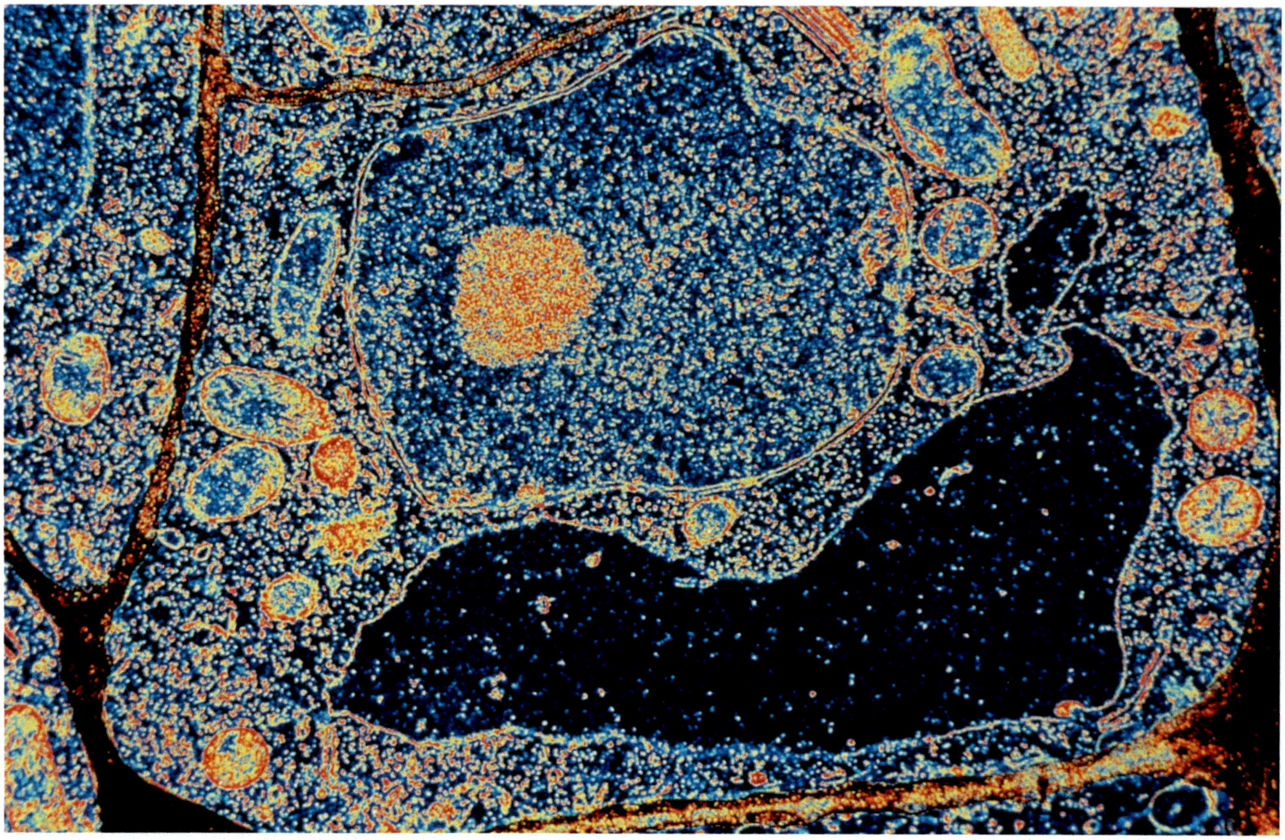

1 Im EM-Bild einer Wurzelzelle sind Zellwand, Zellkern, Vakuole, Mitochondrien und andere Organellen zu sehen.

*Die elektronenmikroskopische Aufnahme zeigt eine Zelle aus der Wurzelspitze der Ackerschmalwand Arabidopsis thaliana. Im Vergleich zum lichtmikroskopischen Bild sind deutlich mehr Einzelheiten zu erkennen. Auffällig sind die als helle Linien sichtbaren Membranen.*

*Das Elektronenmikroskop liefert nur Hell-Dunkel-Bilder. Sie kommen dadurch zustande, dass die einzelnen Zellstrukturen die Elektronenstrahlen unterschiedlich stark ablenken. Die Farbe in der Aufnahme oben wurde am Computer erzeugt, indem den verschiedenen Helligkeitswerten jeweils unterschiedliche Farbwerte zugeordnet wurden.*

### Im Blickpunkt

- Feinbau der Zelle: die Ultrastruktur im elektronenmikroskopischen Bild
- Kompartimentierung der Zelle durch Membranen
- Lipide und Proteine als Bausteine für Biomembranen
- Wie Forschung funktioniert – Aufstellung von Hypothesen und Modellbildung am Beispiel der Biomembran
- Eigenschaften der Biomembran, ihre Bedeutung für Transportvorgänge und für die Kommunikation zwischen Zellen
- Mechanismen des Stofftransports
- Struktur und Funktion der Zellorganellen
- Entwicklung der Eukaryotenzelle aus Prokaryoten

**GRUNDLAGEN** Elektronenmikroskopische Aufnahmen zeigen, dass das Cytoplasma jeder Zelle von einer Membran umgeben ist. Im Cytoplasma liegen als Ultrastruktur der Zelle bezeichnete Strukturen, die im lichtmikroskopischen Bild nicht sichtbar sind. Anhand dieser „neuen" Strukturmerkmale lassen sich weitere Einzelheiten in der Funktionsweise der Zelle erklären.

Das Innere der Zellen ist durch weitere Membranen untergliedert. Sie begrenzen Räume mit besonderer Enzymausstattung, die als Organellen jeweils bestimmte Funktionen in der Zelle erfüllen. Membranen steuern den Austausch von Stoffen innerhalb der Zelle, aber auch den Kontakt der Zelle mit ihrer Umgebung. Zur Unterscheidung von technisch erzeugten Membranen werden die Membranen der Zelle auch als Biomembranen bezeichnet.

Ähnlich wie die Erbinformation sind auch die Membranen aller Lebewesen grundsätzlich gleich aufgebaut. Die spezifischen Eigenschaften der Membranen lassen sich nur auf der Grundlage ihrer molekularen Bestandteile erklären.

Man geht davon aus, dass die Entstehung von Membranbläschen, die gezielt Stoffe aufnehmen und abgeben konnten, einer der ersten Schritte zur Entwicklung der Lebewesen war. Im Lauf der Evolution wurde die Gliederung der Zelle zunehmend komplexer. Der Bau der Organellen und die Zusammensetzung der Membranen erlauben es, wichtige Schritte in der Evolution der Organismen zu rekonstruieren.

## Das Elektronenmikroskop

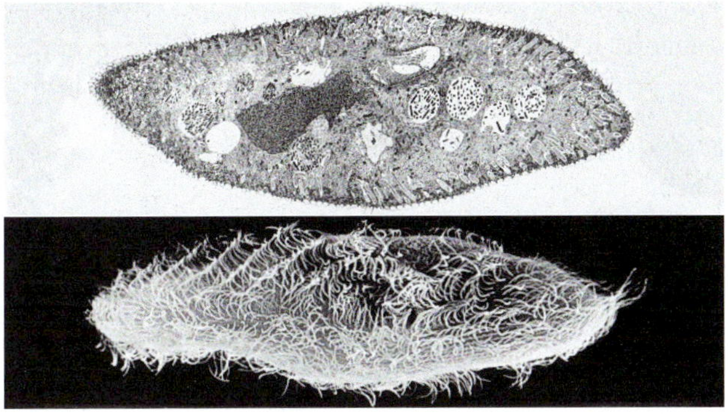

1 *Paramecium, oben im TEM-, unten im REM-Bild*

Das *Auflösungsvermögen* von Mikroskopen ist durch die Wellenlänge der verwendeten Strahlung begrenzt. Um die lichtmikroskopisch erreichbare Auflösungsgrenze zu unterschreiten, war es notwendig, Geräte zu konstruieren, die mit kurzwelligen Strahlen arbeiten. Dies gelang ERNST RUSKA und seinen Mitarbeitern in den 30er-Jahren des 20. Jahrhunderts mit der Entwicklung des *Elektronenmikroskops*.

Anstelle von Lichtstrahlen werden *Elektronenstrahlen* benutzt. Als Elektronenquelle dient normalerweise eine Wolfram-Glühkathode. Die aus der *Kathode* austretenden Elektronen werden durch eine sehr hohe Spannung beschleunigt. Je höher diese Beschleunigungsspannung ist – bei Hochspannungselektronenmikroskopen bis zu 3 000 kV –, desto kleiner ist die Wellenlänge der Elektronen. Entsprechend nimmt das Auflösungsvermögen zu. Die Grenzauflösung liegt dabei im Bereich von 0,1 Nanometern, was dem Abstand von Atomkernen in chemischen Verbindungen entspricht. Moderne Elektronenmikroskope erreichen etwa die 1 000-fache Leistung eines Lichtmikroskops, sie vergrößern bis zu 2 000 000-fach.

**Das Transmissionselektronenmikroskop (TEM).** Das *TEM* funktioniert im Prinzip ähnlich wie das Lichtmikroskop. Damit die Elektronenstrahlen jedoch nicht absorbiert werden, muss das Präparat extrem dünn geschnitten sein. Das Bild kommt dadurch zustande, dass die Elektronen durch die Atome des Objekts abgelenkt, *„gestreut"* werden. Um die Streuung biologischer Präparate zu verstärken, werden diese meist mit *Schwermetallsalzen* behandelt. Die angelagerten Schwermetallionen erhöhen die *Kontraste* zwischen den Zellstrukturen. Da Elektronenstrahlen für das Auge unsichtbar sind, kann das Bild nur indirekt auf einem Leuchtschirm betrachtet werden.

Statt Glaslinsen dienen *Elektromagnete* zur Ablenkung und Bündelung der Strahlen: Ringförmige Spulen erzeugen elektromagnetische Felder, die die parallel einfallenden Elektronenstrahlen in einem Brennpunkt sammeln. Durch Veränderung der Stromstärke lässt sich die Brennweite und damit die Vergrößerung variieren. Da die Elektronen durch Zusammenstöße mit Luftmolekülen abgebremst und abgelenkt würden, muss bei allen Untersuchungen im *Hochvakuum* gearbeitet werden.

Das TEM wird hauptsächlich in der Zellbiologie eingesetzt, um die *Ultrastruktur von Zellen und Zellorganellen* zu untersuchen.

**Das Rasterelektronenmikroskop (REM).** Das REM eignet sich besonders zur Analyse von *Oberflächenstrukturen*. Die Untersuchungsobjekte werden nicht durchstrahlt, sondern mit einem gebündelten Primärelektronenstrahl zeilenförmig abgetastet. Dadurch werden aus der dünnen Goldschicht, die das Präparat überzieht, *Sekundärelektronen* freigesetzt. Ein seitlich angebrachter Kollektor, eine *Anode*, saugt diese Sekundärelektronen ab. Ein Rechner setzt die Zahl der herausgelösten Elektronen in Helligkeitswerte um und fügt diese Punkt für Punkt zu einem *Rasterbild* zusammen. Es entstehen Bilder von extrem großer Schärfentiefe, die einen räumlichen Eindruck von den Oberflächenstrukturen vermitteln.

---

❶ **Stellen Sie tabellarisch die einander entsprechenden Teile von Licht- und Elektronenmikroskop gegenüber.**

❷ **Erklären Sie, weshalb die Präparate bei der Arbeit im Hochvakuum vollständig entwässert sein müssen.**

❸ **Eine kreisförmige Struktur von 0,1 nm, die im Elektronenmikroskop gerade noch auflösbar ist, erscheint auf dem Bildschirm etwa so groß wie ein Stecknadelkopf (rund 1 mm). Welchen Durchmesser hätte das Bild eines Stecknadelkopfs bei gleicher Vergrößerung?**

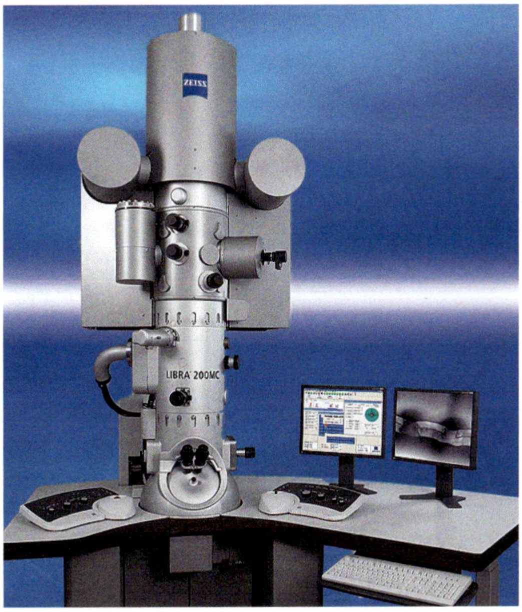


2 *Moderne Elektronenmikroskope werden über einen Computer gesteuert.*

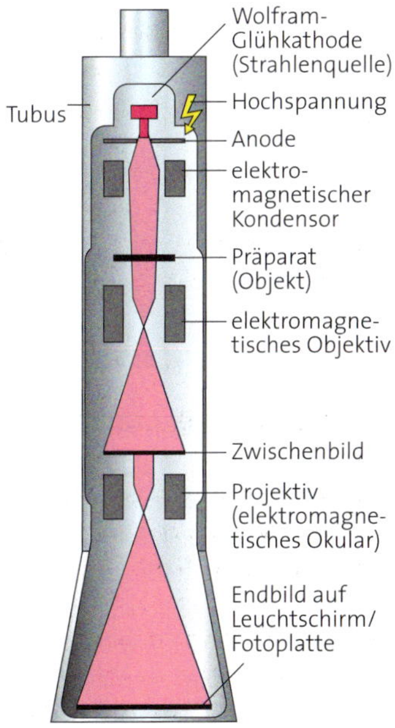


3 *Strahlengang im Transmissionselektronenmikroskop*

MATERIAL · METHODE · PRAXIS

# Elektronenmikroskopische Präparationsmethoden

Elektronenmikroskope werden vor allem in der *Grundlagenforschung* eingesetzt. Elektronenmikroskopische Aufnahmen dienen zum Beispiel dazu, die Struktur unbekannter Moleküle aufzuklären. Mithilfe von goldmarkierten Antikörpern können seltene Krankheitserreger identifiziert werden. In der biologischen Forschung ermöglicht die Ultrastruktur einzelner Zellen Rückschlüsse auf die Verwandtschaft von Tiergruppen oder die Entwicklung bestimmter Organe. Aber auch einige Industriezweige wie die *Materialentwicklung* oder die *Halbleiterindustrie* nutzen elektronenmikroskopische Techniken.

### Ultradünnschnitttechnik

Selbst einzelne Zellen sind viel zu dick, um im Elektronenmikroskop durchstrahlt zu werden. Die Schnitte sollten zwischen *20 und 80 nm dick* sein. Eine Zelle der menschlichen Mundschleimhaut zum Beispiel muss dazu in 1000 Scheiben geschnitten werden. Zunächst wird das Objekt jedoch *fixiert* und vollständig *entwässert*, zum Beispiel in reinem Alkohol oder in Aceton. Anschließend bettet man es in festes, elastisches Material ein, beispielsweise in Epoxidharz. Dann wird das in Kunstharz eingeschlossene Präparat mithilfe eines *Ultramikrotoms* in extrem dünne Scheiben geschnitten. Hierbei wird das Objekt an der frischen Bruchkante eines Glasmessers vorbeigeführt und nach jedem Schnitt automatisch nach vorn geschoben (▶ Bild unten). Die Schnitte gelangen in eine kleine, wassergefüllte Wanne, die an dem Glasblock befestigt ist, und schwimmen auf der Wasseroberfläche. Von hier werden die Schnitte auf Kupfernetze übertragen.

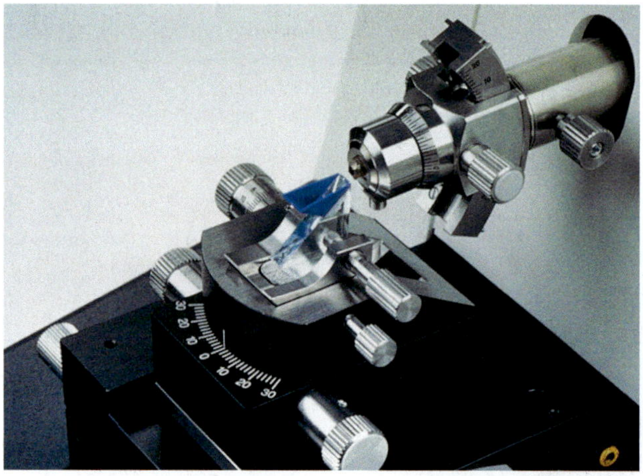

### Gefrierbruch und Gefrierätzung

Das Gefrierbruchverfahren dient dazu, plastische Eindrücke von *Oberflächenstrukturen* zu gewinnen. Das Objekt wird extrem schnell auf bis zu −196 °C abgekühlt. Dadurch bleiben die Zellstrukturen weitgehend erhalten. Dann wird das Präparat im Vakuum mit einem tiefgekühlten Messer aufgebrochen, nicht geschnitten. Die *Bruchfläche* verläuft dabei oft an den Grenzen der Zellorganellen. Die Oberfläche wird mit einer feinkörnigen Kohle-Platin-Schicht bedampft. Diese Schicht gibt wie eine Matrize alle Strukturen der Oberfläche wieder. Lässt man das Präparat nach dem Aufbrechen einige Zeit stehen, so sublimiert das Eis an der Oberfläche. Dieser als *Ätzen* bezeichnete Vorgang verstärkt die Reliefunterschiede. Die Kohle-Platin-Schicht wird vom Objekt abgelöst, gereinigt und kann dann im Elektronenmikroskop als *Abdruck* der aufgebrochenen Oberfläche betrachtet werden.

---

**1 Vergleichen Sie die Herstellung von Präparaten für Licht- und Elektronenmikroskop. Erklären Sie die Unterschiede.**

**2 Ein Blatt Papier ist rund 0,1 mm dick. In wie viele Scheiben müssten Sie es für eine Untersuchung im TEM schneiden?**

**Stichworte zu weiteren Informationen**

elektromagnetische Wellen • Fixierung • Immun-Elektronenmikroskopie • Rastertunnelmikroskop • Rasterkraftmikroskop

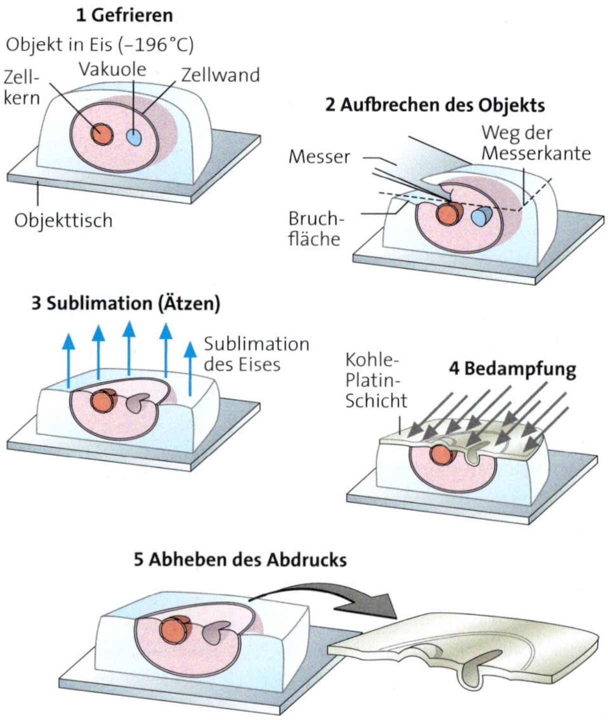

## Kompartimentierung durch Membranen

Wie der vielzellige Organismus besteht auch die einzelne Zelle aus gesonderten Teilräumen. Das Prinzip der *Kompartimentierung* (► S. 8) ist dabei nicht auf die gegen das Cytoplasma abgegrenzten Zellorganellen beschränkt. Auch innerhalb der Organellen sind einzelne Kompartimente strukturell voneinander geschieden. Die elektronenmikroskopische Untersuchung zeigt, dass die Zelle als Ganzes von einer *Membran* umgeben ist. Ebenso sind viele Zellorganellen durch Membranen abgegrenzt und innerhalb der Organellen grenzen Membranen weitere Teilbereiche ab. Auch das Cytoplasma ist von ausgedehnten Membransystemen durchzogen. Die Membranen können bis zu 90 % der Trockenmasse einer Zelle ausmachen. Daran zeigt sich, welche enorme Bedeutung die Kompartimentierung für die Abläufe in der Zelle hat.

**Funktionen von Membranen.** Die Zellmembran grenzt die Zelle nach außen, gegen den extrazellulären Raum, ab. Sie ist sowohl eine *Barriere* gegen die Umgebung, die unbelebt sein kann oder aus Nachbarzellen besteht, als auch ein *Vermittler* zwischen der Außenwelt und dem Zellinnern.

Membranen im Zellinnern schaffen *Reaktionsräume*, die jeweils unterschiedliche Stoffwechselprozesse begünstigen. Das geschieht zum einen dadurch, dass sie den Stoffaustausch regulieren. Die Konzentration an gelösten Teilchen sowie der pH-Wert unterscheiden sich zum Teil stark zwischen den Kompartimenten. Die Kompartimentierung ermöglicht, dass in der Zelle gegenläufige Prozesse zur gleichen Zeit ablaufen können. Während etwa an bestimmten Organellen Eiweiß aufgebaut wird, kann in anderen Organellen derselben Zelle ein Eiweißabbau erfolgen. Zum anderen sind Membranen über eingelagerte *Enzyme* auch direkt am Stoffwechselgeschehen beteiligt.

Die Untergliederung der Zelle in Kompartimente trägt dazu bei, die *innere Oberfläche* der Zelle beträchtlich zu vergrößern. Bei Zellen, die große Stoffmengen aus der Umgebung aufnehmen, ist auch die *Zelloberfläche* durch feine Ausstülpungen, die *Mikrovilli*, vergrößert. Dadurch ist ein schneller und effektiver Stoffaustausch möglich. Je nach ihrer Funktion unterscheidet sich die Durchlässigkeit von Membranen für verschiedene Stoffe.

**Die Struktur der Biomembran.** Elektronenmikroskopische Bilder von Zellmembranen zeigen bei starker Vergrößerung einen *dreischichtigen Aufbau*: Eine mittlere helle Schicht ist von zwei dunkleren Schichten umgeben (► Bild 2). Auch die Membranen, die die Zellorganellen gegen das Cytoplasma abgrenzen, zeigen diese Grundstruktur, bei der zwei elektronendichte, dunkle Linien von jeweils 2 bis 3 nm Dicke eine helle Linie von etwa 3 bis 4 nm Dicke umgeben.

Mithilfe der *Gefrierbruchtechnik* (► S. 38) kann die Oberfläche einer Membran sichtbar gemacht werden. In der Aufsicht sind dann viele unregelmäßig angeordnete Partikel zu erkennen (► Bild 3). Da alle Membranen im elektronenmikroskopischen Bild sowohl im Querschnitt als auch in der Aufsicht einen prinzipiell gleichen Bau zeigen, spricht man auch von *Elementar-* oder *Einheitsmembran* (engl. *unit membrane*).

Die chemische Analyse von Membranen ergibt, dass sie hauptsächlich aus Lipiden und Proteinen bestehen. Zellmembranen enthalten auch Kohlenhydrate (► S. 45).

**1 Neben der Abgrenzung gegenüber der Umgebung haben Membranen weitere wichtige Funktionen. Diskutieren Sie in diesem Zusammenhang den Struktur-Funktions-Aspekt.**

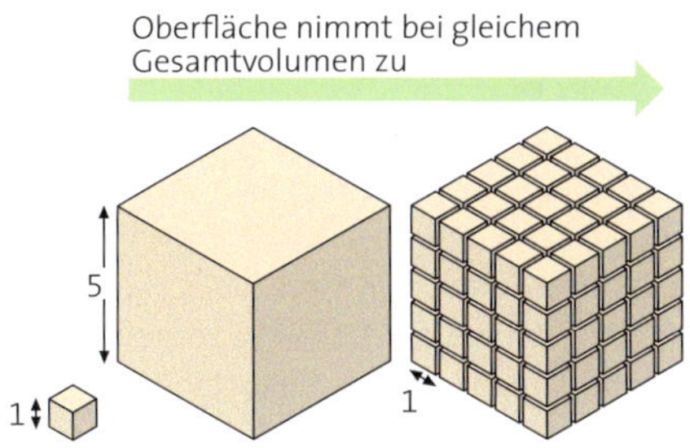


| | | | |
|---|---|---|---|
| Gesamtvolumen (Höhe × Breite × Länge × Zahl der Würfel) | 1 | 125 | 125 |
| Gesamtoberfläche (Höhe × Breite × Zahl der Seitenflächen × Zahl der Würfel) | 6 | 150 | 750 |
| Verhältnis von Oberfläche zu Volumen (Fläche : Volumen) | 6 | 1,2 | 6 |

*1 Die Untergliederung der Zelle in Kompartimente bewirkt, dass die Transportwege zwischen den „Reaktionsräumen" klein sind. Gleichzeitig wird die Oberfläche, über die der Austausch stattfindet, vergrößert.*

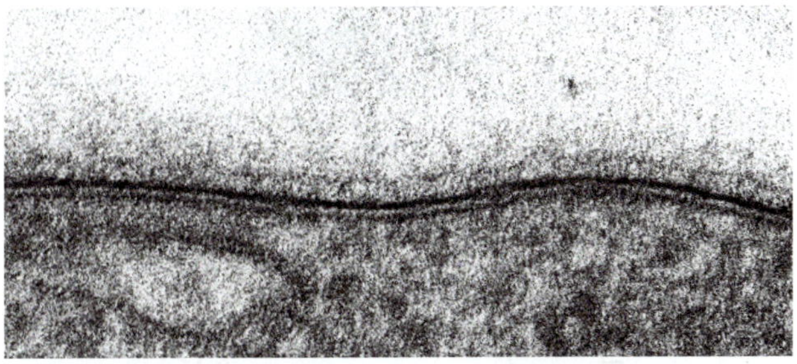

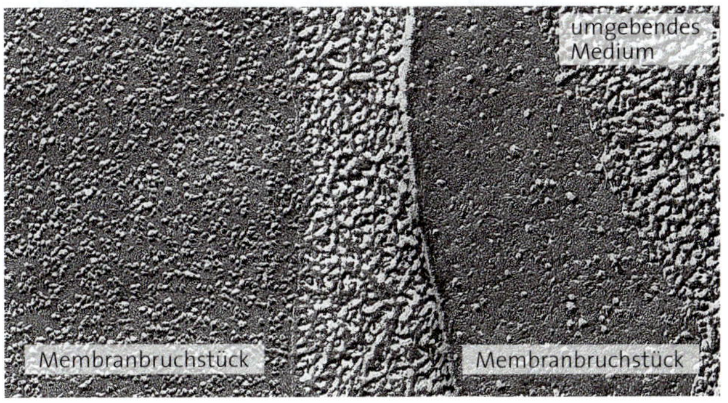


*2 und 3 Alle Biomembranen zeigen im elektronenmikroskopischen Bild einen einheitlichen Bau. Oben: dreischichtige Struktur der Zellmembran eines Erythrocyten; unten: unregelmäßige Anordnung der Bestandteile in der Membran.*

# Chemische Grundlagen: Lipide

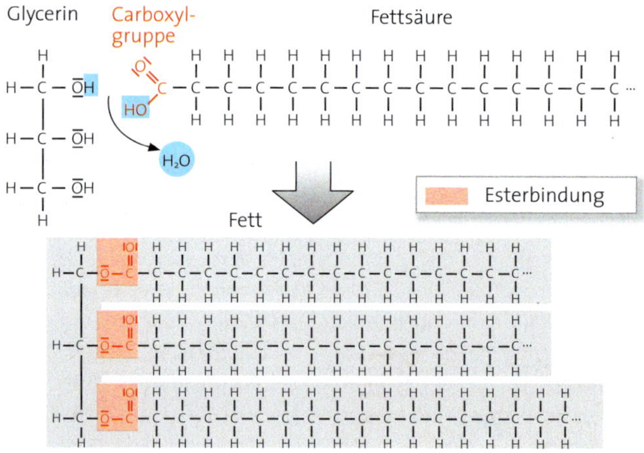


1 *Bildung eines Fettmoleküls aus Fettsäuren und Glycerin*

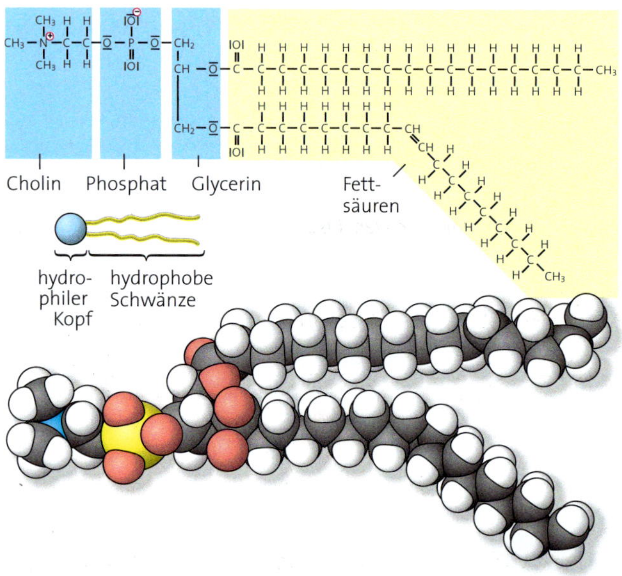


2 *Strukturformel und Modell des Phospholipids Lecithin*

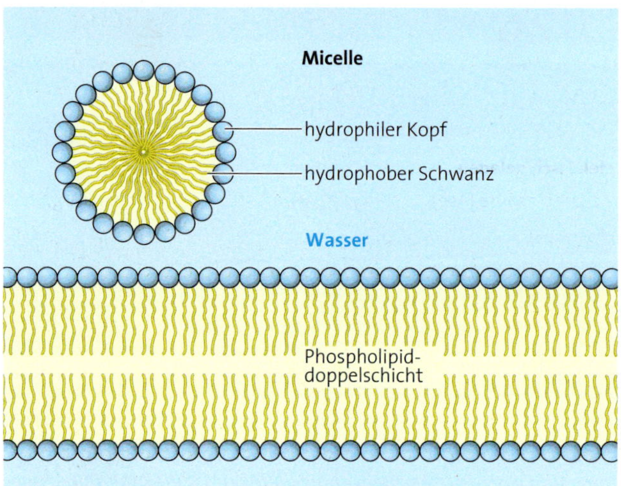


3 *Lipide bilden in Wasser Micellen oder Doppelschichten.*

Als *Lipide* werden sehr verschiedenartige Stoffe bezeichnet, zu denen unter anderem Fette, Öle und Wachse zählen. Diese in Pflanzen und Tieren vorkommenden Substanzen sind dadurch gekennzeichnet, dass sie sich schlecht oder gar nicht in Wasser lösen.

Fette sind vor allem als *Energiespeicher* von Bedeutung. Für wirtschaftliche Zwecke gewinnt man sie aus Früchten und Samen der Ölpalme, Raps, Sonnenblumenkernen, Nüssen und Oliven, aber auch aus Schweinen. Bis vor wenigen Jahrzehnten wurden große Mengen Fett auch durch Fang von Walen gewonnen. Den Tieren dienen Fettpolster nicht nur als Energiereserve, sondern auch als *Wärmeisolierung* und *Schutz* vor Verletzungen. *Wachse* schützen vor Verdunstung und bilden *Wasser abweisende Schichten*. Andere Lipide erfüllen spezifische Funktionen im Stoffwechsel, so zum Beispiel bestimmte *Hormone, Farbstoffe* und manche *Vitamine*.

**Fette.** Fettmoleküle sind Verbindungen aus einem dreiwertigen Alkohol, dem *Glycerin*, und *Fettsäuren*. Eine Fettsäure ist ein langkettiger Kohlenwasserstoff, der an seinem Ende eine *Carboxylgruppe* trägt. Diese kann unter Wasserabspaltung mit einer OH-Gruppe des Glycerins eine *Esterbindung* bilden (▶ Bild 1). Drei verschiedene Fettsäuren können am Aufbau eines Fettmoleküls beteiligt sein. Die Esterbindungen des Fetts sind unter Wasseraufnahme wieder spaltbar. In den langen Kohlenstoffketten der Fettsäuren liegen nur *unpolare* C–C- und C–H-Bindungen vor. Daher sind Fette in Flüssigkeiten löslich, die ebenfalls Kohlenwasserstoffketten besitzen. Sie lösen sich außerdem in Lösemitteln wie Benzol, Chloroform und Aceton. Diese Löslichkeitseigenschaft nennt man *lipophil*.

Fettsäuren, in denen nur Einfachbindungen zwischen den Kohlenstoffatomen bestehen, nennt man *gesättigt*, während *ungesättigte* Fettsäuren eine oder mehrere *Doppelbindungen* (–C=C–) aufweisen. Je höher der Anteil an ungesättigten Fettsäuren, desto niedriger liegt der Schmelzpunkt. Tierische Fette bestehen überwiegend aus gesättigten Fettsäuren, sie sind bei Zimmertemperatur fest. Pflanzliches Fett enthält dagegen mehr ungesättigte Fettsäuren, es liegt als Öltröpfchen in der Zelle vor. Mehrfach ungesättigte Fettsäuren sind für den Menschen lebensnotwendig und müssen mit der Nahrung aufgenommen werden.

**Phospholipide.** *Phospholipide* sind ähnlich aufgebaut wie Fette. Allerdings ist bei ihnen das Glycerin mit zwei Fettsäuren und einer Phosphorsäure verestert (▶ Bild 2). An die Phosphatgruppe, die eine negative Ladung trägt, sind meist weitere polare oder geladene Moleküle gebunden. Dieser Phosphatrest mit den angehängten Gruppen bildet einen *hydrophilen* „Kopf", einen Teil des Moleküls, das in Wasser und anderen *polaren* Flüssigkeiten gut löslich ist. Die Fettsäure-„Schwänze" sind dagegen *hydrophob*, sie lösen sich in *unpolaren* Stoffen.

In Wasser bilden Phospholipide eine von der Umgebung getrennte Phase. Dabei ordnen sich die Moleküle stets so an, dass nur die Köpfe mit Wassermolekülen in Kontakt treten. Die unpolaren Fettsäureketten werden vom Wasser ausgeschlossen. Dadurch entstehen spontan tröpfchenartige Strukturen, die *Micellen*, oder größere Vesikel aus *Lipiddoppelschichten*, bei denen sich die Schwänze gegeneinander, die Köpfe dagegen zum Wasser ausrichten (▶ Bild 3). Phospholipide sind wesentlich am Aufbau biologischer Membranen beteiligt.

## Chemische Grundlagen: Proteine

*Proteine* oder *Eiweiße* bilden den größten Anteil aller organischen Substanzen im Körper. Sie sind an fast allen Lebensprozessen beteiligt. Darauf weist auch die Bezeichnung Proteine hin (von griech. *proteios:* erstrangig). Die Funktion vieler Proteine beruht darauf, dass sie andere Moleküle durch reversible Wechselwirkungen, vor allem Wasserstoffbrücken, *erkennen*, an sich *binden* und diese Bindung wieder *lösen* können.

Der rote Blutfarbstoff zum Beispiel, das Eiweiß *Hämoglobin*, bindet Sauerstoff, transportiert ihn durch den Körper und setzt ihn am Ort des Sauerstoffbedarfs frei (► S. 96). Proteine in der Zellmembran ermöglichen die *Signalübermittlung* und den *Stoffaustausch* zwischen Zellen (► S. 44). Auch für die *Bewegung* des Körpers und von Zellen sind Proteine verantwortlich (► S. 53). Andere Proteine spielen als *Hormone, Antikörper* und *Enzyme* (► S. 66) eine wichtige Rolle bei der Regulation von Körperfunktionen und des Zellstoffwechsels. *Strukturproteine* sorgen für die Festigkeit und Elastizität des Körpers. Keratin, das in Fingernägeln, Haaren, Horn und Federn vorkommt, ist eine besonders widerstandsfähige Gerüstsubstanz. In Eiern und Milch sowie in vielen Pflanzensamen sind Proteine als *Nährstoffreserven* gespeichert.

**Aufbau der Proteine.** Im menschlichen Körper kommen mehrere Tausend verschiedene Proteine vor. Alle diese Proteine bestehen aus nur 20 *Aminosäuren*, die in unterschiedlicher Anordnung zu langen Ketten, den *Polypeptiden*, verknüpft sind. Eine oder mehrere Polypeptidketten zusammen bilden das Protein.

Bereits für sehr kleine Proteine wie zum Beispiel Insulin, das aus nur 51 Aminosäuremolekülen besteht, ergeben sich rechnerisch mit $20^{51} \approx 10^{66}$ eine unvorstellbar große Zahl von Kombinationsmöglichkeiten. Die meisten Proteine sind jedoch sehr große Makromoleküle aus mehreren Hundert oder Tausend Aminosäure-Monomeren.

Alle Aminosäuren zeigen einen prinzipiell einheitlichen Bau (► Bild 1): An ein zentrales Kohlenstoffatom ist jeweils eine Aminogruppe ($-NH_2$), eine Carboxylgruppe (–COOH), ein Wasserstoffatom (–H) und ein Rest (–R) gebunden. Dieser Rest, auch als *Seitenkette* bezeichnet, ist charakteristisch für die jeweilige Aminosäure. Er kann aus einem einzelnen Wasserstoffatom bestehen – wie bei Glycin – oder verschiedene funktionelle Gruppen tragen (► Bild 3). Die Seitenketten der Aminosäuren unterscheiden sich unter anderem in ihrer *Säure-Base-Reaktion*, ihrer Polarität und ihrer Ladung sowie ihrer Fähigkeit zur Ausbildung von Wasserstoffbrücken.

**Peptidbindung.** Die Carboxylgruppe einer Aminosäure kann mit der Aminogruppe einer zweiten Aminosäure unter Wasserabspaltung eine *Peptidbindung* bilden (► Bild 2). Es entsteht aus den beiden Aminosäuren ein Dipeptid. Jedes Dipeptid und jede Kette von durch Peptidbindung verknüpften Aminosäuren hat eine freie Aminogruppe an dem einen Ende (N-Ende) und eine freie Carboxylgruppe am anderen Ende (C-Ende).

**Primärstruktur.** Die Reihenfolge oder *Sequenz* der Aminosäuren in der Kette ist für jedes Protein einzigartig. Diese Aminosäuresequenz vom N-Ende (1. Aminosäure) zum C-Ende (letzte Aminosäure) wird auch als *Primärstruktur* des Proteins bezeichnet. Sie ist durch die genetische Information festgelegt. Die Primärstruktur eines Proteins bestimmt seine spezifischen Eigenschaften.

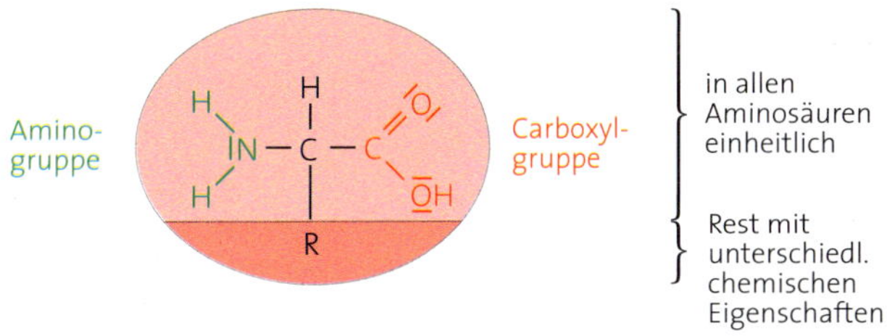


1 *Allgemeines Schema einer Aminosäure*

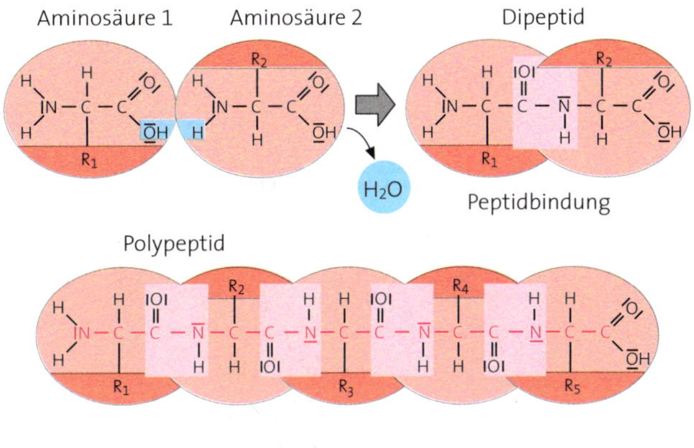


2 *Die Peptidbindungen bilden das „Rückgrat" des Proteins.*

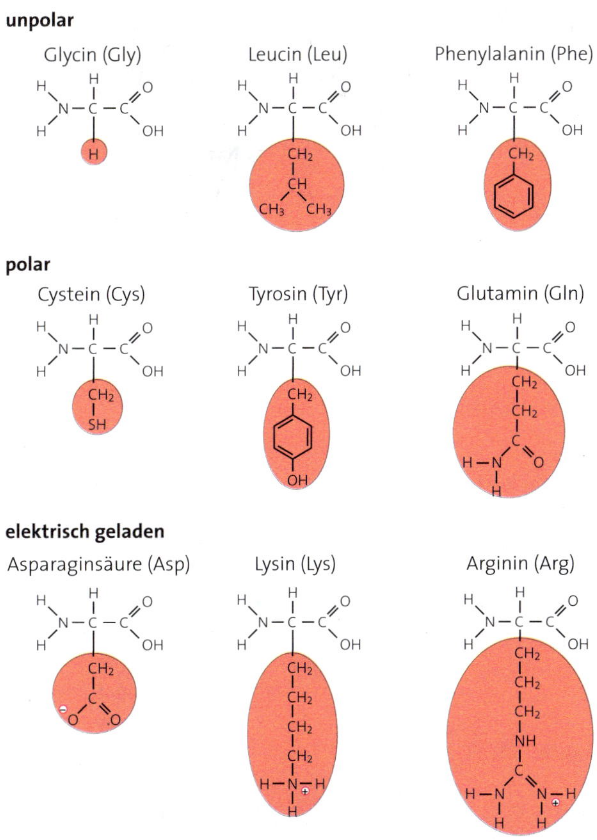


3 *Aminosäuren und die Eigenschaften ihrer Seitenketten*

## Raumstruktur der Proteine

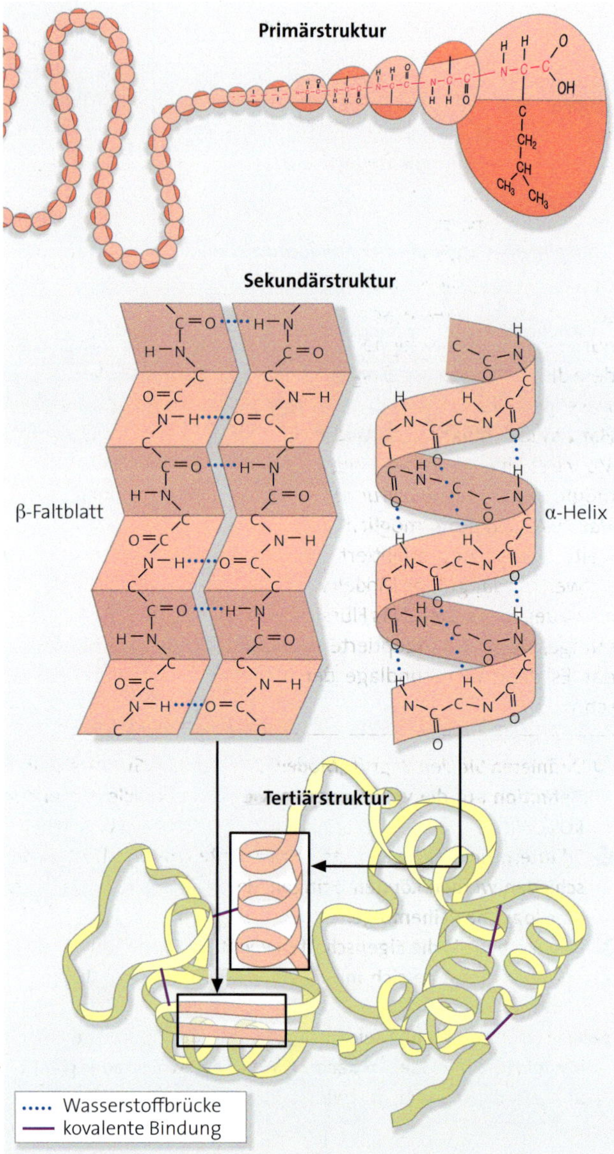


1 *Die drei Strukturebenen des Lysozyms*

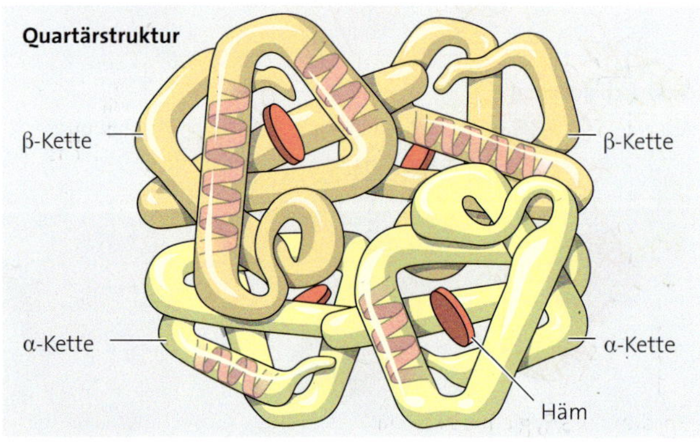


2 *Hämoglobin ist aus 4 Untereinheiten zusammengesetzt.*

Jedes Polypeptid oder Protein hat eine spezifische Raumstruktur oder *Konformation*. Sie kommt dadurch zustande, dass sich zwischen den Seitenketten der Aminosäuren in der Polypeptidkette chemische Bindungen ausbilden.

**Sekundärstruktur.** In der Aminosäuresequenz vieler Proteine treten bestimmte sich wiederholende Abschnitte auf, die jeweils einem räumlichen Muster entsprechen. Häufig sind schraubige Anordnungen, sogenannte *α-Helices* (Einzahl *α-Helix*), und gefaltete Abschnitte, die als *β-Faltblatt-Struktur* bezeichnet werden. Diese Windungen und Faltungen machen die Sekundärstruktur des Eiweißes aus. Sie basieren auf *Wasserstoffbrückenbindungen* entlang des Polypeptidrückgrats.

**Tertiärstruktur.** Die dreidimensionale Anordnung aller Moleküle eines Proteins nennt man *Tertiärstruktur*. Sie beruht ebenfalls auf Wechselwirkungen zwischen den Seitenketten der Aminosäuren. Dabei handelt es sich vor allem um *schwache Wechselwirkungen*: Wasserstoffbrückenbindungen, Ionenbindungen zwischen sauren und basischen Aminosäure-Resten und hydrophobe Wechselwirkungen. *Kovalente Bindungen* zwischen Schwefelatomen können als Disulfid-Brücken die räumliche Struktur zusätzlich stabilisieren. Proteine wie das Lysozym, die eine annähernd kugelige Gestalt annehmen, bezeichnet man als *globuläre* Proteine. Sie weisen meist eine Abfolge von α-Helix- und β-Faltblatt-Bereichen auf. Andere Proteine sind dagegen lang gestreckt, zum Beispiel Kollagen oder Keratin. In solchen *Faserproteinen* wiederholt sich oft eine bestimmte räumliche Anordnung über die gesamte Länge des Moleküls hinweg.

**Quartärstruktur.** Viele Proteine sind aus mehreren Untereinheiten zusammengesetzt. Die Untereinheiten – Polypeptidketten, die jeweils in ihrer Tertiärstruktur vorliegen – lagern sich zu einem noch größeren Molekül zusammen (► Bild 2). Ihre Anordnung im Raum nennt man *Quartärstruktur*.

**Struktur und Funktion als Einheit.** Die *Konformation* eines Proteins *bestimmt seine Funktion*: Ein Rezeptorprotein in der Zellmembran bindet nur ein ganz bestimmtes Signalmolekül, das wie ein Schlüssel zum Schloss passt (► S. 44); die Eiweißfäden der Spinnen-Seide verbinden sich an der Luft zu extrem stabilen Faltblatt-Bändern. Sekundär-, Tertiär- und gegebenenfalls Quartärstruktur des Proteins sind durch die Aminosäuresequenz festgelegt.

Temperatur, pH-Wert und Ionenkonzentration beeinflussen die Konformation eines Proteins. Je nach den Bedingungen in seiner Umgebung kann das Eiweiß biologisch inaktiv werden. Unter Umständen, zum Beispiel bei zu großer Hitze und unter Einwirkung von Schwermetallen, kommt es auch zur *irreversiblen Denaturierung*. Dabei wird die Raumstruktur vollständig zerstört.

---

**1 Bei der Sichelzellenanämie, einer Erbkrankheit des Menschen, ist im Hämoglobin eine Aminosäure gegen eine andere ausgetauscht. Informieren Sie sich über die Auswirkungen.**

**2 Erklären Sie, weshalb selbst eine geringfügige Änderung der Primärstruktur die Funktionsfähigkeit eines Proteins beeinträchtigen kann.**

**3 Lysozym ist ein Enzym, das in Pflanzen und Tieren vorkommt und zum Beispiel auch in menschlicher Tränenflüssigkeit enthalten ist. Informieren Sie sich über seine Bedeutung.**

## Modellvorstellungen von der Biomembran

**Das Bilayer-Modell.** Die niederländischen Wissenschaftler GORTER und GRENDEL extrahierten um 1925 den gesamten Lipidanteil aus einer bekannten Zahl von Erythrocyten. Auf Wasser aufgebracht, bildeten die Lipide einen Fleck, der etwa doppelt so groß war wie die Gesamtoberfläche aller verwendeten Erythrocyten. Die Forscher schlossen daraus, dass die Lipide in der Membran als *Doppelschicht* angeordnet sind, wobei die hydrophilen Gruppen der Lipide jeweils nach außen, die hydrophoben in das Innere der Doppelschicht zeigen. Das elektronenmikroskopische Bild künstlich erzeugter Lipiddoppelschichten stimmt relativ gut mit dem der Biomembran überein. Das von GORTER und GRENDEL entwickelte *Bilayer-Modell* ließ allerdings den relativ großen Proteinanteil aller bekannten Biomembranen völlig außer Acht.

**Das Davson-Danielli-Modell.** H. DAVSON und J. F. DANIELLI stellten 1936 ein Modell vor, das auch die Proteine mit berücksichtigt. Sie nahmen an, die Proteinmoleküle seien den hydrophilen Außenseiten der Lipiddoppelschicht aufgelagert. Diese Vorstellung stellte eine gute Basis dar, um die physiologischen Eigenschaften von Membranen zu erklären. Röntgenuntersuchungen und elektronenmikroskopische Forschung unterstützten das Modell von DAVSON und DANIELLI.

Ende der 1960er-Jahre offenbarten weitere Untersuchungen jedoch die Schwachpunkte des bis dahin allgemein akzeptierten Modells: Zum einen erkannte man, dass keineswegs alle Membranen genau gleich aufgebaut sind. Während die Zellmembran zum Beispiel 7 bis 8 nm dick ist, misst die innere Mitochondrienmembran nur 6 nm. Darüber hinaus ist ihr Proteingehalt deutlich höher als der anderer Membranen. Diese Beobachtung legte den Schluss nahe, dass die Struktur und die chemische Zusammensetzung einer Membran *je nach ihrer Funktion unterschiedlich* sein können. Das zweite Problem betraf die Lage der Proteine. Im Davson-Danielli-Modell grenzen die Proteine auf beiden Seiten an hydrophile Bereiche. Aus Membranen isolierte Proteine zeigten jedoch – genau wie die Lipide, mit denen sie verbunden sind – sowohl hydrophile als auch hydrophobe Eigenschaften.
Mit der Gefrierbruchtechnik war es möglich, die beiden Lipidschichten voneinander zu trennen. So wurden unregelmäßig angeordnete Erhebungen und Vertiefungen sichtbar. Diese Partikel sind auf den beiden Schichten *asymmetrisch* verteilt. Versuche, bei denen bestimmte Proteine in der Zellmembran mit Farbstoffen markiert worden waren, erwiesen darüber hinaus, dass die Proteine in der Membran *beweglich* sind. Alle diese Befunde konnte das Davson-Danielli-Modell nicht erklären.

**Das Flüssig-Mosaik-Modell der Biomembran.** S. J. SINGER und G. L. NICOLSON entwickelten auf der Grundlage dieser Erkenntnisse 1972 ein neues, als *Flüssig-Mosaik-Modell* bezeichnetes Konzept. Danach besteht die Membran aus einer zähflüssigen Lipiddoppelschicht, in der Proteine „schwimmen“. Während manche Proteine nur teilweise in die Doppelschicht eintauchen, durchdringen andere die Lipidschicht und ragen auf beiden Seiten der Membran in wässriges Milieu.

**Naturwissenschaftliche Modelle.** Jedes *naturwissenschaftliche Modell* stellt eine Annäherung an die Wirklichkeit dar. Es versucht möglichst viele *Beobachtungen* und bekannte Sachverhalte zu *erklären*. Außerdem ermöglicht es *Voraussagen*, an denen sich die weitere Forschung orientiert. Neue Befunde machen es häufig notwendig, das gültige Modell weiterzuentwickeln oder gar durch ein neues zu ersetzen. Das Flüssig-Mosaik-Modell stellt die derzeit gültige, allgemein akzeptierte Vorstellung von der Biomembran dar. Es dient als Grundlage der aktuellen zellbiologischen Forschung.

---

1. **Definieren Sie den Begriff „Modell“. Überprüfen Sie, ob sich Ihre Definition auf die verschiedenen Membranmodelle anwenden lässt.**
2. **Erläutern Sie, welche Schritte beim Arbeiten mit Modellen unterschieden werden können. Bringen Sie die einzelnen Schritte in eine logische Reihenfolge.**
3. **Beschreiben Sie die Eigenschaften von Biomembranen und überprüfen Sie, welche sich mithilfe der beschriebenen Modelle erklären lassen.**
4. **Nennen Sie andere Bereiche der Biologie, aus denen Sie die Verwendung von Modellen kennen. Welche Bereiche sind ganz besonders auf Modelle angewiesen?**

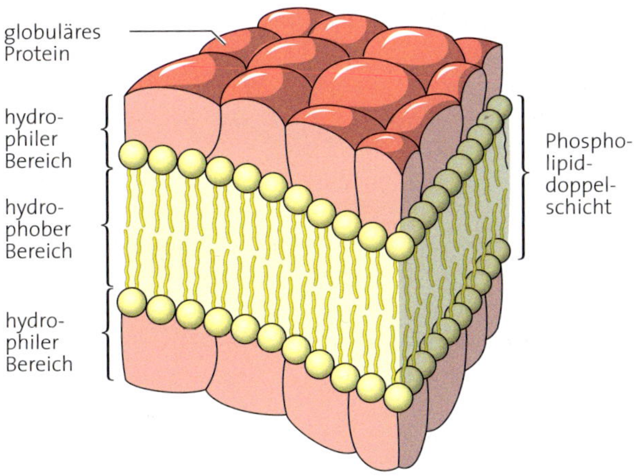


*1 Davson-Danielli-Modell*

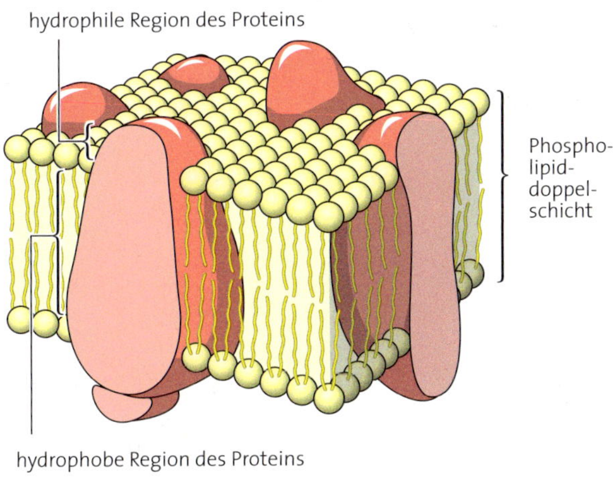


*2 Flüssig-Mosaik-Modell*

## Feinbau der Biomembran

**Membranlipide.** Die Lipiddoppelschicht stellt die *Grundstruktur* der Biomembran dar. Sie bestimmt ihre wesentlichen Eigenschaften wie *Stabilität, Flexibilität* und *Durchlässigkeit*. Die unpolaren Bereiche der Lipide weisen zum Innern der Membran hin, während die polaren „Köpfe" nach außen zur wässrigen Phase hin gerichtet sind. Für den Zusammenhalt zwischen den Molekülen sind *hydrophobe Wechselwirkungen* verantwortlich. Daher können sich die Moleküle um ihre eigene Achse und horizontal innerhalb der Membranebene gut bewegen. Mit den in der Doppelschicht gegenüberliegenden Lipiden findet dagegen kaum ein Austausch statt.

Die Membran hat eine *zähflüssige Konsistenz*. Mit steigender Temperatur nimmt die Beweglichkeit der Moleküle zu, die Membran wird flüssiger. Bei sinkender Temperatur verfestigt sie sich gelartig. In den Membranen tierischer Zellen sorgt das Lipid *Cholesterin* dafür, dass der Flüssigkeitszustand auch bei Temperaturschwankungen weitgehend konstant bleibt.

**Membranproteine.** Die *Membranproteine* sind in unregelmäßigen Abständen in die Lipiddoppelschicht eingebettet. Sie sind viel größer und weitaus weniger beweglich als die Lipidmoleküle. Proteine, die mehr oder weniger weit in die Lipidschicht hineinragen *(integrale Proteine)*, sind durch hydrophobe Wechselwirkungen an Lipidmoleküle gebunden. Sie sind daher in der Membran verankert. *Periphere Proteine* stehen hingegen nur locker mit der Membran in Kontakt. Proteine sind ungleichmäßig auf die beiden Lipidschichten verteilt, sodass sich die Struktur der äußeren und inneren Membranebene unterscheidet.

Membranproteine erfüllen sehr verschiedene Aufgaben. In der Zellmembran und in den Membranen der einzelnen Organellen finden sich daher ganz verschiedene Arten von Proteinen. Auch ihre Anteile unterscheiden sich sehr stark. Dies weist darauf hin, dass Proteine die *spezifische Funktion* der Membran bestimmen.

Eine wesentliche Aufgabe von Proteinen besteht darin, den Transport von polaren oder sehr großen Molekülen und Ionen durch die Membran zu gewährleisten. *Porenproteine* sorgen dafür, dass Öffnungen in der Membran – wie beispielsweise die Kernporen (► S. 50) – nicht sofort wieder „zufließen", sondern offen gehalten werden. *Transportproteine* befördern dagegen sehr spezifisch bestimmte Stoffe durch die Membran oder bilden Kanäle für den Stoffaustausch (► S. 48).

Ebenso spezifisch reagieren in die Membran eingelagerte *Enzyme* und *Rezeptoren*. Diese Proteine besitzen Bindungsstellen für bestimmte Moleküle. Während Enzyme Stoffwechselprozesse innerhalb der Zelle oder eines Membranraums beschleunigen, sorgen Rezeptoren für den Austausch von Informationen zwischen der Zelle und ihrer Umgebung. Ein chemisches Signal in der extrazellulären Flüssigkeit, zum Beispiel ein Hormon oder ein Nervenüberträgerstoff *(Neurotransmitter)*, das von außen an einen Rezeptor bindet, löst eine Reaktion innerhalb der Zelle aus.

Schließlich gibt es Eiweißmoleküle mit eingebauten *Signalsequenzen*. Sie werden im Cytoplasma aufgebaut, in Membranen eingeschleust und in speziellen Zellorganellen, den Dictyosomen, verändert (► S. 50/51). Das Signal sorgt wie eine „Adresse" dafür, dass die Proteine in ihre jeweiligen Zielorganellen gelangen.

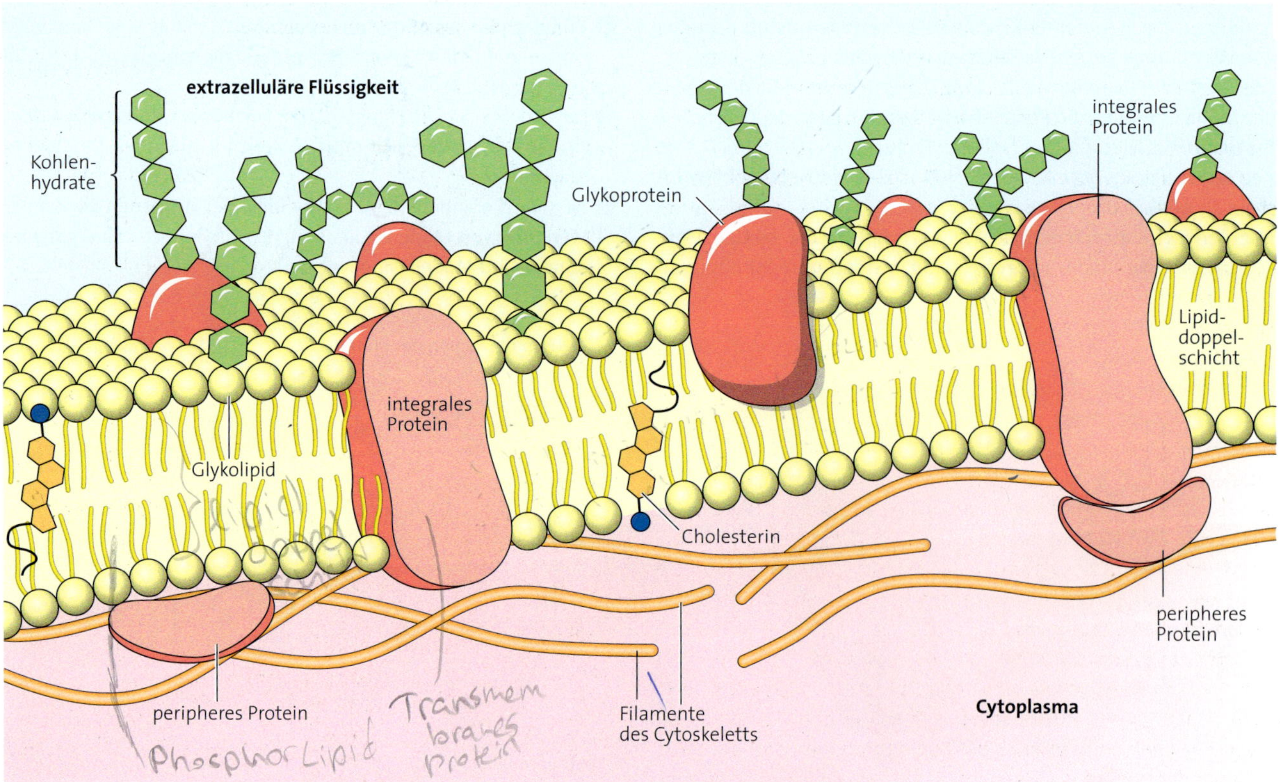


1 *Feinbau der Zellmembran einer Tierzelle. In pflanzlichen Membranen kommt Cholesterin nicht vor.*

**Membrankohlenhydrate.** Anders als die Membranen innerhalb der Zelle enthält die Zellmembran außer Lipiden und Proteinen auch *Kohlenhydrate*. Sie können rund 10% des Trockengewichts ausmachen. Bei diesen Kohlenhydraten handelt es sich um kurze, in der Regel verzweigte Zuckerketten, die an Lipid- oder an Proteinmoleküle gebunden sind. Die entstehenden Moleküle werden als *Glykolipide* beziehungsweise *Glykoproteine* bezeichnet. Sie finden sich ausschließlich in der nach außen gerichteten Schicht der Zellmembran. Die Gesamtheit der Membrankohlenhydrate nennt man *Glykokalyx*.

Die Zusammensetzung der Kohlenhydrate der Glykokalyx unterscheidet sich zwischen verschiedenen Arten, zwischen Individuen einer Art und sogar zwischen den Zellen eines Organismus. Sie dient also als *Erkennungsmerkmal* für die Zellen. Bei den Erythrocyten erfüllt sie die Funktion von *Antigenen*. Antigene dienen der Immunabwehr und sorgen für die Unterscheidung von körpereigenen und fremden Zellen.

**Verbindungen zwischen Zellen.** Bei vielzelligen Organismen sind Zellen zu Geweben zusammengeschlossen, die eine strukturelle und funktionelle Einheit darstellen. Benachbarte Zellen stehen in Kontakt miteinander, sodass ein Informationsaustausch möglich ist.

Bei Pflanzenzellen schließt sich nach außen an die Zellmembran eine *Zellwand* an, die scheinbar eine Barriere darstellt. Zellwände sind jedoch von Kanälen durchsetzt, durch die sich Cytoplasmastränge hindurchziehen. An diesen *Plasmodesmen* geht die Zellmembran der einen Zelle kontinuierlich in die Zellmembran der Nachbarzelle über.

Kontakte zwischen den Zellen bei Tieren werden durch Proteine vermittelt. Man unterscheidet drei Typen von Zellkontakten: solche, die dem *mechanischen Zusammenhalt* dienen und das Gewebe stabilisieren, Kontakte mit *Abdichtungsfunktion* und *Kommunikationskontakte*.

Der Stabilisierung dienen zum Beispiel *Desmosomen*. Sie bestehen aus *Haftplatten*, punktförmigen Bereichen aufgelagerter Proteine, an denen sich auf der Cytoplasmaseite ganze Bündel von Cytoskelettfilamenten anheften. Spezielle Filamente verbinden die Haftplatten der benachbarten Zellen durch beide Zellmembranen hindurch. Desmosomen verleihen dem Gewebe eine hohe mechanische Festigkeit.

*Verschlusskontakte* oder *tight junctions* verhindern, dass extrazelluläre Flüssigkeit in die Zellzwischenräume gelangt. Sie finden sich vor allem zwischen Epithelzellen. Tight junctions wirken wie Dichtungsringe rund um jede Zelle. Die Abdichtung entsteht dadurch, dass sich die Membranen der benachbarten Zellen direkt aneinanderlegen und – wie die Stofflagen einer Steppdecke – durch eine Art „molekularen Reißverschluss" fest verbinden. Sie verhindern auch, dass sich Membranproteine von der Oberseite zu den anderen Seiten einer Zelle verlagern.

*Kommunikationskontakte* oder *gap junctions* gewährleisten den Austausch zwischen benachbarten Zellen. In diesen Bereichen bilden große Proteinmoleküle Poren in der Membran. Die Poren der aneinandergrenzenden Zellmembranen stehen direkt miteinander in Kontakt. Dadurch wird die chemische Kommunikation ermöglicht.

**Zusammensetzung verschiedener Membranen**
(in Prozent der Gesamttrockenmasse)

| Membranen | Proteine | Lipide |
|---|---|---|
| Zellmembran (Erythrocyt) | 60 | 40 |
| Zellmembran (Leberzelle) | 50–70 | 30–50 |
| Kernhülle (Leberzelle) | 70 | 17 |
| ER (Leberzelle) | 70 | 30 |
| Mitochondrien (Leberzelle) | | |
| Außenmembran | 41–51 | 48–59 |
| Innenmembran | 70–80 | 20–30 |
| Chloroplasten-Thylakoide | 44–50 | 50–56 |

**1** Erläutern Sie die Bezeichnung Flüssig-Mosaik-Modell.

**2** Erklären Sie, warum die Lipidmoleküle innerhalb einer Membranebene beweglich sind, während ein Austausch zwischen den Lipidschichten kaum möglich ist.

**3** Eine künstliche Lipiddoppelschicht ist im elektronenmikroskopischen Bild etwa 4 nm dick. Die Erythrocytenmembran misst dagegen rund 8 nm. Erklären Sie, worauf sich dieser Unterschied zurückführen lässt.

**4** Nennen Sie die Moleküle, aus denen Membranen aufgebaut sind. Erläutern Sie anhand von Beispielen die Funktionen der einzelnen Bestandteile.

**5** Das Verhältnis von Lipiden und Proteinen ist in verschiedenen Membranen sehr unterschiedlich (▶Tabelle oben). Welche Schlüsse auf die Funktion dieser Membranen erlaubt das?

**6** Erläutern Sie, auf welchen Eigenschaften der Erythrocyten die Blutgruppen des AB0-Systems beruhen.

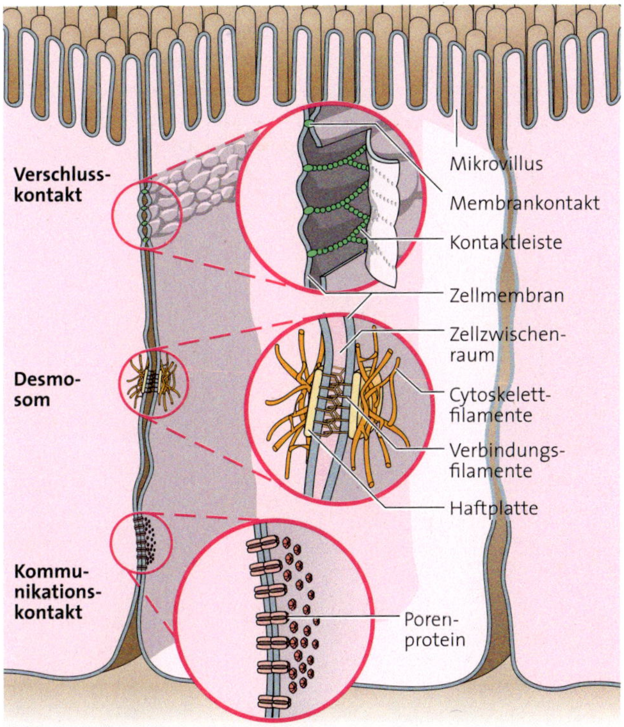


*1 Verbindungen zwischen Zellen des Dünndarmepithels*

## Stofftransport: Diffusion und Osmose

Zellen sind von einer Vielzahl von Stoffen umgeben. Einige davon werden in einer ganz bestimmten Konzentration im Zellinnern benötigt. Andere werden in der Zelle aufgebaut und an die Umgebung abgegeben. Der Austausch von Molekülen zwischen der Zelle und ihrer Umgebung erfolgt über die Zellmembran. Ihm liegen verschiedene *Transportmechanismen* zugrunde, die sich durch ihre Geschwindigkeit und die dafür notwendige Energie unterscheiden.

**Diffusion.** Alle Teilchen eines Gases oder einer Lösung sind ständig in Bewegung. Diese Eigenbewegung ist ungerichtet und nimmt mit steigender Temperatur zu. Nach ihrem Entdecker nennt man sie die *brownsche Molekularbewegung*.

Überschichtet man in einem Glasgefäß eine konzentrierte Zuckerlösung mit Wasser, so sind die beiden Flüssigkeiten zunächst deutlich voneinander getrennt. Allmählich breiten sich die Zuckermoleküle aufgrund ihrer Eigenbewegung aus. Schließlich ist der Konzentrationsunterschied ausgeglichen, Lösemittel und gelöste Teilchen sind gleichmäßig verteilt. Diese selbstständige Durchmischung nennt man *Diffusion*. Die Geschwindigkeit, mit der die Durchmischung vor sich geht, ist unter anderem abhängig von der Art des gelösten Stoffs, der Höhe des Konzentrationsgefalles sowie von der Strecke, die überwunden werden muss.

**Osmose.** In Lebewesen sind Kompartimente – Zellen oder Organellen – durch Membranen voneinander abgegrenzt. Findet die Diffusion von Lösungen über Membranen statt, spricht man von *Osmose*. Die meisten biologischen Membranen sind *selektiv permeabel*, das heißt, sie lassen verschiedene Stoffe unterschiedlich gut hindurchdiffundieren. Meist kann Wasser ungehindert diffundieren, gelöste Stoffe dagegen nicht oder nur eingeschränkt.

Bringt man eine Zuckerlösung in ein Gefäß, das durch eine selektiv permeable Membran von reinem Wasser getrennt ist, diffundiert Wasser in beiden Richtungen durch die Membran. Da die Konzentration an Wassermolekülen in reinem Wasser höher ist als in der Zuckerlösung, diffundieren mehr Wassermoleküle in die Lösung hinein als von ihr nach außen. Für Zuckermoleküle ist die Membran nicht durchlässig. Diese können daher dem Bestreben, den Konzentrationsunterschied auszugleichen, nicht folgen. Das einströmende Wasser erzeugt auf der Seite der Zuckerlösung einen Druck, den man *osmotischen Druck* nennt. Er hängt vor allem von der Zahl der gelösten Teilchen ab, also dem *osmotischen Wert* der Lösung. Es kommt zu einer Volumenzunahme. Sie ist im Steigrohr eines *Osmometers* als Anstieg der Wassersäule messbar. Der osmotische Druck wirkt dem vollständigen Konzentrationsausgleich entgegen. Dadurch stellt sich nach einiger Zeit ein *Gleichgewicht* ein: Je Zeiteinheit diffundieren gleich viele Wasserteilchen durch die Membran in die Lösung, wie sie diese in umgekehrter Richtung aufgrund des steigenden Drucks wieder verlassen.

Stoffwechselvorgänge in lebenden Zellen laufen bevorzugt in einem bestimmten Milieu ab, das heißt bei einer bestimmten Konzentration verschiedener Stoffe. Da sich die Konzentration dieser Stoffe in den Zellen meist von der im umgebenden Medium unterscheidet, diffundiert stets Wasser aus den Zellen hinaus oder hinein. Osmose ist daher ein einfacher, energiesparender und effektiver Transportmechanismus für Wasser über kurze Distanz.

Viele Lebewesen können Veränderungen des osmotischen Drucks ausgleichen, indem sie Ionen oder Wasser aufnehmen beziehungsweise ausscheiden. Diese Fähigkeit bezeichnet man als *Osmoregulation*.

**1** **Begründen Sie die geringe Geschwindigkeit von Diffusion und Osmose. Warum reicht diese für Transportvorgänge in der Zelle trotzdem aus?**

**2** **Reife Kirschen platzen im Regen. Erläutern Sie die Gründe dafür.**

**3** **Lange war die ungehinderte Diffusion von Wasser über biologische Membranen völlig rätselhaft. Erklären Sie den Sachverhalt.**

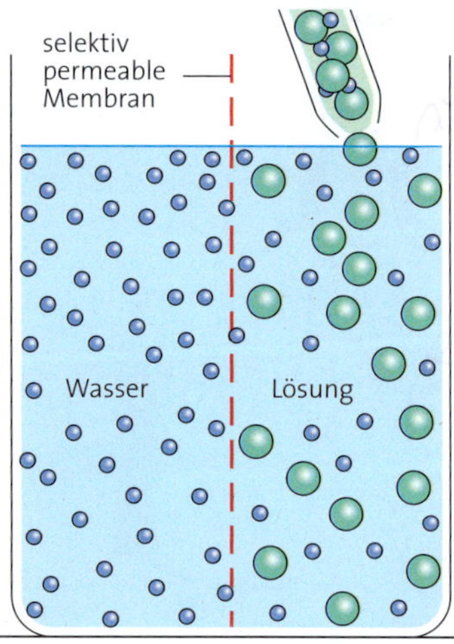


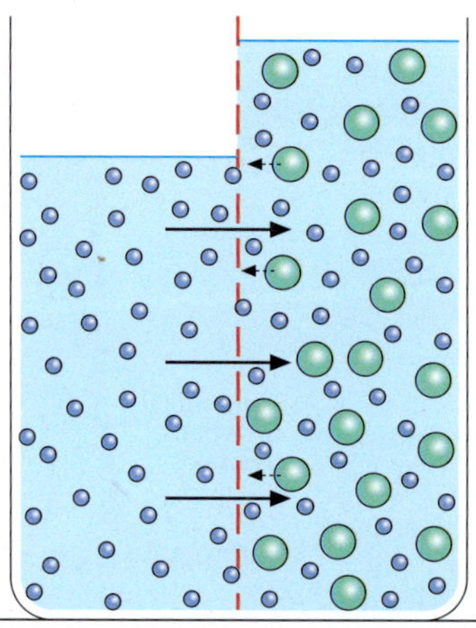

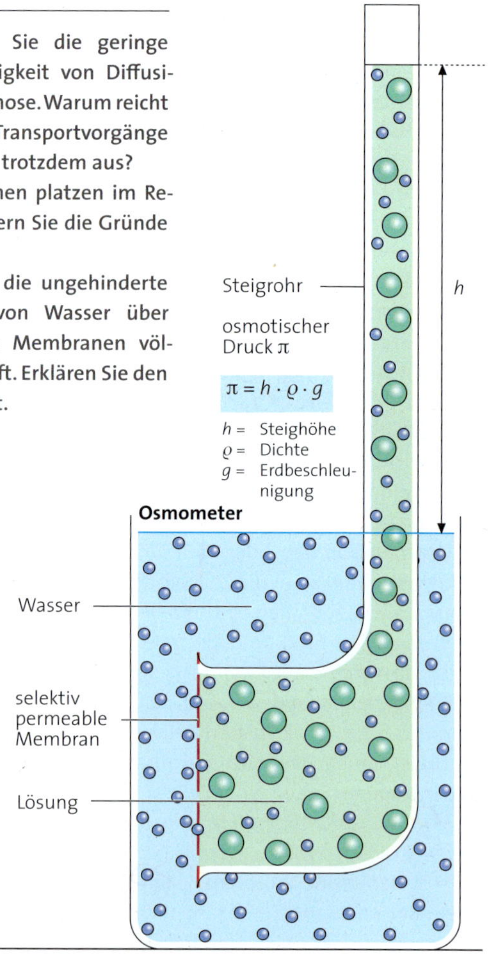


1 *Osmose durch eine selektiv permeable Membran. Der Wassereinstrom hat eine Zunahme von Volumen oder Druck zur Folge.*

## Osmose und der Wasserhaushalt der Zelle

Die Biomembranen der lebenden Zelle sind selektiv permeabel. Osmose ist daher die Grundlage des Wasserhaushalts von Zelle und Organismus. Gelangen Zellen in eine Umgebung, deren osmotischer Wert von dem des Zellplasmas abweicht, ändert sich ihr Wassergehalt: In höher konzentrierter, *hypertonischer* Umgebung verlieren sie Wasser, in niedriger konzentrierter, *hypotonischer* Umgebung dringt Wasser in sie ein. Unter natürlichen Bedingungen bleibt allerdings bei vielen Lebewesen der Wassergehalt der Zellen durch *Osmoregulation* (▶ S. 322) sehr konstant. Im Experiment lassen sich dagegen Situationen schaffen, die das Verhalten der Zellen zeigen.

**Plasmolyse.** In hypertonische Umgebung gebracht nimmt das Volumen des Zellplasmas ab, da es Wasser an die Umgebung verliert. Dieser Vorgang wird als *Plasmolyse* bezeichnet. Er lässt sich bei Pflanzenzellen unter dem Mikroskop gut beobachten (▶ Bild 1). Das zunehmend entwässerte Zellplasma löst sich dabei nach und nach von der Zellwand ab, zusammengedrückt durch den hohen osmotischen Druck der umgebenden Lösung. Gleichzeitig verliert auch die Vakuole durch ausströmendes Wasser an Volumen.

Tierische Zellen schrumpfen in hypertonischer Umgebung und verlieren ihre Form. Rote Blutkörperchen nehmen zum Beispiel eine kennzeichnende „Stechapfelform" an (▶ Bild 4).

**Deplasmolyse.** Die Plasmolyse lässt sich wieder rückgängig machen, wenn man die Zellen in eine ihrem osmotischen Wert entsprechende, *isotonische* Umgebung bringt (▶ Bilder 2 und 5). Diese *Deplasmolyse* gelingt jedoch nur so lange, wie die Zellen durch den Wasserverlust noch keinen Schaden genommen haben. Die Fähigkeit zu Plasmolyse und Deplasmolyse ist deshalb ein Testkriterium für die Lebensfähigkeit von Zellen.

Bringt man Zellen in eine hypotonische Lösung (▶ Bilder 3 und 6) oder gar in reines Wasser, können sie durch den Wassereinstrom platzen. Das gilt besonders für tierische Zellen. Bei Pflanzenzellen übt die etwas elastische Zellwand einen Gegendruck aus. Sie nehmen nur so viel Wasser auf, bis der osmotische Druck in der Zelle durch den Gegendruck der elastischen Zellwand gerade ausgeglichen ist. Osmotisch wirksam ist in der Pflanzenzelle vor allem der Zellsaft in der Vakuole. Der Zellsaftdruck wird auch als *Turgor* bezeichnet. Er ist für die Festigkeit pflanzlicher Gewebe entscheidend.

1. **Begründen Sie, weshalb nur lebende Zellen die Erscheinung der Plasmolyse zeigen.**
2. **Ein Blutverlust darf unter keinen Umständen mit reinem Wasser ausgeglichen werden. Geben Sie dafür eine Erklärung.**

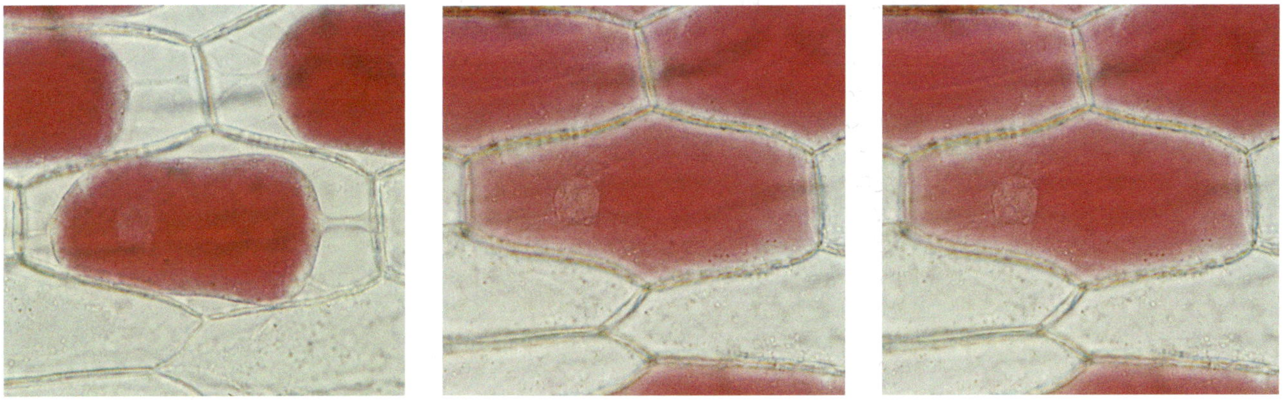

hypertonische Umgebung $c_{außen} > c_{innen}$ | isotonische Umgebung $c_{außen} = c_{innen}$ | hypotonische Umgebung $c_{außen} < c_{innen}$

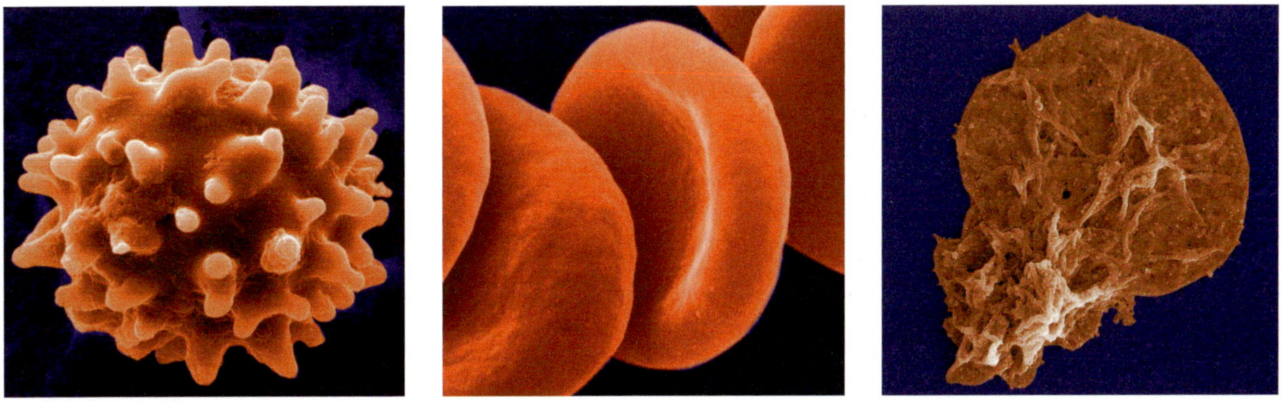

*1–6 Verhalten pflanzlicher und tierischer Zellen in hypertonischer, isotonischer und hypotonischer Umgebung. Oben: Zellen aus der Epidermis einer roten Zwiebel; unten: rote Blutkörperchen des Menschen. Bild 6 zeigt Reste des geplatzten Blutkörperchens.*

## Stofftransport: Kanal- und Carriertransport

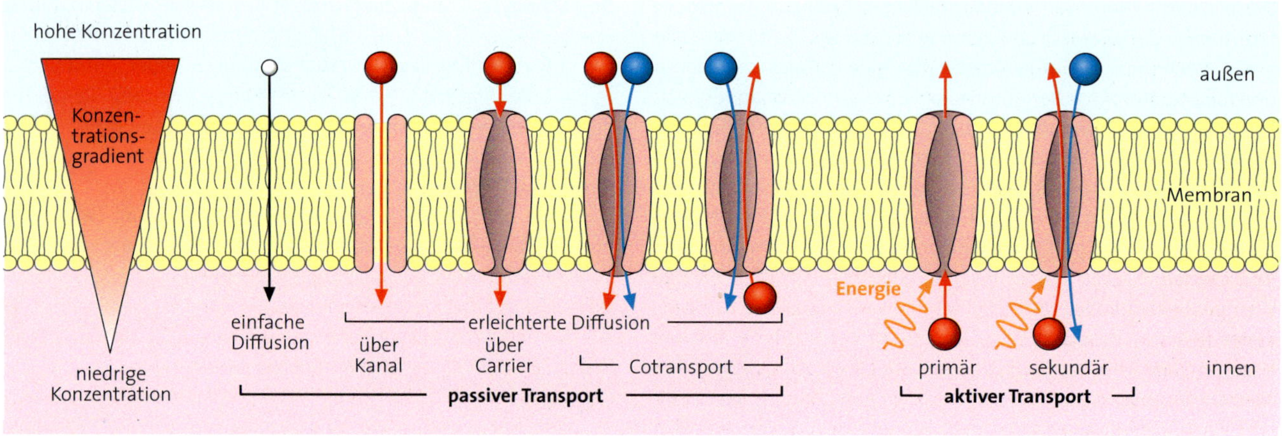


1 *Schematische Darstellung der aktiven und passiven Transportmechanismen*

Während lipophile und sehr kleine ungeladene Moleküle wie Gase und – mit Einschränkungen – Wasser Membranen direkt passieren können, ist das hydrophobe Innere der Lipiddoppelschicht für Ionen und größere polare Moleküle nahezu undurchdringlich. Sie werden mithilfe von *Transportproteinen* oder *Transportern* durch die Membran geschleust.

**Passiver Transport.** Bei den Transportproteinen unterscheidet man zwischen Kanälen und Carriern. *Kanäle* werden von Tunnelproteinen gebildet, die die Membran ganz durchspannen. Zum Innern des Kanals hin tragen sie polare Aminosäuren. Dadurch können *kleine polare* oder *geladene Teilchen* wie Ionen über die Kanäle in die Zelle gelangen. Auch Wasser passiert die Zellmembran über spezielle Wasserkanäle (Aquaporine). Ein Tunnelprotein ist nur für Ionen einer bestimmten Größe oder Art durchlässig. Die meisten Kanäle öffnen sich erst auf ein Signal hin. Dies kann ein Botenstoff sein, etwa ein *Hormon*, oder die Änderung des elektrischen Potenzials.

*Carrier* sind auf ganz bestimmte Moleküle spezialisiert, für die sie – ähnlich wie *Enzyme* – eine Bindungsstelle haben (► S. 44). Wenn sich der Carrier kurzzeitig mit dem Substrat verbindet, ändert er seine *Konformation*. Durch diese Umlagerung wird das betreffende Molekül durch die Membran geschleust und auf der anderen Seite freigesetzt. Manche Carrier haben Bindungsstellen für zwei verschiedene Moleküle. Sie ändern ihre Konformation erst dann, wenn beide Bindungsstellen besetzt sind (► Bild 2). Der Transport erfolgt in der gleichen oder in entgegengesetzter Richtung *(Cotransport)*.

Dieser spezifische Transport findet ebenso wie der Transport über Tunnelproteine immer in *Richtung des Konzentrationsgefälles* statt. Die Zelle muss dafür keine Energie aufwenden. Es handelt sich also um *passive Transportmechanismen*. Kanaltransport und passiven Carriertransport bezeichnet man auch als *erleichterte Diffusion*.

**Aktiver Transport.** Beim Bakterium Escherichia coli (E. coli) übertrifft die Konzentration des Milchzuckers im Zellinnern diejenige in der Umgebung um das 2000-Fache. Eine solche Anreicherung von Milchzucker ist durch passive Transportvorgänge nicht möglich. Viele lebensnotwendige Stoffe liegen außerhalb der Zelle nur in geringer Konzentration vor und müssen daher gegen das *Konzentrationsgefälle* durch die Membran befördert werden. Für den *aktiven Transport* muss die Zelle Energie bereitstellen. Er erfolgt ebenfalls mithilfe von Carriern. Beim *primär aktiven Transport* erfordert das An- oder Abkoppeln des Substrats selbst Energie. In vielen Fällen wird die Energie auch dazu verwendet, einen Ionengradienten zu erzeugen. Der zu transportierende Stoff wird dann zusammen mit den zurückströmenden Ionen von einem Carrier durch die Membran befördert *(sekundär aktiver Transport)*.

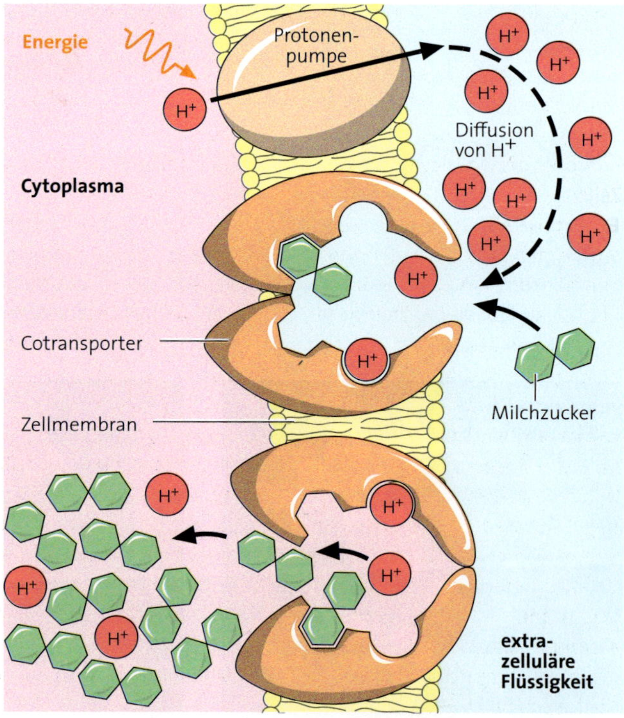


2 *Die Protonenpumpe erzeugt unter Energieaufwand einen Protonengradienten. Die Protonen diffundieren wieder zurück in die Zelle. Dabei werden Milchzuckermoleküle im sekundär aktiven Transport mittransportiert.*

## Stofftransport: Endocytose, Exocytose, Membranfluss

Wasser und kleine Moleküle diffundieren entweder durch die Membran oder werden von Transportproteinen in die Zelle geschleust. Größere Moleküle oder Nahrungspartikel dagegen können die Membran passieren, indem sie in Membranbläschen oder *Vesikel* eingeschlossen werden. Vesikel, die eine bestimmte Größe überschreiten, nennt man *Vakuolen*. Der Vorgang, bei dem Stoffe mithilfe von Vesikeln oder Vakuolen in die Zelle gelangen, heißt *Endocytose*. Der entsprechende Prozess der Stoffausscheidung wird als *Exocytose* bezeichnet.

**Endocytose.** Weiße Blutkörperchen können Krankheitserreger oder gealterte Blutzellen in sich aufnehmen und verdauen. Dabei senkt sich zunächst ihre Zellmembran an der Stelle ein, die mit dem Fremdkörper in Berührung kommt. Ist dieser ganz von der Membran umschlossen, schnürt sich eine Vakuole ab und befördert das aufgenommene Material in die Zelle. Dort verschmilzt die Vakuole meist mit Lysosomen, die Verdauungsenzyme enthalten (► S. 51). Die Form der Endocytose, bei der feste Partikel aufgenommen werden, bezeichnet man als *Phagocytose*. Gelangen Flüssigkeitströpfchen in die Zelle, spricht man von *Pinocytose*. Bei der Pinocytose nimmt die Zelle alle in dem Tropfen gelösten Stoffe mit auf.

Sehr spezifisch verläuft dagegen die *rezeptorvermittelte Endocytose*. Rezeptorproteine ragen aus der Membran heraus. Sie tragen spezielle Erkennungsstrukturen, an die nur ganz bestimmte Moleküle binden. Die Rezeptoren finden sich gehäuft an leicht eingesenkten Membranstellen, den *coated pits*, die auf der Cytoplasmaseite besondere Proteine tragen. Sobald der Stoff an die Rezeptoren bindet, bilden sich mit Proteinen ummantelte Vesikel, die *coated vesicles*. Mithilfe der rezeptorvermittelten Endocytose können große Mengen einer Substanz aufgenommen werden, deren Konzentration in der Umgebung der Zelle sehr gering ist. So gelangt beispielsweise Cholesterin als Baumaterial für Membranen oder als Synthesevorstufe für Hormone aus dem Blut in die Zellen.

**Exocytose.** Abfallstoffe der Zelle, aber auch Sekrete aus Drüsenzellen werden ausgeschieden, indem Vesikel mit der Zellmembran in Kontakt treten. An der Berührungsstelle „verschmelzen" die Membranen, sodass eine Öffnung entsteht. Der Inhalt des Vesikels wird nach außen abgegeben. Auf diese Weise entleeren Einzeller ihre pulsierende Vakuole und stoßen aus den Verdauungsvakuolen unverdauliche Reste aus.

**Membranfluss.** Nicht nur an der Zellmembran werden Stoffe mithilfe von Vesikeln aufgenommen und abgegeben. Auch innerhalb der Zelle finden ständig Endo- und Exocytosen statt. Sie dienen dazu, Substanzen zur Weiterverarbeitung, aber auch Membranstücke von einem Organell zum anderen zu transportieren. Dadurch erneuern sich gleichzeitig auch die Membranen der Zelle. Das ständige Ineinanderübergehen der Membranen wird als *Membranfluss* bezeichnet. Nur die Membranen von Mitochondrien, Plastiden und Peroxisomen (► S. 51) nehmen an diesem Austausch nicht teil.

---

**1 Definieren Sie die Begriffe Endocytose, Exocytose und Membranfluss. Erklären Sie, wie die beschriebenen Prozesse miteinander in Zusammenhang stehen.**

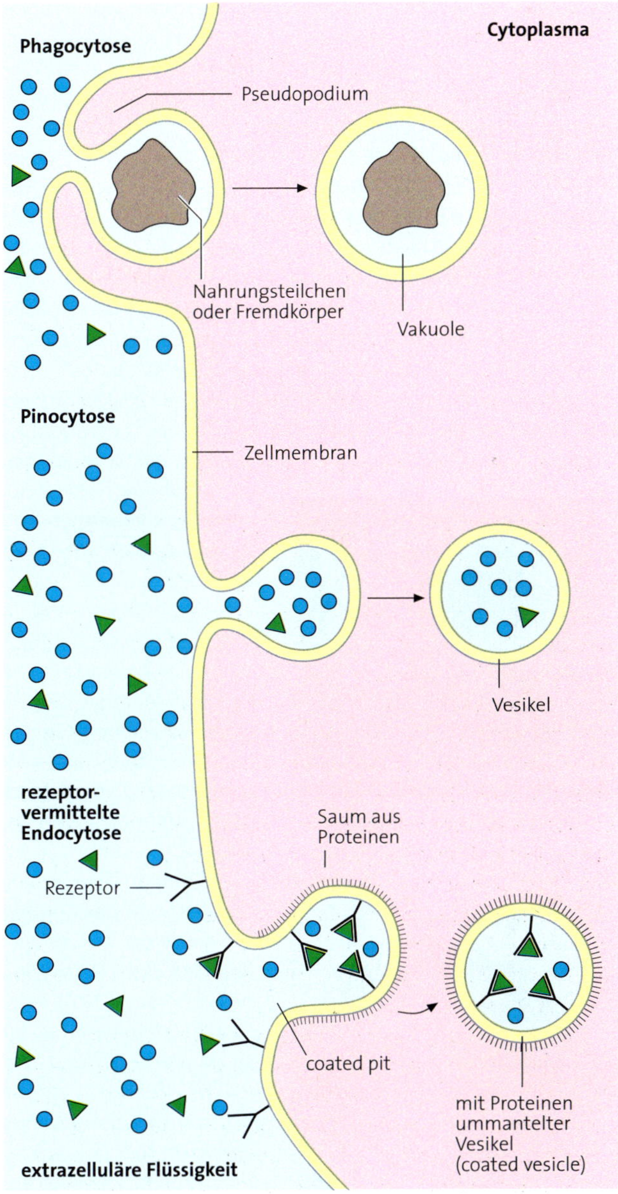


*1 Verschiedene Formen der Stoffaufnahme. Phagocytose kommt nur bei Einzellern und tierischen Zellen vor.*

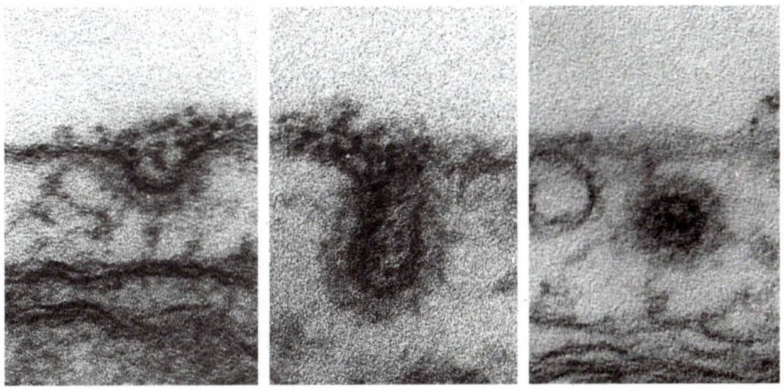

*2 Bei der rezeptorvermittelten Endocytose entstehen mit Proteinen ummantelte Vesikel.*

# Die Zellorganellen

Die Organellen von Pflanzen- und Tierzelle erfüllen jeweils spezifische Funktionen im Stoffwechsel. Im elektronenmikroskopischen Bild erkennt man, dass ein Teil der Organellen durch eine oder zwei Membranen begrenzt ist. Anderen fehlt eine solche Abgrenzung gegenüber dem Cytoplasma.

**Zellkern.** Der *Zellkern*, auch Nucleus oder Karyon genannt, ist das Steuerzentrum der Zelle. Er ist von einer doppelten Membran, der *Kernhülle*, umschlossen. Die beiden Membranen der Kernhülle sind durch einen 20 bis 40 nm breiten Zwischenraum getrennt. Im Bereich der *Kernporen* gehen äußere und innere Kernmembran ineinander über. Die Kernporen, Öffnungen von rund 100 nm Durchmesser, ermöglichen den Austausch größerer Moleküle zwischen dem Innern des Zellkerns und dem Cytoplasma.

Besonders auffällig erscheint in gefärbten Präparaten der Nucleolus, das Kernkörperchen. Je nach Art und Entwicklungsstadium der Zelle können auch mehrere Nucleoli im Zellkern vorkommen. Im Nucleolus werden die Ribosomen gebildet.

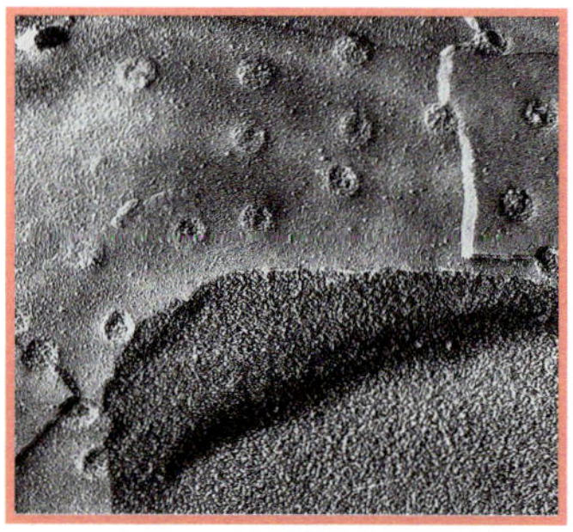

1 *Äußere und innere Membran der Kernhülle mit Kernporen*

Der Zellkern enthält den Großteil der Erbinformation einer Zelle. Das genetische Material liegt in Form von *Chromosomen* vor, die jedoch nur während der Zellteilung als solche erkennbar werden (► S. 26).

Während der übrigen Zeit erscheint das *Chromatin*, ein leicht anfärbbarer Komplex aus *Desoxyribonukleinsäure* (DNA) und Strukturproteinen, als unstrukturierte Masse.

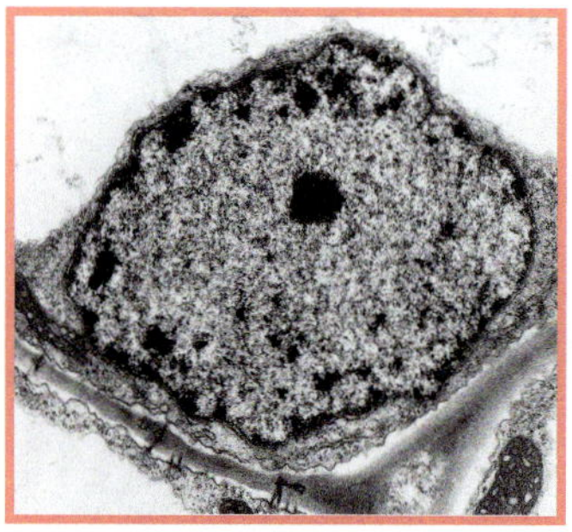

2 *Im Innern des Zellkerns ist der dunkel gefärbte Nucleolus deutlich zu erkennen.*

Der Zellkern steuert alle Stoffwechselprozesse innerhalb der Zelle mithilfe von Botenmolekülen aus *Ribonukleinsäure* (RNA), die über die Kernporen nach außen geschleust werden. Jedes RNA-Botenmolekül enthält die genetische Information für die Aminosäuresequenz eines bestimmten Proteins (Enzyms).

**Ribosomen.** *Ribosomen* sind die Orte der *Eiweißbildung*. Hier werden den Aminosäuren miteinander zu Proteinen verbunden. Ein Teil der Ribosomen einer Zelle liegt frei im Cytoplasma. Diese sogenannten freien Ribosomen stellen vor allem Enzyme her, die Stoffwechselvorgänge im Cytoplasma katalysieren. Ribosomen können sich jedoch auch an die Membranen des endoplasmatischen Reticulums anlagern. Chemisch bestehen Ribosomen aus Proteinen und RNA. Sie sind nicht von einer Membran umgeben.

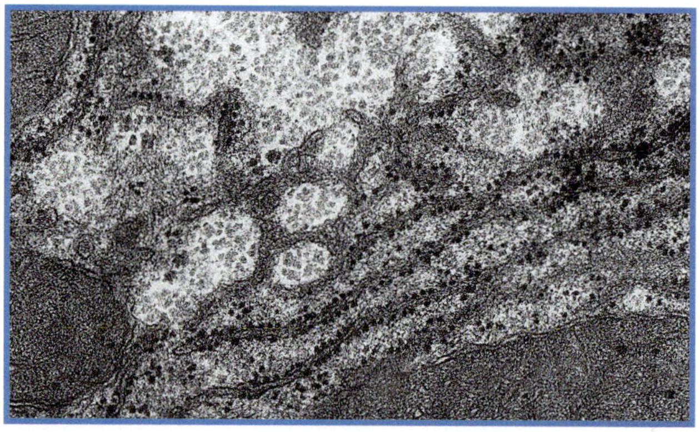

3 *Raues und glattes endoplasmatisches Reticulum*

**Das endoplasmatische Reticulum.** Das *endoplasmatische Reticulum* (ER) durchzieht als ausgedehntes Membransystem die gesamte Zelle. Dabei bilden die Membranen des ER flächige oder röhrenförmige Hohlräume, die als *Zisternen* bezeichnet werden. Das ER steht mit anderen Organellen in Verbindung. Es geht beispielsweise direkt in die Kernhülle über. Das ER dient neben der Synthese und der Verarbeitung verschiedener Stoffe vor allem dem *innerzellulären Stofftransport*.

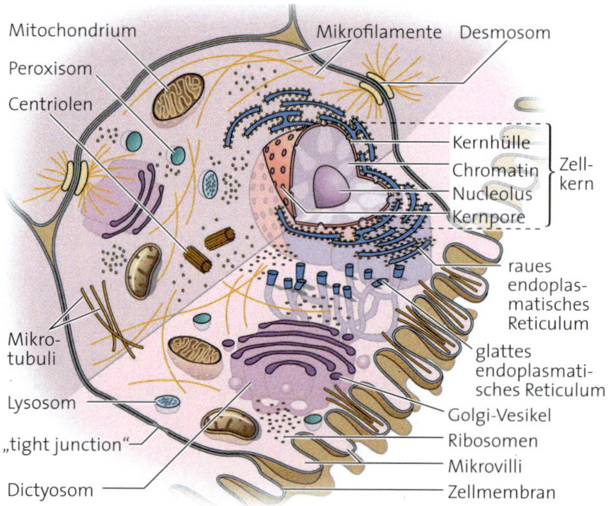


4 *Schema einer Tierzelle*

Die Bereiche des ER, an dessen Membranflächen Ribosomen angelagert sind und die im elektronenmikroskopischen Bild ein „raues" Aussehen haben, bezeichnet man als *raues ER*. Die Ribosomen des rauen ER synthetisieren Proteine, die entweder für den Einbau in Membranen bestimmt sind oder als *Sekrete*, in Vesikel verpackt, die Zelle verlassen. Drüsenzellen sind besonders stark vom rauen ER durchzogen.

Ribosomenfreie Abschnitte heißen *glattes ER*. Das glatte ER synthetisiert vor allem Lipide für neue Membranen. In tierischen Zellen stellt das glatte ER auch bestimmte Hormone wie zum Beispiel Geschlechtshormone her. In Leberzellen werden hier Gifte und Arzneimittel abgebaut.

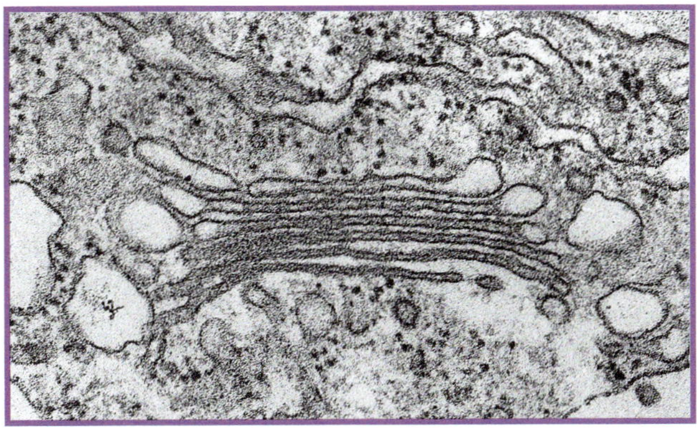

1 *An den Dictyosomen schnüren sich Golgi-Vesikel ab.*

**Dictyosomen.** *Dictyosomen* bestehen aus übereinandergestapelten, flachen Membranzisternen. Nach ihrem Entdecker wird die Gesamtheit aller Dictyosomen einer Zelle als *Golgi-Apparat* bezeichnet. In den Dictyosomen werden die Syntheseprodukte des ER umgewandelt, gespeichert, in sogenannte *Golgi-Vesikel* verpackt und weitertransportiert. Der Stofftransport zwischen ER, den einzelnen Zisternen der Dictyosomen und der Zelloberfläche erfolgt durch Aufnahme und Abgabe von Vesikeln. Dabei zeigen

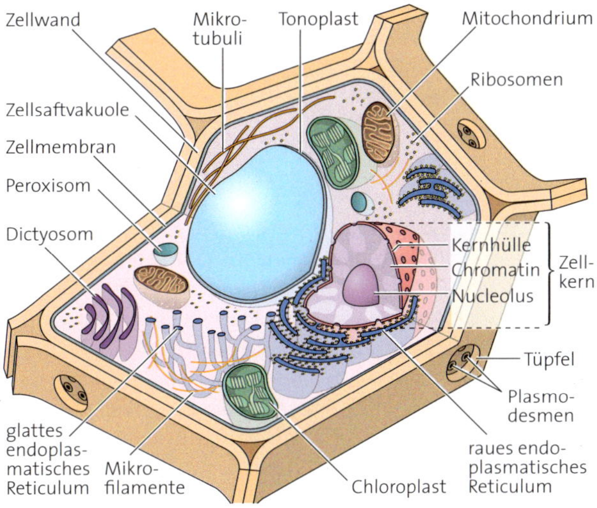


2 *Schema einer Pflanzenzelle*

die Dictyosomen eine eindeutige *Polarität*. Auf der dem Zellkern und dem ER zugewandten *Bildungsseite* werden Syntheseprodukte aufgenommen, indem vom ER abgeschnürte Transportvesikel mit der Dictyosomenmembran verschmelzen. Auf der gegenüberliegenden, der Zellmembran zugewandten *Sekretionsseite* schnüren sich Golgi-Vesikel ab, die zur Zelloberfläche oder zu den Lysosomen weitertransportiert werden.

Die Produkte des ER werden, während sie den Golgi-Apparat passieren, chemisch verändert. Hier werden zum Beispiel Membranproteine und -lipide mit Zuckerketten versehen, sodass Glykoproteine und Glykolipide entstehen (► S. 45). Ihre „individuelle Kennung" erhalten die Moleküle, indem einzelne Zuckerbausteine „angehängt" oder „abgeschnitten" werden. Die Dictyosomen stellen auch solche Kohlenhydrate her, die als *Sekrete* aus der Zelle ausgeschieden werden. Die vom Golgi-Apparat abgegebenen Sekrete können jedoch sehr unterschiedlich sein. Golgi-Vesikel pflanzlicher Zellen enthalten zum Beispiel Moleküle, die für den Aufbau der Zellwand benötigt werden. In Zellen der Dünndarmwand bilden die Dictyosomen Schleimbestandteile. Bei Einzellern, die im Süßwasser vorkommen, sind Golgi-Vesikel an der Wasserausscheidung über die pulsierende Vakuole beteiligt (► S. 32).

**Lysosomen.** In der Zelle kommen weitere vom Golgi-Apparat abgeschnürte Vesikel vor, die entsprechend ihrer Funktion als *Lysosomen* bezeichnet werden. Sie dienen dazu, zelleigenes und zellfremdes Material zu verdauen, um die Bausteine der Zelle für neue Synthesen zugänglich zu machen. Lysosomen enthalten Enzyme für den Abbau aller in der Zelle vorhandenen Makromoleküle. Wenn die Zelle stirbt, geben die Lysosomen ihre Enzyme nach außen ab, sodass die Zelle sich selbst verdaut. Die Abbauprodukte werden von Nachbarzellen wieder verwendet. Pflanzenzellen enthalten keine Lysosomen. Deren Funktion wird dort von der Vakuole erfüllt.

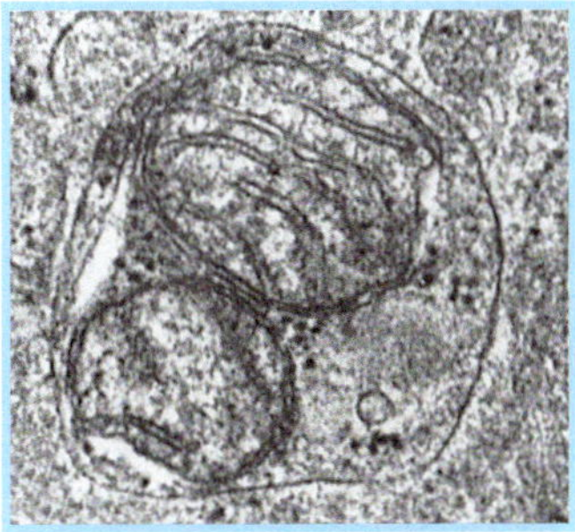

3 *Ein Lysosom verdaut ein Mitochondrium.*

**Vakuolen.** *Vakuolen* sind große Vesikel, die der Verdauung von Makromolekülen dienen, aber auch Produkte des Zellstoffwechsels speichern. Sie entstehen bei der Endocytose oder durch die Fusion von Vesikeln, die von ER und Golgi-Apparat abgeschnürt werden. Damit sind Vakuolen Bestandteile des inneren Membransystems. In ausgewachsenen Pflanzenzellen findet sich meist eine große, zentral gelegene Vakuole. Durch ihren osmotischen Wert sorgt die Zentralvakuole für den *Innendruck* der Pflanzenzelle, der auch *Turgor* genannt wird (► S. 47).

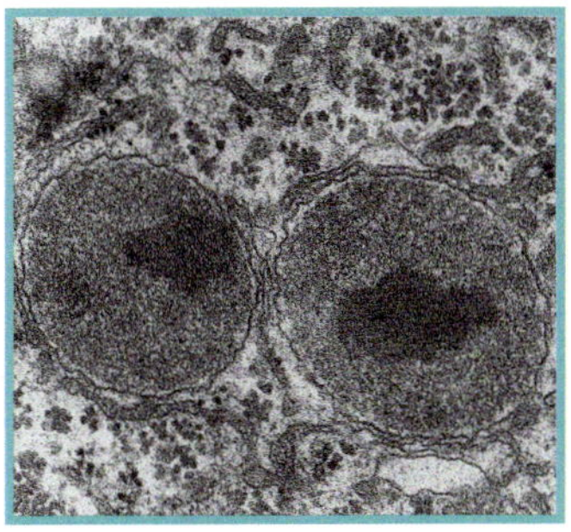

4 *Peroxisomen*

**Peroxisomen.** *Peroxisomen* oder *Microbodies* sind vesikelähnliche Organellen, die in unterschiedlichen Zellen sehr verschiedene Funktionen haben. Mithilfe von Enzymen bauen sie Fettsäuren und andere Substrate ab. Häufig enthalten sie *Katalase*, die das im Stoffwechsel entstehende Zellgift *Wasserstoffperoxid* in Sauerstoff und Wasser zerlegt. In Leberzellen dienen sie dazu, Alkohol und andere schädliche Verbindungen zu entgiften. Peroxisomen schnüren sich nicht vom inneren Membransystem ab, sondern vermehren sich durch Teilung.

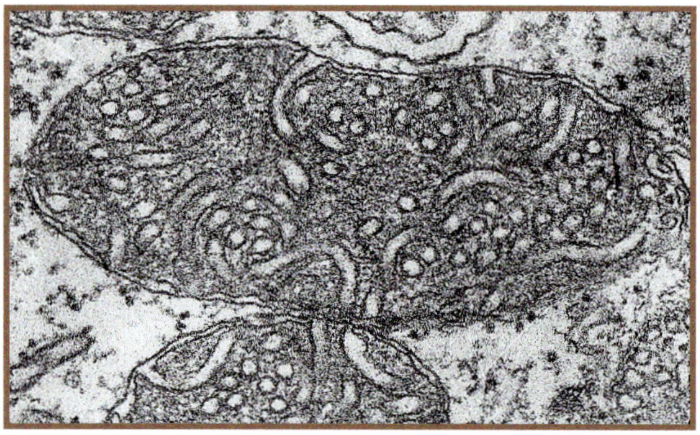

1 Die innere Mitochondrienmembran ist stark eingefaltet.

**Mitochondrien.** *Mitochondrien* sind von zwei Membranen umgeben. Die äußere Mitochondrienmembran ist glatt, die innere Membran zeigt dagegen zahlreiche Einfaltungen nach innen, die als *Cristae* (Einzahl *Crista*) bezeichnet werden. Die beiden Membranen gliedern das Mitochondrium in zwei Kompartimente: den *Intermembranraum* zwischen den Membranen und die *Matrix* im Innern des Mitochondriums. Die Matrix enthält Ribosomen, mitochondriale DNA und zahlreiche Enzyme des Kohlenhydrat- und Lipidstoffwechsels.

Mitochondrien sind die Organellen der *Zellatmung*. Bei diesem Stoffwechselvorgang wird aus Zuckern, Fetten und anderen Nährstoffen mithilfe von Sauerstoff Energie gewonnen und in eine chemische, für die Zelle nutzbare Form umgesetzt (► S.100). In Zellen mit hoher Stoffwechselrate finden sich daher besonders viele Mitochondrien. Leberzellen enthalten beispielsweise über 1000 Mitochondrien, manche Algenzellen dagegen nur ein einziges.

**Chloroplasten.** *Chloroplasten* gehören zu den *Plastiden* (► S.23), sie kommen nur in Pflanzenzellen vor. Wie die Mitochondrien sind sie durch zwei Membranen gegen das Cytoplasma abgegrenzt. Im Innern des Chloroplasten befindet sich ein weiteres Membransystem aus flachen Zisternen, den sogenannten *Thylakoiden*. Bereiche, in denen die Faltungen der Thylakoidmembran wie dicht übereinandergestapelte Münzen aussehen, nennt man *Grana*. Sie erscheinen im elektronenmikroskopischen Bild dunkel gefärbt. Der Raum außerhalb der Thylakoide heißt *Stroma*. Im Chloroplasten lassen sich demnach drei Kompartimente unterscheiden: der schmale Intermembranraum zwischen äußerer und innerer Membran, das Stroma und der Thylakoid-Innenraum. Die Chloroplasten sind die Organellen der *Fotosynthese* (► S.122).

**Mitochondrien und Chloroplasten im Vergleich.** Mitochondrien und Chloroplasten sind die wichtigsten Energieumwandler der Zellen. Beide sind von Membranen umschlossen, die keine Verbindung zum inneren Membransystem der Zelle haben. Beide Organellen besitzen auch eigene DNA und RNA sowie Ribosomen, die einen Teil der Eiweiße synthetisieren. Mitochondrien wie Chloroplasten vermehren sich unabhängig vom Zellteilungszyklus durch Zweiteilung.

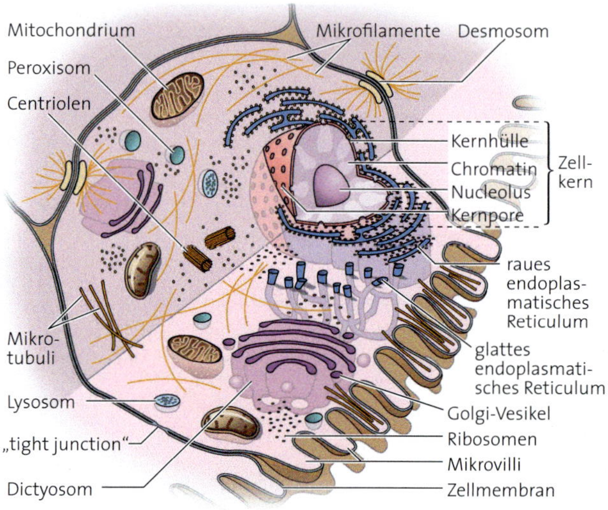


**Cytoskelett.** Das Cytoplasma ist von einem Netzwerk feiner Proteinstrukturen durchzogen, das in seiner Gesamtheit als *Cytoskelett* bezeichnet wird. Es sorgt für die *mechanische Festigkeit* der Zelle und hält die Zellorganellen an ihrem Platz im Cytoplasma. In tierischen Geweben, deren Zellen keine festen Zellwände haben, gewährleistet das Cytoskelett Zusammenhalt und Stabilität. Daneben ist das Cytoskelett für *Bewegungsvorgänge* verantwortlich. Dazu gehören Formveränderungen ganzer Zellen wie zum Beispiel die Bildung von Pseudopodien bei Amöben (► S.32), aber

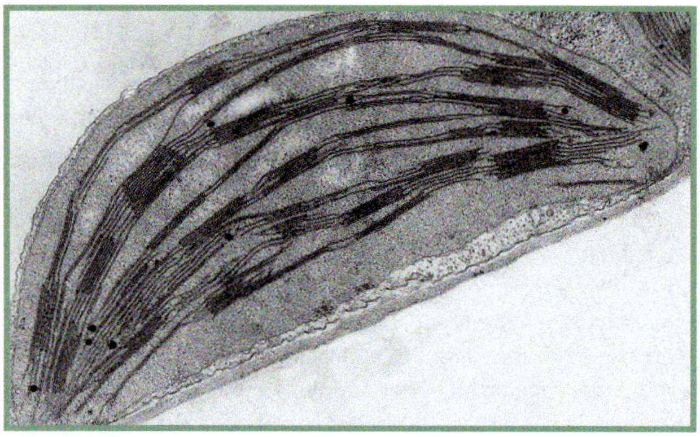

2 Chloroplasten sind in drei Kompartimente gegliedert.

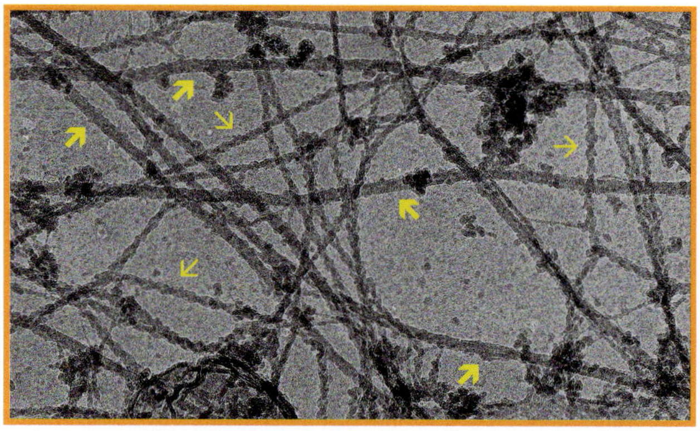

3 Mikrofilamente (→) und Mikrotubuli (→) des Cytoskeletts

auch Transportvorgänge innerhalb der Zelle wie die Cytoplasmaströmung und der Transport von Vesikeln. Man unterscheidet röhrenförmige und fadenartige Bestandteile:

*Mikrotubuli* sind Röhren von rund 25 nm Durchmesser, deren Wand aus Tubulin, einem globulären Protein, besteht. Mikrotubuli wachsen, indem sich an einem Ende neue Tubulinmoleküle anlagern. Werden Tubulinbausteine abgebaut, so verkürzt sich die Röhre. Durch Auf- und Abbau von Mikrotubuli kommt die Bewegung der Chromosomen bei der Kernteilung zustande (► S. 26). Aber auch Geißeln und Cilien enthalten Mikrotubuli. Diese zeigen im Querschnitt ein Muster von neun kreisförmig angeordneten Doppelröhren und zwei zentralen Einzelröhren (► Bild 1).

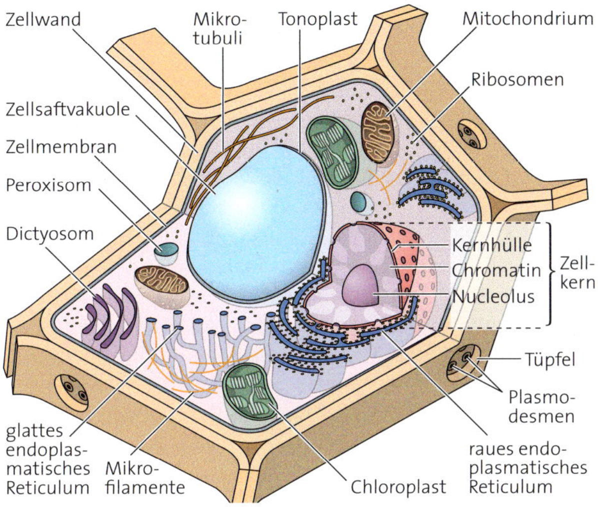


Geißeln und Cilien sind stets durch den *Basalkörper* in der Zelle „verankert“. In diesem Bereich finden sich Mikrotubuli nicht als Doppelröhren, sondern in Dreiergruppen angeordnet. Genau dieselbe Struktur weisen *Centriolen* auf, die bei Tierzellen paarweise und senkrecht zueinander in der Nähe des Zellkerns liegen. Die Centriolen gelten als Zentren zur Organisation der Mikrotubuli. Sie verdoppeln sich, bevor sich die Zelle teilt, und können am Aufbau des Spindelapparats in der als Centrosom bezeichneten Region beteiligt sein (► S. 26).

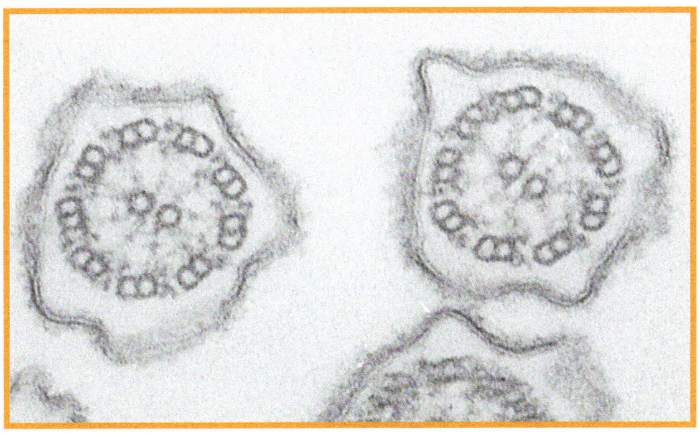

*1 Geißelquerschnitte: typische Anordnung der Mikrotubuli*

*Mikrofilamente* sind sehr dünne, aber dennoch stabile Proteinfäden. Sie bestehen aus Aktin und Myosinelementen. Aktinmoleküle reihen sich wie Perlen aneinander. Je zwei „Perlschnüre“ bilden, kordelartig umeinandergewunden, das Mikrofilament (► Bild 3, gegenüberliegende Seite). Die Bewegung entsteht dadurch, dass Aktinfilamente an Myosinmolekülen entlangwandern. So kommt beispielsweise die Cytoplasmaströmung in Pflanzenzellen zustande. In Muskeln gibt es auch reine Myosinfilamente. Bei der Muskelanspannung verkürzt sich die Faser, indem Aktin- und Myosinfilamente ineinandergleiten (► S. 111). In Darmwandzellen versteifen fest miteinander verbundene Mikrofilamente die Mikrovilli.

**Die Zellwand.** Nur Pflanzenzellen besitzen eine *Zellwand*. Sie wird an der Außenseite der Zellmembran gebildet. Die Zellwand verleiht der Zelle eine feste Form. Sie wirkt dem osmotischen Innendruck (► S. 47) entgegen und verhindert so, dass die Zelle zu viel Wasser aufnimmt und platzt. Zusammen mit der Vakuole gewährleistet die Zellwand die Stabilität krautiger Pflanzenteile. Poren in der Zellwand ermöglichen den Durchtritt von *Plasmodesmen*. Plasmodesmen sind membranumhüllte Cytoplasmastränge, die das Zellinnere benachbarter Pflanzenzellen miteinander verbinden. Sie treten gehäuft im Bereich sogenannter *Tüpfel* auf.

Die Zellwand besteht aus 20 bis 30 nm dicken *Cellulosefasern*, die in eine Grundsubstanz aus anderen Kohlenhydraten und Proteinen eingebettet sind. Nach einer Zellteilung entsteht zunächst eine Mittellamelle aus Pektin. Dieses gelartige Kohlenhydrat hält die Tochterzellen zusammen. Dann wird die Primärwand aufgelagert, die unregelmäßig angeordnete Cellulosefasern enthält. Ist die endgültige Zellgröße erreicht, wird die Sekundärwand gebildet. Da die Cellulosefasern parallel und sehr dicht angeordnet sind, ist die Sekundärwand nicht mehr dehnbar. Die Tüpfel werden bei der Sekundärwandbildung ausgespart. Einlagerung des Holzstoffs Lignin in die Zellwand kann ihre Druckfestigkeit verstärken, Auflagerung der Korkstoffe Suberin und Cutin die Wasserdurchlässigkeit der Zellwand einschränken.

*2 Anordnung der Cellulosefibrillen in der Zellwand*

1. **Zellorganellen sind gegenüber dem Cytoplasma unterschiedlich abgegrenzt. Stellen Sie in einer Tabelle Organellen mit zwei, einer und ohne Membran zusammen und erklären Sie die jeweilige Funktion der Organellen.**
2. **Überlegen Sie, welche Zellbestandteile durch Membranfluss miteinander in Verbindung stehen.**
3. **Vergleichen Sie die Schemazeichnungen von Tier- und Pflanzenzelle miteinander und machen Sie sich Gemeinsamkeiten und Unterschiede klar.**

# Isolierung von Zellbestandteilen

Einen wichtigen Fortschritt in der Erforschung der Zellorganellen brachten Methoden, mit denen man die Zellbestandteile voneinander trennen kann. Sie ermöglichen es, bestimmte Organellen anzureichern, um ihre jeweilige Funktion zu untersuchen. So lassen sich auch die Stoffwechselprozesse gut analysieren, die dort stattfinden. Das Verfahren, mit dem die Zellorganellen getrennt und angereichert werden, heißt *Zellfraktionierung*.

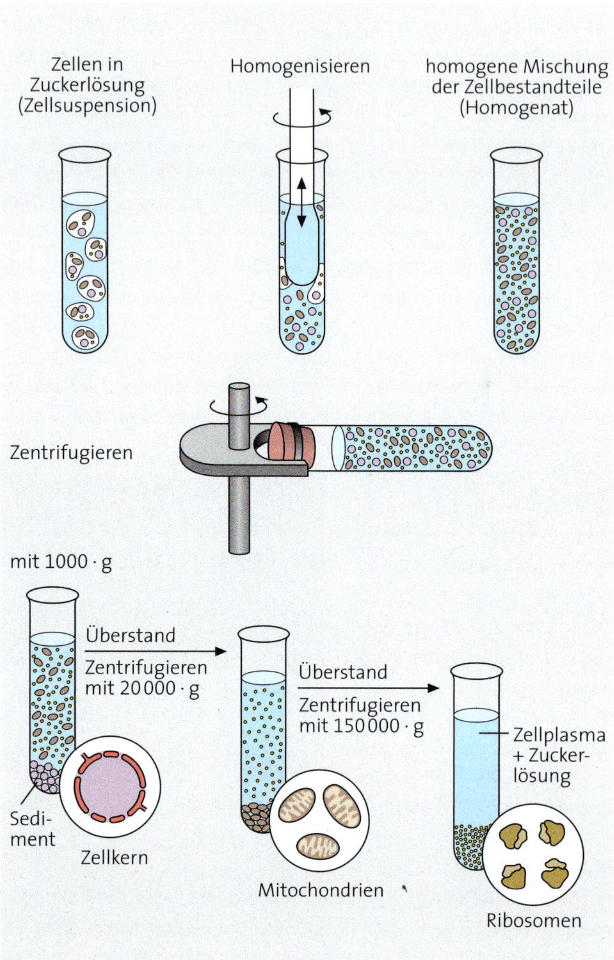


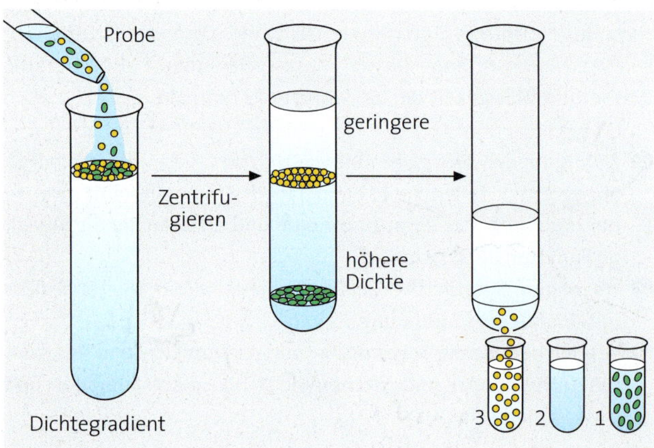


## Zellfraktionierung

*Homogenisieren*. Zunächst wird das Gewebe vorsichtig in einer Lösung zerkleinert, die einen ähnlichen osmotischen Wert hat wie das Zellinnere, sodass die Organellen funktionsfähig bleiben. Man erhält ein Gemisch aus verschiedenen Zellbestandteilen, das *Zellhomogenat*.

*Zentrifugieren*. Durch Zentrifugieren werden die Zellbestandteile voneinander getrennt. Moderne *Ultrazentrifugen* erreichen mehr als 100000 Umdrehungen pro Minute. Große und schwere Zellbestandteile setzen sich schon bei niedriger Drehzahl als *Sediment* am Boden des Gefäßes ab. Die Flüssigkeit darüber, der *Überstand*, enthält kleine und leichte Zellstrukturen. Er wird in ein anderes Glas gegossen und bei höherer Drehzahl erneut zentrifugiert. Das mehrmalige Wiederholen der Schritte bei zunehmender Drehzahl dient der Auftrennung der Zellbestandteile: Man spricht von *differenzieller Zentrifugation*.

Eine Trennmethode, bei der durch einmaliges Zentrifugieren Bestandteile ähnlicher Größe, aber verschiedener Dichte voneinander getrennt werden können, ist die *Dichtegradientenzentrifugation* (▶ unten links). Sie eignet sich zur Feinauftrennung von Proben, die bereits durch differenzielle Zentrifugation gereinigt sind, aber auch zur Isolierung von Makromolekülen. Dazu füllt man ein Zentrifugengefäß mit einer Lösung, deren Dichte von oben nach unten zunimmt. Um einen solchen *Dichtegradienten* zu erzeugen, verwendet man beispielsweise Rohrzuckerlösung mit steigender Konzentration. Dann gibt man das Zellhomogenat zu und zentrifugiert. Die Zellbestandteile reichern sich in der Zone an, die ihrer eigenen Dichte entspricht. Die einzelnen Schichten mit Organellen gleicher Dichte können getrennt entnommen werden.

---

**1 Erläutern Sie, warum die Zellfraktionierung zu den wichtigsten Methoden der Zellbiologie gehört.**

**2 Vergleichen Sie die beiden Trennverfahren. Welche Vorteile bietet die Dichtegradientenzentrifugation gegenüber der differenziellen Zentrifugation?**

**3 Aus den Volumenanteilen der Organellen kann man auf die Funktion der Zellen rückschließen. Das Bild unten zeigt das Ergebnis der Zellfraktionierung von wachsenden und ausdifferenzierten Zellen einer Erbsenpflanze. Erklären Sie.**

### ☞ Stichworte zu weiteren Informationen

Sedimentationskoeffizient • Svedberg-Einheit • Herstellung von Dichtegradienten • Zonenzentrifugation

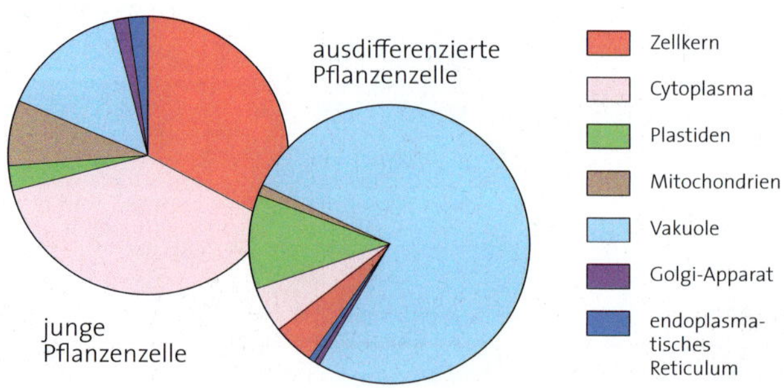

## Interpretation elektronenmikroskopischer Bilder

Das Elektronenmikroskop bildet winzige Strukturen mit einer sehr hohen Auflösung ab. Allerdings sind die Abbildungen nicht immer leicht zu deuten, vor allem weil *keine lebenden Gewebe* untersucht werden können. Die Objekte müssen fixiert und meist auch kontrastiert werden. Durch die Präparation können künstliche Veränderungen, sogenannte *Artefakte*, entstehen. Zudem zeigen die Bilder äußerst dünne Schnitte räumlicher Strukturen. Unter dem Einfluss der Elektronenstrahlen werden die Präparate extrem erhitzt, sodass leicht flüchtige Elemente verdampfen. Elektronenmikroskopische Aufnahmen zeigen daher oft eher ein lebensnahes Modell als ein „Foto" der ursprünglichen Strukturen.

1. **Licht- und elektronenmikroskopische Aufnahmen unterscheiden sich grundlegend. Erörtern Sie, woran man erkennt, von welchem Mikroskoptyp eine Aufnahme stammt.**
2. **Diskutieren Sie, welche Schwierigkeiten bei der Interpretation der EM-Bilder aufgetreten wären, hätte man das Elektronenmikroskop vor dem Lichtmikroskop erfunden.**
3. **Die Abbildungen auf dieser Seite wurden nach verschiedenen Präparationstechniken angefertigt. Benennen Sie die Methoden und erklären Sie die jeweils notwendigen Arbeitsschritte. Vergleichen Sie, welches Verfahren bestimmte Strukturen besser sichtbar macht.**
4. **Das Bild unten zeigt einen Ausschnitt aus einer Hefezelle. Fertigen Sie eine Schemazeichnung des Zellausschnitts an, die den Feinbau der Organellen verdeutlicht.**
5. **Benennen Sie die Strukturen, die in den beiden Abbildungen rechts mit Ziffern versehen sind. Handelt es sich um tierische oder pflanzliche Zellen? Begründen Sie. Erklären Sie, welche Aufgaben die beschrifteten Zellbestandteile haben.**
6. **Legen Sie eine Folie über das Bild unten rechts und zeichnen Sie die verschiedenen Organellen mit unterschiedlichen Farben nach. Ermitteln Sie mithilfe von Karopapier den ungefähren Flächenanteil der Organellen an der Gesamtfläche. Aus welchem Organ könnte die abgebildete Zelle stammen? Begründen Sie Ihre Meinung.**

### ☞ Stichworte zu weiteren Informationen

Kontrastierung • Einbettung • Artefakt • Serienschnitte

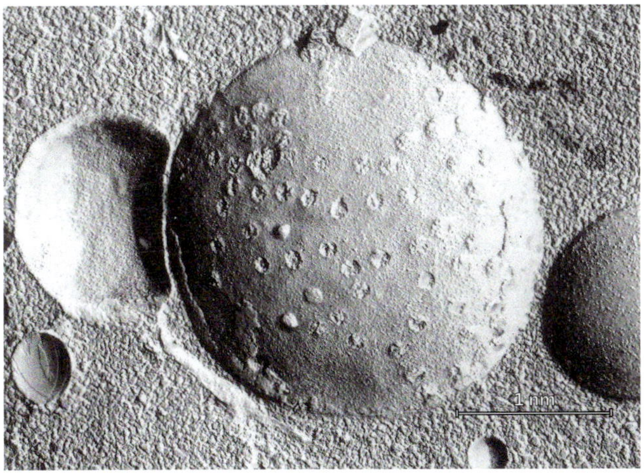

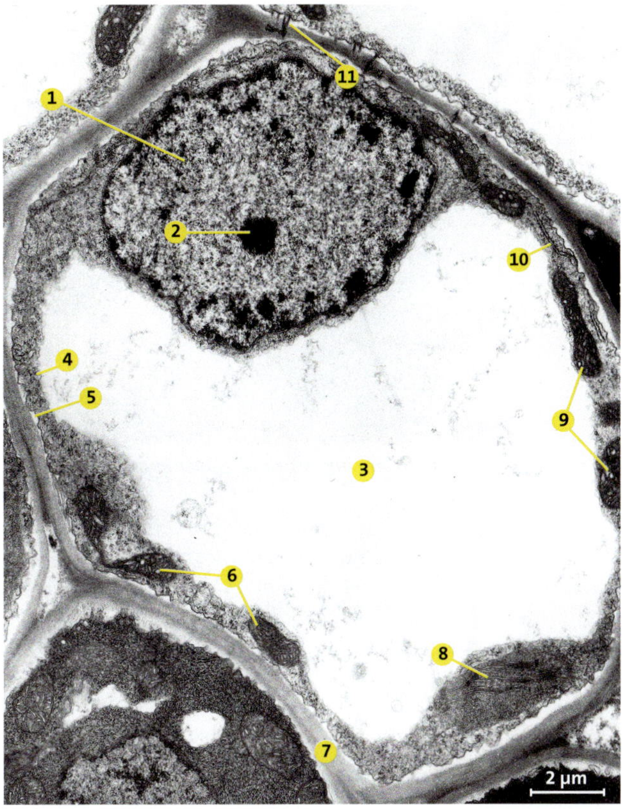


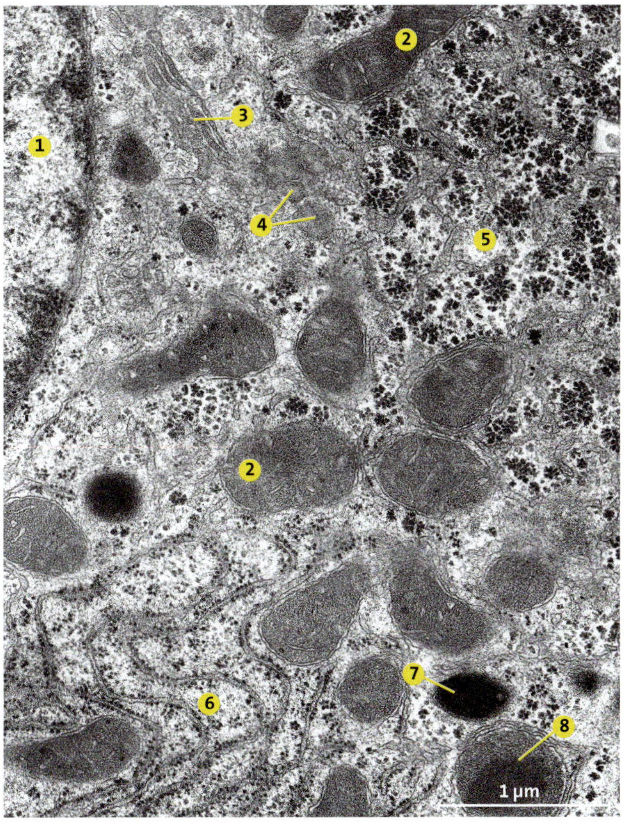

## Prokaryoten

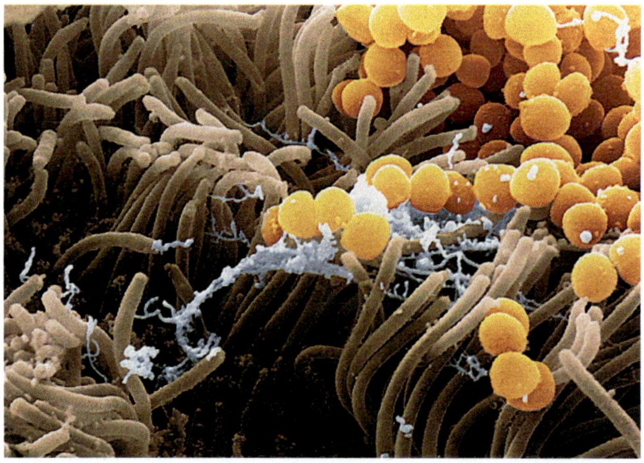

1 *Staphylococcus aureus lebt auf der Nasenschleimhaut.*

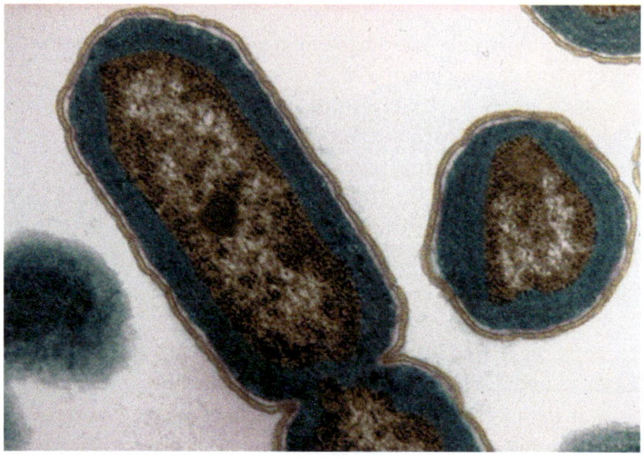

2 *Die Zellmembran des Cyanobakteriums bildet Thylakoide.*

Fast alle für uns sichtbaren Lebewesen in unserer Umgebung – Tiere, Pflanzen und Pilze – sind ***Eukaryoten***. Sie bestehen aus Zellen, die sich vor allem durch den Besitz eines Zellkerns auszeichnen. Weitaus häufiger sind jedoch Organismen, deren Zellen keinen Kern haben und die nicht in Kompartimente oder Organellen gegliedert sind: die ***Prokaryoten***.

Die größte Gruppe unter den bisher bekannten Prokaryoten sind die ***Bakterien***. Sie besiedeln in unvorstellbar großer Zahl fast alle Lebensräume der Erde. Im Alltag nehmen wir Bakterien am ehesten als ***Verursacher von Infektionen*** oder durch verdorbene Lebensmittel wahr. Dabei sind Bakterien für das Leben auf der Erde unentbehrlich. Als ***Destruenten*** sorgen sie für den Abbau organischer Stoffe. Sie sind verantwortlich dafür, dass Stickstoff, Kohlenstoff und andere Elemente aus der Körpersubstanz der Lebewesen den Stoffkreisläufen in mineralischer Form wieder zugeführt werden. Darüber hinaus spielen sie eine wichtige Rolle als Symbionten beispielsweise im Magen von Wiederkäuern. *Escherichia coli (E. coli)* aus dem Warmblüter-Darm ist als ein Modellorganismus der Biologie (► S. 152) besonders gut untersucht.

Die meisten Bakterien sind relativ klein, ihre Länge liegt bei 1 bis 10 µm. Die Zellen sind sehr unterschiedlich geformt. Im Mikroskop lassen sich kugelige, stäbchenförmige und spiralartig gewundene Arten unterscheiden. Die Zellgestalt ist aber nicht typisch für eine bestimmte Bakteriengruppe. Viele Arten bilden zwei- oder mehrzellige Verbände.

Bei fast allen Bakterien ist der Zellmembran nach außen eine ***Zellwand*** aufgelagert. Deshalb wurden Bakterien früher den Pflanzen zugerechnet. Die Bakterienzellwand unterscheidet sich jedoch grundsätzlich von der der Pflanzen (► S. 53). Sie besteht aus ***Murein***, einem Makromolekül aus Zuckerketten, die durch Proteine verbunden sind. Das Mureinmolekül umhüllt die Zelle wie ein festes Netz.

Die Erbsubstanz liegt als einziges, ringförmiges Chromosom im Cytoplasma. Diesen Bereich in der Zellmitte nennt man ***Nucleoid***. Weitere kleine DNA-Ringe, die ***Plasmide***, tragen meist nur wenige Gene. Diese sind vor allem für „Sonderaufgaben" wie die Resistenz gegen Antibiotika oder den Abbau ungewöhnlicher Substanzen verantwortlich.

Bakterien vermehren sich asexuell durch ***Zweiteilung***. Unter günstigen Bedingungen verdoppelt sich die Population bei manchen Arten alle 20 Minuten. Die extrem kurze Generationsdauer ermöglicht es den Bakterien, sich sehr rasch an veränderte Umweltbedingungen anzupassen. Voraussetzung dafür sind genetische Veränderungen. Bei der ***Konjugation*** (► S. 152) wird durch den Austausch von Plasmiden genetische Information zwischen zwei Zellen übertragen. Hauptursache für genetische Variabilität sind jedoch Mutationen.

**Cyanobakterien.** *Cyanobakterien* sind ähnlich aufgebaut, jedoch meist 5- bis 10-mal größer als die übrigen Bakterien. Wegen ihrer oft blaugrünen Färbung und der Fähigkeit, Fotosynthese zu betreiben, bezeichnete man sie früher als ***Blaualgen***. Ihre Zellmembran ist – ähnlich wie die innere Membran der Chloroplasten – vielfach eingefaltet, sodass Thylakoide entstehen. Die meisten Arten kommen im Boden und im Süßwasser vor. Sie bilden häufig fadenförmige Zellkolonien (► S. 19 Bilder 1–6). Manche leben in Symbiose mit Pilzen als ***Flechten***. Auffällig ist das oft massenhafte Vorkommen von Cyanobakterien an extremen Standorten. Neben der Toleranz vieler Arten gegenüber Kälte und Trockenheit kommt ihnen dabei die Fähigkeit zugute, ***Luftstickstoff*** für die Proteinsynthese zu nutzen.

**Archaeen.** *Archaeen* sind einzellige, von einer Zellwand umgebene Organismen, die vor allem extreme Lebensräume besiedeln. Sie werden auch als ***Archaebakterien*** (von griech. ***archeios***: urtümlich) bezeichnet. Der Name weist darauf hin, dass Archaeen an solche Lebensbedingungen angepasst sind, wie sie vermutlich in der Frühzeit der Erdentwicklung geherrscht haben. Da sie ähnlich gebaut sind wie Bakterien, hielt man sie lange Zeit für sehr ursprüngliche Bakterien. Erst molekulargenetische Untersuchungen zeigten, dass Archaeen zwar wie Bakterien Prokaryoten sind, in bestimmten Merkmalen aber den Eukaryoten näherstehen.

1. **Informieren Sie sich über Bakterien in der Biotechnologie, bei der Abwasserreinigung und als Indikatororganismen.**
2. **Das Cyanobakterium Spirulina wird als Nahrungszusatz angeboten. Informieren Sie sich über seine ernährungsphysiologischen Vorteile und beschreiben Sie diese.**

# Eukaryoten, Prokaryoten und Viren im Vergleich

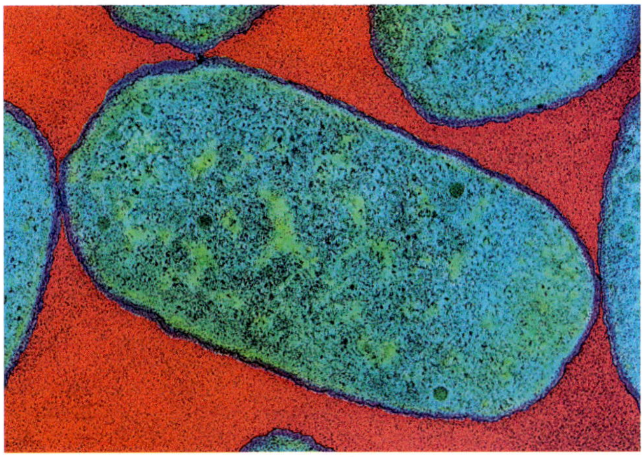

1 *TEM-Aufnahme des Bakteriums Escherichia coli*

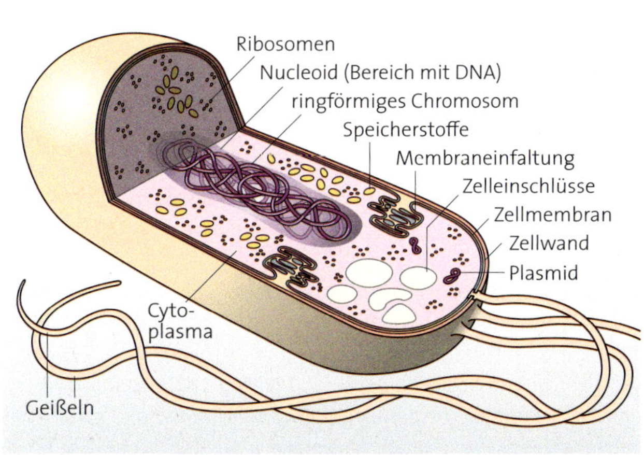


2 *Schematischer Aufbau einer Bakterienzelle*

**Eucyte.** Eukaryotische Zellen haben charakteristische Merkmale, die im Elektronenmikroskop sichtbar gemacht werden können. Dazu gehören die Kompartimentierung durch Biomembranen und das Cytoskelett. Die Erbsubstanz ist in mehrere Chromosomen gegliedert, deren Anzahl typisch ist für Arten oder Verwandtschaftsgruppen. Bei Vielzellern sind besondere Strukturen ausgebildet, um die einzelnen Zellen miteinander zu verbinden. Die Organisationsform der eukaryotischen Zelle wird als *Eucyte* bezeichnet. Man nimmt an, dass die Eucyte aus einer Symbiose prokaryotischer Vorläuferorganismen hervorgegangen ist (► S. 58).

**Protocyte.** Die *Protocyte*, die Organisationsform der Prokaryoten, ist deutlich einfacher strukturiert. Die Zellen sind im Durchschnitt wesentlich kleiner, sie unterscheiden sich untereinander nur wenig in ihrem Bau. Die Erbsubstanz ist in einem einzigen Chromosom konzentriert, dessen DNA-Gehalt nur etwa ein Tausendstel der DNA einer Eukaryotenzelle ausmacht. Von Membranen umgebene Organellen, wie sie für die Eucyte typisch sind, treten nicht auf. An einigen Stellen faltet sich die Zellmembran ins Zellinnere ein. In diesen Bereichen findet die Zellatmung statt. Die Ribosomen der Protocyte sind etwas kleiner als die der Eucyte. Ihre Masse wird in Svedberg-Einheiten (abgekürzt S), einem Maß für die Sedimentationsgeschwindigkeit, angegeben. Prokaryotische Ribosomen haben eine Masse von 70 S, während im Cytoplasma der Eucyte 80-S-Ribosomen vorliegen. Echte Vielzelligkeit ist bei den Prokaryoten nicht entstanden. Bei einigen Arten gibt es jedoch Zellverbände, die eine Arbeitsteilung erkennen lassen, wie sie auch bei Einzellerkolonien vorkommt (► S. 16, 34).

**Viren.** Im Gegensatz zu Prokaryoten sind *Viren* keine Zellen. Sie bestehen nur aus einem Nukleinsäurefaden, der von einer Eiweißhülle umgeben ist. Komplizierter gebaute Viren sind zusätzlich von einer Membran umhüllt. Der Nukleinsäurefaden enthält die Erbinformation. Da Viren keinen eigenen Stoffwechsel haben, können sie sich nicht selbst vermehren. Indem sie ihre Erbinformation in eine Wirtszelle einschleusen, bringen sie diese dazu, infektiöse Viren herzustellen. Bestimmte Viren, die ***Bakteriophagen***, befallen ausschließlich Bakterien. Andere sind auf Pflanzen oder Pilze spezialisiert. Im menschlichen Körper sind sie als Erreger für Krankheiten wie Grippe, Masern und Tollwut verantwortlich. Ihre Größe liegt mit 10 bis 300 nm nochmals deutlich unter der der Prokaryoten.

**Vergleich zwischen Eukaryoten und Prokaryoten**

| Merkmal | Eukaryoten | Prokaryoten |
|---|---|---|
| membranumgrenzte Organellen | + | – |
| Erbsubstanz | mehrere Chromosomen | 1 ringförmiges Chromosom, Plasmide |
| genet. Austausch | Geschlechtszellen | Konjugation |
| Ribosomen | 80 S | 70 S |
| Cytoskelett | + | – |
| Geißeln | Aufbau aus Mikrotubuli (9 × 2 + 2-Muster) | Proteinfilamente, außen an der Zelle befestigt |
| Zellgröße | 2–20(–300) µm | 0,2–10(–50) µm |
| Vielzelligkeit | (+) | – |

**1 Ergänzen Sie die Tabelle: Vergleichen Sie die entsprechenden Merkmale für Mitochondrien und Plastiden mit denen der Prokaryoten. Welche Schlüsse legt der Vergleich nahe?**

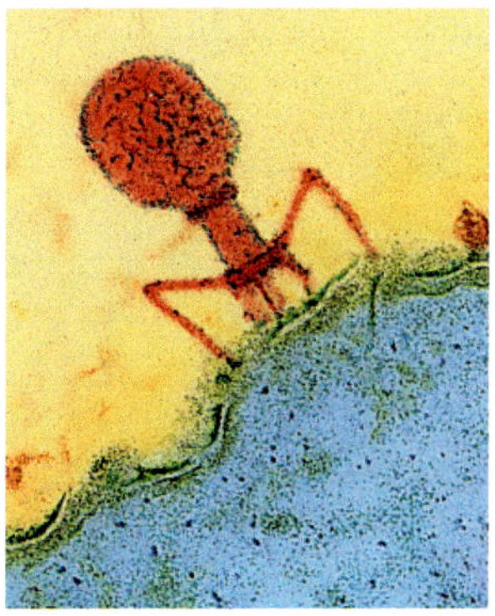

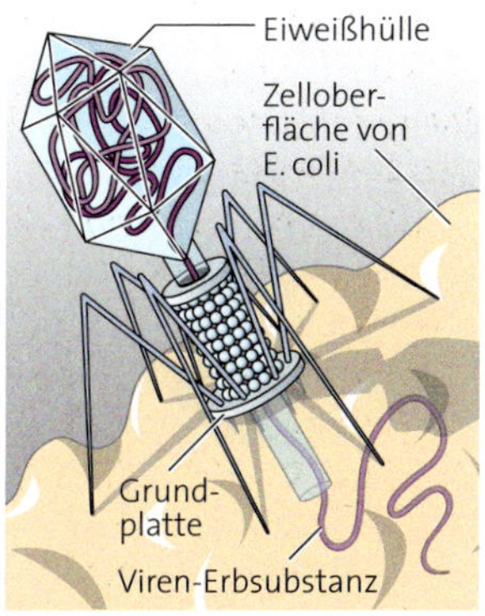


3 und 4 *Ein Bakteriophage befällt ein E.-coli-Bakterium.*

## Herkunft der Eukaryotenzelle

Alle bekannten Lebewesen lassen sich auf die Zelltypen Protocyte und Eucyte zurückführen. Trotz ihrer grundsätzlichen Verschiedenheit weisen Übereinstimmungen wie die einheitliche Verschlüsselung der Erbinformation und die Art der Proteinsynthese auf eine *Verwandtschaft von Prokaryoten und Eukaryoten* hin. Man nimmt an, dass sich die eukaryotische Zelle aus der evolutiv wesentlich älteren prokaryotischen Zelle entwickelt hat. Wie dieser Prozess verlaufen sein könnte, ist eine der fundamentalen Fragen der Biologie.

**Die Endosymbiontentheorie.** Schon Ende des 19. Jahrhunderts machten Wissenschaftler die Beobachtung, dass sich Mitochondrien und Plastiden unabhängig vom Zellzyklus durch Zweiteilung vermehren. Der Biologe R. ALTMANN stellte daraufhin die Hypothese auf, die beiden Organellen könnten von ursprünglich frei lebenden Einzellern abstammen.

Aus dieser Hypothese entstand die *Endosymbiontentheorie*. Sie geht davon aus, dass große, organellenfreie Prokaryoten kleinere, bakterienähnliche Organismen zum Beispiel als Beute in die Zelle aufnahmen. Diese wurden aber nicht verdaut, sondern lebten im Cytoplasma der Wirtszelle weiter, zunächst vielleicht als Parasiten. Das Verhältnis zwischen den Zellen entwickelte sich jedoch so, dass beide Partner Vorteile daraus zogen. Indem Wirt und Symbiont immer stärker voneinander abhängig wurden, entstand ein *Organismus*, dessen einzelne Bestandteile nicht mehr getrennt voneinander existieren konnten. Als Vorläufer der Mitochondrien werden Prokaryoten angenommen, die mithilfe von Sauerstoff aus organischer Nahrung Energie gewinnen konnten. Die Plastiden könnten dagegen aus blaualgenähnlichen, Fotosynthese betreibenden Prokaryoten hervorgegangen sein.

Aus der Vorstellung, dass die Vorläufer von Mitochondrien und Plastiden durch Phagocytose in die Wirtszelle gelangten, ergibt sich von selbst, dass die Organellen von einer *doppelten Membran* umgeben sind: Die äußere Membran entspricht demnach dem Phagocytosevesikel, also der Zellmembran der Wirtszelle, die innere Membran entspricht der Zellmembran des Prokaryoten. Auch die Entdeckung, dass Mitochondrien und Plastiden eine *eigene Erbsubstanz* besitzen, stützt die Endosymbiontentheorie.

Außerdem ähneln sich Mitochondrien, Plastiden und heute lebende Prokaryoten in einigen Merkmalen. Sie stimmen beispielsweise in der *Größe* gut überein. Auch die *Größe der Ribosomen* entspricht sich: Sie haben eine Masse von 70 S. *Die Proteine der inneren Membranen* von Plastiden und Mitochondrien stimmen mit denen der Zellmembran von Prokaryoten überein. Sie unterscheiden sich dagegen erheblich von allen anderen Membranen der eukaryotischen Zelle.

Endosymbiontische Beziehungen zwischen heute lebenden Organismen können als Modell für die Entstehung der Eucyte angesehen werden. Die Amöbe *Pelomyxa palustris* zum Beispiel besitzt keine eigenen Mitochondrien. Sie nimmt stattdessen Bakterien auf, die Zellatmung betreiben und die gewonnene Energie an die Wirtszelle abgeben. Das Grüne Pantoffeltier *Paramecium bursaria* enthält in der Natur stets zahlreiche Zellen der Grünalge *Chlorella* als Endosymbionten. Im Licht kommt es völlig ohne organische Stoffe aus.

**Offene Fragen.** Die Endosymbiontentheorie konzentriert sich auf die Entstehung von Mitochondrien und Chloroplasten. Daher reicht sie als Erklärung für die Entwicklung der Eucyte nicht aus. Um die Entstehung des inneren Membransystems zu verstehen, muss man andere Vorstellungen heranziehen. Die Kernhülle, das endoplasmatische Reticulum, der Golgi-Apparat und verwandte Strukturen sind vermutlich durch *Einstülpungen der Zellmembran* entstanden. Dabei wurden Bereiche mit speziellen Aufgaben, also einer bestimmten Enzymausstattung, voneinander abgegrenzt und zum Teil DNA-Ringe und Ribosomen umschlossen. Unklar ist jedoch, wie es zur Gliederung der Erbinformation in Chromosomen, zur Entwicklung des Spindelapparats und zu den Abläufen bei der Zellteilung kam. Auch über die Entstehung der Eukaryotengeißel mit ihrer typischen Anordnung von Mikrotubuli gibt es noch verschiedene Auffassungen.

**1 Stellen Sie die Merkmale der Eucyte zusammen, die durch die Endosymbiontentheorie erklärt werden.**

**2 Erläutern Sie, welche Vorteile die beiden Partner aus einer Endosymbiose ziehen.**

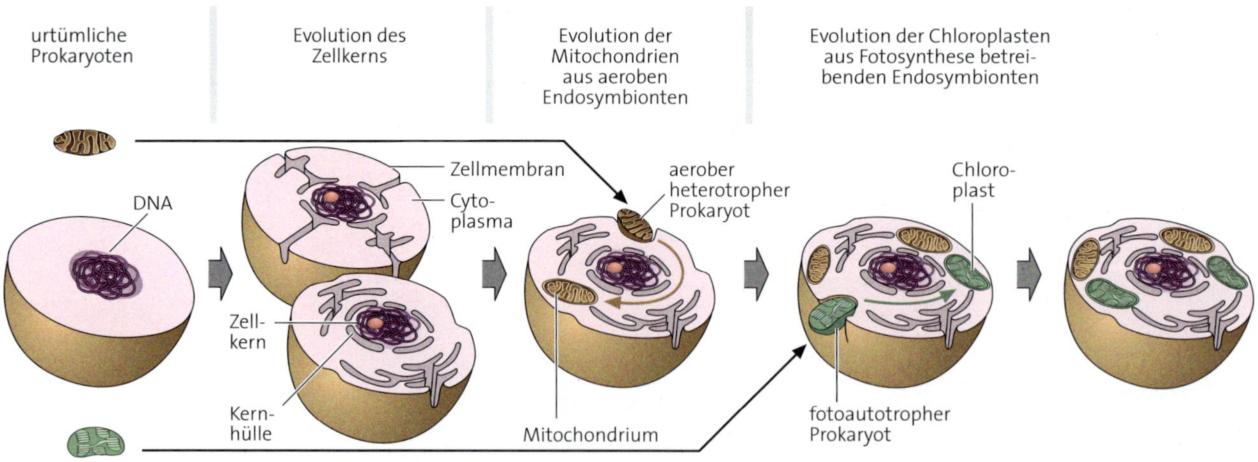


*1 Um die Entstehung der Eucyte zu erklären, müssen verschiedene Vorstellungen herangezogen werden.*

KOMPETENZEN

**Mithilfe dieses Kapitels können Sie**

- erläutern, wie das lichtmikroskopische Bild der Zelle durch das Elektronenmikroskop erweitert und der Feinbau der Organellen in weiten Bereichen geklärt werden konnte
- das biologische Prinzip der Kompartimentierung am Beispiel der Zellkompartimente der Eucyte erläutern
- den Bau der Biomembran und die verschiedenen Transportmechanismen, die an Biomembranen ablaufen, beschreiben
- wichtige Schritte zur Isolierung von Zellbestandteilen für die weitere Analyse nennen
- den Feinbau der Eucyte skizzieren und die Aufgaben der verschiedenen Zellorganellen nennen
- am Beispiel des Flüssig-Mosaik-Modells der Biomembran beschreiben, wie wissenschaftliche Forschung zu Modellvorstellungen der Wirklichkeit führt
- einfache elektronenmikroskopische Bilder interpretieren
- Unterschiede und Gemeinsamkeiten zwischen eukaryotischen und prokaryotischen Zellen nennen und beide gegenüber Viren abgrenzen
- die Endosymbiontentheorie zur Herkunft der Eukaryotenzelle begründen

**Testen Sie Ihre Kompetenzen**

Eukaryotische Zellen können sich nicht nur in ihrer äußeren Gestalt, sondern auch in der Ausstattung mit Organellen unterscheiden.

1. Die Grafik rechts zeigt die Volumenanteile der verschiedenen Zellorganellen in einer Zelle der Ratte und in einer Pflanzenzelle. Vergleichen Sie die unterschiedlichen Volumenanteile der Zellorganellen. Ziehen Sie Schlussfolgerungen zur Funktion der Zellen.
2. Im elektronenmikroskopischen Bild unten ist ein Ausschnitt aus der Rattenzelle zu sehen. Benennen Sie die mit Ziffern versehenen Organellen und Strukturen und geben Sie deren Funktion im Zellstoffwechsel an.
3. Beim Zellorganell 2 lässt sich eine äußere Hüllmembran von einer inneren Membran unterscheiden. Erläutern Sie an diesem Beispiel das biologische Prinzip der Kompartimentierung.

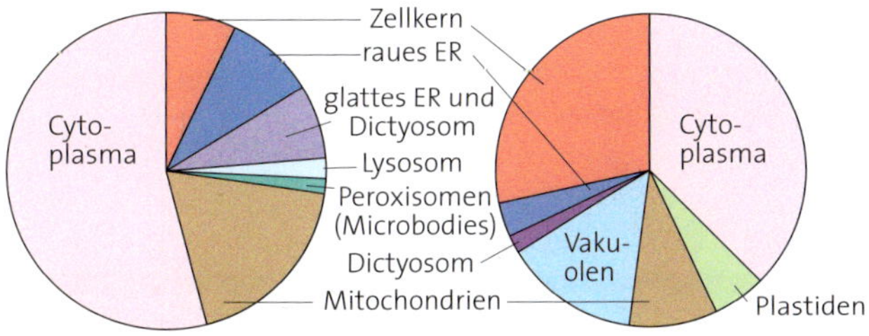


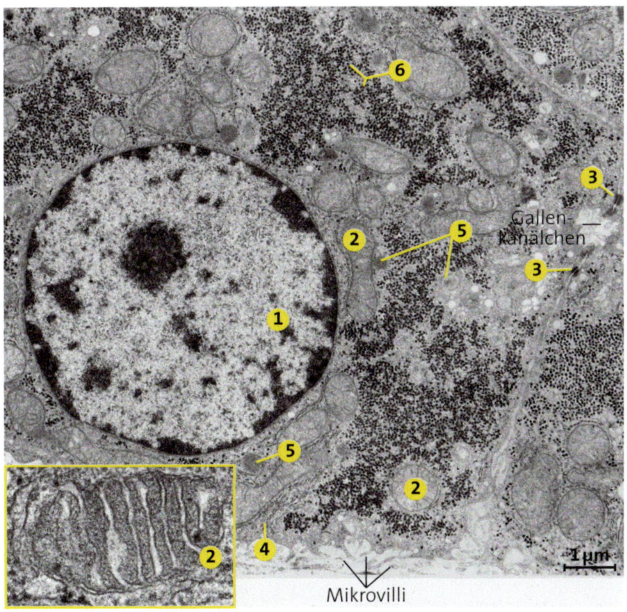


Membranen haben für den Stofftransport in und zwischen eukaryotischen Zellen große Bedeutung.

4. Erläutern Sie den Begriff Membranfluss.
5. Definieren Sie die in der Grafik unten dargestellten Transportvorgänge. Gehen Sie dabei auch auf den Aspekt ein, ob Energie benötigt wird und ob eine Stoffanreicherung gegen das Konzentrationsgefälle möglich ist.

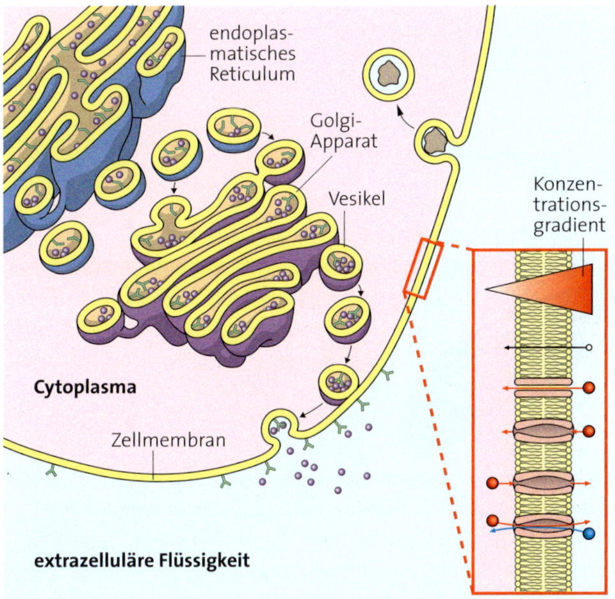

# Biologische Prinzipien: Zellbiologie

## KOMPARTIMENTIERUNG

Die Zelle ist die Baueinheit aller Lebewesen, ob Einzeller oder Vielzeller. Zellen untergliedern zum einen den vielzelligen Organismus vieltausendfach (► S. 24), zum anderen sind in der eukaryotischen Zelle selbst membranumhüllte Räume als Zellkompartimente abgegrenzt (► S. 39).
Beide Ebenen der Kompartimentierung hängen mit dem Prinzip der Arbeitsteilung zusammen. Durch die Abgrenzungen entstehen Räume, in denen unterschiedliche biologische Prozesse ablaufen können: entweder in verschiedenen, oft auch unterschiedlich ausgestatteten Zellen (► S. 30/31) oder in verschiedenen Zellkompartimenten innerhalb der Eucyte wie Zellkern, Cytoplasma, endoplasmatischem Reticulum, Dictyosomen, Lysosomen und Microbodies (► S. 50–53). Die von einer Doppelmembran umhüllten Mitochondrien und Chloroplasten sind sogar noch in weitere Kompartimente untergliedert (► S. 52).

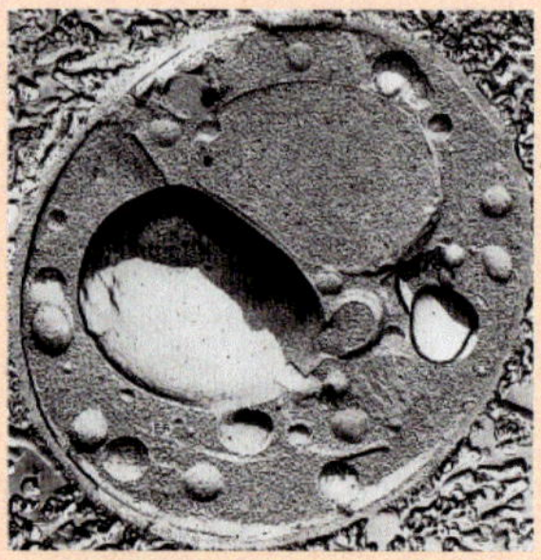

*Hefezelle, Gefrierbruch. Die Kompartimentierung ist deutlich zu erkennen.*

## REPRODUKTION

Zellen vermehren sich durch Teilung. Bei dieser Reproduktion entstehen zwei kleinere Tochterzellen, die durch Wachstumsprozesse schließlich das Volumen der Ausgangszelle erreichen und sich dann ihrerseits teilen. Jede Zelle durchläuft so einen charakteristischen Zellzyklus, währenddessen die genetische Information kopiert und dann geordnet auf die beiden Tochterzellen verteilt wird (► S. 24/25).
Bei Vielzellern dient die Zellreproduktion nicht nur zur Fortpflanzung – dabei werden häufig besondere Fortpflanzungszellen ausgebildet –, sondern ist auch Grundlage von Wachstum, Entwicklung und Regeneration.

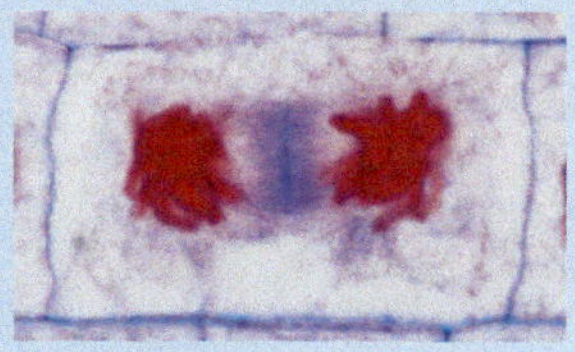

*Reproduktion einer Pflanzenzelle. Die Kernteilung (Mitose) ist fast beendet, die Zellwand bildet sich aus.*

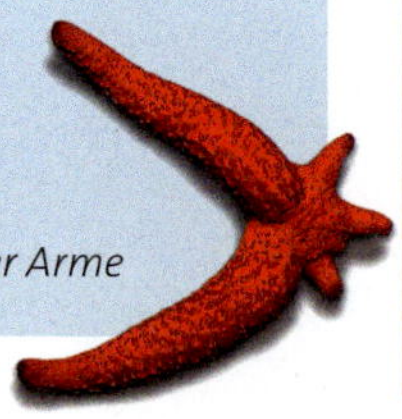

*Regeneration durch Zellreproduktion bei einem Seestern nach Verlust dreier Arme*

## STRUKTUR UND FUNKTION

Alle eukaryotischen Zellen verfügen grundsätzlich über die gleichen Zellbestandteile, doch können sich verschieden differenzierte Zellen in ihrer Struktur und im Anteil der verschiedenen Zellbestandteile stark unterscheiden (► S. 30/31).

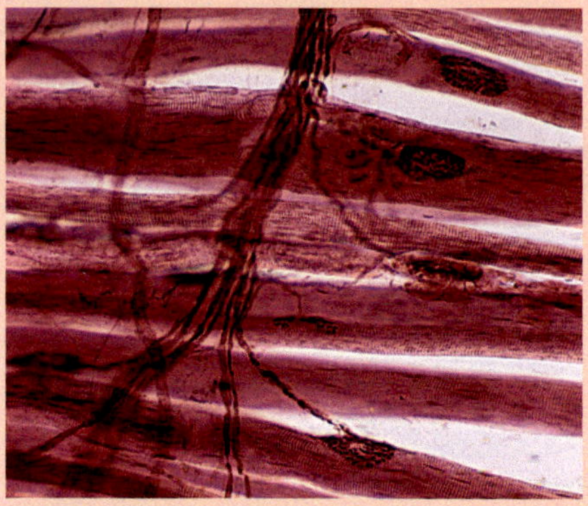

*Muskelfaser und Endigungen einer Nervenzelle. Von der Nervenzelle sieht man nur einen kleinen Ausschnitt, dennoch ist die unterschiedliche Struktur unverkennbar.*

Bei manchen Zellen zeigt sich nur in ihrer biochemischen Ausstattung, dass sie eine bestimmte Funktion haben. Bei anderen lässt sich der Zusammenhang von Struktur und Funktion auch mikroskopisch gut erschließen: Nervenzellen nehmen Informationen über die weitverzweigten Dendriten auf und leiten sie über das Axon weiter (► S. 405). Muskelzellen können sich dank kontraktiler Filamente zusammenziehen, wozu ihre vielen Mitochondrien die Energie liefern (► S. 110). Mit rauem ER angefüllte Plasmazellen produzieren auf Hochtouren Proteine zur Herstellung von Antikörpern (► S. 231).

## STOFF- UND ENERGIEUMWANDLUNG

Jede Zelle ist eine biochemische Fabrik im Miniaturformat, in der unzählige Stoffe abgebaut, umgebaut und aufgebaut werden. Die Reaktionen, die dabei stattfinden, werden von Enzymen katalysiert (► S. 67, 89). Fast alle Zellen besitzen die erforderlichen Enzyme, um sich durch Abbau von Stoffen mit Energie zu versorgen (► S. 100), die sie zum Beispiel für den aktiven Transport durch die Zellmembran (► S. 48), den Aufbau von Stoffen oder für Bewegungsvorgänge (► S. 32/33) benötigen.
Pflanzliche Zellen mit Chloroplasten sind zusätzlich fähig, die Energie des Sonnenlichts zum Aufbau energiereicher Substrate zu nutzen (► S. 128/129). Manche prokaryotischen Zellen können ihre Energie aus der Oxidation anorganischer Stoffe beziehen (► S. 138).

*Wie Pflanzen verfügt auch der zu den Protisten gehörende Einzeller Euglena über Chloroplasten und betreibt Fotosynthese. Dabei entsteht das stärkeähnliche Paramylon, dessen Abbau Euglena mit Energie für die Lebensvorgänge versorgt.*

## STEUERUNG UND REGELUNG

Viele Stoffe, die in einer Zelle entstehen, dienen der Steuerung und Regelung des Zellgeschehens. Es handelt sich größtenteils um Proteine, vor allem Enzyme, deren Bauanleitungen in der DNA gespeichert sind und die bei Bedarf abgerufen werden. Die Signale für diese Genregulation (► S. 162/163) können aus der Zelle selbst, von anderen Zellen oder aus der Umwelt des Organismus kommen. Aber nicht nur die Herstellung, sondern auch die Aktivität der Proteine wird reguliert (► S. 76).

Steuerungs- und Regelungsprozesse sorgen zum Beispiel für den korrekten Ablauf des Zellzyklus (► S. 24/25). So kann eine Zelle nur dann in die nächste Phase des Zellzyklus eintreten, wenn bestimmte Enzyme von Regulatorstoffen aktiviert werden, die in der vorhergehenden Phase des Zyklus gebildet wurden.

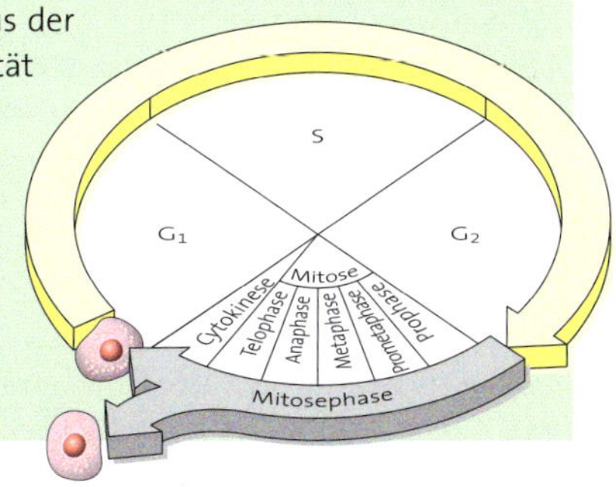


*Der Ablauf des Zellzyklus wird durch Enzyme streng geregelt.*

## INFORMATION UND KOMMUNIKATION

Zellen stehen mit ihrer Umgebung und mit anderen Zellen in einem Informationsaustausch. Sie geben selbst Botenstoffe ab und empfangen Signale anderer Zellen, etwa in Form von Hormonen (► S. 44, 468) oder – im Fall von Nervenzellen – Neurotransmittern (► S. 44, 416). Entscheidend für die Kommunikation zwischen Zellen ist die Zellmembran, genauer die Proteine mit Bindungsstellen für bestimmte Moleküle (Rezeptorproteine oder Rezeptoren) in der Membran. Die Bindung der Moleküle an die Rezeptoren bewirkt Folgereaktionen in der Zelle, zum Beispiel bei Kanälen deren Öffnung (► S. 48), bei der rezeptorvermittelten Endocytose die rasche Aufnahme des gebundenen Stoffs in die Zelle (► S. 49), bei vielen Hormonen die Aktivierung von Enzymen in der Zellmembran, was eine ganze Kette weiterer Reaktionen zur Folge haben kann (► S. 468).

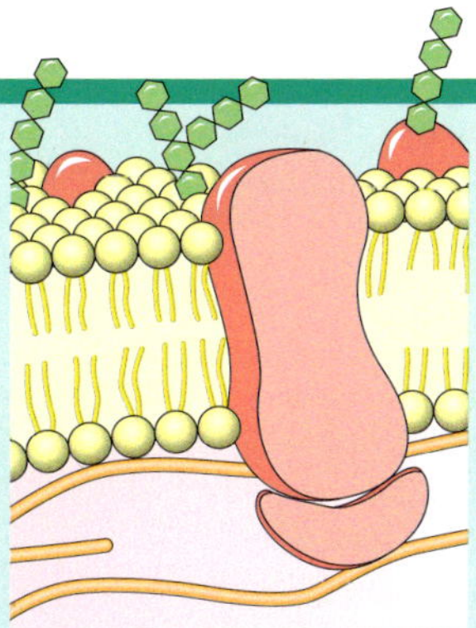

*Ausschnitt aus der Zellmembran einer tierischen Zelle (Schema). Die Bestückung der Zellmembran mit Rezeptorproteinen entscheidet darüber, welche Informationen die Zelle empfangen kann.*

## GESCHICHTE UND VERWANDTSCHAFT

Die heute bestehende Vielfalt zellulärer Strukturen, Funktionen und Organisationsformen ist das Ergebnis einer etwa 3,5 Milliarden Jahre dauernden Evolution (► S. 244). Die ersten Zellen waren einfache, unkompartimentierte Gebilde, die den heutigen Bakterien ähnelten. Aus bereits spezialisierten Prokaryoten (► S. 56/57) entstanden vor etwa 2 Milliarden Jahren durch Endosymbiose die ersten Eukaroyten, die sich in der Folge zu vielzelligen Organismen weiterentwickelten (► S. 58, 299). Alle heute existierenden Organismen haben somit einen gemeinsamen Ursprung und sind miteinander verwandt (► S. 272).

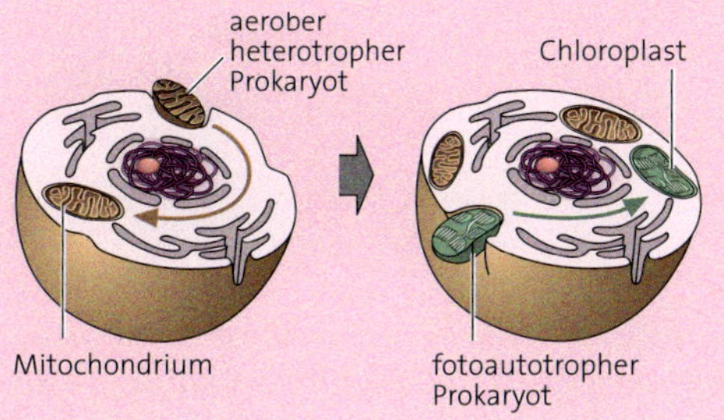


*Entstehung der Eucyte nach der Endosymbiontentheorie*

## VARIABILITÄT UND ANGEPASSTHEIT

Zellen und zelluläre Strukturen können sich veränderten Umweltbedingungen oder Anforderungen bis zu einem gewissen Grad anpassen. So ist beispielsweise bei Ausdauersportlern die Zahl der Mitochondrien in den Muskelzellen erhöht (► S. 110, 114) oder die Anzahl synaptischer Verbindungen im Gehirn nimmt durch Lernvorgänge zu (► S. 438). In diesen Fällen beruht die Variabilität auf Modifikation und wird nicht vererbt (► S. 171). Größere Bedeutung für die Geschichte des Lebens auf der Erde hat jedoch die genetisch bedingte Variabilität.

Schon prokaryotische Zellen existieren in einer großen Vielfalt an Gestalt und Leistung (► S. 138), jeweils angepasst an die unterschiedlichen Erfordernisse ihrer Umwelt. Mit der Entwicklung der Vielzelligkeit ist die Differenzierung von Zellen verbunden (► S. 30, 34). Sie hat auf der Basis genetischer Variabilität im Verlauf der Evolution zu immer neuen Varianten zellulärer Strukturen und Funktionen geführt.

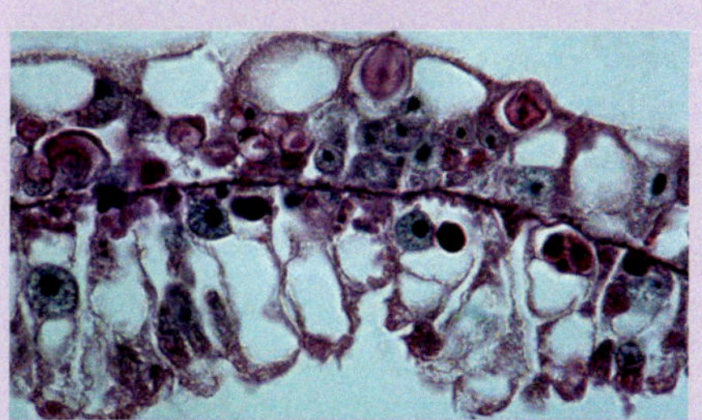

*Schnitt durch die zweischichtige Körperwand des Süßwasserpolypen Hydra. Trotz seiner relativ einfachen Organisation (► S. 274) weist Hydra eine Reihe verschiedener Zelltypen auf.*

# Tolle Knolle – Untersuchungen an der Kartoffel

*Im 16. Jahrhundert lernten die Spanier bei der Eroberung von Peru und Chile die Kartoffel kennen. Zahllose Kultursorten wurden von den Indios bis in 4000 m Höhe angebaut.*
*In Europa entstanden zunächst bescheidene Pflanzungen in der Nähe der spanischen Häfen, zumeist von Apothekern angelegt. Noch 1565 waren Kartoffeln so kostbar, dass der spanische König Philipp II. dem erkrankten Papst Pius IV. einige Knollen zum Geschenk machte.*
*In Deutschland wurde die Kartoffel erst um 1770 auf Betreiben der preußischen Könige Friedrich Wilhelm I. und Friedrich II. zum Volksnahrungsmittel. Heute hat die „tolle Knolle" bei uns nicht nur als Nahrungsmittel in allen Variationen Bedeutung, sondern zunehmend auch als nachwachsender Rohstoff für die Industrie.*

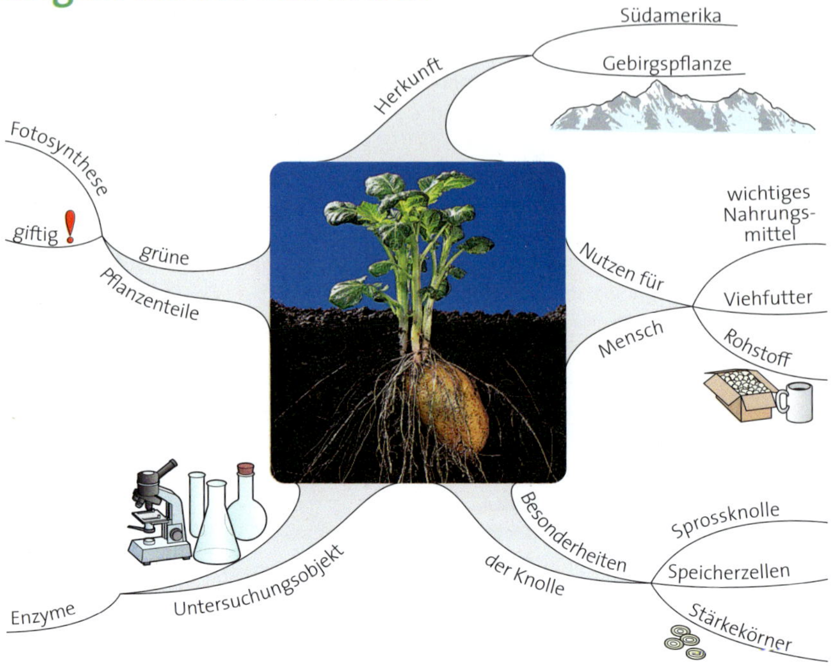


**GRUNDLAGEN** Die Kartoffel (Solanum tuberosum) gehört wie die Tomate zu den Nachtschattengewächsen (Solanaceae). Essbar sind nur die Sprossknollen, die als Speicherorgane am Ende der unterirdischen Ausläufer sitzen und mit Reservestoffen vollgepackt sind. Sie dienen der vegetativen Vermehrung der Mutterpflanze. Alle anderen Pflanzenteile enthalten Solanin, ein Glykoalkaloid, das Vergiftungserscheinungen bis hin zum Tod durch Atemstillstand hervorrufen kann.

Die Kartoffel zählt zu den „Säulen der Welternährung". Frisch enthalten die Knollen ca. 78 % Wasser. Das Trockengewicht setzt sich aus 66 % Stärke, 4 % Zucker, 9 % Eiweiß, 0,5 % Fette und aus Mineralstoffen sowie elf verschiedenen Vitaminen zusammen, darunter Niacin, die Vorstufe des Coenzyms NAD. Vitamin C ist mit 10 bis 25 mg pro 100 g Kartoffel reichlich vorhanden. Die Kartoffel kann unter den verschiedensten Bedingungen angebaut werden, ihre Knollen lassen sich gut lagern und vielseitig verwenden. All dies macht sie zu einem der wichtigsten Grundnahrungsmittel. Daneben wird sie auch als Viehfutter genutzt. Kartoffelstärke spielt in zunehmendem Maße als nachwachsender Rohstoff für die Industrie eine wichtige Rolle. Dafür ist vor allem eine genau definierte Stärkequalität erwünscht, die durch Züchtung und den Einsatz gentechnischer Methoden erreicht wird.

**Basisinformationen**
Stärke (► S. 92/93) • Coenzyme (► S. 69)

1. Die Kartoffel stammt ursprünglich aus den Anden. Informieren Sie sich über die heutigen Kartoffelanbaugebiete und über die Bedingungen, unter denen sich die Knollen ausbilden.
2. Kartoffeln – nein, danke! Kartoffeln gelten oft als „Dickmacher". Trifft diese Einschätzung zu? Beurteilen Sie die Kartoffel und Kartoffelgerichte unter ernährungsphysiologischen Gesichtspunkten.

| Nutzpflanze | Jährlicher Ertrag in Mio. t |
|---|---|
| Zuckerrohr | 1147 |
| Reis | 550 |
| Weizen | 541 |
| Mais | 514 |
| Kartoffel | 281 |
| Zuckerrübe | 265 |
| Maniok | 163 |
| Gerste | 142 |
| Sojabohne | 125 |
| Süßkartoffel | 122 |
| Bananen | 84 |
| Zitrusfrüchte | 80 |
| Hirsen | 80 |
| Tomaten | 78 |
| Weintrauben | 77 |
| Baumwollsamenöl | 57 |
| Äpfel | 49 |

*1 Stellung der Kartoffel unter den übrigen „Säulen der Welternährung". Die Angaben beziehen sich auf das Frischgewicht der jeweils verwendeten Pflanzenteile.*

## Ein Blick in die Kartoffelzelle

Betrachtet man einen Schnitt durch die Kartoffelknolle unter dem Mikroskop, wird deutlich, dass es sich tatsächlich um ein Speicherorgan handelt. Die Zellen sind mit *Stärkekörnern* dicht gefüllt. Nur mit Mühe lässt sich in diesen *Speicherzellen* der typische Bau einer Pflanzenzelle wiedererkennen: Entsprechend ihrer Funktion zeigen die Speicherzellen Abwandlungen vom Grundbauplan der Pflanzenzelle.

Die Stärke wird in den *Amyloplasten* gespeichert, das sind *Leukoplasten*, also farblose Plastiden, mit spezieller Funktion. Sie bauen aus Glucosemolekülen Stärke auf und lagern sie als Stärkekorn ab. Dabei entsteht eine deutlich sichtbare Schichtung aufgrund der unterschiedlichen Dichte der Stärkemoleküle. Bei der Kartoffel sind die Schichten exzentrisch (Gegensatz: konzentrisch), weil das Stärkebildungszentrum nicht in der Mitte des Amyloplasten liegt. Manche anderen Pflanzen haben zusammengesetzte Stärkekörner. Sie entstehen, wenn Amyloplasten mehrere Stärkebildungszentren aufweisen.

Man kann verschiedene Formen der Stärke unterscheiden: die unverzweigte, in heißem Wasser lösliche *Amylose* (aus 250 bis 500 Glucosemolekülen) und das verzweigte, wasserunlösliche *Amylopektin* (aus über 2000 Glucosemolekülen). Die charakteristische Farbreaktion (Iod-Stärke-Reaktion), die als *Stärkenachweis* dient, entsteht durch die Einlagerung der Iodmoleküle in das Amylosemolekül. Die beim Abbau von Stärke entstehenden Dextrine aus wenigen Glucosemolekülen färben sich in Anwesenheit von Iod ebenfalls, jedoch nicht blauviolett, sondern schwach rötlich.

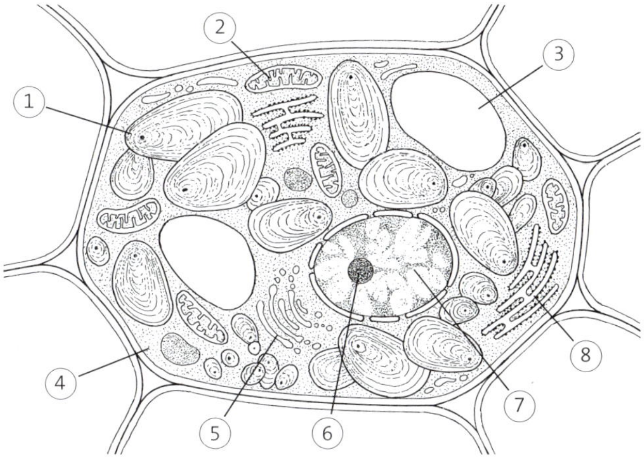

*1 Zelle aus dem Speichergewebe einer Kartoffelknolle. Grafik nach einer TEM-Aufnahme*

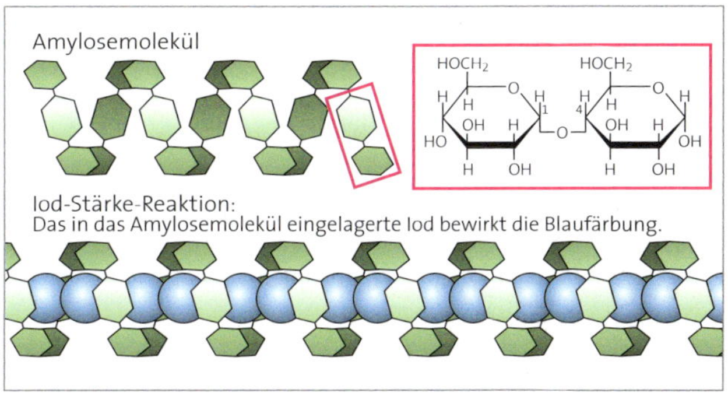

*2 Iod-Stärke-Reaktion*

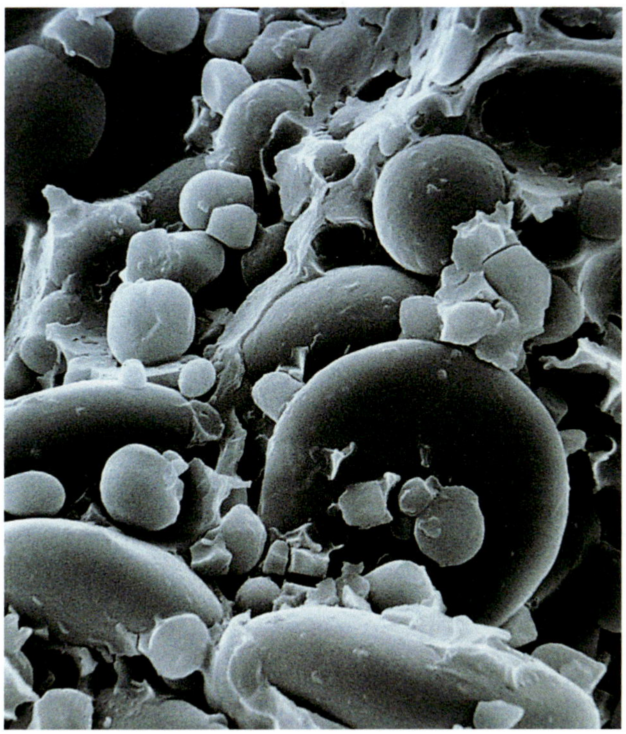

**Basisinformationen**

Pflanzenzelle (►S.22/23, 50–53) • Plastiden (►S.21) • Stärke (►S.92/93)

### Mikroskopische Untersuchung der Kartoffelknolle

**MATERIAL:** Kartoffelknolle in Stücken, Iod-Kaliumiodid-Lösung, Messer, Mikroskopierausrüstung

**DURCHFÜHRUNG:** Von der frischen Schnittfläche einer Kartoffel wird mit einem Messer etwas Material abgeschabt, auf einen Objektträger übertragen und mit einem Deckglas abgedeckt. Zum Mikroskopieren und Zeichnen eignet sich etwa 500-fache Vergrößerung. Anschließend wird mit einer Pipette ein Tropfen (!) der Iod-Kaliumiodid-Lösung an den Rand des Deckglases gegeben und durch Anlegen eines Filterpapierstreifens auf der gegenüberliegenden Seite durch das Präparat gesaugt.
Mikroskopieren Sie dann erneut.

Andere Formen von Stärkekörnern lassen sich aus dem Mehlkörper von Weizen- und Reiskörnern gewinnen und zum Vergleich mikroskopieren. Das REM-Bild rechts zeigt die unterschiedlich großen Stärkekörner vom Weizen.

---

1. **Vergleichen Sie den Bau der Speicherzelle aus der Kartoffelknolle mit einer typischen Pflanzenzelle und benennen Sie die in Bild 1 mit Ziffern bezeichneten Zellbestandteile.**
2. **Beschreiben und vergleichen Sie den Aufbau von Amylose und Amylopektin.**
3. **Erläutern Sie die Bedeutung der Stärkekörner in der Kartoffelknolle und im Weizenkorn.**

# Die Kartoffel und ihre Enzyme

Keimt die Kartoffelknolle aus, wird die Reservestärke aus den Amyloplasten benötigt. Bevor die Stärke wieder in den Stoffwechsel eintreten kann, muss sie erst mobilisiert werden. Dazu wird sie durch *Enzyme* in kleine, transportfähige Untereinheiten zerlegt. Eines dieser Enzyme ist die *α-Amylase*, die Amylose in den Doppelzucker Maltose spaltet.

In den Zellen der Knolle kommen noch weitere Enzyme vor, zum Beispiel die *Katalase*. Katalase spaltet das im Zellstoffwechsel anfallende giftige Wasserstoffperoxid in Wasser und Sauerstoff. Sie befindet sich in winzigen Zellorganellen, den *Peroxisomen*. Deren Aufgabe konnte durch spezielle Färbetechniken geklärt werden, die gerade ihre Enzymausstattung nutzen. Katalase ist in den Peroxisomen zu 40 % enthalten.

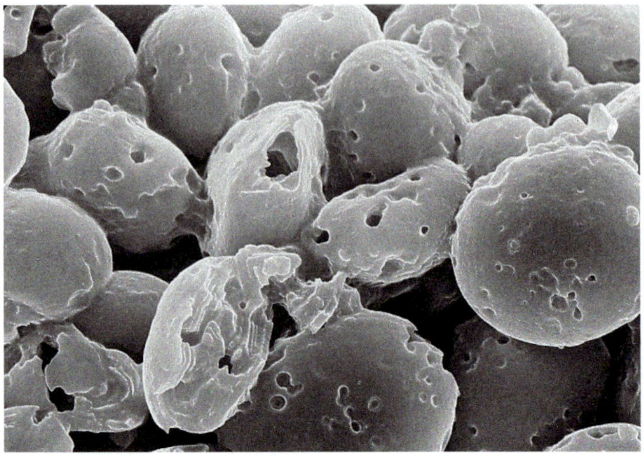

*1 Stärkekörner der Gerste nach Behandlung mit Amylase. Es sind bereits tiefe Abbaukrater entstanden.*

### ☞ Basisinformationen

Struktur und Wirkungsweise von Enzymen (► S. 68/69) • Amylase (► S. 70, 90) • Peroxisomen (► S. 51) • Katalase (► S. 51)

### Wirkungsweise von Katalysatoren

**Material:** Kartoffelstückchen als Katalasepräparat, Reagenzgläser, Wasserstoffperoxidlösung $H_2O_2$ (5 %; *Xi*), Sand, Braunsteinpulver ($MnO_2$; *Xn*), Holzspan, Schutzbrille

**Durchführung:** Füllen Sie in drei Reagenzgläser je 2 ml Wasserstoffperoxidlösung. Geben Sie in das erste Reagenzglas etwas Sand, in das zweite etwas Braunsteinpulver, in das dritte ein etwa erbsengroßes Kartoffelstück. Untersuchen Sie das frei werdende Gas mit einem glimmenden Holzspan.

Verteilen Sie den Inhalt des kartoffelhaltigen Reagenzglases nach dem Aufhören der Gasentwicklung auf zwei leere Reagenzgläser. (Kartoffelstück in 2 gleiche Teile schneiden!) Geben Sie dann zu dem einen Glas 2 ml frisches Wasserstoffperoxid, zu dem anderen ein Stückchen frische Kartoffel.

### Abhängigkeit von der Enzymkonzentration

**Material:** Kartoffelstückchen als Katalasepräparat, Wasserstoffperoxidlösung $H_2O_2$ (5 %; *Xi*), Reibschale, Pistill

**Durchführung:** Zerreiben Sie ein erbsengroßes Stück Kartoffel in der Reibschale und geben Sie 2 ml Wasserstoffperoxid dazu. Vergleichen Sie mit dem Versuch oben.

### Abhängigkeit vom pH-Wert

**Material:** wie oben, zusätzlich verdünnte Natronlauge, dest. Wasser, verdünnte Salzsäure, Reagenzgläser

**Durchführung:** Geben Sie in drei Reagenzgläser jeweils ein kleines Stückchen Kartoffel, das zuvor in der Reibschale zerquetscht wurde. Füllen Sie in das erste Reagenzglas 2 ml dest. Wasser, in das zweite 2 ml verdünnte Natronlauge, in das dritte 2 ml verdünnte Salzsäure. Fügen Sie anschließend jeweils 2 ml Wasserstoffperoxid hinzu.

### Wirkung eines Gifts auf die Enzymaktivität

**Material:** wie oben, zusätzlich Kupfersulfatlösung

**Durchführung:** Geben Sie zu einem Stückchen Kartoffel einige Tropfen Kupfersulfatlösung. Nach einigen Minuten fügen Sie 2 ml Wasserstoffperoxid hinzu.

### Temperaturabhängigkeit der Enzymaktivität

**Material:** 1%ige Lösung aus löslicher Stärke (aufgekocht und abgekühlt), 0,5%ige Amylaselösung, Iod-Kaliumiodid-Lösung (0,01 mol/l), Reagenzgläser, 5-ml- und 1-ml-Pipetten, Pasteurpipetten, Tüpfelplatte, Wasserbad, Bunsenbrenner, Eiswürfel, Stoppuhr

**Durchführung:** Füllen Sie 5 ml Stärkelösung in ein Reagenzglas und stellen Sie es in ein Wasserbad von etwa 35 °C. Durch Zugabe von 1 ml Amylaselösung starten Sie die Reaktion. Nach kurzem Durchmischen der Reagenzien entnehmen Sie direkt und dann jeweils im Minutenabstand mit einer Pasteurpipette drei Tropfen und mischen Sie sie auf der Tüpfelplatte mit zwei Tropfen Iod-Kaliumiodid-Lösung (► Bild unten). Die Probeentnahme wird so lange weitergeführt, bis der Stärkenachweis negativ ausfällt, also keine Verfärbung der Iod-Kaliumiodid-Lösung mehr auftritt. Stoppen Sie die dazu notwendige Zeit.

In gleicher Weise werden entsprechende Versuchsansätze bei Raumtemperatur, bei 80 °C und im Eisbad durchgeführt. Temperieren Sie jeweils auch die Amylaselösung vor.

Führen Sie zum Schluss den Versuch wie oben beschrieben, jedoch mit gut aufgekochter Amylaselösung durch.

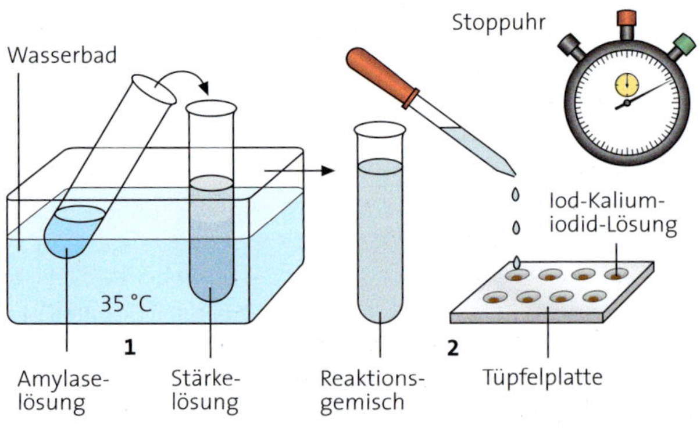


**1** **Stellen Sie anhand Ihrer Versuchsprotokolle die Eigenschaften von Enzymen zusammen.**

## Kartoffelstärke als nachwachsender Rohstoff

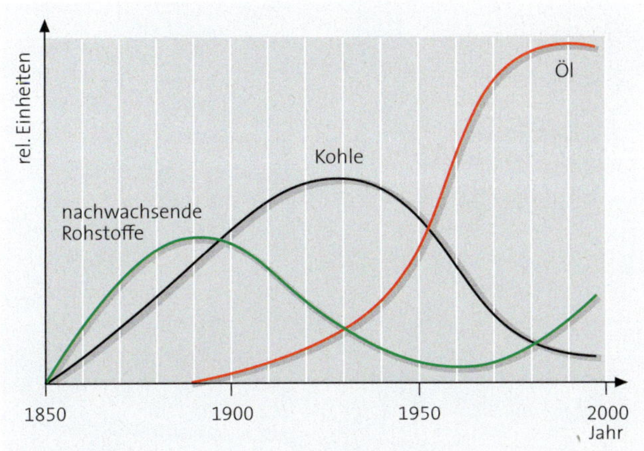


*1 Veränderungen im Rohstoffeinsatz der chemischen Industrie seit 1850*

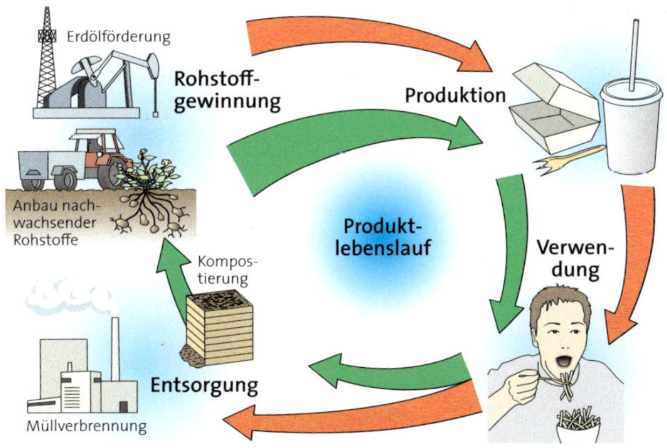


*2 Lebensläufe von Produkten aus fossilen und aus nachwachsenden Rohstoffen*

**Was sind nachwachsende Rohstoffe?** Begriffsbestimmung: „Nachwachsende Rohstoffe sind land- und forstwirtschaftlich erzeugte Produkte, die einer Verwendung im Non-Food-Bereich zugeführt werden. Sie können stofflich oder energetisch genutzt werden."

**Problemlöser Stärke?** Eines der größten Einsatzgebiete für Kunststoffe auf fossiler Basis ist der Verpackungsbereich. Haltbarkeit und vergleichsweise geringes Gewicht machen sie hierfür besonders geeignet. Inzwischen hat die Menge des Verpackungsmaterials, das wieder verwertet oder entsorgt werden muss, beängstigende Ausmaße angenommen.

Als Ersatz für Kunststoffe kommen Rohstoffe aus verschiedenen Pflanzenarten infrage, zum Beispiel Stärke aus Kartoffeln. Es wurden Verfahren entwickelt, durch Backen oder Spritzgusstechnik Tassen und Teller aus Stärke herzustellen. Auch Verpackungsmaterial aus Stärke gibt es schon.

**☞ Basisinformationen**

Nachwachsende Rohstoffe (► S. 380)

### Herstellung von Folien aus Kartoffelstärke

**MATERIAL:** 2,5 g Kartoffelstärke, 25 ml Wasser, 2 ml Glycerinlösung (55%ig), 3 ml Salzsäure (0,1 mol/l), ca. 3 ml Natronlauge (0,1 mol/l), Erlenmeyerkolben (100 ml), Messzylinder, Pipetten, Magnetrührer mit Heizplatte, Indikatorpapier, Glasplatte (Größe etwa 15 cm x 15 cm)

**DURCHFÜHRUNG:** Verrühren Sie die Kartoffelstärke in dem Wasser. Geben Sie die Salzsäure und das Glycerin dazu und lassen Sie das Ganze 15 Minuten auf dem Magnetrührer kochen. Neutralisieren Sie anschließend die Lösung mit Natronlauge (mit Indikatorpapier überprüfen!). Gießen Sie die noch heiße Lösung auf die Glasplatte und verteilen Sie sie gleichmäßig darauf. Nach dem Trocknen (mindestens zwei Tage bei Raumtemperatur oder 1,5 bis 2 Stunden bei 100 °C im Trockenschrank) können Sie die fertige Folie von der Glasplatte abziehen.

*3 Das schützende Füllmaterial im Karton besteht aus einer Mischung von Kartoffel- und Maisstärke und ist biologisch abbaubar.*

1. Nennen Sie weitere Beispiele für Produkte aus nachwachsenden Rohstoffen. In welchen Bereichen hat die Verwendung von nachwachsenden Rohstoffen eine lange Tradition?
2. Welche Gründe haben die chemische Industrie vermutlich dazu veranlasst, andere Rohstoffe als bisher einzusetzen?
3. Beschreiben Sie anhand von Bild 2 die Lebensläufe von Produkten aus fossilen und von Produkten aus nachwachsenden Rohstoffen am Beispiel von Einweggeschirr.
4. Welche Vorteile hat die Herstellung von Einweggeschirr aus nachwachsenden Rohstoffen gegenüber der aus fossilen Rohstoffen? Diskutieren Sie mögliche Alternativen.
5. Auch durch die zunehmende Rohstoffgewinnung aus nachwachsenden Rohstoffen können sich Probleme ergeben. Erläutern Sie diesen Gedanken. Informieren Sie sich hierzu auch über die Anbaumethoden bei den hauptsächlich genutzten Pflanzen.

# Biokatalyse

1 Weibchen des einheimischen Kleinen Leuchtkäfers. Das Leuchten beginnt spätabends und hält etwa drei Stunden an.

*In lauen Sommernächten kann man die „Glühwürmchen" genannten Leuchtkäfer an Waldrändern tanzen sehen. Leuchten können Männchen wie Weibchen, fliegen jedoch nur die Männchen. Das gelbliche Licht, das im Hinterleib in Leuchtorganen entsteht, dient bei den Weibchen zum Anlocken der fortpflanzungsfähigen Männchen.*
*In den Leuchtorganen wird mithilfe eines Enzyms, der Luciferase, das Leuchtmittel Luciferin umgewandelt. Die Lichtausbeute ist dabei hoch: 96 % der frei werdenden Energie werden in Licht umgesetzt. Der Wirkungsgrad herkömmlicher Glühbirnen liegt im Vergleich dazu nur bei etwa 5 %. Die enzymatische Umsetzung von Luciferin ist ein sehr spektakuläres Beispiel für das Wirken von Enzymen. Tatsächlich sind aber Enzyme die Grundlage fast aller Lebensäußerungen von Organismen.*

---

**Im Blickpunkt**

- Katalysatoren im Organismus: die Enzyme
- Wirkungsweise und Spezifität von Enzymen erklären sich aus ihrem Bau
- Wer ist wer bei den Biokatalysatoren?
- Enzymaktivität: Aktivierung, Hemmung, Regulation
- Experimente mit Enzymen
- Enzyme als Helfer in Medizin und Biotechnologie

**GRUNDLAGEN** Alle Lebensvorgänge beruhen darauf, dass Reaktionen in den Zellen mit hinreichender Geschwindigkeit, geordnet und regulierbar verlaufen. Die dafür verantwortlichen Wirkstoffe sind die Enzyme: hoch spezialisierte Katalysatoren, die Stoffwechselreaktionen beschleunigen, ohne sich dabei selbst chemisch zu verändern. Im Prinzip wirken diese „Biokatalysatoren" wie anorganische Katalysatoren, doch ist ihre katalytische Wirkung fast immer um ein Vielfaches größer. Da sie fast immer Proteine sind, werden sie nach der in den Genen gespeicherten Information hergestellt (Ein-Gen-ein-Enzym-Hypothese ► S. 154). Die jeweilige Ausstattung mit verschiedenen Enzymen bestimmt die Leistung von Zellkompartimenten, Zellen, Geweben, Organen und letztlich die Leistung des ganzen Organismus:

- Im Zellkern steuern Enzyme die Replikation der DNA und die Umsetzung der genetischen Information (► S. 148, S. 158).
- In den Mitochondrien sind sie entscheidend für die Energiegewinnung der Zelle (► S. 103–108).
- Die Fotosynthese in den Chloroplasten der grünen Pflanzen beruht auf einer Vielzahl enzymatisch katalysierter Reaktionen (► S. 127–129).
- Nahezu alle Zellen bilden zudem extrazellulär, also außerhalb der Zelle wirkende Enzyme. Bekannte Beispiele dafür sind Bakterien sowie Zellen des Immunsystems, des Verdauungstrakts und der Schleimhäute von Tieren.

## Enzyme – Katalysatoren biologischer Reaktionen

Im Jahr 1897 entdeckte der Chemiker EDUARD BUCHNER, dass ein Hefepresssaft, der keine intakten Hefezellen mehr enthält, trotzdem die alkoholische Gärung einer Zuckerlösung bewirkt. Diese Entdeckung revolutionierte die bis dahin verbreitete Ansicht, dass die für das Leben typischen Vorgänge an eine „Lebenskraft" gebunden und nur innerhalb lebender Zellen möglich sind (Vitalismus; von lat. *vis vitalis:* Lebenskraft). Die Unterscheidung zwischen mikroskopisch sichtbaren „geformten Fermenten", zu denen Bakterien und Hefen gerechnet wurden, und „löslichen Fermenten oder Enzymen" erwies sich als unhaltbar. Als immer mehr solcher *Enzyme* als Ursache von Lebensreaktionen gefunden wurden, erkannte man zu Beginn des 20. Jahrhunderts ihre zentrale Bedeutung als *Katalysatoren aller Stoffwechselreaktionen*.

**Aktivierungsenergie.** Wie alle chemischen Reaktionen sind auch die Reaktionen im Stoffwechsel mit *Energieumwandlungen* verknüpft:

Erfordern sie – wie die Synthese großer Moleküle aus einfachen Bausteinen – die *Zufuhr von Energie*, spricht man von *endergonischen Reaktionen* (Differenz der freien Energie $\Delta G > 0$).

Wird *Energie frei*, wie beim Stoffabbau durch Zellatmung (► S. 100), handelt es sich um *exergonische Reaktionen* ($\Delta G < 0$).

Höchst selten laufen endergonische wie exergonische Reaktionen von selbst ab: Aus Glucose entsteht spontan weder Stärke noch reagiert sie mit Sauerstoff zu Kohlenstoffdioxid und Wasser. Solche Stoffgemische, die unter gegebenen Bedingungen nicht spontan miteinander reagieren, nennt man *metastabil*. Sie benötigen zur Überwindung einer für die Reaktion spezifischen Energiebarriere eine „Starthilfe". Diese von außen zuzuführende Energiemenge wird als *Aktivierungsenergie* bezeichnet. Sie ist notwendig, um bestehende chemische Bindungen in den Ausgangsstoffen zu lösen und neue Bindungen zur Bildung der Reaktionsprodukte zu knüpfen.

**Herabsetzung der Aktivierungsenergie.** Ein Weg, um die Energiebarriere zu überwinden, die die Aktivierungsenergie darstellt, besteht darin, die Ausgangsstoffe zu erhitzen.

Eine Temperatur deutlich über 40 °C wird jedoch nur von wenigen Organismen toleriert. Anders als bei Reaktionen in der anorganischen Chemie kann die benötigte Aktivierungsenergie für Stoffwechselreaktionen in lebenden Zellen daher nur in geringem Umfang als Wärme zugeführt werden. Stattdessen wird die Aktivierungsenergie durch Enzyme herabgesetzt (► Bild 1): Als Katalysatoren sind sie in der Lage, chemische Bindungen in Molekülen auch bei niedrigen Temperaturen zu lockern und in veränderter Weise neu zu bilden.

**Beschleunigung von Reaktionen.** Wird die Aktivierungsenergie einer Reaktion herabgesetzt, kann sich das Gleichgewicht zwischen Ausgangsstoffen und Endprodukten schneller einstellen (► Bild 2). Darin liegt die entscheidende Wirkung aller Katalysatoren: Sie können ein Reaktionsgleichgewicht *nicht* verschieben, auch die Differenz der freien Energie $\Delta G$ zwischen Ausgangsstoffen und Endprodukten *nicht* verändern, aber sie können Reaktionen beschleunigen.

Schon eine geringfügige Herabsetzung der Aktivierungsenergie bewirkt eine enorme Beschleunigung der Reaktion. So braucht eine Reaktion mit einer Aktivierungsenergie von 125 kJ/mol rund 12 Jahre, um die Hälfte der Moleküle umzusetzen, mit 63 kJ/mol nur 5 Millisekunden.

**Katalyseweltmeister Enzyme.** Gegenüber technischen Katalysatoren zeigen sich Enzyme weit überlegen:

- Enzyme sind höchst spezifisch. Jedes Enzym katalysiert in der Regel nur eine einzige Reaktion eines bestimmten Stoffs, der als sein *Substrat* bezeichnet wird.
- Ein Enzymmolekül kann bis zu 10 Millionen Substratmoleküle in der Sekunde umsetzen und ist damit rund tausendmal wirksamer als technische Katalysatoren.
- Enzyme können in ihrer Wirksamkeit reguliert (► S. 76) und so an wechselnde Anforderungen angepasst werden.

**1 Begründen Sie, weshalb die Aussage missverständlich ist, dass ein Enzym einen Stoff spaltet oder herstellt.**

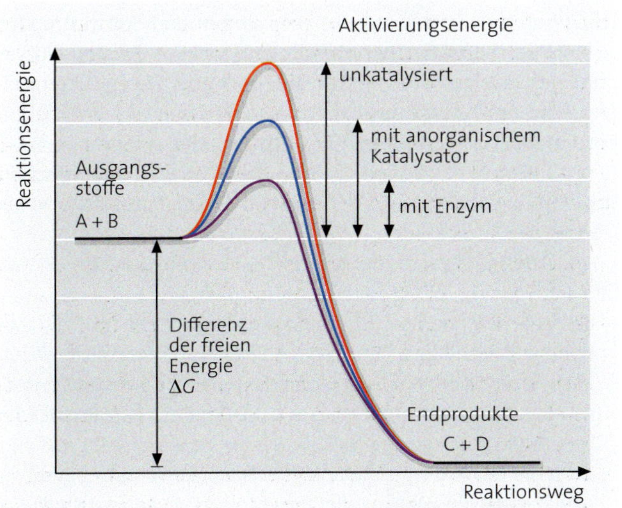


*1 Enzymatisch katalysierte Reaktionen benötigen eine geringere Aktivierungsenergie als unkatalysierte Reaktionen.*

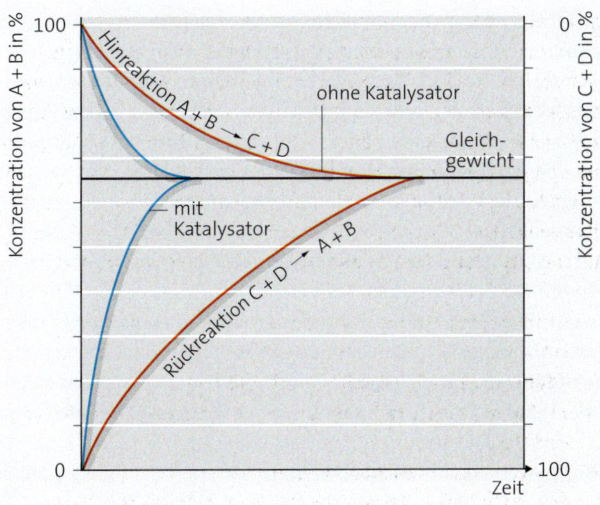


*2 Katalyse beschleunigt die Geschwindigkeit von Reaktionen, verändert jedoch nicht die Lage des Reaktionsgleichgewichts.*

## Struktur und Wirkungsweise von Enzymen

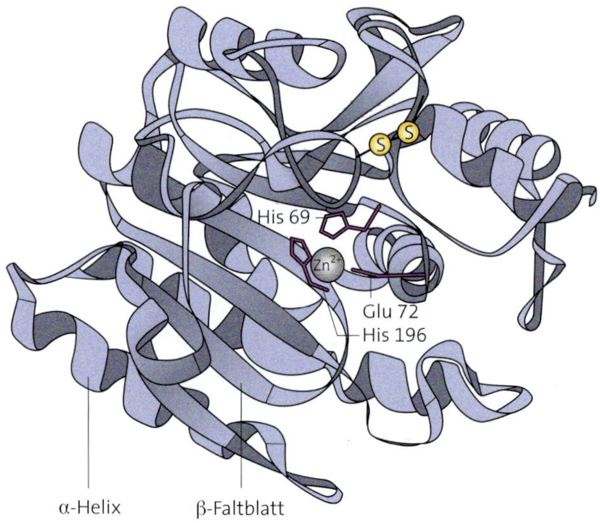


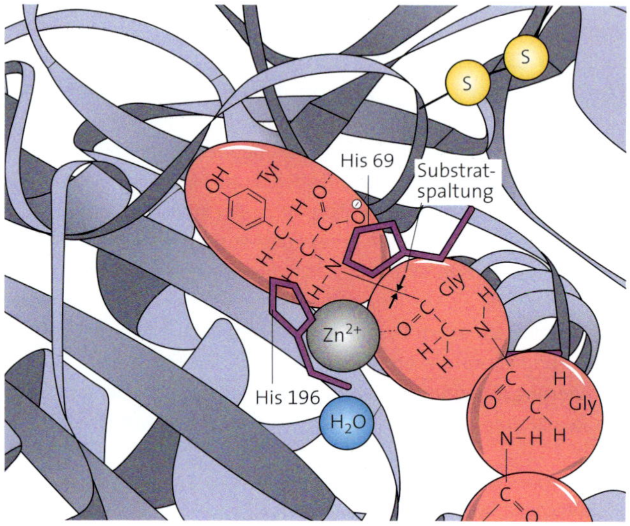


*1 und 2 Aufbau und Funktion des Verdauungsenzyms Carboxypeptidase. Das Enzym, hier dargestellt als Bändermodell, hat ein Zinkion als Cofaktor im aktiven Zentrum (links). Es katalysiert die Abspaltung der endständigen Aminosäure eines Proteins als Substrat. Rechts: Enzym-Substrat-Komplex, Blick auf das aktive Zentrum. Wichtige Aminosäurereste sind hervorgehoben.*

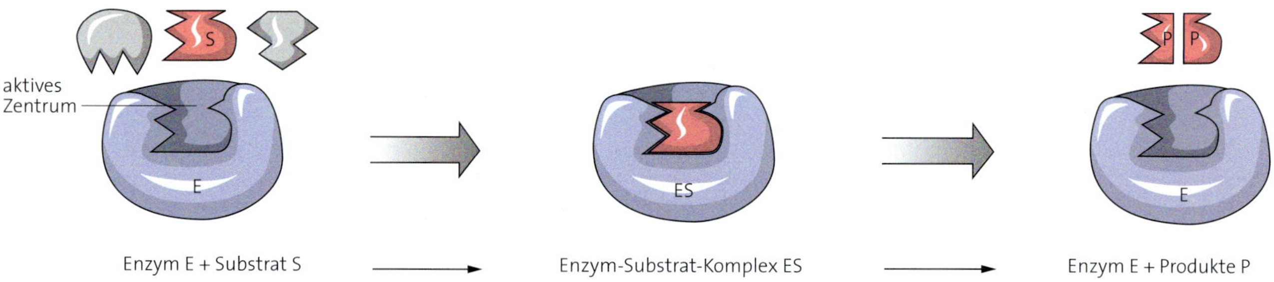


*3 Ablauf einer enzymatisch katalysierten Reaktion, allgemeines Schema*

Enzyme sind fast immer *Proteine*, die noch durch weitere Bestandteile ergänzt sein können. Proteine eignen sich als Biokatalysatoren besonders wegen ihrer ungeheuren Vielfalt zusammen mit der Fähigkeit, zwischenmolekulare Kräfte, besonders *Wasserstoffbrückenbindungen*, auszubilden. Dieselben Kräfte, auf denen die Sekundär- und Tertiärstruktur der Proteine beruht (► S. 42), sind auch für die Bindung der Substratmoleküle an die Enzyme maßgeblich.

**Aktives Zentrum.** Die räumliche Struktur der Enzymproteine ist für ihre katalytische Funktion entscheidend. In einer taschen- oder spaltenförmigen Einbuchtung des Proteinmoleküls, dem *aktiven Zentrum*, spielt sich die Reaktion ab, nachdem das Substrat hier gebunden wurde. Das aktive Zentrum ist so geformt, dass Moleküle des Substrats hineinpassen wie ein Schlüssel in ein Schloss. Dieses *Schlüssel-Schloss-Prinzip* hatte der Chemiker EMIL FISCHER bereits 1894 als Grundlage der enzymatischen Katalyse erkannt.

In einigen Fällen wird diese Passform erst bewirkt, indem das Substrat bei seiner Bindung eine Konformationsänderung des Proteins verursacht. Man spricht dann vom *Induced-fit-Mechanismus*.

Aus der genauen Passung zwischen Enzym und Substrat ergibt sich die hohe *Substratspezifität* der Enzyme: Die meisten binden nur einen einzigen Stoff als Substrat oder aber wenige chemisch eng verwandte Stoffe.

**Enzym-Substrat-Komplex.** Das Substrat wird in einer für die Reaktion günstigen Position im aktiven Zentrum vorübergehend an das Enzym gebunden. Es entsteht ein *Enzym-Substrat-Komplex (ES-Komplex)*.

Dass der Katalysator dabei direkt an der Reaktion beteiligt ist, lässt sich aus verschiedenen Beobachtungen schließen:

- Bei gleichbleibender Enzymkonzentration erreicht die Reaktionsgeschwindigkeit einer enzymatisch katalysierten Reaktion auch dann einen Maximalwert, wenn man die Substratkonzentration immer weiter erhöht (► S. 75). Da die Substratmoleküle an die Enzymmoleküle binden, bevor sie umgesetzt werden, kann die Reaktionsgeschwindigkeit nicht mehr zunehmen, sobald die aktiven Zentren aller Enzymmoleküle besetzt sind.
- Viele ES-Komplexe absorbieren Licht anderer Wellenlängen als die beteiligten Enzyme oder Substrate allein.

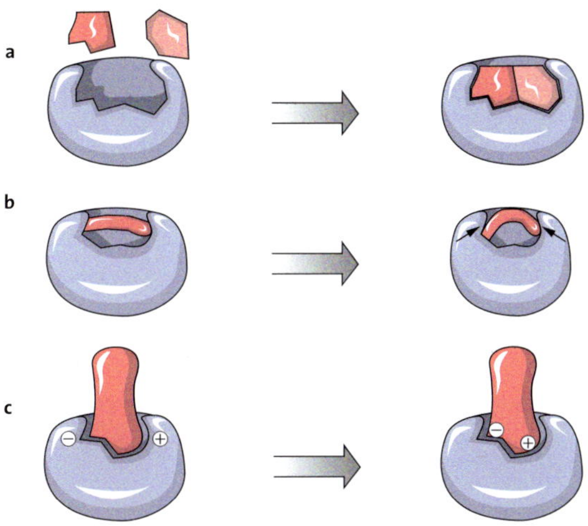


*1 Enzyme versetzen ihr Substrat in einen Übergangszustand mit verringerter Aktivierungsenergie. Das kann durch passende räumliche Ausrichtung (a), physikalische Spannung (b) oder Hinzufügen von Ladungen erfolgen (c).*

**Übergangszustand mit verringerter Aktivierungsenergie.** Bei einer chemischen Reaktion müssen sich Bindungen der Ausgangsstoffe lösen, bevor sich neue Bindungen bilden können. Die Überwindung dieses *Übergangszustands* erfordert Aktivierungsenergie. Der „Trick" der Enzyme besteht darin, dass die Bildung des ES-Komplexes praktisch einen neuen Reaktionsweg eröffnet, dessen Übergangszustand mit deutlich weniger Aktivierungsenergie überwunden wird als bei der unkatalysierten Reaktion. Das geschieht zum Beispiel dadurch, dass beim Binden an das aktive Zentrum im Substratmolekül Bindungen gestreckt und dadurch instabil werden oder dass vom Enzym hinzugefügte Ladungen Bindungen instabil machen (► Bild 1). Verantwortlich für den energieärmeren Übergangszustand – und damit für die Wirkungsspezifität des Enzyms, das nur eine ganz bestimmte Reaktion zu katalysieren vermag – sind die Ladungseigenschaften von Aminosäureresten im aktiven Zentrum, zum Teil auch weitere Wirkgruppen des Enzyms wie das Zinkion der Carboxypeptidase.

**Zusammengesetzte Enzyme.** Viele Enzyme sind reine Proteine. Andere bestehen aus einem Proteinanteil, den man dann als *Apoenzym* bezeichnet, und anderen Wirkgruppen. Solche *zusammengesetzten Enzyme* sind nur funktionsfähig, wenn beide Anteile zusammen als *Holoenzym* vorliegen. Man unterscheidet drei Wirkgruppen (► Tabelle unten):

- *Coenzyme* sind kleine organische Moleküle und nur lose mit dem Apoenzym verbunden. Sie übertragen während der Katalyse bestimmte Molekülgruppen wie Wasserstoff, Phosphat- oder Acetylgruppen, werden wie das Substrat verändert und daher oft auch *Cosubstrat* genannt (► Bild 2). Dabei können unterschiedliche Enzyme das gleiche Coenzym verwenden. Wichtige Coenzyme enthalten oder bestehen aus einem *Vitamin*, vor allem der B-Gruppe.
- *Prosthetische Gruppen* sind dauerhaft an das Apoenzym gebunden. Die meisten von ihnen übertragen vor allem Wasserstoff und Elektronen.
- *Cofaktoren* sind mit dem Apoenzym fest verbundene *Metallionen* wie das Zinkion der Carboxypeptidase. Ihre elektrische Ladung stabilisiert das Enzymprotein und polarisiert zugleich das Substrat derart, dass die zu seiner Umsetzung erforderliche Aktivierungsenergie herabgesetzt wird. Viele lebenswichtige *Spurenelemente* sind Cofaktoren von Enzymen.

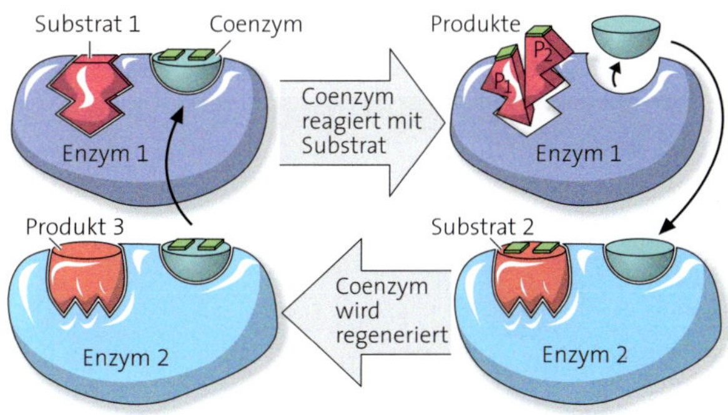


*2 Wirkungsweise von Coenzymen*

**1 Beschreiben Sie anhand von Bild 2 die Wirkungsweise von Coenzymen.**

| Wirkgruppen zusammengesetzter Enzyme | | |
|---|---|---|
| Coenzyme | $NAD^+$ | Übertragung von Elektronen und Wasserstoff (► S. 102); Vitaminbestandteil: Niacin |
| | FAD | Übertragung von Elektronen und Wasserstoff (► S. 104); Vitaminbestandteil: Vitamin $B_2$ |
| | Coenzym A | Übertragung der Acetylgruppe (► S. 104); Vitaminbestandteil: Pantothensäure |
| | ATP | Übertragung von Phosphat (► S. 101) |
| prosthetische Gruppen | Häm | Übertragung von Elektronen in Cytochrom (► S. 105)<br>Katalyse der Wasserstoffperoxidspaltung in Katalase (► S. 51, 64) |
| | Retinal | Lichtabsorption in Rhodopsin (► S. 422) |
| Cofaktoren | $Zn^{2+}$ | in Carboxypeptidase, Carboanhydrase, Alkoholdehydrogenase |
| | $Fe^{2+}$ / $Fe^{3+}$ | Übertragung von Elektronen in Ferredoxin (► S. 128) und Cytochrom |
| | $Cu^{2+}$ | Übertragung von Elektronen auf Sauerstoff in Cytochromoxidase (► S. 105) |
| | $Ni^{2+}$ | in Urease (► S. 72) |
| | $Mn^{2+}$ | Wasserspaltung in Fotosystem II (► S. 128) |
| | $Co^{4+}$ | Stickstofffixierung in Nitrogenase (► S. 330) |

## Werkzeuge der Zellen: Übersicht Enzyme

Zwischen 4 000 und 5 000 Enzyme sind der Wissenschaft bekannt. Wie viele in den Zellen aller Arten als chemische Werkzeuge tatsächlich im Einsatz sind, weiß niemand. Man schätzt, dass schon eine lebende Zelle mindestens 100, meist aber mehrere Tausend verschiedene Enzyme besitzt. Da praktisch jeder einzelne Stoffwechselschritt enzymatisch katalysiert wird und Enzyme meist sehr spezifisch wirken, verwundert die große Zahl nicht.

Um jedes Enzym eindeutig identifizieren zu können, werden Enzyme entsprechend einer internationalen Übereinkunft benannt und in Gruppen geordnet.

**Systematische Benennung.** Enzyme werden wissenschaftlich nach ihrer Substrat- und Wirkungsspezifität benannt. Danach setzt sich der Name eines Enzyms zusammen aus
- der Bezeichnung des Substrats,
- der Bezeichnung der Reaktion, die das Enzym katalysiert,
- der Endung -ase, die allen Enzymnamen gemeinsam ist.

Es entstehen so zwar zungenbrecherische, aber kennzeichnende Namen. Zum Beispiel wird vom Enzym *Succinatdehydrogenase* im Citratzyklus (► S. 104) das Substrat *Succinat dehydrogeniert*, also Wasserstoff von ihm abgespalten.

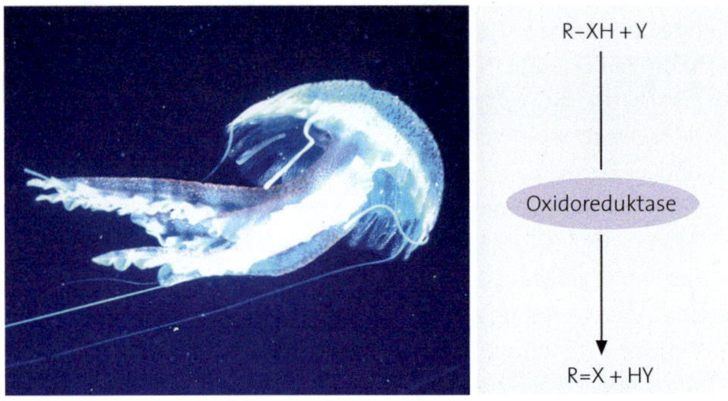


*1 Die Oxidoreduktase Luciferase bewirkt biologisches Leuchten durch Oxidation von Luciferin.*

**Oxidoreduktasen**
katalysieren Oxidationen und Reduktionen durch Übertragung von Sauerstoff, Wasserstoff oder Elektronen.

BEISPIELE

Katalase (► S. 51, 64): Spaltung von $H_2O_2$

Glucoseoxidase (► S. 77): Oxidation von Glucose

Cytochromoxidase: Oxidation von Wasserstoff mit Sauerstoff; Abschluss der Atmungskette (► S. 105)

Ferredoxin: Reduktion von $NADP^+$, letzter Schritt der Fotosynthese-Primärreaktion (► S. 128)

Nitrogenase (► S. 330): Reduktion von Stickstoff $N_2$ zu Ammoniak $NH_3$ durch Knöllchenbakterien

*2 Bei der Milchzuckerbildung überträgt eine Transferase Galaktose auf Glucose.*

**Transferasen**
katalysieren die Übertragung chemischer Gruppen (wie Methyl-, Amino-, Phosphatgruppe).

BEISPIELE

Hexokinase (► S. 103): Übertragung einer Phosphatgruppe von ATP auf Glucose als Glykolysestart

Phosphofructokinase (► S. 103): Übertragung einer Phosphatgruppe auf Fructose-6-phosphat

DNA-Polymerase (► S. 149): Kettenverlängerung eines DNA-Strangs

reverse Transkriptase (► S. 200, 238): Kettenverlängerung des DNA-Strangs mit RNA als Matrize

*3 Eine Krabbenspinne injiziert ihren Verdauungssaft aus Hydrolasen in die Beute.*

**Hydrolasen**
katalysieren Substratspaltung durch Hydrolyse, also Umsetzung eines Wassermoleküls je gespaltener Bindung.

BEISPIELE

Proteasen, Peptidasen (► S. 90): Spaltung von Peptidbindungen bei Proteinen und Peptiden

Amylasen (► S. 90): Spaltung von glykosidischen Bindungen bei Oligo- und Polysacchariden

Lipasen (► S. 90): Spaltung der Lipid-Esterbindungen

DNAse (► S. 144): Spaltung der Zucker-Phosphat-Esterbindung bei DNA

Acetylcholinesterase (► S. 414): Spaltung der Esterbindung bei Acetylcholin

**Historische Namen.** Neben den wissenschaftlichen Namen existieren gerade für verbreitete und schon lange bekannte Enzyme auch noch *historische Bezeichnungen*. Wegen ihrer Kürze werden sie – selbst in Lehrwerken der Biochemie – weiterhin neben den wissenschaftlichen Bezeichnungen verwendet.

Die Verdauungsenzyme *Pepsin* (von griech. *pepsis:* das Kochen), *Trypsin* (von griech. *tryein:* aufreiben) und *Chymotrypsin* (von griech. *chymos:* Saft, Speisebrei) sind dafür Beispiele. Auch *Katalase*, *Luciferase* oder *Lysozym* sind solche historischen Namen, die noch häufig in Gebrauch sind.

**Einteilung.** Nach einer internationalen Klassifikation der *Enzyme Commission* (EC) werden alle Enzyme, dem Typ der katalysierten Reaktion entsprechend, in *sechs Hauptgruppen* zusammengefasst (► tabellarische Übersicht S. 70 und unten). Die Hauptgruppen werden nach bestimmten Merkmalen der Reaktionen weiter unterteilt. Mithilfe eines vierstelligen Ziffernsystems lässt sich dann jedem Enzym eine eindeutige EC-Codenummer zuweisen.

Das Reaktionsschema in der tabellarischen Übersicht zeigt für jede Hauptgruppe nur ein Beispiel. (R, X, Y bezeichnen organische Reste und Gruppen.)

1 *Für die Bildung von $CO_2$ bei der alkoholischen Gärung ist eine Lyase verantwortlich, die Pyruvatdecarboxylase.*

**Lyasen**
katalysieren nichthydrolytische Spaltungsreaktionen durch Addition an Doppelbindungen oder ihre Umkehrung.

BEISPIELE

Adenylatcyclase (► S. 468): Bildung von cyclischem Adenosinmonophosphat (cAMP) aus ATP

Ribulose-bisphosphat-Carboxylase/Oxidase (Rubisco, mengenmäßig häufigstes Enzym der Biosphäre) (► S. 129):
Einbau von $CO_2$ in Ribulose-bisphosphat bei der Fotosynthese

Pyruvatdecarboxylase (► S. 108): Abspaltung von $CO_2$ aus Pyruvat (Brenztraubensäure) bei der alkoholischen Gärung

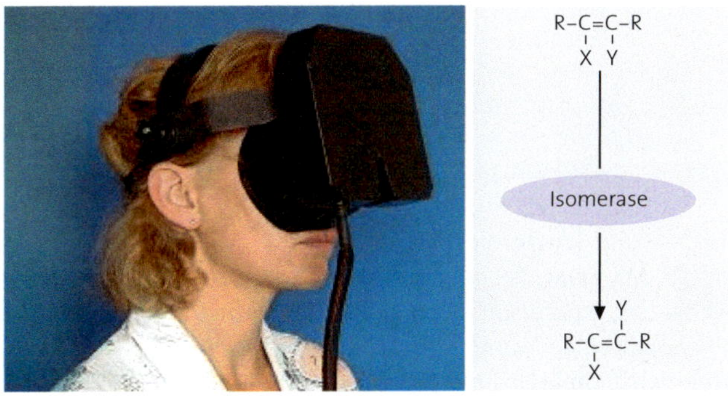


2 *Mit Adaptationsbrillen wird getestet, wie Sehfarbstoff durch eine Isomerase (Retinal-isomerase) regeneriert wird.*

**Isomerasen**
katalysieren Umlagerungen innerhalb von Molekülen.

BEISPIELE

Triosephosphat-Isomerase: Umwandlung von Glycerinaldehyd-3-phosphat in Dihydroxyacetonphosphat in der Glykolyse (► S. 103)

Glucose-Isomerase: Umwandlung von Glucose-6-phosphat in Fructose-6-phosphat zu Beginn der Glykolyse (► S. 103, 205)

Retinal-Isomerase (► S. 422): Umwandlung von alltrans-Retinal in 11-cis-Retinal zur Regeneration von belichtetem Sehfarbstoff im Wirbeltierauge

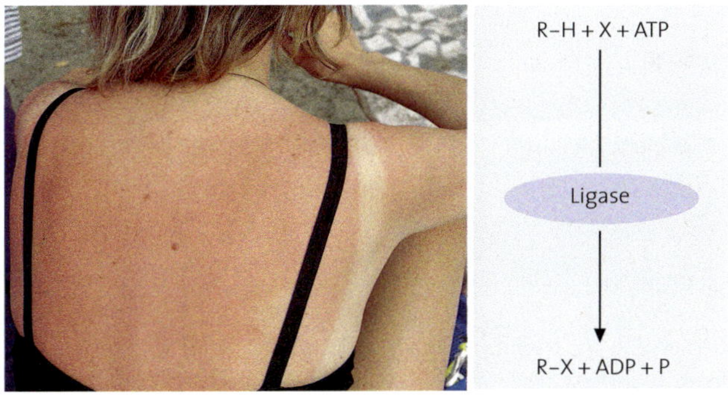


3 *Ligasen sind an der Beseitigung von DNA-Schäden durch UV-Strahlung beteiligt.*

**Ligasen**
katalysieren die Ausbildung neuer Bindungen unter Spaltung von ATP.

BEISPIELE

Glutaminsynthetase (► S. 204): Bildung von Glutamin aus Glutaminsäure und Ammoniak

Aminoacyl-tRNA-Synthetase (► S. 158): Bindung von Aminosäuren an tRNA bei der Proteinbiosynthese

DNA-Ligase (► S. 149, 167, 199): Herstellen einer Bindung zwischen Phosphat und Desoxyribose in einem Strang der DNA, zum Beispiel bei der Replikation, bei der DNA-Reparatur oder in der Gentechnik

# Urease – ein Enzym im Experiment

Im Jahr 1926 gelang es dem amerikanischen Chemiker JAMES B. SUMNER (Nobelpreis 1946), das Enzym *Urease* aus dem Mehl der in Afrika und Asien angebauten Schwertbohne in reiner Form zu gewinnen und zu kristallisieren. Er konnte so zum ersten Mal schlüssig beweisen, dass ein Enzym ein Protein ist. Dies wurde bis dahin nach allgemeiner Lehrmeinung als abwegig angesehen.

Auch heute noch ist die Kristallisation von Proteinen eine anspruchsvolle Aufgabe. Sie ist von großer Bedeutung, da die Aufklärung der Molekülstruktur durch Röntgenstrahlenbeugung nur mit kristallinen Substanzen möglich ist (► Bild unten: Urease eines Bakteriums, Bändermodell).

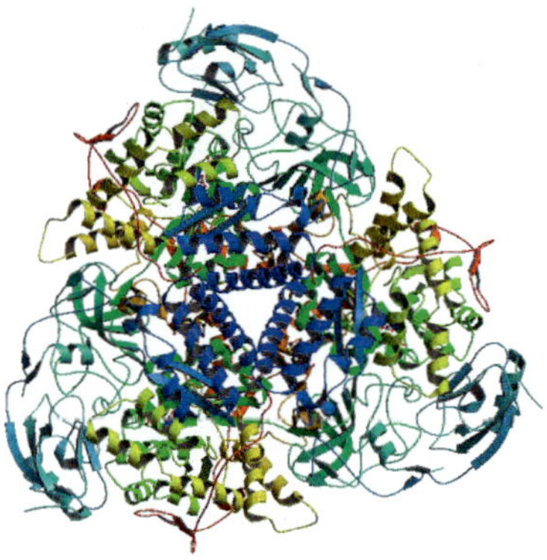

Urease ist eine Hydrolase (► S. 70), die die Hydrolyse der C-N-Bindung in Harnstoff katalysiert und dadurch den Harnstoff in Ammoniak $NH_3$ und Kohlenstoffdioxid $CO_2$ spaltet. $NH_3$ bildet in Wasser $NH_4^+$- und $OH^-$-Ionen:

$$O{=}C(NH_2)_2 + H_2O \xrightarrow{\text{Urease}} 2\,NH_3 + CO_2 \xrightarrow{2\,H_2O} 2\,NH_4^+ + OH^- + HCO_3^-$$

Das Enzym kommt in Pflanzen, Pilzen, Krebstieren, Muscheln und Bakterien vor. Es spielt insbesondere bei der Tätigkeit von Bodenbakterien im Stickstoffkreislauf (► S. 357) eine wichtige Rolle.

Für Experimente ist Urease gut geeignet, da das Enzym nicht sehr empfindlich ist und sich seine Katalyse an der Bildung von $OH^-$-Ionen in Wasser leicht verfolgen lässt.

### Gewinnung von Urease aus Sojabohnen

**MATERIAL:** Sojabohnenmehl oder 2–4 Tage angekeimte Sojabohnen, Mörser, Reibesand, Filtertrichter und Filtrierpapier oder Zentrifuge, Becherglas

**DURCHFÜHRUNG:** Zerreiben Sie Sojabohnen bzw. Sojabohnenmehl in Portionen mit wenig Sand und Wasser. Filtrieren oder zentrifugieren Sie den Brei. Das Filtrat bzw. der Überstand enthält Urease und kann für die weiteren Versuche verwendet werden (Wirksamkeit zuvor prüfen!).

### Wirkung von Urease auf Harnstoff

**MATERIAL:** Reagenzgläser, Ureaselösung (bei Einsatz käuflicher Urease: 1 Spatel in 5 ml Wasser), Harnstofflösung (ca. 1%ig), Phenolphthaleinlösung *(Xn)*, gekochte Ureaselösung

**DURCHFÜHRUNG:** Befüllen Sie 4 Reagenzgläser wie in der Tabelle angegeben.

| Glas-Nr. | 1 | 2 | 3 | 4 |
|---|---|---|---|---|
| Ureaselösung | 1 ml | 1 ml | – | 1 ml gekocht |
| Phenolphthaleinlsg. | 2 Tr. | 2 Tr. | 2 Tr. | 2 Tropfen |
| Harnstofflösung | 5 ml | – | 5 ml | 5 ml |

Protokollieren Sie das Experiment. Erklären Sie jeweils das Ergebnis und begründen Sie die Versuche in Glas 2 und 3.

**Wirkung von Urease auf Stoffe mit ähnlicher Molekülstruktur wie Harnstoff**

Das Bild unten zeigt Versuche mit demselben Ansatz wie im Versuch oben in Glas 1. Die Gläser 2–4 enthalten statt des Harnstoffs die angegebenen Stoffe. Erklären Sie die Versuchsergebnisse.

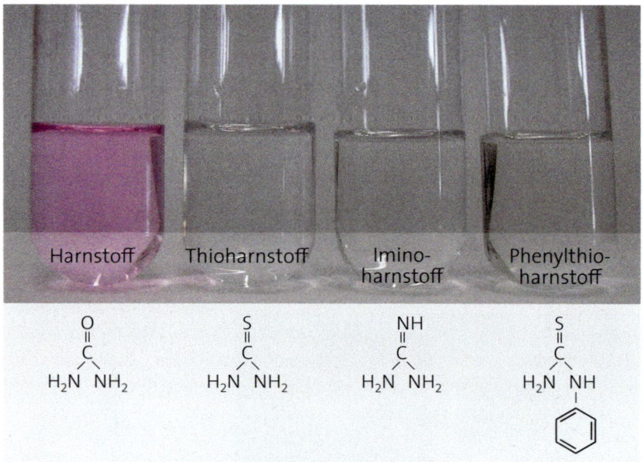


### Urease und Schwermetallionen

**MATERIAL:** Reagenzgläser, Tropfpipetten, destilliertes Wasser, Kupfersulfatlösung (1%ig), Harnstofflösung (5%ig), Phenolphthaleinlösung *(Xn)*, Salzsäure (0,01 mol/l), EDTA-Lösung (0,1 mol/l), Ureaselösung (bei Einsatz käuflicher Urease: 1 Spatel in 5 ml Wasser), Indikatorpapier

**DURCHFÜHRUNG:** Befüllen Sie 3 Reagenzgläser wie in der Tabelle angegeben.

| Glas-Nr. | 1 | 2 | 3 |
|---|---|---|---|
| Harnstofflösung | 5 ml | 5 ml | 5 ml |
| Phenolphthaleinlsg. | 2 Tropfen | 2 Tropfen | 2 Tropfen |
| dest. Wasser | 1 ml | 1 ml | – |
| EDTA-Lösung | – | – | 1 ml * |
| (* Vorsichtig mit Salzsäure neutralisieren, bis farblos!) | | | |

Geben Sie in 3 weitere Reagenzgläser (Nr. 4–6) je 1 ml Ureaselösung und in Glas 5 und 6 je 5 Tropfen Kupfersulfatlösung. Lassen Sie die Kupfersulfatlösung 2–3 min auf die Ureaselösung einwirken. Vereinigen Sie dann den Inhalt der Gläser 1 und 4, 2 und 5, 3 und 6. Erklären Sie die Versuchsergebnisse.

## Verlauf der Harnstoffspaltung durch Urease

**MATERIAL:** Leitfähigkeitsmessgerät, Magnetrührer mit Rührstab, Stoppuhr, Becherglas (250 ml), Messzylinder (100 ml), Pipette (1 ml), Harnstofflösung (1%ig), Ureaselösung (bei Einsatz käuflicher Urease: 1 Spatel in 5 ml Wasser), Kupfersulfatlösung (1%ig), dest. Wasser

**DURCHFÜHRUNG:** Bauen Sie die Messgeräte auf (▶ Bild unten). Füllen Sie 100 ml Harnstofflösung in das Becherglas und schalten Sie den Rührer mit kleiner Drehzahl ein. Messen Sie die Leitfähigkeit der Lösung und verwenden Sie diesen Wert als Ausgangswert („Nullwert"). Fügen Sie nun 1 ml Ureaselösung zu, starten Sie die Stoppuhr und lesen Sie 15 Minuten lang jede Minute die Leitfähigkeit ab. (Messgerät immer nur zur Messung kurz einschalten!)

Wiederholen Sie den Versuch, wobei Sie aber nach 5 Minuten einmalig 1 ml Kupfersulfatlösung hinzufügen.

Zeichnen Sie aus den Messwerten Diagramme. Erklären Sie deren Verlauf.

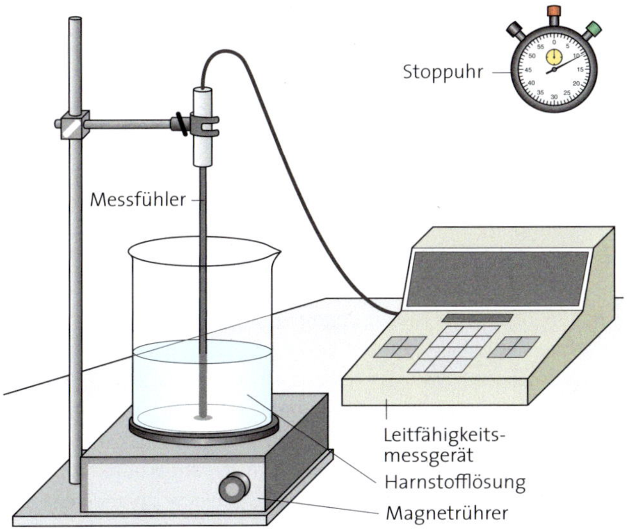


## Ureasewirkung und Substratkonzentration

**MATERIAL:** Wasserbad (auf 40 °C vorgewärmt), Waage, Stoppuhr, Bechergläser (50 ml), Spatel, Glasstäbe, dest. Wasser, Harnstoff, Ureaselösung (bei Einsatz käuflicher Urease: 2 Spatel in 10 ml dest. Wasser), Bromthymolblaulösung (20 mg in 50 ml dest. Wasser)

**DURCHFÜHRUNG:** Geben Sie in 6 Bechergläser jeweils 20 ml dest. Wasser und dann zum ersten 0,05 g Harnstoff, zum zweiten 0,1 g, zum dritten 0,2 g, zum vierten 0,4 g, zum fünften 0,8 g und zum sechsten 1,6 g. Rühren Sie um, bis der Harnstoff jeweils vollständig aufgelöst ist. Geben Sie in nun jedes Glas einen Tropfen Bromthymolblaulösung. Pipettieren Sie zu jedem Ansatz 1 ml der Ureaselösung. Stellen Sie die Ansätze in das vortemperierte Wasserbad. Schütteln Sie die Gläser alle 60 Sekunden und messen Sie die Zeit bis zum Farbumschlag des Indikators in den 6 Gläsern.

Stellen Sie das Ergebnis des Experiments in geeigneter Form dar und erklären Sie es.

## Urease in der Medizin

Obwohl Urease kein Enzym ist, das beim Menschen oder allgemein bei Säugetieren vorkommt, hat es Bedeutung in der Medizin. Schon länger wird das aus Pflanzen oder Bakterien gewonnene Enzym verwendet, um bei Urinuntersuchungen die Menge des ausgeschiedenen Harnstoffs zu bestimmen.

In neuerer Zeit ist der Helicobacter-Urease-Test (HUT) wichtig geworden. Mit ihm wird geprüft, ob sich das für das Entstehen von Entzündungen und Geschwüren im Magen verantwortliche Bakterium Helicobacter pylori in der Magenschleimhaut angesiedelt hat. Das Bakterium spaltet Harnstoff mithilfe seiner zelleigenen Urease. Darauf beruht auch der Test: Ist Helicobacter in einer durch Magensondierung gewonnenen Probe enthalten, vermehren sich die Keime im Testmedium und spalten den hier ebenfalls vorhandenen Harnstoff mit Urease. Ein Indikator wird durch das bei der Reaktion gebildete Ammoniak umgefärbt und zeigt so das Vorhandensein von Helicobacter an.

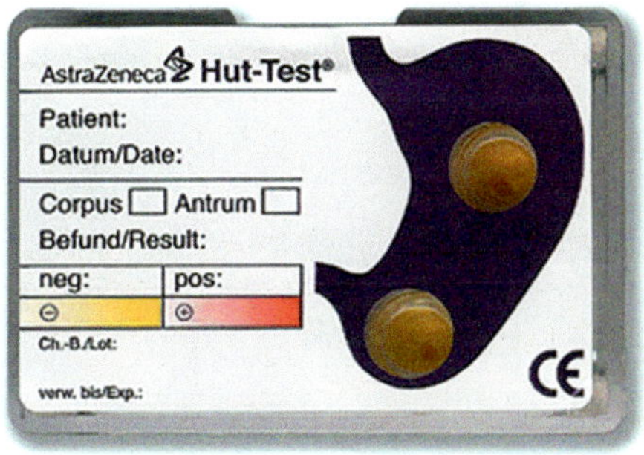


1. **Planen Sie ein Experiment zur Abhängigkeit der Ureasewirkung von der Enzymkonzentration und führen Sie das Experiment durch.**
2. **Begründen Sie, warum man statt der Leitfähigkeit (▶ Experiment oben links) auch den pH-Wert messen kann, um den Verlauf der Harnstoffspaltung durch Urease zu ermitteln.**
3. **Urease ist ein Metalloenzym mit Nickelionen als Cofaktor. Untersuchen Sie in einem Experiment, ob das Enzym damit unempfindlich gegenüber Nickelsalzen ist.**
4. **EDTA (▶ Experiment S. 72 unten) ist ein Chelatbildner. Informieren Sie sich über Chelatbildner und ihre Verwendung bei der Behandlung von Schwermetallvergiftungen.**
5. **Die Harnstoffspaltung bewirkt einen basischen „Schutzmantel" um die Helicobacter-Zelle. Erklären Sie mithilfe der durch Urease katalysierten Reaktion, wie er entsteht. Warum ist er für das Bakterium im Magen lebenswichtig?**
6. **Stellen Sie einen Zusammenhang zwischen Urease und Inhalten der Bilder auf Seite 357 (▶ Bild 2) und Seite 373 (▶ Bild 7) her.**

### Stichworte zu weiteren Informationen

Enzymes Structures Database • Proteinkristallisation • Enzymtests • Metalloenzyme

# Einflüsse auf die Enzymwirkung

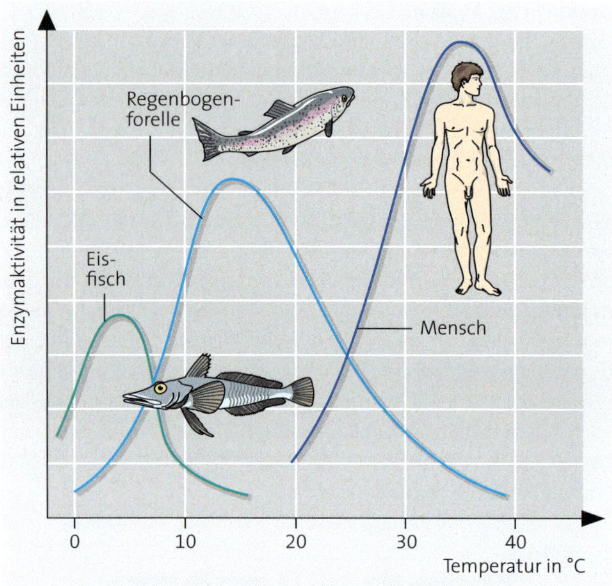


*1 Temperaturabhängigkeit der Pyruvatkinase*

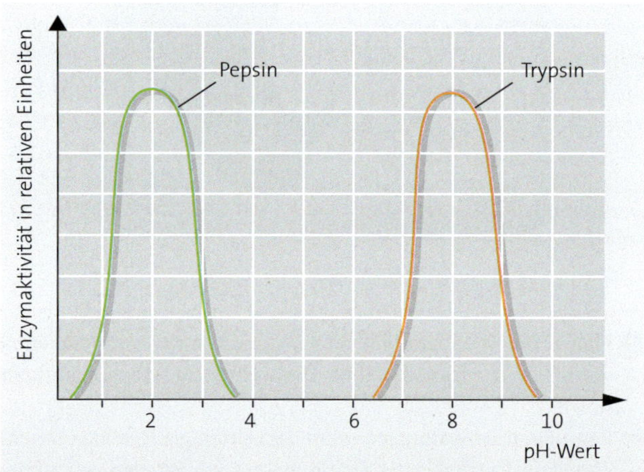


*2 pH-Abhängigkeit menschlicher Verdauungsenzyme*

*3 Grüner Knollenblätterpilz. Sein Gift blockiert die RNA-Polymerase.*

Auch wenn sich beinahe jede Leistung eines Lebewesens auf die Wirkung von Enzymen zurückführen lässt und sie für das Überleben notwendig sind, handelt es sich letztlich „nur" um Proteine, die von äußeren Faktoren beeinflusst werden.

**Temperatur.** Da Enzyme komplexe Makromoleküle sind, beeinflusst eine *Temperaturänderung* nicht nur ihre Reaktionsgeschwindigkeit, sondern zugleich ihre *Konformation*: Die Tertiär- und Quartärstruktur von Proteinen wird vor allem durch schwache Bindungen wie Wasserstoffbrücken aufrechterhalten (► S.42). Solche Bindungen können schon durch die thermische Bewegung der Moleküle beeinflusst werden. Im Extremfall – meist oberhalb 70 °C – kommt es zur irreversiblen *Denaturierung* der Enzyme. Doch selbst geringe Temperaturänderungen können über eine graduelle Veränderung der schwachen Bindungen im Molekül zu einer ebenso graduellen Veränderung der Enzymaktivität führen. Daher werden einige Enzyme bereits bei Temperaturen inaktiv, bei denen eine Denaturierung ausgeschlossen ist. Da sich Enzyme mit gleicher Funktion in ihrer Aminosäuresequenz von Art zu Art unterscheiden können – man spricht in diesem Fall von *Isoenzymen* –, sind diese Temperaturgrenzen artspezifisch. Für Menschen ist zum Beispiel Fieber mit einer Körpertemperatur von 40 °C sehr gefährlich, für Vögel ist es die Normaltemperatur. Ein antarktischer Eisfisch, der bei einer Wassertemperatur von konstant −1,9 °C lebt, stirbt schon bei 6 °C.

**pH-Wert.** Die Tertiärstruktur der Enzyme kann vom *pH-Wert* ihrer Umgebung beeinflusst werden. Einige Aminosäurereste in Proteinen reagieren nämlich als schwache Säuren oder Basen. So ist ein Glutaminsäurerest in neutralem oder alkalischem Milieu negativ geladen, in saurem Milieu dagegen ungeladen. Solche Ladungsunterschiede wirken sich auf die Konformation aus. Enzyme sind deshalb dem pH-Wert des Milieus, in dem sie Reaktionen katalysieren, jeweils angepasst. Sie haben nicht nur ein Temperatur-, sondern auch ein *pH-Optimum*, bei dem die Enzymaktivität – und damit auch die Reaktionsgeschwindigkeit – am größten ist.

**Enzymgifte.** Neben Wasserstoffionen können auch andere Ionen die Konformation eines Enzyms und damit seine Wirkung beeinflussen. Ionen, die sich so an das Enzym binden, dass es dadurch ***vollkommen inaktiviert*** wird, bezeichnet man als ***Enzymgifte***. Viele *Schwermetallionen* wie Blei-, Cadmium-, Arsen- oder Quecksilberionen sind solche Gifte. Sie reagieren bevorzugt mit den für die Molekülgestalt wichtigen *Schwefelbrücken* der Enzymproteine. Damit deformieren sie auch das aktive Zentrum, sodass das Substrat nicht mehr gebunden und umgesetzt werden kann.

Auch andere Stoffe wirken als Enzymgifte:

- *Amanitin*, das Hauptgift des Knollenblätterpilzes, blockiert die RNA-Polymerase (► S.158) und damit den Start der Proteinbiosynthese. 0,1 mg Amanitin, enthalten in 0,5 Gramm des Pilzes, sind für einen Menschen tödlich.
- *Cyanide* inaktivieren irreversibel, also unumkehrbar das Enzym *Cytochromoxidase*. Da dieses Enzym eine Schlüsselfunktion in der Atmungskette (► S.105) besitzt, führen Cyanidvergiftungen sehr schnell zu innerem Ersticken.
- *E 605*, ein inzwischen verbotenes Insektizid, bindet sich an das aktive Zentrum von *Acetylcholinesterase* und blockiert dieses wichtige Enzym der Nervenzellen (► S.414).

**Substratkonzentration.** Je mehr Substrat zur Verfügung steht, desto wahrscheinlicher wird es, dass sich Enzym- und Substratmoleküle treffen und eine Katalyse stattfinden kann. Daher wird die Reaktionsgeschwindigkeit der enzymatischen Katalyse von der *Substratkonzentration* beeinflusst. Ein linearer Zusammenhang besteht aber nur bei geringen *Substratkonzentrationen*. Sind alle Enzymmoleküle mit Substrat gesättigt, haben also jeweils ein Substratmolekül gebunden, hat eine Erhöhung der Substratkonzentration keinen Einfluss mehr auf die Reaktionsgeschwindigkeit. Dann wird eine Maximalgeschwindigkeit $V_{max}$ gemessen, die nicht mehr von der Substratkonzentration abhängt (► Bild 1).

Nach LEONOR MICHAELIS und MAUD MENTEN, die 1913 diesen Zusammenhang untersuchten, wird diejenige Substratkonzentration, bei der die halbe Maximalgeschwindigkeit erreicht ist, *Michaelis-Menten-Konstante* $K_m$ genannt. Sie lässt sich im Unterschied zur Sättigungskonzentration genau bestimmen und ist charakteristisch für jedes Enzym-Substrat-System. Je kleiner $K_m$, umso stärker nimmt die Reaktionsgeschwindigkeit mit der Substratkonzentration zu.

Als Maß für die Aktivität von Enzymen lässt sich jedoch die *Wechselzahl* leichter vorstellen. Sie gibt die Anzahl von Substratmolekülen an, die von einem Enzymmolekül in der Sekunde umgesetzt werden kann, wenn das Enzym vollständig mit Substrat gesättigt ist. Eine besonders hohe Wechselzahl hat Katalase, deren Substrat das Zellgift Wasserstoffperoxid ist (► Tabelle rechts).

**Inhibitoren und Aktivatoren.** Manche Stoffe hemmen durch ihre Anwesenheit die Enzymaktivität. Bei diesen *Inhibitoren* oder *Hemmstoffen* unterscheidet man zwei verschiedene Wirkungstypen:
- Bei der *kompetitiven Hemmung* tritt der Inhibitor mit dem Substrat in einen „Wettbewerb" um die Bindung am aktiven Zentrum. Seine Hemmwirkung nimmt daher mit zunehmender Substratkonzentration ab, während $V_{max}$ unverändert bleibt (► Bild 2).
- Bei der *nichtkompetitiven Hemmung* bindet der Inhibitor an einer anderen Stelle als dem aktiven Zentrum des Enzyms. In diesem Fall wird $V_{max}$ kleiner. Diese Form der Hemmung tritt nur bei bestimmten Enzymen mit einer zweiten Bindungsstelle auf.

Andere Enzyme mit zweiter Bindungsstelle benötigen bestimmte Ionen wie $K^+$, $Ca^{2+}$, $Mg^{2+}$ oder $Mn^{2+}$ als *Aktivatoren*, um ihre maximale Aktivität zu erreichen. Neben Ionen können auch manche Aminosäuren, AMP (Adenosinmonophosphat) oder ATP als Aktivatoren wirken.

Sowohl Aktivierung als auch Hemmung von Enzymen sind von großer Bedeutung für die Regulation der Enzymaktivität (► S. 76) und liegen vielfach auch der Wirkung von Arzneimitteln zugrunde (► S. 77).

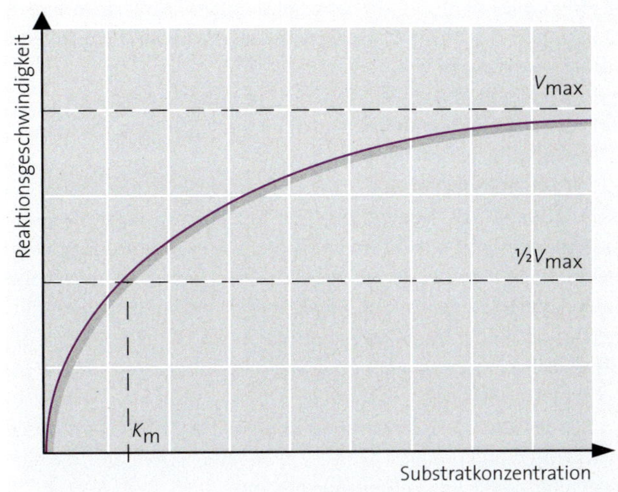


1 *Abhängigkeit der Reaktionsgeschwindigkeit von der Substratkonzentration*

**Maximale Wechselzahlen einiger Enzyme**

| Enzym | Wechselzahl [$s^{-1}$] |
|---|---|
| Katalase | 40 000 000 |
| Carboanhydrase | 600 000 |
| Lactatdehydrogenase | 1 000 |
| Chymotrypsin | 100 |
| DNA-Polymerase | 15 |
| Tryptophan-Synthetase | 2 |
| Lysozym | 0,5 |

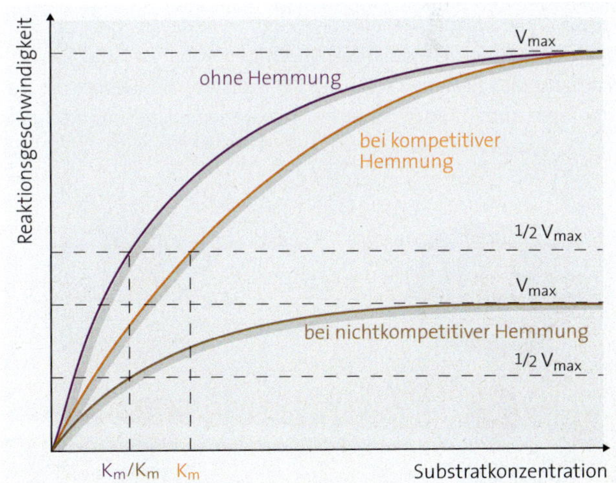


2 *Reaktionsgeschwindigkeit und Substratkonzentration mit und ohne Hemmwirkung*

1. **Erläutern Sie, weshalb Konformationsänderungen eines Enzyms in jedem Fall seine Aktivität beeinflussen.**
2. **Isoenzyme kommen nicht nur bei verschiedenen Arten vor, sondern auch bei verschiedenen Individuen derselben Art und in unterschiedlichen Geweben desselben Individuums. Erklären Sie Ursachen und Bedeutung dieser Tatsache.**
3. **Schwermetalle binden in Enzymen bevorzugt an schwefelhaltige Aminosäuren. Erklären Sie die Folgen.**
4. **Belegen Sie mit Bild 2 auf der linken Seite, dass Enzyme dem pH-Wert des Milieus angepasst sind, in dem sie Reaktionen katalysieren.**
5. **Informieren Sie sich über Amanitin und seine Wirkungsweise.**

# Enzymregulation

In jeder Zelle laufen zur gleichen Zeit mehrere Tausend Stoffwechselprozesse ab. Um sie zu steuern und zu regeln, sind Enzyme die idealen Werkzeuge:

- Praktisch jeder Stoffwechselschritt erfordert ein Enzym.
- Enzyme bestehen im Wesentlichen aus Proteinen, die gemäß der Erbinformation hergestellt werden.
- Die Aktivität der Enzyme ist in vielfältiger Weise regulierbar.

**Regulation durch Neubildung von Enzymen.** Enzyme werden ständig neu synthetisiert und abgebaut. Ihre „Lebensdauer" liegt bei Vielzellern zwischen wenigen Stunden und einigen Wochen. Dazu können Gene an- und abgeschaltet und so die Enzymmengen je nach Bedarf reguliert werden (► S. 162, 163). Diese Form der Stoffwechselregulation benötigt allerdings einige Zeit und ist für schnelle Anpassungen zu träge.

Schnell und flexibel kann die Enzymaktivität dagegen durch *Aktivatoren* und *Inhibitoren* (► S. 75) beeinflusst werden, die sich reversibel an die Enzymmoleküle binden:

**Regulation durch kompetitive Hemmung.** Substratähnliche *kompetitive Hemmstoffe* binden an das aktive Zentrum, ohne umgesetzt zu werden (► Bild 1, links). Sind sie in höherer Konzentration vorhanden als das eigentliche Substrat, kommt die Reaktion zum Erliegen, da fast nur noch Hemmstoff an die Enzymmoleküle gebunden ist. Bei genügend hoher Substratkonzentration wird dagegen der Hemmstoff vom Substrat verdrängt und das Substrat kann umgesetzt werden.

Bei einigen Stoffwechselprozessen ist das Produkt der Reaktion zugleich der Hemmstoff. Die enzymatische Reaktion wird dann durch *negative Rückkopplung* reguliert: Je mehr Produkt, desto weniger aktive Enzymmoleküle, desto weniger Produkt usw. Diese *Endprodukthemmung* sorgt dafür, dass ein Stoff im Organismus nur so lange synthetisiert wird, bis er sich anzusammeln beginnt. Das erspart dem Organismus unnötigen Rohstoff- und Energieaufwand und findet sich häufig bei Stoffwechselwegen, die aus mehreren aufeinanderfolgenden Reaktionen bestehen (► Bild 2).

**Regulation durch allosterische Enzyme.** *Allosterische Enzyme* besitzen an einer vom aktiven Zentrum räumlich getrennten Stelle ein regulatorisches Zentrum für Inhibitoren oder Aktivatoren (► Bild 1, rechts). Deren Bindung – nach dem Schlüssel-Schloss-Prinzip – verändert die Enzymstruktur und damit das aktive Zentrum. Der Vorteil allosterischer Enzyme liegt darin, dass sie die Reaktionsgeschwindigkeit der Katalyse sehr empfindlich regeln können, wenn sich die Substratkonzentration ändert. Sie finden sich daher besonders an Knotenpunkten des Stoffwechsels, wo sie als Schlüsselenzyme wie „Stellschrauben" wirken.

Allosterische Hemmung tritt oft bei Enzymen für Stoffwechselwege auf, die letztlich der Produktion von ATP (► S. 101) dienen. Ist genügend Energie in Form von ATP vorhanden, werden Schlüsselenzyme, die im Dienst der ATP-Produktion stehen, allosterisch durch ATP gehemmt.

**Multienzymkomplexe.** Viele Stoffwechselwege bestehen aus mehreren aufeinanderfolgenden Reaktionen, wobei das Produkt der ersten enzymatisch katalysierten Reaktion das Substrat einer zweiten Reaktion ist und so fort. Ihre Enzyme sind häufig zu *Multienzymkomplexen* zusammengefasst (► Bild 2). Der Vorteil solcher Multienzymkomplexe liegt in einer Beschleunigung von Stoffwechselprozessen: Enzyme und ihre Substrate finden völlig ungerichtet durch Diffusion zueinander. Liegen die Enzyme, die die Einzelschritte katalysieren, räumlich benachbart, kann das Substrat über sehr kurze Diffusionswege von einem Enzym zum nächsten wie am Fließband „weitergereicht" werden. Es durchläuft dabei in kurzer Zeit eine Reihe von Umwandlungen.

Beispiele für Multienzymkomplexe sind die Ribosomen, das Enzymsystem zur DNA-Synthese im Zellkern oder der Pyruvat abbauende Komplex, der auf dem Weg zum Citratzyklus Pyruvat zu Acetyl-Coenzym A umsetzt (► S. 104). Die Multienzymkomplexe von Atmungskette und Fotosynthese sind Bestandteile der inneren Mitochondrienmembran (► S. 105) bzw. der Thylakoidmembran (► S. 127).

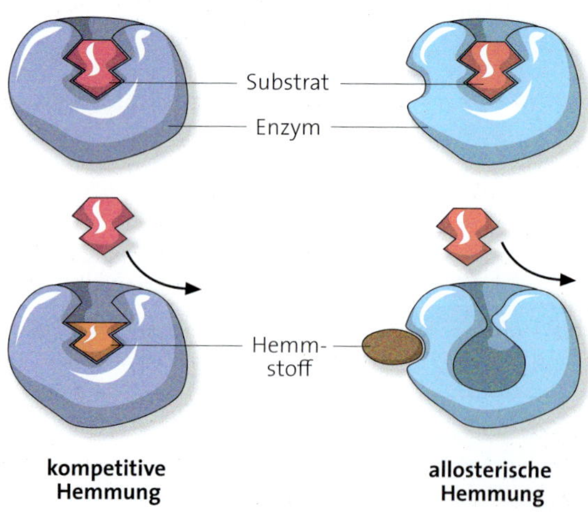


*1 Kompetitive Enzymhemmung (links) und allosterische Enzymhemmung (rechts), Schema*

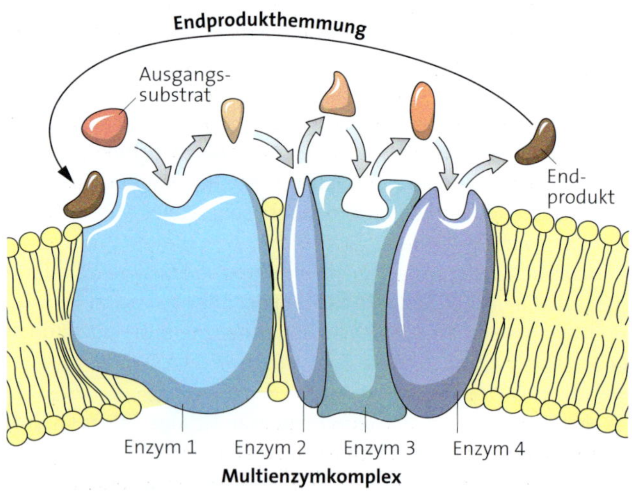


*2 Negative Rückkopplung über das Endprodukt bei einem Multienzymkomplex, Schema*

## Enzyme in der Medizin

Wenn wir erkranken, sind fast immer Stoffwechselprozesse betroffen. Daher kommt Enzymen als den zentralen Wirkstoffen im Stoffwechselgeschehen auch große medizinische Bedeutung zu.

**Enzyme in der Diagnose von Krankheiten.** Als Folge krankhafter Prozesse können Enzyme aus geschädigten Zellen in Körperflüssigkeiten wie das Blutserum gelangen (Nekrose ► S. 29). Da verschiedene Organe unterschiedliche Enzyme besitzen, kann deren Nachweis im Blut zur *Diagnose* von Krankheiten dienen. So weist *Kreatinkinase* auf einen Herzinfarkt, *Lipase* auf eine Erkrankung der Bauchspeicheldrüse hin.

Auch viele medizinische Tests verwenden Enzyme als hochspezifische Reagenzien auf Teststreifen oder in Messgeräten. Mit dem Enzym *Glucoseoxidase* arbeitende Blutzuckermessgeräte (► Bild 1) für Diabetiker können beispielsweise die Glucosekonzentration in einem winzigen Blutstropfen sehr genau messen.

**Beeinflussung körpereigener Enzyme.** Zu geringe oder zu hohe Aktivität bestimmter Enzyme kann selbst *Ursache* von Krankheiten sein. Die Wirkung zahlreicher Medikamente beruht daher auf der Beeinflussung der Enzymaktivität.

- Organische Salpetersäure-Ester wie Nitroglycerin (genauer: das daraus freigesetzte Stickstoffmonooxid) beseitigen die für Menschen mit Herzkrankheiten häufig lebensgefährliche Gefäßenge durch rasche Aktivierung der *Guanylatcyclase*.
- Gebräuchliche Schmerzmittel wie Acetylsalicylsäure (► S. 447) hemmen das Enzym *Cyclooxygenase*, das für die Bildung von Signalstoffen für Entzündungsprozesse (*Prostaglandine* ► S. 229) entscheidend ist.
- Das Gichtmedikament Allopurinol hemmt das Enzym *Xanthinoxidase* kompetitiv. Damit wird die Bildung von Harnsäure unterbrochen, deren Ablagerung in den Gelenken die schmerzhafte Gelenkentzündung Gicht zur Folge hat.
- Blutdrucksenkende Medikamente sind die ACE-Hemmer. Dabei handelt es sich um kompetitive Hemmstoffe des *Angiotensin-Converting Enzymes ACE*. Ihr Wirkprinzip wurde in einem Schlangengift entdeckt (► Bild 2). Das Enzym ACE spaltet aus einer Vorstufe des Hormons Angiotensin zwei Aminosäuremoleküle ab, sodass das blutdrucksteigernde Hormon Angiotensin entsteht.

**Enzymhemmung bei Krankheitserregern.** Im Stoffwechsel von Pro- und Eukaryoten gibt es Unterschiede. Die Wirkung wichtiger Antibiotika beruht darauf, dass sie Enzyme beeinflussen, die nur bei Bakterien vorkommen. Penicillin zum Beispiel tötet Bakterien bei der Teilung, indem es irreversibel das aktive Zentrum der *Transpeptidase* blockiert. Das Enzym ist für die Quervernetzung der Polysaccharidketten (Murein) in der Bakterienzellwand verantwortlich.

Wirksame Komponente des Penicillins ist der β-Lactamring. Gegen Penicillin resistente Bakterien zerstören ihn mit ihrem Enzym *β-Lactamase* und heben so die Wirkung des Medikaments auf. Penicillinderivate gegen resistente Bakterien erhält man dadurch, dass man mit dem Enzym *Penicillinacylase* eine Seitengruppe des Penicillinmoleküls abspaltet und durch andere Reste ersetzt.

---

**1 Erklären Sie mit Bild 3, warum Penicillinderivate auch gegen penicillinresistente Bakterien wirken.**

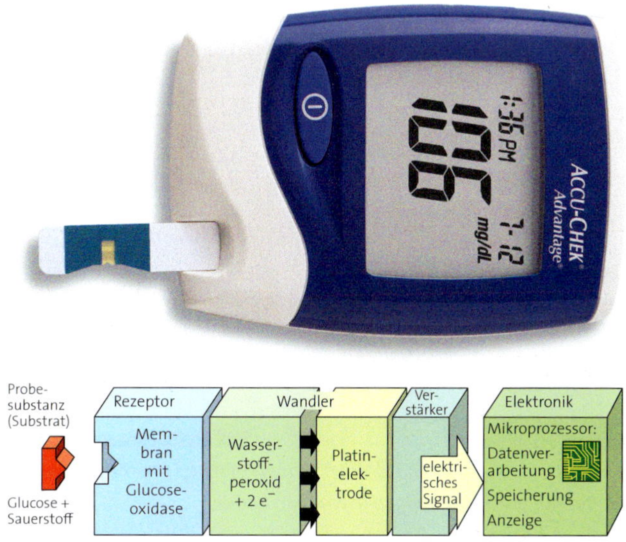


*1 Blutzuckermessgerät und Funktionsschema*

*2 Das Gift der Lanzenotter (Foto) wirkt als Inhibitor des Enzyms ACE. Es war Vorbild für blutdrucksenkende Medikamente.*

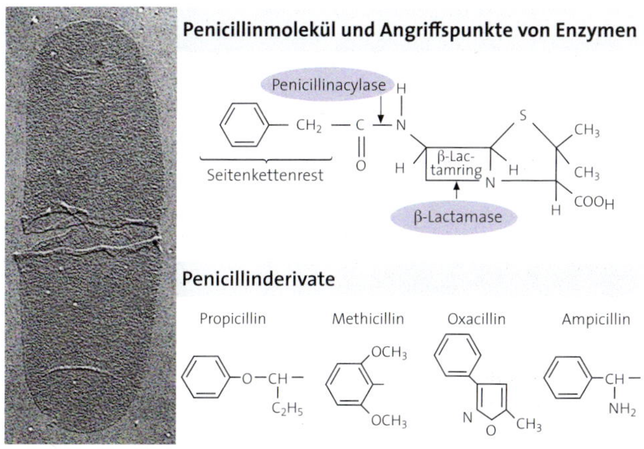


*3 Penicillin: Wirkung auf die Bakterienzelle (Foto links), Bau des Moleküls und Derivate sowie Angriffspunkte von Enzymen*

## Enzyme in der Biotechnologie

*1 Für die Käseherstellung benutzt man das Enzym Chymosin, das früher nur aus Kälbermägen gewonnen wurde.*

*2 Heute wird Chymosin oft in solchen Biofermentern von gentechnisch veränderten Bakterien produziert.*

Werden Lebewesen, Zellen oder Zellbestandteile in technisch-industriellen Prozessen verwendet, spricht man von *Biotechnik* oder *Biotechnologie*. Viele biotechnologische Verfahren sind uralte Kulturtechniken: Wein-, Bier- und Essigbereitung, Brotbacken oder die Herstellung von Sauermilch und Käse. Heute wissen wir, dass diese klassische Biotechnologie auf der Leistung von Mikroorganismen beruht und diese wiederum auf deren Ausstattung mit Enzymen. Immer häufiger werden daher in biotechnologischen Verfahren nicht mehr lebende Organismen eingesetzt, sondern die aus ihnen gewonnenen Enzyme (► Tabelle unten).

**Vorteile biotechnologischer Verfahren.** Gegenüber rein chemischen Verfahren bietet die Biotechnologie Vorteile:

- Die Ausgangsstoffe, aus denen Mikroorganismen ihre Stoffwechselprodukte erzeugen, zum Beispiel Stärke, sind billig.
- Da Mikroorganismen die gewünschten Stoffe durch enzymatisch katalysierte Reaktionen herstellen, läuft die Reaktion bei niedrigen Temperaturen ab. Unkatalysierte Synthesereaktionen benötigen dagegen oft hohe Temperaturen.
- Enzymreaktionen vollziehen sich in wässriger Lösung bei einem pH-Wert in der Nähe des Neutralpunkts. In der chemischen Industrie werden dagegen oft aggressive Säuren, Laugen oder organische Lösemittel benötigt.
- Enzyme wirken äußerst spezifisch. So entstehen in enzymatisch katalysierten Reaktionen kaum Nebenprodukte. Die Ausbeute beträgt daher oft 100 %, das heißt, alle Ausgangsstoffe werden ausschließlich zum gewünschten Endprodukt umgesetzt.

Biotechnologische Verfahren haben sich deshalb in vielen Bereichen durchgesetzt, zum Beispiel in der Lebensmittelproduktion, der Umwelttechnik und in der Pharma-, Textil-, Leder- und Kosmetikindustrie.

**Gentechnisch erzeugte Enzyme.** Durch *gentechnisch veränderte Mikroorganismen* hat die Verwendung von Enzymen in der Biotechnologie eine neue Dimension erreicht. Werden artfremde Gene in das Erbgut geeigneter Mikroorganismen übertragen (► S. 196), können deren Enzymsysteme so verändert werden, dass sie erwünschte Stoffwechselprodukte in enorm gesteigerter Menge produzieren. Viele Enzyme lassen sich auch in gereinigter Form gewinnen und so in industriellem Maßstab preiswert produzieren. *Rund 60 %* der etwa 150 heute industriell verwendeten Enzyme *stammen aus gentechnisch veränderten Mikroorganismen*.

**Enzyme in biotechnologischen Prozessen**

| Produkte | Enzyme | Enzymwirkung und technischer Anwendungszweck |
|---|---|---|
| Backmischungen | Amylasen | Verbesserung der Verarbeitungs- und Backeigenschaften von Teig |
| Fruchtsäfte Fruchtaromen | Pektinasen | Abbau von Pektinen der pflanzlichen Zellwand, dadurch höhere Saftausbeute sowie Aroma- und Farbstoffgewinnung aus den Fruchtschalen; auch zum Klären von Fruchtsäften |
| Käse | Protease Chymosin | Abbau von Proteinen zur „Dicklegung" von Milch |
| Zuckersirup | Amylasen, Glucoseisomerase | Abbau von (Mais-, Kartoffel-, Weizen-)Stärke zu Maltodextrin (Stärkebruchstücke und Maltose) und Umwandlung zu Glucose und Fructose |
| Futtermittel | Phytase | Freisetzen von Phosphat aus Phytinsäure in Pflanzennahrung, dient zur Nahrungsoptimierung in der Geflügel- und Schweinehaltung, Zufüttern von Phosphat entfällt |
| Waschmittel | Proteasen, Lipasen, Amylasen | Abbau von Proteinen, Fetten und Stärke in verschmutzter Kleidung durch gentechnisch erzeugte Enzyme |
| Textilien | Lipasen, Amylasen, Cellulasen | Entfernen von Fett, Wachs und Stärke als natürliche oder technische Begleitstoffe, Entfernen störender Baumwollfusseln vor dem Färben |
| Leder | Proteasen, Lipasen | Enthaaren und Entfetten von Tierhäuten |
| Zellstoff, Papier | Lipasen, Laccase, Xylanasen | Entfärben von bedrucktem Altpapier beim Recycling, Entfernen des Holzstoffs Lignin |

## Mithilfe dieses Kapitels können Sie

- begründen, warum Enzyme zu den wichtigsten Wirkstoffen der belebten Natur zählen
- die Funktion der Enzyme als Biokatalysatoren erläutern und mit anorganischen Katalysatoren vergleichen
- den Aufbau von Enzymen beschreiben
- die typischen Eigenschaften der Enzyme nennen und aus ihrem Bau begründen
- die Bildung eines Enzym-Substrat-Komplexes und seine Bedeutung erklären
- Beispiele für Enzyme und ihre Benennung und Einteilung angeben
- Einflüsse verschiedener Inhibitoren auf Enzyme erklären und mithilfe einer Schemaskizze erläutern
- die Giftigkeit von Schwermetallen für Lebewesen aus ihrer Wirkung auf Enzyme begründen
- Experimente zur Abhängigkeit der Enzymwirkung von verschiedenen Faktoren planen, durchführen, auswerten und in geeigneter Form darstellen
- das Prinzip der Verwendung von Enzymen in der Medizin an Beispielen erklären
- Beispiele für den Einsatz von Enzymen in der Biotechnologie angeben

## Testen Sie Ihre Kompetenzen

Chymotrypsin ist ein Verdauungsenzym, das von der Bauchspeicheldrüse als inaktives Chymotrypsinogen produziert und in den Dünndarm ausgeschieden wird. Hier, an seinem Wirkungsort, wird es zu Chymotrypsin (► Bild rechts) aktiviert, indem eine einzige Peptidbindung im Chymotrypsinogen-Molekül durch Trypsin, ein anderes Verdauungsenzym, gespalten wird.

Chymotrypsin katalysiert die hydrolytische Spaltung von Peptidbindungen in Proteinen, die auch durch Erhitzen mit konzentrierter Säure erreicht werden kann. Produkte der Hydrolyse durch Chymotrypsin sind Peptide unterschiedlicher Kettenlänge mit den Aminosäuren Phenylalanin (Phe) oder Tyrosin (Tyr) am Ende:

($H_2N$)Val-Glu-Ala-Ala-Lys-Tyr(COOH)
($H_2N$)Glu-Leu-Cys-Ser-Asp-Tyr(COOH)
($H_2N$)Leu-Gly-Gly-Ser-Phe(COOH)
($H_2N$)Ile-Glu-Glu-Arg-Phe(COOH)
($H_2N$)Gly-Leu-Phe(COOH)

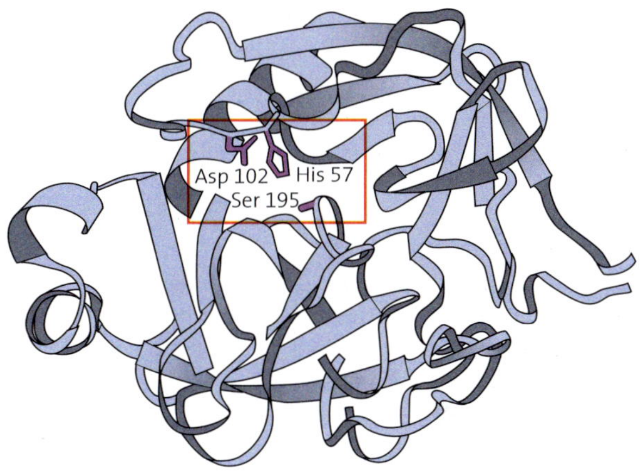


1. Erklären Sie an diesem Beispiel die Funktion eines Enzyms.
2. Die Reaktionsprodukte der Chymotrypsinkatalyse sind vor allem Peptide mit Tyrosin oder Phenylalanin am Ende. Erklären Sie den Sachverhalt mit einer typischen Enzymeigenschaft. Ziehen Sie dazu auch Bild 3 auf Seite 41 sowie Aufgabe 6 heran.
3. Chymotrypsin wird als inaktive Vorstufe gebildet. Erläutern Sie die Bedeutung dieser Tatsache.
4. Erklären Sie, warum eine kleine Veränderung im Molekül, wie sie beispielsweise der Aktivierung von Chymotrypsin zugrunde liegt, für ein Enzym große Bedeutung haben kann.

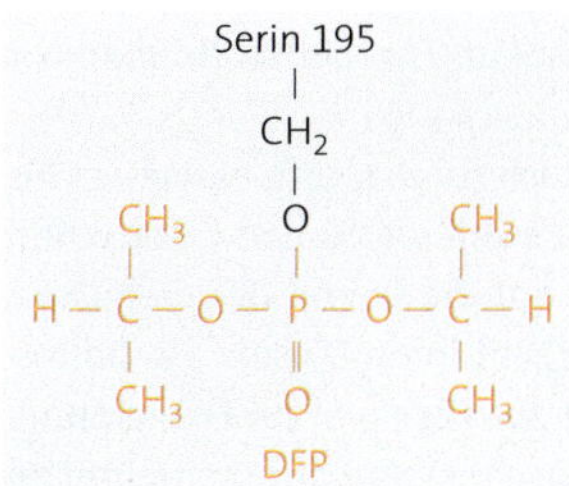


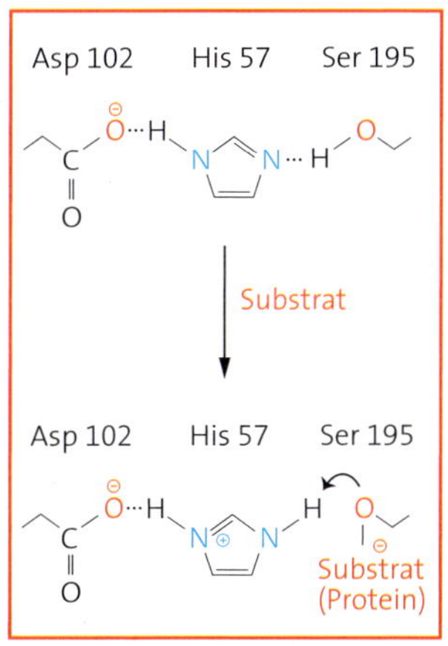


5. Das Chymotrypsinmolekül enthält 28 Aminosäurereste der Aminosäure Serin. Die Substanz Diisopropylfluorophosphat (DFP) bindet sich nur an den Serinrest in Position 195 (► kleines Bild oben) und macht das Enzym dadurch unwirksam. Entwickeln Sie eine Hypothese zur Funktion dieses Serinrests und seiner Nachbarschaft Asparaginsäure (Asp) 102 und Histidin (His) 57 (Bild oben und Mitte rechts).
6. Interpretieren Sie den im Diagramm links dargestellten Einfluss des Stoffs Benzamidin auf Chymotrypsin.

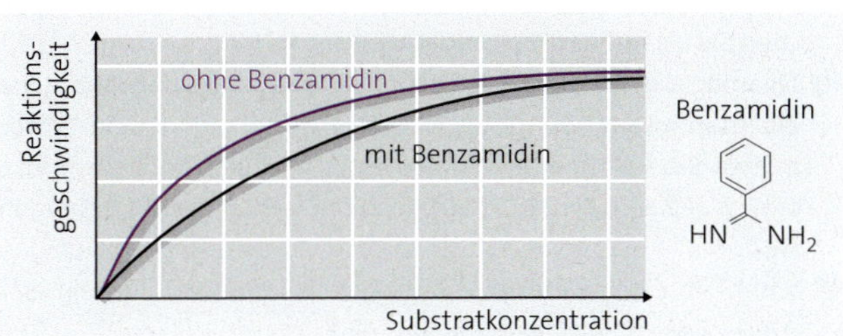

# Die Hefe – ein besonderer Nutzpilz

*Hefen der Gattung Saccharomyces gehören zu den Hunderttausenden von verschiedenen Mikroorganismen, die im Kreislauf der Natur unersetzlich sind – und zugleich zu den wenigen Hundert, die vom Menschen nutzbar gemacht wurden.*
*Seit Jahrtausenden werden Hefen bei der Herstellung von Nahrungsmitteln und Getränken verwendet. Bereits vor 8 000 Jahren stellten die Sumerer und Babylonier mit ihrer Hilfe alkoholische Getränke her: das erste Bier. 2 000 Jahre später entdeckten die Ägypter, wie unter Mitwirkung der Hefe Brot gesäuert und aufgelockert wurde. Die technologischen Kenntnisse des Brauens und Backens gelangten nach Griechenland und Rom, ja offenbar bis Nordeuropa. Während Griechen und Römer Wein bevorzugten, galt Bier zu Tacitus' Zeiten als das Getränk der Barbaren.*

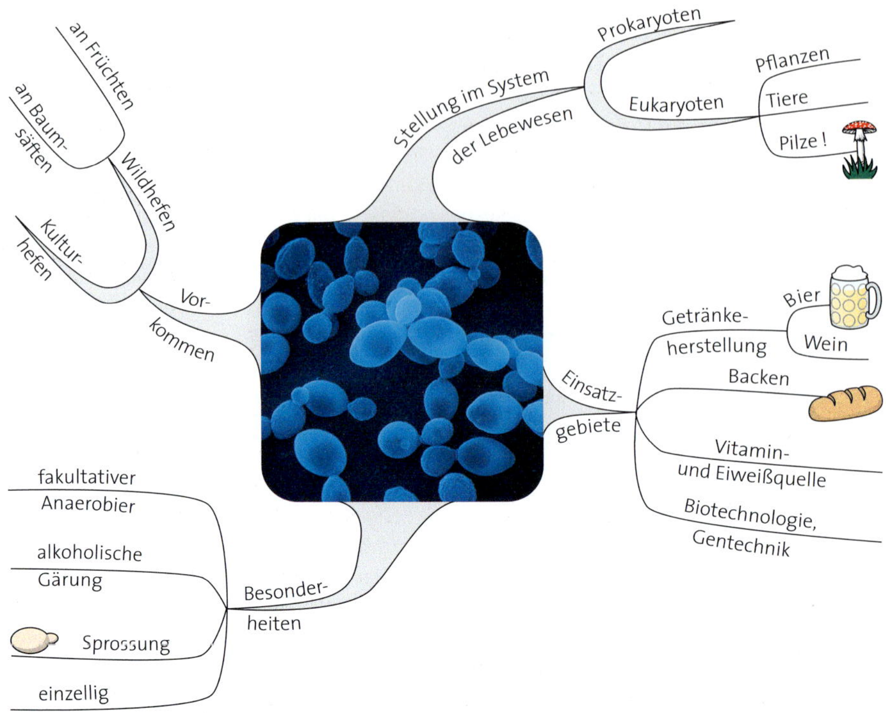


**GRUNDLAGEN** Die Wirkung der Hefeaktivität auf die Lebensmittel wurde vermutlich durch Zufall entdeckt. Ihre Vorteile – der Konservierungseffekt und die Qualitätsverbesserung – waren aber so offenkundig, dass sie schon sehr früh in allen Kulturkreisen eingesetzt wurde. Doch blieb jahrtausendelang unklar, was im Brot, Wein und Bier vor sich ging. Erst 1680 sah der niederländische Forscher ANTONI VAN LEEUWENHOEK (► S. 17) als erster Mensch Hefezellen unter dem Mikroskop. Und erst 200 Jahre später gelang dem französischen Chemiker LOUIS PASTEUR der Nachweis, dass diese mikroskopisch kleinen Lebewesen für die Bildung der Gärungsprodukte Ethanol und Kohlenstoffdioxid verantwortlich waren.

In den letzten Jahren erschließt sich für die Hefe ein neues Anwendungsgebiet: Als einzelliger Pilz zählt sie zu den Eukaryoten. Damit weist sie viele Baumerkmale auf, die sie mit höheren Organismen gemeinsam hat. Das ermöglicht ihren Einsatz als Zellmodell in der medizinischen Forschung, zum Beispiel zur Erforschung von Krankheitsursachen beim Menschen und für Arzneimitteltests.

Daneben gibt es noch einen ganz praktischen Einsatzbereich für die Hefe: als Eiweiß- und Vitaminquelle für Mensch und Tier. Vor allem ihr Gehalt an Vitamin $B_1$, dem Thiamin, macht sie wertvoll. Thiamin spielt als Vorstufe eines Coenzyms der Pyruvat-Decarboxylase eine wichtige Rolle im Stoffwechsel der Hefe. Die Pyruvat-Decarboxylase katalysiert die Abspaltung von $CO_2$ vom Pyruvat. Es entsteht Acetaldehyd, der dann durch ein zweites Enzym zum Ethanol umgesetzt wird.

**☞ Basisinformationen**
Gärung (► S. 109) • eukaryotische Zelle (► S. 57) • Coenzyme (► S. 69) • Vitamine (► S. 69)

*1 Schon im alten Ägypten wurde Bier gebraut. Dabei besorgten Wildhefen das Vergären. Das Bild zeigt einen Soldaten beim Biertrinken mit einem Trinkhalm.*

❶ Ihre Zugehörigkeit zu den Eukaryoten macht – unter anderem – die Hefe zu einem sehr beliebten Forschungsobjekt. Stellen Sie die Kennzeichen einer eukaryotischen Zelle zusammen. Vergleichen Sie sie mit der Prokaryotenzelle.

❷ Thiamin, die Vorstufe des Coenzyms Thiaminpyrophosphat, ist ein Vitamin, das wir mit der Nahrung aufnehmen müssen. Informieren Sie sich über die Folgen eines Mangels an diesem Vitamin. Welche weiteren Thiaminquellen neben der Hefe kennen Sie?

❸ Wenn Sie einen Hefekuchen backen, müssen Sie den Teig erst „gehen lassen". Welchen Sinn hat das?

## Biologie der Hefe

Bäckerhefe *(Saccharomyces cerevisiae)* ist eine Sammelbezeichnung für die sogenannten obergärigen Kulturheferassen. Dabei handelt es sich um einzellige, kugelige Pilze von 5 bis 15 µm Größe. Im Lichtmikroskop lassen sie kaum Details erkennen. Erst durch Anfärben mit spezifischen Farbstoffen werden Zellwand, Zellkern und die große Vakuole sichtbar.

Hefezellen vermehren sich durch *Sprossung*. Dabei bildet die Mutterzelle durch Ausstülpung der Zellwand eine Knospe. Es folgt eine Kernteilung *(Mitose)*. Einer der Tochterkerne wandert in die Knospe ein, die sich ablöst und dabei eine Bildungsnarbe hinterlässt. Aus der Zahl solcher Narben kann man auf das Alter einer Hefezelle schließen. Einzelne Zellen können bis zu 32 Narben aufweisen. Danach gehen sie zugrunde. Die durch Sprossung entstandene Tochterzelle wächst zur Größe der Mutterzelle heran.

Die Energie für Wachstum und Vermehrung gewinnen Hefen aus dem Abbau von Stoffen, die sie aus der Umgebung aufnehmen. Sie sind *fakultative Anaerobier*, das heißt, sie können sowohl unter *aeroben* Bedingungen (mit Sauerstoff) als auch anaerob (ohne Sauerstoff) existieren. Steht Sauerstoff zur Verfügung, veratmen sie das Substrat, zum Beispiel Glucose. Der Zucker wird *vollständig* zu *Kohlenstoffdioxid* und *Wasser* abgebaut. Ohne Sauerstoff erfolgt nur ein *unvollständiger Abbau* zu *Alkohol*. Er kann von den Hefezellen nicht weiter verarbeitet werden und wird ausgeschieden. Dabei können sie nur einen Alkoholgehalt von maximal 19% vertragen, da Alkohol auch für Hefezellen giftig ist. Der Energiegewinn bei diesem Gärungsprozess ist verglichen mit der Atmung sehr gering und wird durch *hohen Stoffumsatz* ausgeglichen.

In einem *Fermenter*, der alle für das Wachstum der Hefe notwendigen Stoffe enthält, lassen sich verschiedene Versuchsbedingungen erzeugen und quantitativ erfassen. Die Diagramme unten zeigen die Ergebnisse solcher Versuchsreihen. Der dabei zu beobachtende Effekt wird nach seinem Entdecker *Pasteur-Effekt* genannt.

### Basisinformationen

Zellatmung (► S. 103–105) • Gärung (► S. 108) • Mitose (► S. 26) • Zellzyklus (► S. 24)

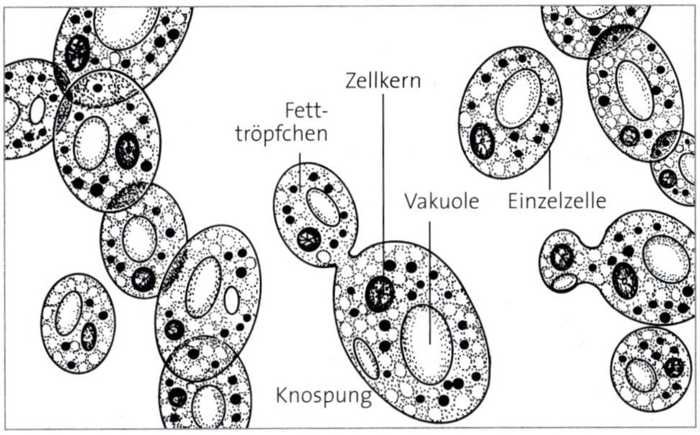


### Mikroskopische Untersuchung von Hefezellen

**MATERIAL:** ein Stück Bäckerhefe, 10%ige Glucoselösung, stark verdünnte Methylenblaulösung, Wärmeschrank, Mikroskop und Zubehör, Pipette

**DURCHFÜHRUNG:** Geben Sie das Stück Hefe in die Zuckerlösung und verteilen Sie sie darin gleichmäßig. Stellen Sie die Lösung für 2 bis 3 Tage in den Wärmeschrank. Lassen Sie sie bei 25 bis 30 °C bebrüten. Entnehmen Sie dann mit der Pipette eine Probe und geben Sie sie auf einen Objektträger. Fügen Sie einen Tropfen Methylenblaulösung hinzu. Lebende Zellen erscheinen hellblau, abgestorbene Zellen kräftig blau gefärbt. (Enzyme in den lebenden Zellen wandeln Methylenblau in die farblose Leukoform um.)

Mikroskopieren Sie und fertigen Sie eine beschriftete Zeichnung an.

---

1. **Vergleichen Sie den Verlauf der Kurven für aerobe und anaerobe Bedingungen in den Diagrammen unten. Erläutern Sie anhand der Diagramme den Pasteur-Effekt.**
2. **Der geringe Energiegewinn bei der Gärung bringt Vorteile für den biotechnischen Einsatz von Hefe, etwa beim Bierbrauen, oder für stoffwechselphysiologische Untersuchungen. Erklären Sie.**
3. **Einzeller gelten als potenziell unsterblich. Die einzelligen Hefepilze stellen eine Ausnahme dar. Erläutern Sie.**

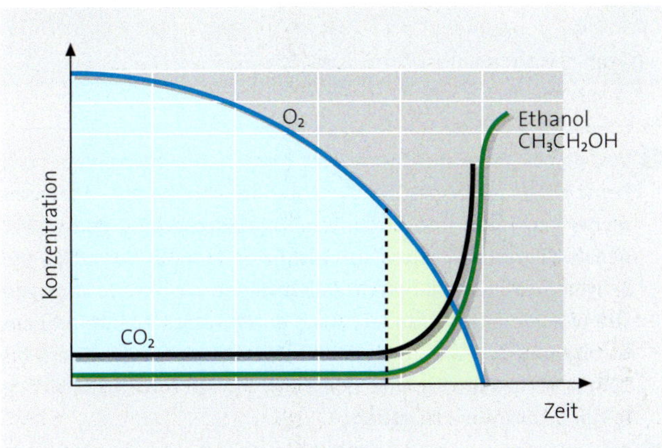


*1 Zusammenhang zwischen Sauerstoffgehalt und Alkoholproduktion in einem Hefefermenter*

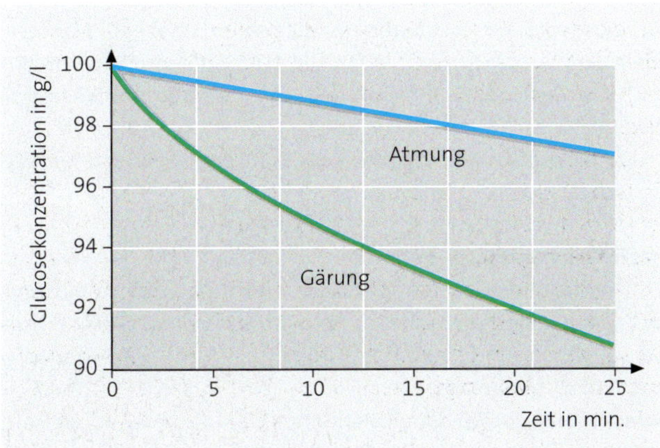


*2 Verlauf der Glucosekonzentration in einem Hefefermenter unter aeroben und anaeroben Bedingungen*

# Versuche zur Gärung

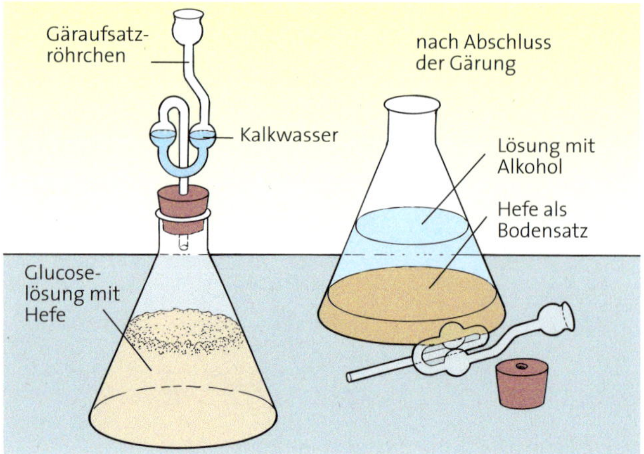


## Nachweis der alkoholischen Gärung

**MATERIAL:** 40 g Bäckerhefe, zwei 1-Liter-Erlenmeyerkolben, Gäraufsatzröhrchen, durchbohrter Stopfen, Wasserbad von etwa 80 °C, Kalkwasser *(Xi)*, Alkoholteströhrchen, 10%ige Glucoselösung

**DURCHFÜHRUNG:** Füllen Sie 600 ml der Glucoselösung in einen Erlenmeyerkolben. Geben Sie die Bäckerhefe dazu und suspendieren Sie sie gleichmäßig durch Umschwenken. Verschließen Sie den Kolben durch das Gäraufsatzröhrchen, das mit Kalkwasser gefüllt ist (▶ Bild oben).

Nach Abschluss des Gärvorgangs setzt sich die Hauptmasse der Hefe als Bodensatz am Grund des Kolbens ab. Dekantieren Sie die Gärflüssigkeit in einen weiteren Kolben. Erhitzen Sie sie bei etwa 80 °C. Setzen Sie dabei das Alkoholteströhrchen auf den Kolben.

Protokollieren Sie Ihre Versuchsergebnisse.

## Bestimmen des Temperaturoptimums für die Gärung

**MATERIAL:** 10 g Bäckerhefe, 100 ml 10%ige Glucoselösung, mehrere Garröhrchen

**DURCHFÜHRUNG:** Die Hefe wird in der Glucoselösung suspendiert. Geben Sie davon jeweils 10 ml in Reagenzgläser und temperieren Sie diese bei verschiedenen Temperaturen etwa 10 Minuten vor. Füllen Sie die Suspension in die Gärröhrchen um. Lesen Sie nach 5, 10 und 15 Minuten die Menge an gebildetem Kohlenstoffdioxid ab.

Stellen Sie das Versuchsergebnis grafisch dar. Bestimmen Sie danach das Temperaturoptimum.

## Nachweis des Energiebedarfs

**MATERIAL:** 20 g Bäckerhefe, 250 ml 30%ige Glucoselösung, Kunststoffflasche (zum Beispiel Wasserspritzflasche) mit Gäraufsatzröhrchen oder Pasteurpipette, Waage (Messgenauigkeit: 0,01 g), Stoppuhr

**DURCHFÜHRUNG:** Bei der alkoholischen Gärung gewinnt die Hefe Energie in Form von ATP. Der Energiebedarf der Hefe während der Gärung kann indirekt über die Menge des abgegebenen Kohlenstoffdioxids berechnet werden.

Suspendieren Sie die Hefe in der Zuckerlösung. Füllen Sie die Suspension in die Kunststoffflasche und verschließen Sie diese mit dem Gäraufsatz. Der Gäransatz wird nun 1 Stunde lang in einem Wärmeschrank bei 40 °C erwärmt. Stellen Sie ihn danach auf eine Waage und bestimmen Sie den Masseverlust über 10 Minuten jeweils im Minutenabstand (Stoppuhr).

Stellen Sie die Messwerte gegen die Zeit grafisch dar und berechnen Sie die durchschnittliche $CO_2$-Abgabe pro Minute. Unter Einbeziehung der Molmasse des $CO_2$ (44 g/mol) lässt sich daraus durch Division die $CO_2$-Produktion in mol/min berechnen.

Aus der Gärungsgleichung ergibt sich, dass die molaren Mengen von $CO_2$ und ATP gleich sind. Der Energiegehalt des ATP beträgt ungefähr 30 kJ/mol. Berechnen Sie mit diesen Angaben die freigesetzte Energiemenge pro Minute und pro Tag.

## Prüfung verschiedener Zucker auf ihre Vergärbarkeit

**MATERIAL:** Bäckerhefe, 10%ige Lösungen verschiedener Zucker (zum Beispiel Glucose, Fructose, Galactose, Lactose, Saccharose, Maltose, Dextrin), mehrere Gärröhrchen nach EINHORN (▶ Bild unten), Wärmeschrank (30 °C)

**DURCHFÜHRUNG:** Mischen Sie jeweils eine frisch angerührte Hefesuspension 1 : 1 mit den verschiedenen Zuckerlösungen und füllen Sie diese in die Gärröhrchen. Lesen Sie nach einigen Stunden die jeweils gebildete Kohlenstoffdioxidmenge ab. Sie gilt als Maß für die Gärungsintensität.

Tragen Sie Ihre Versuchsergebnisse als Blockdiagramm auf. Vergleichen Sie die Ergebnisse.

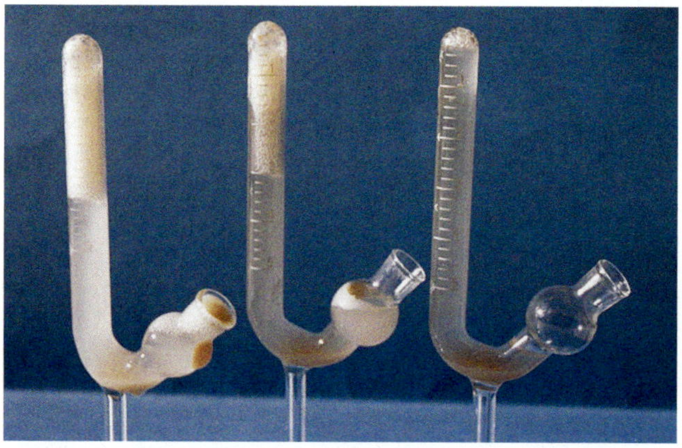

**1** Von der Bierhefe existieren zwei Formen: die obergärige – das heißt beim Gärvorgang an die Oberfläche treibende – Saccharomyces cerevisiae und die untergärige Saccharomyces carlsbergensis. Sie unterscheiden sich nicht nur dadurch, dass die erste Zellverbände aus mehreren Zellen bildet, die zweite dagegen stets einzeln bleibt, sondern auch durch verschiedene Temperaturoptima für die Gärung (15 bis 25 °C beziehungsweise 5 bis 10 °C). Versuchen Sie eine Erklärung für die unterschiedlichen Temperaturoptima zu geben.

**2** Informieren Sie sich im Anschluss an den Versuch zur Vergärbarkeit verschiedener Zucker über deren Aufbau. Ziehen Sie dazu die Seiten 92 und 93 heran.

## Bierbrauen – eine alte Biotechnologie

Nach dem *Reinheitsgebot* von 1516 dürfen in Deutschland nur Gerste, Hopfen, Wasser und Hefe zum Bierbrauen verwendet werden. In anderen Ländern wird Bier auch aus Weizen, Mais oder Kartoffeln hergestellt, da der eigentliche Rohstoff die *Stärke* ist.

Da Hefe Stärke nicht spalten kann, bringt man Gerste durch Anfeuchten zum Keimen. Durch den Keimvorgang werden *Enzyme* im Gerstenkorn aktiviert. Diese spalten dann die Stärke in *Maltose* bzw. *Glucose*. Die gekeimte Gerste, das *Malz*, wird getrocknet, in der Sprache der Brauer *gedarrt*. Dem zerkleinerten Malz wird Wasser zugefügt, sodass die *Maische* entsteht. Während des Sudvorgangs wird die Maische stufenweise auf 60 bis 70 °C erhitzt. Die verschiedenen Enzyme der Gerste können so jeweils bei ihrer Optimaltemperatur wirken. Beim Erhitzen gehen die Zucker in Lösung und die *Bierwürze* erhält ihre endgültige Konzentration *(Stammwürze)*. Nun wird der Hopfen zugesetzt, dem durch Kochen die Bitterstoffe entzogen werden. Sie verleihen dem Bier nicht nur den typischen Geschmack, sondern zugleich auch eine gewisse Haltbarkeit.

Nach dem Abkühlen und Filtrieren setzt man dem Ansatz im Gärkeller bei 5 bis 10 °C die *Bierhefe* zu, die nun den Zucker in Alkohol und Kohlenstoffdioxid *vergärt*. Nach Abschluss der Gärung wird das Bier noch mehrere Wochen gelagert, geklärt und schließlich abgefüllt.

Bier hat normalerweise einen Alkoholgehalt von 3 bis 5 %. Die biochemischen Vorgänge bei der *Weinherstellung* sind im Prinzip identisch, hier werden jedoch Alkoholkonzentrationen bis zu 15 % erreicht. Zur Herstellung noch höherer Konzentrationen, zum Beispiel bei Branntwein, ist zusätzlich eine *Destillation*, also ein physikalischer Trennvorgang, erforderlich.

**☞ Basisinformationen**

Enzyme und ihre Wirkungsweise (► S. 67–71, 74/75)

### Herstellen von Apfelmost

**MATERIAL:** Weinballon, 2-Liter-Haushaltstrichter, Gummistopfen mit Gäraufsatz, zwei Flaschen naturtrüber Apfelsaft, 250 g Zucker (Saccharose), eine Portion Weinhefe (Drogerie)

**DURCHFÜHRUNG:** Füllen Sie den Zucker mit dem Trichter in den Weinballon. Gießen Sie eine Flasche Apfelsaft dazu. Durch Schwenken löst sich der Zucker. Fügen Sie dann die Weinhefe sowie die zweite Flasche Apfelsaft dazu und schwenken Sie um. Der Weinballon wird nun durch den Gummistopfen mit dem wassergefüllten Gäraufsatz verschlossen und an einem ruhigen Ort aufgestellt. Nach etwa 2 Monaten ist der Gärvorgang abgeschlossen. Messen Sie den Alkohol wie im Versuch zum Nachweis der alkoholischen Gärung beschrieben.

Nach weiteren 4 Monaten ist die Hefe abgesunken und der Jungwein erscheint klar.

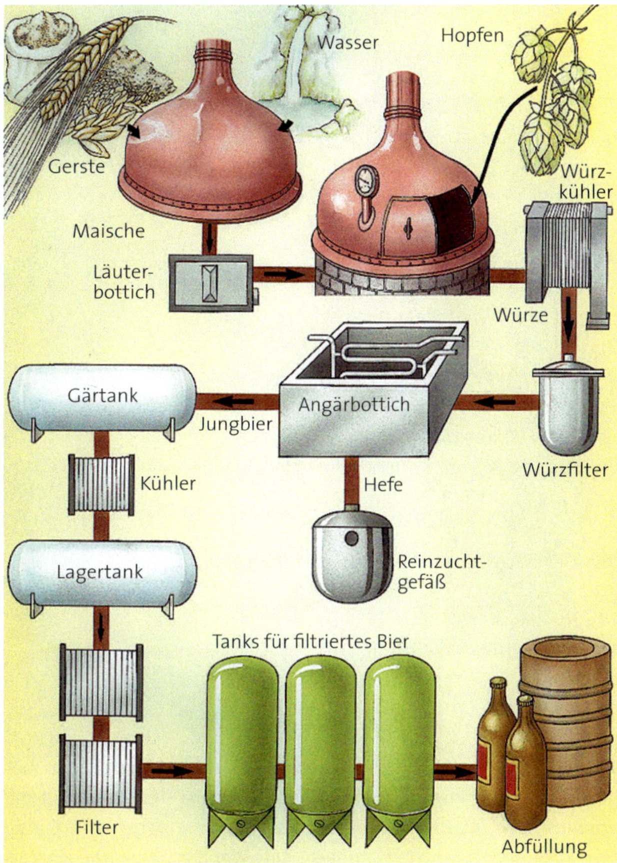


*1 Vom Getreide zum fertigen Bier: Zur Bierherstellung sind viele Schritte nötig.*

| In der Maische wirksame Enzyme der Gerste | | | |
|---|---|---|---|
| **Enzym** | **Wirkung** | **Temperatur** | **pH** |
| Glucanasen | Polysaccharidabbau | 40–50 °C | 4,8–5,0 |
| Proteasen | Eiweißabbau | 50–60 °C | 4,5–4,7 |
| β-Amylase | Maltosebildung | 60–64 °C | 5,3 |
| α-Amylase | Stärkeabbau | 70–74 °C | 5,8 |

**1** Stellen Sie tabellarisch die Bedingungen zusammen, die durch die verschiedenen Schritte des Brauvorgangs erreicht werden.

**2** Der vernünftige Umgang mit dem Genussmittel Alkohol stellt ein gesellschaftliches Problem dar, da die Gefahr des Alkoholmissbrauchs und der Alkoholabhängigkeit besteht. In Deutschland hat sich – gemessen an der konsumierten Menge reinen Alkohols – der jährliche Pro-Kopf-Verbrauch alkoholischer Getränke in den letzten 50 Jahren vervierfacht. Nach Schätzungen der Deutschen Hauptstelle gegen Suchtgefahren sind etwa 10 % der Bevölkerung stark alkoholgefährdet. Die Zahl der Alkoholabhängigen liegt bei etwa 2,5 Millionen.
Informieren Sie sich über die Wirkungen von Alkohol auf den menschlichen Organismus. Welche Ursache hat die gesundheitsschädliche Wirkung von Ethanol?

# Das Herz – Motor des Kreislaufs

*Kann ein „herzloser“ Mensch überleben? Lebt ein „herzensguter“ Mensch länger? ST. EXUPÉRY sagt, „man sieht nur mit dem Herzen gut“, und für HEINE ist das Herz „herrlicher als die Sonne und der Mond und alle Sterne, strahlender und bleibender – es ist unendlich in seiner Liebe, unendlich wie die Gottheit, es ist die Gottheit selbst“.*
*Die besondere Bedeutung des Herzens kommt auch in mittelalterlichen Bestattungsriten zum Ausdruck, bei denen das Herz getrennt vom übrigen Körper an geheiligten Orten aufbewahrt wird, im Fall der Habsburger zum Beispiel in der Augustinerkirche in Wien. Auch heute noch gilt das Herz als Sitz der Gefühle, der Seele. Solche hervorragenden Eigenschaften werden einem faustgroßen, etwa 300 g schweren Organ zugeschrieben, dessen Aufgabe darin besteht, als Motor den Kreislauf des Blutes anzutreiben.*

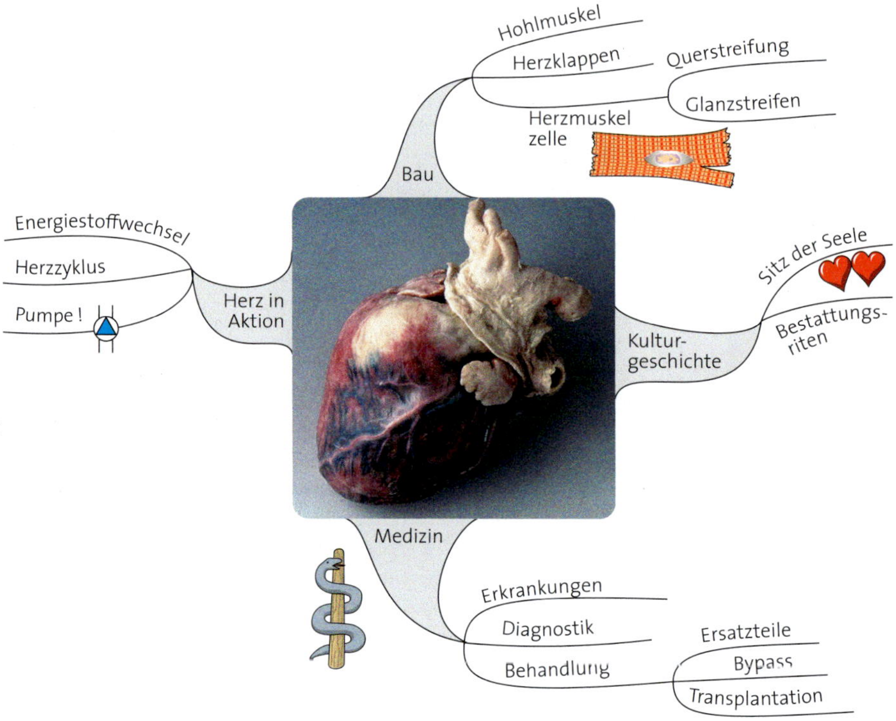


**GRUNDLAGEN** Nüchtern betrachtet arbeitet das Herz vergleichbar einer Pumpe: Es saugt das Blut aus den Venen in die Vorkammern (Atrium) und pumpt es über die Arterien aus den Herzkammern (Ventrikel) hinaus. Die Wandstärken der Herzabschnitte stehen in Beziehung zu der zu leistenden Pumparbeit: Die beiden Vorhöfe sind mit etwa 0,5 mm sehr dünnwandig; die Wand der rechten Herzkammer ist 2 bis 4 mm dick, die der linken Herzkammer 8 bis 11 mm. Die linke Herzhälfte befördert das von der Lunge kommende Blut in den Körper, die rechte Hälfte das aus dem Körper kommende Blut in die Lunge. Die Strömungsrichtung des Blutes wird durch die Ventilwirkung der Herzklappen festgelegt. Zwischen Herzkammern und Arterien liegen die Taschenklappen, Atrium und Ventrikel sind jeweils durch Segelklappen getrennt. Das Öffnen und Schließen der Klappen hängt vom Druck in den jeweiligen Herzabschnitten bzw. angrenzenden Gefäßen ab. Dabei lässt sich der Herzzyklus in verschiedene Phasen einteilen, eine Anspannungs- und eine Austreibungsphase während der Systole und eine Entspannungs- und eine Füllungsphase während der Diastole (▶ Bild 1).

In mancher Hinsicht ist das Herz tatsächlich ein besonderes Organ – zum Beispiel kontrahiert es sich ohne Nervenimpulse. Und wenn es erkrankt, besteht oft Lebensgefahr.

**Basisinformationen**
Äußere Atmung: Transportsysteme und Gasaustausch (▶ S. 94)

❶ Sammeln Sie Material über die besondere Rolle, die dem Herzen lange Zeit zugeschrieben wurde.

❷ Werten Sie Bild 1 aus. Stellen Sie einen Zusammenhang her zwischen Druckverlauf und Klappenfunktion.

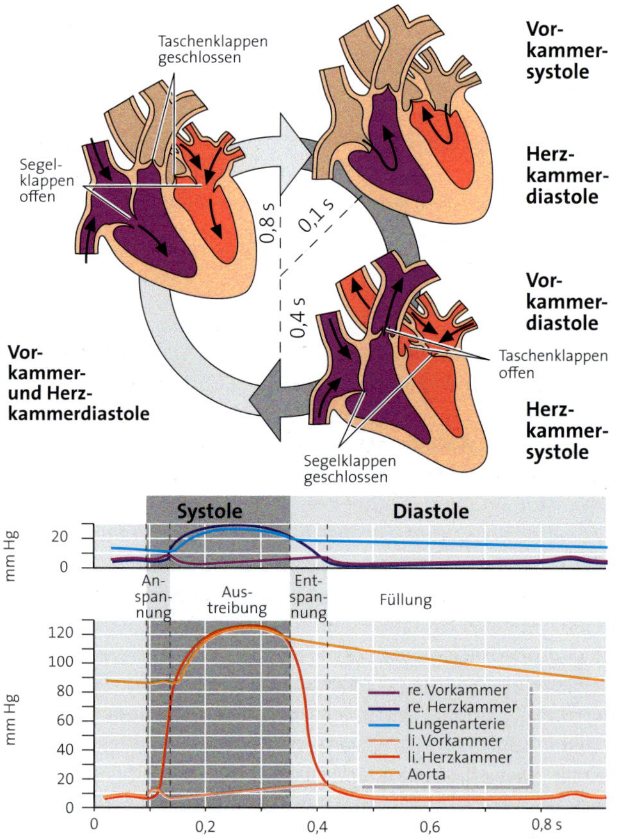


*1 Herzzyklus (oben) und Druckverläufe während des Zyklus in den Herzabschnitten und angrenzenden Gefäßen*

## Feinbau und Stoffwechsel des Herzens

Das Herz stellt einen *Hohlmuskel* dar, der sich in Ruhe etwa 60- bis 70-mal pro Minute kontrahiert. Die überwiegende Gewebsmasse der Herzwand entfällt auf das *Myokard*, eine Muskelschicht, die wie ein Mittelding aus Skelettmuskulatur und glatter Muskulatur erscheint. Es besteht aus 0,1 mm langen Einzelzellen, die sich zu einem Netzwerk verzweigen. Jede der lang gestreckten Zellen enthält einen bis zwei zentral gelegene Zellkerne. Die *Querstreifung*, die im Längsschnitt sichtbar ist (► Bilder 1 und 2, Bild 2 auf S. 87), wird durch streng parallel angeordnete *Myofibrillen* hervorgerufen und ist letztlich zurückzuführen auf die Anordnung der kontraktilen Proteine des Muskelgewebes, der *Aktin-* und *Myosinfilamente* (► S. 110/111).

Die Myofibrillen umlaufen den Zellkern und lassen so einen kegelförmigen Bereich frei, der mit *Sarkoplasma*, dem Cytoplasma der Muskelzellen, angefüllt ist. Das Sarkoplasma ist besonders reich an *Mitochondrien* und enthält viel Glykogen. Die Zellgrenze zwischen zwei Zellen wird durch den *Glanzstreifen* gebildet. Er ist für das Myokard charakteristisch. Durch ihn wird ein *Kommunikationskontakt* zwischen den Herzmuskelzellen hergestellt, der dem Signalaustausch während des Herzschlags dient. Außerdem enden hier die Myofibrillen.

Die Versorgung des Herzens erfolgt über zwei *Koronararterien*, wobei die linke vier Fünftel des gesamten Blutstroms übernimmt. Bei starker Belastung kann die Durchblutung auf das Vierfache ansteigen. Die Entnahme der Nährstoffe aus dem Koronarblut richtet sich nach dem Angebot. Das Herz erweist sich damit im Vergleich zum Skelettmuskel als „Allesfresser". Es kann die verschiedensten Substrate zu Acetyl-CoA abbauen und über *Citratzyklus* und *Endoxidation* verwerten. Die große Zahl der Mitochondrien in den Herzmuskelzellen weist bereits darauf hin, dass das Herz die Energie, die es für seine Arbeit benötigt, aus dem oxidativen Abbau der Nährstoffe bezieht. Hierin zeigt sich ein wesentlicher Unterschied zur Skelettmuskulatur, die ihren Energiebedarf zeitweilig durch anaerobe Prozesse deckt *(Milchsäuregärung)*.

Mangelhafte Koronardurchblutung führt somit zur Funktionseinschränkung des Herzens. Es kommt zu einer *Umstellung des Stoffwechsels*, das Herzmuskelgewebe gibt jetzt Milchsäure ab. Dauert die Unterbrechung der Versorgung 5 bis 6 Minuten an, tritt Herzstillstand ein. Nach mehr als 30 Minuten ist eine Wiederbelebung ausgeschlossen.

**☞ Basisinformationen**

Bau des Muskels (► S. 110) • Mitochondrien (► S. 52) • Zellverbindungen (► S. 45) • Citratzyklus (► S. 104) • Endoxidation (► S. 105)

1. **Vergleichen Sie die Herzmuskulatur mit Skelettmuskulatur und glatter Muskulatur hinsichtlich Bau und Belastbarkeit.**
2. **Erläutern Sie Bild 4. Woher stammt das vermehrte Milchsäureangebot bei körperlicher Arbeit?**
3. **Informieren Sie sich über die Bedeutung des Citratzyklus.**
4. **Erklären Sie die Umstellung des Stoffwechsels bei Sauerstoffmangel.**

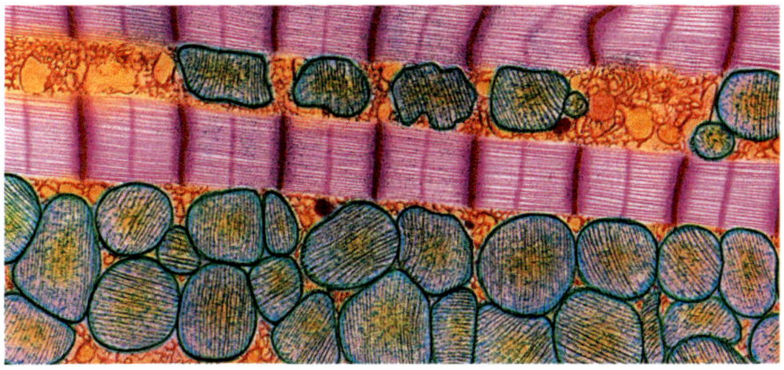

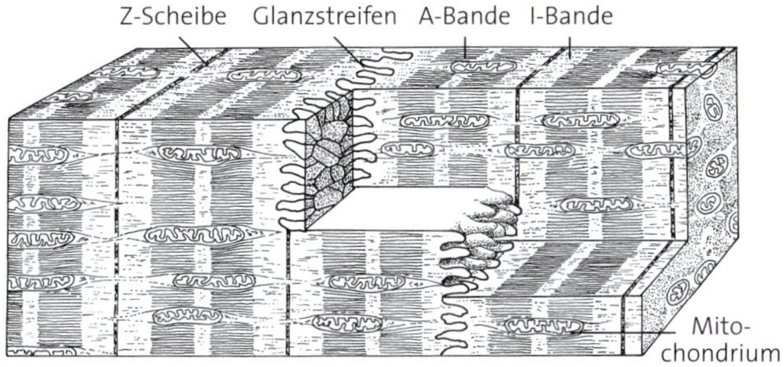


*1 und 2 Herzmuskelzellen: oben TEM-Bild, Vergrößerung etwa 15 000-fach, koloriert; unten Schemazeichnung*

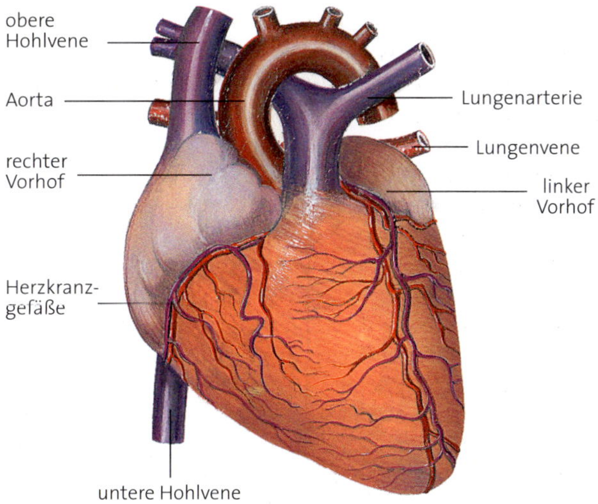


*3 Äußerer Bau des Herzens mit den Herzkranzgefäßen (Koronararterien und -venen)*

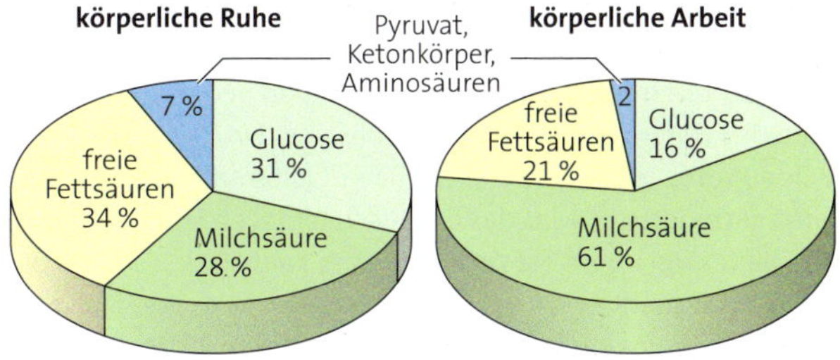


*4 Anteil verschiedener Substrate an der Nährstoffversorgung des Herzens in Ruhe und bei körperlicher Arbeit*

## Versuche zu Herz und Blutkreislauf

### Präparation eines Säugerherzens

**MATERIAL:** Schweine- oder Kälberherz, Präparierschale, Messer, Schere, Trichter, durchbohrter Stopfen mit Glasrohr, Gummischlauch

**DURCHFÜHRUNG:** Betasten Sie zunächst das Herz und suchen Sie die stark entwickelte linke und die schwächere rechte Herzkammer. Welcher Zusammenhang besteht zur Funktion der Kammern?

Betrachten Sie den Verlauf der Herzgefäße. Stellen Sie den Unterschied zwischen Aorta und Lungenarterie fest. Machen Sie sich auch hier den Zusammenhang zur Funktion klar.

Tragen Sie nun mithilfe einer Schere die Wandung („Herzohren“) der linken Vorkammer ab. Dadurch wird die Segelklappe sichtbar. Schließen Sie die Mündung der Aorta durch einen durchbohrten Gummistopfen ab, durch den Sie ein Glasrohr einführen. An das Glasrohr wird ein etwa 30 cm langer Gummischlauch angeschlossen, an dessen Ende ein Trichter sitzt (▶ Bild rechts). Füllen Sie den Trichter mit Wasser und beobachten Sie das sichtbare Segelventil, während Sie den Trichter senken und anheben. Drücken Sie nun die Herzkammer zusammen und beschreiben Sie die Reaktion. Erklären Sie Ihre Beobachtungen.

Schneiden Sie mit einer Schere vorsichtig die Aorta auf, bis die Taschenklappen sichtbar werden.

Schneiden Sie mit Messer und Schere das Herz in Längsrichtung auf. Betrachten Sie die Wanddicken und vergleichen Sie den Bau der Segelklappen der rechten und linken Herzkammer. Zeigen Sie den Verlauf des Blutstroms durch das Herz. Fertigen Sie eine beschriftete Skizze an.

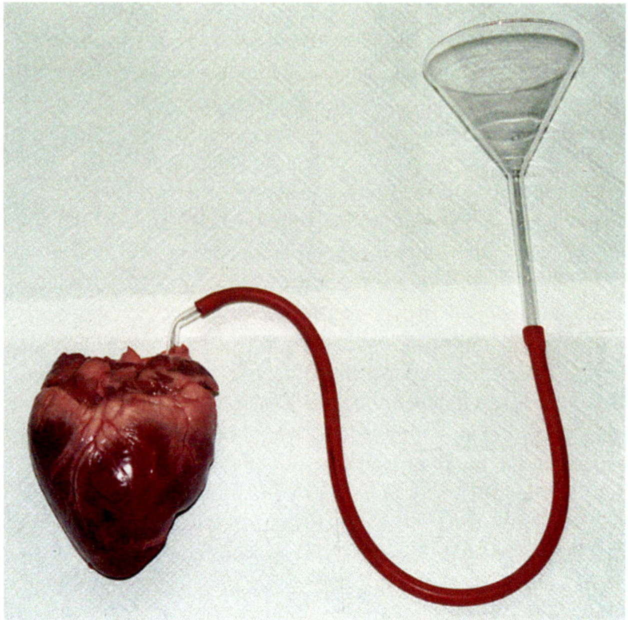

### Messung des Blutdrucks

**MATERIAL:** Stethoskop, Blutdruckmessgerät mit Manometer

**DURCHFÜHRUNG:** In der ärztlichen Praxis erfolgt die Blutdruckmessung nach dem Riva-Rocci-Prinzip. Dabei werden systolischer und diastolischer Druck aufgrund charakteristischer Geräusche bestimmt, die mit einem Stethoskop in der Armbeuge abgehört werden. Wenn die Geräte zur Verfügung stehen, können Sie das Prinzip gut nachvollziehen. Allerdings erfordert die Deutung der Geräusche etwas Übung.

Führen Sie die Messung durch wie im Bild rechts gezeigt. Zunächst wird die aufblasbare Gummimanschette um den Oberarm gelegt und an die Handpumpe angeschlossen. Nun wird so lange Luft in die Manschette gepumpt, bis kein Blut mehr durch die Armarterie fließen kann. Verringern Sie dann allmählich den Manschettendruck. In dem Augenblick, in dem der systolische Druck erreicht wird, hören Sie mit dem Stethoskop ein Geräusch, das durch den Einstrom von Blut durch das Gefäß bedingt ist. Das Auftreten des Geräuschs zeigt den systolischen Druckwert an. Lesen Sie den Wert am Manometer ab. Beim weiteren Nachlassen des Manschettendrucks wird das Geräusch plötzlich leiser, wenn das Blut wieder frei durch die Arterie fließen kann. Das gibt den diastolischen Wert an.

Wird nach einer ärztlichen Untersuchung ein Ergebnis 120/80 festgestellt, so gibt die erste Zahl stets den systolischen Wert, die zweite den diastolischen Wert in mm Hg an.

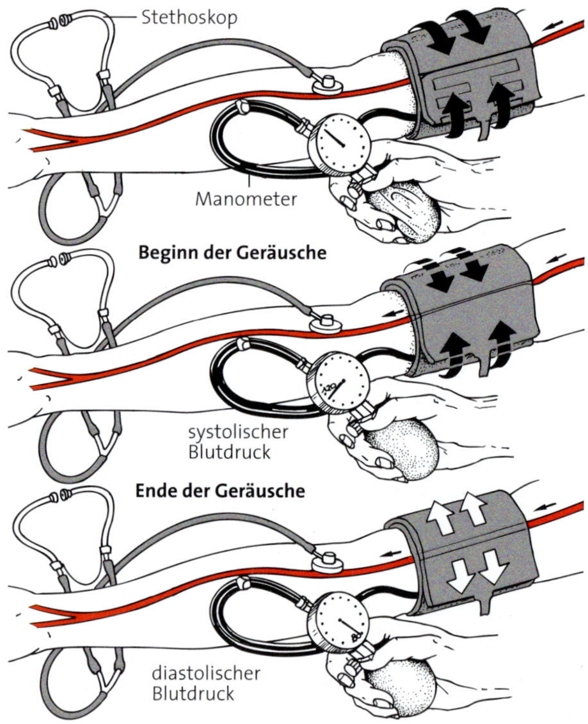


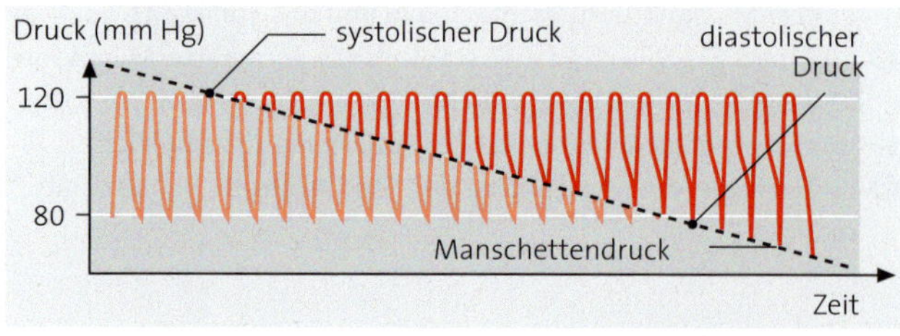

## Das gesunde und das kranke Herz

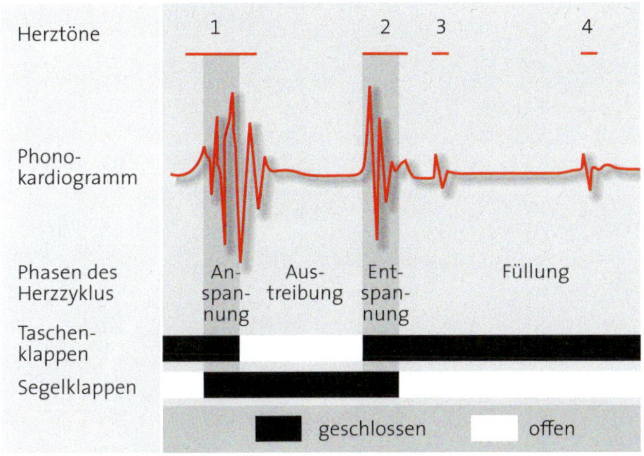


*1 Phonokardiogramm, darunter Phasen des Herzzyklus und Zustand der Herzklappen*

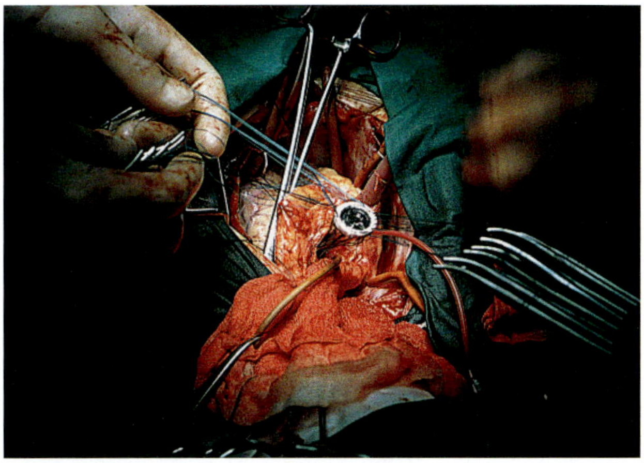

*2 Bei einem schweren Herzklappenfehler kann das Einsetzen einer künstlichen Herzklappe erforderlich werden.*

### Phonokardiogramm

Wichtige Informationen über die Funktion der Herzklappen lassen sich durch das Aufzeichnen des Herzschalls gewinnen, das *Phonokardiogramm*. Bei der Herzaktion werden nämlich Erschütterungen auf die Brustwand übertragen und können als *Herztöne* mit dem Stethoskop hörbar gemacht oder auch aufgezeichnet werden. Dazu benötigt man ein schallgedämpftes Mikrofon, Verstärker sowie Lautsprecher oder Kassettenrekorder. Man tastet die Zwischenrippenräume der linken Brustseite ab, bis der Herzschlag gut fühlbar ist, und legt an dieser Stelle das Mikrofon auf.

Eine gestörte Herzklappenfunktion führt zu *Herzgeräuschen*, deren Dauer und zeitliches Auftreten eine genaue Diagnose des Klappenfehlers ermöglicht. Es lässt sich zum Beispiel feststellen, welche Herzklappe betroffen ist und ob sie nicht richtig schließt oder eine Verengung vorliegt. Häufig kommt es durch geschädigte Klappen zu Überlastungen des Herzmuskels und damit zur *Herzschwäche*. Bei ernsteren Herzklappenfehlern kann man die Klappe durch eine künstliche oder eine biologische Prothese ersetzen. Der Vorteil der künstlichen Klappen besteht in ihrer längeren Haltbarkeit, doch können sich an den künstlichen Oberflächen eher Blutgerinnsel bilden, sodass die Patienten blutgerinnungshemmende Mittel einnehmen müssen.

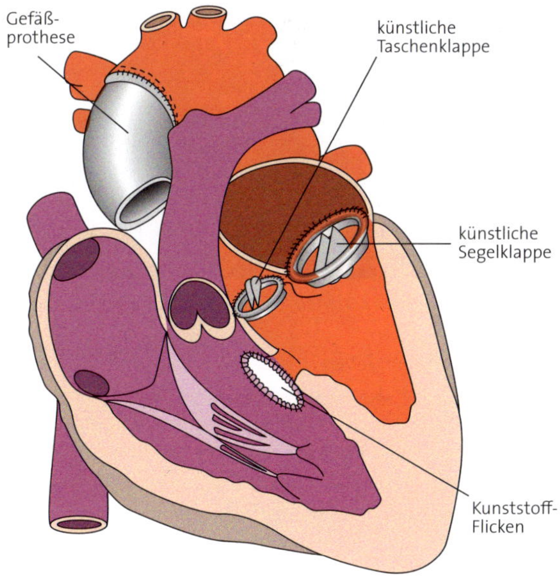


*3 Ersatzteile für das Herz: Künstliche Taschen- und Segelklappen bestehen aus Stahl, Teflon oder Polycarbon, Gefäßprothesen und Flicken für eine perforierte Herzscheidewand aus Kunststoff.*

### Herzprobleme

Mehr als die Hälfte aller Todesfälle in Deutschland geht auf Erkrankungen des Herz-Kreislauf-Systems zurück. Das zum Tod führende Ereignis ist zumeist ein *Herzinfarkt* oder ein *Schlaganfall*. Ein Herzinfarkt ist zurückzuführen auf die mangelnde Durchblutung des Herzmuskels. Als Folge des Nährstoff- und Sauerstoffmangels stirbt das Gewebe ab. Die Ursache liegt in einem Verschluss oder einer Verengung der Koronararterien. Überlebt der Patient den Herzinfarkt, bleiben Defekte zurück, da Herzmuskulatur nicht nachgebildet werden kann.

Eine mangelnde Sauerstoffversorgung des Myokards – oft bei körperlicher Belastung – löst Schmerzanfälle mit charakteristischem Engegefühl hinter dem Brustbein aus, die bis in den Armbereich ausstrahlen. Ist der Sauerstoffmangel nur kurzfristig, ohne dass Gewebe abstirbt, spricht man von *Angina Pectoris* (von lat. *angina:* Enge; *pectus:* Brust).

**1 Stellen Sie mithilfe Ihrer Kenntnisse über den Herzzyklus und Bild 1 den Zusammenhang zwischen Herzklappenfunktion und Entstehung des 1. und 2. Herztons her.**

**2 Informieren Sie sich über die Risikofaktoren, die die Entstehung eines Herzinfarkts begünstigen.**

**3 Angina Pectoris kann unter anderem durch eine Bypassoperation behandelt werden. Bringen Sie in Erfahrung, was dabei geschieht.**

# Betriebsstoffwechsel und Energieumsatz

1 *Blattschneiderameisen zerlegen Blätter und transportieren sie in ihren Bau, fressen sie aber nicht.*

*Blattschneiderameisen leben in den Subtropen und Tropen Amerikas, vom Süden der USA bis nach Argentinien. Sie legen mit dem eingetragenen und zu Brei zerkauten Blattmaterial in ihrem Bau Pilzgärten an. Anders als die Ameisen sind die von ihnen kultivierten Pilze in der Lage, Cellulose enzymatisch zu zerlegen. Sie speichern die Nährstoffe in keulenförmigen Verdickungen ihres Mycels. Diese Pilzteile stellen die einzige Nahrung der Blattschneiderameisen dar. Gründet eine Ameisenkönigin ein neues Nest, bringt sie Pilzmycel aus dem alten Nest mit.*

### Im Blickpunkt

- Grundmuster im Netzwerk Stoffwechsel
- Bereitstellung von Energie – die zentrale Aufgabe des Stoffwechsels
- Verdauung: Auftakt zum Bau- und Betriebsstoffwechsel
- von der äußeren zur inneren Atmung: der Blutkreislauf
- ATP – die universelle „Energiewährung" der Lebewesen
- Zellatmung: Sauerstoff ermöglicht die effektivste Form biologischer Energiegewinnung
- Gärung: Notversorgung mit Energie oder Lebensweise von Spezialisten
- Wie lässt sich der Energieumsatz messen?
- Beispiel für den Einsatz von Energie: Muskeltätigkeit
- Ausscheidung als wichtiges Stoffwechselfinale

**GRUNDLAGEN** Alle chemischen Reaktionen, die im Organismus ablaufen und der Aufnahme, dem Auf-, Um- und Abbau sowie der Ausscheidung von Stoffen dienen, fasst man als Stoffwechsel zusammen. Diese Stoff- und Energieumwandlung ist ein Prinzip des Lebendigen. Man unterscheidet zwischen anabolem und katabolem Stoffwechsel.

Im anabolen Stoffwechsel, auch Assimilation oder Baustoffwechsel genannt, werden körperfremde Stoffe in körpereigene überführt, zum Beispiel bei der Fotosynthese der Pflanzen oder beim Aufbau von Zell- und Körpersubstanz aus den Stoffen der Nahrung bei Tieren.

Im katabolen Stoffwechsel werden die Stoffe dagegen zur Gewinnung von Energie für die Lebensvorgänge abgebaut. Er wird auch als Dissimilation oder Betriebsstoffwechsel bezeichnet. Anaboler und kataboler Stoffwechsel sind vielfältig miteinander verknüpft.

Die Hauptwege des Stoffwechsels haben sich schon früh in der Evolution entwickelt. Sie gehören zu den Gemeinsamkeiten aller Lebewesen. Unterschiede ergeben sich vor allem aus der Nutzung unterschiedlicher Stoff- und Energiequellen: So besitzen Pflanzen besondere Stoffwechselwege, durch die sie bei der Fotosynthese Strahlungsenergie der Sonne in chemisch gebundene Energie überführen können (► S. 122). Dagegen sind Tiere, Pilze, manche Protisten und die meisten Bakterien auf die Aufnahme energiereicher Stoffe angewiesen.

## Untersuchungsmethoden und Grundmuster des Stoffwechsels

Wie lässt sich Stoffwechsel untersuchen? Nach ersten Experimenten in der Renaissance (► Bild 1) wurden vom 19. Jahrhundert an verschiedene spezielle *Methoden zur Untersuchung des Stoffwechselgeschehens* bei Tieren und Pflanzen entwickelt:

- Messungen der Stoffwechselbilanz ermitteln den Umsatz von Stoffen und Energie des gesamten Organismus.
- Funktionsausfälle nach dem Entfernen von Organen erschließen deren Leistung.
- Funktionen werden an isolierten Organen, Geweben, Zellen oder Zellorganellen (► S. 54) gezielt überprüft.
- Hemmung von Enzymen (► S. 76) kann Stoffwechselschritte blockieren und so Stoffwechselwege aufdecken.
- Radioaktiv markierte Substanzen zeigen über ihre Abbau- und Umbauprodukte Stoffwechselwege auf (► S. 129).
- Genetisch bedingte Stoffwechselkrankheiten (► S. 154), heute auch die gezielte gentechnische Ausschaltung einzelner Erbanlagen (► S. 206) geben Aufschluss über den normalen Stoffwechsel.

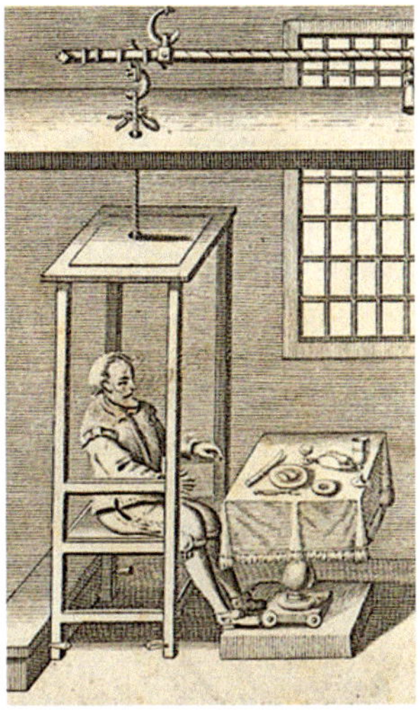

*1 Wägestuhl des Santorio von Padua (1614): ein erster Versuch zur Bilanzierung des Stoffwechsels*

**Grundmuster im Stoffwechselgeschehen.** Stoffwechsel stellt sich als verwirrendes Netzwerk von Stoffen und Reaktionen dar – mehrere Tausend verschiedene in einer einzigen Zelle. Doch lassen sich wiederkehrende Grundmuster erkennen:

- *Energetische Kopplung.* Jede der zahllosen Reaktionen gibt entweder Energie ab oder benötigt Energie: Stoffwechsel ist immer auch Energiewechsel. Die chemische Energie der Stoffwechselschritte wird dabei fast immer durch energiereiche Phosphate übertragen. Am wichtigsten ist *Adenosintriphosphat (ATP)*, das durch Hydrolyse zu *Adenosindiphosphat (ADP)* 29 kJ je mol Energie liefert oder bei seiner Bildung aus ADP speichert (► S. 101). Die *energetische Kopplung* einer Energie erfordernden *endergonischen Reaktion mit der ATP-Hydrolyse* oder einer Energie liefernden *exergonischen Reaktion mit der ATP-Bildung* ist ein Grundmuster im Stoffwechsel.
- *Kleinschrittigkeit.* Da bei jeder Reaktion im Stoffwechsel nur ein relativ kleiner Energiebetrag übertragen wird, bestehen Stoffwechselwege aus vielen einzelnen Schritten. Sie ermöglichen zahlreiche Verzweigungen und eine Vernetzung von anabolem und katabolem Stoffwechsel (► S. 88).
- *Regelung durch Enzyme.* Nahezu jeder Stoffwechselschritt wird durch ein spezielles *Enzym* katalysiert, das bedarfsabhängig durch Umsetzung der Erbinformation gebildet wird. Auf diese Weise unterliegt der Stoffwechsel der Kontrolle durch die Gene. Da sich außerdem die Aktivität vieler Enzyme durch Inhibitoren oder Aktivatoren wirksam regeln lässt, sind Enzyme die entscheidenden „Stellschrauben" des Stoffwechsels (► S. 76).
- *Bausteinprinzip.* An den verschiedensten Stellen des Stoffwechsels finden sich immer wieder die gleichen Moleküle. So ist beispielsweise *Adenin* Bestandteil des Energieüberträgers ATP (► S. 101), des Wasserstoff und Elektronen übertragenden NAD (► S. 102), des Coenzyms A (CoA) und der DNA (► S. 144). Während der Evolution haben einzelne Stoffe offenbar immer wieder neue Aufgaben bekommen, wodurch sich der Stoffwechsel vielseitig und ökonomisch zugleich entwickeln konnte.

**Brennpunkte des Stoffwechsels bei Tieren.** Anders als bei Einzellern, bei denen alle Lebensfunktionen in einer Zelle ablaufen, sind bei Vielzellern Gewebe und Organe auf verschiedene Teile des Stoffwechsels spezialisiert. *Verdauung, Atmung, Bewegung* und *Ausscheidung* sind die „Brennpunkte" des Stoffwechsels bei Tieren.

---

**1** **Durch viele Wägungen seines Körpers (► Bild 1) konnte Santorio von Padua – neben Gewichtsveränderungen infolge von Essen und Ausscheidung – auch sonst nicht wahrnehmbare Gewichtsverluste messen, die er „perspiratio insensibilis" nannte. Erklären Sie, worum es sich dabei handelt.**

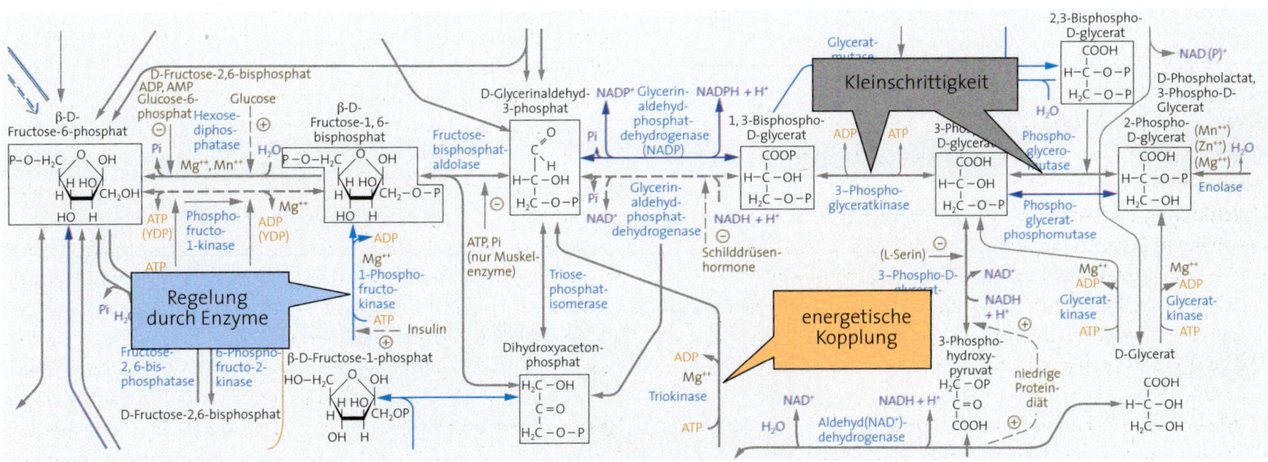


*2 Ein kleiner Ausschnitt aus dem Stoffwechsel. Bestimmte Grundmuster finden sich darin immer wieder.*

## Bereitstellung von Stoffen aus der Nahrung: Verdauung

Die *Verdauung* gilt als Inbegriff des Stoffwechsels. Eigentlich ist sie aber nur der Auftakt, um an körperfremde Stoffe zu gelangen und sie sich einzuverleiben.

**Verdauungsorgane.** Bei *Einzellern* verläuft die Verdauung *intrazellulär* in Nahrungsvakuolen und Lysosomen (► S. 32/33). *Tiere* haben eine *extrazelluläre Verdauung* durch spezialisierte Organe. Bei Hohltieren (Nesseltieren) und Plattwürmern erfolgt sie in sackartigen Hohlräumen mit nur einer Öffnung, bei allen anderen Tieren in einem *Darmrohr* mit Mund- und Afteröffnung. Der Vorteil eines Darmrohrs liegt vor allem darin, dass in einzelnen Abschnitten, unterstützt durch *Darmanhangsdrüsen*, unterschiedliche Stufen des Verdauungsvorgangs „fließbandartig" aufeinanderfolgen können (► Bild 1). Zudem bleiben die körperfremden Stoffe während der Verdauung im Darmkanal genau genommen außerhalb des Körpers. Nur die erwünschten Stoffe passieren die Zellmembranen und werden *resorbiert*, also in den Körper aufgenommen, die übrigen als Kot ausgeschieden.

Die Gliederung des Darmkanals in einzelne Abschnitte und Funktionen ist bei den meisten Tieren ähnlich. Typisch sind:

- eine *große innere Oberfläche* für den Stoffaustausch, zum Beispiel durch Falten, Zotten und Mikrovilli;
- *Transporteinrichtungen* für den Darminhalt, die aus Flimmerhärchen wie bei Muscheln oder aus darmeigener Muskulatur wie bei Gliederfüßern und Wirbeltieren bestehen können;
- *Schutz gegen Selbstverdauung*, zum Beispiel durch eine Schutzmembran bei Wirbellosen, durch die Glykokalyx (► S. 45) der Darmschleimhautzellen bei Wirbeltieren oder durch die Bildung inaktiver, erst zur Verdauung aktivierter Enzyme.

Bei *Ernährungsspezialisten* gibt es außerdem in Sonderbildungen des Darms (Wiederkäuermagen, Blinddarm bei Pferd und Kaninchen, Gärkammern bei Termiten) *Mikroorganismen*, die als *Symbionten* die Verdauung unterstützen.

**Nahrung.** Die Stoffe der Nahrung bestehen hauptsächlich aus großen Molekülen und sind in Wasser nicht löslich. *Kohlenhydrate*, *Fette* und *Proteine* müssen daher durch die Verdauung in kleine, resorbierbare und wasserlösliche Bestandteile zerlegt werden. Das ist für die einzelnen Stoffe unterschiedlich schwierig. So sind Proteine wegen ihrer sehr stabilen Peptidbindung und Cellulose aufgrund ihrer enorm großen, meist mit dem Holzstoff Lignin verknüpften Moleküle schwer anzugreifen. Letztlich widersteht zwar kein Naturstoff dem Abbau, doch ist er als *Nährstoff* für ein Lebewesen nur dann von Bedeutung, wenn seine Verdauung rasch und effizient verläuft. Ohne die katalytische Wirkung von *Enzymen* ist das nicht möglich.

**Verdauungsenzyme.** Alle *Verdauungsenzyme* gehören zu den *Hydrolasen* (► S. 70). Sie werden nach den Stoffgruppen ihrer Substrate zusammengefasst als *Carbohydrasen* (Abbau von Kohlenhydraten), *Lipasen* (Abbau von Fetten), *Proteasen* (Abbau von Proteinen) und *Nucleasen* (Abbau von Nukleinsäuren).

Die Grundausstattung mit Verdauungsenzymen ist bei allen Tiergruppen ähnlich. Bei verschiedenen Arten zeigen sich jedoch – als Anpassung an das jeweilige Nahrungsspektrum – große Unterschiede in der Menge und Aktivität der Enzyme. Oft gibt es Unterschiede sogar zwischen verschiedenen Entwicklungsstadien derselben Art.

Die Verdauungsenzyme werden von *Drüsenzellen der Darmwand*, vor allem aber von den Darmanhangsdrüsen gebildet, bei Wirbeltieren von der *Bauchspeicheldrüse (Pankreas)*.

Wenn Symbionten an der Verdauung beteiligt sind – wie fast immer bei Cellulosenahrung –, steuern sie die Enzyme zum Celluloseabbau bei: Ihre spezielle Enzymausstattung ist die Grundlage für die Symbiose.

**Verdauungsverlauf.** Verfolgt man den Ablauf der Verdauung, wird der Zusammenhang zwischen den Teilschritten deutlich:

- Die mechanische *Zerkleinerung* durch Mundwerkzeuge, der jeweiligen Nahrung angepasst, *vergrößert die Oberfläche* der Nahrung, an der dann die Enzyme angreifen können.
- In jedem Abschnitt des Verdauungskanals herrschen *spezifische Bedingungen*, zum Beispiel ein bestimmter *pH-Wert*, die für die hier verlaufenden Abbauprozesse der Nährstoffe günstig sind.
- *Vorbehandlung* der Nahrung, wie *Einweichen*, *Proteindenaturierung* durch Magensäure oder *Emulgierung der Fette* zu kleinsten Tröpfchen durch Gallensekret, verbessert den sich anschließenden enzymatischen Abbau.

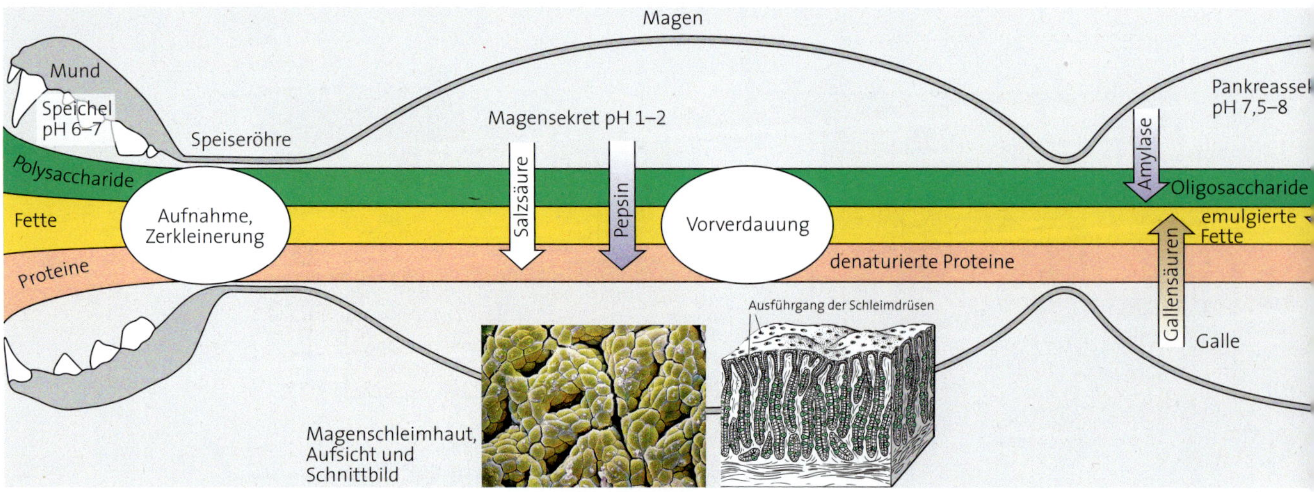


1 *Verdauungssystem und Verdauungsverlauf bei Säugetieren, stark vereinfachtes Schema*

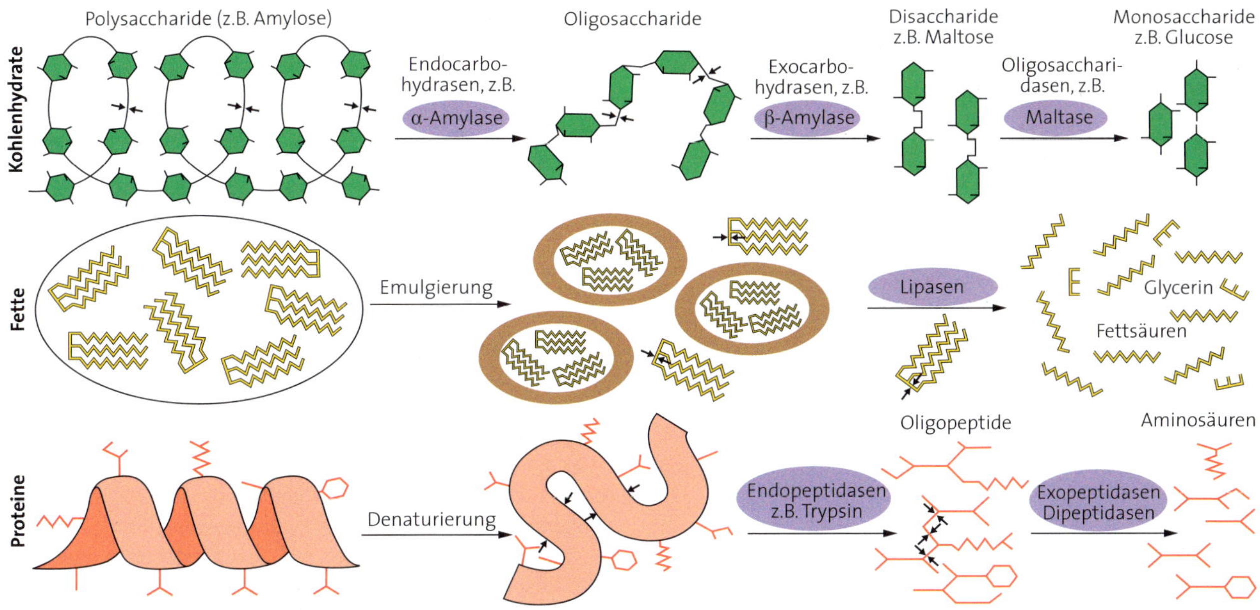


1 *Enzymatischer Abbau der Grundnährstoffe als Stufenprozess*

- Der *enzymatische Abbau* selbst, die *Endverdauung*, ist ein *Stufenprozess*, bei dem mehrfach hintereinander die *Produkte* vorangegangener Reaktionen als *Substrate* nachfolgender Reaktionen weiterverarbeitet werden (▶ Bild 1).
- Die *Endprodukte* der Verdauung sind *Monosaccharide, Aminosäuren, Glycerin* und *Fettsäuren*. Sie werden durch passive und aktive Transportmechanismen (▶ S. 48) in die Zellen des Dünndarms aufgenommen und über Blut (Monosaccharide und Aminosäuren) oder Lymphe (Glycerin und Fettsäuren) weitertransportiert. Diese *Resorption* (von lat. *resorbere:* wieder aufschlürfen) umfasst auch große Mengen Wasser, die im Verlauf der Verdauung dem Speisebrei zugesetzt wurden und im letzten Abschnitt des Dünndarms und im Enddarm zurückgewonnen werden.

**1 Die Verdauung im Darm wird manchmal als intraintestinale Verdauung bezeichnet. Es gibt im Tierreich auch extraintestinale Verdauung. Recherchieren Sie und nennen Sie Beispiele.**

**2 Bei Pflanzenfressern stellt man eine hohe Aktivität von Amylase fest, beim Maulwurf von Chitinase, beim Pfauenauge von Saccharase, bei Schmeißfliegenlarven von Proteasen und Lipasen, bei erwachsenen Schmeißfliegen von Saccharase und Maltase. Erklären Sie die hohe Enzymaktivität jeweils aus der Lebensweise der Tiere.**

**3 Immer häufiger werden im Supermarkt lactosefreie Lebensmittel angeboten (Lactose: Milchzucker). Informieren Sie sich über den Zusammenhang von Milch als Nahrungsmittel und der Aktivität des Enzyms Lactase.**

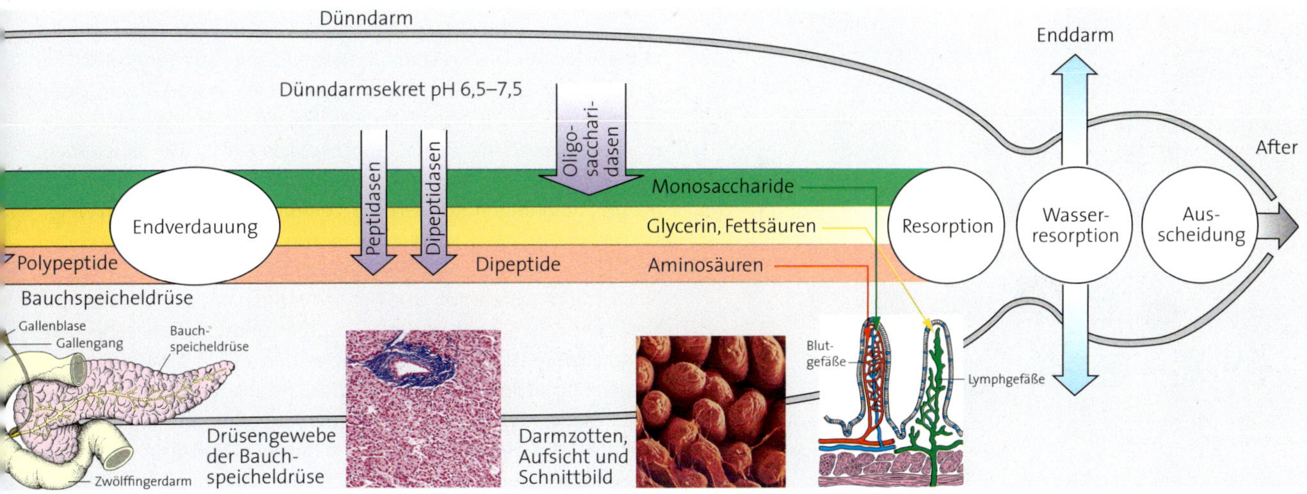

# Chemische Grundlagen: Kohlenhydrate

1 Kohlenhydratreiche Pflanzen und Pflanzenteile: Zuckerrohr und Zuckerrübe, Maiskolben und Kartoffelknolle

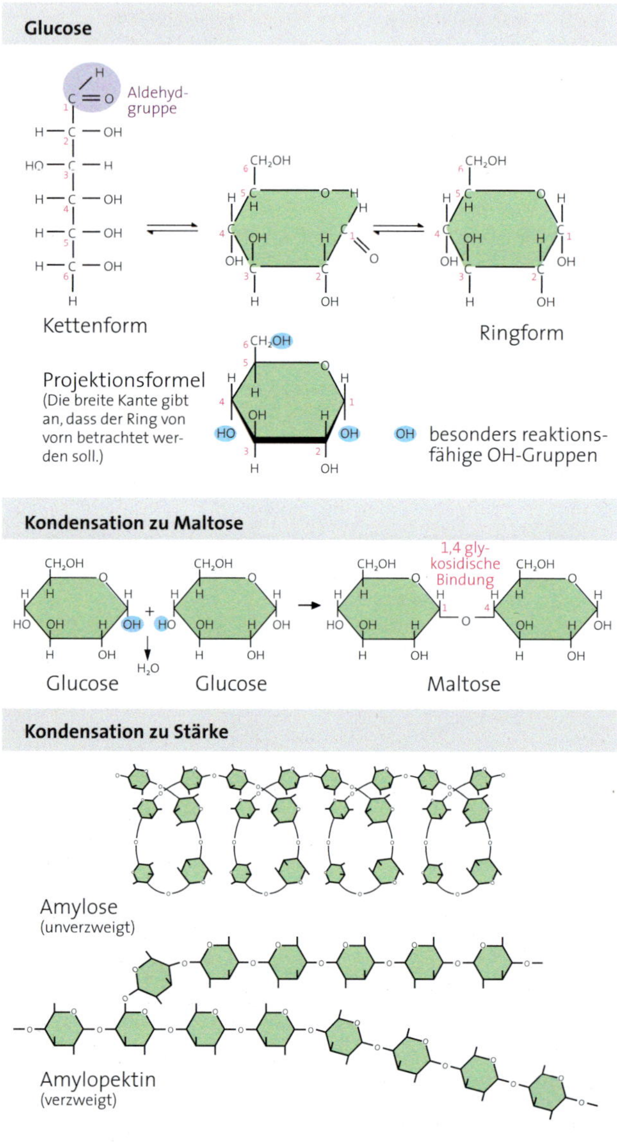


2 Vom Monosaccharid Glucose zum Polysaccharid Stärke

*Kohlenhydrate* sind als Bau- und Gerüstsubstanzen, als Reservestoffe und als Grundlage des Energiestoffwechsels in der Natur weit verbreitet. Dabei handelt es sich um Aldehyde und Ketone mit zahlreichen Hydroxylgruppen. Viele Kohlenhydrate schmecken süß („Zucker“).

**Monosaccharide.** Die einfachsten Zucker sind die *Monosaccharide*. Ihr Molekülgerüst besteht aus 3 bis 7 C-Atomen, wonach sie zum Beispiel als *Triosen* ($C_3$), *Pentosen* ($C_5$) oder *Hexosen* ($C_6$) benannt werden. Biologisch wichtig sind die Pentosen *Ribose* und *Desoxyribose* als Bestandteil der Nucleinsäuren RNA bzw. DNA und die Hexosen *Fructose* (Fruchtzucker) und *Glucose* (Traubenzucker). Die Glucose ist Endprodukt der Fotosynthese und kann von den Zellen der Lebewesen direkt zur Energieversorgung genutzt werden.

Die C-Atome im Glucosemolekül sind als Kette angeordnet oder bilden eine Ringstruktur aus, indem die Aldehydgruppe (–CHO) am $C_1$-Atom mit der Hydroxylgruppe (–OH) am $C_5$-Atom reagiert. Dabei können zwei unterschiedliche Glucosemoleküle entstehen, je nachdem ob die Hydroxylgruppe am $C_1$-Atom von der Ringebene aus nach unten (α-Glucose) oder nach oben weist (β-Glucose). In der Kettenform wirkt die freie Aldehydgruppe reduzierend, worauf Nachweisreaktionen für Glucose und ähnlich gebauten Zuckern beruhen.

Monosaccharide können sich zu Di-, Tri- usw., schließlich zu Polysacchariden verbinden. Dabei ist stets die reaktionsfähigste OH-Gruppe am $C_1$-Atom beteiligt. Sie reagiert mit einer OH-Gruppe eines anderen Zuckermoleküls unter Wasserabspaltung, wobei eine *glykosidische Bindung* über ein Sauerstoffatom entsteht.

Große Bedeutung im Stoffwechsel haben phosphorylierte Zucker mit einer oder mehreren Phosphatgruppen (► S. 103).

**Disaccharide.** *Disaccharide* (Zweifachzucker) bestehen aus zwei Monosaccharidbausteinen verbunden über ein Sauerstoffatom. Bei zwei α-Glucosemolekülen erfolgt die Bindung zwischen dem $C_1$-Atom des einen und dem $C_4$-Atom des anderen Moleküls. Man spricht daher von einer *α-1,4-glykosidischen Bindung*. Das entstandene Disaccharid ist *Maltose* (Malzzucker). *Saccharose* (Rohrzucker) ist ein Disaccharid aus Glucose und Fructose in einer α-1,2-Bindung.

**Polysaccharide.** Polysaccharide sind Makromoleküle aus vielen Monosaccharidmolekülen. Sie bilden verzweigte oder unverzweigte Ketten. Viele dienen als Reservestoffe, aus denen sich die Monosaccharide leicht wieder mobilisieren lassen. Wichtigster Reservestoff bei Pflanzen ist die *Stärke*, die als Amylose und Amylopektin vorkommt. Beide bestehen aus α-Glucose-Bausteinen, unterscheiden sich aber in Molekülgröße und -struktur: *Amylose* besteht aus einigen Hundert Glucose-Bausteinen, ist unverzweigt und schraubig gewunden. *Amylopektin* hat eine 10-fach größere Molekülmasse und ist über α-1,6-Bindungen zusätzlich verzweigt. Noch stärker verzweigt ist *Glykogen* aufgebaut, der Reservestoff tierischer Zellen. *Cellulose*, der Hauptbestandteil pflanzlicher Zellwände, besteht aus β-Glucose-Molekülen, die in 1,4-Bindung zu langen Ketten verknüpft sind. Da die Bindung nur mithilfe von Enzymen gespalten werden kann, die Säugetiere nicht haben, ist Cellulose der Hauptballaststoff in unserer Nahrung. Auch die meisten anderen Tiere können Cellulose nur mithilfe symbiontischer Bakterien und Einzeller verwerten.

## Monosaccharide

### Triosen

Glycerinaldehyd
(wichtig in Glykolyse und Calvinzyklus)

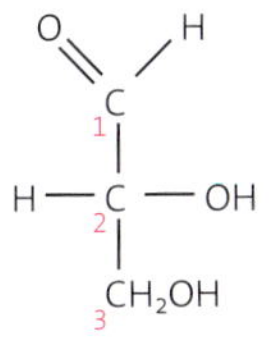


### Pentosen

β-Ribose
(Bestandteil der RNA)

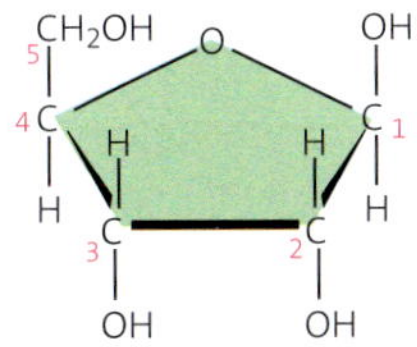


β-Desoxyribose
(Bestandteil der DNA)

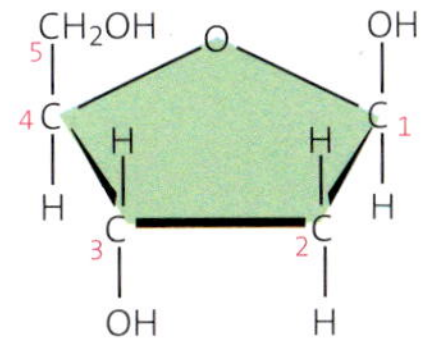


Ribulose
(wichtige Verbindung im Calvinzyklus der Fotosynthese)

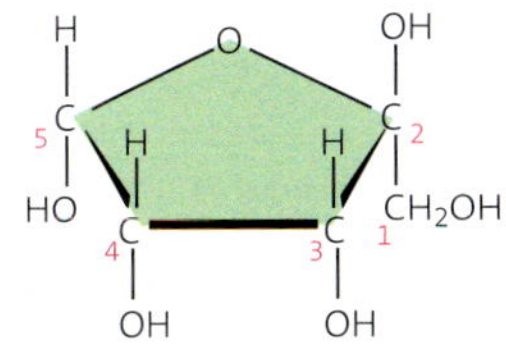


### Hexosen

β-Fructose
(Fruchtzucker; in süßen Früchten, Honig, Baustein von Saccharose)

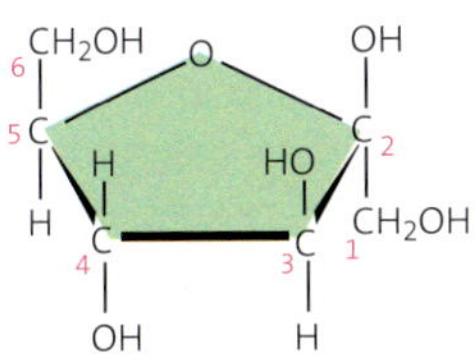


α-Glucose

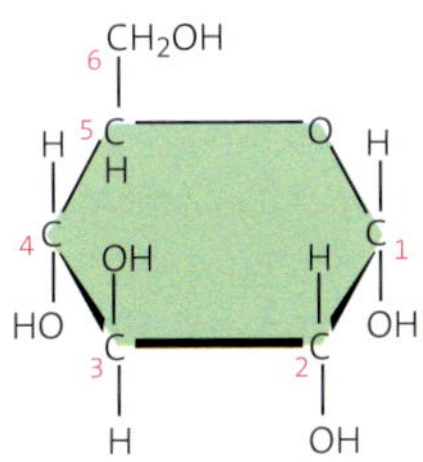


β-Glucose
(Traubenzucker; Endprodukt der Fotosynthese und Ausgangsstoff für die Zellatmung; in süßen Früchten; Baustein von Di- und Polysacchariden)

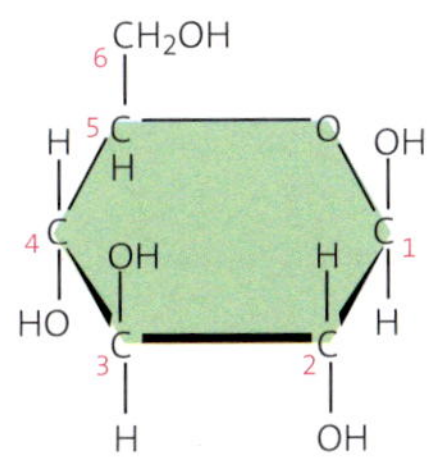


β-Galactose
(in Milch; Baustein von Lactose)

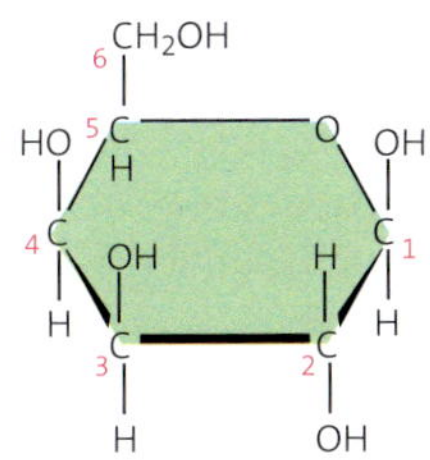


## Disaccharide

Saccharose
(Rohrzucker, Haushaltszucker; Reservestoff bei Zuckerrohr und -rübe)

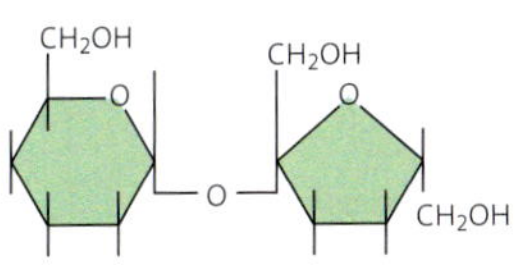


α-1,2-Bindung

Maltose
(Malzzucker; Abbauprodukt bei der Stärkespaltung durch Amylase)

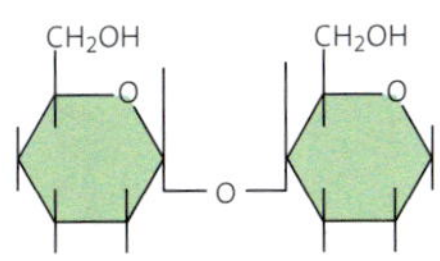


α-1,4-Bindung

Cellobiose
(Abbauprodukt bei der Cellulosespaltung)

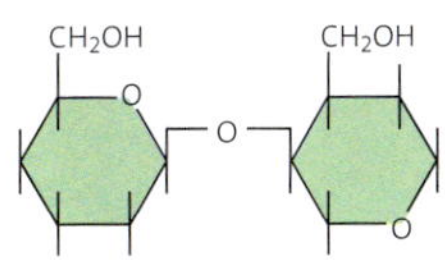


β-1,4-Bindung

Lactose
(Milchzucker; Hauptkohlenhydrat der Milch)

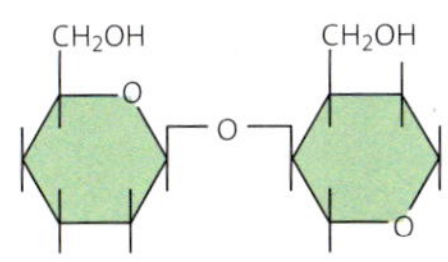


β-1,4-Bindung

## Polysaccharide

Amylose
Amylopektin
(Bestandteile der Stärke)

α-1,4-Bindung

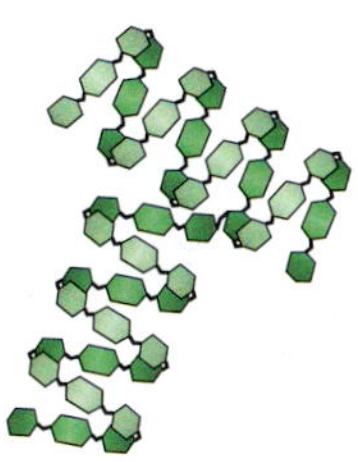

α-1,4- und α-1,6-Bindung

Glykogen
(tierische Stärke; Reservestoff in Leber und Muskel)

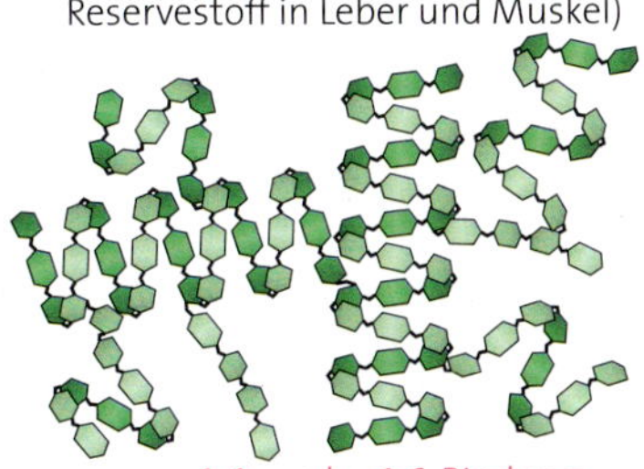

α-1,4- und α-1,6-Bindung

Cellulose
(Gerüstsubstanz pflanzlicher Zellwände)

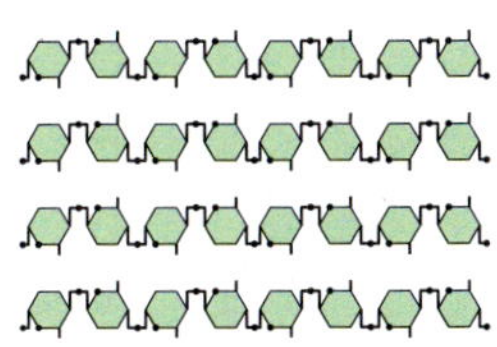

β-1,4-Bindung

## Äußere Atmung: Transportsysteme und Gasaustausch

Bei Einzellern laufen alle Stoffwechselvorgänge auf kleinstem Raum ab. Für sie reicht die Diffusion (► S. 46) zur Versorgung mit Stoffen und zur Entsorgung von Abfallstoffen völlig aus. Für den größeren Organismus der Vielzeller ist die Diffusionsgeschwindigkeit dagegen zu gering. Tierische Vielzeller benötigen Transportsysteme für Atemgase, Nährstoffe und Ionen, Zwischenprodukte des Stoffwechsels, Boten- und Signalstoffe, Abfallstoffe, Wasser und Wärme. Bei fast allen Tiergruppen mit Ausnahme der Tracheentiere – das sind Insekten und Tausendfüßer – hat sich dafür ein *kombiniertes Transportsystem* entwickelt: der *Blutkreislauf*.

**Blutgefäßsystem und Herz.** Fließt das Blut wie bei Wirbeltieren und Ringelwürmern immer durch Gefäßwände vom übrigen Gewebe getrennt, spricht man von einem *geschlossenen Blutkreislauf*. Wenn Blutgefäße dagegen offen enden, sodass das Blut auch in die Zellzwischenräume fließt, liegt ein *offener Blutkreislauf* vor. Er ist für Weichtiere und Gliederfüßer kennzeichnend.

Für den Antrieb des Bluttransports sorgen Hohlmuskeln – im einfachsten Fall die Wände der Blutgefäße. Meist ist aber ein bestimmter Abschnitt der Gefäße als *Herz* spezialisiert, eine zentrale Kreislaufpumpe, die sich rhythmisch kontrahiert und oft wie bei den Wirbeltieren ein *vom Zentralnervensystem unabhängiges Erregungszentrum* besitzt.

Herz und Blutkreislaufsystem der Wirbeltiere gehen auf einen gemeinsamen Ursprung zurück, haben sich aber in der Evolution jeder Tierklasse unterschiedlich entwickelt. Einen *einfachen Blutkreislauf* haben die Fische. Ihr Herz aus einer Herzkammer und einem Vorhof pumpt das sauerstoffarme Blut in die Kiemen, wo der Gasaustausch stattfindet. Das sauerstoffreiche Blut wird über die Körperschlagader, die Aorta, zum Körper geführt. Der *doppelte Blutkreislauf* der übrigen Wirbeltierklassen hat sich beim Übergang vom Wasser- zum Landleben entwickelt: Zusätzlich zum *Körperkreislauf* entstand bei Landtieren ein *Lungenkreislauf*, durch den das sauerstoffarme Blut zunächst vom Herzen zu den Atmungsorganen gepumpt wird, von dort aus zum Herzen zurückkehrt und danach erst mit Sauerstoff beladen in den Körper gelangt. Die beiden Kreisläufe werden durch zwei Herzhälften, die synchron arbeiten, in Gang gehalten. Die rechte Herzhälfte pumpt das Blut durch den Lungenkreislauf, die linke durch den Körperkreislauf. Bei Amphibien und Reptilien sind beide Kreisläufe nicht vollkommen getrennt, da die Scheidewand zwischen ihren Herzkammern unvollständig ist.

**Stoffaustausch.** Im offenen Blutkreislauf kommt das Blut in direkten Kontakt mit den Organen, Geweben und Zellen, die es mit Stoffen versorgen und entsorgen soll. Im geschlossenen Blutkreislauf geschieht dieser Stoffaustausch an den *Kapillargefäßen*. Dies sind dünnwandige, fein verzweigte Adern mit 3 bis 8 µm Durchmesser. Im menschlichen Körper schätzt man ihre Zahl auf 40 Milliarden und ihre für den Stoffaustausch nutzbare Fläche auf 600 $m^2$.

Für den Energiestoffwechsel aller tierischen Vielzeller sind die Kapillargefäße der Atmungsorgane von fundamentaler Bedeutung. In ihnen spielt sich die als *äußere Atmung* bezeichnete Aufnahme von Sauerstoff und Abgabe von Kohlenstoffdioxid ab. Beim Menschen werden sie bereits im Ruhezustand in jeder Minute von 5 bis 6 Liter Blut – also dem gesamten Blutvolumen – durchströmt, bei starker körperlicher Anstrengung sogar von nahezu der vierfachen Blutmenge.

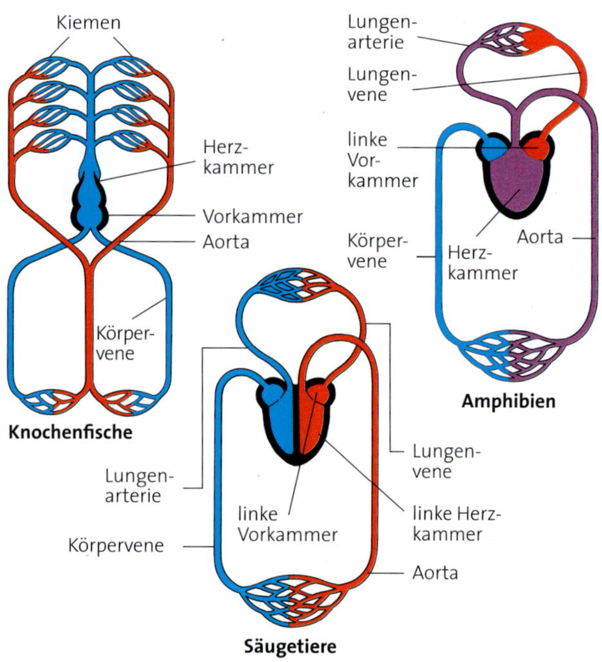


*1 Kreislaufsysteme verschiedener Wirbeltierklassen. Der doppelte Blutkreislauf entstand beim Übergang zum Landleben.*

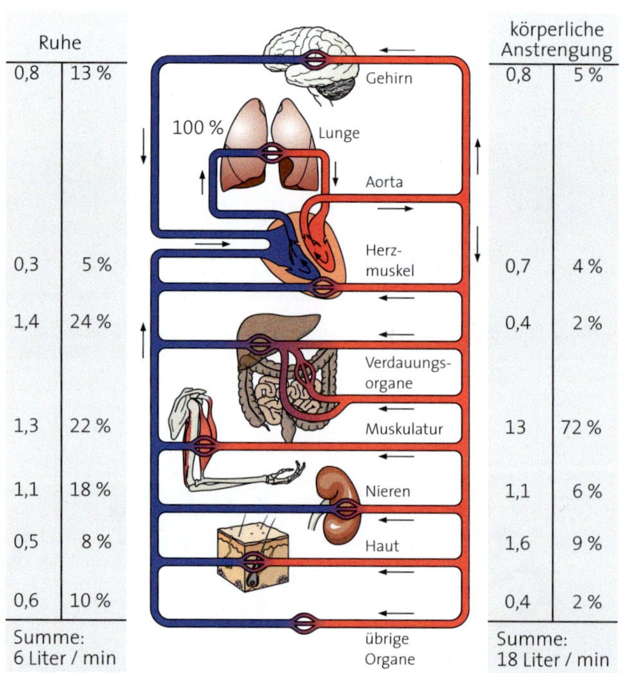


*2 Blutkreislauf des Menschen (Schema) und Verteilung des Blutvolumens in Ruhe und bei Belastung*

**Atmungsorgane.** Bei der *Hautatmung* wird der Sauerstoff mit der gesamten Körperoberfläche aufgenommen. Hautatmung ist hauptsächlich bei Wasser- oder Feuchtlufttieren zu finden, da eine feuchte Hautoberfläche die Diffusion erleichtert. Manchen kleinen Tieren mit vergleichsweise großer Körperoberfläche, zum Beispiel dem Regenwurm, genügt sie als alleinige Atmung. Aber auch bei Fischen und Amphibien trägt sie wesentlich zur Sauerstoffversorgung bei.

Für Wassertiere wie Fische, Muscheln oder Krebse ist die *Kiemenatmung* typisch. Kiemen sind stark durchblutete, dünnwandige Hautlappen, deren Oberfläche durch viele Verästelungen und Verzweigungen oft stark vergrößert ist. Der im Wasser gelöste Sauerstoff diffundiert durch die Kiemenwand ins Blut, Kohlenstoffdioxid wird auf dem umgekehrten Weg an das Wasser abgegeben.

Das *Tracheensystem* der Insekten und Tausendfüßer dient nicht nur dem Austausch, sondern auch dem Transport der Atemgase. Es besteht aus den röhrenförmigen *Tracheen*, die sich im Körper vielfach verzweigen und als feinste *Tracheolen* alle Organe umspinnen. Sie führen den Sauerstoff auf Diffusionsabstand an die Körperzellen heran, ohne das Blut als Transportsystem einzusetzen. Wahrscheinlich ist es diese Diffusionsatmung, die die Körpergröße von Insekten begrenzt. Bei Wasserinsekten sind oft Tracheen und Kiemen kombiniert.

Bei der *Lungenatmung* der Landwirbeltiere wird die Atemluft durch besondere Ventilationsbewegungen zwischen Nase, Luftröhre, Bronchien, Bronchiolen und den beiden Lungenflügeln hin und her befördert. In der Lunge erfolgt der Austausch der Atemgase. Die innere, respiratorische Lungenoberfläche hat sich im Lauf der Evolution der Wirbeltiere erheblich vergrößert. Am größten ist sie bei Vögeln und Säugetieren, die zur Aufrechterhaltung ihrer Körpertemperatur einen sehr intensiven Stoffwechsel haben und daher ein besonders leistungsfähiges Atmungssystem brauchen. Beim Menschen beispielsweise kann die Oberfläche der Lunge bis zu 90 m² groß sein. Diese große Diffusionsfläche bewältigt den Austausch großer Atemgasvolumina. So kann bei körperlicher Anstrengung die Atemleistung des Menschen von 5 bis 8 l/min auf 90 bis 100 l/min ansteigen.

**Gasaustausch in der Säugetierlunge.** Die Bronchiolen der Säugetiere einschließlich des Menschen enden blind als etwa 0,2 mm große Lungenbläschen oder *Alveolen*. Sie sind von einem dichten Kapillarnetz umsponnen und bilden den Diffusionsraum für die Atemgase: Sauerstoff diffundiert aus dem Innenraum der Alveole in das Blut, Kohlenstoffdioxid diffundiert in die Gegenrichtung (► Bild 2). Die *Diffusionsrichtung* hängt vom Konzentrationsgefälle jedes einzelnen Gases ab, unabhängig von anderen vorhandenen Gasen. Als Maß für die Konzentration des Gases dient sein *Partialdruck*.

Die Wand von Alveole und Kapillare zusammen misst weniger als 1 µm, ist also rund 50-mal dünner als diese Buchseite. Der geringe Abstand „zwischen Blut und Luft" und die große, feuchte Diffusionsfläche sind Voraussetzungen dafür, dass sich das Blut in 0,3 s Kontaktzeit an der Alveole mit Sauerstoff sättigt.

---

**1** **Luft hat einen wesentlich höheren Sauerstoffgehalt als Wasser. Erklären Sie, warum Fische dennoch an der Luft ersticken.**

**2** **Informieren Sie sich über Bau und Leistung der Atmungsorgane bei Vögeln und vergleichen Sie sie mit denen der Säugetiere.**

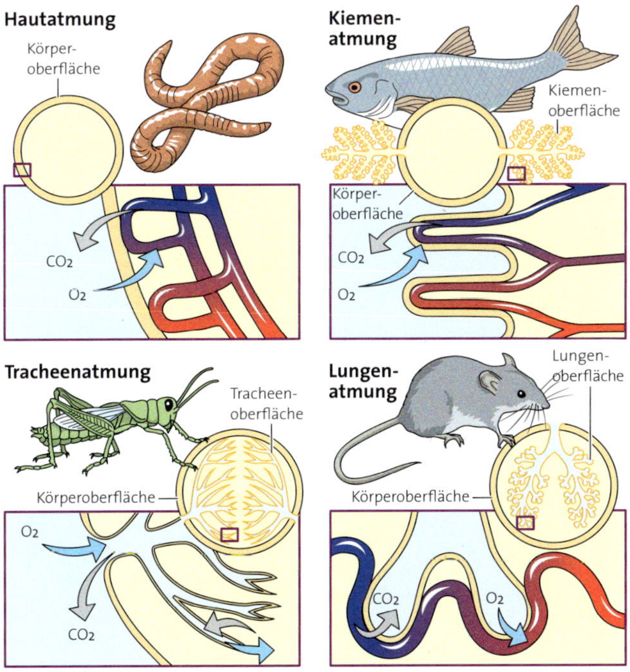


1 *Atmungsorgane von Land- und Wasserbewohnern verschiedener Tiergruppen*

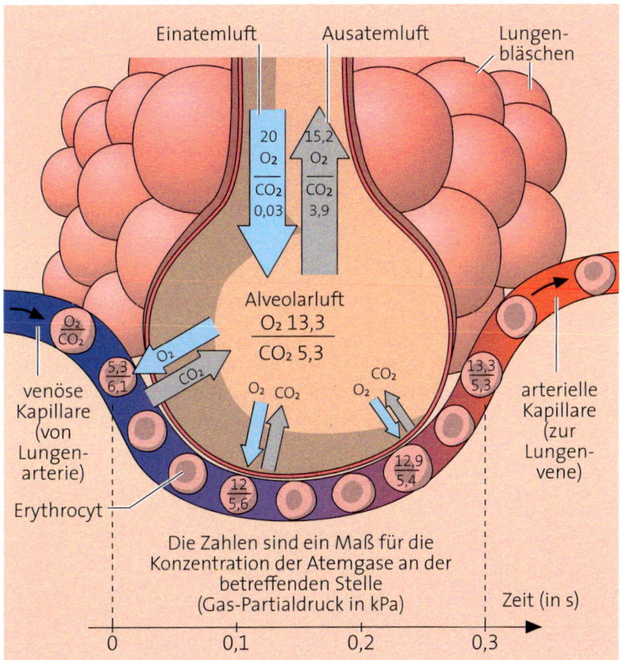


2 *Austausch der Atemgase in den Alveolen. Die Zahlen geben den Partialdruck von $O_2$ und $CO_2$ an.*

## Transport von Sauerstoff im Blut

Die Blutflüssigkeit ist am Transport der Atemgase kaum beteiligt, da sich Sauerstoff in wässrigen Lösungen schlecht löst. Auf diese Aufgabe sind im menschlichen Körper 25 Billionen rote Blutkörperchen oder *Erythrocyten* spezialisiert, der häufigste Zelltyp unseres Körpers. In den Erythrocyten wird der Sauerstoff – zum Teil auch das Kohlenstoffdioxid – an den roten Blutfarbstoff *Hämoglobin* gebunden, aus dem die Erythrocyten zu 95 % ihrer Trockenmasse bestehen.

**Aufbau des Hämoglobins.** Ein Hämoglobinmolekül besteht aus dem Protein *Globin* und der prostetischen Gruppe *Häm*. Globin ist aus vier Polypeptidketten aufgebaut, von denen jede ein Molekül Häm trägt (► S. 42). Häm wird von einem Porphyrinring gebildet, der ein Eisen(II)-Ion einschließt. An das Häm mit dem zentralen Eisen-Ion kann ein $O_2$-Molekül locker angelagert werden, ohne die Oxidationsstufe des Eisens zu ändern. Da im Unterschied zu einer echten Sauerstoffbindung keine Oxidation stattfindet, bezeichnet man die Reaktion als *Oxigenierung*. Aus dem dunkelroten *Desoxi-Hämoglobin* entsteht durch Oxigenierung das hellrote *Oxi-Hämoglobin*. Die vier Häm-Gruppen eines Hämoglobinmoleküls können dabei insgesamt bis zu vier Sauerstoffmoleküle binden.

An Hämoglobin kann anstelle des Sauerstoffs auch Kohlenstoffmonooxid CO gebunden werden, das zum Beispiel aus Zigarettenrauch oder Autoabgasen stammt. Seine Giftigkeit erklärt sich daraus, dass es sich 200-mal stärker an Häm bindet als Sauerstoff und so den Sauerstofftransport blockiert.

**Sauerstoffaufnahme und -abgabe des Hämoglobins.** Hämoglobin vermag Sauerstoff ebenso leicht aufzunehmen wie abzugeben, und zwar abhängig von der jeweils gegebenen Sauerstoffkonzentration (► Bilder 2 und 3): Bei hohem Sauerstoffpartialdruck, wie er in der Lunge besteht, wird Sauerstoff vom Hämoglobin aufgenommen. Bei niedrigem Partialdruck, wie er für das Sauerstoff verbrauchende Körpergewebe typisch ist, wird Sauerstoff abgegeben. Wie Bild 3 zeigt, verläuft die Sauerstoffbindungskurve bei niedrigem Partialdruck sehr steil. Das bedeutet, dass das Hämoglobin schon auf geringe Änderungen der Sauerstoffversorgung im Gewebe reagiert.

In den Muskelzellen wird der Sauerstoff an *Myoglobin* gebunden. Dieser rote Muskelfarbstoff ähnelt in seiner Struktur dem Hämoglobin, hat jedoch ein stärkeres Bestreben zur Sauerstoffbindung als Hämoglobin. In den Muskeln wird der Sauerstoff daher von Hämoglobin auf Myoglobin übertragen. Das Myoglobin kann bei Bedarf den Sauerstoff an Enzyme der Atmungskette abgeben. Es dient als Reserve bei hohem Sauerstoffverbrauch und ist daher in sehr aktiven Muskeln wie dem Herzmuskel in großer Menge enthalten.

Außer durch den Sauerstoffpartialdruck wird die Sauerstoffbindung des Hämoglobins allosterisch auch von $H^+$-Ionen und $CO_2$ beeinflusst. Diese Abhängigkeit wird als *Bohr-Effekt* bezeichnet. Hat sich im Gewebe viel $CO_2$ oder Milchsäure gebildet (► S. 108), gibt das Hämoglobin dort mehr Sauerstoff ab als üblich. Der Bohr-Effekt wirkt also regulierend.

**1 Die Spezialisierung der Erythrocyten auf den Atemgastransport ist mit zellulären Einschränkungen verbunden. Erläutern Sie!**

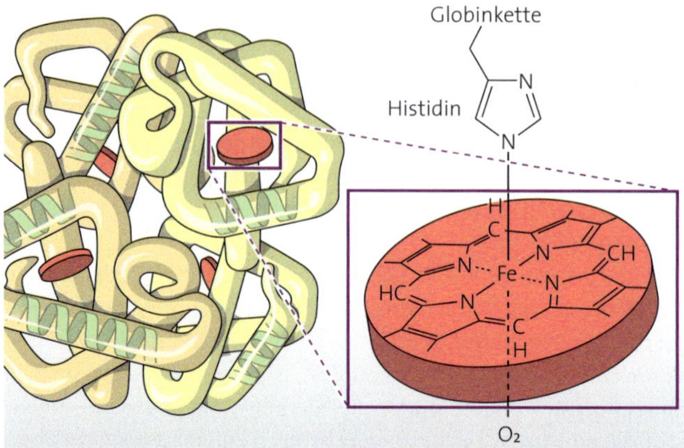


*1 Modell des Hämoglobins und Aufbau von Häm*

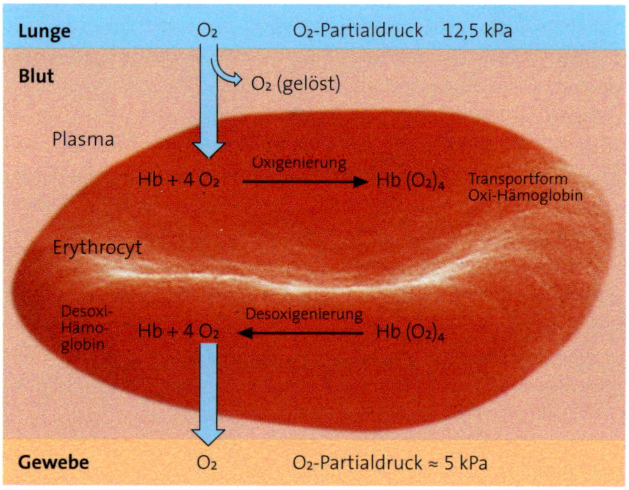


*2 Erythrocyt im Konzentrationsgefälle des Sauerstoffs*

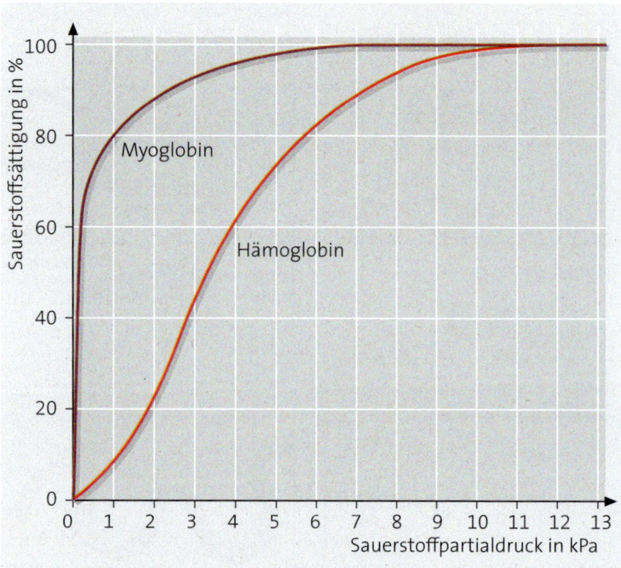


*3 Sauerstoffbindungskurven des Hämoglobins und des Myoglobins in Abhängigkeit vom Sauerstoffpartialdruck*

## Regulation der Sauerstoffkonzentration im Blut

Für Lebewesen mit hohem Energiebedarf ist die ungestörte und ständige Versorgung mit Sauerstoff so wichtig, dass fast immer mehrere Mechanismen zu ihrer Sicherung und Regelung zusammenwirken. Ziel der Regelung ist eine möglichst gleichmäßige Konzentration des Sauerstoffs im Blut und den Körperzellen.

Der Sauerstoffverbrauch ändert sich bereits durch Sprechen, Singen oder bei Aufregung, am stärksten aber durch intensive Muskelarbeit. Er beträgt beispielsweise beim Menschen in Ruhe zwischen 150 und 300 ml $O_2$/min. Bei schwerer Arbeit oder sportlicher Anstrengung kann dieser Wert auf bis zu 4600 ml $O_2$/min ansteigen. Um diesem erhöhten Bedarf nachzukommen, nehmen Atemfrequenz und Atemvolumen zu. Gleichzeitig muss aber auch die Durchblutung der Lungenkapillaren gesteigert werden. Nur so lässt sich das größere Sauerstoffangebot auch nutzen.

**Atemzentrum.** Die Atemtätigkeit kann willentlich beeinflusst werden. Meist aber wird die Ein- und Ausatmung unbewusst durch das *Atemzentrum* im Nachhirn geregelt. Es besteht aus mehreren Gruppen von Nervenzellen, von denen ein Teil die Einatmung, ein anderer Teil die Ausatmung stimuliert. Der Wechsel zwischen Ein- und Ausatmung kommt dadurch zustande, dass die eine Nervenzellgruppe die Aktivität der anderen hemmt.

**Chemische Kontrolle.** Bei erhöhter Muskeltätigkeit sinkt der Sauerstoffgehalt im Blut. Zugleich steigt der Kohlenstoffdioxidgehalt an. Da sich aus Kohlenstoffdixid Kohlensäure bildet, erniedrigt sich zugleich der pH-Wert. *Chemorezeptoren* in den Halsschlagadern, der Aorta und im Gehirn registrieren diese Veränderungen im Blut oder der Gehirnflüssigkeit und senden verstärkt Signale an das Atemzentrum. Die für die Einatmung zuständigen Nervenzellen sorgen daraufhin für eine verstärkte Atmung.

Ein zu geringer Kohlenstoffdioxidgehalt im Blut hat den gegenteiligen Effekt. Er entsteht beispielsweise durch übermäßig schnelles und tiefes Atmen. Diese *Hyperventilation* kann zum Stillstand der Atmung führen, weil das Blut stark an Kohlenstoffdioxid verarmt und dadurch der Antrieb für das Einatemzentrum fehlt. Beim Tauchen ist Hyperventilation lebensgefährlich, da man unter Umständen bewusstlos wird („Schwimmbad-Blackout"), bevor der normale Kohlenstoffdioxidgehalt des Bluts wieder erreicht ist. Im schlimmsten Fall führt das zum Ertrinken.

Zwar ist der Kohlenstoffdioxidgehalt des Bluts der wirksamste Faktor für die Regelung der Atmung, doch wird auch der Sauerstoffgehalt von Chemorezeptoren kontrolliert. Dabei messen sie nicht den an Hämoglobin gebundenen, sondern den im Blutserum gelösten Sauerstoff. Er macht aber nur einen verschwindend kleinen Anteil am insgesamt transportierten Sauerstoff aus. Das hat Konsequenzen bei einer Vergiftung mit Kohlenstoffmonooxid CO: Da das CO nur den Sauerstofftransport des Hämoglobins behindert, den im Serum gelösten Sauerstoff aber nicht beeinflusst, können die Chemorezeptoren den bei einer CO-Vergiftung entstehenden Sauerstoffmangel nicht registrieren und daher auch keine verstärkte Atmung veranlassen.

**Mechanische Kontrolle.** *Dehnungsrezeptoren* im Lungengewebe und in der Zwischenrippenmuskulatur sind ebenfalls an der Regelung der Atembewegungen beteiligt. Ihre Aufgabe besteht wohl vor allem darin, eine Überdehnung der Lunge zu verhindern und die Atemtiefe den Anforderungen entsprechend einzustellen.

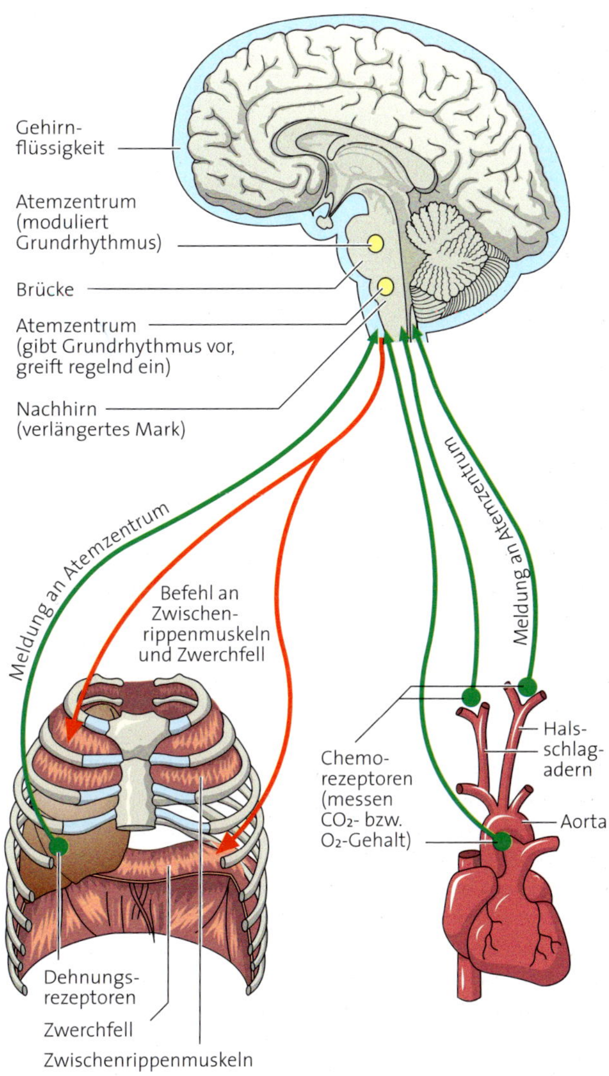


*1 Regulation der Atmung mit den wichtigsten daran beteiligten Komponenten*

**1** **Welche Folgen hat es, wenn sich der $CO_2$-Partialdruck in den Alveolen durch Hyper- bzw. Hypoventilation deutlich verringert oder erhöht? Vergleichen Sie dazu Bild 2 auf Seite 95.**

**2** **An unseren Atembewegungen wirken innere und äußere Zwischenrippenmuskeln, Zwerchfell, Bauchmuskeln, Schultermuskeln und die Schwerkraft mit. Erklären Sie ihr Zusammenspiel bei normaler und tiefer Aus- und Einatmung.**

**3** **Stellen Sie die Regelung der Atmung als Regelkreis dar. Ziehen Sie wenn nötig das allgemeine Regelkreisschema auf Seite 459 mit heran.**

**4** **Der Atemrhythmus, der Wechsel zwischen Ein- und Ausatmung, kommt dadurch zustande, dass sich die für Einatmung und die für Ausatmung zuständigen Nervenzellgruppen im Atemzentrum gegenseitig hemmen. Erklären Sie den Sachverhalt mit einer Skizze. Ziehen Sie als Hilfe Bild 1 auf Seite 451 heran.**

# Atmung unter Extrembedingungen

1 *Streifengänse überfliegen auf ihrem Zug den Himalaya.*

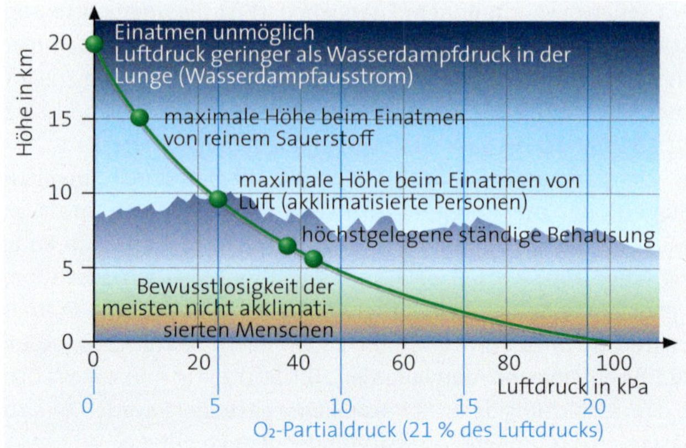


2 *Abnahme des Sauerstoffpartialdrucks mit der Höhe*

Der Aufenthalt in großer Höhe und unter Wasser ist für lungenatmende, auf gasförmigen Sauerstoff angewiesene Lebewesen eine große Herausforderung.

**Atmung in der Höhe.** Bergsteiger bemerken ab einer Höhe von etwa 4 000 m eine deutlich erschwerte Atmung. Oberhalb 5 300 m können Menschen auf Dauer nicht leben, sie werden „höhenkrank". Die Ursache liegt in dem mit der Höhe abnehmenden Sauerstoffpartialdruck, also der Konzentration des Sauerstoffs. Auf Meereshöhe beträgt der Sauerstoffpartialdruck um die 21 kPa, auf dem Mount Everest nur etwa 6,5 kPa. Die Diffusion des Sauerstoffs verläuft in großer Höhe langsamer und weniger effektiv, da kaum noch ein Konzentrationsgefälle zwischen Luft und Blut besteht. Die Folge ist eine Unterversorgung mit Sauerstoff.

Der Körper kann sich allerdings im Verlauf einiger Wochen in begrenztem Umfang auf das verringerte Sauerstoffangebot einstellen, indem die Zahl der Erythrocyten zunimmt. Trainierte, höhenangepasste Bergsteiger können kurzzeitig Höhen von über 8 000 m ohne Atemgerät erreichen.

Umso erstaunlicher ist, dass einige Vogelarten wie Streifengans (▶ Bild 1) und Jungfernkranich auf dem jährlichen Zug über den Himalaya 9 000 m Höhe erreichen. Ihr Hämoglobin – durch eine einzige Aminosäure der $\alpha$-Kette verändert – bindet Sauerstoff bei niedrigem Partialdruck besonders gut.

3 *Pottwale tauchen von allen Säugetieren am tiefsten.*

**Atmung in der Tiefe.** Die Druckverhältnisse im Wasser setzen dem Menschen trotz modernster Tauchgeräte Grenzen. Beim Tauchen nimmt der Umgebungsdruck zu, ebenso die Partialdrücke der in der Pressluft enthaltenen Gase. Dabei ist der Stickstoff besonders problematisch. Unter normalem Umgebungsdruck löst sich Stickstoff kaum im Blut, da ihm im Unterschied zu Sauerstoff ein Reaktionspartner wie Hämoglobin fehlt. Mit zunehmender Tiefe und steigendem Druck in den Lungenbläschen löst er sich jedoch immer besser. Beim Auftauchen verringert sich der Druck und die Löslichkeit von Stickstoff im Blut nimmt ab. Verläuft das Auftauchen zu schnell, wird der Stickstoff in Form von Gasbläschen frei, die zu einer Verstopfung von Kapillargefäßen führen können. Die Auswirkungen der dadurch verursachten „Taucherkrankheit" *(Dekompressionskrankheit)* können lebensbedrohlich sein. Aus größerer Tiefe dürfen Taucher daher nur langsam und mit Pausen aufsteigen.

**Tief tauchende Tiere.** Pinguine, Robben und Wale sind Lungenatmer wie der Mensch. Trotzdem können sie tiefer und länger tauchen als wir: Pottwale bleiben bis zu 90 Minuten unter Wasser und erreichen Tiefen von mehr als 1 000 m. Eine Reihe von Anpassungen ermöglicht diese Leistungen:

- Ein großes Blutvolumen und ein hoher Hämoglobingehalt des Bluts können große Mengen Sauerstoff binden.
- Die Muskulatur enthält viel Sauerstoff bindendes Myoglobin.
- Die Durchblutung von Darm, Ausscheidungsorganen und Muskulatur wird beim Tauchen gezielt eingeschränkt.
- Der Herzschlag kann dadurch stark gedrosselt werden.
- Milchsäure – das Endprodukt des anaeroben Stoffwechsels, auf den der Muskel umschaltet, wenn nicht genug Sauerstoff zur Verfügung steht (▶ S. 108) – gelangt durch die eingeschränkte Durchblutung der Muskeln erst nach dem Auftauchen ins Blut.

---

**1 Sportler bereiten sich auf Wettkämpfe oft mit Höhentraining vor, verbringen also mehrere Wochen im Hochgebirge und trainieren dort. Begründen Sie diese Trainingsstrategie.**

**2 Pottwale und andere tief tauchende Säugetiere haben Lungen, deren Fassungsvermögen nur etwa halb so groß ist – bezogen auf die Körpergröße – wie bei Landsäugetieren. Erklären Sie die zunächst sehr erstaunliche Tatsache.**

MATERIAL · METHODE · PRAXIS

# Versuche zur Atmung

Die meisten Organismen brauchen zum Überleben Sauerstoff, der sehr oft aus der Atemluft gewonnen wird. Dabei verändert sich deren Zusammensetzung: Frischluft, die wir einatmen, besteht aus 78 % Stickstoff, 21 % Sauerstoff, 0,03 % Kohlenstoffdioxid und 0,97 % anderen Gasen. Die ausgeatmete Luft enthält dagegen 16 % Sauerstoff und 4 % Kohlenstoffdioxid. Der Anteil der übrigen Gase bleibt unverändert. Die durch den Gasaustausch in der Lunge bedingte Änderung in der Zusammensetzung der Atemluft lässt sich sowohl qualitativ als auch quantitativ nachweisen.

Pflanzen sind als Produzenten von Sauerstoff bekannt, doch ist experimentell leicht zu belegen, dass auch sie Sauerstoff veratmen und Kohlenstoffdioxid produzieren.

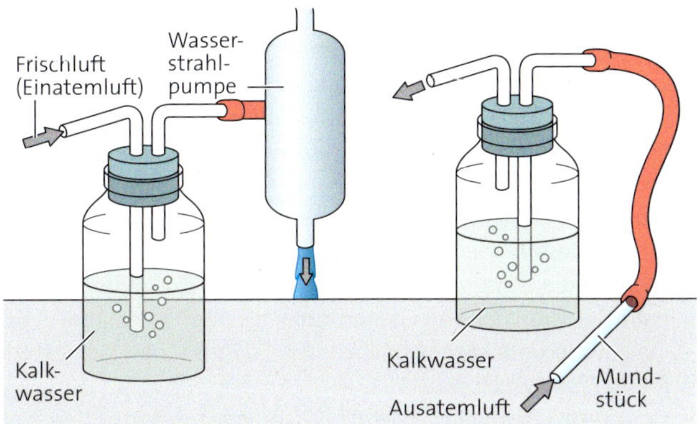


## Kohlenstoffdioxidgehalt in der Ein- und Ausatemluft

**MATERIAL:** Kalkwasser, 2 Waschflaschen, 2 Stopfen mit Doppelloch, Wasserstrahlpumpe, kurze Gummischläuche

**DURCHFÜHRUNG:** Bauen Sie den Versuch wie im Bild oben auf. Überprüfen Sie zunächst den Kohlenstoffdioxidgehalt der Einatemluft, indem Sie die Wasserstrahlpumpe anstellen und durch den entstehenden Unterdruck Luft durch das Kalkwasser strömen lassen. Untersuchen Sie dann die Ausatemluft, indem Sie Luft durch das Mundstück in das Kalkwasser blasen.

## Quantitative Bestimmung des Kohlenstoffdioxids in der Ausatemluft

**MATERIAL:** dest. Wasser, NaOH (0,2 mol/l; *Xi*), Phenolphthalein *(Xn)*, Glaskolben, Glaswinkelröhrchen, Kolbenprober, Verbindung mit Dreiwegehahn, Stopfen mit Doppelloch, Gummischlauch mit Mundstück, Aquariumstein

**DURCHFÜHRUNG:** Bauen Sie den Versuch entsprechend dem Bild rechts auf. Füllen Sie den Glaskolben mit 300 ml destilliertem Wasser, 1 ml NaOH und 3 Tropfen Phenolphthalein. Den Kolbenprober füllen Sie mit 100 ml Ausatemluft. Dann stellen Sie mit dem Dreiwegehahn eine Verbindung zum Glaskolben her und drücken langsam so viel Luft aus dem Kolbenprober, bis sich die Flüssigkeit im Glaskolben entfärbt. Glaskolben beim Einströmen der Luft ständig schwenken! Stellen Sie fest, wie viel Luft zum Entfärben der Flüssigkeit benötigt wird.

Wiederholen Sie den Versuch mehrmals mit neuen Reagenzien und bilden Sie aus Ihren Ergebnissen den Mittelwert.

## Kohlenstoffdioxidabgabe von Pflanzen am Beispiel von Weizenkeimlingen

**MATERIAL:** 2 Tage vorgekeimte Weizenkörner, Kalkwasser, 5%ige KOH *(C)*, 4 Waschflaschen, Wasserstrahlpumpe, 5 kurze Schläuche, 4 Stopfen mit Doppelloch

**DURCHFÜHRUNG:** Füllen Sie zwei Waschflaschen zur Hälfte mit Kalkwasser. In eine weitere Waschflasche geben Sie bis zur Hälfte KOH. In die letzte Waschflasche kommen die Weizenkörner. Verbinden Sie die Waschflaschen wie im Bild unten gezeigt und schließen Sie sie an die Wasserstrahlpumpe an. Beim Anstellen der Pumpe wird langsam Luft durch die Apparatur gesaugt.

Protokollieren Sie Ihre Beobachtungen.

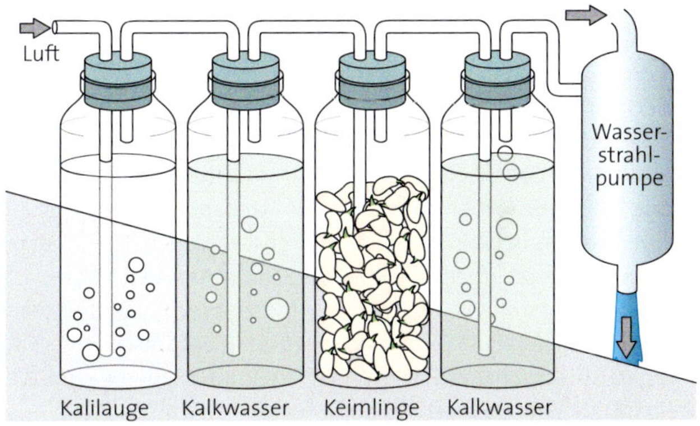


**1** **Berechnen Sie aus dem im zweiten Versuch ermittelten Mittelwert den Kohlenstoffdioxidgehalt der Ausatemluft, indem Sie berücksichtigen, dass von 1 ml Natronlauge (0,2 mol/l) 4,4 mg Kohlenstoffdioxid gebunden werden und dass 1 ml Kohlenstoffdioxid 2 mg wiegt.**

**2** **Erklären Sie das Ergebnis des Versuchs mit den Weizenkeimlingen und stellen Sie die Reaktionsgleichungen für die Waschflaschen 1 und 4 auf.**

### Stichworte zu weiteren Informationen

Alveolenflüssigkeit • Diffusion • künstliche Beatmung

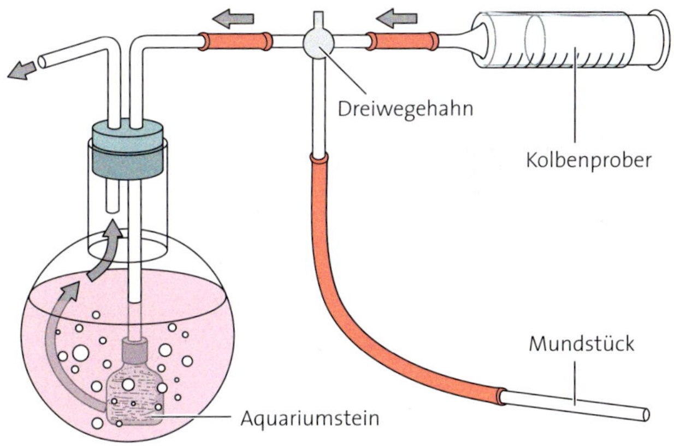

## Zellatmung: Bereitstellung der Energie in der Zelle

Nahezu alle Lebewesen nutzen die von Pflanzen aus der Strahlungsenergie der Sonne gewonnene chemische Energie der Fotosyntheseprodukte (► S. 136). Die in den organischen Stoffen – vor allem Kohlenhydraten und Fetten – gespeicherte Energie wird bei deren Abbau frei und zur Herstellung von *ATP* verwendet. Diese „Energiewährung" ist dann in allen Zellen und für die verschiedensten Energie erfordernden Vorgänge einsetzbar (► S. 101). Ein großer Teil des katabolen Stoffwechsels dient daher Vorgängen, durch die ATP bereitgestellt wird.

Zwei unterschiedliche Hauptwege stehen den Organismen zur Verfügung: die *Zellatmung* genannte *aerobe Dissimilation*, die am Beispiel Glucose auf den folgenden Seiten dargestellt wird, und die *Gärung* genannte *anaerobe Dissimilation* ohne Sauerstoff (► S. 108).

**Lebensgrundlage Sauerstoff.** Sauerstoff verbindet sich durch *Oxidation* leicht mit vielen Stoffen unter Freisetzung von Energie. Sauerstoff ist auch Voraussetzung für die Atmung, die „biologische" Oxidation energiereicher Stoffe. Viele Organismen besitzen komplizierte Organsysteme (► S. 94) und hoch spezialisierte Transportstoffe, um den Sauerstoff der Atmosphäre zu den Orten des Verbrauchs in den Zellen zu schaffen. Diese auffällige äußere Atmung versperrt oft den Blick auf die Zellatmung, den Prozess, zu dem der Sauerstoff von Lebewesen genutzt wird: Sauerstoff wird benötigt, um Kohlenstoff und Wasserstoff in organischen Verbindungen zu Kohlenstoffdioxid und Wasser zu oxidieren und die freigesetzte Energie für die Bildung von ATP zu nutzen. Nach Ausgangsstoffen, Endprodukten und freigesetztem Energiebetrag entspricht die Zellatmung damit, auch wenn sie ganz anders verläuft, formal gesehen einer Verbrennung:

$C_6H_{12}O_6 + 6\,O_2 \rightarrow 6\,CO_2 + 6\,H_2O$ Energiedifferenz 2 880 kJ.

**Zellatmung im Überblick.** Eine Oxidation organischer Stoffe in der Zelle, die wie eine Verbrennung die freigesetzte Energie nur als *Wärme* abführt, wäre biologisch unsinnig, denn kein Lebewesen kann Wärme in eine andere Energieform überführen. Tatsächlich läuft die Zellatmung vollkommen anders ab (► Bild 1):

- *Stufenprozess.* Die Zellatmung besteht aus einer Folge zahlreicher Reaktionen in drei Stufen: *Glykolyse, Citratzyklus* und *Atmungskette.* In der Glykolyse wird Glucose zu *Pyruvat* abgebaut. Nach Abspaltung von $CO_2$ wird daraus ein Acetylrest mit 2 C-Atomen, der durch das *Coenzym A* in den Citratzyklus (aus verschiedenen organischen Säuren) eingespeist wird. Sowohl im Citratzyklus als auch in der Glykolyse entsteht eine kleine Menge ATP aus energiereichen Zwischenprodukten *(Substratstufenphosphorylierung)*. Die Coenzyme *NADH + H⁺* und *$FADH_2$* übertragen Elektronen zur Atmungskette, wo die Elektronen am Ende zusammen mit Protonen auf Sauerstoff übertragen werden. Die damit verbundene *oxidative Phosphorylierung* liefert den Hauptteil der Energie in Form von ATP.
- *Trennung nach Kompartimenten.* Die Teilvorgänge der Zellatmung spielen sich in getrennten Zellbereichen ab: die Glykolyse im *Cytoplasma*, der Citratzyklus in der *Matrix der Mitochondrien* (► S. 52), die Atmungskette in der *inneren Mitochondrienmembran.* Die Mitochondrien gelten daher als „Kraftwerke" der Zelle. Ihre Größe und Anzahl spiegelt den Energiebedarf der betreffenden Zelle wider.
- *Gewinnen chemischer Energie.* Wichtigstes Kennzeichen der Zellatmung ist das Gewinnen von biologisch verwertbarer Energie durch Phosphorylierung von *ADP* zu *ATP.* Allerdings geht auch dabei ein Großteil der in den Stoffen gespeicherten Energie dem System Zelle als Wärme verloren.

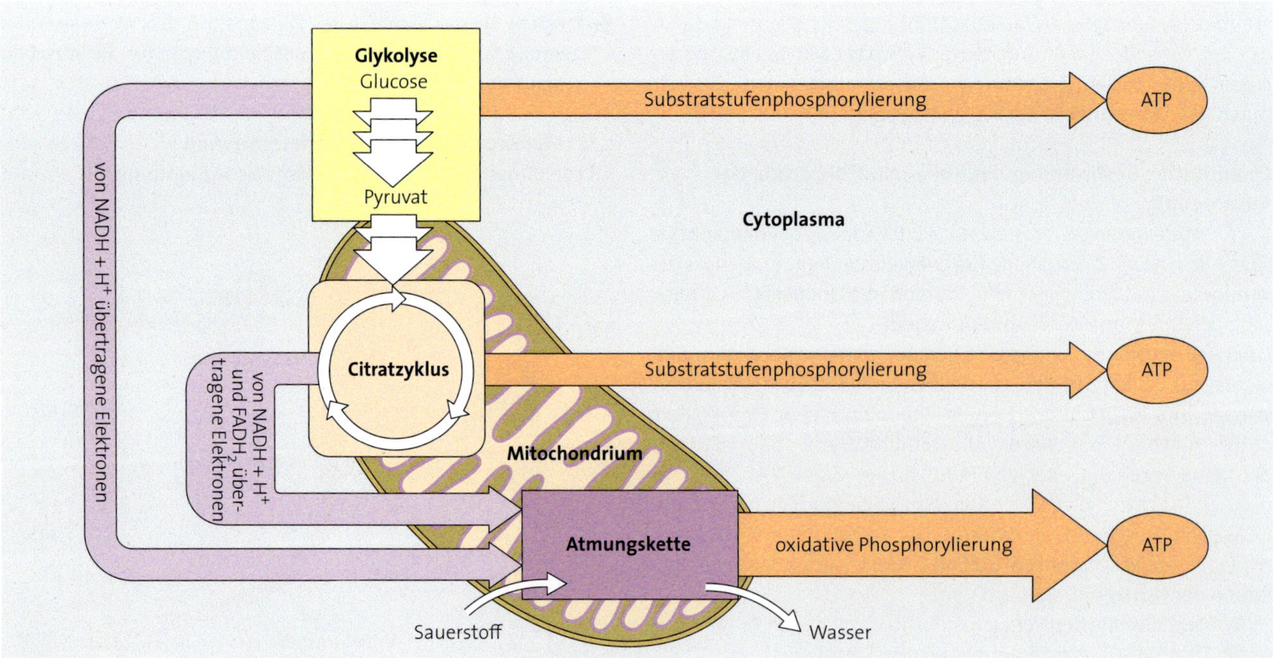


*1 Schematische Übersicht über die Stufen und Kompartimente der Zellatmung*

# Energiewährung ATP

1 *Energiezufuhr heißt für Tiere: fressen.*

Leben ist auf die Zufuhr von *Energie* angewiesen. Um die Energie zu übertragen und Arbeit zu leisten, nutzen alle Organismen *Adenosintriphosphat*, abgekürzt ATP. Deshalb wird ATP auch als „universelle Energiewährung" der Zelle bezeichnet.

**Struktur von ATP.** ATP ist ein *Nucleotid* (► S. 144) aus der organischen Base *Adenin*, dem Zucker *Ribose*, eine Pentose, und drei *Phosphatgruppen* (► Bild 2). Die Anordnung der drei dicht gedrängten, negativ geladenen Phosphatgruppen ist das Besondere an diesem Molekül. Da gleiche Ladungen sich abstoßen, wird die endständige energiereiche Phosphatgruppe unter Beteiligung von Wasser – also durch *Hydrolyse* – leicht abgespalten. Aus ATP entstehen das energieärmere *Adenosindiphosphat (ADP)* und *anorganisches Phosphat*:

$$ATP + H_2O \rightleftharpoons ADP + \text{Ⓟ} + H^+ \quad \text{Energiedifferenz } 29\ \text{kJ/mol}$$

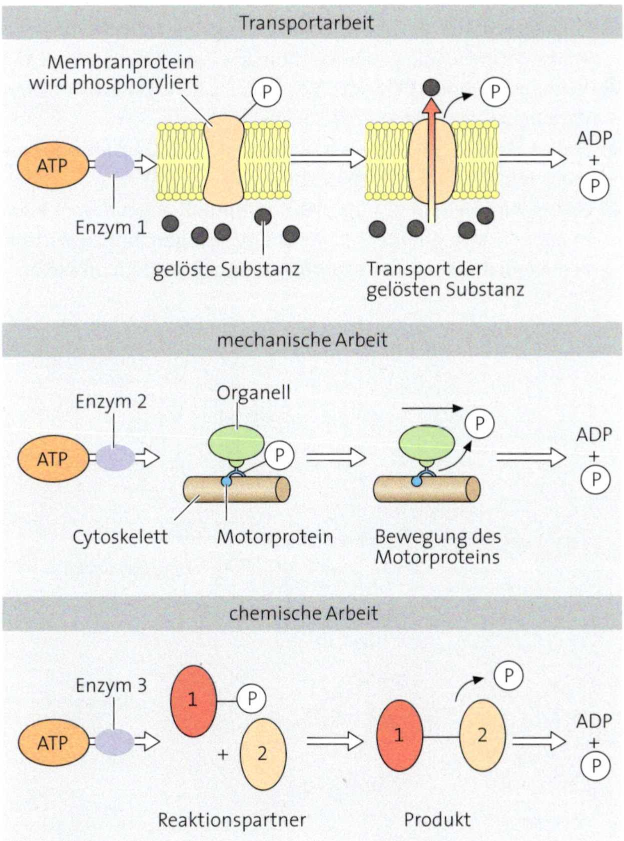


3 *Mit ATP kann in der Zelle Arbeit verrichtet werden.*

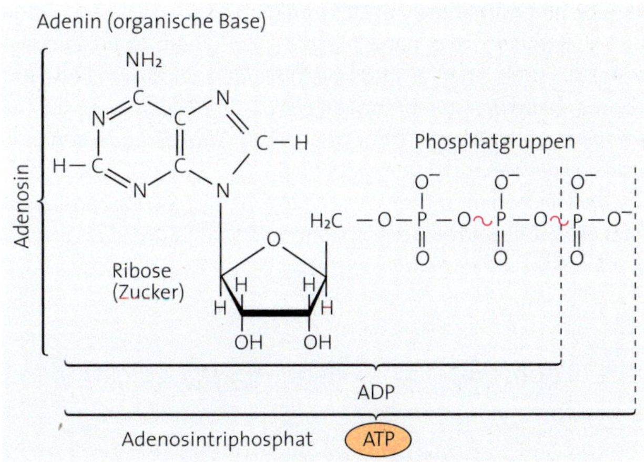


2 *Strukturformel von ATP; ~ bedeutet energiereiche Bindung.*

**ATP ermöglicht Arbeit.** Die Zelle nutzt die Energiequelle ATP häufig zur Aktivierung von chemischen Reaktionen, indem sie die Phosphatgruppe mithilfe von Enzymen von ATP auf andere Moleküle überträgt. Die Energiezufuhr durch die *Phosphorylierung* bewirkt eine strukturelle Veränderung in dem betreffenden Molekül, durch die Arbeit verrichtet wird (► Bild 3). Dabei wird die Phosphatgruppe wieder abgespalten.

ATP kann für viele energiebedürftige Vorgänge eingesetzt werden: Es liefert Energie für den aktiven Transport von Molekülen durch Zellmembranen, ermöglicht mechanische Arbeit bei der Muskelkontraktion und chemische Arbeit bei der Biosynthese vieler Stoffe. Ein Teil der Energie wird dabei allerdings ungenutzt als Wärme frei.

**ATP-Bedarf.** In der Zelle wird ein neu gebildetes ATP-Molekül durchschnittlich innerhalb einer Minute verbraucht. ATP muss daher ständig aus ADP und anorganischem Phosphat regeneriert werden. Die dafür eingesetzte Energie stammt aus dem Abbau energiereicher Nährstoffe. Je nach dem Mengenverhältnis von ATP zu ADP, der *Energieladung (energy charge)* einer Zelle, wird entweder die Aktivität von Enzymen des anabolen oder aber des katabolen Stoffwechsels aktiviert (► Bild 4) und so der ATP-Vorrat genau geregelt.

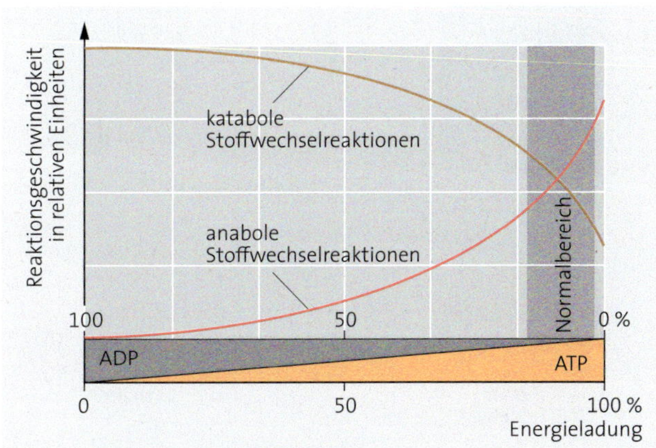


4 *Das ATP/ADP-Verhältnis regelt zentrale Stoffwechselwege.*

## Chemische Grundlagen: Oxidation, Reduktion, Reduktionsäquivalent

**Abgabe und Aufnahme von Elektronen.** Oxidation und Reduktion sind Reaktionen, bei denen Elektronen von einem Atom, Ion oder Molekül auf ein anderes übertragen werden: *Oxidation* bedeutet *Abgabe*, *Reduktion Aufnahme von Elektronen*. *Oxidationen* sind *exergonische*, also Energie freisetzende, *Reduktionen endergonische*, also Energie benötigende *Reaktionen*.

Der Elektronen aufnehmende Stoff heißt *Elektronenakzeptor* oder *Oxidationsmittel*, der Elektronen abgebende wird als *Elektronendonator* oder *Reduktionsmittel* bezeichnet.

$$\underset{\text{(Red)}}{\text{Reduktionsmittel}} \underset{\text{Reduktion}}{\overset{\text{Oxidation}}{\rightleftharpoons}} \underset{\text{(Ox)}}{\text{Oxidationsmittel}} + \underset{n\,e^-}{\text{Elektronen}}$$

Oxidation und Reduktion sind immer gekoppelt, da die von einem Reaktionspartner abgegebenen Elektronen vom anderen Reaktionspartner aufgenommen werden. Man spricht deshalb von *Redoxreaktion*. An jeder Redoxreaktion sind also zwei korrespondierende Redoxpaare – auch *Redoxsysteme* genannt – beteiligt:

korrespondierendes Redoxpaar (Red 1 / Ox 1)

$$\text{Red 1} + \text{Ox 2} \rightleftharpoons \text{Ox 1} + \text{Red 2}$$

korrespondierendes Redoxpaar (Ox 2 / Red 2)

Bei der Oxidation organischer Moleküle werden meist zwei Elektronen und zwei Wasserstoffionen (Protonen) abgegeben. Das entspricht formal zwei Wasserstoffatomen. Aus diesem Grund kann auch die *Wasserstoffabgabe* als *Oxidation* und die *Wasserstoffaufnahme* als *Reduktion* bezeichnet werden (► Bild 1).

**1 Oxidation von Malat zu Oxalacetat**

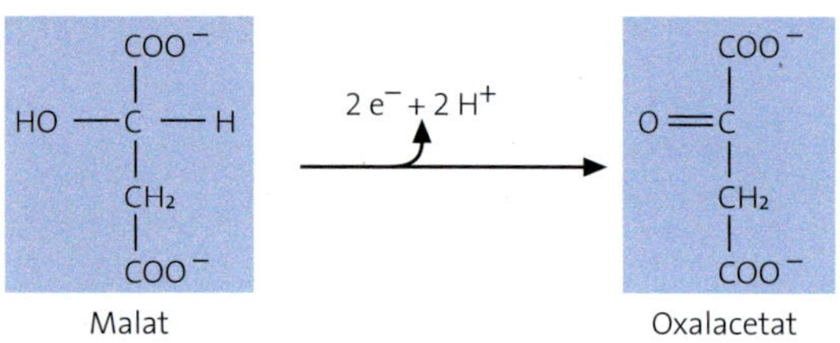


**2 Reduktion von Ethanal zu Ethanol**

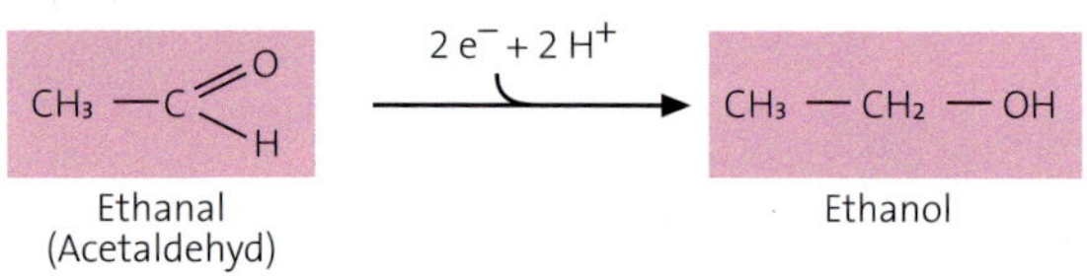


*1 Beispiel für einen Oxidations- und einen Reduktionsvorgang*

**Reduktionsäquivalente.** Der Energiebedarf der Zelle wird durch die Oxidation energiereicher organischer Stoffe gedeckt, insbesondere von Glucose. Von diesen Substraten wird in der Glykolyse (► S. 103) und im Citratzyklus (► S. 104) Wasserstoff abgespalten und in Form von Elektronen und Protonen auf Transportmoleküle übertragen. Unter ihnen ist das *Coenzym NAD*$^+$ (*N*icotinamid-*a*denin-*d*inucleotid) ein besonders wichtiger Elektronenakzeptor. Wird ein $NAD^+$-Molekül reduziert, nimmt es zwei Elektronen und ein Proton auf, das zweite Proton wird an das umgebende Medium abgegeben:

$$NAD^+ + 2\,H^+ + 2\,e^- \rightleftharpoons NADH + H^+$$

Das reduzierte *NADH + H*$^+$ (vereinfacht auch $NAD{\cdot}H_2$ geschrieben) kann die energiereichen Elektronen auf andere Stoffe übertragen. Es wird (bezogen auf ein Mol Elektronen) als *Reduktionsäquivalent* bezeichnet.

Auch andere Coenzyme (► S. 73) wie *FAD/FADH*$_2$ (*F*lavin-*a*denin-*d*inucleotid) fungieren – als Bestandteile von Enzymen – als Reduktionsäquivalente. Das Paar *NADP*$^+$*/NADPH + H*$^+$ transportiert Elektronen in gleicher Weise wie NADH, wird jedoch vor allem für Biosynthesen verwendet, NADH dagegen zur Erzeugung von ATP in der Atmungskette (► S. 105).

1. **Redoxreaktionen spielen auch im Alltag eine Rolle. Nennen Sie einige Beispiele und geben Sie diese in einem Redoxschema an.**
2. **Nennen Sie Ihnen bekannte Coenzyme und erklären Sie deren Wirkungsweise.**
3. **Stellen Sie die verschiedenen Definitionen von Oxidation zusammen. Verdeutlichen Sie deren Zusammenhang.**
4. **NADH wird neuerdings als „Wundermittel" angepriesen. Informieren Sie sich im Internet, welche Wirkungen ihm zugeschrieben werden und warum Experten darüber skeptisch urteilen.**

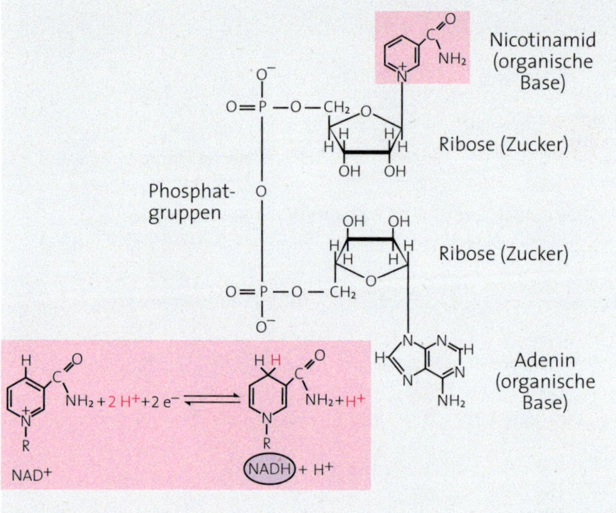


*2 Strukturformel von NAD*$^+$ *und Reaktion von NAD*$^+$ *zu NADH + H*$^+$

## Aerober Abbau von Glucose – die Glykolyse

**Glykolyse – in Kürze.** Die *Glykolyse* (von griech. *glykys:* süß und *lysis*: Auflösung) ist der wichtigste Abbauweg der Kohlenhydrate im Stoffwechsel. Im Cytoplasma der Zelle wird die Hexose *Glucose* ($C_6$) in mehreren Reaktionsschritten in zwei Triose-Moleküle ($C_3$) umgewandelt. Endprodukt der Glykolyse ist die *Brenztraubensäure*. Da sie beim pH-Wert der Zelle dissoziert vorliegt, spricht man besser von ihrem Anion *Pyruvat*. Beim Abbau der Glucose bis zum Pyruvat wird eine geringe Menge ATP und NADH + $H^+$ gebildet.

**Glykolyse – im Detail.** Im ersten Reaktionsschritt wird eine Phosphatgruppe von ATP auf Glucose übertragen. Die *Phosphorylierung* zu *Glucose-6-phosphat* ist in zweierlei Hinsicht von Bedeutung: Zum einen wird Glucose durch die Phosphorylierung für die weiteren Reaktionsschritte *aktiviert*, also energiereicher und reaktionsbereiter. Zum anderen kann Glucose-6-phosphat im Gegensatz zu Glucose die Zellmembran *nicht mehr passieren* und steht somit für die Stoffwechselvorgänge in der Zelle zur Verfügung.

In der folgenden Reaktion wird Glucose-6-phosphat zu *Fructose-6-phosphat* umgewandelt.

Unter ATP-Verbrauch entsteht danach *Fructose-1,6-bisphosphat*, das in zwei verschiedene *Triosephosphate* gespalten wird. Nur vom *Glycerinaldehyd-3-phosphat* führt die Glykolyse weiter, doch kann *Dihydroxy-acetonphosphat* leicht in Glycerinaldehyd-3-phosphat umgewandelt werden.

Bis hierher wurde noch keine Energie gewonnen. Im Gegenteil: Zwei Moleküle ATP mussten eingesetzt werden. Erst die jetzt folgenden Reaktionen bringen einen Energiegewinn:

- Die Umwandlung von Glycerinaldehyd-3-phosphat in *1,3-Bisphosphoglycerat* liefert eine *energiereiche Phosphatverbindung* und NADH + $H^+$.
- In der folgenden Reaktion zu *3-Phosphoglycerat* wird die Phosphatgruppe auf ADP übertragen und so ATP gebildet.
- Aus *3-Phosphoglycerat* entsteht über zwei Zwischenstufen Pyruvat und ATP.

**Bilanz der Glykolyse.** Beim Abbau von Glucose zu Pyruvat wird nur wenig Energie direkt gewonnen: Pro Molekül Glucose entstehen neben zwei Reduktionsäquivalenten NADH + $H^+$ zwei Moleküle ATP durch die Übertragung energiereicher Phosphatgruppen anderer Moleküle auf ADP. Diese Übertragung wird als *Substratstufenphosphorylierung* bezeichnet. Ein großer Teil der in der Glucose enthaltenen Energie steckt noch im Endprodukt Pyruvat.

**Regulation.** Das Enzym *Phosphofructokinase*, das die Bildung von Fructose-1,6-bisphosphat aus Fructose-6-phosphat katalysiert, wird durch ATP allosterisch gehemmt, durch ADP und AMP (Adenosinmonophosphat mit nur einer Phosphatgruppe) dagegen aktiviert. Bei hoher Energieladung der Zelle (► S. 101), also hoher ATP-Konzentration, wird der Durchsatz von Glucose gebremst. Ist der Energiebedarf der Zelle dagegen hoch, sodass viel ATP verbraucht und ADP gebildet wird, wird das Enzym dadurch aktiviert und die Glykolyse beschleunigt.

**1 Erläutern Sie die Bedeutung des Enzyms Phosphofructokinase für den Stoffwechsel der Zelle.**

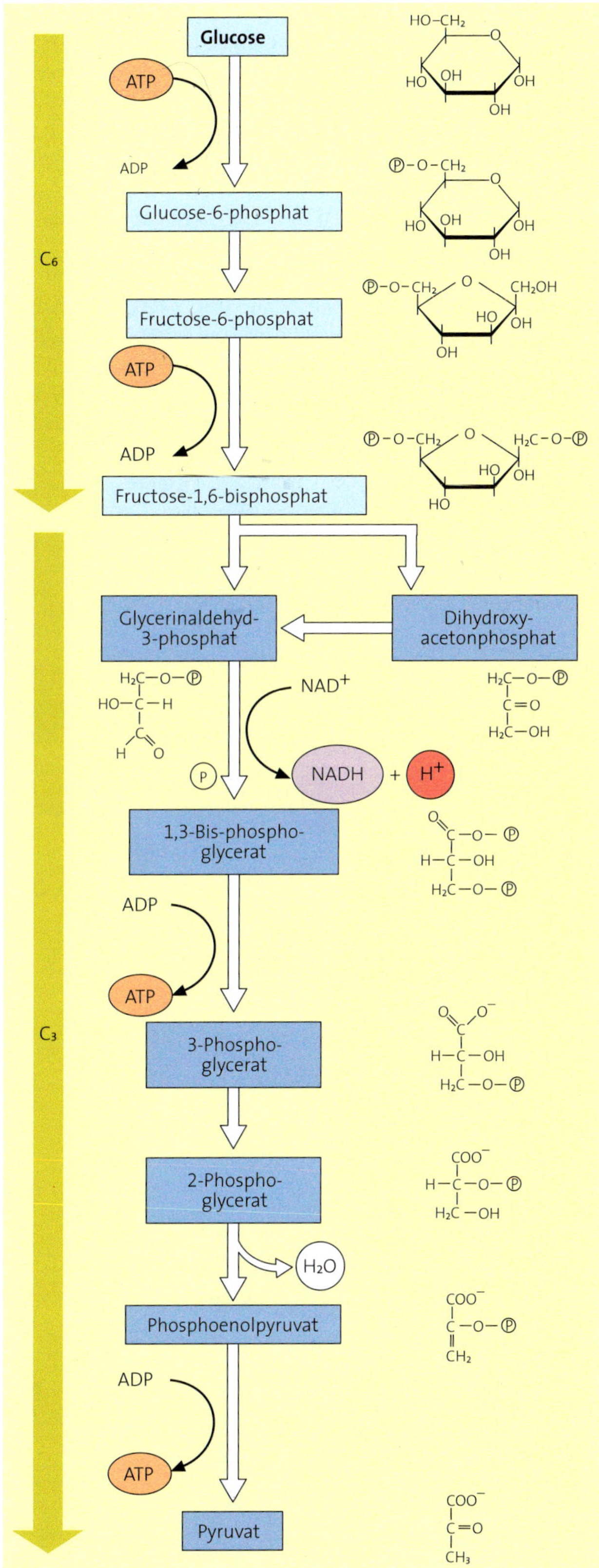


1 *Abbau von Glucose zu Pyruvat in der Glykolyse*

## Der Citratzyklus

Pyruvat, das Endprodukt der Glykolyse, wird in die Mitochondrien transportiert. Unter aeroben Bedingungen entstehen in der Matrix der Mitochondrien in einer komplizierten Reaktion, der *oxidativen Decarboxylierung*, aus den Ausgangsstoffen Pyruvat, *Coenzym A* und *NAD⁺* die Produkte *Kohlenstoffdioxid, NADH + H⁺* und *Acetyl-Coenzym A (Acetyl-CoA)*. Acetyl-CoA wird auch als *aktivierte Essigsäure* bezeichnet, da es sehr energiereich ist und den Acetylrest auf Oxalacetat übertragen kann. Diese Reaktion stellt die Verbindung *zwischen Glykolyse* und *Citratzyklus* her.

**Citratzyklus – in Kürze.** Die aktivierte Acetylgruppe tritt in den Citratzyklus ein. Bei jedem Durchgang des Zyklus werden zwei Kohlenstoffatome *zu Kohlenstoffdioxid* oxidiert. Es diffundiert aus den Zellen heraus, gelangt mit dem Blut in die Lungen und wird ausgeatmet. Hauptgewinn des Citratzyklus ist *NADH + H⁺*, das in der nachfolgenden Atmungskette die Energie für die Synthese von ATP liefert.

**Citratzyklus – im Detail.** Der Citratzyklus beginnt mit der Verknüpfung des $C_2$-Moleküls Acetyl-CoA mit dem $C_4$-Molekül Oxalacetat. Es entsteht das $C_6$-Molekül Citrat, nach dem der Zyklus benannt ist. Auch die Bezeichnungen *Tricarbonsäurezyklus* – oder nach einem der Entdecker – *Krebszyklus* sind gebräuchlich.

Citrat wird in Isocitrat überführt und anschließend oxidativ decarboxyliert: Ein Kohlenstoffdioxidmolekül wird abgespalten. Auch das gebildete α-Ketoglutarat wird oxidativ decarboxyliert. Das Kohlenstoffgerüst der Glucose ist nun vollständig zu Kohlenstoffdioxid oxidiert. Mit Coenzym A entsteht Succinyl-CoA. Dieses Molekül reagiert zu Succinat. Dabei wird ein Molekül *Guanosindiphosphat (GDP)* phosphoryliert und energiereiches *Guanosintriphosphat (GTP)* gebildet. GTP ist wie ATP ein Energieüberträger und ähnelt diesem auch in seiner Struktur. Indem GTP anschließend eine Phosphatgruppe an ADP abgibt, bildet sich ein ATP.

Aus Succinat wird in drei Schritten Oxalacetat regeneriert, das den Citratzyklus erneut durchläuft.

**Bilanz.** Die beim Citratzyklus frei werdende Energie wird in Form von $FADH_2$ und NADH + H⁺ gespeichert. Der Abbau eines Moleküls Acetyl-CoA zu Kohlenstoffdioxid ergibt für die Zelle einen Gewinn von einem Molekül GTP, drei NADH + H⁺ und einem $FADH_2$.

**Aus der Entdeckungsgeschichte.** Die Biochemiker KREBS, MARTIUS und HENSELEIT fanden 1937 heraus, dass der Citratzyklus eine zentrale Stellung im Energiestoffwechsel einnimmt, da nicht nur der oxidative Abbau der Kohlenhydrate, sondern auch der Proteine und Fette zu Acetyl-CoA führt.

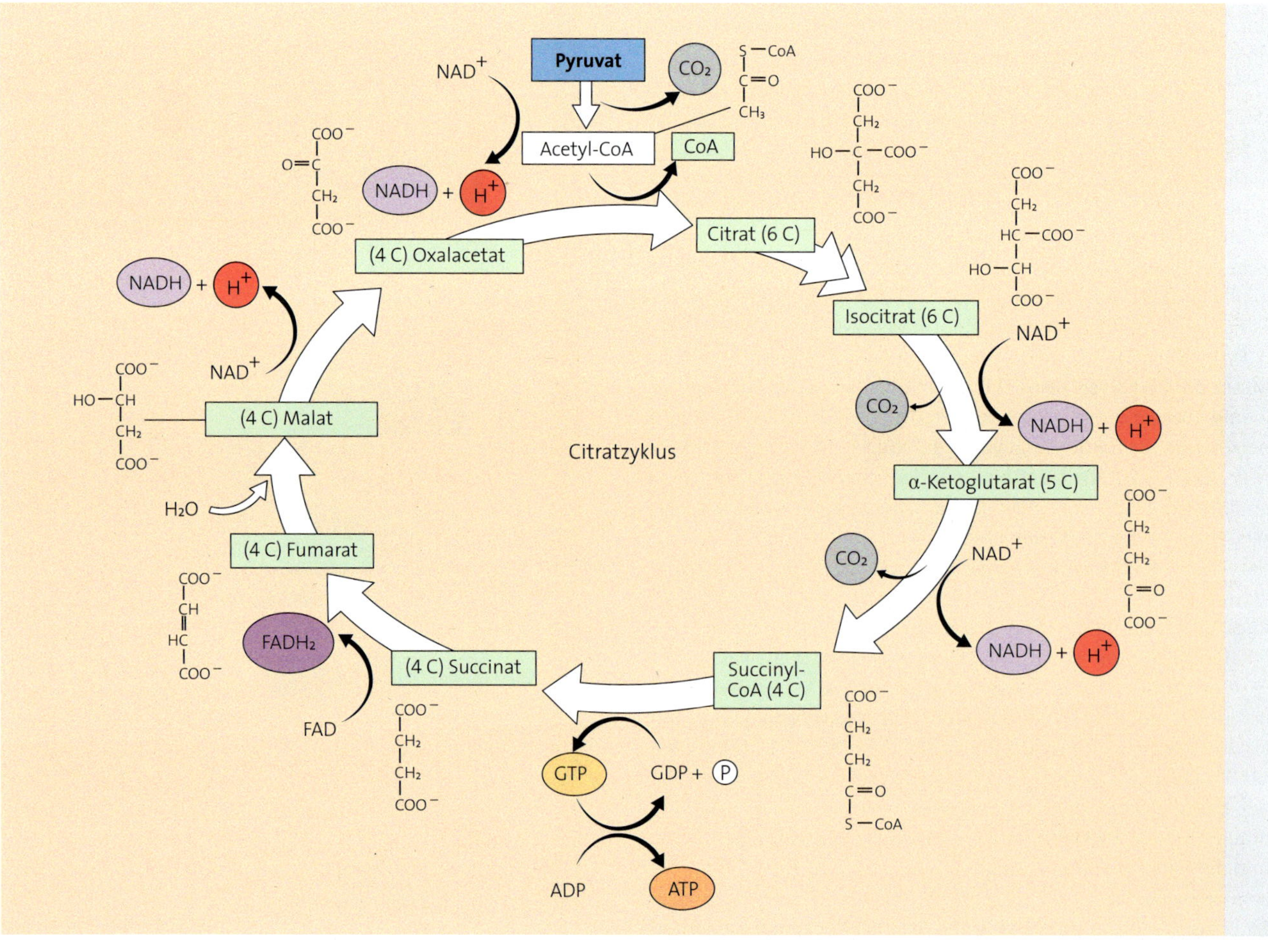


1 *Citratzyklus*

## Die Atmungskette

Mischt man Sauerstoff und Wasserstoff im richtigen Verhältnis und führt zum Beispiel mit einem Zündfunken Aktivierungsenergie zu, verbinden sich die Gase zu Wasser. Bei dieser *Knallgasreaktion* wird explosionsartig sehr viel Energie freigesetzt. Auch die Zelle gewinnt im Prinzip ihre Energie bei der Zellatmung durch die Reaktion von Wasserstoff mit Sauerstoff zu Wasser, jedoch in Teilbeträgen und auf einem völlig anderen Weg.

**Atmungskette.** In der Zelle wird der Wasserstoff – an die Coenzyme *NADH + H⁺* und *FADH₂* gebunden – zuerst in Protonen und Elektronen getrennt und nicht wie bei der Knallgasreaktion direkt auf Sauerstoff übertragen. Die Elektronen werden über mehrere hintereinandergeschaltete *Redoxsysteme* aus rund 50 Enzymen transportiert, die zu je vier *Multienzymkomplexen* (▶ S. 76) zusammengefasst sind. Sie bilden zusammen die *Atmungskette* und sind Bestandteil der inneren Mitochondrienmembran. Diese ist stark gefaltet und bietet mehreren Tausend Gruppen von Multienzymkomplexen Platz.

Bei der Aufnahme von Elektronen werden die Enzyme der Atmungskette reduziert und bei der Abgabe oxidiert. Bei jeder Redoxreaktion wird Energie frei. Sie dient dazu, Protonen aus der Mitochondrienmatrix in den Intermembranraum zu pumpen. Der *Elektronentransport innerhalb der Membran* ist also *mit einem Protonentransport durch die Membran gekoppelt* (▶ Bild 1).

Erst das letzte Enzym der Atmungskette, die Cytochromoxidase, überträgt seine Elektronen auf den Sauerstoff. Er reagiert mit Protonen aus dem umgebenden Medium zu Wasser.

**ATP-Synthese.** Durch den Protonentransport entsteht über der Membran ein *Konzentrationsgefälle*, das wegen der positiven Ladung der Protonen zugleich ein *Ladungsgefälle* ist. Man spricht von einem *elektrochemischen Protonengradienten*.

Der elektrochemische Gradient führt dazu, dass die Protonen das Bestreben haben, in die Mitochondrienmatrix zurückzufließen. Die innere Mitochondrienmembran ist jedoch im Gegensatz zur äußeren für nahezu alle Ionen und polaren Moleküle undurchlässig. Nur die *ATP-Synthasen*, ebenfalls Enzymkomplexe, bilden Kanäle in der Membran, durch die die Protonen fließen können. Durch den Protonenrückfluss angetrieben, bilden die ATP-Synthasen aus ADP und Phosphat ATP. Dieser Prozess heißt *oxidative Phosphorylierung* oder *Atmungskettenphosphorylierung*.

**Bilanz.** Bei der Kopplung von Atmungskette und oxidativer Phosphorylierung werden pro Glucosemolekül etwa 28 Moleküle ATP gewonnen.

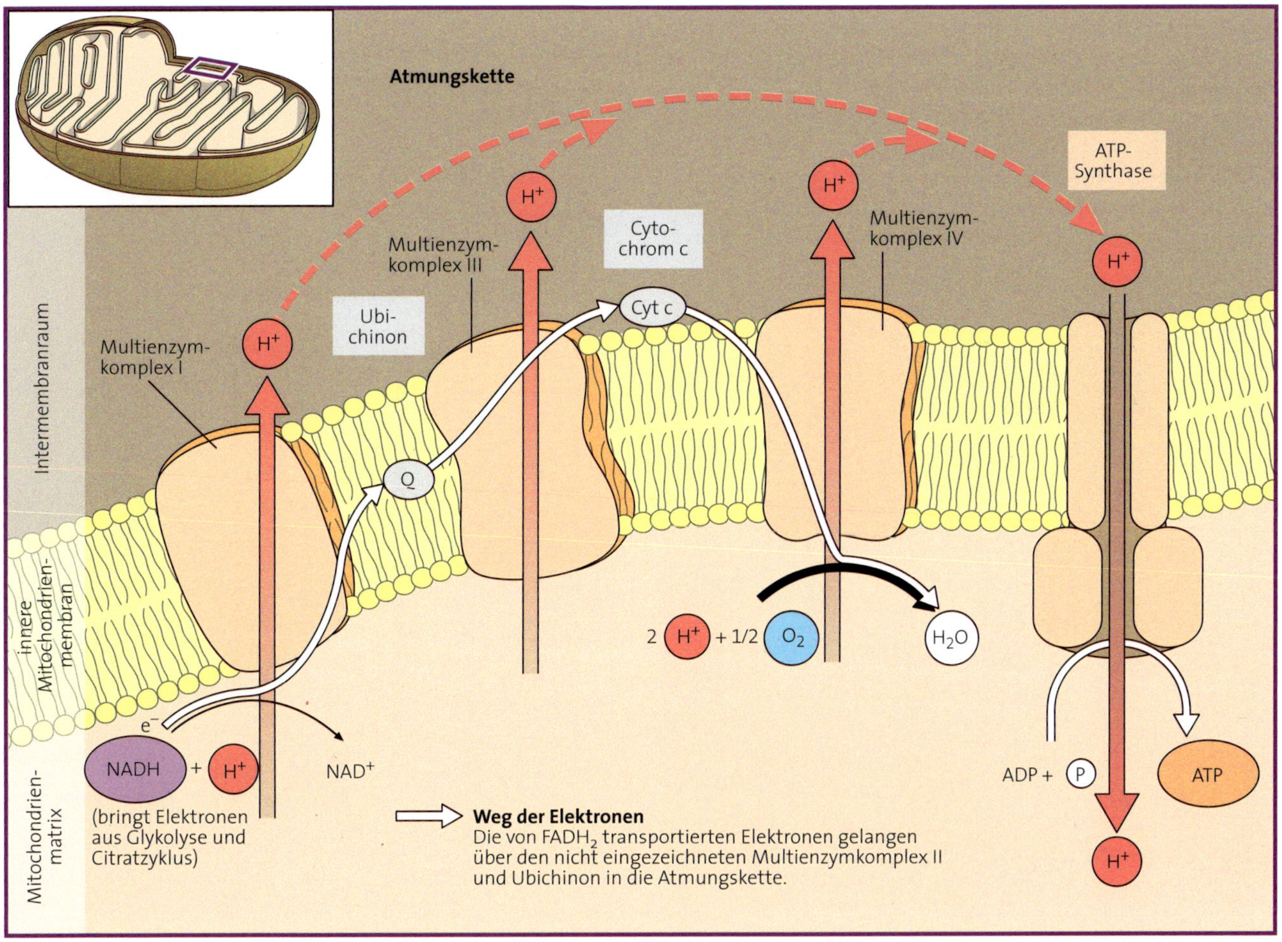


*1 Endoxidation in der Atmungskette und ATP-Bildung durch die ATP-Synthase (oxidative Phosphorylierung)*

## Energieumsatz und seine Messung

Im Revolutionsjahr 1789 erkannte der berühmte französische Chemiker ANTOINE DE LAVOISIER (er starb später unter der Guillotine), dass zwischen körperlicher Tätigkeit, Atmung und Wärmebildung im Körper ein Zusammenhang besteht. Seine Vorstellung, der Körper gewinne Energie durch Verbrennung, erwies sich zwar im Nachhinein als falsch. Dennoch zeigten seine Experimente den Weg zur Messung des Energieumsatzes von Lebewesen.

**Physikalischer Brennwert.** Wird ein Nährstoff vollständig verbrannt, entspricht die entstehende Wärme seinem physikalischen Brennwert, das heißt seinem *Energiegehalt*. Dazu wird eine genau gewogene Menge des Stoffs in der Brennkammer oder „Bombe“ eines *Kalorimeters* in reinem Sauerstoff bei hohem Druck nach elektrischer Zündung verbrannt. Wasser, das die Brennkammer umgibt und das nach außen hin gut isoliert ist, nimmt die entstandene Wärme auf. Deren Menge lässt sich aus dem Temperaturanstieg berechnen.

**Physiologischer Brennwert.** Die bei einer chemischen Reaktion freigesetze Energiemenge ist grundsätzlich unabhängig vom Reaktionsweg. Daher entspricht der im Kalorimeter gemessene Wert auch genau dem *physiologischen Brennwert*, das heißt dem im Körper freigesetzten Energiebetrag, wenn Ausgangsstoffe und Endprodukte in beiden Fällen gleich sind. Dies gilt für Kohlenhydrate und Fette, da diese auch im Körper vollständig zu $CO_2$ und $H_2O$ abgebaut werden. Dagegen ist der physiologische Brennwert der Proteine deutlich kleiner als der im Kalorimeter gemessene Wert, da Proteine im Körper nur bis zur Stufe des Harnstoffs abgebaut werden. Dieser wird in Wasser gelöst mit dem Urin ausgeschieden (► S. 112).

**Kalorimetrie.** Da bei jeder Reaktion des Energiestoffwechsels auch Wärme entsteht, kann man die vom Körper abgegebene Wärmemenge als Maß für seinen Energieumsatz heranziehen. Diese *direkte Kalorimetrie*, erstmals von LAVOISIER im Tierversuch eingesetzt, ist jedoch aufwendig und ungenau.

Für medizinische, arbeits- und sportphysiologische Zwecke wird heute praktisch ausschließlich die *indirekte Kalorimetrie* angewandt. Mit ihr bestimmt man den Energieumsatz aus dem Sauerstoffverbrauch der Atmung (► Foto S. 109). Für Glucose als Ausgangsstoff etwa gilt die Summengleichung

$C_6H_{12}O_6 + 6\,O_2 \rightarrow 6\,CO_2 + 6\,H_2O$ Energiedifferenz 2 822 kJ.

Das bedeutet, dass 6 mol $O_2$ nötig sind, um 2 822 kJ Energie aus einem mol Glucose freizusetzen. Da 1 mol Sauerstoff ein Volumen von 22,4 Litern einnimmt, lässt sich damit der Energiebetrag berechnen, der je Liter verbrauchten Sauerstoffs umgesetzt wird. Er beträgt für Glucose 2 822 kJ : (6 × 22,4 Liter $O_2$) = 21 kJ/Liter $O_2$ und wird als *kalorisches Äquivalent* bezeichnet.

Da zum Abbau der Fette und Proteine mehr $O_2$ nötig ist als für Glucose und andere Kohlenhydrate, ist das kalorische Äquivalent dieser Nährstoffe kleiner. Um aus dem Sauerstoffverbrauch den Energieumsatz berechnen zu können, muss man daher Art und Anteil der jeweils abgebauten Nährstoffe kennen. Einen Anhaltspunkt dafür liefert der *respiratorische Quotient (RQ)*, also der Quotient aus abgegebener $CO_2$-Menge und aufgenommener $O_2$-Menge (mol $CO_2$/mol $O_2$). Auch er kann bei der indirekten Kalorimetrie gemessen werden.

| Nährstoff | physiologischer Brennwert kJ/g | RQ | kalorisches Äquivalent kJ/l $O_2$ |
|---|---|---|---|
| Kohlenhydrate | 17,2 | 1,0 | 21,1 |
| Fette | 38,9 | 0,7 | 19,6 |
| Proteine | 17,2 | 0,8 | 18,8 |
| zum Vergleich: mitteleurop. Kost | | 0,82 | 20,2 |

1 *LAVOISIER misst den Sauerstoffverbrauch bei körperlicher Tätigkeit; Zeichnung von Madame LAVOISIER.*

**Kalorimeter, Schema**

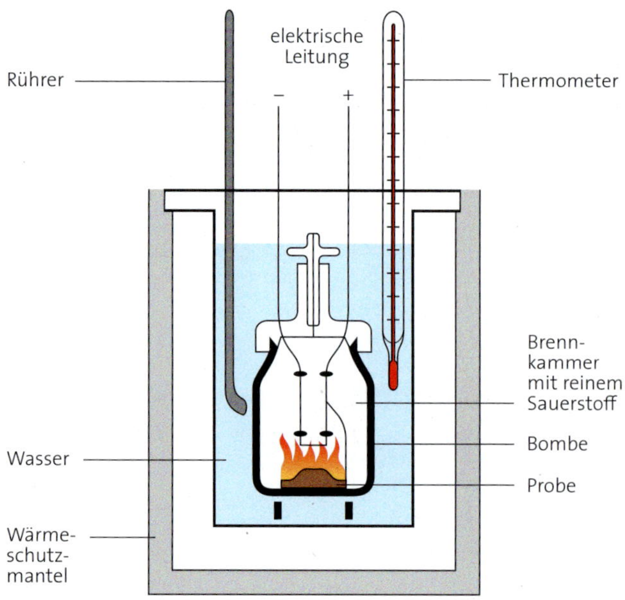


2 *Aufbau eines Kalorimeters. Nach der Verbrennung in der Bombe wird die Erwärmung des Wassers gemessen.*

## Stoff- und Energiebilanz der Zellatmung

Bei allen Energie umsetzenden Vorgängen ist immer nur ein Teil der aufgewendeten Energie nutzbar. Das Verhältnis von nutzbarer zu aufgewendeter Energie bezeichnet man als Wirkungsgrad der Energieumsetzung. Mit den Methoden der Kalorimetrie lässt sich zwar der Energiebetrag messen, der von einem Organismus bei bestimmter Aktivität in einer abgegrenzten Zeit umgesetzt wird, der Wirkungsgrad bleibt dagegen unbekannt. Da das Ziel des Energiestoffwechsels aller Lebewesen darin besteht, die universell einsetzbare Energiewährung ATP bereitzustellen, also sie aus ADP und Phosphat zu regenerieren, kann der Wirkungsgrad des Energiestoffwechsels nur über eine ATP-Bilanz ermittelt werden.

**ATP-Bilanz des Glucoseabbaus.** Eine solche Bilanz bezieht sich auf 1 mol des umgesetzten Stoffs, kann aber auch je Molekül betrachtet werden. Sie stellt nur eine Abschätzung dar, da die Effektivität der biochemischen Reaktionen durch viele Faktoren, zum Beispiel Konzentration und pH-Wert, beeinflusst wird. Die einzelnen Abschnitte des Glucoseabbaus tragen in unterschiedlichem Maß zur Bilanz bei, entweder direkt durch Bildung von ATP oder indirekt durch Bildung der Reduktionsäquivalente NADH + $H^+$, die in die Atmungskette eingehen und dort ebenfalls zur ATP-Synthese genutzt werden. Je mol NADH + $H^+$ entstehen etwa 2,5 mol ATP.

Die Glykolyse liefert 2 ATP und 2 NADH + $H^+$, insgesamt also rund 7 ATP. Die oxidative Decarboxylierung bringt 2 NADH + $H^+$ in die Atmungskette ein, entsprechend 5 ATP. Im Citratzyklus entstehen 2 ATP direkt, 6 NADH + $H^+$ und 2 $FADH_2$, die etwas energieärmer sind als NADH + $H^+$. Insgesamt trägt der Citratzyklus 20 ATP zur Bilanz bei. Der aerobe Abbau von 1 mol Glucose liefert demnach 32 mol ATP. Dies entspricht rund 960 kJ und damit einem Wirkungsgrad der Zellatmung von etwa 33 %.

**Stoffbilanz.** Formuliert man ihre Summengleichung nur mit Ausgangs- und Endstoffen, ergibt sich die stoffliche Bilanz zu:

$C_6H_{12}O_6 + 6\,O_2 \rightarrow 6\,CO_2 + 6\,H_2O.$

Berücksichtigt man wichtige Zwischenprodukte, lautet sie:

$C_6H_{12}O_6 + 6\,O_2 + 6\,H_2O + 32\,(ADP + Ⓟ) \rightarrow 6\,CO_2 + 12\,H_2O + 32\,ATP.$

**„Marktplatz" des Stoffwechsels.** Auch der Stoffwechsel der Fette und Proteine mündet in den Abbauweg der Kohlenhydrate als gemeinsame Endstrecke ein. Viele Zwischenprodukte von Glykolyse und Citratzyklus wie Glycerinaldehyd, Pyruvat oder Acetyl-CoA sind zugleich wichtige Ausgangsstoffe für den Baustoffwechsel. Da hier noch weitere Stoffwechselwege wie Pentosephosphatzyklus oder verschiedene Formen der Gärung (► S. 108) aus- und einmünden, kann man diesen Abschnitt als „Drehscheibe" oder „Marktplatz" des ganzen Stoffwechsels in der Zelle betrachten.

---

**1** **Berechnen Sie, wie viel ATP ein Mensch täglich umsetzt. (Energieumsatz 12 000 kJ/Tag, Wirkungsgrad 33 %, 1 mol ATP = 500 g liefert etwa 30 kJ)**

**2** **Vergleichen Sie den Wirkungsgrad von Benzinmotor und Zellatmung.**

**3** **Bei Überernährung mit Kohlenhydraten bildet der Körper Fettreserven. Geben Sie an, wie man Bild 1 ergänzen müsste, wenn der zugehörige Stoffwechselweg über Glykolyse und Citratzyklus verläuft.**

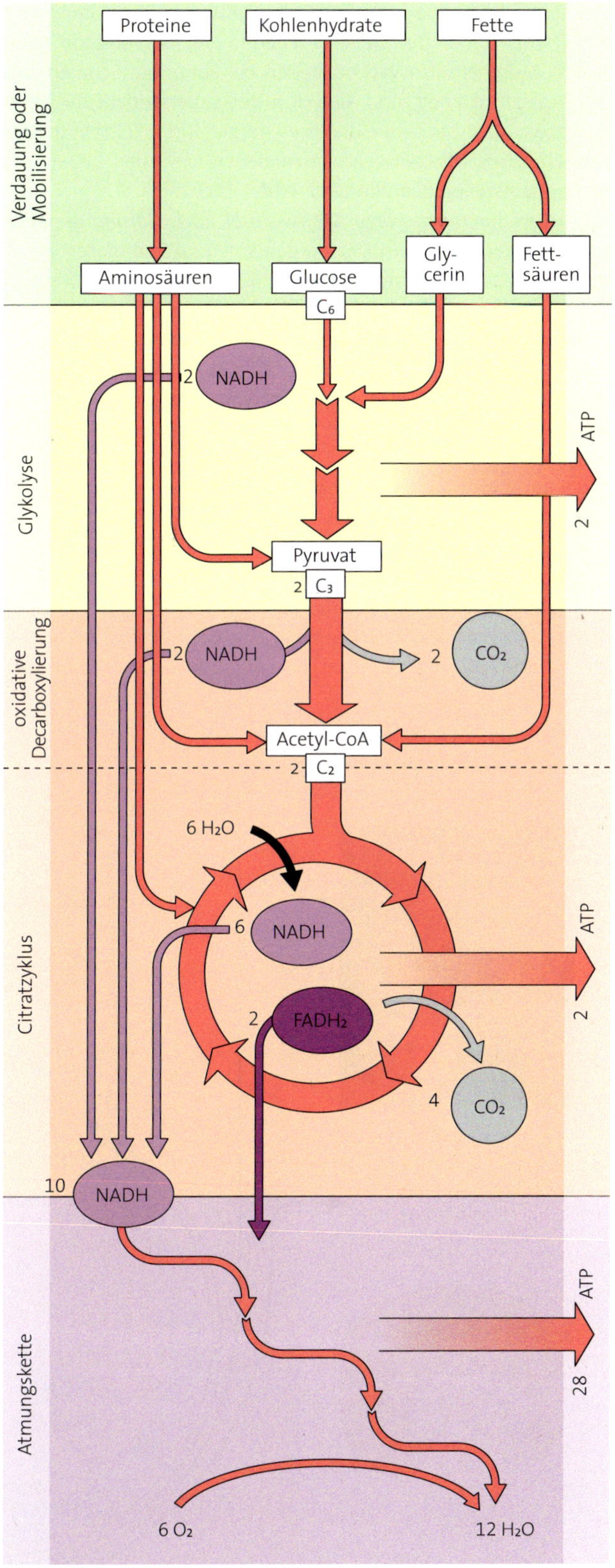


*1 Vereinfachtes Schema der Stoffwechselwege der Zellatmung. Für Glucose ist eine Stoff- und Energiebilanz erstellt.*

## Energiegewinnung ohne Sauerstoff: Gärung

Viele Lebewesen kommen ganz oder zeitweise ohne Sauerstoff aus. Darmwürmer zum Beispiel leben in einem sauerstofffreien Milieu. Muscheln im Watt schließen bei Ebbe ihre Schalen, um nicht auszutrocknen, und sind von der Sauerstoffzufuhr abgeschnitten. Auch bei Arten, die ihre Energie durch Zellatmung gewinnen, kann sich zeitweise in manchen Geweben Sauerstoffmangel einstellen. Sie alle sind in der Lage, sich Energie ohne Sauerstoff durch *anaeroben Stoffwechsel*, auch *Gärung* genannt, zu beschaffen. Vor allem Mikroorganismen nutzen diesen evolutionsbiologisch ursprünglichen Weg der Energiegewinnung. Bei vielen Lebewesen entscheidet das Sauerstoffangebot, ob der aerobe oder der anaerobe Stoffwechselweg eingeschlagen wird.

Der erste Teil des anaeroben Stoffwechselwegs entspricht weitgehend der Glykolyse. Allerdings wird deren Produkt Pyruvat bei den verschiedenen Formen der Gärung zu jeweils anderen Endprodukten verarbeitet.

- Bei der *alkoholischen Gärung* durch Hefepilze entsteht aus Pyruvat nach Abspaltung von Kohlenstoffdioxid Ethanal (Acetaldehyd), das zu Ethanol reduziert wird. Das Aufgehen von Hefeteig sowie die Zubereitung von Most, Bier und Wein beruhen auf der alkoholischen Gärung.
- *Milchsäuregärung* ist vor allem für Milchsaurebakterien typisch. Die Milchsäure (Anion Lactat) als Endprodukt dieser Gärung erniedrigt den pH-Wert stark und hemmt das Wachstum anderer Mikroorganismen. Sie wirkt daher konservierend. Dies nutzt man zur Erzeugung von Silage, Sauerkraut oder Sauermilchprodukten. Milchsäuregärung läuft auch in den Muskeln von Wirbeltieren ab, wenn sie nicht ausreichend mit Sauerstoff versorgt werden. Ist wieder genug Sauerstoff vorhanden, wird die Milchsäure zurück in Pyruvat verwandelt und durch Zellatmung abgebaut.
- Manche Bakterien beschreiten bei der Gärung einen Teil des Citratzyklus rückwärts: Bei der *gemischten Säuregärung* des Darmbakteriums Escherichia coli entsteht vor allem Bernsteinsäure (Anion Succinat). Die *Propionsäuregärung* von Bakterien in Pansen und Darm von Kühen und Schafen liefert Propionsäure. Auch die Reifung von Käse erfolgt so.

Durch Gärung wird viel weniger Energie gewonnen als durch Zellatmung: je abgebautem mol Glucose nur 2 bis 3 mol ATP. Entsprechend energiereich sind die Endprodukte der Gärungen. Ihre Anreicherung wirkt meist hemmend auf den Stoffwechselweg zurück.

**1 Welche Konzentration an Ethanol entsteht theoretisch durch alkoholische Gärung in einer 1-molaren Glucoselösung? Nennen Sie Gründe, warum dieser Wert in der Praxis nicht erreichbar ist.**

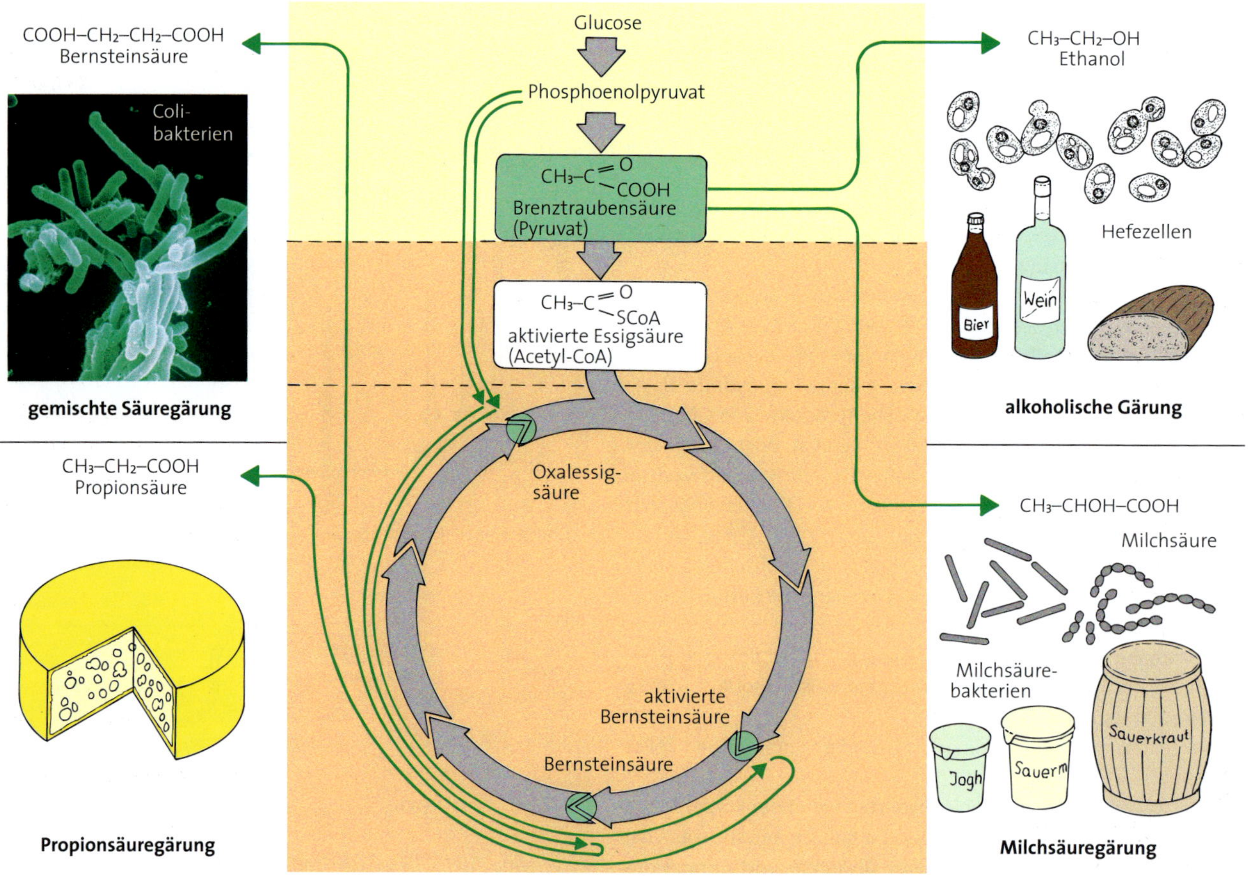


*1 Verschiedene Formen der Gärung. Sie nehmen ihren Ausgang von Zwischenprodukten der Glykolyse und des Citratzyklus.*

# Energiegewinnung

Der Energiegewinnung durch Zellatmung und Gärung liegen Stoffwechselvorgänge zugrunde, die sich im Zellplasma und den Mitochondrien abspielen. Sie sind direkt nur mit speziellen Methoden und Geräten zu analysieren. Da sich die verschiedenen Formen der Energiegewinnung jedoch zum Teil nach der Umsatzrate der Ausgangsstoffe oder nach der Art und Menge der Endprodukte unterscheiden, kann man sie indirekt mit einfachen Mitteln untersuchen.

Solche Methoden sind zum Beispiel in der Lebensmitteltechnik von Bedeutung, besonders bei der Erzeugung und Qualitätskontrolle von Sauermilchprodukten, Bier und Backwaren.

Auch in der *Arbeits-* und *Sportmedizin* spielt die Unterscheidung von aerober und anaerober Energiegewinnung eine wichtige Rolle, da beispielsweise Ermüdung und Schädigung unserer Muskeln ganz wesentlich davon abhängen, auf welche Weise sie ihre Energie gewinnen.

## Glucoseverbrauch der Bäckerhefe bei Atmung und Gärung

**MATERIAL:** Sauerstoff und Stickstoff in Druckgasflaschen *(Vorsicht! Handhabung nur nach Einweisung durch Lehrer!)*, zwei Gaswaschflaschen, Wasserbad, Stativmaterial, Schlauchverbindungen, Messzylinder, Bäckerhefe, 2%ige Glucoselösung, Teststreifen zur Glucosebestimmung (halbquantitativ) oder Blutzuckermessgerät, Pipette

**DURCHFÜHRUNG:** Verrühren Sie 20 g Bäckerhefe in 100 ml Wasser und verteilen Sie die sehr gut durchmischte Aufschwemmung zu gleichen Teilen auf die zwei Waschflaschen. Temperieren Sie die Waschflaschen mit der Hefe im Wasserbad bei 40 °C. Lassen Sie eine der Flaschen mit Sauerstoff, die andere mit Stickstoff durchströmen. Stellen Sie den Gasstrom so ein, dass die Frequenz der Gasblasen in beiden Ansätzen gleich ist.

Geben Sie zu jedem Ansatz 50 ml 2%ige Glucoselösung und starten Sie die Uhr. Entnehmen Sie eine Stunde lang alle fünf Minuten jedem Ansatz mit der Pipette einige Tropfen und messen sie jeweils die Glucosekonzentration nach der Gebrauchsanweisung der Teststreifen oder des Blutzuckermessgeräts.

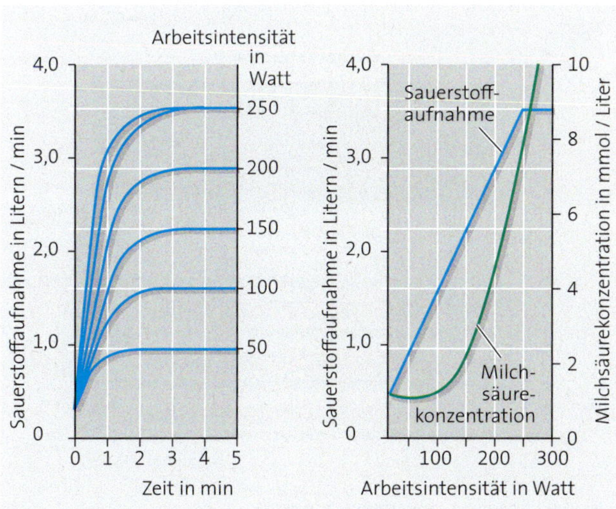


## Milchsäurebildung bei verschiedener Temperatur

**MATERIAL:** unbehandelte Frischmilch vom Bauernhof, Erlenmeyerkolben (100 ml), Frischhaltefolie, Thermometer, Wärmeschrank oder Wasserbad, Glasstab, Objektträger, Holzklammer, Brenner, Methylenblaulösung, Mikroskop

**DURCHFÜHRUNG:** Füllen Sie zwei Erlenmeyerkolben je zur Hälfte mit der Milch und verschließen Sie die Öffnung mit Folie. Stellen Sie einen der Kolben bei 50 °C in den Wärmeschrank und lassen Sie den anderen bei Zimmertemperatur stehen.

Entnehmen Sie nach einem Tag jeweils einen Tropfen der flüssigen Molke mit einem Glasstab und verstreichen Sie ihn auf einem Objektträger. Ziehen Sie dann die Objektträger zur Hitzefixierung durch die Flamme eines Brenners. Färben Sie die Präparate einige Minuten mit Methylenblaulösung. Nach dem Abspülen der Farblösung untersuchen Sie die trockenen Präparate mit dem Mikroskop bei starker Vergrößerung.

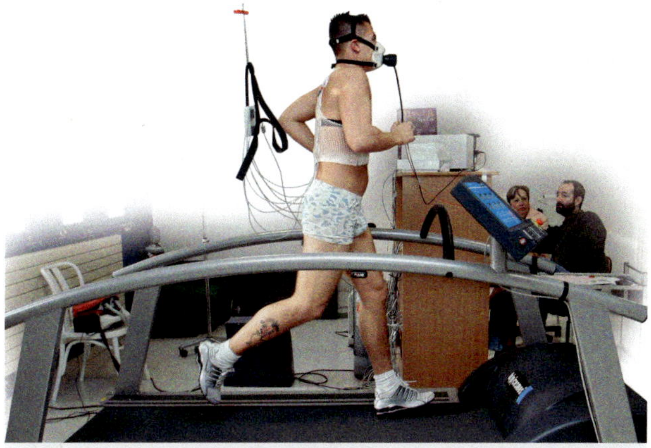

Gesundes Training, das zu mehr Ausdauer und Fitness führt, spielt sich immer im aeroben Bereich ab. Das heißt, dass der eingeatmete Sauerstoff ausreicht, um den Bedarf des Körpers zu decken. Alles darüber hinaus ist auf Dauer ungesund.

*Aus der Werbung für ein Herzfrequenz-Messgerät*

---

❶ Daten zum Sauerstoffverbrauch und zur Energiegewinnung beim Menschen, wie sie den Diagrammen links zugrunde liegen, werden meist auf dem Ergometer oder auf dem Laufband (▶ Bild oben) gewonnen. Sie sind vor allem für die Sport- und Arbeitsmedizin von Bedeutung. Was lässt sich aus den Diagrammen über die Energiegewinnung ablesen?
Setzen Sie dazu den Werbetext für ein Herzfrequenz-Messgerät in Beziehung. Bei welchem Bruchteil der maximalen körperlichen Leistung beginnt der kritische Bereich?

❷ Stellen Sie das Ergebnis Ihres Versuchs zum Glucoseverbrauch der Hefe grafisch dar (Glucosekonzentration/Zeit) und erklären Sie es.

❸ Welche Schlüsse ziehen Sie aus dem Ergebnis Ihrer mikroskopischen Untersuchung?

### Stichworte zu weiteren Informationen

Pasteur-Effekt • Sauerstoffschuld • Muskelkater • Wirkungsgrad

## Bau der Muskeln

Bewegung ist ein Kennzeichen des Lebendigen. Im Prinzip sind alle Zellen mit Strukturen ausgestattet, die Bewegung ermöglichen (► S. 53). Vielen Einzellern, aber auch den weißen Blutkörperchen verleihen sie erstaunliche Beweglichkeit. Im Körper tierischer Vielzeller sind *Muskelzellen* und *Muskelfasern* durch ihre Fähigkeit zu aktiver Kontraktion auf Bewegung spezialisiert. Aktiv entspannen können sie sich dagegen nicht: Die Muskulatur ist als Bewegungssystem aufgebaut, in dem Kräfte und Gegenkräfte wirken.

**Struktur.** Bei Wirbeltieren ist jeder Skelettmuskel von Muskelhaut umgeben, die am Ende in eine Sehne übergeht. Mit ihr ist der Muskel am Knochen festgewachsen. Schon mit bloßem Auge erkennt man am Muskel, etwa am Fleisch von Schlachttieren, *Muskelfaserbündel*. Diese setzen sich aus *Muskelfasern* zusammen, das sind aus vielen Einzelzellen verschmolzene, vielkernige „Superzellen", die 0,1 mm dick und über 100 mm lang werden können.

Jede Muskelfaser besteht aus einigen Hundert *Myofibrillen* von 1 µm Durchmesser, die im Elektronenmikroskop einen Aufbau aus zwei unterschiedlich dicken *Myofilamenten* erkennen lassen. Die dickeren Filamente bestehen aus dem Protein *Myosin*, die dünneren aus den Proteinen *Aktin* und *Tropomyosin*.

Bereits im Lichtmikroskop zeigen Skelettmuskelfasern eine Querstreifung aus hellen und dunklen Zonen, die im elektronenmikroskopisch erkennbaren Aufbau der Myofibrillen ihre Erklärung findet: Jede Myofibrille ist durch sogenannte *Z-Scheiben* in etwa 2 bis 3 µm lange Abschnitte, die *Sarkomere*, unterteilt (► Bild 1). In der hellen *I-Bande* um die Z-Scheibe besteht das Sarkomer nur aus Aktinfilamenten. In der dunklen *A-Bande* überlappen Aktin- und Myosinfilamente, in der *H-Zone* liegen nur Myosinfilamente vor. Da alle Sarkomere in den Myofibrillen einer Muskelfaser parallel angeordnet sind, entsteht so die Querstreifung.

**Muskeltypen.** Als *quer gestreifte Muskulatur* fasst man *Skelettmuskeln* und den *Herzmuskel* zusammen, dessen Fasern ebenfalls quer gestreift sind. Allerdings weist der Herzmuskel Besonderheiten auf, die mit seiner Dauerleistung und seiner vom Nervensystem unabhängigen Erregungsbildung zusammenhängen. So sind die Fasern viel kürzer, netzartig angeordnet, besitzen meist nur einen zentral gelegenen Zellkern und noch mehr Mitochondrien als Skelettmuskelfasern. Auch lässt sich der Herzmuskel nicht willkürlich steuern.

Bei der *glatten Muskulatur* sind die Myofilamente in den *spindelförmigen Zellen* unregelmäßig angeordnet und ergeben keine Querstreifung. Glatte Muskulatur findet sich bei Wirbeltieren besonders in der Wand von Hohlorganen wie Darm, Bronchien, Harnblase, Uterus und Blutgefäßen oder im Ciliarmuskel der Augen. Sie arbeitet unwillkürlich und langsamer als Skelettmuskeln, ist jedoch ausdauernder.

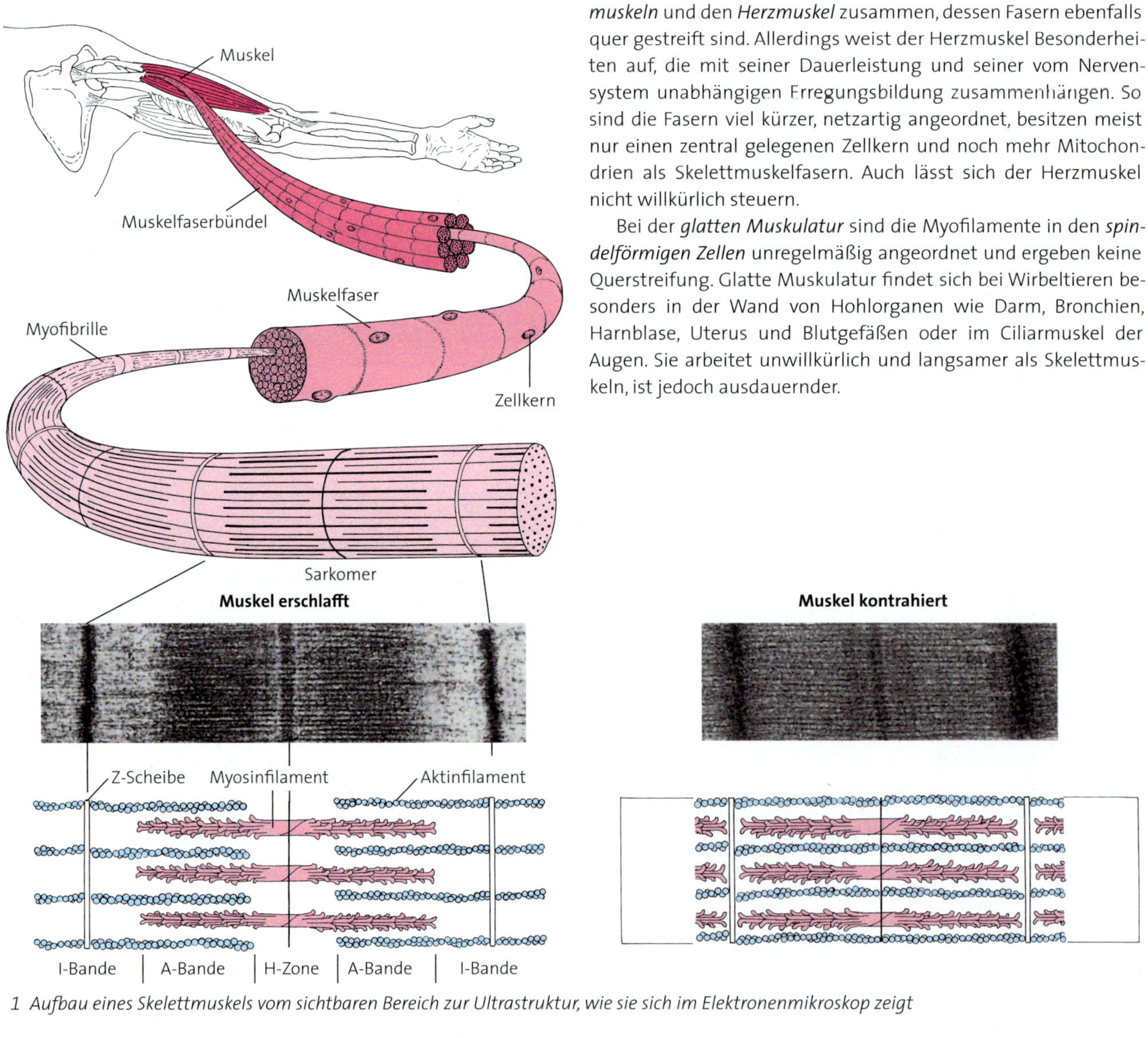


1 *Aufbau eines Skelettmuskels vom sichtbaren Bereich zur Ultrastruktur, wie sie sich im Elektronenmikroskop zeigt*

## Muskelkontraktion und ATP

Die chemischen „Motoren" der Muskulatur sind die Myofibrillen, ihre Arbeitseinheiten sind die Sarkomere. Hier wird die im ATP chemisch gebundene Energie – unter Wärmeverlust – direkt in die mechanische Arbeit der Muskelkontraktion umgewandelt. Aus elektronenmikroskopischen Aufnahmen lässt sich erschließen, dass die Myosin- und Aktinfilamente eines Sarkomers bei der Kontraktion teleskopartig ineinandergleiten, ohne dass sich ihre Dicke und Länge ändern. Dieses *Filamentgleiten* ist die Grundlage für die Muskelverkürzung, die sich aus der Verkürzung tausender hintereinander geschalteter Sarkomere ergibt.

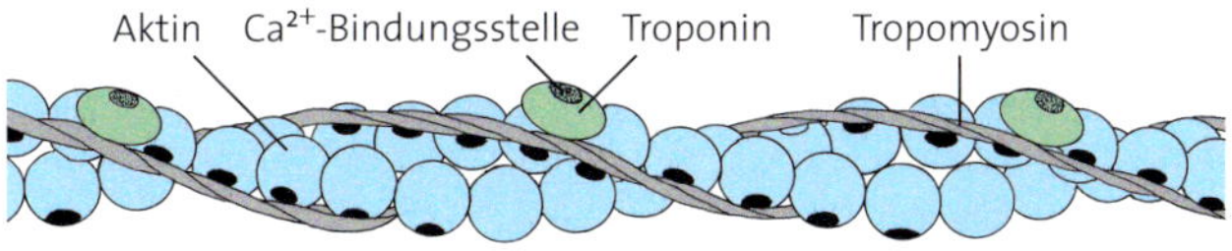


**Aufbau der Filamente.** Ein dünnes Filament besteht aus zwei umeinandergewundenen, perlschnurartigen Ketten kugelförmiger Moleküle des Proteins *Aktin* (► Bild oben). Fadenförmig legen sich *Tropomyosinmoleküle* um die Aktinketten, wobei alle 40 nm ein *Troponinmolekül* angeheftet ist. Ein Myosinfilament wird von zahlreichen riesigen *Myosinmolekülen* gebildet, die jeweils aus einem zweigeteilten Kopf und einem langen Schwanzteil bestehen. Zwei Abschnitte im Schwanzteil können wie Scharniergelenke die Molekülgestalt verändern.

**Wechselwirkung zwischen den Filamenten.** Im erschlafften Zustand sind die mit ATP beladenen Molekülköpfe des Myosins nicht an Aktin gebunden, sodass die Sarkomere – und damit der ganze Muskel – durch Gegenspielermuskeln gedehnt werden können (► Bild 1 oben). Wird ATP am Myosin durch dessen enzymartige Wirkung hydrolysiert – wobei ADP und Phosphat gebunden bleiben –, werden die Myosinköpfe in einen energiereichen Zustand überführt (► Bild 1 rechts).

Solange Tropomyosinfäden die Myosin-Bindungsstellen des Aktins blockieren, kommt keine Wechselwirkung zwischen den Filamenten und damit keine Muskelkontraktion zustande. Auf einen Nervenimpuls hin wird dieser Ruhezustand aufgehoben: Aus dem endoplasmatischen Reticulum der Muskelfasern werden *$Ca^{2+}$-Ionen* freigesetzt, die an Troponin binden. Dadurch ändert dieses die Form und drängt die Tropomyosinfäden aus ihrer Lage. Tropomyosin blockiert jetzt die Myosin-Bindungsstellen nicht mehr, zwischen Myosinköpfen und Aktinfilament bilden sich *Querbrücken* (► Bild 1 unten). Der Aktin-Myosin-Komplex setzt ADP und Phosphat frei. Dadurch ändert sich an einem Scharnier des Myosinmoleküls dessen Gestalt: Mit der Kraft des *umklappenden Myosinkopfs* wird das Aktinfilament 10 nm weit zur Sarkomermitte gezogen. Ein Durchlauf im molekularen Prozess der Muskelkontraktion ist damit beendet (► Bild 1 links).

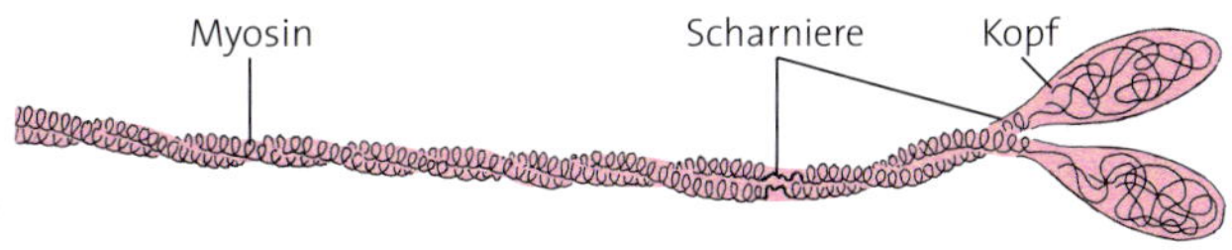


Vor einem weiteren Zyklus müssen die Querbrücken gelöst werden, indem sich neues ATP an Myosin bindet und dessen Gestalt verändert (► Bild 1 oben). Solange $Ca^{2+}$-Konzentration und ATP-Konzentration hoch sind, werden von jedem der rund 350 Myosinköpfe eines Filaments etwa 5 Querbrücken je Sekunde geknüpft und gelöst.

---

**1** **Einige Stunden nach dem Tod eines Wirbeltiers tritt die Totenstarre ein, durch die alle Muskeln starr und hart werden. Erklären Sie das Phänomen.**

**2** **Wird einem frisch isolierten Muskel ATP zugesetzt, kontrahiert er nicht. Stellen Sie eine Hypothese über die Ursache auf.**

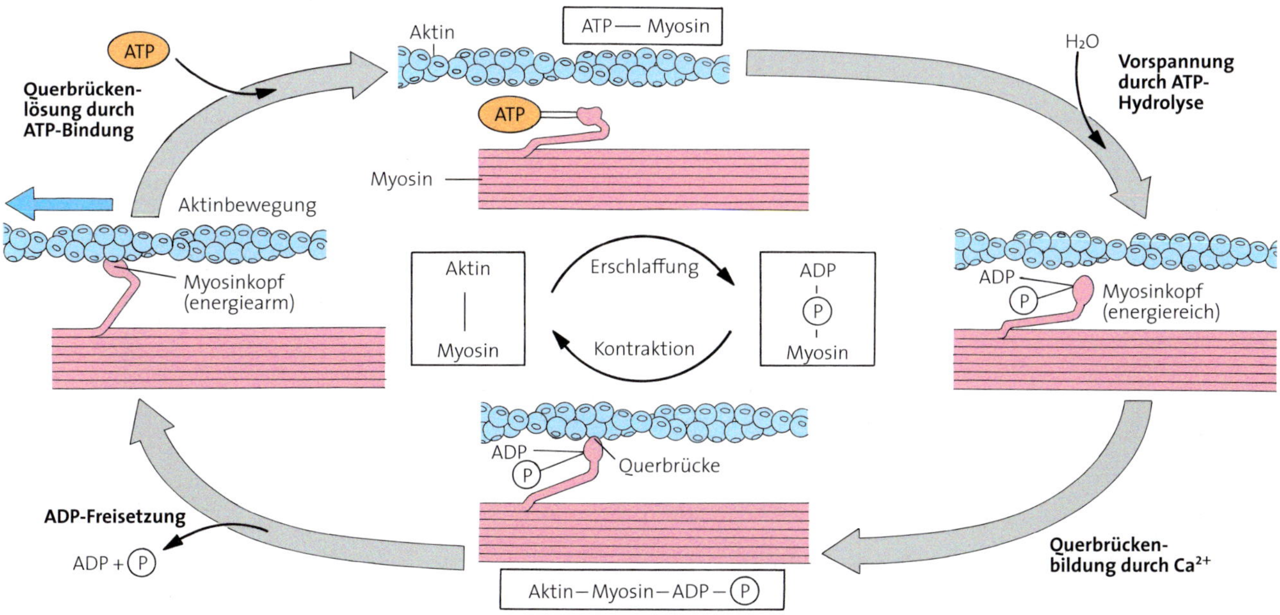


*1 Arbeitstakte des chemischen Motors der Muskeln. Durch eine Folge solcher Takte gleiten die Filamente ineinander.*

## Ausscheidung

Schweiß, Kot, Urin, $CO_2$: Auch wenn die Ausscheidungsprodukte des Körpers als unappetitliche Kehrseite des Stoffwechsels erscheinen – die Ausscheidung oder *Exkretion* nicht verwertbarer, überflüssiger, schädlicher oder gar giftiger Stoffe ist eine ebenso wichtige Stoffwechselfunktion wie die Aufnahme und der Umbau von Stoffen. Ohne Ausscheidung wird das Stoffwechselgleichgewicht, die *Homöostase*, lebensbedrohlich gefährdet. Versagen beispielsweise bei einem Menschen die Nieren, sammelt sich überall im Körper Wasser an. Die $Na^+$-, $K^+$-, Phosphat- und Harnstoffkonzentrationen steigen dramatisch und das Blut wird übersäuert. Unbehandelt führt Nierenversagen in kurzer Zeit zum Tod.

**Aufgabe der Exkretion.** Mit Ausnahme von Kohlenstoffdioxid, das als Atemgas über die Lunge abgegeben wird, werden die meisten Exkrete in Wasser gelöst ausgeschieden. Daher ist die *Osmoregulation* (► S. 46), also die Regelung des Wasser- und Ionenhaushalts, aber auch die Einstellung des *Säure-Base-Gleichgewichts* untrennbar mit der Ausscheidung verbunden. Daneben ist die *Exkretion der stickstoffhaltigen Endprodukte* des Proteinstoffwechsels, des giftigen Ammoniaks $NH_3$ bzw. seines Ammoniumions $NH_4^+$, besonders wichtig. Während sie bei Wassertieren direkt in das umgebende Medium ausgeschieden werden können, müssen sie bei allen Landtieren einschließlich des Menschen unter Aufwand von ATP zuerst in Harnstoff, Harnsäure oder andere N-haltige Exkrete umgewandelt und so entgiftet werden. Erst dann können sie ausgeschieden werden.

Außer Wasser, Ionen und den Endprodukten des Proteinstoffwechsels sind Abbauprodukte von Hämoglobin, Hormonen und anderen Stoffen im Urin enthalten. Sie stammen meist aus der Leber, aus der sie auch mit der Galle über den *Darm* ausgeschieden werden. Somit enthält auch der Kot – neben unbrauchbaren Nahrungsrückständen, Resten von Darmbakterien und Darmzellen – eine Reihe von Exkreten.

*1 Exkrete können sogar nützliche Zusatzfunktionen übernehmen: Reviermarkierung mit Urin.*

**Exkretionsorgane.** Bei den verschiedenen Tiergruppen kommen unterschiedliche Typen von Exkretionsorganen vor. Plattwürmer wie die Strudelwürmer unserer Gewässer besitzen *Protonephridien*, verzweigte, geschlossene Röhren mit *Wimpernflammenzellen* (► Bild 2). Für Ringelwürmer wie den Regenwurm sind röhrenförmige *Nephridien* kennzeichnend, die mit einem *Wimperntrichter* in der Leibeshöhle beginnen. Insekten besitzen schlauchförmige, geschlossene Nierenorgane, die *Malpighi-Gefäße*. Das wichtigste Ausscheidungsorgan der Wirbeltiere ist die Niere. Ihre Arbeitseinheiten bilden die *Nephrone*, die aus jeweils einem *Nierenkörperchen* und einem *Nierenkanälchen* bestehen.

**Prinzipien der Exkretion.** Trotz des unterschiedlichen Baus arbeiten die Ausscheidungsorgane nach denselben Prinzipien: Eine erste Phase trennt Zellen und sehr große Moleküle durch *Filtration* ab. Der so entstandene Primärharn erhält durch Sekretion von weiteren Abfallstoffen sowie *Rückresorption* von brauchbaren Stoffen und Wasser schließlich die Zusammensetzung des Endharns. Ein Teil dieser Vorgänge beruht auf Osmose, ein anderer Teil auf aktivem Transport.

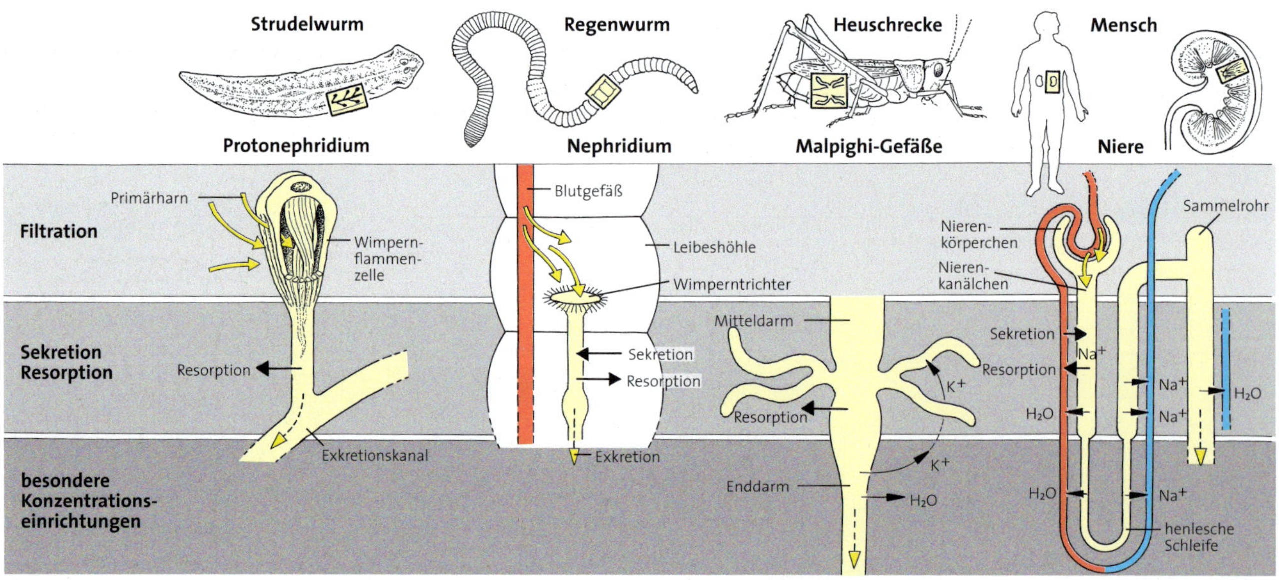


*2 Exkretionsorgane verschiedener Tiergruppen. Sie sind trotz unterschiedlichen Baus funktionell sehr ähnlich.*

## Mithilfe dieses Kapitels können Sie

- anabolen und katabolen Stoffwechsel unterscheiden
- Methoden zur Untersuchung des Stoffwechsels nennen
- Grundmuster des Stoffwechselgeschehens nennen und begründen
- die bei der Verdauung ablaufenden Prozesse erklären
- Vorgänge der äußeren Atmung auf der Ebene von Organen, Zellen und Molekülen erläutern
- biologische Oxidation und Verbrennung vergleichen
- die Bedeutung von ATP im Stoffwechsel begründen und seine Reaktionen in einem Schema darstellen
- die Vorgänge der Zellatmung in Grundzügen beschreiben und ihnen Orte in der Zelle zuordnen
- Beispiele für Gärungen und ihr Vorkommen in der Natur angeben und ihre Bedeutung begründen
- aerobe und anaerobe Dissimilation nach Endprodukten und Energiebilanz vergleichen
- Bau und Arbeitsweise eines Muskels erklären
- die Bedeutung der Ausscheidung begründen und ihre Prinzipien nennen
- einfache Stoffwechselexperimente planen, durchführen und auswerten

## Testen Sie Ihre Kompetenzen

Hefe kann Glucose mit und ohne Sauerstoff abbauen. In seinen „Études sur la bière" stellte der Mikrobiologe LOUIS PASTEUR jedoch schon 1876 fest, dass die Vermehrung der Hefezellen durch Sauerstoff gefördert, die alkoholische Gärung dagegen stark gehemmt wird. Diese als Pasteur-Effekt bezeichnete Hemmung der Gärung wird durch ATP verursacht, das als allosterischer Inhibitor des Glykolyse-Enzyms Phosphofructokinase wirkt.

Der Hefestamm „petite", dem durch Mutation Enzyme der Atmungskette fehlen, zeigt den Pasteur-Effekt nicht.

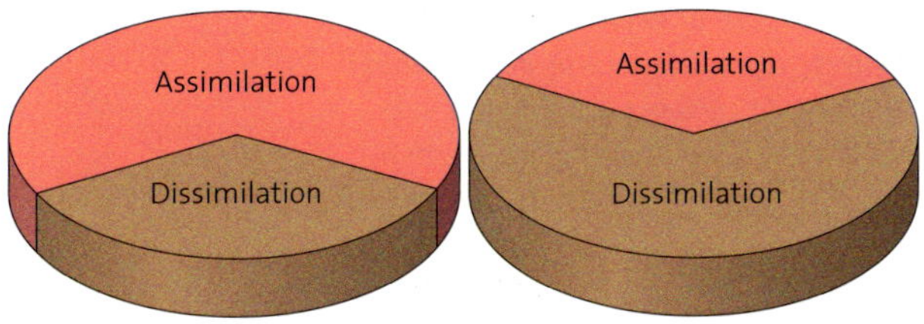


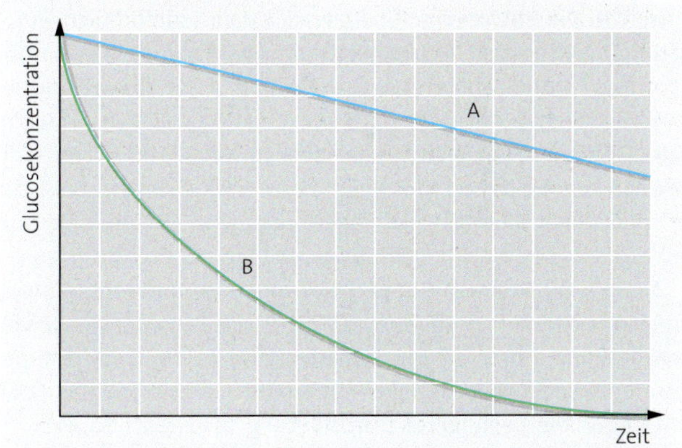


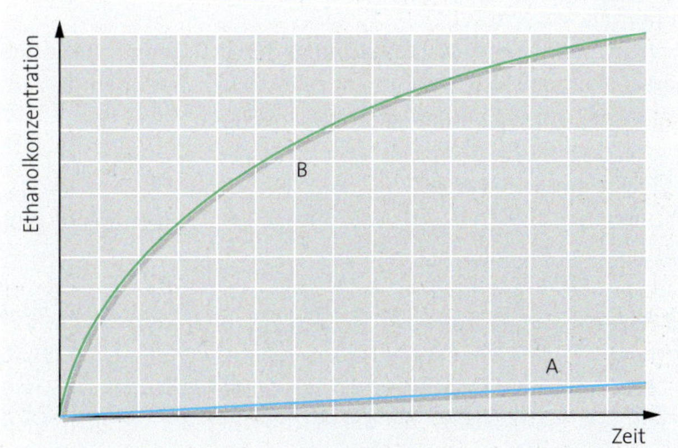


1. Erklären Sie die Bedeutung des Glucoseabbaus für Hefe.
2. Beschreiben Sie die Funktion von ATP im Stoffwechsel.
3. Vergleichen Sie den aeroben und anaeroben Glucoseabbau der Hefe nach den Bedingungen, unter denen er jeweils abläuft, seinen Abschnitten, dem Ort des Geschehens (Zellkompartiment), seinen Endprodukten und der Energiebilanz.
4. Die Kreisdiagramme oben rechts zeigen, wie Hefe die Glucose unter aeroben und anaeroben Bedingungen verwertet. Erläutern Sie den Sachverhalt im Zusammenhang mit PASTEURS Beobachtung. Ziehen Sie auch Ihre Lösung zu Aufgabe 3 heran.
5. Planen Sie ein Experiment, mit dem sich die Wirkung von ATP auf die alkoholische Gärung der Hefe untersuchen lässt.
6. Analysieren Sie die Diagramme von Experimenten mit Hefe Mitte und unten rechts. Ordnen Sie die Graphen A und B begründet aeroben und anaeroben Bedingungen zu.
7. Begründen Sie, warum eine hohe, die Gärung hemmende Konzentration von ATP in der Hefezelle nur unter aeroben Bedingungen entsteht.
8. Die Kolonien des Hefestamms „petite" sind auf Nährböden – bei gleich langer Kulturdauer – viel kleiner als die des Wildstamms (► Foto rechts). Entwickeln Sie eine Hypothese über die Ursache.
9. Erörtern Sie die Verwendung des Hefestamms „petite" in der Biotechnologie.

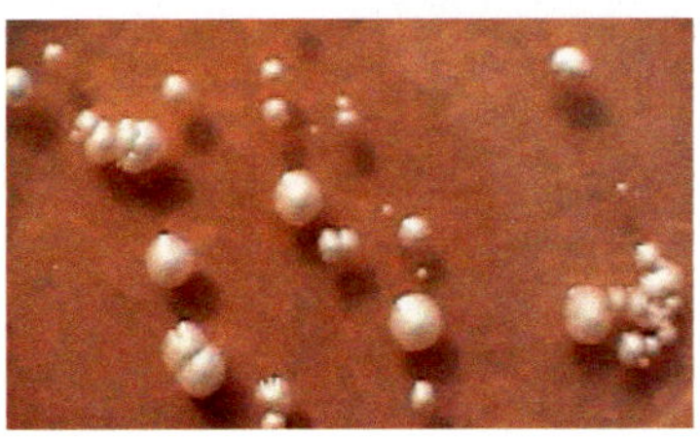

# Sport und Stoffwechsel

*Viele Menschen betrachten den Sport als schönste Nebensache der Welt. Für einige bedeutet das nur, dass sie interessiert einen Wettkampf von der Wohnzimmercouch aus verfolgen. Viele möchten sich aber selbst sportlich betätigen und so ihr Wohlbefinden steigern, sich selbst bestätigen und mit anderen zusammen Spaß haben. Manchen reizt es sogar, aktiv an Wettkämpfen teilzunehmen und dabei die eigene Leistungsfähigkeit mit anderen zu vergleichen. Auch die „sportliche Figur" kann ein Anreiz sein, Sport zu treiben, oder die Aussicht, möglichst lange gesund und fit zu bleiben.*
*Zur Verwirklichung der sportlichen Ziele ist Training die Voraussetzung. Dabei passiert es immer wieder, dass Untrainierte rasch wieder mit dem Training aufhören, da sie am nächsten Tag von heftigem Muskelkater geplagt werden.*

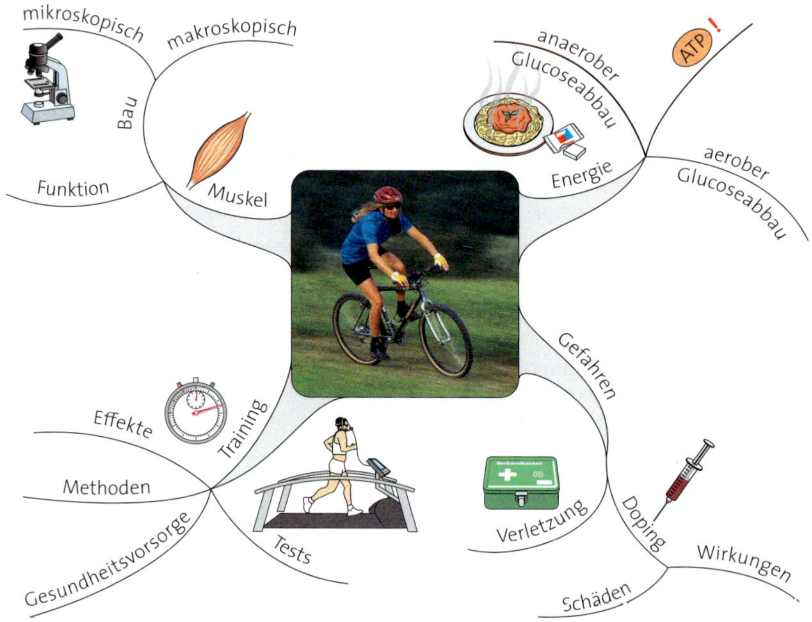


**GRUNDLAGEN** Lange Zeit nahm man an, dass Muskelkater durch eine Übersäuerung der Muskulatur hervorgerufen wird, weil bei starker Belastung die Sauerstoffversorgung nicht mehr ausreicht. Die notwendige Energie wird dann durch Milchsäuregärung bereitgestellt. Heute geht man davon aus, dass es besonders durch schnell abbremsende Belastungen wie Sprunglandungen, aber auch durch mangelnde Koordination von Muskelfasern beim Einüben neuer Bewegungen zu kleinsten Rissen im Muskelgewebe kommt (▶ Bild 1). Die Schmerzempfindung entsteht dabei erst durch Flüssigkeitseinlagerungen und Entzündungsprozesse, die im umliegenden Bindegewebe Schmerznerven reizen.

Neue Techniken sollte man daher vorsichtig und mit geringer Intensität erlernen. Besonders wichtig ist die Aufwärmphase vor dem Training: Durch die Muskelaktivität steigt die Körpertemperatur und die Stoffwechselaktivität erhöht sich entsprechend der RGT-Regel. Die gesteigerte Durchblutung verbessert Sauerstoff- und Nährstoffversorgung. Nach dem Training ist der Körper erschöpft. Die Energie- und Flüssigkeitsspeicher müssen wieder aufgefüllt werden.

Manche erliegen der Versuchung, durch Dopingmittel ohne hartes Training Höchstleistungen zu erreichen, oder nehmen solche Mittel, um sogar noch intensiver trainieren zu können.

**Basisinformationen**

Bau der Muskeln (▶ S. 110) • RGT-Regel (▶ S. 311) • Milchsäuregärung (▶ S. 108)

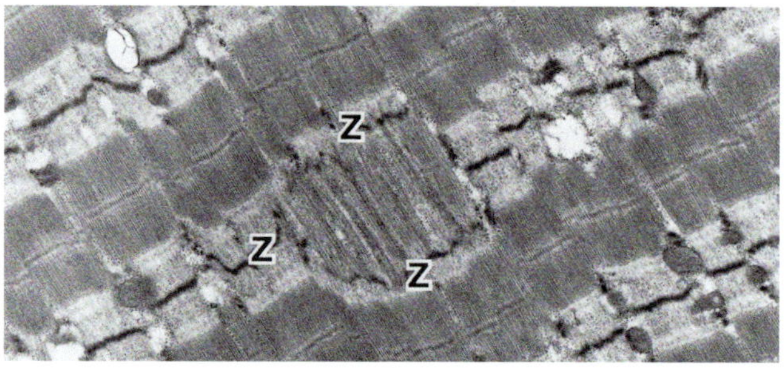


*1 Verletzte Myofibrillen im EM-Bild. Die Z-Scheibe in der Mitte ist in zwei Teile zerrissen.*

*2 Beim Training*

❶ Mehrere Versuchspersonen steigen bis zur Erschöpfung mit einem Bein auf einen Stuhl hinauf und mit dem anderen hinab. Beschreiben und erklären Sie auftretende körperliche Veränderungen. Protokollieren Sie die Beschwerden der Versuchspersonen an den Folgetagen. Erklären Sie eventuelle Unterschiede.

❷ Vergleichen Sie anhand des EM-Bilds eine verletzte mit einer normalen Myofibrille.

❸ Manche Sportler nehmen gern colahaltige Erfrischungsgetränke nach dem Training zu sich. Beurteilen Sie deren Eignung als Sportgetränk.

## Muskelzellen brauchen Energie

*Muskelzellen* und die aus verschmolzenen Muskelzellen bestehenden *Muskelfasern* besitzen grundsätzlich die gleichen Organellen und Strukturen wie andere Körperzellen. Besondere Differenzierungen ermöglichen ihre Fähigkeit zur *Kontraktion*. Neben den zahlreichen Mitochondrien kommt dem endoplasmatischen Reticulum besondere Bedeutung zu. Ausgehend von der Zellmembran durchzieht es als *sarkoplasmatisches Reticulum* die ganze Zelle und setzt bei Erregung durch den Nerv Calcium frei, wodurch die Kontraktion der Muskelfasern ausgelöst wird.

Bei den Muskelfasern kann man zwischen schnellen und langsamen Fasertypen unterscheiden. Die schnellen *FT-Fasern (Fast-Twitch)* sind reich an energiereichen Phosphaten und Glykogen sowie Enzymen der anaeroben Energiebereitstellung. Sie eignen sich besonders für explosive Bewegungen wie Sprints und Sprünge. Die langsamen *ST-Fasern (Slow-Twitch)* enthalten ebenfalls viel Glykogen und mehr Mitochondrien im Verhältnis zum Zellplasma, damit also vor allem Enzyme des aeroben Stoffwechsels. Sie sind ausdauernd und geeignet für Dauerleistungen.

Für seine Arbeit braucht der Muskel Energie. Seine unmittelbare Energiequelle, *ATP*, steht nur begrenzt in den Zellen zur Verfügung. Es reicht nur für wenige Sekunden. Ist der Vorrat erschöpft, greift die Zelle nach einer festliegenden Hierarchie auf unterschiedliche Energiereserven zurück. Zunächst wird *Kreatinphosphat* genutzt. Seine Phosphatgruppe wird abgespalten und auf ADP übertragen, sodass ATP regeneriert wird. Doch auch Kreatinphosphat reicht nur kurzfristig. Für längere Muskelarbeit muss der Pool an energiereichen Phosphaten durch den Abbau von Glucose und Glykogen aufgefüllt werden. Das kann – je nach Sauerstoffversorgung – *aerob* oder *anaerob* geschehen. Zu Beginn der sportlichen Leistung ist der Körper nicht in der Lage, den Sauerstoffbedarf zu decken. Die Glucose wird daher anaerob über verschiedene Zwischenstufen zur *Milchsäure (Laktat)* abgebaut. Die Säure reichert sich in Muskelfasern und Blut an. Dadurch werden für den Stoffwechsel unentbehrliche Enzyme gehemmt. Das macht sich in Seitenstechen und dem Erreichen eines „toten Punkts“ bemerkbar. Erst wenn die Belastungsintensität vermindert und den Muskelzellen genügend Sauerstoff zugeführt wird, ist der ökonomischere aerobe Abbau von Glucose und Fett möglich.

Nach einer Trainingsbelastung müssen die Energiereserven wiederhergestellt werden. Besonders rasch gelingt das durch kohlenhydratreiche Kost, zum Beispiel Nudelgerichte.

**☞ Basisinformationen**

Bau der Muskeln (► S. 110) • Zellorganellen (► S. 50–53) • Gärung (► S. 108) • Zellatmung (► S. 100, 105)

1. **Die Verteilung von FT- und ST-Fasern ist genetisch bedingt. Erläutern Sie die Aussage, dass es „geborene“ Sprinter und „geborene“ Ausdauersportler gibt.**
2. **Erklären Sie die verschiedenen Formen der Energiebereitstellung am Beispiel 800-m-Lauf (► Bild 2).**
3. **Zeichnen Sie eine entsprechende Kurve für einen langsamen Lauf über 20 Minuten.**
4. **Geben Sie Vor- und Nachteile der anaeroben und aeroben Energiebereitstellung an.**

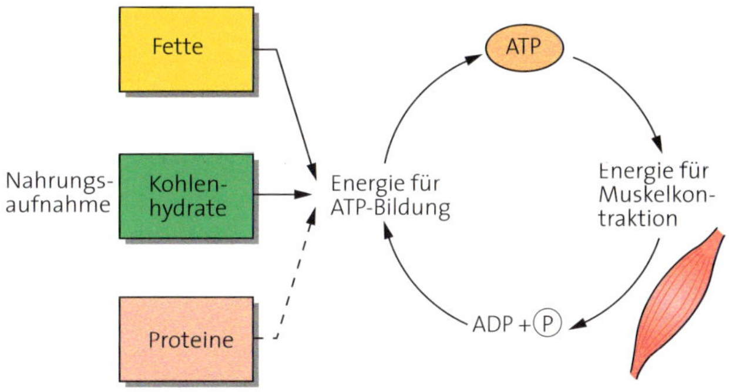


*1 Damit längere Muskelarbeit möglich ist, muss ATP regeneriert werden.*

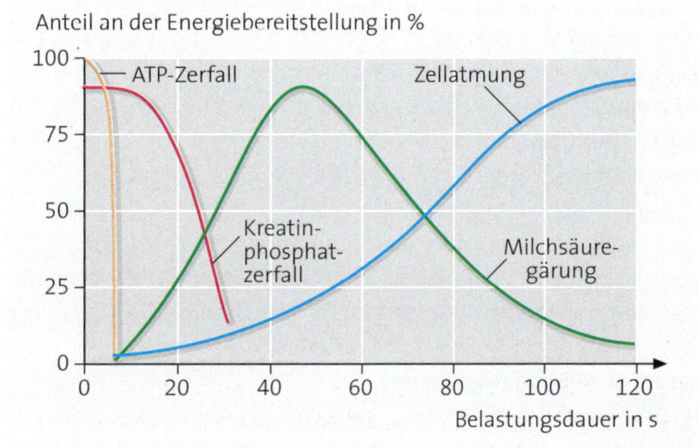


*2 Energiebereitstellende Prozesse in der Muskelzelle*

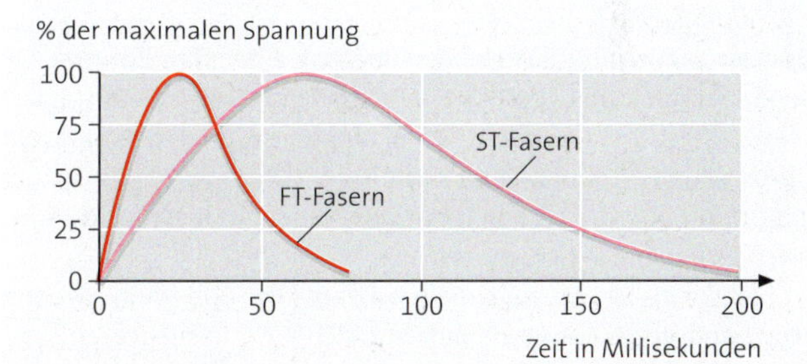


*3 ST-Fasern und FT-Fasern im Vergleich*

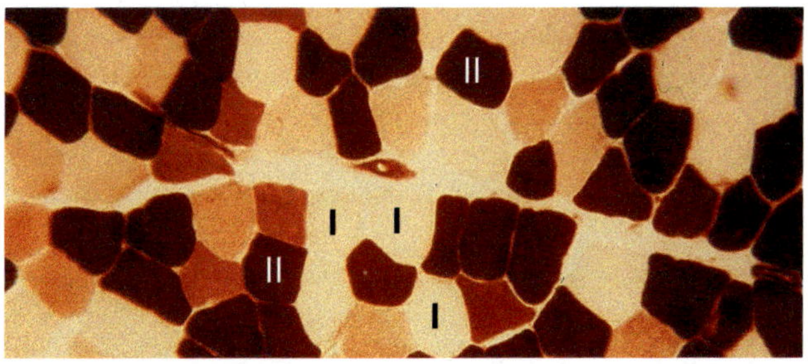


*4 ST- und FT-Faserverteilung in einem quer geschnittenen Skelettmuskel. Bei der gewählten Färbemethode erscheinen die FT-Fasern (II) dunkel, die ST-Fasern (I) hell.*

## Untersuchungen rund um den Sport

### Herstellen eines Muskelfaserpräparats

**MATERIAL:** Rindfleisch, Messer, Präpariernadel, physiologische Kochsalzlösung (0,9 %), Essigsäure (2 %), Mikroskop und Zubehör

**DURCHFÜHRUNG:** Schneiden Sie ein kleines Stück aus dem Rindfleisch längs zur Faserrichtung und zerzupfen Sie es mithilfe zweier Präpariernadeln in der Kochsalzlösung. Mikroskopieren Sie das Präparat. Beachten Sie dabei die Querstreifung. Saugen Sie anschließend 2%ige Essigsäure durch das Präparat. Die Zellkerne treten dann deutlich hervor.

Fertigen Sie eine Zeichnung an.

Vergleichen Sie das mikroskopische Bild mit der Schemazeichnung auf Seite 110.

### Coopertest

Mithilfe dieses Lauftests kann man die eigene aerobe Ausdauerleistungsfähigkeit ermitteln und damit die Fähigkeit, die Muskeln mit ATP aus der Zellatmung zu versorgen.

**MATERIAL:** Stoppuhr, evtl. Messband, 400-m-Laufbahn

**DURCHFÜHRUNG:** Eine Testperson soll innerhalb von 12 Minuten eine möglichst lange Strecke zurücklegen. Dabei soll eine gleichmäßige Geschwindigkeit eingehalten werden (kein Endspurt!). Die Ausdauerleistungsfähigkeit kann anhand der zurückgelegten Strecke aus der Tabelle rechts abgelesen werden. Der Test erfordert eine hohe Motivation, um tatsächlich aussagekräftig zu sein.

### Arbeit mit Pulsmessgeräten

Die maximale Pulszahl sollte beim Training den Wert 200 minus Lebensalter nicht überschreiten. Deshalb ist es wichtig, die eigene Pulsfrequenz einschätzen zu können.

**MATERIAL:** Pulsfrequenzmessgerät, Klebestreifen, evtl. Sportgeräte wie Springseile

**DURCHFÜHRUNG:** Probieren Sie zunächst eigenständig verschiedene Übungen aus. Lesen Sie dann jeweils Ihren Puls ab. Sollte kein Pulsmessgerät zur Verfügung stehen, empfiehlt es sich, die Übungen in Partnerarbeit durchzuführen. Dabei führt ein Partner die Übung aus, der andere misst anschließend dessen Puls, zum Beispiel an der Halsschlagader.

Berechnen Sie Ihre maximale Pulszahl (also 200 minus Lebensalter) und erstellen Sie danach für sich eine Pulskarte entsprechend der Tabelle unten. In drei verschiedenen Übungsdurchläufen sollen Sie einen bestimmten Prozentsatz Ihres maximalen Pulswerts erreichen. Tragen Sie die jeweils zu erreichenden Pulswerte in Ihre Tabelle ein.

Kleben Sie zunächst das Zifferblatt des Pulsmessgeräts ab und schätzen Sie Ihren Puls jeweils während der drei Übungsdurchläufe. Erst danach lesen Sie die tatsächliche Pulsfrequenz ab. Vergleichen Sie Ihre geschätzten Werte mit den tatsächlichen.

Auswertung Coopertest (nach: Deutscher Sportbund)

| **Männer** | | | | |
|---|---|---|---|---|
| Kondition | bis 30 J. | 30–39 J. | 40–49 J. | 50 Jahre |
| sehr gut | 2 800 | 2 650 | 2 500 | 2 400 |
| gut | 2 400 | 2 250 | 2 100 | 2 000 |
| befriedigend | 2 000 | 1 850 | 1 650 | 1 600 |
| mangelhaft | 1 600 | 1 550 | 1 350 | 1 300 |
| ungenügend | weniger Meter als bei „mangelhaft" | | | |

| **Frauen** | | | | |
|---|---|---|---|---|
| Kondition | bis 30 J. | 30–39 J. | 40–49 J. | 50 Jahre |
| sehr gut | 2 600 | 2 500 | 2 300 | 2 150 |
| gut | 2 150 | 2 000 | 1 850 | 1 650 |
| befriedigend | 1 850 | 1 650 | 1 500 | 1 350 |
| mangelhaft | 1 550 | 1 350 | 1 200 | 1 050 |
| ungenügend | weniger Meter als bei „mangelhaft" | | | |

| **Jungen** | | | | | | | |
|---|---|---|---|---|---|---|---|
| Kondition | 11 J. | 12 J. | 13 J. | 14 J. | 15 J. | 16 J. | 17 J. |
| ausgezeichnet | 2 800 | 2 850 | 2 900 | 2 950 | 3 000 | 3 050 | 3 100 |
| sehr gut | 2 600 | 2 650 | 2 700 | 2 750 | 2 800 | 2 850 | 2 900 |
| gut | 2 200 | 2 250 | 2 300 | 2 350 | 2 400 | 2 450 | 2 500 |
| befriedigend | 1 800 | 1 850 | 1 900 | 1 950 | 2 000 | 2 050 | 2 100 |
| mangelhaft | 1 200 | 1 250 | 1 300 | 1 350 | 1 400 | 1 450 | 1 500 |

**Mädchen**
200 Meter weniger als Jungen in allen Klassen.

### Laktattest

Eine Übersäuerung des Bluts bei körperlicher Belastung führt zu einem Leistungsabfall. In der Sport- und Arbeitsmedizin wird daher die sogenannte anaerobe Schwelle (4 mmol Milchsäure bzw. Laktat pro Liter = 0,36 %) ermittelt, das ist der Belastungswert, bei dem sich die Bildung von Milchsäure und deren Abbau die Waage halten. Auf einem Ergometer oder Laufband wird die Leistung stufenweise gesteigert. Dazwischen wird der Testperson Blut abgenommen und mithilfe eines Messgeräts die Milchsäurekonzentration bestimmt.

Auf diese Weise lässt sich auch ein Trainingserfolg ablesen und die Effizienz von Trainingsmethoden kontrollieren.

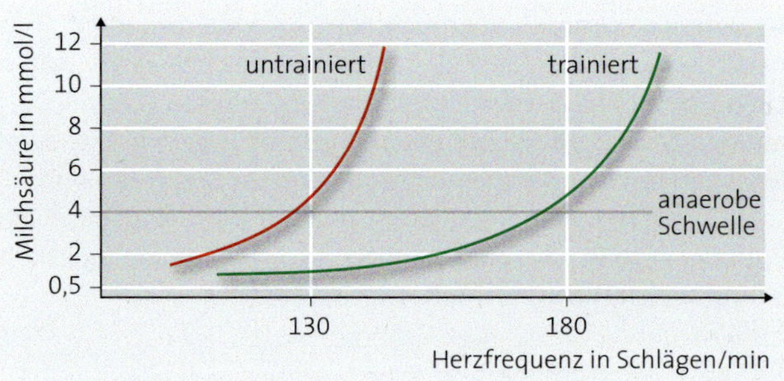


❶ **Beschreiben und erläutern Sie am Beispiel eines Untrainierten die Änderung der Milchsäurekonzentration bei steigender Belastung (► Bild oben).**

❷ **Erläutern Sie den Effekt von Ausdauertraining.**

| Übungsdurchlauf Nr. | zu erreichender Prozentsatz Ihrer max. Pulszahl | zu erreichender Pulswert (Sollwert) in Pulsschlägen/min | erreichter Pulswert (Istwert) in Pulsschlägen/min |
|---|---|---|---|
| 1 | 60 % | ? | ? |
| 2 | 75 % | ? | ? |
| 3 | 90 % | ? | ? |

# Leistungssteigerung allein durch Sport?

### Trainingseffekte

Die körperliche Belastung beim Training führt zu einem Abbau von Energiereserven und damit zunächst zu einer *Verminderung der Leistungsfähigkeit* (► Bild 1). Deshalb muss bei der Trainingsplanung stets die *Erholung* mit berücksichtigt werden.

Die *Leistungssteigerung* durch Training resultiert aus der Eigenschaft des Körpers, sich stärkeren Belastungen anpassen zu können. Die vorangegangene Belastung wird dabei nicht nur ausgeglichen, sondern sogar überkompensiert *(Superkompensation)*. Die Energiedepots werden vermehrt und die Innervation verbessert, sodass sich mehr Muskelfasern kontrahieren und die Koordination optimiert wird. Weiteres Ausdauertraining führt zur Vergrößerung des Muskelquerschnitts, der bereitgehaltenen Enzymmengen sowie der Zahl und Größe der Mitochondrien. Diese Effekte sind jedoch nur durch 8–12 Wiederholungen der Reizeinwirkungen bei mittlerer Intensität zu erreichen. Wenige maximale Reize bewirken lediglich eine kurzfristige Steigerung der Koordination.

Ausdauer ist zwar grundlegende Voraussetzung für Sportlerinnen und Sportler, jedoch geht ein „Zuviel" an Ausdauertraining unter Umständen auf Kosten von Schnelligkeit und Schnellkraft, da es zur Umwandlung von FT-Fasern in ST-Fasern kommen kann. (Die umgekehrte Veränderung konnte dagegen bisher nicht festgestellt werden.)

Regelmäßiges Ausdauertraining hat nachweislich *gesundheitsfördernde Effekte* durch die positive Wirkung auf Risikofaktoren wie *Bluthochdruck, Übergewicht* und *Diabetes mellitus*. Das beruht vor allem auf der Beeinflussung von Herz-Kreislauf-System und Stoffwechsel. Die Herzschlagfrequenz und das Schlagvolumen in Ruhe nehmen ab. Das Herz arbeitet „im Schongang" und kann Belastungen besser standhalten. Ebenso konnte ein positiver Einfluss auf *hormoneller Ebene* festgestellt werden. So steigt die Insulinausschüttung an und die Zahl der Insulinrezeptoren an den Muskelzellen wird vermehrt, was der Entstehung von Diabetes mellitus entgegenwirkt.

### Doping

Vom Sport können aber auch ernste Gefahren ausgehen, wenn zu sehr der Erfolg und zu wenig das Wohl der Sportlerinnen und Sportler im Vordergrund stehen. Zu diesen Gefahren gehört *Doping*. Als Doping bezeichnet man den Versuch, die Leistungsfähigkeit des Körpers durch *chemische Substanzen oder Methoden* zu steigern, die *laut Dopingliste verboten* sind. Zum einen wird dadurch eine Leistungssteigerung bezweckt, etwa durch Erhöhung der Muskelkraft, verbesserte Sauerstoffversorgung der Muskeln oder beschleunigte Regeneration. Zum anderen können auch psychische Komponenten beeinflusst werden, wie Überhöhung des Selbstvertrauens oder Unterdrückung von Erschöpfungssymptomen und Schmerz. Doping ist mit *hohen gesundheitlichen Risiken* verbunden, da körperliche Warnsignale ausgeschaltet werden. Es kann im Extremfall tödlich ausgehen. Heute stellt Doping nicht nur ein Problem im Leistungssport dar, sondern betrifft auch Breitensport und Fitnessbereich.

**☞ Basisinformationen**

Hormonwirkungen (► S. 468) • Blutzuckerregelung (► S. 463)

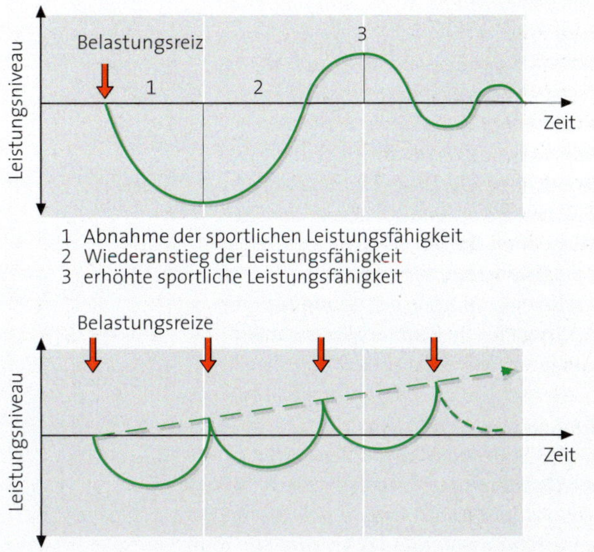


*1 Schema der Superkompensation (oben) und Nutzen des Superkompensationseffekts für ein optimales Training*

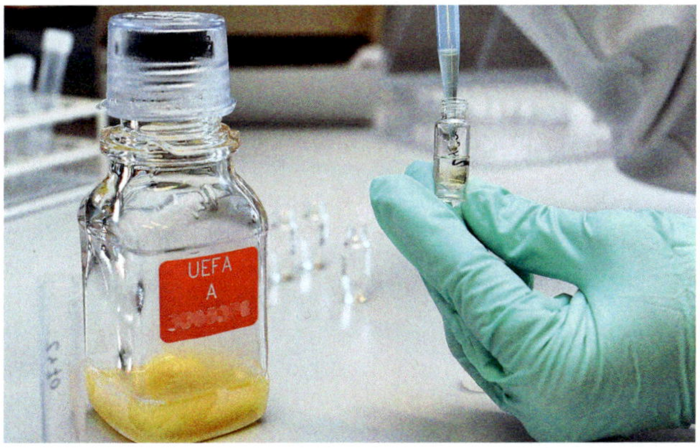


*2 Im Leistungssport sollen Dopingkontrollen den Einsatz unerlaubter Mittel unterbinden.*

**1** Versetzen Sie sich in die Lage einer jungen Sportlerin oder eines jungen Sportlers: Sie sind begeisterte Schwimmerin/begeisterter Schwimmer und nehmen an Wettkämpfen teil. Durch einen Unfall konnten Sie längere Zeit nicht trainieren. Es droht Ihnen der Ausschluss aus der Mannschaft. Sie erfahren, dass und wie Sie „unterstützende Medikamente" bekommen können.
Tragen Sie die Argumente zusammen, die für und gegen den Einsatz von Dopingmitteln sprechen.
Geben Sie an, inwieweit folgende Werte berührt sind: Fairness, Gerechtigkeit, Aufrichtigkeit, Recht auf Freude am Leben, auf Entwicklung der Persönlichkeit, auf Selbstbestimmung in Freiheit.
Stellen Sie in einer Diskussionsrunde die Argumente vor.
Nennen Sie Handlungsoptionen, die Sie für sich sehen.

**2** Informieren Sie sich über Dopingsubstanzen und -methoden. Stellen Sie in einer Tabelle die Wirkung und das Gesundheitsrisiko dar.

# Regelung des Wasserhaushalts – die Niere

*Während des 18. und 19. Jahrhunderts begannen sich Forscher mit den chemischen Vorgängen im Körper zu befassen. Eine der wichtigsten Entdeckungen machte der französische Arzt CLAUDE BERNARD (1813–1878). Aufgrund vieler Versuche an Tieren und im Reagenzglas behauptete er, dass der Körper über Mechanismen verfügt, die seine innere Beschaffenheit aufrechterhalten und stabilisieren – zum Beispiel Wasserhaushalt, Nährstoffvorrat und Temperatur. Dieser Gedanke führte ihn zum Konzept der „Homöostase" oder der „Aufrechterhaltung des inneren Milieus".*
*Dieses Bestreben des Körpers nach Aufrechterhaltung des inneren Milieus spüren wir zum Beispiel, wenn sich bei körperlicher Anstrengung oder Hitze ein quälendes Durstgefühl einstellt. Maßgeblich an der Regelung des Wasserhaushalts beteiligt ist die Niere.*

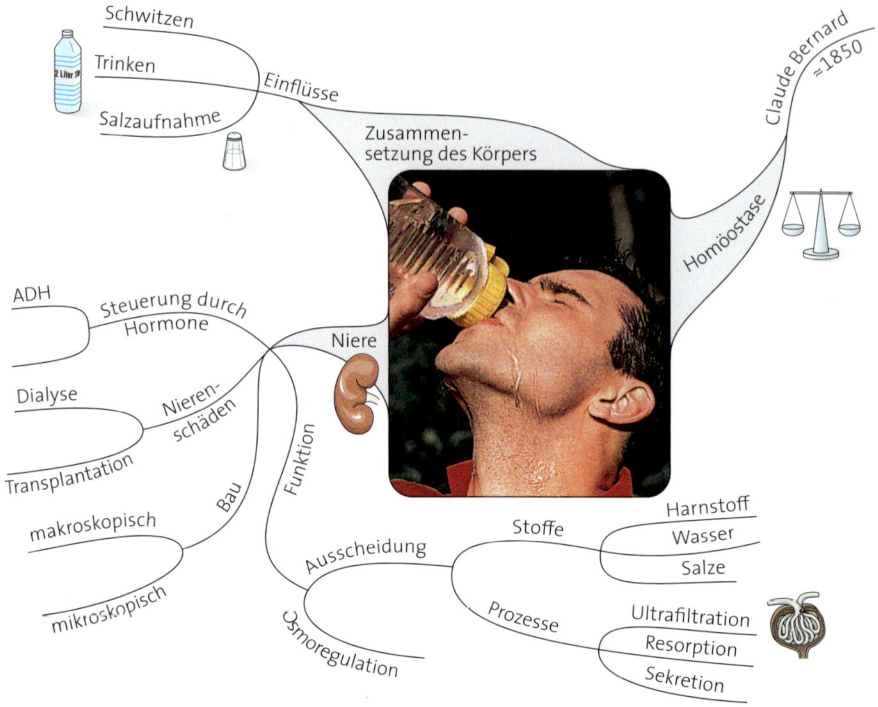


**GRUNDLAGEN** Unser Körper besteht zu zwei Dritteln aus Wasser. Der größte Teil liegt intrazellulär vor (► Bild 1) und dient als Lösemittel. Bei extremer körperlicher Belastung oder großer Hitze verliert der Körper bis zu 8 Liter Schweiß am Tag. Bei einem Wasserverlust von mehr als 10 % des Körpergewichts tritt bereits ein Abbau der körperlichen und geistigen Fähigkeiten ein. Ein Verlust von 15 bis 20 % führt zum Tod, da die Körperzellen so starke Schwankungen nicht verkraften. Durch das Trinken von reinem Wasser wird der Flüssigkeitsverlust zwar ausgeglichen, doch ohne entsprechende Salzaufnahme nimmt die Ionenkonzentration ab und führt zu einer Verringerung des osmotischen Drucks. Auch die Aufnahme von Salz mit der Nahrung führt zu einer Störung der Ionenkonzentration. Als Folge solcher Schwankungen der Osmolarität kommt es zu Volumenänderungen der Zellen. Mithilfe der Nieren sind wir in der Lage, durch regulierte Ausscheidung von Ionen die ständigen Änderungen in der Ionenzusammensetzung der Körperflüssigkeit auszugleichen und das Volumen der extrazellulären Flüssigkeit konstant zu halten: Osmoregulation. Die beim erwachsenen Menschen normalerweise produzierte Urinmenge von etwa 1,5 l pro Tag kann bei Wassermangel auf 0,7 l reduziert werden, bei Wasserüberschuss auf mehrere Liter am Tag ansteigen.

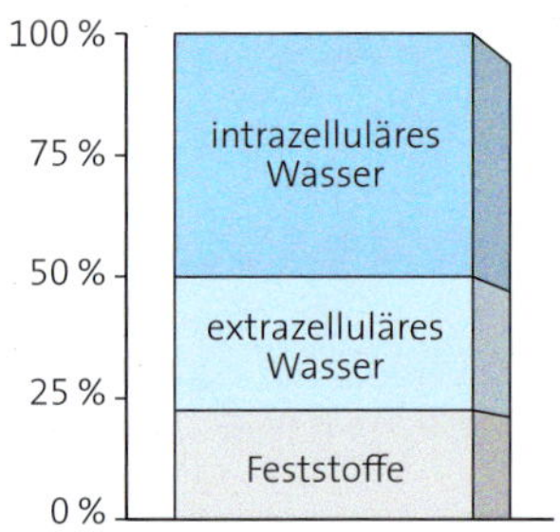


*1 Zusammensetzung des menschlichen Körpers*

Die Tätigkeit der Nieren wird durch Hormone gesteuert. Eines davon ist das Adiuretin (ADH), das im Hypothalamus produziert wird. Bei starken Wasserverlusten durch Schwitzen wird ADH freigesetzt und führt in den Nieren zu verminderter Wasserausscheidung.

Zweite Hauptaufgabe der Niere neben der Osmoregulation ist die Ausscheidung nicht mehr verwertbarer Stoffwechselendprodukte, die bei Anreicherung den Organismus vergiften würden. Dazu gehört Ammoniak ($NH_3$). Er entsteht beim Eiweißabbau und wird in der Leber in den ungiftigen Harnstoff umgewandelt.

**Basisinformationen**
Diffusion und Osmose (► S. 46) • Ausscheidung (► S. 112)

**1** Seewasser hat einen Salzgehalt von etwa 3 %. Die maximale Salzkonzentration im Harn beträgt 2 %. Erläutern Sie unter diesem Gesichtspunkt die Aussage von Bild 2.

*2 Seewasser trinken bedeutet den sicheren Tod.*

## Bau der Niere – makroskopisch und mikroskopisch

Die zwei bohnenförmigen Nieren hängen beiderseits der Wirbelsäule etwa in Ellbogenhöhe an der hinteren Bauchwand. Obwohl ihr Gewicht weniger als 1 % des Körpergewichts ausmacht, werden sie erstaunlich gut durchblutet: Sie enthalten stets 20 % des arteriellen Blutes. Die Blutzufuhr erfolgt über eine Abzweigung der Aorta, die *Nierenarterie*, die Ableitung des Blutes über die *Nierenvene*. Aus dem *Nierenbecken* führt der *Harnleiter* heraus, der in die Harnblase mündet.

Außen ist jede Niere von einer derben *Nierenkapsel* umgeben. Nach innen folgen die körnige *Nierenrinde* und das streifige *Nierenmark* mit 8 bis 16 *Nierenpyramiden*, deren Spitzen in das Nierenbecken hineinragen.

Die den Harn produzierenden Systeme der Niere sind die *Nephrone*. Die Zahl dieser mikroskopisch kleinen Funktionseinheiten wird auf 1 bis 1,2 Millionen pro Niere geschätzt. Sie bestehen aus einem *Nierenkörperchen* und einem mehrere Zentimeter langen *Nierenkanälchen*. Die Nierenkörperchen werden von einer bläschenartigen Anschwellung des Nierenkanälchens gebildet, der *bowmanschen Kapsel*, in deren Hohlraum sich die zuführende Arterie zu einem dichten Knäuel feiner Kapillaren verzweigt, dem *Glomerulus*. Die Kapillaren bilden keinen dichten Abschluss, sondern haben feinste Poren (50–100 nm). Die bowmansche Kapsel besteht aus einem einschichtigen *Plattenepithel* (► S. 31), das außen die Wand der Kapsel bildet und innen als sogenannte *Podocyten* die porösen Kapillaren des Glomerulus umhüllt. Die Cytoplasmafortsätze dieser Podocyten greifen ineinander und bilden dadurch Schlitze aus, deren Weite 5 bis 20 nm beträgt.

An die bowmansche Kapsel schließt sich das Nierenkanälchen an, das in einen absteigenden Ast *(proximaler Tubulus)* und einen aufsteigenden Ast *(distaler Tubulus)* gegliedert ist, dazwischen liegt ein dünner, haarnadelförmig gebogener Abschnitt, die sogenannte *henlesche Schleife*. Der distale Tubulus geht in das *Sammelrohr* über, das nach Vereinigung mit weiteren Sammelrohren an der Spitze der Nierenpyramide letztlich in das Nierenbecken mündet.

Die vom Glomerulus fortführende Arteriole verzweigt sich erneut zu einem Kapillarnetz, das den Tubulusapparat umspinnt. Von dort aus gelangt das Blut in Venolen und dann in die Nierenvene.

### ☞ Basisinformationen

Zell- und Gewebetypen (► S. 30/31) • Blutkreislauf (► S. 94) • Ausscheidung (► S. 112)

### Untersuchung einer Schweineniere

**MATERIAL:** frische Schweineniere, scharfes Messer, Sonde, Lupe

**DURCHFÜHRUNG:** Suchen Sie die drei Ausführgänge der Niere (Harnleiter, Arterie und Vene) und stellen Sie mithilfe einer Sonde die Unterschiede fest.

Schneiden Sie die Niere der Länge nach auf und vergleichen Sie mit Bild 1. Benennen Sie die verschiedenen Bereiche. Schauen Sie diese auch mit der Lupe an.

Betrachten Sie, wenn möglich, Präparate der Niere unter dem Mikroskop. Vergleichen Sie mit den Mikrofotos rechts.

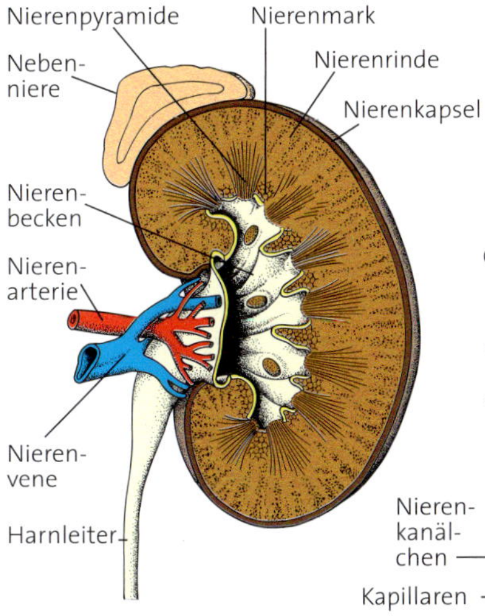


**Bau der Niere**

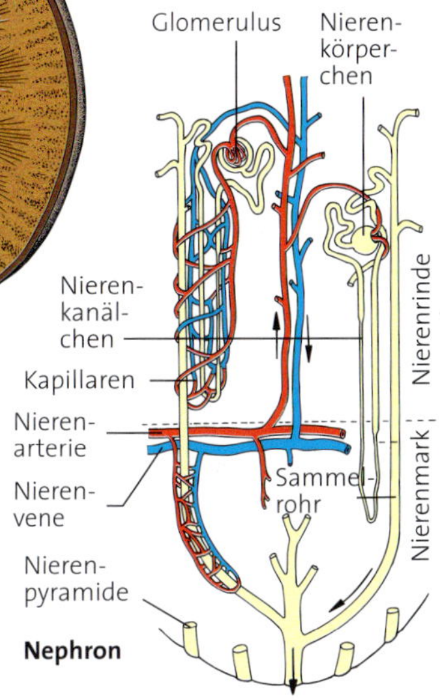


**Nephron**

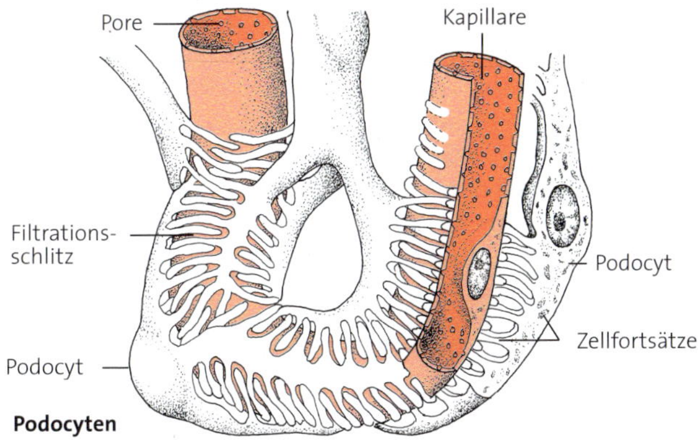


**Podocyten**

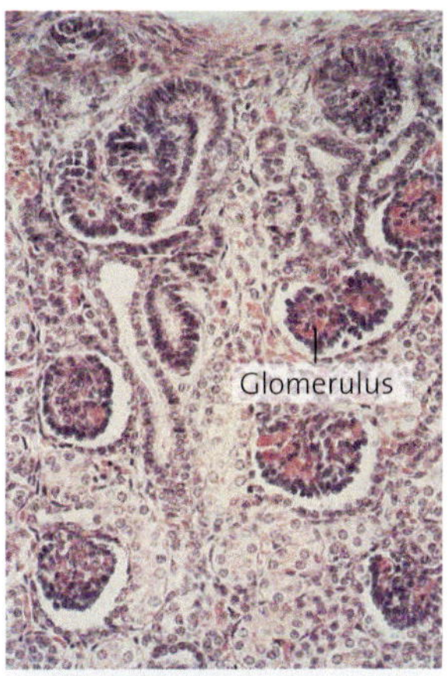


Nierenrinde, Längsschnitt

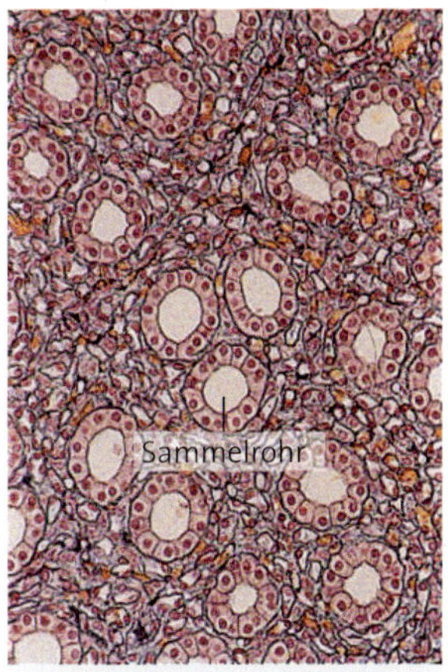


Nierenmark, Querschnitt

*1–5 Bau der Niere*

# Funktion der Niere im Detail

Täglich werden die Nieren von mehr als 1000 l Blut durchspült. Dabei haben sie zwei wesentliche Aufgaben zu erfüllen:
– das Blut zu reinigen, also die meisten Abfallstoffe, die im Stoffwechsel anfallen („harnpflichtige Stoffe"), auszuscheiden und
– die Konzentration der Salze in der extrazellulären Flüssigkeit sowie die Flüssigkeitsmenge selbst konstant zu halten.

Diese Funktionen der Niere beruhen auf drei Prozessen: *Ultrafiltration, Resorption* und *Sekretion*.

Ultrafiltration findet in den Nierenkörperchen statt. Dort werden aufgrund der Differenz zwischen Blutdruck und Kapseldruck täglich etwa 180 l Flüssigkeit aus den Kapillaren in den Hohlraum der bowmanschen Kapsel gepresst: *Primärharn*. Dabei wirken die Wände der Kapillaren und die Schlitze der Podocyten als Filter, durch die nur Wasser und gelöste Stoffe hindurchtreten. Die Ultrafiltration wirkt völlig unselektiv, da sie nur von der Größe der Stoffe abhängt; Blutzellen und große Proteinmoleküle gelangen nicht in die bowmansche Kapsel. Aufgrund dieses Filtrationsvorgangs ergibt sich die Notwendigkeit, den Harn zu konzentrieren und verwertbare Moleküle zurückzugewinnen. Durch *aktiven Transport* werden Glucose, Aminosäuren, NaCl und andere wichtige Stoffe mithilfe von *Carriern* (► S. 48) der Tubulusflüssigkeit entzogen. Das führt zu einer zunehmenden Erhöhung des osmotischen Drucks im Nierenmark, durch das der absteigende Ast der henleschen Schleife führt. Da dieser Teil der Nierenkanälchen wasserdurchlässig ist, tritt hier Wasser passiv aus. Durch die Resorption wird eine Konzentrierung des Harns und eine Verringerung der Harnmenge um bis zu 70 % erreicht. Weiterhin wird im Endabschnitt der Nierenkanälchen und im Sammelrohr Wasser in das angrenzende Gewebe abgegeben und durch die Kapillaren abtransportiert.

In diesen Abschnitten steht der Wassertransport unter der Kontrolle des Adiuretins (ADH). Bei Flüssigkeitsmangel veranlasst ADH, dass in den Wandzellen des Sammelrohrs membranumhüllte Vesikel zur Oberfläche ihrer Zelle wandern und mit der Plasmamembran verschmelzen. Die Vesikelmembranen enthalten vorgeformte *Wasserschleusen (Aquaporin)*, durch die die Wasseraufnahme auf das 20-Fache und mehr gesteigert werden kann (► Bild 1).

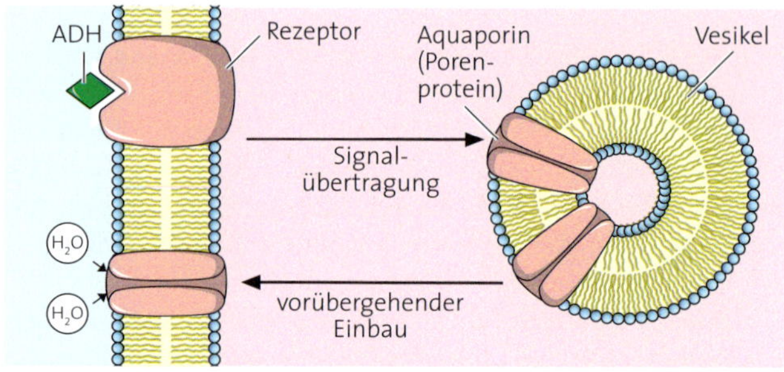


1 *Modellvorstellung zur Wirkung von ADH*

Manche Substanzen gelangen nicht durch Filtration, sondern durch Sekretion in die Nierenkanälchen. Durch diesen aktiven Transportprozess werden Medikamente wie Penicillin und Stoffwechselprodukte wie Harnsäure aus dem Körper entfernt.

**☞ Basisinformationen**

Feinbau der Membran (► S. 44) • Diffusion und Osmose (► S. 46) • Stofftransport (► S. 48, 49)

**Stoffmengen während eines Tages**

| Stoff | im Blut | im Primärharn | im Endharn |
|---|---|---|---|
| Wasser | 1000 l | 150 l | 1,5 l |
| Natrium | 7500 g | 1500 g | 5,0 g |
| Harnstoff | 250 g | 50 g | 30,0 g |
| Glucose | 900 g | 180 g | Spuren |

**1 Vergleichen Sie die in der Tabelle angegebenen Stoffmengen, die während eines Tages durch die Nieren fließen. Geben Sie an, welche Mechanismen der Nierenfunktion hieran zu erkennen sind.**

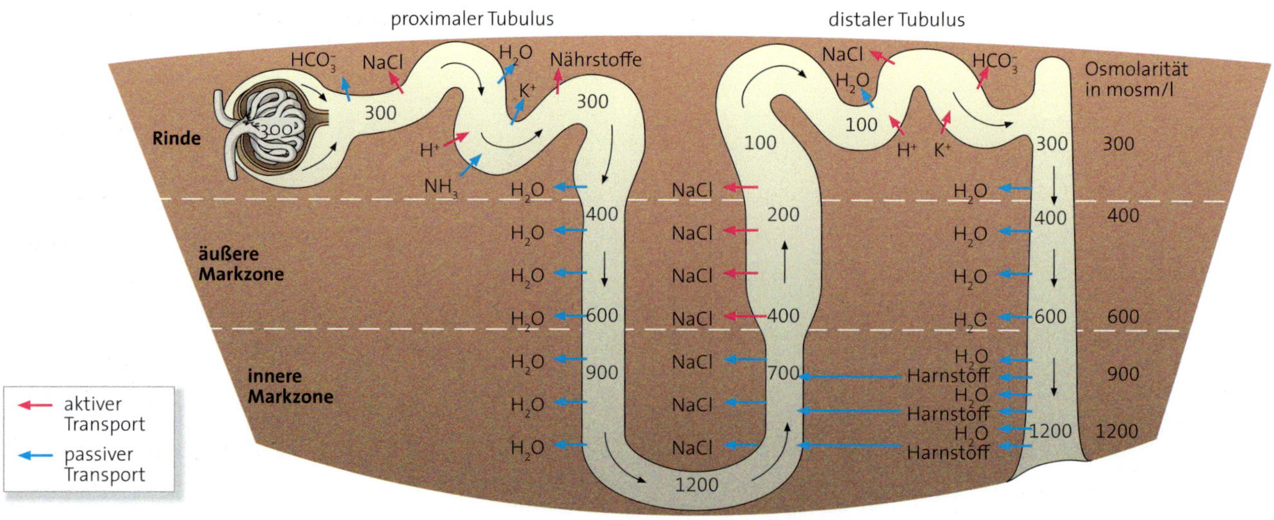


2 *Funktion der Niere, Schema*

# Nieren zur Osmoregulation

## Fehlende Osmoregulation – Auswirkungen von schwankenden Salzgehalten auf Erythrocyten

**MATERIAL:** Blut vom Schlachthof oder Metzger, dest. Wasser, physiologische Kochsalzlösung, 5%ige Kochsalzlösung
**DURCHFÜHRUNG:** Geben Sie einen Tropfen Blut auf einen Objektträger und streichen Sie ihn mit einem zweiten Objektträger aus. Geben Sie dazu physiologische Kochsalzlösung und betrachten Sie das Präparat unter dem Mikroskop. In gleicher Weise mikroskopieren Sie einen Blutausstrich in destilliertem Wasser und in 5%iger Kochsalzlösung.

Vergleichen Sie das Aussehen der Erythrocyten in den unterschiedlichen Lösungen. Erklären Sie die Ursachen für diese Unterschiede mithilfe Ihrer Kenntnisse zur Osmose.

Stellen Sie einen Bezug her zur Resorption von Wasser im Tubulus.

### Wirkung von ADH in der Niere

Eine schwere Nierenfunktionsstörung stellt der *Diabetes insipidus* dar. Betroffene Patienten scheiden ohne Behandlung 4 bis 10 l Urin pro Tag aus. Da der Organismus viel Wasser verliert, trocknet er aus, und es entsteht ein starkes Durstgefühl. Die meisten Formen des Diabetes insipidus sind durch das Fehlen oder einen Mangel an Adiuretin (ADH) bedingt.

### Resorption und Sekretion von Stoffen in der Niere

Mithilfe sehr feiner Kanülen kann man kleine Flüssigkeitsmengen aus verschiedenen Abschnitten der Niere entnehmen und sie chemisch analysieren. So gewinnt man Informationen über die stoffliche Zusammensetzung und Veränderungen des Primärharns. Das gestattet auch Rückschlüsse auf die Transportvorgänge in der Niere. Die Leistungsfähigkeit der Resorption wird am Beispiel der Glucose, die Sekretion am Beispiel des Phenolrots gezeigt (▶ Bild 1; $T_m$ = Transportmaximum). Dabei erweist sich, dass die Gesamtausscheidung in einem Fall gleich der Differenz, im anderen Fall gleich der Summe aus der filtrierten und absorbierten bzw. sezernierten Stoffmenge ist.

### Die künstliche Blutwäsche

Fallen die Nieren durch Erkrankung oder Schädigung aus, bleibt als einzige Behandlungsmöglichkeit – neben der Transplantation – die Blutwäsche mithilfe eines *Hämodialysators (künstliche Niere)*. Die ersten Versuche zur Blutreinigung außerhalb des Körpers wurden bereits 1924 durchgeführt, jedoch traten damals Probleme bei der Verhinderung der Blutgerinnung auf. 1943 wurde der erste Hämodialysator gebaut. Sein Funktionsprinzip besteht in einem diffusionsgetriebenen Substanztransport an einer selektiv permeablen Membran. Im *Gegenstromprinzip* wird das Blut entlang der Membran an der Dialyseflüssigkeit vorbeigeleitet, die so zusammengesetzt ist, dass Substanzen, die entfernt werden sollen, entlang eines Konzentrationsgefälles aus dem Blut in das Dialysat abdiffundieren. Proteine und zelluläre Blutbestandteile werden von der Dialysemembran zurückgehalten. Nach dem Durchfluss durch den Dialysator wird das gereinigte Blut dem Kreislauf wieder zugeführt. Die Dialyse ist lebenserhaltend, doch kann die Maschine die Nieren nicht voll ersetzen, da zum Beispiel Vitamine und Aminosäuren bei der Dialyse verloren gehen.

---

1. **Erläutern Sie das Schema zur Wirkung von ADH (▶ linke Seite Bild 1). Überlegen Sie mögliche Ursachen des Diabetes insipidus.**
2. **Beschreiben Sie die Unterschiede, die bei der Ausscheidung von Glucose und Phenolrot auftreten, anhand von Bild 1.**
3. **Erklären Sie die Ursachen für die Begrenzung der Transportvorgänge durch Membranen, die in Bild 1 durch das Transportmaximum $T_m$ demonstriert wird.**
4. **Informieren Sie sich über die Ursachen des Diabetes mellitus. Patienten mit unbehandeltem Diabetes mellitus haben einen erhöhten Blutzuckerspiegel und in ihrem Harn lässt sich Glucose nachweisen. Erklären Sie dies mithilfe der Grafik.**
5. **Informieren Sie sich über mögliche Ursachen und die Symptome von Nierenschäden.**
6. **Beschreiben Sie das Dialyseprinzip anhand von Bild 2.**

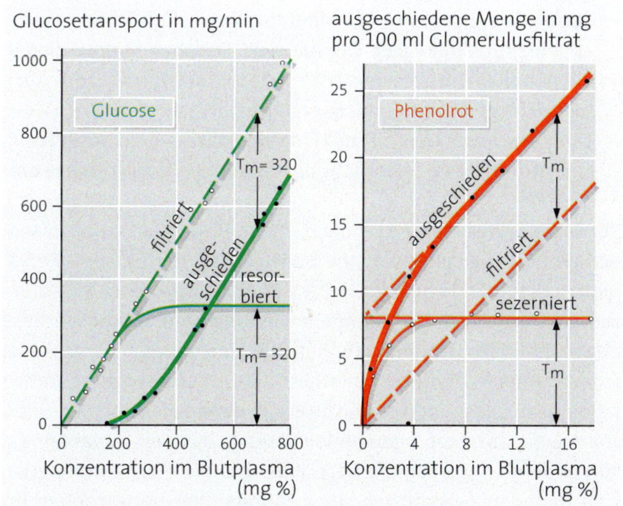


1 *Resorption und Sekretion in der Niere*

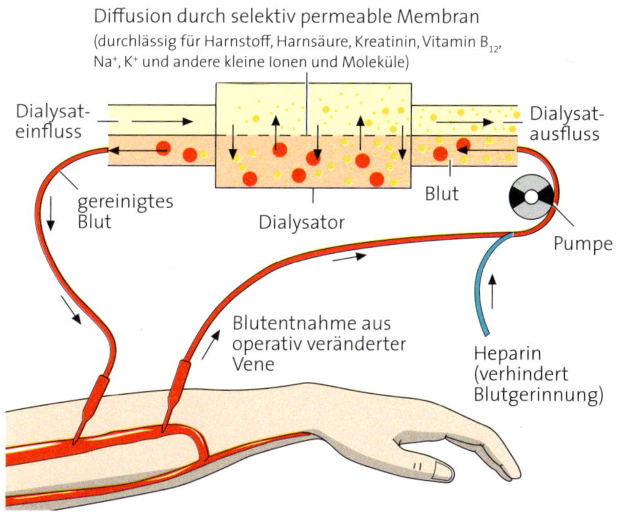


2 *So funktioniert die künstliche Blutwäsche.*

# Fotosynthese

1 *Im Frühjahr bedecken die Keimpflanzen der Rotbuche den Boden im Buchenwald.*

*Nur 0,2 g Nährstoffe im Samen bekommt eine Buche von der Elternpflanze als „Startkapital" für ihr Leben. Diese Nährstoffmenge muss reichen, bis der junge Baum auf eigenen Wurzeln steht ... Noch ist der fettreiche Vorrat, gespeichert in den nun entfalteten und ergrünten Keimblättern, nicht völlig aufgebraucht. Gleichwohl haben die jungen Buchen längst begonnen, sich selbst zu ernähren: Wie alle grünen Pflanzen fangen sie die Energie des Sonnenlichts ein und bauen mit ihr aus Wasser und Kohlenstoffdioxid körpereigene Stoffe auf. Einige Dutzend Tonnen stellt eine Buche im Laufe ihres langen Lebens her, einen Teil davon wird sie vom 50. Lebensjahr an in ihre Nachkommen investieren.*

### Im Blickpunkt

- Licht – die entscheidende Energiequelle des Lebens
- Kurzübersicht über die Fotosynthese, den wichtigsten Bioprozess der Erde
- Blätter, Zellen, Chloroplasten: Reaktionsorte der Fotosynthese
- vom Licht zur stofflichen Energiekonserve: die Prozesse in den Chloroplasten
- Umweltfaktoren und ihre Einflüsse auf die Fotosynthese an verschiedenen Standorten
- Pflanzen verwerten die erzeugten Stoffe
- Alleskönner und Spezialisten: Varianten der Fotosynthese

**GRUNDLAGEN** Über eine Erde ohne grüne Pflanzen und deren Fähigkeit zur Fotosynthese lässt sich nur spekulieren. Fest steht dagegen: Die Fotosynthese ist der wichtigste biologische Prozess auf unserem Planeten.

- Durch sie gelingt es Pflanzen, vielen Protisten und manchen Bakterien, Strahlungsenergie des Sonnenlichts in chemisch gebundene Energie zu überführen.
- Die als Energiespeicher gebildeten organischen Stoffe sind die Lebensgrundlage aller Organismen. Darüber hinaus dienen sie, vor allem ihre fossilen Überreste wie Kohle und Erdöl, auch als wichtigste technische Energieträger.
- Der gesamte Sauerstoff der Erdatmospäre, die Voraussetzung für Atmung wie Verbrennung, ist durch Fotosynthese entstanden.

Zur Fotosynthese fähige Lebewesen nennt man fototroph. Daneben gibt es – beispielsweise im Boden und in der Tiefsee – Prokaryoten, die Energie aus der Umsetzung anorganischer Stoffe beziehen. Diese Form der Energiegewinnung wird Chemosynthese oder Chemolithotrophie genannt. Die so erzeugte Biomasse ist jedoch unbedeutend. Fotosynthese und Chemosynthese haben gemeinsam, dass Energie und Stoffe, in denen die Energie gespeichert wird, autotroph gewonnen werden, das heißt unabhängig von anderen Organismen. Tiere, Pilze und die meisten Bakterien sind dagegen heterotroph. Sie benötigen von Autotrophen erzeugte organische Stoffe als Energie- und Stoffquelle.

## Licht – Farbe – Absorption

**Licht ist Energie.** Licht, eine Form von Energie, ist der mithilfe unserer Augen wahrnehmbare Teil des Spektrums *elektromagnetischer Strahlung* mit Wellenlängen *zwischen 400 und 760 nm.* Zum breiten Spektrum elektromagnetischer Strahlung zwischen $10^{-3}$ und $10^{13}$ nm gehören außerdem Gamma(γ)-, Röntgen-, Ultraviolett(UV)-, Infrarot(IR)-Strahlen, Mikrowellen-, Fernsehwellen- und Radiowellenstrahlen. Sie alle breiten sich mit *Lichtgeschwindigkeit* – der maximal erreichbaren Geschwindigkeit – aus ($c$ = 300 000 km/s) und setzen sich aus nicht weiter aufteilbaren kleinsten Energiebeträgen zusammen, die man als *Quanten* bezeichnet. Stellt man sich solche „Energiepakete" als Teilchen vor, spricht man von *Photonen*. Andererseits lassen sich Licht und andere elektromagnetische Strahlen auch als *Wellen* auffassen, deren Energie von der *Wellenlänge* $\lambda$ beziehungsweise der *Frequenz* $\nu$ bestimmt wird:

$E \sim 1/\lambda$, $E \sim \nu$ oder $E \sim c/\lambda$.

Bei gleicher Intensität ist daher kurzwellige Strahlung energiereicher als langwellige.

**Farbe.** Licht, das sich wie Sonnenlicht aus allen Wellenlängen zusammensetzt, empfinden wir als unbunt. Licht eines einzelnen Wellenlängenbereichs wirkt dagegen in unserem Auge als *Farbreiz*. Licht des Wellenlängenbereichs von 400 bis 500 nm erscheint uns blau, von 500 bis 550 nm grün, von 550 bis 600 nm gelb und über 600 nm rot. Die „Regenbogenfarben" des Spektrums, das entsteht, wenn ein Sonnenstrahl auf ein *Prisma* aus Glas trifft, gehen kontinuierlich ineinander über. Licht einer einzigen Wellenlänge nennt man *monochromatisch*.

**Absorption.** Ein Gegenstand erscheint uns farbig, wenn das Licht, das von ihm in unser Auge gelangt, nicht alle Wellenlängen in gleichen Anteilen umfasst. Dann enthält er Farbstoffe oder *Pigmente*, die einzelne Wellenlängenbereiche „verschlucken" oder *absorbieren*. Die Wellenlängenbereiche des nicht absorbierten Lichts entsprechen der Farbe, in der wir den Gegenstand wahrnehmen. Mit einem *Fotometer* kann man die von einem Stoff absorbierte Lichtmenge in Abhängigkeit von der Wellenlänge messen (► S. 131). Man erhält so sein *Absorptionsspektrum*. Wenn ein Stoff Strahlungsenergie absorbiert, wird diese in andere Energieformen umgewandelt:

- Strahlung kann in thermische Energie verwandelt werden und dann Reaktionen beschleunigen.
- Strahlung kann die Struktur von Molekülen zerstören, sie zum Beispiel ionisieren. Für Lebewesen sind die kurzwelligen UV-, Röntgen- und γ-Strahlen besonders gefährlich.
- Strahlung kann Elektronen von Molekülen „anregen", das heißt sie in einen höheren Energiezustand versetzen. Sie werden dadurch reaktionsfähig und können chemische Arbeit leisten. Das ist der zentrale Vorgang bei der *Fotosynthese*.

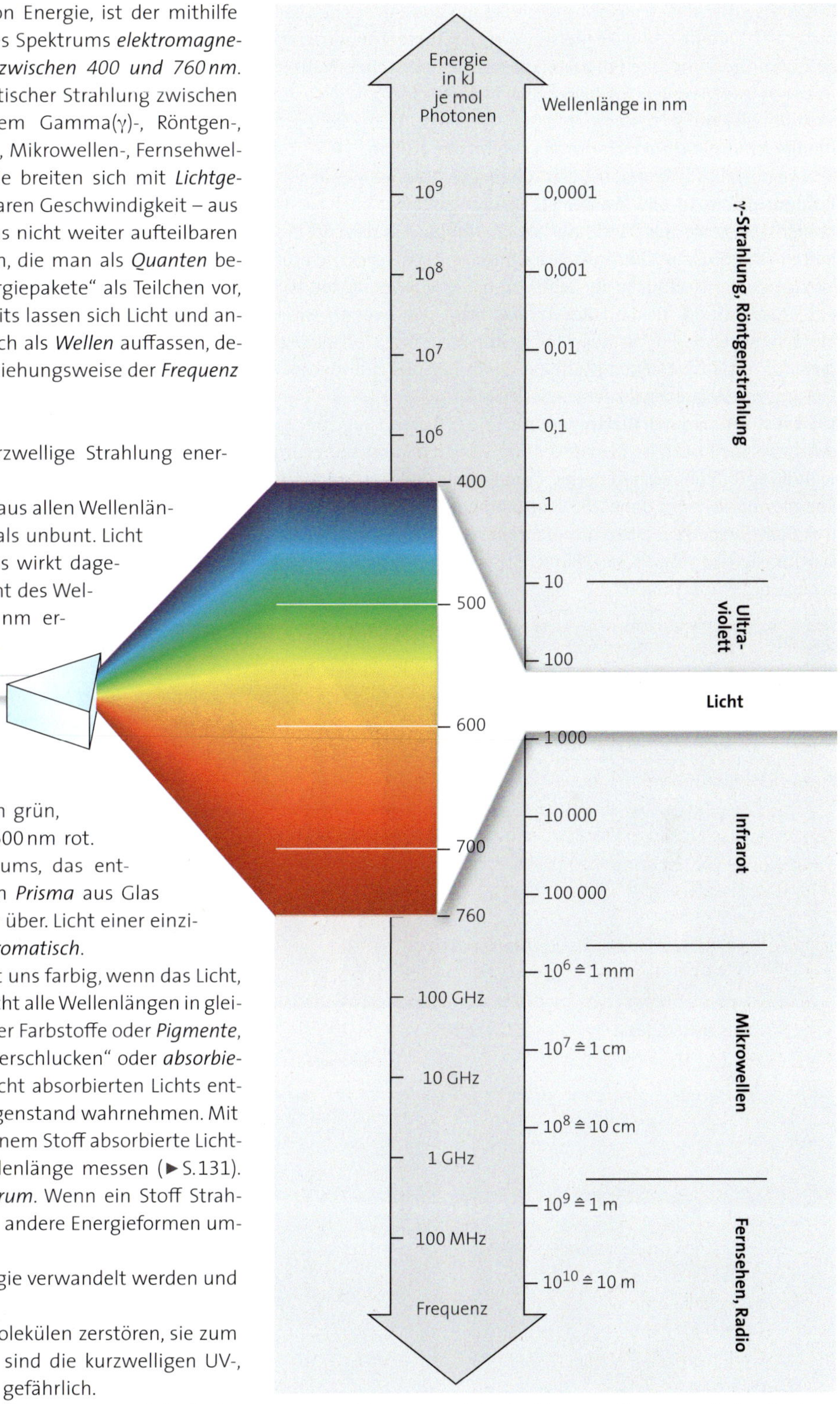


1 *Den sichtbaren Anteil des Spektrums elektromagnetischer Strahlung nennen wir Licht. Sonnenlicht erscheint uns unbunt. Erst das Prisma zeigt, dass es aus Strahlung verschiedener Wellenlängen besteht, die wir als Farben empfinden.*

## Fotosynthese: Überblick

Die Fotosynthese ist ein vielstufiger Vorgang aus zahlreichen Teilprozessen. Dennoch sind die meisten ihrer Voraussetzungen leicht zu überprüfen und ihre Produkte können mit einfachen Mitteln nachgewiesen werden. Sie lassen sich in Form einer chemischen Summengleichung zusammenfassen (▶ Bilder 1–7). Die Summengleichung darf jedoch nur als vereinfachte Bilanz (▶ S. 129) und keinesfalls als Reaktionsbeschreibung verstanden werden.

**Kohlenstoffdioxid und Wasser als Ausgangsstoffe.** Auch wenn Kohlenstoffdioxid mit 0,03 % nur als „Spurengas" in der Luft enthalten ist, beruht auf ihm die Fotosynthese. Es ist praktisch die einzige Kohlenstoffquelle der Lebewesen. Die Notwendigkeit von Kohlenstoffdioxid für die Fotosynthese lässt sich experimentell einfach beweisen. Für Wasser, den zweiten Ausgangsstoff, gelingt dies nur mit aufwendigen Methoden, zum Beispiel Isotopenmarkierung von Wassermolekülen.

**Lichtabsorption durch Blattpigmente.** Wie es sich im Begriff Fotosynthese ausdrückt, ist die Absorption von Licht und seine Umwandlung in chemische Energie der zentrale Teil des Vorgangs. *Energiewandler* sind dabei die *Blattpigmente*, neben verschiedenen *Carotinoiden* vor allem das *Chlorophyll*. Um 1 mol Glucose zu synthetisieren, müssen sie 2880 kJ Strahlungsenergie in chemische Energie überführen.

**Kohlenhydrate und Sauerstoff als Produkte.** Als Speicher für die chemische Energie dienen Kohlenhydrate. Bei intensiver Fotosynthese wird die in den Chloroplasten gebildete Glucose vorübergehend als Assimilationsstärke gesammelt. Diese wird vor allem nachts in die Transportform Saccharose verwandelt und über das *Phloem* der Leitbündel in Spross und Wurzel transportiert. Hier werden die Kohlenhydrate dann in Leukoplasten als *Reservestärke* gespeichert.

*Sauerstoff*, das andere Endprodukt, ist eine Art Abfall der Fotosynthese. Der gesamte atmosphärische Sauerstoff ist so entstanden. Doch verbrauchen auch die grünen Pflanzen Sauerstoff, nämlich dann, wenn sie bei der *Zellatmung* die selbst gebildeten organischen Stoffe wieder abbauen, um die darin gebundene Energie zu nutzen. Der Zellatmung entspricht die Umkehrung der Fotosynthese-Summengleichung.

Auf dem Nachweis der Sauerstoff- oder der Stärkebildung beruhen viele Experimente zur Fotosynthese.

**1 Die Bilder 1–6 dokumentieren einfache Experimente zu den Faktoren der Fotosynthese. Beschreiben und begründen Sie jeweils die Versuchsansätze (Bildreihe oben), nennen und erklären Sie die Versuchsergebnisse (Bildreihe unten).**

Kohlenstoffdioxid + Wasser $\xrightarrow[\text{Chlorophyll}]{\text{Licht}}$ Glucose + Sauerstoff

$$6\,CO_2 + 6\,H_2O \xrightarrow[\text{Chlorophyll}]{\text{Licht}} C_6H_{12}O_6 + 6\,O_2$$

Energiedifferenz 2 880 kJ

*1–6 Summengleichung der Fotosynthese und Möglichkeiten des experimentellen Nachweises; oben Versuche, unten Ergebnisse.*

# Chromatographie

1903 entdeckte der russische Botaniker M. TSWETT ein von ihm als „chromatographische Methode" bezeichnetes Verfahren, das „Blattgrün" der Pflanzen in verschiedene Farbstoffe aufzutrennen. Wenngleich seine geniale Entdeckung bis 1930 in Vergessenheit geriet, begründete er damit eine Fülle von Trenn- und Anreicherungsmethoden, die bis heute unter dem von ihm gewählten Begriff *Chromatographie* zusammengefasst werden.

Ihr gemeinsames Prinzip besteht darin, die Komponenten eines Stoffgemischs dadurch aufzutrennen, dass diese von einer sich bewegenden (mobilen) Phase – Gas oder Flüssigkeit – an einer ruhenden (stationären) Phase – einem Feststoff – vorbeitransportiert werden. Unterscheiden sich die verschiedenen Stoffe zum Beispiel nach Löslichkeit und Adsorptionseigenschaften, werden sie voneinander getrennt. Je besser ein Stoff beispielsweise an der stationären Phase adsorbiert wird, umso langsamer wird er von der mobilen Phase mitgeführt; je besser er in dieser löslich ist, umso schneller wandert er mit ihr. Dadurch gelangen die Stoffe im Chromatogramm an unterschiedliche Stellen. Farbstoffe lassen sich direkt erkennen, farblose Stoffe werden mit speziellen Reagenzien sichtbar gemacht.

Nach mobiler und stationärer Phase und den verwendeten Materialien unterscheidet man Gas- und Flüssigkeitschromatographie, Papier-, Dünnschicht-, Säulen- und Gel-Chromatographie.

Nach den hauptsächlich wirksamen Trennfaktoren unterteilt man in Adsorptions- und Verteilungschromatographie. Die Adsorptionschromatographie beruht auf den molekularen Wechselwirkungen an der Oberfläche eines Feststoffs, die Verteilungschromatographie auf der unterschiedlichen Löslichkeit der zu trennenden Stoffe in zwei nicht mischbaren Flüssigkeiten.

## Chromatographie der Blattpigmente

**MATERIAL:** Blätter, Schere, Mörser, Quarzsand, Aceton, Filtertrichter, Filtrierpapier, kleiner Kolben, Glaskapillaren, Chromatographiegefäß mit Deckel, Karton als Dunkelsturz, Dünnschichtfolien mit Kieselgel als stationäre Phase, Fließmittelgemisch als mobile Phase (etwa Laborbenzin, Isopropanol im Verhältnis 5 : 1 und 1–2 Tropfen Wasser). *Vorsicht beim Umgang mit Aceton (F, Xi), Laborbenzin (F, Xn, N), Isopropanol (F, Xi)!*

**DURCHFÜHRUNG:** Zerreiben Sie die klein geschnittenen Blätter im Mörser mit wenig Aceton und Sand. Filtrieren Sie dann den möglichst konzentrierten Extrakt.

Ziehen Sie 2 cm parallel zur Unterkante der Dünnschichtfolie einen dünnen Bleistiftstrich als Startlinie und tragen Sie hier mehrmals punkt- oder strichförmig mit einer Kapillare etwas Blattextrakt auf. Damit der Startfleck möglichst klein bleibt, Kapillare immer nur kurz auf die Platte aufsetzen und Startfleck vor jedem weiteren Auftrag trocknen lassen.

Füllen Sie etwa 1 cm hoch Fließmittel in das Chromatographiegefäß und stellen Sie die Folie hinein. Während der Chromatographie sollte das Gefäß zum Schutz der Farbstoffe vor Ausbleichung im Dunkeln stehen. Das aufsteigende Fließmittel trennt die Blattpigmente.

Beenden Sie den Versuch, bevor die Fließmittelfront die Oberkante der Folie erreicht.

**Aus der Originalarbeit von M. TSWETT**

Auf diesem Gesetz beruht die folgende wichtige Anwendung. Wird eine petrolätherische Chlorophylllösung durch eine Säule eines Adsorptionsmittels durchfiltriert (ich verwende hauptsächlich Calciumcarbonat, welches in engen Glasröhren dicht gestampft wird), so werden die Farbstoffe gemäss der Adsorptionsreihe von oben nach unten in verschieden gefärbten Zonen auseinandergelegt, indem die stärker adsorbierten Farbstoffe die schwächer zurückgehaltenen weiter nach unten verdrängen. Diese Trennung wird praktisch vollständig, wenn man nach dem Durchgange der Farbstofflösung durch die adsorbierende Säule einen Strom des reinen Lösungsmittels herstellt. Wie die Lichtstrahlen im Spektrum, so werden in der Calciumkarbonatsäule die verschiedenen Komponenten eines Farbstoffgemisches gesetzmässig auseinandergelegt, und lassen sich darin qualitativ und auch quantitativ bestimmen. Ein solches Präparat nenne ich ein Chromatogramm und die entsprechende Methode, die chromatographische Methode.

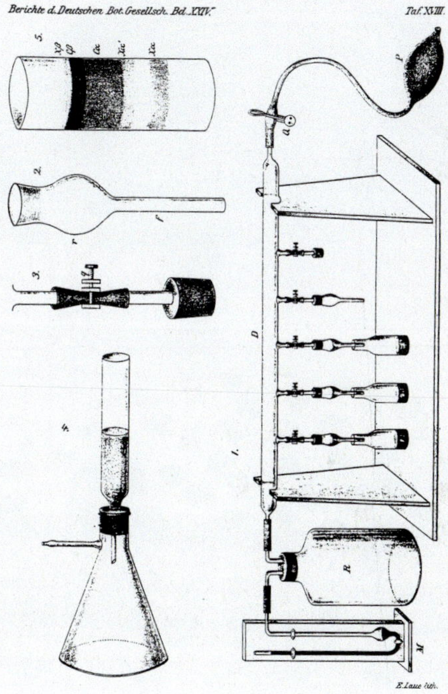


❶ Geben Sie an, welches Chromatographie-Verfahren von TSWETT als erstes verwendet wurde.

❷ Eine der modernsten Techniken der Chromatographie ist die mit hohem Druck arbeitende Hochdruck-Flüssigkeits-Chromatographie (abgekürzt HPLC, von *h*igh-*p*ressure *l*iquid *c*hromatography). Betrachten Sie daraufhin TSWETTS Versuchsanordnung rechts im Bild!

❸ Beschreiben Sie das Ergebnis einer von Ihnen durchgeführten Chromatographie und versuchen Sie die getrennten Stoffe zuzuordnen: Carotine (orange), Xanthophylle (leuchtend gelb), Chlorophyll a (blaugrün), Chlorophyll b (hellgrün) und Chlorophyll-Oxidationsprodukt Phäophytin (schwärzlich grün).

### Stichworte zu weiteren Informationen

$R_f$-Wert • zweidimensionale Chromatographie • Gaschromatographie • Gelfiltration • Autoradiographie

# Fotosynthese: Strukturen

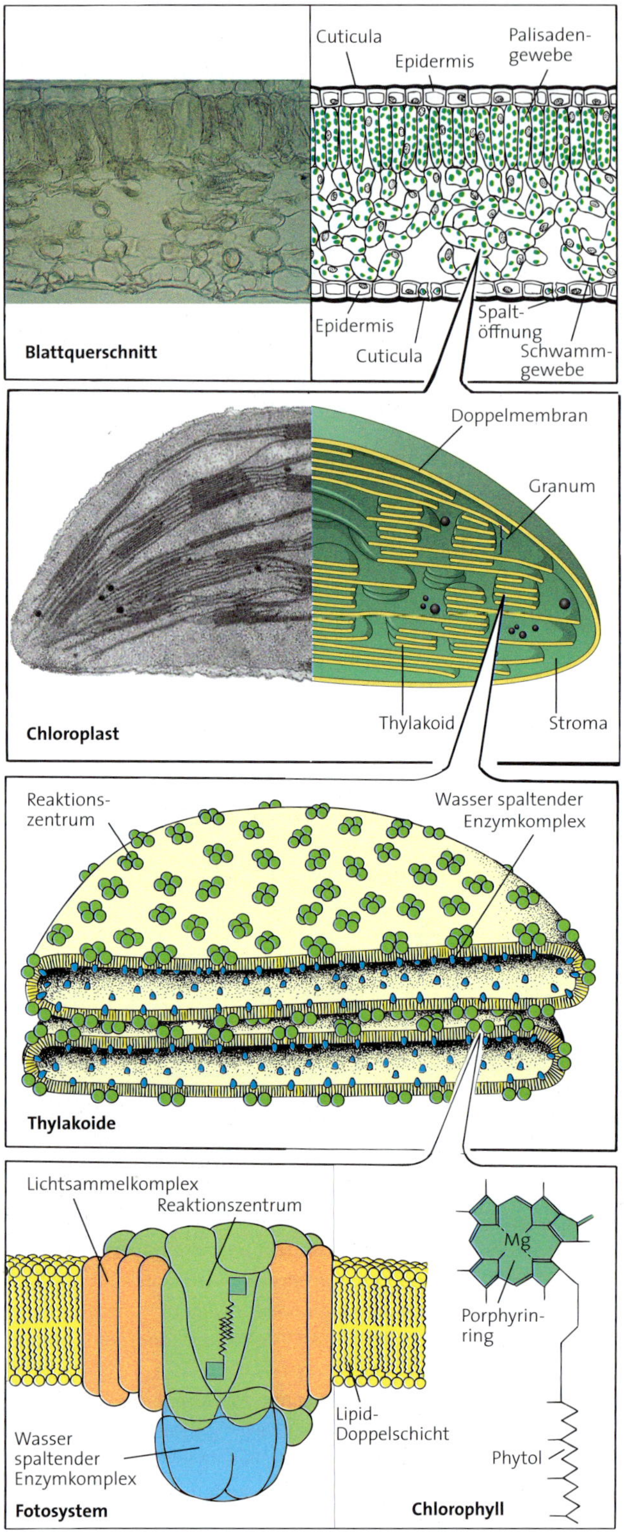


*1–6 Die Strukturen der Fotosynthese; von oben nach unten: Blattquerschnitt (lichtmikroskopisches Bild und Grafik), Chloroplast (elektronenmikroskopisches Bild und Grafik), Thylakoide, Fotosystem und Chlorophyllmolekül*

**Blatt.** Fotosynthese findet in *allen grünen Pflanzenteilen* statt. Die *Laubblätter* der hoch entwickelten Samenpflanzen sind jedoch die eigentlichen *Organe der Fotosynthese.* Durch ihren dünnen, flächigen, an Leitbündeln reichen Bau sind sie auf das Einfangen von Licht, den Gasaustausch und die Abgabe von Wasserdampf spezialisiert.

*Cuticula* und *Epidermis* der Ober- und Unterseite verhindern den Durchtritt von Stoffen, vor allem den von Wasserdampf. Die *Spaltöffnungen* übernehmen die kontrollierte Wasserdampfabgabe und den Austausch von Sauerstoff und Kohlenstoffdioxid. Sie werden durch je zwei *Schließzellen* gebildet und in ihrer Öffnungsweite durch das Zusammenwirken von Licht, Wasserversorgung, Luftfeuchtigkeit und Temperatur geregelt. Meist sitzen sie in der Epidermis der Blattunterseite. Nach innen münden sie in das lockere *Schwammgewebe*, das zusammen mit dem chloroplastenreichen *Palisadengewebe* der Fotosynthese dient (▶ Bilder 1 und 2).

**Chloroplast.** Im Zellplasma jeder Zelle von Schwamm- und Palisadengewebe finden sich bis zu über 100 *Chloroplasten*, die während der Blattentwicklung aus farblosen Proplastiden hervorgehen. Das Elektronenmikroskop enthüllt den Feinbau dieser 5–10 µm großen Fotosynthese-Organellen: Eine doppelte Membran umgibt das als *Stroma* bezeichnete Innere. Es wird von einem System in sich geschlossener, flacher Membransäcke durchzogen, die man *Thylakoide* nennt. Bereiche dicht übereinandergestapelter Thylakoide heißen *Grana* (▶ Bilder 3 und 4).

**Thylakoid.** Die Thylakoidmembran besteht wie andere Biomembranen auch aus einer etwa 6 nm dicken *Lipid-Doppelschicht*, in die *Proteinmoleküle eingelagert* sind. In zwei wichtigen Punkten unterscheidet sie sich jedoch von anderen Biomembranen: Ihr Proteinanteil ist durch die zahlreichen Enzymkomplexe der Fotosynthese besonders hoch und sie enthält die *Blattpigmente*. Diese sind an spezielle Proteinkomplexe gebunden, die man als *Fotosysteme* bezeichnet und die für die Aufnahme der Lichtenergie verantwortlich sind (▶ Bild 5).

**Fotosystem.** In einem Fotosystem umgeben viele Hundert Pigmentmoleküle – Carotinoide und Chlorophyll – als Lichtsammelkomplex ein *Reaktionszentrum* aus wenigen Chlorophyllmolekülen. Die äußeren Pigmentmoleküle wirken dabei als „Antennenpigmente“: Sie absorbieren die Lichtenergie und leiten sie wie in einer „Lichtfalle“ gezielt den Chlorophyllmolekülen im Reaktionszentrum zu, um diese anzuregen, also in einen energiereicheren Zustand zu versetzen (▶ Bild 6).

**Chlorophyll.** Das Chlorophyllmolekül hat einen Licht absorbierenden „Kopf“ aus einem sogenannten Porphyrinring, in dessen Zentrum ein Magnesiumion sitzt. Mit einem langen Kohlenwasserstoff-„Schwanz“, dem Phytol, ist es in der Thylakoidmembran verankert.

---

**❶ Stellen Sie Zusammenhänge zwischen Blattbau und Fotosynthesevorgängen her.**

**❷ Thylakoide bilden eine große „innere Oberfläche“ des Chloroplasten. Erklären Sie deren Bedeutung.**

**❸ Magnesiummangel bewirkt bei Pflanzen eine gelbliche Verfärbung der Blätter. Suchen Sie dafür eine Erklärung.**

## Thylakoidmembran – die „Werkbank" der Fotosynthese

Wasser mithilfe von Licht in Wasserstoff und Sauerstoff zu zerlegen und diese Stoffe dann in einer Brennstoffzelle unter Arbeitsleistung wieder zu Wasser zu verbinden, das ist ein Zukunftstraum der Techniker. Pflanzen verfügen über eine kombinierte Solar- und Wasserstofftechnik schon seit Milliarden Jahren: die Fotosynthese. Voraussetzung dafür sind *spezialisierte Molekülkomplexe* in der Thylakoidmembran der Chloroplasten. Einer Werkbank vergleichbar ist die Membran mit solchen Molekülkomplexen bestückt – gewissermaßen chemischen Maschinen und Werkzeugen. Diese sind teils in fester Anordnung in der Lipid-Doppelschicht der Membran verankert, teils bilden sie bewegliche Carrier innerhalb des Flüssigmosaiks. Sie sind entweder selbst *Enzyme* oder enthalten Enzyme und bewirken in enger Kopplung drei Teilprozesse der Fotosynthese: *Lichtenergieaufnahme, Elektronentransport* und *ATP-Produktion*.

**Lichtenergieaufnahme durch Fotosysteme.** Die Molekülkomplexe der Fotosysteme können Licht einer bestimmten Wellenlänge absorbieren. Seine Energie wird dabei auf Elektronen der Chlorophyllmoleküle im Reaktionszentrum übertragen. Anders als in den meisten Fällen von Strahlungsabsorption kehren diese angeregten Elektronen nicht sofort unter Aussenden von längerwelligem Licht (Fluoreszenzlicht) oder Abgabe von Wärme in den energiearmen Zustand zurück. Sie werden vielmehr von einem *Elektronenakzeptor* im Fotosystem übernommen. Durch Licht angeregtes *Chlorophyll wirkt* demnach als *Elektronendonator*, also reduzierend.

**Elektronentransport durch Redoxsysteme.** Auch bei den weiteren Teilprozessen der Fotosynthese sind *Abgabe und Aufnahme von Elektronen*, also *Oxidation* und *Reduktion*, die entscheidenden Vorgänge. Wie in der Atmungskette (► S. 105) stehen der Transport von Elektronen und Wasserstoffionen (Protonen) durch Enzyme im Zentrum des Geschehens. Die prosthetischen Gruppen dieser Enzyme können reversibel zwischen einer oxidierten und reduzierten Form wechseln, indem sie Elektronen abgeben oder aufnehmen. Ob sie reduzierend oder oxidierend wirken, hängt vom Reaktionspartner ab. Je stärker sich zwei Stoffe unterscheiden in ihrem Bestreben, Elektronen aufzunehmen oder abzugeben, umso größer ist die *Reaktionsenergie* zwischen ihnen. Sie lässt sich in diesem Fall auch als *elektrische Spannung* messen und wird als Redoxpotenzialdifferenz oder kurz *Redoxpotenzial* bezeichnet. In der Thylakoidmembran sind – ebenso wie in der Mitochondrienmembran – mehrere Redoxsysteme nach steigender Tendenz zur Elektronenaufnahme angeordnet. Durch diese *Elektronentransportkette* wird die Energie im Fotosyntheseprozess weitergegeben.

**ATP-Produktion durch ATP-Synthase.** Ein Teil der Redoxsysteme nutzt die Reaktionsenergie der Elektronenweitergabe zum *aktiven Transport* (► S. 48) von Protonen durch die Thylakoidmembran. Protonen häufen sich so im Innern der Thylakoide an. An der Membran entsteht ein *Ladungs-* und *Konzentrationsgradient* ähnlich wie in einer Batterie. Ihm entspricht ein Energiegefälle, das von der *ATP-Synthase* zur ATP-Produktion genutzt wird: Nur über dieses „Spezialwerkzeug" können Protonen den Innenraum des Thylakoids verlassen. Dabei wird ADP mit Phosphat zu ATP phosphoryliert (Fotophosphorylierung).

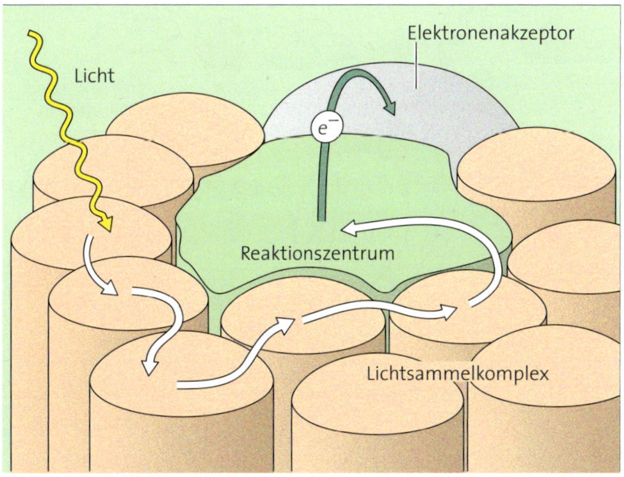


*1 Übertragung eines energiereichen Elektrons auf einen Akzeptor nach Belichtung des Fotosystems*

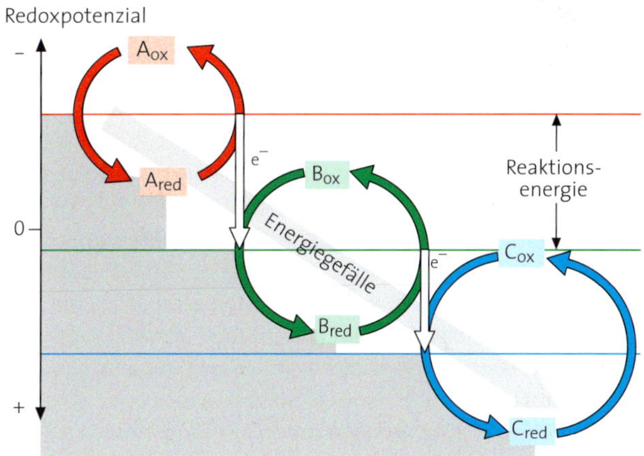


*2 Schema einer Elektronentransportkette aus drei Redoxsystemen mit unterschiedlichem Redoxpotenzial*

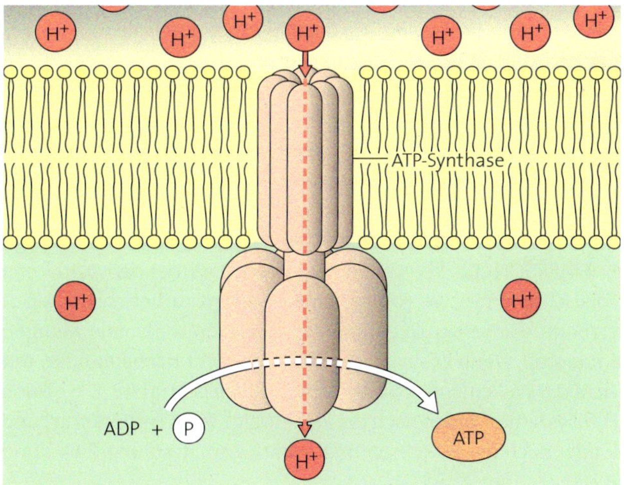


*3 ATP-Synthase nutzt den Ladungs- und Konzentrationsgradienten an der Membran zur ATP-Bildung*

## Ablauf der Fotosynthese

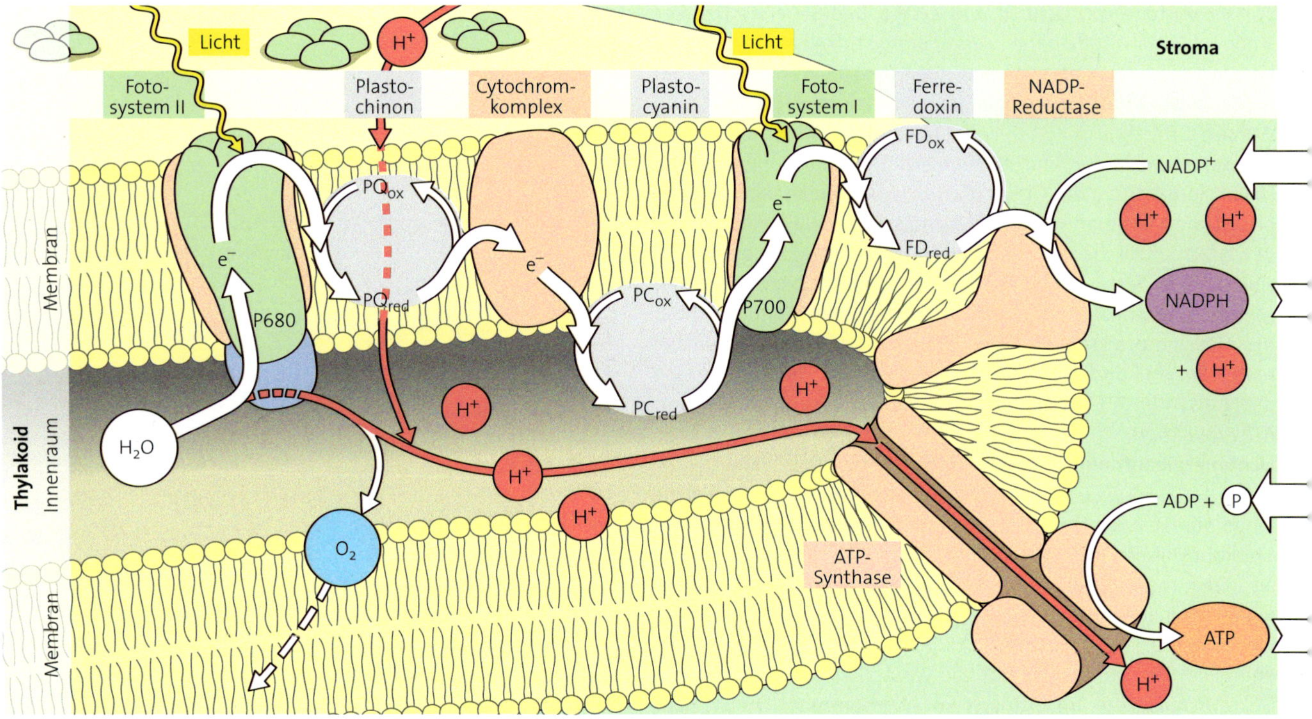


*1 Fotosynthese-Primärreaktionen, Schema. Elektronen- (⇨) und Protonenfluss (➡) sind die entscheidenden Vorgänge.*

Aufgrund ihrer täuschend einfachen Summengleichung nahm man für die Fotosynthese lange Zeit einen einfachen Reaktionsverlauf an. Heute kennt man so viele Teilprozesse, dass man darauf achten muss, das Ziel des Ganzen nicht aus den Augen zu verlieren: die *Bildung von Kohlenhydraten aus Kohlenstoffdioxid*. Sie ist formal betrachtet eine Reduktion und erfordert daher *chemische Energie* und *Reduktionsmittel*. Diese werden in Form von ATP und NADPH + $H^+$ im ersten Abschnitt der Fotosynthese bereitgestellt, den *Primärreaktionen, auch Lichtreaktionen genannt*. Sie laufen in den *Thylakoiden der Chloroplasten* ab. Im zweiten Abschnitt der Fotosynthese, den *Sekundärreaktionen*, werden dann im *Stroma der Chloroplasten* durch Reduktion des Kohlenstoffdioxids Kohlenhydrate erzeugt.

**Primärreaktionen.** Grundlegend für das Verständnis der Fotosynthesevorgänge waren Experimente des britischen Chemikers R. HILL von 1939. Seine Experimente mit isolierten Chloroplasten und einem zugefügten Elektronen- und Wasserstoffakzeptor zeigten, dass der Sauerstoff aus Wasser und nicht aus Kohlenstoffdioxid entsteht. Im Jahr 1958 schloss der amerikanische Biologe R. EMERSON aus Versuchen mit Algen, dass bei der Aufnahme von Lichtenergie zwei Fotosysteme zusammenarbeiten: Die Algen erzeugten in seinen Experimenten nur dann maximale Mengen Sauerstoff, wenn er sie gleichzeitig (und nicht nacheinander) mit Licht der Wellenlängen 680 nm und 700 nm bestrahlte. Die beiden Fotosysteme werden nach der Reihenfolge ihrer Entdeckung I und II oder nach der jeweils optimal wirksamen Strahlung *P 680* und *P 700* genannt.

Neben den Fotosystemen sind mehrere Redoxsysteme und die ATP-Synthase an den Primärreaktionen beteiligt (▶ Bild 1):

- Wird Fotosystem II mit Licht bestrahlt, wird Chlorophyll in seinem Reaktionszentrum angeregt und gibt ein Elektron an einen Akzeptor ab.
- Dem oxidierten Chlorophyll$^+$ wird durch den Wasser spaltenden Enzymkomplex wieder ein Elektron zugeführt. Dieses Elektron stammt aus dem Wasser, das – auf nicht ganz geklärte Weise – in Elektronen, Protonen und Sauerstoff gespalten wird. Die durch Licht veranlasste Wasserspaltung wird *Fotolyse* genannt. Der gebildete Sauerstoff wird frei.
- Vom Fotosystem II gelangen die Elektronen über eine *Elektronentransportkette aus mehreren Redoxsystemen* (Plastochinon, Cytochrom, Plastocyanin) zum Fotosystem I.
- Parallel zum Elektronenfluss „pumpt" das Redoxsystem Plastochinon Protonen in das Innere der Thylakoide. Zusammen mit den aus der Wasserspaltung stammenden Protonen bewirken sie das Ladungs- und Konzentrationsgefälle (▶ S. 105), das die ATP-Synthase zur *ATP-Bildung* nutzt. Dieser Vorgang wird als Fotophosphorylierung bezeichnet.
- Auch Fotosystem I gibt nach Anregung durch Licht ein Elektron an eine zweite Elektronentransportkette weiter und gelangt dann – indem es ein vom Fotosystem II zugeführtes Elektron übernimmt – wieder in den Grundzustand. Am Ende der Elektronentransportkette werden die Elektronen auf das Wasserstoff übertragende Coenzym NADP$^+$ übertragen, das dadurch zu NADPH + $H^+$ reduziert wird.

Mit der Bereitstellung des Energieträgers ATP und des Reduktionsmittels NADPH + $H^+$ sind die Primärreaktionen abgeschlossen und die Voraussetzungen für die Sekundärreaktionen geschaffen.

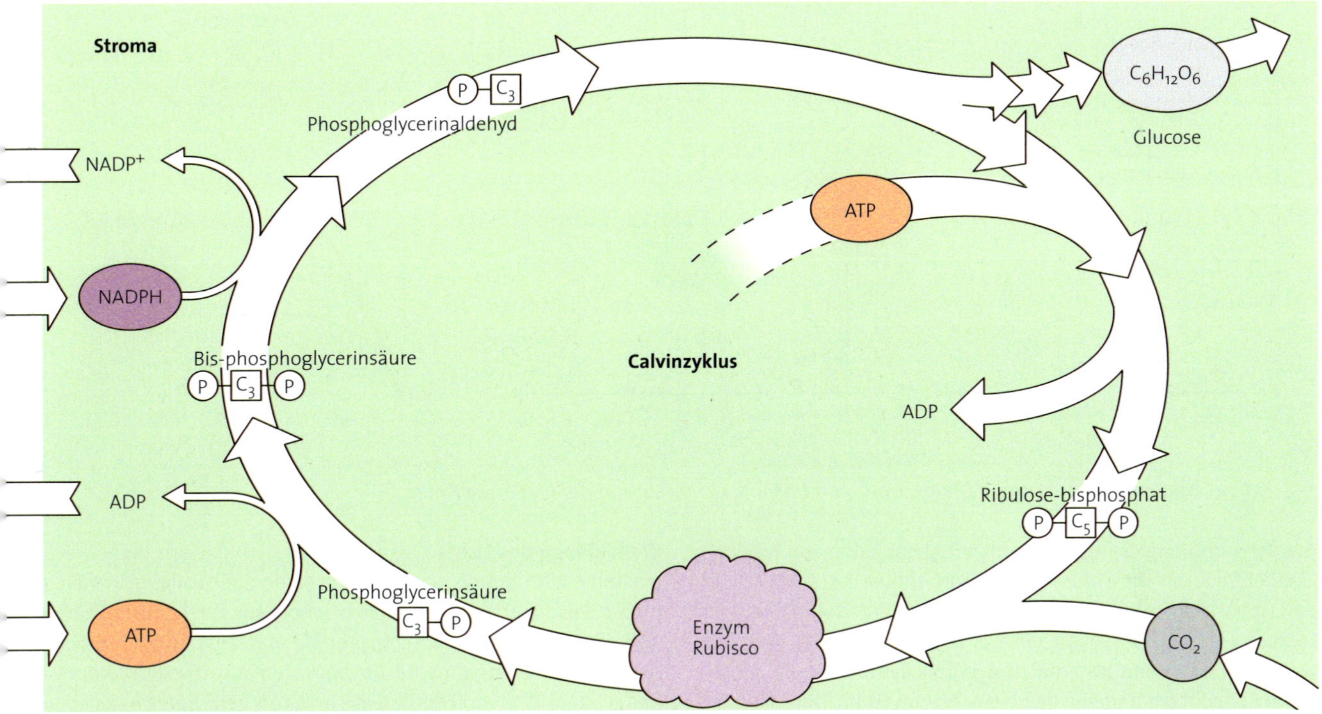


1 *Fotosynthese-Sekundärreaktionen (Calvinzyklus), stark vereinfachtes Schema*

**Sekundärreaktionen.** Im Stroma der Chloroplasten wird nun in einer komplizierten zyklischen Reaktionsfolge Kohlenstoffdioxid in Kohlenhydrate umgewandelt. Nach ihrem Entdecker, dem amerikanischen Chemiker M. CALVIN, wird die Reaktionsfolge als *Calvinzyklus* bezeichnet.

Licht ist für diese Reaktionen nicht unmittelbar notwendig. Sie sind jedoch an die Lichtreaktionen eng gekoppelt, da sie deren Endprodukte ATP und NADPH + $H^+$ benötigen. Die wichtigsten Schritte sind (► Bild 1):

- *Einschleusung von Kohlenstoffdioxid.* Durch den Enzymkomplex *Rubisco* (*R*ibulose-*bis*phosphat-*c*arboxylase/*o*xidase) wird $CO_2$ auf den Zucker Ribulose-bisphosphat, eine Pentose (► S. 93), als $CO_2$-Akzeptor übertragen.

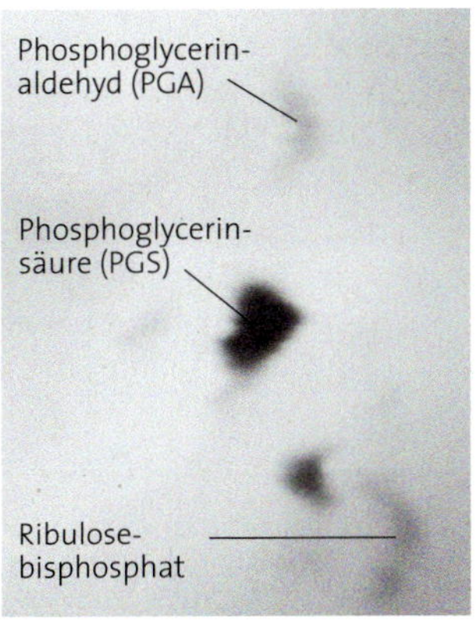


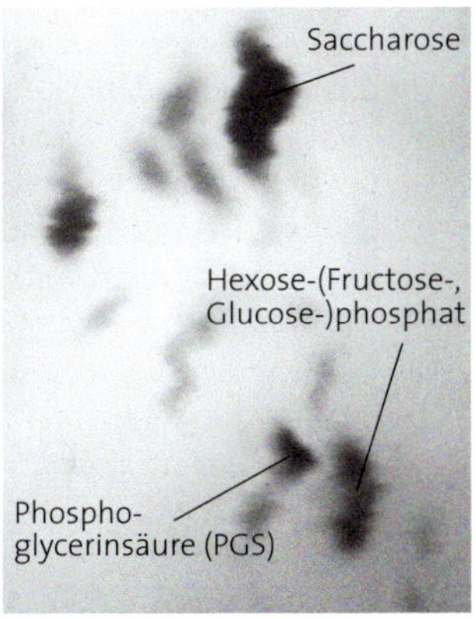


2 und 3 *Autoradiogramme der Fotosyntheseprodukte 5 s (links) und 120 s nach Zugabe von radioaktivem $^{14}CO_2$*

- *Energiezufuhr.* Das Reaktionsprodukt mit 6 C-Atomen zerfällt sofort in 2 Moleküle *Phosphoglycerinsäure (PGS)* mit 3 C-Atomen. Sie wird durch ATP der Lichtreaktionen zu *Bis-phosphoglycerinsäure* aktiviert, also energiereich gemacht.
- *Reduktion.* Die Bis-phosphoglycerinsäure wird durch NADPH + $H^+$ aus den Lichtreaktionen zu *Phosphoglycerinaldehyd (PGA)* reduziert.
- *Bildung von Glucose.* Aus PGA entstehen verschiedene Kohlenhydrate, schließlich auch Glucose als Endprodukt der Fotosynthese. Unter Einsatz von ATP wird Ribulose-bisphosphat regeneriert und der Zyklus damit geschlossen.

Bei der Erforschung des Calvinzyklus spielte die *Autoradiographie* eine zentrale Rolle: Den Versuchspflanzen wurde radioaktiv markiertes $CO_2$ zugeführt und ihre Fotosynthese nach unterschiedlich langer Zeit (Sekunden!) unterbrochen. Mithilfe der Chromatographie wurden dann die radioaktiven Reaktionsprodukte in der Reihenfolge ihrer Bildung identifiziert (► Bilder 2 und 3).

**Bilanz der Fotosynthese.** Energetisch gesehen ist die Fotosynthese ein Vorgang, bei dem je Mol Glucose 2 880 kJ Strahlungsenergie der Sonne in chemische Energie überführt werden. In gekürzter Form kann man die stoffliche Bilanz wie auf Seite 124 zusammenfassen. Will man jedoch deutlich machen, dass der Sauerstoff durch Fotolyse aus Wasser entsteht und in den Sekundärreaktionen Wasser „neu" gebildet wird, lautet die einfachste Formulierung der Summengleichung:

$$12\,H_2O + 6\,CO_2 \longrightarrow C_6H_{12}O_6 + 6\,O_2 + 6\,H_2O.$$

Die farbige Unterlegung gibt dabei die Herkunft der beteiligten Elemente an.

## Abhängigkeit der Fotosynthese von Umweltfaktoren

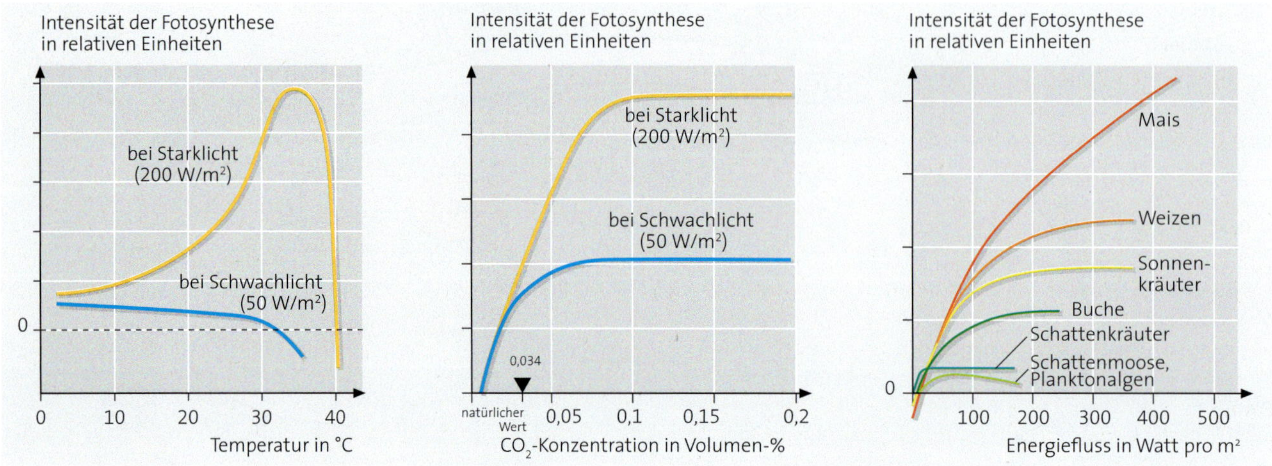


*1–3 Einfluss von Temperatur, Kohlenstoffdioxidkonzentration und Lichtintensität auf die Fotosynthese*

Aus der Summengleichung kann man leicht ableiten, von welchen Umweltfaktoren die Fotosynthese unmittelbar abhängt. Daneben ist vor allem die Temperatur von Bedeutung. Der Einfluss der Faktoren ist jedoch schwer einzeln zu erfassen. Wird beispielsweise ein Faktor nur minimal angeboten, kann auch das gesteigerte Angebot der anderen nicht verwertet werden. Der Faktor im Minimum wird zum *limitierenden Faktor*. Die Fotosyntheseintensität unter verschiedenen Bedingungen lässt sich am einfachsten bestimmen, wenn man entweder das von einer Pflanze pro Zeiteinheit verbrauchte Kohlenstoffdioxid oder aber den gebildeten Sauerstoff misst.

**Temperatur.** *Bei geringem Lichtangebot* wirkt sich eine Änderung der *Temperatur kaum* auf die Fotosynthese aus, da unter diesen Bedingungen vor allem die Aufnahme der Lichtenergie begrenzend wirkt. *Im Starklicht* hat die Temperatur dagegen einen *ausgeprägten Einfluss*. Dann bestimmen temperaturabhängige Transportvorgänge in den Membranen die Geschwindigkeit.

**Kohlenstoffdioxid.** Auch ein verändertes Angebot an *Kohlenstoffdioxid* wirkt sich *nur bei Starklicht* deutlich auf die Fotosynthese aus. Unter diesen Bedingungen ist der natürliche Kohlenstoffdioxidgehalt der Luft oft der begrenzende Faktor. Daher lassen sich durch künstliche „$CO_2$-Düngung" bei manchen Gewächshauskulturen, beispielsweise Gurken, höhere Erträge erzielen. Durch Atmung der Mikroorganismen im Boden kann sich ebenfalls eine optimale Kohlenstoffdioxidkonzentration in Bodennähe einstellen.

**Lichtintensität.** Die *bei der Fotosynthese wirksame Strahlung* PAR (*Ph*otosynthetically *A*ctive *R*adiation) wird als Photonenfluss (in µmol pro $m^2$ und s) oder als Energiefluss (in Watt pro $m^2$) gemessen (► S. 133). Sie ist ein wichtiger Faktor der Fotosynthese. Vor allem zwei Werte kennzeichnen die von Art zu Art unterschiedliche Abhängigkeit einer Pflanze von der Lichtintensität:

- Der *Lichtkompensationspunkt* (► S. 134) entspricht der Energiemenge, bei der durch Fotosynthese gerade so viel Sauerstoff gebildet wie durch Atmung verbraucht wird.
- Die *Lichtsättigung* bezeichnet die Menge der Lichtenergie, bei der die Fotosynthese maximale Intensität erreicht.

**Wellenlänge des Lichts.** Dass Licht von den Blättern und Chloroplasten nicht über den ganzen sichtbaren Spektralbereich gleichmäßig absorbiert wird, lässt sich schon aus ihrer grünen Farbe schließen. Genaueren Aufschluss erhält man aus dem *Absorptionsspektrum* der Blattpigmente. Am stärksten absorbiert Chlorophyll das Licht im Blau- und Rotbereich, im Grün-gelb-Bereich dagegen nur schwach. Dem entspricht das *Wirkungsspektrum* der Fotosynthese. Man erhält es, indem man die Intensität der Fotosynthese, beispielsweise den gebildeten Sauerstoff, in Abhängigkeit von der Wellenlänge des eingestrahlten Lichts bestimmt.

---

**1 Erklären Sie aus dem Absorptionsspektrum, warum uns Chlorophyll grün erscheint.**

**2 Vergleichen Sie den Verlauf der verschiedenen Absorptionsspektren mit dem Fotosynthese-Wirkungsspektrum (► Bild 4). Welchen Schluss ziehen Sie?**

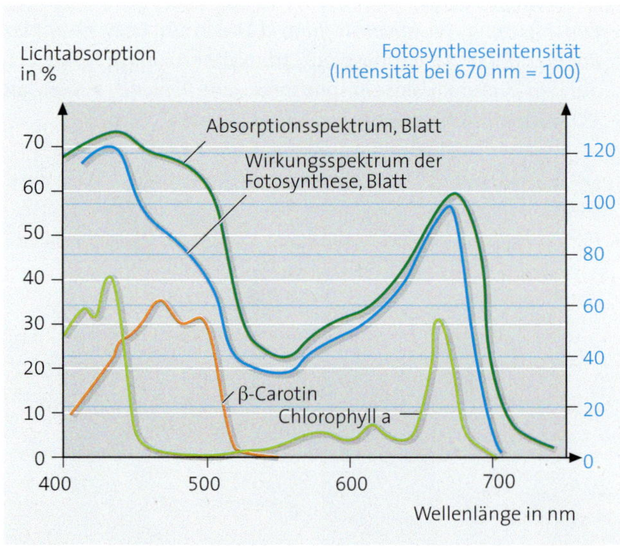


*4 Wirkungsspektrum der Fotosynthese und Absorptionsspektrum von Blatt und Blattpigmenten*

# Licht, Blattpigmente und Fotosynthese

Die Aufnahme von Lichtenergie durch die Blattpigmente ist der grundlegende Vorgang der Fotosynthese. Um die Zusammenhänge zwischen Strahlung und Fotosynthesevorgängen zu analysieren, kann man ein Absorptionsspektrum der Blattpigmente oder ein Wirkungsspektrum der Fotosyntheseleistung erstellen:

- Das *Absorptionsspektrum* ist ein Diagramm, das die Absorption von Licht durch einen Stoff oder ein Stoffgemisch in Abhängigkeit von der Wellenlänge darstellt und das mithilfe eines *Fotometers* ermittelt wird.
- Als *Wirkungsspektrum* bezeichnet man ein Diagramm, das zeigt, wie die Intensität einer Stoffwechselleistung von der Wellenlänge des eingestrahlten Lichts abhängt.

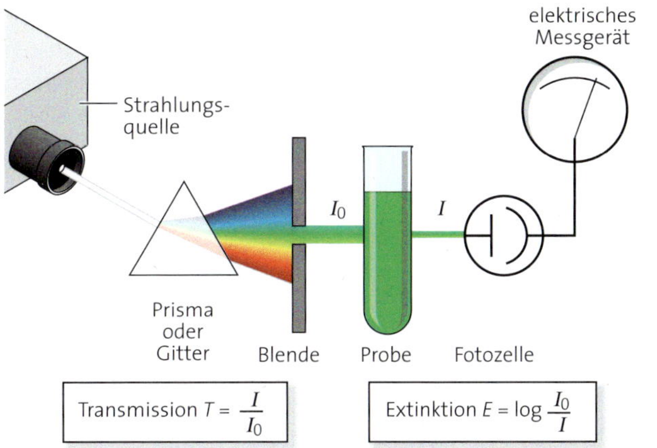


### Fotometrie

Im Fotometer misst eine lichtempfindliche *Fotozelle*, wie stark ein in Lösung befindlicher Stoff die Intensität des Lichts beim Durchstrahlen schwächt. Das Verhältnis von ausgestrahlter zu eingestrahlter Intensität $I/I_0$ bezeichnet man als *Transmission T*, ihren negativen Logarithmus als *Extinktion E*. Sie dient als Maß für die Lichtabsorption. Im *Spektralfotometer* wird die Extinktion für einzelne Wellenlängen getrennt gemessen, indem eine Blende jeweils nur einen Strahl des Spektrums für die Messung herausblendet.

Da die Extinktion außer von der Schichtdicke der Probe auch von der Konzentration des gelösten Stoffs abhängt, verwendet man sie in der Praxis häufig zur Konzentrationsbestimmung gelöster Stoffe.

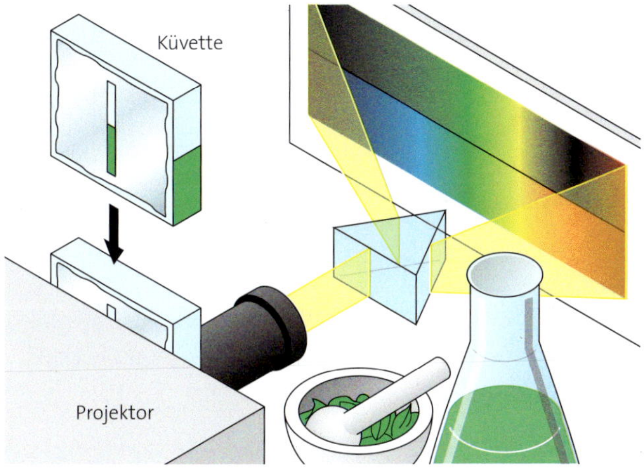


### Absorptionsbereiche der Blattpigmente

**MATERIAL:** Blätter, Schere, Mörser, Quarzsand, Aceton *(F, Xi)*, Filtertrichter, Filtrierpapier, Glasküvette mit Spalt, Diaprojektor, Prisma, verdunkelbarer Raum

*Vorsicht beim Umgang mit Aceton!*

**DURCHFÜHRUNG:** Füllen Sie die Küvette etwa zur Hälfte mit dem filtrierten Blattextrakt (Herstellung ► S. 125) und bringen Sie die Küvette in die Bildbühne des Projektors. Stellen Sie ein Prisma unmittelbar vor das Objektiv des Projektors und projizieren Sie im weitgehend abgedunkelten Raum das Projektorlicht auf das Prisma. Drehen Sie dieses so, dass sein Spektrum auf eine Projektionswand trifft. Vergleichen Sie obere Hälfte (Blattextrakt) und untere Hälfte (Luft) des Spektrums.

### Historisches Experiment: Wirkungsspektrum der Fotosynthese nach ENGELMANN

Bereits 1881 konnte der Physiologe ENGELMANN in einem berühmt gewordenen Experiment zeigen, dass Rot- und Blaulicht für die Fotosynthese am wirksamsten sind. Er benutzte Sauerstoff liebende Bakterien als „Indikatoren" der Fotosyntheseintensität: Bestrahlte er eine Fadenalge mit Spektrallicht, so sammelten sich die Bakterien bevorzugt um diese Spektralbereiche an (► Bild rechts).

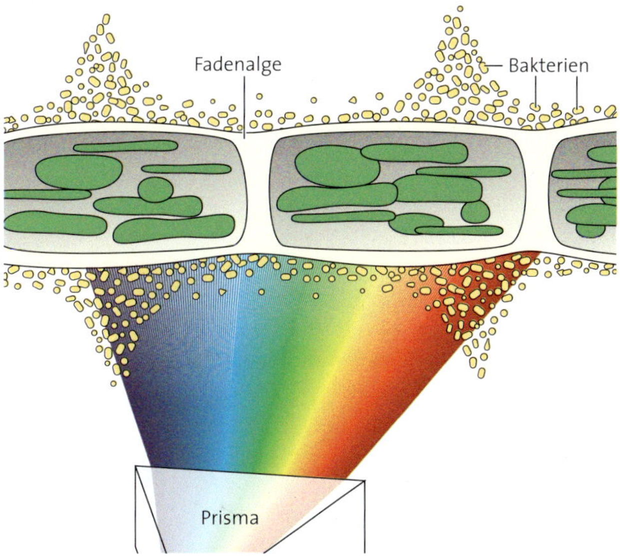


**1** **Entwerfen Sie einen Versuchsplan für ein Wirkungsspektrum der Fotosynthese. Worin liegen die Schwierigkeiten?**

**Stichworte zu weiteren Informationen**

lambert-beersches Gesetz • optischer Test

# Bedingungen und Leistungen der Fotosynthese

Mit der Messung der pflanzlichen Produktivität unter verschiedenen Bedingungen ermittelt man wichtige biologische Basisdaten. Dabei dient der Gaswechsel zwischen aufgenommenem Kohlenstoffdioxid und fotosynthetisch gebildetem Sauerstoff als häufig verwendetes und gut quantifizierbares Maß für die Fotosyntheseintensität.

Als Versuchspflanzen eignen sich Wasserpflanzen mit einem speziellen Durchlüftungsgewebe besonders gut, weil sich bei ihnen der gebildete Sauerstoff aus einem angeschnittenen Spross direkt auffangen und messen lässt.

Jede Versuchsreihe muss so angelegt werden, dass immer nur einer der Faktoren wie Temperatur, Kohlenstoffdioxidgehalt, Intensität oder Farbe des Lichts verändert wird.

Aus den gewonnenen Messwerten lässt sich die Fotosyntheseleistung einer Pflanze unter den Bedingungen des Experiments berechnen. Grundlage der Bilanzierung sind die Summengleichungen von Fotosynthese und Atmung.

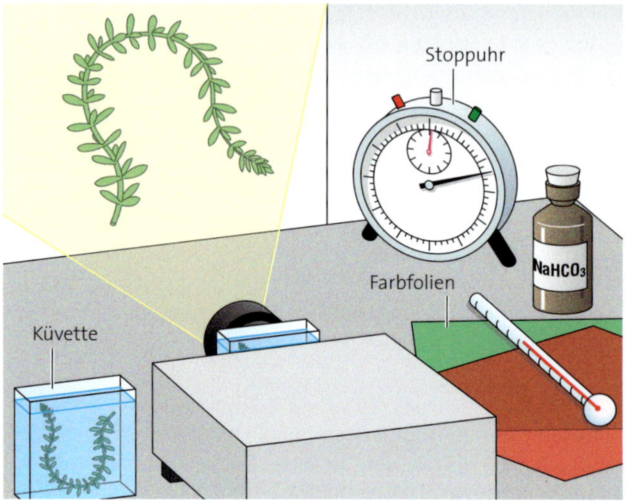


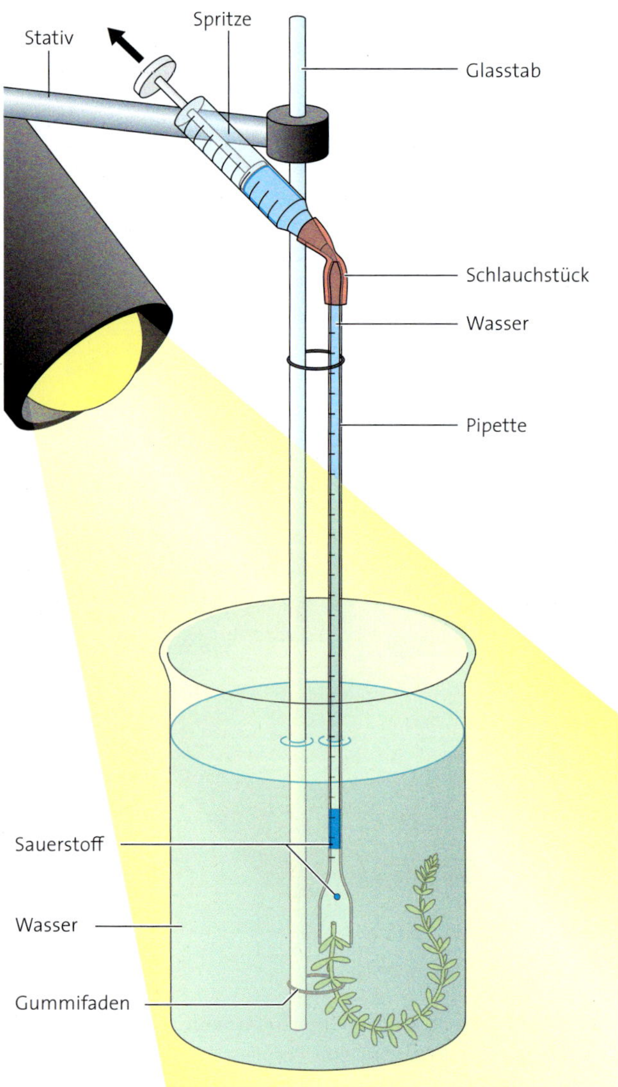


### Fotosyntheseintensität einer Wasserpflanze in Abhängigkeit von verschiedenen Bedingungen

**MATERIAL:** Sprosse von Wasserpflanzen (zum Beispiel von der Wasserpest Elodea oder dem Wasserschild Cabomba), großes Becherglas mit Wasser, Lampe, Stoppuhr, eventuell Diaprojektor, Küvette; Injektionsspritze, 0,1-ml-Messpipette mit erweitertem Ende (Watte-Stopfenbett), Thermometer, Luxmeter, Farbfolien (blau, grün, rot), $NaHCO_3$-Lösung (1 mol/l)

**DURCHFÜHRUNG:** Bei der *Bläschenzählmethode*, die sich vor allem für eine orientierende Untersuchung eignet, werden die von einem Sprossstück der Pflanze gebildeten, unter Wasser aus der Schnittstelle austretenden Sauerstoffbläschen pro Minute gezählt. Das geht besonders leicht mit einer Küvette als Versuchsgefäß im Strahlengang eines Diaprojektors (▶ Bild oben).

Genauere Messdaten liefert die *Volumenmethode* (▶ Bild links). Dabei wird der von dem Sprossstück gebildete Sauerstoff im erweiterten Ende einer Stopfenbett-Messpipette aufgefangen und zur Volumenmessung mit der Spritze in die Pipette gesaugt.

Befestigen Sie dazu den Spross so, dass seine Schnittstelle in das erweiterte Ende der Pipette reicht. (Der Spross darf natürlich nicht abgeknickt werden!)

Variieren Sie die Versuchsbedingungen:

*Temperatur:* Verändern Sie die Wassertemperatur im Bereich zwischen 5 und 45 °C in 10-Grad-Schritten.

*Kohlenstoffdioxidgehalt:* Füllen Sie das Versuchsgefäß mit unterschiedlich konzentrierter $NaHCO_3$-Lösung im Bereich zwischen 0,01 mol/l und 1 mol/l.

*Lichtintensität:* Verändern Sie den Abstand zwischen Lampe und Versuchsgefäß und damit die Lichtintensität oder Beleuchtungsstärke. Messen Sie diese mit einem Luxmeter.

*Lichtqualität:* Messen Sie die Sauerstoffbildung bei Beleuchtung der Pflanze mit verschiedenfarbigem Licht (Farbfolien). Dabei ändert sich allerdings die Lichtintensität mit.

Planen und erstellen Sie ein geeignetes Versuchsprotokoll. Stellen Sie Ihre Messergebnisse jeweils in Form von Diagrammen dar. Überprüfen Sie Ihre Versuche auch hinsichtlich möglicher Fehlerquellen.

MATERIAL · METHODE · PRAXIS

## Abschätzung des Lichtkompensationspunkts

**MATERIAL:** verdunkelbarer Raum, Lichtquelle, Luxmeter, große Reagenzgläser mit Stopfen, Erlenmeyerkolben oder Stative als Halterung für die Reagenzgläser, Sprosse der Ampelpflanze Tradescantia oder Zebrina; Indikatorlösung aus 7,46 g KCl, 0,08 g $NaHCO_3$, 0,01 g Kresolrot und 1000 ml dest. Wasser

**DURCHFÜHRUNG:** Am Lichtkompensationspunkt (► S. 134) halten sich Fotosynthese und Atmung gerade die Waage. Um ihn zu ermitteln, misst man die Beleuchtungsstärke, bei der die Pflanze von $CO_2$-Verbrauch zu $CO_2$-Bildung wechselt.

Schneiden Sie etwa 5 gleich lange und gleich stark beblätterte Sprosse der Versuchspflanze ab. Füllen Sie in 5 Reagenzgläser etwa 3 cm hoch die durch Einblasen von Ausatemluft gelb gefärbte Indikatorlösung. Bringen Sie in den Luftraum über der Lösung je einen Pflanzenspross und verschließen Sie dann die Gläser mit Stopfen. Bei Beleuchtungsstärken über dem Lichtkompensationspunkt färbt sich die Indikatorlösung innerhalb von 6 bis 8 Stunden durch $CO_2$-Entzug rot. Bei geringerer Helligkeit bleibt die Lösung durch überschüssiges $CO_2$ in Luftraum und Lösung gelb.

Ermitteln Sie den Lichtkompensationspunkt (► Bild oben), indem Sie die Versuchsgläser im verdunkelten Raum in unterschiedlicher Entfernung von der Lichtquelle aufstellen und die Beleuchtungsstärke bei dem Glas messen, dessen Indikatorlösung nach längerer Zeit eine orangerote Mischfarbe zeigt.

## Glucosegehalt von Efeublättern

**MATERIAL:** Waage, Schere, Mörser, Quarzsand, 10-ml-Pipette, Teststäbchen für Glucose im Blut (eventuell mit zugehörigem Blutzuckermessgerät), Efeublätter

**DURCHFÜHRUNG:** Pflücken Sie an einem sonnigen Tag jeweils 10 mittelgroße junge Efeublätter von schattigen und besonnten Zweigen. Untersuchen Sie beide Blattproben getrennt: Zerschneiden Sie je 5 g der Blätter mit einer Schere, zerreiben Sie sie mit etwas Quarzsand und 10 ml Wasser zu einem Brei und messen Sie dann den Glucosegehalt mit den Teststäbchen nach der Gebrauchsanleitung.

**Strahlungsmessung bei der Fotosynthese**

In wissenschaftlichen Fotosynthese-Experimenten verwendet man Quantensensoren zur Messung der Lichtintensität. Sie messen die fotosynthetisch wirksame Strahlung (PAR ► S. 130) zwischen 400 und 700 nm als Photonenfluss (in mol Photonen pro Fläche und Zeit) oder als Energiefluss (in Watt pro Fläche). Luxmeter, die früher verwendet wurden und in Schulen meist in Gebrauch sind, messen die Beleuchtungsstärke (in Lux) entsprechend der spektralen Empfindlichkeit des menschlichen Auges mit einem ausgeprägten Maximum bei 550 nm. Glühlampenlicht von 1 Kilolux entspricht in etwa dem Energiefluss von 4 W pro $m^2$ oder dem Photonenfluss von 20 µmol Photonen pro $m^2$ und s.

1. **Berechnen Sie aus den Ergebnissen zur Sauerstoffbildung bei Wasserpflanzen deren Fotosyntheseleistung bezogen auf äußere Bedingungen, Zeit und Pflanzenmasse/Blattfläche.**
2. **Nennen Sie praktische Anwendungen, für die die Kenntnis des Lichtkompensationspunkts einer Pflanzenart wichtig ist.**
3. **Rechnen Sie die Ergebnisse der Zuckerbestimmung in Efeublättern auf die Blattmasse und die Blattfläche um. Beachten Sie dabei, dass die Messwerte der Blutzucker-Teststäbchen in mg/dl (also mg/100 ml) angegeben sind, im Versuch aber nur 10 ml verwendet werden. Erklären Sie das Versuchsergebnis. Warum entspricht es nicht der Menge der fotosynthetisch erzeugten Kohlenhydrate im Blatt?**
4. **Vergleichen Sie die Ergebnisse Ihres Versuchs zur Fotosyntheseleistung einer Wasserpflanze bei verschiedener Lichtqualität mit dem Wirkungsspektrum der Fotosynthese nach ENGELMANN (► S. 131).**
5. **$CO_2$ löst sich in Wasser unter Bildung von Kohlensäure. Überlegen Sie, wie man die Fotosyntheseleistung von Wasserpflanzen mithilfe eines pH-Meters untersuchen kann.**

### Stichworte zu weiteren Informationen

nachwachsende Rohstoffe • Kohlenstoffkreislauf • Klimakammer • $C_4$-Pflanzen • $CO_2$-Infrarotabsorptionsgasanalyse

## Fotosynthese und Licht im Lebensraum

Selten sind die Umweltbedingungen so günstig, dass die Fotosynthese Höchstleistung erreicht. Fast immer wirkt ein Faktor begrenzend. Im Hochgebirge sowie den Kälte- und Hitzezonen der Erde ist dies häufig die Temperatur, in anderen Lebensräumen das Wasser, in unseren Breiten oft das Licht.

Zum Beispiel vermindert Lichtmangel durch Nebel, Bewölkung und frühe Dämmerung die optimale Fotosyntheseleistung frei stehender Rotbuchen um fast 40 %, Trockenheit und ungünstige Temperatur bewirken jeweils nur eine Verringerung von etwa 3 %. Für Pflanzen in einem Baumbestand wird der *relative Lichtgenuss*, also der Prozentsatz des vollen Tageslichts, der sie erreicht, durch die Nachbarpflanzen noch weiter eingeschränkt.

Damit eine Pflanze existieren kann, muss sie zumindest so viel Licht erhalten, dass die durch Fotosynthese erzeugte Menge organischer Stoffe den Verbrauch durch die Atmung ausgleicht. Die dafür erforderliche Lichtintensität bezeichnet man als *Lichtkompensationspunkt*. Die verschiedenen Pflanzenarten erreichen den Lichtkompensationspunkt und die *Lichtsättigung*, bei der die Fotosynthese ihre maximale Leistung erreicht, bei unterschiedlicher Lichtintensität. Besonders groß sind die Unterschiede zwischen Sonnen- und Schattenpflanzen.

**Sonnenpflanzen und Schattenpflanzen.** *Sonnenpflanzen*, wie Königskerze, Heidekraut, Thymian und Silberdistel, sind nach Bau und Stoffwechsel an Standorte mit starker Sonnenstrahlung angepasst. Sie kommen vor allem auf offener Feldflur, Felsen, Trockenrasen oder Heiden vor. Ihre meist kleinen und derben Blätter sind durch Haare, Wachsüberzug, Blattstellung oder Einrollen gegen übermäßige Strahlung und Wasserverlust gewappnet. Die Chloroplasten besitzen Lichtschutzeinrichtungen: Carotinoide fangen zu starke Strahlung ab und wandeln sie in Wärme um, Enzyme machen die bei der Fotosynthese entstehenden hochreaktiven Sauerstoffformen unschädlich, die die Zelle schädigen können. Eine große Anzahl an Spaltöffnungen ermöglichen den Sonnenpflanzen bei gutem Wasserangebot hohe Gaswechsel- und Fotosyntheseraten.

*Schattenpflanzen* sind kennzeichnend für die lichtarme Kraut- und Moosschicht unserer Wälder: Waldmeister, Wurmfarn und Frauenhaarmoos. Sie besitzen meist zarte Blätter ohne besonderen Transpirationsschutz. Durch ihren niedrigen Kompensationspunkt können sie bei geringerer Beleuchtungsstärke als Sonnenpflanzen existieren. Allerdings erreichen ihre Fotosysteme schon bei geringer Beleuchtungsstärke die maximale Fotosyntheseleistung, sodass ihre Produktivität kleiner ist als die der Sonnenpflanzen. Bei intensiver Bestrahlung können Schattenpflanzen leicht Schaden nehmen, da sie kaum mit Schutzeinrichtungen gegen zu starke Strahlung ausgestattet sind.

**Lichtabhängigkeit von Pflanzen**

(PAR in µmol pro m² und s)

| Pflanzentyp | Kompensationspunkt | Lichtsättigung |
|---|---|---|
| Sonnenkräuter | 20 – 40 | 1000 – 1500 |
| Schattenkräuter | 5 – 10 | 100 – 200 |
| Laubbaum Sonnenblätter | 20 – 50 | 600 – 800 |
| Schattenblätter | 10 – 15 | 200 – 500 |
| Schattenfarne | 1 – 5 | 50 – 150 |
| Moose | um 50 | 200 – 500 |
| Flechten | 50 – 100 | 700 – 1000 |
| Tiefenalgen | etwa 2 | 150 – 400 |

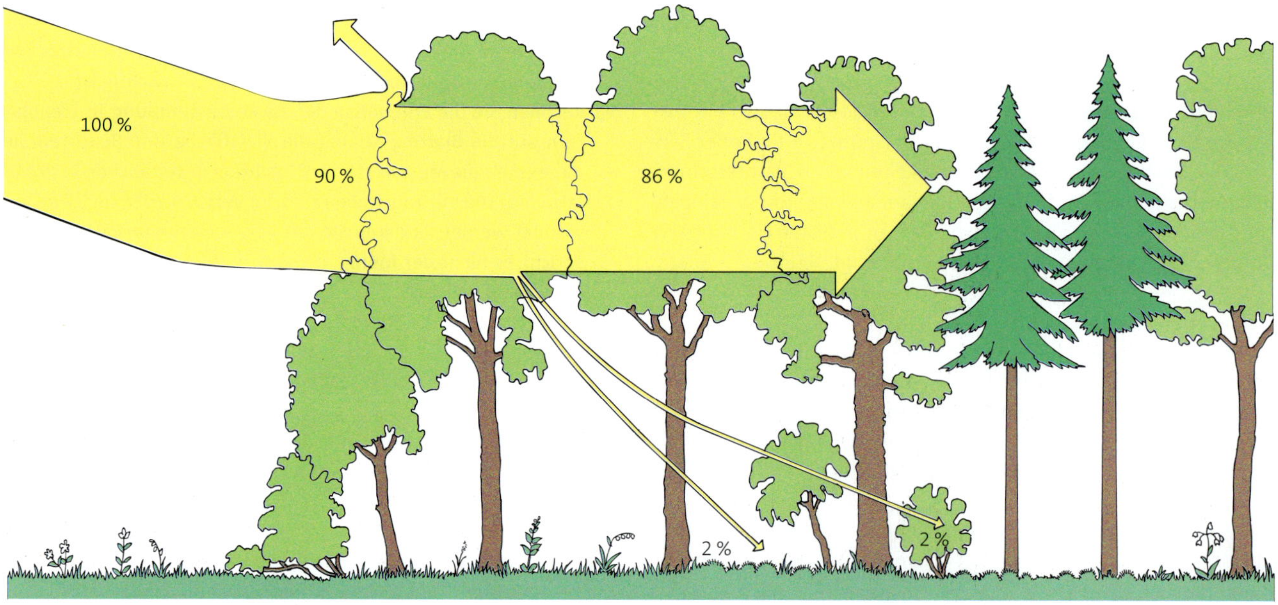


*1 Von der Sonnenstrahlung gehen in einem Mischwald ungefähr 10 % durch Reflexion verloren, 86 % werden durch Bäume absorbiert und 2 % durch Sträucher. Nur 2 % erreichen den Waldboden mit der Kraut- und Moosschicht.*

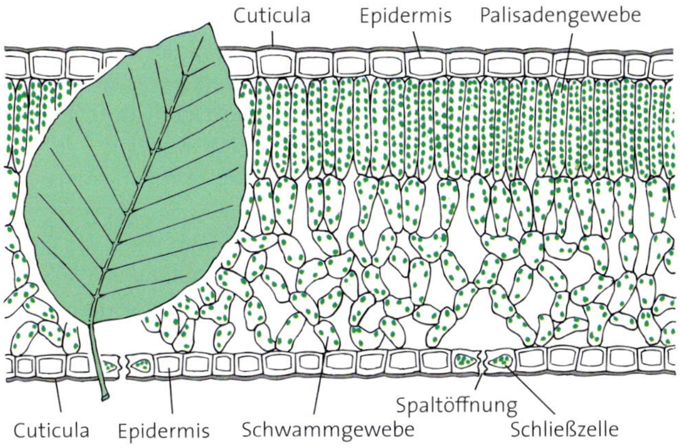


1 *Sonnenblatt mit Blattquerschnitt*

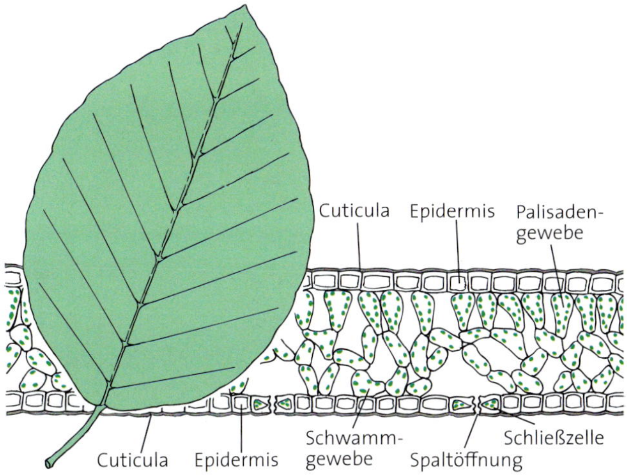


2 *Schattenblatt mit Blattquerschnitt*

**Sonnenblätter und Schattenblätter.** Bei manchen Pflanzen, besonders bei Laubbäumen, entscheidet sich erst während der Blattentwicklung unter dem modifizierenden Einfluss des Lichts, ob sich ein Blatt auf Starklicht oder Schwachlicht spezialisiert. Sonnenblätter mit kleiner Spreite, starkem Wasserleitungs- und Festigungsgewebe und hohem, oft zweischichtigem Palisadengewebe entwickeln sich aus den gut belichteten Knospen des äußeren Kronenbereichs. Große, dünne Schattenblätter entstehen vor allem im Innenraum und auf der geringer belichteten Nordseite der Baumkrone.

Die Fotosyntheseleistung der beiden Blatttypen hängt in derselben Weise vom Lichtangebot ab wie die der Sonnen- und Schattenpflanzen. Sonnen- und Schattenblätter erreichen den Lichtkompensationspunkt und die Lichtsättigung bei unterschiedlicher Lichtintensität. Wird die Stoffbilanz eines einzelnen Blatts negativ, verbraucht es also mehr Kohlenhydrate, als es erzeugt, so wird es von der Pflanze abgeworfen.

Wie dicht der Kronenbereich eines Laubbaums beblättert ist, richtet sich vor allem nach dem minimalen Lichtbedarf seiner Schattenblätter. Während Lichthölzer wie Birke, Pappel und Weide im Innern ihrer Krone zwischen 10 und 20 % relativen Lichtgenuss brauchen, kommen Schattenhölzer wie Rosskastanie oder Rotbuche mit einem Zehntel davon aus.

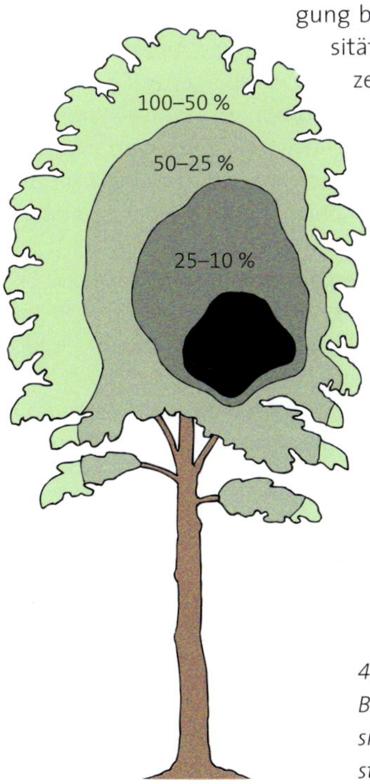


4 *Im Innern einer dicht belaubten Baumkrone nimmt die Lichtintensität schon auf kurze Entfernung stark ab.*

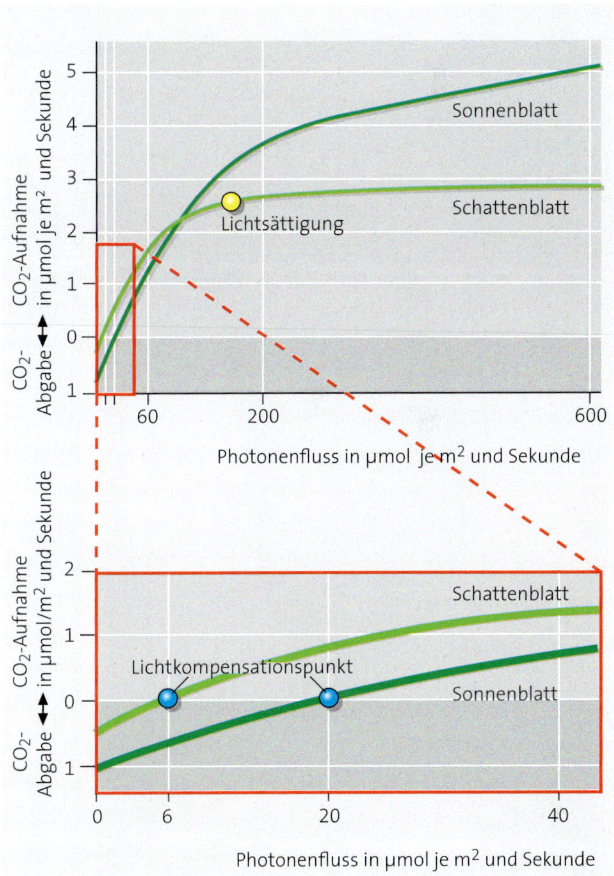


3 *Abhängigkeit der Fotosynthese von der Lichtintensität bei Sonnenblatt und Schattenblatt*

**1** **Erklären Sie die Diagramme (▸ Bild 3). Wie verhält sich die Fotosynthese im Vergleich zur Lichtintensität? Welche Bedeutung hat die Nulllinie?**

**2** **Stellen Sie in einer Tabelle die Merkmale von Sonnen- und Schattenpflanzen einander gegenüber.**

# Verwertung der Fotosyntheseprodukte in der Pflanze

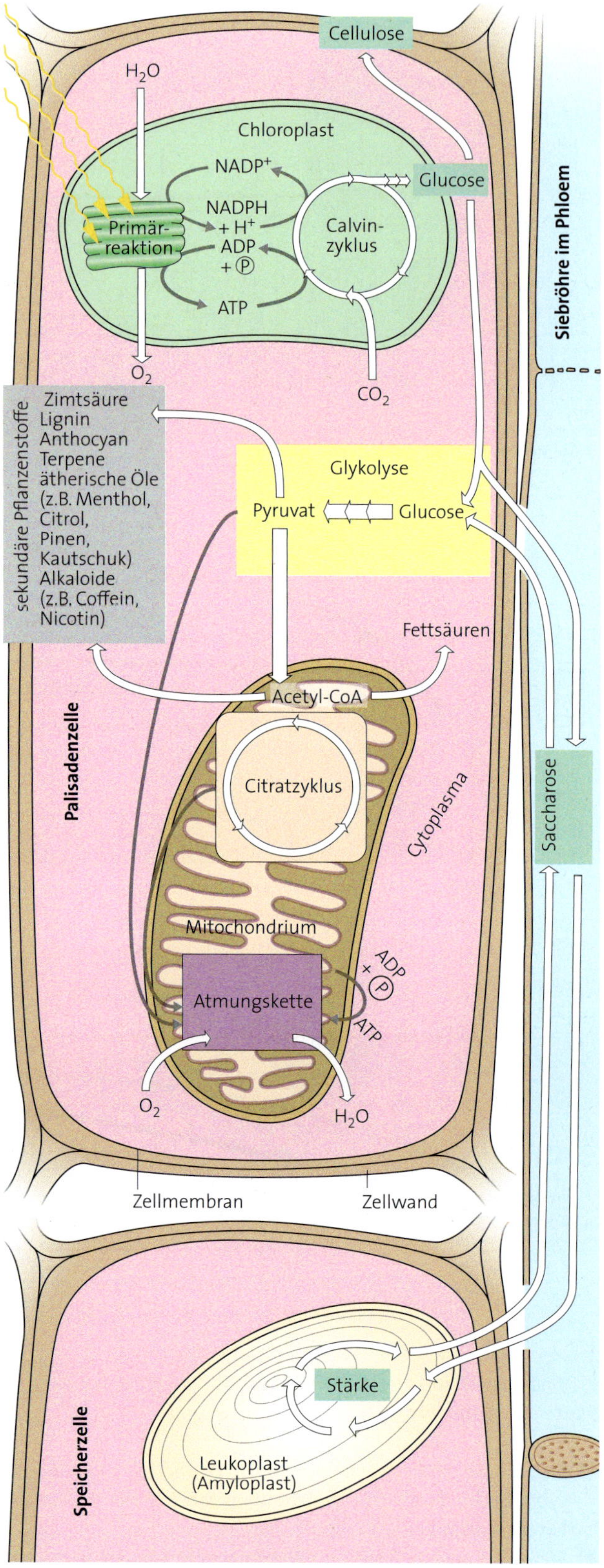


1 *Kohlenhydratstoffwechsel in Pflanzen (stark vereinfacht)*

Als wichtigstes Produkt der Fotosynthese wird oft der *Sauerstoff* genannt, doch sind die *Kohlenhydrate* als „Energiekonserven" und Grundsubstanzen zur Erzeugung aller anderen organischen Stoffe der Lebewesen von zentraler Bedeutung. Der Kohlenhydratproduktion in den Chloroplasten schließen sich in anderen Zellkompartimenten und anderen Pflanzenteilen viele Umbau-, Transport-, Abbau- und Speicherungsprozesse an.

**Umbau.** Die Triosen des Calvinzyklus, vor allem *Phosphoglycerinaldehyd* (PGA), sind Ausgangsstoffe für die Bildung von *Fructose, Glucose* und *Stärke* in den Chloroplasten, *Saccharose* im Cytoplasma und *Cellulose* an der Zellmembran. Dabei sind die Zucker meist durch Phosphorylierung energetisch aktiviert.

**Transport.** Saccharose, also Rohr- oder Rübenzucker, ist die wichtigste Transportform für Kohlenhydrate in der Pflanze. Der Langstreckentransport mit einer Geschwindigkeit bis zu 1 m pro Stunde geschieht in den Siebröhren des Phloems, deren Zellsaft zu 10–25 % aus Zucker besteht.

**Abbau durch Atmung.** Die nicht grünen, heterotrophen Zellen von Spross und Wurzel, aber auch die Zellen mit Chloroplasten beziehen Energie für ihre Arbeitsleistungen aus dem Abbau von Kohlenhydraten, vor allem der Glucose. Diese wird in den Abschnitten der biologischen Oxidation – *Glykolyse, Citratzyklus* und *Atmungskette* – in den Mitochondrien zu Kohlenstoffdioxid und Wasser abgebaut (► S. 100). Die chemische Energie der Kohlenhydrate wird dabei zur Gewinnung von ATP, dem universellen Energieträger der Zelle, genutzt.

Zwischenprodukte der Glykolyse und des Citratzyklus wie *Pyruvat* und *Acetyl-CoA* gelten als Schlüsselsubstanzen im Stoffwechsel, da von ihnen auch wichtige Stoffwechselwege zum *Aufbau von Fettsäuren, Aminosäuren* und den pflanzentypischen *sekundären Pflanzenstoffen* ausgehen.

**Speicherung.** Aktuell nicht benötigte Kohlenhydrate werden meist in die Stärke-Polysaccharide *Amylose* und *Amylopektin* umgewandelt – in den Chloroplasten nur vorübergehend als *Assimilationsstärke*, in den Leukoplasten von Spross, Wurzel, Knospen, Speicherorganen und Samen längerfristig als *Reservestärke*. Die Speicherorganellen sind mit Enzymen wie *Amylase* und *Maltase* ausgestattet, um bei Bedarf die Kohlenhydrate wieder zu mobilisieren.

**Verwendung von Stoffüberschüssen.** Über den Betriebs- und Erhaltungsaufwand hinaus produzierte Stoffe nutzen grüne Pflanzen wie auch Fotosynthese betreibende Protisten sehr unterschiedlich für Zuwachs und Vorrat:

- *Investierer* wie einjährige Pflanzen nutzen günstige Bedingungen zu schneller Produktion. Sie investieren anfangs fast nur in Blätter, später fast nur in Blüten und Samen.
- *Sparer*, zum Beispiel ausdauernde Kräuter, produzieren langsamer und sammeln – häufig in Speicherorganen – reichlich Produktionsüberschüsse an, bevor sie Blüten bilden.
- *Akkumulierer*, vor allem Bäume und Sträucher, sind mit ihrer trägen Produktion auf ein langes Leben angelegt, in dessen Verlauf sich Stoffüberschüsse im Pflanzenkörper anreichern.
- *Vermehrer* wie Planktonalgen (Protisten) setzen die Überschüsse rasch und vollständig zur Vermehrung ein, da sie als Einzeller oder Zellkolonien keine anderen Zellen versorgen müssen.

## Varianten der Fotosynthese

Lebewesen, die zur Fotosynthese fähig sind, gibt es seit mindestens 3 Milliarden Jahren. Die biochemischen Grundlagen dafür haben sich bis heute erhalten und finden sich von den einfachsten fotosynthesefähigen Bakterien bis zu den höchstentwickelten Pflanzen. Auf dieser gemeinsamen Grundlage haben sich Varianten entwickelt: *Anpassungen an verschiedene Lebensbedingungen.* Wasserpflanzen zum Beispiel nutzen zusätzlich zum $CO_2$ auch Hydrogencarbonat ($HCO_3^-$). Bei Sonnen- und Schattenpflanzen ist die Fotosynthese auf unterschiedliche Strahlungsintensität optimiert. Eine besonders auffällige Variante zeigen die *$C_4$-Pflanzen* und die *CAM-Pflanzen.*

**$C_4$-Pflanzen.** Für weitaus die meisten Pflanzen stellt die Phosphoglycerinsäure im Calvinzyklus das erste stabile Produkt des $CO_2$-Einbaus dar. Da diese Säure 3 C-Atome im Molekül besitzt, nennt man Pflanzen mit dem Standardweg des $CO_2$-Einbaus $C_3$-Pflanzen. Inzwischen kennt man rund 2 000 Pflanzenarten aus verschiedenen Familien, deren erstes stabiles Produkt des $CO_2$-Einbaus Oxalessigsäure ist, eine *Dicarbonsäure mit 4 C-Atomen* im Molekül. Danach bezeichnet man solche Pflanzen als $C_4$-Pflanzen. Ihre *dem Calvinzyklus vorgeschaltete $CO_2$-Fixierung* arbeitet schon bei geringsten $CO_2$-Mengen äußerst effektiv. Sie spielt sich ausschließlich in den *Mesophyllzellen* (▶ Bild 1) ab. Von dort wird das $CO_2$ in so hoher Konzentration an die *Bündelscheidenzellen* weitergeleitet, dass hier das Enzym Rubisco im Calvinzyklus optimal arbeiten kann. Dadurch können $C_4$-Pflanzen selbst mit weitgehend geschlossenen Spaltöffnungen intensiv Fotosynthese betreiben – trotz eingeschränktem Gasaustausch und geringer Wasserabgabe! Da bei ihnen auch die Temperaturoptima der Sekundärreaktionen höher liegen, sind $C_4$-Pflanzen besonders für trockenheiße Standorte geeignet. Hier erzielen sie Rekordwerte der Fotosyntheseleistung. Für die Landwirtschaft der Tropen sind daher $C_4$-Pflanzen wie *Zuckerrohr, Mais* oder *Hirse* von besonderer Bedeutung.

**CAM-Pflanzen.** Viele *Sukkulenten* – das sind Pflanzen, die in Anpassung an extremen Wassermangel Wasserspeicherorgane besitzen – verwenden ebenfalls Dicarbonsäuren zur $CO_2$-Fixierung, vor allem Apfelsäure. Ihre Fotosynthesevariante wird als Crassulacean Acid Metabolism (CAM; Säurestoffwechsel der Dickblattgewächse) bezeichnet. Die „Ansäuerung" geschieht vorwiegend nachts, wenn sie die Spaltöffnungen zur $CO_2$-Aufnahme ohne Gefahr übermäßigen Wasserverlusts öffnen können. Während der „Absäuerung" am Tag bauen sie die Dicarbonsäuren wieder zu $CO_2$ ab, das in den Calvinzyklus eingeht. Die Fixierung von $CO_2$ und seine Überführung in Kohlenhydrate ist bei Sukkulenten also nicht wie bei den $C_4$-Pflanzen räumlich, sondern zeitlich getrennt.

**1 Vergleichen Sie die Daten in Bild 1. Welche Vor- und Nachteile zeichnen die verschiedenen Fotosynthesewege aus?**

**2 Informieren Sie sich in einem Pflanzenbestimmungsbuch über einheimische Vertreter der Familie Dickblattgewächse (Crassulaceae). Welche Standorte werden für sie genannt?**

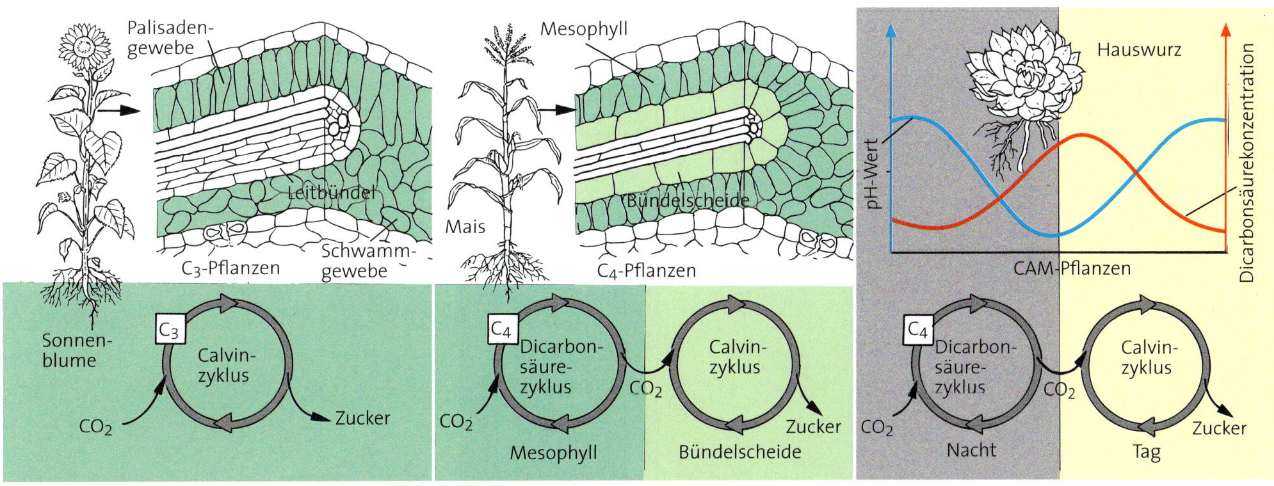


| | C3-Pflanzen | C4-Pflanzen | CAM-Pflanzen |
|---|---|---|---|
| **optimale Temperatur** (°C) | 15–25 | 30–45 | um 35 |
| **Lichtsättigung** (µmol Photonen pro m² und s) | 1 000–1500 | >1 500 | >1 500 |
| **$CO_2$-Aufnahme** (mg je dm² und Stunde) | 15–35 | 40–80 | 0,5–0,7 |
| **Wasserbedarf** (ml je g Trockensubstanz) | 450–950 | 230–250 | 50–55 |
| **Wachstum** (g Trockensubstanz je dm² und Tag) | 0,5–2 | 3–5 | 0,01–0,02 |

*1 Varianten der Fotosynthese: $C_3$-, $C_4$- und CAM-Pflanzen im Vergleich*

## Energiegewinnung ohne Licht: Chemosynthese

Es war eine wissenschaftliche Sensation, als vor etwa 30 Jahren Tauchboote auf dem Meeresboden in 2 500 m Tiefe inselartig verbreitete arten- und individuenreiche Lebensgemeinschaften entdeckten (► Bild 1). Wie war in dieser lichtlosen Welt eine so intensive Bioproduktion möglich? Die Erklärung lieferte die als *Chemosynthese (Chemolithotrophie)* schon lange bekannte Energiegewinnung bestimmter Prokaryoten, die hier als Primärproduzenten auftreten.

**Chemoautotrophe Organismen und ihre Lebensräume.** Manche farblose Bakterien sind in der Lage, durch *Oxidation anorganischer Stoffe*, gekoppelt mit der Synthese von Kohlenhydraten aus Kohlenstoffdioxid, *autotroph* zu leben. Sie sind also weder auf Licht als Energiequelle angewiesen wie Pflanzen noch auf organische Substanz wie heterotrophe Organismen.

Überall in Boden und Wasser, wo proteinhaltige Stoffe zu Ammonium abgebaut werden, sind *Nitrifizierer* als wichtige Glieder im Stickstoffkreislauf (► S. 357) weit verbreitet. Dabei sind *Ammonium-Oxidierer* wie *Nitrosomonas*, die Ammonium ($NH_4^+$) zu Nitrit ($NO_2^-$) oxidieren, *mit Nitrit-Oxidierern* wie *Nitrobacter*, die Nitrit zu Nitrat ($NO_3^-$) oxidieren, eng vergesellschaftet.

In sehr nährstoffreichen Gewässern, Kläranlagen und schwefelhaltigen Quellen leben *Schwefel-Oxidierer*. Sie oxidieren Substrate wie Sulfid ($S^{2-}$), Schwefel oder Sulfit ($SO_3^{2-}$) zu Sulfat ($SO_4^{2-}$). Gegenüber der dabei entstehenden Schwefelsäure ($H_2SO_4$) sind sie wenig empfindlich. Weitere chemoautotrophe Organismen sind *Knallgasbakterien* und *Eisenbakterien* (► Bild 2).

**Energiequelle.** Oxidationen sind *exergonische Reaktionen*, bei denen der oxidierte Stoff Elektronen abgibt (► S. 67). Bei der Chemosynthese werden Elektronen vom anorganischen Substrat über mehrere Redoxsysteme der Atmungskette auf Sauerstoff übertragen. Dieser Elektronentransport ist – wie bei der Atmungskette – mit der Synthese von ATP gekoppelt, also eine *oxidative Phosphorylierung* (► S. 105).

**Kohlenhydratsynthese.** Wie bei der Fotosynthese werden auch bei der Chemosynthese *Kohlenhydrate im Calvinzyklus aus Kohlenstoffdioxid synthetisiert*. Dazu wird außer ATP auch NADPH + $H^+$ benötigt. Viele chemoautotrophe Bakterien verwenden stattdessen NADH + $H^+$.

1 *Sulfidreiches Wasser aus vulkanischen Schloten („Black Smokers") ist Grundlage für üppiges Leben in der Tiefsee.*

Da mit Ausnahme von Wasserstoff die anorganischen Substrate der Chemosynthese $NAD^+$ aus energetischen Gründen nicht zu NADH + $H^+$ reduzieren können, werden Elektronen „rückläufig" durch die Atmungskette bis zum $NAD^+$ transportiert. Für diesen Prozess muss ein erheblicher Teil des durch die Oxidation anorganischer Substrate gewonnenen ATP verwendet werden. Das ist ein Grund für das äußerst langsame Wachstum chemoautotropher Bakterien, den niedrigen Wirkungsgrad der Chemosynthese und ihre mengenmäßig geringe Bedeutung im Stoffhaushalt der Biosphäre.

**1 Ist die Chemosynthese ganz unabhängig von der Fotosynthese? Begründen Sie Ihre Auffassung.**

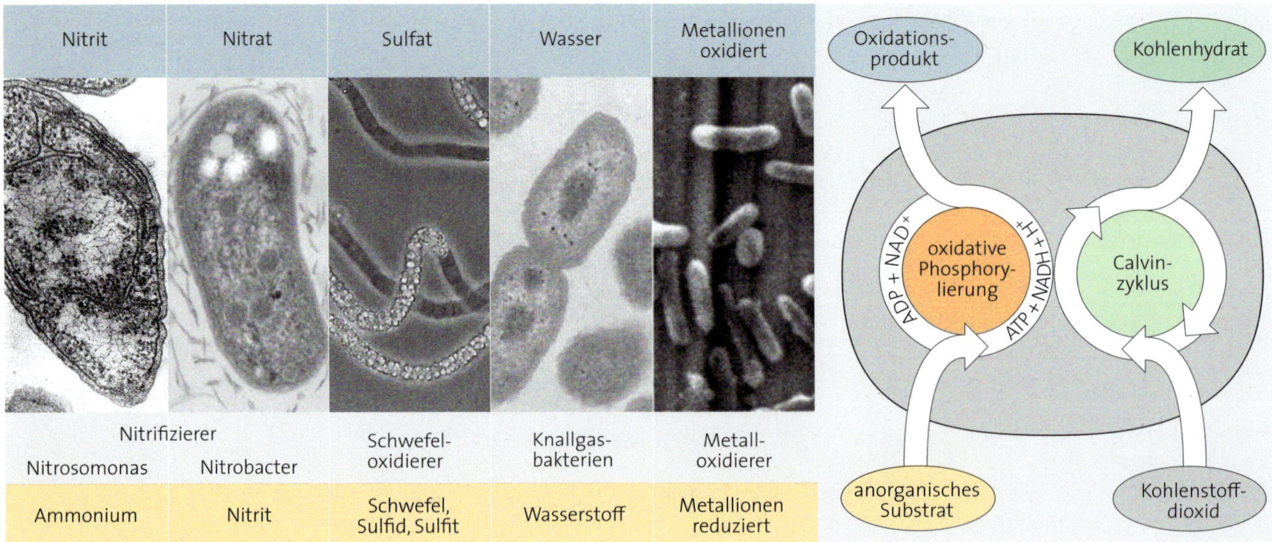


2 *Schema der Energiegewinnung durch Chemosynthese (rechts) und Beispiele chemoautotropher Prokaryoten*

KOMPETENZEN

## Mithilfe dieses Kapitels können Sie

- die Bedeutung der Fotosynthese für das Leben auf der Erde begründen
- Licht als elektromagnetische Strahlung und Energieträger beschreiben
- die Fotosynthese nach Ausgangsstoffen, Endprodukten und Energiedifferenz beschreiben und formelmäßig darstellen
- an der Fotosynthese beteiligte Strukturen auf der Ebene von Organen, Zellen und Zellorganellen beschreiben
- Primär- und Sekundärreaktionen der Fotosynthese in Teilprozesse gliedern und erklären
- Experimente zu Bedingungen der Fotosynthese durchführen und ihre Ergebnisse interpretieren
- die Abhängigkeit der Fotosynthese von Umweltfaktoren erläutern
- Varianten der Fotosynthese nennen, vergleichen und als Anpassungen an die Lebensbedingungen begründen
- die Chemosynthese (Chemolithotrophie) der Fotosynthese gegenüberstellen

## Testen Sie Ihre Kompetenzen

Gewässer sind nahe ihrer Oberfläche oft von grünen Pflanzen und Algen (Protisten) besiedelt. Im Faulschlamm am Grund der Gewässer finden sich dagegen häufig grüne Schwefelbakterien. Sie leben ebenfalls fototroph und autotroph. (Dank einer sehr wirksamen Lichtsammelstruktur kommen diese Bakterien mit sehr wenig Licht aus.)

**1** Erläutern Sie die Begriffe autotroph und fototroph.

**2** In der Grafik unten sind die Fotosynthese-Primärreaktionen der grünen Pflanzen schematisch dargestellt (als sogenanntes Z-Schema). Erläutern Sie die Darstellung. Vergleichen Sie mit den Primärreaktionen der grünen Schwefelbakterien (▶ Bild rechts daneben).

**3** Geben Sie an, welche Endprodukte bei der Fotosynthese der grünen Schwefelbakterien zu erwarten sind, wenn die Sekundärreaktionen wie bei den grünen Pflanzen verlaufen. Begründen Sie Ihre Angaben.

**4** Im Reaktionszentrum des bakteriellen Fotosystems findet sich Bakteriochlorophyll a. Vergleichen Sie sein Absorptionsspektrum (▶ Bild rechts) mit dem von Chlorophyll grüner Pflanzen und deuten Sie Ihre Feststellungen.

**5** Das Fotosystem der grünen Schwefelbakterien überwindet bei Belichtung eine Potenzialdifferenz von 1,0 V. Erklären Sie mithilfe der Tabelle, warum bei ihnen $H_2S$, bei Pflanzen aber $H_2O$ als Elektronendonator für die Reduktion von $NAD^+$ bzw. $NADP^+$ infrage kommt.

| Elektronendonator | | Elektronenakzeptor | Redoxpotenzial (V) |
|---|---|---|---|
| $H_2S$ | ⇆ | $S + 2\,H^+ + 2\,e^-$ | −0,24 |
| $H_2O$ | ⇆ | $\frac{1}{2}\,O_2 + 2\,H^+ + 2\,e^-$ | +0,82 |
| $NAD(P)H + H^+$ | ⇆ | $NAD(P)^+ + 2\,H^+ + 2\,e^-$ | −0,32 |

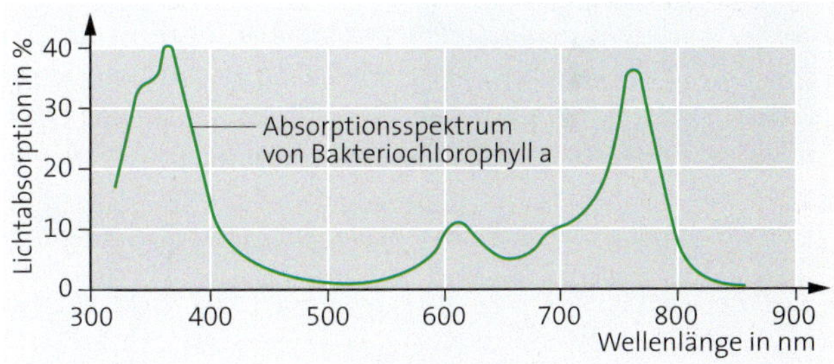


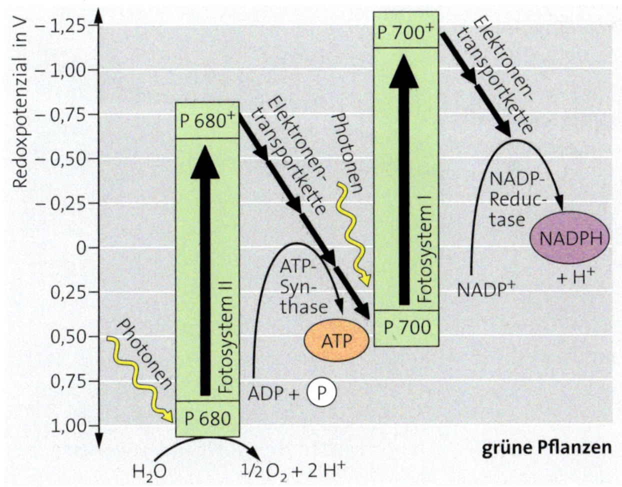


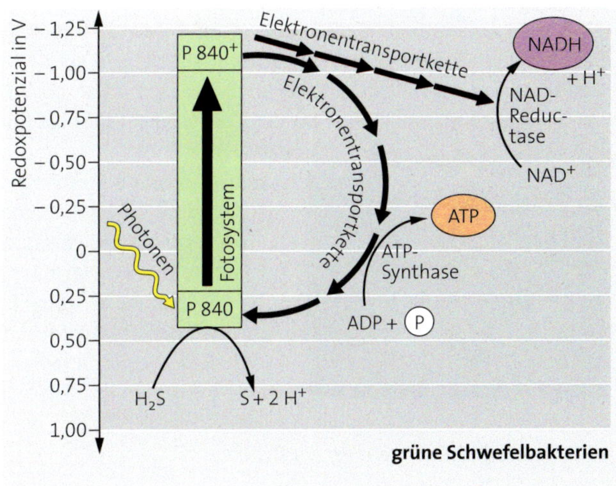

# Biologische Prinzipien: Stoffwechsel

## STRUKTUR UND FUNKTION

Der Austausch von Stoffen spielt sich vor allem an äußeren und inneren Oberflächen ab. Daher sind Strukturen, die dem Stoff- und Energiewechsel dienen, im typischen Fall großflächig und speziell gestaltet. Auf der Organisationsebene der Zelle gilt das für die Membransysteme endoplasmatisches Reticulum (► S. 50), Golgi-Apparat (► S. 51), Mitochondrien (► S. 52) und Chloroplasten (► S. 126). In ihre Membranen sind häufig funktionsspezifische Enzymkomplexe integriert. Auf der Ebene der Organe sind Darm (► S. 90), Lungen oder Kiemen (► S. 95) und Laubblätter (► S. 126), aber auch Kapillarsysteme von Blutgefäßen (► S. 94) oder Wurzelsysteme von Pflanzen durch große Oberflächen und dünne Wände auf die Funktion Stoffaustausch spezialisiert.

*Die spiralig angeordneten, dünnhäutigen Kiemen des Meeresringelwurms Spirographis dienen auch zum Herbeistrudeln von Nahrung.*

## STOFF- UND ENERGIEUMWANDLUNG

Lebewesen können nur existieren, wenn sie Stoffe aufnehmen, sie in körpereigene Stoffe umwandeln und aus deren Abbau Energie für ihre Lebensvorgänge gewinnen. Pflanzen nutzen die Energie des Sonnenlichts, um durch Fotosynthese (► S. 122) aus energiearmen Ausgangsstoffen energiereiche Stoffe aufzubauen. Diese dienen sowohl ihnen selbst als Bau- und Betriebsstoffe (► S. 136) als auch – über die Nahrungsketten – den Tieren.

Ziel des Betriebsstoffwechsels ist die Bereitstellung von ATP (► S. 101), des wichtigsten Energieüberträgers in den Zellen der Organismen. Katalytische Proteine sorgen als Enzyme (► S. 66) dafür, dass alle Stoffwechselreaktionen schnell, geordnet und reguliert ablaufen.

*Rote Waldameisen decken einen erheblichen Teil ihres Energiebedarfs durch die süßen Ausscheidungen von Blatt- und Rindenläusen.*

## KOMPARTIMENTIERUNG

Bei Vielzellern finden viele Stoffwechselreaktionen in spezialisierten Organen, Geweben und Zellen statt. Auch hier kann man von Kompartimentierung sprechen. Von größter Wichtigkeit für den Stoffwechsel sind die durch Membranen getrennten Reaktionsräume innerhalb der Eucyte. Verschiedene Stoffwechselwege können so in getrennten Kompartimenten ungestört gleichzeitig ablaufen. Beispielsweise werden Fettsäuren im Cytoplasma synthetisiert und in den Mitochondrien abgebaut; die Primärreaktionen der Fotosynthese sind in den Thylakoiden, die Sekundärreaktionen im Stroma der Chloroplasten lokalisiert (► S. 128).

*Laubblätter sind die Organe der Fotosynthese.*

## VARIABILITÄT UND ANGEPASSTHEIT

Seit es Leben auf der Erde gibt, waren die Lebewesen immer wieder gezwungen, sich neue Energie- und Stoffquellen zu erschließen. Voraussetzung dafür, dass alternative Stoffwechselwege entstehen und sich die Organismen veränderten Bedingungen anpassen können, ist ihre genetische Variabilität. So zeugt die Vielfalt der Stoffwechselformen bei Mikroorganismen bis heute von solchen erfolgreichen „Experimenten" des Lebens (► S. 108, 138, 299). Beispiele für solche Stoffwechselanpassungen findet man jedoch nicht nur bei Mikroorganismen, sondern auf verschiedenen Organisationsebenen des Lebendigen (► S. 89, 137). Ihre Grundlage ist stets die Ausstattung mit entsprechenden Enzymen (► S. 70/71).

*Farbstreifensandwatt bei Sylt. Auf grüne Cyanobakterien folgen bräunliche Kieselalgen und rote Purpuralgen. Die Zonierung der fototrophen Organismen wird durch ihre unterschiedlichen Stoffwechselleistungen bewirkt.*

## STEUERUNG UND REGELUNG

Lebende Systeme sind nur dann stabil, wenn Eintrag, Verarbeitung und Austrag von Stoffen im Gleichgewicht stehen und auf die jeweiligen Bedingungen abgestimmt sind. Die Steuerung und Regelung des Stoffwechsels ist daher von zentraler Bedeutung für Lebewesen und erfolgt auf verschiedenen Organisationsebenen:

*Turmfalke bei der Jagd. Die Nahrungssuche ist Teil der Stoffwechselregulation.*

- Nahrungssuche und -aufnahme werden bei Tieren durch Verhaltensprogramme gesteuert.
- Verstärkter Energiebedarf von Organen oder Zellen setzt katabole Prozesse in Gang, während in Ruhe- und Erholungsphasen anabole Prozesse überwiegen (► S. 88, 101).
- Enzyme übernehmen die Feinabstimmung des stofflich-energetischen Gleichgewichts in den Zellen (► S. 76, 101, 103) bis hin zur Aktivierung oder Deaktivierung bestimmter Gene (► S. 162/163).

## REPRODUKTION

*Bäume reichern die Stoffüberschüsse mehrerer Jahre an, bevor sie erstmals fruchten.*

Fortpflanzungszeiten, Anzahl und Größe der Nachkommen stehen mit dem Stoffwechsel in engem Zusammenhang: Während ein Huhn Eier legt, verdoppelt es zum Beispiel seinen Bedarf an Calcium und Proteinen und wendet über ein Drittel seiner Nahrungsenergie für die Eibildung auf. Einheimische Bäume wie Buche und Eiche sammeln nur im Abstand einiger Jahre genügend Überschüsse an Nährstoffen an, um in solchen „Mastjahren" üppig zu fruchten (► S. 136). Auch Sexuallockstoffe, Verhaltensweisen wie Balzrituale oder die „Schauapparate" der Blüten erfordern einen erheblichen Aufwand an Stoffen und Energie. Reproduktion ist daher immer auch Produktion, also eine Leistung des Stoffwechsels.

## GESCHICHTE UND VERWANDTSCHAFT

Die frühe Evolution des Lebens auf der Erde war vor allem eine Evolution des Stoffwechsels (► S. 299). Die Glykolyse (► S. 103) und verschiedene Gärungen (► S. 108) entwickelten sich so früh, dass sie bis heute „Allgemeingut" aller Organismen sind. Mit der „Erfindung" der sauerstoffproduzierenden Fotosynthese durch die Vorfahren der heutigen Cyanobakterien wurden vor etwa 3,5 Milliarden Jahren revolutionäre Entwicklungen des Stoffwechsels eingeleitet: Der zunehmende Sauerstoffgehalt der Atmosphäre ermöglichte eine viel effizientere Nutzung organischer Stoffe zur ATP-Bildung durch oxidative Phosphorylierung (► S. 105). Seitdem haben sich die Hauptwege des Energiestoffwechsels nicht mehr wesentlich verändert, doch sind in Anpassung an veränderte Umwelten immer neue Abwandlungen einzelner Stoffwechselleistungen entstanden.

*Diese Stromatolithen bestehen aus Schichten versteinerter Cyanobakterienmatten. Sie gehören zu den ältesten Lebensspuren, die man kennt.*

## INFORMATION UND KOMMUNIKATION

Wenn uns das „Wasser im Munde zusammenläuft", wenn Verdauungsenzyme nach der Nahrungsaufnahme ausgeschüttet werden (► S. 90), unser Herz bei Anstrengung schneller schlägt oder Muskelzellen bei Sauerstoffmangel auf anaerobe Energieversorgung umstellen (► S. 108), immer wirken sich Informationen auf den Stoffwechsel aus.

Quantität und Qualität des Stoffwechsels hängen also von äußeren und inneren Faktoren ab. Entsprechend sind alle Zellmembranen mit Rezeptormolekülen bestückt, die spezifische – über Hormone oder Neurotransmitter vermittelte – Informationen aufnehmen und so Reaktionen im Zellstoffwechsel in Gang setzen (► S. 44, 468).

*Kurz nachdem die Information über die Torte das Gehirn erreicht, beginnen die Speicheldrüsen Verdauungsenzyme abzugeben.*

# Molekulargenetik

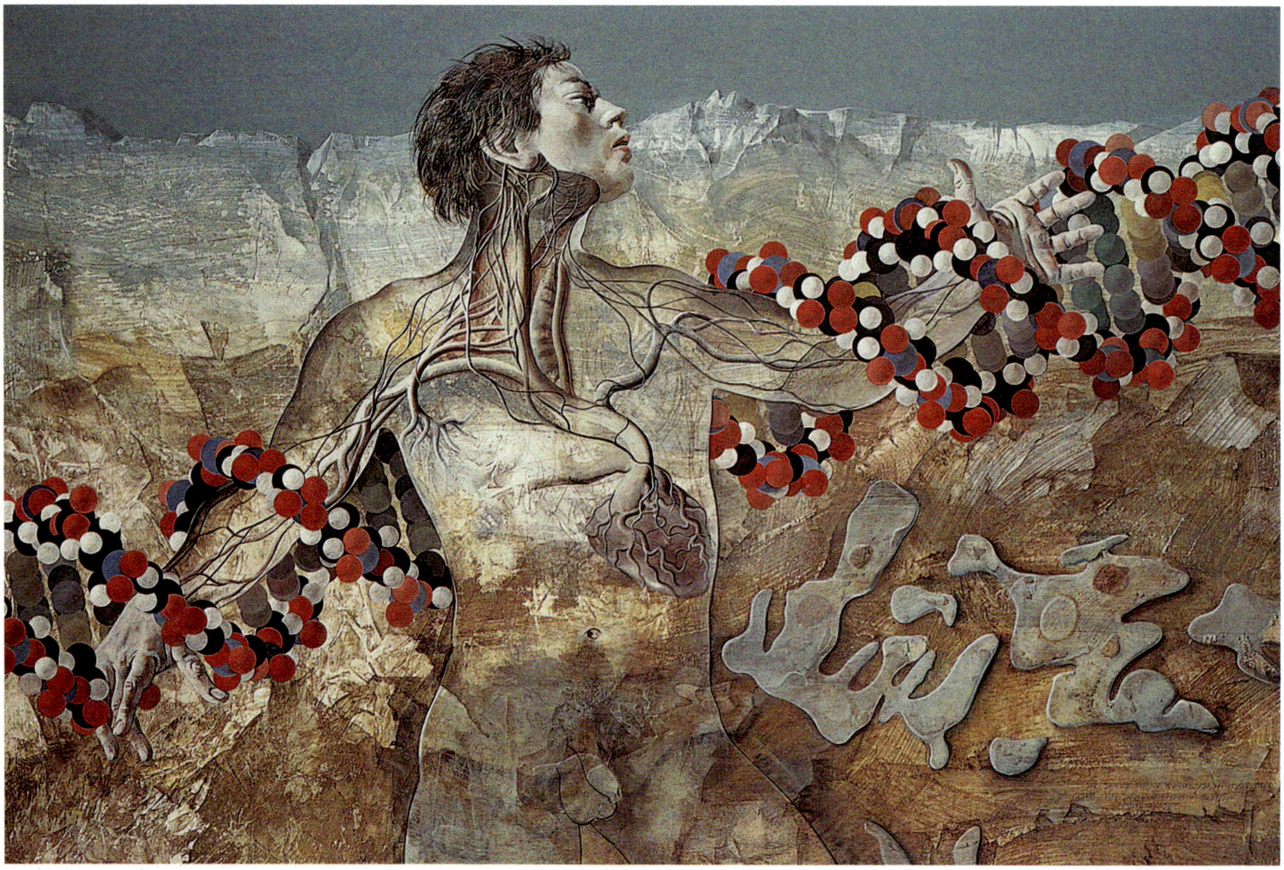

1 *Der Priester Laokoon, der die Trojaner davor warnt, das „Trojanische Pferd" in die Stadt zu bringen, stirbt im Kampf mit einer Schlange. Die Figur aus der griechischen Sage inspirierte den Maler Hans Erni zu seinem Gemälde „Laokoon 77".*

*Vor etwa 50 Jahren entwickelten Wissenschaftler ein Strukturmodell für das Molekül, aus dem die Erbanlagen bestehen: die DNA. Euphorisch wurde eine neue Definition des Menschen gepriesen: „Genotypisch besteht der Mensch aus einer 180 cm langen Folge von Kohlenstoff-, Wasserstoff-, Stickstoff- und Phosphoratomen." Das Wissen über die Struktur der Gene hat unsere Vorstellungen von der lebendigen Materie dramatisch verändert. Unser Umgang mit diesem Wissen wird sich nicht nur auf unsere Lebenswirklichkeit, sondern auch auf diejenige kommender Generationen auswirken.*

## Im Blickpunkt

- der genetischen Information auf der Spur: Aufbau und Struktur der DNA
- molekulare Architektur von Chromosomen
- Kopiervorgang im Zellkern: Replikation der DNA
- Sequenzanalyse der genetischen Information
- vom Gen zum Merkmal
- Proteinbiosynthese bei Pro- und Eukaryoten
- Genmutationen
- molekulare Ursachen von Erbkrankheiten
- Regulation der Genaktivität
- molekulare Ursachen von Krebs

**GRUNDLAGEN** Die Genetik hat in kürzester Zeit eine zentrale Bedeutung für die gesamte Biologie erlangt. Ausgehend von den ersten Vererbungsregeln, die der Mönch GREGOR MENDEL in der Mitte des 19. Jahrhunderts anhand von Beobachtungen und Kreuzungsversuchen formulierte, hat sich inzwischen eine moderne Wissenschaftsdisziplin entwickelt. Die „Erbfaktoren", die für MENDEL noch reine Gedankenkonstrukte waren, lassen sich heute in ihrer chemischen Zusammensetzung analysieren. Mit der Aufklärung ihrer Struktur begann Mitte des 20. Jahrhunderts die Ära der Molekulargenetik. Sie untersucht nicht mehr, nach welchen Gesetzmäßigkeiten bestimmte Merkmale in der Generationenfolge auftreten, sondern rückt den stofflichen Träger der genetischen Information ins Zentrum der Forschung: Wie sind Gene molekular aufgebaut? Welche Eigenschaften haben die Moleküle? Wie ist die genetische Information verschlüsselt? Wie wird sie vor der Zellteilung verdoppelt? Wie steuern Gene die Entwicklung von Merkmalen? Wie beeinflussen sich Gene in ihren Funktionen gegenseitig?

Das Wissen über die molekulare Natur und die Funktionsweise der Gene hat praktisch auch in allen anderen Bereichen der Biologie zu neuen Erkenntnissen geführt, insbesondere jedoch in der Zellbiologie, der Entwicklungsbiologie, der Physiologie und der Evolutionsbiologie.

## DNA als Träger der Erbinformation

Bereits zu Beginn des 20. Jahrhunderts hatten Biologen erkannt, dass die genetische Information sich im Zellkern auf den *Chromosomen* befindet. Wenig später fanden Chemiker heraus, dass Chromosomen aus zwei Stoffen bestehen: aus *Proteinen* und *Desoxyribonukleinsäure*, abgekürzt *DNA* (A für engl. *acid*: Säure). Da man annahm, dass die genetische Substanz genauso vielfältig sein müsse wie die sichtbaren Merkmale, hielt man zunächst Proteine für die *Träger der Erbinformation*. Deren Aufbau aus 20 verschiedenen Bausteinen, den Aminosäuren, war bereits bekannt, ebenso die Vielfalt, die sich aus der immer wieder variierten Reihenfolge dieser Bausteine ergab (► S. 41). Über DNA wusste man hingegen noch relativ wenig. Der Biochemiker MIESCHER hatte 1869 DNA als phosphorhaltige Säure beschrieben. Sie schien jedoch zu einfach gebaut, um Informationen für die Vielzahl vererbter Merkmale der verschiedenen Organismen zu enthalten. Erst die überraschenden Ergebnisse von Bakterienversuchen veränderten diese Einschätzung.

**Entdeckung der Transformation.** 1928 beobachtete der britische Mediziner GRIFFITH, dass Bakterien der Gattung Pneumococcus, Erreger einer bei Mäusen tödlich verlaufenden Lungenentzündung, in zwei Stämmen auftreten: Beim sogenannten S-Stamm sind je zwei Zellen von einer Schleimkapsel umgeben (S von engl. *smooth:* glatt, da die Bakterienkolonien mit glatter Oberfläche wachsen). Beim R-Stamm fehlt die Schleimkapsel (R von engl. *rough:* rau), die Kolonien haben eine raue Oberfläche. GRIFFITH stellte fest, dass nur Bakterien des S-Stamms eine Erkrankung auslösen. Als er den Mäusen *durch Hitze abgetötete* S-Pneumokokken injizierte, überlebten die Tiere. Daraufhin mischte er abgetötete S-Pneumokokken mit lebenden R-Pneumokokken. Die Mäuse starben, obwohl beide Bakterienstämme für sich ungefährlich waren. Die krankheitserregende Eigenschaft war auf unbekannte Weise von den abgetöteten S-Pneumokokken auf die harmlosen, aber teilungsfähigen R-Pneumokokken übertragen worden. Diesen Vorgang nennt man *Transformation*. Worauf die Übertragung basiert, blieb zunächst ungeklärt.

**DNA als transformierendes Prinzip.** Im Jahr 1944 gelang es dem Bakteriologen AVERY, den Stoff zu identifizieren, der die Transformation bewirkte. Er trennte die Molekülsorten aus abgetöteten S-Pneumokokken und setzte die Substanzen – Polysaccharide, Proteine und DNA – jeweils einzeln Kulturen von R-Pneumokokken zu. Unter den Nachkommen dieser R-Pneumokokken erzeugten nur diejenigen Schleimkapseln, die mit DNA vermischt worden waren. Eine Überprüfung ergab, dass die transformierten Pneumokokken jetzt für Mäuse gefährlich waren. AVERY wiederholte den Versuch in gleicher Weise, behandelte aber die S-Pneumokokken-DNA mit einem DNA-zerstörenden Enzym. In diesem Fall kam es nicht zu einer Informationsübertragung. AVERY hatte damit bewiesen, dass die *Information* für die Ausbildung bestimmter Merkmale *in der DNA* der Bakterien enthalten ist und in dieser Form auf andere Zellen übertragen werden kann.

**Das Hershey-Chase-Experiment.** Obwohl AVERYS Ergebnisse eindeutig waren, wurde nach weiteren Belegen gesucht. HERSHEY und CHASE experimentierten 1952 mit Bakteriophagen. Diese Viren bestehen nur aus DNA und einer Proteinhülle und vermehren sich mithilfe von Bakterien (► S. 57, 152). Das Experiment der beiden Forscher beruhte darauf, dass Proteine – gerade umgekehrt wie DNA – keinen Phosphor, aber Schwefel enthalten. Sie ließen Phagen auf zwei radioaktiv markierten Bakterienkulturen wachsen. Eine Kultur enthielt radioaktiven Phosphor ($^{32}P$), der nur in die DNA der Phagen eingebaut wurde. Die zweite Kultur wuchs auf radioaktivem Schwefel ($^{35}S$), sodass nur die Proteinhülle der Phagen markiert war. Mit beiden Phagenkulturen wurde anschließend jeweils eine unmarkierte Bakterienkultur infiziert. Mithilfe eines Mixers wurden die außen noch vorhandenen Phagenreste von den Bakterien getrennt und abzentrifugiert.

---

1. **Erläutern Sie, welchen Effekt GRIFFITH durch das Erhitzen der S-Pneumokokken erzielte.**
2. **Erläutern Sie, weshalb AVERY in der Lage war, die DNA als das transformierende Prinzip zu identifizieren.**

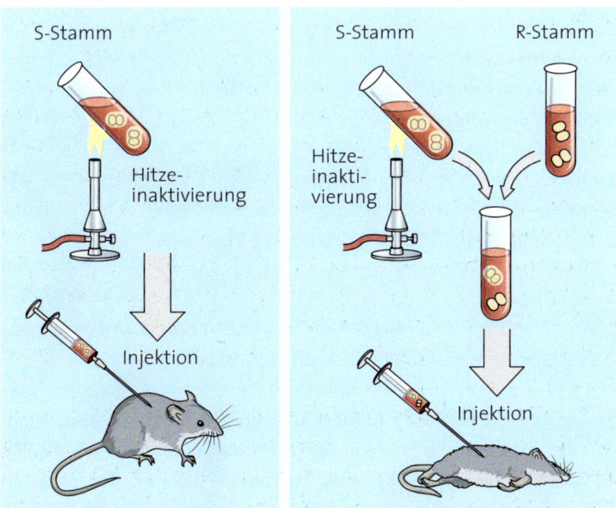


1 Die Transformationsversuche von GRIFFITH 1928

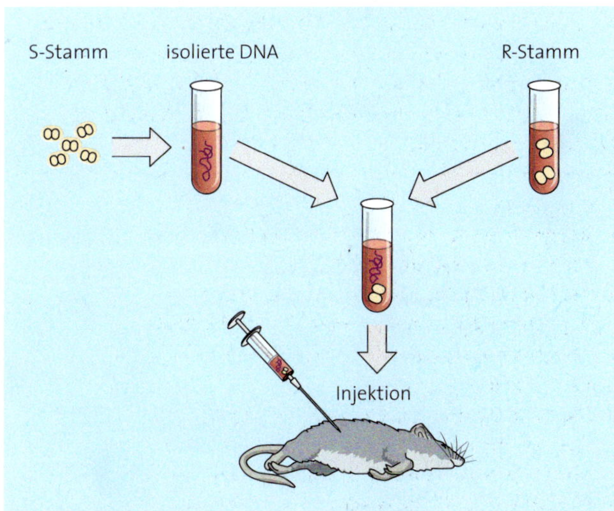


2 Die Transformationsversuche von AVERY 1944

## Zusammensetzung der DNA

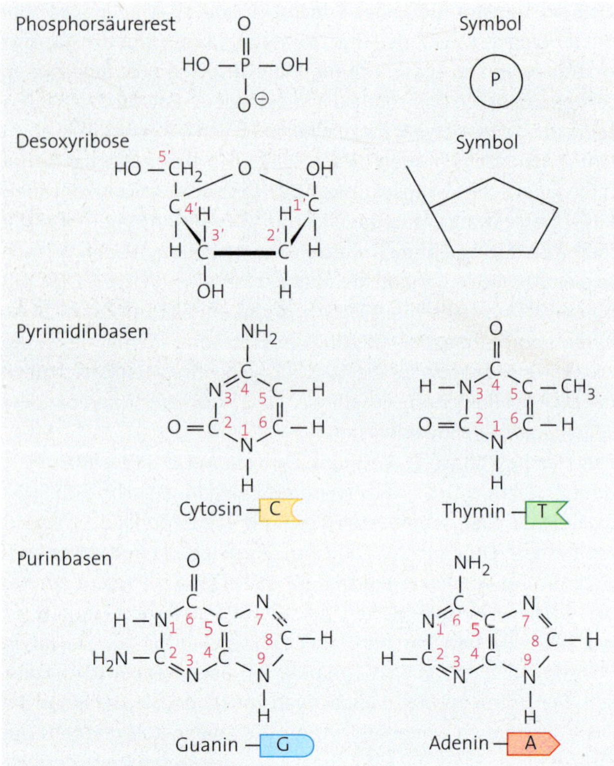


1 *Die Bausteine der DNA*

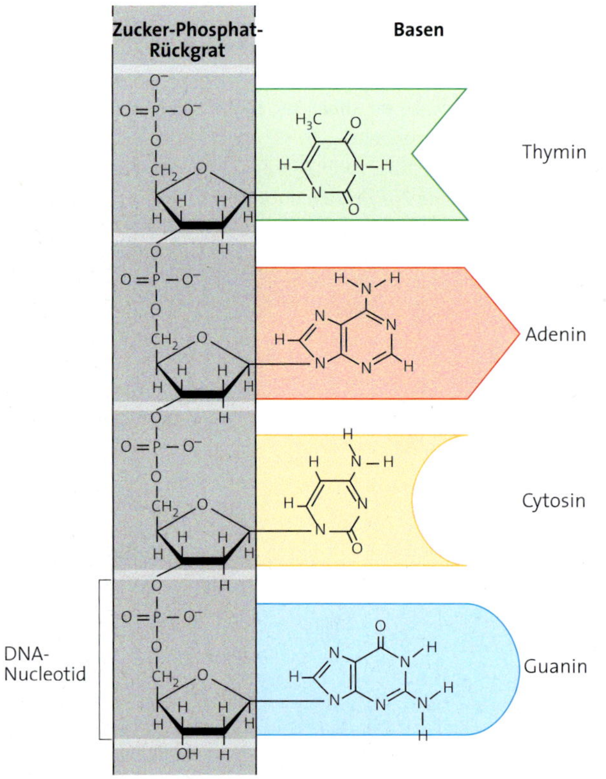


2 *Die molekulare Anordnung der DNA-Nucleotide*

**Bausteine der DNA.** Die DNA ist ein kettenförmiges, unverzweigtes Makromolekül. Wird sie durch Kochen mit Säure hydrolysiert, finden sich stets die folgenden Bestandteile: der Pentosezucker *Desoxyribose* (► S. 92), *Phosphorsäure* und vier verschiedene organische Basen, die neben Kohlenstoffatomen auch Stickstoffatome enthalten. Es gibt zwei Typen dieser stickstoffhaltigen Basen. *Pyrimidine* sind durch einen einfachen Ring aus sechs Atomen gekennzeichnet. Zu ihnen zählen *Cytosin* und *Thymin*. *Adenin* und *Guanin* gehören zur Stoffklasse der *Purine*, die aus einem Doppelringsystem bestehen und deren Moleküle daher etwas größer sind. Häufig kürzt man die Basen mit ihren Anfangsbuchstaben A, C, G und T ab.

**Anordnung der Bausteine.** Wird DNA mithilfe des Enzyms DNAse zerlegt, entstehen Einheiten, die man als *Nucleotide* bezeichnet. Diese *Monomere* sind die Kettenglieder der DNA. Sie bestehen aus je einem Molekül Desoxyribose, einer Phosphatgruppe und einer der vier Basen. Verbindungen aus Desoxyribose und einer der vier Basen nennt man *Nucleoside*.

In einem *DNA-Molekül* sind viele Millionen Nucleotide so aneinandergereiht, dass die Zuckerreste der Nucleoside jeweils über eine Phosphatgruppe miteinander verbunden sind. Auf diese Weise entsteht eine Zucker-Phosphat-Kette, die man als *Rückgrat* des Moleküls bezeichnet. An dieses Rückgrat sind über die Zucker die stickstoffhaltigen Basen angehängt.

Um die Verbindung genauer beschreiben zu können, werden die C-Atome der Pentose-Ringe von 1′ bis 5′ durchnummeriert. (Die hochgestellten Striche an den Ziffern dienen dazu, die C-Atome von denen der Basen zu unterscheiden.) Demnach steht immer das C-5′-Atom eines Desoxyribosemoleküls über eine Phosphatgruppe mit dem C-3′-Atom des nächsten Zuckermolekülrests in Verbindung. Mithilfe dieser Zählung lässt sich auch verdeutlichen, dass die Kette eine *Polarität* aufweist. An seinem sogenannten 5′-Ende trägt das Molekül eine Phosphatgruppe und am 3′-Ende eine OH-Gruppe.

**Basenzusammensetzung.** Der Biochemiker CHARGAFF untersuchte DNA-Proben *verschiedener* Organismen. Dabei stellte er unter anderem fest, dass sich die jeweiligen Anteile der vier Basen von Art zu Art unterscheiden. Proben, die aus verschiedenen Geweben *desselben* Organismus stammten, hatten jedoch die gleiche Basenzusammensetzung. Anhand seiner Ergebnisse formulierte er die folgenden Regeln, die die Verhältnisse der Basen zueinander beschreiben:

1. Die Gesamtmenge der Purinbasen (A + G) in einer Probe entspricht der Gesamtmenge der Pyrimidinbasen (C + T).
2. Die Menge an Adenin stimmt mit der Menge des Thymins überein. Cytosin ist stets in derselben Menge vorhanden wie Guanin.
3. Das Verhältnis von (A + T) zu (C + G) ist in den DNA-Proben aus verschiedenen Organismen unterschiedlich.

---

**1** **Die chemische Zusammensetzung von DNA-Proben wird analysiert. Erläutern Sie, welche der folgenden Ergebnisse vermutlich korrekt sind und welche möglicherweise auf einer fehlerhaften Analyse beruhen.**
**a)** A = C; **b)** A + T = C + G; **c)** A + G = C + T; **d)** G = C

## Das Watson-Crick-Modell der DNA

Nachdem die DNA als der Träger der genetischen Information akzeptiert war, versuchten mehrere Forschungsteams ihre dreidimensionale Struktur aufzuklären. JAMES WATSON und FRANCIS CRICK, zwei junge, bis dahin recht unbekannte Forscher, veröffentlichten 1953 als Erste ein Strukturmodell, das mit allen bekannten Eigenschaften der DNA in Einklang stand. Dabei gelang es ihnen, die Ergebnisse anderer Forscher richtig miteinander in Verbindung zu bringen.

**Doppelhelix.** WATSON und CRICK kannten die *Röntgenbeugungsmuster* von DNA. Röntgenstrahlen, die beim Durchdringen kristallisierter DNA gebeugt werden, erzeugen auf einem Röntgenfilm schwarze Flecken. Aus dem Muster kann man auf die räumliche Struktur des untersuchten Moleküls rückschließen. WATSON und CRICK erkannten, dass die DNA eine schraubenförmige oder *helicale* (von griech. *helix:* Wendel) Struktur haben musste. Aus dem Vergleich mehrerer Aufnahmen leiteten sie ab, dass das Molekül aus zwei gleichartigen Strängen besteht. Sie nahmen an, dass zwei DNA-Ketten über die gesamte Länge des Moleküls schraubig umeinandergewunden sind, also eine *Doppelhelix* bilden. Als Durchmesser der Doppelhelix berechneten sie 2 nm. Außerdem trafen sie Aussagen über die Abstände der Basen zueinander und deren Anzahl pro Windung.

**Basenpaarung.** WATSON und CRICK versuchten anhand von maßstabsgetreuen Molekülmodellen die Daten aus der Röntgenstrukturanalyse mit den Kenntnissen über die chemischen Eigenschaften der DNA zu verbinden. Nach anfänglichen Fehlversuchen ordneten sie die Zucker-Phosphat-Ketten so an, dass die Stickstoffbasen ins Innere der Doppelhelix gerichtet waren. Aus den Arbeiten von CHARGAFF schlossen die Forscher, dass sich von vier Basen stets nur zwei zu Paaren zusammenschließen: *Adenin* mit *Thymin* und *Cytosin* mit *Guanin*. Für diese Annahme sprachen starke Argumente: Zum einen können sich zwischen den Molekülen *Wasserstoffbrückenbindungen* ausbilden. Zum anderen ergab sich der berechnete Durchmesser der Doppelhelix nur, wenn stets eine – kleinere – Pyrimidinbase mit einer – größeren – Purinbase gepaart wurde. Dabei bilden sich zwischen Adenin und Thymin zwei und zwischen Guanin und Cytosin drei Wasserstoffbrückenbindungen aus. WATSON und CRICK bezeichneten die jeweils zueinanderpassenden Basen als *komplementär*.

**Konsequenzen des Modells.** Da die Basenpaarungen chemisch festgelegt sind, bestimmt die Reihenfolge der Basen in einem Strang, seine *Basensequenz*, eindeutig die Basenabfolge im zweiten Strang. Die beiden DNA-Stränge entsprechen sich also, auch sie sind zueinander komplementär. Dabei zeigen ihre Zucker-Phosphat-Rückgrate eine gegenläufige Orientierung (▶ Bild 2): Die 5'→3'-Richtung des einen Strangs verläuft entgegengesetzt zu der des anderen Strangs. Die Stränge sind *antiparallel*.

WATSON und CRICK ahnten bereits, dass die spezifische Basenpaarung und die Festlegung der Basensequenz eines Strangs durch den anderen von entscheidender Bedeutung für die genetischen Eigenschaften der DNA sein mussten. Heute weiß man, dass die Basen der Nucleotide die *Buchstaben des genetischen Alphabets* darstellen. Sie *codieren* die Erbinformation durch ihre Reihenfolge.

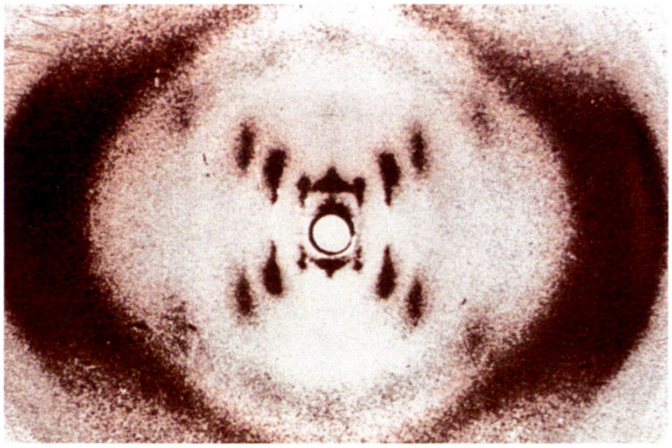

1 *Röntgenbeugungsmuster der DNA*

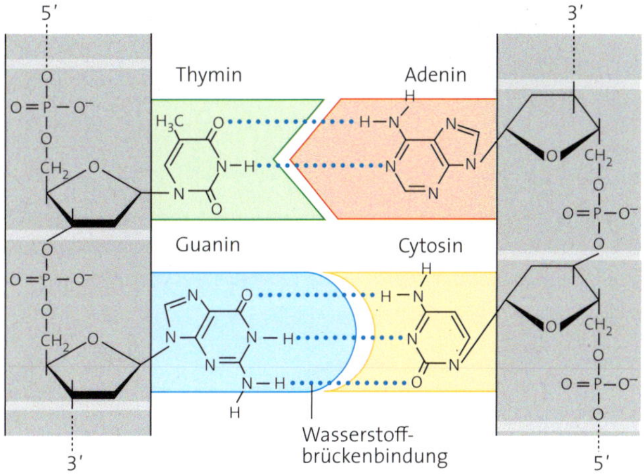


2 *Die komplementären Basenpaarungen der DNA*

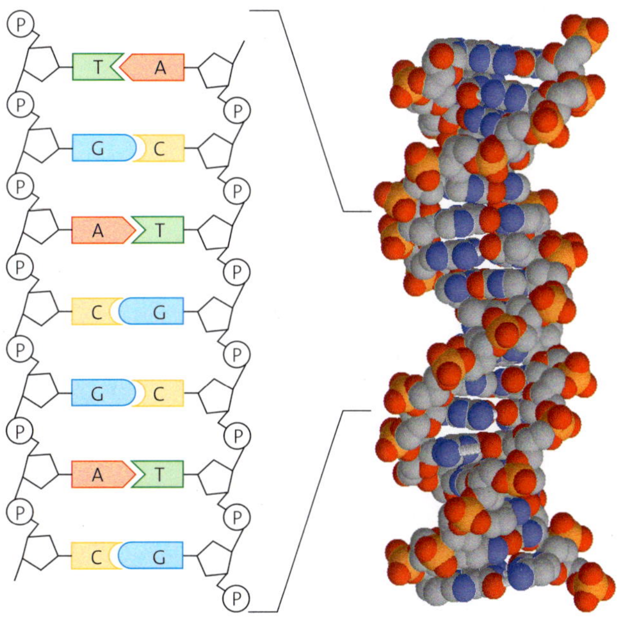


3 *Die Doppelhelix: das Watson-Crick-Modell der DNA*

## DNA und Chromosom

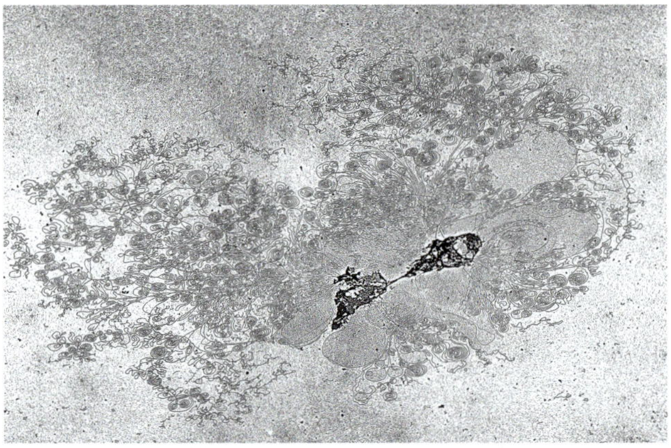

1 *DNA aus einer aufgebrochenen Escherichia-coli-Zelle*

2 *EM-Bild der Perlschnurstruktur der DNA mit Nucleosomen in 325 000-facher Vergrößerung*

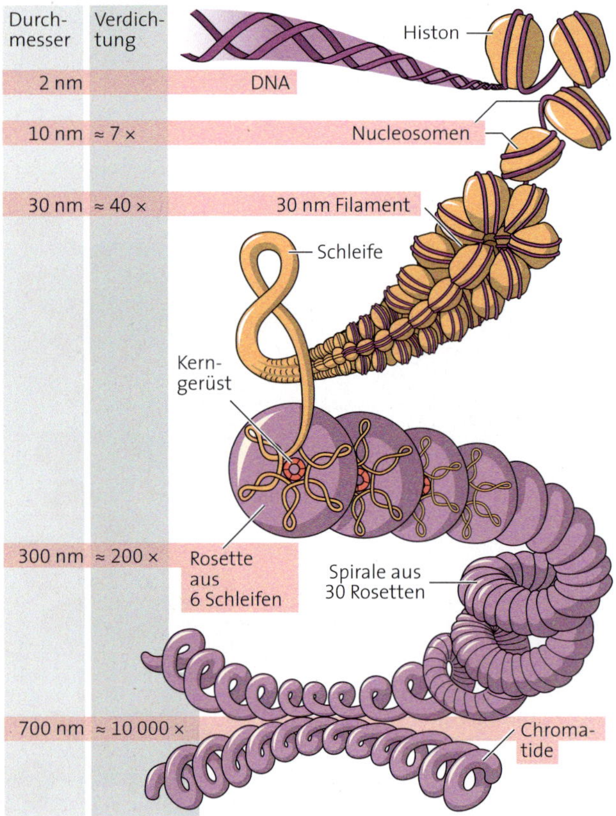


3 *Organisationsebenen des Chromatins*

Die Erbsubstanz eines Bakteriums wie Escherichia coli besteht aus einem einzigen ringförmigen DNA-Molekül mit etwa 5 Millionen Nucleotidpaaren. Die genetische Information des Menschen umfasst etwa 3 Milliarden Nucleotidpaare. Zum Vergleich: Auf eine Seite dieses Buches passen rund 6 000 Buchstaben. Bei einem Umfang von etwa 500 Seiten sind das 3 Millionen Buchstaben. Die Basensequenz der menschlichen DNA würde also 1 000 solcher Bände füllen. Im Zellkern ist diese Informationsmenge auf 46 DNA-Moleküle unterschiedlicher Größe verteilt, die zwischen 50 und 250 Millionen Nucleotidpaare enthalten. Lägen sie in gestreckter Form vor, wären sie zwischen 1,7 cm und 8,5 cm lang. Für alle Chromosomen zusammen ergibt das eine Strecke von über 2 m. Die Frage ist, wie diese 2 m DNA im Innern eines Zellkerns von lediglich etwa 5 µm Durchmesser Platz finden.

**Chromatin.** Die DNA aller Eukaryoten ist mit einer Vielzahl von Proteinen verbunden. Dieser DNA-Protein-Komplex wird als Chromatin bezeichnet. Das Chromatin kommt während des Zellzyklus in verschiedenen Verpackungszuständen vor, die eng mit der Aktivität des Chromatins zusammenhängen. Die kompakteste Verpackung erfolgt vor der Zellteilung: Die DNA-Moleküle werden in ihrer Transportform als *Chromosomen* sichtbar (► S. 26). Die unterschiedlichen Verpackungszustände der DNA lassen sich auch experimentell erzeugen. Daraus wurde geschlossen, dass es verschiedene Verpackungsstufen gibt, die aufeinander aufbauen.

**Ebenen der DNA-Verpackung.** Durch Präparation mit einem Streckungsmittel erscheint im elektronenmikroskopischen Bild als Grundelement des Chromatins eine 10 nm dicke Fibrille, die mit perlschnurartig aufgereihten *Nucleosomen* besetzt ist. Nucleosomen bestehen aus DNA und bestimmten Proteinen, den *Histonen*. Die DNA ist in zwei Windungen um einen kugelförmigen Proteinkern aus acht Histon-Untereinheiten gewunden. An der Außenseite dieser „Perle" ist ein weiteres Histonmolekül angeheftet. Durch diese Form der Verpackung wird die DNA um den Faktor 7 verdichtet.

In der Interphase liegt das Chromatin als Filament von etwa 30 nm Durchmesser vor. Dabei ist die Nucleosomenkette in Form eines Hohlzylinders so aufgewickelt, dass immer sechs Nucleosomen in einer Ebene liegen. Dies sorgt für eine etwa 40-fache Verdichtung des Chromatins.

Vor Zellteilungen kondensieren die Chromatinfilamente zu wesentlich kompakteren Strukturen, indem sie sich an bestimmten Stellen an ein Gerüst aus Nicht-Histon-Proteinen im Zellkern anheften und Schleifen bilden. Durch weiteres Verdrillen und Auffalten wird schließlich die Chromatidstruktur eines Metaphase-Chromosoms erreicht. In diesem Zustand hat ein Chromatin-Faden einen Durchmesser von etwa 700 nm. Seine Länge ist von durchschnittlich 5 cm auf nur noch 50 µm geschrumpft. Das entspricht einer Verdichtung um das 10 000-Fache.

1. **Die DNA liegt im Zellkern in unterschiedlichen Verpackungszuständen vor. Nennen Sie die verschiedenen Strukturebenen und erklären Sie, wie sie zustande kommen.**
2. **Im Lauf des Zellzyklus wechselt die DNA zwischen verschiedenen Verpackungszuständen. Begründen Sie, weshalb das nötig ist.**

MATERIAL · METHODE · PRAXIS

# DNA sichtbar machen

Um die chemische Zusammensetzung von DNA zu analysieren, muss man sie aus Zellen extrahieren. Am besten eignen sich dafür Küchenzwiebeln (► S. 28). Sie sind leicht zu beschaffen und können mit haushaltsüblichen Reagenzien aufbereitet werden. Auch Bäckerhefe und Kalbsbries sind geeignete Objekte für die DNA-Extraktion.

Um Informationen darüber zu gewinnen, in welcher Struktur DNA in der Zelle vorliegt, kann man sie in elektronenmikroskopischen Präparaten sichtbar machen. Durch herkömmliche Präparationsmethoden – wie die Kontrastierung mit Uranylacetat – werden nur relativ grobe Strukturen erkennbar. Eine andere Möglichkeit der Sichtbarmachung bietet die *Autoradiographie*: Dabei belichtet die radioaktiv markierte DNA einen Film. Mit dieser Methode lässt sich der Weg einzelner Moleküle durch die Zelle verfolgen. So konnte der Verlauf der DNA-Replikation sichtbar gemacht werden (► Bild unten rechts, ► S. 148). Auch bei der Aufklärung komplexer Stoffwechselwege wie Glucoseabbau und Calvinzyklus war Autoradiographie hilfreich.

Schließlich lassen sich radioaktiv markierte Nucleinsäure-Abschnitte als Sonden einsetzen, um bekannte komplementäre DNA-Sequenzen in einem Gewebeschnitt oder einer DNA-Probe aufzuspüren.

### DNA-Extraktion aus Zwiebeln

**MATERIAL:** 5 ml Spülmittel, ½ TL Kochsalz, 50 ml Wasser, mittelgroße Zwiebel, Becherglas, Wasserbad (ersatzweise Heizplatte und Kochtopf), Mörser, Trichter, Kaffeefilter oder Papiertuch, Feinwaschmittel, gekühltes Ethanol 98 % *(F)*, Glasstab

**DURCHFÜHRUNG:** Mischen Sie Wasser, Spülmittel und Salz in einem Becherglas. Schneiden Sie die Zwiebel sehr klein und geben Sie die Zwiebelstücke in die Lösung.

Stellen Sie das Becherglas für 15 min in ein 60 °C warmes Wasserbad. Kühlen Sie es anschließend einige Minuten in kaltem Wasser. Zerquetschen Sie nun die Zwiebelstücke in einem Mörser, bis ein körniges Mus entsteht. Reiben Sie nicht zu stark, sonst wird zu viel DNA zerrissen. Geben Sie die Mischung in einen Trichter mit Filterpapier. Fügen Sie dann zu etwa 3 ml des Filtrats einige Körnchen Feinwaschmittel hinzu. Mischen Sie den Ansatz gut und überschichten Sie ihn vorsichtig mit kaltem Ethanol. Beobachten Sie nun, wie die DNA schlierenartig aus der Alkohollösung ausfällt. Sie können sie mit einem Stab entnehmen.

### Autoradiographie

Zur Markierung der DNA werden β-Strahler mit niedriger Energieabgabe verwendet wie Tritium ($^3H$) oder das Kohlenstoffisotop $^{14}C$. Mit diesen radioaktiven Isotopen werden DNA-Nucleotide markiert und dann einer teilungsaktiven Zelle angeboten. Die Zelle baut bei jeder DNA-Verdopplung radioaktive Nucleotide in die neu gebildete DNA ein, die dadurch ebenfalls radioaktiv wird.
Als Nächstes wird ein elektronenmikroskopisches Präparat hergestellt, mit einem strahlungsempfindlichen Film – meist einer flüssigen fotografischen Emulsion – überzogen und für einige Tage oder Wochen abgedunkelt. In dieser Zeit zerfallen die radioaktiven Isotope unter Energieabgabe und belichten so den Film. Nach der Entwicklung sind die bestrahlten Stellen schwarz verfärbt. Die dabei erreichte Auflösung hängt davon ab, welche Isotope man verwendet. Die beste Auflösung lässt sich mit $^3H$-markierten Verbindungen erreichen.

**1 Erklären Sie, welchen Einfluss bei der DNA-Extraktion die Zugabe von Kochsalz (NaCl) auf die Löslichkeit der DNA hat. Welcher Prozess wird durch das 60 °C warme Wasserbad beschleunigt?**

**2 Begründen Sie, weshalb man bei der Autoradiographie radioaktive Strahlung mit niedrigem Energiegehalt einsetzt.**

### Stichworte zu weiteren Informationen

Gensonde • Gendiagnostik • Gelelektrophorese • β-Strahler • Präzisionsdistanzmikroskopie

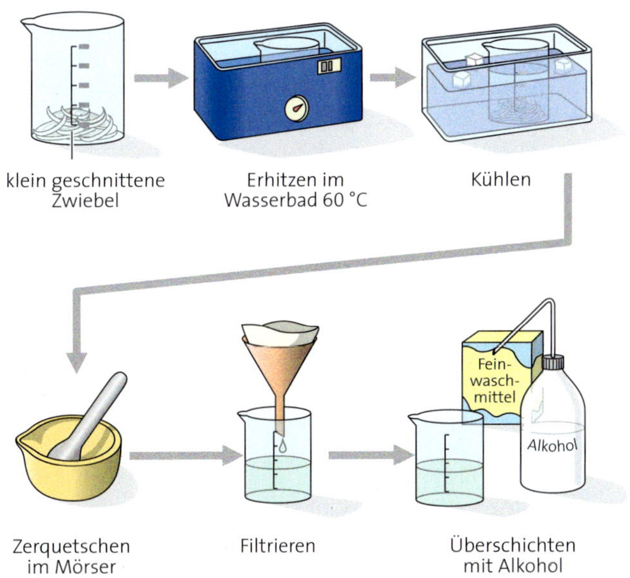


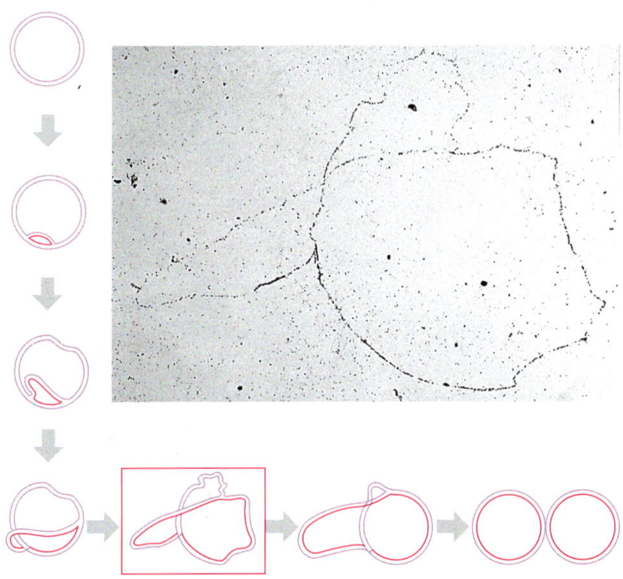

## Replikation der DNA

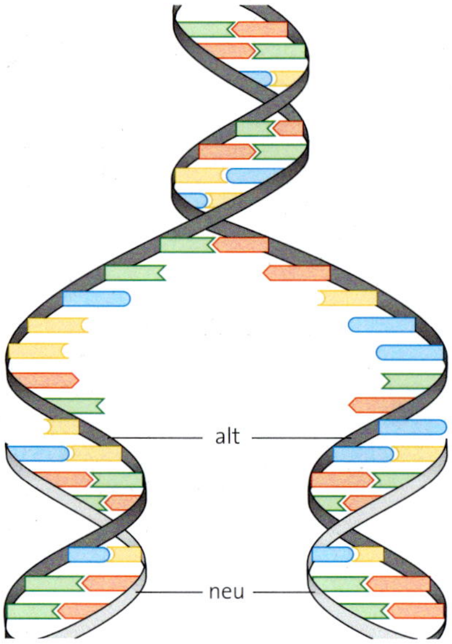


1 *Das Grundprinzip der DNA-Replikation*

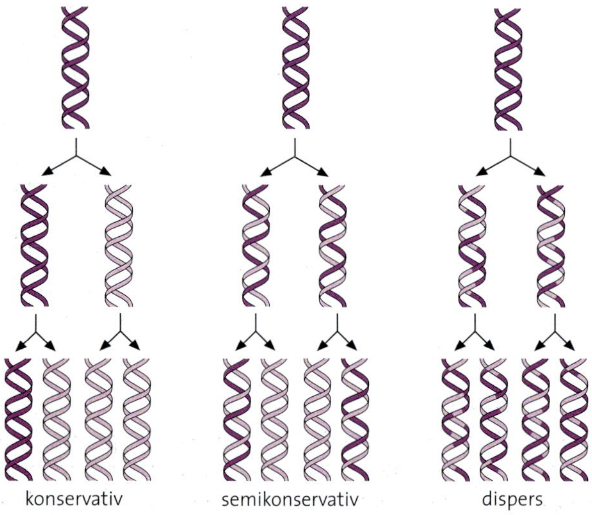


2 *Modelle der DNA-Replikation*

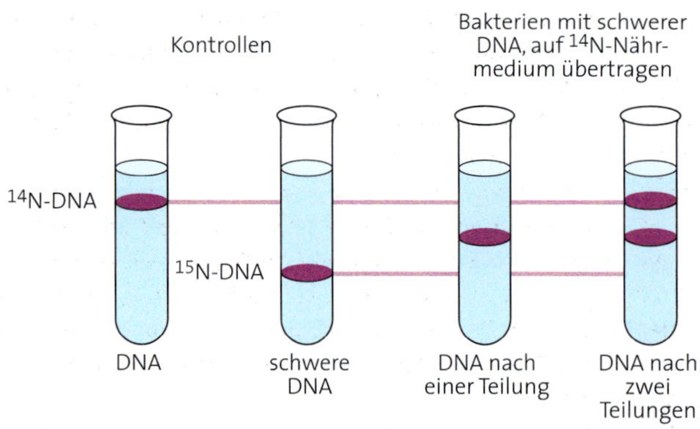


3 *Das Ergebnis des Meselson-Stahl-Experiments*

Bei der Zellteilung wird die gesamte Erbinformation einer Zelle an die nächste Zellgeneration weitergegeben. Damit dabei keine Information verloren geht, wird die Erbsubstanz vorher – ähnlich wie bei einem Kopiervorgang – verdoppelt. Den Prozess bezeichnet man als *identische Verdopplung* oder *Replikation* der Erbinformation.

**Das Grundprinzip der Replikation.** Die Vervielfältigung der DNA beruht auf dem Prinzip der *komplementären Basenpaarung*. Das hatten WATSON und CRICK bereits 1953 erkannt, als sie ihr DNA-Modell veröffentlichten. Da sich Adenin immer nur mit Thymin und Cytosin mit Guanin verbindet, kann ein DNA-Einzelstrang als *Matrize* für die Bildung des komplementären Strangs dienen. Die beiden komplementären DNA-Stränge trennen sich voneinander, vergleichbar mit dem Öffnen eines Reißverschlusses. An die nun freiliegenden Basen jedes Einzelstrangs lagern sich jeweils Nucleotide (genauer: Nucleosidtriphosphate, ► S. 149) mit komplementären Basen an. Sie werden miteinander zu Ketten verknüpft. Dadurch entstehen zwei Doppelstränge, deren Basensequenzen *völlig identisch* sind.

**Replikationsmodelle.** Da die beiden Doppelstränge aus je einem alten und einem neuen Einzelstrang bestehen, wird dieser Replikationsmechanismus als *semikonservativ* bezeichnet. Er entspricht der Modellvorstellung, die WATSON und CRICK entwickelt hatten. Bis allerdings 1957 der Beweis dafür gelang, wurden zwei weitere Modelle diskutiert (► Bild 2). Man könnte sich ebenso eine *konservative* Replikation vorstellen, bei der das ursprüngliche DNA-Molekül komplett erhalten bleibt. Das Tochtermolekül bestünde dann aus zwei neu gebildeten Strängen. Eine weitere Denkmöglichkeit wäre, dass jeder Strang der beiden neuen Doppelhelices eine Mischung aus alter und neu synthetisierter DNA enthält. In diesem Fall müsste man eine *disperse* Replikation annehmen, bei der die beiden ursprünglichen DNA-Stränge in Bruchstücke zerfallen und nach der Replikation wieder verbunden werden.

**Das Meselson-Stahl-Experiment.** MESELSON und STAHL ließen E.-coli-Bakterien auf einem Nährboden wachsen, der anstelle von gewöhnlichem Stickstoff ($^{14}N$) das Isotop $^{15}N$ enthielt. Die Bakterien bildeten aus diesem schweren Stickstoff $^{15}N$-haltige Nucleotidbasen, die bei jeder Replikation in die DNA eingebaut wurden. Auf diese Weise entstanden Bakterien mit schwerer DNA. Danach übertrugen die Forscher die Bakterien auf normales Nährmedium mit $^{14}N$. Nach jeder Zellteilung extrahierten sie aus einem Teil der Bakterien die DNA und untersuchten sie mithilfe der *Dichtegradientenzentrifugation* (► S. 54). Mit dieser Methode lassen sich die verschieden schweren DNA-Sorten unterscheiden. Moleküle derselben, also gleich schweren Sorte lagern sich in derselben Höhe ab und sind als Banden sichtbar.

**Enzyme der Replikation.** Die Replikation der DNA ist ein kontrollierter Vorgang, der, wie jeder andere Stoffwechselprozess auch, mithilfe von *Enzymen* gesteuert wird (► S. 67). Dabei unterliegt jeder Teilschritt des Prozesses einer enzymatischen Kontrolle. Zunächst werden die beiden Stränge der Doppelhelix durch das Enzym *Helicase* entwunden und auseinandergeschoben. Dabei entsteht eine Y-förmige Struktur, die man als *Replikationsgabel* bezeichnet. An die freien Einzelstränge lagern sich spontan energiereiche Nucleosidtriphosphate (ATP, CTP, GTP, TTP) an. Bei deren Verkettung durch eine *DNA-Polymerase* werden immer zwei Phosphatreste abgespalten, was die Energie für diese Reaktion liefert. Letztlich werden so Nucleosidmonophosphate, also Nucleotide, miteinander verkettet. Alle bisher bekannten DNA-Polymerasen verbinden ein Nucleotid immer über dessen Phosphatgruppe mit der OH-Gruppe des 3'-C-Atoms der Desoxyribose. Das bedeutet, dass DNA stets in 5'→3'-Richtung synthetisiert wird. Das hat für die DNA-Replikation zwei Konsequenzen:

Zum einen benötigt die DNA-Polymerase zu Beginn der Replikation ein *Startermolekül* mit einer freien OH-Gruppe, über die das erste Nucleotid gebunden werden kann. Diese Funktion erfüllen kurze *Primer* aus RNA, die vom Enzym *Primase* an beiden Strängen der Replikationsgabel angebracht werden.

Zum anderen ergibt sich daraus, dass der Kopiervorgang nur an einem der beiden Stränge kontinuierlich ablaufen kann. Dort heftet die DNA-Polymerase die Nucleotide jeweils an das 3'-Ende des wachsenden Strangs an, also in derselben Richtung, mit der sich die Replikationsgabel über die DNA-Matrize bewegt. Dieser Strang wird deshalb als *kontinuierlicher Strang* bezeichnet. Am komplementären Strang arbeitet die DNA-Polymerase hingegen in die andere Richtung, also entgegengesetzt der Bewegungsrichtung der Replikationsgabel. Dabei entstehen in 5'→3'-Richtung zunächst DNA-Stücke von 100 bis 200 Nucleotiden Länge, die nach ihrem Entdecker als *Okazaki-Fragmente* bezeichnet werden. Die Fragmente werden anschließend – in 3'→5'-Richtung – durch das Enzym *DNA-Ligase* miteinander verknüpft. Da an diesem Gabelast das Wachstum nicht durchgehend erfolgt, bezeichnet man ihn als *diskontinuierlichen Strang*.

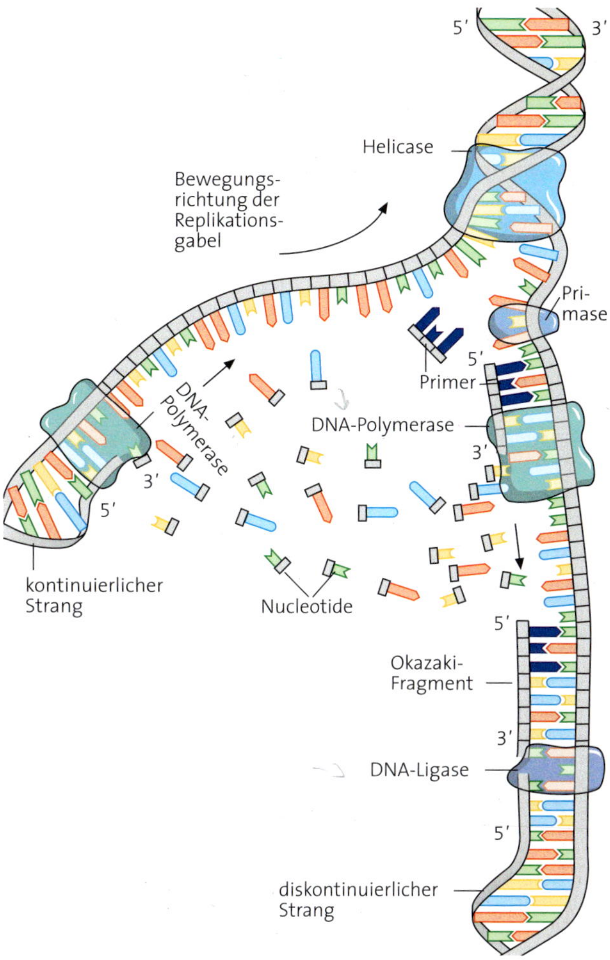


*1 Ablauf der Replikation*

**Eigenschaften des Replikationsvorgangs.** Die Replikation eines DNA-Moleküls beginnt an spezifischen Stellen, den *Replikationsursprüngen*. Bakterielle Chromosomen enthalten nur einen Replikationsursprung. Bei Eukaryoten weist ein DNA-Molekül Hunderte solcher Startpunkte auf.

Die *Geschwindigkeit* der Replikation beträgt beim Menschen etwa 50 Nucleotide pro Sekunde, bei Bakterien sogar 500 Nucleotide pro Sekunde. E. coli kann seine DNA, die 5 Millionen Nucleotidpaare umfasst, in einer Stunde verdoppeln.

Ebenso beeindruckend wie die Geschwindigkeit ist die *Präzision*, mit der die Verdopplung der DNA erfolgt. Statistisch unterläuft einer DNA-Polymerase beim Anfügen von $10^6$ bis $10^8$ Nucleotiden nur ein Fehler. Diese Kopiergenauigkeit ist die Voraussetzung dafür, dass die genetische Information eines Organismus weitgehend unverändert erhalten bleibt. Wenn bei der Replikation eine chemisch ähnliche oder eine nicht komplementäre Base in den DNA-Folgestrang eingebaut wird, kann eine *Punktmutation* entstehen (► S. 160).

**Korrektur von Replikationsfehlern.** Enzymatische Prozesse sorgen während und nach der Replikation dafür, dass Fehlpaarungen in der fertigen DNA nur mit einer *Häufigkeit von 1 : 10 000 000* auftreten. Die *DNA-Polymerase* arbeitet sehr präzise. Während der Polymerisation der Nucleotidkette überprüft sie, ob sich zwischen dem angelagerten Nucleotid und der Base des Matrizenstrangs Wasserstoffbrücken ausbilden. In der Regel werden nur komplementäre Basen eingebaut.

Gleichzeitig erfüllt die DNA-Polymerase eine Art Korrekturlesefunktion. Wird dennoch ein falsches Nucleotid eingebaut, so behindert dies das Weitergleiten des Moleküls zur nächsten Bindungsstelle. In diesem Fall kann die DNA-Polymerase auch als *Exonuclease* fungieren: Sie trennt das fehlgepaarte Nucleotid vom wachsenden Ende der DNA-Kette ab und die richtige Base kann sich anlagern.

Fehler in der DNA können jedoch auch im Nachhinein entstehen, zum Beispiel durch Umwelteinflüsse wie Chemikalien, UV-Licht oder radioaktive Strahlung. Die Zelle verfügt über ein System verschiedener Reparaturenzyme, um solche DNA-Schäden in den meisten Fällen auszugleichen.

**1** **Erläutern Sie, welche DNA-Sorten nach den ersten beiden Teilungen im Meselson-Stahl-Experiment vorliegen. Welche Banden und DNA-Sorten erwarten Sie nach der dritten Teilung der Bakterien? Begründen Sie, weshalb das Ergebnis der Hypothese widerspricht, der Replikation könnte ein konservativer Mechanismus zugrunde liegen.**

**2** **Nicht alle Fehlpaarungen bei der Replikation der DNA werden korrigiert. Diskutieren Sie die biologische Bedeutung.**

# Analyse von DNA

Die Ermittlung der Basensequenz von DNA gehört zu den wichtigsten Zielen moderner Genforschung. Je nach Anwendung werden dabei kurze DNA-Abschnitte, Gene oder ganze Genome untersucht. Fast alle gentechnischen Verfahren beruhen auf der Kenntnis der Basensequenz von Organismen (► S. 192). In der Medizin dienen diese Analysen zum Beispiel der Diagnose von Krankheiten und der Identifizierung von Krankheitserregern. Darüber hinaus ermöglicht die DNA-Analyse, die Täterschaft verdächtiger Personen festzustellen (genetischer Fingerabdruck ► S. 202). Sie wird jedoch auch in der biologischen und paläontologischen Forschung benutzt, um Verwandtschaftsverhältnisse zwischen Organismengruppen und den Verlauf evolutionärer Prozesse zu rekonstruieren (► S. 267).

Für die Sequenzanalyse reicht ein einziges DNA-Molekül nicht aus, es werden Tausende von Kopien benötigt. Im Prinzip lassen sich DNA-Moleküle beliebiger Herkunft durch Genklonierung in Bakterien vervielfältigen (► S. 196). Das Verfahren ist aber verhältnismäßig aufwendig und langwierig. Mithilfe der *Polymerase-Kettenreaktion* ist es möglich, DNA-Sequenzen in kurzer Zeit *millionenfach* zu kopieren. Für die Analyse wird die DNA zunächst enzymatisch in geeignete Bruchstücke zerlegt (► S. 197). Die unterschiedlich langen Bruchstücke lassen sich durch *Gelelektrophorese* auftrennen und sortieren. Die Basensequenzen dieser Teilstücke können anschließend bestimmt werden.

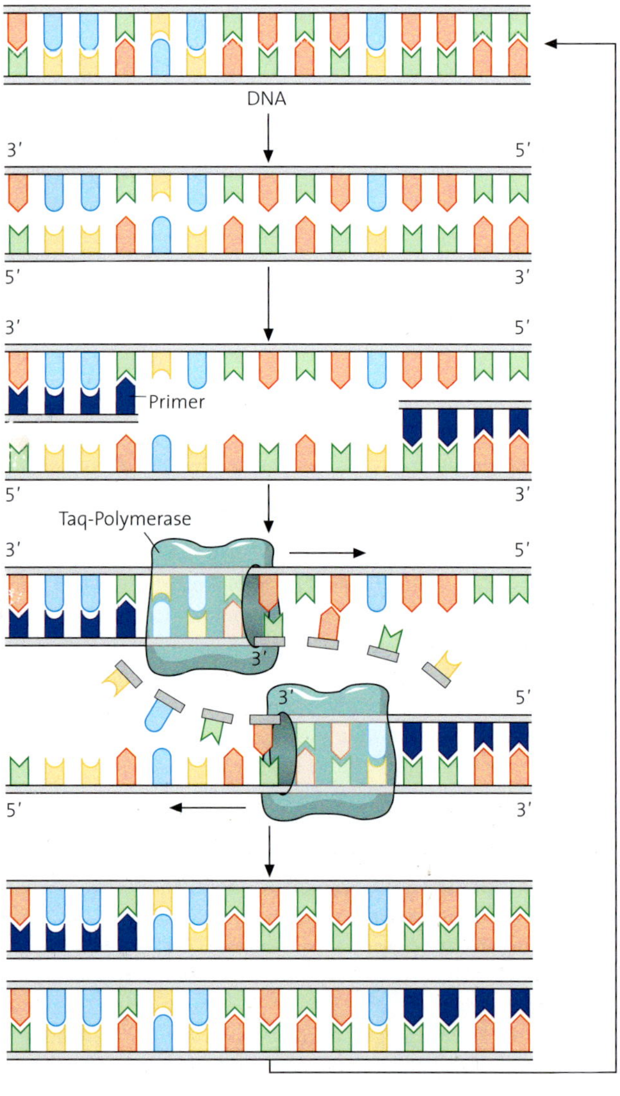


### Polymerase-Kettenreaktion (PCR)

Die Vorgänge bei der Vervielfältigung einer DNA durch die Polymerase-Kettenreaktion (PCR für engl. *polymerase chain reaction*) sind der natürlichen Replikation sehr ähnlich. Die Reaktion läuft in Zyklen aus drei Schritten ab, die mehrfach wiederholt werden: Denaturierung, Hybridisierung, Polymerisation. Dadurch wird die Ausgangsmenge an DNA exponentiell vervielfältigt. Bei der PCR werden künstlich hergestellte Primer aus 15 bis 30 Nucleotiden verwendet, die zu den Enden des zu vervielfältigenden DNA-Abschnitts komplementär sind. Dessen Sequenz muss daher bereits bekannt sein. Um die Replikation an beiden Strängen gleichzeitig zu starten, setzt man ein gegenläufig orientiertes Primerpaar ein.

*Denaturierung der DNA.* Durch Erhitzen auf Temperaturen von etwa 90 bis 100 °C wird die Matrizen-DNA „geschmolzen", das heißt, die Wasserstoffbrückenbindungen lösen sich und es entstehen DNA-Einzelstränge.

*Hybridisierung.* Beim Abkühlen des Reaktionsgemischs auf etwa 50 °C binden die synthetischen Primer an die komplementären Sequenzen der Matrizen-DNA.

*Polymerisation.* Vom 3'-Ende der Primer ausgehend wird zu jeder Matrizen-DNA durch DNA-Polymerase der Komplementärstrang synthetisiert. Dabei wird vor allem die hitzestabile *Taq-Polymerase* verwendet, die ein ungewöhnliches Temperaturoptimum von 72 °C besitzt. Dieses Enzym wurde aus dem thermophilen Bakterium *Thermus aquaticus* isoliert, das in heißen Quellen lebt. In der Regel reichen 20–30 PCR-Zyklen aus, um eine für die weitere Analyse ausreichende DNA-Menge zu gewinnen.

Für die PCR werden *Thermocycler* verwendet. Diese Geräte steuern die Versuchsbedingungen automatisch, wobei die jeweilige Temperatur, die Zeit pro Reaktionsschritt und die Anzahl der Zyklen programmierbar sind.

### Gelelektrophorese

Die *Gelelektrophorese* ist ein Verfahren zur Auftrennung von Makromolekülen wie Proteinen und Nucleinsäuren und deren Bruchstücken. Es beruht darauf, dass Moleküle entsprechend ihrer Größe und ihrer Ladung in einem elektrischen Feld gerichtet und unterschiedlich schnell wandern. Als Medium dient hierbei ein Gel aus einer polymerisierbaren Substanz, zum Beispiel dem Polysaccharid Agarose. In der Elektrophoresekammer taucht das Gel an beiden Enden in eine Pufferlösung ein, an die über Elektroden eine elektrische Spannung angelegt wird. Das Gel wirkt wie ein Molekularsieb, in dem große Moleküle mit geringer Ladung langsam, kleinere Moleküle mit höherer Ladung hingegen schnell wandern. Das Gemisch trennt sich dadurch in Banden auf, die durch Färbung oder Markierungsverfahren sichtbar gemacht werden können.

## Sequenzierung von DNA

Es gibt verschiedene Methoden, um die Nucleotidabfolge eines DNA-Moleküls zu bestimmen. Das hier vorgestellte Verfahren von SANGER beruht darauf, dass die Replikation von DNA mithilfe von künstlich modifizierten Nucleotiden (beziehungsweise Nucleosidtriphosphaten) basenspezifisch abgebrochen wird. Dadurch entstehen DNA-Teilstränge von unterschiedlicher Länge. Aus deren Auftrennung durch Gelelektrophorese lässt sich dann auf die Basensequenz der DNA-Matrize rückschließen. Die abgewandelten (Di-desoxy-)Nucleotide tragen am 3'-Kohlenstoffatom keine OH-Gruppe (▶ S. 144). Werden sie in die DNA-Kette eingebaut, so verhindert dies das Anfügen des nächsten Nucleotids, und die DNA-Synthese bricht ab.

Zunächst wird die DNA durch Denaturierung in Einzelstränge gespalten, die man dann mit radioaktiv markierten Primern hybridisiert. Die Probe wird auf vier Reagenzgläser verteilt. Jeder Ansatz enthält die vier DNA-Nucleosidtriphosphate und eine geringe Menge je eines der modifizierten Nucleosidtriphosphate. DNA-Polymerasen katalysieren in 5'→3'-Richtung die Synthese der komplementären Stränge. Intakte und modifizierte Nucleosidtriphosphate werden zufällig eingebaut, sodass die Replikation entweder durchläuft oder an einer bestimmten Stelle der Sequenz abbricht. In jedem Ansatz bilden sich also unterschiedlich lange DNA-Stränge.

Die DNA-Stränge aus den vier Ansätzen werden durch parallele Gelelektrophorese aufgetrennt. Da die Primer radioaktiv markiert sind, lassen sich die Banden durch Autoradiographie leicht sichtbar machen (▶ S. 147). Aus dem Vergleich der vier Bandenreihen kann man die Basensequenz direkt ablesen. Sie ist komplementär zur Sequenz der DNA-Matrize.

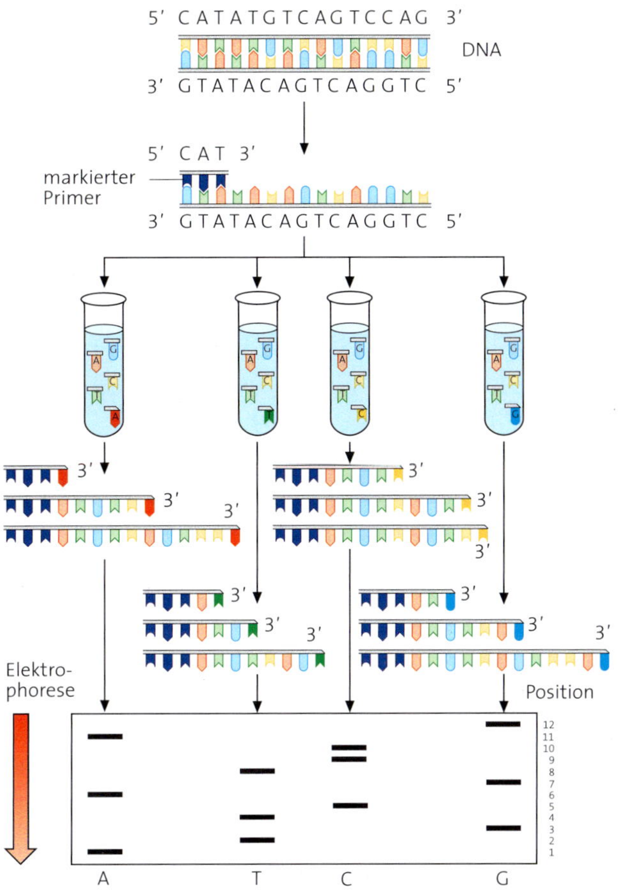


## Modellversuch zur Sequenzanalyse von DNA

**MATERIAL:** Perlen in vier verschiedenen Farben, Schnüre

**DURCHFÜHRUNG:** Die vier verschiedenfarbigen Perlen symbolisieren die vier Nucleotidbausteine der DNA. Fertigen Sie 40 identische Perlenketten mit einer bestimmten Reihenfolge aus 13 Perlen. Die identischen Ketten entsprechen Kopien einer bestimmten DNA-Sequenz. Jede Perle sollte mit einem Knoten fixiert werden. Markieren Sie jeweils den Anfang der Kette. Reihen Sie nun je 10 Ketten zu einem Perlenvorhang auf. Schneiden Sie in jedem der vier Vorhänge die Perlenketten jeweils einmal hinter einer Perle mit einer bestimmten Farbe durch. Wählen Sie dabei für jeden Vorhang eine andere Perlenfarbe (▶ Bild rechts). Mischen Sie alle Kettenstücke und ordnen Sie sie anschließend der Länge nach. Rekonstruieren Sie die ursprüngliche Reihenfolge der Perlen in den Ketten.

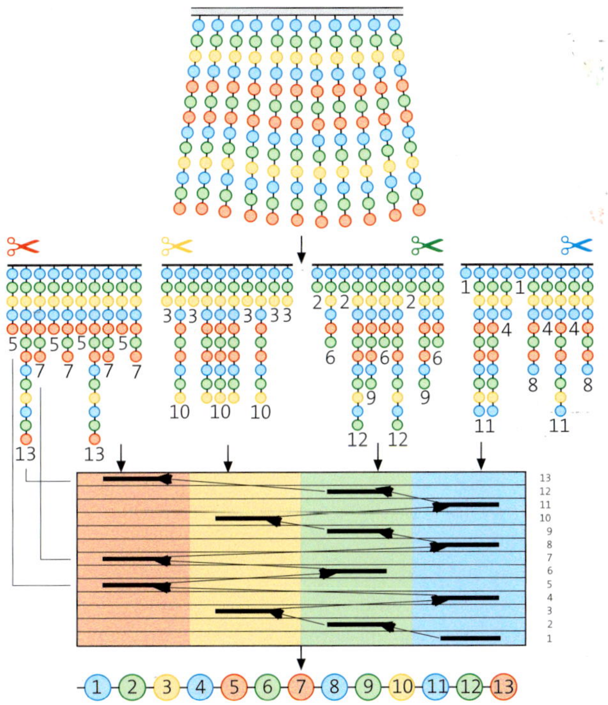

**1** Berechnen Sie die DNA-Menge nach 30 PCR-Zyklen.

**2** Wie würde sich die Verwendung einer normalen DNA-Polymerase im PCR-Verfahren auswirken? Erläutern Sie.

**3** Erschließen Sie aus dem Autoradiogramm im Bild oben die Basensequenz der DNA-Probe.

**Stichworte zu weiteren Informationen**

Humangenomprojekt • Gensonden • DNA-Fingerprinting

## Bakterien und Viren in der molekulargenetischen Forschung

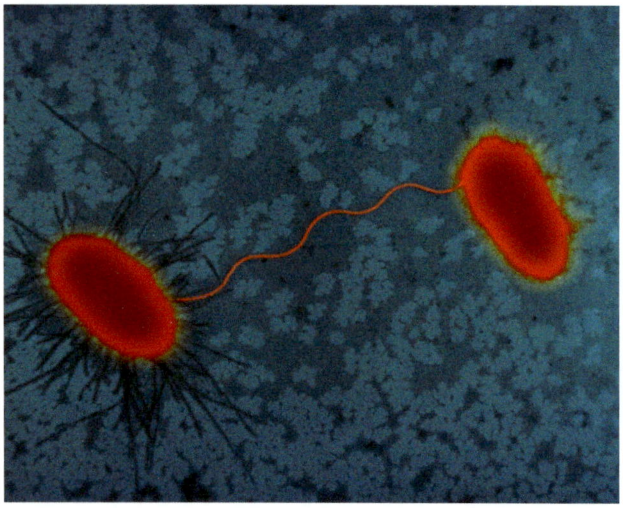

*1 Ein Bakterium heftet sich am Konjugationspartner fest.*

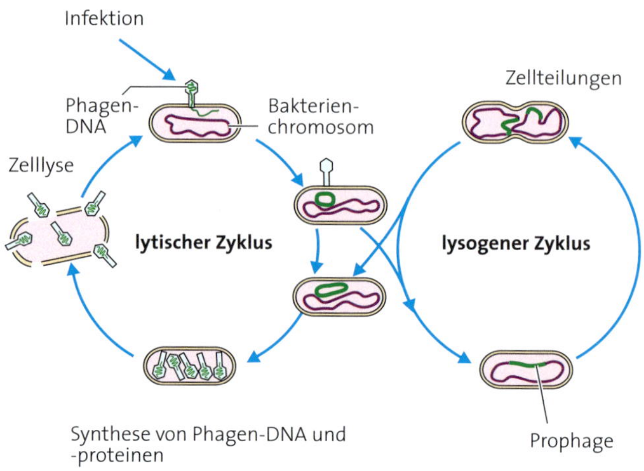


*2 Lytischer und lysogener Phagenzyklus*

Die wichtigsten Erkenntnisse der Molekularbiologie wurden an *Bakterien* und *Viren* gewonnen (► S. 56, 57). Diese einfachen biologischen Systeme eignen sich in besonderer Weise als *Modellorganismen*, an denen sich grundlegende molekulare Mechanismen gut untersuchen lassen.

**Konjugation und Rekombination bei Bakterien.** Bakterien vermehren sich durch *Zweiteilung*. Dabei entstehen genetisch identische Individuen. Unter bestimmten Bedingungen kommt es – unabhängig von Vermehrungsvorgängen – zu DNA-Übertragung zwischen Bakterien derselben oder auch verschiedener Arten. Dabei fungiert eine Zelle als Spender, die andere als Empfänger. Die Spenderzelle heftet sich mit Proteinfäden, den *Sexpili*, am Konjugationspartner fest. Dann bilden die beiden Zellen eine Plasmabrücke aus, über die DNA von der $F^+$-Zelle zur $F^-$-Zelle gelangt. Den Vorgang bezeichnet man als *Konjugation*.

$F^+$-Zellen verfügen über ein *F-Plasmid* (F steht für Fruchtbarkeit). Auf diesem extrachromosomalen DNA-Ring liegen Gene, die der Zelle ermöglichen, Sexpili zu bilden, $F^-$-Zellen zu erkennen und eine Plasmabrücke herzustellen. Bei der Konjugation wird das vorher replizierte F-Plasmid an die $F^-$-Zelle übertragen, die dadurch zur $F^+$-Zelle wird. Bei *Hfr-Zellen* (von engl. *high frequency of recombination*) ist das F-Plasmid in das Chromosom integriert. Bei einer Konjugation werden nicht nur die Fertilitätsgene repliziert und in die Empfängerzelle eingeschleust, sondern auch chromosomale DNA. Da die Zellverbindung bei zufälligen Bewegungen der Konjugationspartner leicht abbricht, gelangen meist nur Teile des Spendergenoms in die Empfängerzelle. Wenn die übertragene DNA gegen die entsprechenden Bereiche des Empfängerchromosoms ausgetauscht wird, tragen die Nachkommen der Empfängerzelle Gene aus zwei unterschiedlichen Zellen. Man spricht von *Rekombination*.

**Vermehrung von Bakteriophagen.** Bakteriophagen bestehen aus einer kompliziert gebauten Eiweißhülle und einem aufgewickelten Nucleinsäurefaden aus DNA (► S. 57). Wie alle Viren sind auch Bakteriophagen hoch spezialisiert: Sie vermehren sich ausschließlich in Bakterien.

Dabei lassen sich zwei Reproduktionswege unterscheiden:

Ein *virulenter* Phage heftet sich an die Zellwand seines Wirts und injiziert seine DNA in die Bakterienzelle. Die leere Proteinhülle bleibt auf der Oberfläche zurück. Die DNA des Phagen bewirkt zunächst die Zerstörung des Bakterienchromosoms und übernimmt dann die Kontrolle über den Stoffwechsel der Zelle. Aus den Nucleotiden der abgebauten Wirts-DNA werden Kopien der Phagen-DNA hergestellt. Daraufhin synthetisiert die Zelle Phagenhüllproteine. Aus diesen Teilstücken fügen sich meist spontan neue, infektiöse Phagen zusammen. Das auf Anweisung der Phagen-DNA hergestellte Enzym Lysozym löst die Bakterienzellwand auf und 100 bis 200 neue Phagen treten aus. Diesen Vermehrungsweg bezeichnet man als *lytischen Zyklus*. Er hat den Tod der Wirtszelle zur Folge.

Bei *temperenten* Phagen führt die Infektion nicht immer zur Zerstörung der Wirtszelle. Sie können sich auch im *lysogenen Zyklus* vermehren. Dabei wird die injizierte Phagen-DNA als inaktiver *Prophage* in das Bakterienchromosom eingebaut. Bei jeder Zellteilung wird die Phagen-DNA zusammen mit der Bakterien-DNA verdoppelt. So gelangt sie in sämtliche Abkömmlinge der Bakterienzelle. Spontan oder ausgelöst durch äußere Einflüsse, wird die „schlummernde" Phagen-DNA irgendwann aus dem Chromosom herausgeschnitten und ein lytischer Zyklus beginnt.

**Transduktion.** Manchmal kommt es beim Herausschneiden der Phagen-DNA dazu, dass Teile des Bakterienchromosoms mit ausgeschnitten werden. Die neu gebildeten Phagen übertragen dann bei Infektionen bakterielle DNA. Dies bezeichnet man als *Transduktion*. Mitunter wird sogar nur Bakterien-DNA in die neue Phagenhülle verpackt. Solche Phagen sind defekt: Sie können zwar Bakterien befallen und „ihre" Bakterien-DNA übertragen, danach kommt es aber nicht zu einer weiteren Vermehrung der Phagen.

Konjugation und Transduktion werden für die Genkartierung von bakteriellen Chromosomen genutzt. Dazu wird die Übertragung genetischen Materials zwischen zwei Bakterien zu unterschiedlichen Zeitpunkten unterbrochen. Aus dem Zeitpunkt der Übertragung kann man auf den Abstand der Gene schließen.

# Versuche mit Bakterien

Bakterien zählen zu den wichtigsten Untersuchungsobjekten der Genetik. Sie kommen fast überall vor und vermehren sich sehr schnell, sodass rasch auf Folgegenerationen zugegriffen werden kann. Zudem wirken sich genetische Veränderungen sofort aus, da die Erbinformation im bakteriellen Genom nur einfach enthalten ist.

Experimentelles Arbeiten setzt voraus, dass das untersuchte Objekt bekannt ist. Für Schulversuche sollten Reinkulturen gesundheitlich unbedenklicher Bakterien von einem mikrobiologischen Institut bezogen werden.

**Sterilisieren**

Um zu verhindern, dass unerwünschte Bakterienarten in die Versuchsansätze gelangen, müssen die verwendeten Geräte und Substanzen vor jedem Versuch sterilisiert werden. Glas- und Metallgeräte erhitzt man im Trockenschrank 3 Stunden lang bei etwa 220 °C. Reagenzgläser sollten vor dem Sterilisieren mit Alufolie locker verschlossen werden, damit nach dem Sterilisieren keine Bakterien aus der Luft hineingelangen können. Lösungen und Nährböden werden in einem Überdruckgerät, dem Autoklaven, für etwa 20 min auf 120 °C erhitzt. Wenn man ersatzweise dafür einen Schnellkochtopf verwendet, dürfen die Gefäße nur halb gefüllt sein, da die Flüssigkeiten sonst überkochen! Glasspatel sollten vor jeder Verwendung in 96%igen Alkohol getaucht und kurz abgeflammt werden. Nach den Versuchen werden Platten und Bakterienkulturen im hitzestabilen Polypropylenbeutel autoklaviert und dann wie Hausmüll entsorgt. Grundsätzlich sind beim Umgang mit Bakterien mikrobiologische Arbeitsvorschriften und Sicherheitshinweise zu beachten.

## Übernachtkultur

**Material:** Bakterienkultur, 100-ml-Erlenmeyerkolben, 10 ml Nährmedium, Wasserbad, sterile Ausstrichöse

**Durchführung:** Eine Probe der Bakterienkultur wird mithilfe der Ausstrichöse in einen Erlenmeyerkolben mit Flüssigmedium übertragen und für 12–24 Stunden im Wasserbad bei 30 °C bebrütet. Die Bakterien vermehren sich unter diesen Bedingungen so schnell, dass die Kulturflüssigkeit nach einigen Stunden deutlich getrübt ist. Da der Versuch meist über Nacht läuft, spricht man von einer Übernachtkultur. Die Konzentration der Bakterien – der Titer – kann nach 24 Stunden in der Größenordnung von $10^9$ pro ml liegen.

## Titerbestimmung

**Material:** Übernachtkultur, Reagenzgläser, sterile Pipetten (5 × 0,1 ml; 3 × 1 ml; 1 × 10 ml), Nährbodenplatten, Verdünnungslösung, Glasspatel, Brutschrank

**Durchführung:** Zunächst stellt man aus der Übernachtkultur durch Zugabe steriler Verdünnungsflüssigkeit eine Verdünnungsreihe bis zum Verdünnungsfaktor $10^{-7}$ her (▶ Bild oben). Von den drei am stärksten verdünnten Lösungen (Faktor $10^{-5}$ bis $10^{-7}$) werden je 0,1 ml mit frischen Pipetten abgenommen und mit dem abgeflammten Glasspatel auf Vollmedium gleichmäßig verteilt. Die Bakterien wachsen auf den drei Platten über Nacht bei 30 °C. Dabei geht jede Kolonie auf ein einzelnes Bakterium zurück. Zum Auszählen werden die Petrischalen geschlossen mit dem Boden nach oben gelegt und jede Kolonie mit einem Filzschreiber durch einen Punkt markiert.

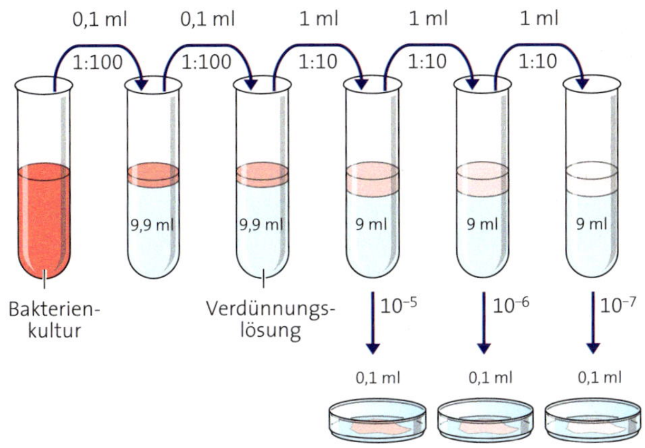


## Aufstellen einer Bakterienwachstumskurve

**Material:** Übernachtkultur, 100-ml-Erlenmeyerkolben, Nährmedium, Reagenzgläser, sterile Pipetten, Nährbodenplatten, Verdünnungslösung, Glasspatel, Brutschrank

**Durchführung:** 1 ml der um den Faktor $10^{-2}$ verdünnten Übernachtkultur wird im Erlenmeyerkolben mit 9 ml flüssigem Vollmedium bebrütet. Alle 30 min wird geschüttelt, 0,1 ml entnommen und der Titer bestimmt. Günstig ist eine Beobachtungszeit von 5 bis 6 Stunden.

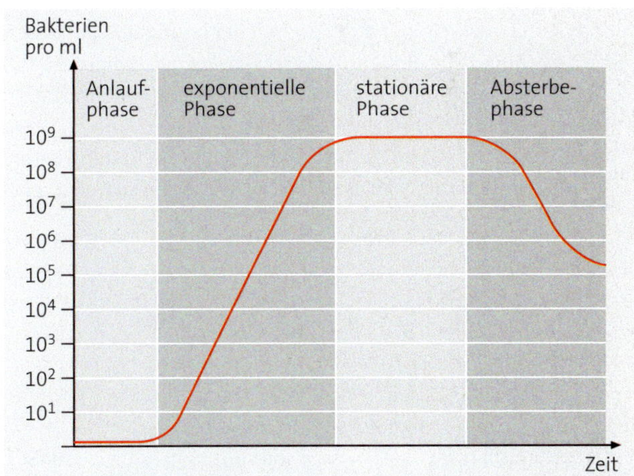


1. **Berechnen Sie unter Berücksichtigung des Verdünnungsfaktors und der Probengröße von 0,1 ml den Titer der unverdünnten Bakterienkultur und der entnommenen Proben.**
2. **Stellen Sie den Anstieg des Titers in Abhängigkeit von der Zeit grafisch dar. Tragen Sie in einer zweiten Grafik den Titer logarithmisch gegen die Zeit auf. Welchen Vorteil bietet eine solche Darstellung?**

### Stichworte zu weiteren Informationen

Stempelmethode • Fluktuationstest • Mangelmutanten

## Vom Gen zum Merkmal

Als gegen Ende des 19. Jahrhunderts das Konzept der *Gene* eingeführt wurde, wussten die Forscher noch nichts über deren stoffliche Grundlage. Ihre Existenz wurde aus dem Auftreten sich nicht vermischender Merkmale, sogenannter *Phäne*, in Erbgängen geschlossen (► S. 172). Gene waren also ursprünglich reine Gedankenkonstrukte.

Anfang des 20. Jahrhunderts konnte der Embryologe MORGAN erstmals die Vererbung eines bestimmten Merkmals einem Chromosom zuordnen. Damit wurden Gene zu materiellen Einheiten, zu definierten *Abschnitten von Chromosomen*. Wenig später gelang es sogar, durch Röntgenbestrahlung bei Taufliegen Mutationen auszulösen und dadurch veränderte Merkmale zu erzeugen. Man erkannte, dass Gene im Zusammenwirken mit Umwelteinflüssen die Herausbildung aller Merkmale steuern, die gemeinsam den *Phänotyp* ausmachen.

**Ein-Gen-ein-Enzym-Hypothese.** In den folgenden Jahrzehnten gingen die Wissenschaftler der Frage nach, wie die in den Chromosomen gespeicherten genetischen Informationen sich auf die Merkmale auswirken. Der britische Arzt GARROD hatte schon 1909 die Vermutung geäußert, dass Gene die Bauanleitung für *Enzyme* enthalten. Erbliche Stoffwechselkrankheiten kämen demnach dadurch zustande, dass die Betroffenen bestimmte Enzyme nicht herstellen können. Vierzig Jahre später formulierten die Amerikaner BEADLE und TATUM die *Ein-Gen-ein-Enzym-Hypothese*. Aus Versuchen mit dem Schimmelpilz Neurospora schlossen sie, dass *ein Gen* die Herstellung *eines spezifischen Enzyms* bewirkt.

**Phenylketonurie.** Die Aminosäure Phenylalanin wird im menschlichen Körper durch das Enzym Phenylalaninhydroxylase in die Aminosäure Tyrosin umgebaut. Bei einer der häufigsten genetisch bedingten Stoffwechselerkrankungen, der *Phenylketonurie* (PKU), ist dieser Stoffwechselschritt blockiert. Aufgrund einer Mutation im codierenden Gen fehlt entweder das Enzym völlig oder seine Struktur ist defekt, sodass es die Reaktion nur ungenügend katalysiert. Dadurch kommt es zu einem erhöhten Phenylalaninspiegel bei gleichzeitigem Tyrosinmangel. Phenylalanin wird dann auf Stoffwechselnebenwegen zu Phenylbrenztraubensäure, Phenylessigsäure und Phenylmilchsäure umgebaut. Diese Stoffwechselprodukte beeinträchtigen die Gehirnentwicklung. Schwere geistige Behinderungen sind die Folge.

Im Mutterleib ist das Kind noch durch die Enzyme der Mutter vor den Folgen der Krankheit geschützt. Nach der ersten Milchnahrung kommt es jedoch zu einem Anstieg des Phenylalaninspiegels. Dieser lässt sich aus einem Tropfen Blut des Säuglings ermitteln – ein Test, der in Deutschland routinemäßig durchgeführt wird. Eines von 10 000 Neugeborenen ist betroffen. Die Kinder entwickeln sich körperlich und geistig normal, wenn sie eine phenylalaninarme und tyrosinreiche Kost erhalten.

**Genwirkkette.** Phenylalanin ist das Ausgangssubstrat für weitere Stoffwechselprozesse, bei denen so wichtige Stoffe wie das Pigment *Melanin* und das Schilddrüsenhormon *Thyroxin* entstehen. Überschüssiges Tyrosin wird über Homogentisinsäure zu $CO_2$ und Wasser abgebaut. Jeder Stoffwechselschritt wird von einem bestimmten Enzym katalysiert, für dessen Herstellung jeweils ein bestimmtes Gen codiert. Die Abfolge dieser voneinander abhängigen, gengesteuerten Stoffwechselreaktionen wird als *Genwirkkette* bezeichnet. Mutationen der einzelnen Gene unterbrechen die Wirkkette an verschiedenen Stellen. Unterschiedliche Stoffwechseldefekte sind die Folge: Der blockierte Abbau von Homogentisinsäure führt zu *Alkaptonurie*, einer Schwarzfärbung des Harns. Melaninmangel bewirkt *Albinismus*, einen Farbstoffmangel in Haut, Haaren und Augen. Der als *Hypothyreose* bezeichnete Thyroxinmangel hat Kretinismus und schwere Wachstumsschäden zur Folge. An dieser Genwirkkette konnte gezeigt werden, dass Gene über die Bildung von Enzymen die Ausprägung von Merkmalen steuern.

**Polyphänie.** Einzelne Gene beeinflussen häufig nicht nur ein Merkmal. Indem sie in die unterschiedlichsten physiologischen Vorgänge eingreifen, können sie sich in mehreren Merkmalen äußern. Solche Gene wirken *polyphän*. Bei Phenylketonurie führt der

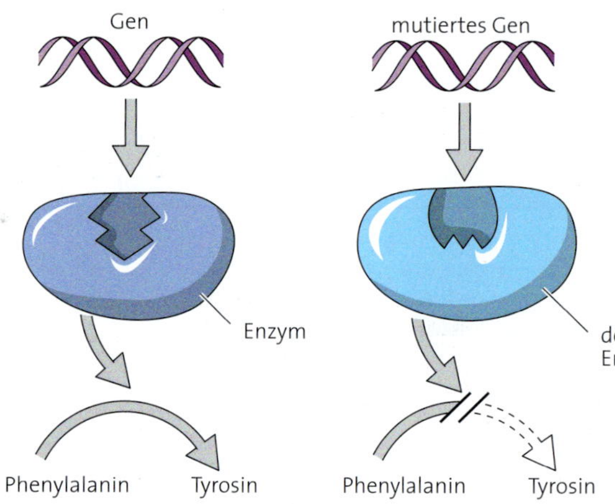


*1 Phenylalaninstoffwechsel. Ist das Enzym Phenylalaninhydroxylase durch Mutation verändert, entsteht kein Tyrosin.*

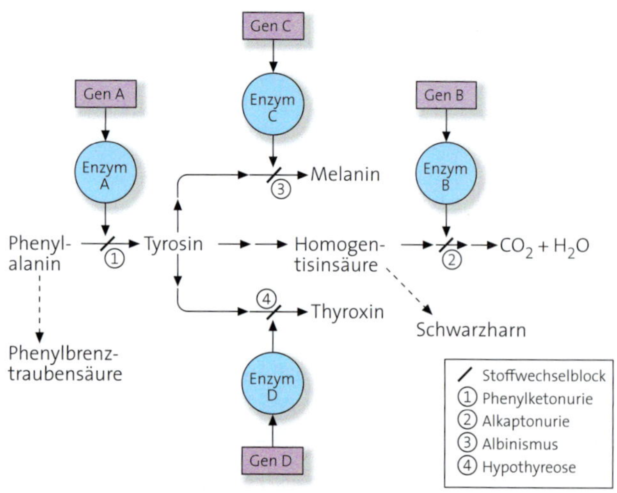


*2 Verschiedene Mutationen können die Genwirkkette des Phenylalaninstoffwechsels unterbrechen.*

Ausfall des ersten Enzyms der Genwirkkette dazu, dass neben dem Hauptsymptom, der Schädigung von Nervenzellen, Albinismus-Kennzeichen auftreten, also helle Haut, helle Haare und eine helle Augenfarbe.

**Polygenie.** Die meisten physiologisch-morphologischen Merkmale beruhen auf dem Zusammenspiel mehrerer Erbanlagen, sie werden *polygen* vererbt. Dies gilt besonders für komplexe Merkmale wie Hautfarbe, Haarfarbe, Körpergestalt oder -größe. Grundsätzlich lassen sich zwei Wirkmechanismen unterscheiden. Kommt ein Merkmal nur dann zustande, wenn alle beteiligten Gene zusammenwirken, spricht man von *komplementärer Polygenie*; bei *additiver Polygenie* summieren sich die Wirkungen mehrerer Gene, sodass kontinuierliche Abstufungen des Merkmals entstehen.

Die *Blutgerinnung* ist von einer Vielzahl von Faktoren abhängig, die auf eine entsprechende Anzahl von Genen auf verschiedenen Chromosomen zurückgeführt werden. Fällt ein Gen mit Schlüsselfunktion aus, kommt es zur Unterbrechung der Gerinnungskaskade. Das gesamte Merkmal, die Fähigkeit zur Blutgerinnung, fällt aus. Hämophilien sind also Beispiele für komplementäre Polygenie. Die häufigste Form der *Bluterkrankheit*, Hämophilie A, beruht auf einem Defekt des Gerinnungsfaktors VIII. Fällt dieser Cofaktor aus, führt das zu extrem verlängerten Blutgerinnungszeiten. Vor allem innere Blutungen kommen nur stark verzögert oder gar nicht zum Stillstand. Der Erbgang von Hämophilie A konnte an europäischen Fürstenhäusern untersucht werden (► S. 183).

Additive Polygenie liegt bei der *Vererbung der Hautfarbe* vor. Die Hautfarbe hängt von der Aktivität der Pigment bildenden Zellen ab, der *Melanocyten*. UV-Strahlung regt die Pigmentbildung in den Melanocyten an. Das Ausmaß, in dem dies geschieht, aber auch der Pigmentierungsgrad ohne Sonneneinstrahlung sind überwiegend genetisch verursacht. Zwischen den einzelnen Ausprägungen bei verschiedenen Individuen gibt es fließende Übergänge. Das lässt sich am besten erklären, wenn man annimmt, dass mehrere Gene mit geringer spezifischer Wirksamkeit zusammenwirken und sich bei der Ausbildung des Merkmals gegenseitig verstärken.

Am besten sind die Abstufungen der Hautfarbe bei Afroamerikanern untersucht. Man geht davon aus, dass mindestens drei Gene additiv zusammenwirken, die unabhängig voneinander vererbt werden. Bei allen drei Genen sind die Allele für die dunkle Färbung (ABC) unvollständig dominant über die Allele für die helle Färbung (abc). Die Nachkommen eines Paares, das für alle drei Gene heterozygot ist (AaBbCc), verteilen sich mit unterschiedlicher Häufigkeit auf die sieben Varianten, die auftreten können (► Bild 2).

Die tatsächliche Verteilung wird noch durch Umwelteinflüsse wie die Sonnenbestrahlung beeinflusst. Das Beispiel zeigt jedoch modellhaft, wie additive Polygenie zu einem Kontinuum von Phänotypen in einer Population führt.

1. **Formulieren Sie eine molekulargenetische Definition für den Begriff des Gens.**
2. **Begründen Sie, weshalb die Blutgerinnung als Beispiel für komplementäre Polygenie angesehen wird.**

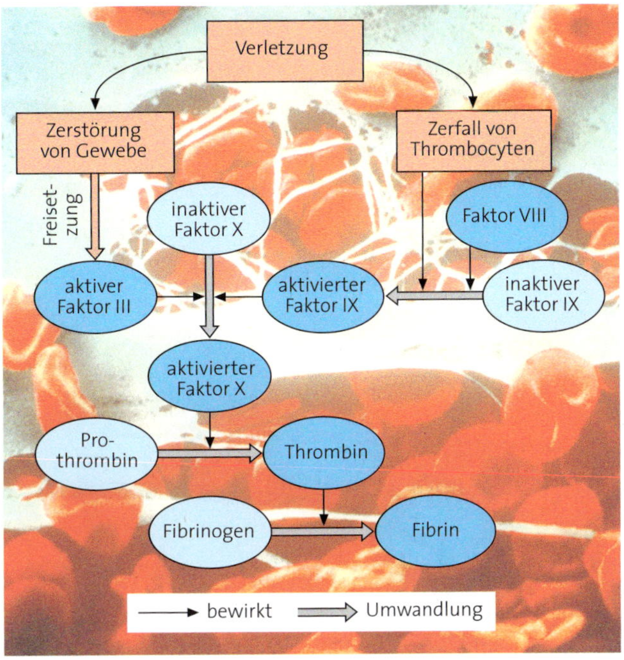


*1 Blutgerinnung – ein komplementär polygenes Merkmal*

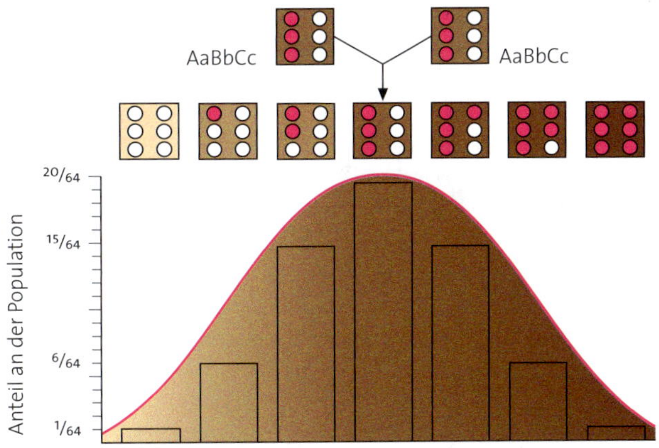


*2 Modell für die additiv polygene Vererbung der Hautfarbe*

*3 Durch additive Polygenie entsteht ein Kontinuum an Phänotypen in einer Population.*

## Von der DNA zum Protein

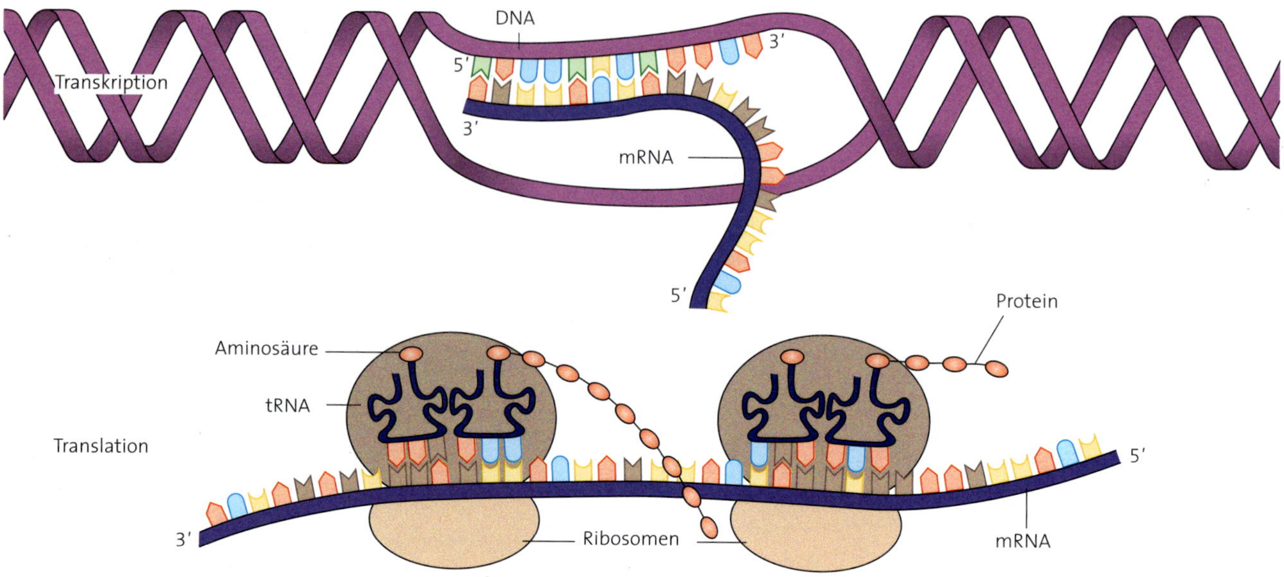


*1 Vereinfachtes Schema des Wegs von der DNA zum Protein*

Die Basensequenz der DNA enthält Bauanleitungen für die Herstellung von Proteinen. Unterschiede zwischen Organismen gehen letztlich darauf zurück, welche Proteine in welcher Menge zu welcher Zeit in ihren Zellen hergestellt werden. Da sich die meisten Proteine in erkennbaren Merkmalen und Eigenschaften der Organismen *ausdrücken*, spricht man auch von *Genexpression*. Ihre Grundlage ist die Biosynthese der Proteine in den Zellen.

**Überblick Proteinbiosynthese.** Bei der Proteinbiosynthese wird die Information, die in der Basensequenz der DNA verschlüsselt ist, in die spezifische Aminosäuresequenz von Proteinen „übersetzt". Dies geschieht in zwei Schritten. Zunächst wird von der Bauanleitung für ein Protein eine „Abschrift" angefertigt. Dabei wird die Basensequenz der DNA in die Basensequenz eines sehr ähnlichen Moleküls, der *Ribonucleinsäure (RNA)*, umgeschrieben. Diesen Vorgang nennt man *Transkription*. Das RNA-Molekül transportiert die Information zu den Ribosomen, den Orten der Proteinsynthese. Es wird daher als *mRNA* bezeichnet (von engl. *messenger:* Bote). Der zweite Schritt der Proteinsynthese, die *Übersetzung* der nun in der mRNA gespeicherten Bauanleitung, wird *Translation* genannt. Sie erfolgt an den Ribosomen im Zellplasma. Dort werden – entsprechend der Basensequenz – „passende" Aminosäuren herangeschafft und der Reihe nach verkettet. Die Teilschritte der Proteinsynthese, Transkription und Translation, sind bei allen Organismen zeitlich, bei Eukaryoten auch räumlich voneinander getrennt.

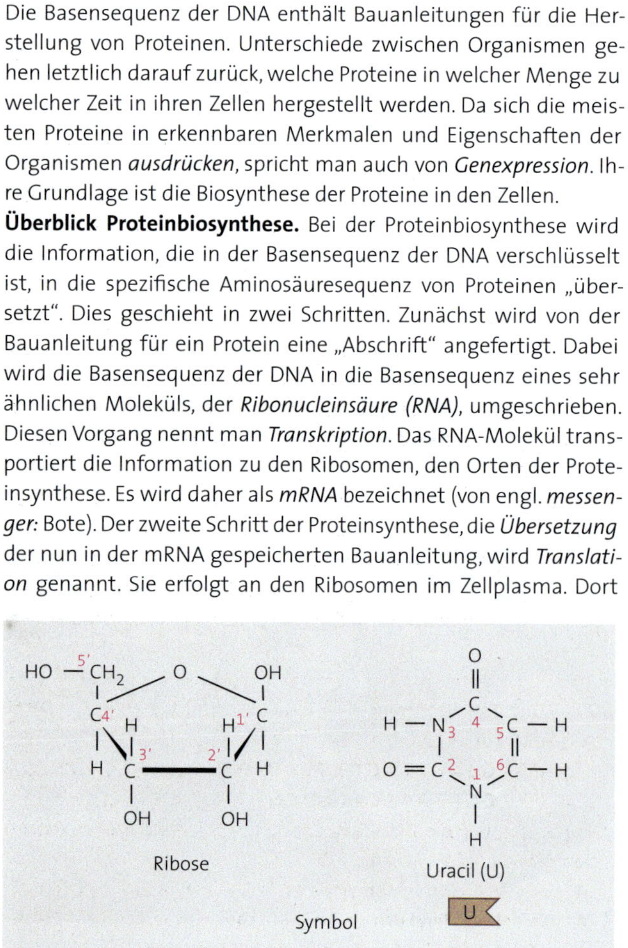


*2 Bausteine der RNA*

**Bau und Funktionen von RNA.** Neben der mRNA wirken noch weitere Formen von Ribonucleinsäuren an der Genexpression mit. *Transfer-RNA (tRNA)* erfüllt die Funktion von *Vermittlern*. tRNA-Moleküle transportieren die Aminosäuren zu den Ribosomen und sorgen dafür, dass sie in der richtigen Reihenfolge miteinander verknüpft werden können. *Ribosomale RNA (rRNA)* macht etwa 80 % aller Ribonucleinsäuren der Zelle aus. Sie stellt neben Proteinen den Hauptbestandteil von Ribosomen dar. Die Gene für die verschiedenen Ribonucleinsäuren liegen ebenfalls auf der DNA.

RNA unterscheidet sich in zwei wesentlichen Punkten von DNA: Sie enthält als Zucker *Ribose* anstelle von Desoxyribose und die Base *Uracil* anstelle von Thymin (► Bild 2).

**Genetischer Code.** Die vier Nucleotidbasen Adenin, Cytosin, Guanin und Thymin sind die Buchstaben des genetischen Alphabets. Würde jeder Buchstabe für eine Aminosäure stehen, könnten nur 4 Aminosäuren verschlüsselt werden. Damit jedoch jede mögliche Aminosäure genau bezeichnet werden kann, müssen mindestens 20 verschiedene „Wörter" zur Verfügung stehen. Bei Zwei-Buchstaben-Wörtern ergäben sich nur $4^2 = 16$ verschiedene Kombinationen. Um 20 Aminosäuren zu codieren, müssen also mindestens drei Basen miteinander zu *Tripletts* kombiniert werden. Insgesamt sind $4^3 = 64$ Tripletts möglich. Das Basentriplett GCA steht zum Beispiel für die Aminosäure Alanin (Ala), AGA für die Aminosäure Arginin (Arg).

Die Drei-Buchstaben-Wörter aus Nucleotidbasen der mRNA nennt man *Codons*. Die Zuordnung der Basentripletts der Nucleinsäure zu den entsprechenden Aminosäuren des Polypeptids wird als *genetischer Code* bezeichnet.

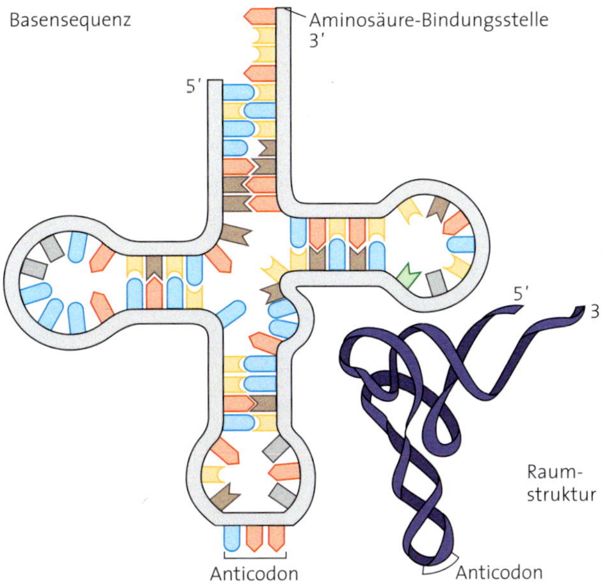


*1 tRNA vermittelt zwischen mRNA und Aminosäuren.*

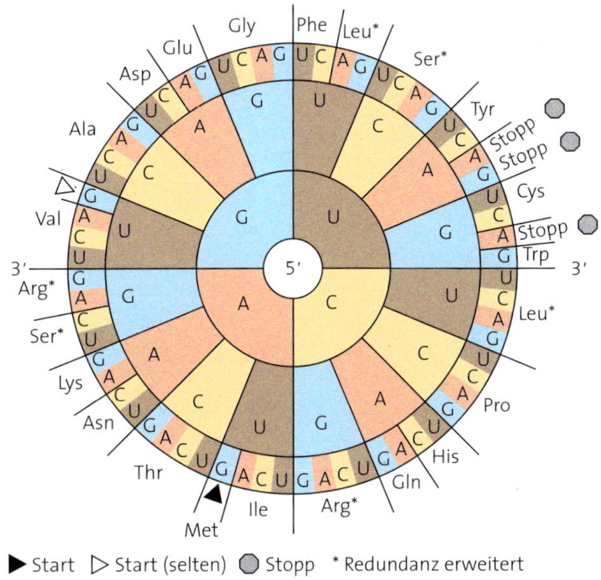


*2 Code-„Sonne" – Schemadarstellung des genetischen Codes*

**Die Entzifferung des genetischen Codes.** Der amerikanische Molekularbiologe NIRENBERG gab zu einem Gemisch aus Ribosomen und mit Aminosäuren beladener tRNA künstlich hergestellte mRNA-Moleküle. Für die künstliche mRNA, die ausschließlich Uracil enthielt, ergab sich, dass nur die Aminosäure Phenylalanin in die entstehende Polypeptidkette eingebaut wurde. Damit war klar: Das Basentriplett UUU auf der mRNA steht für die Aminosäure Phenylalanin.

Daraufhin wurden Experimente durchgeführt, bei denen zwei Nucleotide jeweils in bestimmten Zahlenverhältnissen im Reaktionsgemisch enthalten waren, sodass aus der Häufigkeit der eingebauten Aminosäuren auf die Codons rückgeschlossen werden konnte. Durch eine Reihe ähnlicher Versuche gelang es schließlich Mitte der 1960er Jahre, den genetischen Code vollständig zu entziffern.

Der genetische Code lässt sich als Tabelle darstellen oder in einer Code-„Sonne" (▶ Bild 2). Dabei sind die Codons von innen (5') nach außen (3') zu lesen. Sie geben die Basensequenz der mRNA-Codons wieder, die für die außerhalb des Kreises stehenden Aminosäuren codieren. Auffällig ist, dass die meisten Aminosäuren durch mehrere Tripletts codiert sind.

Das Codon AUG hat eine Doppelfunktion: Es steht für die Aminosäure Methionin, signalisiert aber außerdem als *Startcodon* den Ausgangspunkt für eine Proteinsynthese. Dies bedeutet, dass alle neu gebildeten Polypeptide mit Methionin beginnen.

Zu den sogenannten *Stoppcodons* UGA, UAA und UAG passen keine Aminosäuren. Diese Tripletts beenden die Proteinsynthese. Von den 64 möglichen Tripletts codieren also 61 den Einbau der 20 verschiedenen Aminosäuren, die übrigen 3 dienen nur als Stoppzeichen.

**Eigenschaften des genetischen Codes.** Die Entschlüsselung des genetischen Codes ermöglichte es, auf dessen Eigenschaften rückzuschließen:

- Der Code ist *nicht überlappend*: Die Tripletts werden hintereinander abgelesen. (Ausnahmen hiervon gibt es nur bei Viren, deren Genom überlappend gelesen wird, weil es zu kurz ist, um die gesamte genetische Information fortlaufend zu speichern.)
- Der Code ist *kommafrei*: Zwischen den einzelnen Tripletts existieren keine Leerstellen.
- Der Code ist *redundant*: Für eine bestimmte Aminosäure gibt es mehrere verschiedene Tripletts. Diese unterscheiden sich meist in der dritten Base. Dies ist möglich, weil von den insgesamt 64 Kombinationen nur 23 benötigt werden und 41 überzählig wären.
- Der Code ist *eindeutig*: Ein bestimmtes Triplett legt immer den Einbau einer ganz bestimmten Aminosäure fest.
- Der Code ist *universell*: Ein bestimmtes Codon wird bei fast allen bisher untersuchten Organismen in die gleiche Aminosäure übersetzt.

Die Allgemeingültigkeit des genetischen Codes ist ein deutlicher Beleg für den gemeinsamen Ursprung und damit für die Verwandtschaft aller Lebewesen. Allerdings gibt es so etwas wie „Dialekte": Organismengruppen unterscheiden sich oft darin, welches der synonymen Codons sie für eine Aminosäure verwenden.

---

❶ **Ermitteln Sie die Aminosäuresequenz, die in folgendem DNA-Abschnitt codiert ist:**
**3'TACAAGCAGTTAGTCGTGGAAACACCAAGTATC5'**
**5'ATGTTCGTCAATCAGCACCTTTGTGGTTCATAG3'**

❷ **Prüfen Sie, wie die DNA-Sequenz zu der folgenden Aminosäuresequenz aussehen könnte:**
**Met – Gly – Ala – Asn – Val – Val – Cys – Leu – Thr**

❸ **Manchmal werden DNA und genetischer Code fälschlich gleichgesetzt. Stellen Sie den Zusammenhang zwischen beiden korrekt dar.**

## Proteinbiosynthese

**Transkription.** Genetische Information wird in diskreten Einheiten transkribiert. Bei Eukaryoten umfasst eine Transkriptionseinheit nur ein Gen. Bei Prokaryoten kann eine Transkriptionseinheit jedoch mehrere Gene enthalten, zum Beispiel die Information für mehrere Enzyme, die Einzelschritte eines Stoffwechselwegs katalysieren. Die Transkriptionseinheit ist dann durch Start- und Stoppcodons gegliedert.

Die Transkription wird durch das Enzym *RNA-Polymerase* katalysiert. Dieses Molekül bindet an eine spezielle Nucleotidsequenz auf der DNA, den *Promotor*, und beginnt von dort aus in 5' → 3'-Richtung mit der Transkription der DNA in RNA. Während die RNA-Polymerase an der DNA entlanggleitet, werden die DNA-Stränge entwunden und auf einer Strecke von etwa 20 Nucleotidpaaren die Wasserstoffbrückenbindungen zwischen den komplementären Basen getrennt.

Im Prinzip könnten zwei verschiedene mRNA-Moleküle von der DNA abgelesen werden, nämlich an jedem Strang der Doppelhelix eines. Tatsächlich aber wird bei der Expression eines Gens nur ein DNA-Strang transkribiert. Diesen bezeichnet man als *codogenen Strang* oder *Sinnstrang*. Welcher der beiden Stränge als Matrize dient, ändert sich entlang eines DNA-Moleküls. Es hängt davon ab, wo der Promotor des jeweiligen Gens liegt.

Nach dem Basenpaarungsprinzip lagern sich RNA-Nucleotide an die freiliegenden Basen des Matrizenstrangs an. Die RNA-Polymerase verknüpft sie zu einem RNA-Molekül. Eine *Terminatorsequenz* zeigt das Ende der Transkriptionseinheit an. Bei Eukaryoten ist dies häufig die Basenfolge AATAAA. Die RNA-Polymerase löst sich von der DNA ab und das mRNA-Molekül wird freigesetzt.

**Translation.** An den Ribosomen wird nun die Nucleotidsequenz der mRNA in die Aminosäuresequenz eines Proteins übersetzt. Ribosomen bestehen aus zwei Untereinheiten, die getrennt voneinander vorliegen, solange das Ribosom inaktiv ist. Erst wenn sich beide Untereinheiten verbinden, kann die Translation beginnen. Dafür sind zwei Schritte nötig. Zunächst nimmt die mRNA mit der kleineren Untereinheit eines Ribosoms Kontakt auf. Damit sich auch die größere Untereinheit anlagert, muss die *tRNA* in Aktion treten.

tRNA erfüllt die Funktion, Aminosäuren entsprechend der Codonfolge zur mRNA zu bringen. tRNA-Moleküle bestehen aus einer Sequenz von 70 bis 80 Nucleotiden. Da die Nucleotide streckenweise gepaart sind, ergibt sich eine kleeblattähnliche Form (► S. 157 Bild 1). Ein tRNA-Molekül besitzt an einem Ende ein Triplett, das sogenannte *Anticodon*, das komplementär zu einem Codon der mRNA ist. Am anderen Ende befindet sich die Anheftungsstelle für eine spezifische Aminosäure. Die Zuordnung der jeweils „richtigen" Aminosäure an ein tRNA-Molekül wird durch Enzyme bewirkt, die *Synthetasen*. Synthetasen haben zwei spezifische Bindungsstellen, eine für tRNA, eine andere für die Aminosäure. Eine tRNA, die sich über ihr Anticodon mit einem mRNA-Codon paart, ist bereits mit einer Aminosäure beladen. Auf diese Weise wird einem Basentriplett der mRNA eine bestimmte Aminosäure zugeordnet.

Da jede mRNA mit dem Start-Codon AUG beginnt, trägt das erste tRNA-Molekül das Anticodon UAC und ist mit Methionin verknüpft. Mit der Anlagerung dieser *Start-tRNA* beginnt die

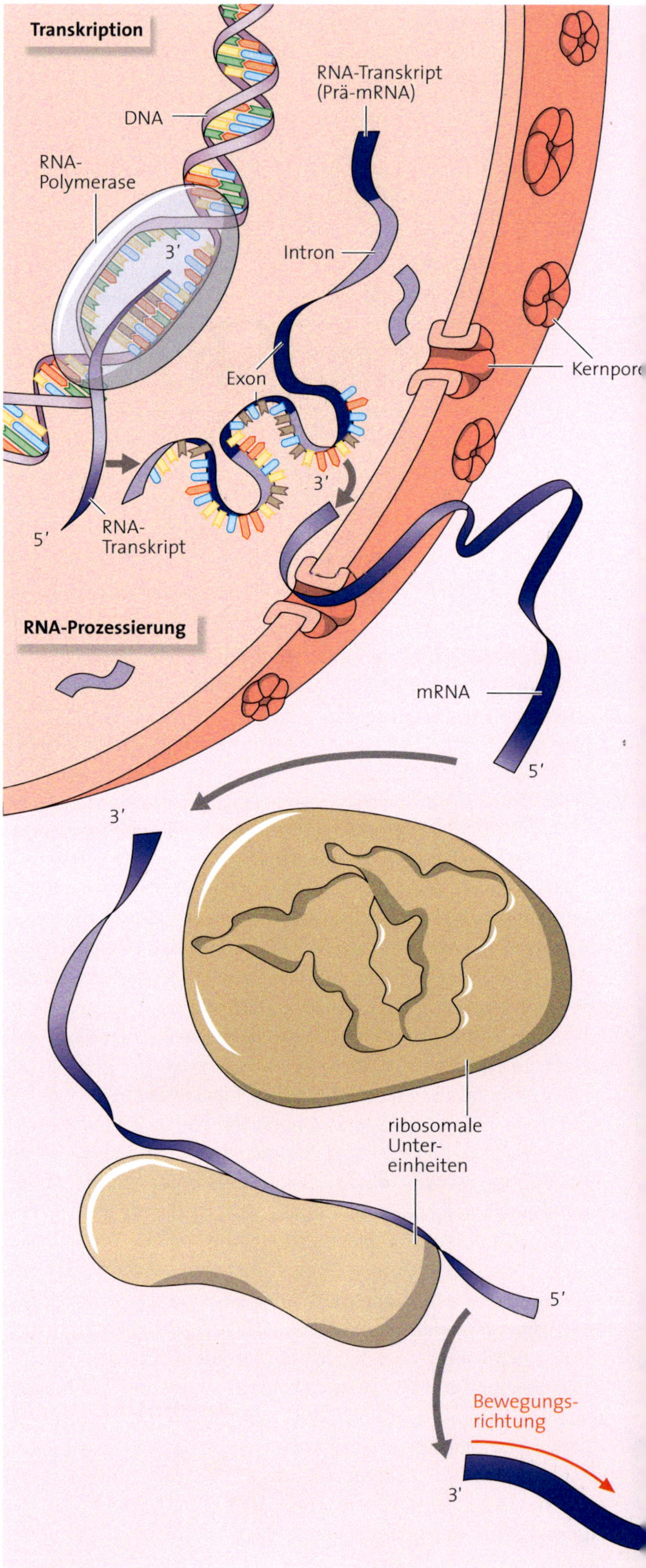


1 *Ablauf von Transkription ...*

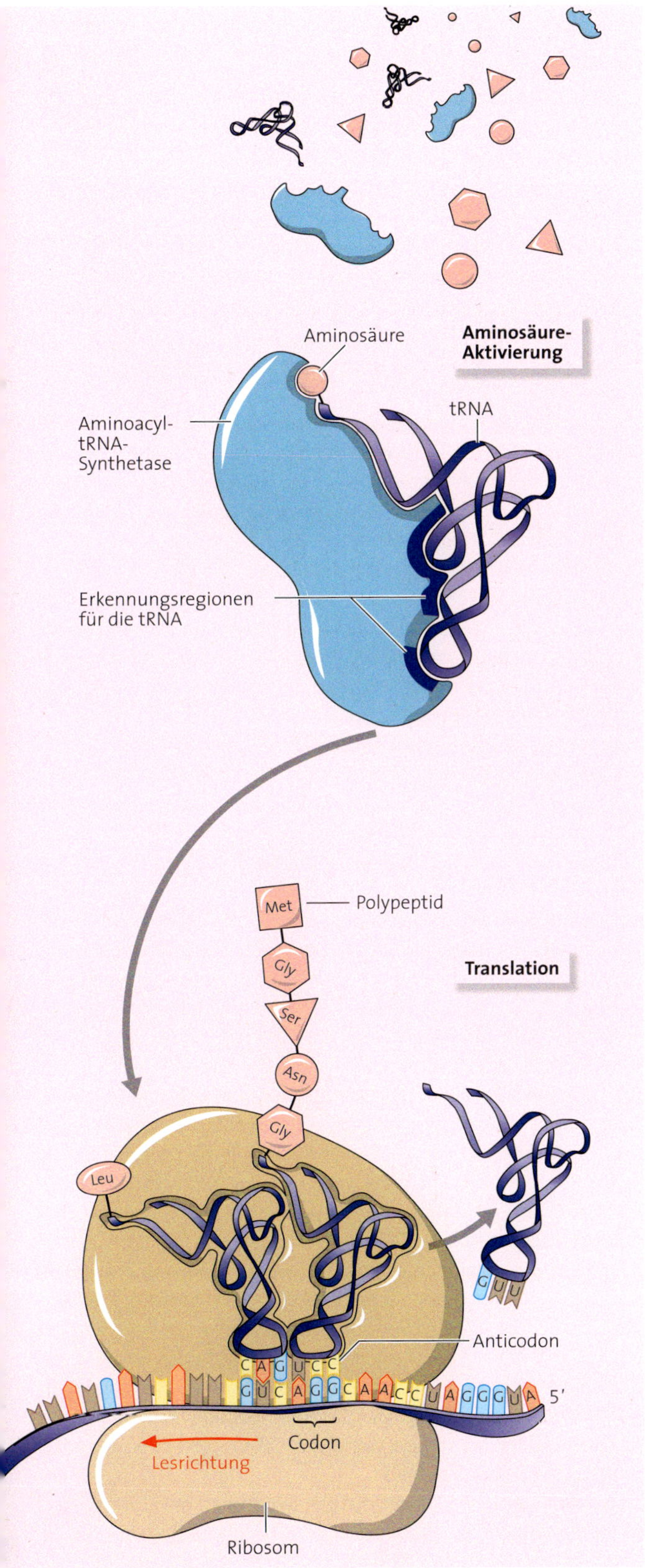


*... und Translation bei Eukaryoten im Detail*

Translation. Nun tritt die große Untereinheit hinzu und ein funktionsfähiges Ribosom entsteht. An das zweite Codon der mRNA lagert sich das nächste tRNA-Molekül mit seiner Aminosäure an. Das Ribosom besitzt zwei direkt nebeneinanderliegende Bindungsstellen für tRNA-Moleküle. Deren Aminosäuren kommen so nah zusammen, dass sie über eine *Peptidbindung* miteinander verknüpft werden können. Dann gleiten Ribosom und mRNA um drei Basen aneinander vorbei und das nächste Codon wird zur Paarung angeboten. Aus der Fülle der tRNA-Moleküle kann sich wiederum nur das passende anlagern. Die nächste Aminosäure gelangt damit in die richtige Position und wird mit dem vorhergehenden Aminosäurerest verknüpft. Auf diese Weise entsteht eine *Polypeptidkette* mit genau festgelegter Aminosäuresequenz. tRNA-Moleküle, die ihre Aminosäure abgegeben haben, werden wieder frei und können erneut mit „ihrer" Aminosäure beladen werden.

Stoppcodons in der mRNA beenden die Translation. Die letzte Aminosäure wird von ihrer tRNA gelöst, sowohl das Polypeptid als auch die tRNA verlassen das Ribosom. Anschließend zerfällt der Komplex aus den beiden Untereinheiten des Ribosoms.

**Besonderheiten der Proteinsynthese bei Eukaryoten.** Im Prinzip läuft die Proteinsynthese bei Prokaryoten und Eukaryoten in gleicher Weise ab. Während jedoch bei Prokaryoten die Translation bereits zu diesem Zeitpunkt beginnt, wenn sich das mRNA-Molekül von der DNA löst, sind die beiden Prozesse bei Eukaryoten zeitlich *und* räumlich getrennt.

Weitere Unterschiede ergeben sich daraus, dass eukaryotische Gene gestückelt sind *(Mosaikgene)*. Die Basensequenz, die für ein bestimmtes Protein codiert, liegt in der DNA nicht kontinuierlich vor, sondern ist durch nicht codierende Einschübe, sogenannte *Introns*, unterbrochen. Codierende Abschnitte werden als *Exons* bezeichnet. Bei der Proteinsynthese wird zunächst die gesamte Basensequenz eines Gens – mit allen Exons und Introns – in eine komplementäre RNA-Basensequenz transkribiert. Spezielle Enzyme schneiden noch im Zellkern aus dieser *Vorläufer-* oder *Prä-mRNA* die Introns heraus und verbinden die Exons zu einem kontinuierlichen RNA-Molekül. Dieser Vorgang wird als *Spleißen* bezeichnet.

Die Proteine des Zellkerns, des Cytoplasmas sowie von Chloroplasten und Mitochondrien entstehen an freien Ribosomen, sekretorische und membranassoziierte Proteine hingegen an den Ribosomen des ER (► S. 50). Die Translation beginnt jedoch stets im Cytoplasma. Eine *Signalsequenz* am Anfang des wachsenden Polypeptids sorgt dafür, dass sich die Ribosomen an das ER anlagern und dass das Protein seinen Bestimmungsort erreicht. Dort bindet die Signalsequenz – unter Einwirkung weiterer Faktoren – an spezifische Rezeptoren in der Membran des Zielorganells. Diese sind mit Membrankanälen assoziiert, durch die das Protein eingeschleust wird. Den Vorgang nennt man *Zielsteuerung von Proteinen* oder *Protein-Targeting*.

---

**1 Bei der Transkription treten etwa 100 000-fach häufiger Fehler auf als bei der Replikation der DNA. Erörtern Sie, weshalb diese hohe Fehlerrate bei der RNA-Synthese toleriert werden kann, nicht aber bei der Replikation.**

## Genmutationen

*Mutationen* sind Veränderungen der genetischen Information einer Zelle. Man unterscheidet nach der Art und der Tragweite der Veränderungen für das genetische Programm drei Mutationstypen:
- *Genommutationen* verändern die Anzahl der Chromosomen in einem Chromosomensatz (► S.178).
- *Chromosomenmutationen* betreffen die Struktur einzelner Chromosomen (► S.178).
- *Genmutationen* verändern die Basensequenz einzelner Gene. Genmutationen kommen durch Ersatz, Einfügen oder Verlust eines oder mehrerer Nucleotidpaare zustande.

**Bedeutung von Mutationen.** Die meisten Mutationen werden durch die Reparatursysteme der Zelle korrigiert. Veränderungen, die im genetischen Programm erhalten bleiben, tragen jedoch zur *Steigerung der genetischen Variabilität* bei. Sie stellen einen wichtigen Faktor für die Evolution dar. Mutationen vergrößern allerdings nur dann den Genpool einer Art, wenn sie sich nicht in den Körperzellen eines ausgewachsenen Organismus ereignen, sondern in den *Keimzellen*. Nur Mutationen in Keimzellen, die zu einer Befruchtung gelangen, wirken sich auf die Folgegeneration aus.

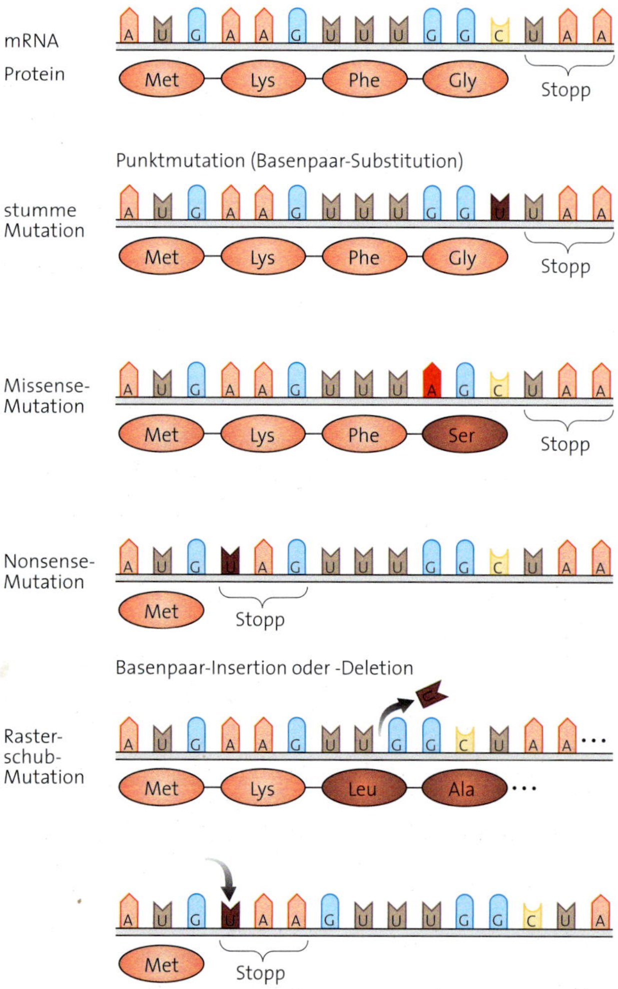


1 *Typen von Genmutationen*

**Punktmutation.** Unter einer Punktmutation versteht man den Ersatz eines Nucleotids und seines komplementären Partners im DNA-Strang durch ein anderes Nucleotidpaar. Diese *Basenpaarsubstitution* kann – in Abhängigkeit davon, an welcher Stelle im DNA-Molekül sie stattfindet – sehr unterschiedliche Auswirkungen haben. Erfolgt sie im nichtcodierenden Bereich eines Gens, einem Intron, hat sie keine Auswirkungen auf das codierte Protein. Solche *stummen Mutationen* treten auch in Exons auf. Dabei verändert der Austausch eines Basenpaars zwar das Codon, das aber wegen der Redundanz des genetischen Codes in dieselbe Aminosäure übersetzt wird. Mutiert zum Beispiel das Triplett CCG zu CCA, ändert sich das Codon der mRNA von GGC nach GGU. In beiden Fällen wird aber an der entsprechenden Stelle im Protein Glycin stehen.

In der Regel führen Basenpaarsubstitutionen zu *Missense-Mutationen* (von engl. *missense:* Fehlsinn): Das veränderte Triplett codiert immer noch für eine Aminosäure (und ist daher sinnvoll), allerdings für die falsche. Wenn die neue Aminosäure ähnliche Eigenschaften hat wie die ersetzte oder wenn der Austausch in einer Region des Proteins stattfindet, die für dessen Funktion nicht wichtig ist, können solche Änderungen ohne große Folgen für das Protein bleiben. Deutliche Auswirkungen haben jedoch diejenigen Punktmutationen, die *Veränderungen an funktionell wichtigen Bereichen* eines Proteins hervorrufen. Der Austausch einer einzigen Aminosäure etwa im aktiven Zentrum eines Proteins kann sich drastisch auf dessen Aktivität auswirken.

Gelegentlich führen solche Mutationen zu einer Verbesserung des Proteins oder zu Varianten, die Vorteile für den Organismus und seine Nachkommen mit sich bringen (► S.248). Weitaus häufiger jedoch entstehen bei Punktmutationen Proteine, die weniger aktiv oder völlig funktionslos sind. Dies ist zum Beispiel der Fall, wenn ein Aminosäure-Codon in ein Stoppcodon umgewandelt wird und die Translation vorzeitig abbricht. Solche Punktmutationen nennt man *Nonsense-Mutationen* (von engl. *nonsense:* Unsinn). In seltenen Fällen sind am Spleißen beteiligte Sequenzen betroffen. Die Prä-mRNAs werden dann falsch bearbeitet, sodass am Ende nutzlose Proteine entstehen.

**Insertion und Deletion.** Das Einfügen eines oder mehrerer Nucleotidpaare in ein Gen wird als *Insertion*, der entsprechende Verlust als *Deletion* bezeichnet. Diese Mutationen haben für das betreffende Protein meist schwerwiegende Auswirkungen. Da die mRNA bei der Translation als eine Serie von Tripletts gelesen wird, können Insertionen oder Deletionen das *Leseraster* ändern. Solche *Rasterschub-Mutationen* entstehen, wenn die Zahl der eingefügten oder verlorenen Nucleotide kein Vielfaches von 3 ist. Die gesamte Basensequenz hinter der Deletion oder Insertion ist dann nicht mehr im richtigen Leseraster und wird falsch abgelesen. So entstehen auch Nonsense-Tripletts, die zum frühzeitigen Abbruch der Translation führen. Ein funktionsfähiges Protein kann höchstens dann entstehen, wenn sich der Rasterschub sehr nahe am Ende eines Gens befindet.

**Sichelzellanämie.** Bei Sichelzellanämie nehmen die Erythrocyten in sauerstoffarmem Blut eine sichelförmige Gestalt an. Da sie nicht so elastisch sind wie normale Erythrocyten, verstopfen sie die Blutkapillaren, sodass die Organe nicht ausreichend mit

Sauerstoff versorgt und deshalb geschädigt werden. Außerdem sind Sichelzellen weniger stabil. Sie platzen leichter und werden schneller abgebaut, als neue Zellen entstehen. Aufgrund des Erythrocytenmangels kommt es zur *Anämie*, einer verminderten Transportfähigkeit des Bluts vor allem für Sauerstoff. Die Krankheit verläuft bei homozygoten Merkmalsträgern meist tödlich.

Die Verformung der roten Blutzellen wird durch eine Variante des Blutfarbstoffs Hämoglobin verursacht (► S. 96). Im Sichelzell-Hämoglobin (HbS) ist in der β-Kette an einer Stelle die Aminosäure Glutaminsäure gegen Valin vertauscht. Dieser Austausch hat zur Folge, dass die HbS-Moleküle unter Sauerstoffmangel lange, faserförmige Aggregate bilden, die die Blutzellen entsprechend verformen. Der Austausch von Glutaminsäure gegen Valin ist die Folge einer Punktmutation: Im Gen für β-Globin findet sich ein einziges falsches Basenpaar!

Eigentlich wäre zu erwarten, dass ein tödlich wirkendes Gen aus dem Genpool der Population verschwindet. Das Gen für HbS tritt in bestimmten Regionen Afrikas aber mit einer Häufigkeit von bis zu 20 % in der Bevölkerung auf. Diese Regionen decken sich weitgehend mit den Verbreitungsgebieten von Malaria. Sichelzellanämie wird rezessiv vererbt. Bei Heterozygoten, also Genträgern, die neben dem mutierten Gen noch ein intaktes Gen für Hämoglobin besitzen, treten keine Krankheitssymptome auf. Dringen Malariaerreger, Einzeller der Gattung *Plasmodium*, in die Erythrocyten ein, sinkt der pH-Wert. Die HbS-Moleküle aggregieren und die Zellen verformen sich. Damit ist eine stärkere Durchlässigkeit der Zellmembran für Kaliumionen verbunden: Aus den Sichelzellen strömen vermehrt Kaliumionen aus. Da die Malariaerreger ein kaliumreiches Milieu brauchen, können sie sich in den Sichelzellen nicht vermehren. Heterozygote sind dadurch resistent gegenüber Malaria. Eine solche größere Vitalität Heterozygoter wird *Heterosiseffekt* bezeichnet. (► S. 194).

**Mukoviszidose.** Mukoviszidose ist eine rezessiv vererbte Krankheit, bei der in verschiedenen Organen erhöhte Mengen sehr zähflüssiger Drüsensekrete gebildet werden. Die Betroffenen leiden schon im Säuglingsalter an Atemnot, chronischer Bronchitis und häufigen Lungenentzündungen. Hinzu kommen Mangelerscheinungen infolge von Verdauungsstörungen.

Ursache dafür ist der Defekt eines *Kanalproteins für Chloridionen* (► S. 48), der sich vor allem im Drüsengewebe von Bronchien, Bauchspeicheldrüse und Dickdarm auswirkt. Normalerweise sorgt dieser Ionenkanal dafür, dass Chloridionen unter ATP-Verbrauch zusammen mit dem Drüsensekret aus der Epithelzelle transportiert werden. Da Chloridionen osmotisch Wasser anziehen, bleiben die Sekrete dünnflüssig. Durch die Tätigkeit der Flimmerhärchen im Lungenepithel kann zum Beispiel der Schleim zusammen mit Staub und Bakterien aus der Lunge befördert werden. Unterbleibt der Ionentransport, wird der Schleim dick und zähflüssig und verstopft die Bronchien.

Der betreffende Ionenkanal wird mit der Abkürzung CFTR bezeichnet (für engl. *cystic fibrosis transmembrane conductance regulator:* Regulator der Transmembran-Leitfähigkeit bei zystischer Fibrose). Das CFTR-Gen ist auf Chromosom 7 lokalisiert und umfasst etwa 250 000 Basenpaare. Die 27 Exons sind nur 6 200 Basenpaare lang und codieren für ein Protein von 1 480 Aminosäuren. Es gibt über 600 verschiedene Mutationen in diesem Gen, die zu unterschiedlich schweren Formen von Mukoviszidose führen. In etwa 70 % der Fälle fehlen drei Nucleotide im Exon 10, was zum Ausfall der Aminosäure Phenylalanin an Position 508 des Proteins führt. Aufgrund seiner veränderten Tertiärstruktur kann das Protein das endoplasmatische Reticulum nicht verlassen und wird stattdessen abgebaut. Andere Mutationen erlauben zwar die Herstellung des Proteins und seinen Einbau in die Zellmembran, verhindern aber ein korrektes Funktionieren.

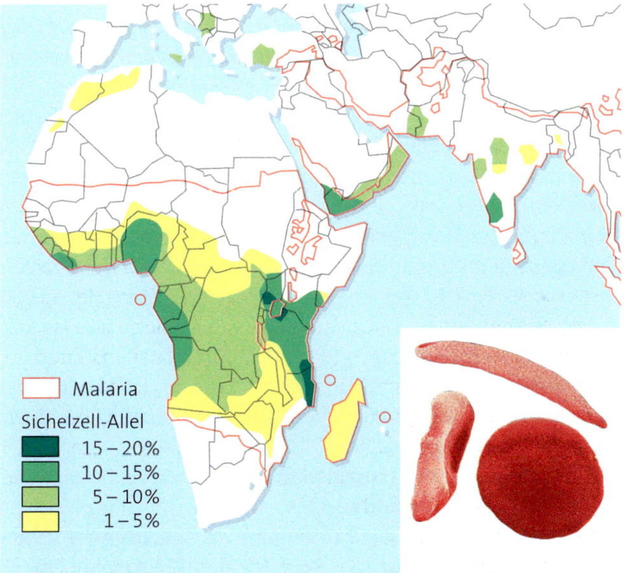


*1 und 2 Verbreitung des Sichelzell-Gens und der tropischen Malaria. Unten: Sichelzellen und normaler Erythrocyt*

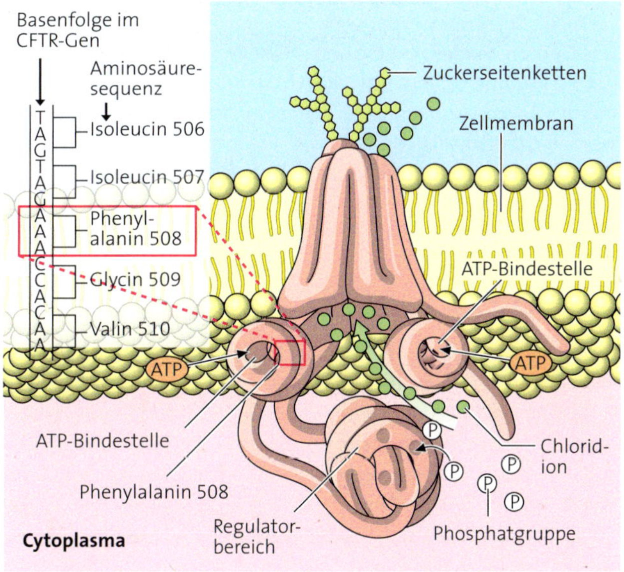


*3 Bei Mukoviszidose verändert meist eine Deletion im CFTR-Gen die Tertiärstruktur des Kanalproteins für Chloridionen.*

## Regulation der Genaktivität bei Prokaryoten

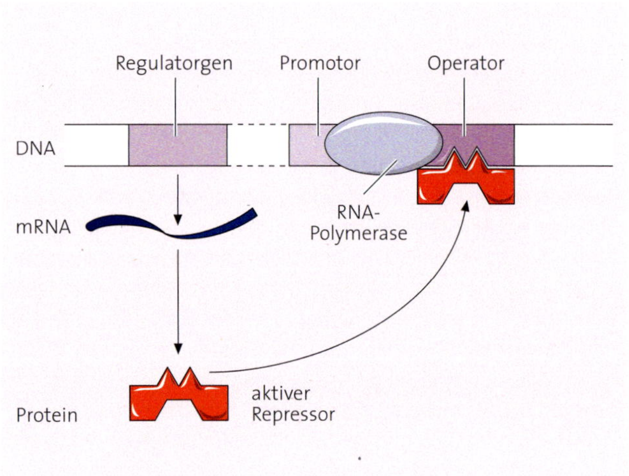


1 *Das lac-Operon von E. coli, Zustand ohne Lactose*

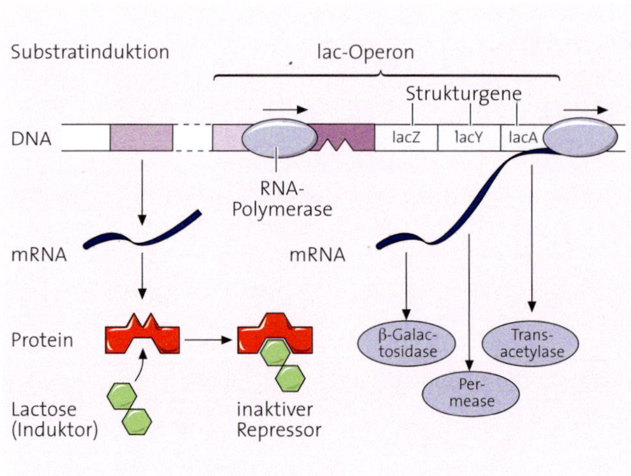


2 *Zustand des lac-Operons nach Zufuhr von Lactose*

Das Darmbakterium *Escherichia coli* findet in seiner Umgebung vor allem den Zucker Glucose vor und stellt alle Enzyme her, die zu seiner Verwertung nötig sind. Enzyme zur Verarbeitung anderer Zucker werden nicht produziert. Überführt man solche Bakterien in ein Nährmedium, das anstelle von Glucose Lactose enthält, beginnen sie nach kurzer Verzögerung dieses Disaccharid (► S. 92) als Energiequelle zu nutzen. Sie verfügen demnach über Gene, die für Enzyme zum Abbau des seltenen Substrats codieren und normalerweise nicht exprimiert werden. Es sind offensichtlich auch Regulationsmechanismen vorhanden, die es ermöglichen, kurzfristig auf veränderte Umweltbedingungen zu reagieren, indem bestimmte Gene an- oder abgeschaltet werden.

Wie das An- und Abschalten von Genen vor sich geht, untersuchten die französischen Forscher FRANÇOIS JACOB und JACQUES MONOD in den 1960er Jahren an Bakterien. Sie entwickelten ein Modell, das inzwischen durch molekularbiologische Versuche bestätigt wurde.

**Das Operon-Modell.** JACOB und MONOD bezeichneten Gene, die für die Enzyme codieren, als *Strukturgene*. Die Gene für die Enzyme des Lactoseabbaus liegen nebeneinander auf der DNA. Sie werden gemeinsam durch zwei vorgelagerte DNA-Regionen kontrolliert, den *Promotor* und den *Operator*. Der Promotor ist die Bindungsstelle für die RNA-Polymerase. Der Operator ist die Bindungsstelle für ein Protein, das die Tätigkeit der RNA-Polymerase reguliert und als *Repressor* bezeichnet wird. Wenn der Repressor an den Operator bindet und die RNA-Polymerase daran hindert, zu den Strukturgenen zu gelangen, wird deren Transkription blockiert. Die Funktionseinheit aus Promotor, Operator und Strukturgenen wird als *Operon* bezeichnet.

Auf einem DNA-Abschnitt in einiger Entfernung vom Operon befindet sich das *Regulatorgen*, das für das Repressorprotein codiert. Jedes Repressorprotein ist für den Operator eines bestimmten Operons spezifisch.

**Substratinduktion.** Bei der *Substratinduktion* bewirkt das Regulatorgen die Herstellung eines *aktiven Repressors*. Solange keine Lactose im Nährmedium vorhanden ist, bindet der Repressor an den Operator und verhindert, dass die Gene des Lactosestoffwechsels transkribiert werden. Bei Zufuhr von Lactose lagern sich Lactosemoleküle an die Repressormoleküle an und verändern dadurch deren Raumstruktur. Der nun *inaktive Repressor* passt nicht mehr an den Operator und die RNA-Polymerase wird nicht mehr blockiert. Sie kann die Gene für die Lactoseverwertung transkribieren. Die Zelle beginnt mit der Herstellung des Enzyms *β-Galactosidase*, das das Disaccharid Lactose in seine Bestandteile Glucose und Galactose spaltet, die anschließend im Stoffwechsel weiter abgebaut werden. Ein zweites Strukturgen codiert für eine *Permease*, die für den Transport von Lactose durch die Bakterienzellwand sorgt. Die genaue Funktion einer *Transacetylase* für die Lactosespaltung ist noch ungeklärt.

Bei dieser Art der Regulation bewirkt (induziert) also das Substrat das „Anschalten“ derjenigen Gene, die für die Enzyme zu seinem Abbau codieren.

**Endproduktrepression.** Häufig werden aber auch aktive Gene „abgeschaltet“. Die Synthese der Aminosäure Tryptophan zum Beispiel wird so reguliert. Bei dieser *Endproduktrepression* bewirkt das Regulatorgen die Herstellung eines *inaktiven Repressors*. Die Transkription der Strukturgene, die für die Enzyme zur Tryptophansynthese codieren, kann ungehindert stattfinden. Steigt aber die Konzentration des Endprodukts Tryptophan an, kann es sich an eine bestimmte Stelle des Repressors heften und dabei dessen räumliche Gestalt verändern. Der nun *aktive Repressor* bindet an den Operator und die Transkription durch die RNA-Polymerase unterbleibt. Es werden keine weiteren Enzyme hergestellt, die Bildung von Tryptophan kommt zum Erliegen. Dadurch werden Rohstoffe und Energie gespart und eine Überproduktion verhindert.

Bei dieser Art der Regulation bewirkt also das Endprodukt das „Abschalten“ (die Repression) derjenigen Gene, die für die Enzyme zu seiner Herstellung codieren.

**Positive Kontrolle der Genaktivität.** Substratinduktion und Endproduktrepression werden durch einen Repressor kontrolliert, der in seiner aktiven Form die Transkription der Strukturgene verhindert. Neben dieser *negativen Kontrolle* der Genaktivität gibt es auch eine *positive Kontrolle* durch *Aktivatoren*, die direkt mit der DNA interagieren und die Transkription begünstigen.

## Regulation der Genaktivität bei Eukaryoten

Alle Zellen eines vielzelligen Lebewesens enthalten die *gesamte genetische Information*. Die Spezialisierung der Zellen kommt dadurch zustande, dass jeweils nur ein Teil der Gene aktiv ist. Die *Genregulation* erfolgt auf verschiedenen Ebenen (► Bild 1).

**Umstrukturierung des Chromatins.** Bei Eukaryoten ist die DNA im Chromatin so verpackt, dass viele Gene nicht zugänglich sind (► S. 146). Sie können nur transkribiert werden, indem die Nucleosomen aufgelockert werden. Dazu werden Acetylgruppen an die Histone gebunden und so deren positiv geladene Aminogruppen neutralisiert. Diese *Acetylierung* hebt die Anziehungskräfte zwischen den Histonen und der negativ geladenen DNA auf, die dadurch frei wird.

Umgekehrt bewirkt die Deacetylierung von Histonen, dass sich Nucleosomen neu bilden. Auch durch Bindung von Methylgruppen an Cytosin-Basen der DNA werden Proteine gebunden, das Chromatin verdichtet und dadurch Gene *selektiv inaktiviert*. Diese *Methylierung* spielt auch bei der Inaktivierung des X-Chromosoms (► S. 178) und bei der genomischen Prägung (► S. 183) eine entscheidende Rolle.

**Kontrolle bei der Transkription.** Auch bei Eukaryoten findet die Genregulation vor allem bei der Transkription statt. Anders als bei den Prokaryoten beginnt die Transkription jedoch erst, wenn neben der RNA-Polymerase noch mehrere andere Proteine an die Promotorregion binden, die *Transkriptionsfaktoren*.

Zusätzlich wirken weitere Transkriptionsfaktoren auf regulatorische DNA-Abschnitte ein, die zum Teil Tausende von Nucleotiden von der codierenden Sequenz entfernt liegen. Zu diesen Abschnitten gehören die *Enhancer-* und *Silencer-Sequenzen*. Enhancer-Sequenzen binden Aktivatorproteine, die die Transkription begünstigen. Silencer-Sequenzen binden Proteine, die die Transkription – ähnlich wie Repressorproteine – verhindern. Die Anlagerung der verschiedenen *Regulatorproteine* an die *Regulatorgene* bewirkt, dass die DNA eine Schleife bildet und so die Regulatorsequenzen in Kontakt mit dem Promotor kommen (► Bild 2). Beispiele für solche regulatorischen Proteine sind Rezeptoren für Hormone wie Thyroxin und Cortisol (► S. 468) oder auch Proteine, die an der Steuerung von Entwicklungs- und Differenzierungsprozessen beteiligt sind (► S. 221).

Benötigt eine Zelle während eines Entwicklungsabschnitts große Mengen eines bestimmten Proteins, stellt sie von dem betreffenden Gen mehrere Kopien her. Durch diese *Genamplifikation* wird die Expression des Gens gesteigert. Auch „Krebsgene" (Onkogene) werden so aktiviert (► S. 164).

Bei einigen Genen wird die Genexpression durch *Umstrukturierung* der DNA reguliert. Dabei wandern Gene an einen anderen Ort auf dem Chromosom als Voraussetzung für die Transkription. Dieser Mechanismus ist ein wichtiger Faktor bei der Entstehung der Antikörpervielfalt des Immunsystems (► S. 231), aber auch wiederum bei Krebs (► S. 164).

**Alternatives Spleißen.** Die Größe des menschlichen Genoms wurde vor der DNA-Sequenzierung durch das Humangenomprojekt (► S. 203) auf etwa 100 000 Gene geschätzt. Inzwischen geht man von weniger als 25 000 Genen aus. Das ist insofern paradox, als der menschliche Organismus mehr als 90 000 verschiedene Proteine herstellt, für die jeweils ein codierendes Gen existieren sollte.

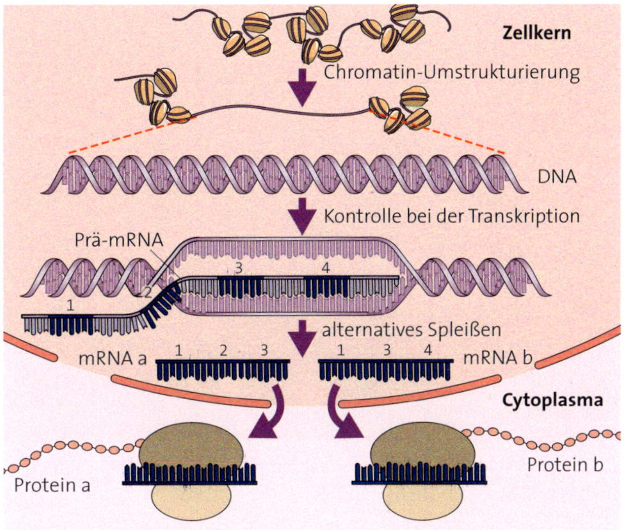


1 *Genregulation findet bei Eukaryoten auf mehreren Ebenen statt.*

Die Struktur der eukaryotischen Gene und die daraus resultierenden Besonderheiten der Proteinsynthese (► S. 159) machen es möglich, die Gene durch ***alternatives Spleißen*** besonders raffiniert und vielfältig zu nutzen. Jedes primäre RNA-Transkript eines Gens enthält mehrere Introns. Beim alternativen Spleißen werden nicht nur die Introns, sondern Introns zusammen mit einem oder mehreren Exons aus der Prä-mRNA herausgeschnitten. Im Ergebnis entstehen an einem Gen verschiedene reife mRNAs, die zur Herstellung verschiedener Proteine führen. So wird zum Beispiel die Prä-mRNA des Gens für Tropomyosin (► S. 111) in der Skelettmuskulatur, in der glatten Muskulatur und in Bindegewebszellen ganz unterschiedlich gespleißt, sodass in diesen Geweben drei verschiedene Formen des Muskelproteins hergestellt werden. Man schätzt, dass etwa die Hälfte der menschlichen Gene auf durchschnittlich mehr als drei verschiedene Arten gespleißt wird.

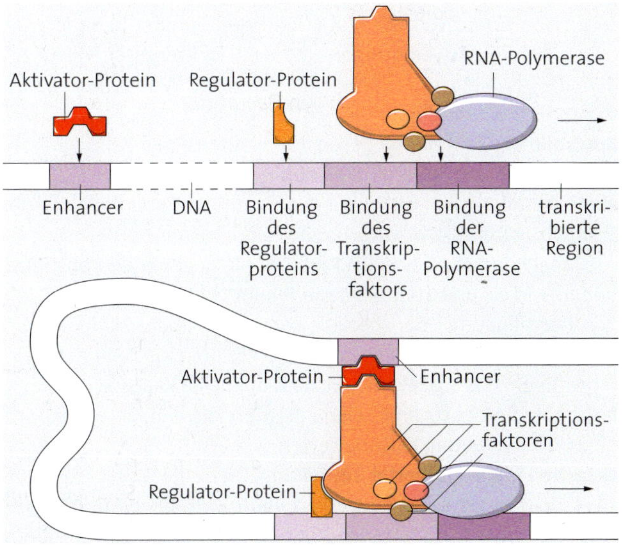


2 *Genregulation bei der Transkription*

## Krebs

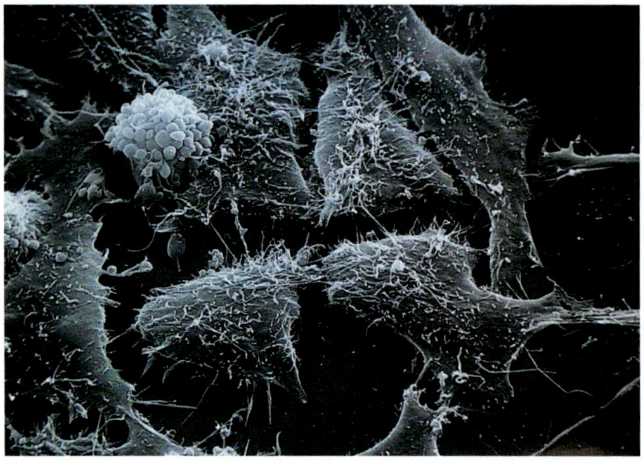

1 *Krebszellen aus einem Gebärmutterhalstumor. Seit 1949 werden Zellen von Henrietta Lachs kultiviert (HeLa-Zellen).*

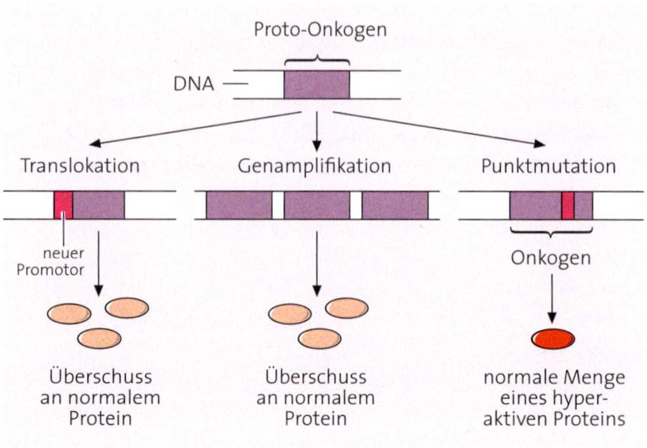


2 *Durch Mutationen entstehen aus Zellteilungs-Kontrollgenen Onkogene.*

Krebserkrankungen gehören in den Industrieländern zu den häufigsten Todesursachen. Obwohl das Risiko, an Krebs zu erkranken, stark von Umwelteinflüssen und Lebensgewohnheiten beeinflusst wird, spielen bei allen Krebsarten *genetische Faktoren* eine entscheidende Rolle.

**Eigenschaften von Krebszellen.** Krebszellen zeichnen sich vor allem durch zwei genetisch bedingte Eigenschaften aus. Zum einen *vermehren* sich Krebszellen unkontrolliert und übermäßig, die Zellteilung kann nicht mehr reguliert werden. Zum anderen geben Krebszellen ihre *Spezialisierung* auf. Dies geschieht durch die Aktivierung von Genen, die bei der Differenzierung der Zellen „stillgelegt" wurden. Die Zellen können ihre ursprüngliche gewebespezifische Funktion nicht mehr wahrnehmen.

Durch die Vermehrung der Krebszellen entsteht eine Geschwulst, der *Tumor*. Verbleiben die Zellen örtlich begrenzt in ihrem Ausgangsgewebe, gilt der Tumor als *gutartig*. Er kann chirurgisch entfernt werden. *Bösartige* Tumoren wachsen in das gesunde Gewebe in der Umgebung ein. Dabei können einzelne Zellen den Tumor verlassen, über Blut und Lymphe in andere Bereiche des Körpers eindringen und dort Tochtergeschwülste bilden, die als *Metastasen* bezeichnet werden. Metastasen lassen sich nur schwer auffinden und entfernen.

**Kontrolle der Zellteilung.** Zellen durchlaufen einen Zellzyklus, der von inneren und äußeren Signalen gesteuert wird (► S. 25). Zu einer Zellteilung kommt es nur dann, wenn in der Umgebung der Zelle *Wachstumsfaktoren* vorhanden sind.

Dabei handelt es sich um Proteine, die in geringen Konzentrationen wirken und spezifisch die Teilung eines bestimmten Zelltyps beeinflussen. Über spezielle Rezeptoren in der Zellmembran wird das Signal zur Aktivierung der Zellteilung ins Zellinnere weitergegeben. Das Signal bewirkt, dass über eine Kaskade von Regulatorproteinen bestimmte Gene aktiviert werden, deren Genprodukte die Zellteilung in Gang setzen.

**Ursachen unkontrollierter Zellteilung.** Die Zellteilung wird durch zwei Typen von Genen kontrolliert: *Proto-Onkogenen* und *Tumor-Suppressorgenen*. Mutationen können diese Gene so verändern, dass auch dann Zellteilungen stattfinden, wenn gar keine neuen Zellen gebraucht werden. Diese Veränderungen können zum Beispiel durch Strahleneinwirkung, chemische Karzinogene oder durch eine Infektion mit krebsauslösenden Viren zustande kommen.

*Proto-Onkogene* codieren für Wachstumsfaktoren, deren Rezeptoren und andere Regulatorproteine, die die Zellteilung fördern. Mutationen dieser Gene können zu übermäßiger Zellteilungsaktivität führen. Dadurch werden Proto-Onkogene zu *krebsauslösenden* Genen, zu *Onkogenen*. Dies kann auf unterschiedliche Art und Weise erfolgen (► Bild 2): Durch eine *Punktmutation* kann ein Wachstumsfaktor entstehen, der aktiver ist als das normale Protein (► S. 160). Die Verlagerung an einen anderen Ort kann zur Folge haben, dass ein Proto-Onkogen unter die Kontrolle eines besonders aktiven Promotors gelangt, der seine Transkription steigert. *Genamplifikation* bewirkt, dass ein Proto-Onkogen in ungewöhnlich vielen Kopien vorliegt. Werden sie transkribiert, führt dies ebenfalls zu einem Überschuss des wachstumsstimulierenden Proteins.

Krebs kann aber auch durch Mutationen solcher Gene entstehen, deren Produkte die Zellteilung nicht stimulieren, sondern *hemmen*. Diese Gene bezeichnet man als *Tumor-Suppressorgene* oder *Anti-Onkogene*. Mutationen in Tumor-Suppressorgenen können bewirken, dass die normale Hemmung der Zellteilung entfällt. Der Defekt wird jedoch nur dann sichtbar, wenn beide Allele des Gens verändert sind (► S. 173).

**Tumorprogression.** Würde eine einzige Mutation ausreichen, um eine normale Körperzelle in eine Krebszelle zu verwandeln, wäre die Wahrscheinlichkeit von Krebserkrankungen vom Alter unabhängig. Tatsächlich steigt aber die Krebshäufigkeit mit dem Alter stark an. Damit ein Tumor entsteht, muss eine ganze Sequenz von Ereignissen stattfinden, durch die im Lauf der Zeit zwischen drei und sieben Mutationen zusammenkommen.

---

**1 Erläutern Sie, worauf sich eine genetische Disposition für Krebs gründet. Vergleichen Sie dabei die Auswirkungen, die Mutationen von Proto-Onkogenen und von Tumor-Suppressorgenen haben können.**

## Kompetenzen

### Mithilfe dieses Kapitels können Sie

- Aufbau und Struktur der DNA als Träger der genetischen Information beschreiben und erläutern
- die molekulare Architektur von Chromosomen darstellen
- das Grundprinzip und die molekularen Details der Verdopplung der genetischen Information erläutern
- beschreiben, durch welche Methode DNA beliebig vervielfältig werden kann
- darstellen, wie eine Sequenzanalyse der genetischen Information durchgeführt wird
- definieren, was unter einem Gen verstanden wird
- den Weg vom Gen zum Merkmal erläutern
- Gemeinsamkeiten und Unterschiede der Proteinbiosynthese bei Pro- und Eukaryoten gegenüberstellen
- die molekularen und phänotypischen Auswirkungen von Genmutationen beurteilen
- an Beispielen die molekularen Ursachen von Erbkrankheiten darstellen
- Gemeinsamkeiten und Unterschiede der Regulation der Genaktivität bei Pro- und Eukaryoten gegenüberstellen
- Krebs auf molekulare Ursachen zurückführen

### Testen Sie Ihre Kompetenzen

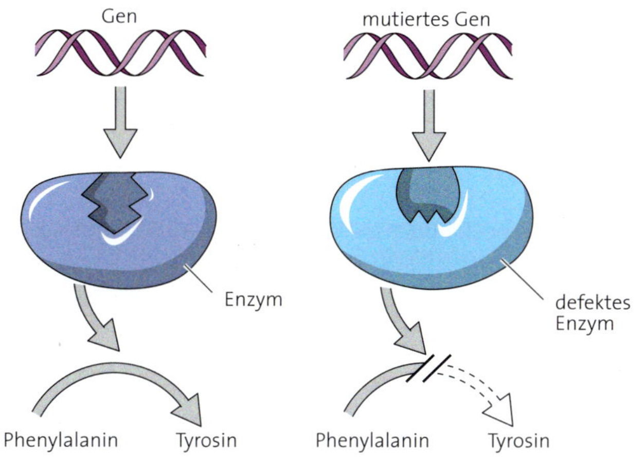


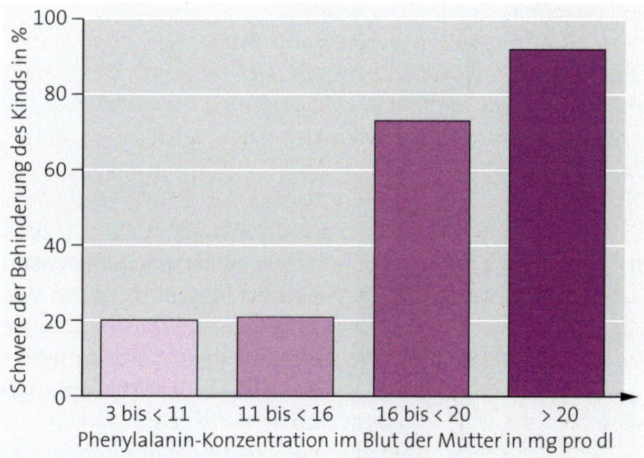


Die Phenylketonurie (PKU) ist eine der häufigsten genetisch bedingten Stoffwechselerkrankungen. Bleibt die Krankheit unbehandelt, führt sie zu geistiger Behinderung. Im Gen für Phenylalaninhydroxylase wurden bis heute über 500 verschiedene Mutationen gefunden. Daher sind die Beziehungen zwischen Genotyp und Phänotyp sehr komplex.

| Mutationsart | Häufigkeit |
|---|---|
| Missense | 62 % |
| Deletion | 13 % |
| Nonsense | 5 % |

1. Beschreiben Sie, in welcher Weise die Bauanleitung des Enzyms im Gen für Phenylalaninhydroxylase gespeichert ist.
2. Erläutern Sie anhand der Grafik oben den molekularen Defekt bei PKU.
3. Beschreiben Sie, welche Auswirkungen die in der Tabelle aufgeführten Mutationen auf das Enzym und seine Wirkungen haben können.
4. Mit einem Anteil von 6 % kommen auch stumme Mutationen vor. Begründen Sie, weshalb sie sich auf das Enzym nicht auswirken.
5. 11 % der Mutationen kommen an den Schnittstellen von Exons und Introns vor. Erörtern Sie deren Auswirkungen.
6. Die häufigste Mutation führt in der Polypeptidkette des Enzyms an Position 408 zu einem Austausch der Aminosäure Arginin gegen Tryptophan. Erschließen Sie mithilfe der Code-Sonne, welche Mutation zu diesem Austausch führt.
7. Das Gen für Phenylalaninhydroxylase kommt in allen Körperzellen vor, aber das Enzym wird nur in Leberzellen produziert. Erläutern Sie hierfür mögliche Mechanismen.
8. Die Krankheitssymptome der PKU zeigen sich nur, wenn in beiden Genen für Phenylalaninhydroxylase eine Mutation vorkommt. Erklären Sie, weshalb Individuen mit nur einem mutierten Gen phänotypisch gesund sind.
9. Zur Diagnose der PKU wird der sogenannte Guthrie-Test eingesetzt. Recherchieren Sie zu diesem Verfahren und erläutern Sie Vorgehensweise und Dateninterpretation.
10. Begründen Sie anhand der Auswirkungen auf die Neugeborenen (► Diagramm oben), weshalb schwangere Frauen mit PKU eine besonders strenge Diät einhalten müssen.
11. Während man früher annahm, dass erwachsene PKU-Patienten (außer schwangere Frauen) die Diät einstellen können, wird heute lebenslange Diät empfohlen. Erörtern Sie mögliche Gründe.

# DNA-Reparatur – Selbstschutz der Zelle

*Alles Leben auf der Erde bezieht seine Energie von der Sonne. Wir Menschen genießen oft die belebende Wirkung des Sonnenlichts. Gleichzeitig geht aber auch eine Bedrohung von ihr aus. Bei den meisten Menschen werden Schäden, die beim Sonnenbaden in der Haut entstehen, rasch ausgeglichen. Für „Mondscheinkinder" hingegen wird die Sonne zur tödlichen Gefahr. Bei ihnen bilden sich aufgrund einer seltenen Erbkrankheit durch Kontakt mit Sonnenlicht zunächst Pigmentflecke, aus denen sich Hautkrebs entwickelt. Mondscheinkinder dürfen nur mit Schutzanzügen bekleidet an das Tageslicht. Fensterscheiben müssen verdunkelt oder durch UV-Schutzfolie abgeschirmt werden. Zum Spielen im Freien nutzen Mondscheinkinder die Stunden, in denen andere schlafen ... Ihr Beispiel zeigt, wie empfindlich die DNA auf Umwelteinflüsse reagiert.*

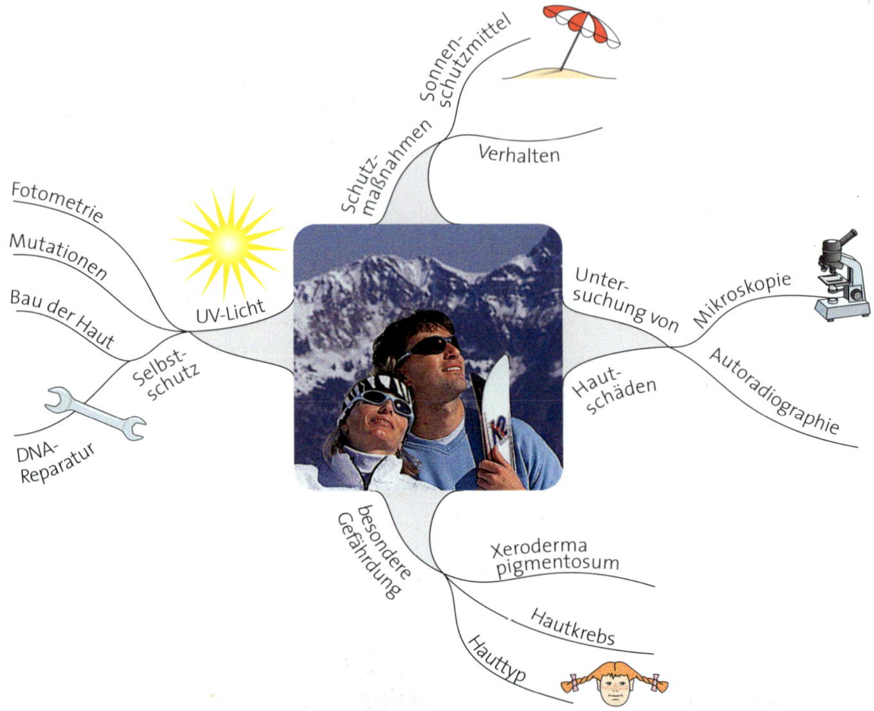


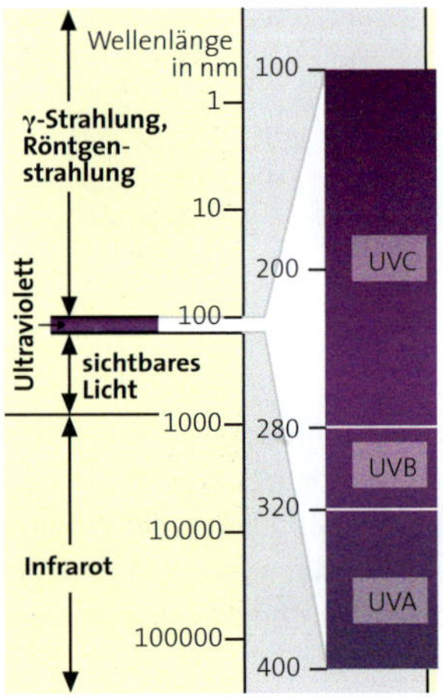


1 *Spektrum von UV-Licht*

**GRUNDLAGEN** Das elektromagnetische Spektrum der Sonnenstrahlung umfasst den Wellenlängenbereich von 225 bis 3 200 nm. Das besonders kurzwellige Licht bezeichnet man als ultraviolette (UV-)Strahlung. Je nach Wellenlänge unterscheidet man UVC-(100–280 nm), UVB-(280–320 nm) und UVA-Strahlen (320–400 nm). Je kurzwelliger die Strahlen, desto energiereicher und gefährlicher sind sie. Sie dringen in Zellen ein und können Mutationen auslösen.

Ein Reparatursystem im Zellkern sorgt dafür, dass UV-bedingte DNA-Schäden innerhalb von 2 Stunden beseitigt werden. Bei „Mondscheinkindern" fehlt der Reparaturmechanismus: Sie leiden an der sehr seltenen Erbkrankheit Xeroderma pigmentosum (XP). Die Betroffenen, deren Zahl weltweit auf etwa 2 000 geschätzt wird, sterben meist früh an Hautkrebs. Doch auch in der Normalbevölkerung steigt die Hautkrebsrate bedenklich. Schutzmaßnahmen sollten auch für gesunde Menschen selbstverständlich sein.

2 *Mondscheinkinder im Ferienlager spielen im Dunkeln.*

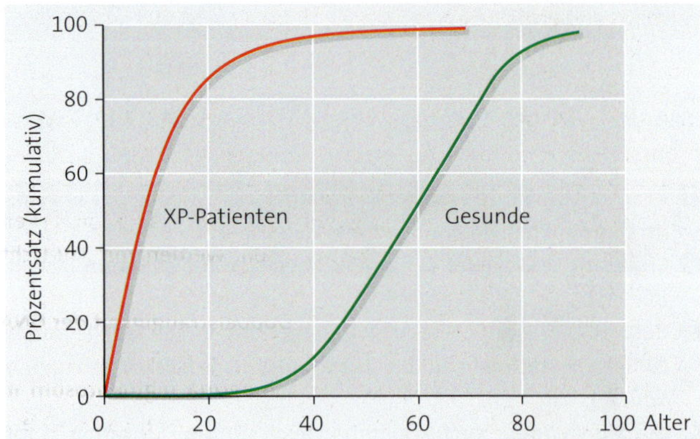


3 *Hautkrebshäufigkeit bei Gesunden und XP-Patienten*

**Basisinformationen**

elektromagnetisches Spektrum (► S. 123) • Krebs (► S. 164)

**1** **Vergleichen Sie die Krebshäufigkeit von XP-Patienten und Hautkrebspatienten ohne XP.**

## DNA-Schäden und Reparaturmechanismen

UV-Strahlen bewirken Veränderungen in der chemischen Struktur der Nucleotid-Bausteine der DNA. Die häufigste Folge der UV-Bestrahlung ist die Bildung von Thymin-Dimeren. Dabei verbinden sich zwei benachbarte Thymin-Basen innerhalb eines DNA-Strangs (► Bild 1). Dies führt dazu, dass der DNA-Strang abknickt und die Basen keine Wasserstoffbrücken zum komplementären Strang ausbilden können.

Mithilfe von Experimenten mit Mutanten von E. coli gelang es, den Reparaturvorgang aufzuklären. Versuche zeigten, dass der Wildtyp Bestrahlung mit niedrigen Dosen von UV-Licht überlebt. Die Mutante *E. coli uvr⁻* reagiert hingegen sehr empfindlich (► Bild 2). Diesem Bakterienstamm fehlt das System zur Reparatur von UV-Schäden. Die uvr-Gene codieren für verschiedene Untereinheiten einer *Endonuclease*. Dieses Reparaturenzym hat die Funktion, die DNA ständig auf Fehler hin zu prüfen. Trifft sie auf ein Thymin-Dimer, schneidet sie den DNA-Strang davor und dahinter durch und der geschädigte Abschnitt wird entfernt. Die DNA-Polymerase schließt die Lücke, indem sie einen neuen DNA-Abschnitt synthetisiert. Dieser wird anschließend durch die DNA-Ligase mit dem alten Strang verknüpft (► Bild 3). Diese Ausschneide- oder Exzisionsreparatur findet in den Zellen aller Lebewesen statt. Daneben gibt es noch weitere DNA-Reparaturmechanismen.

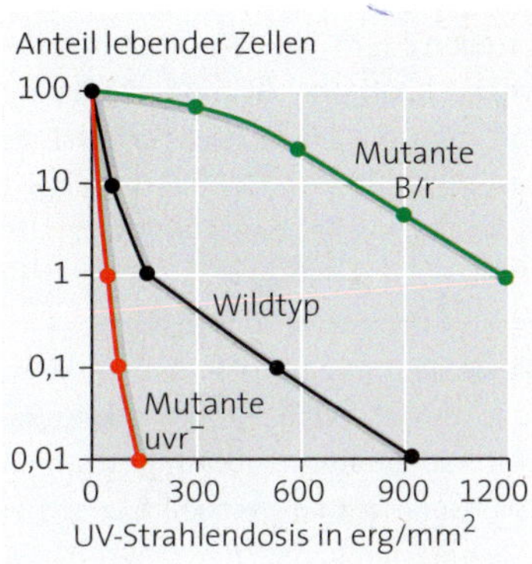


*2 UV-Empfindlichkeit verschiedener E.-coli-Stämme*

Fusionsexperimente mit Zellen von XP-Patienten gaben Aufschluss über die genetischen Grundlagen der DNA-Reparatur. Nachdem man zwei Zellen von verschiedenen Patienten miteinander verschmolzen hatte, war in einigen Fällen die dabei entstandene Zelle anschließend in der Lage, UV-Schäden zu reparieren. Dies weist darauf hin, dass unterschiedliche Mutationen vorlagen, sodass das mutierte Allel jeweils durch das zweite Allel ausgeglichen wurde. Insgesamt belegten die Versuche, dass mindestens sieben Gene an der DNA-Reparatur beteiligt sind.

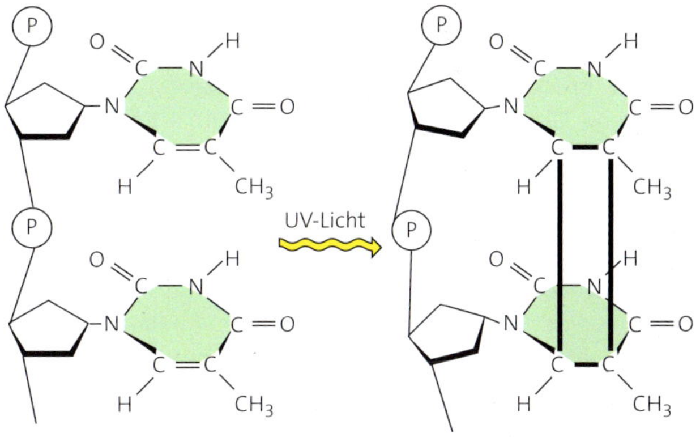


*1 Dimerisierung von Thymin im DNA-Doppelstrang durch UV-Licht*

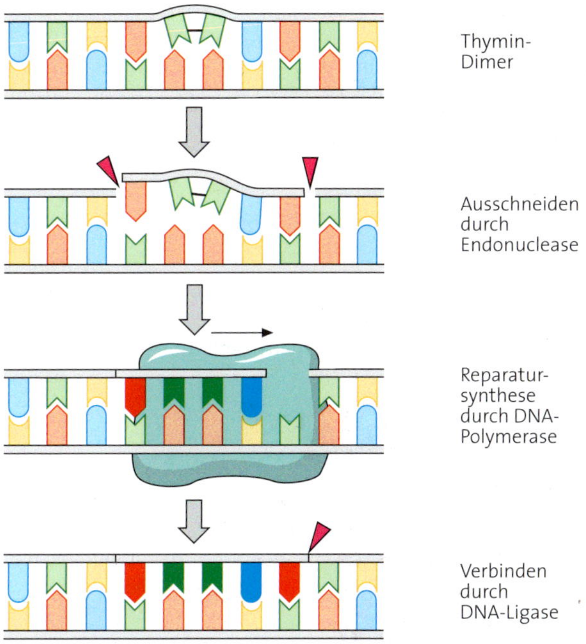


*3 Enzyme reparieren geschädigte DNA durch Exzision.*

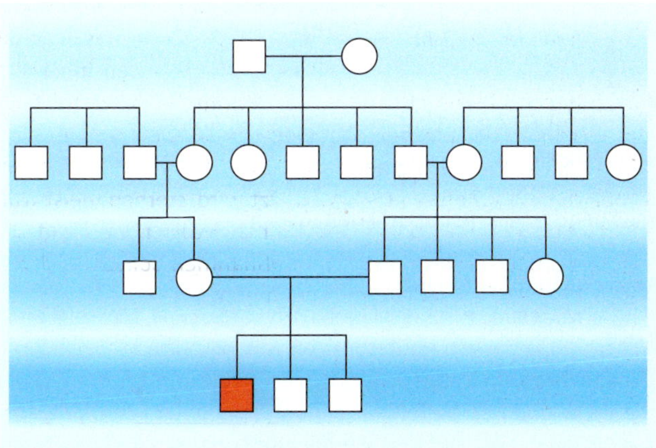

*4 Erbgang von Xeroderma pigmentosum*

**Basisinformationen**

Bau der DNA (► S. 144, 145) • Replikation (► S. 148, 149) • Mutationen (► S. 160, 178) • Stammbaumanalyse (► S. 181)

**1** **Operationssäle und mikrobiologische Arbeitsplätze, an denen sterile Bedingungen herrschen müssen, werden mit UV-Licht bestrahlt. Begründen Sie.**

**2** **Erklären Sie, welche Bedeutung die Doppelsträngigkeit der DNA im Hinblick auf den DNA-Reparaturmechanismus hat.**

**3** **Analysieren Sie den Erbgang für Xeroderma pigmentosum in Bild 4. In welchem Verwandtschaftsverhältnis stehen die Eltern des erkrankten Kindes?**

## Versuche zu Schäden durch UV-Licht

### Mutation durch UV-Licht

**MATERIAL:** UV-Lampe, Sonnenbrille, Sonnenschutzcreme, Drigalski-Spatel, Reagenzgläser mit steriler 0,9%iger Kochsalzlösung, Glaspetrischalen mit Nährmedium, Übernachtkultur des Bakterienstamms *E. coli K 12*

**DURCHFÜHRUNG:** Beachten Sie bei Ihrer Arbeit die Sicherheitsbestimmungen zum Umgang mit Bakterien! Verdünnen Sie eine Übernachtkultur von E. coli K 12 wie im Versuch zur Titerbestimmung beschrieben (► S. 153). Geben Sie aus dem letzten Verdünnungsschritt auf 7 Petrischalen je 0,1 ml Bakterienkultur und streichen Sie sie mit einem Drigalski-Spatel auf dem Medium aus. Bestrahlen Sie 5 Petrischalen unterschiedlich lange mit UV-Licht (5, 10, 30, 60 und 120 s). Die Zeit beginnt mit der Abnahme des Deckels und endet mit dem Aufsetzen. Setzen Sie eine Kulturschale mit geschlossenem Deckel 2 min lang dem Licht aus. Zur Kontrolle bleibt eine weitere Schale unbestrahlt.

Führen Sie die Versuche bei verschiedenen Wellenlängen durch. Schützen Sie dabei unbedingt Augen und Haut durch Sonnenbrille und -creme! Bebrüten Sie die Agarplatten anschließend 24 Stunden bei 37 °C im Wärmeschrank.

**AUSWERTUNG:** Bestimmen Sie die Anzahl von Bakterienkolonien auf den Petrischalen. Stellen Sie das Ergebnis grafisch dar, indem Sie die Koloniezahl in Abhängigkeit von der Bestrahlungsdauer auftragen. Deuten Sie die Ergebnisse.

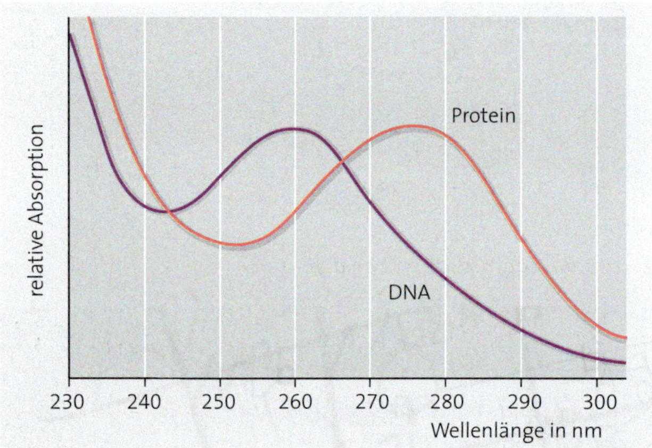


### Messung des Absorptionsspektrums von DNA

**MATERIAL:** Fotometer, isolierte DNA (entsprechend der DNA-Extraktion auf S. 147 oder gekaufte DNA), Lösepuffer (5,8 g NaCl + 2,4 g Tri-Na-Citrat ad 1 000 ml A. dest.)

**DURCHFÜHRUNG:** Lösen Sie die DNA in 10 ml Lösepuffer. Messen Sie das Absorptionsspektrum der DNA mit dem Fotometer. Vergleichen Sie Ihr Ergebnis mit dem Bild oben.

### Untersuchung von Haut

**MATERIAL:** frische Schweineschwarte, Lupe, Messer, Fertigpräparate von Hautschnitten, Mikroskop

**DURCHFÜHRUNG:** Untersuchen Sie die Gliederung der Haut sowie die Dicke und Beschaffenheit der verschiedenen Schichten. Achten Sie dabei auch auf die Oberflächenstrukturen und die Durchblutung. Die Aufgaben unserer Haut sind sehr vielfältig. Erstellen Sie eine Liste und versuchen Sie den Hautschichten bestimmte Funktionen zuzuordnen.

Betrachten Sie Hautschnitte unter dem Mikroskop. Vergleichen Sie mit dem Schema (► Bild 1, S. 169). Welche Teile dienen hauptsächlich dem Schutz? Wo liegen Zellschichten, die besonders empfindlich auf UV-Strahlen reagieren?

### Untersuchung der DNA-Reparatur nach UV-Bestrahlung

Die DNA-Reparatursysteme des Menschen werden mithilfe radioaktiver Isotope und Autoradiographie untersucht (► S. 147). Dabei arbeitet man vor allem mit Zellkulturen von Fibroblasten (noch undifferenzierte Bindegewebszellen), zum Teil aber auch mit wenige Millimeter großen Gewebeproben von Gesunden und XP-Patienten. Die Proben bestrahlt man mit UV-Licht, überführt sie für einige Zeit in ein Medium mit $^{3}H$-haltigem Thymin und fixiert sie dann. Die Schnitte werden anschließend mit Röntgenfilm überzogen, den die radioaktive Strahlung schwärzt.

---

**1 Die Abbildungen unten zeigen Hautpräparate, in denen die radioaktiven Thymin-Moleküle als schwarze Punkte erkennbar sind. Vergleichen Sie die Autoradiogramme von unbestrahlter und bestrahlter Haut eines Gesunden und bestrahlter Haut eines XP-Patienten. Erklären Sie die Ergebnisse.**

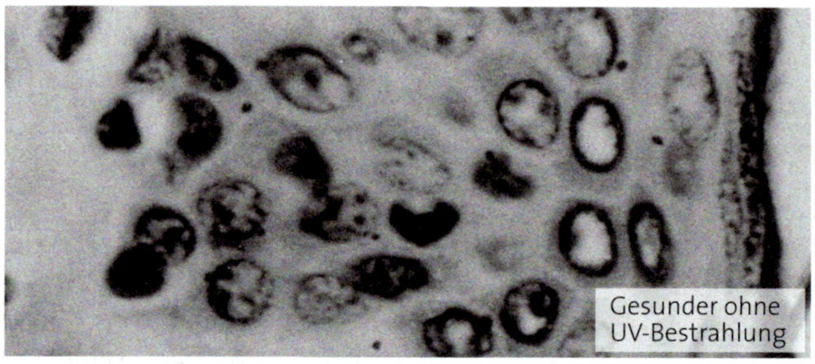
Gesunder ohne UV-Bestrahlung

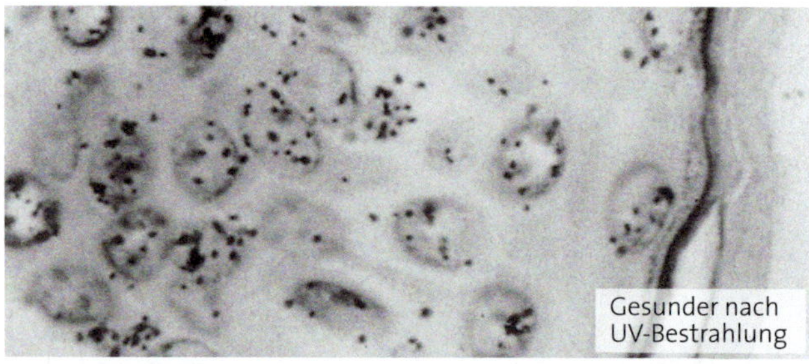
Gesunder nach UV-Bestrahlung

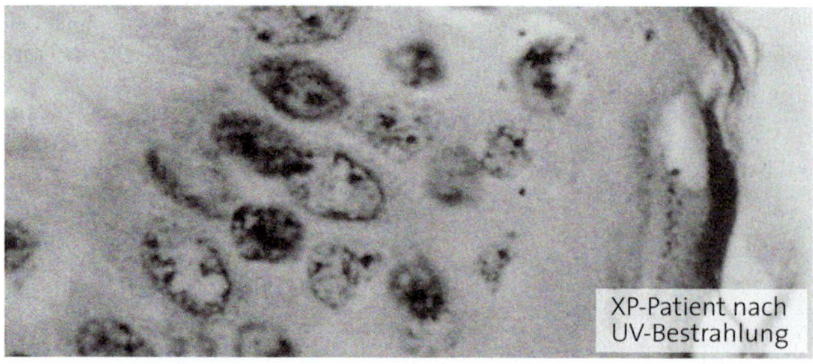
XP-Patient nach UV-Bestrahlung

## Schönheit kontra Hautkrebs

„Ich bin braun, aber schön", sagt König Salomon in der Bibel. Braune Haut galt nicht zu allen Zeiten als Schönheitsideal. Noch Anfang des 20. Jahrhunderts waren Sonnenschirme und große Hüte modern – Accessoires der „besseren" Schichten, die durch ihre Blässe zeigten, dass sie nicht im Freien arbeiten mussten.

Die *Melanocyten* – Zellen, die das Pigment Melanin bilden und für die Färbung der Haut verantwortlich sind – liegen in der untersten Schicht der Oberhaut. Je mehr Melanocyten pro Fläche vorhanden sind, desto dunkler ist die betreffende Hautregion. Unterschiede in der Hautfarbe beruhen auf unterschiedlichem Melaningehalt. Bei hellhäutigen Menschen wird erst dann vermehrt Melanin gebildet, wenn sie stärkerer UV-Einstrahlung ausgesetzt sind. Die Bräune geht jedoch mit der Zeit wieder verloren, da die Pigmentzellen an die Oberfläche wandern, absterben und abgestoßen werden.

Bei hellhäutigen Menschen hat Hautkrebs in den letzten Jahren stark zugenommen. In Deutschland steigt die Hautkrebsrate jährlich etwa um 7 %. Als eine der Ursachen gilt die Zerstörung der Ozonschicht (► S. 388). Sie hält einen Teil der biologisch gefährlichen UV-Strahlen – mit Wellenlängen unter 290 nm – fast vollständig zurück. Man schätzt, dass eine Abnahme der Ozonwerte um 1 % zu einer Erhöhung der UV-Strahlung um 2 % und der Hautkrebsrate um 6 % führt. Da Hauttumoren langsam wachsen und Jahrzehnte zwischen Auslösung und Auftreten liegen können, hängt die Zunahme von Hautkrebs möglicherweise auch mit dem veränderten Freizeit- und Urlaubsverhalten zusammen.

**☞ Basisinformationen**
Krebs (► S. 164) • Ozon (► S. 386–388)

**Wirkung von Sonnenschutzmitteln**
Die Schutzwirkung von Sonnencremes beruht meist auf chemischer Absorption. Filtersubstanzen wie beispielsweise Zimtsäureester absorbieren die Sonnenbrand verursachende UV-B-Strahlung ebenso wie UV-A-Licht, das die vorzeitige Alterung der Haut bewirkt.

Einige Produkte enthalten auch „physikalischen Lichtschutz" – Substanzen wie Titandioxid, die die UV-Strahlung reflektieren. Sie wirken im Gegensatz zu den üblichen Sonnenschutzmitteln, die erst in die Haut einziehen müssen, schon unmittelbar nach dem Auftragen.

### Versuch zur Wirkung von Sonnenschutzmitteln

**MATERIAL:** Sonnenschutzmittel mit unterschiedlichen Lichtschutzfaktoren, Entwickler, Fixierer, Plastikschalen, Röntgenfilm, UV-Lampe (langwelliges UV-Licht, z. B. 360 nm), Sonnenbrille, Schutzhandschuhe, Dunkelkammer

**DURCHFÜHRUNG:** Schneiden Sie den Röntgenfilm in der Dunkelkammer in gleich große Stücke. Bringen Sie jedes Sonnenschutzpräparat auf je 5 Filmstücke auf, verreiben Sie es und lassen Sie es wie auf der Packung angegeben einwirken. Bestrahlen Sie anschließend die Filme mit UV-Licht 10, 30, 60, 120 und 300 Sekunden lang. Die Entwicklung und Fixierung erfolgt nach den Angaben des Herstellers der Lösungen.

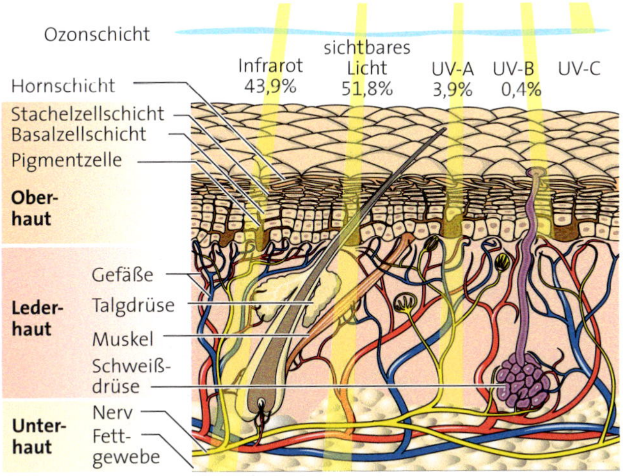


*1 Eindringtiefe von Strahlung verschiedener Wellenlänge in die Haut*

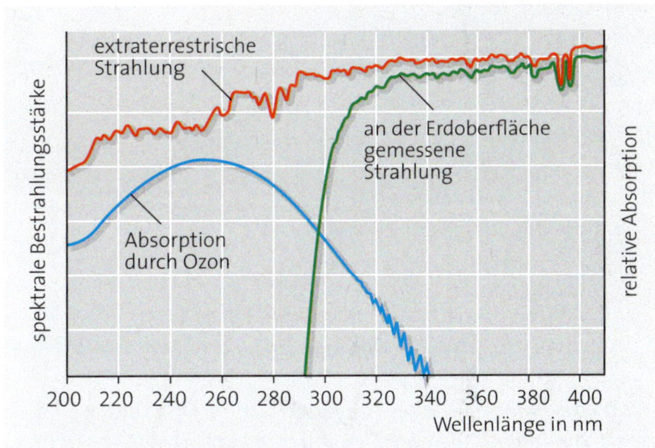


*2 UV-Strahlung und Absorption durch Ozon*

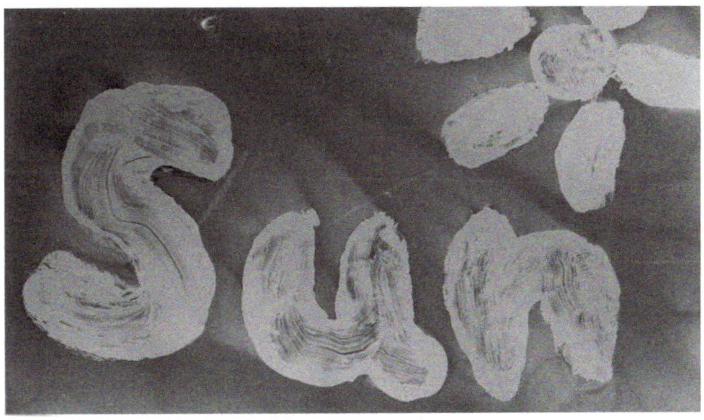

*3 Röntgenfilm, mit Sonnenöl behandelt, nach UV-Belichtung*

1. **Vergleichen Sie die Absorptionsspektren von Ozon und DNA. Stellen Sie einen Zusammenhang her zwischen der Hautkrebsrate und der UV-Einstrahlung.**
2. **Analysieren Sie die Ergebnisse des Versuchs mit Sonnenschutzmitteln. Beurteilen Sie deren Wirksamkeit.**
3. **Stellen Sie Regeln für vernünftiges Sonnen auf.**

# Klassische Genetik, Cytogenetik und Humangenetik

1 *„Wie Milch und Kaffee ...": zweieiige Zwillinge mit dunkler und heller Haut und ihre Eltern*

*„Wunderzwillinge!" titelte eine Tageszeitung. Offenbar erscheint Vererbung in besonderen Fällen immer noch wie ein Mysterium. Viele Menschen erwarten, dass die Merkmale der Nachkommen wie eine Mischung der Elternmerkmale aussehen. Merkmale vermengen sich jedoch nicht wie zwei Flüssigkeiten. Sie beruhen auf Erbanlagen – diskreten Informationseinheiten, die über die Generationen hinweg unverändert weitergegeben werden. Bei der Fortpflanzung werden die Erbanlagen zufällig auf die Nachkommen verteilt, sodass eine Vielzahl von Merkmalskombinationen entstehen kann. Merkmale können aber nicht nur kombiniert, sondern auch – wie bei den Zwillingen – voneinander getrennt werden.*

### Im Blickpunkt

- Erbe und Umwelt prägen zusammen die Merkmale aus
- Regeln der Vererbung: entdeckt von J.G. MENDEL, zu seiner Zeit unverstanden, heute grundlegend für unser Wissen um die Vererbung bei Pflanze, Tier und Mensch
- Bau und Eigenschaften von Chromosomen
- Chromosomen als Träger der Gene – von MENDEL zur Molekulargenetik
- Drosophila und Mensch: Modellorganismen der Genetik
- genetisch bedingte Krankheiten als Schlüssel zu den genetischen Grundlagen bestimmter Merkmale
- komplexe Merkmale: Wird Intelligenz vererbt?

**GRUNDLAGEN** Menschen waren immer daran interessiert, Vererbungsvorgänge zu verstehen – lange bevor das Geschehen auf Bestandteile der Zellen oder gar Stoffe zurückgeführt werden konnte. Schon früh hatte man erkannt, dass bei Mensch, Tier und Pflanze die Nachkommen ihren Eltern ähneln. Dennoch blieb die Vererbung ein „unergründliches Mysterium der Natur", wie es der Philosoph MICHEL DE MONTAIGNE bezeichnete. Um 1860 lüftete JOHANN GREGOR MENDEL mit seinen Kreuzungsexperimenten als Erster das Geheimnis der Vererbung.

Als man 40 Jahre später die Chromosomen als Träger der von MENDEL postulierten „Erbfaktoren" erkannte, verstand man auch die von ihm entdeckten Vererbungsregeln. Diese Regeln legten den Grundstein für einen neuen Wissenschaftszweig, die Genetik. Seitdem wurden Vererbungsvorgänge in allen Einzelheiten untersucht. Stand ursprünglich das Auftreten einzelner Merkmale in der Generationenfolge im Mittelpunkt, verlagerte sich später das Interesse auf die Ebene der Zellen und Chromosomen und schließlich zur stofflichen Natur der Gene. Diese als Klassische Genetik, Cytogenetik und Molekulargenetik bezeichneten Fachgebiete verdanken ihre Erkenntnisse jeweils ganz bestimmten, besonders geeigneten Forschungsobjekten.

Da die Vererbungsvorgänge bei allen Organismen sehr ähnlich oder gar identisch sind, verstehen wir anhand ihrer Ergebnisse auch die Vererbung bei uns Menschen. Mit ihr befasst sich die Humangenetik.

## Erbe – Umwelt – Merkmal

Individuen einer Art erscheinen uns auf den ersten Blick einheitlich. Bei genauer Betrachtung oder Messung ihrer Merkmale stellt man meist fest, dass sie mehr oder weniger verschieden sind. Diese Variabilität des *Phänotyps* – so bezeichnet man die Summe aller Merkmale im Erscheinungsbild eines Lebewesens – kann durch verschiedene *Genotypen*, also Unterschiede in der individuellen Erbinformation, oder durch unterschiedliche *Umweltbedingungen* verursacht sein.

**Modifikatorische Variabilität.** Untersucht man die ungeschlechtlichen Nachkommen eines Individuums, also einen *Klon* erbgleicher Individuen, lassen sich alle Merkmalsunterschiede zwischen ihnen auf Umweltfaktoren zurückführen. Solche Abwandlungen im Phänotyp, die allein durch Umwelteinflüsse wie Temperatur, Licht, Wasser, Salzgehalt oder Nährstoffzufuhr verursacht sind, nennt man *Modifikationen*. Sie kommen möglicherweise dadurch zustande, dass die Umwelteinflüsse das Muster der Methylierung und Acetylierung und damit die Transkription von Genen beeinflussen (▶ S. 163). Modifikatorische oder phänotypische Variabilität lässt sich am einfachsten an Pflanzen untersuchen, die sich durch Ableger oder Brutknospen ungeschlechtlich vermehren, aber auch an Tieren, die sich wie Polypen, Blattläuse und Wasserflöhe in manchen Entwicklungsphasen ungeschlechtlich fortpflanzen.

Modifikationen liefern wichtige biologische Erkenntnisse:

- Umwelteinflüsse bewirken unterschiedliche Ausprägungen von Merkmalen, auch bei einheitlichem Erbgut. Offensichtlich wird durch die Erbinformation nicht das Merkmal selbst, sondern nur die *Reaktionsnorm* festgelegt, mit der ein Organismus bei der Merkmalsausprägung auf Einflüsse der Umwelt reagiert.
- Die Reaktionsnorm drückt sich in der *Variationsbreite* eines Merkmals aus. Sie ist je nach Merkmal und Art verschieden.
- Ist ein Merkmal nur wenig abgestuft, sodass seine Ausprägungen kontinuierlich ineinander übergehen, wie die Länge erbgleicher Pantoffeltiere oder der Nadeln eines Tannenzweigs, spricht man von *fließender Modifikation* (▶ Bild 1). Dagegen entstehen *umschlagende Modifikationen*, wenn Umwelteinflüsse eine Schalterfunktion haben. So blüht die Chinesische Primel unter 20 °C rot, darüber blau. Das Landkärtchen, ein Schmetterling, tritt je nach Tageslänge während der Larvenzeit in zwei verschiedenen Formen auf (▶ S. 316).
- Modifikationen sind nicht erblich. Zieht man aus einem Individuum mit einem modifikatorisch veränderten Merkmal einen Klon heran, zeigt dieser die ursprüngliche Variationsbreite und deren Mittelwert (▶ Bild 2 links). Die Erkenntnis, dass „erworbene" Eigenschaften eines Individuums nicht auf seine Nachkommen übergehen, wurde durch viele Experimente bestätigt. Sie hat für die Evolutionsbiologie größte Bedeutung (▶ S. 246).

**Genetische Variabilität.** Lebewesen, die sich geschlechtlich fortpflanzen, sind in der Regel nicht erbgleich. Wählt man unter ihnen einzelne Individuen mit bestimmten erblichen Merkmalen zur Fortpflanzung aus, ändert sich bei den Nachkommen meist auch die Häufigkeitsverteilung der Merkmale. Darauf beruht die Wirkung der Selektion in Evolution und Züchtung. Die Differenz zwischen den Merkmals-Mittelwerten von Eltern und Nachkommen nennt man *Heritabilität*. Sie ist ein Maß für den Anteil der *genetischen oder genotypischen Variabilität* an der Gesamtvariabilität (▶ Bild 2 rechts).

Individuen wild lebender Pflanzen- und Tierpopulationen zeichnen sich durch große genetische Variabilität ihrer Merkmale aus. Dies ist ein Grund dafür, dass die Gesetzmäßigkeiten der Vererbung lange Zeit unerkannt blieben. Den Schlüssel dazu lieferten schließlich selbstbestäubende Pflanzen, deren Individuen von Natur aus genetisch sehr einheitlich sind.

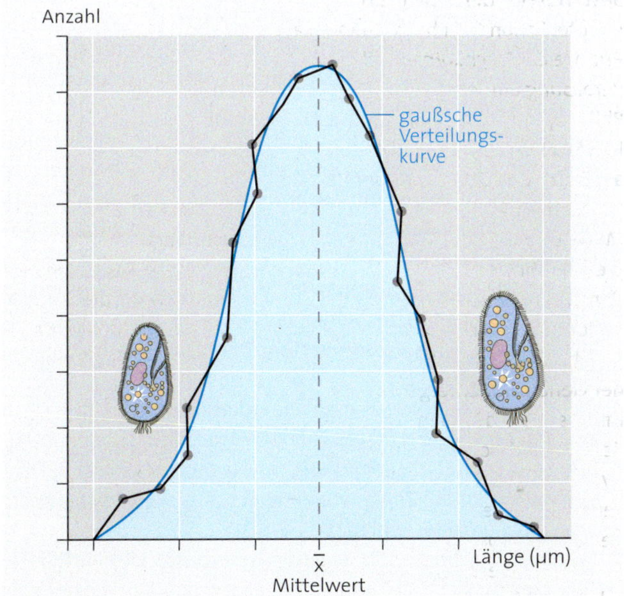


*1 Variation der Länge erbgleicher Pantoffeltiere (blau zum Vergleich die Kurve der gaußschen Normalverteilung)*

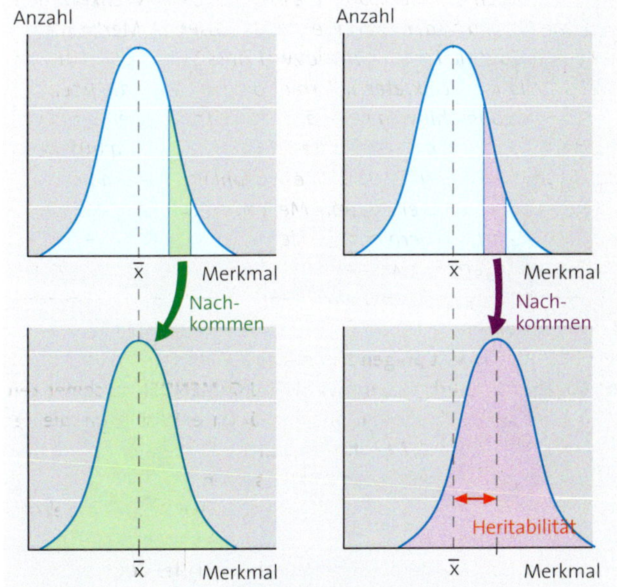


*2 Variation eines nicht erblichen (links) und eines erblichen Merkmals (rechts) in aufeinanderfolgenden Generationen*

## Die mendelschen Regeln der Vererbung

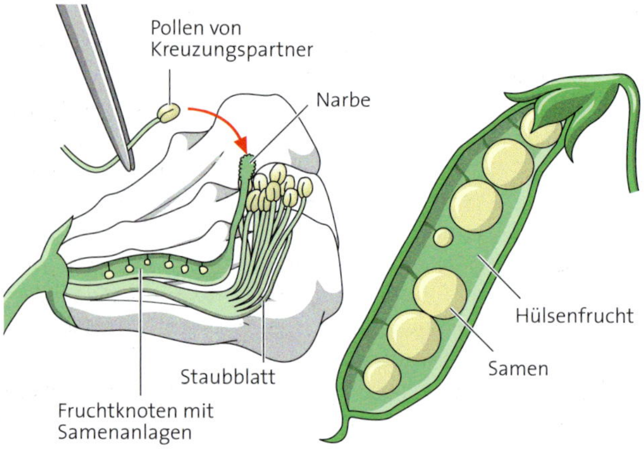


*1 Blütenbau, künstliche Bestäubung und Frucht der Erbse*

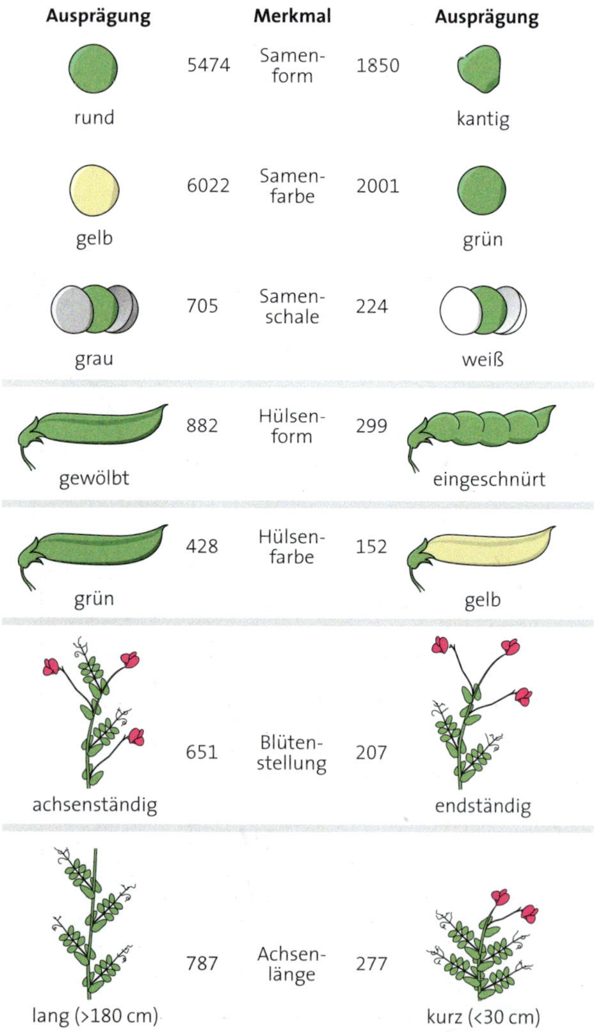


*2 Merkmale der Gartenerbse, deren Erbgang J. G. MENDEL untersuchte, dominante Ausprägung links, rezessive rechts. Die Zahlen geben die Individuen der $F_2$-Generation an.*

Im Jahr 1866 veröffentlichte JOHANN GREGOR MENDEL, Augustinermönch im Kloster Brünn, die Ergebnisse seiner mehrjährigen Kreuzungsexperimente an der Gartenerbse unter dem Titel „Versuche über Pflanzenhybriden“ (Mischlinge). MENDELS Ergebnisse blieben unbeachtet, obwohl sie den lange gesuchten Schlüssel zu den Gesetzmäßigkeiten der Vererbung enthielten. Sein Erfolg gründete auf einer Reihe von Überlegungen und Maßnahmen, durch die sich seine Arbeitsweise von der seiner Vorgänger unterschied:

*3 GREGOR MENDEL*

- Statt die Gesamtheit der Merkmale eines Phänotyps zu erfassen, beschränkte sich MENDEL auf wenige alternativ ausgeprägte Merkmale (► Bild 2). Ließen sie „eine sichere und scharfe Trennung“ nicht zu, berücksichtigte er sie nicht.
- Vor Beginn der Experimente überzeugte er sich, dass diese Merkmale der verschiedenen Erbsensorten „constant“, also in jeder Generation unverändert auftraten. Später sprach man in solchen Fällen von reinen Linien oder Reinerbigkeit. Als Ursache vermutete schon MENDEL die für die Erbse typische Selbstbestäubung und Selbstbefruchtung (► S. 171).
- Zum Kreuzen öffnete er die Blüten noch vor dem Aufblühen, entfernte die Staubblätter „mittelst einer Pinçette“ und übertrug Pollen des Kreuzungspartners auf die Narbe.
- Er untersuchte „mehr als 10 000 Pflanzen“ und unterwarf die Ergebnisse „vollzählig der Beobachtung“, das heißt, er wertete sie statistisch aus. Ein solches Vorgehen war den Biologen seiner Zeit fremd.

**Ergebnisse der mendelschen Versuche.** MENDELS Arbeit war völlig in Vergessenheit geraten. Im Jahr 1900 wurde sie zeitgleich von den Botanikern HUGO DE VRIES, ERICH TSCHERMAK und CARL CORRENS bei eigenen Erbversuchen wiederentdeckt. Seitdem formuliert man MENDELS wichtigste Versuchsergebnisse in drei *mendelschen Regeln*:

1. *mendelsche Regel*: Kreuzt man Individuen (Eltern- oder Parentalgeneration P), die sich in bestimmten Merkmalen reinerbig unterscheiden, zeigen die Nachkommen der nächsten Generation (1. Tochter- oder Filialgeneration $F_1$) diese Merkmale in gleicher Ausprägung *(Uniformitätsregel)*.
2. *mendelsche Regel*: Kreuzt man Individuen der $F_1$-Generation untereinander, spalten die Merkmale der Nachkommen der 2. Filialgeneration $F_2$ in einem bestimmten Zahlenverhältnis auf *(Spaltungsregel)*.
3. *mendelsche Regel*: Kreuzt man reinerbige Individuen, die sich in zwei oder mehr Merkmalen unterscheiden, also di- oder polyhybrid sind, spalten die Merkmale der Nachkommen der 2. Filialgeneration unabhängig voneinander auf *(Unabhängigkeitsregel, Neukombinationsregel)*.

Ein weiteres Ergebnis ist die *Regel der Reziprozität*: Ob eine Pflanze bei der Kreuzung als „Samenpflanze“, also weiblicher Partner, oder als „Pollenpflanze“, also männlicher Partner, verwendet wird, ändert am Ergebnis nichts.

**Erklärung der mendelschen Regeln.** Es ist eine herausragende Leistung logischen Denkens, dass MENDEL seine Versuchsergebnisse „formal" richtig erklärt hat, ohne die zugrunde liegenden biologischen Vorgänge zu kennen. Mit den heute üblichen Begriffen würde man folgende Deutung formulieren:

- Vererbung beruht darauf, dass „Erbfaktoren", heute *Gene* genannt, über Generationen hinweg weitergegeben werden.
- Ein Gen kann in unterschiedlichen Varianten vorliegen, die dasselbe Merkmal verschieden ausprägen, beispielsweise die Blütenfarbe Rot, Weiß oder Violett. Solche Varianten eines Gens bezeichnet man als *Allele*. Unterschiedlichen Allelen liegt ein DNA-Abschnitt zugrunde, dessen Information durch Genmutation verändert ist (► S. 160).
- Alle Gene eines Individuums sind in jeweils zwei Allelen vorhanden. Sind beide Allele gleich, besitzen also dieselbe Information, dann ist das Individuum im betreffenden Gen beziehungsweise Merkmal reinerbig oder *homozygot*, im anderen Fall mischerbig oder *heterozygot*.
- Allele wirken unterschiedlich stark an der Ausprägung eines Merkmals mit. Allele, die sich immer ausprägen, nennt man *dominant*, Allele, die nur im homozygoten Zustand im Merkmal erkennbar sind, *rezessiv*. Die Kreuzung mit einem homozygot rezessiven Partner – von MENDEL als *Rückkreuzung* bezeichnet – gibt Aufschluss darüber, ob ein Individuum reinerbig oder mischerbig ist.
- Bei der *Keimzellenbildung* werden die Allele getrennt. Keimzellen enthalten also nur ein Allel von jedem Gen. Allele verschiedener Gene sind im Prinzip unabhängig voneinander.
- Bei der Befruchtung werden die Allele der Keimzellen neu kombiniert. Je nach Zahl der betrachteten Merkmale ergeben sich bei der Aufspaltung in $F_2$ verschiedene Zahlenverhältnisse der Phänotypen. Untersucht man ein Merkmal, also einen *monohybriden Erbgang*, ist das Verhältnis 3 : 1, bei den zwei Merkmalen eines *dihybriden Erbgangs* 9 : 3 : 3 : 1.

**Erbanalyse.** Für die schematische Darstellung von Erbgängen verwendet man seit MENDEL Buchstabensymbole für Gene, große Buchstaben für dominante, kleine für rezessive Allele. Trägt man in einem *Kombinationsquadrat* außen die Allele der mütterlichen und väterlichen Keimzellen ein, lassen sich Allelkombinationen und damit die Häufigkeit von Genotypen und Phänotypen der Nachkommen übersichtlich analysieren (► Bild 1). Heute benutzt man oft abgekürzte Gennamen mit Indizes für die Allele, zum Beispiel $Lac^+$ oder $Hb^a$.

**Erweiterung der mendelschen Regeln.** Die von MENDEL entdeckten Vererbungsregeln haben sich für alle höheren Lebewesen mit diploidem Chromosomensatz als gültig erwiesen, allerdings mit zahlreichen Besonderheiten. Viele Merkmale werden *polygen*, durch das Zusammenwirken mehrerer Gene, vererbt. Dazu gehören viele Merkmale des Menschen. Umgekehrt wirkt sich bei *Polyphänie* ein Gen auf mehrere Merkmale aus. In beiden Fällen ist die Erbanalyse schwierig. Auch vom dominant-rezessiven Erbgang gibt es Ausnahmen: Bei *unvollständiger Dominanz* prägen sich bei heterozygoten Individuen beide Allele aus und das Merkmal erscheint *intermediär*. In anderen Fällen werden beide Allele *kodominant*, also nebeneinander ausgeprägt.

---

❶ Erstellen Sie für eines der Merkmale der Gartenerbse das Kreuzungsschema eines monohybriden Erbgangs.

❷ Berechnen Sie das Zahlenverhältnis der Phänotypen in $F_2$ für alle von MENDEL untersuchten Merkmale der Erbse (► S. 172 Bild 2).

❸ Zeigen Sie für eine Modellpopulation von 1600 heterozygoten Individuen (Genotyp Aa), dass ständige Selbstbefruchtung rasch zu Reinerbigkeit führt.

❹ Welches Ergebnis erwarten Sie für die Rückkreuzung (mit einem homozygot rezessiven Kreuzungspartner), wenn das zu prüfende Individuum a) heterozygot, b) homozygot ist? Erstellen Sie dazu ein Kreuzungsschema.

❺ Suchen Sie Beispiele für Polygenie, Polyphänie, unvollständige Dominanz und Kodominanz.

❻ Erstellen Sie eine Tabelle, aus der die Zahl der Phänotypen und Genotypen für 1, 2, 3 ... n vererbte Merkmale hervorgeht.

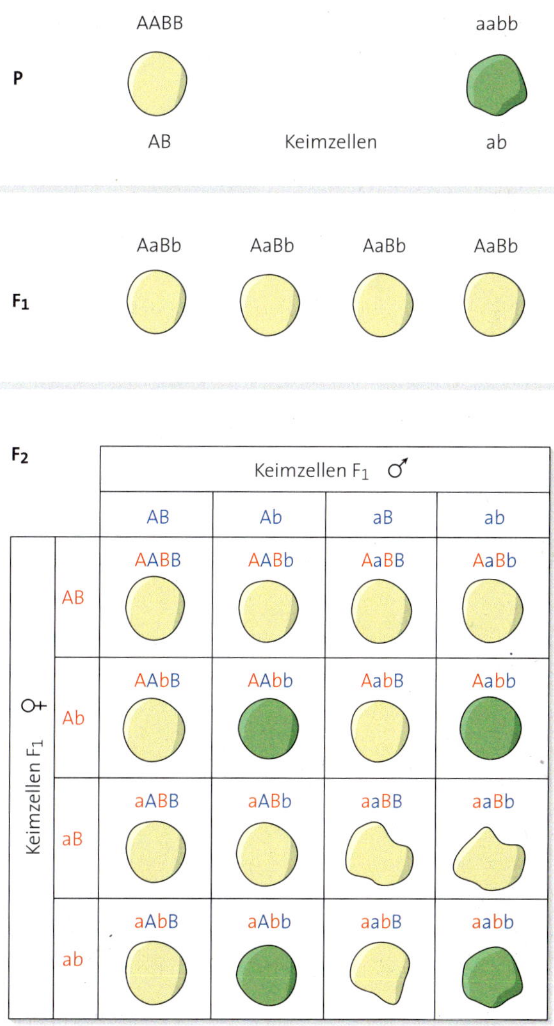


*1 Erbschema zur Erklärung der mendelschen Regeln bei einem dihybriden Erbgang der Merkmale Samenform (Allele A, a) und Samenfarbe (Allele B, b)*

# Chromosomen und Vererbung

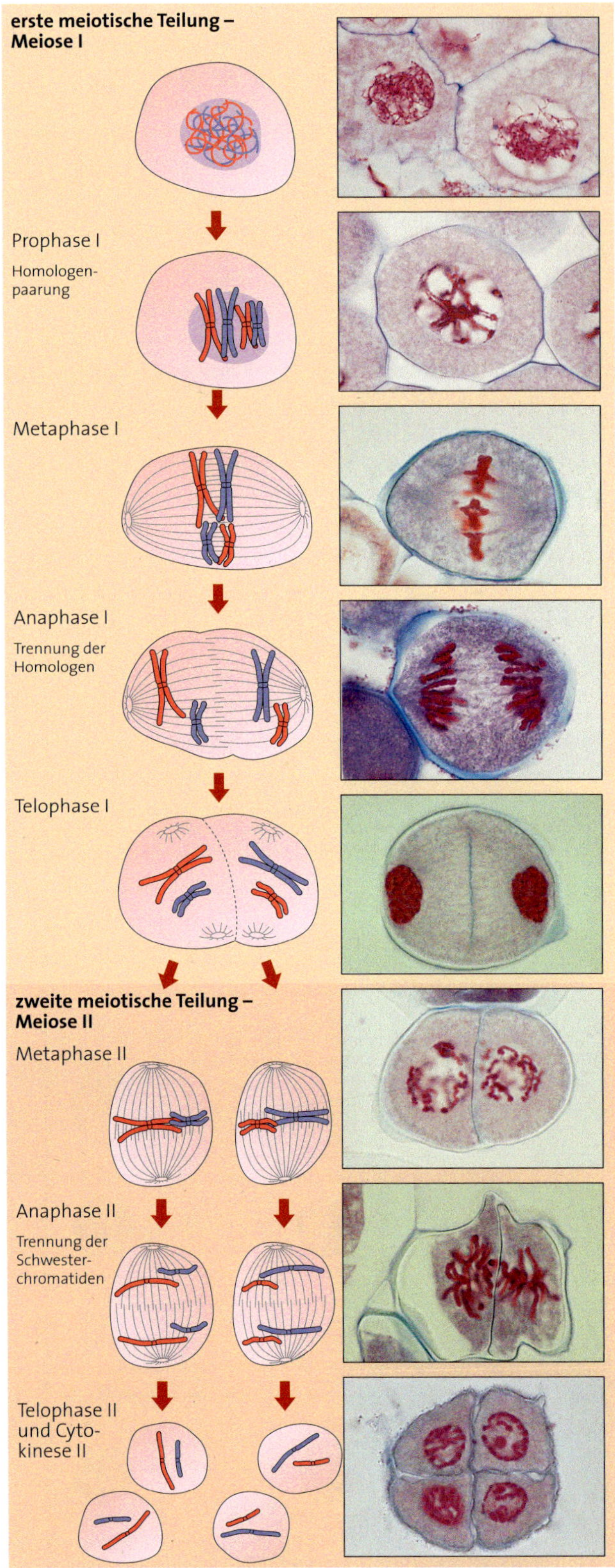


*1 Verlauf der Meiose. Wie bei der Mitose besteht jedes Chromosom schon zu Beginn aus zwei Chromatiden.*

Um 1900 mehrten sich wissenschaftliche Indizien für einen engen Zusammenhang zwischen den rund 30 Jahre zuvor entdeckten Chromosomen und den mendelschen „Erbfaktoren". Das Verhalten der Chromosomen bei Zellteilung, Keimzellenbildung und Befruchtung entsprach in allen Einzelheiten MENDELS Erwartungen an das Erbgut. 1903 formulierten SUTTON und BOVERI als *Chromosomentheorie der Vererbung* die Erkenntnis: *Chromosomen sind Träger der Gene*.

**Mitose.** Der komplizierte Ablauf der Kernteilung oder *Mitose* (▶ S. 26), insbesondere die Sorgfalt, mit der Chromosomen kopiert und auf die beiden entstehenden Zellen aufgeteilt werden, lassen sich durch die Funktion der Chromosomen als Träger der Erbinformation erklären. Heute weiß man, dass Chromosomen hoch geordnete Verpackungs-, Transport- und Funktionseinheiten der Erbsubstanz DNA sind (▶ S. 146).

**Meiose.** Die auffälligste Parallele zwischen Genen und Chromosomen zeigt sich bei der Bildung der Keimzellen. Dabei beobachtet man zwei besondere Zellteilungen, auch *Reifeteilungen* oder *Meiose* genannt.

Fast alle höher entwickelten Lebewesen sind *diploid* (2n). Dies bedeutet, dass ihre Körperzellen zwei Chromosomensätze enthalten, wobei sich die *homologen Chromosomen* paarweise in Größe, Gestalt und Aufbau gleichen. Dem entspricht, dass Körperzellen stets zwei Allele enthalten, je eines demnach auf jedem homologen Chromosom.

Im Ablauf sind Meiose und Mitose ähnlich. Allerdings sind bei der Meiose immer zwei Teilungen unmittelbar gekoppelt und in der oft lang andauernden Prophase der ersten Teilung „paaren" sich die homologen Chromosomen, indem sie sich der Länge nach aneinanderlegen. Diese *Homologenpaarung* wird auch als Synapsis bezeichnet. Sie wird wahrscheinlich durch den synaptonemalen Komplex bewirkt, eine nur in dieser Phase gebildete Struktur zwischen den homologen Chromosomen. Da die gepaarten Chromosomen aus jeweils zwei Chromatiden bestehen, spricht man in diesem Stadium auch von *Tetraden*.

In der Anaphase der 1. meiotischen Teilung, der *Reduktionsteilung*, werden nicht Chromatiden, sondern homologe Chromosomen auf die Tochterzellen verteilt. So halbiert sich die Chromosomenzahl auf den einfachen, den *haploiden* Satz (n). Dabei ist die Verteilung der ursprünglich vom Vater oder der Mutter stammenden Homologen auf die Tochterzellen vollkommen zufällig. Diese zufallsgemäße Verteilung der homologen Chromosomen ist ein wichtiger Teil der Rekombination (▶ S. 176).

In der 2. meiotischen Teilung, der *Äquationsteilung*, werden anschließend – wie bei der Mitose – die beiden Schwesterchromatiden jedes Chromosoms getrennt und auf die Tochterzellen verteilt. Keimzellen enthalten je ein Allel.

Die Aufteilung der Chromosomen bei der Meiose verläuft in beiden Geschlechtern gleich. Dagegen unterscheiden sich bei höheren Tieren und beim Menschen *Spermatogenese* und *Oogenese* in der Teilung des Zellplasmas: Während im männlichen Geschlecht aus einer Urkeimzelle vier Spermien reifen, entstehen im weiblichen Geschlecht durch ungleiche Teilung nur eine plasmareiche Eizelle und drei fast plasmalose Polkörperchen, die bald zugrunde gehen.

**Befruchtung.** 1875 beobachtete OSKAR HERTWIG erstmals am Ei eines Seeigels unter dem Mikroskop, dass sich bei der Befruchtung die Zellkerne von weiblicher und männlicher Keimzelle vereinigen. Jede der haploiden Keimzellen steuert dabei einen Satz Chromosomen bei. Somit ist die befruchtete Eizelle, die *Zygote*, diploid, verfügt also über zwei Sätze homologer Chromosomen. Da Keimzellen auf ihren Chromosomen je ein Allel für alle Merkmale tragen, sind in der Zygote zwei Allele aus väterlichem und mütterlichem Erbgut kombiniert. Alle Zellen des Individuums entstehen durch mitotische Teilungen aus der Zygote und sind daher genetisch identisch.

**Keimbahn.** Bei Tieren entscheidet sich bereits nach den ersten Zellteilungen der Zygote, welche Zellen später zu Körperzellen und welche zu Keimzellen werden. Die Gesamtheit der diploiden Körperzellen, die spätestens mit dem Tod des Individuums zugrunde gehen, nennt man *Soma*. Davon unterscheidet man als *Keimbahn* diejenige Folge von Zellen, die schließlich als *Urkeimzellen* eine Meiose durchlaufen und sich dadurch zu haploiden Keimzellen differenzieren. Keimbahnzellen sind potenziell unsterblich und garantieren den ununterbrochenen Fluss genetischer Information, der alle Generationen verbindet. Bei Pflanzen ist eine Unterscheidung in Soma und Keimbahn nicht sinnvoll, da die meisten Pflanzenzellen die Fähigkeit zur Keimzellenbildung besitzen.

**Geschlechtschromosomen.** Die Chromosomentheorie wurde durch die Entdeckung bestätigt, dass sich bei vielen Lebewesen die Geschlechter im *Karyotyp*, das heißt in der Ausstattung mit Chromosomen, unterscheiden. Damit ließ sich der Erbgang des Geschlechts erklären. Neben den in beiden Geschlechtern gleichen Chromosomen, den *Autosomen*, findet man bei diesen Arten Geschlechtschromosomen oder *Gonosomen*, in denen sich die Geschlechter unterscheiden. Bei Mensch, Säugetieren, der Taufliege Drosophila oder der Lichtnelke besitzen die Zellen im weiblichen Geschlecht zwei homologe, als *X-Chromosomen* bezeichnete Gonosomen (Karyotyp XX), im männlichen Geschlecht hingegen ein X-Chromosom und ein dazu nicht homologes *Y-Chromosom* (Karyotyp XY). Bei Schmetterlingen und Vögeln bezeichnet man die Gonosomen als Z- und W-Chromosomen, da hier die weiblichen Tiere *heterogametisch* (Karyotyp WZ), die männlichen *homogametisch* sind (Karyotyp ZZ). Da sich die Gonosomen in der Meiose wie homologe Chromosomen verhalten, ist die Zahl der Spermien mit X- und Y- beziehungsweise der Eizellen mit W- und Z-Chromosomen gleich groß. Das Geschlechterverhältnis nach der Befruchtung beträgt etwa 1 : 1.

**Extrachromosomale Vererbung.** Für einige wenige Merkmale sind Gene zuständig, die nicht auf den Chromosomen des Zellkerns, sondern in der DNA von Plastiden und Mitochondrien liegen. Ihre Erbinformation – als *Plastom* beziehungsweise *Mitochondriom* vom Genom unterschieden – steuert die Funktion dieser Organellen. Sie ist ein weiterer Beleg für deren Endosymbiontennatur (► S. 58). Extrachromosomale Gene werden nur über das Zellplasma der Eizelle vererbt.

---

**1** **Vergleichen Sie Mitose und Meiose nach Verlauf und Ziel.**
**2** **Geben Sie an, wo bei Säugetieren die Meiose stattfindet.**
**3** **Begründen Sie den Vorteil der diploiden Chromosomenausstattung, wie sie für höher entwickelte Lebewesen typisch ist.**
**4** **Erklären Sie die folgenden Synonyme: extrachromosomale, extranucleäre, plasmatische Vererbung.**
**5** **Bei Frauen können zwischen den Reifeteilungen mehr als 40 Jahre liegen. Informieren Sie sich zu Ursachen und Folgen.**

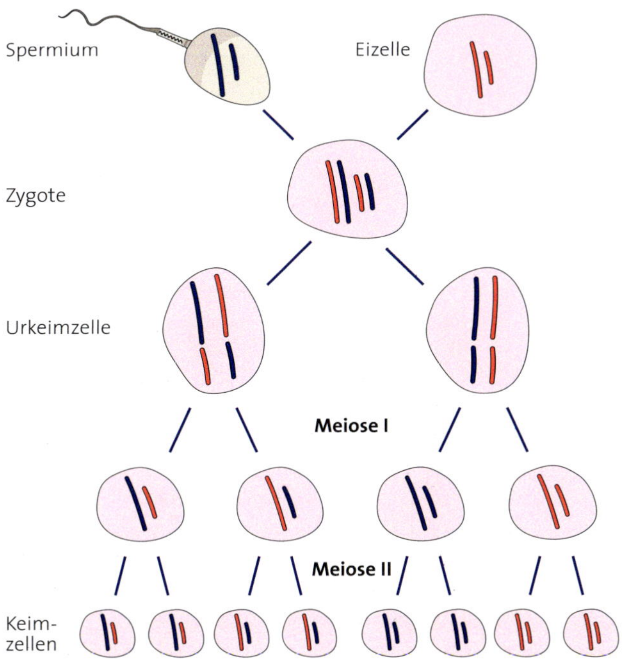


*1 Chromosomentheorie: Das chromosomale Geschehen bei Befruchtung und Meiose erklärt die mendelschen Erbgänge.*

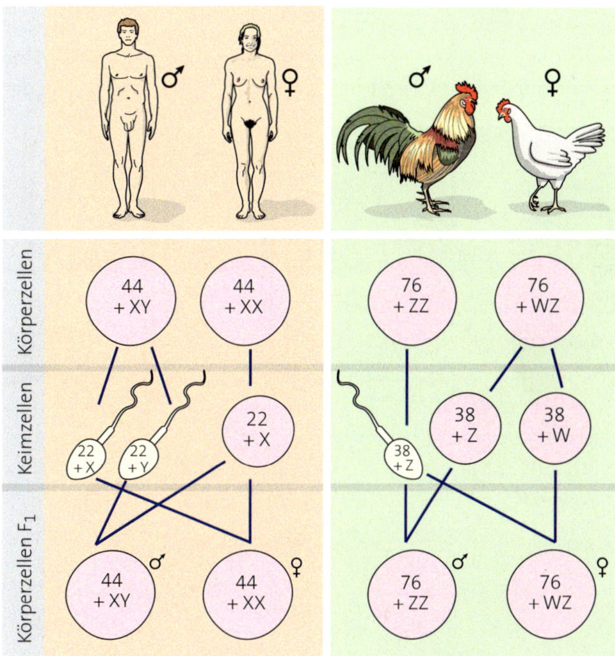


*2 Geschlechtschromosomen und Bestimmung des Geschlechts nach dem XY-Typ und dem WZ-Typ*

## Chromosomen als Träger der Gene

Die Zahl der Chromosomen ist bei allen Arten viel kleiner als die Zahl der Gene. Schon mit der Aufstellung der Chromosomentheorie war klar, dass die 3. mendelsche Regel der freien Kombinierbarkeit der Allele nur dann uneingeschränkt gilt, wenn die betreffenden Gene auf unterschiedlichen Chromosomen liegen. Gene auf demselben Chromosom sollten dagegen gekoppelt, also gemeinsam vererbt werden.

Aufschluss darüber, wie Gene auf den Chromosomen lokalisiert sind, brachten vor allem Versuche mit der Fruchtfliege *Drosophila melanogaster*. Der amerikanische Biologe THOMAS HUNT MORGAN erkannte ihre hervorragende Eignung als Forschungsobjekt der Genetik (► S. 177). Er begründete um 1907 die „Drosophila-Genetik".

**Genkopplung.** In zahlreichen dihybriden Kreuzungen von Drosophila stellte MORGAN fest, dass bei manchen Merkmalen nur zwei Phänotypen auftreten statt vier oder dass diese im Verhältnis zu den anderen viel häufiger sind, als nach der 3. mendelschen Regel zu erwarten ist. Er schloss daraus, dass bestimmte Merkmale nicht unabhängig voneinander vererbt werden. Seine Annahme, dass Gene, die immer oder bevorzugt gemeinsam vererbt werden, auf demselben Chromosom liegen, wurde eindrucksvoll bestätigt: Es fanden sich vier „Kopplungsgruppen" von Genen – das entspricht genau der Anzahl von Chromosomen bei Drosophila im einfachen Satz (► Bild S. 177 oben). Demnach kann man ein Chromosom auch als Kopplungsgruppe bestimmter Gene auffassen.

**Rekombination.** In der ersten meiotischen Teilung werden die vom Vater und die von der Mutter stammenden homologen Chromosomen nach dem Zufall auf die Tochterzellen verteilt. Dabei sind die Allele aller auf verschiedenen Chromosomen lokalisierten Gene frei kombinierbar. Ihr Erbgang entspricht der 3. mendelschen Regel. Allele, deren Genorte auf denselben Chromosomen liegen, werden in der Regel gemeinsam vererbt. Aber auch sie können entkoppelt und damit neu kombiniert werden: Während der Prophase I der Meiose können die gepaarten homologen Chromosomen Stücke ihrer Chromatiden austauschen. Befinden sich unterschiedliche Allele auf den getauschten Stücken, werden die betreffenden Merkmale später neu kombiniert. Dieser als *Crossing-over* bezeichnete Genaustausch beruht auf einer Überkreuzung der Chromatiden, die als *Chiasma* sichtbar ist (► Bild 1).

Alle genetischen Vorgänge, die zur Neukombination von Merkmalen führen – wie die zufallsgemäße Verteilung der elterlichen Chromosomen oder das Crossing-over bei der Meiose –, bezeichnet man als *Rekombination*.

**Anordnung der Gene auf den Chromosomen.** Die Häufigkeit des Crossing-over ist von Gen zu Gen auffällig verschieden. MORGAN vermutete, dass die Gene auf den Chromosomen *linear*, also hintereinander angeordnet sind und sie umso häufiger ausgetauscht werden, je größer ihr Abstand ist. Diese Hypothese bestätigte sich in vielen Versuchen und war der Schlüssel zur *Kartierung der Gene* auf den Chromosomen. Die Crossing-over-Häufigkeit, gemessen in Prozent oder Morgan-Einheiten (ME), dient als Maß für den relativen Abstand der *Genorte* oder *Loci* auf den Chromosomen. Auch für andere Lebewesen, von Bakterien bis zum Menschen, ist heute bekannt, dass auf jedem Chromosom Hunderte bis Tausende von Genen linear angeordnet sind. Ursache dafür ist der Aufbau des Chromosoms aus einer Nucleotidkette der DNA (► S. 146).

Heute kartiert man Gene bevorzugt mit verschiedenen Methoden der Molekulargenetik.

---

❶ **Wie viele Rekombinationen sind durch Verteilung der Chromosomen in der Meiose bei n Chromosomenpaaren möglich?**

❷ **Erläutern Sie mithilfe eines Schemas, inwiefern es einen Unterschied macht, ob ein Crossing-over zwischen Schwester- oder Nichtschwesterchromatiden stattfindet.**

❸ **Definieren Sie den Begriff der homologen Chromosomen unter Verwendung des Begriffs Genort.**

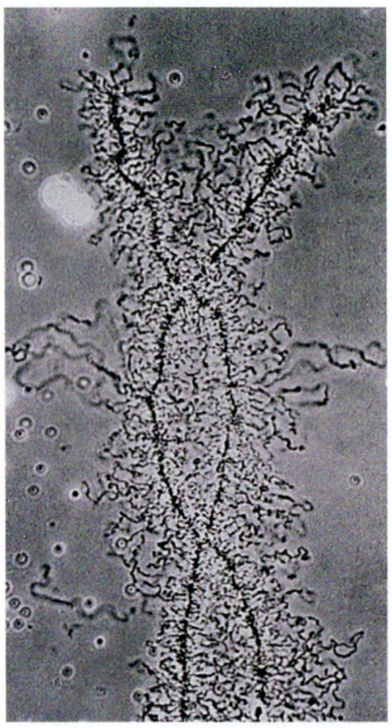

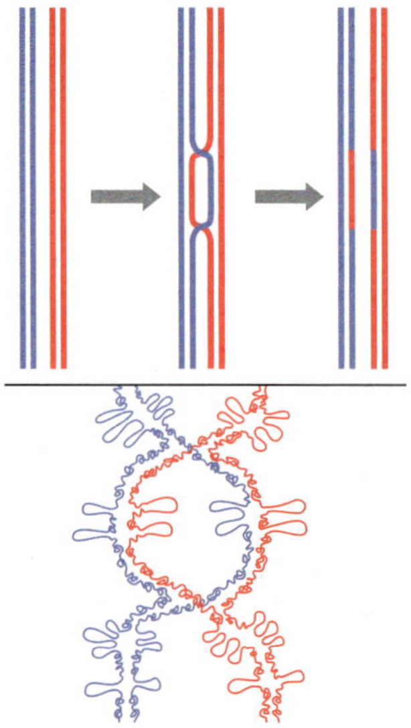

1 und 2 *Chiasmabildung bei der Meiose (Foto: Lampenbürstenchromosom aus der Eizelle eines Molchs) und Crossing-over*

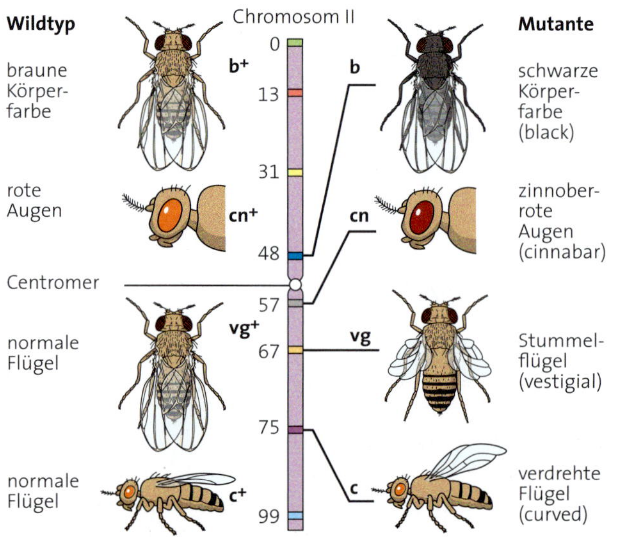


3 *Genkarte des Chromosoms 2 von Drosophila für vier Gene, ihre Abstände (in ME) und die zugehörigen Merkmale*

MATERIAL · METHODE · PRAXIS

# Drosophila – Modelltier der Genetik

Viele Erkenntnisse der Genetik verdanken wir Drosophila melanogaster, der Kleinen Tau-, Essig- oder Fruchtfliege. Sie ist weltweit verbreitet und kommt häufig an gärendem Obst vor, in dem sich auch ihre Larven entwickeln. Mit zuckerhaltigem Futterbrei lässt sie sich leicht züchten. Auch durch weitere Eigenschaften ist sie als Forschungsobjekt besonders geeignet:

- Ein Fliegenweibchen hat mehrere Hundert Nachkommen.
- Ihre Generationsdauer beträgt nur zwei Wochen.
- Neben dem Wildtyp findet man viele Mutanten mit gut erkennbaren Merkmalen.
- Ihr Chromosomensatz umfasst nur 4 Chromosomenpaare.
- Die Speicheldrüsen enthalten *Riesenchromosomen*, die durch Vervielfachung und Dauerpaarung der Chromatiden entstehen und auch in der Interphase gut sichtbar sind.

Inzwischen ist Drosophila auch ein wichtiger Modellorganismus der Entwicklungs- und Evolutionsbiologie und eines der am besten untersuchten Lebewesen überhaupt.

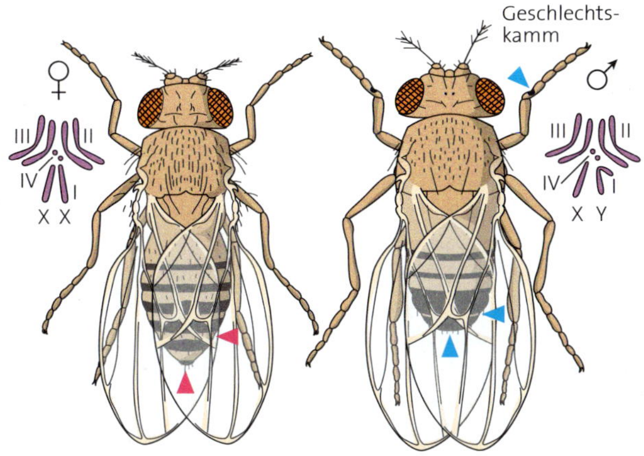


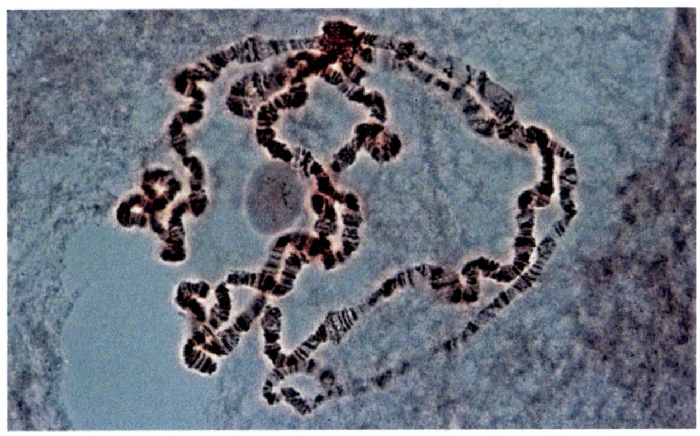

## Kreuzungsversuche mit Drosophila

**MATERIAL:** Drosophila-Zuchtstämme, zum Beispiel Wildtyp ($^+$), Stummelflügel (vestigial vg), Weiße Augen (white w), Zuchtgläser, Futterbrei, Narkosemittel, Stereomikroskop, Pinsel, Filterpapier, Markierstift

**DURCHFÜHRUNG:** Entfernen Sie alle Fliegen der zur Kreuzung ausgewählten Zuchten. Narkotisieren Sie 4 Stunden später die inzwischen geschlüpften Tiere und trennen Sie Männchen und Weibchen (► Bild oben) unter dem Stereomikroskop mit einem Pinsel. (Bis zum Alter von 4 Stunden sind Weibchen noch unreif und damit nicht begattet.) Bringen Sie für jede Kreuzung 5 Männchen und 5 Weibchen in ein tütenförmig gefaltetes Filterpapier, das Sie mit der Pinzette in ein frisches Zuchtglas setzen. Beschriften Sie das Glas nach dem Schema: Stamm Weibchen × Stamm Männchen, zum Beispiel vg × w.

Lassen Sie eine Woche nach Ansatz der Kreuzung die Elterntiere frei, um ein Überschneiden der Generationen zu vermeiden.

Narkotisieren Sie eine Woche nach dem Schlüpfen der ersten Fliegen alle bis dahin geschlüpften Tiere der Folgegeneration und zählen Sie unter dem Stereomikroskop die Tiere aller Phänotypen getrennt nach Geschlechtern aus. Erstellen Sie ein Erbschema, das die Versuchsergebnisse erklärt.

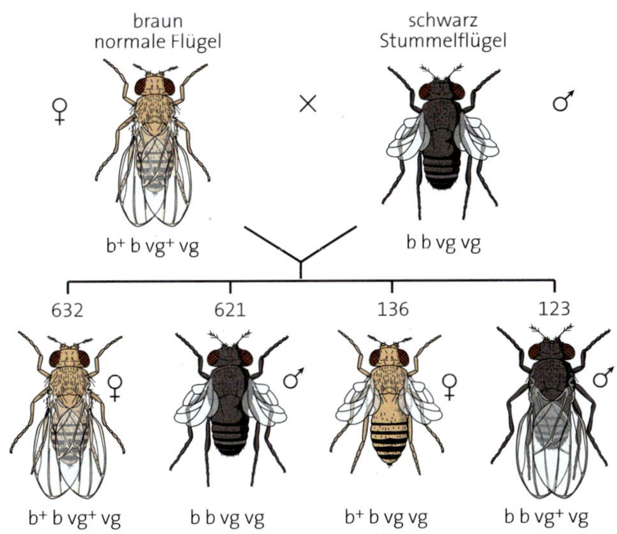


**1** **Welche Ergebnisse haben reziproke Kreuzungen zwischen „Wildtyp" (dominant) und „white"? Erklären Sie die Ergebnisse mit der Lage des Genorts w/$w^+$ auf dem X-Chromosom.**

**2** **Woraus kann man beim Erbgang im Bild rechts schließen, dass die Gene b/$b^+$ und vg/$vg^+$ gekoppelt sind? Zeichnen Sie ein Chromosomen-Schema des Erbgangs, das den Allelaustausch zeigt. Berechnen Sie den relativen Genabstand von b/$b^+$ und vg/$vg^+$. Vergleichen Sie den Wert mit Bild 3 auf Seite 176.**

**3** **Vergleichen Sie normale Metaphase-Chromosomen und Riesenchromosomen (► Bilder oben und Mitte). Erklären Sie, warum Riesenchromosomen dicker und warum sie länger sind.**

**4** **Bei manchen Mutanten beobachtet man ein verändertes Bandenmuster der Riesenchromosomen. Erläutern Sie, welche Erkenntnisse sich dadurch gewinnen lassen.**

**Stichworte zu weiteren Informationen**
Dreifaktorenkreuzung • Drosophila Genome Project • Hawaii

# Mutationen durch Veränderung der Chromosomen

Mutationen ereignen sich auf allen Strukturebenen der Erbinformation: *Genmutationen* umfassen Veränderungen der DNA (► S.160), *Chromosomenmutationen* sind Abwandlungen im Chromosomenbau, *Genommutationen* Abweichungen in der Chromosomenzahl. Die beiden letzten fasst man auch als *Chromosomenaberrationen* zusammen. Sie sind für das betroffene Individuum meist so schwerwiegend, dass sie deutlich seltener in Erscheinung treten, als sie entstehen: 50% der frühen Fehlgeburten des Menschen und 5% der tot geborenen Kinder, aber nur 0,5% der lebend geborenen sind betroffen.

**Chromosomenmutationen.** Diese *strukturellen Aberrationen* im Bau der Chromosomen sind im Allgemeinen mikroskopisch sichtbar, oft aber nur wenn besondere Färbetechniken angewendet werden (► S.179). Man unterscheidet Verlust *(Deletion)*, Umkehrung *(Inversion)*, Verlagerung *(Translokation* und *Transposition)* und Verdopplung *(Duplikation)* von Chromosomenabschnitten (► Bild 1). Chromosomenmutationen kommen vor allem durch Austausch nicht homologer Abschnitte beim Crossing-over in der Meiose zustande. Stark mutagen wirkt energiereiche Strahlung.

Die Auswirkungen einer Chromosomenmutation hängen von ihrem Umfang, dem betroffenen Genbestand und benachbarten Genen ab. Während schon kleinste Deletionen lebensbedrohlich sein können, wie der Verlust eines Abschnitts von Chromosom 5 beim *Katzenschrei-Syndrom* des Menschen, sind Translokationen ganzer Chromosomenarme oft so „balanciert", dass sie sich phänotypisch nicht auswirken. Ähnliches gilt für *zentrische Fusionen* – dabei verschmelzen Chromosomen an ihrem endständigen Centromer – oder *Fissionen*, dem Auseinanderfallen von Chromosomen am mittelständigen Centromer. Solche Mutationen waren wahrscheinlich für die Evolution der Säugetiere von großer Bedeutung.

**Genommutationen.** Sind einzelne Chromosomen überzählig oder fehlen, spricht man von *Aneuploidie*; ist der gesamte Chromosomensatz über den doppelten Satz hinaus vervielfacht, von *Polyploidie*. Auch diese *numerischen Chromosomenaberrationen* gehen häufig auf Fehler bei der Zellteilung zurück. Sie entstehen, wenn sich homologe Chromosomen nicht ordnungsgemäß auf die Tochterzellen verteilen oder wenn nach einer Kernteilung die Zellteilung unterbleibt.

Aneuploidie wirkt meist letal, außer bei sehr kleinen Chromosomen oder Gonosomen. Beispiele für solche Ausnahmen sind das überzählige Chromosom 21 bei der *Trisomie 21*, das fehlende Y-Chromosom beim *Turner-Syndrom* und überzählige X-Chromosomen beim *Klinefelter-Syndrom* des Menschen. Obwohl das X-Chromosom viele wichtige Gene trägt, wirkt sich selbst seine Vervielfachung kaum aus, da in jeder Zelle alle über ein X-Chromosom hinaus vorhandenen X-Chromosomen inaktiviert werden.

Polyploidie findet sich besonders häufig bei Pflanzen. Wenn es ausnahmsweise zu Kreuzungen zwischen nahe verwandten Arten kommt, entstehen sterile Artbastarde. Nach einer Polyploidisierung ihrer nicht homologen Chromosomensätze können sie sich aber wieder geschlechtlich fortpflanzen. Viele Kulturpflanzen wie Weizen, Pflaume, Apfel und Erdbeere sind solche *allopolyploiden Artbastarde*. Polyploide Pflanzen haben in der Regel besonders große Früchte (► S.195).

---

1. **Begründen Sie, warum sich Translokationen beim Betroffenen meist nicht, bei seinen Nachkommen fast immer auswirken.**
2. **Informieren Sie sich über die Evolution des Saatweizens und seinen allopolyploiden Chromosomenbestand.**
3. **Erklären Sie mit einem Schema der Meiose, warum Artbastarde steril sind, nach Allopolyploidie aber fertil werden.**

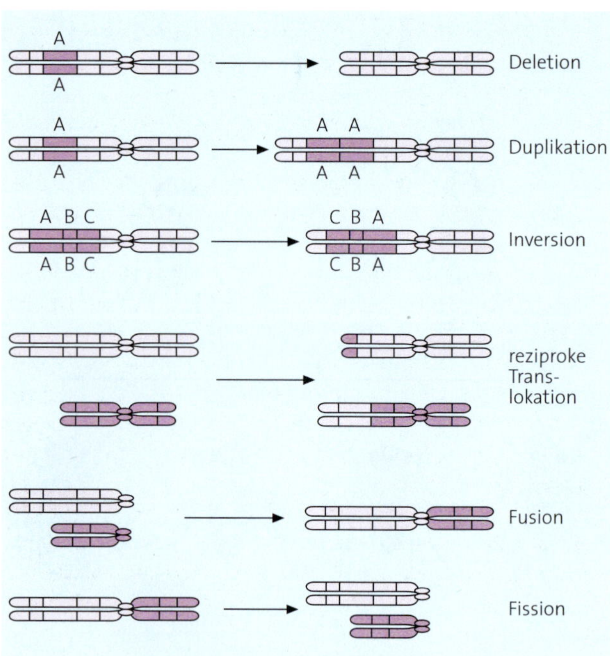


1 *Verschiedene Formen von Chromosomenmutationen*

2 *Gartenerdbeere: polyploider Bastard aus zwei Wildarten*

MATERIAL · METHODE · PRAXIS

# Chromosomen und Karyotyp

Seit man weiß, dass Chromosomen die Träger der Erbinformation sind, haben sich die Methoden zu ihrer Untersuchung ständig verfeinert. Hochspezifische *Färbemethoden* ergänzen heute die mikroskopische Technik, beispielsweise die *Giemsa- oder G-Bandenfärbung*. Dabei behandelt man Präparate sich teilender Zellen vor dem Färben mit Proteinasen oder Säure. Damit gelingt es, Chromosomen individuell zu identifizieren, den *Karyotyp* – die Gesamtheit der Chromosomen einer Zelle – zu erfassen und Chromosomen als *Karyogramm* geordnet darzustellen. Mikrooperationen mit der „optischen Pinzette" eines Laserstrahls liegen inzwischen ebenso im Bereich des Möglichen wie die Konstruktion künstlicher Chromosomen.

**Karyotyp des Menschen und häufigere Aberrationen**

(nach den internationalen Nomenklaturregeln)

| Karyotyp | Häufigkeit | Benennung |
|---|---|---|
| 46, XX | | normal weiblich |
| 46, XY | | normal männlich |
| 45, X0 | 1 : 2500 | Turner-Syndrom |
| 47, XXY | 1 : 700 | Klinefelter-Syndrom |
| 47, XXX | 1 : 800 | Triple-X-Syndrom |
| 47, XYY | 1 : 500 | YY-Syndrom |
| 47, XX oder XY, +21 | 1 : 700 | Down-Syndrom |
| 47, XX oder XY, +18 | 1 : 3 000 | Edwards-Syndrom |
| 46, XX oder XY, 5p– | 1 : 30 000 | Katzenschrei-Syndrom |

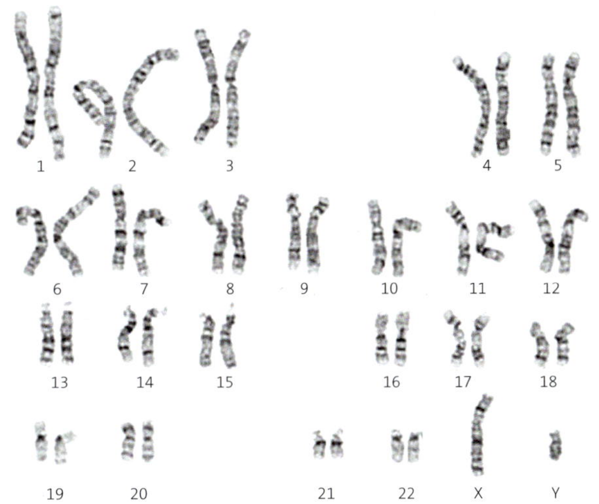


## Baumerkmale von Chromosomen

Chromosomen bestehen aus DNA und speziellen Proteinen und sind im Zellzyklus unterschiedlich dicht gepackt (► S. 146). In der Metaphase der Mitose erreichen sie mit ihrer größten Dichte auch eine kennzeichnende Gestalt aus zwei identischen Chromatiden und dem Centromer (► Bild rechts). Nach dem Abstand des Centromers, der Ansatzstelle der Spindelfasern (► S. 26), zu den Enden oder der Mitte unterscheidet man akro-, submeta- und metazentrische Chromosomen. In einem Karyogramm werden die Chromosomen nach Größe, Lage des Centromers und dem Längenverhältnis der mit p und q bezeichneten Arme angeordnet.

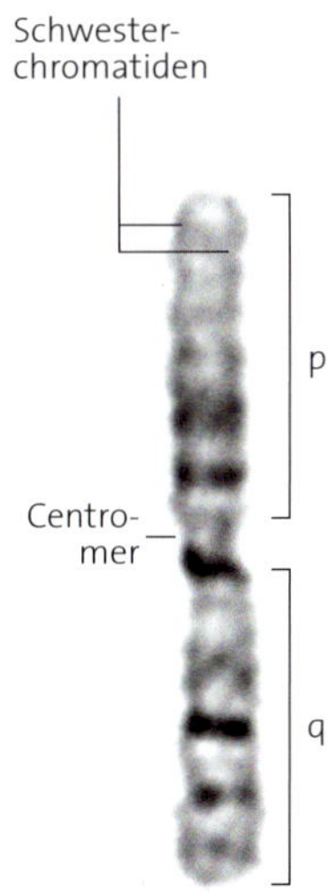


## Färbung inaktiver X-Chromosomen

**MATERIAL:** Essigsäure (50 %, C), Salzsäure (1 n), Färbelösung (frisch bereitet aus 0,2 g Diamantfuchsin in 100 ml dest. Wasser bis zum Kochen erhitzt, abgekühlt, filtriert), Alkohol, fettfreie Objektträger, Bechergläser, Färbeküvetten, Wasserbad, Einschlussmittel, Deckgläser, Mikroskop

**DURCHFÜHRUNG:** Bringen Sie ein ausgerissenes Haar mit dem Bulbus, der weißlichen Verdickung oberhalb der Wurzel, für 2 min in einen Tropfen Essigsäure. Ziehen Sie dann den Bulbus mehrmals über einen Objektträger, um Zellen abzustreifen. Lassen Sie das Präparat 5 min trocknen und stellen Sie es danach für 8 min bei 60 °C (Wasserbad) in Salzsäure. Färben Sie das Präparat 5 min in der Färbelösung, tauchen Sie es anschließend zwei- bis dreimal in Alkohol und lassen Sie es trocknen.

Mikroskopieren Sie das Präparat nach dem Einschließen. Untersuchen Sie dazu mindestens 50 Zellkerne: In männlichen Kernen finden Sie selten, in weiblichen zu 40 bis 80 % ein gut gefärbtes, randständiges Barr-Körperchen (► Bild links). Dabei handelt es sich um das inaktive zweite X-Chromosom. Sind die Ergebnisse der Färbung unbefriedigend, variieren Sie die Färbedauer entsprechend.

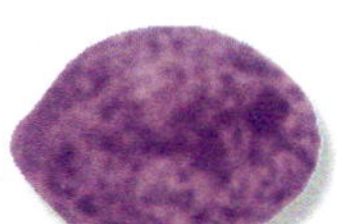

1. Versuchen Sie das Ordnungsprinzip der Chromosomen im Karyogramm des Menschen (► Bild oben) herauszufinden.
2. Identifizieren Sie das Chromosom im Bild links durch Vergleich mit dem Karyogramm.
3. Nach welcher Regel richtet sich die Zahl der Barr-Körperchen im Zellkern? Wenden Sie die Regel auf Zellen mit aberranten Karyotypen an.
4. Erklären Sie, wie aberrante Karyotypen des Menschen entstehen (► Tabelle oben). Informieren Sie sich über die phänotypischen Auswirkungen.
5. Chromosom 2 des Menschen ist nach der stammesgeschichtlichen Trennung von Mensch und Menschenaffen durch zentrische Fusion aus zwei akrozentrischen Chromosomen entstanden. Welche Chromosomenzahl müssen Menschenaffen demnach haben?
6. Die dunkel gefärbten G-Banden zeigen bei etwa 30 % der Menschen mikroskopisch unterscheidbare Varianten. Versuchen Sie einen Zusammenhang mit den RFLP (► S. 200) herzustellen.

**Stichworte zu weiteren Informationen**

In-situ-Hybridisierung • FISH • Telomere • optische Pinzette • YAC • Chromosomensatelliten • somatische Zellhybridisierung

## Vererbung beim Menschen

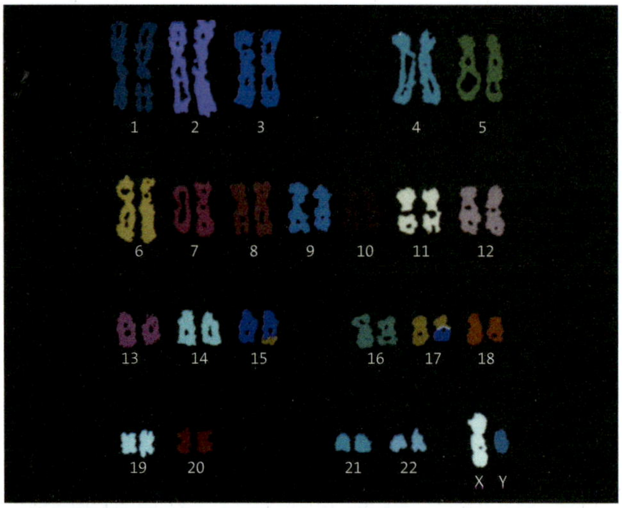


*1 Chromosomenuntersuchungen helfen bei der Diagnose mancher genetisch bedingter Störungen und Krankheiten.*

*2 Für die Zwillingsforschung sind besonders ältere Paare eineiiger Zwillinge interessant.*

Die Vererbung beim Menschen erfolgt prinzipiell nach denselben Gesetzmäßigkeiten wie die Vererbung bei Pflanzen und Tieren. Die *Humangenetik* hat jedoch einen speziellen Arbeitsschwerpunkt. Sie untersucht vor allem genetisch bedingte Erkrankungen, erbliche Missbildungen und die Möglichkeiten ihrer Prävention und Behandlung. Sie ist darüber hinaus zunehmend beteiligt an der Erforschung des Alterns, der Entstehung von Krebs (► S. 164) und der Wirkung von Medikamenten und Nährstoffen. Experimente wie das gezielte Auslösen von Mutationen oder Kreuzungsversuche sind aus ethischen Gründen ausgeschlossen. Die wichtigste Basis für die humangenetische Forschung ist daher die natürliche genetische Variabilität der Menschen.

**Methoden der Humangenetik.** Vererbungsvorgänge lassen sich auf verschiedenen Ebenen untersuchen.

- Analysen auf der Ebene *der DNA* und der primären Genprodukte erfolgen mit biochemischen und molekularbiologischen Methoden (► S. 150, 151). Sie decken molekulargenetische Ursachen menschlicher Merkmale auf (► S. 158). Neuerdings werden dafür auch Methoden der Genomforschung (► S. 203) eingesetzt. Bei fraglicher Verwandtschaft kann zum Beispiel ein genetischer Abstammungsnachweis vorgenommen werden.
- Für Krankheiten und Entwicklungsstörungen, die auf Veränderungen *der Chromosomen* beruhen, werden zytogenetische Untersuchungen durchgeführt (► S. 179), die in der Praxis der pränatalen Diagnostik eine große Rolle spielen (► S. 185).
- Auf der Ebene *des Phänotyps* setzen die traditionellen Methoden der Familienforschung, der Zwillingsforschung und der Populationsgenetik an.

**Populationsgenetik.** Die *Populationsgenetik* beschäftigt sich nicht mit Individuen, sondern mit Vererbungsvorgängen in *Populationen*. Sie untersucht, wie häufig Allele in der Bevölkerung auftreten, wie sie sich auf verschiedene Bevölkerungsgruppen verteilen und wie sich diese Größen in der Zeit, also in der Generationenfolge, verändern. Populationsgenetische Studien dienen vor allem dazu, den Verlauf und die Verbreitung genetisch bedingter Erkrankungen zu verfolgen. Ebenso wie Untersuchungen an Tier- und Pflanzenpopulationen spielen sie auch eine wichtige Rolle bei der Analyse von Evolutionsvorgängen (► S. 249).

**Zwillingsforschung.** Ein besonderes Interesse der Humangenetik liegt darin, herauszufinden, wie stark sich jeweils Gene und Umwelt auf die Ausprägung bestimmter Merkmale auswirken. Dabei stützt sich die humangenetische Forschung auf den Vergleich von *Zwillingen*, besonders bei komplexen Merkmalen, die *polygen vererbt* und *durch Umweltfaktoren beeinflusst* werden (► S. 186). Anhand der Merkmalsdifferenz zwischen eineiigen und zweieiigen Zwillingen ließe sich der genetische Anteil an der Variabilität eines Merkmals abschätzen (► S. 171). Eine Schwierigkeit der Methode besteht allerdings in der geringen Zahl von Zwillingen mit unterschiedlicher Umwelt.

**Familienforschung.** Die *Familienforschung* oder *Stammbaumanalyse* untersucht in erster Linie den Vererbungsmodus bestimmter Merkmale und Krankheiten. Dazu werden – mithilfe von Daten aus Geburts-, Heirats- und Sterberegistern – Stammbäume über möglichst viele Generationen erstellt. Aus der Art, wie ein Merkmal in der Generationenfolge auftritt, kann man auf die Genotypen einzelner Personen im Stammbaum zurückschließen und so die Phänotypen eindeutig erklären. Diese Methode eignet sich allerdings nur für Erbgänge von *monogen bedingten Merkmalen*. Bis 2008 waren über 18 000 solcher „Mendel-Merkmale" bekannt.

Obwohl molekulargenetische Forschung heute oft im Vordergrund steht, spielt in der Praxis der *genetischen Beratung* (► S. 184) die Analyse von Erbgängen weiterhin eine sehr wichtige Rolle.

**1** **Korrigieren Sie die angeblich auf der Zwillingsforschung basierende Aussage, 40 % eines Merkmals bei einer Person beruhten auf Vererbung und 60 % auf Umwelteinflüssen.**

**2** **Informieren Sie sich (zum Beispiel im Internet) über das Programm zur Prävention der β-Thalassämie auf Zypern. Diskutieren Sie an diesem Beispiel Bedeutung und Probleme der Populationsgenetik beim Menschen.**

**Analyse von Erbgängen.** Bei der *Stammbaumanalyse* wird vom Phänotyp auf den Genotyp rückgeschlossen mit dem Ziel, den Erbgang eines Merkmals aufzuklären. Dabei geht man davon aus, dass das Merkmal ererbt ist, also auf Rekombination zurückgeht, kann jedoch auch eine Mutation nicht völlig ausschließen. Statistisch rechnet man mit 3 bis 4 Neumutationen pro Generation. Die Erbgänge werden durch international gebräuchliche Symbole grafisch dargestellt (► Bild 1).

Zunächst versucht man zu klären, ob ein Merkmal *dominant* oder *rezessiv* vererbt wird. Da sich ein dominantes Allel immer als Merkmal ausprägt, ein rezessives hingegen nur bei Homozygoten in Erscheinung tritt, kann man in folgenden Fällen auf dominante oder rezessive Vererbung schließen:

- Sind Merkmalsträger unter den Kindern von Eltern, die das Merkmal nicht ausprägen, liegt rezessive Vererbung vor.
- Haben Eltern, die das Merkmal ausprägen, auch Kinder ohne das Merkmal, ist dies ein Beleg für dominante Vererbung.

Ausgehend von Personen, deren Genotyp auf diese Weise ermittelt ist, versucht man die Genotypen weiterer Mitglieder des Stammbaums zu erschließen.

Die Genorte der meisten Merkmale liegen auf einem der 22 Autosomen, sie werden *autosomal* vererbt. Im Unterschied dazu treten *gonosomal*, also durch Genorte auf Geschlechtschromosomen vererbte Merkmale nicht unabhängig vom Geschlecht auf. Typisch für ein X-chromosomal vererbtes rezessives Merkmal ist, dass bei Männern bereits die einfache genetische Information ausreicht, damit das Merkmal in Erscheinung tritt. Ursache dafür ist, dass Männer – anders als Frauen – nur *ein* X-Chromosom haben und ihnen daher bei X-chromosomaler Vererbung ein homologes Allel fehlt. Dieser Zustand wird als *hemizygot* bezeichnet.

Bei Frauen tritt ein gonosomal-rezessiv vererbtes Merkmal nur auf, wenn das entsprechende Allel auf beiden X-Chromosomen vorhanden ist. Dazu kann es kommen, wenn der hemizygote Vater und die heterozygote Mutter das X-Chromosom mit dem rezessiven Allel weitergeben. Heterozygote Frauen, die das rezessive Allel weitergeben können, ohne dass es bei ihnen in Erscheinung tritt, bezeichnet man als Überträgerinnen oder *Konduktorinnen*.

Bei X-chromosomal dominanter Vererbung tritt das Merkmal bei Frauen etwa doppelt so häufig auf wie bei Männern. Gonosomal-dominante Erbgänge sind meist nur schwer von autosomal-dominanten zu unterscheiden.

**Schwierigkeiten bei der Analyse.** Einige Besonderheiten erschweren die Analyse von Erbgängen beim Menschen:

- *Kodominanz*: Die Blutgruppen des AB0-Systems werden durch unterschiedliche Glykolipide in der Erythrocytenmembran bewirkt (► S. 234). Ihnen liegen drei Allele eines Genorts zugrunde. Sie sind also ein Beispiel für multiple Allelie. Die Allele A und B sind *dominant* gegenüber Allel 0. Heterozygote Merkmalsträger mit den Allelen A0 oder B0 sind phänotypisch nicht von homozygoten mit den Allelen AA beziehungsweise BB zu unterscheiden. Erbt ein Kind die Allele A und B, so prägen sich *beide* Allele *kodominant* als Blutgruppe AB aus. Die Blutgruppe 0 wird ausgeprägt, wenn das rezessive Allel 0 homozygot vorliegt.
- *Variable Expressivität*: Auch bei Individuen mit gleichem Genotyp können sich Merkmale unterschiedlich stark äußern.
- *Unvollständige Penetranz*: Es kommt vor, dass sich ein Merkmal nur bei einem Teil der Individuen desselben Genotyps zeigt.

Die beiden letztgenannten Effekte gehen auf den Einfluss anderer Gene zurück, die die Genaktivität regeln, oder aber auf Umwelteinflüsse. Im Extremfall können Umweltfaktoren auch das Vorhandensein eines bestimmten Allels vortäuschen. Man spricht dann von *Phänokopie*.

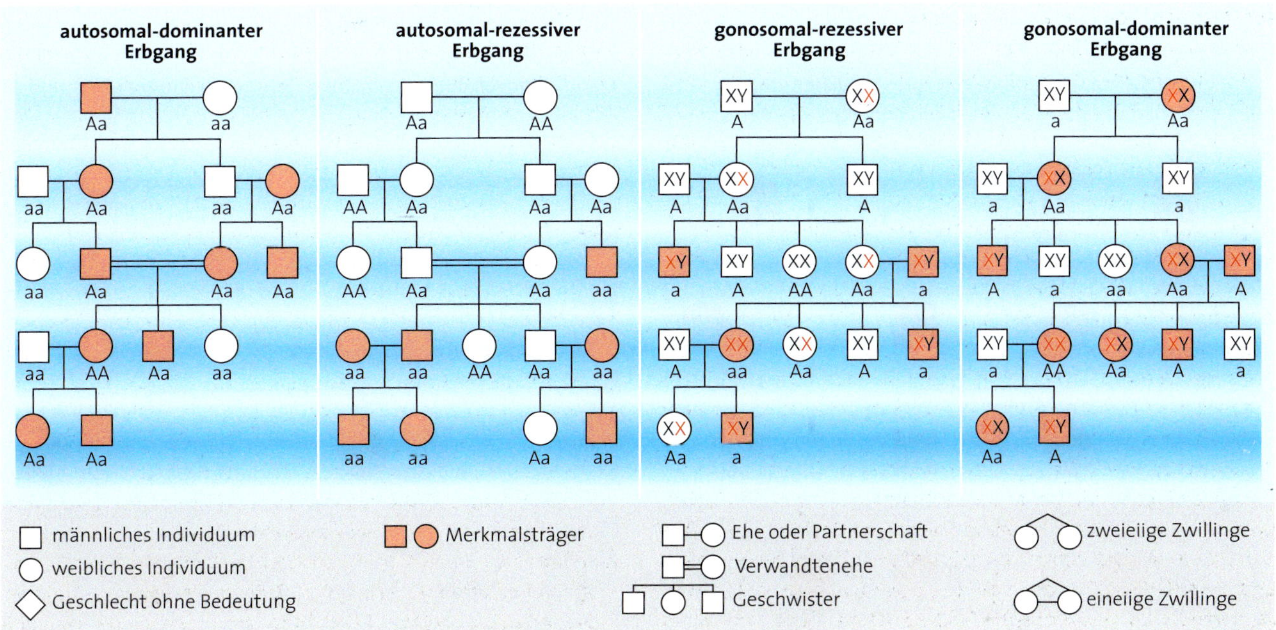


1 *Darstellung verschiedener Erbgänge in Stammbäumen mit international gebräuchlichen Symbolen*

## Analyse menschlicher Erbgänge

Häufig wird die genetische Grundlage eines Merkmals erst erkannt, wenn seine Funktion krankhaft verändert ist. Damit ist die Analyse genetisch bedingter Erkrankungen und Entwicklungsstörungen beim Menschen nicht nur medizinisch von Bedeutung, sondern Teil der humangenetischen Grundlagenforschung. Erbkrankheiten sind zwar selten, für die Betroffenen aber schicksalhaft, da man sie bisher nicht ursächlich behandeln kann.

**Autosomal-dominant vererbte Krankheiten.** Die häufigste autosomal-dominant vererbte Krankheit ist die *familiäre Hypercholesterinämie*, von der eines unter 500 Neugeborenen betroffen ist. Die Krankheit beruht auf einer Mutation im Gen für ein Rezeptorprotein, das die Aufnahme von Cholesterin aus dem Blut in die Zellen vermittelt. Die Mutation führt zu funktionsuntüchtigen Rezeptoren. Überschüssiges Cholesterin wird in die Wände von Blutgefäßen eingelagert. Dadurch werden die Gefäße verengt, verhärtet und verlieren ihre Elastizität. Als Folge dieser Arteriosklerose steigt vor allem das Risiko für Herzinfarkt und Schlaganfall.

Bei homozygot Betroffenen, die überhaupt keine Rezeptoren bilden, liegt der Blutspiegel an Cholesterin um das Sechsfache über dem Normalwert. Ohne regelmäßige Blutwäsche, durch die überschüssiges Cholesterin entfernt wird, erleiden sie bereits in früher Kindheit erste Herzinfarkte. Bei Heterozygoten ist der Cholesterinspiegel nur doppelt so hoch wie normal, da bei ihnen etwa die Hälfte der Rezeptoren funktioniert. Die Krankheit wird demnach *unvollständig dominant* vererbt. Einseitige Ernährung mit einem hohen Anteil an tierischem Fett kann eine nicht erbliche Phänokopie verursachen.

Erbliche Missbildungen von Körpergestalt und Gliedmaßen wie *Kurz-* und *Vielfingrigkeit* werden meist autosomal dominant vererbt. Zu ihnen zählt auch das *Marfan-Syndrom*. Diese Bindegewebskrankheit wird durch ein mutiertes Allel auf Chromosom 15 verursacht, wirkt sich aber *polyphän* überall im Körper aus, wo Gewebe mit elastischen Fasern vorkommt (▶ Bild 2). Diese bestehen zum Teil aus dem Protein Fibrillin, dem direkten Genprodukt und *eigentlichen Merkmal*.

Viele autosomal-dominant vererbte Krankheiten sind letal oder die Schädigungen sind so gravierend, dass die Betroffenen

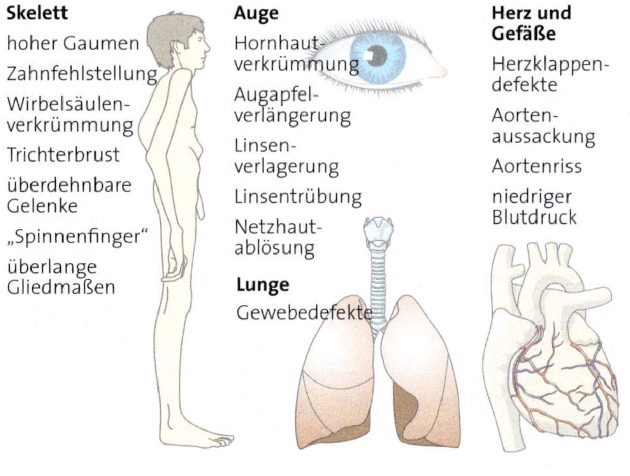


2 *Polyphänie beim Marfan-Syndrom*

nicht das Fortpflanzungsalter erreichen. In den meisten Fällen ist ein *Elternteil heterozygot* für das krankheitsverursachende Allel, der andere Elternteil trägt das rezessive Allel homozygot. Statistisch wird das mutierte Gen an die Hälfte der Kinder weitergegeben, die dann ebenfalls erkranken.

**Autosomal-rezessiv vererbte Krankheiten.** Bei autosomal-rezessiv vererbten Krankheiten handelt es sich meist um *Stoffwechseldefekte*, die auf dem Ausfall eines Enzyms beruhen wie die Phenylketonurie (▶ S. 154). Heterozygote haben nur etwa die Hälfte der Enzymmenge. Dies reicht in der Regel aus, um die Lebensfunktionen aufrechtzuerhalten.

Allele, die autosomal-rezessiv vererbte Krankheiten hervorrufen, kommen mit Häufigkeiten von 1 : 100 bis 1 : 1000 vor. Das Erkrankungsrisiko liegt also zwischen 1 : 10 000 und 1 : 1 000 000. Die Wahrscheinlichkeit einer Erkrankung erhöht sich allerdings für solche Kinder, deren Eltern miteinander verwandt sind. Je näher der Verwandtschaftsgrad des Paars, desto größer ist auch die Wahrscheinlichkeit, dass beide heterozygote Träger eines rezessiven Allels sind.

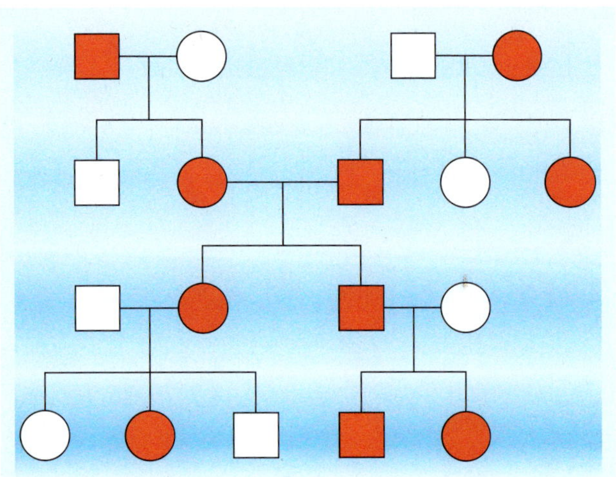

1 *Stammbaum bei familiärer Hypercholesterinämie*

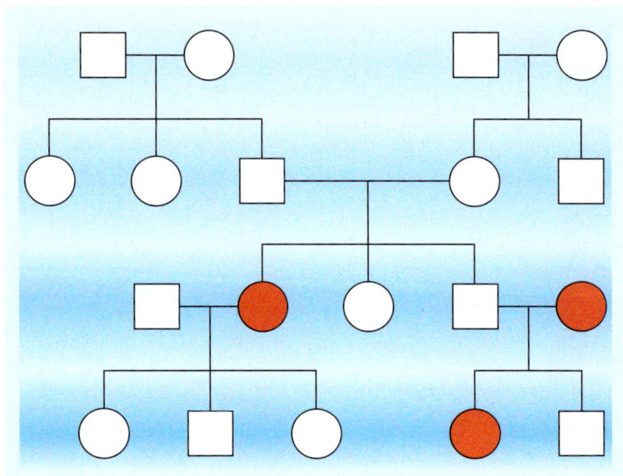

3 *Stammbaum bei Phenylketonurie*

**Aberrationen der Autosomen.** Abweichungen in der Zahl der Autosomen sind letal, außer wenn sie sehr kleine Chromosomen betreffen. Die häufigste numerische Chromosomenaberration ist die *Trisomie 21*, auch *Down-Syndrom* genannt. Sie tritt in Europa etwa bei jedem 700. Kind auf. Die Betroffenen sind meist kleinwüchsig und leiden oft an Herzfehlern. Sie sind wegen der gestörten Geschlechtsentwicklung steril und in der Regel geistig behindert. Allerdings ist das Ausmaß der Behinderung individuell sehr verschieden und hängt auch stark davon ab, welche Förderung das einzelne Kind erfährt. Aufgrund der im Gesicht erkennbaren Merkmale wurde das Syndrom früher auch als „Mongolismus" bezeichnet.

**Gonosomal-rezessiv vererbte Krankheiten.** Die Gene der meisten gonosomal-rezessiv vererbten Krankheiten liegen auf dem X-Chromosom, da das Y-Chromosom nur wenige Genorte trägt. Am häufigsten sind Muskeldystrophien und Hämophilien. *Muskeldystrophie* bezeichnet den fortschreitenden Muskelabbau, der beim *Typ Duchenne* bereits im Kleinkindalter einsetzt und meist früh zum Tod führt. Die Krankheit beruht auf dem Fehlen des Muskelproteins Dystrophin. Beim *Typ Becker* ist lediglich die Struktur des Proteins verändert, die Symptome sind weniger ausgeprägt. Bei *Hämophilien* – Störungen der Blutgerinnung durch defekte Gerinnungsfaktoren – unterscheidet man *Hämophilie A*, die durch Veränderungen des Faktors VIII und die seltenere *Hämophilie B*, die durch das mutierte Gen für Faktor IX verursacht wird.

Männer sind hemizygot für alle X-chromosomalen Gene, daher treten bei ihnen rezessiv X-chromosomal vererbte Krankheiten wesentlich häufiger auf als bei Frauen. Eine heterozygote Mutter gibt als Konduktorin das krankheitsverursachende Allel statistisch an die Hälfte der Kinder weiter. Die Hälfte der Söhne erkrankt. Alle Töchter sind phänotypisch gesund, obwohl ebenfalls jede zweite das Allel besitzt und als Konduktorin weitervererbt. Die Kinder eines hemizygot erkrankten Mannes und einer homozygot gesunden Frau sind alle gesund: Die Söhne erhalten das Y-Chromosom des Vaters und eines der beiden X-Chromosomen der Mutter mit normalem Allel; alle Töchter sind heterozygote Konduktorinnen.

**Gonosomal-dominant vererbte Krankheiten.** Krankheiten, die über das X-Chromosom dominant vererbt werden, sind sehr selten. Dazu gehört die Vitamin-D-resistente, also nicht durch Vitamin-D-Gaben behandelbare *Rachitis mit Hypophosphatämie*. Trägt der Vater das mutierte Allel, so sind alle seine Söhne gesund, alle Töchter sind von der Krankheit betroffen. Eine heterozygote Mutter vererbt die Krankheit mit 50%iger Wahrscheinlichkeit an ihre Kinder.

**Aberrationen der Gonosomen.** Eine von der Norm abweichende Anzahl an Gonosomen ist angeboren, wird aber nicht vererbt, da sie – wie Aneuploidien von Autosomen auch – bei der Meiose entsteht. Sie wirkt sich auf die Geschlechtsentwicklung aus und führt zu Abweichungen bei den Geschlechtsmerkmalen. Das Turner-Syndrom ist durch den Karyotyp X0 gekennzeichnet. Die Betroffenen sind phänotypisch weiblich, werden aber nicht geschlechtsreif und bilden keine sekundären Geschlechtsmerkmale. Die Auswirkungen des fehlenden X-Chromosoms sind vergleichsweise gering, da auch bei einer gesunden Frau mit zwei X-Chromosomen eines schon während der Embryonalentwicklung weitgehend inaktiviert wird. Es kondensiert in jeder Zelle an der Innenseite der Kernmembran zu einem kompakten Gebilde, dem *Barr-Körperchen*. Auf welche Weise dessen Gene die Geschlechtsentwicklung beeinflussen, ist noch unklar.

Menschen mit anderen gonosomalen Aberrationen wie *Klinefelter-*, *Triple-X-* oder *YY-Syndrom* sind meist ebenfalls unfruchtbar und in der Regel vermindert intelligent.

**Genomische Prägung.** Bei einigen genetisch bedingten Krankheiten bewirken Mutationen unterschiedliche Krankheitsbilder, je nachdem, ob das betreffende Allel vom Vater oder von der Mutter stammt. So kennt man zwei Krankheiten, die auf eine Deletion am langen Arm von Chromosom 15 zurückgehen. Das *Prader-Willi-Syndrom* äußert sich in Minderwuchs, Muskelschwäche und deutlichem Übergewicht. Es tritt nur auf, wenn sich die Deletion in dem Chromosom ereignet, das vom Vater stammt. Ist dagegen das von der Mutter stammende Chromosom betroffen, kommt es zum *Angelman-Syndrom* mit Sprachstörungen, übertriebener Fröhlichkeit und geistiger Behinderung. Die Gene, die beide Krankheiten hervorrufen, liegen im selben Chromosomenabschnitt. Offenbar sind von bestimmten Genen nur *entweder* die mütterlichen *oder* die väterlichen Allele aktiv – ein Phänomen, das man als *genomische Prägung* bezeichnet. Wenn das aktive Allel aufgrund einer Deletion fehlt, wird es durch das homologe Allel nicht ausgeglichen. Die Genwirkung fällt also vollständig aus. Grund für diese Inaktivierung ist vermutlich das geschlechtsspezifische *Methylierungsmuster* (▶ S. 163) der DNA. Es wird bereits bei der Keimzellbildung im Körper der Eltern angelegt.

---

**1** **Analysieren Sie die Stammbäume für familiäre Hypercholesterinämie und Phenylketonurie auf der gegenüberliegenden Seite und bestimmen Sie den Genotyp aller Individuen.**

**2** **Erklären Sie, weshalb Hämophilie A bei Männern wesentlich häufiger auftritt als bei Frauen.**

**3** **Recherchieren Sie, durch welche Maßnahmen die Folgen einer Trisomie 21 für Betroffene gemildert werden können.**

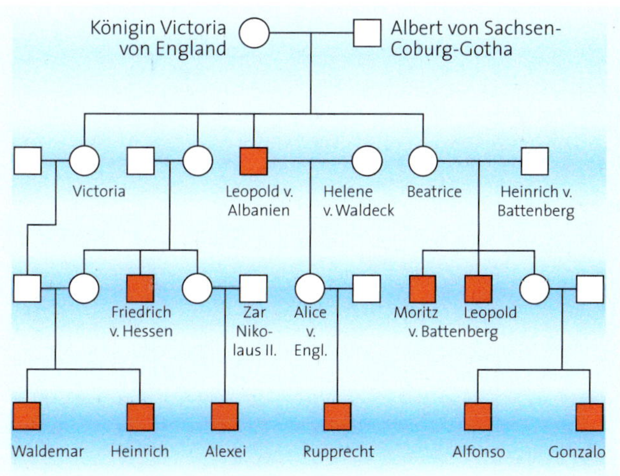


1 *Hämophilie A in europäischen Fürstenhäusern*

## Genetische Beratung

Die Möglichkeiten, genetisch bedingte Krankheiten und Fehlbildungen eines Kindes bereits während der Schwangerschaft festzustellen, haben sich in den letzten Jahren deutlich verbessert. Gleichzeitig stieg auch das Risikobewusstsein von Paaren mit Kinderwunsch. Eltern wünschen sich gesunde Kinder und entsprechend groß ist inzwischen der Beratungsbedarf. Normalerweise kommen Kinder gesund zur Welt und entwickeln sich auch normal. Bei 2 bis 3 % der Neugeborenen treten allerdings Krankheiten oder Fehlbildungen auf, die genetisch bedingt sein können. Wenn Paare das Risiko einer genetisch bedingten Beeinträchtigung ihres Kindes ermitteln wollen, können sie eine *genetische Beratungsstelle* aufsuchen. In Deutschland gibt es mehr als hundert dieser Einrichtungen.

Die genetische Beratung wird meist von einem humangenetisch ausgebildeten Arzt oder einer Ärztin durchgeführt. Die Ratsuchenden oder das Paar, das sich ein Kind wünscht, können im Beratungsgespräch alle *Probleme* ansprechen, die sich aus dem Auftreten oder dem Risiko einer genetisch bedingten Erkrankung oder Fehlentwicklung in einer Familie ergeben.

**Indikationen.** Das Risiko einer genetisch bedingten Erkrankung oder Fehlentwicklung ist nicht bei allen Elternpaaren gleich groß. Deshalb wird genetische Beratung nur bei folgenden *Indikationen* durchgeführt:
- Die Eltern haben bereits ein Kind oder mehrere Kinder mit einer genetisch bedingten Erkrankung oder Fehlbildung.
- Ein Elternteil oder beide Eltern leiden an einer genetisch bedingten Krankheit.
- In der Familie eines Elternteils oder beider Eltern kommen genetisch bedingte Krankheiten vor.
- Das Elternpaar ist miteinander verwandt.
- Eine Frau hatte schon mehrere Fehlgeburten ohne gynäkologisch feststellbare Ursache.
- Die potenzielle Mutter ist älter als 35 Jahre.

Daneben gibt es noch Fehlbildungsrisiken, die von schädigenden Einflüssen während der Schwangerschaft und der Geburt ausgehen, wie einer Infektion der Mutter mit Rötelnviren, der Einnahme bestimmter Medikamente sowie dem Genuss von Alkohol und illegalen Drogen (► S. 218). Im Beratungsgespräch wird deshalb zuerst geklärt, ob möglicherweise eine angeborene Krankheit oder Fehlentwicklung vorliegt, die tatsächlich genetisch bedingt ist.

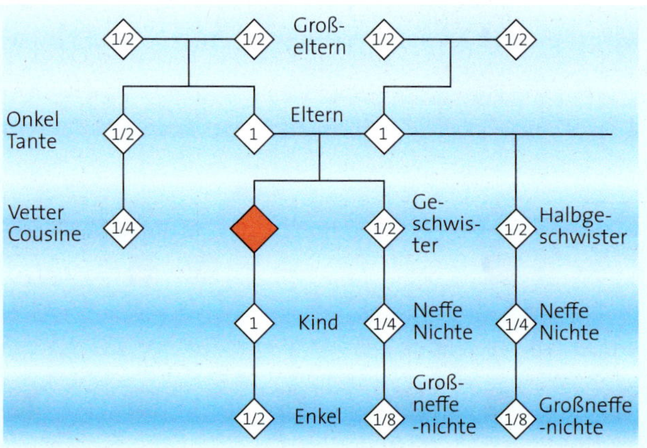


*1 Wahrscheinlichkeit für Verwandte, heterozygot zu sein, bei autosomal-rezessiv vererbter Krankheit*

**Ziele der genetischen Beratung.** Nach einer Zusammenstellung der Weltgesundheitsorganisation (WHO) soll die genetische Beratung einer Person oder einer betroffenen Familie helfen,
- die medizinischen Fakten einschließlich der Diagnose, den vermutlichen Verlauf der Erkrankung und die zur Verfügung stehenden Behandlungsmethoden zu erfassen,
- den erblichen Anteil an der Erkrankung zu kennen und das Risiko für die einzelnen Familienmitglieder, Träger des betreffenden Gens zu sein,
- mit einem möglichen Risiko umzugehen,
- eine Entscheidung zu treffen, die ihrem Risiko, ihren familiären Zielen, ihren ethischen und religiösen Wertvorstellungen entspricht, und in Übereinstimmung mit dieser Entscheidung zu handeln und
- sich gegebenenfalls so gut wie möglich auf die Behinderung des betroffenen Familienmitglieds einzustellen.

**Diagnosemethoden.** Zunächst werden, um das Risiko für eine genetisch bedingte Krankheit abzuschätzen, die Befunde der Ratsuchenden und ihrer Familien erhoben und ein *Familienstammbaum* über drei Generationen erstellt. Sind in der Familie bereits autosomal-rezessiv vererbte Krankheiten aufgetreten, kann man bei bekanntem Erbgang das *Wiederholungsrisiko* berechnen. Dazu wird für alle Familienmitglieder und für eventuelle weitere Kinder die Wahrscheinlichkeit ermittelt, Träger des rezessiven Allels zu sein.

Bei bestimmten genetisch bedingten Erkrankungen ist es möglich, mithilfe von Gensonden (► S. 200) oder mit einem biochemischen Belastungstest festzustellen, ob die Eltern krankheitsverursachende Allele tragen. Der *Belastungstest* beruht darauf, dass heterozygote Träger eines rezessiven Allels nur 50 % der Menge eines bestimmten Enzyms produzieren (► S. 182). Wird im Test eine unphysiologisch hohe Substratmenge angeboten, so setzen Heterozygote weniger Substrat um als homozygot Gesunde. Deshalb wird der Belastungstest auch als *Heterozygotentest* bezeichnet.

Besteht bei einer Schwangerschaft das Risiko einer Fehlbildung, so können auf Wunsch der Ratsuchenden verschiedene *pränataldiagnostische Analysen* durchgeführt werden, also Untersuchungen, mit denen sich eine mögliche Behinderung des Embryos feststellen lässt (► S. 185).

Den Eltern bleibt es letztlich überlassen, sich für oder gegen eigene Kinder zu entscheiden oder bei einer schwerwiegenden Beeinträchtigung des Fetus einen Schwangerschaftsabbruch durchführen zu lassen.

---

**1 Berechnen Sie das Wiederholungsrisiko für eine autosomal-dominant vererbte Krankheit.**

**2 Bei einer Umfrage unter Schwangeren gab jede fünfte an, sie würde eine Abtreibung vornehmen lassen, falls ein pränataler Test auf erblich bedingtes Übergewicht positiv ausfiele. Ein Drittel der Befragten war der Meinung, bei einem solchen Ergebnis sollte ein Abbruch erlaubt sein. Nehmen Sie Stellung.**

# Pränatale Diagnostik

Mithilfe der *pränatalen*, also vorgeburtlichen Diagnostik ist es möglich, den Gesundheitszustand des ungeborenen Kindes im Mutterleib zu untersuchen. Dabei können genetisch bedingte Krankheiten und Fehlbildungen sowie Chromosomenanomalien beim Fetus festgestellt werden. Pränataldiagnostik ist Teil der regulären Vorsorgeuntersuchung bei Schwangeren, spielt aber auch zunehmend in der genetischen Beratung eine Rolle.

Die verschiedenen Untersuchungsmethoden werden zu unterschiedlichen Zeitpunkten in der Schwangerschaft eingesetzt. Sie unterscheiden sich in der Schwere des Eingriffs und in ihrer Aussagekraft. *Invasive Methoden*, bei denen fetale Zellen und Fruchtwasser für genetische und biochemische Untersuchungen entnommen werden, sind mit einem gewissen Risiko verbunden, eine Fehlgeburt auszulösen.

**Ultraschall**

Ultraschalluntersuchungen werden im Rahmen der Vorsorgeuntersuchungen dreimal durchgeführt: in der 9. bis 12., der 18. bis 22. und der 29. bis 32. Schwangerschaftswoche. Ihr Ziel ist es, die Lage des Fetus in der Gebärmutter festzustellen, seine Größe und den Entwicklungsstand zu beurteilen, mögliche Fehlbildungen und, wenn gewünscht, das Geschlecht festzustellen. Da lediglich der Ultraschallkopf über den Bauch der Schwangeren geführt wird, bestehen für die Mutter und das Kind keine unmittelbaren Risiken. Für eine sichere Diagnose von Fehlbildungen ist die Methode jedoch zu ungenau.

**Serumuntersuchungen von mütterlichem Blut**

In der 15. bis 19. Schwangerschaftswoche lässt sich im mütterlichen Blut *Alpha-Feto-Protein* (AFP) nachweisen. Bei schweren Wirbelsäulenfehlbildungen ist die Konzentration dieses fetalen Proteins erhöht. Beim *Triple-Test* wird sowohl der AFP-Spiegel als auch die Konzentration der Hormone *HCG* und *Östradiol* bestimmt. Der Test gibt Aufschluss über das Risiko für die Trisomien 18 und 21. Das geringe Risiko für Mutter und Kind geht jedoch auch hier mit einer schwierigen Interpretation der Testergebnisse einher.

**Amniozentese**

Bei dieser Methode werden in der 15. bis 20. Schwangerschaftswoche mit einer 0,7 mm dünnen Nadel, die unter Ultraschallkontrolle durch die Bauchhöhle eingestochen wird, aus der Gebärmutter etwa 20 ml Fruchtwasser entnommen. Ab diesem Zeitpunkt enthält die *Amnionflüssigkeit* ausreichend viele abgelöste Zellen des Fetus. Nach 9 bis 14 Tagen liegen in einer Kultur so viele Zellen vor, dass Chromosomenpräparate und ein Karyogramm angefertigt werden können, um Chromosomenanomalien sicher zu diagnostizieren. Mit molekularbiologischen Methoden lassen sich außerdem krankheitsverursachende Genmutationen direkt feststellen.

Die biochemische Untersuchung des Fruchtwassers erlaubt es, sehr sichere Aussagen über rezessiv vererbte Stoffwechselkrankheiten zu treffen. Allerdings ist die Methode mit einem Fehlgeburtsrisiko von 0,5 bis 1 % verbunden. Für einen Schwangerschaftsabbruch ist der Zeitpunkt sehr spät.

**Chorionzottenbiopsie**

Bei der Chorionzottenbiopsie werden Zellen aus der sich bildenden Placenta untersucht. Sie kann bereits zwischen der 10. und 12. Schwangerschaftswoche durchgeführt werden. Mithilfe eines 1 bis 2 mm dünnen Katheters, der in der Regel durch die Scheide eingeführt wird, entnimmt man Chorionzottengewebe, an dem die gleichen Untersuchungen wie bei der Amniozentese sofort durchgeführt werden können. Die Aussagesicherheit ist etwa gleich groß, der Eingriffszeitpunkt liegt aber bis zu 8 Wochen früher. Das Fehlgeburtsrisiko wurde früher mit 4 bis 8 % angegeben, ist aber bei erfahrenen Ärzten nicht höher als bei der Amniozentese.

**Fetale Zellen aus mütterlichem Blut**

Seit bekannt ist, dass fetale Zellen auch im mütterlichen Blutkreislauf zirkulieren, versucht man diese Zellen in ausreichender Menge zu gewinnen. Als besonders geeignet haben sich bisher kernhaltige fetale Erythrocyten erwiesen. Diese werden zunächst mittels Dichtegradienten-Zentrifugation in einer Bande angereichert. Dann entnimmt man die Zellen und markiert sie mit spezifischen Antikörpern, an die 0,05 µm kleine Eisenkügelchen gebunden sind. In einem starken Magnetfeld werden markierte Zellen von unmarkierten getrennt.

---

**1** **Obwohl das Fehlgeburtsrisiko höher ist, wird eine Frühamniozentese bereits ab der 13. Schwangerschaftswoche durchgeführt. Erörtern Sie die Motive.**

**2** **Finden Sie heraus, weshalb bei mütterlichen Infektionen ab der 20. Schwangerschaftswoche durch die Bauchdecke aus der Nabelschnur fetales Blut entnommen und auf Antikörper getestet wird.**

**Stichworte zu weiteren Informationen**

Präimplantationsdiagnostik • RFLP-Analyse • Gensonde

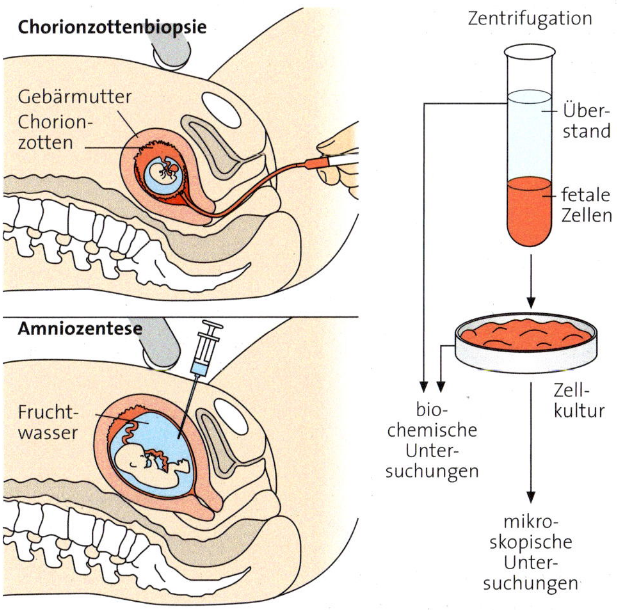

## Vererbung komplexer Merkmale

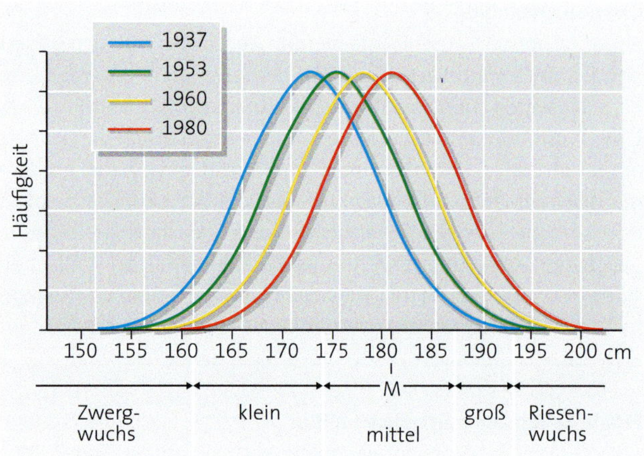


*1 Verteilung der Körperhöhen 20-jähriger Männer in verschiedenen Geburtsjahrgängen*

Die meisten Merkmale des Menschen kommen durch Zusammenspiel mehrerer Gene zustande (▶ S. 155). Bei solchen *polygenen* Merkmalen beobachtet man nicht nur zwei oder drei, sondern eine kontinuierlich abgestufte *Variabilität* von Phänotypen, deren Häufigkeit in der Bevölkerung etwa einer gaußschen Normalverteilung entspricht. Diese Variabilität ist in der Regel nicht ausschließlich genetisch bedingt, sondern *multifaktoriell*: Sie beruht auf dem Zusammenwirken von Genen und Umwelteinflüssen. Dabei kann sich der relative Einfluss von genetischen und Umweltfaktoren bei verschiedenen Merkmalen erheblich unterscheiden.

**Körperhöhe.** Die Häufigkeitsverteilung der Körperhöhe unter 20-jährigen Männern eines Geburtsjahrgangs zeigt diese gaußsche Normalverteilung. Die meisten haben Körperhöhen um einen Mittelwert, während sehr große und sehr kleine Männer am seltensten vorkommen. Dabei hat die durchschnittliche Körperhöhe von 1940 bis 1980 um etwa 10 cm zugenommen (▶ Bild 1). Als Ursache wird unter anderem bessere Ernährung im Säuglings- und Kleinkindalter angenommen.

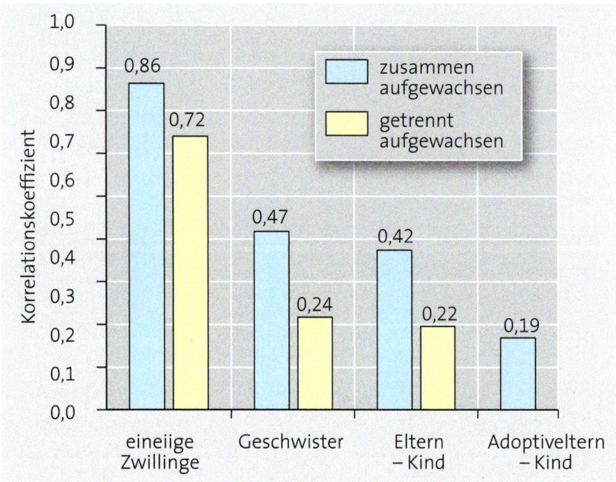


*2 Korrelationskoeffizienten der IQ-Werte bei Verwandten*

Um den relativen Einfluss von Genen und Umweltfaktoren auf die Varianz der Körperhöhe abzuschätzen, vergleicht man die Körperhöhen der Männer mit denen ihrer Väter. Der mathematisch bestimmbare ***Korrelationskoeffizient r*** gibt an, inwieweit die Werte voneinander abhängen. Der Koeffizient kann Werte zwischen +1 und −1 annehmen. Eine Korrelation von +1 bedeutet, dass große Väter immer große Söhne haben. Bei einem Wert von −1 hätten die größten Väter die kleinsten Söhne, bei einem Wert von 0 besteht kein Zusammenhang. Massenstatistische Untersuchungen ergaben eine Korrelation von 0,51. Da Väter die Hälfte ihrer Gene mit ihren Söhnen gemeinsam haben, lässt sich daraus ableiten, dass die Körperhöhe vor allem genetisch festgelegt wird. Untersuchungen an eineiigen Zwillingen, bei denen Korrelationskoeffizienten von über +0,9 gefunden wurden, bestätigen diese Annahme.

**Körpergewicht.** Vor allem wegen der Zunahme von schwerem Übergewicht, der ***Adipositas***, in der Bevölkerung wird der Einfluss der Gene auf das Körpergewicht erforscht. Untersuchungen über die Häufung von Adipositas in Familien ergaben, dass etwa 25 % der Kinder mit einem adipösen Elternteil ebenfalls stark übergewichtig waren. Dabei hatten die Mütter einen mehr als doppelt so großen Einfluss wie die Väter. Waren beide Eltern adipös, erhöhte sich der Anteil der adipösen Kinder auf 71 %.

Studien mit über 3 500 adoptierten Kindern belegten keine Übereinstimmung mit dem Gewicht der Adoptiveltern, sondern nur mit dem der biologischen Eltern. Auch hier entwickelten 80 % der Kinder eine Adipositas, wenn beide biologischen Eltern adipös waren. In einer Zwillingsuntersuchung wurden für das Körpergewicht eineiiger Zwillingspaare mehr als doppelt so hohe Korrelationskoeffizienten ermittelt wie für zweieiige Zwillingspaare, und zwar unabhängig davon, ob sie getrennt oder gemeinsam aufgewachsen waren.

Die genetische Disposition zur Adipositas wirkt sich vermutlich über einen verminderten Grundumsatz mit eingeschränkter Wärmeabgabe aus.

**Intelligenz.** Auch die große Variabilität geistiger Merkmale kommt mit Sicherheit durch das komplexe Zusammenwirken von Genen und Umwelt zustande, auch wenn wir bislang nicht abschätzen können, wie viele und welche Gene daran beteiligt sind. *Intelligenz* ist ein Merkmal, dessen Grundlagen sehr kontrovers beurteilt werden. Auch die Ergebnisse wissenschaftlicher Studien sind uneinheitlich. Das hängt schon damit zusammen, dass es keine allgemein anerkannte Definition von Intelligenz gibt.

Intelligenztests erfassen individuelle Unterschiede in geistigen Fähigkeiten, die zur Intelligenz beitragen, beispielsweise sprachliche Ausdrucksfähigkeit und räumliches Vorstellungsvermögen. Aus den Ergebnissen lässt sich der *Intelligenzquotient* (IQ) ermitteln. Ein Wert von 100 bedeutet eine durchschnittliche Intelligenz. Der Test wird so standardisiert, dass 50 % der Bevölkerung Werte zwischen 90 und 110 erreichen.

Zahlreiche Familien-, Zwillings- und Adoptionsuntersuchungen ergeben, dass die IQ-Werte unter nicht verwandten Personen am niedrigsten korrelieren. Unter Verwandten werden die höchsten Korrelationen von eineiigen Zwillingen erreicht, die zusammen aufgewachsen sind.

# Kompetenzen

## Mithilfe dieses Kapitels können Sie

- beschreiben, wie Erbe und Umwelt bei der Merkmalsausprägung zusammenwirken
- die mendelschen Regeln der Vererbung darstellen und ihre Bedeutung begründen
- Bau und Eigenschaften von Chromosomen beschreiben und erläutern
- die Chromosomen als Träger der Gene darstellen und die sich daraus ergebenden Folgen für das Erbgeschehen erklären
- Mutationen durch Veränderung der Chromosomen beschreiben und ihre Auswirkungen beurteilen
- Methoden der Humangenetik nennen und begründen
- Analysen von Erbgängen beim Menschen durchführen und ihre Schwierigkeiten angeben
- die Bedeutung genetisch bedingter Krankheiten als Schlüssel zu den genetischen Grundlagen bestimmter Merkmale beurteilen
- Indikationen, Ziele und Methoden genetischer Beratung und pränataler Diagnostik beschreiben und erläutern
- die Besonderheiten der Vererbung komplexer Merkmale darstellen

## Testen Sie Ihre Kompetenzen

Galactose ist ein Bestandteil des Milchzuckers, der in Kuh- und Muttermilch vorkommt. Normalerweise wird Galactose mithilfe des Enzyms Galactose-1-phosphat-uridyl-transferase (GALT) über das Zwischenprodukt Galactose-1-phosphat in Glucose umgewandelt.

Bei der in Deutschland mit einer Häufigkeit von 1 : 40 000 auftretenden Galactosämie ist der Galactose- und Galactosephosphat-Spiegel im Blut im Vergleich mit Gesunden etwa um den Faktor 10 erhöht. Erste Krankheitssymptome bei Neugeborenen sind Durchfall, Erbrechen und Gelbsucht. Wird die Krankheit nicht behandelt, kommt es zu lebensgefährlichen Schädigungen von Leber, Niere und Gehirn. Der Stammbaum (▶ Bild rechts) zeigt die Vererbung der Galactosämie in einer Familie.

1. Erörtern Sie die genetische Ursache der Galactosämie.
2. Analysieren Sie den Stammbaum und erschließen Sie begründet den Erbgang.
3. Bestimmen Sie alle sicheren und möglichen Genotypen und begründen Sie Ihre Lösung.
4. Das Paar 12/13 wünscht sich ein weiteres Kind und möchte wissen, ob es an Galactosämie erkranken wird. Ermitteln Sie das prozentuale Risiko.
5. Nennen und erläutern Sie die diagnostischen Untersuchungen, die dem Paar in einer genetischen Beratung empfohlen werden könnten.
6. Das Paar entscheidet sich für ein weiteres Kind, möchte jedoch eine Amniozentese durchführen lassen. Beschreiben Sie diese Untersuchung und erörtern Sie ihre Problematik.
7. Leiten Sie eine Empfehlung für die Ernährung der werdenden Mutter (Person 12 im Stammbaum) aus dem Broschürentext rechts ab.
8. Entwickeln Sie ein Therapiekonzept für Galactosämie.
9. Während in Deutschland alle Neugeborenen im Rahmen eines Screenings auch auf Galactosämie getestet werden, verzichten manche europäischen Länder und einige Staaten der USA bewusst darauf. Erörtern Sie – auch unter Berücksichtigung der Ergebnisse der Langzeituntersuchungen – mögliche Gründe und beurteilen Sie den Testverzicht.

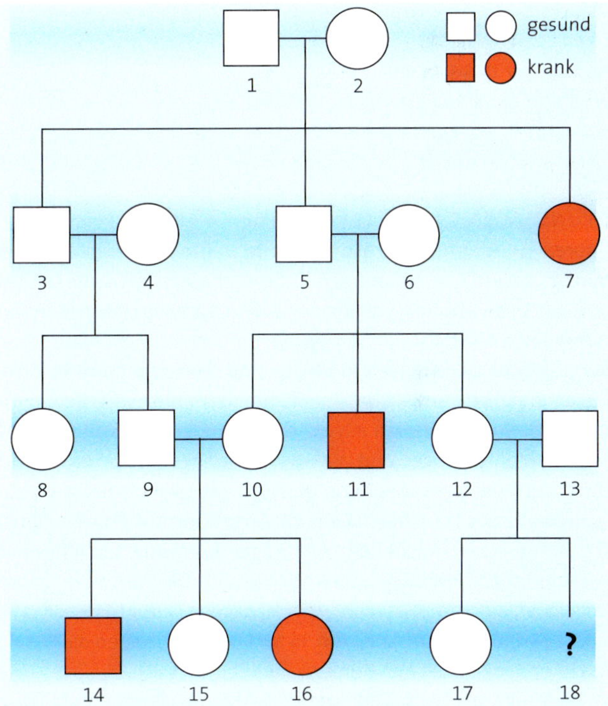


Galactose kann die Placentaschranke überwinden und die Anlage der Eizellen bei weiblichen Föten im 4. Monat offenbar so stark beeinträchtigen, dass 80 % von ihnen später unfruchtbar sind. Schwangeren, in deren Familie ein Fall von Galactosämie aufgetreten ist, wird daher geraten, ihre Ernährung während der Schwangerschaft darauf einzustellen.
Langzeituntersuchungen haben gezeigt, dass ein Teil der Patienten mit GALT-Mangel trotz frühzeitigen Beginns und konsequenter Einhaltung der Behandlung dennoch Symptome wie Verzögerung der geistigen Entwicklung, neurologische Störungen, zum Beispiel bei der Bewegungskoordination, sowie nicht ausreichend funktionierende Eierstöcke entwickelt.

# Chorea Huntington – ein monogenes Erbleiden

*Der amerikanische Arzt GEORGE HUNTINGTON beschrieb 1872 eine neue Erbkrankheit. Als Symptome nannte er motorische Störungen wie unwillkürliche Zuckungen der Arme und Beine und der Gesichtsmuskeln sowie Schwachsinn. Er nannte die Krankheit Chorea major (von griech.* choreia*: Tanz). Im Mittelalter war das Phänomen als „Veitstanz" bekannt.*
*HUNTINGTON hatte die Krankheit über 12 Generationen zurückverfolgt und dabei festgestellt, dass sie in jeder Generation auftrat. Er fand heraus, dass alle Patienten Nachfahren zweier Brüder waren, die 1630 aus England ausgewandert waren und sich in Salem, Massachusetts, niedergelassen hatten. Seine Folgerung, dass Chorea vererbt wurde, war naheliegend. Wahrscheinlich wurden Betroffene im Mittelalter als „Besessene" verfolgt und hingerichtet.*

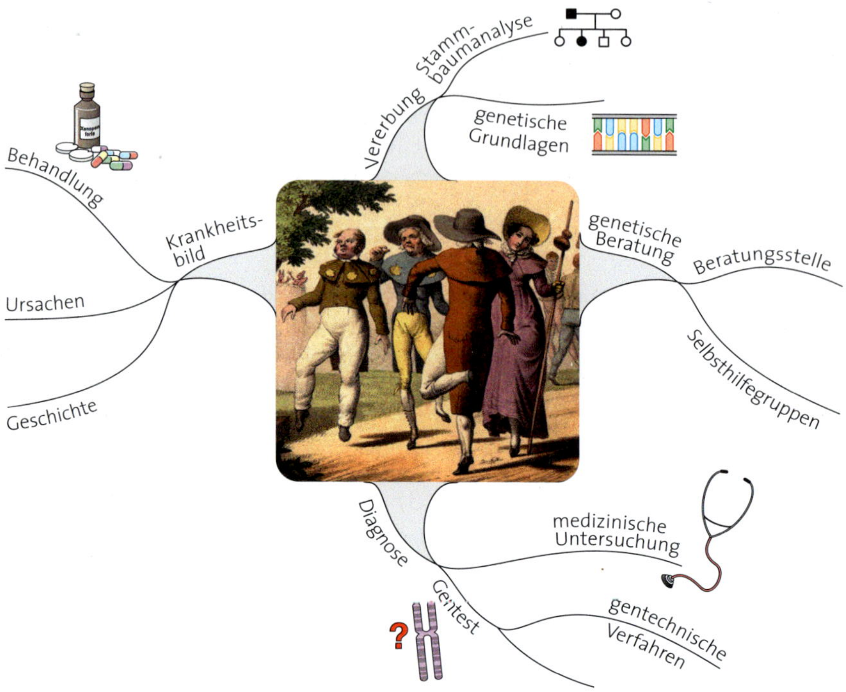


**GRUNDLAGEN** Mit 5 bis 6 Erkrankten je 100 000 Personen ist Chorea Huntington (HD für engl. *Huntington disease*) eine der häufigsten erblichen Krankheiten des Nervensystems. Sie beruht auf der Degeneration von Nervenzellen vorwiegend in den Gehirnregionen, die für die Steuerung von Bewegungsabläufen zuständig sind. Bewegungsstörungen sind die Folge (zum Beispiel treten plötzliche unwillkürliche, häufig asymmetrische Bewegungen auf). Meist kommen psychische Veränderungen wie Depressionen, Wutausbrüche und Wahnvorstellungen hinzu, im Spätstadium auch der Verlust höherer geistiger Fähigkeiten (Demenz).

Ursache der Krankheit ist ein mutiertes Gen auf Chromosom 4. Die Penetranz ist vollständig: Alle Träger des mutierten Allels entwickeln im Lauf der Zeit Krankheitssymptome. Wann die ersten Anzeichen auftreten, ist nicht vorauszusagen (▶ Bild 1). Bei Krankheitsbeginn, meist im Alter von 35 bis 50 Jahren, haben die Betroffenen in der Regel schon Kinder.

Aufgrund der Vielfältigkeit der Symptome vergehen oft Jahre bis zur Diagnose der Krankheit. Erst seit 1993 lässt sich Chorea Huntington mithilfe eines Gentests sicher feststellen. Die Einnahme bestimmter Medikamente kann die Symptome vermindern, eine Heilung gibt es jedoch nicht.

**Basisinformationen**
Analyse von Erbgängen (▶ S. 181) • Bewegungskontrolle (▶ S. 452)

1. Erläutern Sie mithilfe von Bild 2 den Erbgang von HD.
2. 1934 trat im nationalsozialistischen Deutschland ein „Gesetz zur Verhütung erbkranken Nachwuchses" in Kraft. Auf seiner Grundlage wurden auch HD-Patienten sterilisiert. Konnte mit dieser ethisch verwerflichen Maßnahme das vorgebliche Ziel überhaupt erreicht werden? Begründen Sie Ihre Ansicht.

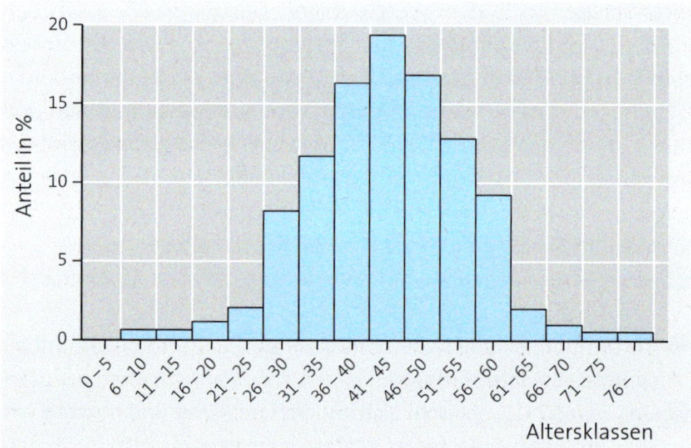


*1 Alter der HD-Patienten beim Ausbruch der Krankheit*

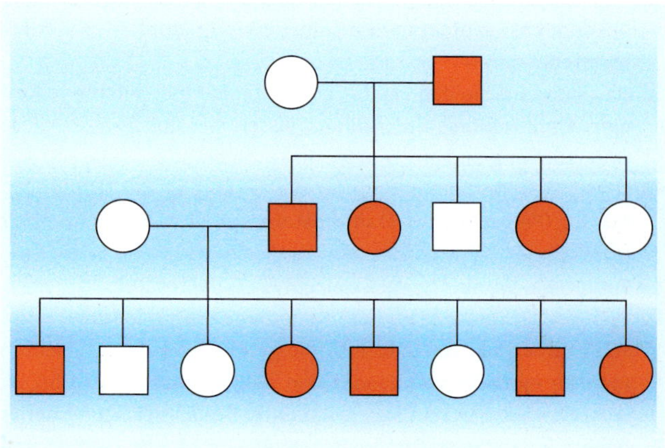

*2 Stammbaum einer Familie, in der HD auftritt*

## Symptome der Krankheit und ihre Ursachen

Die körperlichen und psychischen Symptome von HD gehen auf den Untergang von Gehirnzellen zurück. Untersuchungen an Gehirnen von HD-Patienten zeigen, dass Teilbereiche der Basalganglien und die Großhirnrinde insgesamt um bis zu 60 % verkleinert sind (► Bild 1 und 2). Die Basalganglien gehören zu den Hirnregionen, die den Muskeltonus regeln und Koordinations- sowie unwillkürliche Bewegungen steuern (► S. 452). Hier werden Bewegungen so aufeinander abgestimmt, dass sie harmonisch ablaufen. Schon im Frühstadium lässt sich durch Positronen-Emissionstomographie (PET) eine Störung des Glucosestoffwechsels feststellen, der zu Reizüberempfindlichkeit und später zum Absterben der Neuronen führt.

Seit 1983 weiß man, dass das Gen für Chorea Huntington auf dem kurzen Arm des Chromosoms 4 liegt. Zunächst wurde das Gen mithilfe genetischer Marker kartiert – also polymorphen DNA-Sequenzen, deren Allele gemeinsam mit dem Huntington-Allel vererbt werden, die mit dem Zustandekommen der Krankheit aber nichts zu tun haben (► S. 207). Dazu untersuchte man große Familien, in denen HD gehäuft auftritt. Solche Familien gibt es beispielsweise in Venezuela.

Mithilfe der Markergene und durch Sequenzanalyse gelang es schließlich 1993, das für die Chorea verantwortliche Gen zu identifizieren. Es codiert für ein sehr großes Protein aus 3 140 Aminosäuren. Dieses als Huntingtin bezeichnete Protein wird in Neuronen und vielen anderen Zellen gebildet, seine Funktion ist jedoch immer noch unbekannt. Die codierende Sequenz des normalen Huntingtin-Gens enthält an einer Stelle 11 bis 34 Wiederholungen des Basentripletts CAG. Bei HD-Patienten sind es 35 und mehr (► Tabelle unten). Dabei wirkt sich offenbar die Zahl der Tripletts auf den Zeitpunkt des Krankheitsausbruchs aus: je mehr Wiederholungen, desto früher treten die ersten Symptome auf und desto schwerwiegender äußert sich die Krankheit. Verlängerte Triplett-Wiederholungen sind bei Zellteilungen instabil. Sie können sich verlängern oder verkürzen.

CAG codiert für die Aminosäure Glutamin. Proteine, die 11 bis 34 Glutamin-Wiederholungen enthalten, liegen gelöst im Cytoplasma vor. Sind die Polyglutamin-Ketten dagegen länger, lagert sich das Protein in unlöslichen Aggregaten im Zellkern ab (► Bild 3). Offenbar kommt es zu Wechselwirkungen zwischen diesen sogenannten Plaques und Regulatorproteinen, die den Zelltod steuern. Wie sich dies auf die Lebensdauer der Nervenzellen auswirkt, ist noch nicht genau bekannt.

Inzwischen hat man auch bei anderen neurodegenerativen Erkrankungen solche Protein-Plaques in den Gehirnzellen der Patienten festgestellt, so bei der neuen Form der Creutzfeld-Jakob-Krankheit, der BSE sowie bei der Alzheimer- und Parkinson-Krankheit. Von der Forschung an transgenen Mäusen als Modellorganismen (► S. 206) erhofft man sich Erkenntnisse für die Behandlung von HD. In Zellkulturen von Neuronen solcher HD-Mäuse ist es bereits gelungen, den Einfluss der Plaques auf Regulationsprozesse im Zellkern zu unterbinden.

**Länge des HD-Allels auf Chromosom 4 bei Gesunden und HD-Patienten**

| Wiederholungen des Trinucleotids CAG | Gesunde Personen (in %) | HD-Patienten (in %) |
|---|---|---|
| ≥ 48 | 0 | 59 |
| 42–47 | 0 | 41 |
| 30–41 | 1 | 0 |
| 25–30 | 1 | 0 |
| ≤ 24 | 98 | 0 |

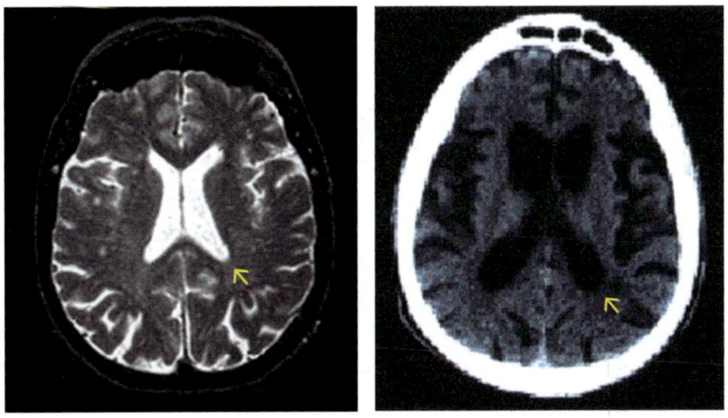

*1 und 2 Computertomographie macht die Degeneration von Nervenzellen im Gehirn sichtbar (rechts: HD-Patient).*

**Basisinformationen**

Markergene (► S. 207) • genetischer Code (► S. 156) • Hirnfunktionen (► S. 434) • Methoden der Hirnforschung (► S. 436) • DNA-Sequenzierung (► S. 151) • Genregulation (► S. 163)

1. **Erklären Sie den Zusammenhang zwischen der Veränderung des Huntingtin-Gens und den Symptomen von HD.**
2. **Informieren Sie sich über die Krankheitsbilder der anderen im Text erwähnten neurodegenerativen Erkrankungen.**
3. **Im Genom des Menschen gibt es auffällig viele Regionen, in denen kurze Basenfolgen vielfach wiederholt werden, sogenannte Mikrosatelliten. Diese Bereiche können sich leicht verlängern oder verkürzen. Viele Forscher betrachten diese Abschnitte als „Spielwiese“ der Evolution. Begründen Sie.**
4. **Erläutern Sie die Bedeutung von Satelliten-DNA für den genetischen Fingerabdruck (► S. 202).**

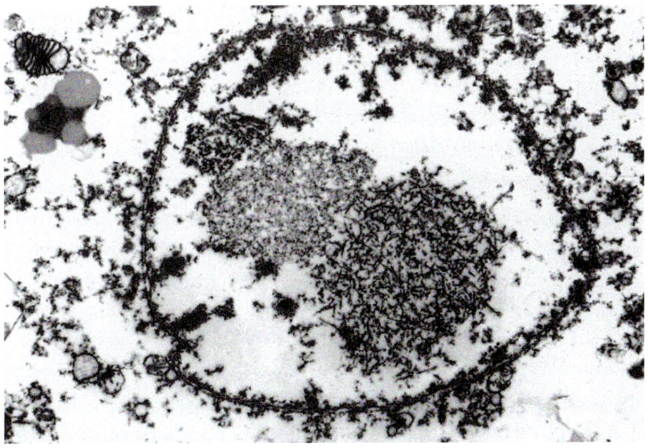

*3 Proteinaggregate (Plaques) im Kern eines Neurons*

## Gendiagnostik

Seit 1993 gibt es einen direkten Test zum Nachweis von HD-Allelen. Er erfolgt anhand einer Blutprobe. Dazu wird DNA aus Lymphocyten isoliert und das Huntingtin-Gen durch *Polymerase-Kettenreaktion* (PCR) vervielfältigt. Die Primer binden dabei zu beiden Seiten der CAG-Wiederholungen an die DNA. Die PCR-Produkte werden mithilfe von *Gelelektrophorese* aufgetrennt. Da die Länge des vervielfältigten Genabschnitts von der Zahl der CAG-Wiederholungen abhängt, werden die PCR-Produkte der verschiedenen Huntingtin-Allele unterschiedlich weit transportiert. Sie lassen sich als Banden durch Färben oder radioaktive Markierung bei der PCR sichtbar machen.

Um das Risiko einer Fehldiagnose möglichst gering zu halten, wird der Test zweimal mit unterschiedlichen Primer-Paaren durchgeführt. Nur wenn beide Verfahren ein positives Ergebnis liefern, gilt die Diagnose als sicher.

Die Methoden zur Vervielfältigung und Auftrennung von DNA-Fragmenten lassen sich im Modellversuch nachvollziehen. Anstelle von menschlicher DNA verwendet man DNA des Phagen Lambda oder bakterielle Plasmid-DNA.

### ☞ Basisinformationen

PCR (► S. 150) • Gelelektrophorese (► S. 150) • medizinische Diagnostik (► S. 207) • genomische Prägung (► S. 183)

### Vervielfältigung von DNA durch PCR

**Material:** Proben-DNA, Primer (DNA-Oligonucleotide), Taq-Polymerase, Nucleotide (Desoxy-Nucleosid-Triphosphate), Puffer, steriles Wasser, Reaktionsgefäße, Reaktionsgefäßständer (z. B. aus Styropor®, auch als Schwimmer im Wasserbad geeignet), Mikropipettierhilfe mit Spitzen, Stoppuhr, 3 Wasserbäder (49 °C, 72 °C und 98 °C), Eiswasser oder Kühlschrank

**Durchführung:** Wasser, Puffer, Nucleotide und Primer werden in ein Reaktionsgefäß pipettiert und das Gemisch auf weitere Reaktionsgefäße verteilt. Geben Sie nun DNA und Polymerase zu. Verwenden Sie als Kontrollen einen Reaktionsansatz ohne Polymerase und einen ohne DNA.

Zunächst wird die DNA denaturiert. Dazu erhitzt man das Reaktionsgefäß beim ersten Durchlauf 2 min lang auf 98 °C. Bei allen folgenden Durchläufen beträgt die Denaturierungszeit nur noch 30 s. Anschließend wird die Probe 30 s in das Wasserbad mit 49 °C eingestellt. Im nächsten Schritt inkubiert man die Probe 1 min lang bei 72 °C. Danach beginnt der PCR-Zyklus von Neuem.

Wiederholen Sie das Verfahren 10- bis 14-mal. Achten Sie besonders darauf, die Temperaturwechsel exakt durchzuführen. Stoppen Sie die Reaktion ab, indem Sie die Proben in Eiswasser oder in den Kühlschrank stellen. Die vervielfältigte DNA kann nun mittels Gelelektrophorese aufgetrennt und durch Färben sichtbar gemacht werden (► S. 201). Durch Vergleich mit einem Molekulargewichtsmarker können Sie die Größe der verwendeten DNA-Probe bestimmen.

**1** **Machen Sie sich klar, was bei den einzelnen Versuchsschritten passiert. Erläutern Sie den Modellcharakter des Versuchs.**

**2** **Berechnen Sie die Zahl der angefertigten DNA-Kopien.**

**3** **In welchen Bereichen wird PCR heute eingesetzt?**

**4** **Das Bild unten zeigt den fingierten Stammbaum einer Familie, in der HD auftritt, sowie die PCR-Ergebnisse einiger Familienmitglieder. Jede Person besitzt zwei Allele für das Huntingtin-Gen, die nach den mendelschen Regeln vererbt werden. Analysieren Sie die Abbildung und ordnen Sie den untersuchten Personen die Zahl der CAG-Tripletts zu. Welche Besonderheiten zeigen sich bei der Vererbung der HD-Allele?**

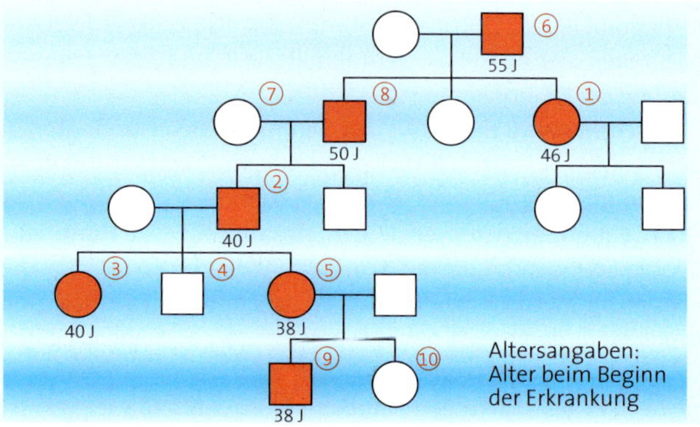


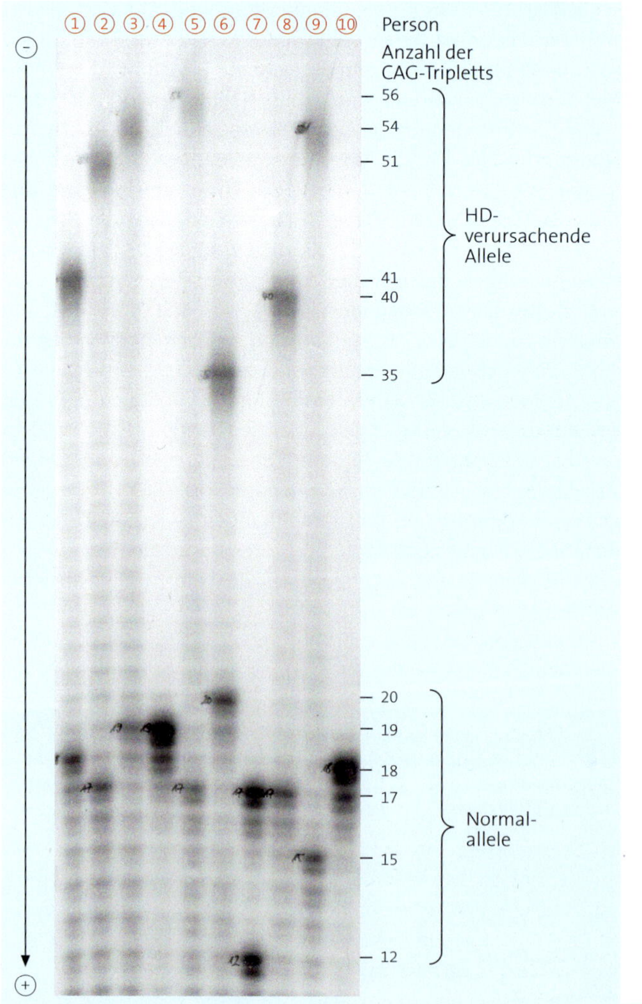

# Wissen ist Ohnmacht – genetische Beratung bei Chorea Huntington

Obwohl das Allel, das Chorea Huntington verursacht, sicher zu identifizieren ist, machen nur etwa 5 bis 10 % der Ratsuchenden den Gentest. Dass die Krankheit zwar diagnostiziert, aber nicht geheilt werden kann, führt zu einem Dilemma: Während vielen Ratsuchenden die quälende Ungewissheit unerträglich ist, empfinden andere die Möglichkeit eines positiven Befunds als untragbare Belastung. Obwohl es nicht mehr nötig ist, andere Familienmitglieder in die Untersuchung mit einzubeziehen, gibt der Test einer Person auch Aufschluss über die Erkrankungswahrscheinlichkeit von Eltern und Geschwistern. Er ermöglicht hingegen keine Aussage über den Erkrankungszeitpunkt sowie Verlauf und Schwere der Krankheit.

Der am häufigsten genannte Grund dafür, den Test zu machen, ist der Wunsch nach Kindern. Aber auch andere Aspekte der Lebensplanung spielen eine Rolle wie die Berufswahl oder finanzielle Gesichtspunkte.

Der Ablauf einer genetischen Beratung bei HD folgt internationalen Leitlinien. Sie sehen vor, dass Ratsuchende während des gesamten Verfahrens von einem Humangenetiker, einem Psychotherapeuten und einer Vertrauensperson begleitet werden. Dem Test selbst gehen intensive Vorgespräche voraus. Darin werden Handlungsmöglichkeiten und Konsequenzen für den Fall besprochen, dass der Test positiv ausfällt. Es wird auch erwogen, ob die psychische Verfassung der Person stabil genug ist, mit einem ungünstigen Befund fertig zu werden. Mehr als die Hälfte der Ratsuchenden entscheidet sich nach den Vorgesprächen gegen den Test. Aber auch nachdem eine Blutprobe entnommen wurde, können Betroffene noch entscheiden, ob sie das Ergebnis erfahren möchten (► Bild 2).

Dank der psychosozialen Begleitung reagieren positiv Getestete meist stabil, selten jedoch auch mit Depressionen und Selbstmordgedanken. Auch Personen mit einer negativen Diagnose müssen oft mit Entlastungsdepressionen und Schuldgefühlen gegenüber betroffenen Eltern oder Geschwistern fertig werden. Selbsthilfeorganisationen wie die Deutsche Huntington-Hilfe und soziale Dienste bieten ihnen Hilfe an.

Patienten und ihre Familien setzen große Hoffnungen in die Verbesserung der Behandlungsmöglichkeiten, vor allem durch eine Gentherapie. Zu deren Weiterentwicklung sind jedoch genauere Kenntnisse der Krankheitsentstehung notwendig.

**Basisinformationen**

genetische Beratung (► S. 184), Gentherapie (► S. 209)

### Besuch einer genetischen Beratungsstelle

Humangenetische Institute an Universitäten, viele Krankenhäuser, humangenetisch ausgebildete niedergelassene Ärzte oder auch Gesundheitsämter bieten genetische Beratung an. Finden Sie heraus, wo in Ihrer Region genetische Beratung durchgeführt wird, und vereinbaren Sie einen Besuchstermin. Informieren Sie sich vorher über die Arbeitsschwerpunkte der Beratungsstelle und die Einrichtungen, mit denen sie eventuell zusammenarbeitet. Bereiten Sie Fragen zur Arbeitsweise der Berater, der Art der Anfragen und zum Umgang der Ratsuchenden mit der Beratung vor.

*1 Beratungsgespräch in einer genetischen Beratungsstelle*

❶ **Diskutieren Sie den folgenden hypothetischen Fall: Frau F. ist schwanger. Beim Vater ihres Ehemanns ist vor kurzem HD diagnostiziert worden. Frau F. möchte wissen, ob ihr Kind ebenfalls betroffen sein wird. Eine Abtreibung lehnt Frau F. jedoch ab. Herr F. ist Dachdecker, sein Arbeitgeber verlangt nun von ihm eine Gendiagnose.**
**Wie könnte in einem solchen Fall ein Beratungsgespräch verlaufen? Berücksichtigen Sie auch die Erkrankungswahrscheinlichkeit für das Kind, die sich bei positivem beziehungsweise negativem Befund bei Herrn F. ergibt.**

❷ **Entwickeln Sie ein Konzept für die Gentherapie von HD.**

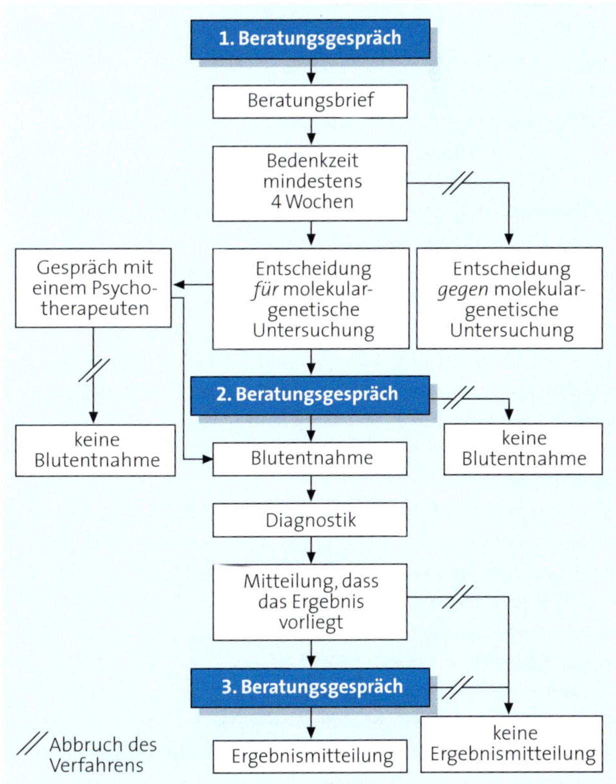


*2 Verlauf der genetischen Beratung bei HD*

# Angewandte Genetik

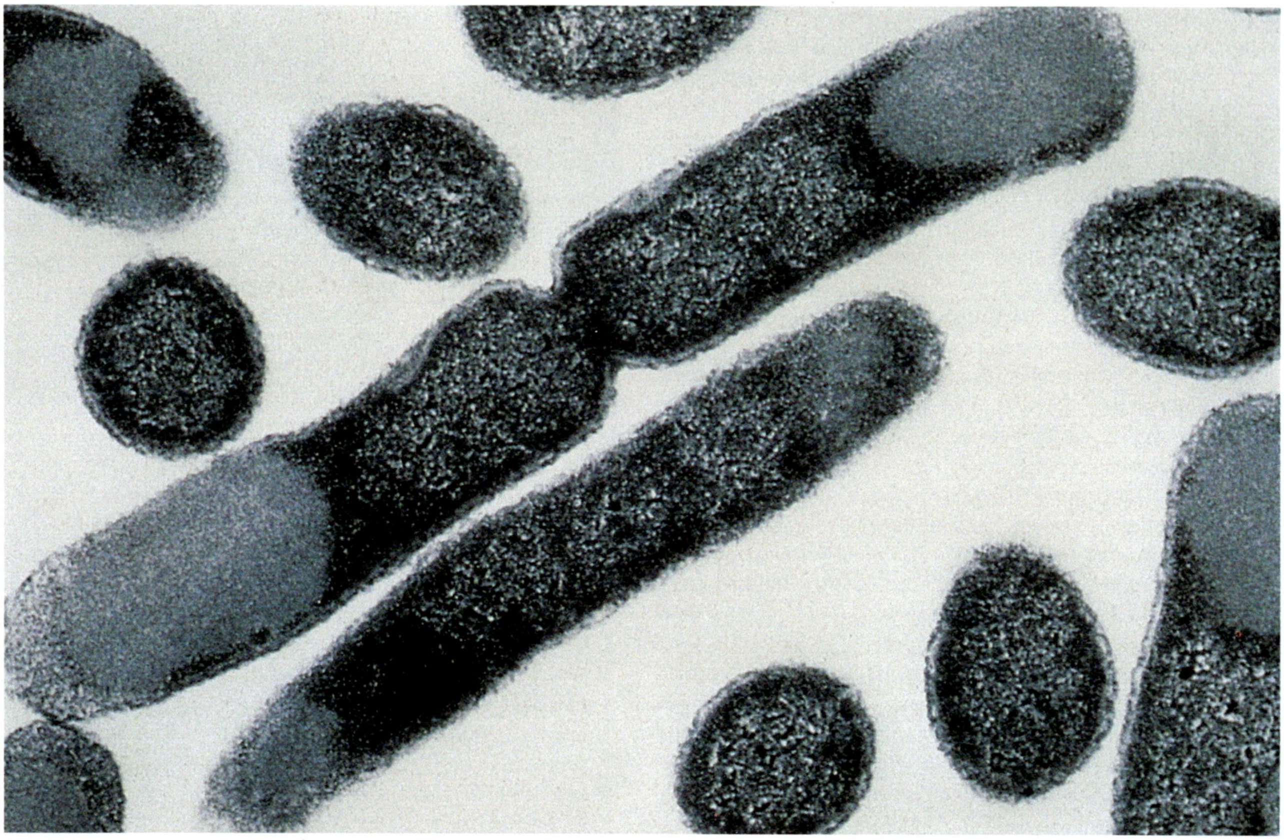

*1 Bakterien, in die das menschliche Gen für Insulin eingepflanzt wurde, stellen Humaninsulin her und speichern es.*

*Vor etwa 30 Jahren gelang es Wissenschaftlern zum ersten Mal, in Bakterienzellen ein Gen aus einem anderen Organismus einzuschleusen und damit in den Bakterien ein Merkmal einer anderen Art genetisch zu verankern. Nur 10 Jahre später wurden mit inzwischen weiterentwickelten Methoden Laborstämme von Coli-Bakterien genetisch so umprogrammiert, dass sie menschliches Insulin herstellen konnten. Das Humaninsulin aus Bakterien ersetzte bei der Behandlung von Diabetes den Wirkstoff, der bisher in einem aufwendigen Verfahren aus der Bauchspeicheldrüse von Schweinen und Rindern gewonnen worden war. Ein neues Zeitalter, das Zeitalter der Gentechnik, hatte begonnen.*

**Im Blickpunkt**

- Methoden der Züchtung – wie Natur menschlichen Zwecken angepasst wird
- Grundlagen und Werkzeuge der Gentechnik
- Pflanzen nach Maß
- neuartige Lebensmittel durch Gentechnik
- transgene Tiere
- Medikamente – von Bakterien produziert
- neue Wege der medizinischen Diagnostik
- molekulare Medizin – Heilung von Erbkrankheiten durch Genersatz
- Entschlüsselung des menschlichen Genoms

**GRUNDLAGEN** Seit Jahrtausenden nutzen Menschen die natürliche Vielfalt von Pflanzen und Tieren. Anfangs wählten sie Individuen mit günstigen Eigenschaften aus und kombinierten diese durch gezielte Kreuzung. In nur 10 000 Jahren gelang es so, aus den Wildformen eine begrenzte Zahl von Kulturformen – Nutzpflanzen und Haustiere – zu züchten, die den Ansprüchen der Menschen immer besser entsprachen. Der Spielraum blieb dabei auf das natürliche genetische Potenzial der Arten begrenzt.

Moderne biochemische sowie zell- und molekularbiologische Verfahren ermöglichen es heute, Gene von Mikroorganismen, Pflanzen, Tieren und Menschen genau zu analysieren und in ihrer Funktion zu bestimmen. Diese Verfahren haben zu enormen Fortschritten in der molekulargenetischen Grundlagenforschung geführt. Mit denselben Methoden lassen sich jedoch auch einzelne Gene ausschneiden, vermehren, neu kombinieren und in andere Organismen einschleusen, wo sie repliziert und exprimiert werden. Damit ist es möglich, Lebewesen gezielt genetisch umzuprogrammieren, ihnen also fremde Gene einzubauen mit dem Ziel, sie mit neuen, vom Menschen gewünschten Eigenschaften auszustatten.

Die Gentechnik erweitert also die bisherigen Möglichkeiten der Pflanzen- und Tierzucht erheblich. Darüber hinaus schafft sie Voraussetzungen für die Erkennung und Behandlung mancher Krankheiten. Mit der vollständigen Entschlüsselung des menschlichen Genoms begann ein neues Zeitalter der Gentechnik.

## Züchtung

Die gezielte Entwicklung und Erhaltung von Pflanzen und Tieren mit erwünschten Eigenschaften durch den Menschen bezeichnet man als *Züchtung*. Sie beruht – genau wie die Entwicklung und Veränderung von Merkmalen durch Evolution – auf genetisch bedingten Unterschieden. Modifikationen spielen dagegen bei der Züchtung keine Rolle, da sie nicht erblich sind.

**Bedeutung.** Bis vor etwa 12 000 Jahren nutzten Menschen die Natur, indem sie Pflanzen und Pilze sammelten und Tiere jagten. Zu Beginn der Jungsteinzeit vollzog sich dann – wahrscheinlich zuerst in dem als „fruchtbarer Halbmond" bezeichneten Gebiet Vorderasiens – eine völlige Umwälzung der Lebensweise: Die vorher nomadisierenden Jäger- und Sammlergruppen wurden sesshaft und begannen Ackerbau zu treiben und Tiere zu halten. Mit dieser *neolithischen Revolution* ging die *Domestikation* von Wildpflanzen zu Kulturpflanzen und von Wildtieren zu Haustieren einher.

Seither sichern Landwirtschaft und Züchtung den Fortbestand des größten Teils der Menschheit: Sie haben bisher entscheidend dazu beigetragen, die Nahrungsmittelversorgung der exponentiell wachsenden Weltbevölkerung sicherzustellen. Von ihrer weiteren Entwicklung wird abhängen, ob es gelingt, den Bedarf an Nahrungsmitteln in der Zukunft zu befriedigen und die bereits bestehenden Versorgungslücken zu schließen.

**Merkmale von Kulturformen.** Alle Kulturformen stammen von Wildarten ab und lassen sich mit diesen – sofern sie nicht ausgestorben sind – kreuzen. Wild- und Kulturform gehören derselben Art an. Viele Pflanzensorten und Haustierrassen weisen typische *Kulturformenmerkmale* auf, teilweise aufgrund ähnlicher Zuchtziele, teilweise aber auch als unerwünschte Begleiterscheinungen der Domestikation.

- Kulturpflanzen, aber auch manche Haustiere zeichnen sich häufig durch *Gigaswuchs*, also besondere Größe aus.
- Die natürlichen Fortpflanzungs- und Verbreitungsmittel vieler Kulturpflanzen wie Samen, Ausläufer oder Grannen sind oft funktionell reduziert. Samenlose Früchte wie Banane oder manche Zitrusfrüchte muss man vegetativ vermehren.
- Bitter- und Giftstoffe, die zahlreiche Wildpflanzen vor Fraß schützen, gehen durch Züchtung verloren. Dies macht einen höheren Pflegeaufwand notwendig.
- Ein Bestand von Kulturpflanzen entwickelt sich weitgehend synchron. Die gleichzeitige Fruchtreife des ganzen Bestands erleichtert den planmäßigen Anbau und die Ernte.
- Haustiere sind in der Regel früher geschlechtsreif, häufiger fortpflanzungsbereit und haben oft mehr Junge als die entsprechenden Wildformen.
- Haar- und Pigmentverlust, aber auch bestimmte Fellzeichnungen sind für Haussäugetiere typisch.
- Bei vielen Haustierrassen ist das Gehirn kleiner, die Sinne sind weniger empfindlich als bei ihren wilden Artgenossen.

*1 Durch Züchtung veränderte sich die Größe der Knollen von der Wildform (links) zur modernen Kulturform (rechts) der Kartoffel. Merkmale wie Blütenfarbe und Schalenfarbe der Sprossknollen sind bei der modernen Kulturform je nach Sorte variabel.*

## Methoden und Ergebnisse der Pflanzen- und Tierzucht

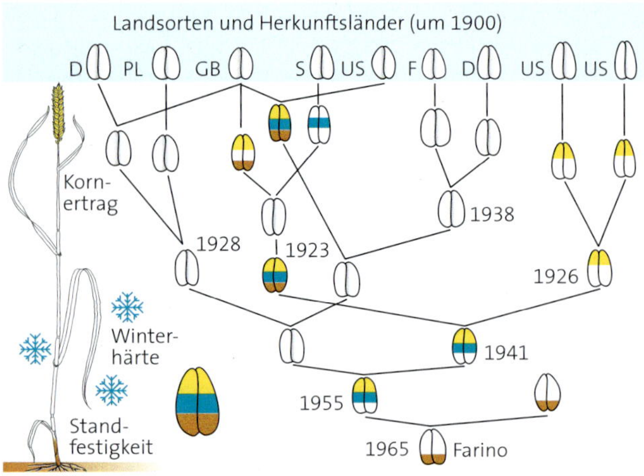


1 *Durch Kreuzungszucht wurden die Merkmale zahlreicher Weizensorten in einer Hochleistungssorte kombiniert.*

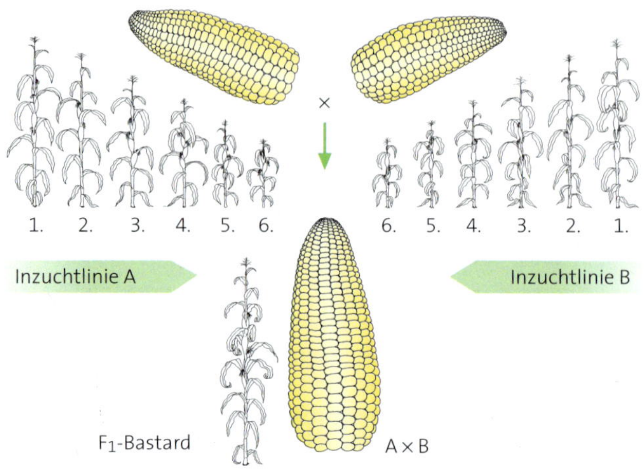


2 *Der Heterosiseffekt ist bei der Kreuzung von Inzuchtlinien in der ersten Filialgeneration am größten.*

Lange Zeit züchteten Menschen Pflanzen und Tiere, ohne die zugrunde liegenden Vererbungsvorgänge zu kennen: Sie wählten solche Lebewesen für die Weiterzucht aus, die erwünschte Eigenschaften hatten, und entfernten diejenigen mit unerwünschten Merkmalen. Die *Auslesezucht* hatte Erfolg, wenn die ausgelesenen Varianten genetisch verschieden waren. Durch diese „vorwissenschaftliche" Züchtung wurden manche Kulturformen so verändert, dass ihre Herkunft von Wildformen kaum mehr erkennbar ist und sie unabhängig vom Menschen in der Natur nicht mehr lebensfähig sind.

Mit zunehmenden Kenntnissen über Vererbungsvorgänge entwickelten sich verschiedene Zuchtmethoden. Den *„klassischen"* Methoden, die auf der Ebene von Individuen ansetzen, werden oft die „modernen" oder *biotechnischen* Methoden gegenübergestellt, die mit Geweben oder einzelnen Zellen arbeiten. Ihnen liegt – anders als bei gentechnischen Verfahren – stets das *gesamte Genom* eines Lebewesens zugrunde.

**Auslesezucht.** Grundlage jeder züchterischen Arbeit ist das Auffinden und die gezielte Auslese oder *Selektion* von Individuen mit genetisch bedingten, günstigen Eigenschaften. Sie geht in der Regel von vorhandenen Kulturformen aus, in Einzelfällen auch von Wildformen. Bei *Massenauslese* werden ganze Bestände mit gewünschten Eigenschaften ausgewählt und zur Fortpflanzung gebracht. Dieses Verfahren ist heute nur noch für die *Erhaltungszucht* von Bedeutung, durch die man der natürlichen Degeneration von Sorten und Rassen durch Mutationen entgegenwirkt. *Individualauslese* beruht auf der Auswahl einzelner auffälliger Individuen mit besonderen Merkmalen, vor allem im Bereich der Gartenkultur.

Durch jahrhundertelange Auslesezucht waren Ende des 19. Jahrhunderts zahlreiche regional verschiedene *„Landrassen"* und *„Landsorten"* entstanden. Diese aus heutiger Sicht wenig ertragreichen, aber sehr robusten und anspruchslosen Formen sind inzwischen größtenteils verschwunden.

**Kreuzungs- oder Kombinationszucht.** Grundlage der Kreuzungszucht ist die 3. mendelsche Regel, nach der die Allele in der 2. Filialgeneration unabhängig aufspalten und Merkmalskombinationen hervorbringen, die bei keinem der Eltern vorhanden waren (► S. 172). Damit jedoch eine erwünschte Merkmalskombination reinerbig auftritt, sind meist *Inzuchtkreuzungen* notwendig, also Kreuzungen unter den nahe verwandten Mischlingen: bei selbstbestäubenden Pflanzen als *Ramsch- oder Populationskreuzung* innerhalb eines ganzen Pflanzenbestands über mehrere Generationen, bei Fremdbestäubern und Tieren in aufwendiger *Pärchenkreuzung* und anschließender Individualauslese. Eine durch Inzucht über mehrere Generationen reinerbig gewordene Sorte oder Rasse bezeichnet man auch als *Inzuchtlinie*. Bei vielen unserer Kulturpflanzen wie Weizen, Reis, Mais, Raps und Haustieren wie Rind, Schwein oder Huhn wurden durch dieses Verfahren *Hochleistungssorten* beziehungsweise *-rassen* gezüchtet.

**Hybridzucht und Heterosiseffekt.** Bei der Zucht von Nutzpflanzen lässt sich immer wieder beobachten, dass heterozygote Individuen größer und vitaler sind und höhere Erträge erbringen als homozygote. Dieser *Heterosiseffekt* ist bei der Kreuzung von Inzuchtlinien am größten und in der ersten Nachkommengeneration maximal ausgeprägt, da diese den höchsten Grad an Heterozygotie aufweist. Das Phänomen könnte darauf beruhen, dass beide Allele eines Gens einen günstigen, aber unterschiedlichen Effekt haben. Ein Beispiel sind Allele, die für Enzymvarianten mit verschiedenen Temperaturoptima codieren. Heterozygote Individuen sind dadurch an einen größeren Temperaturbereich angepasst und deshalb gegenüber den Homozygoten begünstigt.

Wird der Heterosiseffekt gezielt züchterisch eingesetzt wie bei Mais, Tomate, Sonnenblume oder Schwein, spricht man von *Hybridzucht*. Dabei werden zunächst bei möglichst verschiedenen Sorten oder Rassen homozygote Linien erzeugt. Durch Probekreuzungen zwischen diesen Inzuchtlinien wird überprüft, bei welchen Kombinationen ein Heterosiseffekt auftritt. Diese Kombinationen dienen dann zur Erzeugung der Hybriden. Da sich der Heterosiseffekt in den Folgegenerationen verliert, müssen *Hybridsaatgut* und *Hybridtiere* stets neu durch Kreuzung der Inzuchtlinien erzeugt werden.

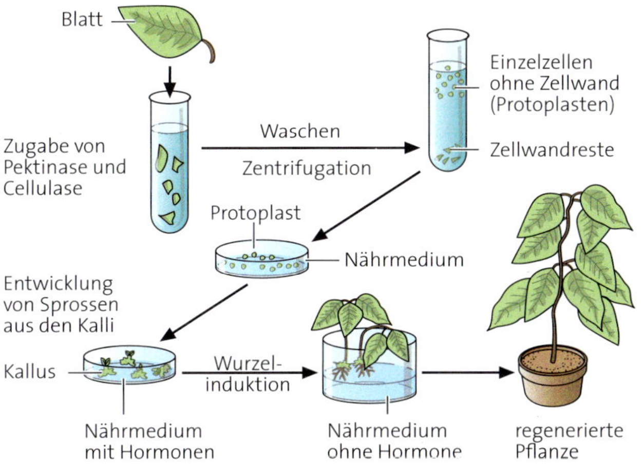


*1 Klonierung durch Zellkulturtechnik: Aus jedem einzelnen Protoplasten entwickelt sich eine Tabakpflanze.*

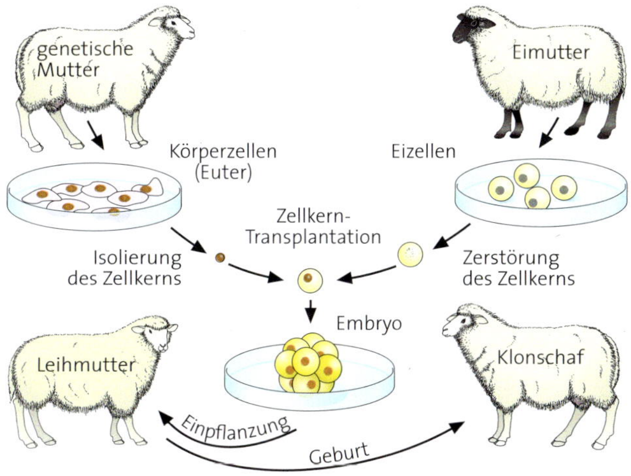


*2 Erstmalige Klonierung eines Säugetiers (1997) durch Reprogrammierung einer differenzierten Körperzelle*

**Mutationszucht.** Genetische Variabilität – und damit auch Züchtung – beruhen auf Mutationen. Die niedrige natürliche Mutationsrate kann bei Pflanzen durch Röntgen- oder Neutronenbestrahlung, Temperaturschocks und Einwirkung mutagener Chemikalien auf Stecklinge, Pollen oder Samen stark erhöht werden. Dabei entstehen alle Formen von Mutationen, die auch spontan vorkommen: Gen-, Chromosomen- und Genommutationen (► S. 178). Für die Tierzucht ist dieses Verfahren wegen der geringen Fortpflanzungsrate der Tiere, der langen Generationsdauer und des häufigen Auftretens von *letalen*, also tödlichen Mutationen kaum geeignet.

Die meisten Genmutationen sind rezessiv und zeigen sich bei Homozygoten frühestens in der zweiten Generation, in der dann die Auslese geeigneter Mutanten für die Weiterzucht beginnt. Da Mutationen immer ungerichtet erfolgen, ist die Ausbeute an Mutanten mit erwünschten Eigenschaften äußerst gering – sie liegt meist unter 1 %.

Besondere Bedeutung in der Mutationszucht hat jedoch die Erzeugung von *polyploiden* Pflanzen mithilfe von Colchicin:
- Polyploide Pflanzen sind größer und häufig auch widerstandsfähiger als diploide.
- Pflanzen mit einer ungeraden Anzahl von Chromosomensätzen sind meist steril und bilden daher auch keine Samen, was beispielsweise bei Citrusfrüchten, Bananen und Tafeltrauben erwünscht ist.
- Sterile Bastarde zwischen verwandten Arten, wie sie bei Pflanzen nicht selten sind, können durch die Verdopplung der beiden nicht homologen Chromosomensätze fortpflanzungsfähig werden. Man spricht dann von *Allopolyploidie*.

**Zell- und Gewebekultur in der Pflanzenzucht.** Während die klassische Pflanzenzucht mit ganzen Pflanzen im Gewächshaus oder auf dem Feld arbeitet, genügen bei biotechnischen Verfahren Gewebe oder Zellen, um die gleichen Schritte im Labor durchzuführen. Diese Verfahren basieren auf der Fähigkeit von Pflanzen, aus Gewebe, Pollen, Einzelzellen oder Protoplasten ganze Pflanzen zu regenerieren. Bei der *Protoplastenkultur* wird Gewebe, zum Beispiel von einem Blatt, entnommen und zur Trennung der Zellen voneinander mit dem Enzym Pektinase behandelt. Die Zellwände werden mit Cellulase aufgelöst. Durch Zugabe geeigneter Pflanzenhormone kann jeder der Protoplasten zur Zellteilung angeregt werden, sodass ein undifferenzierter Zellhaufen, *Kallus* genannt, entsteht. In speziellen Kulturverfahren entwickelt sich aus jedem Kallus eine vollständige Pflanze.

Das Verfahren dient dazu, aus *einer* Pflanze viele genetisch identische Nachkommen zu erzeugen, die man als *Klon* bezeichnet. Werden Kalli aus haploiden Pollenkörnern kultiviert, lassen sich auch rezessive Merkmale sofort erkennen und auslesen.

Unter geeigneten Bedingungen kann man Protoplasten fusionieren und damit *Zellhybriden* aus verschiedenen Pflanzenarten erzeugen, zum Beispiel aus Tomate und Kartoffel. Die Hoffnung auf eine Kombination ihrer Eigenschaften hat sich bisher jedoch weder bei der „Tomoffel“ noch bei anderen vegetativen Hybriden erfüllt.

**Embryotransfer in der Tierzucht.** Fortpflanzungstechnische Methoden optimieren inzwischen die Ergebnisse der Hochleistungszucht. Wertvolle Muttertiere werden künstlich besamt, um die Zahl der Nachkommen zu maximieren. Die entstehenden Embryonen lassen sich in einem frühen Stadium teilen, in die Gebärmutter von „Ammentieren“ einpflanzen und zu einem Klon genetisch identischer Mehrlinge heranziehen. Überschüssige Embryonen kann man, tiefgefroren in flüssigem Stickstoff, praktisch unbegrenzt lagern. Wenn sie in Ammentiere übertragen werden, können sie sich auch nach dem Tod ihrer Elterntiere noch entwickeln.

**Kerntransplantation – Zuchtmethode der Zukunft?** 1997 gelang es erstmals, ein erwachsenes Säugetier zu klonieren. Es entstand aus der entkernten Eizelle eines Schafs, in die der Zellkern einer Körperzelle eines anderen Schafs transplantiert worden war. Mit dieser Methode könnte es in Zukunft möglich werden, die besondere Merkmalskombination eines Einzeltiers beliebig oft zu vervielfältigen. Allerdings ist die Erfolgsquote des Verfahrens bislang noch immer gering.

## Grundlagen der Gentechnik

1973 berichtete ein amerikanisches Wissenschaftsmagazin über ein Experiment von STANLEY COHEN und seinen Mitarbeitern, das als *Geburt der Gentechnik* angesehen wird: Es war ihnen gelungen, im Reagenzglas, *in vitro*, DNA-Fragmente aus zwei verschiedenen Bakterienarten miteinander zu kombinieren und in eine dritte Art, Escherichia coli, einzuschleusen. Die DNA-Fragmente enthielten die Gene für die Resistenz gegenüber zwei verschiedenen Antibiotika. Nach der Genübertragung waren die *transgenen* Coli-Bakterien gegen beide Antibiotika resistent.

**Grundoperationen der Gentechnik.** Um fremde DNA in eine Zelle zu übertragen, sind immer die folgenden grundlegenden Schritte notwendig:

- DNA aus dem Spenderorganismus wird isoliert und mithilfe eines Enzyms in Fragmente zerlegt.
- Zur Übertragung der Spender-DNA wird in der Regel ein Transportmolekül benötigt, ein *Vektor*. Er besteht ebenfalls aus DNA. Die Vektor-DNA wird isoliert und mithilfe des gleichen Enzyms aufgeschnitten, sodass sich die Spender-DNA anlagern kann.
- Durch das Enzym DNA-Ligase werden beide DNA-Moleküle verbunden.
- Die neu zusammengefügte, sogenannte ***rekombinante*** DNA wird in die Zellen eines Empfängerorganismus eingebracht.
- Zellen, die die rekombinante DNA aufgenommen haben, werden selektiert und vermehrt.

**Anwendungsmöglichkeiten.** Was dann mit den transgenen Zellen passiert, hängt von der Zielsetzung des Experiments ab. Ist das Ziel, größere Mengen der eingeschleusten *Fremd-DNA* zu gewinnen, werden die transgenen Zellen vermehrt. Anschließend wird die Fremd-DNA daraus extrahiert. Geht es darum, das *Protein* zu gewinnen, für das die Fremd-DNA codiert, müssen die transgenen Zellen zur Genexpression, also zur Proteinbiosynthese angeregt werden. Dazu ist es ebenfalls nötig, die Zellen zu vermehren. Das von den Zellen hergestellte Protein wird anschließend isoliert und gereinigt (► S. 201). Ist das Ziel, einem *Organismus* eine neue Eigenschaft zu verleihen, werden aus den einzelnen transgenen Zellen mehrzellige Organismen regeneriert, die dann die neue Eigenschaft an ihre Nachkommen weitergeben können.

In allen Fällen entstehen Zellen mit identischer Erbinformation. Dieses Verfahren, mit dem sich DNA beliebig vervielfältigen lässt, wird dementsprechend auch als *Genklonierung* bezeichnet.

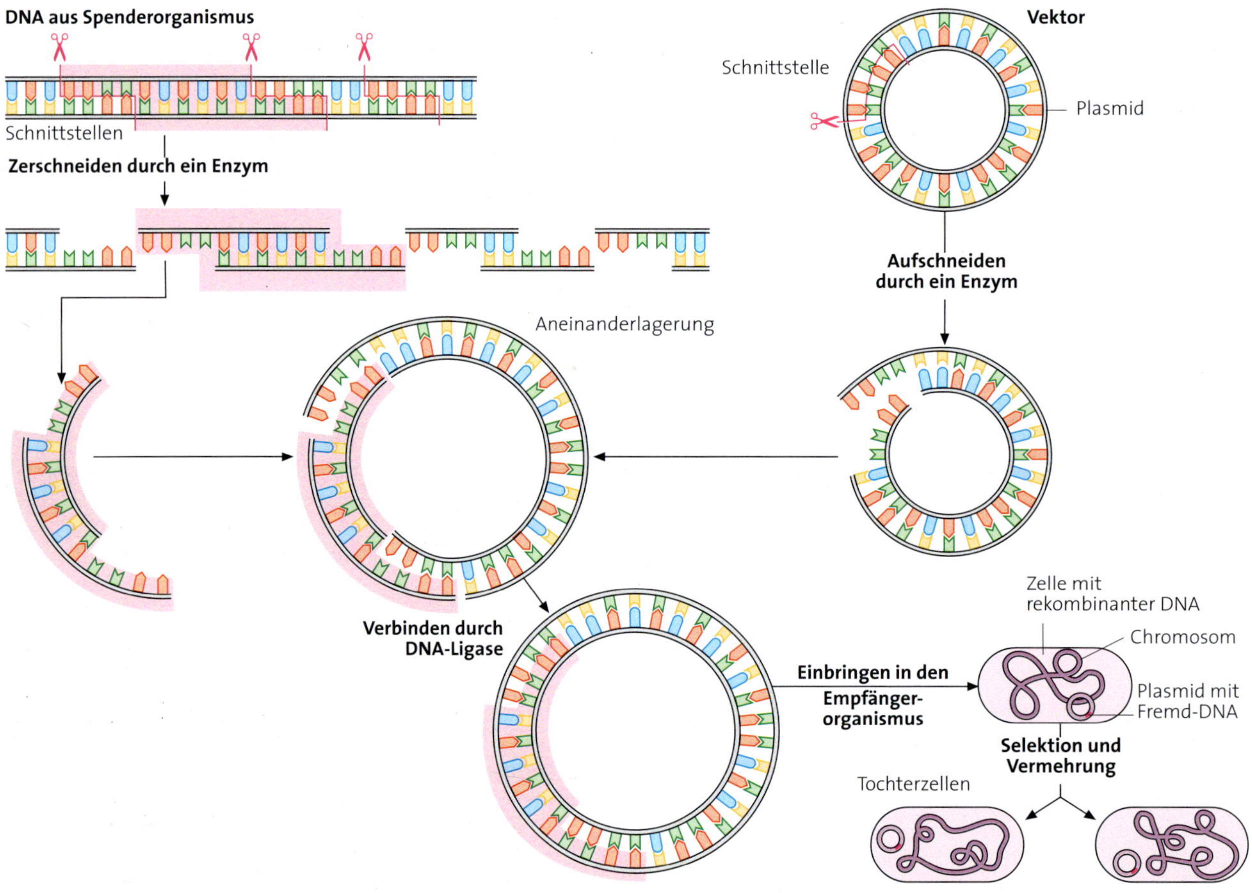


*1 Grundoperationen der Gentechnik: Durch das Einschleusen von fremder DNA in die Zellen eines Empfängerorganismus lassen sich Eigenschaften verschiedener Arten gezielt kombinieren. So entstehen transgene Zellen und Organismen.*

## Grundoperationen der Gentechnik: Schneiden von DNA

Eines der wichtigsten Werkzeuge der Gentechnik sind *Restriktionsenzyme*. Sie dienen sowohl dazu, die DNA aus dem Spenderorganismus in Bruchstücke zu zerlegen, als auch zum Aufschneiden der Transport-DNA, in die die Spender-DNA eingefügt werden soll. Restriktionsenzyme lassen sich aus Bakterien gewinnen, die sich mithilfe dieser Enzyme gegen eingedrungene Fremd-DNA schützen. Die Enzyme zerschneiden beispielsweise die eingeschleuste DNA von Bakteriophagen, sodass sich diese in der Bakterienzelle nicht mehr vermehren können (► S. 152). Wegen dieser Einschränkung oder *Restriktion* der Phagenvermehrung werden die Enzyme als Restriktionsenzyme bezeichnet. Exakt heißen sie *Restriktionsendonucleasen*, weil sie DNA nicht vom Ende des Moleküls her, sondern von innen abbauen.

Die Benennung der verschiedenen Restriktionsenzyme richtet sich vor allem nach den Bakterien, aus denen sie isoliert wurden: Eco steht zum Beispiel für *E*scherichia *co*li, Hae für *H*aemophilus *ae*gypticus, Hin für *H*aemophilus *in*fluenzae. Weitere Buchstaben bezeichnen den jeweiligen Bakterienstamm. Eine römische Ziffer gibt zusätzlich die zeitliche Reihenfolge ihrer Entdeckung an.

**Substratspezifität.** Restriktionsenzyme sind – wie alle Enzyme – *substrat- und wirkspezifisch* (► S. 70). Jede Enzymart spaltet die DNA spezifisch an einer bestimmten Schnittstelle, die sie an der DNA-Sequenz erkennt. Diese *Erkennungssequenzen* zeigen häufig eine spezielle Symmetrie: Die Basensequenz des einen DNA-Strangs entspricht von links nach rechts gelesen der Basenfolge des komplementären Strangs in umgekehrter Lesrichtung. Solche *Palindrome* gibt es auch in der Sprache: Wörter, die vorwärts und rückwärts gelesen werden können wie STETS, REGALLAGER oder RELIEFPFEILER. Die Bakterien schützen ihre eigene DNA vor den Restriktionsenzymen, indem sie die Erkennungssequenzen durch *Methylierung* „tarnen". In seltenen Fällen wird die DNA eingedrungender Phagen methyliert, sodass auch diese gegen den Abbau durch Restriktionsenzyme geschützt sind.

**Wirkspezifität.** Restriktionsenzyme spalten die Zucker-Phosphat-Bindungen in beiden DNA-Strängen. Dabei schneiden sie stets zwischen den gleichen Nucleotiden. HaeIII schneidet zum Beispiel immer zwischen G und C. Da es sich in diesem Fall um komplementäre Basen handelt, liegen die Schnittstellen auf beiden Strängen einander genau gegenüber. Die meisten Enzyme schneiden die DNA-Stränge jedoch versetzt, sodass die Schnitte einige Nucleotide voneinander entfernt liegen. Bei EcoRI sind die Schnittstellen beispielsweise um vier Basenpaare versetzt. Dadurch bleiben nach dem Schnitt einzelsträngige Enden stehen. Da diese Einzelstrangenden zueinander komplementär sind und sich wegen der Basenpaarung wieder zusammenfinden können, werden sie als *„klebrige Enden"* bezeichnet.

**Anwendung.** Inzwischen sind mehr als 3800 verschiedene Restriktionsenzyme bekannt und über 600 im Handel erhältlich, mit denen man DNA beliebiger Herkunft in Fragmente unterschiedlicher Größe zerlegen kann. Da jede DNA, die mit demselben Enzym geschnitten wurde, die gleichen klebrigen Enden aufweist, lassen sich DNA-Bruchstücke verschiedener Organismen miteinander verknüpfen. Die passenden Einzelstrangenden lagern sich spontan zusammen und werden durch das Enzym DNA-Ligase verbunden.

Die für ein Individuum typische Verteilung der Restriktionsschnittstellen auf dem DNA-Molekül ist die Grundlage für den genetischen Fingerabdruck (► S. 200, 202).

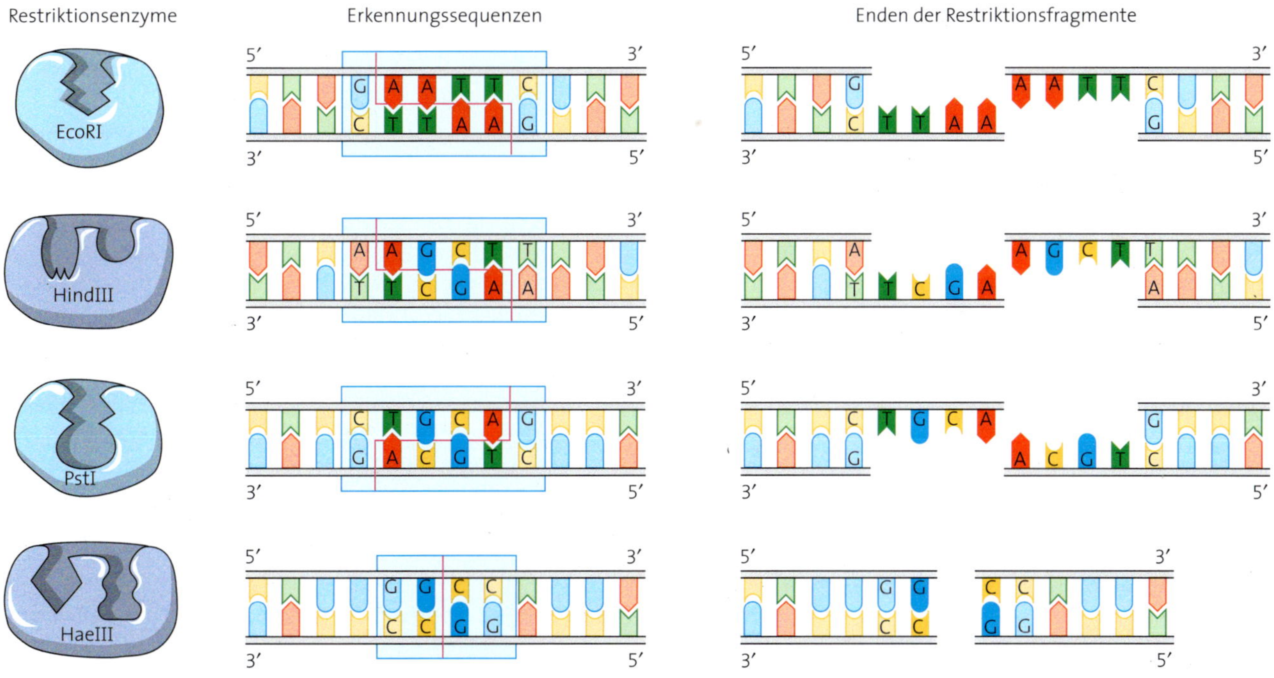


*1 Erkennungssequenzen und Schnittstellen einiger Restriktionsenzyme. Sie dienen zum Zerschneiden von DNA. Gleichartige Schnittstellen sind die Voraussetzung dafür, dass DNA verschiedener Herkunft verbunden werden kann.*

## Grundoperationen der Gentechnik: Übertragen von DNA

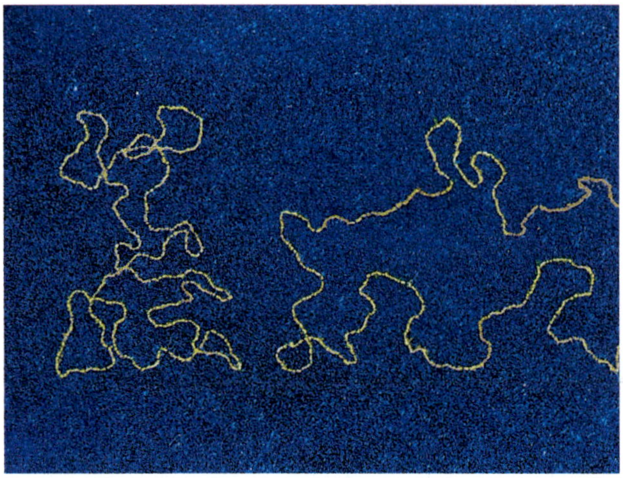

1 EM-Aufnahme von Bakterienplasmiden

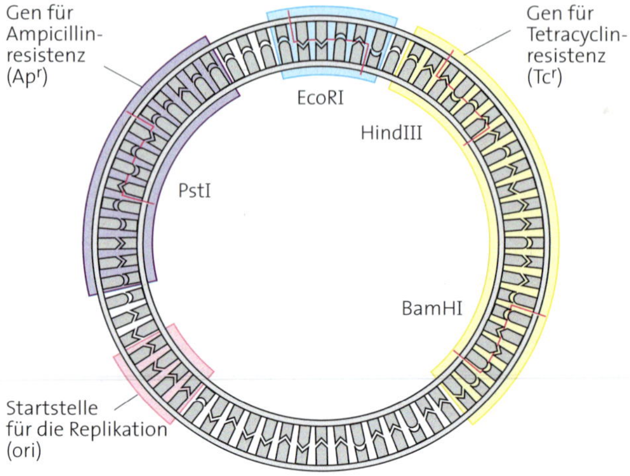


2 pBR322 – ein künstlich erzeugtes Plasmid

Rekombinante DNA kann nur dann in Genprodukte umgesetzt werden, wenn sie in eine Wirtszelle gelangt. Für die Übertragung benutzt man häufig *Vektoren*, DNA-Moleküle, die bestimmte Eigenschaften haben sollten. Vektoren müssen *replizierbar* sein, das heißt eine Sequenz aufweisen, die als Replikationsursprung dient (► S.149). Außerdem sollte die Vektor-DNA *Markergene* enthalten, also zumindest für ein erkennbares Merkmal codieren, sodass sich leicht überprüfen lässt, ob die Übertragung erfolgreich war. Als Vektoren dienen *Plasmide* und *Viren*. Inzwischen gibt es aber auch verschiedene Verfahren zur direkten Übertragung von DNA.

**Plasmide als Vektoren.** Die gebräuchlichsten Vektoren für die Genübertragung in Bakterien sind *Plasmide*. In gentechnischen Verfahren finden häufig konstruierte Plasmide Verwendung, die – entsprechend den Erfordernissen des jeweiligen Versuchs – aus Bestandteilen mehrerer natürlicher Plasmide zusammengebaut werden. Solche Plasmide werden dann nach ihrem Hersteller benannt: pSC101 ist das Plasmid, das STANLEY COHEN bei seinem historischen Experiment benutzte (► S.196).

Ein häufig verwendetes künstliches Plasmid ist *pBR322*. Es besteht aus einem Plasmid von E. coli mit dem Replikationsursprung, einem Gen für die Resistenz gegen das Antibiotikum Tetracyclin aus dem Plasmid pSC101 und einem Resistenzgen gegen das Antibiotikum Ampicillin. Beide Resistenzgene enthalten Schnittstellen für verschiedene Restriktionsenzyme.

Zum Einschleusen fremder Gene in Pflanzenzellen dient häufig ein Plasmid aus dem Bodenbakterium *Agrobacterium tumefaciens*, das Tumoren an zweikeimblättrigen Pflanzen verursacht. Auf diesem Plasmid befinden sich Gene, die den Gentransfer und das Tumorwachstum steuern. Man bezeichnet es daher als *Ti-Plasmid* (für *T*umor *i*nduzierend). Um die Tumorbildung zu verhindern, werden die daran beteiligten Gene entfernt und durch erwünschte Gene ersetzt.

**Viren als Vektoren.** Da Agrobacterium tumefaciens auf zweikeimblättrige Pflanzen spezialisiert ist, kann das Ti-Plasmid bei wichtigen Kulturpflanzen nicht eingesetzt werden. Für einkeimblättrige Pflanzen benutzt man daher spezielle *Viren* als Vektoren. Ein Nachteil dieses Verfahrens ist allerdings, dass die Vektor-DNA mit dem Fremdgen häufig nicht in das Genom der Empfängerzelle integriert wird. Außerdem kann die Infektion mit dem Virus die Pflanze schädigen.

Beim Gentransfer auf Tierzellen werden meist *modifizierte Viren* als Vektoren verwendet. Hierbei spielen vor allem *Retroviren* eine Rolle. Retroviren, zu denen auch HIV zählt (► S.238), sind bei Wirbeltieren verbreitet. Ihre Erbsubstanz besteht aus *RNA*. Mithilfe von zwei Enzymen, reverser Transkriptase und Integrase, verankern sie ihr Genom stabil in den Chromosomen der Wirtszelle.

**Direkte Genübertragung.** Vor allem in der Pflanzenzucht wird wegen der Probleme mit Vektorsystemen DNA häufig direkt übertragen. Grundlage dafür ist die Protoplastenkultur. Alle Verfahren beruhen darauf, dass die DNA durch Zellmembran und Kernhülle hindurch in den Zellkern gelangt.

Die einfachste Methode ist die *Inkubation*. Dabei wird Fremd-DNA durch Endocytose in Protoplasten aufgenommen (► S.49). Um die Aufnahme zu erleichtern, setzt man häufig Polyethylenglykol (PEG) ein, eine Substanz, die ursprünglich der Fusion von Protoplasten diente. Legt man für wenige Millisekunden eine hohe Spannung an, entstehen Poren in der Zellmembran, durch die DNA eingeschleust wird. Das Verfahren heißt *Elektroporation*. Beim *Partikelbeschuss* (engl. *gene-gun*) werden winzige Gold- oder Wolframkügelchen von 1 bis 3 µm Durchmesser mit Fremd-DNA überzogen und mit hoher Geschwindigkeit in die Pflanzenzellen geschossen.

Bei Tieren wird Fremd-DNA meist mithilfe einer feinen Hohlnadel oder Mikrokapillare in die Zellen injiziert. Das Verfahren, das auch in der Gentherapie bei Menschen Anwendung findet, wird als *Mikroinjektion* bezeichnet (► S.206).

---

**1 Nennen Sie die spezifischen Eigenschaften, über die Vektoren verfügen sollten, damit die Fremd-DNA in der Wirtszelle auch exprimiert wird.**

**2 Erklären Sie, weshalb ein Plasmid höchstens eine Schnittstelle für ein bestimmtes Restriktionsenzym aufweisen sollte.**

## Grundoperationen der Gentechnik: Selektion transgener Zellen

Fremd-DNA lässt sich nicht gezielt in einen Vektor einfügen. Zwar entscheidet die Wahl des Restriktionsenzyms darüber, an welcher Stelle der Vektor aufgeschnitten wird. Ob sich die DNA tatsächlich an die klebrigen Enden anlagert und in das Genom integriert wird, lässt sich jedoch nicht sicher voraussagen. Auch die *Transformation*, also die Aufnahme der Vektor-DNA in die Zellen, ist nicht immer erfolgreich (► S. 143). Für das weitere Verfahren ist es also notwendig, diejenigen Zellen zu selektieren, die das gewünschte Gen aufgenommen haben.

**Transformation.** Bei der Übertragung von DNA auf Plasmide entstehen im Reagenzglas DNA-Ringe mit und ohne Fremd-DNA, die sich zunächst nicht unterscheiden lassen.

Diese Mischung wird anschließend zu einer Kultur von Empfängerzellen hinzugegeben. Es wurden verschiedene Verfahren entwickelt, um die Transformation zu erleichtern. Coli-Bakterien behandelt man beispielsweise mit Calcium-Ionen, damit Zellwand und Zellmembran durchlässiger werden. Trotzdem nimmt nur etwa jede 100 000. Zelle ein Plasmid auf.

Das Plasmid pBR322 enthält zwei Resistenzgene gegen die Antibiotika Tetracyclin und Ampicillin. Behandelt man das Plasmid mit dem Restriktionsenzym PstI, so wird der DNA-Ring im Bereich des Ampicillin-Resistenzgens aufgeschnitten. Fremd-DNA, die sich dort einfügt, macht das Resistenzgen „unlesbar". In Plasmiden ohne Fremd-DNA bleibt das Ampicillin-Gen intakt.

Alle Plasmide werden durch Zugabe von DNA-Ligase wieder geschlossen. Anschließend transformiert man E.-coli-Zellen mit dem Plasmidgemisch.

**Selektion.** In einem ersten Schritt werden die Zellen ausgelesen, die überhaupt ein Plasmid aufgenommen haben. Der zweite Schritt dient dem Identifizieren der Zellen, deren Plasmid die Fremd-DNA enthält. Dazu kultiviert man die Bakterien zunächst auf einem Nährboden, der das Antibiotikum *Tetracyclin* enthält. Dabei gehen alle Zellen zugrunde, die kein Plasmid aufgenommen haben, während die Zellen *mit* Plasmid wegen der Tetracyclin-Resistenz zu Kolonien heranwachsen. Mithilfe eines Samtstempels überträgt man eine „Kopie" der Kolonien auf einen zweiten Nährboden, der das Antibiotikum *Ampicillin* enthält. Da auf dem Nährboden mit Ampicillin nur Bakterien mit Plasmiden *ohne* Fremd-DNA zu Kolonien heranwachsen, können durch Vergleich mit dem ersten Nährboden die Kolonien identifiziert werden, die von transformierten Bakterien stammen.

Heute benutzt man zur Selektion bevorzugt Markergene, die für *fluoreszierende Proteine* codieren. Pipettier-Roboter erkennen die fluoreszierenden Kulturen und wählen sie aus.

---

**1** **Erklären Sie, weshalb nur solche Bakterien auf dem ampicillinhaltigen Nährboden zu Kolonien heranwachsen, die Plasmide ohne Fremd-DNA aufgenommen haben.**

**2** **Wählen Sie anhand von Bild 1 auf Seite 197 und Bild 2 auf Seite 198 ein geeignetes Restriktionsenzym aus, um das Verfahren in umgekehrter Reihenfolge durchzuführen: Inaktivierung des Tetracyclin-Gens und Selektion mit Ampicillin.**

**3** **Die Verwendung von Fluoreszenz-Markergenen bietet gegenüber dem Einsatz von Antibiotika-Resistenzgenen einen Vorteil. Geben Sie an, worin der Vorteil besteht.**

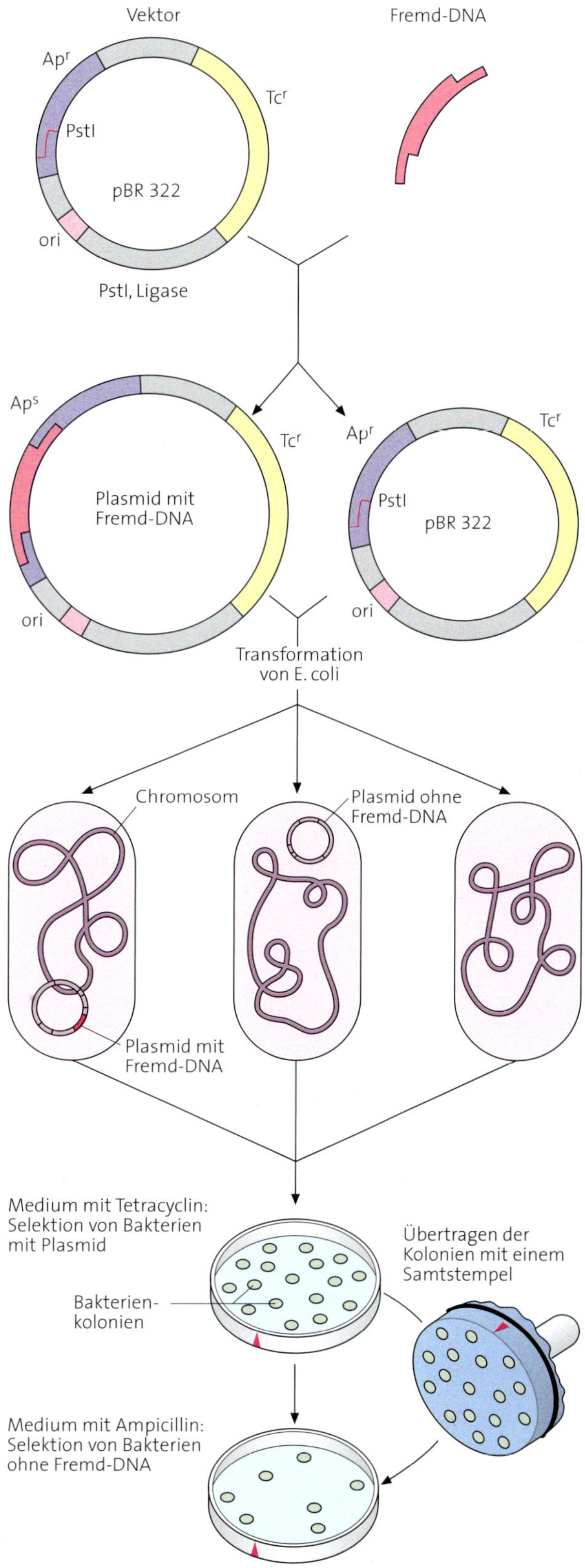


*1 Schema der Selektion von transformierten Bakterien*

## Finden und Gewinnen von Genen

Um ein Merkmal eines Spenderorganismus in einem Empfängerorganismus zur Ausprägung zu bringen, muss man wissen, welches Gen für dieses Merkmal codiert. Das Problem besteht darin, im gesamten Genom eines Organismus genau den DNA-Abschnitt zu finden, der das betreffende Gen enthält. In der Praxis werden drei Informationsträger zur Gewinnung von Genen genutzt: die *Basensequenz* der *DNA* selbst, die Basensequenz der davon kopierten ***mRNA*** und die *Aminosäuresequenz* des danach synthetisierten Proteins.

**Genomische Bibliotheken.** Ein DNA-Abschnitt lässt sich nur dann direkt aus dem Genom eines Organismus gewinnen, wenn die Anordnung der Gene auf der DNA und die Verteilung der Schnittstellen für Restriktionsenzyme bekannt sind. Da dies in der Regel nicht zutrifft, arbeitet man nach dem *Schrotschuss-Verfahren*. Dazu spaltet man die gesamte DNA durch ein Restriktionsenzym in Fragmente, die anschließend einzeln in Plasmide oder Phagen eingebaut werden. Die Vektoren werden in Bakterien eingeschleust und kloniert. Als Ergebnis erhält man Klone mit Tausenden von Kopien jedes DNA-Fragments aus dem Spender-Genom. Eine solche Sammlung von Genom-Fragmenten heißt *genomische Bibliothek*.

**Herstellung von cDNA.** Zellen, die auf die Herstellung eines Proteins spezialisiert sind, enthalten große Mengen an mRNA für dieses Protein. Die mRNA lässt sich isolieren und als Vorlage für einen komplementären DNA-Strang verwenden. Diese „umgekehrte Transkription" wird durch das Enzym *reverse Transkriptase* katalysiert, das bei Retroviren das in RNA codierte Virengenom in DNA umschreibt. Nach enzymatischer Entfernung der mRNA-Vorlage wird mithilfe von DNA-Polymerase der komplementäre DNA-Strang ergänzt. Diese cDNA (von engl. *copy:* Kopie) ist die exakte DNA-Kopie einer mRNA.

Verwendet man für das Verfahren *alle* mRNA-Moleküle in einer Zelle, erhält man eine ***cDNA-Bibliothek***. Sie ist bedeutend kleiner als eine genomische Bibliothek, da sie nur diejenigen DNA-Sequenzen enthält, die in der untersuchten Zelle gerade exprimiert wurden.

**Hybridisierung mit Gensonden.** Um Gene in einer cDNA- oder genomischen Bibliothek zu finden, verwendet man *Gensonden*. Das sind kurze, einzelsträngige DNA- oder RNA-Moleküle, die zu Abschnitten der Basensequenz des gesuchten Gens komplementär sind und mit diesen ***hybridisieren***, also Basenpaarungen eingehen. Das Verfahren dient auch dazu, homologe Sequenzen in DNA-Proben unterschiedlicher Herkunft nachzuweisen und so deren Ähnlichkeit zu bestimmen.

Die Proben werden mit Restriktionsenzymen versetzt und durch Gelelektrophorese aufgetrennt. Für die Hybridisierung mit der Gensonde müssen die DNA-Fragmente auf einen festen Träger, meist eine Nitrocellulose- oder Nylonmembran, übertragen werden. Da man sich dabei der kapillaren Saugkraft der Membran bedient, wird die Methode nach ihrem Entdecker als Southern-Blotting bezeichnet (von engl. *blotting paper:* Löschpapier). Die DNA-Fragmente werden ***denaturiert***, also in Einzelstränge gespalten, sodass sich die Sonde anlagern kann. Ist diese radioaktiv markiert, lässt sich die Lage der gesuchten DNA-Sequenz autoradiographisch ermitteln.

Durch *In-situ-Hybridisierung* (von lat. *in situ:* in der natürlichen Lage) lassen sich einzelne Gene oder DNA-Abschnitte auch *direkt* in Chromosomen- oder Gewebepräparaten sichtbar machen. Dafür verwendet man kurze DNA- oder RNA-Sonden, die mit unterschiedlichen Molekülen markiert werden. Für diese Moleküle gibt es jeweils spezifische Antikörper. Sind die Antikörper mit unterschiedlichen Fluoreszenzfarbstoffen gekoppelt, so kann man einzelne Gene im Fluoreszenzmikroskop anhand der Farbe lokalisieren.

**RFLP-Analyse.** Bei der gelelektrophoretischen Auftrennung von DNA-Fragmenten erzeugt jedes Fragment einer bestimmten Länge eine Bande. So entsteht ein charakteristisches Bandenmuster. Untersucht man homologe DNA-Abschnitte von verschiedenen Personen, die sich in ihren Basensequenzen geringfügig unterscheiden, so erhält man verschiedene Bandenmuster, wenn von den Unterschieden auch Restriktionsschnittstellen betroffen sind. Das führt dazu, dass die Restriktionsfragmente der homologen DNA-Abschnitte verschiedener Personen unterschiedlich lang sind. Dieses Phänomen bezeichnet man als *R*estriktions*f*ragment-*L*ängen*p*olymorphismus (RFLP). Schon wenige solcher RFLPs können einen genetischen Fingerabdruck (▶ S. 202) eines Menschen liefern.

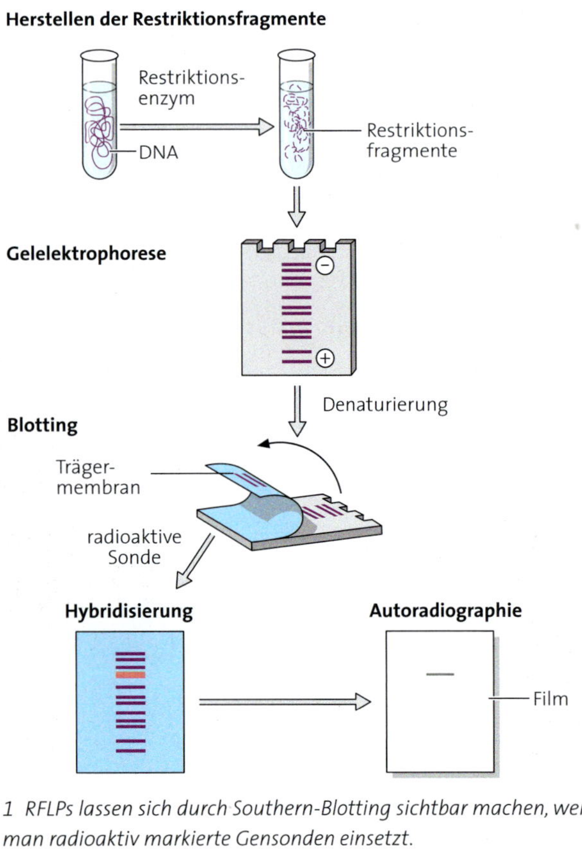


*1 RFLPs lassen sich durch Southern-Blotting sichtbar machen, wenn man radioaktiv markierte Gensonden einsetzt.*

**1 Ein Gen aus einer eukaryotischen Zelle soll in Bakterien übertragen werden. Erläutern Sie, welches Problem man umgeht, wenn dazu die mRNA in eine cDNA umgeschrieben wird.**

MATERIAL · METHODE · PRAXIS

# Gentechnik

Experimente mit rekombinanter DNA dürfen aus Sicherheitsgründen in der Schule nicht durchgeführt werden. Einzelne gentechnische Verfahrensweisen lassen sich jedoch in Modellversuchen erproben. Dazu gibt es komplette Versuchssets.

Insulin war das erste menschliche Protein, das von transgenen Bakterien hergestellt und als Medikament zugelassen wurde. Anhand des Herstellungsverfahrens von Humaninsulin lassen sich alle Einzelschritte nachvollziehen, die für die Synthese eukaryotischer Proteine durch Bakterien notwendig sind (▶ Bild rechts).

1. **Erläutern Sie mithilfe des Schemas, wie das Proinsulin-Gen gewonnen wird. Welche Rolle spielt dabei die cDNA-Synthese?**
2. **Beschreiben Sie, welche Schritte zur Herstellung der cDNA notwendig sind. Worin unterscheidet sich die Proinsulin-cDNA von der Proinsulin-mRNA?**
3. **An die fertige cDNA wird zunächst ein synthetisches Trinucleotid angehängt. Anschließend wird der DNA-Strang mit einsträngigen komplementären Enden versehen. Erläutern Sie die Funktion der beiden Elemente.**
4. **Beschreiben Sie, wie die cDNA in das Plasmid gelangt. Beachten Sie, an welcher Stelle es in den Vektor eingebaut wird.**
5. **Anschließend werden die Plasmide zu einer Kultur von E. coli zugegeben. Beschreiben Sie, wie die Übertragung der rekombinanten DNA vor sich geht und welche Schwierigkeiten damit verbunden sind.**
6. **Wie werden diejenigen Bakterien selektiert, die das rekombinierte Plasmid aufgenommen haben?**
7. **Bei der Übertragung der cDNA auf den Vektor wurde das Proinsulin-Gen in das β-Galactosidase-Gen des Plasmids integriert. Um die Proinsulin-Synthese zu starten, setzt man der Nährlösung Lactose zu. Erläutern Sie den Zusammenhang.**
8. **Finden Sie mögliche Gründe dafür, dass man die Bakterien Proinsulin und nicht fertiges Insulin herstellen lässt.**

## Restriktion und Gelelektrophorese von DNA

**MATERIAL:** getrocknete DNA-Probe (z. B. Phage Lambda), Restriktionsenzyme, Mikropipetten, Reaktionsröhrchen, Wasserbad, Geräte und Reagenzien für Gelelektrophorese

**DURCHFÜHRUNG:** DNA wird mit Restriktionsenzymen geschnitten, die Fragmente werden mit Gelelektrophorese getrennt.

Verteilen Sie die in Wasser reaktivierte DNA gleichmäßig auf mehrere Reaktionsgefäße. Ein Gefäß dient als Kontrolle, die anderen sind mit verschiedenen Restriktionsenzymen beschickt. Die verschlossenen Röhrchen kommen für 30–45 min bei 37 °C in ein Wasserbad. In dieser Zeit wird die Gelelektrophorese durch Gießen des Agarose-Gels und Überschichten mit Pufferlösung vorbereitet. Befüllen Sie dann die Geltaschen mit den DNA-Lösungen und Markerfarbstoff und starten Sie die Elektrophorese. Sie wird beendet, wenn der Farbstoff das Ende der Kammer erreicht. Ersetzen Sie dann den Puffer durch Färbelösung. Nach einiger Zeit werden die gefärbten Banden der ungeschnittenen DNA (Kontrolle) und der DNA-Fragmente sichtbar. Ordnen Sie die Fragmente nach ihrer Größe einer Restriktionskarte des Phagen Lambda zu.

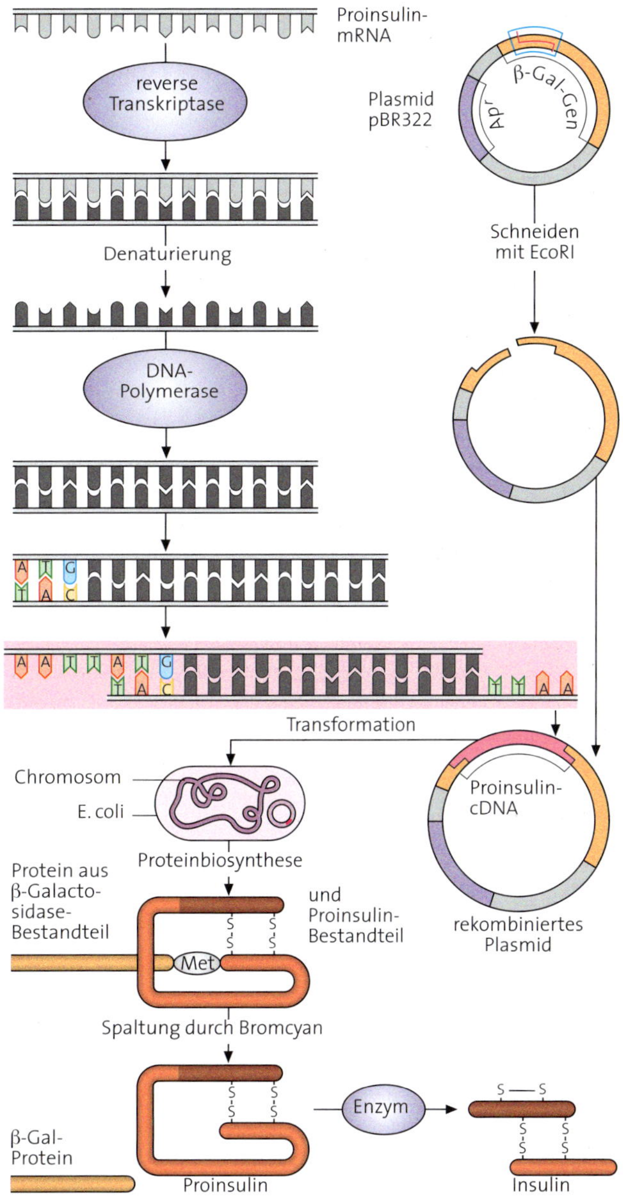


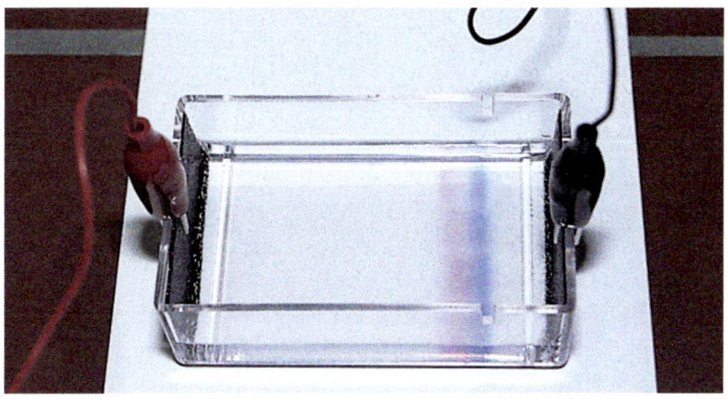

**Stichworte zu weiteren Informationen**

Diabetes • Insulin • Blutzuckerregulation • Lac-Operon

# Der genetische Fingerabdruck

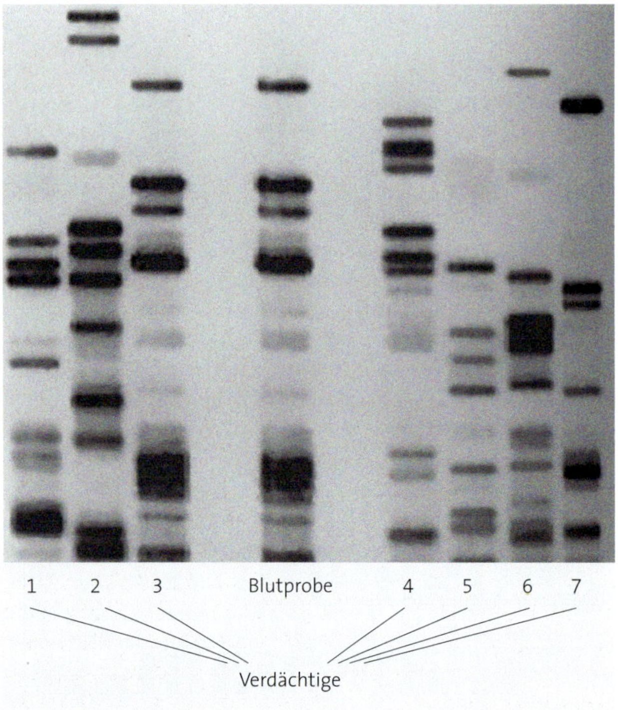


*1 Ergebnis einer RFLP-Analyse*

Als *genetischer Fingerabdruck (DNA-Profil)* werden Merkmale der DNA bezeichnet, die für ein Individuum in hohem Maß charakteristisch sind. Der Begriff wurde ursprünglich gewählt, weil die Strichmuster, die durch die autoradiographische Darstellung der aufgetrennten DNA-Fragmente im Southern-Blotting-Verfahren entstehen (▶ Bild 1; ▶ S. 200), dem Linienmuster eines „echten" Fingerabdrucks in ihrer Eindeutigkeit vergleichbar sind.

**Genetische Marker.** Obwohl alle Menschen dieselben Gene besitzen, gibt es eine Fülle individueller Unterschiede in den DNA-Sequenzen, die für einen genetischen Fingerabdruck herangezogen werden könnten. Als „genetische Marker" stehen zur Verfügung:

- *Punktmutationen* (▶ S. 160), auch als *SNPs* bezeichnet (Single Nucleotide Polymorphisms). Sie sind mit etwa 90 % der häufigste Typ genetischer Variabilität beim Menschen.
- *Restriktionsfragment-Längenpolymorphismen (RFLPs;* ▶ S. 200). Das ist eine Untergruppe von SNPs, die zufällig innerhalb der Erkennungssequenz von bakteriellen Restriktionsenzymen liegen. Auch RFLPs beruhen auf Mutationen eines einzelnen Basenpaars und kommen sowohl in codierenden als auch in nicht codierenden DNA-Abschnitten vor.
- *Minisatelliten*, auch *VNTRs* genannt (Variable Number of Tandem Repeats). Sie finden sich in der Regel nur in nicht codierenden DNA-Abschnitten und bestehen aus kurzen, mehrfach hintereinander wiederholten DNA-Sequenzen. Bei Minisatelliten ist die Basissequenz etwa 12 bis 100 Basenpaaren lang und wiederholt sich hundert- bis tausendfach.
- *Mikrosatelliten*, auch *STRs* genannt (Short Tandem Repeats). Mikrosatelliten bestehen aus einer Basissequenz von 2 bis 5 Basenpaaren Länge mit 10 bis 50 Wiederholungen. Für die meisten Sequenzwiederholungen sind etwa 80 Prozent der Bevölkerung heterozygot, das bedeutet, die Anzahl der Wiederholungseinheiten an einem Genort ist von Mensch zu Mensch verschieden.

**DNA-Analytik in der Rechtsmedizin.** Im Prinzip eignen sich alle vier Marker (SNP, RFLP, VNTR, STR) für einen genetischen Fingerabdruck. Bei der Ermittlung biologischer Verwandtschaft (Vaterschaftsnachweis) wird heute sowohl die „klassische", aber zeitaufwendige RFLP-Analyse als auch die einfachere STR-Analyse eingesetzt. Die Charakterisierung biologischer Spuren bei Kriminalfällen, bei denen meist nur sehr wenig brauchbares DNA-Material zur Verfügung steht, erfolgt heutzutage ausschließlich durch STR-Analyse. Als DNA-Quellen dienen Blut, Sperma, Speichel, Schweiß, Urin, Kot, Haare, Hautabrieb. Die Mengen an herausgelöster DNA, die sich meist im Bereich von Nanogramm ($10^{-9}$) oder Pikogramm ($10^{-12}$) bewegen, reichen in der Regel aus, um die infrage kommenden Mikrosatelliten mithilfe der Polymerase-Kettenreaktion (PCR) zu vervielfachen. Dabei werden sie zugleich mit verschiedenen Fluoreszenzfarbstoffen markiert. Anschließend erfolgt wie bei der RFLP-Analyse die Auftrennung durch Gelelektrophorese (▶ S. 150). An deren Ende werden die DNA-Fragmente durch Laserlicht zur Fluoreszenz angeregt und die Fluoreszenzsignale aufgezeichnet (▶ Bild 2).

Von den Tausenden von Mikrosatelliten in unserem Genom werden bei Kriminalfällen nur 8 Genorte verwendet, deren Häufigkeiten in der Bevölkerung bekannt sind. Bei Vaterschaftsgutachten müssen 12 Genorte analysiert werden, die auf 10 verschiedenen Chromosomen liegen.

**Auswertung.** Die Allele der Mikrosatelliten werden nach internationaler Übereinkunft entsprechend der Anzahl ihrer Wiederholungseinheiten („repeats") benannt. Die Auswertung einer STR-Analyse ergibt letztlich eine Zahlenkombination für die je zwei Allele an den untersuchten acht Genorten, die beispielsweise so aussehen kann: 17/23; 7/9; 22/23; 14/15; 16/16; 24/35; 28/30; 13/14. Die Wahrscheinlichkeit, dass zwei zufällig ausgesuchte Personen dieselbe Kombination besitzen, beträgt etwa 1 zu 60 Milliarden.

---

**1 Untersuchen Sie, wer von den Verdächtigen (▶ Bild 1) als Täter infrage kommt.**

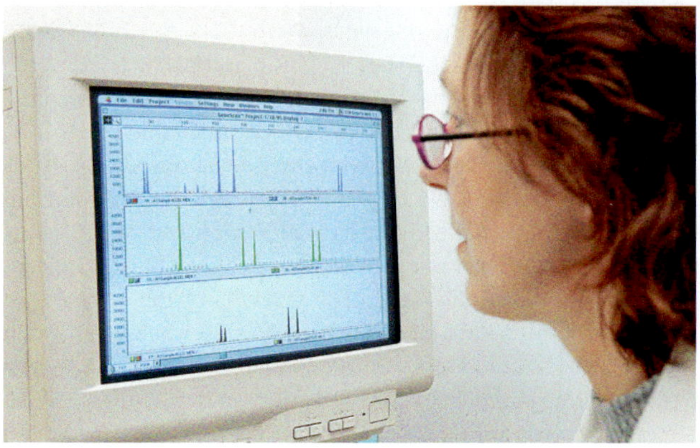

*2 Ergebnis einer STR-Analyse*

## Das Humangenomprojekt

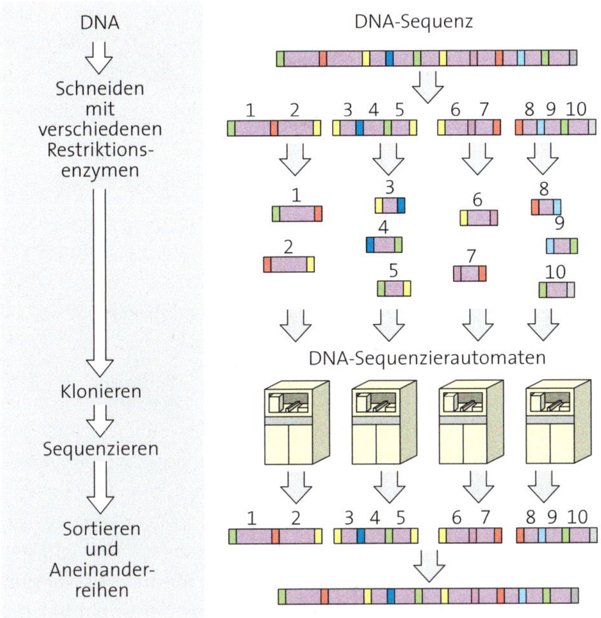


*1 Beim Humangenomprojekt wird das menschliche Genom im hierarchischen Schrotschussverfahren sequenziert.*

Von 1990 an arbeiteten über 1000 Wissenschaftler in vielen Ländern unter der Koordination der internationalen *Human Genome Organisation (HUGO)* daran, das Genom des Menschen vollständig zu entschlüsseln. Das Genom, also die gesamte genetische Information aus allen Genen und den nicht codierenden Abschnitten der DNA, umfasst beim Menschen 3 Milliarden Basenpaare. In einem ersten Schritt dieses bisher größten biologischen Forschungsprojekts wurde bis 2003 die Basensequenz der menschlichen DNA komplett ermittelt. Dazu wurde mit der *hierarchischen Sequenzierung* die DNA jedes Chromosoms schrittweise durch Restriktionsenzyme in immer kleinere Fragmente zerschnitten, kloniert, sequenziert und passend aneinandergereiht (► Bild 1).

**Funktionelle Genomanalyse.** Inzwischen sind die beteiligten Forscher dabei, die Gene eindeutig zu identifizieren und zu klären, welche Bedeutung das jeweilige Genprodukt für das Funktionieren des Organismus hat. Dazu vergleichen sie das menschliche Genom mit dem einfacherer Organismen wie der Hefe Saccharomyces, dem Fadenwurm Caenorhabditis und der Fruchtfliege Drosophila. Bei diesen Modellorganismen kennt man die Funktion vieler Gene durch Experimente schon relativ gut. Da überraschend viele DNA-Sequenzen hochkonservativ sind, sich also im Lauf der Evolution erhalten haben und daher bei sehr vielen Arten vorkommen, lässt sich durch Vergleich bekannter Sequenzen auf die Funktion der menschlichen Gene zurückschließen.

Nur etwa 1 bis 2 % der menschlichen DNA enthalten Bauanleitungen für Proteine. Für die nicht codierende DNA werden wichtige Funktionen bei der Genregulation vermutet.

**Individuelle Unterschiede.** 99,9 % der Erbinformation zweier beliebiger gesunder Menschen stimmen überein. Daher interessierten sich die Forscher zunächst für die Gemeinsamkeiten im Genom. Inzwischen wird aber auch die genetische Variation der Individuen untersucht. Geringfügige Unterschiede, oft schon die Variation in einer einzigen Base, können beispielsweise darüber entscheiden, ob und wie stark ein Mensch auf ein Medikament anspricht. Zur Erforschung dieser Unterschiede werden in einem ähnlichen Projekt Genvergleiche zwischen verschiedenen Individuen angestellt. Ziel ist es, eine Karte mit mehreren Hunderttausend Einzelnucleotid-Polymorphismen (SNPs) (► S. 202) zu erstellen.

**Anwendungsbereiche.** Arzneimittelhersteller wollen die Informationen aus der Genomanalyse nutzen, um maßgeschneiderte Medikamente herzustellen. Wissenschaftler versprechen sich eine völlig neue Basis für die Medizin. Sie soll ein zielgerichtetes Vorgehen in der Vorbeugung, Diagnose und Behandlung zahlreicher Erkrankungen ermöglichen.

Erhebliche Verbesserungen in der *Gendiagnostik* erwartet man von der DNA-Chip-Technologie. DNA-Chips sind mit mehreren Tausend kurzen Nucleotid-Sequenzen oder ganzen Genen versehen, die als Sonden dienen. Passende Nucleinsäure-Fragmente binden genau dort, wo die komplementäre Sonde auf dem Chip platziert ist. Da die Proben vorher mit Fluoreszenzfarbstoff behandelt werden, lässt sich das Ergebnis der Hybridisierung mithilfe von Digitalkamera und Computer auswerten. Der Computer analysiert die Verteilung der Leuchtpunkte auf dem Chip und bestimmt daraus, welche Nucleotid-Sequenzen in einer Probe vorhanden sind. So lassen sich nicht nur mutierte Gene nachweisen, sondern auch Genexpressionsprofile gesunder und kranker Zellen erstellen.

**Einwände.** Mit dem neuen Wissen entstehen jedoch auch neue Probleme. Durch Gentests können zwar genetische Veränderungen festgestellt werden, doch führt nicht jede Abweichung zu einer Erkrankung (► S. 207). Besonders problematisch sind Gentests für Krankheiten, gegen die es kein Mittel gibt. Chorea Huntington, für die schon seit 1993 ein Test zur Verfügung steht, ist dafür ein Paradebeispiel (► S. 188).

Kritiker befürchten zudem, dass genetische Daten möglicherweise ohne die Zustimmung oder das Wissen der Betroffenen erhoben und unerlaubt an Dritte weitergegeben werden. Damit bestünde die Gefahr, dass ein Mensch gegenüber Versicherungen oder auf dem Arbeitsmarkt benachteiligt wird, weil er die genetische Disposition für eine bestimmte Erkrankung hat.

*2 Genchip und Fluoreszenzbild, wie es nach Binden der fluoreszenzmarkierten DNA-Fragmente an den Sonden entsteht*

# Gentechnik in der Pflanzenzucht

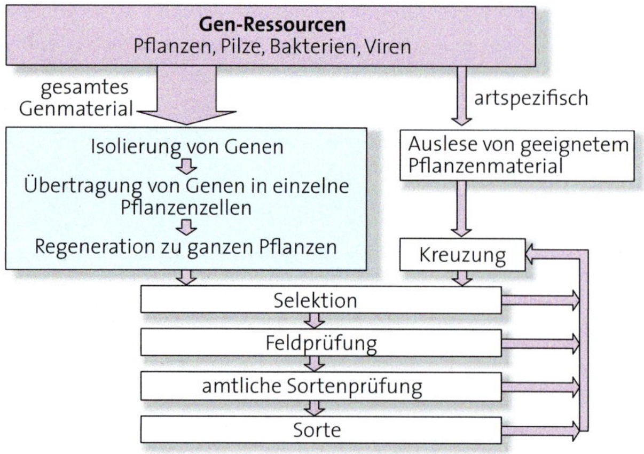


*1 Vergleich der Vorgehensweise bei gentechnischen und klassischen Zuchtmethoden*

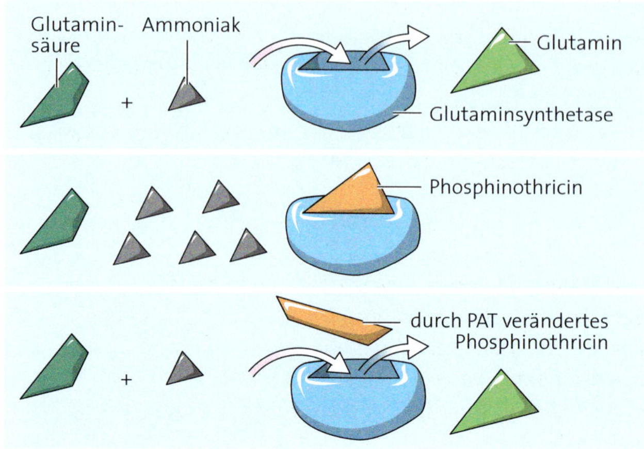


*2 Kompetitive Hemmung des aktiven Zentrums der Glutaminsynthetase durch Phosphinothricin*

Der Einsatz von gentechnischen Verfahren erweitert das Methodenspektrum der klassischen Pflanzenzucht. Während bei der klassischen Züchtung nur eng verwandte Arten gekreuzt werden können und es bei den Kreuzungen zur zufälligen Kombination aller genetisch codierten Eigenschaften der Elternpflanzen kommt, bringt die Gentechnik qualitative Neuerungen. Sie ermöglicht es zum einen, Gene unabhängig von ihrem Ursprung auf Pflanzen zu übertragen. Da die evolutiv entstandenen *Artgrenzen überwunden* werden, vergrößert sich der zur Verfügung stehende Genpool deutlich. Zum anderen können *gezielt einzelne Gene* eingebracht werden, ohne die sonstigen Eigenschaften der Pflanze zu verändern.

**Anwendungsbereiche.** Die Zuchtziele decken sich weitgehend mit denen herkömmlicher Züchtung: Die Pflanzen sollen vor allem ertragreich und robust sein. Dabei stehen Resistenzen gegenüber Krankheiten und Schädlingen im Vordergrund. Darüber hinaus wird versucht Stoffwechselprozesse zu optimieren und die Empfindlichkeit gegenüber Stressfaktoren wie Dürre und Kälte herabzusetzen. Ein neuartiges Zuchtziel ist die Toleranz gegenüber Herbiziden. Man erhofft sich dadurch, gezielter und effektiver gegen Unkräuter vorgehen zu können, ohne dabei die Kulturpflanzen zu schädigen.

Zu den Pflanzen, an denen geforscht wird, gehören neben zahlreichen Nahrungs- und Futterpflanzen auch Rohstofflieferanten wie Baumwolle und Pappel.

**Herbizidtoleranz.** Die meisten gentechnisch veränderten Pflanzen enthalten Gene, die sie gegen bestimmte Herbizide unempfindlich machen. Ein häufig eingesetztes Herbizid enthält den Wirkstoff Glufosinat. Dabei handelt es sich chemisch um eine modifizierte Aminosäure mit der Bezeichnung *Phosphinothricin*. Dieser Stoff wird von bodenlebenden Bakterien, *Streptomyceten*, aus Glutaminsäure hergestellt und wirkt antibiotisch. Die Streptomyceten wehren sich auf diese Weise gegen die Bakterienkonkurrenz in ihrem Lebensraum.

Phosphinothricin behindert die Synthese von Glutamin. Bei der Herstellung dieser Aminosäure wird Ammoniak durch das Enzym Glutaminsynthetase an Glutaminsäure gebunden. Phosphinothricin hemmt das katalysierende Enzym, sodass sich giftiges Ammoniak in den Zellen anreichert und sie abtötet. Auf diesem Effekt beruht auch die ***herbizide Wirkung*** von Phosphinothricin: Durch die Hemmung der Glutaminsynthetase vergiften sich die Zellen mit dem überschüssigen Ammoniak und sterben ab.

Die Phosphinothricin bildenden Streptomyceten schützen sich selbst gegen die antibiotische Wirkung mit einem Enzym, das das Antibiotikum inaktiviert. Durch die *Phosphinothricin-spezifische Acetyltransferase* (PAT) wird der Wirkstoff so verändert, dass er nicht mehr an das aktive Zentrum der Glutaminsynthetase binden kann. Das Gen, das für PAT codiert, wurde isoliert und in Kulturpflanzen eingebracht.

**Freisetzung transgener Pflanzen.** Gentechnisch veränderte Nutzpflanzen versprechen allenfalls dann kommerziellen Erfolg, wenn sie großflächig angebaut werden. Dies ist jedoch erst nach einer behördlichen Zulassung möglich, die nach dem *Gentechnikgesetz* von 2008 nur erteilt wird, wenn keine Gefährdung von Umwelt, Mensch und Tier zu erwarten ist.

Die Freisetzung wird in der Regel nur unter Auflagen – zum Beispiel Schutzzäune, Abstandsflächen, Beobachtungspflichten – genehmigt. Dadurch soll sichergestellt werden, dass sich die neu eingeführten Gene nicht unkontrolliert ausbreiten. Alle Flächen mit transgenen Pflanzen müssen in ein Standortregister eingetragen werden. Wenn gentechnisch verändertes Material aus Freilandversuchen in herkömmliche Ernten gerät, dürfen diese nicht als Futter- oder Lebensmittel vermarktet werden. Die ökologischen Risiken werden vor allem in der Ausbreitung der transgenen Pflanzen und ihren Wirkungen auf Pflanzenfresser gesehen (► S. 210).

---

**1 Erklären Sie die Wirkungsweise von Phosphinothricin. Welche anderen Typen von Enzymhemmung kennen Sie?**

**2 Herbizide werden in der Regel prophylaktisch angewendet. Beurteilen Sie die Möglichkeit, durch den Anbau herbizidtoleranter Pflanzen die eingesetzte Herbizidmenge zu verringern.**

**3 Informieren Sie sich über die Wirkspezifität selektiver Herbizide. Warum richten sie sich nicht gegen Kulturpflanzen?**

## Gentechnik in der Lebensmittelherstellung

1994 kam in den USA das erste gentechnisch veränderte Lebensmittel auf den Markt, die Flavr-Savr-Tomate. Tomaten werden in der Regel grün geerntet, damit sie Transport und Lagerung überstehen. Die sogenannte „Anti-Matsch"-Tomate hingegen sollte, ohne weich zu werden, am Stock ihr volles Aroma entwickeln und erst in ausgereiftem Zustand geerntet werden. Die Pflanze enthielt ein Gen, das die Produktion des Enzyms Polygalacturonase (Pectinase) unterbindet. Dieses Enzym ist für den Abbau der Zellwände beim Reifen verantwortlich.

**Herstellungsverfahren.** Derzeit kann man bei Nahrungsmitteln, die mit gentechnischen Methoden hergestellt werden, unterscheiden zwischen Lebensmitteln, die
- selbst gentechnisch verändert sind,
- gentechnisch veränderte Organismen enthalten oder
- mithilfe von gentechnisch veränderten Organismen erzeugt werden.

Wie von der Tomate gibt es von Soja, Mais, Zuckerrübe, Kartoffel, Raps und Reis gentechnisch veränderte Sorten, deren Früchte oder andere Pflanzenteile *als Lebensmittel* verwendet und konsumiert werden. Aus transgenem, herbizidtoleranter Soja gewinnt die Lebensmittelindustrie außerdem *Rohstoffe*, die zur Herstellung von mehr als 30 000 verschiedenen Lebensmitteln genutzt werden, insbesondere Öl und den Emulgator Lecithin.

Mehr als ein Viertel unserer Lebensmittel – Milchprodukte, Brot, Bier, Wein und Sauergemüse – werden mithilfe von Milchsäurebakterien und Hefen hergestellt. Die *Mikroorganismen* sind auch im fertigen Lebensmittel enthalten. Ziel gentechnischer Veränderungen in diesem Bereich ist es, die Produktivität durch kürzere Herstellungszeiten zu steigern.

In der Lebensmittelproduktion haben *Enzyme*, die von gentechnisch veränderten Organismen erzeugt werden, derzeit die größte Bedeutung (► S. 78). Sie ersetzen die bisher aus konventionellen Organismen gewonnenen Enzyme. Da Enzyme als Proteine direkte Genprodukte sind, lassen sie sich in gentechnisch veränderten Organismen sehr einfach und mit hoher Ausbeute gewinnen, indem man die entsprechenden Gene mithilfe von aktiven Promotoren überexprimieren lässt.

Bei der Käseherstellung dient das Enzym *Chymosin*, auch *Labferment* genannt, dazu, das Milchprotein Casein auszufällen. Chymosin wird traditionell aus dem Labmagen von Kälbern gewonnen. Kälbermägen enthalten jedoch nur 4 bis 8 % Labferment. In gentechnisch gewonnenen Chymosinpräparaten liegt der Gehalt an aktivem Enzym dagegen bei 80 bis 90 %.

1 Die Flavr-Savr-Tomate – das erste gentechnisch veränderte Lebensmittel

Von großer wirtschaftlicher Bedeutung ist die *enzymatische Stärkeverzuckerung*. Pflanzliche Stärke wird dabei durch verschiedene gentechnisch erzeugte Enzyme zu Zuckersirup abgebaut, der in vielen Back- und Süßwaren sowie Limonaden den traditionellen Zucker ersetzt.

*Zusatzstoffe* in Lebensmitteln sind beispielsweise Aromen, Vitamine, Geschmacksverstärker, Süß-, Farb- und Konservierungsstoffe, Verdickungsmittel und Emulgatoren. Gentechnisch veränderte Organismen sollen diese Substanzen effektiver und billiger herstellen, als dies in chemischen Verfahren möglich ist. Da die meisten dieser Stoffe Endprodukte komplexer Stoffwechselwege sind, ist es schwieriger als bei Enzymen, die Organismen für die Herstellung zu optimieren. Bisher sind nur wenige Produkte wirtschaftlich von Bedeutung.

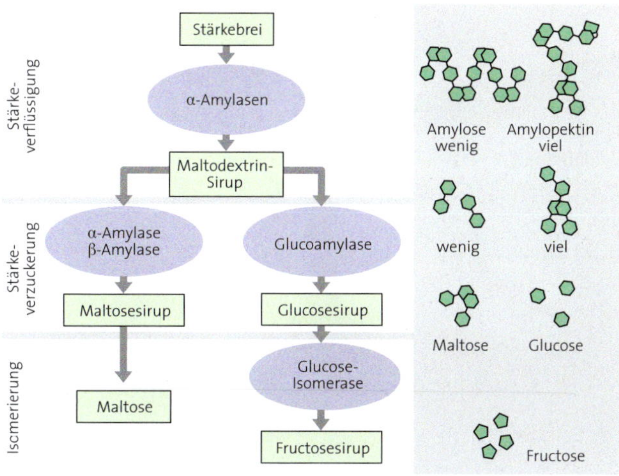


2 *Enzyme aus transgenen Mikroorganismen bauen Stärke in drei Schritten zu Zuckersirup mit hoher Süßkraft ab.*

**Funktionelle Lebensmittel.** Immer mehr Nahrungsmittel werden so verändert, dass sie Stoffe enthalten, die Krankheiten vorbeugen sollen. Gentechnisch veränderter Reis mit erhöhtem Gehalt an Provitamin A könnte beispielsweise dazu beitragen, das Risiko für Vitamin-A-Mangelerkrankungen in solchen Ländern zu senken, in denen Reis die Haupternährungsgrundlage darstellt. Eine Reismenge von 300 g würde ausreichen den Tagesbedarf an Vitamin A zu decken.

**Kennzeichnung.** In der EU müssen alle Lebens- und Futtermittel sowie Zusatzstoffe und Aromen, die gentechnisch veränderte Organismen (GVO) sind, beispielsweise Sojabohnen, oder aus ihnen hergestellt werden, beispielsweise Sojamehl, gekennzeichnet sein („genetisch verändert", „aus genetisch verändertem ... hergestellt"). Die Kennzeichnungspflicht gilt nicht, wenn der Anteil gentechnisch veränderter Substanz eines Produkts 0,9 % nicht übersteigt. Lebensmittel, die nicht *aus*, sondern *mithilfe von* GVO hergestellt werden, beispielsweise Fleisch, Eier, Milch oder Käse, müssen ebenfalls nicht gekennzeichnet werden.

**Allergierisiko.** Allergien werden vor allem durch bestimmte Proteine ausgelöst. Transgene Nutzpflanzen erzeugen neue, artfremde Proteine, deren allergenes Potenzial sich anhand von Sequenzvergleichen mit bekannten Allergieauslösern abschätzen lässt. Durch die Wechselwirkung zwischen Genen im Empfängerorganismus können jedoch auch neuartige Proteine entstehen. Das Risiko, das sich möglicherweise daraus ergibt, ist weitaus schwieriger abzuschätzen. Auf der anderen Seite ermöglicht Gentechnik die Bildung allergieauslösender Substanzen in Nahrungspflanzen zu unterbinden.

## Gentechnik bei Tieren

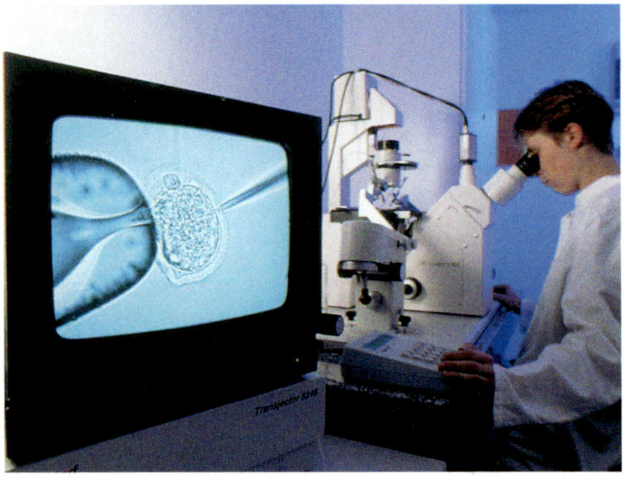


1 *Gene werden mit feiner Nadel in die Zygote übertragen.*

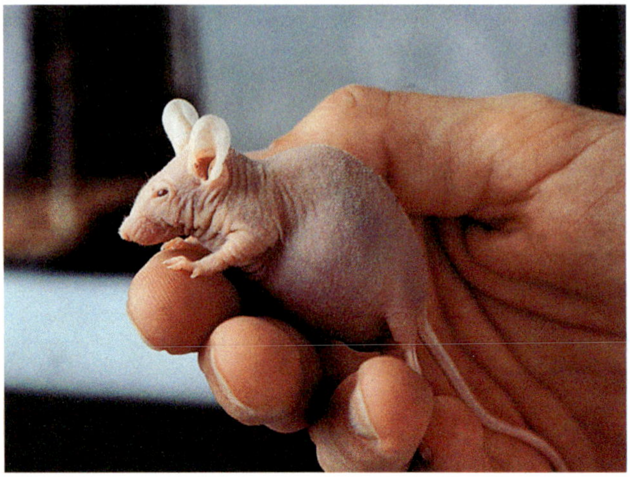

2 *Maus als Modell für einen Immundefekt des Menschen*

Damit ein Fremdgen in einer tierischen Zelle auch exprimiert wird, muss es mit einem geeigneten Promotor zusammengebracht werden. Ein solches Konstrukt bezeichnet man als Transgen. Das *Transgen* wird meist mithilfe der *Mikroinjektion* direkt in eine befruchtete Eizelle eingebracht.

Dazu entnimmt man einem weiblichen Tier mehrere Eizellen und befruchtet sie im Reagenzglas. Noch bevor sich die Kerne von Spermium und Eizelle vereinigen, injiziert man mithilfe einer extrem dünnen Nadel mehrere Tausend Kopien des Transgens in einen dieser sogenannten Vorkerne. Nach der Kernverschmelzung werden die Zygoten in Ammentiere überführt. Nicht alle befruchteten Eizellen überleben die Mikroinjektion, sodass sich nur aus einem kleinen Teil der Zygoten Nachkommen entwickeln. Die anderen sterben ab.

Da der Einbau ins Genom zufällig erfolgt, wird einige Wochen nach der Geburt durch PCR (►S. 150) überprüft, bei welchen Tieren sich das injizierte Transgen tatsächlich stabil in die DNA eingefügt hat. Diese *transgenen Tiere* stellen das gewünschte Genprodukt her und vererben das Transgen weiter.

**Transgene Tiere als Nahrungsmittel.** Bei der Nutztierzucht befindet sich die Gentechnik noch im Entwicklungsstadium. Das liegt unter anderem daran, dass die Tiere lange Generationszeiten und wenige Nachkommen haben, was die Forschung erschwert und verteuert. Bisher sind nur wenige Gene bekannt, die für landwirtschaftlich interessante Merkmale verantwortlich sind. Zudem überwiegen bei hochgezüchteten Nutztieren häufig die negativen Auswirkungen der genetischen Veränderungen.

Transgene Lachse sind die ersten Nutztiere, die als Lebensmittel auf den Markt kommen sollen. Den Lachsen wurde der Promotor eines Gens eingebaut, das bei Flundern aus arktischen Gewässern für Frosttoleranz sorgt. Dieser Promotor reguliert in den transgenen Lachsen das Gen für das *Wachstumshormon*. Die Lachse produzieren Wachstumshormon nun nicht nur während des Sommers, sondern das ganze Jahr über. Sie wachsen dadurch wesentlich schneller und weisen ein höheres Schlachtgewicht auf. Allerdings erreicht nur rund ein Drittel der Tiere das Fortpflanzungsalter.

**Krankheitsmodelle.** Bei der Suche nach den genetischen Ursachen von Krankheiten dienen Tiere als *Modellorganismen*. Bei Mäusen und Menschenaffen sind die Gene meist an derselben Stelle auf einem Chromosom zu finden wie beim Menschen. Während zunächst mit natürlichen Mutanten gearbeitet wurde, schaffen sich die Forscher inzwischen maßgeschneiderte Modelle. So entwickelte eine Arbeitsgruppe in den USA transgene Mäuse mit menschlichen Krebsgenen. An den sogenannten „Onko-Mäusen" wurde untersucht, welche Bedeutung verschiedenen Onkogenen bei der Entstehung von Brustkrebs zukommt. Transgene Mäuse werden jedoch auch als Modelle für die Entstehung von Osteoporose, Fettsucht und Herzinfarkt eingesetzt. Häufig übertragen die Forscher den Tieren DNA, bei der gezielt ein bestimmter Abschnitt inaktiviert wurde, um die Wirkung einzelner Gene zu erforschen. Diese Methode bezeichnet man als *Knock-out-Verfahren*.

**Organzucht.** Viele Menschen verdanken ihr Leben einer Organtransplantation. Die großen Fortschritte in der Transplantationsmedizin haben weltweit zu einem erheblichen Mangel an Spenderorganen geführt. Während die Nachfrage ständig steigt, nimmt die Bereitschaft zur Organspende ab. Um diese größer werdende Lücke zu schließen, werden inzwischen Tiere gezüchtet, die als Spender für *Xenotransplantationen* (von griech. *xenos:* fremd) infrage kommen. Als Spendertiere sind Schweine besonders geeignet, deren Organe etwa gleich groß und ähnlich gebaut sind wie die von Menschen.

Ein Problem besteht darin, dass die Transplantate innerhalb kurzer Zeit abgestoßen werden. Zum einen bemüht man sich daher, die Gene für Enzyme auszuschalten, die die Synthese von Oberflächenmolekülen katalysieren. Diese Oberflächenmoleküle vermitteln die *Abstoßungsreaktion*. Langfristig sollen die artspezifischen Membranproteine selbst, an denen das menschliche Immunsystem die Organe als fremd erkennt, durch menschliche Proteine ersetzt werden.

Voraussetzung für die Nutzung von Schweinen als Organlieferanten ist allerdings ein geeignetes Klonierungsverfahren. Außerdem besteht bislang die Gefahr, dass mit den Organen gefährliche Viren auf die Empfänger übertragen werden.

## Gentechnik in der medizinischen Diagnostik

In der Humanmedizin werden gentechnische Verfahren vor allem dazu eingesetzt, die molekularen Ursachen genetisch bedingter Krankheiten zu erforschen. Parallel dazu entwickelten sich die Methoden der *Gendiagnose*. Gendiagnose dient in erster Linie dazu, Risiken für Erbkrankheiten frühzeitig festzustellen. Mit ihrer Hilfe lassen sich auch Krankheitserreger eindeutig identifizieren.

**Krankheitsursachen.** Für die Entstehung von Krankheiten, die nicht auf eine Infektion zurückgehen, sind sowohl genetische Faktoren als auch Umwelteinflüsse von Bedeutung. Nur etwa 2 bis 3% aller Krankheiten lassen sich ausschließlich auf die Wirkung von Genveränderungen zurückführen. Es handelt sich um *Erbkrankheiten* im klassischen Sinn, von denen mittlerweile über 6000 bekannt sind. Den meisten von ihnen liegen Veränderungen mehrerer Gene zugrunde. Nur einige Hundert sind *monogen*, also durch die Veränderung eines einzigen Gens verursacht (► S. 182). Ihre Häufigkeit in der Bevölkerung liegt unter 0,1%. Bei den meisten monogen bedingten Krankheiten kommen unterschiedliche Mutationen in demselben Gen vor. Die Art der Mutation entscheidet über den Verlauf und die Schwere der Erkrankung (► Mukoviszidose, S. 161). Selten liegt – wie bei der Sichelzellanämie – bei allen Betroffenen dieselbe Mutation vor (► S. 160).

Die meisten Krankheiten in modernen Wohlstandsgesellschaften werden sowohl durch mehrere Gene als auch durch Umweltfaktoren beeinflusst. Diese Krankheiten sind also *multifaktoriell* verursacht. Menschen, die mutierte Gene tragen, haben eine *genetische Disposition* für eine Krankheit. Die Disposition führt jedoch in den meisten Fällen nur dann zur Erkrankung, wenn Umweltfaktoren wie ungesunde Ernährung, Stress und Infektionen hinzukommen. Zu diesen Krankheiten zählen unter anderem Bluthochdruck, Fettstoffwechselstörungen, Diabetes Typ I und II, bestimmte Krebsformen und Herz-Kreislauf-Erkrankungen.

**Direkter Nachweis mutierter Gene.** Um eine Mutation in einem Gen direkt nachzuweisen, muss man zumindest einen Teil dieses Gens klonieren. Der klonierte DNA-Abschnitt kann dann als *Gensonde* eingesetzt werden. Für den Nachweis genetisch bedingter Erkrankungen, die auf einer Punktmutation beruhen, werden zwei kurze, synthetisch hergestellte, radioaktiv markierte DNA-Einzelstränge verwendet, von denen der eine die normale Basensequenz und der andere die Basensequenz mit der Mutation enthält. Zwei DNA-Proben der zu untersuchenden Person werden mit Restriktionsenzymen zerschnitten und durch Gelelektrophorese aufgetrennt. Jede Probe wird mit einer der beiden Gensonden versetzt. Durch Autoradiographie wird sichtbar, welche der beiden Gensonden mit der DNA hybridisiert hat. Hybridisiert die Sonde mit der mutierten Basenfolge, liegt eine genetisch bedingte Erkrankung vor.

Auf diese Weise lässt sich zum Beispiel nachweisen, ob ein erhöhter Cholesterinspiegel durch falsche Ernährung oder durch einen genetisch bedingten Defekt der spezifischen Rezeptoren hervorgerufen wird (► S. 182). Gensonden setzt man auch in der Pränataldiagnostik ein (► S. 185).

Eine weitere Nachweismethode beruht auf der RFLP-Analyse, die Mutationen innerhalb der Schnittstellen von Restriktionsenzymen aufdeckt (► S. 200).

**Indirekter Nachweis mutierter Gene.** Für viele genetische Veränderungen, die Krankheiten verursachen können, liegen bislang keine Gensonden vor. In diesem Fall kann man auch Gene untersuchen, die eng benachbart dazu liegen. Diese Gene haben zwar ursächlich mit der Erkrankung nichts zu tun. Da sie aber fast immer gemeinsam vererbt werden, dienen sie als indirekter Nachweis für die benachbarte Mutation. Diese Gene werden als *Markergene* bezeichnet. Als Markergene sind nur solche DNA-Sequenzen geeignet, die bei Trägern der Krankheitsgene ebenfalls verändert sind, also in verschiedenen Varianten bei Gesunden und Betroffenen vorkommen.

**Anwendung und Risiken von Gentests.** Gentechnische Nachweisverfahren sind von zunehmender Bedeutung für die genetische Beratung (► S. 184), die pränatale Diagnostik (► S. 185) und die Untersuchung von Neugeborenen. Mithilfe von Gentests lassen sich immer mehr genetische Veränderungen nachweisen. Nur für wenige genetisch bedingte Krankheiten bestehen jedoch auch Behandlungsmöglichkeiten.

Da die Entwicklung von Gentests hohe Kosten verursacht, wird meist nur an Nachweisverfahren für relativ weit verbreitete Mutationen geforscht. Mukoviszidose, der in Westeuropa häufigsten genetisch bedingten Krankheit, liegen rund 600 verschiedene Mutationen zugrunde (► S. 161). Einen Gentest gibt es derzeit nur für die häufigste Mutation, die etwa 70% der Erkrankungen an Mukoviszidose verursacht. Bei einem negativen Befund ist also nicht auszuschließen, dass die betreffende Person eine der selteneren Mutationen trägt.

Gentests geben lediglich Auskunft darüber, ob die Disposition für eine Krankheit besteht. Ob und wann eine Person tatsächlich erkranken wird, lässt sich nicht voraussagen. Das Leben mit einer „Erkrankungswahrscheinlichkeit“ ist für die Betroffenen äußerst problematisch.

Die größte Gefahr sehen Kritiker in „genetischer Diskriminierung“. In Zukunft könnten etwa Versicherungen einen Gentest als Voraussetzung für den Vertragsabschluss verlangen oder Arbeitgeber die Einstellung davon abhängig machen.

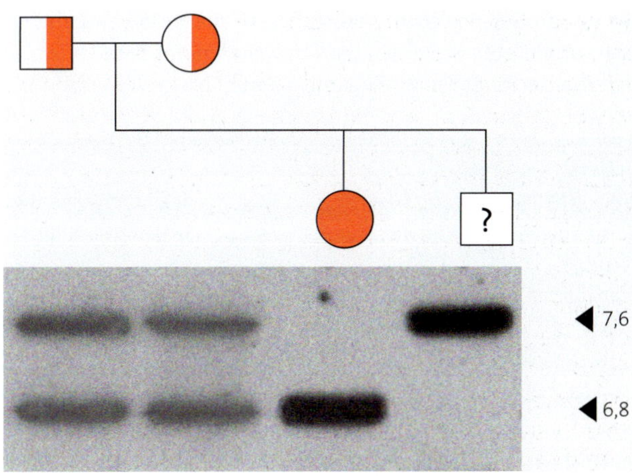


*1 Stammbaum und Gentest für Mukoviszidose. Das Markergen ist polymorph, das heißt, durch Schneiden mit Restriktionsenzymen entstehen unterschiedlich lange DNA-Fragmente.*

## Gentechnik in der Medikamentenherstellung

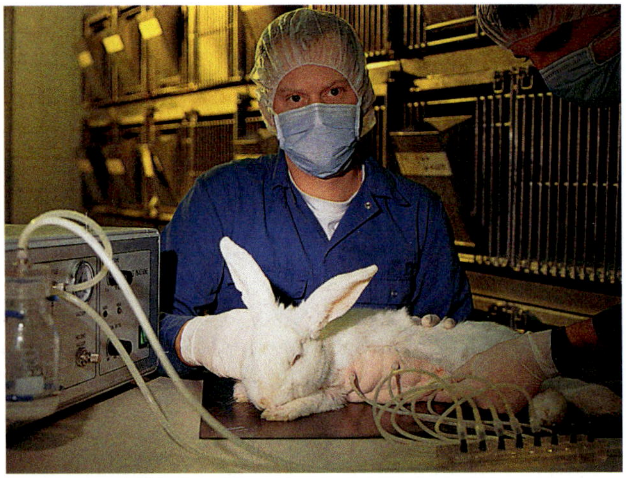

*1 Die Milch des transgenen Kaninchens enthält ein menschliches Protein, das als Medikament verwendet wird.*

Bei einer Reihe von Krankheiten werden Proteine als Medikamente eingesetzt. Bislang werden Proteine für therapeutische Zwecke aus tierischen oder menschlichen Geweben, Körperflüssigkeiten oder Zellkulturen gewonnen. Konventionelle Herstellungsverfahren sind in der Regel sehr aufwendig. Aus sechs Litern menschlichen Bluts lässt sich zum Beispiel nur ungefähr ein Milligramm des Blutgerinnungsfaktors VIII isolieren. Bluterkranke, bei denen dessen Fehlen zu einer lebensbedrohlichen Störung der Blutgerinnung führt, benötigen diese Dosis zweimal wöchentlich, um ein normales Leben führen zu können. In Deutschland decken Blutspenden nur etwa 10% des Bedarfs. Zusätzliche Blutkonserven stammen aus Importen von teilweise zweifelhafter Herkunft. Medikamente aus Spenderblut sind stets mit dem Risiko behaftet, Viren und andere Krankheitserreger zu enthalten. Bei Produkten tierischen Ursprungs besteht die Gefahr von Abwehrreaktionen.

**Herstellungsverfahren.** Mithilfe der Gentechnik lassen sich weitaus mehr verschiedene Proteine für die Anwendung als Medikamente herstellen als auf konventionellem Weg. Sie werden meist in großtechnischem Maßstab in Fermentern von gentechnisch veränderten Stämmen des *Darmbakteriums E. coli* oder der *Bäckerhefe* erzeugt. Für große, kompliziert gebaute Wirkstoffe wie den Blutgerinnungsfaktor VIII wird allerdings ein kostenintensiveres Herstellungsverfahren in gentechnisch veränderten *Hamsterzellen* genutzt. Bakterien wären nicht in der Lage, die Zuckerseitenketten an das aus 2 332 Aminosäuren aufgebaute Grundgerüst des Glykoproteins anzufügen.

Eine weitere Möglichkeit, Medikamente auf gentechnischem Weg herzustellen, sind *transgene Tiere*. Inzwischen ist es gelungen, verschiedene menschliche Gene in weibliche Embryonen von Ziegen, Schafen, Schweinen, Kühen und Kaninchen einzuschleusen. Dabei wird das Transgen so in das Erbgut der Tiere integriert, dass das gewünschte Protein nur in den Milchdrüsen gebildet und mit der Milch ausgeschieden wird, aus der man es dann isolieren kann. Dieses sogenannte *Pharming* (Wortschöpfung aus engl. *farming:* Tierzucht und *Pharmazie*) ist allerdings sehr aufwendig. Bislang sind keine durch Pharming erzeugten Medikamente zugelassen. Zudem ist die Verwendung von Tieren als „Bioreaktoren" umstritten.

**Produkte.** Die meisten der gentechnisch erzeugten therapeutischen Proteine sind *Botenstoffe*, die an der Teilung, Reifung und Aktivierung von Knochenmark- und Blutzellen beteiligt sind, also *Wachstumsfaktoren, Interferone* und *Interleukine*. Einer dieser Wachstumsfaktoren, das *Erythropoetin* (EPO), wird in den Nieren produziert und mit dem Blut ins Knochenmark transportiert, wo es die Neubildung von Erythrocyten anregt. Der gentechnisch hergestellte Wirkstoff wird in erster Linie bei Dialysepatienten eingesetzt. Sie können aufgrund von eingeschränkter Nierenfunktion den natürlichen Botenstoff nicht herstellen und leiden daher häufig an Anämien. EPO dient auch dazu, bei Eigenblutspenden vor chirurgischen Eingriffen für eine rasche Nachbildung der entnommenen Blutmenge zu sorgen. Darüber hinaus erhöht EPO die Sauerstoffbindungskapazität des Bluts. Daher ist Doping mit EPO-Präparaten vor allem in Ausdauersportarten verbreitet.

Vermutlich werden auch gentechnisch hergestellte *Impfstoffe* stark an Bedeutung gewinnen. Der Vorteil gegenüber konventionellen Impfstoffen besteht darin, dass sich durch die Übertragung einzelner Gene eines Krankheitserregers auf harmlose Produktionsorganismen *nur die zur Immunisierung nötigen Bestandteile* herstellen lassen. Das Infektionsrisiko für das Personal und die Gefahr der Ansteckung durch infektiöse Bestandteile im Impfstoff ist damit ausgeschlossen.

**Beispiele gentechnisch hergestellter Arzneimittel auf dem Markt**

| Handelsname | Wirkstoff | Biologische Funktion | Indikation | seit |
|---|---|---|---|---|
| Huminsulin® | Insulin | Senkung des Blutzuckerspiegels | Diabetes | 1982 |
| Actilyse® | Plasminogenaktivator | Auflösung von Blutgerinnseln | Herzinfarkt | 1987 |
| Humatrope® | Wachstumshormon | Bildung wachstumsfördernder Substanzen | Minderwuchs | 1988 |
| Proleukin® | Interleukin 2 | Aktivierung von Zellen des Immunsystems | Krebs | 1989 |
| Recombinate® | Blutgerinnungsfaktor VIII | Aktivierung der Blutgerinnung | Hämophilie A | 1993 |
| Pulmozyme® | Desoxyribonuclease | Spaltung von DNA | Mukoviszidose | 1994 |
| Revasc® | Hirudin | Hemmung der Fibrin-Bildung | Antithrombotikum | 1997 |
| Mabthera® | monoklonaler Antikörper | Zerstörung maligner B-Lymphocyten | Lymphkrebs | 1998 |
| Ovitrelle® | Choriogonadotropin | Stimulierung der Eierstöcke und Auslösung des Eisprungs | Fertilitätsstörungen | 2001 |
| Raptiva® | Antikörper | Blockierung der Aktivierung von T-Zellen | Schuppenflechte | 2004 |
| Epoetin delta® | Erythropoetin | Bildung roter Blutzellen | Anämie | 2007 |

## Gentherapie

Genetisch bedingte Krankheiten können bisher nicht geheilt werden. Wenn ein Gendefekt bekannt ist, besteht jedoch prinzipiell die Möglichkeit, die Krankheitsursache durch das Einbringen intakter Gene zu beseitigen. Das Einschleusen von therapeutisch wirkendem genetischem Material in einen Organismus wird als *Gentherapie* bezeichnet.

**Anwendungsbereiche.** Bei der *somatischen Gentherapie* werden ausschließlich Körperzellen gentechnisch verändert. Die genetischen Veränderungen können daher nicht an die nächste Generation weitergegeben werden. Erfolgt die Korrektur eines genetischen Defekts in den Keimzellen oder in denjenigen Zellen des Körpers, aus denen Ei- oder Samenzellen hervorgehen können, spricht man von *Keimbahntherapie*. In diesem Fall werden die neuen genetischen Eigenschaften vererbt. In Deutschland ist die Keimbahntherapie bisher aufgrund des Embryonenschutzgesetzes von 1991 verboten.

**Strategien der Gentherapie.** Bisher unterscheidet man in der Gentherapie die folgenden Vorgehensweisen:

*Substitution eines defekten Gens:* Monogen bedingte Erbkrankheiten können dadurch geheilt werden, dass man das mutierte Gen durch eine intakte Kopie des entsprechenden Gens austauscht.

*Hemmung eines Fremdgens:* Diesen Ansatz verfolgt man bei Infektionskrankheiten, die auf der dauerhaften Integration viraler Gene beruhen, wie Aids. Durch gezieltes Ausschalten dieser Gene soll die Virusvermehrung unterbunden werden.

*Lokale Genexpression:* Die Ursache polygen bedingter Erkrankungen lässt sich kaum beheben. Führt man jedoch Gene für ein therapeutisches Protein ein, so wird dieses in den Zellen wirksam und ermöglicht eine Heilung.

**Methoden des Gentransfers.** Zurzeit gibt es zwei Wege, Gene in Körperzellen von Patienten zu übertragen:

- Im *Ex-vivo-Verfahren* wird das therapeutische Gen außerhalb des Organismus in vorübergehend entnommene Zellen eingeführt.
- Im *In-vivo-Verfahren* wird das Gen in einen geeigneten Vektor eingebaut und durch eine Injektion direkt in den Körper des Patienten eingebracht.

Das *Ex-vivo-Verfahren* wurde erstmals 1990 bei einer Patientin mit einer schweren kombinierten Immunschwäche angewandt, die durch einen Mangel an *Adenosindesaminase* (ADA) verursacht wird. Das Enzym ADA ist am Abbau aller Adenosin-Nucleotide beteiligt. Fehlt das Enzym, so „vergiften" sich die Lymphocyten an nicht abgebauten Nucleotiden. Die Folge ist eine solche Schwächung des Immunsystems, dass eine für gesunde Menschen harmlose Infektion zum Tod führt.

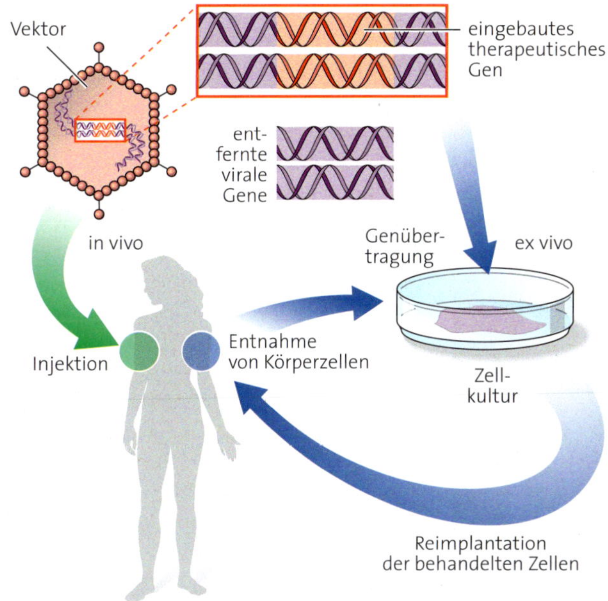


1 *Ex-vivo- und In-vivo-Verfahren der Gentherapie*

**Ablauf eines gentherapeutischen Eingriffs.** Die intakte Kopie des ADA-Gens wird in das Genom eines Virus eingebaut, das sich in menschlichen Lymphocyten vermehrt. Aus einer Blutprobe der Patientin werden Lymphocyten isoliert und mit den rekombinierten Viren infiziert. Einige Viren befallen Lymphocyten und setzen ihre DNA in den Wirtszellen frei. Lymphocyten, die die Fremd-DNA in ihr Genom integriert haben, werden in Kulturgefäßen vermehrt und anschließend in die Blutbahn der Patientin eingebracht. Sie siedeln sich in den Lymphorganen an und tragen zum Aufbau einer wirksamen Immunabwehr bei.

**Zukunftsaussichten.** Bisher haben nur sehr wenige gentherapeutische Versuche den gewünschten dauerhaften Erfolg erbracht. In einzelnen Fällen konnte die somatische Gentherapie jedoch den Gesundheitszustand der Patienten deutlich verbessern. Diese Therapieerfolge fördern die Hoffnung darauf, dass in Zukunft auch Krankheiten wie Krebs und Aids heilbar sein werden. Weitere Fortschritte erhofft man sich auch von der vollständigen Sequenzierung des menschlichen Genoms (► S. 203).

**1 Geben Sie an, welche Strategie man im Fall oben verfolgt.**

**2 Nennen Sie mögliche Gründe dafür, dass gentherapeutische Behandlungsversuche häufig nicht zum Erfolg führen.**

**Monogen bedingte Erbkrankheiten, für die gentherapeutische Eingriffe entwickelt werden**

| Erbkrankheit | Produkt des intakten Gens | Zielzellen |
|---|---|---|
| Thalassämie | Hämoglobin-Bestandteile | Knochenmarkszellen |
| Hämophilie A | Blutgerinnungsfaktor VIII | Leber- oder Bindegewebszellen |
| Hämophilie B | Blutgerinnungsfaktor IX | Leber- oder Bindegewebszellen |
| Hypercholesterinämie | LDL-Rezeptor | Leberzellen |
| Mukoviszidose | CFTR (Chlorid-Kanal) | Lungenzellen |
| Muskeldystrophie | Muskelprotein Dystrophin | Muskelzellen |

## Gentechnik in der Diskussion

Über Gentechnik wurde von Anfang an öffentlich diskutiert. Neben den Chancen neuartiger Anwendungen standen immer wieder auch die Gefahren und Risiken dieser Technologie zur Debatte. Während gentechnische Verfahren in der Medizin inzwischen weniger umstritten sind, gibt die sogenannte *Grüne Gentechnik* nach wie vor Anlass zu Auseinandersetzungen und Protesten.

Eine gentechnisch veränderte Nutzpflanze, um die heftig gestritten wird, ist der ***Bt-Mais***. Bt-Mais enthält ein Gen aus dem Bodenbakterium Bacillus thuringiensis. Damit ist die Pflanze vor dem *Maiszünsler* geschützt – einem Schädling, den Forscher für 7 % der jährlichen Ernteausfälle verantwortlich machen. Die Larve dieses Nachtschmetterlings bohrt sich in den Stängel hinein und frisst sich bis zur Verpuppung von innen durch die Pflanze.

*1 Maiszünsler*

Bisher bekämpfte man den Maiszünsler mit einem Pflanzenschutzmittel, das den Giftstoff aus Bacillus-thuringiensis-Bakterien enthielt. Das Protein löst die Darmwand der Insektenlarven auf, sodass sie verenden. Da die Larven im Innern des Stängels jedoch geschützt sind, war die Methode nicht effizient. Die transgenen Pflanzen stellen das giftige Protein nun selbst her und der Einsatz des Pflanzenschutzmittels wird überflüssig.

Bt-Mais wurde mit einem *Markergen* versehen, das für eine Resistenz gegen das Antibiotikum Ampicillin codiert. Kritiker befürchten, dass sich die Antibiotikaresistenz auch auf Bodenbakterien oder auf Mikroorganismen im Darm des Menschen überträgt.

Umweltschützer befürchten, transgene Pflanzen könnten die *natürliche Vielfalt* bedrohen, indem sie Tiere schädigen, die sich von ihnen ernähren, oder andere Pflanzen verdrängen. Wissenschaftler in den USA untersuchten die Wirkung von Bt-Mais auf *phytophage Insekten*. Sie trugen Pollen der veränderten Maissorte auf die Nahrungspflanzen von Monarchfalter-Raupen auf, und zwar in einer Dosis, wie sie sich durch Windverwehung in der Nähe von Maisfeldern auf anderen Pflanzen ansammelt. Nach vier Tagen war die Hälfte der Schmetterlingsraupen verendet. Im Freiland ließ sich bislang, trotz des verbreiteten Anbaus von Bt-Mais in den USA, keine Beeinträchtigung der Falterbestände feststellen – vermutlich, weil die Raupen bereits einige Wochen vor der Zeit der Maisblüte heranwachsen.

*2 Gentechnikgegner zerstören ein Feld mit Bt-Mais.*

Der Effekt könnte sich in der *Nahrungskette* fortsetzen. In Laborexperimenten war die Sterblichkeit von Florfliegenlarven, die sich vor allem von Blattläusen und Maiszünslerlarven ernähren, auf Bt-Mais doppelt so hoch wie im Kontrollversuch. Freilandversuche bestätigten dieses Ergebnis nicht.

Es gibt inzwischen zahlreiche weitere Untersuchungen zu Wirkungen von Bt-Mais auf verschiedene Organismengruppen mit sehr unterschiedlichen Ergebnissen. Während beispielsweise Honigbienen und Regenwürmer bei Fütterungsversuchen wenig geschädigt wurden, ließen sich bei Schmetterlingen deutlichere Effekte beobachten.

Umweltbehörden sehen eine weitere Gefahr in der *Entstehung Bt-resistenter Maiszünsler-Populationen*. Während Insektizide, die das Bt-Gift enthalten, relativ schnell abgebaut oder mit dem Regen abgewaschen werden, wirkt das Toxin im Bt-Mais über die gesamte Vegetationsperiode. Die Wahrscheinlichkeit, dass Tiere gegen das Toxin resistent werden, ist sehr groß. In den USA müssen Felder, auf denen Bt-Mais angebaut wird, deshalb mindestens zu 20 % mit konventionellem Mais bepflanzt sein. Damit soll sichergestellt werden, dass nichtresistente Maiszünsler-Populationen, die auf diesen Flächen heranwachsen, sich mit resistenten Artgenossen paaren und die Bt-Unverträglichkeit auf diese Weise weitervererben.

Problematisch ist auch das Risiko der Vermischung des Genmaterials von Bt-Mais mit nicht transgenen Maissorten, da diese dann nicht mehr als gentechnikfrei vermarktet werden können.

Weiter wird befürchtet, dass sich das *Gen für das toxische Protein* von Bt-Mais *in die Wildform auskreuzen* könnte. Diese Gefahr besteht nur in Gebieten, in denen auch Wildmais wächst, etwa in Mexiko. Natürliche Genreservoirs für nicht resistente Sorten gingen dadurch verloren.

Ausgewilderte Pflanzen und deren Gene lassen sich *nicht zurückholen*. Die Freisetzung transgener Pflanzen ist daher an strenge Sicherheitsauflagen gebunden (► S. 204). Der in Deutschland seit 1998 zugelassene *Anbau* wurde zu Beginn des Jahres 2000 vom Bundesgesundheitsministerium vorübergehend mit der Begründung ausgesetzt, es bestehe die Gefahr, dass
- Krankheitserreger des Menschen vermehrt Antibiotikaresistenzen entwickeln könnten, wenn gentechnisch veränderte Pflanzen in größerem Umfang als Nahrungsmittel dienen;
- neben den Zielinsekten auch weitere Insekten vergiftet werden können;
- die Schadinsekten mittelfristig Resistenzen gegen das Bt-Gift entwickeln können.

Kritiker verweisen außerdem darauf, dass es sich bei Bt-Mais um eine – teure – patentierte Sorte handelt, bei der wirtschaftliche Interessen berührt sind. Sie fordern, wegen der zahlreichen Risiken auf transgene Nutzpflanzen ganz zu verzichten.

---

**1 Stellen Sie Argumente für und gegen die Gentechnik zusammen. Diskutieren Sie die geschilderten Standpunkte.**

## Kompetenzen

### Mithilfe dieses Kapitels können Sie

- Methoden und Ergebnisse der Pflanzen- und Tierzucht beschreiben und beurteilen
- Grundoperationen der Gentechnik beschreiben, erläutern und darstellen
- wichtige Anwendungsmöglichkeiten der Gentechnik in der Pflanzenzucht angeben und erklären
- die Herstellung gentechnisch veränderter Lebensmittel an Beispielen erläutern und nach Chancen und Risiken beurteilen
- begründen, weshalb transgene Tiere nicht nur als Nahrungsmittel von Interesse sind
- Möglichkeiten und Risiken gentechnischer Verfahren in der medizinischen Diagnostik beurteilen
- die gentechnischen Herstellungsverfahren von Medikamenten darstellen und deren Bedeutung beurteilen
- Möglichkeiten der Heilung von Erbkrankheiten durch Genersatz erläutern und bewerten
- die Bedeutung der Ergebnisse des Humangenomprojekts einschätzen
- über Für und Wider der Gentechnik mit konkreten Beispielen und begründeten Argumenten diskutieren

### Testen Sie Ihre Kompetenzen

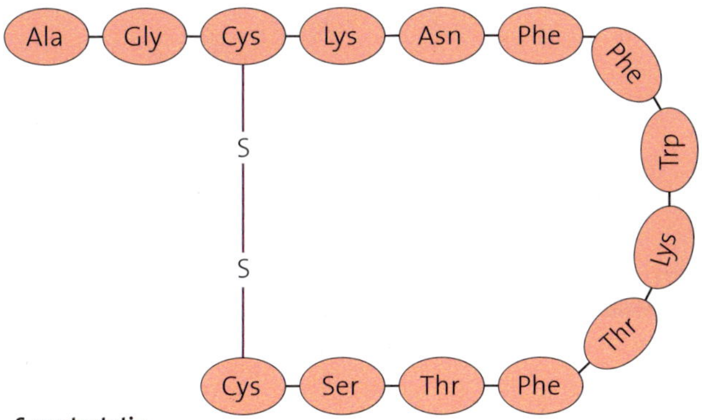


**Somatostatin**

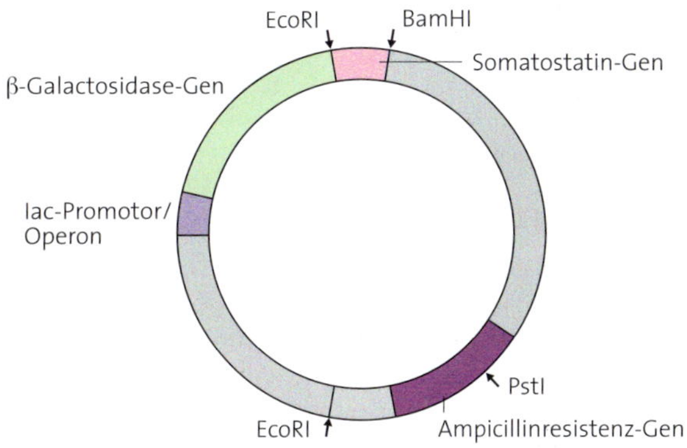


**Plasmid mit eingebautem Somatostatin-Gen**

Somatostatin ist ein Peptidhormon aus 14 Aminosäuren (► Bild oben), das ursprünglich im Hypothalamus entdeckt wurde. Es hemmt die Freisetzung von Wachstumshormon aus der Hypophyse. Später wurde Somatostatin in vielen anderen Körpergeweben gefunden, unter anderem in der Bauchspeicheldrüse, wo es die Abgabe von Insulin und Glucagon hemmt. Für die Gewinnung von 5 mg des Hormons musste der Entdecker eine halbe Million Schafhirne aufarbeiten.

Zum Zeitpunkt der ersten gentechnischen Herstellung von Somatostatin war es noch nicht gelungen, sein Gen aus menschlichen Zellen zu isolieren. Deshalb stellte man nach der Aminosäuresequenz ein künstliches Gen her, das zusammen mit der Nucleotidsequenz für die Aminosäure Methionin in ein Plasmid von E. coli eingefügt wurde.

1. Leiten Sie mithilfe der Code-Sonne (► S. 157) eine mögliche Nucleotidsequenz für das Somatostatin-Gen ab.
2. Untersuchen Sie, welche Vorteile dieses Verfahren gegenüber der Gewinnung des Gens aus menschlichen Zellen haben könnte.
3. Begründen Sie, welche Funktion die eingebaute Nucleotidsequenz für Methionin hat.
4. Erklären Sie, was Plasmide sind und worin ihre Bedeutung für die Gentechnik liegt.
5. Stellen Sie dar, welche Arbeitsschritte nötig sind, um das künstliche Gen in ein Plasmid einzufügen.
6. Erläutern Sie den Aufbau des konstruierten Plasmids zur Herstellung von menschlichem Somatostatin (► Bild oben). Gehen Sie dabei auf die Funktion der einzelnen Bestandteile des Plasmids ein und begründen Sie diese im Einzelnen.
7. Erklären Sie den Bau des Plasmids an den mit Pfeilen markierten Stellen. Ziehen Sie dazu das Bild unten heran.
8. Erörtern Sie, welchen therapeutischen Nutzen Somatostatin als Medikament haben könnte.
9. Stellen Sie Vor- und Nachteile der gentechnischen Herstellung von Somatostatin der Gewinnung aus Tiergehirnen gegenüber.

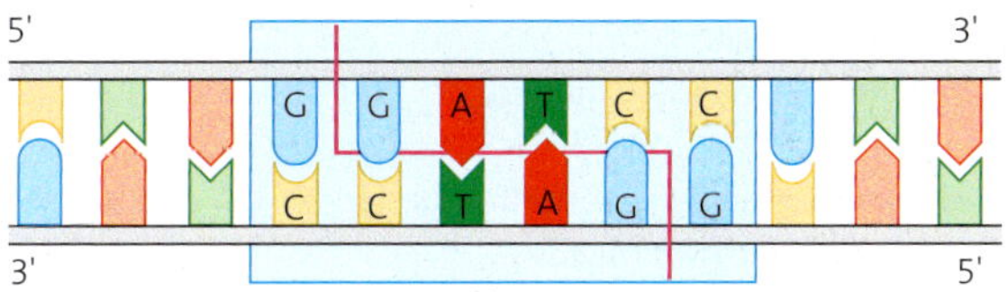


**BamHI, Erkennungssequenz und Schnittstelle**

# Fortpflanzung und Entwicklung

1 Aus dem Eibündel des Kraken, der zu den Tintenfischen zählt, schlüpfen winzige Larven. Mit einem Dottervorrat als „Startkapital" entwickeln sie sich in wenigen Wochen zu ausgewachsenen Tieren.

*Nährstoffreiche Tintenfischeier sind eine beliebte Beute für viele Meeresbewohner. Daher legt das Kraken-Weibchen die über 100 000 Eier in einer Höhle oder in einem „Steinnest" ab und bewacht sie bis zum Schlüpfen der Brut. Dabei säubert es das Gelege und sorgt für frisches Atemwasser. Während der rund einmonatigen Brutzeit nimmt das Weibchen keine Nahrung auf, da es das Gelege nicht verlässt. Nach dem Schlüpfen der Jungen stirbt es meist. So geht zwar ein Individuum zugrunde, zuvor aber hat es für reichliche Nachkommenschaft gesorgt.*

## Im Blickpunkt

- ungeschlechtliche und geschlechtliche Fortpflanzung als Grundmuster der Reproduktion
- Embryonalentwicklung der Wirbeltiere – Gemeinsamkeiten und Unterschiede
- Entwicklung des Menschen – von der befruchteten Eizelle zum Embryo und Fetus
- schädigende Einflüsse während der Keimesentwicklung des Menschen
- Reproduktionsmedizin: unerfüllter Kinderwunsch und die Möglichkeiten der heutigen Medizin
- Suche nach Entwicklungsfaktoren: historische Transplantationsexperimente und moderne Entdeckungen

**GRUNDLAGEN** Fortpflanzung oder Reproduktion ist eine Grundeigenschaft alles Lebendigen. Sie sichert seine Kontinuität durch die Weitergabe von genetischer Information an die Nachkommen, auch über den Tod des Individuums hinaus. Fast immer entsteht dabei je Individuum mehr als ein Nachkomme. Fortpflanzung ist daher meist so eng mit Vermehrung verbunden, dass die Begriffe nicht selten gleichgesetzt werden.

Bei der ungeschlechtlichen Fortpflanzung entstehen durch Mitosen Fortpflanzungseinheiten, die genetisch mit dem Elternorganismus übereinstimmen. Die geschlechtliche Fortpflanzung erfolgt hingegen über Keimzellen, deren Bildung mit Meiose und Rekombination verbunden ist. Zahlreiche, zum Teil aufwendige Mechanismen sorgen dafür, dass sich die Keimzellen der Geschlechtspartner zur Zygote vereinigen, wie hormonelle Lockstoffe für den Partner, kompliziert gebaute Begattungsorgane und komplexes Paarungsverhalten.

Die Entwicklung eines Individuums, also den gerichteten Prozess seiner Veränderungen von der Befruchtung bis zum Tod, bezeichnet man als Ontogenese. Sie schließt an die Fortpflanzung an und umfasst sowohl quantitative als auch qualitative Veränderungen: Wachstum und Differenzierung. Ihre Vorgänge lassen sich oft nur aus der stammesgeschichtlichen Entwicklung oder Phylogenese verstehen, also der evolutionären Veränderung der Organismen im Lauf der Zeit.

## Ungeschlechtliche und geschlechtliche Fortpflanzung

Die Evolution hat eine kaum überschaubare Fülle an Fortpflanzungsweisen hervorgebracht. Sie lassen sich aber auf wenige Grundmuster und deren Kombination zurückführen.

**Asexuelle Fortpflanzung.** Bei der *ungeschlechtlichen* oder *asexuellen Fortpflanzung* gehen die Nachkommen durch mitotische Teilungen aus Zellen *eines* Elternorganismus hervor. Die einfachste Form asexueller Fortpflanzung ist die *Zweiteilung*, wie sie für Bakterien, Cyanobakterien und viele Einzeller typisch ist. Bei Einzellern ist also jede Zelle auch Fortpflanzungszelle. Über diese *Totipotenz*, die Fähigkeit zur Bildung eines vollständigen Organismus aus einer Zelle, verfügen prinzipiell auch Pflanzen und Pilze. Sie pflanzen sich daher oft auch asexuell fort, während dies bei vielzelligen Tieren wie beispielsweise Nesseltieren eher eine Ausnahme darstellt. Dort gehen neue Individuen durch *Knospung* aus dem Elterntier hervor. Wenn diese miteinander verbunden bleiben, entstehen *Kolonien*.

Generell ist asexuelle Fortpflanzung in stabilen Lebensräumen, bei günstigen Lebensbedingungen und besonders für ortsgebunden lebende Organismen von Vorteil. Sie ermöglicht jedem Individuum die Fortpflanzung, ohne dass Geschlechtspartner gefunden werden müssen. Damit sichert sie eine schnelle Vermehrung und Ausbreitung.

**Sexuelle Fortpflanzung.** Bei der *geschlechtlichen* oder *sexuellen Fortpflanzung* vereinigen sich spezialisierte Fortpflanzungszellen *(Keimzellen* oder *Gameten)* paarweise zu einer *Zygote:* Eine kleine, meist bewegliche männliche Keimzelle, das *Spermium*, verschmilzt mit einer großen, unbeweglichen weiblichen *Eizelle*. Die Verschmelzung der beiden Zellkerne nennt man *Befruchtung*.

Die durch Meiose entstandenen Keimzellen sind *haploid* (► S. 174). Durch Befruchtung wird die Chromosomenzahl wieder zum *diploiden* Bestand verdoppelt bzw. ergänzt. Durch die mit Meiose und Befruchtung verbundene Neukombination der Erbanlagen entstehen genetisch verschiedene Individuen. Sexuelle Fortpflanzung erhöht also die genetische Variabilität. Dadurch ermöglicht sie die rasche Anpassung der Populationen an veränderte Umweltbedingungen und ist daher in instabilen Lebensräumen vorteilhaft.

1 *Viele Wirbellose vermehren sich asexuell durch Teilung oder – wie der Süßwasserpolyp Hydra – durch Knospung.*

Eine Sonderform sexueller Fortpflanzung ist die *Parthenogenese* oder *unisexuelle Fortpflanzung*, bei der Nachkommen aus unbefruchteten Eizellen hervorgehen.

**Generationswechsel.** Es gibt Arten, die sich sowohl ungeschlechtlich als auch geschlechtlich fortpflanzen. Ein Beispiel hierfür ist der in den Tropen verbreitete Erreger der Malaria, der Einzeller *Plasmodium*. Er pflanzt sich in der Darmwand der weiblichen Anopheles-Mücke geschlechtlich fort. Gelangt der Erreger bei einem Stich über den Speichel der Stechmücke in den menschlichen Körper, so vermehrt er sich zuerst in Leberzellen, danach in Blutzellen jeweils ungeschlechtlich. Einen Wechsel zwischen sexueller und asexueller oder sexueller und parthenogenetischer Fortpflanzung nennt man *Generationswechsel*.

**Kernphasenwechsel.** Bei Organismen, die sich sexuell fortpflanzen, wechselt die Chromosomenausstattung des Zellkerns zwischen einer haploiden und einer diploiden Phase. Bei den *Diplonten*, zu denen fast alle Tiere zählen, beschränkt sich die haploide Kernphase auf das Keimzellstadium. Bei den *Haplonten* – vielen Einzellern und einfach organisierten Algen – ist hingegen nur die Zygote diploid. Im Lebenszyklus von *Diplo-Haplonten* wechseln sich Generationen mit unterschiedlicher Kernphase ab, ein haploider *Gametophyt* und ein diploider *Sporophyt*. Dazu gehören Algen, Pilze, Moose, Farne und Samenpflanzen. Je höher diese Gruppen entwickelt sind, umso unbedeutender wird der Gametophyt. Bei Samenpflanzen besteht er nur noch aus einigen haploiden Zellen in der Blüte.

---

**1** **Nennen Sie Lebensbedingungen und Habitate, für die asexuelle Fortpflanzung eine günstige Strategie sein könnte.**

**2** **Regenwürmer sind zwittrig. Bei der Paarung begatten sich die Partner gegenseitig. Vergleichen Sie diese Form der Fortpflanzung mit den im Text beschriebenen Formen.**

**3** **Begründen Sie, welche Vorteile die Ausdehnung der Diplophase im Lebenszyklus für die Evolution hat.**

**4** **Genetische Variabilität entsteht auch bei Lebewesen, die sich ausschließlich ungeschlechtlich fortpflanzen. Erläutern Sie diesen Sachverhalt.**

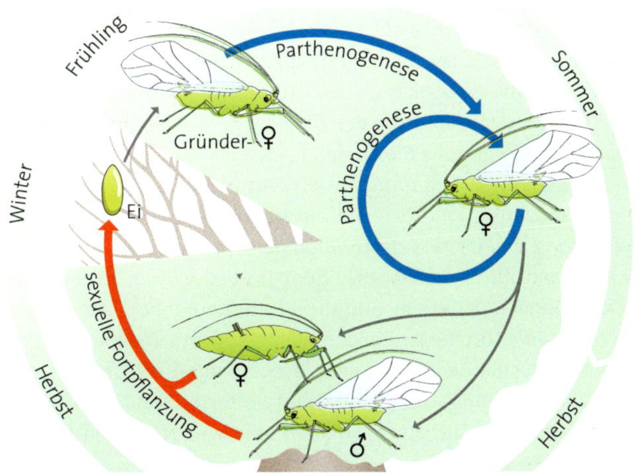


2 *Lebenszyklus der Ahornzierlaus. Viele Blattläuse pflanzen sich abwechselnd unisexuell und bisexuell fort.*

## Embryonalentwicklung der Wirbeltiere

Die Ontogenese der Vielzeller lässt sich in charakteristische Phasen gliedern: In der *Embryonalentwicklung* entsteht aus der befruchteten Eizelle ein vielzelliger Embryo. Das *Jugendstadium*, in dem sich die Gestalt ändert und die Organe ausreifen, kann den Eltern im Bau gleichen, aber auch eine völlig anders organisierte *Larve* sein. So besitzen Froschlarven im Unterschied zu erwachsenen Tieren Kiemen, Ruderschwanz und Seitenlinienorgane wie Fische. Das *Erwachsenen-* oder *Adultstadium* ist durch die Fortpflanzungsfähigkeit gekennzeichnet. Im *Altersstadium* nimmt die Leistungsfähigkeit des Organismus ab, was schließlich zum Tod führt.

Auch bei sehr verschiedenen Tiergruppen verläuft die Embryonalentwicklung – insbesondere in ihren frühen Stadien – sehr ähnlich. Sie beginnt mit der *Furchung*, bei der durch rasche Zellteilungen aus der Zygote ein mehrzelliger *Blasenkeim* entsteht, die *Blastula*. Bei der anschließenden *Gastrulation* bilden sich drei *Keimblätter* heraus – Zellschichten, aus denen später verschiedene Gewebe hervorgehen. Darauf folgt die *Organogenese*, die Entwicklung der Organe.

rung der Eioberfläche. Ein schwächer pigmentierter Bereich, der graue Halbmond, entsteht. Zu diesem Zeitpunkt sind die Symmetrieachsen für die weitere Entwicklung festgelegt: Der animale Pol beschreibt die zukünftige Kopfregion, der vegetative Pol die Schwanzregion, der *graue Halbmond* die künftige Rückenseite des Amphibienkeims.

Die Ebene der ersten Furchungsteilung verläuft *meridional*, also von Pol zu Pol. Sie entspricht der späteren Symmetrieachse des Körpers. Eine zweite Teilung erfolgt ebenfalls meridional, senkrecht zur ersten. Die dritte Teilung verläuft *äquatorial*, also horizontal zur Körperlängsachse. Dabei sind die Blastomeren am animalen Pol – die *Mikromeren* – kleiner als die dotterreichen *Makromeren* am vegetativen Pol. Durch nachfolgende Teilungen entsteht allmählich eine Zellkugel, die aufgrund ihres Aussehens als *Morula* bezeichnet wird (von lat. *Morus*: Maulbeere). Anschließend bildet sich im Keim ein flüssigkeitsgefüllter Hohlraum, das *Blastocoel*. Den Keim selbst bezeichnet man als Blasenkeim oder *Blastula*. Das Blastocoel ist zum animalen Pol des Keims hin verschoben.

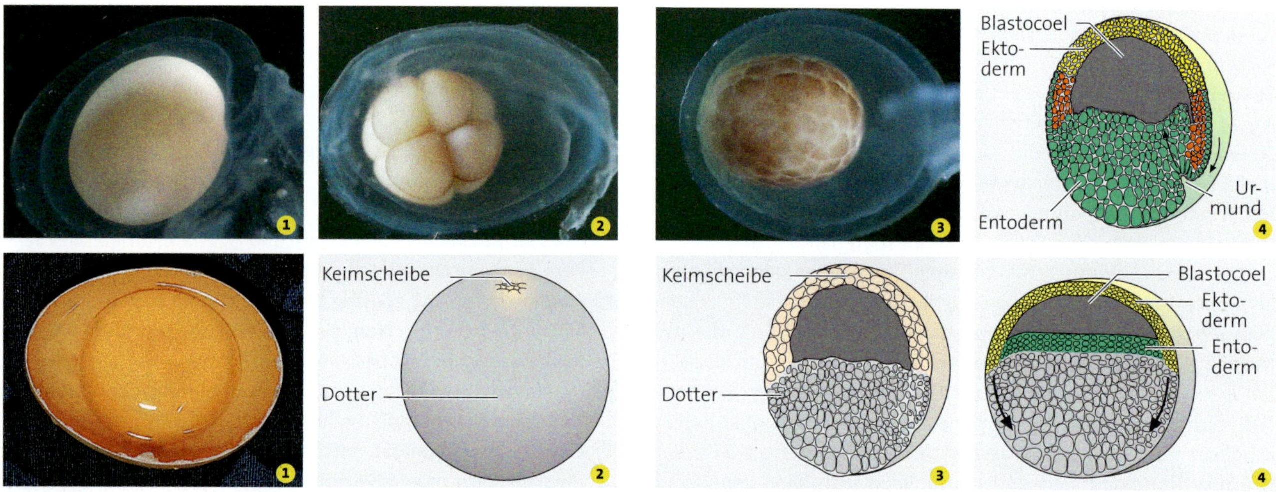


*1 Die Embryonalentwicklung der Wirbeltiere verläuft ähnlich, unterscheidet sich aber bei verschiedenen Klassen (oben Amphibium, unten Vogel) durch unterschiedlichen Dottervorrat. 1: Zygote, 2: Morula, 3: Blastula, 4: frühe Gastrula (Querschnitt)*

**Furchung.** Die Furchung beginnt kurz nach der Befruchtung. Die Teilungen sind äußerlich als Einschnürungen des Keims gut zu erkennen. Das Cytoplasma der Zygote wird auf die immer kleiner werdenden Zellen, die *Blastomeren*, verteilt.

Der Keim ist polar organisiert: Am *vegetativen Pol* ist die Dotterkonzentration hoch, am *animalen Pol* niedrig. Menge und Verteilung des Dotters bestimmen den *Furchungstyp*. Keime mit wenig und gleichmäßig verteiltem Dotter wie bei Säugetieren schnüren sich völlig ein und die Blastomeren sind gleich groß (*total-äquale* Furchung). Bei den mäßig dotterreichen Keimen der Amphibien sind die Blastomeren am animalen Pol kleiner (*total-inäquale* Furchung). Bei den extrem dotterreichen Fisch-, Reptil- und Vogelkeimen furcht sich nur der animale Pol als Keimscheibe (*discoidale* Furchung).

Bei Amphibien sind die beiden Pole auch unterschiedlich pigmentiert. Mit der Befruchtung verschiebt sich die Pigmentie-

**Gastrula und Keimblattbildung.** Die einschichtige Blastula entwickelt sich durch Verlagerung von Zellen ins Innere zur *Gastrula*, einem Keim aus zwei Schichten, den Keimblättern *Ektoderm* und *Entoderm*. Sein neu eingestülpter Innenraum wird als *Urdarm* bezeichnet, dessen Öffnung als *Urmund*. Während der Gastrulation, die bei den einzelnen Wirbeltierklassen unterschiedlich verläuft, bildet sich zwischen Ekto- und Entoderm als drittes Keimblatt das *Mesoderm* aus.

Bei Amphibien umwachsen Zellen vom animalen Pol her seitlich die größeren vegetativen Zellen, bis diese in das Innere aufgenommen werden. An einer Stelle zwischen der Randzone und dem vegetativen Pol bildet sich der Urmund. Aus seinen Rändern, den Urmundlippen, werden Zellen nach innen verlagert, die das Mesoderm bilden.

Bei der Gastrulation des Vogelkeims wächst eine zweite Zellschicht, das Entoderm, zwischen die vorhandene Zellschicht und den Dotter ein. Später bildet sich eine dem Urmund der Amphibien entsprechende Längsrinne, der *Primitivstreifen*, in den Zellen aus dem Ektoderm einwandern. Aus ihnen entsteht zwischen Ento- und Ektoderm das Mesoderm.

Bei allen Wirbeltieren sind am Ende der Gastrulation die drei Keimblätter ausgebildet. Aus jedem Keimblatt gehen später ganz bestimmte Organsysteme hervor:
- Aus dem äußeren Keimblatt oder *Ektoderm* entstehen beispielsweise Haut, Nervensystem und Sinnesorgane.
- Das mittlere Keimblatt oder *Mesoderm* liefert Muskulatur, Skelett, Blutgefäße, Blut und Ausscheidungsorgane.
- Vom inneren Keimblatt oder *Entoderm* werden der Darmtrakt mit allen anhängenden Drüsen und die Lunge gebildet.

**Neurulation.** Im Verlauf der *Neurulation* wird das Nervensystem angelegt. Außerdem streckt sich der Keim in die Länge, Kopf, Rumpf und Schwanzknospe werden erkennbar. Der spätere Mund wird allerdings im Kopfbereich neu durchbrechen, während der Urmund zum After wird. Aus diesem Grund gehören Wirbeltiere zu den *Neumündern* oder *Deuterostomiern*. Ihnen stehen die *Urmünder* oder *Protostomier* wie Gliederfüßer und Ringelwürmer gegenüber, bei denen der Urmund zur definitiven Mundöffnung wird.

Bei Amphibien bildet das Ektoderm zunächst einen schuhsohlenförmigen Bezirk, die *Neuralplatte*. Sie senkt sich später zu einer Rinne ein, deren Ränder sich zum *Neuralrohr* schließen. Aus ihm gehen Gehirn und Rückenmark hervor. Das Mesoderm bildet über dem Urdarmdach eine längliche Struktur aus, die als *Chorda dorsalis* (wörtlich: Rückensaite) bezeichnet wird und im Embryo Stützfunktion hat. Sie darf nicht mit der Wirbelsäule gleichgesetzt werden, da das Chordagewebe im Lauf der weiteren Entwicklung zurückgebildet wird. Bei vielen Wirbeltieren finden sich noch Reste der Chorda in den Wirbelkörpern und den Bandscheiben.

Außerdem bildet das Mesoderm die *Ursegmente* oder *Somiten* aus, die Chorda und Neuralrohr umschließen und Skelett und Körpermuskulatur bilden. Auch die Seitenblätter gehen auf das Mesoderm zurück und umschließen auf beiden Körperseiten einen Hohlraum, das *Coelom*. Aus ihm geht später die Leibeshöhle hervor, in der die inneren Organe liegen.

Die Bildung von Chorda und Neuralrohr verläuft bei Vögeln ganz ähnlich wie bei Amphibien. Ein wichtiger Unterschied besteht jedoch in der Bildung der Embryonalhüllen: Ektoderm und Mesoderm formen zwei Hautfalten, die sich über dem Embryo schließen und die Embryonalhüllen *Amnion* und Serosa bilden. Der dabei umschlossene, flüssigkeitsgefüllte Innenraum ist die Amnionhöhle oder Fruchtblase.

**Besonderheiten der Landwirbeltiere.** Im Unterschied zu Fischen und Amphibien, den *Anamnia*, bilden alle Landwirbeltiere, also Vögel, Reptilien und Säugetiere, als *Amniota* die Embryonalhüllen Amnion und Serosa aus. Diese Schutzhüllen sind die entscheidende Voraussetzung dafür, dass die Embryonalentwicklung der Amniota an Land stattfinden kann. Die flüssigkeitsgefüllte Amnionhöhle stellt dabei die geeignete Umwelt für den Embryo dar. Allerdings erschweren die Embryonalhüllen den Austausch der Atemgase und die Entsorgung der Stoffwechselendprodukte. Diese Aufgaben übernimmt bei den Amniota die *Allantois*, eine Ausstülpung des embryonalen Darms, die auch als Harnsack bezeichnet wird.

In Anpassung an die Viviparie, die vollständige Entwicklung im mütterlichen Körper, entstehen die Embryonalhüllen bei Säugetieren sehr früh. Die äußere Hülle, die Serosa, wird zum *Chorion*. Durch diese *Zottenhaut* erhält der Keim Verbindung zum mütterlichen Gewebe.

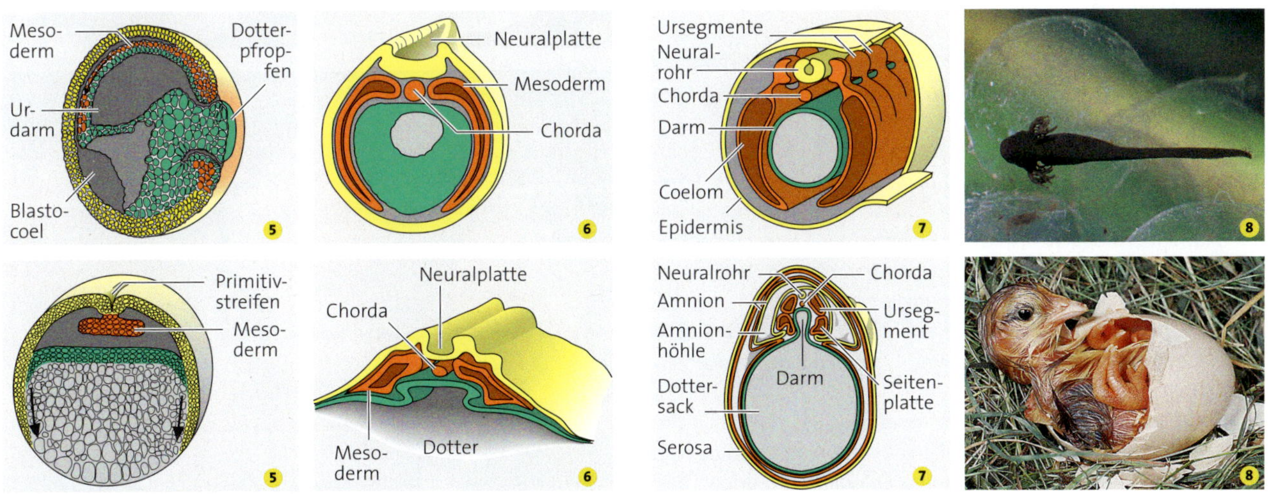


1 *Mit der Gastrulation beginnt die Bildung der Keimblätter, die sich im weiteren Verlauf der Entwicklung zu Organen differenzieren. 5: späte Gastrula und Keimblattbildung, 6: Neurula, 7: Organanlagen, 8: Amphibienlarve (oben), Jungvogel (unten)*

**1** **Der Embryo ernährt sich vom Dotter. Stellen Sie für die verschiedenen Wirbeltierklassen einen Zusammenhang her zwischen Größe und Dottermenge der Eier einerseits und der Embryonalentwicklung andererseits.**

**2** **Begründen Sie den Modellcharakter von Amphibieneiern und -keimen für die Erforschung der Embryonalentwicklung.**

## Embryonalentwicklung des Menschen

Die Embryonalentwicklung der Säugetiere wird vor allem durch die enge Verbindung zwischen Keim und mütterlichem Körper bestimmt. Beim Menschen dauert die Entwicklung von der Befruchtung bis zur Geburt etwa 40 Wochen. In dieser Zeit entsteht aus einer einzigen Zelle ein komplexer Organismus aus Billionen unterschiedlicher Zellen.

**Befruchtung, Furchung, Einnistung.** Die Eizelle wird im Eileiter befruchtet. Erst wenn sich die als Vorkerne bezeichneten, haploiden Kerne von Spermium und Eizelle zum diploiden Zygotenkern vereinigt haben, ist die Befruchtung vollzogen. Auf dem Weg durch den Eileiter zur Gebärmutter finden bereits die ersten Furchungsteilungen statt. Sie laufen beim Menschen relativ langsam ab, sodass der Keim nach drei Tagen erst aus 8 bis 16 Zellen besteht.

7 Tage nach der Befruchtung hat sich eine Hohlkugel aus etwa 100 Zellen gebildet, die als *Blastocyste* bezeichnet wird. An einer Stelle der Blastocyste entsteht eine Ansammlung von Zellen, der *Embryoblast*, aus dem im weiteren Verlauf der Embryo hervorgeht. Aus der äußersten Zellschicht der Blastocyste entsteht die äußere Embryonalhülle. Ein Teil von ihr dient während der gesamten weiteren Entwicklung der Ernährung des Keims und wird daher auch als *Nährblatt* oder *Trophoblast* bezeichnet. Er bildet sich später zu dem für Säuger typischen, zottenbesetzten *Chorion* um, aus dem sich der kindliche Anteil der Placenta entwickelt.

Im Stadium der Blastocyste beginnt sich der Keim in der Gebärmutterschleimhaut einzunisten. Dazu setzt der Trophoblast Enzyme frei, die das Gewebe der Mutter auflösen und den Chorionzotten dadurch ermöglichen, in die Schleimhaut einzuwachsen. Das Trophoblastenhormon *Human-Choriongonadotropin (HCG)* sorgt für die Erhaltung des Gelbkörpers und die fortgesetzte Produktion seiner Hormone, sodass keine Regelblutung einsetzt (► S. 465). Der Nachweis von HCG im Urin einer Frau dient als Schwangerschaftstest.

**Gastrulation und Neurulation.** Während der Einnistung beginnt die *Gastrulation*, bei der sich die Zellen des Embryoblasten zu zwei getrennten Schichten – *Ektoderm* und *Entoderm* – ordnen. Über dem Ektoderm bildet sich die Amnionhöhle, die später zur Fruchtblase wird. Unter dem Entoderm entsteht der *Dottersack*, der aber bei Säugetieren generell dotterfrei ist. Er bildet anfangs die Blutzellen des Embryos. Aus dem Dottersack und der *Allantois* geht später die *Nabelschnur* hervor, die den Embryo mit der Placenta verbindet.

Der weitere Verlauf entspricht dem anderer Amniota:

- Auf der Keimscheibe entsteht der Primitivstreifen. Einwandernde Ektodermzellen bilden das Mesoderm.
- Aus dem Mesoderm faltet sich die *Chorda dorsalis* ab.
- Im Ektoderm über der Chorda entsteht die *Neuralplatte*, die sich einige Tage später zum *Neuralrohr* schließt.

**Organanlage.** Nach etwa drei Wochen hat sich das anfangs ungekammerte Herz gebildet und sorgt zusammen mit dem ersten Kreislaufsystem für die Versorgung des Embryos. Auch die übrigen Organe werden angelegt.

Einige Entwicklungsschritte und Stadien der menschlichen Embryonalentwicklung sind nur verständlich, wenn man die Stammesgeschichte berücksichtigt. Dazu gehören die *Chorda*

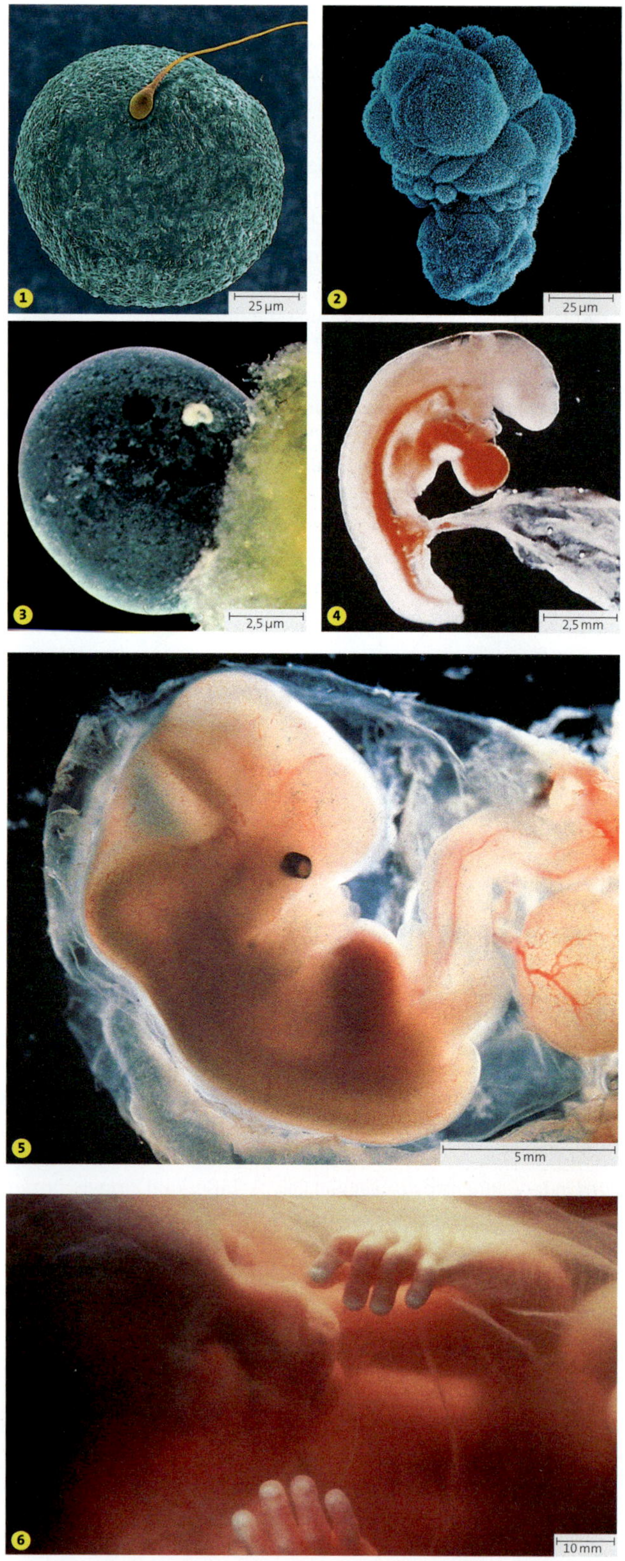


*1 bis 6 Embryonalentwicklung des Menschen. 1: Eizelle mit Spermium, 2: Blastocyste, 3: Embryo zwei Wochen alt, 4: vier Wochen alt, 5: sechs Wochen alt, 6: 19 Wochen alt*

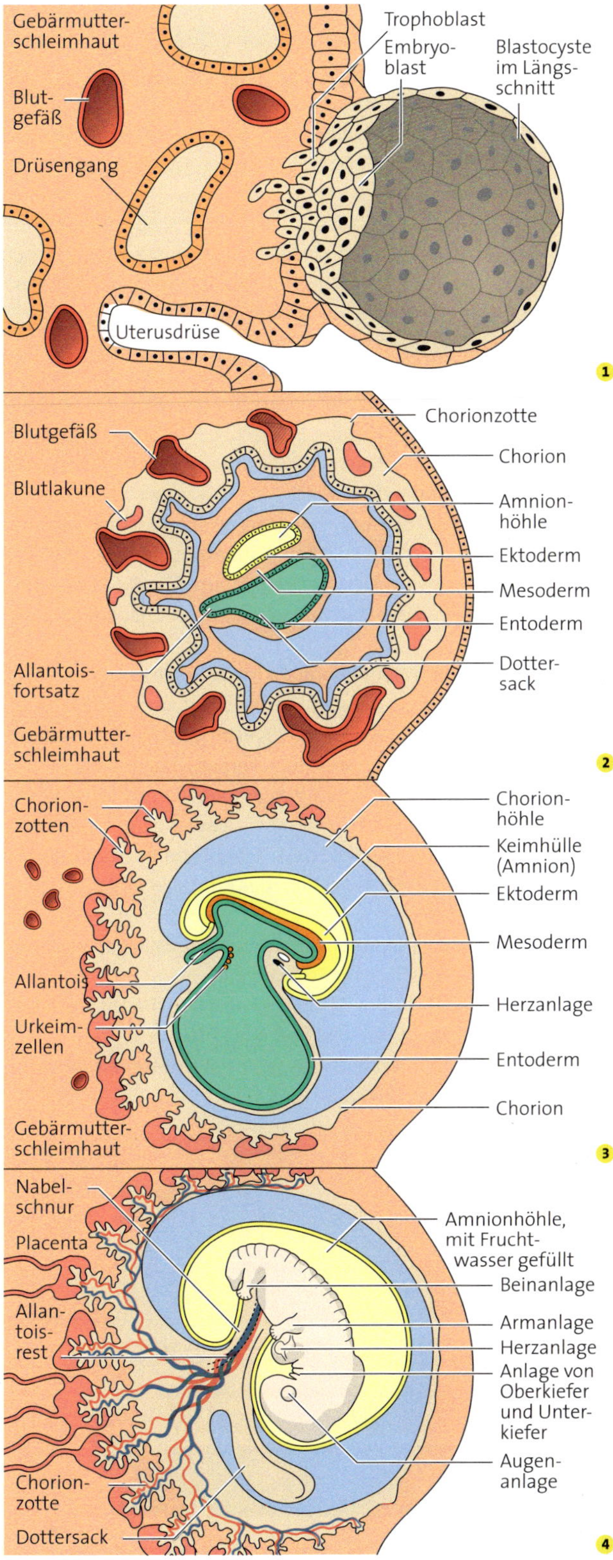


*1 bis 4 Embryonalentwicklung des Menschen, schematisch. 1: Einnistung der Blastocyste, 2: Entstehung von Keimblättern (ca. 3. Woche), 3: ca. 4. Woche, 4: nach 6 bis 8 Wochen*

*dorsalis* als Rest des Achsenskeletts ursprünglicher Wirbeltiere, die segmentiert angelegten *Somiten* und die Anlage von *Kiemenbögen*. Diese stammesgeschichtlichen *Rudimente* (► S. 265) verschwinden im Lauf der weiteren Entwicklung oder werden stark abgewandelt. Die auf die Somiten zurückgehende Segmentierung beispielsweise spiegelt sich noch in der Anordnung der Wirbel, Bauchmuskeln und Rückenmarksabschnitte wider. Die Kiemenbögen – als vier Wülste erkennbar, die durch Kiementaschen voneinander getrennt sind – entwickeln sich zu Ober- und Unterkiefer. Aus den Kiementaschen werden Gehörgänge und eustachische Röhre. Die Anlage der Schwanzwirbelsäule verwächst zum Steißbein.

Bis zum Ende des 2. Monats sind alle Organe angelegt, die meisten ihrer Gewebe differenziert, Körperform und Gesicht nehmen allmählich menschliche Züge an.

**Fetalzeit.** Ab der 9. Woche bis zur Geburt nennt man das Kind *Fetus*. Die Fetalzeit ist durch starkes Wachstum gekennzeichnet. Die Organe reifen teilweise bis zur Funktionsfähigkeit aus. Lunge und Nervensystem nehmen ihre Tätigkeit jedoch frühestens am Ende des 6. Monats auf. Erst dann kann der Fetus als Frühgeburt überleben.

Der Fetus bewegt sich im Fruchtwasser und seine Bewegungen werden von der Mutter ab dem 5. Monat wahrgenommen. Ab jetzt nimmt das Kind monatlich bis zu 700 g an Gewicht zu, bis es nach rund 270 Tagen ein durchschnittliches Geburtsgewicht von 3 000 g bis 3 500 g erreicht hat.

**Placenta.** Ab dem 4. Monat ist die *Placenta* fertig entwickelt. Sie besteht aus dem Chorion, der Zottenhaut, als fetalem und der Gebärmutterschleimhaut als mütterlichem Anteil. Das Chorion ist aus dem Trophoblasten entstanden, der zunächst einzelne große und später viele feine Zotten bildete. Bis zum Ende des 3. Schwangerschaftsmonats sind die Zotten nur locker in der Gebärmutterwand verankert. Deshalb kommt es bis zu diesem Zeitpunkt noch leichter zu einer Fehlgeburt.

Die Placenta misst etwa 20 cm im Durchmesser. Sie versorgt den Fetus mit Nährstoffen und Sauerstoff, stellt ein umfangreiches Depot für seine Versorgung mit Vitaminen bereit und entsorgt seine Abbauprodukte. Fetaler und mütterlicher Blutkreislauf bleiben dabei durch eine dünne Haut voneinander getrennt. Diese *Placentaschranke* verhindert weitgehend, dass Zellen ausgetauscht werden. Kleinere Antikörper, manche Viren, Medikamente, Drogen und Gifte können sie aber überwinden. Bei der Geburt können dagegen Erythrocyten in größerer Zahl aus dem kindlichen ins mütterliche Blut übertreten und das Immunsystem der Mutter gegen ein späteres Kind mit Rhesusfaktor sensibilisieren.

---

**1 Die Diskussion um den Abbruch von Schwangerschaften wirft immer wieder die Frage auf, wann das Leben des Menschen beginnt. Nennen und begründen Sie mögliche Positionen zu dieser Frage.**

**2 Nennen Sie Unterschiede zwischen Embryo und Fetus.**

**3 Erläutern Sie, inwiefern die gesetzlich festgelegten Fristen für einen Schwangerschaftsabbruch auch mit der Ausbildung der Placenta in Zusammenhang stehen.**

## Schädigende Einflüsse auf die Entwicklung

Auch im Mutterleib ist das sich entwickelnde Kind Umwelteinflüssen ausgesetzt, die unter Umständen Schädigungen hervorrufen. So kann es zu Fehlbildungen des Embryos, einer Früh- und Fehlgeburt, aber auch zu Entwicklungsstörungen nach der Geburt kommen. Entscheidend für die Auswirkungen eines schädigenden Faktors ist der Zeitpunkt seines Einwirkens. Schädigungen bis zum 15. Tag nach der Befruchtung werden entweder völlig „repariert" oder beenden die Entwicklung. Schädigende Einflüsse während der Phase der Organbildung, also in der 3. bis 10. Schwangerschaftswoche, haben meist Missbildungen zur Folge. Dabei ist die „kritische Phase" für die einzelnen Organe und Körperteile verschieden (► Bild 1).

*Ionisierende Strahlung* wie beispielsweise Röntgenstrahlung ist einer der wichtigsten physikalischen Schädigungsfaktoren. Darüber hinaus spielen vor allem *chemische* und *biologische* Einflüsse eine Rolle. Nicht nur Nährstoffe, Exkrete und Atemgase, sondern auch Hormone, Krankheitserreger, Antikörper sowie Medikamente und Drogen können die Placentaschranke überwinden und so von der Mutter zum Kind gelangen. Bei Blutgruppenunverträglichkeit können Antikörper, die die Mutter gegen Antigene des Kindes bildet, Schädigungen hervorrufen (► S. 234).

**Medikamente.** Ende der 1950er Jahre erlangte das Beruhigungsmittel Contergan traurige Berühmtheit. Es enthielt den Wirkstoff *Thalidomid*, der gegen Schlaflosigkeit verschrieben wurde. Frauen, die das Medikament während der Frühschwangerschaft eingenommen hatten, brachten vermehrt Kinder mit schweren Missbildungen der Arme und Beine oder ohne Ohrmuscheln zur Welt. Die Schädigungen wurden auf eine gestörte Entwicklung der Blutgefäße zurückgeführt.

Bisher ist nur für wenige Wirkstoffe wie Tetracycline oder bestimmte Gerinnungshemmer eine keimschädigende Wirkung nachgewiesen. Dennoch sollte eine Schwangere zusammen mit ihrem Arzt sehr genau prüfen, ob die Einnahme eines Medikaments notwendig ist.

**Infektionen und Krankheiten.** Von Infektionen der Mutter ist in der Regel auch das Kind betroffen. Am bekanntesten ist das Risiko, das von einer *Rötelninfektion* der Mutter ausgeht. Das Rötelnvirus schädigt die kindlichen Zellen direkt. In der frühen Schwangerschaft führt dies zu Herzfehlbildungen, Augen- und Hörschäden. Kinder, deren Mütter erst im 4. Schwangerschaftsmonat mit Röteln in Berührung kamen, haben meist keine Schädigungen zu erwarten. Um dem Risiko einer Rötelnerkrankung während einer Schwangerschaft vorzubeugen, sollten sich Mädchen gegen Röteln impfen lassen.

Gefährlich für das Kind ist auch eine frische Infektion der Mutter mit *Toxoplasma*. Der Einzeller kann durch rohes Fleisch oder durch Kontakt mit infizierten Haustieren, insbesondere Katzen, übertragen werden. Toxoplasmose kann zu lebenslangen Hirn- und Augenschäden führen.

Bei Diabetes-mellitus-Patientinnen kann eine Schwangerschaft einen erhöhten Blutzuckerwert bewirken. Der Embryo produziert selbst verstärkt Insulin. Er wächst sehr stark, aber seine Organe reifen nicht aus. Nach der Geburt besteht das Risiko einer Zuckerunterversorgung beim Kind.

**Genussmittel und Drogen.** *Coffein* steigert vor allem die Aktivität des Kindes. In hohen Dosen kann Kaffeekonsum aber auch zu Wachstumsstörungen oder einer Fehlgeburt führen. Der Genuss von *Alkohol* während der Schwangerschaft zählt dagegen zu den häufigsten Ursachen von Missbildungen. In Deutschland kommen 1 bis 3 von 1000 Neugeborenen mit alkoholbedingten Beeinträchtigungen zur Welt. Diese äußern sich, je nach Schweregrad, in Minderwuchs, Untergewicht, verzögerter geistiger Entwicklung und „nervösem" Verhalten, aber auch körperlichen Fehlbildungen und Gehirnschäden. Die Schädigungen sind umso schwerer, je mehr Alkohol die Mutter getrunken hat. Schwangere sollten völlig auf Alkohol verzichten. Ähnlich wie Alkohol können auch *Nikotin* und andere *Drogen* die Entwicklung des Kindes beeinträchtigen.

**❶ Überprüfen und vergleichen Sie die Packungsbeilagen von Medikamenten auf Hinweise für Schwangere.**

**❷ Nennen Sie mögliche Empfehlungen an eine Schwangere, die an einer Grippe erkrankt ist, und begründen Sie diese.**

**❸ Erläutern Sie, inwieweit sich Stress, den die Mutter erfährt, auch auf das Kind auswirken kann.**

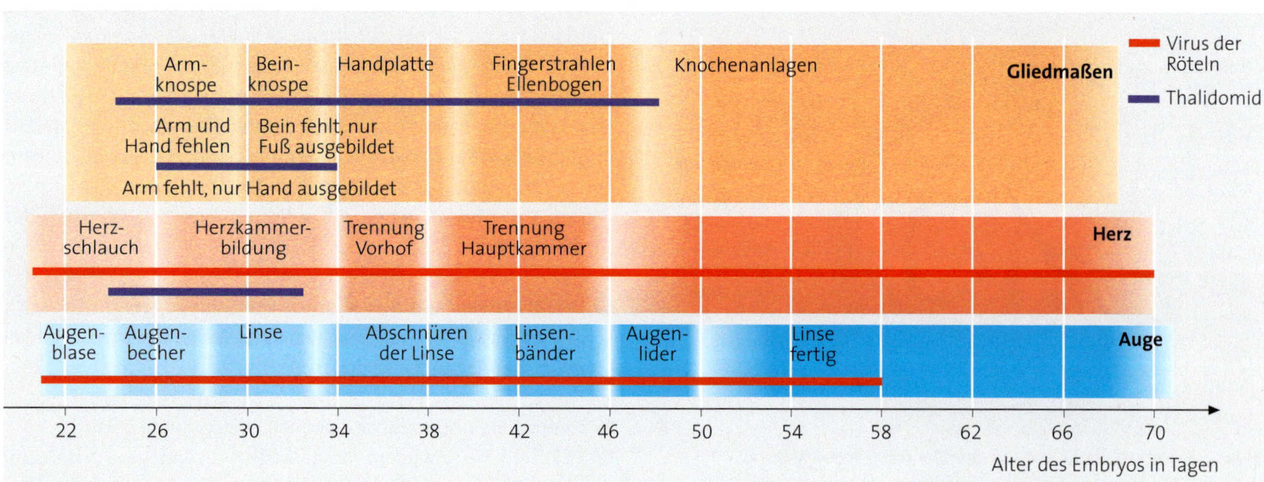


*1 Organbildung während der Embryonalentwicklung und Schädigungen durch den Wirkstoff Thalidomid und das Rötelnvirus*

## Reproduktionstechniken

Viele Paare bleiben kinderlos, obwohl sie sich Kinder wünschen. Ihre Unfruchtbarkeit kann viele Ursachen haben: Gonosomen-Aberrationen (► S.183), hormonelle Störungen, Infektionen oder Operationen, möglicherweise auch Schädigungen durch Umweltgifte. In diesen Fällen kann heutzutage die Reproduktionsmedizin eine Schwangerschaft häufig ermöglichen. So kann eine Hormonbehandlung beim Mann die Zahl der Spermien erhöhen und bei der Frau eine Eireifung und Einnistung ermöglichen. Mangelnde Durchlässigkeit der Eileiter lässt sich meist chirurgisch beheben.

**Künstliche Befruchtung.** Ist die Zahl oder Bewegungsfähigkeit der Spermien zu gering, so kann sie der Arzt zum Zeitpunkt des Eisprungs direkt in die Gebärmutter übertragen. Bei einer solchen *Insemination* wird die Eizelle auf natürlichem Weg befruchtet. Bei Zeugungsunfähigkeit des Mannes können auch Spermien eines Samenspenders übertragen werden.

Sind die Eileiter der Frau nicht durchgängig, so können Eizellen der Frau entnommen und außerhalb des Körpers, im Reagenzglas, befruchtet werden. Dieses Verfahren bezeichnet man als *In-vitro-Fertilisation* (IVF). Nach etwa zwei Tagen werden unter dem Mikroskop befruchtete Eizellen ausgewählt und in die Gebärmutter eingepflanzt. Der IVF geht in der Regel eine Hormonbehandlung voraus. Sie bewirkt eine *Superovulation*, sodass innerhalb eines Zyklus 10 oder mehr Follikel reifen. Da sich nicht alle Keime erfolgreich einnisten, überträgt man immer mehrere, aber höchstens drei Embryonen gleichzeitig. Dies soll den Erfolg sichern und gleichzeitig die Zahl der Mehrlingsgeburten niedrig halten.

Ein neues IVF-Verfahren ist die *intracytoplasmatische Spermieninjektion* (ICSI). Dabei wird das Spermium direkt in die Eizelle injiziert.

**Ethische und rechtliche Probleme.** Die Befruchtung außerhalb des Körpers ermöglicht es nicht nur, der Frau die befruchtete Eizelle einer Spenderin einzupflanzen, sondern auch einen Embryo von einer Leihmutter austragen zu lassen. Es ist umstritten, ob es erlaubt sein soll, Embryonen vor der Übertragung in die Gebärmutter auf Erbkrankheiten hin zu untersuchen *(Präimplantationsdiagnostik, PID)*.

In vitro gezeugte, „überschüssige" Embryonen werden tiefgefroren aufbewahrt und später eingesetzt, falls ein erster Embryotransfer misslingt. Nach einer bestimmten Zeit werden sie vernichtet. Anders als in Deutschland können diese Embryonen bis zum Alter von einigen Tagen in verschiedenen Ländern zu Forschungszwecken genutzt werden. Das Augenmerk liegt hierbei besonders auf den Eigenschaften der embryonalen Zellen.

**Embryonale Stammzellen.** *Stammzellen* sind undifferenzierte Zellen, die sich im Gegensatz zu den meisten Körperzellen im Laufe ihrer Entwicklung zu unterschiedlich spezialisierten Zellen entwickeln können. Die bei den ersten 2–3 Zellteilungen aus der Zygote entstandenen *embryonalen Stammzellen (ES)* sind *totipotent*: Aus jeder von ihnen kann sich ein vollständiger Organismus mit allen Zellarten entwickeln. Im Unterschied dazu sind Stammzellen von späteren Embryonalstadien oder die *adulten Stammzellen (AS)* Erwachsener *pluripotent*. Sie können sich nur zu wenigen Zellarten differenzieren. Hierzu zählen beispielsweise die blutbildenden Zellen (► S. 227). Da sich aus embryonalen Stammzellen in Kultur durch Zugabe bestimmter Signalstoffe verschiedene Zellarten züchten lassen, könnten sie zukünftig große medizinische Bedeutung erlangen.

Besondere Erwartungen knüpft man an das therapeutische Klonen. Dabei wird der Kern einer Körperzelle des Patienten entnommen und in eine kernlos gemachte, gespendete Eizelle eingebracht, die sich in Kultur zum Embryo entwickelt. Die Stammzellen aus diesen Embryoblasten lassen sich im Reagenzglas zu beliebigen Zellen differenzieren. Durch ihre Reimplantation könnte es möglich werden, bisher nicht heilbare Krankheiten wie Alzheimer, Parkinson, Diabetes oder Herzinfarktschäden zu behandeln.

---

**❶ Vergleichen Sie die Techniken der Reproduktionsmedizin mit denen der Gentechnik. Erläutern Sie die Unterschiede.**

**❷ Informieren Sie sich über den Inhalt des in Deutschland gültigen „Gesetzes zum Schutz von Embryonen" und vergleichbaren Regelungen in anderen Ländern. Bewerten Sie anschließend die in Deutschland gültige Regelung.**

**❸ Erklären Sie die Vorteile der Reimplantation therapeutisch geklonter Zellen gegenüber einer Organtransplantation.**

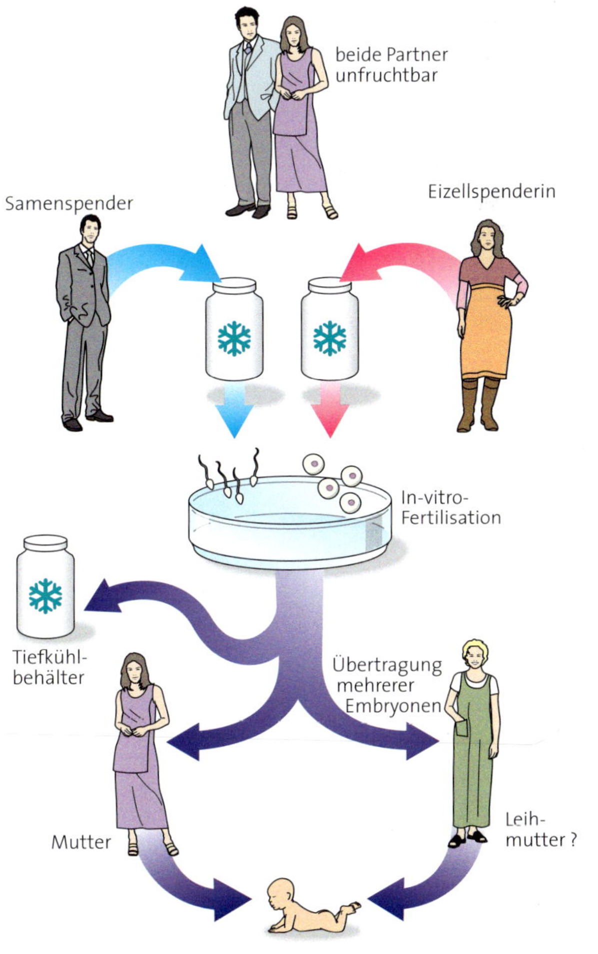


*1 Die Reproduktionsmedizin ermöglicht auch Paaren, bei denen beide Partner unfruchtbar sind, ein Kind zu bekommen.*

## Faktoren der Entwicklung

Von Anfang an beschäftigte die Entwicklungsbiologen die Frage, wie aus genetisch gleichen Zellen – den Abkömmlingen der Zygote – ein komplex organisierter Organismus aus sehr unterschiedlich differenzierten Zellen hervorgeht. Die Fähigkeit lebender Systeme zur Selbstkonstruktion und Selbstorganisation wird daran besonders augenfällig.

**Regulation und Determination.** HANS DRIESCH trennte 1890 die Blastomeren von Seeigelkeimen im Zwei- und Vierzellstadium und ließ sie einzeln weiterreifen. Aus jeder Zelle entstand eine kleinere, aber vollständige Larve. Jede der Zellen ist totipotent, also in in der Lage, einen kompletten Organismus hervorzubringen. Die gesamte Entwickungsmöglichkeit einer Zelle bezeichnet man als ihre *prospektive Potenz*. Das, was bei einer normalen Entwicklung tatsächlich aus der Zelle hervorgeht, ist ihre *prospektive Bedeutung*. Beim Seeigel, aber auch bei Wirbeltieren ist die prospektive Potenz der Blastomeren größer als die prospektive Bedeutung. Dies verleiht dem Keim die Möglichkeit, bei Störung die Entwicklung zu regulieren. Er wird daher als *Regulationstyp* bezeichnet.

Im Gegensatz dazu sind in anderen Keimen, beispielsweise der Insekten, einzelne Bezirke schon sehr früh auf bestimmte Bildungsaufgaben festgelegt oder *determiniert*. Entnimmt man solchen Keimen einzelne Blastomere, so fehlen dem ausgewachsenen Tier die Teile, die sich normalerweise aus den entnommenen Zellen entwickelt hätten. Man bezeichnet einen solchen Keim daher als *Mosaiktyp*. Bei ihnen stimmen prospektive Potenz und prospektive Bedeutung überein.

HANS SPEMANN experimentierte 1901 mit Molcheiern. Er schnürte Eiregionen voneinander ab und ließ sie sich getrennt weiterentwickeln (▶ Bild 1). War die Schnürung so angelegt, dass sie den grauen Halbmond gleichmäßig zerteilte, entwickelten sich zwei vollständige Larven. Enthielt eine Hälfte den gesamten grauen Halbmond, entstand nur aus ihr eine intakte Larve, die andere Hälfte bildete ein Bauchstück. Er schloss daraus, dass der graue Halbmond cytoplasmatische Faktoren enthält, welche die Determination bewirken.

**Induktion und Organisator.** Mit Transplantationsexperimenten an Molchkeimen untersuchte SPEMANN, wann die Determination stattfindet. Entnahm er Keimen im Blastula- und frühen Gastrulastadium Gewebestücke und ersetzte sie jeweils durch Gewebestücke aus anderen Keimregionen, entwickelten sich die Transplantate *ortsgemäß*: Ihre Differenzierung wurde durch die Umgebung bestimmt.

Entnahm er bei einer späten Gastrula ein Gewebestück oberhalb des Urmunds und fügte es in die zukünftige Bauchregion einer zweiten Gastrula ein, so verhielt sich das Gewebestück *herkunftsgemäß*: Es wurde zu Chordagewebe. Während der Neurulation des „Wirtskeims“ bildete sich aus den Ektodermzellen oberhalb des Transplantats eine zweite Neuralplatte. So entstand ein zweiter, mit dem ersten verwachsener Embryo (▶ Bild 2). Das verpflanzte Gewebestück löste im Wirtsgewebe eine abweichende Entwicklung aus. Diese determinierende Wirkung auf umgebendes Gewebe nennt man *Induktion*, das auslösende Gewebeteil *Organisator*.

**Differenzierung durch Genregulation.** Die Differenzierung einer Zelle hängt von der Aktivität ihrer Gene ab. Diese wird durch Signale in der Zelle selbst oder von außen reguliert. Der Organisator in SPEMANNS Transplantationsversuch beispielsweise, die Zellen der dorsalen Urmundlippe, gibt Stoffe an die Umgebung ab. Diese Signalstoffe aktivieren in bestimmten Zellen Transkriptionsfaktoren, was wiederum zur Synthese weiterer regulatorischer Proteine führt (▶ S. 163). Auf diese Weise bewirkt eine Kaskade von Regulatorproteinen, dass die Zellen sich verschieden differenzieren.

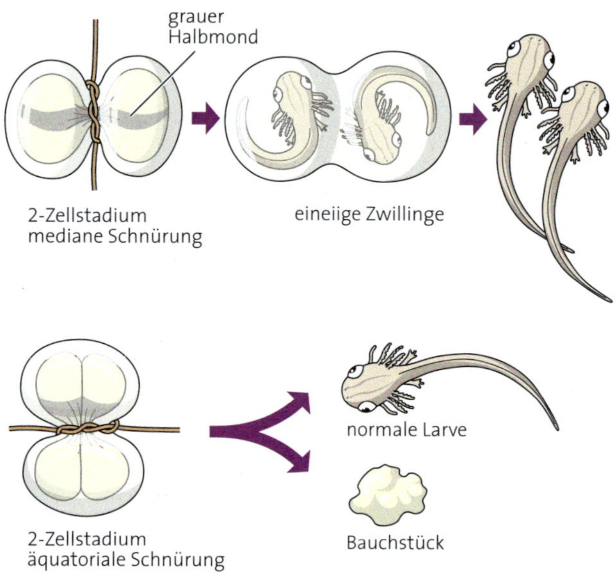


*1 Schnürungsversuche am Molchei*

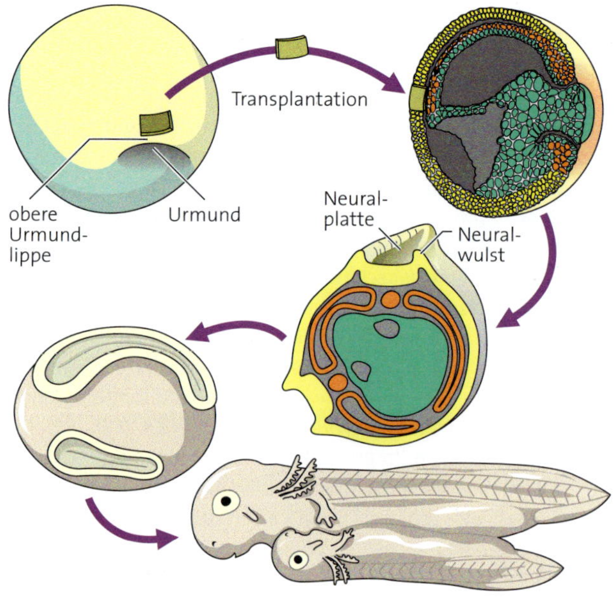


*2 Gewebetransplantation bei der späten Molch-Gastrula*

**Musterbildung durch Konzentrationsgradienten.** Die Anlage von Körperachsen, Symmetrie und Segmentierung während der Embryonalentwicklung stellt eine komplexe, durch Gene gesteuerte *Musterbildung* dar. Sie wurde vor allem an Drosophila untersucht. Beispielsweise leitet ihr Gen *bicoid* die Ausbildung von Polarität und Körperachse ein: Während der Eireifung schleusen Nährzellen die mRNA des bicoid-Gens in die Eizelle ein, wo sie sich in einer bestimmten Region ansammelt. Die Befruchtung löst die Translation der mRNA des bicoid-Gens aus. Das während der Translation entstandene bicoid-Protein ist am zukünftigen Vorderpol des Embryos hoch konzentriert. Es diffundiert von hier aus ins Cytoplasma, sodass ein Konzentrationsgefälle, ein *Gradient*, entsteht (► Bild 1). Das bicoid-Protein bindet an die DNA und aktiviert seinerseits die Expression bestimmter Gene. Die unterschiedliche bicoid-Konzentration stellt somit eine genaue Positionsinformation für jede Stelle entlang der Körperachse dar.

Stoffe, die wie das bicoid-Protein die spätere Gestalt des Tiers entscheidend beeinflussen, nennt man *Morphogene*.

**Segmentierung und Homöobox-Gene.** Die Gradienten des bicoid-Proteins und anderer Morphogene bewirken die regional unterschiedliche Expression von *Regulatorgenen* entlang der Kopf-Schwanz-Achse des Embryos. Sie führt zu einer regelmäßigen Segmentierung des Körpers. Dabei sind zunächst nur Grenzen und Ausrichtung der Segmente festgelegt. Erst bestimmte Gene, die *homöotischen* Gene, entscheiden über die spezielle Ausstattung jedes Segments. Eine Mutation in einem homöotischen Gen kann zum Beispiel dazu führen, dass an einem Kopfsegment Beine statt Antennen gebildet werden.

Erstaunlicherweise finden sich Segmentierungsgene und homöotische Gene bei fast allen Tieren einschließlich des Menschen und darüber hinaus auch bei Pflanzen. Fliegen, denen das homöotische Gen einer Maus eingepflanzt wurde, das für die Entstehung eines Auges verantwortliche ist, entwickelten sogar ein zusätzliches Facettenauge. Offenbar sind die Gene, die die Entwicklung von Augen einleiten, bei Säugetier und Insekt sehr ähnlich.

Alle homöotischen Gene stimmen in einer charakteristischen, als *Homöobox* bezeichneten Sequenz von 180 Basenpaaren überein. Der entsprechende Abschnitt des Proteins aus 60 Aminosäuren, die sogenannte *Homöodomäne*, bindet an nachgeschaltete DNA-Abschnitte und aktiviert deren Transkription oder schaltet sie ab. Die Homöodomäne wird deshalb auch *Transkriptionsregulationsfaktor* genannt.

Im Genom vieler Tiere sind die Homöobox-Gene in ähnlicher Reihenfolge auf den Chromosomen angeordnet. Deshalb nimmt man an, dass die Vorläufersequenz der Homöobox zu einem frühen Zeitpunkt in der Evolution entstand und im Lauf der Zeit variiert wurde.

---

**❶ Die Ausbildung der Körperachse im Fruchtfliegenembryo wird durch mütterliche Gene bestimmt. Erläutern und begründen Sie diese Aussage.**

**❷ Erklären Sie die Tatsache, dass trotz der Ähnlichkeit des homöotischen Gens für die Augenentwicklung so unterschiedliche Strukturen wie Komplex- und Linsenauge entstehen.**

*1 Bicoid-mRNA (blau gefärbt, oben) und bicoid-Protein-Gradient (unten) im Drosophila-Ei*

*2 Köpfe von Taufliegen. Rechts: Als Folge einer homöotischen Mutation entstehen Beine anstelle von Antennen.*

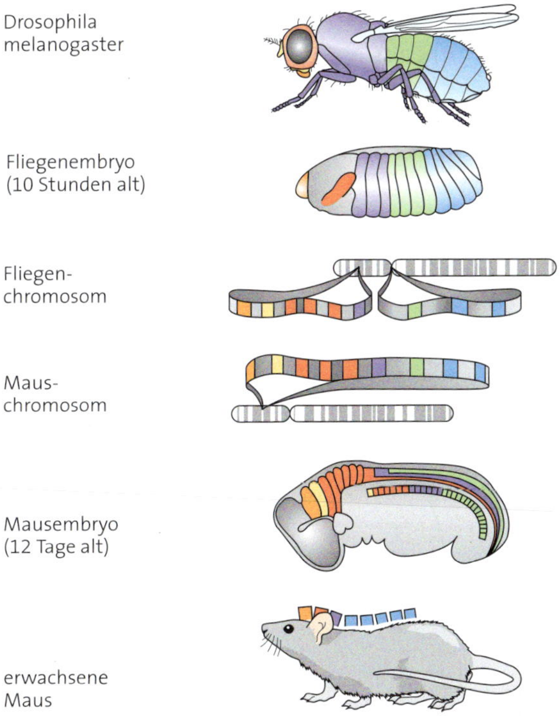


*3 Homöoboxgene werden gemäß ihrer Anordnung auf den Chromosomen in der Entwicklung nacheinander exprimiert.*

## Entwicklungssteuerung

Meeresalgen der Gattung *Acetabularia* bestehen im Frühstadium aus einer einzigen, pilzförmigen, bis 10 cm langen Zelle (► Bild unten). Die Form des Schirms variiert innerhalb der Gattung und ist artspezifisch. Um 1930 wies J. HÄMMERLING durch Regenerations- und Transplantationsversuche an dieser Alge nach, dass nicht nur der Zellkern, sondern auch Faktoren im Cytoplasma die Gestaltbildung beeinflussen.

Mittlerweile hat man einzelne Stoffe isoliert, die als *Organisatoren* die Entwicklungsrichtung von Zellen induzieren. Man kennt ihre Molekülstruktur und setzt sie ein, um experimentell die Entwicklung spezifischer Organe zu bewirken. Noch kennt man nicht alle Faktoren, die für die Bildung eines Organs verantwortlich sind. Mithilfe des *Knock-out-Verfahrens* (► S. 206) ist es aber möglich, einzelne Entwicklungsgene gezielt auszuschalten. Das Ausfallen eines bestimmten Entwicklungsschritts bewirkt sichtbare Veränderungen am Organismus, anhand derer man rückschließen kann, für welchen Prozess das mutierte Gen verantwortlich ist. So lässt sich ein komplexer Regelkreis in seine Einzelschritte zerlegt erforschen.

### Pfropfungsversuch bei Acetabularia

**MATERIAL:** mehrere Exemplare zweier verschiedener Arten der Gattung *Acetabularia* (z. B. A. mediterranea und A. wettsteinii), Glasschälchen, Kochsalznährlösung, Pinzette, Schere

**DURCHFÜHRUNG:** Von mehreren Exemplaren beider Algen entfernt man den Schirm. Stiel und Rhizoid werden voneinander getrennt. Dann pfropft man auf das kernhaltige Rhizoid von A. wettsteinii ein Stielstück von A. mediterranea. Entsprechend verfährt man mit A. mediterranea, auf deren Rhizoid ein Stiel von A. wettsteinii gesetzt wird. Als Kontrolle setzt man einzelne ungepfropfte Algen ohne Schirm in die Nährlösung.

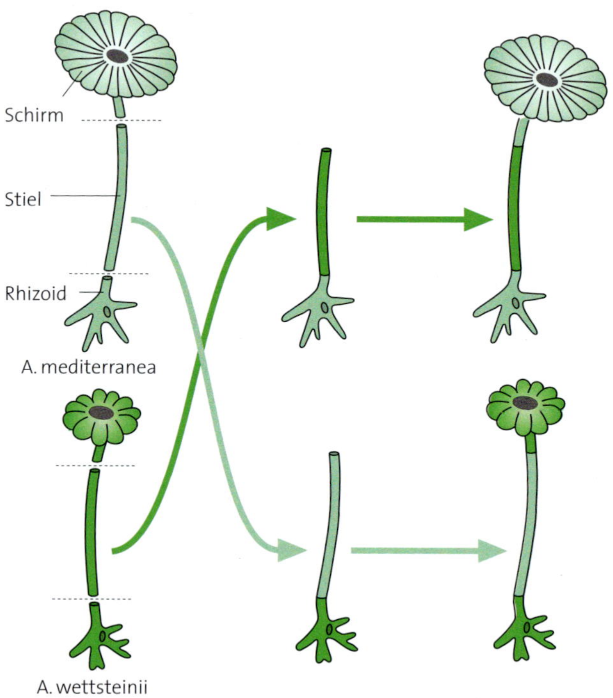


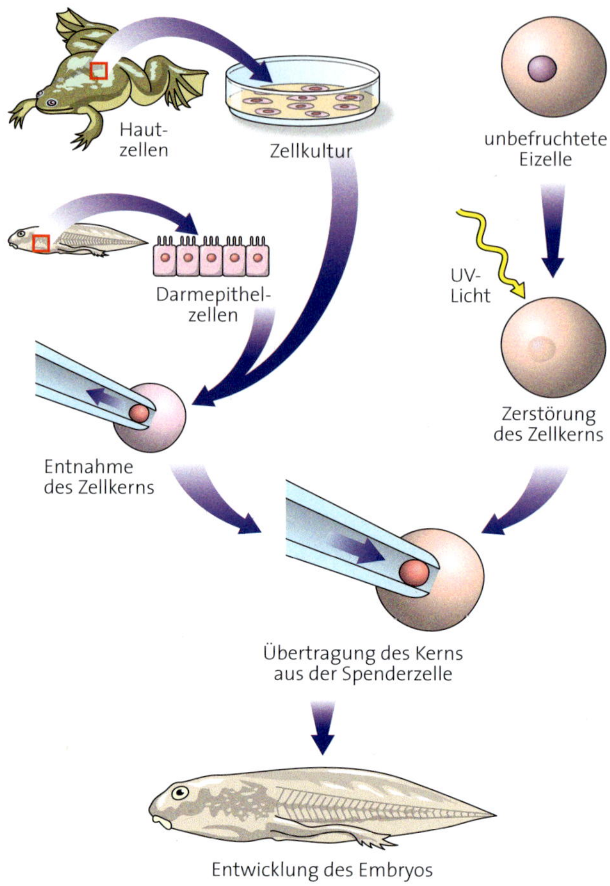


**Kerntransplantation**

Bei Versuchen mit Eiern des Krallenfroschs *Xenopus* wurde der Zellkern durch UV-Bestrahlung zerstört. Anschließend wurde der Kern einer ausdifferenzierten Zelle in das entkernte Ei eingebracht. Als Spenderzellen dienten Darmepithel- und Hautzellen von Kaulquappen verschiedener Entwicklungsstadien und ausgewachsener Tiere. Je jünger das Entwicklungsstadium des Kernspenders, desto häufiger entwickelten sich die manipulierten Eizellen zu Kaulquappen. Kernlose Eier entwickelten sich nicht.

Mit dem gleichen Verfahren gelang es britischen Wissenschaftlern 1997, ein Schaf zu klonieren (► S. 195). Dabei implantierten sie in eine Eizelle den Kern aus einer Zelle des Euters eines anderen Schafs.

1. **Erläutern Sie das Ergebnis des Pfropfungversuchs.**
2. **Vergleichen Sie mit den Ergebnissen der Kerntransplantationsversuche. Begründen Sie die Unterschiede.**
3. **Entwerfen Sie weitere mögliche Kerntransplantationsexperimente und schätzen Sie ab, welches Ergebnis bei den jeweiligen Zelltypen zu erwarten ist.**

**Stichworte zu weiteren Informationen**

Klonierung · Hybridisierung · Actinomycin · Differenzierung · Regeneration

## Mithilfe dieses Kapitels können Sie

- Fortpflanzung als Prinzip des Lebendigen begründen und Vermehrung und Entwicklung gegenüberstellen
- verschiedene Formen der Fortpflanzung beschreiben und vergleichen
- erklären, was man unter Generationswechsel und Kernphasenwechsel versteht
- die wichtigsten Phasen der Embryonalentwicklung der Wirbeltiere nennen und beschreiben
- die entwicklungsbiologischen Besonderheiten der Landwirbeltiere erläutern und ihre Bedeutung für deren Evolution begründen
- die Embryonalentwicklung des Menschen beschreiben und die Funktion der Placenta erklären
- schädigende Einflüsse auf die Embryonalentwicklung eines Kinds angeben und die daraus resultierende Verantwortung der werdenden Mutter ableiten
- Möglichkeiten biologischer Reproduktionstechniken beim Menschen den damit verbundenen Problemen gegenüberstellen
- grundlegende entwicklungsbiologische Prozesse wie Regulation, Induktion und Musterbildung aus Experimenten ableiten

## Testen Sie Ihre Kompetenzen

Die Gattung *Chlamydomonas* (► S. 34) umfasst etwa 600 Arten einzelliger, mit Geißeln beweglicher Grünalgen. Innerhalb der Gattung kommen verschiedene Formen der Fortpflanzung vor.

Das Bild rechts zeigt schematisch die Fortpflanzung von Chlamydomonas reinhardtii, einer Art, die sich auch gut im Labor kultivieren lässt. Bei hoher Individuendichte in der Kultur oder bei einer Verschlechterung der Lebensbedingungen, beispielsweise durch Stickstoffmangel, ändert Chlamydomonas reinhardtii ihre Fortpflanzungsweise.

Die Bilder unten zeigen schematisch jeweils einen Abschnitt der Fortpflanzung bei anderen Chlamydomonas-Arten mit den dafür verwendeten Fachbegriffen.

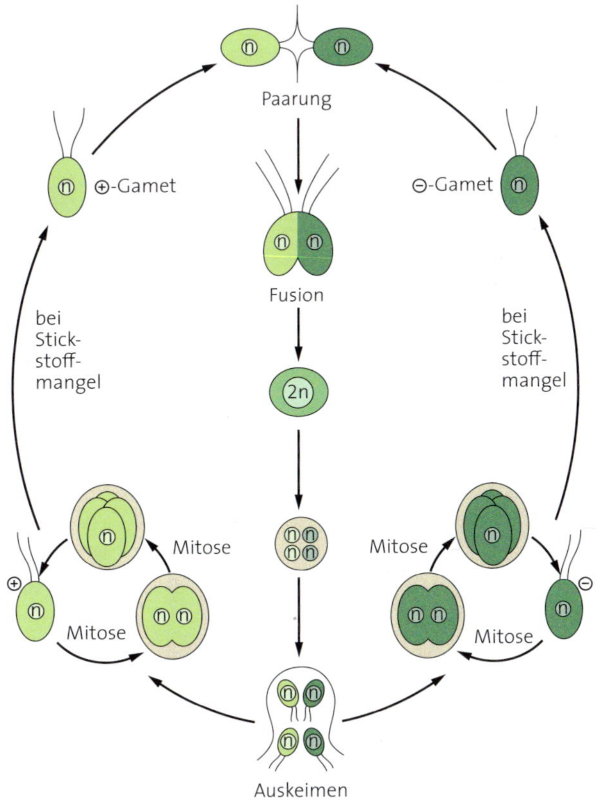


1. Analysieren Sie die Fortpflanzung von Chlamydomonas reinhardtii im Hinblick auf die unterschiedlichen Fortpflanzungsweisen.
2. Interpretieren Sie die Angaben über die Bedingungen, unter denen die Grünalge ihre Fortpflanzungsweise ändert, indem Sie Vor- und Nachteile beider Fortpflanzungsweisen darstellen.
3. Prüfen Sie, ob bei der Fortpflanzung von Chlamydomonas reinhardtii ein Generationswechsel und ein Kernphasenwechsel vorliegen.
4. Vergleichen Sie die abgebildeten Gameten der Chlamydomonas-Arten untereinander und mit Gameten von Vielzellern, zum Beispiel der Wirbeltiere.
5. Stellen Sie eine Hypothese auf, warum sich die Oogamie in der Evolution durchgesetzt hat.

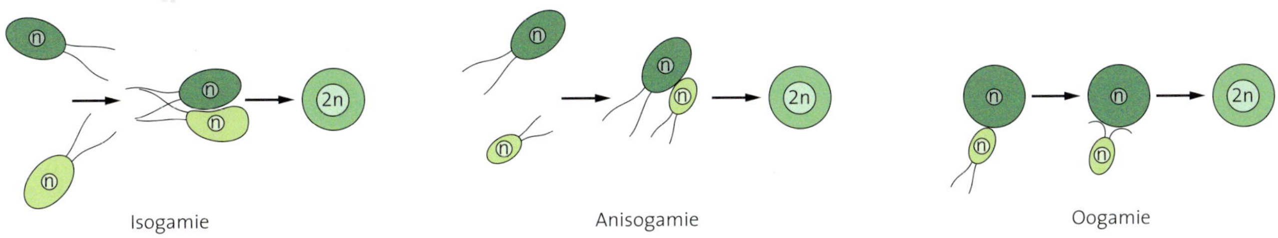

# Biologische Prinzipien: Vererbung, Fortpflanzung und Entwicklung

### STRUKTUR UND FUNKTION

Bei allen Lebewesen liegt der Ausbildung arttypischer und individueller Merkmale und Eigenschaften ein genetisches Programm zugrunde. Dieses Programm besteht aus einem „Datenträger“ – der DNA – und zellulären Mechanismen zur Realisierung der „Daten“. Die DNA erweist sich als idealer Datenträger der Erbinformation, da ihre Struktur nicht nur Daten codiert, sondern auch deren sicheres Kopieren erlaubt:
- Die Daten sind in der variablen Abfolge der Basen Adenin, Cytosin, Guanin und Thymin, der Basensequenz, im kettenförmigen Makromolekül eines der beiden DNA-Stränge codiert (► S. 144/145).
- Die beiden DNA-Stränge sind komplementär zueinander, ihre Basen spezifisch zu Paaren verbunden. Bei der semikonservativen Replikation werden die beiden DNA-Stränge getrennt und dienen als Vorlage für die Bildung jeweils eines neuen zweiten Strangs (► S. 148).

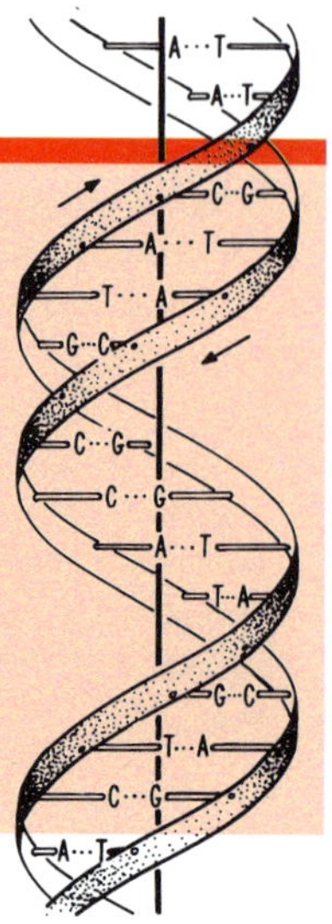

*Watson-Crick-Modell der DNA. Die Struktur der DNA ist entscheidend für ihre Funktion als Träger der genetischen Information.*

### VARIABILITÄT UND ANGEPASSTHEIT

Genetische Variabilität hat zwei Ursachen: Mutationen sind die grundlegende Quelle der genetischen Variabilität in Populationen. Zwar führen sie je nach Umfang (► S. 160, 178) zu mehr oder weniger nachteiligen Veränderungen im Phänotyp, können sich aber unter bestimmten Umweltbedingungen als vorteilhaft erweisen. Bei sexueller Fortpflanzung kommt es außerdem während der Meiose zu einer Neukombination der Gene (Rekombination ► S. 176), da zum einen die homologen Chromosomen zufällig auf die Tochterzellen verteilt werden, zum anderen ein Stückaustausch zwischen homologen Chromosomen stattfindet (Crossing-over).

*Genetische Variabilität bei Hainbänderschnecken*

Angepasstheit entsteht, indem die durch Rekombination und Mutationen erzeugten genetischen Varianten durch Selektion ausgelesen werden (► S. 250).

### STOFF- UND ENERGIEUMWANDLUNG

Der Phänotyp eines Lebewesens ist weitgehend das Produkt der biochemischen Reaktionen, die in seinen Zellen ablaufen. Diese biochemischen Reaktionen werden von spezifischen Enzymen katalysiert, deren Baupläne in der Basensequenz der DNA codiert sind (► S. 154). Letztlich haben somit alle sichtbaren und unsichtbaren Merkmale eines Lebewesens Stoffwechselleistungen zur Grundlage, die über Genwirkketten von Erbanlagen abhängen, oft aber von Umweltbedingungen modifiziert werden können (► S. 171).

*Wird die Genwirkkette des Phenylalaninstoffwechsels durch eine bestimmte Mutation unterbrochen, kann nicht genug Melanin gebildet werden. Albinismus ist die Folge.*

### KOMPARTIMENTIERUNG

Während die beiden Schritte der Proteinbiosynthese – Transkription und Translation – bei Prokaryoten fast zeitgleich ablaufen, sind sie bei Eukaryoten zeitlich und räumlich getrennt (► S. 159): Die Transkription erfolgt im Zellkern, während die Translation an den Ribosomen im Zellplasma stattfindet. Proteine des Zellkerns, des Zellplasmas sowie von Chloroplasten und Mitochondrien entstehen an freien Ribosomen, sekretorische und membranassoziierte Proteine dagegen an Ribosomen, die sich an das endoplasmatische Reticulum anlagern (► S. 159). Im Golgi-Apparat können solche Proteine noch chemisch modifiziert werden.

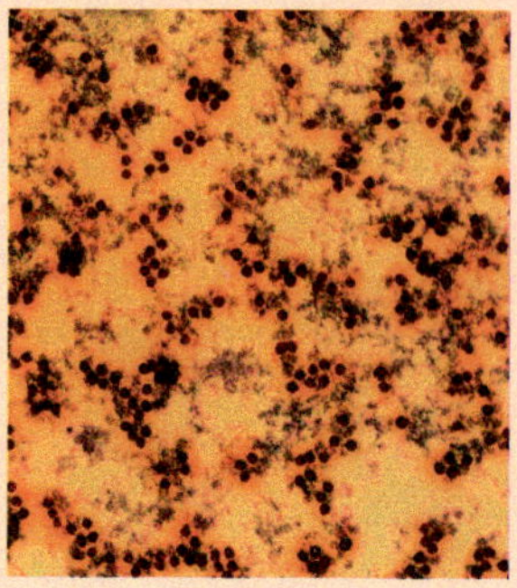

*Ribosomen im Cytoplasma, TEM-Aufnahme.*
*Wo sie besonders dicht beieinanderliegen, haben sie sich alle an dieselbe mRNA angelagert. So können immer mehrere Polypetidketten gleichzeitig synthetisiert werden.*

## INFORMATION UND KOMMUNIKATION

Vererbung ist die Weitergabe von biologischer Information, die in der DNA codiert ist. Bei der Herausbildung des Phänotyps wird diese Information exprimiert, indem nach der Vorschrift des genetischen Codes Proteine mit festgelegter Aminosäuresequenz synthetisiert werden (► S. 156–159). Während die „molekulare Kommunikation" zwischen DNA, RNA und Ribosomen bei der Proteinsynthese bereits gut verstanden wird, ist die Aktivierung und Deaktivierung der Erbinformation – besonders bei Eukaryoten – erst teilweise geklärt (► S. 162/163).

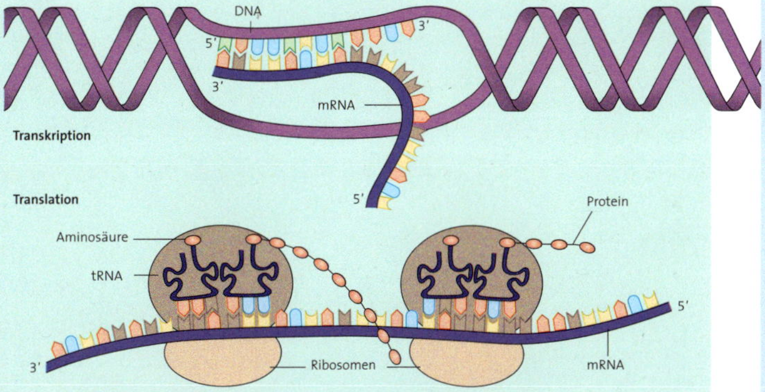


*Umsetzung der genetischen Information bei der Proteinbiosynthese*

## REPRODUKTION

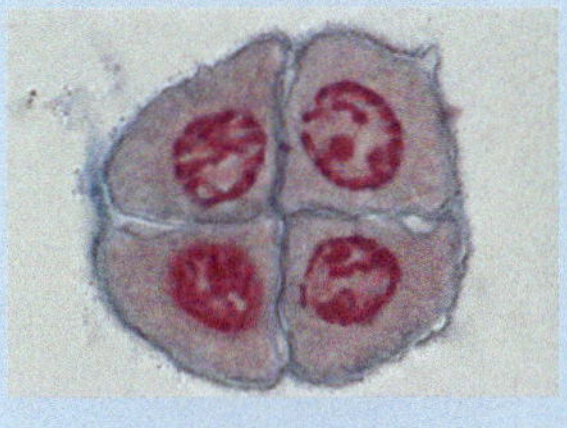

*Als Ergebnis der Meiose sind 4 haploide, genetisch verschiedene Keimzellen entstanden.*

Die identische Verdopplung der DNA ist die Voraussetzung für Reproduktionsvorgänge. Zellen reproduzieren sich durch fortgesetzte Teilung. Bei eukaryotischen Zellen sorgt der Ablauf der Mitose für die Weitergabe des in Chromosomen organisierten Genoms (► S. 26). Auf diese Weise findet auch ungeschlechtliche Fortpflanzung statt (► S. 213).

Mit geschlechtlicher Fortpflanzung verknüpft sind die Keimzellbildung und damit die Vorgänge der Meiose (► S. 174), bei der die Chromosomenzahl auf den einfachen Satz reduziert wird, und der Rekombination der Erbinformation (► S. 176). Die Bedeutung dieser Vorgänge liegt vor allem darin, dass „bewährte" Erbinformation so kombiniert wird, dass erbverschiedene Individuen entstehen.

## GESCHICHTE UND VERWANDTSCHAFT

Trotz großer Unterschiede in ihren Merkmalen und Eigenschaften haben alle Lebewesen auf molekularbiologischer Ebene viele Gemeinsamkeiten: Nahezu alle speichern ihre genetische Information in DNA und übersetzen die Basensequenz mit dem gleichen genetischen Code in Proteine. Die Evolutionstheorie erklärt diese Tatsache mit der Abstammung aller Lebewesen von gemeinsamen Vorfahren. Die arttypischen Veränderungen, die sich in der langen Geschichte der Lebewesen ergeben haben, sind in den Basensequenzen der DNA „archiviert". Durch deren Vergleich lässt sich der Verwandtschaftsgrad von Arten ermitteln und in Stammbäumen darstellen (► S. 267).

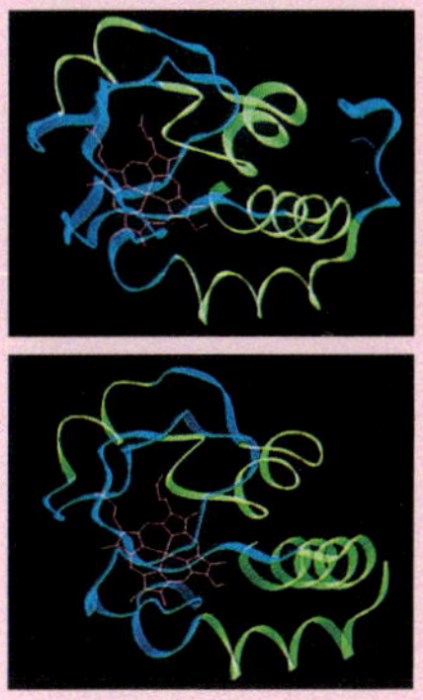

*Cytochrom c aus Reispflanze und Thunfisch, Computersimulationen. Die Tertiärstruktur beider Proteine ist nahezu identisch.*

## STEUERUNG UND REGELUNG

Verschieden spezialisierte Zellen eines Vielzellers unterscheiden sich nicht in der genetischen Information, wohl aber in ihrer Ausstattung mit Proteinen, vor allem Enzymen. Deren Bauanleitungen werden nur bei Bedarf abgerufen. Die Signale für die dazu erforderliche Regulation der Genaktivität können aus der Zelle selbst, von anderen Zellen oder aus der Umwelt des betreffenden Organismus kommen. Die Regulation erfolgt hauptsächlich auf der Ebene der Transkription. Sie ist bei den Eukaryoten erheblich komplexer als bei den Prokaryoten (► S. 160/161).

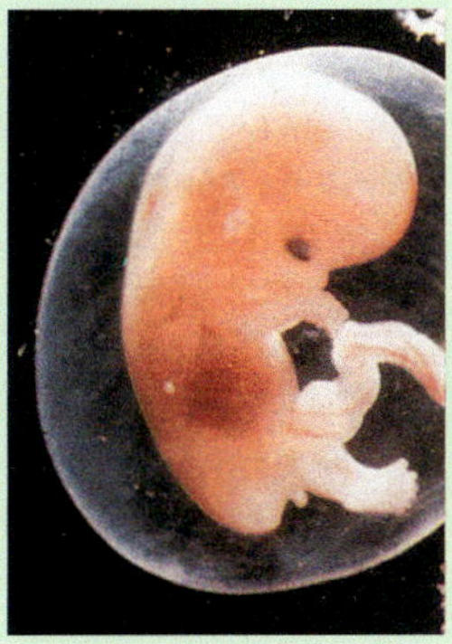

*Der Embryo des Menschen im Alter von acht Wochen. Seine Entwicklung wird über die Regulation der Genaktivität gesteuert.*

Auch die Embryonalentwicklung wird durch Regulation der Genaktivität gesteuert. Kaskaden von Regulatorproteinen bewirken, dass sich die zunächst totipotenten Zellen verschieden differenzieren. Die Anordnung verschiedener Zelltypen zum komplexen Muster eines Organs beruht ebenfalls auf der Wirkung von Regulatorproteinen (► S. 220/221).

# Immunbiologie des Menschen

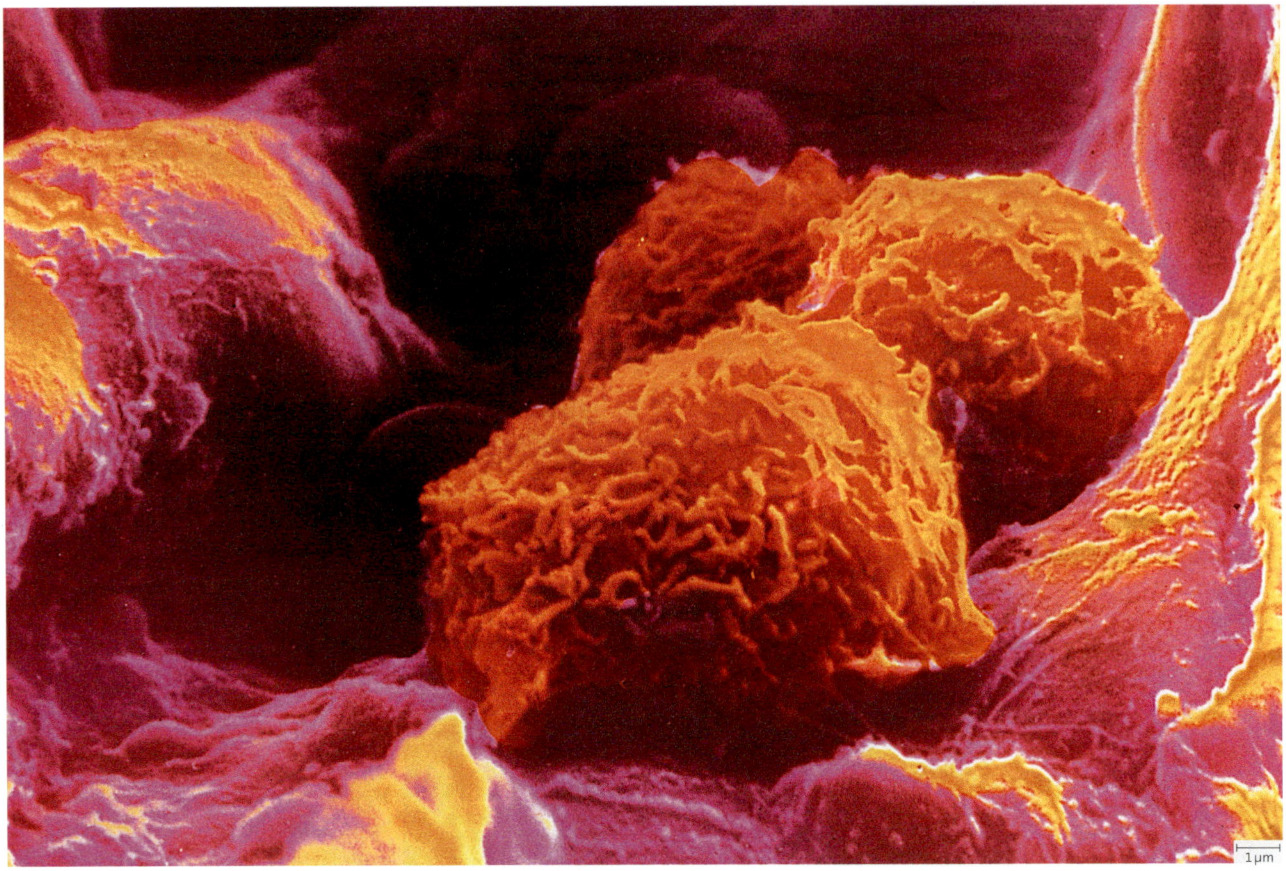

1 Drei Makrophagen patrouillieren in den Lungenbläschen, eine besonders gefährdete Eingangspforte in den Körper.

*Hundert Milliarden Makrophagen, besonders langlebige und aktive Leukocyten, durchstreifen ständig unseren Körper. Sie können sich ähnlich wie Amöben bewegen und zwischen den Zellen in jedes Gewebe eindringen. Treffen ihre langen Pseudopodien auf einen Fremdkörper, etwa einen Krankheitserreger, wirken sie wie Fangfäden. Dann umfließt die Abwehrzelle den Eindringling, phagocytiert ihn und greift ihn mit Enzymen an. Zugleich löst sie Alarm aus: Signalstoffe holen weitere Abwehrzellen zur Verstärkung, und aus den Abbauprodukten gewinnt die Fresszelle Informationen über Eigenschaften des Fremdlings, die sie anderen Gliedern des Abwehrsystems vermittelt und denen wir täglich aufs Neue unser Leben verdanken.*

## Im Blickpunkt

- angeborene Abwehrmechanismen: schnell und unspezifisch
- erworbene Abwehrmechanismen: spezifische Wirkung und langes Gedächtnis
- Antikörpervielfalt gegen Erregervielfalt
- Gedächtniszellen reagieren auf einen zweiten Angriff
- Überlisten des Immunsystems bei Organtransplantation und Bluttransfusion
- Infektionskrankheiten und Impfschutz
- zu wenig oder zu viel: Fehlfunktionen des Immunsystems
- Krebs und Immunsystem

**GRUNDLAGEN** Wo es Leben gibt, ist es auch bedroht. Nicht nur Widrigkeiten der unbelebten Natur oder Fressfeinde gefährden die Gesundheit oder Existenz von Lebewesen. Eine ständige Bedrohung sind Erkrankungen, die von anderen, meist mikroskopisch kleinen Eindringlingen ausgehen: Bakterien, Viren, Pilzen, ein- und vielzelligen tierischen Parasiten. Im Laufe der Evolution haben sich verschiedene Systeme zur Abwehr solcher Infektionen entwickelt. Gleichzeitig übernehmen sie auch die Zerstörung und Beseitigung entarteter Körperzellen, aus denen Tumoren entstehen können.

Alle vielzelligen Tiere besitzen eine angeborene, unspezifisch gegen alle fremden Organismen gerichtete Abwehr, auch Resistenz genannt. Ihre erste Abwehrlinie bilden Körperhüllen wie Haut und Schleimhaut in Verbindung mit Drüsensekreten. Eine zweite Abwehrfront im Körperinnern besteht aus Bakterien tötenden Proteinen und Fresszellen, sogenannten Phagocyten. Ihre Aktivität kann sich als Entzündung bemerkbar machen.

Als Antwort auf immer neue Bedrohungen hat sich bei den Wirbeltieren ein zweites Abwehrsystem entwickelt, das mit der Resistenz eng kooperiert. Diese spezifische Abwehr wird erst im Laufe des Lebens erworben, da sie sich nur nach Kontakt mit bestimmten Pathogenen (Krankheitserregern) entwickelt. Diese werden mit Abwehrproteinen, den Antikörpern, und besonderen Abwehrzellen, den Lymphocyten, gezielt abgewehrt.

## Organe und Zellen des Abwehrsystems

Obwohl das Immunsystem lebenswichtig ist und sein Versagen den sicheren Tod bedeutet, ist es in unserer Vorstellung vom Körper kaum präsent. Ein Grund dafür ist sicherlich seine dezentrale Organisation. Es besteht zum einen aus dem *Lymphsystem* (► Bild 1), das sich wiederum aus dem Lymphgefäßsystem und den lymphatischen Organen zusammensetzt. Zum anderen umfasst es aber vor allem ein bis zwei Billionen *Abwehrzellen* und verschiedene *Abwehrproteine*.

**Lymphsystem.** Im Kapillarbereich der Blutgefäße treten täglich zwei bis drei Liter einer klaren gelblichen Serumflüssigkeit aus, die man *Lymphe* nennt. Sie sammelt sich in den *Lymphgefäßen*, durchströmt die *Lymphknoten* und wird über die Schlüsselbeinvene wieder dem Blutkreislauf zugeführt.

Die Lymphknoten dienen – besonders an Körperpforten, Darm und entlang der Blutgefäße – als Filterstationen für Giftstoffe, Reste abgestorbener oder veränderter Zellen und Bakterien in der Lymphe. Zugleich sind sie von Abwehrzellen, besonders *Lymphocyten*, dicht besiedelt, die sich hier mit den Fremdkörpern und Zellresten auseinandersetzen.

Ähnliche Aufgaben übernehmen Milz und Mandeln, während im Thymus, einem drüsenartigen Gewebe hinter dem Brustbein (Rückbildung nach dem Kindesalter), Lymphocyten entstehen und reifen.

**Abwehrzellen.** Im Knochenmark, dem wichtigsten Bildungsgewebe für Blutzellen bei Wirbeltieren, entstehen aus pluripotenten Stammzellen (► S. 219) neben Erythrocyten und Thrombocyten auch die meisten Abwehrzellen, die weißen Blutkörperchen oder *Leukocyten* (► Bild 2). Mit 5 000 bis 10 000 Zellen je $mm^3$ sind sie im Blut etwa 1 000-mal seltener als Erythrocyten, ihre Hauptmasse hält sich allerdings im Lymphsystem auf.

- *Granulocyten*, mit körnchenförmigen Einschlüssen im Zellplasma und gelapptem Zellkern, bilden etwa zwei Drittel aller Leukocyten. Je nach Färbbarkeit der Zellplasmakörnchen lassen sich verschiedene Typen unterscheiden. Die meisten Granulocyten sind Fresszellen, die zur Phagocytose von Fremdkörpern fähig sind (► S. 228). Sie sind im Blut und außerhalb der Kapillaren im Gewebe zu finden und nur wenige Tage lebensfähig.
- *Monocyten* sind große Fresszellen im Blut, die mehrere Monate alt werden. Sie können die Blutbahn verlassen und durchwandern dann nach ihrer Differenzierung zu Makrophagen amöbenartig sämtliche Gewebe des Körpers.
- *Lymphocyten*. Nach Reifungsort und Funktion unterscheidet man B- und T-Lymphocyten. Während B-Lymphocyten im Knochenmark (*b*one marrow) heranreifen und im Blut als Plasmazellen Antikörper bilden (► S. 230), wird die „Immunkompetenz" der T-Lymphocyten im *T*hymus hergestellt. Dabei werden nur diejenigen Vorläuferzellen der T-Lymphocyten aktiviert, die selbsttolerant sind, sich also nicht gegen gesunde körpereigene Zellen richten. Alle übrigen werden zerstört. T-Lymphocyten sind an vielen Abwehrprozessen beteiligt (► S. 233), vor allem an der Zerstörung fremder, virusbefallener oder entarteter Zellen.

**1 Überlegen Sie, warum bei Erkältungskrankheiten häufig eine Mandelentzündung zu beobachten ist.**

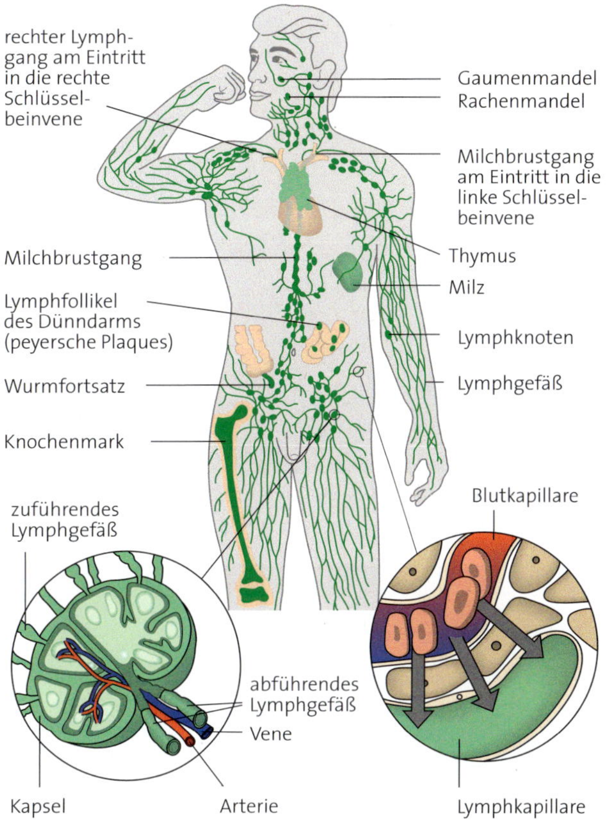


*1 Das Lymphsystem des Menschen*

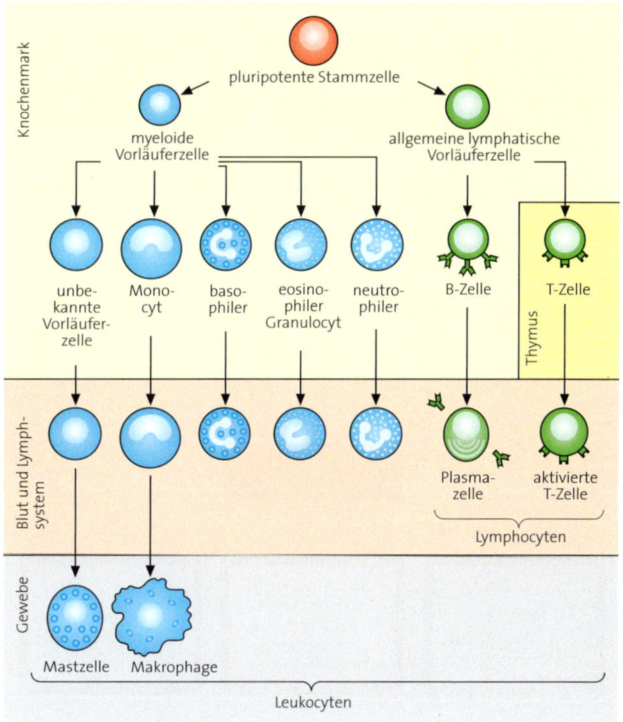


*2 Leukocyten entstammen dem Knochenmark.*

## Unspezifische Abwehr

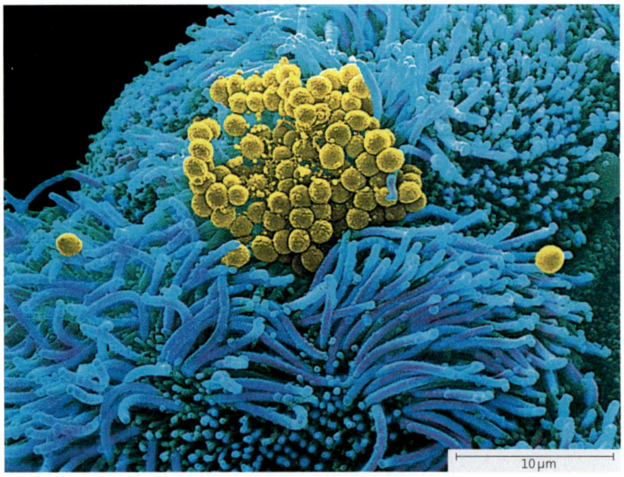


*1 Aktiv bewegliche Flimmerhaare des Luftröhrenepithels entfernen eine Kolonie des Bakteriums Staphylococcus.*

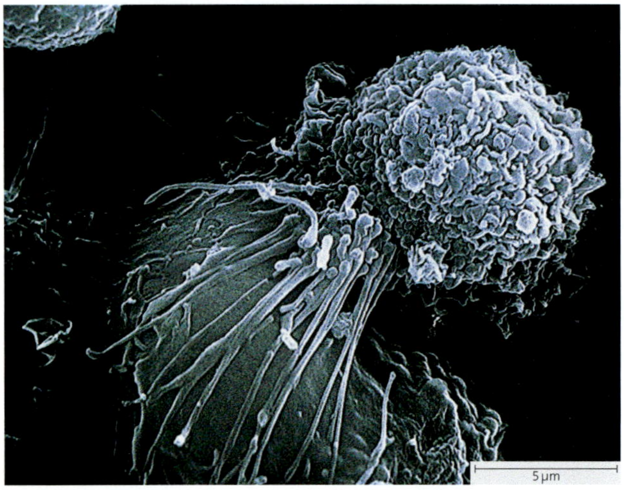


*2 Ein Makrophage phagocytiert einen Fremdkörper.*

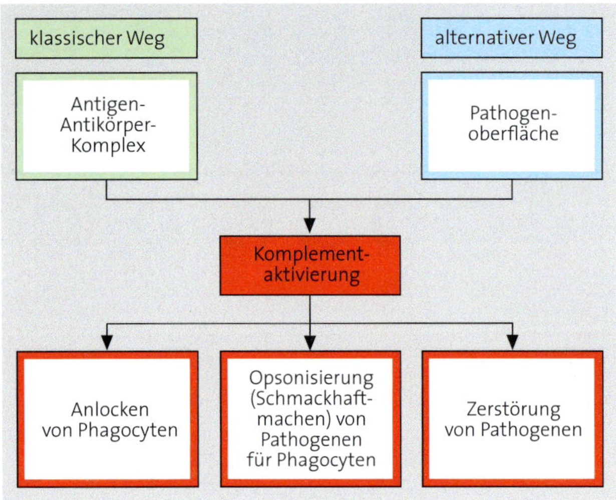


*3 Zwei verschiedene Wege der Komplementaktivierung*

Die Mechanismen der unspezifischen, angeborenen Immunreaktion greifen *schnell und unmittelbar* beim ersten Kontakt mit einem Eindringling. Ihre Wirksamkeit bleibt auch bei jeder weiteren Infektion durch denselben Erreger immer gleich. Darin unterscheidet sie sich von der spezifischen, erworbenen Immunreaktion (► S. 230), die zur Immunität, also einem langfristigen Schutz, führt.

**Mechanische und chemische Abwehr.** Die *Haut-*, *Horn-* oder *Chitinschichten* der Körperbedeckung von Mensch und Tier sind im intakten Zustand eine kaum zu überwindende Barriere für Bakterien, Viren oder Pilze. Beim Menschen erschweren die *sauren Sekrete* der Talg- und Schweißdrüsen, aber auch die Konkurrenz der natürlichen Hautflora-Bakterien eine Besiedlung der Haut mit schädlichen Mikroorganismen. Auch die Schleimhäute, die Verdauungskanal, Atemwege oder Genitaltrakt auskleiden, hemmen das Vordringen der Erreger von den Körperöffnungen aus. Zähflüssiger *Schleim* schließt Fremdkörper ein. Anschließend wird dieser durch Husten, Niesen oder mithilfe von Flimmerhaaren nach außen befördert. Neben Schleim reinigen auch *Speichel und Tränen* innere und äußere Hautflächen von Mikroben. Die Sekrete enthalten oft Bakterien hemmende Proteine, zum Beispiel das Enzym Lysozym (► S. 42), das die Zellwände von Bakterien angreift und zerstört. Einen weiteren wirksamen Bakterienfilter stellt der sehr saure Magensaft dar.

**Funktionsweisen der Abwehrzellen.** Die *neutrophilen Granulocyten* und *Monocyten* bzw. *Makrophagen* beseitigen eingedrungene Fremdkörper oder Reste eigener Zellen durch Phagocytose (► Bild 2): Sie umfließen die Partikel, nehmen diese dadurch in die Zelle auf und verdauen sie mithilfe von Enzymen in den Lysosomen (► S. 32). Anders als Monocyten bzw. Makrophagen zerstören sich die neutrophilen Granulocyten dabei selbst. Eiter besteht meist aus solchen abgestorbenen neutrophilen Granulocyten. *Eosinophile Granulocyten* setzen sich am Körper vielzelliger Parasiten fest und greifen deren Hülle mit Enzymen an. *Basophile Granulocyten*, die in verschiedenem Gewebe, besonders im Bindegewebe, ortsfest werden, ähneln den *Mastzellen*, die an allergischen Reaktionen beteiligt sind (► S. 239). Körpereigene Zellen, deren Stoffwechsel entgleist oder durch Befall mit Viren völlig verändert ist, können von Abkömmlingen der T-Lymphocyten, den *Natürlichen Killerzellen* (NK-Zellen), an bestimmten Stoffwechselprodukten in ihrer Membran erkannt und zerstört werden.

**Antimikrobielle Proteine: Komplementsystem.** Neben den Abwehrzellen existiert ein System von *Plasmaproteinen gegen Mikroben* und *unerwünschte Stoffe*. Da es die anderen Abwehrmechanismen ergänzt, wird es als *Komplementsystem* bezeichnet. Es besteht zum großen Teil aus inaktiven Vorstufen von Proteasen (► S. 70). Sie werden entweder durch Antigen-Antikörper-Komplexe (► S. 232) – als „klassischer Weg" bezeichnet – oder durch Kontakt mit Oberflächenmolekülen der Mikroben – dem „alternativen Weg"– in einer vielschrittigen Kaskade kontrolliert aktiviert. Die Wirkung ist vielfältig: Komplementproteine kleben Fremdzellen an Blutgefäßwänden fest, markieren sie für angelockte Fresszellen oder perforieren sie, sodass ihr Zellinhalt austritt und sie absterben (► Bild 3).

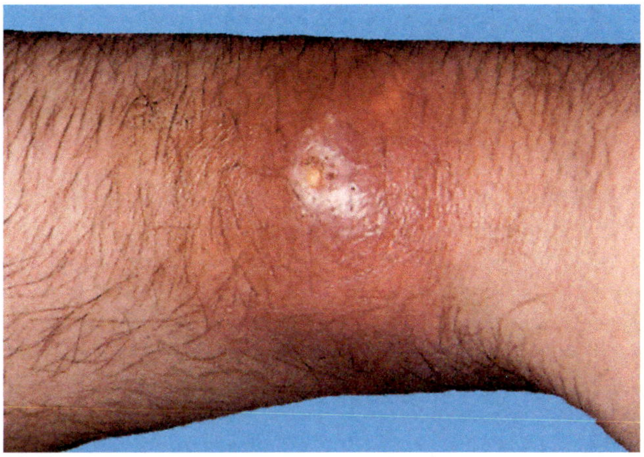

*1 Staphylococcus-Infektion: Furunkel am Unterarm*

**Entzündung.** Rötung, Erwärmung, Schwellung und Schmerzen am Infektionsort – diese typischen Zeichen einer lokalen Entzündung, beispielsweise nach einer Hautverletzung, sind jedem bekannt (► Bild 1).

Werden Zellen zerstört, treten *Signalstoffe* wie *Prostaglandine* und *Histamin* aus. Sie verstärken die Blutzufuhr in den umliegenden Blutgefäßen und erhöhen deren Durchlässigkeit, was zu Rötung, Erwärmung und Schwellung führt. Im Zusammenspiel mit dem Komplementsystem können *basophile Granulocyten* sowie *Mastzellen* ebenfalls zur Ausschüttung von Histamin veranlasst und die Entzündungsprozesse dadurch verstärkt werden. Etwa eine Stunde nach der Verletzung beginnen – angelockt durch Komplementproteine – *neutrophile Granulocyten*, später auch *Monocyten* aus dem Blut in das verletzte Gewebe einzuwandern. Sie phagocytieren eingedrungene Keime und Zelltrümmer (► Bild 2).

Nach großen Verletzungen oder einer massiven Infektion bleibt die Entzündungsreaktion nicht lokal begrenzt, sie wird *systemisch*. Die Zahl der Leukocyten im Blut steigt dann rasch an. *Fieber* kann sich einstellen. Es wird durch Giftstoffe von Krankheitserregern, aber auch durch Signalstoffe der Leukocyten ausgelöst, beschleunigt den Stoffwechsel und kann bei einigen Krankheitserregern die Vermehrung hemmen. Werden Mastzellen in großem Umfang aktiviert, verursachen sie überall im Körper eine Erweiterung der Blutgefäße. Fällt als Folge davon der Blutdruck gefährlich ab, verengen sich die Atemwege und schwillt der Kehldeckel an, ist ein lebensgefährlicher *anaphylaktischer Schock* eingetreten.

**Cytokine.** Als Reaktion auf eine Infektion setzen die verschiedenen Abwehrzellen *Cytokine* frei. Diese kleinen, kurzlebigen Proteine beeinflussen hoch spezifisch die Aktivität anderer Zellen. Im Immunsystems können sie Abwehrprozesse verstärken und koordinieren, sind aber auch für Bildung und Differenzierung von Zellen wichtig:

- *Interleukine* (IL) aktivieren zum Beispiel T-Helferzellen (► S. 231, 233).
- Der *Tumor-Nekrose-Faktor* (TNF) kann durch Verschluss kleiner Blutgefäße eine Infektion örtlich eingrenzen.
- *Interferone* (IFN) behindern die Virenvermehrung, regen die Natürlichen Killerzellen an, virusinfizierte Zellen gezielt zu töten, und erhöhen die Resistenz gesunder Zellen gegen die Natürlichen Killerzellen.

Von vielen Cytokinen – weit über 100 sind inzwischen bekannt – verspricht man sich eine medizinische Nutzung. Allerdings ist ihre Wirkung oft vielfältig und die Konzentration in der Zelle sehr niedrig. Die meisten der als Medikamente verwendeten Cytokine werden heute gentechnisch hergestellt (► S. 208).

---

**1 Ein Holzsplitter dringt in die Fingerkuppe ein. Nach etwa 24 Stunden ist eine deutliche Anschwellung eines Knotens in der Achselhöhle zu spüren. Erklären Sie.**

**2 Vergleichen Sie die Entzündungsreaktion mit der allergischen Reaktion (► S. 239).**

**3 Begründen Sie, warum man Fieber als Kennzeichen einer funktionierenden Abwehr beschreiben kann.**

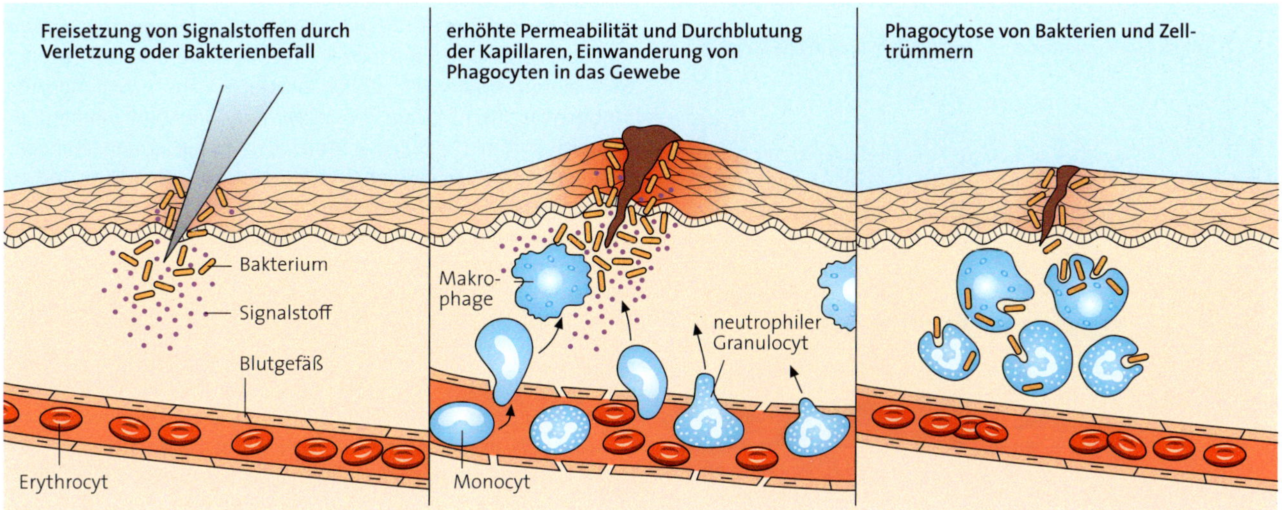


*2 Verlauf einer Entzündung*

## Spezifische Abwehr: ein Überblick

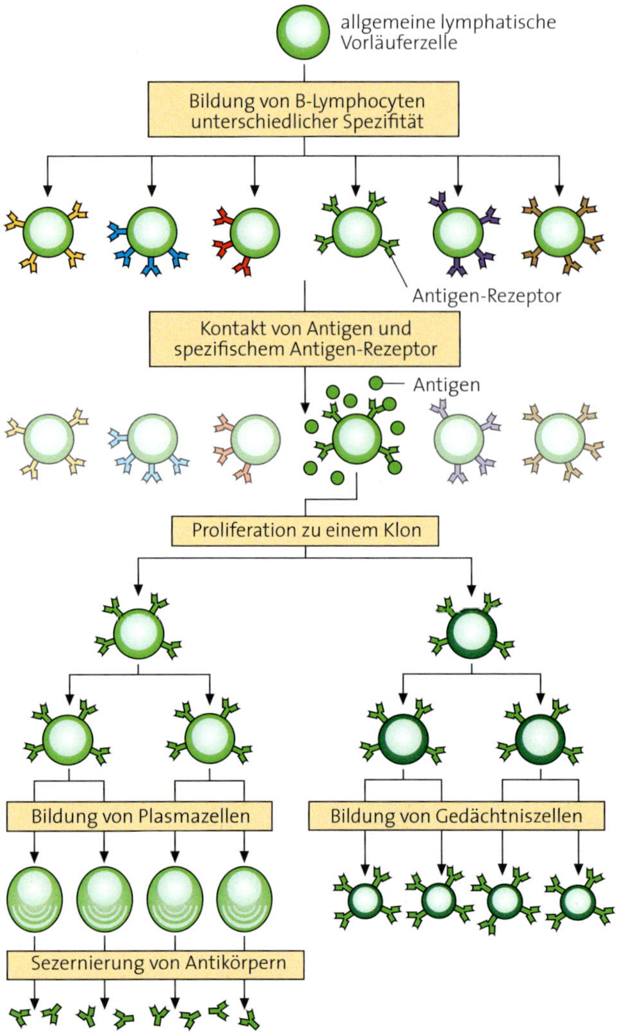


1 *Klonale Selektion und Immungedächtnis*

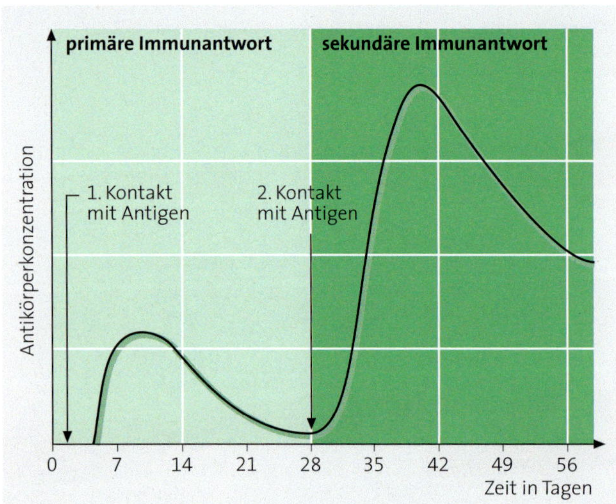


2 *Zeitlicher Verlauf von primärer und sekundärer Immunantwort*

Mit der Entwicklung der spezifischen Abwehr gelang den Wirbeltieren ein entscheidender Fortschritt im Kampf gegen fremde Stoffe und Zellen: Dieses Abwehrsystem ist durch *höchste Spezifität*, ein *immunologisches Gedächtnis* und eine *verfeinerte Selbst-Fremd-Unterscheidung* ausgezeichnet. Seine Wirkung wird als *erworbene* oder *adaptive Immunität* bezeichnet.

Alle Stoffe, die – als isolierte Substanzen oder Bestandteile fremder Organismen – eine spezifische Immunantwort auslösen, werden *Antigene* genannt. Der zentrale Teil der Immunantwort besteht darin, dass Moleküle des Immunsystems, *Antikörper* genannt, mit Antigenen spezifisch reagieren und sie somit erkennen. Die Antikörper können dabei entweder als Antigen-Rezeptoren Bestandteile der Zellmembran von B-Lymphocyten sein oder frei in Körperflüssigkeiten vorkommen. Der Antigen-Antikörper-Reaktion (► S. 232) liegen schwache, nicht kovalente Wechselwirkungen räumlich zueinander passender Moleküle zugrunde, wie sie sich in ähnlicher Weise zwischen Enzym und Substrat ausbilden (► S. 68).

**Antigenvielfalt und Antikörperspezifität.** Die spezifische Wirkung setzt voraus, dass den Millionen verschiedener Antigene eine entsprechende Zahl spezifischer Antikörper gegenübersteht. Zunächst nahm man an, dass ein einheitliches Antikörpermolekül im Kontakt mit verschiedenen Antigenen passend geformt wird (Matrizentheorie). Inzwischen haben Experimente jedoch bewiesen, dass das Immunsystem Millionen verschiedener Antikörper bereithält.

Jeder Antikörper einer bestimmten Spezifität wird von einer einzigen B-Lymphocytenzelle produziert und in deren Zellmembran als Rezeptor eingebaut (► Bild 1). Trifft diese Zelle auf ein Antigen, das zu ihrem Rezeptor passt, wird sie selektiv vermehrt und bildet einen Klon von Effektorzellen *(Klonselektionstheorie)*, die das Antigen bekämpfen: Aus B-Lymphocyten gereifte Plasmazellen bilden in der *humoralen Immunreaktion* (von lat. *humor:* Flüssigkeit) freie Antikörper. T-Lymphocyten unterstützen die B-Lymphocyten, sind zudem aber auch an der zellvermittelten Immunreaktion beteiligt (► S. 233).

**Immungedächtnis.** Nach dem ersten Kontakt mit einem Antigen dauert es ungefähr 5–10 Tage, bis im Verlauf der *primären Immunantwort* wirksame Effektorzellen gebildet werden. Gleichzeitig mit diesen kurzlebigen Zellen entstehen aus B-Lymphocyten antigenspezifische *Gedächtniszellen*. Sie können Jahrzehnte überdauern. Kommen die Gedächtniszellen später erneut mit dem Antigen in Kontakt, vermehren sie sich sehr viel schneller und bewirken eine effektive *sekundäre Immunantwort* (► Bild 2). Auf ihr beruht die oftmals lebenslange Immunität nach einer Infektion oder Impfung (► S. 237).

**Selbst-fremd-Unterscheidung.** Damit sich die Waffen des Immunsystems nicht gegen körpereigene Zellen richten, brauchen diese eine Art „Ausweis". Er besteht aus Proteinmolekülen, die durch eine Genfamilie codiert werden, die als *MHC (major histocompatibility complex)* bezeichnet wird. Die MHC-Proteine befinden sich in der Membran aller Körperzellen und sind für jedes Individuum einzigartig. Fast alle Körperzellen tragen MHC-Klasse-I-Proteine. Immunzellen besitzen als „Spezialausweis" MHC-Klasse-II-Proteine.

## Spezifische Abwehr: Bildung und Bau der Antikörper

**Bildung der Antikörper.** Kommt ein B-Lymphocyt mit einem Antigen in Kontakt, das zu seinem Antigen-Rezeptor passt, vermehrt er sich zu einem Zellklon. Ein Teil davon entwickelt sich zu Antikörper produzierenden *Plasmazellen*, ein anderer zu *B-Gedächtniszellen*. Diese Zellvermehrung oder Proliferation bedarf aber meist der Kooperation mit *Makrophagen* und bestimmten T-Lymphocyten, den *T-Helferzellen* ($T_H$-Zellen) (▶ Bild 1, S. 233):

- Hat ein Makrophage einen Eindringling phagocytiert, baut er Antigenbruchstücke zusammen mit MHC-Klasse-II-Proteinen in seine Membran ein und präsentiert sie damit anderen Immunzellen.
- Bindet sich eine $T_H$-Zelle mit passendem Rezeptor an die solchermaßen präsentierten Antigenbruchstücke, wird sie aktiviert und vermehrt sich.
- Durch Kontakt einer $T_H$-Zelle mit den gleichen Antigenen eines B-Lymphocyten schüttet sie Cytokine aus, die den B-Lymphocyten zur Vermehrung anregen. Die dabei gebildeten Plasmazellen produzieren bis zu 2000 Antikörpermoleküle pro Sekunde.

**Bau der Antikörper.** Die meisten Antikörper oder *Immunglobuline (Ig)* bestehen im Wesentlichen aus mehreren Proteinketten, die ein Y-förmiges Molekül bilden. Zwei *große (schwere, H)* und zwei *kleine (leichte, L) Proteinketten* sind über Disulfidbrücken (-S-S-) miteinander verbunden (▶ Bild 2).

Der größte Teil des Moleküls ist bei allen Antikörpern einer Klasse identisch und wird als *konstante Region (c)* bezeichnet. Die Aminosäuresequenz am Ende der beiden „Arme" ist dagegen für jeden Antikörper einer Art spezifisch.

Diese *variablen Regionen (v)* bilden die beiden Antigenbindungsstellen, die mit ganz bestimmten Antigenabschnitten, den Epitopen (▶ S. 232), wie Schlüssel und Schloss zusammenpassen. Zwischen den „Armen" und dem „Fuß" des Antikörpers befinden sich Gelenkstellen, durch die sich der Abstand der „Arme" bei der Bindung an zwei Antigene verändern kann.

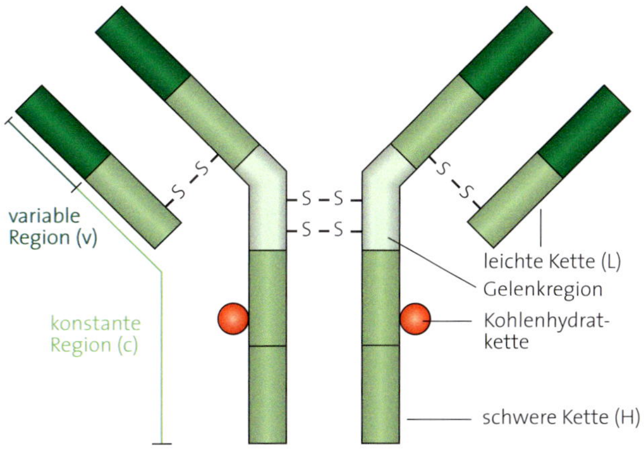


*2 Aufbau eines IgG-Antikörpermoleküls*

Der „Fuß" eines Antikörpers kann sich nicht an ein Antigen anlagern, ist aber dennoch von großer Bedeutung. Er kann an Zelloberflächen binden und das Komplementsystem aktivieren (▶ S. 228, 232).

**Entstehung der Antikörpervielfalt.** Lange war rätselhaft, wie das Genom die Erbinformation für Millionen verschiedener Antikörper enthalten kann. Heute weiß man, dass dafür relativ wenige Gene erforderlich sind.

Die DNA einer Knochenmarkzelle, aus der ein B-Lymphocyt entsteht, enthält etwa 250 verschiedene Genabschnitte, die für die variablen Proteinketten codieren. Bei der Reifung einer Zelle werden sie aus der DNA bis auf zwei oder drei zufallsgemäß herausgeschnitten. Nur diese neu „arrangierten" Gene werden exprimiert. Daher bildet jede Zelle ihre eigenen Antikörperproteine mit spezifischer Aminosäuresequenz. Eine 1000-fach erhöhte Mutationsrate der B-Lymphocyten steigert die Antikörpervielfalt zusätzlich.

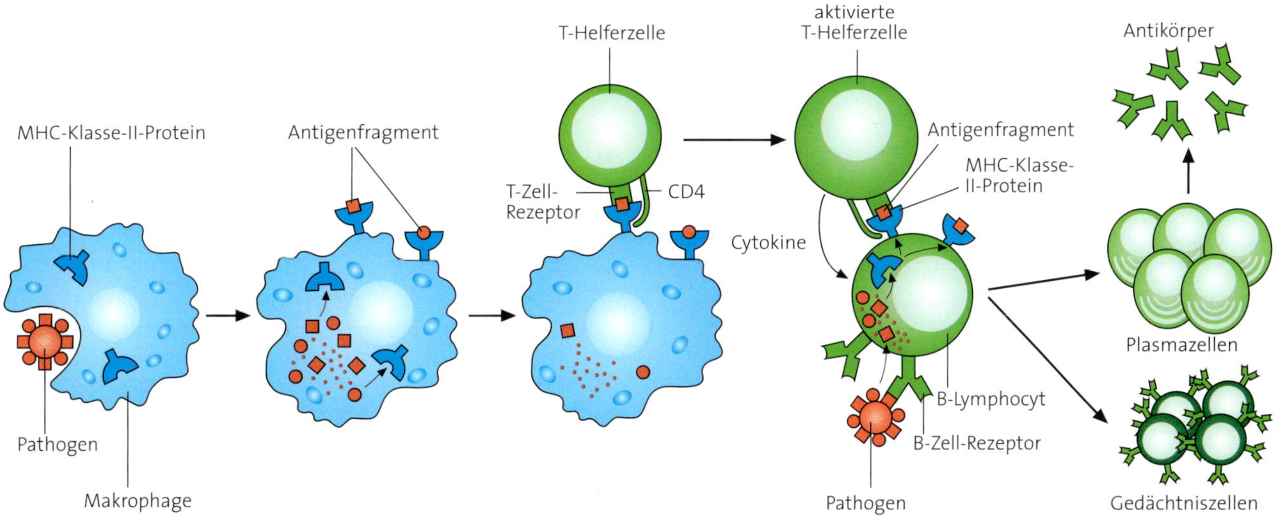


*1 Antikörperbildung durch Plasmazellen-Proliferation*

## Spezifische Abwehr: Antikörperwirkung – Antikörperklassen

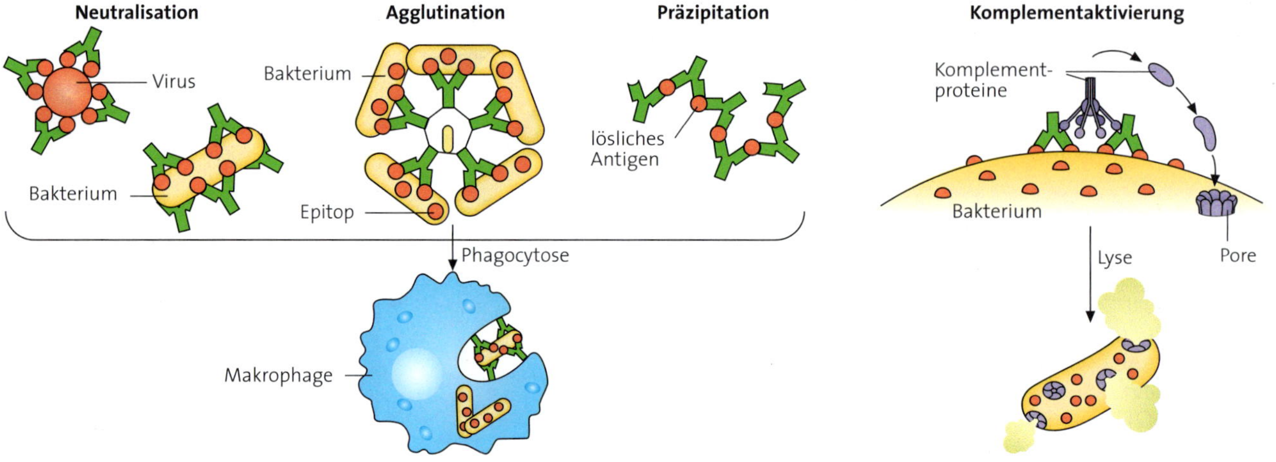


1 *Durch Antikörper vermittelte Abwehrmechanismen der humoralen Immunantwort*

**Antigen-Antikörper-Reaktion ...** Nur ein eng begrenzter Bereich des Antigens bewirkt mit Wasserstoffbrücken und anderen molekularen Kräften die Bindung an den Antikörper. Diese Erkennungsregion nennt man *Epitop*. Große Antigenmoleküle, Virushüllen oder Bakterienzellwände können verschiedene Epitope besitzen und entsprechend viele unterschiedliche Antikörper binden. Gegen Pathogene wird somit ein „Cocktail" verschiedenster Antikörper gebildet.

**... und ihre Wirkungen.** Die Verknüpfung von Antikörper und Antigen zu einem *Antigen-Antikörper-Komplex*, auch Immunkomplex genannt, macht das Antigen meist noch nicht unschädlich, leitet aber weitere Abwehrmechanismen ein.

– Besetzen Antikörper sensible Stellen von Erregern, beispielsweise die zum Andocken an die Wirtszelle erforderlichen Virus-Rezeptoren, spricht man von *Neutralisation*.
– Durch *Agglutination* werden Partikel wie Bakterien verklumpt, unbeweglich und leichte Beute von Phagocyten.
– Die Verknüpfung löslicher Antigene macht diese unlöslich und bewirkt ihre Ausfällung oder *Präzipitation*.
– Durch Bindung an Komplementfaktoren können Antikörper die *Aktivierung des Komplementsystems* auslösen.

**Antikörperklassen.** Im Laufe der Evolution haben sich fünf verschiedene Klassen von Antikörpern entwickelt, die sich vor allem durch die konstante Region des Molekül-„Fußes" unterscheiden (► Tabelle).

Die einzelnen Antikörperklassen sind für die Einleitung unterschiedlicher Abwehrprozesse spezialisiert: Abwehr im Blut oder im Gewebe, Schutz von Körperoberflächen, Wirkung in Sekreten, Bekämpfung von Bakterien oder Wurmparasiten, Rezeptorenfunktion auf Zellmembranen.

**Antikörperklassen und ihre Kennzeichen**

| Klasse | IgG | IgM | IgA | IgD | IgE |
|---|---|---|---|---|---|
| | 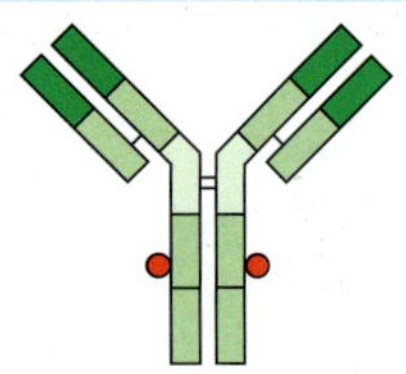 | 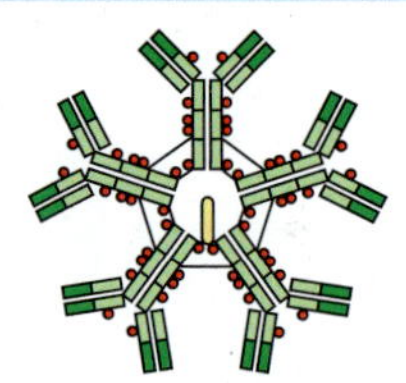 | 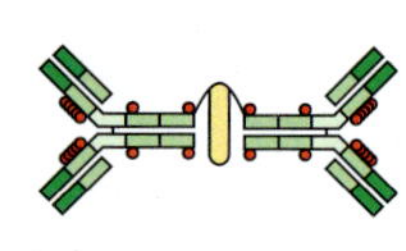 | 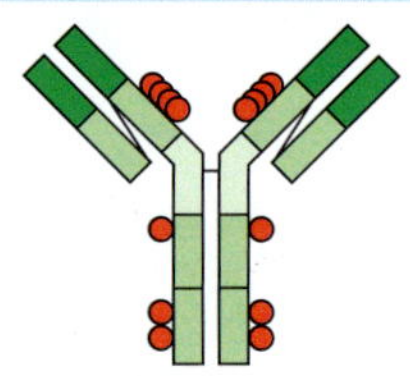 | 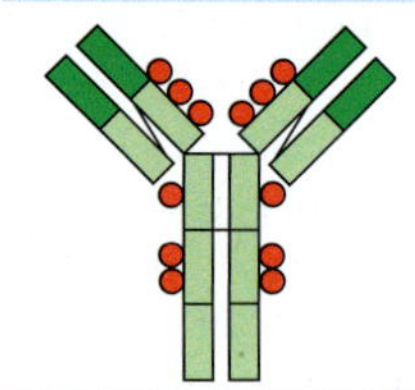 |
| **Aggregationszustand** | Monomer | (Monomer) Pentamer | (Monomer) Dimer | Monomer | Monomer |
| **Hauptfunktionen** | häufigster Antikörper in Blut und Lymphe; Schutz vor zirkulierenden Bakterien, Viren und Toxinen; Komplementaktivierung | nach Infektion erster Antikörper im Blut; hohe Effizienz durch viele Bindungsstellen; Agglutination von Antigenen; Komplementaktivierung | in allen Körpersekreten wie Speichel, Schweiß und Tränen; auf Schleimhäuten und im Darm; verhindert Anheftung von Viren und Bakterien an Epithelien | Antigenrezeptor der B-Lymphocyten; notwendig für Differenzierung dieser in Plasma- und Gedächtniszellen | bindet mit Fußregion an Mastzellen sowie basophile Granulocyten (→ Histaminausschüttung → allergische Reaktion); Wurmparasitenabwehr |
| **Serumkonzentration** | 12 mg/ml | 1 mg/ml | 3 mg/ml | 0,1 mg/ml | 0,001 mg/ml |
| **Halbwertszeit** | 21 Tage | 5 Tage | 6 Tage | 3 Tage | 2 Tage |

## Spezifische Abwehr: zellvermittelte Immunreaktion

Die Hauptaufgabe der zellvermittelten Immunantwort ist es, solche Krankheitserreger zu bekämpfen, die bereits in Zellen eingedrungen sind. Die Hauptrolle spielen dabei die *T-Lymphocyten*. Sie reagieren ausschließlich auf antigene Epitope, die auf der Oberfläche von körpereigenen Zellen präsentiert werden. Frei in Körperflüssigkeiten vorliegende Antigene werden von ihnen nicht erkannt.

**T-Helferzellen.** Dieser Zelltyp ist zum einen für die Mobilisierung der humoralen Immunantwort von Bedeutung. Die T-Helferzellen übernehmen aber auch bei der zellvermittelten Immunreaktion eine zentrale Rolle (► Bild 1). Der T-Zell-Rezeptor erkennt auf der Oberfläche einer antigenpräsentierenden Zelle, zumeist ein Makrophage, den Komplex aus MHC-Klasse-II-Protein und einem passenden Antigenfragment. Die Wechselwirkung der beiden Zellen wird durch das Oberflächenmolekül CD4 der T-Helferzelle verstärkt, das bevorzugt an eine bestimmte Region des MHC-II-Proteins bindet. Durch die Stimulation der T-Helferzelle gibt der Makrophage das Cytokin Interleukin-1 ab. Dieses regt T-Helferzellen zur Vermehrung an. Das Interleukin-2 und weitere Cytokine der T-Helferzellen wiederum fördern die Vermehrung und Aktivierung von B-Lymphocyten (► humorale Immunreaktion) und cytotoxischen T-Lymphocyten.

**Cytotoxische T-Lymphocyten.** Sie töten Wirtszellen, die mit Viren oder anderen Krankheitserregern infiziert sind. Solche befallenen Zellen präsentieren an ihrer Oberfläche durch MHC-Klasse-I-Moleküle gebundene Antigene. Cytotoxische T-Lymphocyten können praktisch an jede kernhaltige Körperzelle binden, die mit dem betreffenden Krankheitserreger infiziert ist (► Bild 2). Die Wechselwirkung zwischen dem cytotoxischen T-Lymphocyten und der infizierten Zelle wird durch das Oberflächenmolekül CD8 der cytotoxischen Zelle verstärkt.

Der aktivierte cytotoxische T-Lymphocyt schüttet das Proteinmolekül Perforin aus, das die Membran der befallenen Zelle durchlöchert (perforiert). Durch die Löcher der Membran verliert die Zelle Plasma, was schließlich zu ihrer Auflösung *(Lyse)* führt. Außerdem können die cytotoxischen Zellen die befallenen Zellen zur Selbstzerstörung veranlassen. Die infizierte Zelle zersetzt dabei selbst ihre DNA und stirbt durch *Apoptose* (► S. 29).

Auch bei der Bekämpfung von Krebszellen spielen cytotoxische T-Lymphocyten eine wichtige Rolle, denn sie können manche Tumorzellen erkennen und diese auch lysieren (► Bild 3). Die cytotoxischen T-Lymphocyten besitzen ein wesentlich größeres Spektrum an Antigenspezifitäten als die Natürlichen Killerzellen der angeborenen Immunreaktion.

**T-Suppressorzellen** sind gemäß neuester Forschungsergebnisse vermutlich ein Sondertyp der T-Helferzellen. Sie schalten die Immunabwehr ab, wenn ein Antigen nicht länger vorhanden ist. Sie hemmen die Teilung der B-Lymphocyten und die Bildung von neuen cytotoxischen Zellen.

---

1. **Begründen Sie, warum es sinnvoll ist, dass die T-Lymphocyten Antigene nur auf MHC-Molekülen erkennen. (Bei den B-Lymphocyten ist das anders.)**
2. **Erläutern Sie, wozu zweierlei MHC-Molekül-Klassen sinnvoll sind.**

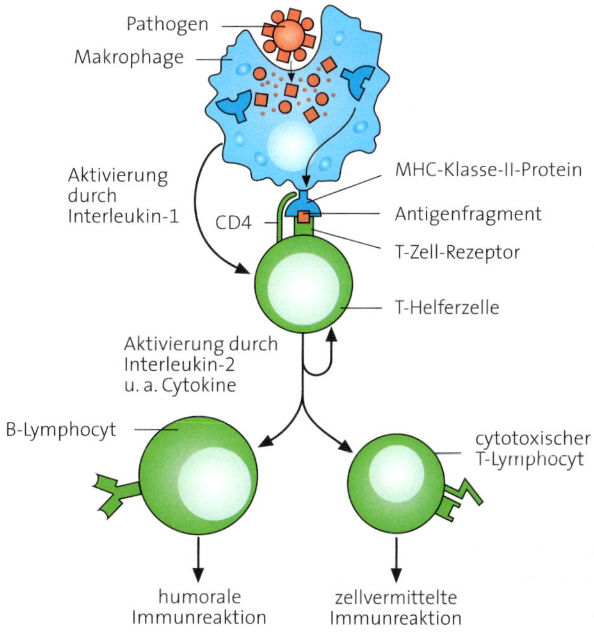


*1 Bedeutung der T-Helferzellen*

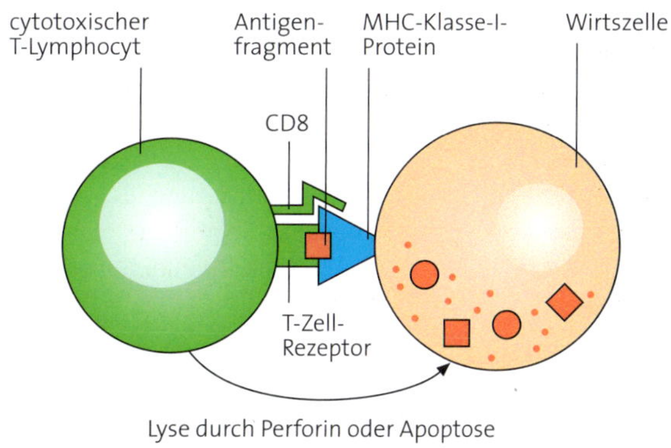


*2 Bedeutung der cytotoxischen T-Lymphocyten*

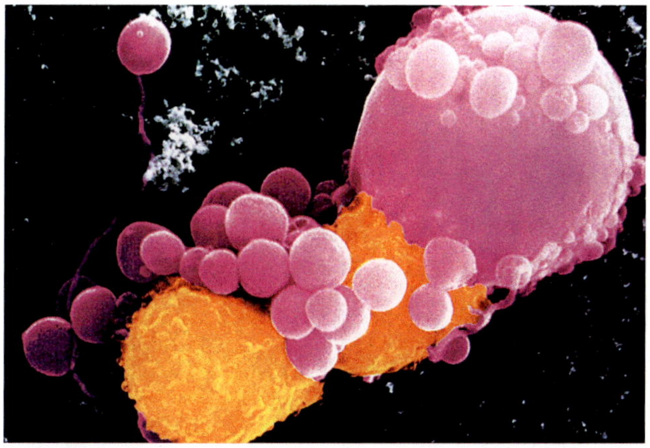

*3 Lyse einer Krebszelle (violett) nach Kontakt mit einem cytotoxischen T-Lymphocyten (orange)*

## Transplantation und Transfusion

**Organtransplantation.** Transplantiert man Gewebe oder Organe eines anderen Individuums, werden die fremden Zellen meist „abgestoßen“, das heißt durch eine Immunreaktion zerstört. Sie ist auf die Fähigkeit des Immunsystems zurückzuführen, zwischen „selbst“ und „fremd“ unterscheiden zu können. Eine wesentliche Rolle spielen hier die Gewebsverträglichkeitsproteine des *MHC* (► S. 230), jener für jedes Individuum einzigartige molekulare „Ausweis“. Fremde MHC-Moleküle wirken als Antigene und veranlassen cytotoxische T-Lymphocyten, eine zellvermittelte Immunantwort gegen das gespendete Gewebe oder Organ aufzubauen. Um diese Abstoßungsreaktion abzumildern, achtet man darauf, dass die MHC-Proteine von Spender und Empfänger so ähnlich wie möglich sind. MHC-Proteine werden von 2000 Genen auf dem Chromosom Nummer sechs codiert. Von jedem Gen sind wiederum 10 bis 50 Allele bekannt. Dadurch besitzt jeder Mensch einen individuellen Antigensatz. Neben eineiigen Zwillingen, die genetisch und damit auch hinsichtlich der MHCs übereinstimmen, kommen häufig nur direkte Blutsverwandte als Organspender infrage. Ansonsten beginnt über internationale Vermittlungszentren die Suche nach einem geeigneten Spenderorgan. Auch Tierorgane z. B. von Schweinen, die in ihrer Gewebsverträglichkeit an menschliche Organe heranreichen, wurden bereits erfolgreich transplantiert (► S. 206).

Um die Immunabwehr zu unterdrücken, müssen bei den meisten Transplantationen spezielle Medikamente, sogenannte *Immunsuppressiva*, verabreicht werden. So hemmt z. B. das Hormon Cortison Makrophagen und Lymphocyten. Seit 1983 verwendet man, zum Teil in Kombination mit Cortison, das aus einem Pilz stammende *Cyclosporin A*. Dieses hemmt die Signalübertragung von T-Lymphocyten und damit deren Aktivierung. Es hat im Vergleich zu anderen Immunsuppressiva relativ geringe Nebenwirkungen, wobei immer eine Anfälligkeit für Infektionen in Kauf genommen werden muss.

**Blutgruppen – das AB0-System.** Wenn man Blut verschiedener Personen zusammenbringt, lässt es sich entweder ganz einfach vermischen oder die Erythrocyten werden agglutiniert und sofort vom Komplementsystem hämolysiert, also zerstört. Dem österreichischen Arzt K. LANDSTEINER gelang es 1901, zwei verklumpungsfähige Stoffe A und B zu bestimmen, die man heute mit Antigen A und Antigen B bezeichnet. Diese Antigene sind Glykolipide der Erythrocytenmembran. Blutgruppe A hat Erythrocyten mit Antigen A, Blutgruppe B solche mit Antigen B. Erythrocyten der Blutgruppe AB tragen sowohl Antigen A als auch B, denen der Blutgruppe 0 fehlen beide Antigene. Jeder Mensch besitzt, auch ohne vorherigen Kontakt mit fremden Erythrocyten, Antikörper der Klasse IgM gegen dasjenige Antigen des AB0-Systems, das ihm selbst fehlt (► Bild 1). Die Antikörper können Erythrocyten agglutinieren, wenn Blut einer anderen als der eigenen Blutgruppe übertragen wird. Die Bildung der Antikörper beruht in diesem Fall darauf, dass Moleküle auf der Oberfläche von Darmbakterien den Antigenen auf den Erythrocyten sehr ähnlich sind. Im 3. bis 6. Lebensmonat entwickelt das Neugeborene Antikörper gegen Glykolipide der Darmbakterien, jedoch nur gegen solche, die den Antigenen auf seinen eigenen Erythrocyten nicht ähnlich sind.

**Blutgruppen – der Rhesusfaktor.** Außer dem AB0-System gibt es rund 100 Blutgruppen mit über 60 Antigenen. Eine davon ist der Rhesusfaktor, der zuerst bei Rhesusaffen entdeckt wurde. Sein Antigen D ist ebenfalls Teil der Erythrocytenmembran. Menschen mit diesem dominant vererbten Antigen bezeichnet man als „Rhesus-positiv“ ($Rh^+$), die übrigen als „Rhesus-negativ“ ($rh^-$). Die IgG-Antikörper gegen Antigen D werden bei Menschen ohne diesen Faktor nur nach Kontakt mit fremdem $Rh^+$-Blut gebildet, zum Beispiel bei Bluttransfusionen oder bei Frauen durch Kontakt mit dem embryonalen Blut bei der ersten Geburt. Da die nach der Erstübertragung gebildeten Antikörper, insbesondere aber die Gedächtniszellen, lange Zeit erhalten bleiben, können weitere Transfusionen von Rhesus-positivem Blut bei Rhesus-negativen Menschen zur Agglutination, Hämolyse und damit zu schweren bis tödlichen Schädigungen führen.

Bei Rhesus-positiven Neugeborenen, deren Rhesus-negative Mutter bereits ein Rhesus-positives Kind geboren hat, kann es zur Erythroblastose kommen, die durch Mangel an Erythrocyten und teils schwere Gelbsucht gekennzeichnet ist (► Bild 2). Die Erythrocytenzersetzung führt zu Sauerstoffmangel und damit unter Umständen zu Hirnschäden.

**1 Überlegen Sie, warum die Blutgruppenunverträglichkeit bei der Schwangerschaft nur bei IgG-Immunglobulinen beobachtet werden konnte. Die Tabelle auf S. 232 liefert nützliche Informationen.**

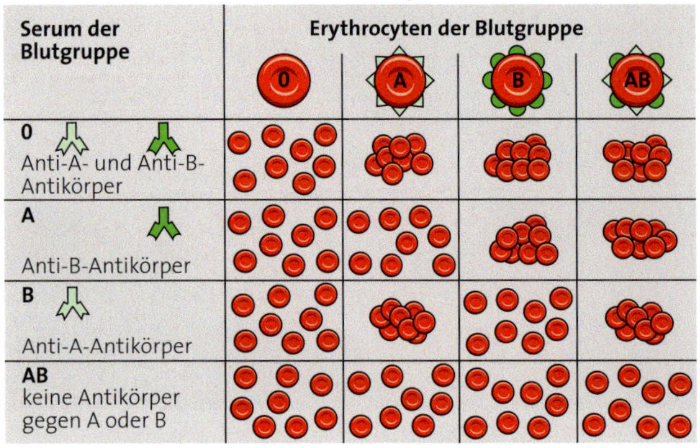


1 *Schema der Hämagglutination im AB0-System*

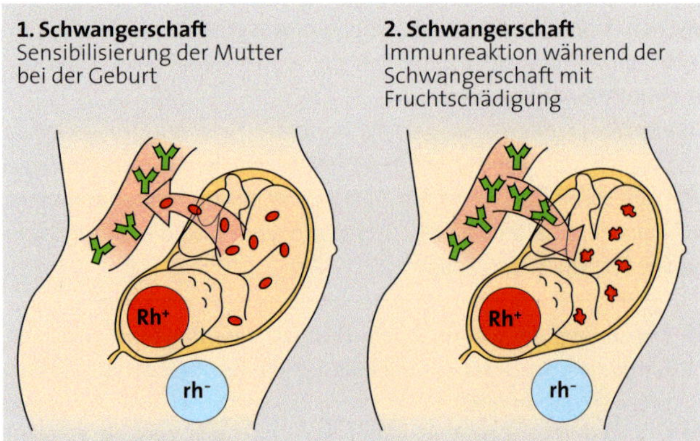


2 *Rhesusfaktorunverträglichkeit zwischen Mutter und Kind*

MATERIAL · METHODE · PRAXIS

# Antigene und Antikörper

Bis Ende des 19. Jahrhunderts war nur etwa die Hälfte aller Bluttransfusionen erfolgreich. In den anderen Fällen traten zum Teil schwere Komplikationen auf. 1901 entdeckte LANDSTEINER die klassischen Blutgruppen. Heute sind mehr als 100 verschiedene Blutgruppensysteme bekannt.

Das für die folgenden Untersuchungen benötigte Rinderblut ist bei Schlachthöfen erhältlich. Menschliche Blutkonserven können beispielsweise beim Roten Kreuz bestellt werden. Das Tragen von Schutzhandschuhen während der Versuchsdurchführung ist unbedingt erforderlich!

## Agglutination von Blutzellen

**MATERIAL:** Blut aus Blutkonserven der Blutgruppen A, B oder AB, Blutgruppentestseren Anti-A und Anti-B, Objektträger, Deckgläser, Pipetten, Präpariernadel, Mikroskop

**DURCHFÜHRUNG:** Geben Sie zwei Tropfen Blut auf einen Objektträger. Zu einer Probe geben Sie einen kleinen Tropfen des Testserums, das Antikörper gegen die verwendete Blutgruppe enthält, und verrühren Sie ihn vorsichtig mit der Präpariernadel. Dann fertigen Sie Blutausstriche an, indem Sie jeweils ein Deckglas schräg an den Tropfen ansetzen und so über den Objektträger ziehen, dass der Tropfen über die Glasfläche verteilt wird. Nach Auflegen eines sauberen Deckglases mikroskopieren Sie die Präparate. Protokollieren Sie Ihre Beobachtungen.

## Immundiffusionstest

**MATERIAL:** Aceton (*F, Xi*), Agar, Blutseren von Mensch und Rind, Antihumanserum, Pufferlösung (100 ml destilliertes Wasser; 0,87 g NaCl; 0,14 g $Na_2HPO_4 \cdot 2\ H_2O$; 0,24 g $NaH_2PO_4 \cdot H_2O$, einstellen auf pH 7,9), 100-ml-Becherglas, 10 Objektträger, 10-ml-Pipette mit Pipettierhilfe, Pasteurpipetten, Filterpapier, Wasserstrahlpumpe, Petrischalen, Gasbrenner

**DURCHFÜHRUNG:** Zunächst bereiten Sie die Agarplatten vor. Für 10 Versuchsansätze werden 10 Objektträger mit Aceton entfettet. 50 ml Pufferlösung werden in ein Becherglas gegeben, 0,5 g Agar zugesetzt, verrührt und über der Brennerflamme bis zum Sieden erhitzt. Mit der Pipette entnehmen Sie den heißen Agar und lassen 2–3 ml auf jeden Objektträger auslaufen. Nach ca. 10 Minuten ist der Agar erstarrt. Eine Pasteurpipette, deren Spitzendurchmesser ungefähr 2 mm beträgt, wird an eine schwach saugende Wasserstrahlpumpe angeschlossen. Dann stechen Sie dreimal im Abstand von 1,5 cm in den Agarfilm und saugen die Agarstückchen ab.

Drei Pasteurpipetten werden mit Humanserum, Antihumanserum bzw. Rinderserum gefüllt. Überführen Sie die Flüssigkeiten gemäß der Abbildung jeweils in die drei Löcher. Die Agarplatten werden dann in Petrischalen gelegt, die mit feuchtem Filterpapier ausgelegt sind. Vor der Auswertung müssen sie fünf Stunden erschütterungsfrei stehen bleiben.

Beobachten Sie die Veränderungen im Agar und fertigen Sie eine Skizze an. Deuten Sie die Versuchsergebnisse.

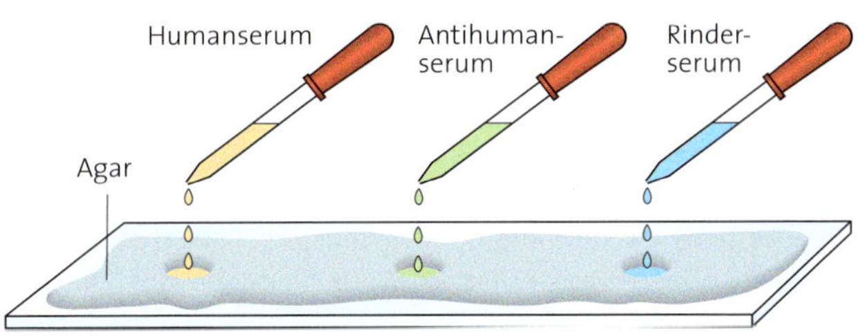


**Der HIV-Test**

Da die Konzentration von HI-Viren im Blut meist äußerst gering ist, beruhen alle Tests auf dem Nachweis der gebildeten Antikörper. Beim ELISA-Test *(enzyme-linked immunosorbent assay)* wird Blutserum der Testperson in ein Gefäß gebracht, an dessen Boden HIV-Proteine (Antigene) fixiert sind. Enthält das Serum Antikörper, binden diese an die Virusproteine. Die restlichen Serumkomponenten werden anschließend durch einen Waschgang aus dem Gefäß entfernt. Die Immunkomplexe wiederum werden mithilfe sogenannter *monoklonaler Antikörper* sichtbar gemacht. Sie entstammen einer Population identischer Zellen (einem Klon), besitzen also identische Spezifität für ein Epitop. Sie werden beim ELISA-Test zudem mit einem Enzym verknüpft. Wenn diese monoklonalen Antikörper an die HIV-Antikörper (IgG) angekoppelt haben, wird nach einem erneuten Waschgang die Vorstufe eines Farbstoffs zugegeben. Diese wird durch das Enzym zum sichtbaren Farbstoff verändert. So können HIV-Antikörper relativ schnell und eindeutig nachgewiesen werden.

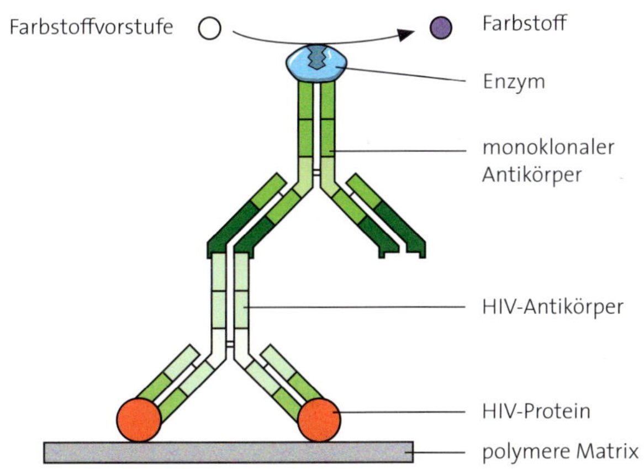


1. **Welche Aussagen kann man über die Eigenschaften der Antikörper im Antihumanserum machen? Vergleichen Sie die Ergebnisse der von Ihnen durchgeführten Versuche.**
2. **Überlegen Sie, aus welchen Gründen der ELISA-Test kein hundertprozentig sicheres Ergebnis bietet.**
3. **Die Konzentration des Hypophysenhormons TSH, das die Schilddrüse zur Abgabe von Thyroxin stimuliert, liegt beim gesunden Menschen bei ca. $6 \cdot 10^{-12}$ mol/l. Bei Funktionsuntersuchungen der Schilddrüse sind Abweichungen von weniger als 10 % entscheidend. Entwickeln Sie analog zum ELISA-Test eine Untersuchungsmethode, um die TSH-Konzentration zu bestimmen.**

**Stichwort zu weiteren Informationen**
Monoklonale Antikörper

## Infektionskrankheiten

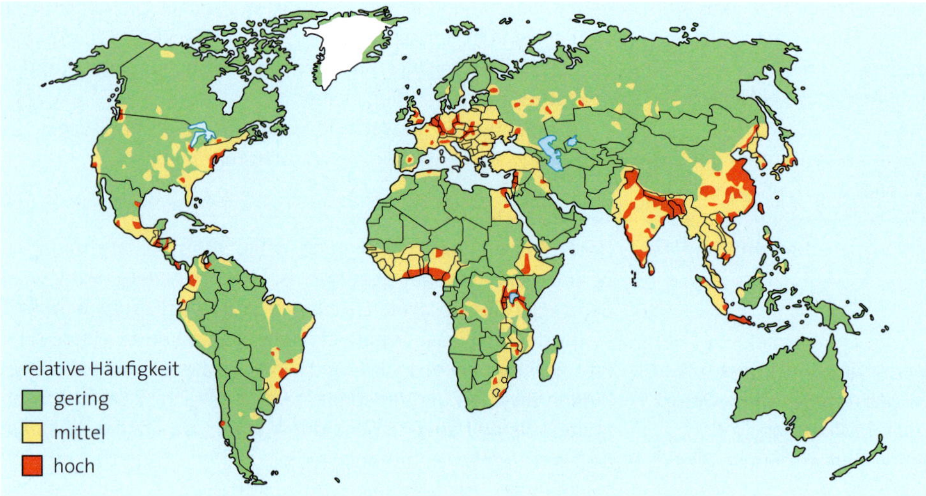


1 *Prognose für das Auftreten neuer Infektionskrankheiten des Menschen durch Übertragung von Krankheitserregern wild lebender Tiere, abgeleitet aus Beobachtungen seit 1940*

2 *Viele versuchten, sich vor dem SARS-Erreger zu schützen.*

**Bedrohung früher – Bedrohung heute.** Bis in das letzte Jahrhundert waren *Infektionskrankheiten* schicksalhaft eine der Hauptursachen für Todesfälle in der ganzen Welt. Durch verbesserte Hygiene, Reinigung und Überwachung von Trinkwasser und anderen Lebensmitteln, Schutzimpfungen und durch die Anwendung von Antibiotika hat sich die Situation in vielen Ländern erheblich gebessert.

Nach dem Zweiten Weltkrieg glaubte man, die Seuchen auf Dauer besiegt zu haben. Zwar gelten die gefürchteten Pocken inzwischen als ausgerottet, doch starben 2005 noch fast 15 Millionen Menschen weltweit an Infektionen. Viele „alte" Infektionskrankheiten sind unbesiegt, neue aufgetaucht:

- Mehr als 500 Millionen Menschen leiden an *Malaria*. Über 1 Million, vor allem Kinder, sterben jedes Jahr an dieser durch die Anopheles-Mücke übertragenen Krankheit.
- Jeder Dritte ist nach Angaben der WHO (World Health Organization) mit dem Tuberkel-Bakterium infiziert. Jährlich bricht die *Tuberkulose* bei 8 Millionen Menschen aus, von denen mehr als ein Drittel stirbt.
- 3 bis 5 Millionen Menschen infizieren sich jedes Jahr mit dem Grippevirus, bis zu 500 000 sterben an *Grippe*.
- Über 30 Millionen Menschen sind heute mit dem um 1980 aufgetauchten HI-Virus infiziert, etwa 2 Millionen starben 2007 an der von ihm verursachten Immunschwäche *Aids*.
- Seit 1940 wurden mehr als 300 *zuvor unbekannte Infektionskrankheiten* registriert (► Bild 1). 60 % davon sind auf den Menschen übergesprungene Tierkrankheiten wie die Lungenentzündung *SARS* oder die *Vogelgrippe*. Für ein Fünftel der „neuen" Krankheiten sind Erreger verantwortlich, die gegen Medikamente *resistent* geworden sind.

**Erreger und Wirt.** Die Beziehung zwischen Krankheitserreger und Wirt unterliegt der Evolution. Sie kann zu ausgewogener Koexistenz beider Organismen führen. Durch die Abhängigkeit des Parasiten vom Überleben seines Wirts gibt es verschiedene Vermehrungsstrategien:

- Schnupfenviren hängen beispielsweise von der Mobilität ihres Wirts ab. Er darf nicht so krank sein, dass er das Haus nicht verlassen kann, da sonst eine Ansteckung und somit eine Vermehrung der Viren nicht gewährleistet ist.
- Erreger von Malaria, Gelbfieber, Fleckfieber oder Schlafkrankheit vergrößern die Chancen ihrer Verbreitung, indem sie Insekten als Vektoren nutzen.
- Eine dritte Möglichkeit ist die „Abwartestrategie". Sie setzt voraus, dass der Erreger wie bei Tuberkulose oder Diphtherie längere Zeit in der Umwelt überstehen kann. Je länger ein Erreger ohne Wirt überdauern kann, umso schwerer ist erwiesenermaßen der Verlauf der von ihm verursachten Krankheit.

Durch Eingriffe des Menschen kann das Gleichgewicht zwischen Erreger und Wirt gestört werden. Beispielsweise kann für resistente Erreger durch Schutzimpfungen oder die Anwendung von Antibiotika ein Selektionsvorteil entstehen. (► S. 199)

**Infektion und Krankheitsgeschehen.** In den Industrieländern werden die Erreger von Infektionskrankheiten meist durch Atemluft, Hautkontakt, Geschlechtsverkehr oder Blut übertragen. Dagegen sind in den ärmeren Ländern Insekten, Nahrungsmittel und vor allem Trinkwasser die wichtigsten *Infektionsquellen*.

Die *Symptome* einer Infektionskrankheit werden dadurch verursacht, dass die Krankheitserreger *Zellen und Gewebe zerstören*, *Toxine freisetzen* und *Nährstoffreserven des Wirts angreifen*. Außerdem sind sie auf die *Reaktionen des Immunsystems* zurückzuführen. Fieber ist ein Kennzeichen vieler Infektionskrankheiten. In der Regel hängen die Symptome mit dem befallenen System oder Organ zusammen, z. B. Husten, Durchfall oder Hautausschlag.

Ein besonderes Problem bei Infektionskrankheiten ist die *Inkubationszeit* zwischen dem Eindringen des Erregers in den Körper und dem ersten Auftreten der Krankheitssymptome. Sie kann wenige Stunden bis einige Jahre betragen. Während dieser Zeit ohne Krankheitssymptome kann die infizierte Person den Erreger auf andere übertragen. Auf diese Weise kann sich eine Infektion unbemerkt verbreiten.

## Aktive und passive Immunität

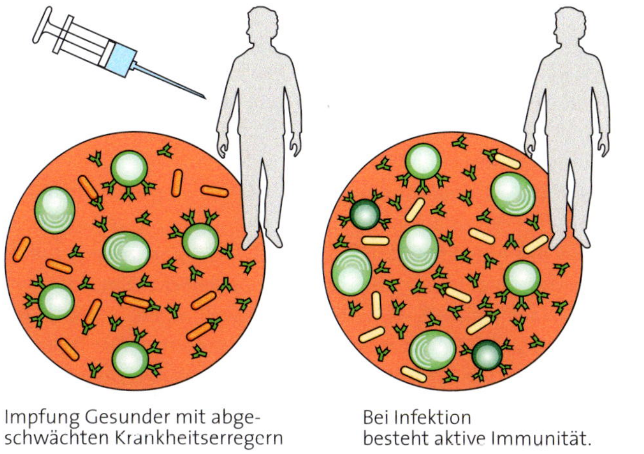


1 *Aktive Immunisierung*

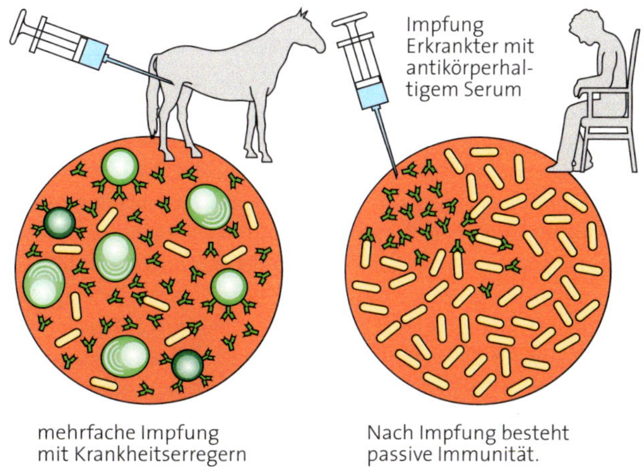


2 *Passive Immunisierung*

**Aktive Immunität.** Immunität, die nach dem Überstehen einer Infektionskrankheit wie Windpocken, Masern, Mumps oder Keuchhusten auftritt, wird aktive Immunität genannt. Sie beruht auf dem Besitz erregerspezifischer Antikörper und Gedächtniszellen (► S. 230). Diese Form der *aktiven Immunität* wird *natürlich* erworben, daneben kann aktive Immunität auch *künstlich* durch Impfung erworben werden (► Bild 1).

**Schutzimpfung.** Vorläufer dieser Impfung gab es bereits vor 2 000 Jahren in Indien, und zwar gegen Pocken: Man ritzte die Kruste und den Pustelinhalt von Pockenbläschen eines Erkrankten in die Haut eines Gesunden. Überstanden die Geimpften die folgende meist leichte Erkrankung, waren sie immun gegen Pocken. Dem englischen Arzt EDWARD JENNER (1749–1823) fiel auf, dass Bauern und Melkerinnen, die an den harmlosen Kuhpocken erkrankt waren, nicht die humanpathogenen Pocken bekamen. In der Annahme, dass Kuhpocken vor letzteren schützen, wagte er es, 1796 ein Kind mit Kuhpocken und sechs Wochen später mit humanpathogenen Pocken zu infizieren. Das Kind blieb gesund. Danach werden Impfstoffe noch heute *Vakzine* (von lat. *vacca:* Kuh) genannt. Durch die Arbeiten der Ärzte ROBERT KOCH (1843–1910) und EMIL VON BEHRING (1854–1917) wurde die Entdeckung von JENNER auf eine wissenschaftliche Basis gestellt.

**Impfstoff-Typen.** Als Impfstoffe verwendet man heute inaktivierte Bakterientoxine (Toxoide), Viren (Lebend-Impfstoff), abgetötete oder abgeschwächte Bakterien (Tot-Impfstoff) oder auch isolierte antigenwirksame Makromoleküle von Erregern. Ihnen ist gemeinsam, dass sie nicht mehr die Krankheit hervorrufen, aber noch die Fähigkeit besitzen, als Antigen zu wirken und die Primärreaktion einer Immunantwort zu stimulieren. Eine geimpfte Person, die später auf den Krankheitserreger trifft, zeigt dieselbe rasche, auf dem immunologischen Gedächtnis beruhende Abwehrreaktion wie eine Person, die die Krankheit überstanden hat (Sekundärreaktion). Verwendet man *Tot-Impfstoffe*, muss die Impfung in regelmäßigen Abständen wiederholt werden, da die Gedächtniszellen im Laufe der Jahre absterben. Bei *Lebend-Impfstoffen* bleiben einige Erreger vermehrungsfähig im Körper und aktivieren mit ihren Antigenen das Immunsystem immer wieder von Neuem *(Grundimmunisierung)*. Damit hält die Immunität wesentlich länger an. Trotzdem sollte auch diese Impfung nach sechs bis zehn Jahren einmalig „aufgefrischt" werden *(Auffrischimpfung)*.

Ständig werden alte Impfstoffe optimiert und neue Impfstoffe entwickelt. Viele von ihnen werden beispielsweise nicht mehr durch chemische Inaktivierung eines Erregers hergestellt, sondern indem man immunogene Teile eines Erregers gentechnisch produziert. Weltweit wird intensiv nach Impfstoffen gegen Aids (► S. 238) geforscht. Auch Impfungen gegen bestimmte Formen von Krebs rücken in den Bereich des Möglichen. Schon seit 2006 wird gegen Papillomaviren, die Erreger von Gebärmutterhalskrebs, geimpft.

**Passive Immunität.** Werden Antikörper von einem Organismus auf den anderen übertragen, sorgen sie für eine *passive Immunität*. Bei einer Schwangerschaft ist dies ein *natürlicher* Vorgang: Die Übertragung von IgG-Molekülen über die Plazenta führt zu einer Erstimmunisierung des Säuglings, deren Wirkung bis etwa neun Monate nach der Geburt anhält.

Passive Immunität kann man jedoch auch *künstlich* erzeugen, indem man Antikörper aus dem Serum eines aktiv immunisierten Menschen oder Tiers verwendet. EMIL VON BEHRING gelang es 1894 erstmals, einen an Diphtherie Erkrankten durch ein solches „Heilserum" zu heilen. Im Gegensatz zur vorbeugend wirkenden aktiven Immunisierung kommt die passive Immunisierung zum Einsatz, wenn der Antigenkontakt bereits erfolgt oder wahrscheinlich ist (► Bild 2).

Das Verfahren verleiht sofortige, aber nur wenige Wochen anhaltende Immunität. Es wird vor allem als Notfallmaßnahme in Fällen angewendet, wenn kein Impfschutz besteht. Auch bei Blutvergiftungen und Schlangenbissen ist der Einsatz von Heilseren üblich. Bei Tetanus und Tollwut werden meist durch Simultanimpfung aktive und passive Immunisierung kombiniert.

---

**1 Informieren Sie sich mithilfe von Fachliteratur oder auch des Internets über Beispiele für Tot-Impfstoffe und Lebend-Impfstoffe.**

## Immunkrankheiten

Wenn das Immunsystem versagt, übersteigert reagiert oder sich gegen den eigenen Körper richtet, spricht man von einer *Immunkrankheit*.

**Angeborene Immunschwächekrankheiten.** Angeborene Defekte der humoralen oder der zellvermittelten Immunabwehr sind sehr selten. Bei einer sehr schweren Erkrankung, der *SCID (severe combined immunodeficiency disorder)* funktionieren beide Systeme der Immunabwehr nicht mehr. Nur eine erfolgreiche Transplantation von Knochenmark kann die Betroffenen retten. Sie birgt jedoch das große Risiko in sich, dass die gespendeten Zellen gegenüber dem Empfängergewebe einen Immunangriff aufbauen, eine *Graft-versus-Host-Reaktion* (von engl. *graft:* Gewebetransplantation, *host*: Wirt). Bei einer Form der SCID, die durch einen Mangel an dem Enzym Adenosindesaminase (ADA) verursacht wird, richtet sich die Hoffnung der betroffenen Personen auf die Gentherapie (► S. 209), bei der die Graft-versus-Host-Reaktion ausbleibt. Weitere Formen angeborener Immunschwächekrankheiten sind zum Glück sehr selten:

- fehlerhafte Ausbildung des Thymus,
- Hodgkin-Krankheit (Lymphogranulomatose): Schädigung des lymphatischen Systems durch besondere Krebsformen,
- Agammaglobulinämie: Reifestörung der B-Lymphocyten mit Fehlen spezifischer Antikörper aller Ig-Klassen.

**Erworbene Immunschwächekrankheiten – Aids.** Seit etwa 1980 ist Aids *(acquired immunodeficiency syndrom)* als häufigste erworbene Immunschwächekrankheit bekannt. Sie wird durch das *HI-Virus (human immunodeficiency virus)* verursacht, das zu den RNA-Viren (► S. 57, 198) gehört. Mit einer Mortalitätsrate nahe 100% gilt das durch Blut und Geschlechtsverkehr übertragene HIV als tödlichster Krankheitserreger der Menschheit. Nach Aufnahme des Virusgenoms in eine Wirtszelle wird dieses mithilfe der reversen Transkriptase in DNA umgeschrieben und in das Wirtsgenom integriert. Hier kann das Virus, für das Immunsystem unsichtbar, als *Provirus* lange Zeit (Latenzstadium) verbleiben. Die Inkubationszeit kann zwischen 2 und 20 Jahren schwanken.

Das Hauptziel der HI-Viren sind die T-Helferzellen, die sowohl bei der humoralen als auch bei der zellvermittelten Immunabwehr eine zentrale Rolle spielen. Dies erklärt die verheerenden Folgen dieser Virusinfektion. Ein gesunder Mensch besitzt etwa 1000 T-Helferzellen pro Mikroliter Blut. Bei der Krankheit Aids sinkt dieser Wert unter 200 T-Helferzellen pro Mikroliter. Werden weitere Zellen des Immunsystems wie Makrophagen befallen, versagt die Immunabwehr vollständig.

**Phasen der Aids-Erkrankung.** In der *ersten Phase*, zwei bis sechs Wochen nach der Infektion, treten *grippeähnliche Symptome* wie Fieber, Nachtschweiß, Lymphknotenschwellungen und Übelkeit auf. Die folgende meist mehrjährige *Latenzphase* ist weitgehend *symptomfrei*. Die Symptome der *dritten Phase, ARC* (Aids Related Complex), entsprechen denen der ersten Phase, gehen aber nicht mehr zurück. Die *letzte Phase* von Aids ist mit dem massiven Auftreten *opportunistischer Infektionen* erreicht. Krankheiten, die für einen gesunden Körper harmlos sind, kommen ungehindert zum Ausbruch.

**HIV-Tests.** Mit dem ELISA-Suchtest (► S. 235) können nahezu alle HIV-Infizierten erkannt werden. Bei positivem Ergebnis wird der Western-Blot-Bestätigungstest mit einer noch höheren Spezifität durchgeführt, vor allem um eine falsche positive Diagnose zu verhindern. Neben diesen Labortestverfahren gibt es Schnelltests, die bereits nach einer halben Stunde ein Ergebnis anzeigen können.

**Vorbeugung und Therapie.** Trotz weltweiter Forschung gibt es kein wirksames Heilmittel bei Aids. Daher ist Vorbeugung der einzig wirksame Schutz: Vermeiden von Blutkontakten und geschützter Geschlechtsverkehr (Verwendung von Kondomen).

Durch die Einnahme von Medikamenten, zum Beispiel Inhibitoren der reversen Transkriptase oder anderer Virusproteine, kann der Krankheitsverlauf nur verlangsamt werden. Da das Virus gegen einzelne Medikamente schnell resistent wird, wendet man meist eine Therapie an, bei der mehrere Medikamente kombiniert werden.

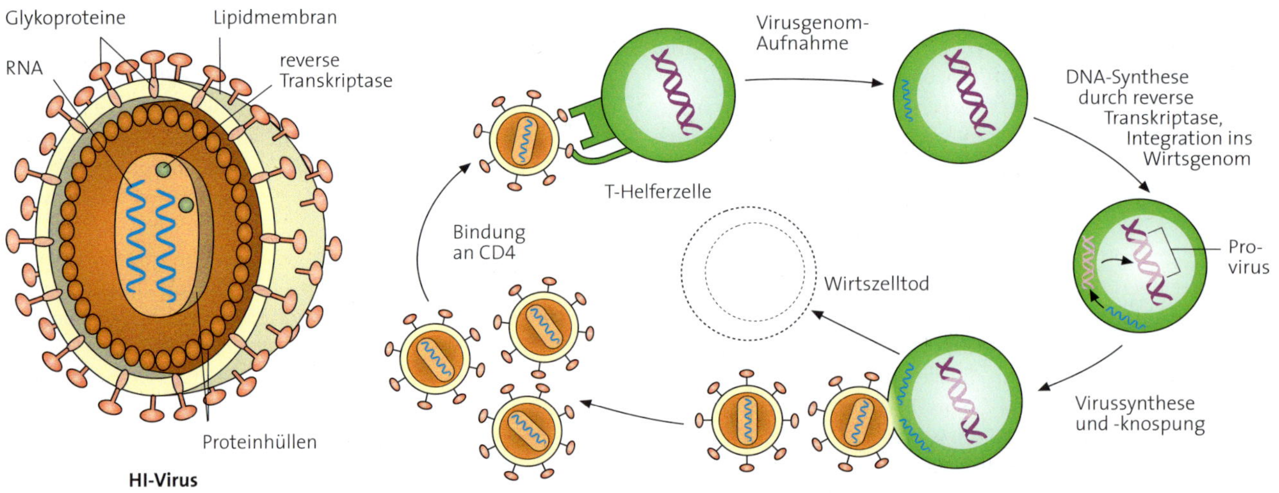


*1 Aufbau und Vermehrungszyklus des HI-Virus*

**Autoimmunkrankheiten.** Wenn das Immunsystem körpereigene Substanzen *(Autoantigene)* nicht mehr toleriert, das heißt nicht mehr zwischen „selbst" und „fremd" unterscheiden kann, führt das zu Autoimmunerkrankungen. Ihre Ursachen sind vielfältig und nur teilweise erforscht. Sie können ein einzelnes Organ oder auch viele Organe gleichzeitig betreffen:

- *Lupus erythematodes:* Immunreaktionen gegen Komponenten der eigenen Zellen, besonders Nucleinsäuren, die beim Abbau von Hautzellen und anderen Gewebezellen freigesetzt werden.
- *Gelenkrheuma:* Schädigung von Knorpel und Knochen der Gelenke, die durch permanente Entzündungsreaktionen hervorgerufen wird.
- *Diabetes mellitus Typ I (Jugenddiabetes):* Insulinmangel durch verminderte oder sogar erloschene Hormonproduktion in der Bauchspeicheldrüse, der vermutlich auf einer Autoimmunreaktion beruht. Man hat Antikörper nachgewiesen, die gegen die Inselzellen der Bauchspeicheldrüse gerichtet sind (► S. 463, 470).
- *Multiple Sklerose:* entzündliche Erkrankung des Zentralnervensystems; noch ist ungeklärt, ob eine Autoimmunerkrankung oder ein viraler Infekt die Hauptursache ist.

**Allergien.** Antigene aus der Umwelt wie Pollen oder Tierhaare, die normalerweise keine Krankheit hervorrufen, aber bei einigen Personen zu Überempfindlichkeitsreaktionen führen, werden als *Allergene* bezeichnet. Neben den Kontaktallergenen, die Hautekzeme auslösen, gibt es eine Vielzahl von Allergenen, die über die Atemwege oder das Verdauungssystem auf den Körper wirken. Bei den meisten Allergien sind Antikörper der Klasse IgE beteiligt, weil die Antigene häufig zuerst mit den Schleimhautzellen in Kontakt kommen. Bei Allergikern steigt die IgE-Konzentration um das 1 000- bis 10 000-Fache an.

Werden die Allergene an *IgE-Moleküle* auf der Oberfläche von *Mastzellen* gebunden, so schütten letztere aus ihren Granula Mediatoren (► Bild 1), beispielsweise *Histamin*, aus (Degranulation). Diese rufen die typischen Allergiesymptome wie Schwellung und Rötung der Haut, Niesen, Kontraktion der glatten Muskulatur (Asthma) hervor. Hauptsächlich die Permeabilitätserhöhung der Blutgefäße für höhermolekulare Stoffe führt zum Ausströmen von Serumflüssigkeit, ein Zeichen der sogenannten anaphylaktischen Reaktion. Wenn die Degranulation der Mastzellen abrupt die peripheren Blutgefäße erweitert und dadurch zu einem steilen Abfall des Blutdrucks führt, tritt ein *anaphylaktischer Schock* auf (► S. 229). Innerhalb von Minuten kann der Tod eintreten. Deshalb tragen starke Allergiker ständig eine Spritze mit dem Hormon Adrenalin bei sich, das die allergische Reaktion neutralisiert.

Bei Allergien, die durch Kontakt eines Allergens, etwa Kosmetika, Kunstfasern oder bestimmte Metalle, mit der Haut auftreten, liegt eine andere Art der Immunreaktion vor. Die Reaktionen erfolgen frühestens nach einem Tag, meist erst Wochen nach dem Kontakt mit dem Allergen (Spättyp). Sie gehören zu der zellvermittelten Immunabwehr, wobei vor allem T-Lymphocyten und Makrophagen beteiligt sind. Folge der zellulären Überempfindlichkeitsreaktion ist die Schädigung körpereigenen Gewebes, die sich beispielsweise in *Ekzembildung* äußert.

Allergien haben in den letzten Jahren vor allem in den Industrieländern stark zugenommen. Nach einer Hypothese zur stammesgeschichtlichen Entstehung gelten Allergien als Reaktionen auf Wurmparasiten. Der Mechanismus zur Abwehr der Parasiten ähnelt der allergischen Reaktion bei Heuschnupfen oder Asthma. Die Beibehaltung und Anpassung von Abwehrmechanismen gegen solche Eindringlinge war in der Evolution des Menschen unverzichtbar und wurde mit der Neigung zu Allergien erkauft. Noch vor gut fünfzig Jahren waren Wurmparasiten wie der Madenwurm bei Kindern weit verbreitet. Die Ausschüttung von Histamin oder ähnlichen Stoffen konnte die Wurmparasiten zerstören.

Der Arzt führt bei Allergieverdacht einen Test durch, in dem die Stoffe, die als Allergene infrage kommen, auf die Haut aufgetragen werden. Eine Rötung oder Quaddelbildung an dem betroffenen Bereich identifizieren das Allergen. Medikamente mit *Mastzellenstabilisatoren* verhindern die Ausschüttung der Granula, sodass keine allergischen Reaktionen auftreten. *Antihistaminika* binden bereits freigesetztes Histamin und dämpfen so die allergische Reaktion. Die Medikamente wirken allerdings nur begrenzte Zeit und müssen deshalb im akuten Zustand immer wieder eingenommen werden. Durch die *Desensibilisierung* – man injiziert das Allergen regelmäßig mit steigender Dosierung über drei Jahre – kann das Immunsystem zur Bildung von IgG-Antikörpern angeregt werden. Durch die hohe IgG-Antikörperkonzentration ergibt sich eine Konkurrenz zu den IgE-Antikörpern, sodass nur noch selten eine Bindung des Antigens an IgE-Immunglobuline erfolgt. Die allergische Reaktion entfällt oder wird vermindert, der Patient ist hyposensibilisiert.

**1** **Stellen Sie Faktoren zusammen, die bewirken, dass Aids eine sehr gefährliche Krankheit ist.**

**2** **Beschreiben Sie genau die Vorgänge, die bei einer Desensibilisierung ablaufen.**

**3** **Überlegen Sie, warum die Zahl der Allergieformen ständig zunimmt und deren Behandlung immer schwieriger wird.**

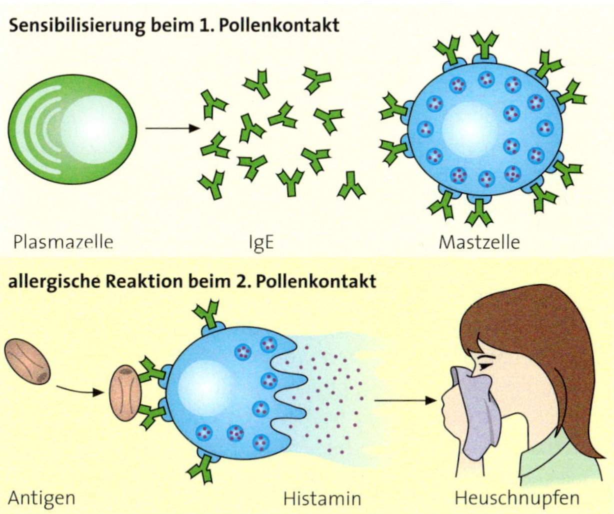


*1 Allergische Reaktion am Beispiel Heuschnupfen*

## Krebs und Immunsystem

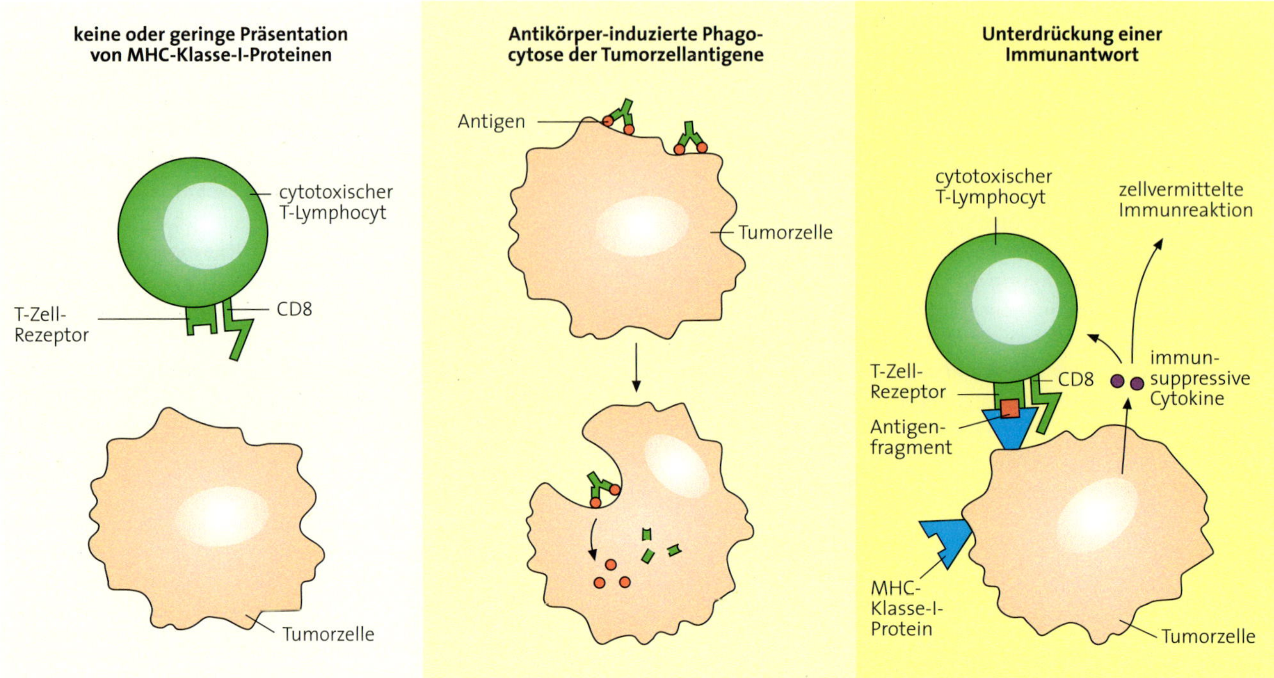


*1 Tumorzellen können der Bekämpfung durch das Immunsystem entgehen.*

Das Immunsystem bewirkt in erster Linie die Abwehr körperfremder Stoffe und Eindringlinge, ist aber auch daran beteiligt, krankhaft veränderte Krebszellen oder Tumorzellen zu erkennen und zu beseitigen. Daher haben Menschen mit einer Immunschwäche oder bei langer Behandlung mit Medikamenten, die die Immunabwehr unterdrücken, auch ein höheres Risiko, an bestimmten Arten von Krebs zu erkranken. Möglicherweise besteht auch ein Zusammenhang zwischen der Schwächung des Immunsystems durch Stress (► S. 466) und einem erhöhten Krebsrisiko.

**Körpereigene Krebsabwehr.** Die Entstehung von Krebs ist eng mit dem natürlichen Gleichgewicht von Zelltod und Zellteilung verbunden (► S. 29, 164). Es ist für das Immunsystem offenbar schwierig, sich unkontrolliert teilende Krebszellen von gesunden Zellen, die sich teilen, zu unterscheiden. Weisen Zellen bestimmte Antigene als Zeichen eines stark veränderten Zellstoffwechsels in ihrer Membran auf, können sie von Natürlichen Killerzellen, Makrophagen und cytotoxischen T-Lymphocyten zerstört werden. Dies gilt besonders für Krebszellen, die an besonderen Tumorantigenen vom Immunsystem erkannt werden. Trotzdem können Tumorzellen aus verschienen Gründen den Abwehrmechanismen des Immunsystems entgehen (► Bild 1):

- Sie können eine geringe Immunogenität aufweisen, also keine oder nur eine schwache Immunreaktion auslösen.
- Von Tumorzellen exprimierte Antigene können, durch Antikörper ausgelöst, in die Zelle phagocytiert oder abgebaut werden. Werden Tumorzellen mit bestimmten Antigenen von der Immunabwehr angegriffen, haben Tumorzellen ohne diese einen Selektionsvorteil.
- Tumorzellen produzieren oft Cytokine, die eine Immunantwort unterdrücken.

**Immuntherapie.** Die Immuntherapie versucht bei einer Krebserkrankung Prozesse der Immunabwehr gezielt zu aktivieren und so die klassischen Verfahren der Krebsbehandlung wie Operation, Verabreichung von Cytostatika (zellteilungshemmende Mittel) und radioaktive Bestrahlung zu ergänzen. Eine entscheidende Rolle spielen dabei die *Tumorantigene:* Mit ihrer Hilfe sollten sich Tumorzellen im Körper finden und gezielt zerstören lassen. Besonders in der Kombination mit monoklonalen, also von einem Zellklon produzierten Antikörpern (► S. 235) wird intensiv an Immuntherapien von Tumorerkrankungen gearbeitet.

- Bei der adaptiven Immuntherapie werden Immunzellen gegen Tumorantigene in Zellkulturen vermehrt und in den Körper zurückverpflanzt.
- Immunzellen werden mit Tumorantigenen als „Impfstoff" beladen in den Körper gebracht, wo die Antigene eine Tumorimpfung bewirken sollen.
- An monoklonale Antikörper gekoppelte Zellgifte, chemotherapeutische Medikamente oder Radionuklide können nach Aufnahme in die Tumorzelle dort ihre cytostatische oder cytotoxische Wirkung entfalten. Bei der Kopplung eines Radionuklids an monoklonale Antikörper können auch benachbarte Tumorzellen eine letale Strahlendosis erhalten, wenn die lokale Strahlungsintensität hoch genug ist.

Alle Therapiemethoden sind umso erfolgreicher, je früher der Krebs erkannt wird. Somit kommt den *Krebsvorsorgeuntersuchungen* immense Bedeutung zu.

---

**1 Informieren Sie sich über den Zellzyklus einer Krebszelle.**

**2 Werten Sie Informationsmaterial von Krankenkassen zu Krebsvorsorgeuntersuchungen aus.**

## Mithilfe dieses Kapitels können Sie

- die Bestandteile des Immunsystems angeben und dessen Organisation beschreiben
- die Mechanismen der unspezifischen Abwehr erklären und den Verlauf einer Entzündungsreaktion beschreiben
- die angeborene unspezifische Abwehr mit der individuell erworbenen spezifischen Abwehr vergleichen
- den Ablauf der Antikörperbildung beschreiben und das Entstehen der Antikörpervielfalt erklären
- den Bau eines Antikörpers schematisch skizzieren und seine Reaktion mit einem Antigen darstellen
- die Bedeutung der T-Helferzellen begründen
- die zellvermittelte Immunreaktion beschreiben und ihre Bedeutung erklären
- aus der Selbst-Fremd-Unterscheidung die Problematik von Transplantation und Transfusion ableiten
- aktive und passive Immunisierung gegenüberstellen
- die Bedeutung von Impfungen erörtern und bewerten
- Immunkrankheiten erklären und die globalen und individuellen Konsequenzen von Aids beurteilen
- Ursache und Ablauf von Allergien erläutern
- Zusammenhänge zwischen dem Immunsystem und der Entstehung und Therapie von Krebs darstellen

## Testen Sie Ihre Kompetenzen

Säugetiere besitzen mit Abwehrzellen und lymphatischen Organen eine hoch entwickelte Abwehr gegen fremde Stoffe und Zellen. Die Funktion der Immunabwehr wurde mithilfe zahlreicher Experimente erschlossen. Das Bild rechts zeigt ein solches immunbiologisches Experiment, bei dem die Mäuse **b** bis **e** so lange radioaktiv bestrahlt wurden, bis sie über keine funktionsfähigen Knochenmark- und Thymuszellen mehr verfügten.

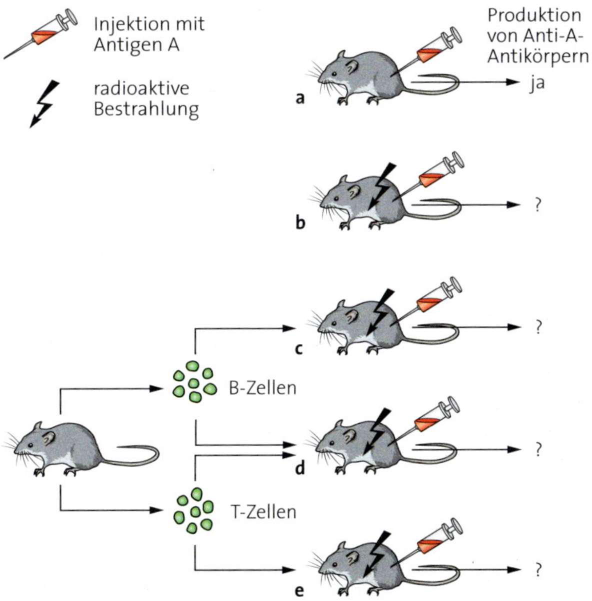


**1** Beschreiben Sie klar gegliedert die immunologischen Vorgänge im Körper der unbestrahlten Maus a, die nach der Injektion des Antigens A bis zur Bildung von Antikörpern gegen Antigen-A ablaufen.

**2** Erklären Sie die Funktion von Knochenmark und Thymus im Immunsystem.

**3** Analysieren Sie das abgebildete Experiment und seine Fragestellung. Entwickeln Sie eine begründete Hypothese, welche der bestrahlten Mäuse b bis e Antikörper gegen Antigen A bilden.

**4** Begründen Sie, warum man bei diesem Versuch sehr nahe verwandte Mäuse (etwa eines Inzuchtstamms) verwenden muss, obwohl Knochenmark und Thymus der Mäuse b bis e funktionsunfähig sind.

Im Bild rechts sieht man die Reaktion eines Antigens (gelb und grün) mit der variablen Region der L- und H-Kette eines Antikörpers (blau und rot). Vom Antikörper ist nur einer der beiden Arme dargestellt. Die Computersimulation zeigt die Moleküle zur Verdeutlichung um 0,8 nm voneinander getrennt und im Bindungsbereich in Oberflächendarstellung.

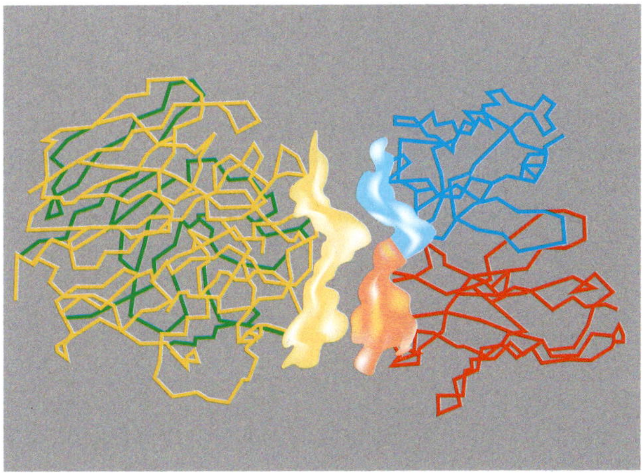

**5** Skizzieren Sie das Bauschema eines Antikörpers.

**6** Beschreiben Sie – unter Verwendung Ihrer Skizze – den Aufbau eines Antikörpers.

**7** Interpretieren Sie die Computerdarstellung.

**8** Das abgebildete Antigen stammt von einem Grippe-Virus. Erläutern Sie mithilfe der Abbildung, warum Antikörper gegen einen bestimmten Erregertyp der Grippe, jedoch nicht unbedingt gegen andere Erregertypen wirksam sind.

# Biologische Prinzipien: Immunbiologie

## STRUKTUR UND FUNKTION

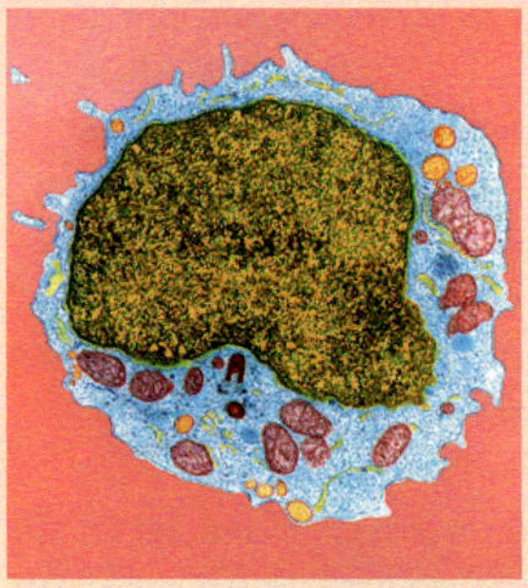

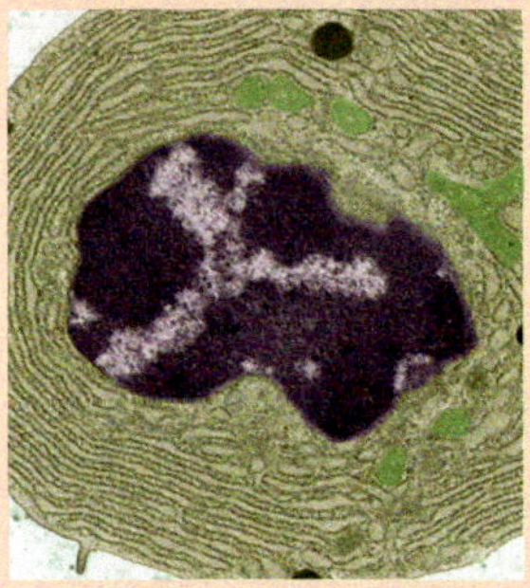

Bewegliche Makrophagen mit langen Pseudopodien, Granulocyten mit zahlreichen Lysosomen oder Plasmazellen mit riesig entwickeltem ER – ihre individuelle Ausstattung ermöglicht es diesen Zellen, ihre speziellen Aufgaben als Abwehrzellen zu übernehmen (► S. 227).
Aber auch auf der Ebene der Moleküle ist der Zusammenhang von Struktur und Funktion unübersehbar: Die Schlüssel-Schloss-Passung von Antikörpern (► S. 231), Oberflächenrezeptoren und MHC-Proteinen mit Antigenen ist die Grundlage aller spezifischen Abwehrreaktionen (► S. 230). Ähnlich wie bei Enzymen (► S. 68) beruht sie auch hier auf der Vielfalt und den Eigenschaften der Proteine. Dass die Abwehrmoleküle sogar „vorgeformt" zur Struktur von Fremdstoffen passen, mit denen ein Lebewesen noch nie in Berührung kam, war allerdings lange unvorstellbar.

*B-Lymphocyt mit schmalem Cytoplasmasaum (oben) und Plasmazelle mit ausgedehntem ER (unten)*

## REPRODUKTION

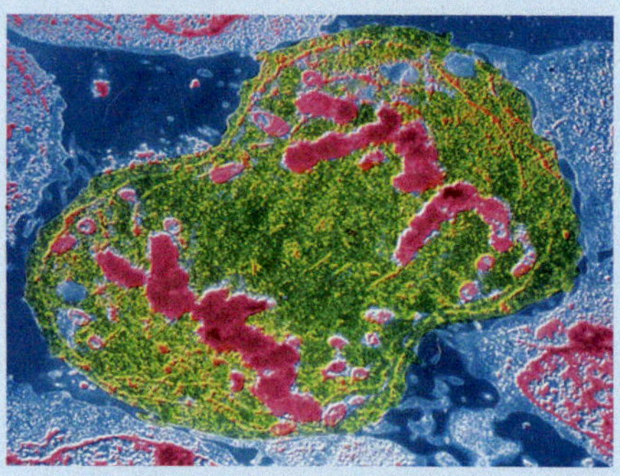

*Ein sich teilender Lymphocyt*

Proliferation, also die schnelle Vervielfältigung eines Zellklons, der über die passenden Waffen gegen ein bestimmtes Antigen verfügt, ist ein Kennzeichen der spezifischen Abwehr (► S. 230). Nachdem ein Antigen erkannt ist, verdoppelt sich beispielsweise die Zahl der Plasmazellen etwa alle 9–12 Stunden – eine der höchsten Vermehrungsraten bei Säugetieren. Einige der nach dem ersten Antigenkontakt gebildeten Lymphocyten kehren in die $G_0$-Phase des Zellzyklus (► S. 24) zurück. Es sind die langlebigen Gedächtniszellen, auf deren besonders schnellen Reproduktion die Effektivität der sekundären Immunantwort beruht.

## STEUERUNG UND REGELUNG

Regelung ist ein Kennzeichen aller Systeme. Für das Immunsystem muss vor allem die richtige Balance zwischen zu viel und zu wenig, zwischen Aggressivität und Toleranz erreicht werden (► S. 238). Viele seiner Bestandteile haben daher regulatorische Funktion, zum Beispiel Cytokine, T-Helferzellen und Suppressorzellen (► S. 233). Es gibt auch zahlreiche Belege dafür, dass sich Immunsystem, Nerven- und Hormonsystem gegenseitig beeinflussen. Eine zentrale Regulation ist jedoch nicht erkennbar (► S. 466). Komplizierte Zusammenhänge bestehen zwischen körperlich-seelischen Belastungen und der Immunabwehr. Inwieweit Regulationsvorgänge des Immunsystems auch mit der Entstehung von Krebs (► S. 240) zu tun haben, ist umstritten.

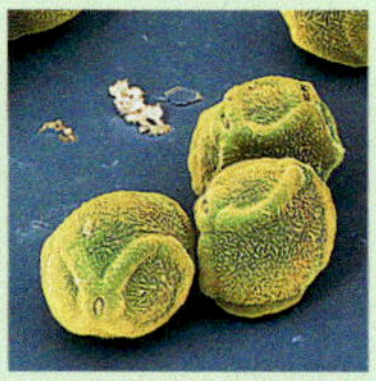

*Bei einer Allergie, zum Beispiel Heuschnupfen, schlägt das Immunsystem falschen Alarm. Erlenpollen sind für viele Menschen Allergene.*

## INFORMATION UND KOMMUNIKATION

Wenn von Antigen-„Erkennung", T-Zell-„Rezeptor" oder „Gedächtnis"-Zelle die Rede ist, geht es offensichtlich um Information und Kommunikation (► S. 230). Auch wenn man diese Begriffe eher mit den Leistungen von Organsystemen wie dem Nervensystem oder mit dem Verhalten ganzer Lebewesen in Verbindung bringt, kennzeichnen sie auch die größtenteils auf molekularer Ebene verlaufenden Immunvorgänge (► S. 231, 233). Besonders deutlich wird dies an der Fähigkeit des Immunsystems, Fremdes von Eigenem zu unterscheiden – und den zum Glück seltenen Fällen, wo die Unterscheidung versagt.

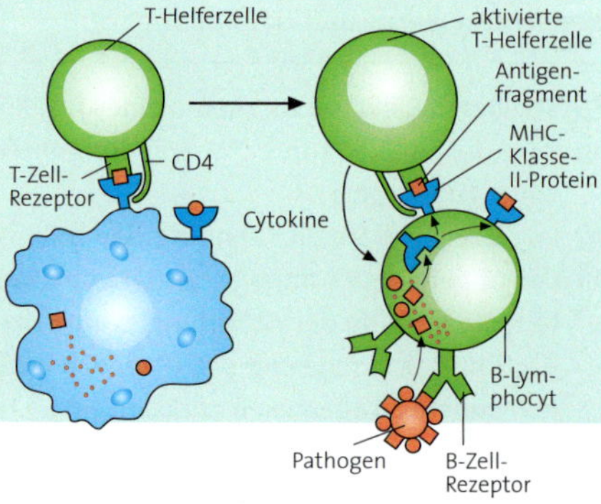


*„Molekulare Kommunikation" zwischen Immunzellen*

## KOMPARTIMENTIERUNG

Das Immunsystem mit seiner dezentralen Organisation ist funktionell stark gegliedert. Aus pluripotenten Stammzellen des Knochenmarks entwickeln sich die unterschiedlich spezialisierten und nach einem Reifungsprozess überall im Körper vorkommenden Abwehrzellen (► S. 227). Auch auf die lymphatischen Organe sind verschiedene Aufgaben verteilt: Im Thymus zum Beispiel „lernen" die unreifen T-Lymphocyten Selbst und Fremd zu unterscheiden.
Die Lymphknoten wiederum weisen eine charakteristische Zonierung auf: Ihr Randbereich filtert die Lymphe, im Keimzentrum eines Follikels präsentieren Makrophagen den T-Helferzellen sowie B-Lymphocyten Antigene und im umgebenden Paracortex werden T-Lymphocyten aktiviert.

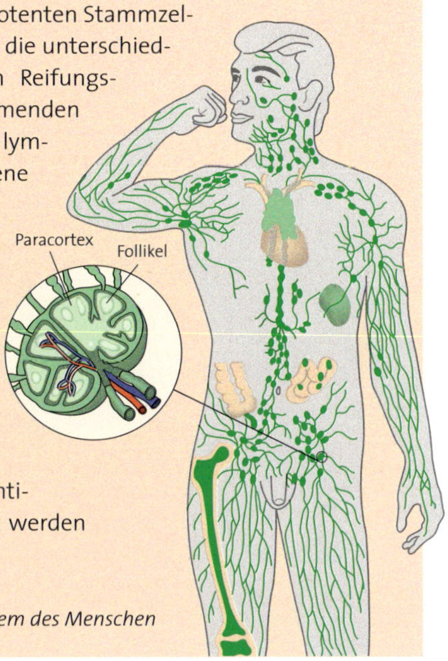


*Das Lymphsystem des Menschen*

## VARIABILITÄT UND ANGEPASSTHEIT

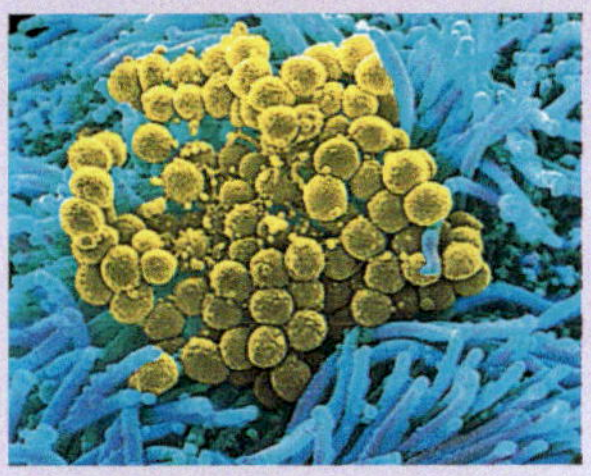

*Abtransport von Bakterien durch Flimmerhaare des Luftröhrenepithels*

Die Fähigkeit, ein lebendes System vor den bestehenden Bedrohungen zu schützen und gleichzeitig gegen völlig neue Gefahren zu wappnen, ist ein Meisterwerk der Natur. Im Immunsystem der Wirbeltiere ist dieses verwirklicht. Mit einem Arsenal von mechanischen und chemischen Barrieren, Abwehrzellen und Abwehrproteinen des Komplementsystems hat sich das angeborene System der unspezifischen Abwehr (► S. 228) erfolgreich an die Bedrohung während langer Evolutionszeiträume angepasst.
Mit der adaptiven spezifischen Abwehr besitzen die Wirbeltiere in den Antikörpern ein System unvorstellbarer Variabilität gegen alle nur erdenklichen fremden Strukturen. Es beruht auf zahlreichen Genen, somatischer Rekombination und hoher Mutationsrate der die Antikörper erzeugenden B-Lymphocyten (► S. 231).

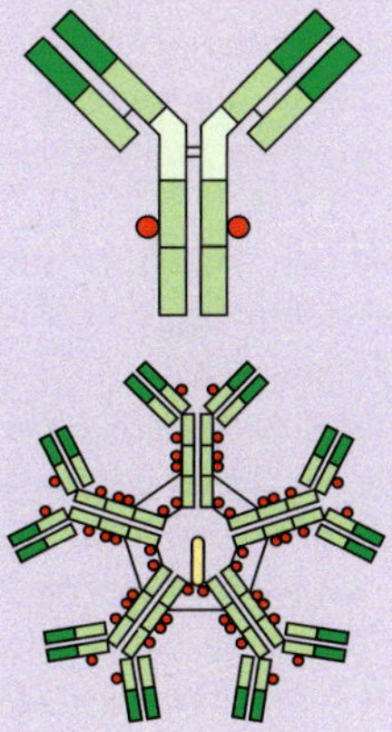

*Mehrere Antikörperklassen, bestehend aus einer großen Anzahl von Antikörpern unterschiedlicher Spezifität, sind wirksame Werkzeuge der spezifischen Abwehr.*

## GESCHICHTE UND VERWANDTSCHAFT

In der Evolution sind mehrfach neue Strategien zur Abwehr fremder Eindringlinge entstanden und haben bereits vorhandene ergänzt. Stammesgeschichtlich junge Erwerbungen wie die Bildung von Antikörpern kooperieren dabei eng mit uralten wie der Phagocytose der Fresszellen (► S. 228). Diese dient bei Einzellern der Nahrungsaufnahme, bei den Makrophagen und Granulocyten der Vielzeller nur noch der Beseitigung unerwünschter Stoffe.
Zwar kommen bereits bei wirbellosen Tieren zahlreiche Abwehrsysteme vor, doch erst die Wirbeltiere verfügen über eine humorale Immunantwort mit freien Antikörpern (► S. 230). Für alle immunologisch wichtigen Proteine der Wirbeltiere, wie Immunglobuline, MHC-Proteine oder T-Zell-Rezeptoren, codiert eine Genfamilie, die sich auf ein etwa 800 Millionen Jahre altes Urgen zurückführen lässt (► S. 230/231, 233). Mit der Entwicklung der individuellen MHC-Proteine als immunologischem Verwandtschaftsausweis hat die Unterscheidung von Fremd und Selbst ein Höchstmaß an Empfindlichkeit erreicht.

*Ein Leukocyt phagocytiert einen Fremdkörper.*

*Das Neunauge, eines der evolutionsbiologisch ältesten Tiere, die Antikörper ausbilden*

# Ursachen der Evolution

1 *Schmetterlinge in einem Schwarm aus zahlreichen Arten am Ufer eines Flusses im brasilianischen Regenwald*

*„Am Dienstag sammelte ich 46 Stück von 39 Species; Mittwoch 37 Stück von 33 Species, von denen 27 der des vorhergehenden Tages verschieden waren ...", schreibt HENRY W. BATES im Jahr 1848 in sein Tagebuch. Wie viele andere europäische Gelehrte seiner Zeit ist der Insektenkenner überwältigt von der Fülle unbekannter Arten, die er im Amazonasgebiet Brasiliens findet. Als er elf Jahre später mit Präparaten von 14000 Schmetterlingsarten, darunter 8000 unbekannten, 1859 nach England zurückkehrt, erscheint gerade ein Buch, das nicht nur für die Artenvielfalt, sondern auch für seine Entdeckung der Mimikry eine überzeugende Erklärung bietet. Sein Titel: „On the Origin of Species", sein Autor: CHARLES DARWIN ...*

### Im Blickpunkt

- biologische Vielfalt oder Biodiversität
- Entwicklung der Evolutionstheorie – von den Ursprüngen zur synthetischen Theorie
- Veränderungen in Populationen und deren Genpool als Grundlage der Evolution
- erbliche Variation, Selektion, Isolation und Gendrift als Evolutionsfaktoren ursächlich für Evolution
- Artbegriff und Entstehung neuer Arten
- Artenvielfalt und ihre Erklärung

**GRUNDLAGEN** Eines der auffälligsten Kennzeichen des Lebens ist die ungeheure Artenvielfalt, in der es sich auf der Erde verwirklicht. Beim Versuch, die Fülle der Arten zu katalogisieren, zu ordnen und einzelne Arten voneinander abzugrenzen, stellte sich die Frage nach der Ursache der Artenvielfalt. Schließlich ergab sich daraus auch der entscheidende Ansatz, die Artenvielfalt durch Evolution zu erklären.

Alle Veränderungen, durch die das Leben auf der Erde zu seiner heutigen Form und Vielfalt gelangt ist, nennt man Evolution. Dazu gehören die Entstehung des Lebens, die Bildung, Umwandlung und Weiterentwicklung von Arten. Sie alle beruhen auf dem Vorhandensein biologischer Information und ihrer Weitergabe. Dabei können Varietäten entstehen, die sich in der Umwelt mit unterschiedlichem Erfolg durchsetzen und sich schließlich auch zu neuen Arten entwickeln. Ergebnis dieser stammesgeschichtlichen Entwicklung ist die Formenvielfalt der Lebewesen.

Die Evolutionsforschung versucht die Gesetzmäßigkeiten zu erfassen, die der Evolution zugrunde liegen. Sie ist von zentraler Bedeutung für die Biologie, gibt sie doch Antworten auf die Frage, warum die belebte Welt heute so ist, wie sie sich uns darstellt. THEODOSIUS DOBZHANSKY, einer der Begründer der modernen Evolutionsbiologie, vertrat sogar die Meinung, dass nichts in der Biologie einen Sinn ergebe, außer im Licht der Evolution.

## Phänomen Vielfalt

Niemand kann sagen, wie viele Arten es heute auf der Erde gibt; wissenschaftlich beschrieben sind rund 1,5 Millionen Arten. Anfangs fanden nur wenige Gruppen wie Säugetiere, Vögel und Insekten wissenschaftliche Beachtung. Bei anderen Gruppen wie den Fadenwürmern, Milben oder Einzellern weiß man eigentlich nur, dass die Zahl ihrer benannten Arten in keinem Verhältnis zu den wahrscheinlich existierenden, heute noch unbeschriebenen Arten steht. *Biologische Vielfalt* oder *Biodiversität* umfasst die genetische Verschiedenheit der Organismen, die Vielfalt der Arten und Ökosysteme sowie die Wechselwirkungen zwischen ihnen. Damit ist die Erforschung der Biodiversität zum einen Gegenstand der Ökologie, zum anderen der Evolutionsforschung.

**Erforschung der Vielfalt.** Obwohl die Erde heute scheinbar keine unbekannten Flecke mehr aufweist, ist die Mehrzahl ihrer Lebewesen noch unerforscht. Mit Sicherheit sind bei den Tieren die Gliederfüßer die umfangreichste Gruppe, bei den Pflanzen die Samenpflanzen mit über 250 000 Arten. Die Zahl der Insektenarten wird mit über 750 000 angegeben. Zwar weiß man, dass die meisten von ihnen in den Tropen leben, um aber fundierte Zahlen nennen zu können, ist die Untersuchung der tropischen Regenwaldgebiete noch nicht weit genug fortgeschritten. Insbesondere im Bereich der Baumkronen gibt es wahrscheinlich mehr Arten, als bis vor Kurzem noch vorstellbar war. Schätzungen der Gesamtzahl an Arten auf der Erde, die aus dem Vergleich der Zahl bekannter und neu entdeckter Arten abgeleitet sind, reichen von 5 bis 100 Millionen.

**Entstehung der Vielfalt.** Wie groß die Zahl der heute lebenden Arten auch sein mag, sie umfasst mit Sicherheit weniger als ein Prozent aller jemals auf der Erde lebenden Arten. Alle sind aus einer einzigen Wurzel in einem mehr als dreieinhalb Milliarden Jahre andauernden Evolutionsprozess entstanden. Zu seinen treibenden Kräften, die zu der Artenvielfalt geführt haben, zählen einerseits zufällige Prozesse wie *Mutation* und *Rekombination* von Genen, andererseits die richtende *Selektion* durch die Umwelt.

**Bedrohung der Vielfalt.** Im Laufe der Erdgeschichte sind zahllose Arten ausgestorben. Klimaänderungen oder kosmische Katastrophen kommen unter anderem als Ursachen für dieses Artensterben in Betracht. Heute trägt der Mensch einen großen Anteil an der Ausrottung von Arten durch die Zerstörung von Lebensräumen (► S. 396).

**Vielfalt, Verwandtschaft und System.** Seit ARISTOTELES (384–322 v. Chr.) gab es zahlreiche Versuche, die Vielfalt der Lebewesen in einem System übersichtlich und logisch zu ordnen. Das Teilgebiet der Biologie, das sich mit dem Beschreiben, Benennen und Ordnen der Lebewesen beschäftigt, ist die *Systematik*. Ihr Begründer, der schwedische Naturforscher CARL VON LINNÉ (1707–1778), führte das sehr hilfreiche Prinzip der Doppelbenennung ein, die *binäre Nomenklatur*, um eine Art zu bezeichnen. Jede Art trägt seither zwei latinisierte Namen, wobei der erste Name die Gattung bezeichnet, der zweite die Art. So heißt beispielsweise die Gemeine Stechmücke *Culex pipiens*, die Heckenrose *Rosa canina*.

Eine zufriedenstellende Ordnung der Lebewesen gelang allerdings erst, als man die *abgestufte Ähnlichkeit* zwischen den Arten als Folge *abgestufter Verwandtschaft* interpretierte. Ein solches System, wie es heute in der Biologie allgemein verwendet wird, bezeichnet man als *natürliches System*. Ein gemeinsamer Ursprung der Arten bedeutet ja auch, dass alle Lebewesen miteinander verwandt sind, also *gemeinsame Vorfahren* haben. Je weiter zurück im Verlauf der Erdgeschichte gemeinsame Vorfahren zu finden sind, desto größer sind in der Regel die inzwischen eingetretenen Veränderungen und umso weniger eng die verwandtschaftlichen Beziehungen heute existierender Arten und Gruppen.

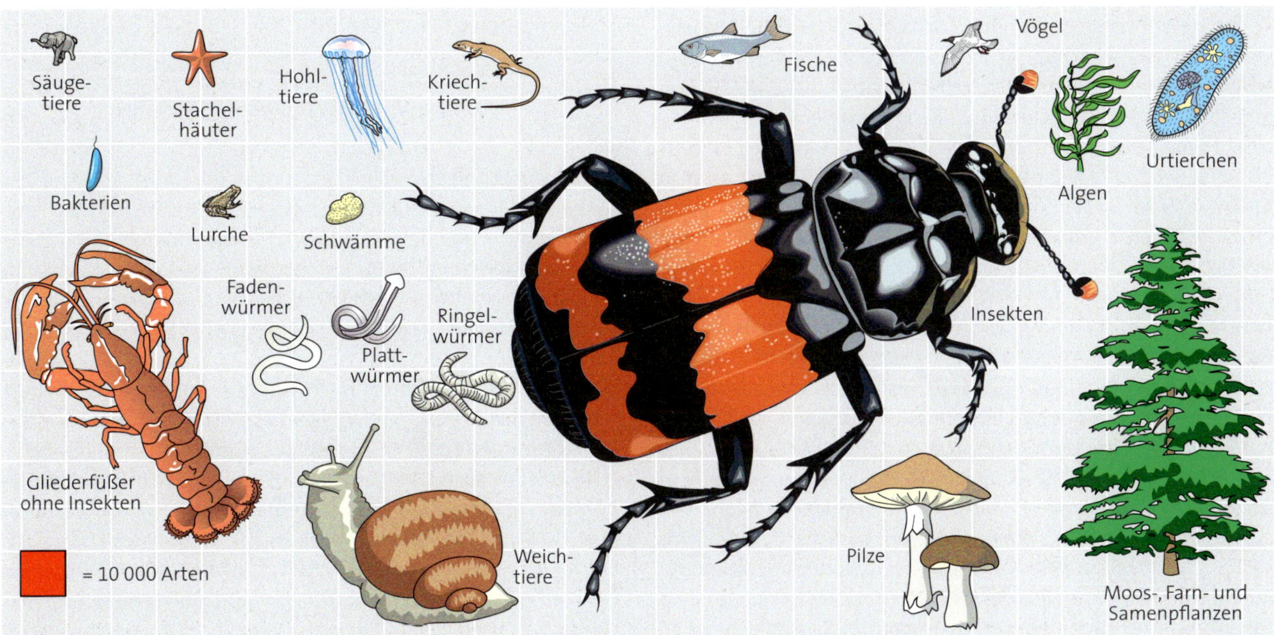


*1 Biologische Vielfalt – Artenzahl verschiedener Gruppen des biologischen Systems als Größenmaßstab*

## Entwicklung des Evolutionsgedankens

1 *CARL VON LINNÉ (1707–1778)*

2 *GEORGES DE CUVIER (1767–1832)*

3 *JEAN-BAPTISTE DE LAMARCK (1744–1829)*

4 *CHARLES DARWIN (1809–1882)*

Bis zum Ende des 18. Jahrhunderts sah man keinen Grund, an der Unveränderlichkeit der Arten zu zweifeln. Grundlage dieser Überzeugung war der *biblische Schöpfungsbericht*. Dies ist verständlich, wenn man sich klarmacht, dass ein Mensch im Zeitrahmen seines Lebens keinen Wandel der Arten feststellt.

**CARL VON LINNÉ**, der Begründer der Systematik, vertrat wie die meisten seiner Zeitgenossen die *Lehre der Artkonstanz*. Das Ordnungssystem LINNÉS zur Gruppierung von Arten nach Ähnlichkeit – Pflanzen teilte er nach den Blütenorganen und Tiere nach anatomischen und physiologischen Merkmalen ein – wird aber später ein zentraler Punkt bei der Argumentation für eine Evolution.

**GEORGES DE CUVIER.** Die Entdeckung, dass fossilienhaltige Gesteine stets in einer bestimmten Schichtenfolge auftreten und sich das Artenspektrum in den verschiedenen geologischen Schichten unterscheidet, legte einen erdgeschichtlichen Zeitablauf und damit eine allmähliche Entwicklung des Lebens nahe. CUVIER brachte mit seiner *Katastrophentheorie* die *geologischen Erkenntnisse* mit der auch von ihm angenommenen *Konstanz der Arten* in Einklang. Nach seiner Auffassung vernichteten Naturkatastrophen das Leben in größeren Zeitabständen. Anschließend wurden die betroffenen Regionen durch Neuschöpfung und Zuwanderung wieder besiedelt.

**LAMARCK.** Immer mehr Berichte über die Vielfalt der Flora und Fauna, besonders in Übersee, ließen gegen Ende des 18. Jahrhunderts erkennen, dass unter den Lebewesen eine abgestufte Ähnlichkeit und Verwandtschaft besteht. So setzte sich schließlich die Auffassung durch, dass Arten veränderlich sind. JEAN-BAPTISTE DE LAMARCK veröffentlichte 1809, im Geburtsjahr von DARWIN, in seinem Werk *„Philosophie zoologique"* die *Evolutionstheorie von einem kontinuierlichen Artenwandel.* Als Ursache des Wandels sah er durch Umweltveränderungen hervorgerufene veränderte innere Bedürfnisse und Gewohnheiten. Durch einen den Lebewesen innewohnenden Trieb zur Vervollkommnung käme es zur allmählichen Umwandlung von Organen und Körperteilen.

Die Entstehung spezieller Anpassungen wird durch zwei Mechanismen erklärt:

1. Gebrauch und Nichtgebrauch: Körperteile, die intensiv benutzt werden, entwickeln sich größer und stärker, nicht gebrauchte verkümmern.
2. Vererbung erworbener Eigenschaften: Die im individuellen Leben erworbenen Eigenschaften werden auf die Nachkommen vererbt.

**LAMARCKS Erklärung der Evolution:**

Veränderungen der Umwelt
↓
inneres Bedürfnis
↙ ↘
Gebrauch | Nichtgebrauch
↓ ↓
Vervollkommnung | Verkümmerung
↓ ↓
Vererbung der neu erworbenen Eigenschaften

Für die Vererbung erworbener Eigenschaften konnte man bis heute keine Belege finden. Der lamarckistische Ansatz, die Mechanismen des Artenwandels zu erklären, scheidet damit aus. Für die weitere Entwicklung der Evolutionstheorie aber war LAMARCK bedeutsam: Er stellte als erster Forscher eine umfassende Theorie zur Entstehung der Artenvielfalt und der Angepasstheit der Lebewesen an ihre Umwelt vor.

**DARWIN.** Auf einer fünfjährigen Weltreise mit dem Forschungsschiff „Beagle" gelangte CHARLES DARWIN durch eine Fülle von Beobachtungen zu einer Theorie der Abstammung durch natürliche Auslese, die er 1859 in seinem Buch *„On the origin of species by means of natural selection or the preservation of favoured races in the struggle for life"* veröffentlichte. In diesem Werk über *„Die Entstehung der Arten"* stellt DARWIN zum einen die *Abstammung* der heutigen Lebewesen von früheren, einfachen Formen dar und begründet so die Vielfalt der Arten, zum anderen erklärt er die Ursachen dieser Evolution durch *natürliche Auslese* oder *Selektion*.

*1 LAMARCKS (links) und DARWINS Vorstellung (rechts) von der Entstehung der Arten am Beispiel der Giraffe*

Der Selektionstheorie von DARWIN liegen folgende Beobachtungen zugrunde:

1. Alle Lebewesen erzeugen mehr Nachkommen als zur Erhaltung der Art nötig wären. Trotzdem bleiben die Populationen abgesehen von saisonalen Schwankungen auf lange Frist in ihrer Größe stabil.
2. Der jeweilige Lebensraum der Arten weist beschränkte Ressourcen auf.
3. Die Individuen einer Art gleichen einander nicht vollkommen, sondern zeigen eine bestimmte Variationsbreite. Jedes Individuum ist eine einzigartige Variante.

**DARWINS Schlussfolgerungen:**

Die Überproduktion von Nachkommen führt unter den Individuen der Population zu einem Kampf ums Dasein *(struggle for life)*.

Im natürlichen Wettbewerb um Nahrung, Lebensraum und Geschlechtspartner überleben nur diejenigen, die am besten an die bestehenden Umweltbedingungen angepasst sind *(survival of the fittest)*.

Die natürliche Auslese *(natural selection)* oder Selektion führt über viele Generationen zur Veränderung der Arten.

Die treibenden Kräfte für die Evolution sind die ungerichteten erblichen Variationen der Individuen und die natürliche Selektion, die unter den vielen Varianten bevorzugt jene ausliest, die die größere Eignung aufweisen, also die bessere Anpassung zeigen.

**Die synthetische Theorie der Evolution.** Die Grundzüge von DARWINS Selektionstheorie wurden seither durch eine Fülle von Fakten bestätigt und durch neue Erkenntnisse, insbesondere der Genetik und Populationsbiologie zur *synthetischen Theorie der Evolution* erweitert (► S. 260). So wusste DARWIN vor allem noch nicht, wie Variationen entstehen und Merkmale vererbt werden. Erst die Genetik erklärte mit Mutation und Rekombination deren Ursachen. Zwar wurden weitere Faktoren der Evolution entdeckt, nach wie vor aber stehen die Überproduktion von Nachkommen, erbliche Variationen und die Selektion im Zentrum der Evolutionstheorie.

---

**1** DARWINS Buch „Die Entstehung der Arten“ galt zu seiner Zeit den meisten Menschen als radikales Werk. Beurteilen Sie diese Einschätzung aus Sicht der damaligen Zeit.

**2** Begründen Sie, warum LAMARCK mit Recht als der Begründer der Evolutionstheorie gilt, seine Aussagen über die Ursachen der Evolution aber aus heutiger Sicht falsch sind.

**3** Diskutieren Sie, welchen Beitrag die auf der Seite 246 abgebildeten Wissenschaftler zur Evolution des Evolutionsgedankens leisteten. Was gilt davon noch heute als richtig?

**4** Erläutern Sie den Bedeutungsunterschied zwischen den Begriffen „Evolutionsforschung“, „Evolutionstheorie“ und „Abstammungslehre“.

**5** DARWINS Theorie enthält eigentlich zwei Teile: Zum einen erklärt Evolution als historisches Phänomen sowohl Gemeinsamkeiten als auch Vielfalt der Lebewesen, zum anderen erklärt das darwinsche Konzept die Ursachen der Evolution. Erläutern Sie beide Aspekte.

## Populationen und ihre genetische Struktur

*1 Gehäuse von Hainbänderschnecken einer Population*

Die Gehäuse der Hainbänderschnecken in Bild 1 wurden im Umkreis von wenigen Hundert Metern am Rand eines Laubmischwalds gesammelt. An ein und demselben Standort kann man Schnecken mit unterschiedlicher Färbung und Bänderung des Gehäuses finden. Alle Individuen dieses Lebensraums sind Mitglieder einer *Population*. Darunter versteht man eine Gruppe artgleicher Individuen, die zur gleichen Zeit in einem begrenzten Verbreitungsgebiet leben und sich ohne Einschränkungen untereinander fortpflanzen, also Gene austauschen können. Die Gesamtheit der Gene einer Population stellt deren *Genpool* dar. Das einzelne Individuum trägt immer nur einen Teil der *Allele* des gesamten Genpools. Die Häufigkeit, mit der bestimmte Allele in der Population vertreten sind, wird als *Allelfrequenz* bezeichnet. Die Allelfrequenz beeinflusst, wie oft bestimmte Genotypen und damit auch Phänotypen innerhalb der Population vorkommen.

Die Gesamtheit aller Genotypen, die *Genotypenfrequenz*, wird auch als *genetische Struktur einer Population* bezeichnet.

**Variation.** Variationen innerhalb einer Population beruhen einerseits auf den unterschiedlichen Erbanlagen der Individuen, der *genetischen Variation*, andererseits darauf, dass Umwelteinflüsse an der Ausprägung der Merkmale modifizierend mitwirken. Für diese *phänotypische Variation* sind unter anderem Klima- und Bodenverhältnisse, Nahrungsangebot und mechanische Faktoren wichtig.

Bei der Hainbänderschnecke sind die Variationen des Gehäuses genetisch bedingt. Von den Genen, die für Farbe und Bänderung verantwortlich sind, gibt es jeweils mehrere verschiedene Allele.

Das Vorkommen genetisch verschiedener Individuen innerhalb einer Population heißt *Polymorphismus*. Diese genotypische Variabilität innerhalb der Populationen ist die Grundlage für die evolutive Anpassung einer Art an die besonderen und wechselnden Bedingungen ihrer Umwelt.

**Mutation.** Vererbung beruht darauf, dass die Erbinformation identisch verdoppelt und weitgehend fehlerfrei an die Nachkommen weitergegeben wird. In seltenen Fällen kommt es dabei zu Fehlern, den *Mutationen* (► S.160). Wenn durch Mutation eine neue genetische Information entsteht, vergrößert sich der Genpool einer Population und damit gleichzeitig ihre genetische Variabilität. Letztlich ist Mutation der basale, Neues schaffende Faktor der Evolution.

**Rekombination.** Geschlechtliche Fortpflanzung ermöglicht die Neukombination von Allelen. Man spricht von *Rekombination* (► S.176). Beispielsweise werden bei der geschlechtlichen Fortpflanzung der Hainbänderschnecke die verschiedenen Allele der für Farbe und Bänderung verantwortlichen Gene immer wieder neu kombiniert. Die homologen Chromosomen, die verschiedene Allele tragen können, werden bei der Keimzellbildung getrennt und nach Zufall auf die entstehenden Keimzellen verteilt. Durch *Crossing-over* während der Meiose wird die Zahl möglicher Kombinationen noch erhöht (► S.176).

Bei der Befruchtung werden Keimzellen mit unterschiedlichen Allelkombinationen, also väterliches und mütterliches Erbgut, ein weiteres Mal neu kombiniert. Immer wieder *neue Allelkombinationen* erzeugen *neue Phänotypen*.

Rekombinationen allein führen nicht zur Evolution. Ihre Bedeutung für die Evolution liegt vielmehr darin, dass sie immer neue Genotypen und Phänotypen hervorbringen, die der jeweiligen Umwelt mehr oder weniger gut angepasst sind. Wie groß das mögliche Rekombinationspotenzial ist, wird durch folgende Rechnung deutlich:

Der Mensch besitzt 23 Chromosomenpaare ($2n = 46$). Bei der Bildung der Gameten sind somit bei jedem Menschen $2^{23} = 8\,388\,608$ verschiedene Kombinationen seiner Chromosomen möglich. Bei der Vereinigung von Eizelle und Spermium ergeben sich dann für jedes Elternpaar $2^{23} \times 2^{23} = 70{,}36$ Billionen Möglichkeiten. In dieser Rechnung ist Crossing-over, das beim Menschen etwa zweimal je Chromosom vorkommt, noch nicht berücksichtigt. Verglichen mit den eher selten auftretenden Mutationen, trägt die Rekombination offensichtlich viel mehr zur genetischen Variabilität bei. Zwar werden nie alle Allele in die nächste Generation weitergegeben. Ebenso wenig ist aber sicher, dass neu aufgetretene Mutationen in der Abstammungslinie erhalten bleiben.

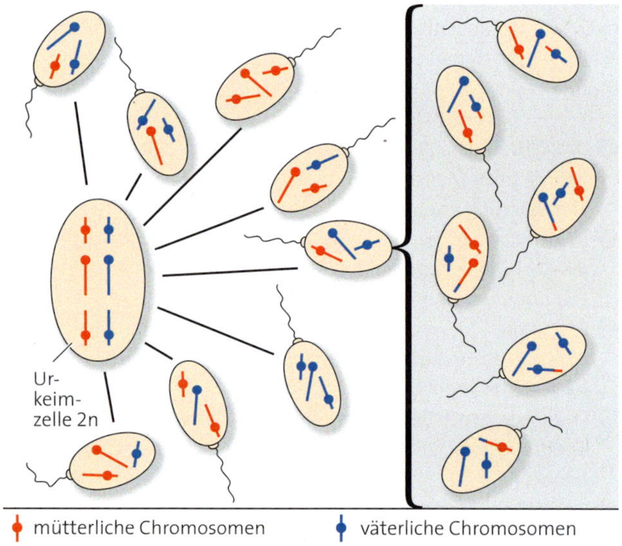


*2 Genetische Vielfalt durch Rekombination. Ohne Crossing-over (links) ergeben sich $2^n$ Keimzellen-Genotypen. Jedes Crossing-over potenziert diese Zahl.*

**Populationsgenetik.** Mit der Häufigkeitsverteilung von Allelen in einer Population und den Veränderungen im Genpool befasst sich die Populationsgenetik. Der Genpool einer natürlichen Population ist nie stabil. Er ändert sich ständig durch

- Zu- oder Abwanderung von einzelnen Mitgliedern,
- Mutationen,
- Zufallsschwankungen,
- ungleiche Paarungswahrscheinlichkeiten,
- unterschiedliche Überlebenschancen und Nachkommenzahl der einzelnen Individuen durch Selektion.

Auf der Ebene einer Population ist die Veränderung der Allel- oder Genotypenfrequenz ein Evolutionsvorgang. Ein Wandel der genetischen Struktur von Generation zu Generation bedeutet Evolution in kleinstem Maßstab, man spricht von *Mikroevolution*.

Zur mathematischen Berechnung von *Allelhäufigkeiten* oder *Allelfrequenzen* in einer Population geht man von einer „Idealpopulation" aus. Für sie gelten folgende Bedingungen:

- Zu- oder Abwanderung findet nicht statt.
- Es treten keine Mutationen auf.
- Sie ist so groß, dass Zufallsschwankung keine Rolle spielt.
- Es herrscht *Panmixie*, das heißt, die Wahrscheinlichkeit für die Paarung beliebiger Partner ist gleich groß.
- Alle Allelkombinationen machen ihre Träger gleich geeignet, natürliche Auslese erfolgt somit nicht.

Das Verhalten des Genpools einer solchen idealen Population beschreibt das Hardy-Weinberg-Gesetz.

**Das Hardy-Weinberg-Gesetz und seine Anwendung.** Von folgender Modellsituation soll ausgegangen werden: In der Modellpopulation einer Pflanzenart mit 1 000 Individuen blühen 810 rot, 180 rosa und 10 weiß. Das Allel für die Rotfärbung der Blüte sei r, das für die weiße Farbe w. Die rosa Farbe entsteht durch intermediäre Vererbung, ihr Genotyp ist demnach rw.

Zwei Fragen sind nun zu klären:

- Wie groß ist die Häufigkeit der Allele r und w innerhalb der Population?
- Beeinflusst die Rekombination bei der geschlechtlichen Fortpflanzung die Häufigkeit der beiden Allele?

Es gibt in der Population drei Genotypen: rr, rw und ww. Die Gesamtzahl der Allele beträgt 2 000, da jede Pflanze zwei Allele für die Blütenfarbe besitzt. Das Allel r kommt im Genotyp rr 1 620-mal, im Genotyp rw 180-mal, insgesamt also 1 800-mal vor. Seine Häufigkeit ist daher $p = 90\,\% = 0{,}9$. Das Allel w kommt 200-mal vor. Seine Häufigkeit ist daher $q = 10\,\% = 0{,}1$. Es gilt $p + q = 100\,\% = 1$.

Um die Allelhäufigkeiten in der nächsten Generation zu berechnen, muss man von den Wahrscheinlichkeiten für die Genkombinationen bei den Befruchtungen ausgehen. Jede Keimzelle hat nur ein Allel für die Blütenfarbe, wobei die Allele r und w in den Keimzellen in der gleichen Häufigkeit auftreten, mit der sie auch in der Population vorkommen. Die Wahrscheinlichkeit für das Zustandekommen des Genotyps rr beträgt $p \times p = 0{,}9 \times 0{,}9 = 0{,}81$. Entsprechend werden 81% der Nachkommen diesen Genotyp aufweisen. Die Wahrscheinlichkeit für den Genotyp ww beträgt $q \times q = 0{,}1 \times 0{,}1 = 0{,}01$ oder 1%. Die Wahrscheinlichkeit für den Genotyp rw errechnet sich nach: $p \times q + p \times q = 2 \times p \times q = 2 \times 0{,}9 \times 0{,}1 = 0{,}18$ oder 18%.

Die Häufigkeit der Genotypen errechnet man nach:

$p^2 + 2pq + q^2 = 1$.

Als Ergebnis zeigt sich, dass in einer idealen Population die Allelfrequenzen in der Generationenfolge konstant bleiben, also keine Evolution stattfindet. In der Natur liegen die Bedingungen für eine ideale Population aber nicht vor, denn verschiedene Faktoren verändern in einer natürlichen Population ständig die Allelhäufigkeit. Diese Evolutionsfaktoren sind die Ursachen der Evolution: Mutation (► S. 248), Selektion (► S. 250), Isolation (► S. 254) und Gendrift (► S. 256).

Obwohl das Hardy-Weinberg-Gesetz streng genommen nur für ideale Populationen gilt, kann man mit ihm näherungsweise auch Allelhäufigkeiten in natürlichen Populationen berechnen. So wird beispielsweise eines von 10 000 Kindern in Deutschland mit der Stoffwechselkrankheit Phenylketonurie (PKU) geboren, die durch ein rezessives Allel verursacht wird. Demnach entspricht die Häufigkeit der PKU-Kranken $q^2 = 0{,}0001$. Daraus ergibt sich $q = \sqrt{0{,}0001} = 0{,}01$. Die Häufigkeit des dominanten Allels ist $p = 1 - q = 0{,}99$. Die Häufigkeit heterozygoter Überträger der Krankheit berechnet sich aus $2pq = 2 \times 0{,}99 \times 0{,}01 = 0{,}0198$. Also tragen knapp zwei Prozent der deutschen Bevölkerung das PKU-Allel.

---

**1** **Eine Population besteht aus 100 Mäusen mit homozygoter Schwarzfärbung des Fells und 100 Tieren mit heterozygoter Schwarzfärbung. Durch ungerichtete Partnerwahl vermehren sich die Tiere zu einer größeren Population.**

**a) Bestimmen Sie die Häufigkeit der Allele A und a innerhalb der Population.**

**b) Ermitteln Sie das Verhältnis der verschiedenen Genotypen und interpretieren Sie das Ergebnis.**

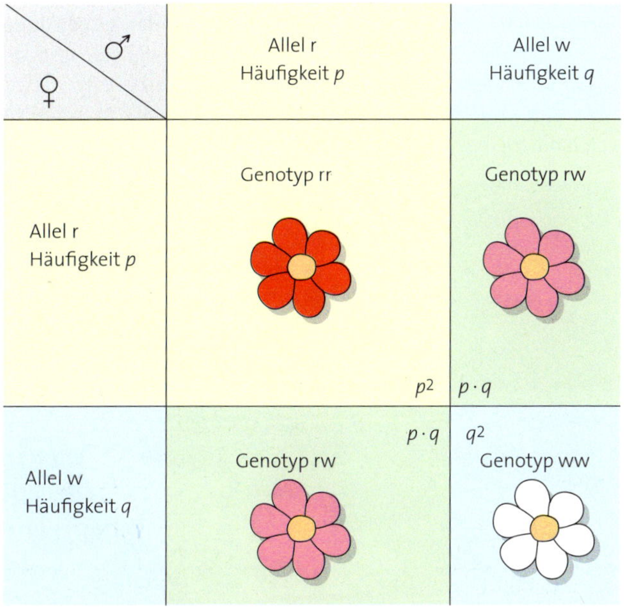


*1 Grafische Darstellung des Zusammenhangs von Allelhäufigkeit (Seitenlänge) und Wahrscheinlichkeit der einzelnen Genotypen (Flächen) nach dem Hardy-Weinberg-Gesetz*

## Selektion

Mutation und Rekombination bewirken die Vielfalt der Individuen innerhalb einer Population. Beide sind zufällige Ereignisse, die eigentlich dazu führen müssten, dass die Variabilität ständig zunimmt. Dem aber wirken Einflüsse der Umwelt als *natürliche Auslese* oder *Selektion* entgegen: Die *natürliche Selektion gibt der Evolution eine Richtung*.

Eine Population steht einerseits unter *Mutationsdruck*, andererseits unter *Selektionsdruck*. Beide verändern zusammen mit der Rekombination die Allelhäufigkeit im Genpool. Durch Mutation und Rekombination geschieht dies richtungslos, durch Selektion in eine bestimmte Richtung. Dabei setzt die Selektion am Phänotyp an. Diejenigen Individuen, die besser mit den gegebenen Umweltbedingungen zurechtkommen, können mehr Nachkommen erzeugen. Dadurch bringen sie mehr von ihren Allelen in den Genpool ein, verändern die Allelfrequenz also zu ihren Gunsten.

Den Beitrag, den ein Individuum zum Genpool der Population leistet, ist seine *Fitness* oder Tauglichkeit. Das Maß für die Fitness ist der Fortpflanzungserfolg und somit an der Anzahl der Nachkommen messbar. Ursachen unterschiedlicher Fitness sind Unterschiede in der Lebenserwartung, der Fortpflanzungsrate und in der Fähigkeit, einen Geschlechtspartner zu finden. Umgekehrt bezeichnet man die Abweichung der mittleren Fitness von derjenigen des besten Genotyps als die *genetische Bürde* einer Population.

**Birkenspanner – natürliche Selektion in Aktion.** Vom Birkenspanner *(Biston betularia)* gibt es eine helle und eine dunkle Form. Für die Färbung der dunklen Birkenspanner ist ein dominant wirkendes Allel verantwortlich, das die Bildung des Farbstoffs Melanin bewirkt. Auf einer mit Flechten bedeckten Birkenrinde ist die hellere Form des Schmetterlings kaum zu entdecken, die dunkle Form fällt dagegen sofort auf. Dunkel gefärbte Birkenspanner waren daher früher sehr selten, da sie von Vögeln leicht erbeutet wurden. Die Umweltbedingungen änderten sich aber mit der Ausdehnung der Industriereviere, in denen es zum Absterben der Flechten auf rußverschmierten Birkenrinden kam. Dunkel gefärbte Birkenspanner wurden nun häufiger und breiteten sich stark aus. Man spricht von *Industriemelanismus*.

*1 Birkenspanner – dunkle und helle Form*

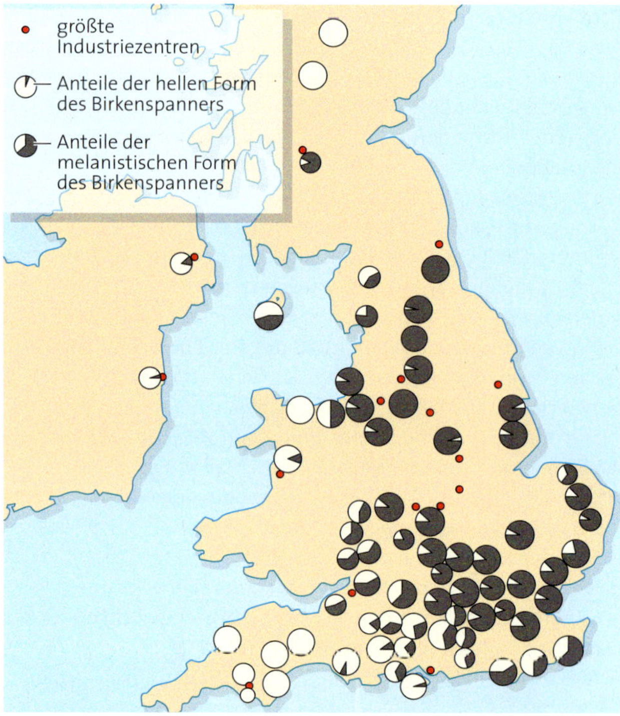


*2 Formen des Birkenspanners in Großbritannien und Irland*

Die Landkarte (▶ Bild 2) zeigt die Verteilung der hellen und dunklen Form in Großbritannien und Irland. Unter dem Einfluss der vorherrschenden Westwinde ist die Luft in ländlichen Regionen deutlich sauberer, entsprechend findet man dort mehr hell gefärbte Birkenspanner.

Filteranlagen führten in den letzten Jahren zum Rückgang der Rußpartikel in der Luft, helle Birkenrinde wird wieder häufiger. Dementsprechend ändert sich der Selektionsdruck erneut, helle Formen sind wieder im Vorteil.

Natürliche Selektion erfolgt also immer durch Wechselwirkung zwischen der in einer Population vorhandenen Variabilität und der Umwelt. Selektion ist gleichbedeutend mit dem Erfolg im Überleben in einer bestimmten Umwelt, die Anpassung an diese Umwelt ist ihr Produkt.

**Balancierter Polymorphismus – der Kompromiss bei der Selektion.** Die natürliche Selektion kann die Variabilität einer Population verringern. Andererseits kann die Selektion selbst die Variabilität erhalten. In diesem Fall spricht man von *balanciertem Polymorphismus*.

Ein Beispiel dafür liefert eine afrikanische Finkenart, der Purpurastrild. Innerhalb einer Population findet man Finken mit deutlich verschiedenen, großen und kleinen Schnäbeln. Vögel mittlerer Schnabelgröße fehlen. Die kleinschnäbeligen Vögel fressen weiche Samen, die mit großem Schnabel sind auf das Knacken harter Samen spezialisiert. Ein mittlerer Schnabel könnte keine der beiden Samenformen effizient knacken. Die Verschiedenheit der Umwelt, in diesem Fall die Nahrung, selektiert Vögel mit unterschiedlichem Schnabel, erhält oder „balanciert" also das verschiedengestaltige (polymorphe) Merkmal.

## Wirken der Selektion

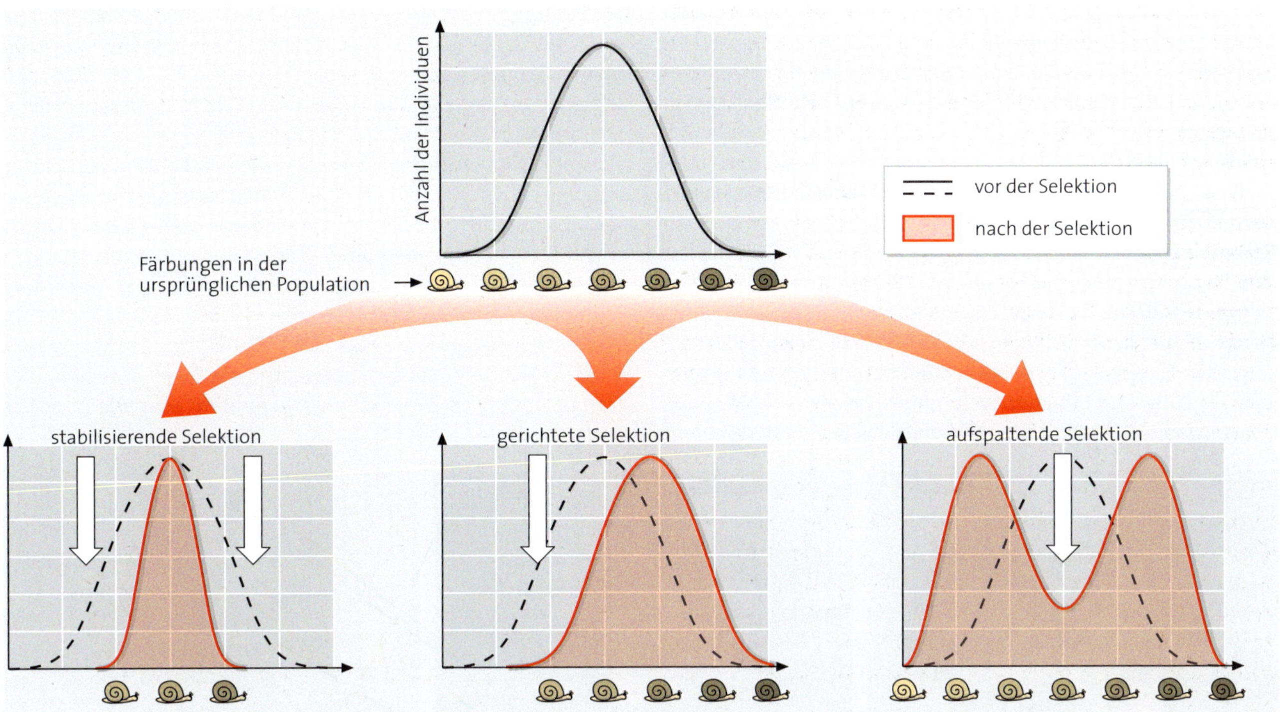


*1 Wirkungsweisen der Selektion. Selektionsdruck kann Anpassungen erhalten oder in verschiedene Richtung verändern.*

**Stabilisierende Selektion verhindert Wandel.** Ist eine Population gut an ihre Umwelt angepasst, sind neu auftretende, abweichende Mutanten in so gut wie allen Fällen schlechter angepasst. Sie können sich in der Population nicht durchsetzen, der Genpool der Population bleibt konstant, die durchschnittliche Fitness erhalten. Stabilisierende Selektion ist für die *relative Konstanz der Lebewesen* verantwortlich.

Fällt die stabilisierende Selektion weg, weil bestimmte Selektionsfaktoren unwirksam werden, können biologische Strukturen ihre Funktion verlieren und degenerieren. So sind viele Höhlentiere blind und farblos, da fehlendes Sehvermögen und fehlende Pigmentierung in ständiger Dunkelheit keine Auslesewirkung besitzen. Ähnliches gilt für Merkmale von Haustieren und Kulturpflanzen, die durch die Obhut des Menschen der stabilisierenden Selektion entzogen sind.

**Gerichtete Selektion verändert Populationen.** Ändern sich die Umweltverhältnisse oder ist eine Population noch nicht optimal an ihre jetzige Umwelt angepasst, können neu auftretende Phänotypen bevorzugt sein. Der Selektionswert vorhandener Allele verändert sich und damit der Genpool. Die Population wandelt sich nach und nach, Evolution findet statt. Gerichtete Selektion ist für die *allmähliche Artumwandlung* verantwortlich.

**Aufspaltende Selektion trennt Populationen.** In manchen Fällen sind Populationen einem Selektionsdruck ausgesetzt, durch den die häufigen Formen benachteiligt sind und die seltenen Phänotypen mit extremer Merkmalsausprägung Vorteile haben. Die Teilpopulationen entwickeln sich unterschiedlich weiter. Aufspaltende Selektion ist für die *Trennung von Populationen* mitverantwortlich.

**Selektion bewirkt keine Variation.** Gibt man eine stark verdünnte Aufschwemmung von Coli-Bakterien auf den Nährboden einer Kulturschale, entwickeln sich nach einiger Zeit Bakterienkolonien, die mit bloßem Auge sichtbar sind. Mit einem Samtstoff, der leicht auf den Nährboden gedrückt wird, kann man die Kolonien auf andere Kulturplatten überstempeln, wo sich neue Kolonien in gleicher Anordnung entwickeln. Nimmt man nun mehrere Kulturplatten, die das Antibiotikum Streptomycin im Nährboden enthalten, entwickeln sich nur vereinzelt neue Kolonien, aber auf allen Platten an jeweils gleicher Stelle. Da das Verteilungsmuster der Kolonien bei allen Überstempelungen gleich ist, wird deutlich, dass durch Streptomycin nur solche Bakterien selektiert werden, die schon auf der Ursprungsplatte gegen Streptomycin resistent waren und dieses Merkmal nicht erst im Kontakt mit dem Antibiotikum entwickelten. Das Allel für die Streptomycinresistenz gehörte also bereits zum Genbestand der Bakterien, spielte aber in einer Umwelt ohne Streptomycin keine Rolle. Erst nach der Anwendung des Antibiotikums erlangten seine Träger einen Selektionsvorteil.

Man spricht in solchen Fällen von *Prädisposition* oder *Präadaptation*. Sie ist für die Evolution von großer Bedeutung. Bei diploiden Lebewesen können rezessive Allele in heterozygoten Trägern lange der Selektion entzogen sein. Ändern sich dann irgendwann die Umweltbedingungen, können sie dann dem homozygoten Träger einen Selektionsvorteil verschaffen.

**1 Analysieren Sie das Beispiel des Industriemelanismus beim Birkenspanner Biston betularia auf die dabei wirksam werdende Selektionsform.**

## Selektionsfaktoren

Die Umwelt stellt an jedes Lebewesen eine Reihe von Anforderungen (► S. 310), die über seine Eignung entscheiden. Dabei setzt die natürliche Auslese am Phänotyp des Individuums an, also an seinen Merkmalen. Damit sind nur solche Gene betroffen, die sich ausprägen.

**Abiotische Selektionsfaktoren** sind Einwirkungen der unbelebten Umwelt, beispielsweise Kälte, Hitze, Trockenheit, Feuchtigkeit, Salzgehalt oder Lichtmangel (► S. 323).

**Beispiel Kerguelen-Fliege.** Die Kerguelen sind eine vulkanische Inselgruppe im südlichen Indischen Ozean. Auf den kleinen, baumlosen Inseln, die teilweise vereist sind, herrschen ständig starke Stürme. Zu den wenigen dort lebenden Tierarten gehört die Kerguelen-Fliege, die sich durch verkümmerte Flügel vom normalen Fliegentyp der übrigen Welt unterscheidet. Für fliegende Insekten wäre die Gefahr sehr groß, bei einer der zahllosen Windböen auf den Ozean und damit in den sicheren Tod getrieben zu werden.

**Biotische Selektionsfaktoren.** Dies sind Einflüsse, die von anderen Lebewesen ausgehen. Man unterscheidet *zwischenartliche Selektion* beispielsweise durch Fressfeinde oder Parasiten und *innerartliche Selektion* durch Konkurrenz um Nahrung, Geschlechtspartner oder Brutreviere.

**Beispiel Abendpfauenauge.** Das Abendpfauenauge *(Smerinthus ocellata)*, ein Nachtfalter, ist am Tag durch die braune Färbung seiner Vorderflügel gut getarnt. In Ruhestellung auf der Baumrinde sind die Vorderflügel über die Hinterflügel gelegt. Wird der Schmetterling von einem Fressfeind beunruhigt, klappt er blitzartig die Vorderflügel zur Seite und präsentiert die leuchtend blauen Augenflecken auf seinen Hinterflügeln. Der Angreifer schreckt vor der harmlosen Beute zunächst zurück und diese Schrecksekunde nutzt der Falter zur Flucht.

**Beispiel Hornissenschwärmer.** Der wehrlose Hornissenschwärmer, ein Schmetterling, ahmt in seiner Färbung eine Hornisse nach. Damit täuscht er seine Fressfeinde, die beide Arten nicht ohne Weiteres auseinanderhalten können. Die von HENRY W. BATES entdeckte Nachahmung einer anderen, oftmals giftigen oder wehrhaften Art wird als *Mimikry* bezeichnet. Vorteile in diesem System hat üblicherweise der Nachahmer. Der Selektionsdruck wirkt in Richtung einer immer vollkommeneren Täuschung des Signalempfängers. Diese kann auf vererbtem oder erlerntem Verhalten beruhen.

*1–6 Selektion setzt am Phänotyp an. Manche Merkmale lassen sich auf die Wirkung bestimmter Selektionsfaktoren zurückführen. Von links und oben: Abendpfauenauge, Fingerhut, Hornisse, Hornissenschwärmer, Birkhahn und Muntjak*

**Beispiel Fingerhut.** Die tiefen Blütenröhren des Fingerhuts sind auffällig gefärbt, innen mit deutlich umrandeten Farbflecken. Der Eingang zur Blütenröhre ist als Landestelle für Insekten ausgebildet. Auf der Suche nach Nektar kriechen vor allem Hummeln entlang der Farbmale in die Blütenröhre. Dabei berühren sie Staubgefäße und Narben und führen so die Bestäubung der Blüten herbei. Durch Nektar aus Nektardrüsen am Blütenboden belohnt, fliegen sie zur nächsten Blüte, in der Regel von der gleichen Pflanzenart.

Insekt und Fingerhut profitieren von der gegenseitigen Beziehung. Diese *Symbiose* (► S. 330) ist das Ergebnis wechselseitiger Anpassung. Man spricht von *Koevolution*.

**Sexuelle Selektion.** Selektion, die auf der *Variabilität der sekundären Geschlechtsmerkmale* basiert, führt zu einem abweichenden Erscheinungsbild von Männchen und Weibchen. Man spricht von *Sexualdimorphismus*, der sich oft in einem deutlichen Größenunterschied der beiden Geschlechter, aber auch in anderen Merkmalen wie Färbung oder der Ausbildung auffälliger Signalstrukturen zeigt.

**Beispiel Birkhuhn.** Birkhähne führen eine Gruppenbalz durch, bei der selbst erzeugte Geräusche, die weißen Unterschwanzfedern und die nackten, blutroten Hautwülste über den Augen als Balzsignale eine entscheidende Rolle spielen. Anfliegende Birkhennen wählen ranghohe Hähne aus und lassen sich von diesen begatten. Die Wahl der Weibchen erfolgt nicht bewusst, sondern hängt davon ab, wie stark Färbung und Verhalten der Männchen als Signale bei den Weibchen wirksam sind.

So kommt es zu einer *sexuellen Selektion* oder *geschlechtlichen Zuchtwahl*, die jene Verhaltensweisen und Strukturen bevorzugt, die im Dienst der Werbung stehen. Solche teilweise extrem ausgebildeten sekundären Geschlechtsmerkmale sind im Allgemeinen nur bei den Männchen entwickelt. Als Signale an die Artgenossen (► S. 498) haben die Merkmale meist eine doppelte Funktion: Zum einen sollen sie Weibchen anlocken, zum anderen männliche Rivalen einschüchtern. Weibchen zeigen demgegenüber oft eine schlichte Schutzfärbung, was wiederum die Brutpflege erleichtert.

**Beispiel Hirsche.** Ursprüngliche Hirsche wie der Muntjak haben ein wenig entwickeltes Geweih. Sie verwenden beim innerartlichen Rivalenkampf ihre Eckzähne. Die höher entwickelten Hirsche wie unser Rothirsch setzen nur noch ihr mit vielen Sprossen versehenes Geweih ein, die Eckzähne sind völlig zurückgebildet. Beim eiszeitlichen Riesenhirsch hat sich das Geweih wahrscheinlich durch sexuelle Selektion zu einem Riesenwuchs mit einer Spannweite bis zu vier Metern entwickelt. Als in der Nacheiszeit wieder dichte Wälder wuchsen, überwogen die Nachteile eines solchen Geweihs. Der Riesenhirsch starb aus.

Die sexuelle Zuchtwahl ist eine Spezialform der natürlichen Selektion. CHARLES DARWIN stellte sie dieser sogar gegenüber und wies ihr eine besondere Bedeutung zu. Auch für sie gilt jedoch, dass derjenige Phänotyp selektionsbegünstigt ist, der den größeren Anteil an Allelen in den Genpool der nächsten Generation einbringt. Besonders auffällige sexuelle Auslöser können die Überlebenschance auch mindern. Also stellen sie Kompromisse dar zwischen den Vorteilen der geschlechtlichen Zuchtwahl und den Nachteilen in der Anpassung an andere Umweltfaktoren. Insofern ist es schwierig, die Rolle der sexuellen Selektion richtig einzuschätzen.

Sicher aber kommt den Weibchen bei der Entstehung des Sexualdimorphismus eine wichtige Rolle zu. Wählt ein Weibchen einen Partner aufgrund eines bestimmten Merkmals, dann sorgt es dadurch für das Fortbestehen genau jener Allele, die für die phänotypische Ausprägung des entsprechenden Merkmals verantwortlich sind und aufgrund derer das Weibchen seine Auswahl getroffen hat.

**Künstliche Zuchtwahl.** Der Mensch nutzt seit der Jungsteinzeit das Verfahren der *künstlichen Auslese* um aus Wildformen Haustiere oder Nutzpflanzen zu züchten (► S. 192, 193). Hier ist es der Züchter, der diejenigen Individuen mit den erwünschten Merkmalen ausliest und zur Weiterzucht verwendet. Von größter Bedeutung sind Züchtungserfolge für die Sicherstellung der Ernährung einer weiter wachsenden Weltbevölkerung.

*1 Verschiedene Haustaubenrassen, die von der Felsentaube abstammen und bereits von DARWIN beschrieben wurden*

**Beispiel Taubenrassen.** Die Züchtung der Haustauben aus Wildtauben war für DARWIN ein Modell für die Veränderlichkeit und den Wandel der Arten in der Natur, „dass Arten im Naturzustand in gerader Linie von anderen Arten abstammen". Es gelang ihm, durch Kreuzung verschiedener Taubenrassen eine Form zu erhalten, die der wild lebenden Felsentaube sehr ähnlich sah. Also müssen die Haustauben noch Erbanlagen ihrer Vorfahren besitzen.

Am Beispiel der Haustaube, aber auch vieler anderer Nutztier- und Kulturpflanzenarten zeigt sich, wie stark und wie schnell Körpermerkmale durch künstliche Auslese verändert werden können. Alle rund 150 heute vorkommenden Rassen der Haustaube gehen auf eine Wildform, die aus dem Mittelmeergebiet stammende Felsentaube, zurück. Innerhalb von nur 300 Jahren wurden die unterschiedlichsten Varianten gezüchtet. Die Variationen umfassen hier sowohl die Körperformen (► Bild 1) als auch die Verhaltensweisen. So werden Brieftauben beispielsweise auf Fluggeschwindigkeit ausgelesen und auf ihre Fähigkeit, wieder in den Taubenschlag zurückzufinden.

---

**1 Das Dromedar ist an ein Leben in Hitze und Trockenheit angepasst, der Eisbär an ein Leben in Eis und Kälte. Deuten Sie auffällige Besonderheiten im Körperbau der beiden Tierarten als Anpassungen an die abiotischen Faktoren ihres jeweiligen Lebensraums.**

**2 Die Kerguelen-Fliege unterscheidet sich vom normalen Fliegentyp der übrigen Welt durch ihre verkümmerten Flügel. Erklären Sie das Zustandekommen dieser besonderen Fliegenform.**

**3 Wie die Augenflecke des Abendpfauenauges haben in der Natur auch andere Muster, Formen und Farben eine biologische Funktion. Nennen Sie Beispiele und analysieren Sie diese im Hinblick auf deren Auslesewirkung.**

# Isolation

Die Unterbindung der Paarung, wie sie für Angehörige verschiedener Arten typisch ist, aber auch zwischen den Individuen einer Art oder Population entstehen kann, bezeichnet man als *Isolation*. Ist ein ungehinderter Genaustausch oder Genfluss zwischen Lebewesen nicht mehr möglich, wirken Mutation und Selektion in jeder der isolierten Fortpflanzungsgemeinschaften unterschiedlich, die Rekombination zwischen ihnen ist unterbunden. Jede Teilpopulation schlägt mit ihrem isolierten Genpool einen eigenen evolutiven Weg ein.

Zwar kann die gerichtete Selektion in langen Zeiträumen Lebewesen so verändern, dass sich Arten wandeln. Damit aus einer Ausgangsart aber zwei oder mehr Arten entstehen können, ist genetische Isolation die Voraussetzung.

**Separation.** Häufig ist der entscheidende Schritt bei der Abspaltung einer Teilpopulation, der den Genfluss zur Elternpopulation unterbindet, eine als *Separation* bezeichnete *räumliche Trennung*. Sie beruht auf geologischen Ereignissen wie Inselbildung oder Kontinentalverschiebung, auf klimatischer Grenzziehung beispielsweise durch eiszeitliche Vergletscherung oder auf Trennung durch unbesiedelbare Räume wie Wüsten, Tundren und Polargebiete. Auch Verdriftung, Verschleppung oder Auswanderung sind Separationsereignisse. Selbst ein sehr großes Verbreitungsgebiet schränkt die Panmixie und damit den Genfluss so wirksam ein, dass sich Randpopulationen eigenständig entwickeln.

**Beispiel Erdhörnchen am Grand Canyon.** Auf beiden Seiten des Grand Canyons im Süden der USA leben Erdhörnchen. Die Südhörnchen sind größer und besitzen einen längeren Schwanz als die gegenüber lebenden Nordhörnchen, deren Schwanzunterseite weiß gefärbt ist. Beide haben eine gemeinsame Stammform. Während beispielsweise Vögel die geringe Entfernung von wenigen Kilometern zwischen den Canyonrändern leicht überwinden können, ist dies den Erdhörnchen nicht möglich. So entwickelten sich durch Unterbindung der genetischen Rekombination im Laufe der Zeit aus den beiden räumlich getrennten (separierten) Teilpopulationen zwei verschiedene Arten.

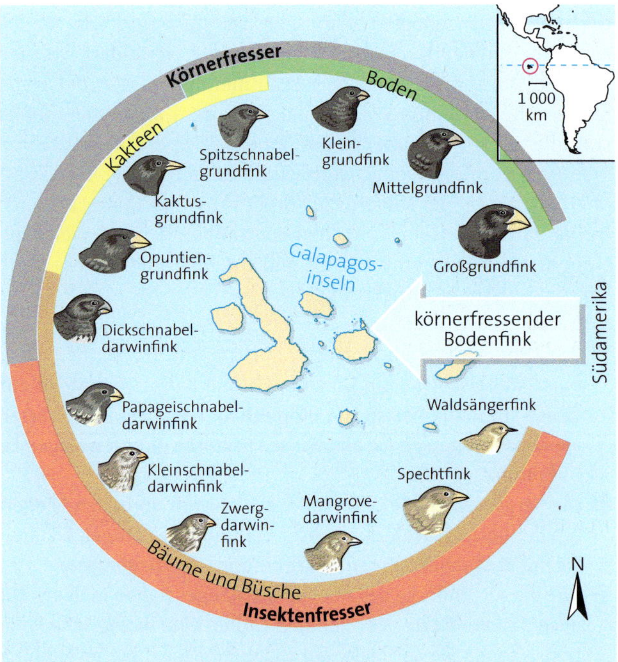


*1 Darwinfinken auf den Galapagosinseln*

**Beispiel „Zwillingsspechte".** Grünspecht und Grauspecht leben in lichten Laubwäldern sowie auf Baumwiesen und unterscheiden sich im Aussehen und anderen Merkmalen nur wenig. Der Grünspecht sucht seine Nahrung, besonders Ameisen, vor allem am Boden, der Grauspecht ist etwas mehr an Bäume gebunden. Die gemeinsame Stammform beider Arten lebte vor der Eiszeit in Europa als einheitliche Population. Durch die eiszeitlichen Gletschervorstöße wurden zwei Teilpopulationen getrennt, ein Genaustausch zwischen beiden war für lange Zeit nicht mehr möglich. Nach Abschmelzen der Gletscher war aus der östlichen Population der Grauspecht entstanden, aus der westlichen der Grünspecht. Sie sind sich so ähnlich, dass man von *Zwillingsarten* spricht. Dennoch sind sie genetisch isoliert und in ihren Lebensansprüchen so verschieden, dass die Konkurrenz zwischen ihnen eine Verbreitung im gleichen Gebiet erlaubt.

**Beispiel Darwinfinken auf Galapagos.** Die Galapagosinseln liegen in Äquatornähe 1 000 km westlich von Südamerika. Die vulkanischen Inseln sind zwischen fünf und einer Million Jahre alt. Auf die zunächst kahlen Inseln gelangten mit Wind und Meeresströmungen mit der Zeit Pflanzen und Tiere, so auch ein körnerfressender, bodenlebender Fink. Diese Stammart besiedelte nach und nach den Inselarchipel. Auf ihren Inseln waren die kleinen Gründerpopulationen voneinander separiert, der Genfluss zwischen ihnen war stark eingeschränkt oder unterbrochen. In jeder der Inselpopulationen ereigneten sich andere Mutationen und Rekombinationen, waren unterschiedliche abiotische und biotische Selektionsfaktoren wirksam. Vor allem in Anpassung an die unterschiedlichen Lebensräume und Nahrungsgrundlagen auf den verschiedenen Eilanden entstanden schließlich neue Formen. DARWIN zu Ehren, dem sie auf seiner Forschungsreise aufgefallen waren, nennt man sie Darwinfinken. Heute sind 13 genetisch mehr oder weniger isolierte Arten bekannt, deren Schnabelformen unterschiedliche Ernährungsweisen erkennen lassen.

**Einnischung.** Verschiedene Arten nutzen die Umwelt in der Regel unterschiedlich. Dadurch wird die Konkurrenz zwischen den Arten vermindert. Die Summe aller Wechselwirkungen zwischen einer Art und der Umwelt wird als *ökologische Nische* bezeichnet (► S. 334). Bilden die Tochterarten einer Stammart unterschiedliche ökologische Nischen, weil sich ihre Lebensansprüche unterscheiden, spricht man von *ökologischer Isolation* oder von *Einnischung*. Unterschiedliche Einnischung von Teilpopulationen im gleichen Lebensraum führt aber nur dann zur Entstehung neuer Arten, wenn die Fortpflanzungsfähigkeit zwischen ihnen durch zusätzliche Merkmalsänderungen eingeschränkt oder ganz unterbunden wird.

---

**1 In den Alpen einerseits sowie den Pyrenäen und italienischen Abruzzen andererseits leben verschiedene Arten von Gämsen. Stellen Sie eine Hypothese auf, wodurch es zur Trennung der ehemals gemeinsamen Stammform kam.**

## Isolationsmechanismen

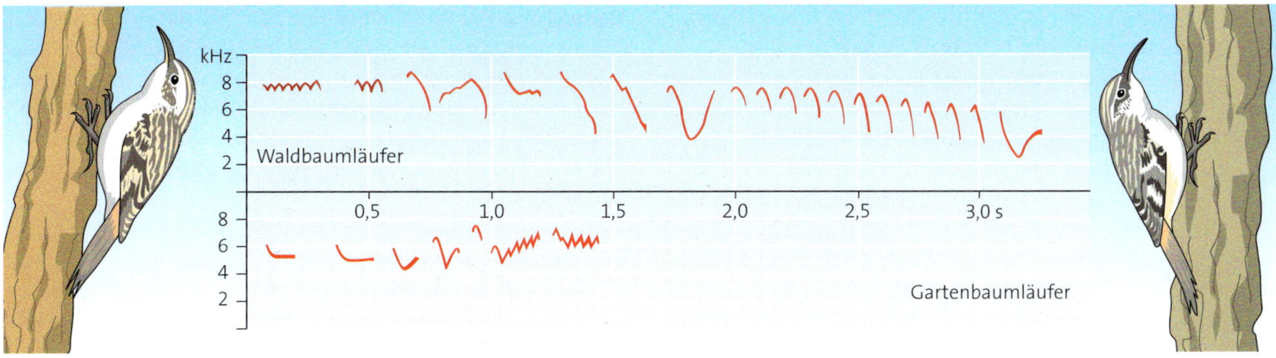


*1 Beispiel für ethologische Isolation zwischen nah verwandten Arten: Unterschiedliche Gesänge kennzeichnen die Zwillingsarten Wald- und Gartenbaumläufer.*

Alle Faktoren, die zwei Arten davon abhalten, gemeinsame Nachkommen hervorzubringen, tragen zur genetischen oder reproduktiven Isolation bei und werden als *Isolationsmechanismen* bezeichnet. Die Separation wirkt zwar wie ein geographischer Isolationsmechanismus, ist aber nicht gleichbedeutend mit reproduktiver Isolation. Während sich die Individuen von Populationen, die räumlich voneinander getrennt waren, nach Aufhebung der Trennung unter Umständen wieder paaren können, verhindert die reproduktive Isolation, dass Populationen verschiedener Arten sich untereinander kreuzen, selbst wenn ihr Verbreitungsgebiet sich überschneidet.

*Präzygotische Fortpflanzungsbarrieren* verhindern die Paarung zweier Arten oder die Befruchtung, falls Vertreter verschiedener Arten versuchen sollten, sich zu paaren.

*Postzygotische Fortpflanzungsbarrieren* werden dann wirksam, wenn trotz präzygotischer Barrieren eine Eizelle von einem artfremden Spermium befruchtet wurde. Dazu zählen die verringerte Lebensfähigkeit und die Sterilität von Artbastarden.

**Zeitliche Isolation.** Zahlreiche Arten sind einfach dadurch an der Kreuzung gehindert, dass sie sich zu verschiedenen Tages- oder Jahreszeiten fortpflanzen. So laichen unsere einheimischen Frösche und Lurche beispielsweise in Abhängigkeit von der Wassertemperatur zu verschiedenen Zeiten im Jahr. Gras- und Wasserfrosch sind zwar im Experiment miteinander kreuzbar, da die eine Art aber im März, die andere im Mai laicht, findet man in der Natur so gut wie keine Bastarde. An der Nordsee brütet die Silbermöwe drei Wochen vor der Heringsmöwe, im Binnenland ist die Waldohreule nachtaktiv, während die Sumpfohreule am Tag unterwegs ist. Auch bei Pflanzen gibt es jahreszeitliche Isolation. So blüht beispielsweise der Rote Holunder sehr früh im Jahr, der Schwarze Holunder deutlich später. Eine gegenseitige Bestäubung ist auf diese Weise unmöglich. Bringt man aber experimentell beide Arten gleichzeitig zum Blühen, lassen sie sich kreuzen.

**Ethologische Isolation.** Unterschiedliches Balz- und Paarungsverhalten ist eine sehr wirksame Fortpflanzungsbarriere der Tiere. Auch bei nahe verwandten Arten unterscheidet es sich oft. Die Geschlechtspartner finden und akzeptieren sich häufig anhand angeborener, arttypischer Signale (► S. 498).

Weibchen verschiedener Leuchtkäferarten senden Leuchtsignale mit bestimmten Mustern aus. Die Männchen reagieren nur auf die für ihre Art kennzeichnenden Signale mit Annäherung. Bei vielen anderen Insekten und Säugetieren sind es Düfte, also chemische Artkennzeichen, die eine Isolation bewirken. Vögel, Grillen und Frösche erzeugen während der Fortpflanzungszeit artspezifische Laute oder Gesänge, auf die nur Artgenossen ansprechen (► Bild 1).

**Mechanische Isolation.** Bei vielen Gliederfüßern wie Tausendfüßern, Spinnen und Insekten sind die von einem Chitinpanzer umgebenen Fortpflanzungsorgane so kompliziert gebaut, dass sie wie Schlüssel und Schloss zueinanderpassen. Damit ist eine Begattung durch artfremde Partner ausgeschlossen.

Zahlreiche Blütenpflanzen werden aufgrund ihres Blütenbaus von bestimmten Insekten bei der Nektarsuche bevorzugt. Da die Bestäuber in der Regel blütenstet sind, das heißt längere Zeit gleichartige Blüten besuchen, ist die Übertragung des Pollens auf die Narbe einer Blüte der gleichen Art gewährleistet.

**Isolation durch Polyploidie.** Polyploidie führt zu einer Verdopplung des Chromosomensatzes (► S. 178). Bei Pflanzen ist eine solche Genommutation relativ häufig. So gibt es bei den verschiedenen Arten der Rosen Chromosomensätze mit $2n = 14, 28, 42$ oder 56. Die Kreuzung von Pflanzen mit unterschiedlicher Anzahl von Chromosomensätzen ist meist nicht erfolgreich oder spätestens die Bastarde der Kreuzung sind steril, da sie keine normale Reduktionsteilung durchführen können. Beispielsweise lässt sich eine tetraploide Nachtkerzenart mit 28 Chromosomen nicht mit der diploiden Stammart mit 14 Chromosomen kreuzen. Polyploidie führt also sofort zu einer Isolation gegenüber den anderen Mitgliedern der Population. Der Aufbau einer eigenen Population ist nun selbst im gleichen Gebiet möglich, da der Genfluss zwischen den Individuen mit unterschiedlicher Chromosomenzahl unterbrochen ist.

**Isolation durch Sterilität.** Esel und Pferd lassen sich zwar kreuzen, ihre Nachkommen aber sind unfruchtbar. Da das Pferd 64 Chromosomen besitzt, der Esel dagegen nur 62, können ihre Bastarde Maultier und Maulesel bei der Meiose keine befruchtungsfähigen Keimzellen bilden.

**1 Begründen Sie, warum Mutation, Rekombination und Selektion allein nicht zur Bildung neuer Arten führen. Für welchen Isolationsmechanismus gilt diese Aussage nicht?**

## Gendrift

Zufällige Ereignisse, wie Blitzschlag, Überschwemmung, lang anhaltende Trockenheit oder Erdbeben, können die Allelfrequenz, also den Genpool einer Population, entscheidend verändern oder wie beispielsweise bei Meteoriteneinschlägen oder klimatischen Veränderungen sogar auf ein Minimum reduzieren. In der Folge ist es möglich, dass Merkmale, die sich in der Ausgangspopulation als nachteilig erwiesen haben, jetzt durch das Fehlen von konkurrierenden Phänotypen mit höherer *Fitness* zur Entfaltung kommen. Diese vollkommen zufällige, nicht durch Selektion bewirkte Veränderung des Genpools bezeichnet man als *Gendrift*. Je kleiner die Population ist, umso stärker ist die Wirkung der Gendrift, umso geringer die der Fitness. Dies kann für Überleben oder Aussterben bedrohter Tierarten mit kleinen Beständen wie Gepard, Panda oder Wisent entscheidend sein.

**Gründerprinzip.** Besiedeln nur wenige Individuen einer großen Population als *Gründerindividuen* ein neues Gebiet, so bringen sie nur einen *geringen Teil der Allele der Stammpopulation* mit. Beispiele hierfür sind die Besiedlung der Galapagosinseln durch eine körnerfressende Finkenart aus Südamerika (► S. 254) oder die Einführung der Honigbiene und der Kaninchen auf Neuseeland mit anfangs nur wenigen Individuen.

Die vorübergehend sehr geringe Populationsgröße, *Flaschenhalseffekt* genannt (► Bild 1), erklärt die geringe genetische *Variabilität der Population*, auch nachdem sich die Gründerindividuen vermehrt haben. Es kommt zur Gendrift. Inzucht in den ersten Generationen und die damit verbundene Tendenz zu Reinerbigkeit verstärken den Effekt.

**Beispiel Eidechsen bei Capri.** Eine sichtbare Wirkung der Gendrift zeigt sich am Beispiel der blau gefärbten Eidechsen auf Faraglioni, einer kleinen Insel vor Capri, die nicht wie verwandte Eidechsenarten der umliegenden Inseln eine der Umgebung angeglichene, unauffällige Färbung aufweisen. Durch Selektion lässt sich die Entstehung der gefärbten Unterart schwer erklären: Weder sind die Reptilien ungenießbar für Fressfeinde, noch hat die Färbung eine besondere Bedeutung in ihrem Verhalten, etwa bei der Balz. Nimmt man aber an, dass die Besiedlung der schroffen Felsklippen durch wenige Einzeltiere erfolgte, kann man die Färbung auf Gendrift zurückführen. Eine Farbvariante konnte sich in der neu entstehenden Population zufällig durchsetzen.

**Beispiel Insel der Farbenblinden.** Zusammen mit sieben weiteren Atollen liegt mitten im Pazifik zwischen Hawaii und den Philippinen die winzige Insel Pingelap. 1775 tötete ein Taifun die meisten der rund 1000 Einwohner des Atolls. Etwa 20 Inselbewohner überlebten und bildeten die Basis der heutigen Bevölkerung von annähernd 700 Menschen, die in hohem Maße miteinander blutsverwandt sind.

10 % der Inselbevölkerung sind von einer totalen Farbenblindheit betroffen, der *Achromatopsie*, die weit schlimmer ist als die häufiger auftretende Rot-Grün-Schwäche. Die Betroffenen leiden an starker Sehschwäche, Augenzittern und extremer Lichtempfindlichkeit. Sie können keine Kontraste wahrnehmen. In Europa und Nordamerika ist höchstens eines unter 30 000 Neugeborenen von Achromatopsie betroffen. Ursache dieser Erbkrankheit ist eine Mutation auf Chromosom 2. Das gesunde Gen codiert für ein Kanalprotein in den Zapfen.

---

1. **Erklären Sie die auffallend große Häufigkeit, mit der totale Farbenblindheit auf dem Pingelap-Atoll auftritt. Gehen Sie davon aus, dass ein Überlebender der Taifunkatastrophe Träger des Achromatopsie-Allels war.**
2. **Angeborene Achromatopsie tritt nur auf, wenn beide Eltern mindestens ein defektes Allel besitzen. Neun von zehn Einwohnern auf Pingelap besitzen einen normalen Farbensinn. Errechnen Sie, wie viele gesunde Einwohner des Atolls als mögliche Überträger der Krankheit infrage kommen.**
3. **Der Streifenfleckenleguan bewohnt den Westen der USA. Auf einigen Inseln im Golf von Kalifornien gibt es Populationen mit auffälligen Farbvariationen. Erklären Sie dieses Phänomen.**
4. **Begründen Sie, warum die zunehmende Zerschneidung ehemals großflächiger Ökosysteme durch menschliche Eingriffe wie Verkehrs- und Siedlungsbau trotz der Ausweisung dazwischenliegender Naturschutzgebiete problematisch ist.**
5. **Geparde wurden in diesem Jahrhundert stark gejagt und fast ausgerottet. Nachdem sie schließlich unter Schutz gestellt wurden, haben sie sich wieder stark vermehrt. Trotzdem gelten sie unter Wissenschaftlern aufgrund ihrer geringen genetischen Variabilität als höchst gefährdete Tierart. Begründen Sie diese Einschätzung.**

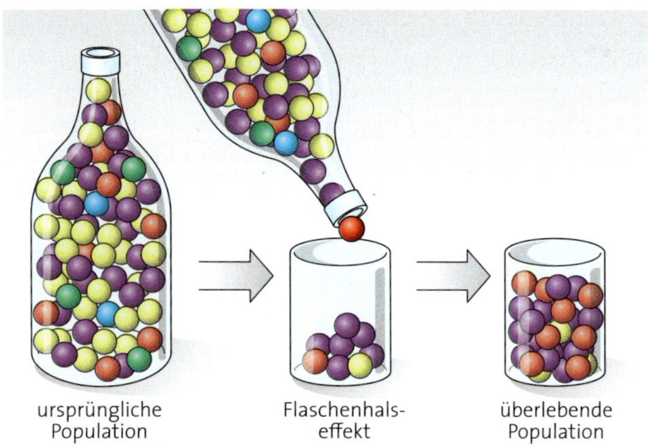


1 *Flaschenhalseffekt*

2 *Blau gefärbte Eidechse auf Faraglioni*

## Evolutionsfaktoren und Evolutionsmodelle

Die wirkliche Entstehung der Artenvielfalt ist vergangen und nicht wiederholbar. Die meisten Aussagen der Evolutionstheorie entziehen sich somit der experimentellen Nachprüfung. Das Wirken einzelner Evolutionsfaktoren lässt sich jedoch in Freiland- und Laborversuchen überprüfen oder durch Modellversuche simulieren. Solche Versuche dienen dem besseren Verständnis des komplexen Evolutionsgeschehens. Sie finden aber auch in anderen Wissenschaftsgebieten Anwendung, beispielsweise in der Bionik, die Biologie und Ingenieurwissenschaften verbindet.

So wie durch das Wirken der Evolutionsfaktoren Lebewesen an ihre Umwelt angepasst werden, versucht die *Bionik* die Kenntnis der Funktion und Struktur lebender Organismen zur Optimierung technischer Systeme zu nutzen, nimmt Konstruktionen der Natur als Vorbild und ahmt den Evolutionsprozess durch Variieren und Selektieren nach.

### Vergleich von Populationen im Freiland

Aus neun verschiedenen Gebieten der Rocky Mountains wurden Samen der Schafgarbe *(Achillea lanulosa)* gesammelt und anschließend in der kalifornischen Küstenebene auf getrennten Feldern unter gleichen Bedingungen ausgesät.

Das Bild unten zeigt das Ergebnis des Experiments.

- Geben Sie mögliche Ursachen für die Unterschiede zwischen den Populationen an.
- Welche Evolutionsfaktoren sind hauptverantwortlich für die Entstehung der zwischen den Populationen festgestellten Unterschiede?

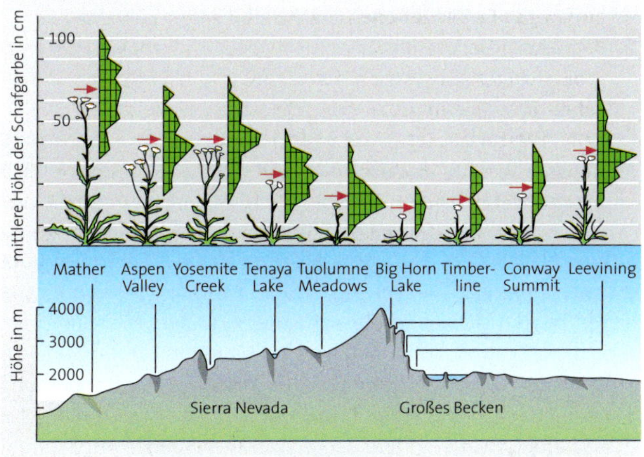


### Modellpopulationen im Labor

Über 19 Generationen wurden zahlreiche Kleinstpopulationen von jeweils 16 Taufliegen *(Drosophila melanogaster)* unter gleichen Bedingungen im Labor gehalten. Nach jeder Generation wurde festgestellt, in wie vielen Populationen ein bestimmtes Allel vertreten war und wie häufig dieses Allel in den einzelnen Populationen vorkam.

- Beschreiben Sie das Versuchsergebnis. Die Balkenhöhe entspricht der Anzahl der Populationen mit der auf der waagrechten Achse angegebenen Allelhäufigkeit.
- Warum verwendet man im Versuch Kleinstpopulationen?

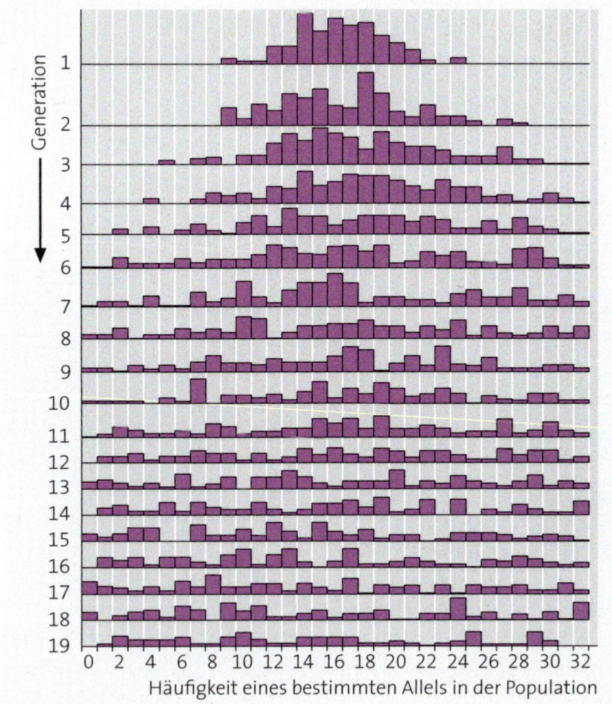


### Evolution technischer Systeme

Ein gekrümmtes Rohr, wie ein Heizungsrohr oder das Ansaugrohr eines Motors, verursacht Reibungs- und Umlenkverluste. Die Technik versucht Krümmer mit möglichst geringen Umlenkverlusten zu konstruieren. Das Bild unten zeigt, wie ein Krümmer durch Zufallsvariationen und anschließende Tests so lange verändert wurde, bis der Strömungswiderstand den geringstmöglichen Wert erreicht hatte.

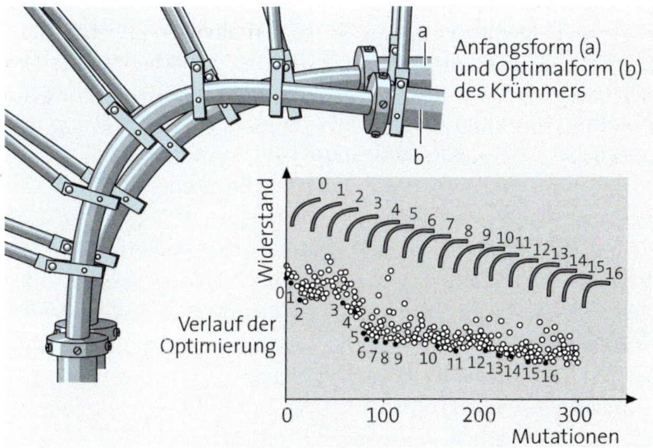


**1** **Suchen Sie Beispiele, bei denen technische Konstruktionen dem natürlichen Vorbild entsprechen.**

**Stichworte zu weiteren Informationen**

Polygenie • Galapagosinseln • Ökotypen • technische Biologie • Flächentragwerke • Strömungslehre • Aerodynamik

## Entstehung neuer Arten

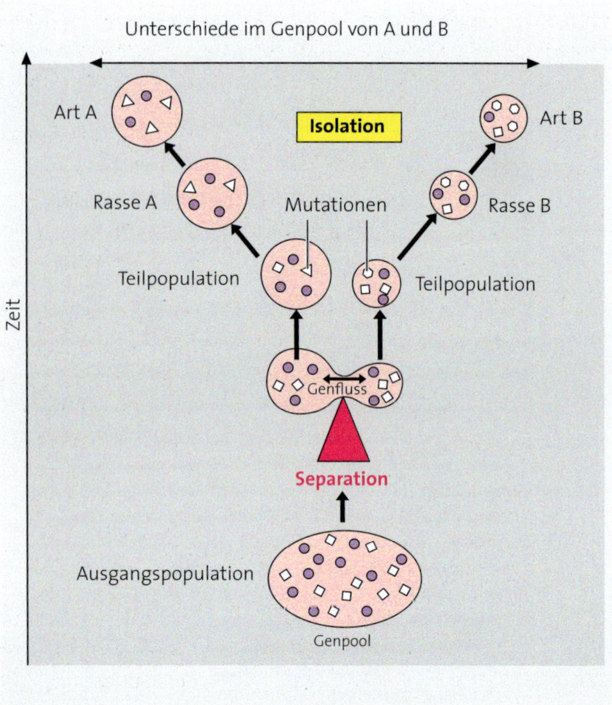


1 *Schema zur allopatrischen Artbildung durch Aufspaltung*

Alle Lebewesen einer Art stimmen in wesentlichen Merkmalen überein. Sie können miteinander fruchtbare Nachkommen zeugen, die wiederum ihren Eltern gleichen. Die Mitglieder einer Art stellen demnach eine *Fortpflanzungsgemeinschaft* dar. Im Lauf der Zeit verändern sich Populationen durch gerichtete Selektion, es kommt zu einer *Artumwandlung*.

Zur *Artaufspaltung* und damit zur Bildung neuer Arten führen in der Regel zwei Schritte: Am Anfang steht die Trennung von Teilpopulationen und damit die Unterbrechung des Genflusses. Führt die unabhängige Entwicklung solcher Teilpopulationen einer Art dazu, dass sich ein Großteil der Individuen der einen Teilpopulation in bestimmten Merkmalen und in ihrem Genpool von den Mitgliedern der anderen Teilpopulation unterscheidet, spricht man von *Rassen* (Unterarten). Vertreter verschiedener Rassen können miteinander Nachkommen zeugen. Schließlich erfolgt eine genetische Isolation. Sie verhindert, dass sich Angehörige der getrennten Populationen wieder erfolgreich kreuzen lassen, selbst wenn das trennende Hindernis nicht mehr vorhanden ist.

Kommt es durch anfängliche Separation zur Artaufspaltung, spricht man von *allopatrischer Artbildung*.

Bei einer zweiten Form der Artbildung wird eine Teilpopulation inmitten des Verbreitungsgebiets der Ausgangspopulation reproduktiv isoliert. Diese *sympatrische Artbildung*, der keine Separation vorausgeht, ist eher die Ausnahme. Durch Polyploidie kam es beispielsweise bei der Nachtkerze *Oenothera* zur Artaufspaltung. Die diploide Form der Nachtkerze lässt sich mit der tetraploiden Form nicht mehr kreuzen (► S. 255).

**Beispiel Raben- und Nebelkrähe.** Die schwarze Rabenkrähe unterscheidet sich in der Gefiederfarbe deutlich von der grauen Nebelkrähe. Rabenkrähen sind überwiegend im westlichen Europa verbreitet, Nebelkrähen im östlichen Europa. In Mitteleuropa verläuft von Nord nach Süd eine nur 70–100 Kilometer breite Kontaktzone, in der sich die beiden Rassen verpaaren und Bastarde auftreten (► Bild 2).

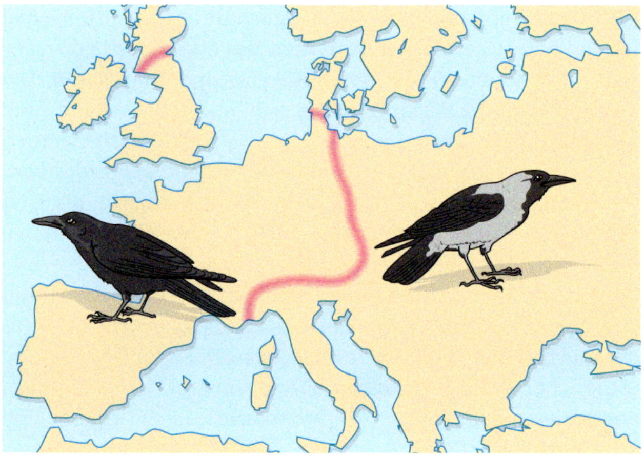

2 *In der Kontaktzone zwischen Raben- und Nebelkrähe kommt es wieder zum Genaustausch.*

Während der Eiszeit wurde die europäische Krähenpopulation durch das Vordringen der Gletscher getrennt. Die beiden Teilpopulationen entwickelten sich während der Trennung unabhängig voneinander weiter. Nach ihrer Wiederausbreitung kommt es heute in der schmalen Kontaktzone wieder zum Genaustausch. Dies ist möglich, da die beiden Rassen noch nicht durch eine Fortpflanzungsschranke voneinander isoliert sind. Das Auftreten von Mischformen belegt, dass Raben- und Nebelkrähe zusammen noch eine Art bilden.

**Beispiel Kohlmeise.** Die letzte Eiszeit überlebte die Kohlmeise in getrennten Rückzugsgebieten Europas und Asiens mit günstigem Klima, wobei durch eigenständige Evolution der Teilpopulationen in den separierten Gebieten fünf unterschiedliche Kohlmeisenformen entstanden. Nach dem Abschmelzen der Gletscher konnten sich die Vögel wieder ausbreiten. In den Überlappungsgebieten paaren sie sich als Rassen einer Art. Zwei Meisenformen aber, die in Sibirien aufeinandertrafen, waren in Färbung und Gesang schon so verschieden, dass es kaum zur Bastardbildung kommt. Eine dieser Formen bevorzugt als Lebensraum menschliche Siedlungen, die andere lichte Wälder. Bei einer dritten Kohlmeisenform, der Bergkohlmeise, kam es sogar zur Entstehung einer ganz neuen Art. Sie vermischt sich nicht mehr mit den anderen Kohlmeisenformen.

---

1. **Entwickeln Sie eine Hypothese, warum im Überlappungsgebiet der Rassen bei Krähen Bastardbildung häufig ist, bei Meisen dagegen so gut wie nie vorkommt.**
2. **Vergleichen Sie die Bedeutung der verschiedenen Evolutionsfaktoren bei der Artaufspaltung bei Darwinfinken und bei Kohlmeisen.**
3. **Erläutern Sie, weshalb Polyploidie eine sympatrische Artenneubildung ermöglichen kann.**

## Adaptive Radiation

Kommt es innerhalb eines evolutiv kurzen Zeitraums zur Aufspaltung einer Stammart in zahlreiche neue Arten mit unterschiedlihen Anpassungen, spricht man von *adaptiver Radiation*. Die Entstehung einer derartigen Formenvielfalt ist dann möglich, wenn die Stammart in eine neue Umwelt gelangt, die viele ökologische Lizenzen bietet und in der kaum Konkurrenz vorhanden ist.

Die Entwicklung der Darwinfinken auf den Galapagosinseln ist ein Beispiel für die adaptive Radiation aus einer Gründerpopulation.

**Die adaptive Radiation der Säugetiere.** Die Säugetiere existierten vor ihrer ersten größeren adaptiven Radiation schon mehr als 100 Millionen Jahre, doch blieben sie bis zum Ende der Kreidezeit eine vergleichsweise unbedeutende Tiergruppe. Mit dem Aussterben der Dinosaurier ergaben sich für die Säugetiere neue ökologische Möglichkeiten, die sie nutzen konnten. Für die nun einsetzende adaptive Radiation zu den unterschiedlichsten Lebensformen war auch die Entwicklung der Samenpflanzen zur vorherrschenden Pflanzengruppe von großer Bedeutung. Insekten fanden in Pollen und Nektar eine neue Nahrungsquelle und Insekten ihrerseits bildeten die Nahrungsquelle für frühe Säugetiere. Nachdem Raubtiere, Nagetiere, Huftiere und andere die ökologische Großnische gebildet hatten, kam es in einer anschließenden Phase der Spezialisierung zu einer immer vollkommeneren Anpassung der Arten.

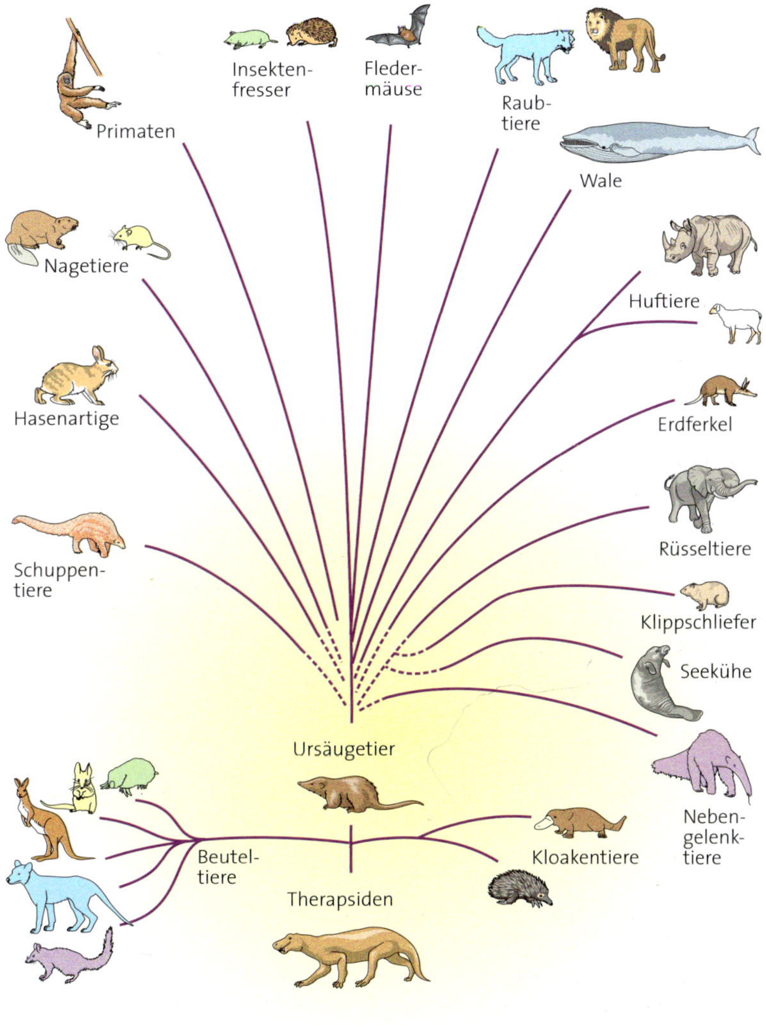


*1 Adaptive Radiation bei den Säugetieren*

**Die adaptive Radiation der Beuteltiere.** Die *Beuteltiere* stellen innerhalb der Säugetiere nach den Eier legenden *Kloakentieren* die nächsthöhere Organisationsstufe dar. Im Gegensatz zu den höheren *Placentasäugern*, bei denen der Mutterkuchen oder die Placenta (► S. 216) eine weitgehende Entwicklung der Jungen im Mutterleib ermöglicht, bringen die Beuteltiere nur sehr wenig entwickelte Junge zur Welt.

Für die heutige Entwicklung der Beuteltiere sind die ökologischen Verhältnisse Australiens, die geographische Separation des Kontinents und seine erdgeschichtliche Vergangenheit von Bedeutung:

- Australien ist durch eine Vielfalt von Lebensräumen gekennzeichnet.
- Australien ist von Ozeanen umgeben, die für viele Pflanzen- und Tierarten eine unüberwindliche Schranke darstellen. Nur im Norden gibt es eine Reihe von Inseln, die manche Pflanzen und Tiere zur Besiedlung des Kontinents nutzen konnten.
- Australien ist ein Teil des Urkontinents Gondwanaland, der früher alle Südkontinente umfasste. Bereits vor 50 Mio. Jahren, noch vor der Entwicklung moderner Säugetiere, driftete Australien von den übrigen Südkontinenten weg.

In Abwesenheit der höheren Säugetiere haben die Beuteltiere die verschiedensten Lebensformtypen mit unterschiedlicher Lebensweise entwickelt. Sie bilden so gut wie alle ökologischen Nischen, die auf den übrigen Kontinenten die Placentasäuger bilden. Lediglich die Nische der großen Grasfresser fehlt in Australien.

Dabei kam es trotz unabhängiger Evolution von Beuteltieren und Placentasäugern zur Ausbildung ähnlicher Merkmale bei Vertretern der beiden Gruppen (► Bild 1; übereinstimmende Farbgebung). Man spricht von *konvergenter Evolution*. Die zahlreichen *Anpassungsähnlichkeiten* oder Konvergenzen beruhen auf gleichartigem Selektionsdruck, der Nutzung ähnlicher ökologischer Lizenzen und der Bildung ähnlicher ökologischer Nischen.

---

**1 Adaptive Radiation fand auch bei Pflanzen statt. Zeigen Sie an einigen Beispielen auf, welche Pflanzenarten unterschiedliche ökologische Nischen innehaben.**

## Die synthetische Theorie der Evolution

Die Evolutionstheorie von CHARLES DARWIN mit ihren Kernaussagen zur Überproduktion von Nachkommen, zu deren Variabilität und zur Bedeutung der Selektion hat nach wie vor Bestand. In DARWINS Konzept fehlte allerdings ein Verständnis der Vererbung, wie es zwar von seinem Zeitgenossen GREGOR MENDEL begründet, damals in seiner Bedeutung aber nicht erkannt wurde.

**Die synthetische Theorie.** *„Evolution, the modern Synthesis"* – der Titel eines Buchs des britischen Zoologen J. HUXLEY – gab der *synthetischen Theorie der Evolution* den Namen. Sie wurde von HUXLEY selbst, TH. DOBZHANSKY, S. WRIGHT, E. MAYR und anderen Biologen um 1940 entwickelt und vereint in einer „Synthese" DARWINS Evolutionstheorie mit neuen Erkenntnissen in verschiedenen Teildisziplinen der Biologie.

Die synthetische Theorie sieht vor allem die Population (nicht wie DARWIN die Art) und deren genetische Struktur im Zentrum des Evolutionsgeschehens und erklärt Evolution als Wandel von Allelfrequenzen (► S. 248). Jeder Faktor, der die Allelfrequenz im Genpool einer Population ändert, wird dabei als Evolutionsfaktor verstanden.

Die synthetische Theorie ist ein System von Aussagen, das Evolution als realhistorischen Prozess beschreibt und erklärt, der stattgefunden hat und weiter andauert. Sie ist die *umfassendste Theorie der Biologie* und liefert Erklärungen in sämtlichen Teilgebieten der Biologie, wodurch diese wiederum zur Bestätigung der Evolutionstheorie beitragen.

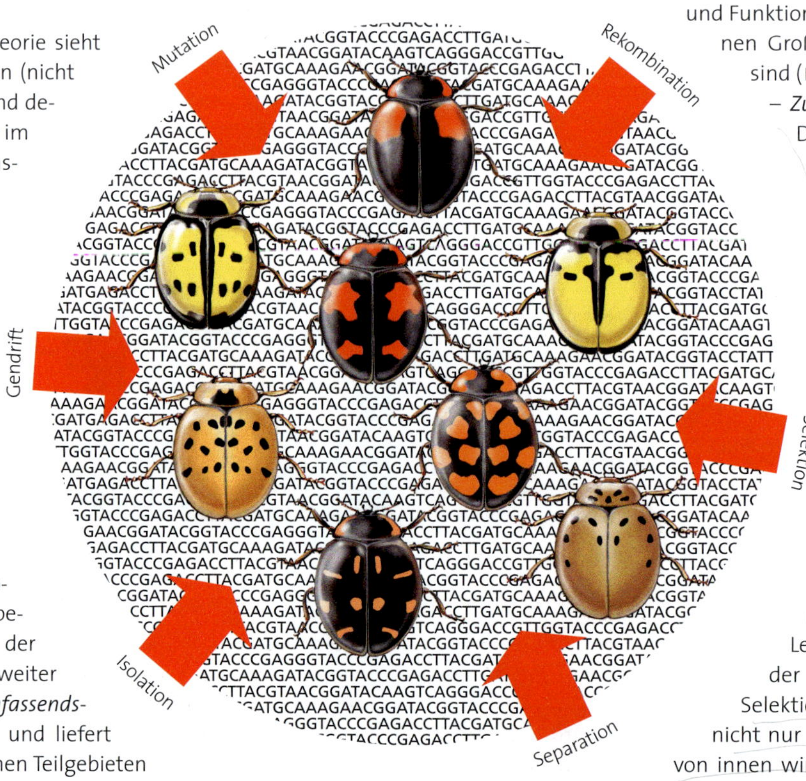


1 *Die Evolutionsfaktoren wirken auf den Genpool einer Population.*

**Weiterentwicklung und offene Fragen.** Wie jede Theorie (► S. 14) ist auch die synthetische Theorie der Evolution kein abgeschlossenes Konzept, sondern wird ständig an neuen Fakten auf Stichhaltigkeit überprüft und weiterentwickelt.

– *Gradualismus oder Punktualismus?* Artbildung lässt sich durch gleichmäßige, graduelle Veränderung von Populationen erklären. Nach diesem *Gradualismus* erfolgen auch große evolutive Wandlungen durch Anhäufung vieler kleiner Veränderungen in langen Zeiträumen. Der *Punktualismus* dagegen geht davon aus, dass lange Perioden evolutiven Stillstands punktuell von Zeiten des Artenwandels unterbrochen werden. Er stützt sich vor allem auf die Sprunghaftigkeit fossiler Funde, die der Gradualismus auf fehlendes fossiles Material zurückführt (► S. 268).

– *Mikro- oder Makroevolution?* Wie evolutive Prozesse unterhalb des Artniveaus, als *infraspezifische Evolution* oder *Mikroevolution* bezeichnet, durch Zusammenwirken verschiedener Evolutionsfaktoren ablaufen, gilt in den Grundzügen als verstanden. Ob die über Artunterschiede hinausgehende *transspezifische* oder *Makroevolution* eine ununterbrochene Forsetzung der Mikroevolution darstellt oder völlig anders geschieht, wird immer wieder kontrovers diskutiert. Die meisten Biologen gehen heute davon aus, dass auch die systematischen Großgruppen dadurch entstanden sind, dass sich zahlreiche kleine, durch die bekannten Evolutionsfaktoren bewirkte Veränderungen addierten. Durch diese *additive Typogenese* entstanden Schritt für Schritt neue Organe und Funktionen, die für die verschiedenen Großgruppen kennzeichnend sind (► S. 274/275).

– *Zufall oder Notwendigkeit?* Dass zufällige Prozesse wie Mutation und Gendrift, aber auch die deterministischen Vorgänge der Selektion in der Evolution wirken, ist in der Regel unumstritten. Welches Gewicht ihnen aber im Einzelnen zukommt, muss meist offenbleiben.

– *Systemtheorie oder Neutralitätstheorie?* Nach der *Systemtheorie* stehen die Strukturen und Funktionen eines Lebewesens so miteinander in Wechselwirkung, dass Selektionskräfte auf Lebewesen nicht nur von außen, sondern auch von innen wirken. Genmutationen wären danach fast zwangsläufig selektionswirksam. Nach der *Neutralitätstheorie* können sich dagegen molekulare Veränderungen selektionsneutral ansammeln und unterliegen dann vor allem der Gendrift.

---

**❶ Die Aussage DARWINS, dass die Nachkommen untereinander nicht vollkommen gleich sind, sondern eine bestimmte Variationsbreite zeigen, war zur damaligen Zeit nicht verständlich. Erklären Sie, durch welche Forschungsergebnisse man den scheinbaren Widerspruch „Gleiches bringt Gleiches hervor – aber nicht exakt" schließlich auflösen konnte.**

**❷ Bestimmte Merkmale variieren innerhalb einer Population kontinuierlich und werden so der Selektion zugänglich. Erörtern Sie, warum die mendelsche Genetik solche kontinuierlichen Variationen nicht erklären kann.**

## Kompetenzen

### Mithilfe dieses Kapitels können Sie

- biologische Vielfalt (Biodiversität) als Ergebnis der Evolution erklären und ihre Bedeutung bewerten
- die Entwicklung des Evolutionsgedankens und die Erklärungsversuche des Artenwandels durch LAMARCK und DARWIN zusammenfassend darstellen
- begründen, dass sich Evolution auf der Ebene von Populationen abspielt
- die Wirkung von Mutation, Rekombination, Selektion, Gendrift und Isolation als Evolutionsfaktoren in einer realen Population erläutern
- Umwelteinflüsse als Selektionsfaktoren beurteilen und Beispiele ihrer Wirkung beschreiben
- die Entstehung neuer Arten erklären und die Voraussetzungen dafür begründen
- Isolationsmechanismen nennen
- begründen, wie es zu adaptiver Radiation kommen kann, und Beispiele dafür angeben
- die synthetische Theorie der Evolution in ihren Grundzügen darstellen und mit der Evolutionstheorie DARWINS vergleichen

### Testen Sie Ihre Kompetenzen

Buntbarsche (Familie Cichlidae) sind in Süßgewässern Süd- und Mittelamerikas, Afrikas, Madagaskars und der Sinaihalbinsel verbreitet. In Indien leben drei Arten im Brackwasser. Im Meerwasser können Buntbarsche nicht überleben. Wegen ihrer bunten Färbung, die bei der Fortpflanzung eine Rolle spielt, wegen ihres auffälligen Balzverhaltens und der interessanten Brutpflege sind sie beliebte Aquarienfische.

In den geologisch jungen Seen Ostafrikas leben Hunderte jeweils nur in dem einen See vorkommende Buntbarscharten, dagegen keine oder wenige andere Fische. Die in einem See vorkommenden Arten sind untereinander enger verwandt als mit Buntbarscharten anderer Seen. Die jeweils über 500 Arten des Malawisees und des Victoriasees stammen nach molekulargenetischen Untersuchungen sogar alle von nur je einer Stammart ab.

Das Nahrungsspektrum der in *einem* See lebenden Arten ist sehr unterschiedlich, ebenso ihr Vorkommen in den verschiedenen Zonen des Sees.

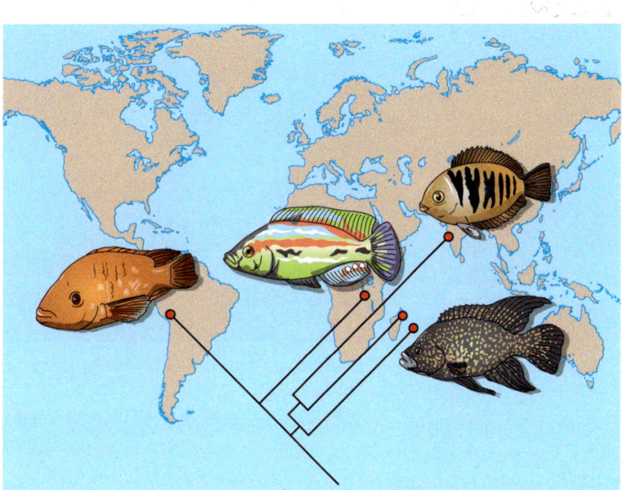

**1** Erklären Sie die Entstehung neuer Arten nach der synthetischen Theorie der Evolution.

**2** Begründen Sie, wie sich innerhalb eines evolutiv kurzen Zeitraums eine derart große Zahl von Buntbarscharten in den afrikanischen Seen bilden konnte. Benennen Sie den Vorgang mit dem Fachbegriff. Beziehen Sie sich in Ihrer Begründung auch auf das Bild unten.

**3** Erklären Sie, was man unter sexueller Selektion versteht, und begründen Sie die im Text rechts aufgestellte Hypothese zur Ursache der Artenvielfalt bei den Buntbarschen.

**4** Interpretieren Sie die im Bild oben gezeigte geographische Verbreitung der Buntbarsche und ihre Verwandtschaftsbeziehungen. Ziehen Sie dazu auch Ihre erdgeschichtlichen Kenntnisse heran oder informieren Sie sich anhand von Bild 1 auf Seite 270.

Die außergewöhnliche Cichlidenvielfalt in den afrikanischen Seen könnte auch eine Folge von sexueller Selektion sein, da diese Fische ein komplexes Balzverhalten haben und verwandte Arten sich oft in ihrer Hochzeitsfärbung unterscheiden.

D. J. Futuyma

Kopf- und Zahnformen ostafrikanischer Buntbarsche

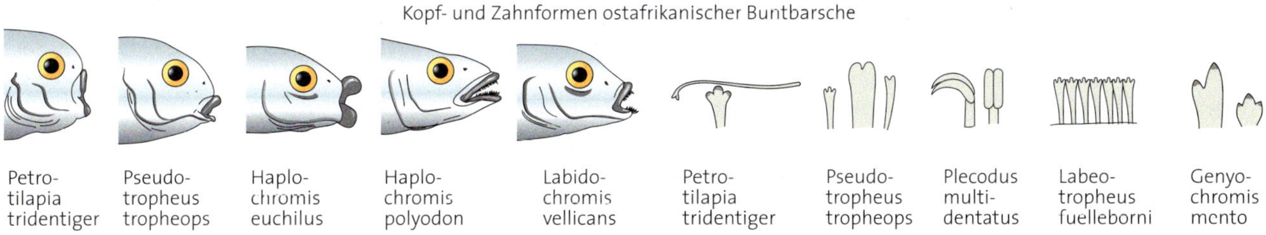

# Ergebnisse der Evolution

1 *Breitflügelfledermaus auf Beuteflug, zu dem sie ihr Tagesquartier nach Sonnenuntergang verlässt*

*Gliedmaßen zu Flügeln umgebildet, die Knochen nur dünne Versteifungen der faltbaren Flughaut, Orientierung in völliger Dunkelheit mit Ultraschall-Sonarsystem aus Kehlkopf als Sender und großen Ohrtrichtern als Empfänger, Beuteortung im Flug durch blitzschnelle Verrechnung der gesendeten Schallwellen und ihrer Echos, Atmung und Flügelschlag auf die Schallfrequenz abgestimmt – die Ergebnisse der Evolution versetzen uns ein übers andere Mal in Erstaunen. Umso mehr, wenn uns bewusst wird, dass die Fledermaus ihr Junges säugt wie eine Katze, Zähne hat wie ein Igel oder ihre Flügel „nach demselben Plan gebaut sind wie die Beine der Antilopen, der Maus, des Affen oder ... die Delfinflosse" (DARWIN).*

### Im Blickpunkt

- Homologie und Analogie: biologische Ähnlichkeit und ihre Erklärungen
- biogenetische Grundregel
- Fossilien als historische Dokumente der Evolution
- Kontinentaldrift: biogeographische Triebfeder der Evolution
- biologischer und morphologischer Artbegriff
- Stammbäume als Darstellung der Entwicklung heute lebender Tiere und Pflanzen
- die Systematik ordnet die Lebewesen nach ihrer Abstammungsähnlichkeit zu einem natürlichen System
- Baupläne der Tiere als Ergebnisse der Evolution

**GRUNDLAGEN** Alle Lebewesen sind das Ergebnis einer Jahrmillionen währenden Evolution. Sie lassen sich auf gemeinsame Ausgangsformen zurückführen und stehen somit in einem mehr oder weniger engen Verwandtschaftsverhältnis zueinander. Da Evolution ein historischer Prozess ist, lassen sich die Vorgänge der stammesgeschichtlichen Entwicklung nicht direkt erforschen. Es gibt aber sehr viele Tatsachen aus allen Bereichen der Biologie, die nur als Ergebnis der Evolution vernünftig und widerspruchsfrei erklärt werden können. Keine andere Erklärung ist wahrscheinlicher, logischer und durch eine ähnliche Fülle an Argumenten gestützt.

Gemeinsame Abstammung oder Deszendenz zeigt sich
- an Merkmalen, in denen sich Lebewesen ähnlich sind,
- in Übereinstimmungen zwischen Vorfahren und Nachfahren mit Übergangs- oder Mosaikformen,
- in Entwicklungsreihen zu einer Höherentwicklung,
- in Übereinstimmung mehr oder weniger großer Bereiche der Erbinformation.

Um die Abstammungsverhältnisse und damit die Verwandtschaftsbeziehungen zwischen verschiedenen Arten zu klären, muss man vor allem herausfinden, ob Ähnlichkeiten zwischen ihnen auf übereinstimmende Erbinformation und damit auf gemeinsame Vorfahren zurückgehen oder ob es sich um funktionelle Ähnlichkeit handelt und damit um das Ergebnis einer ähnlichen Anpassung an ähnliche Umweltbedingungen.

## Formen biologischer Ähnlichkeit

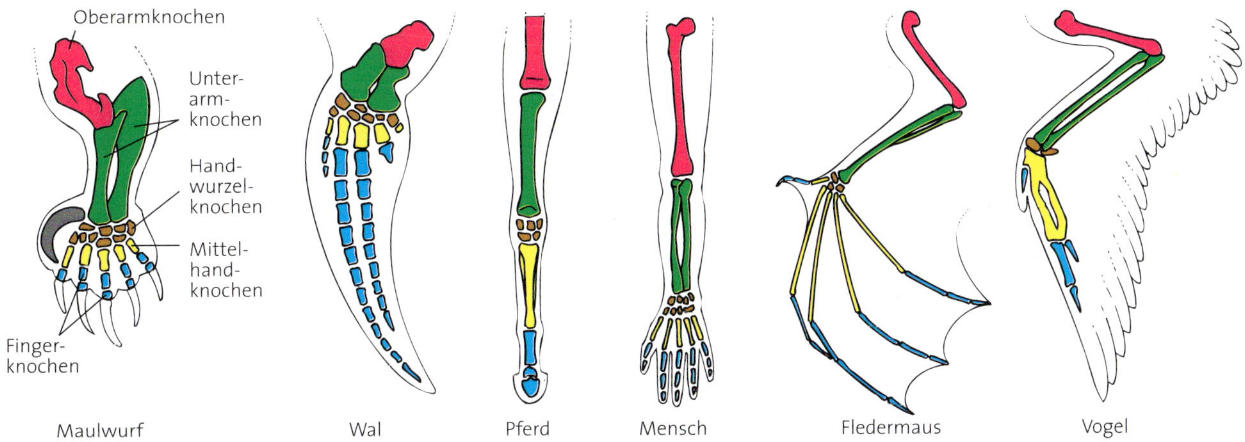


*1 Vordergliedmaßen verschiedener Wirbeltiere. Die einander entsprechenden Knochen haben jeweils dieselbe Farbe.*

Die Ähnlichkeit von Lebewesen kann entweder auf eine gemeinsame Abstammung oder auf ähnliche funktionelle Erfordernisse und Anpassung an gleiche Lebensbedingungen zurückgeführt werden. Ist die Ähnlichkeit verschiedener Arten groß, kann dies ein Zeichen enger Verwandtschaft sein, ebenso gut aber auch Folge eines gleichgerichteten Selektionsdrucks, ganz unabhängig von Verwandtschaft. Im ersten Fall spricht man von *homologer Ähnlichkeit* oder *Homologie*, im zweiten Fall von *analoger Ähnlichkeit* oder *Analogie*. Erst eine genaue Untersuchung kann diese Formen biologischer Ähnlichkeit unterscheiden.

**Homologie.** Die Vordergliedmaßen verschiedener Wirbeltiere sehen sehr unterschiedlich aus und dienen verschiedenen Zwecken. Untersucht man aber die Skelette, zeigen sich beträchtliche Übereinstimmungen: Ein Oberarmknochen, zwei Unterarmknochen, Handwurzelknochen, Mittelhandknochen und Fingerknochen sind das gemeinsame Grundmuster. In Anpassung an die jeweilige Lebensweise sind die einzelnen Skelette aber verschieden geformt. Die grundsätzliche Ähnlichkeit im Bau der Gliedmaßen der Wirbeltiere lässt sich am einfachsten erklären, wenn man davon ausgeht, dass die Grundstruktur auf übereinstimmender Erbinformation beruht, die verschiedene Abwandlungen erfahren hat. Eine derartige *Ähnlichkeit biologischer Strukturen bei verschiedenen Lebewesen aufgrund übereinstimmender Erbinformation* bezeichnet man als *Homologie*. Findet man umgekehrt bei verschiedenen Lebewesen homologe Organe, so haben sie demnach gemeinsame Vorfahren.

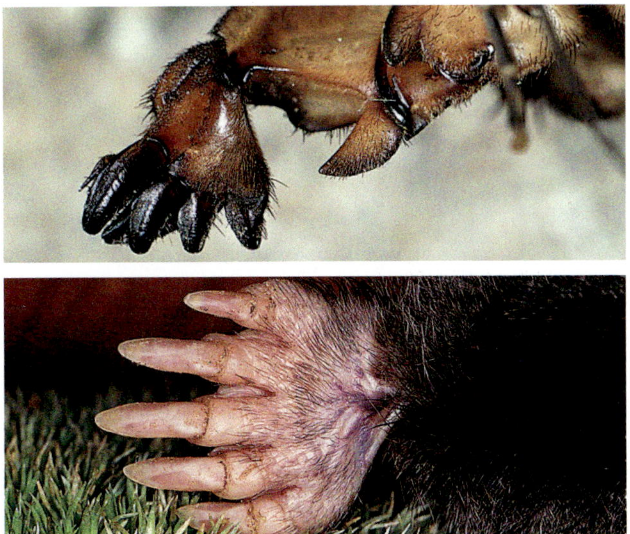

*2 Grabschaufel: Maulwurfsgrille (oben), Maulwurf (unten)*

**Analogie.** Bei Maulwurf und Maulwurfsgrille haben sich aus den völlig verschiedenen Grundstrukturen des Insektenbeins und der Säugetierhand funktionell und auch im Aussehen ähnliche Graborgane entwickelt (▶ Bild 2). Eine solche *Funktionsähnlichkeit biologischer Strukturen bei verschiedenen Lebewesen* bezeichnet man als *Analogie*. Die Übereinstimmung besteht allerdings nur bei oberflächlicher Betrachtung. Im Detail ergeben sich zahlreiche Unterschiede: Die Grabschaufel der Maulwurfsgrille wird von einem Außenskelett aus Chitin mit offenen Hämolymphräumen gebildet, während die Maulwurfshand ein knöchernes Innenskelett und ein geschlossenes Blutgefäßsystem aufweist. Die Ähnlichkeit kann daher nicht auf übereinstimmender Erbinformation beruhen. Sie hat ihre Ursache in einem vergleichbaren Selektionsdruck, ist also *Anpassungsähnlichkeit*. Man spricht von *Konvergenz*.

Da Analogie und Konvergenz auf unterschiedlichen Grundstrukturen mit verschiedenartiger Erbinformation basieren, sind sie kein Beweis für gemeinsame Abstammung, wohl aber für vergleichbare Lebensbedingungen.

---

1. **Männliche Hirschkäfer und Rothirsche setzen ähnliche Instrumente beim Rivalenkampf ein. Beurteilen Sie, ob Hirschgeweih und Kopfzangen der Hirschkäfer homologe oder analoge Organe sind.**
2. **Fledermausflügel und Grabschaufel des Maulwurfs sind homolog, die Grabschaufel von Maulwurf und Maulwurfsgrille analog. Untersuchen Sie weitere Merkmale der drei Tierarten daraufhin, ob sie als Beweis dafür dienen können, dass Maulwurf und Fledermaus miteinander verwandt sind, Maulwurf und Maulwurfsgrille aber nicht.**

## Homologien im Bau der Lebewesen

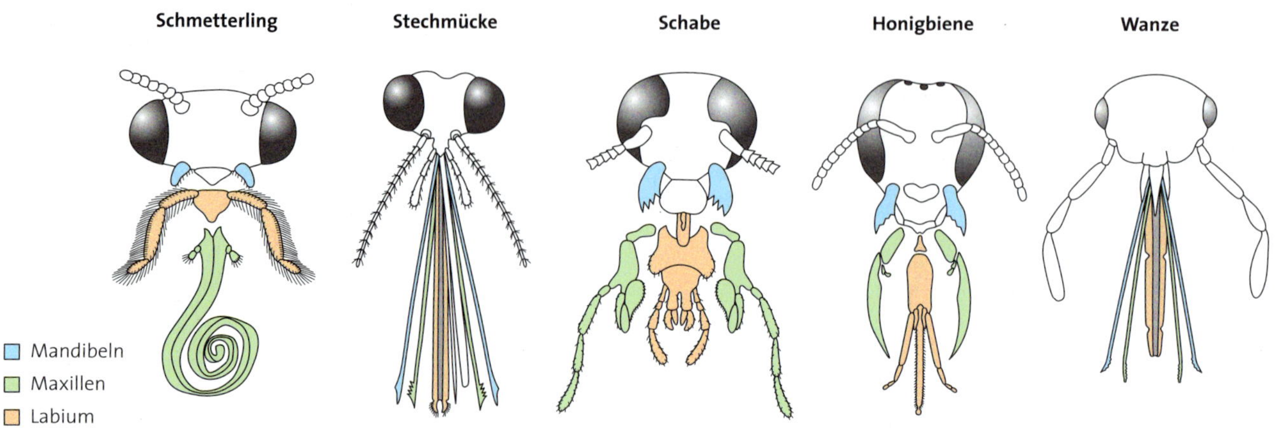


*1 Homologie bei den Mundwerkzeugen verschiedener Insekten*

Im Verlauf der Evolution haben sich viele Strukturen durch Funktionswechsel oft so sehr verändert, dass ihre Homologie nicht immer leicht erkennbar ist. Anhand von drei verschiedenen Kriterien lässt sich Homologie feststellen.

**Kriterium der Lage.** Strukturen sind dann homolog, wenn sie in einem vergleichbaren Gefügesystem die gleiche Lage einnehmen. Dies gilt beispielsweise für die Vordergliedmaßen der Wirbeltiere und ihre Knochen, die in ihrer Lage im Gesamtgefüge und relativ zueinander übereinstimmen. Entsprechendes gilt für die Mundwerkzeuge der Insekten, deren Bauteile je nach Lebensweise sehr verschieden gestaltet sind, aber nach Lage und Anordnung übereinstimmen (▸ Bild 1).

**Kriterium der spezifischen Qualität.** Komplex gebaute Organe sind homolog, wenn sie in besonderen Einzelheiten ihres Aufbaus übereinstimmen. Wirbeltierzähne und Haischuppen lassen sich beispielsweise durch übereinstimmenden Aufbau aus Pulpa, Dentin und Schmelz homologisieren (▸ Bild 2).

**Kriterium der Stetigkeit.** Homologie liegt auch dann vor, wenn stark abgewandelte Organe durch eine Reihe von Zwischenformen so miteinander verbunden sind, dass sie einen Übergang von der einen Struktur zur anderen erkennen lassen. Solche Zwischenformen können in der Individualentwicklung auftreten, bei verwandten Arten oder durch Fossilien aus der Stammesentwicklung erhalten sein. So lassen sich die Gehörknöchelchen der Säugetiere mit Schädelknochen der Fische und Reptilien homologisieren (▸ Bild 3). Für das Beinskelett des heutigen Pferds lässt sich anhand fossiler Zwischenformen belegen, wie durch Reduktion einzelner Glieder aus einem fünfstrahligen Fuß eine einstrahlige Form entstand (▸ S. 271).

**Entwicklungsreihen.** Kennt man mehrere Abwandlungsformen homologer Strukturen, so lassen sie sich in einer merkmalsgenetischen Reihe anordnen. Zunächst ist eine solche Reihe von beiden Seiten her lesbar. Um zu entscheiden, welche Formen ursprünglich und welche abgeleitet sind, müssen weitere Ergebnisse der Evolutionsforschung herangezogen werden. Lassen sich homologe Organe in stammesgeschichtlichen Reihen vom Einfachen zum Komplizierten ordnen, spricht man von *Progressionsreihen*. Beispiele sind Blutkreislauf, Gehirn, Atmungs- und Ausscheidungsorgane der verschiedenen Wirbeltierklassen. Umgekehrt sind *Regressionsreihen* Abwandlungsreihen, bei denen homologe Organe Schritt für Schritt einfacher oder in der Zahl reduziert werden. Beispiele dafür sind die Reduktion des Flügelskeletts bei Straußenvögeln, die Gliedmaßenrückbildung bei verschiedenen Arten von Eidechsen oder die Regression der Zähne bei Walen.

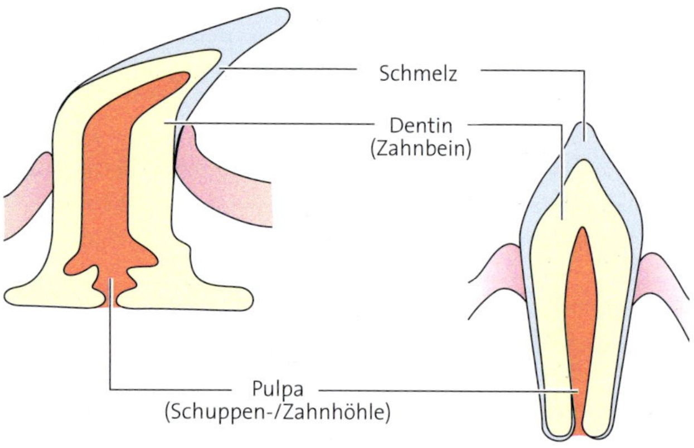


*2 Aufbau von Haischuppe und Wirbeltierzahn im Vergleich*

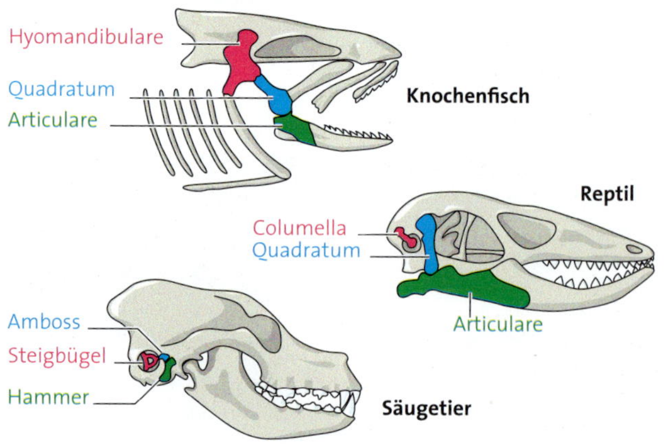


*3 Umbildung von Kiefergelenkknochen zu Gehörknöchelchen*

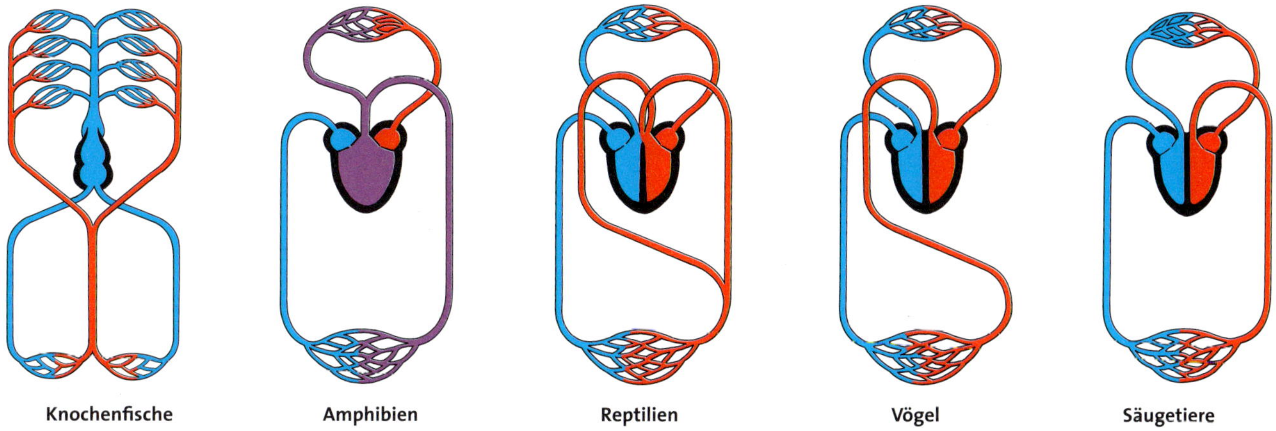


*1 Blutkreisläufe der Wirbeltiere: Progressionsreihe mit Reduktion von Aortenbögen und Trennung in zwei Teilkreisläufe*

**Organrudimente.** Viele Strukturen verschiedener Lebewesen sind funktionslos. Sie lassen sich als Rudimente (► S. 217) erklären, das heißt als Reste ehemals funktionstüchtiger Organe der Vorfahren, die im Verlauf der Evolution ihre Funktion verloren haben. Umgekehrt können Rudimente wichtige Hinweise auf die Abstammung liefern: Im Körperinnern mancher Wale findet man zum Beispiel Reste von Beckenknochen sowie rudimentäre Ober- und Unterschenkelknochen als Belege ihrer Abstammung von Vierfüßern. Das Haarkleid des Menschen ist Rudiment einer ursprünglich reichen Behaarung, unser Steißbein aus der Schwanzwirbelsäule rückgebildet und die rudimentäre Ohrmuskulatur ermöglicht nur noch manchem eine geringe Bewegung der Ohrmuscheln.

**Atavismen.** In seltenen Fällen treten durch Mutation ursprüngliche Merkmale, die nur von Vorfahren der Art bekannt sind, bei einzelnen Individuen wieder auf. Beim Pferd kann am Griffelbein, einem rudimentären Zeh, ein überzähliger Huf entstehen. Beim Menschen kann ein schwanzartig verlängertes Steißbein wieder auftreten. Ein solcher Atavismus lässt sich damit erklären, dass Erbinformation der Vorfahren noch vorhanden ist und anomal wieder verwirklicht wird.

**Übereinstimmungen im Zellbau.** Alle Lebewesen bestehen aus Zellen mit fundamentalen Homologien in ihrem Aufbau aus Cytoplasma und Biomembranen. Allen Eukaryoten ist der Besitz von Zellkern, Chromosomen, Mitochondrien und anderen Zellorganellen gemeinsam. Prokaryoten unterscheiden sich von Eukaryoten unter anderem dadurch, dass bei ihnen die DNA nicht von einer Kernhülle umgeben ist und viele Zellorganellen, beispielsweise die Ribosomen, einen anderen Feinbau aufweisen (► S. 56, 57).

---

**1** **Flugunfähige Vögel wie der neuseeländische Kiwi oder der afrikanische Strauß besitzen Flügelstummel. Erklären und deuten Sie diesen Sachverhalt.**

**2** **Die Schwimmblase der Knochenfische, die der Auftriebsregulation dient, ist der Lunge der Landwirbeltiere homolog. Die Wand der Schwimmblase enthält entsprechend der Lunge zahlreiche Blutgefäße. Manche Fische wie die Lungenfische atmen mit diesem Organ sogar – neben ihrer Kiemenatmung – atmosphärischen Sauerstoff. Begründen Sie anhand verschiedener Kriterien die Homologie von Schwimmblase und Lunge.**

**3** **Ziehen Sie Folgerungen aus der Tatsache, dass in den Zellen der verschiedenen Lebewesen sowohl allen gemeinsame als auch unterschiedliche Strukturen vorkommen.**

**4** **Bei Drosophila gibt es eine Mutante mit vier wohl ausgebildeten Flügeln. Geben Sie dafür eine mögliche Erklärung an.**

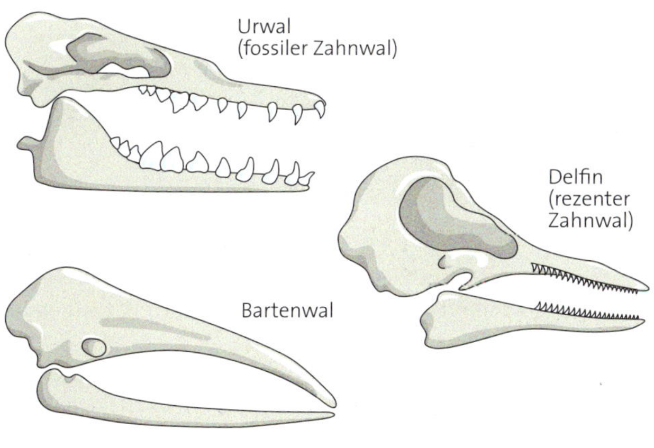


*2 Stammesgeschichtliche Reduktion: Zähne bei Walen*

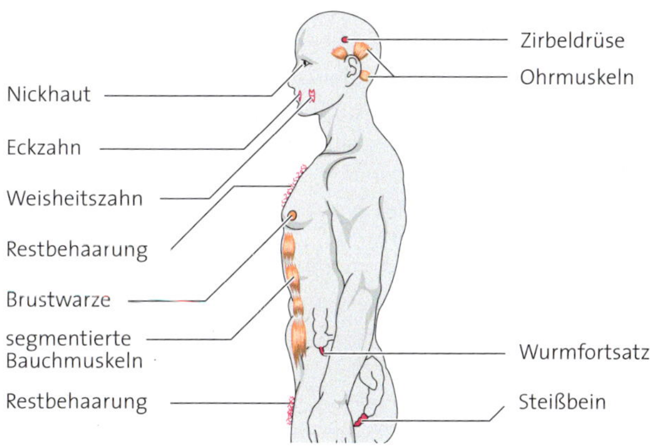


*3 Rudimente beim Mann (farbig hervorgehoben)*

## Homologien in Entwicklung und Verhalten

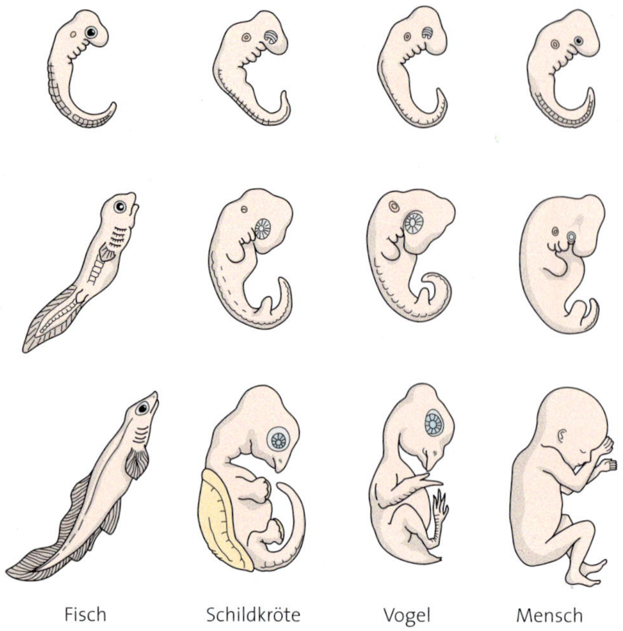


1 *Embryonalstadien von Wirbeltieren (gleicher Maßstab)*

Die frühen Embryonalstadien von Wirbeltieren verschiedener Klassen (► Bild 1) sind sich so ähnlich, dass sie sich nur schwer unterscheiden lassen. Sie gleichen alle den frühen Keimen der Fische. Die späteren Stadien werden dann einander immer unähnlicher und die Zuordnung zur jeweiligen Wirbeltierklasse gelingt leichter.

**Biogenetische Grundregel.** ERNST HAECKEL fasste diese Beobachtungen zur *biogenetischen Grundregel* zusammen: Die Keimesentwicklung *(Ontogenese)* verläuft wie eine kurze, schnelle und unvollständige Wiederholung der Stammesgeschichte *(Phylogenese)*. Diese Feststellung darf nicht so verstanden werden, dass sich während der Keimesentwicklung alle Strukturen der stammesgeschichtlichen Vorfahren voll und funktionstüchtig ausbilden. So besitzt beispielsweise der menschliche Embryo keine Kiemenspalten, sondern lediglich Anlagen dafür, die funktionslosen Kiementaschen. Neben solchen Wiederholungen oder Rekapitulationen entwickeln Embryonen immer auch Strukturen, die ausschließlich für ihre Lebensweise erforderlich sind. Dazu zählen beispielsweise die Keimhüllen der Reptilien, Vögel und Säuger.

Die Tatsache, dass viele Arten während ihrer Individualentwicklung bestimmte Organe anlegen, die nie eine erkennbare Funktion erfüllen und die dem erwachsenen Individuum fehlen, für andere Organismen aber typisch sind, lässt sich am einfachsten durch gemeinsame Abstammung und Verwandtschaft erklären. Bei der Sequenzierung *homöotischer Gene* (► S. 221) fand man, dass die Erbanlagen für die Steuerstoffe der Entwicklung bestimmter Körperregionen bei vielen Lebewesen übereinstimmen. Eine weitgehende Übereinstimmung der als *Homöobox* bezeichneten typischen DNA-Sequenzen der Entwicklungsgene liefert eine molekulargenetische Erklärung der biogenetischen Grundregel.

**Verhaltensweisen.** Angeborene Verhaltensweisen von Tieren derselben Art laufen in weitgehend gleicher, erblich festgelegter Weise ab (► S. 485). Dabei zeigen Verhaltensweisen verwandter Arten gemeinsame Elemente, die sich ähnlich wie Körpermerkmale homologisieren lassen.

So putzen Entenvögel bei der Einleitung der Balz scheinbar ihr Gefieder (► Bild 2). Der Branderpel bearbeitet bei diesem Übersprungsputzen das gesamte Gefieder, während der Stockerpel nur den dem Weibchen zugewandten Flügel auf der Innenseite putzt. Dagegen streicht der Knäkerpel nur über die Flügelaußenseite und der Mandarinerpel berührt lediglich eine orangefarbene Feder. Wie beim Homologisieren von Körpermerkmalen lassen sich auch in diesem Fall die drei Homologiekriterien anwenden. Die *spezielle Qualität* der Bewegungsweisen zeigt eine bestimmte zeitliche *Lage* im gesamten Verhalten der Tiere. Darüber hinaus lässt sie sich über *Zwischenformen* innerhalb der Entenvögel verbinden.

Das Homologisieren des Balzverhaltens bei Fasanenvögeln zeigt, wie sich bestimmte Verhaltensweisen voneinander ableiten lassen. Der dabei erkennbare Funktionswechsel des Verhaltens, der dessen Signalwirkung auf den Sozialpartner verbessert, wird *Ritualisierung* genannt. Während der Haushahn seine Hennen durch echtes Futterpicken anlockt, zeigt der Pfauhahn beim Radschlagen ein ritualisiertes Verhalten: Er schlägt das Rad unabhängig vom Vorhandensein eines Futterkorns. Das Balzverhalten von Glanzfasan und Pfaufasan kann als Zwischenform verstanden werden.

Das Homologisieren von Verhaltensweisen wird dann erschwert, wenn ererbtes Verhalten stark von erlerntem Verhalten überlagert wird. Dies gilt besonders für den Menschen.

2 *Scheinputzen als Teil des Balzverhaltens bei Entenvögeln*

1. **Suchen Sie nach übereinstimmenden Merkmalen, durch die sich die frühen Embryonalstadien der verschiedenen Wirbeltierklassen ähnlich sehen.**
2. **Der menschliche Embryo besitzt ab dem 3. Schwangerschaftsmonat ein dichtes, als Lanugo bezeichnetes Haarkleid, das erst kurz vor der Geburt wieder abgestoßen wird. Entwickeln Sie zu diesem Befund eine Hypothese.**

## Molekularbiologische Homologien

Alle Lebewesen weisen die gleichen chemischen Grundbausteine auf und verwenden den gleichen genetischen Code. Viele Stoffwechselprozesse wie Glykolyse, Citronensäurezyklus, Energieübertragung durch ATP und die Proteinbiosynthese laufen bei der Mehrzahl der Pflanzen und Tiere gleich ab. Diese und viele weitere molekularbiologische Ähnlichkeiten bei verschiedenen Lebewesen lassen sich durch übereinstimmende Erbinformation, also durch Homologie erklären.

**Serumreaktion oder Präzipitinreaktion.** Analysen der Aminosäuresequenz von Proteinen oder der Basensequenz von DNA sind aufwendige Verfahren und erst seit Kurzem verfügbar. Daher wurde vor allem früher die Serumreaktion verwendet, um den Verwandtschaftsgrad mithilfe molekularbiologischer Homologien zu ermitteln. Dazu spritzt man beispielsweise einem Kaninchen etwas menschliches Blutserum. Das Kaninchen entwickelt daraufhin Antikörper gegen die Proteine des menschlichen Serums. Entnimmt man nach einiger Zeit dem Kaninchen Blut und bringt das daraus gewonnene Blutserum mit menschlichem Serum zusammen, verklumpen die Antikörper alle gelösten Proteine durch Präzipitation. Diese Reaktion heißt *Präzipitinreaktion*. Bringt man Serum eines gegen Menschenserum empfindlichen Kaninchens mit Serum anderer Tierarten zusammen, gilt der Grad der Ausfällung als Maß für die Verwandtschaft dieser Tiere mit dem Menschen. Nachteilig bei der Präzipitinreaktion ist, dass sie sich nicht bei allen Tierarten anwenden lässt und die Ergebnisse insgesamt zu wenig differenziert sind.

**Aminosäuresequenz von Proteinen.** Proteine sind durch Kettenlänge und Sequenz ihrer Aminosäurebausteine eindeutig gekennzeichnet (► S. 41, 42). Da die Aminosäuresequenz durch Gene codiert ist, darf man Sequenzübereinstimmung von Proteinen verschiedener Arten als unmittelbaren Ausdruck gemeinsamer Abstammung ansehen. So lässt sich beispielsweise die Aminosäuresequenz des Membranproteins *Cytochrom c* vergleichen, das in der Atmungskette aller aeroben Eukaryoten vorkommt (► Bild 1). Etwa ein Drittel der Positionen der gesamten Sequenz sind bei den aufgeführten Arten von gleichen Aminosäuren besetzt. Arten mit deutlich größerer Übereinstimmung wie Rind und Pferd oder Mensch und Rhesusaffe sind besonders nahe verwandt. Bei ihnen unterscheidet sich das Cytochrom c nur an wenigen Positionen.

| | |
|---|---|
| Mensch | ...CSQCHTVEKGGKHKTGPNLHGLFGRKTGQAPG... |
| Rhesusaffe | ...CSQCHTVEKGGKHKTGPNLHGLFGRKTGQAPG... |
| Pferd | ...CAQCHTVEKGGKHKTGPNLHGLFGRKTGQAPG... |
| Schwein | ...CAQCHTVEKGGKHKTGPNLHGLFGRKTGQAPG... |
| Känguru | ...CAQCHTVEKGGKHKTGPNLNGIFGRKTGQAPG... |
| Goliathfrosch | ...CAQCHTCEKGGKHKVGPNLYGLIGRKTGQAAG... |
| Weizen | ...CAQCHTVDAGAGHKQGPNLHGLFGRQSGTTAG... |

*1 Ausschnitte aus der Aminosäuresequenz des Cytochroms c verschiedener Arten, die ein Maximum an Übereinstimmung (Homologie) ergeben. Farblich hervorgehoben sind vom menschlichen Cytochrom c abweichende Aminosäuren (Darstellung der Aminosäuren hier durch 1-Buchstaben-Symbole).*

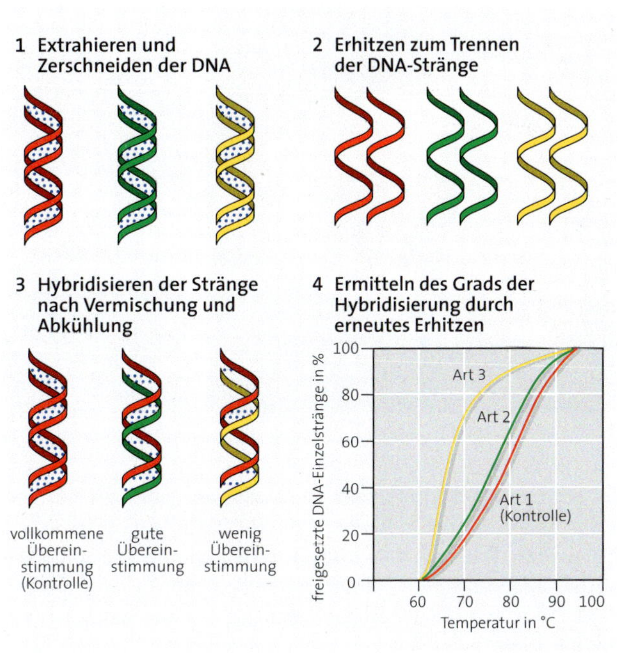


*2 Prinzip der DNA-DNA-Hybridisierung*

**DNA-DNA-Hybridisierung.** Auch ohne die genaue Abfolge ihrer Basen zu kennen, lässt sich die DNA verschiedener Arten vergleichen. Dazu wird zunächst die gereinigte DNA zweier Arten getrennt fragmentiert und erhitzt, bis die Wasserstoffbrücken aufbrechen und sich die komplementären Stränge trennen. Bringt man anschließend die Einzelstränge der verschiedenen Arten zusammen und kühlt ab, lagern sich komplementäre Sequenzen zu *Hybrid-Doppelsträngen* zusammen. Je ähnlicher die DNA der beiden Arten ist, desto mehr Wasserstoffbrücken bilden sich dabei aus und desto höher muss in einem weiteren Schritt die „Schmelztemperatur" sein, um die Stränge erneut zu vereinzeln. Diese Schmelztemperatur lässt sich experimentell ermitteln und dient als Maß für genetische Ähnlichkeit und damit Verwandtschaft der verglichenen Arten (► Bild 2).

**Analyse der DNA.** Geht man davon aus, dass alle Homologien auf übereinstimmender Erbinformation beruhen, ist der direkte Vergleich der DNA die unmittelbarste Bestimmung des Verwandtschaftsgrads zwischen Lebewesen. Je mehr Änderungen vorhanden sind, umso mehr Mutationen haben stattgefunden und umso größer ist die stammesgeschichtliche Distanz. Die *Sequenzierung der DNA* ist heute ein Routineverfahren (► S. 151). Die Polymerasekettenreaktion (► S. 150) bietet sogar die Möglichkeit, geringe DNA-Spuren aus Fossilien einzubeziehen, und ermöglicht dadurch einen Vergleich von heute lebenden mit ausgestorbenen Lebewesen. Viele heute noch strittige Fragen der Homologienforschung werden sich damit in Zukunft klären lassen.

**1 Erläutern Sie, warum sich aus Unterschieden in der Aminosäuresequenz eines Proteins bei verschiedenen Lebewesen auch Aussagen über unterschiedliche Basensequenzen der DNA machen lassen.**

## Fossilien als Zeugen vergangenen Lebens

*1–3 Beispiele für Fossilien: Bernsteineinschluss, Ammonitensteinkerne, versteinerte Baumstämme*

In den Gesteinsschichten der verschiedenen geologischen Epochen findet man *Fossilien*, versteinerte Reste von vorzeitlichen Lebewesen. Dazu zählt man auch Lebensspuren wie Abdrücke, Verfärbungen oder Fraßgänge. Mit dem Leben vergangener Erdzeitalter befasst sich die *Paläontologie* als Wissenschaft.

**Fossilisation.** In der Regel werden Lebewesen nach ihrem Absterben schnell zerstört und bakteriell zersetzt. Für die Bildung von Fossilien, die *Fossilisation*, ist daher entscheidend, dass ***die Überreste der Lebewesen rasch in Sedimente***, also abgelagerte Verwitterungsprodukte der Erdkruste, ***eingebettet werden und diese sich schnell verfestigen***. Im erhärteten Sediment ist das Fossil vor Zerstörung durch Umlagerungen geschützt. Ein ***sauerstofffreies Medium*** verhindert zumindest teilweise die weitere Zersetzung. Deshalb findet man Fossilien häufig in Flachmeeren, Sümpfen, Flugsand, Asphaltseen oder in Dauerfrostböden, wo diese Bedingungen einigermaßen erfüllt sind. Vielfach sind auch Ganzkörperfossilien in Bernstein, einem fossilen Harz früherer Nadelbäume, eingeschlossen (▸ Bild 1). Hin und wieder wurden beim Austreten des Harzes aus den Bäumen Insekten und andere kleine Lebewesen überflossen und eingeschlossen. Heute kann man aus den Einschlüssen Aussagen über die damalige Pflanzen- und Tierwelt machen. In Gegenden mit extremer Trockenheit können tote Lebewesen durch Austrocknung als Mumien konserviert werden. Am häufigsten sind widerstandsfähige Hartteile wie Knochen, Schuppen, Zähne, Chitinpanzer oder Schalen als Fossilien erhalten. Aber auch fossile Bakterien, Pollenkörner oder Einzeller sind als *Mikrofossilien* bekannt.

In den Sedimentschichten können mineralhaltige Lösungen in das Fossil eindringen und das ursprünglich organische Material mineralisieren. Bei versteinerten Baumstämmen (▸ Bild 3) drang beispielsweise Kieselsäure in das Gewebe des toten Baums ein und ersetzte das organische Material. Steinkerne (▸ Bild 2) entstehen dann, wenn sich Hohlräume wie eine Schale mit eindringendem Sediment füllen und dieses erhärtet. Der Steinkern zeigt dann den inneren Abdruck der Schale.

Die Entstehung von Fossilien ist ein seltenes Ereignis und wie das Auffinden der Fossilien immer von Zufällen abhängig, sodass es unwahrscheinlich ist, aus der Analyse von Fossilien ein vollständiges Bild des Evolutionsablaufs zu erhalten. Dennoch haben Fossilien als Zeugnisse der Evolution eine besondere Bedeutung. Zum einen sind sie direkte Dokumente vergangener Lebewesen, zum anderen ermöglichen sie deren zeitliche Einordnung.

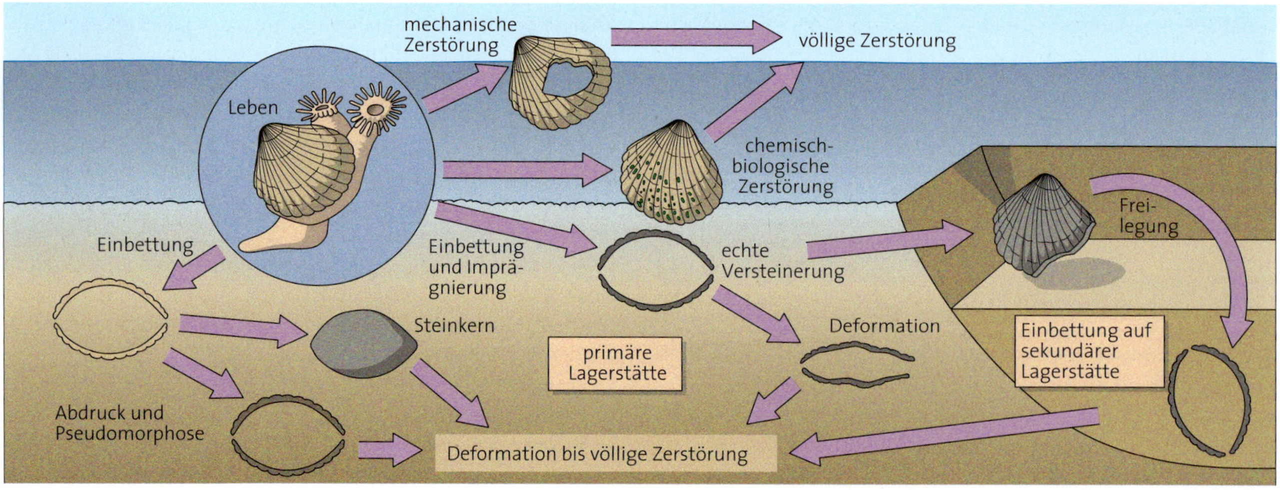


*4 Schematische Darstellung der Fossilisation*

**Altersbestimmung.** Um Fossilien bestimmten Erdepochen zuordnen zu können, muss ihr Alter bestimmt werden.

Die *relative Altersbestimmung* geht davon aus, dass Sedimentgesteine umso älter sind, je tiefer sie in einer ungestörten Schichtenfolge liegen (stratigrafisches Alter). Ein Vergleich mit heute ablaufenden Ablagerungsprozessen ermöglicht eine Schätzung des relativen Alters einer bestimmten Schicht und der in ihr liegenden Fossilien. Manche Fossilien kommen für eine geologisch kurze Zeit ausschließlich in einer bestimmten Schicht vor, sind dort aber weit verbreitet. Man nennt sie *Leitfossilien*, da ihr Vorkommen als Merkmal dieser Schicht gilt. So sind beispielsweise verschiedene Trilobiten für bestimmte Abschnitte des Erdaltertums kennzeichnend, während verschiedene Ammoniten für bestimmte Zeitabschnitte des Erdmittelalters typisch sind (▶ Bild 2).

Die *absolute Altersbestimmung* ist eine physikalische Methode, die auf dem Zerfall radioaktiver Isotope im Fossil selbst oder im umgebenden Gestein beruht (radiometrische Datierung). Die Zeit, in der die Hälfte des Ausgangsstoffs zerfällt, wird als Halbwertszeit bezeichnet. Da die Geschwindigkeit des radioaktiven Zerfalls von äußeren Einflüssen unabhängig ist, erlaubt die Kenntnis von Halbwertszeit und Mengenverhältnis von Ausgangs- und Endprodukt die Berechnung der Zeit, in der sich dieses Mengenverhältnis eingestellt hat. Da die Konzentration des Ausgangsstoffs mit fortschreitender Zerfallszeit immer kleiner und damit schwieriger zu ermitteln ist, können sehr alte Fossilien nur mit radioaktiven Elementen bestimmt werden, die eine hohe Halbwertszeit haben.

Besondere Bedeutung hat die *Kalium-Argon-Methode* erlangt, die bei vulkanischem Gestein angewendet werden kann. Sie beruht darauf, dass radioaktives Kalium ($^{40}K$) mit einer Halbwertszeit von 1,3 Milliarden Jahren zu Argon ($^{40}Ar$) zerfällt. Da bei einem Vulkanausbruch das Argon aus dem geschmolzenen Gestein entweicht, ist frisch erstarrte Lava frei davon. Durch Zerfall von radioaktivem Kalium im Gestein entsteht wieder neues Argon. Bestimmt man dessen Gehalt, lässt sich das Alter der Lava errechnen.

**Ergebnisse der Paläontologie.**

- So gut wie alle Fossilien können mithilfe der Homologiekriterien bestimmten heute vorkommenden Tier- und Pflanzengruppen zugeordnet werden.
- Je älter Fossilien sind, umso mehr weichen sie von den heute lebenden (rezenten) Formen ab. Nicht alle Gruppen der Lebewesen waren von Anfang an vertreten.
- Viele Formen zeigen im Verlauf der Zeit eine zunehmende Kompliziertheit. Daneben findet man aber auch Rückbildungen, wie beispielsweise bei manchen Parasiten.
- Die verschiedenen systematischen Gruppen treten nacheinander auf. So erscheinen beispielsweise Lurche erst lange nach den Fischen, die Reptilien folgen später und noch später erscheinen Säugetiere und Vögel.
- Für viele Fossilien lassen sich Entwicklungsreihen abgestufter Ähnlichkeit aufstellen, bei denen sich eine Entwicklung in kleinsten Schritten nachvollziehen lässt.
- Merkmale ausgestorbener Arten treten nicht wieder in gleicher Weise auf. Evolutionsvorgänge sind unumkehrbar.
- Die meisten Pflanzen- und Tierarten sind auf eine bestimmte geologische Epoche beschränkt und sterben dann aus.
- Nur sehr wenige Formen haben lange Perioden unverändert überdauert.

---

**1** **Betrachten Sie Bild 2 und geben Sie an, weshalb sich diese Ammoniten als Leitfossilien eignen.**

**2** **Begründen Sie die folgende Aussage: Die Entdeckung eines Fossils ist der Höhepunkt einer Abfolge unwahrscheinlicher Zufälle.**

**3** **Bei der Radiokarbonmethode nutzt man den Zerfall des radioaktiven Kohlenstoffisotops $^{14}C$ zu $^{14}N$. Über die Fotosynthese wird $^{14}C$ aus dem $CO_2$ der Luft in Pflanzen und über die Nahrungskette in Tiere eingebaut. Nach dem Tod eines Lebewesens zerfällt $^{14}C$ mit einer Halbwertszeit von 5 730 Jahren.**

**a) Ein Mammutknochen enthält nur noch $\frac{1}{32}$ des Gehalts vom ursprünglichen $^{14}C$-Gehalt. Berechnen Sie das Alter des Fossils.**

**b) Begründen Sie, warum sich mit der $^{14}C$-Methode nur junge Fossilien datieren lassen.**

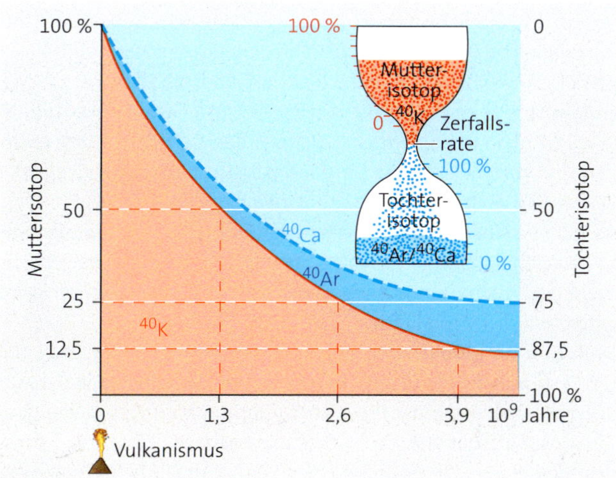


1 *Kalium-Argon-Methode*

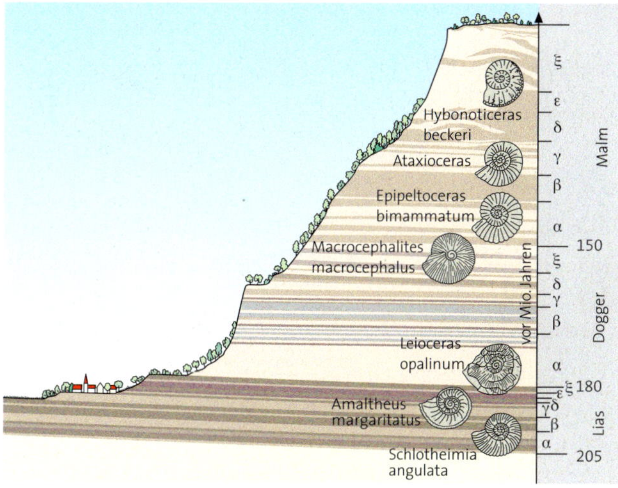


2 *Fossilien einer Schichtstufenlandschaft*

## Biogeographie

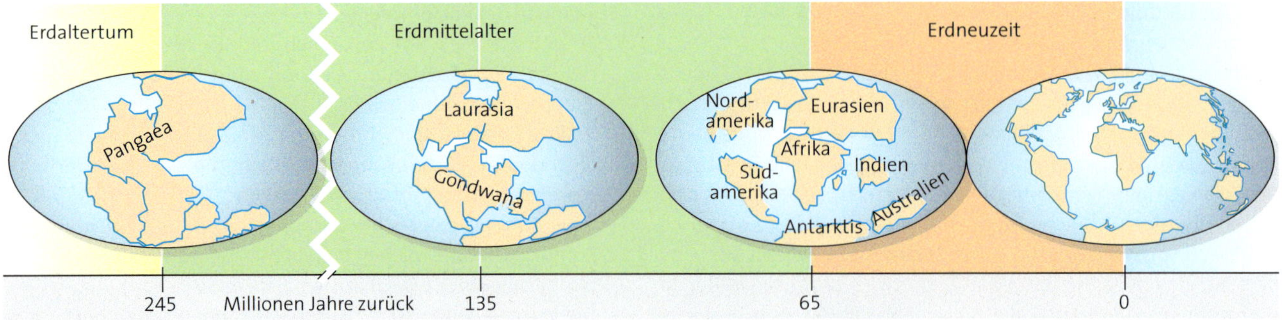


1 *Die heutige Lage der Kontinente entstand durch Kontinentalverschiebung im Laufe von Jahrmillionen.*

Die *Biogeographie* untersucht die *räumliche Verteilung* der Lebewesen *unter Berücksichtigung stammesgeschichtlicher Entwicklungen*. Sie erforscht die Prozesse der Separation, Isolation, Anpassung und die Bildung ökologischer Nischen. Das Verbreitungsmuster der heute lebenden (rezenten) Organismen auf der Erde findet durch die Evolutionstheorie und die Theorie der Plattentektonik ihre Erklärung.

**Kontinentaldrift.** Forschungsergebnisse der Geologie zeigen, dass die heutige Lage der Kontinente erst im Verlauf von vielen Millionen Jahren entstanden ist. Die *Theorie der Plattentektonik* erklärt heute die globalen Bewegungsvorgänge dadurch, dass feste Erdplatten über einem zähflüssigen oberen Erdmantel durch Konvektionsströme verschoben werden.

Im *Erdaltertum vor etwa 250 Millionen Jahren gab* es auf der Erde nur einen Kontinent, den Urkontinent *Pangaea*. Dieser zerbrach vor ungefähr 180 Millionen Jahren in eine nördliche und eine südliche Landmasse, die auseinanderdrifteten. Die anhaltende Verschiebung der Kontinente, die *Kontinentaldrift*, führte schließlich zur gegenwärtigen geographischen Verteilung der Kontinente, Inseln und Meere.

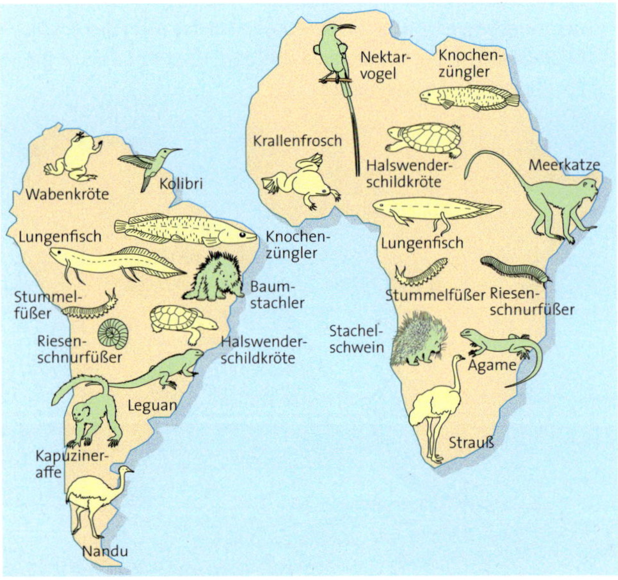


2 *Entwicklungsgeschichtlich alte (gelb) und junge Tiergruppen (grün) in Afrika und Südamerika*

**Die Tierwelt Afrikas und Südamerikas im Vergleich.** Vergleicht man einzelne Kontinente der Erde, fällt auf, dass jeder seine besonderen Pflanzen- und Tierformen besitzt. Bei einem Vergleich der Fauna Afrikas mit der von Südamerika erkennt man, dass die entwicklungsgeschichtlich alten Tiergruppen der beiden Kontinente vielfach nahe miteinander verwandt sind. Dies lässt sich damit erklären, dass beide Kontinente zum Zeitpunkt der Entwicklung dieser Gruppen noch eine zusammenhängende Landmasse waren. Nach der Trennung verlief die Evolution der Arten in beiden Kontinenten unabhängig, denn ein Genaustausch war nicht mehr möglich. Demgemäß stellt man zwischen den entwicklungsgeschichtlich jungen Tierarten Afrikas und Südamerikas keine direkten verwandtschaftlichen Beziehungen fest. Ähnlichkeiten zwischen ihnen beruhen in der Regel auf *Konvergenz*, also Anpassungsähnlichkeiten durch vergleichbare Lebensbedingungen.

**Kamele und ihre Parasiten.** Das afrikanische Dromedar, das asiatische Trampeltier und das südamerikanische Lama haben einen gemeinsamen Vorfahren. Die enge Verwandtschaft der Kamele zeigt sich beispielsweise daran, dass sie alle 74 Chromosomen im diploiden Satz und – als einzige Säugetiere – ovale rote Blutkörperchen besitzen. Bei allen drei Arten leben im Fell parasitische Läuse, die sich außerordentlich ähnlich sind. Die unterschiedlichen Lebensbedingungen auf den drei Kontinenten führten zwar zum Merkmalswandel bei den Kamelarten, ihre Parasiten standen aber offenbar zu keiner Zeit unter einem entsprechenden Selektionsdruck. Da Parasiten in der Regel hoch wirtsspezifisch sind, lassen gleiche Parasiten bei verschiedenen Arten den Schluss auf gemeinsame Vorfahren und damit Verwandtschaft zu.

**Endemiten.** Lebewesen, die auf bestimmte Gebiete beschränkt sind, nennt man *Endemiten*. Solche endemisch verbreitete Gruppen sind zum Beispiel die Darwinfinken der Galapagosinseln, die Beuteltiere Australiens, die altertümliche Pflanzenwelt der Kanarischen Inseln oder die auf Madagaskar und die Komoren beschränkten Halbaffen oder Lemuren. Ihr eng begrenztes Vorkommen lässt sich nur auf der Grundlage der Evolutionstheorie widerspruchsfrei erklären.

**Evolution im globalen Rahmen: die Pferdeartigen.** Am Beispiel der *Evolution der Pferdeartigen* zeigt sich eindrücklich, wie sich nur durch Kombination der Erkenntnisse und Fakten verschiedenster Wissenschaftsgebiete der Evolutionsverlauf für eine Organismengruppe rekonstruieren lässt. Dabei spielt die Paläogeographie eine entscheidende Rolle.

Die ältesten Fossilien der Vorläufer unserer heutigen Pferde stammen von dem 58 bis 36 Millionen Jahre alten Urpferd *Hyracotherium*. Es besaß niedrige, vierhöckerige Backenzähne, wie sie für ein Zerquetschen von weichen Laubblättern des Walds geeignet sind. Die Tiere mit einer Schulterhöhe von etwa 30 cm hatten am Vorderfuß vier, am Hinterfuß drei Zehen. Andere fossile Formen wie das in Messel gefundene *Propaläotherium*, *Mesohippus*, *Merychippus* und *Equus* sind durch Unterschiede in der Körpergröße, der Zehenzahl, der Schädelform und dem Bau der Zähne gekennzeichnet. Für alle fossilen Arten konnte die Zeit vom frühesten Auftreten bis zum Aussterben bestimmt werden.

Ein Vergleich des fossilen Materials lässt verschiedene Entwicklungstendenzen wie Größenzunahme und Reduktion der Zehenzahl erkennen, die sich oft unabhängig voneinander und schubweise durchsetzten. Immer wieder bedingte die Veränderung eines Körperteils die Umbildung des ganzen Körpers.

Die meisten Fossilfunde stammen aus Nordamerika, wo sich die stammesgeschichtliche Entwicklung der Pferde im Wesentlichen vollzogen hat. Durch die Lage der Kontinente und mehrmaliges Absinken des Meeresspiegels während des Tertiärs bestanden Landverbindungen zwischen Amerika und Eurasien, über die inzwischen ausgestorbene Pferdearten mehrfach nach Eurasien und Afrika einwanderten (► S. 270, Bild 1).

Die Paläoklimatologie liefert Erkenntnisse, dass vor rund 25 Millionen Jahren durch eine Klimaveränderung das zunächst feuchtwarme Klima kühler und trockener wurde. Der bis dahin weitverbreitete Laubwald wurde zu Grasland und Steppe, die Pferdeartigen von Wald- zu Steppentieren.

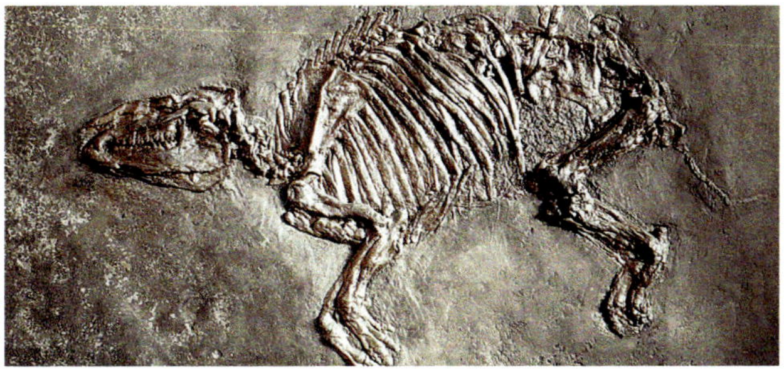

*1 Fossil von Propaläotherium, Fund aus Messel*

Die ausschließlich in Eurasien gefundenen Fossilien täuschten im 19. Jahrhundert eine zielgerichtete Entwicklung zum modernen Pferd vor. Erst die Auswertung aller Funde ergab ein Evolutionsgeschehen mit vielen Sackgassen und Seitenzweigen, bei dem durch Umweltveränderungen immer neue Selektionsfaktoren wirksam wurden. Stellt man den Entwicklungsverlauf zum heutigen Pferd nach dem gegenwärtigen Wissensstand dar, entsteht daher eher ein Stammbusch als ein Stammbaum.

**1 Die Kontinentalverschiebung gilt als eine wichtige Triebfeder für die Evolution. Erläutern Sie diese Aussage unter Berücksichtigung der verschiedenen Evolutionsfaktoren.**

**2 Betrachten Sie die abgebildeten Fossilfunde in Bild 2 und beschreiben Sie erkennbare Entwicklungstendenzen. Interpretieren Sie diese in Bezug zur Lebensweise der verschiedenen Pferdearten.**

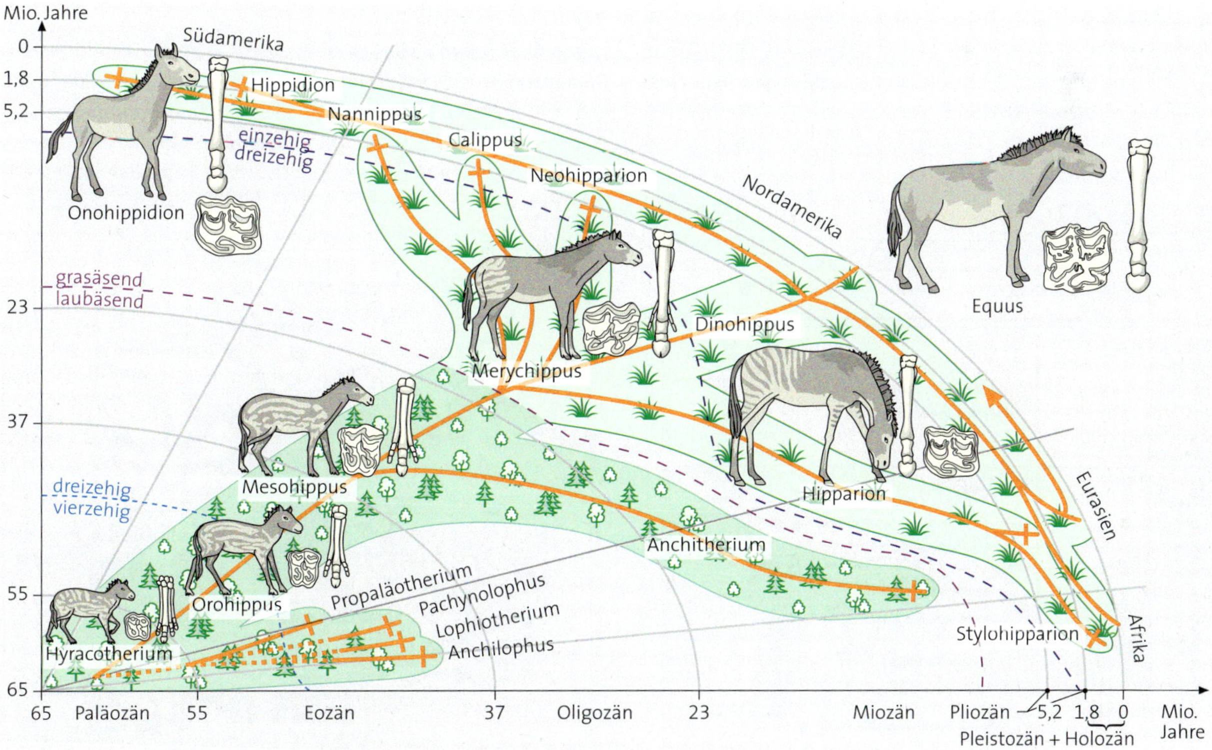


*2 Evolution der Pferdeartigen. Fossilfunde und Rekonstruktionen in einem geographisch-paläoökologischen Szenario*

## Ordnung der Lebewesen im Spiegel der Evolution

Alle Lebewesen sind als Ergebnis der Evolution miteinander verwandt. Nimmt man die Verwandtschaftsbeziehungen als Grundlage einer Ordnung der Lebewesen, ergibt sich ein *natürliches System* als Spiegelbild der Evolution. Seitdem CHARLES DARWIN die Evolutionstheorie begründete, ist es Ziel der biologischen Systematik, dieses phylogenetische Ordnungssystem zu erstellen, das die tatsächlichen, in der Natur vorgegebenen Verwandtschaftsbeziehungen aller heute lebenden und fossilen Arten wiedergibt.

**Artbegriff.** Populationen, die sich tatsächlich oder potenziell kreuzen, fruchtbare Nachkommen haben und von anderen fortpflanzungsbiologisch isoliert sind, bilden eine *biologische Art* oder *Biospezies*. Ihre Angehörigen stellen eine biologisch eng verwandte *Fortpflanzungsgemeinschaft* dar, da zwischen ihnen ein Genfluss besteht.

Dieser biologische Artbegriff lässt sich jedoch nicht anwenden, wenn sich Lebewesen nur asexuell oder parthenogenetisch fortpflanzen (▶S.213) oder die fruchtbare Kreuzung in der Natur nicht beobachtet werden kann. Für fossile Arten hat er ohnehin keine Gültigkeit. Da aber die Individuen einer Biospezies auch in ihren wichtigen Körpermerkmalen übereinstimmen, wird vielfach ein morphologischer Artbegriff angewandt. Danach bilden Lebewesen, die in allen wesentlichen Merkmalen untereinander und mit ihren Nachkommen übereinstimmen, eine *morphologische Art* oder *Morphospezies*.

**Hierarchisches Ordnungssystem.** Bereits im ersten wissenschaftlichen Ordnungssystem der Organismen, dem *Systema Naturae* von 1735, grenzte CARL VON LINNÉ Arten aufgrund „natürlicher Kennzeichen" voneinander ab. Ähnliche Arten fasste er zu Gattungen zusammen, Gattungen zu Familien, diese zu Ordnungen und die Ordnungen zu Klassen. Dieses ineinandergeschachtelte, *hierarchische System aus systematischen Kategorien* ist bis heute in der Biologie Grundlage der Klassifikation, also der systematischen Ordnung der Lebewesen (▶Bild 1). Auch die von LINNÉ eingeführte *binäre Nomenklatur* (▶S.245) aus Gattungs- und Artname wurde beibehalten.

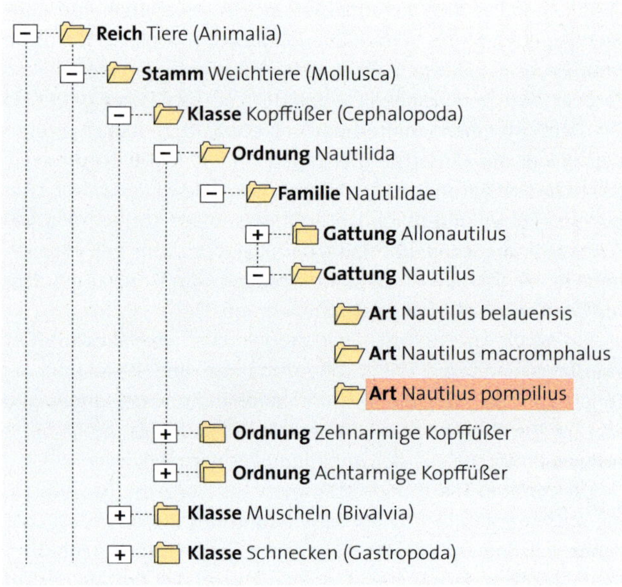


1 Heutiges hierarchisches Ordnungssystem

Zwar ordnete LINNÉ die Lebewesen nach ihrer Ähnlichkeit in die systematischen Kategorien ein, er verwendete dazu jedoch willkürlich ausgewählte Merkmale wie Zahl und Anordnung von Staubblättern oder von Zähnen. Sein System war daher ein *künstliches System*. Mit dem *natürlichen System*, das nur solche Merkmale zur Ordnung der Organismen heranziehen kann, die die stammesgeschichtliche Verwandtschaft widerspiegeln, steht es häufig im Widerspruch.

**Klassifikation im natürlichen System.** Wenn man ein Lebewesen in das natürliche System einordnen will, muss man seine Ähnlichkeit mit anderen Lebewesen analysieren und *Homologien* als Ursache für die Ähnlichkeit feststellen. Konvergenz muss dagegen sicher ausgeschlossen werden (▶S.263). Aus der abgestuften

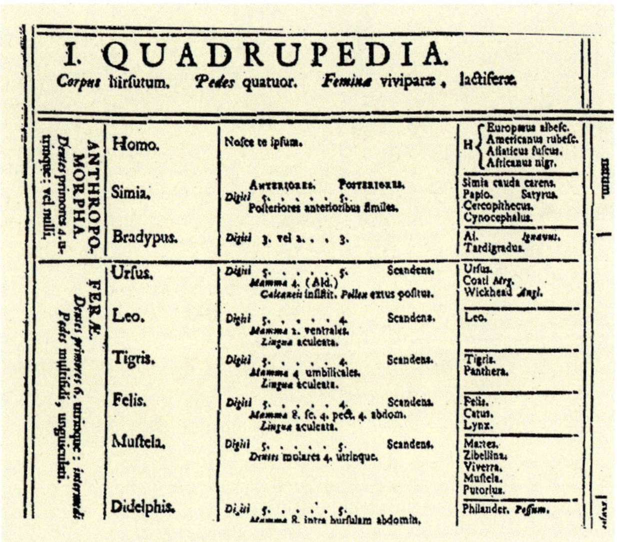

I. QUADRUPEDIA.

*Corpus* hirſutum. *Pedes* quatuor. *Feminæ* viviparæ, lactiferæ.

| | | | |
|---|---|---|---|
| ANTHROPOMORPHA. *Dentes primores* 4. utrinque: vel nulli. | Homo. | Noſce te ipſum. | H { Europæus albeſc. Americanus rubeſc. Aſiaticus fuſcus. Africanus nigr. |
| | Simia. | ANTERIORES. POSTERIORES. *Digiti* 5. . . . . . 5. Poſteriores anterioribus ſimiles. | Simia cauda carens. Papio. Satyrus. Cercopithecus. Cynocephalus. |
| | Bradypus. | *Digiti* 3. vel 2. . . 3. | Ai. *Ignavus.* Tardigradus. |
| FERÆ. *Dentes primores* 6. utrinque: *intermedi* … *Pedes* multifidi, unguiculati. | Urſus. | *Digiti* 5. . . . . . 5. Scandens. *Mamma* 4. (Ald.) *Calcaneis* inſiſtit. *Pollex* extus poſitus. | Urſus. Coati *Mrg.* Wickhead *Angl.* |
| | Leo. | *Digiti* 5. . . . . 4. Scandens. *Mamma* 2. ventrales. *Lingua* aculeata. | Leo. |
| | Tigris. | *Digiti* 5. . . . . 4. Scandens. *Mamma* 4 umbilicales. *Lingua* aculeata. | Tigris. Panthera. |
| | Felis. | *Digiti* 5. . . . . 4. Scandens. *Mamma* 8. ſc. 4. pect. 4. abdom. *Lingua* aculeata. | Felis. Catus. Lynx. |
| | Muſtela. | *Digiti* 5. . . . . 5. Scandens. *Dentes* molares 4. utrinque. | Martes. Zibellina. Viverra. Muſtela. Putorius. |
| | Didelphis. | *Digiti* 5. . . . . 5. *Mamma* 8. intra burſulam abdomin. | Philander. *Poſſum.* |

2 Auszug aus LINNÉS Systema Naturae

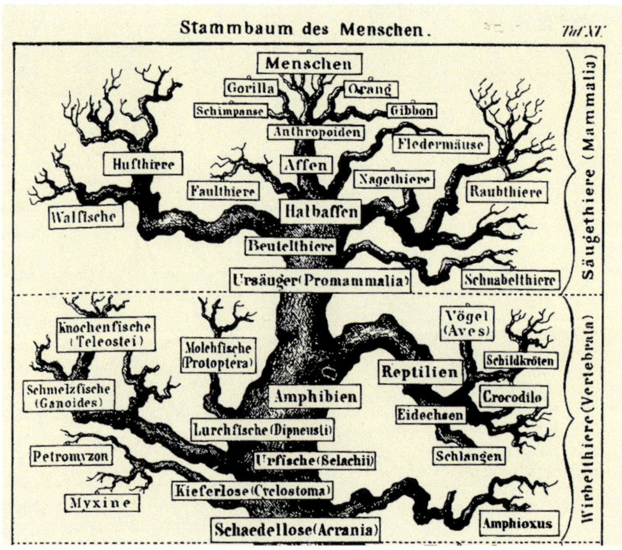


3 Stammbaum nach HAECKEL

Ähnlichkeit homologer Merkmale lässt sich dann der Verwandtschaftsgrad und die Stellung im natürlichen System erschließen. Seitdem auch Basensequenzen der DNA (► S. 200) verglichen werden können, haben sich die Möglichkeiten der Verwandtschaftsanalyse außerordentlich erweitert.

Eine in das natürliche System in einer bestimmten Kategorie eingeordnete Gruppe von Organismen bezeichnet man als *taxonomische Gruppe* oder *Taxon* (Mehrzahl: Taxa).

Die anschaulichste Form, in der sich die verwandtschaftlichen Beziehungen im natürlichen System darstellen lassen, sind *Stammbäume*. Von CHARLES DARWIN erstmals verwendet, um die „Divergenz der Charaktere" nach seiner Theorie schematisch zu veranschaulichen, wurden sie im 19. Jahrhundert beispielsweise von ERNST HAECKEL kunstvoll als Baum gestaltet. Heute werden sie meist als abstrakte Diagramme mit einer Zeitachse und einer Achse für die Divergenz der Merkmale dargestellt:

- *Phylogramme* sind konventionelle Stammbäume. Sie zeigen, zu welchem relativen – oder auch absoluten – Zeitpunkt sich die verschiedenen Taxa trennten und wie unterschiedlich diese seitdem geworden sind. Die Breite ihrer Stammlinien kann die Artenzahl veranschaulichen (► S. 304).
- *Kladogramme* stellen nur die Aufspaltungen der Abstammungslinien dar, wobei jede Abzweigung durch eines oder mehrere neu erworbene Merkmale definiert ist. Wie unterschiedlich die Taxa geworden sind, lässt sich aus ihnen nicht entnehmen (► Bild 1). Kladogramme sind die Stammbäume der *phylogenetischen Systematik*.

**Phylogenetische Systematik.** Diese vor allem auf den deutschen Zoologen WILLI HENNIG zurückgehende Systematik nimmt an, dass jeder Verzweigung im Stammbaum der Organismen eine *Artaufspaltung* oder *Kladogenese* zugrunde lag. Dabei wurde eine Population in zwei Teilpopulationen getrennt, die sich zu Schwesterarten entwickelten (► S. 258). Als *Abstammungsgemeinschaft* oder *monophyletische Gruppe* sind sie durch solche Merkmale gekennzeichnet, die erstmals bei ihrer Stammart aufgetreten sind.

Solche evolutiv neuen Merkmale bezeichnet man als *abgeleitet* oder *apomorph*, ursprüngliche Merkmale dagegen als *plesiomorph*. In einem Kladogramm ist daher jede Abzweigung durch eine oder mehrere Apomorphien definiert, die nur im abgeleiteten Zweig des Kladogramms vorkommen. Aus einem Stammtaxon entstandene, eng verwandte Schwestertaxa lassen sich daher an dem *gemeinsamen Besitz abgeleiteter Merkmale* oder *Synapomorphien* erkennen. Ein Kladogramm zeigt demnach nur die Abfolge der Verzweigungen im Verlauf der Stammesgeschichte, nicht aber das Ausmaß an evolutionärer Verschiedenheit.

**Phylogenetische oder traditionelle Systematik?** Krokodile und Vögel besitzen zahlreiche Synapomorphien. Auch molekulare Belege sprechen dafür, dass Krokodile näher mit den Vögeln verwandt sind als mit den Schildkröten, Schlangen und Echsen. Nach der streng phylogenetischen Systematik bilden daher Krokodile und Vögel ein gemeinsames Taxon, die monophyletische Gruppe *Archosauria*.

In der traditionellen Systematik bilden Krokodile dagegen zusammen mit Schildkröten, Echsen und Schlangen die Klasse *Reptilien*, Vögel eine eigene, den Reptilien gleichrangige Klasse *Vögel (Aves)*. Mit dieser Klassifikation wird ausgedrückt, dass sich die Krokodile seit der Aufspaltung der beiden Linien viel langsamer weiterentwickelt haben als die Vögel. Während bei den Vögeln in Anpassung an das Fliegen zahlreiche neue Merkmale entstanden, veränderten sich die Krokodile im Vergleich zu ihren Vorfahren nur wenig. Sie sind aufgrund vieler ursprünglicher Merkmale den anderen Kriechtieren daher viel ähnlicher als den Vögeln, die eine ganz neue Organisationsstufe erreichten. Die traditionelle Klasse Reptilien umfasst damit aber nicht alle Abkömmlinge eines gemeinsamen Vorfahren, sondern schließt die Vögel aus.

**1** **Begründen Sie, warum der biologische Artbegriff bei der Frage, ob Fossilien heute lebenden Arten angehören, versagen muss und somit der morphologische Artbegriff eine Berechtigung erhält.**

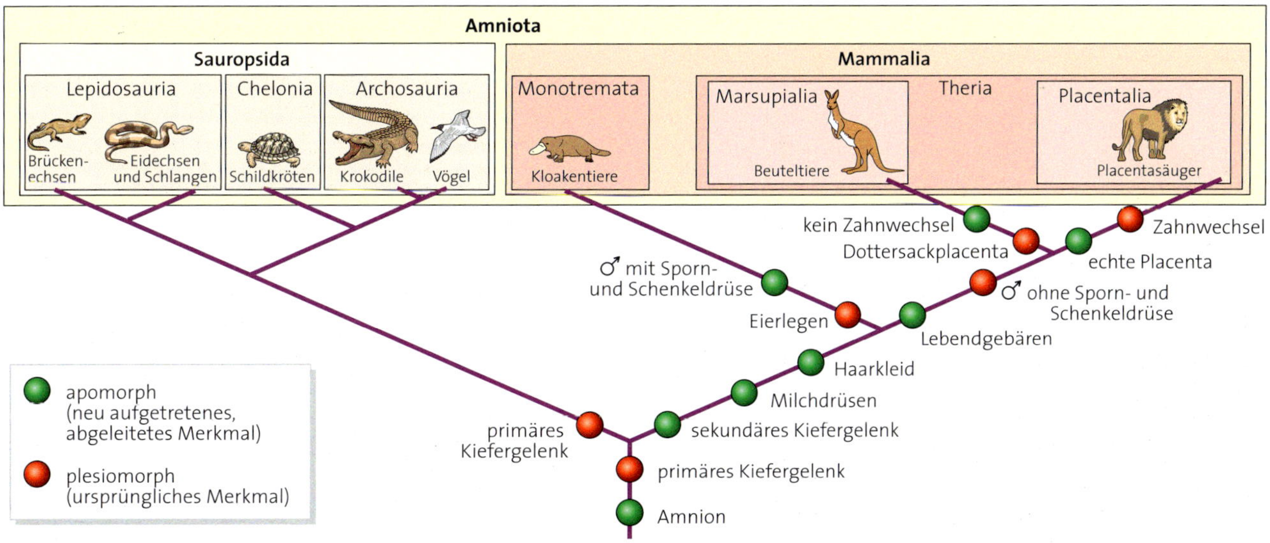


*1 Kladogramm der Amniontiere, zu denen die Sauropsida und die Mammalia (Säugetiere) gehören*

## Baupläne der Organismen

Noch bevor der Beobachter das ihm unbekannte Tier mit gegliederten Beinen und segmentiertem Körper genau betrachten konnte, fliegt es davon. Trotzdem kann er eine Menge über dessen Körperbau aussagen, da er es als Gliederfüßer, genauer als Insekt, erkannt hat: Es besitzt ein Exoskelett aus Chitin, Komplexaugen, gegliederte Fühler, Flügel am mittleren Körperabschnitt, ein Röhrenherz und ein Strickleiternervensystem.

**Summe gemeinsamer Homologien.** Dass sich die Formenvielfalt der Organismen zu einer überschaubaren Anzahl von Typen mit bestimmten Merkmalen generalisieren lässt, ist ein Ergebnis der Evolution: Reduziert man alle Besonderheiten und speziellen Anpassungen von verwandten Organismengruppen auf den Grundbestand ihrer gemeinsamen Homologien, erhält man ihren *Bauplan*. Da jedoch kein reales Lebewesen ohne spezielle Anpassungen existieren kann, stellt ein Bauplan eine ***Abstraktion*** dar, die den Vergleich und das Ordnen von Lebewesen erleichtert. Aus diesem Grund ist er auch nicht identisch mit dem Merkmalskomplex der (realen) Stammart eines Taxons.

**Baupläne und Verwandtschaft.** Auch wenn die Baupläne der Organismen deren Verwandtschaftsverhältnisse widerspiegeln, kann es strittig sein, wie nahe manche Gruppen verwandt sind. Dies liegt vor allem an der Bewertung einzelner Merkmale: Gewichtet man beispielsweise Merkmale in Bau und Entwicklung höher als molekulare Ähnlichkeiten, sind Gliederfüßer nahe mit Ringelwürmern und Weichtieren verwandt, im umgekehrten Fall nicht. Vor allem molekulare Daten führen inzwischen zu neuen Gruppierungen.

**Neue Baupläne durch additive Typogenese.** Für die Aufspaltung in die großen Verwandtschaftsgruppen des natürlichen Systems wie Stämme oder Klassen waren zufällige Neuerwerbungen von Eigenschaften verantwortlich. Wenn sich diese unter den herrschenden – im Detail nicht mehr rekonstruierbaren – Bedingungen als vorteilhaft erwiesen, konnten sich Gruppen zu eigenständigen Zweigen entwickeln. Die phylogenetische Entwicklung zu neuen Bauplänen wird nach Auffassung der meisten Evolutionsbiologen durch dieselben Prozesse angetrieben, die auch für die Artbildung verantwortlich sind (► S. 260). Nach dem Konzept der ***additiven Typogenese*** haben sich viele kleine Mikroevolutionsschritte im Verlauf langer Zeiträume zu großen Abwandlungen addiert und so neue Organisationsstufen des Lebens hervorgebracht. Die damit verbundene Entwicklung neuer Baupläne lässt sich daher auch ohne Annahme unbekannter Mechanismen erklären.

---

**❶ Von Menschen, die wenig über Evolutionsbiologie wissen, wird der Begriff „Bauplan" manchmal in dem Sinne verstanden, dass der Evolution eine absichtsvolle Planung zugrunde läge. Stellen Sie den Sachverhalt richtig und begründen Sie.**

**❷ Vergleichen Sie einzelne Organsysteme wie Skelett, Kreislauf- oder Nervensystem in den Bauplänen verschiedener Stämme.**

**❸ Vergleichen Sie die Baupläne der abgebildeten Tierstämme im Hinblick auf ihre Symmetrieverhältnisse (radiärsymmetrisch, zweiseitig symmetrisch).**

**❹ Die meisten Tiere sind zweiseitig symmetrisch gebaut mit einem bei der Bewegung vorangehenden Körperpol. Stellen Sie eine Hypothese zu den Vorteilen dieser Organisation auf.**

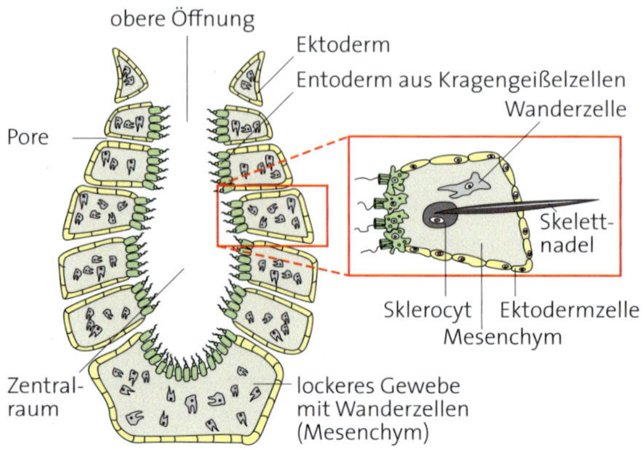


**Schwämme**
sessile Tiere ohne echte Gewebe; mit spezialisierten Kragengeißelzellen, die einen Nahrung zuführenden Wasserstrom erzeugen; Horn- oder Nadelskelette (aus Kalk oder Silikat) stützen den Körper

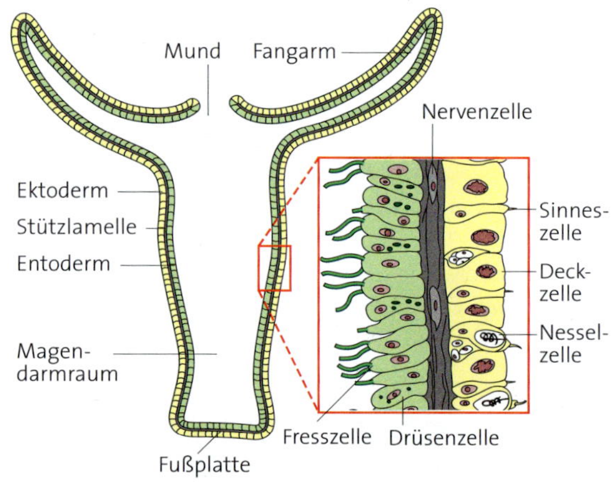


**Hohltiere (Nesseltiere)**
radiärsymmetrische Tiere mit zwei Gewebeschichten; diffuses Nervensystem (Nervennetz); hochspezialisierte Nesselzellen; häufig Generationswechsel (► S. 213) zwischen sessilem Polypen und frei schwimmender Meduse

**Farberklärung für die Baupläne rechts**

- Nervensystem
- Verdauungssystem
- Atmungsorgane
- Ausscheidungsorgane
- Fortpflanzungsorgane
- Kreislauforgane

1 *Baupläne verschiedener Tierstämme*

**Ringelwürmer**
Körper aus weitgehend gleichartig aufgebauten Segmenten, jeweils mit paarigen Ausscheidungsorganen (Nephridien, ► S. 112) und Ganglien des Zentralnervensystems (Strickleiternervensystem, Bauchmark); geschlossenes Blutgefäßsystem; Kopfsegment mit Sinnesorganen und großem Oberschlundganglion

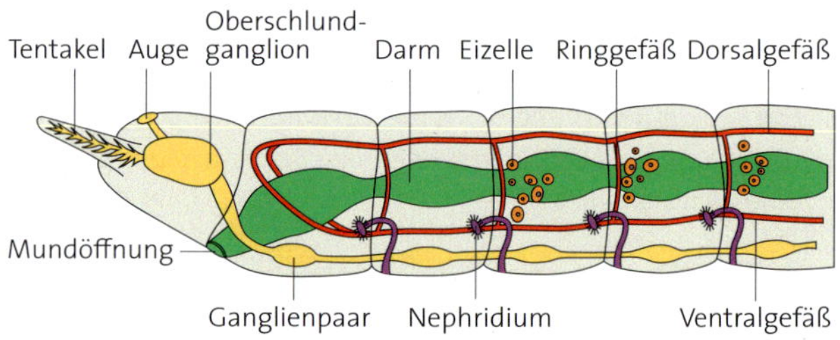


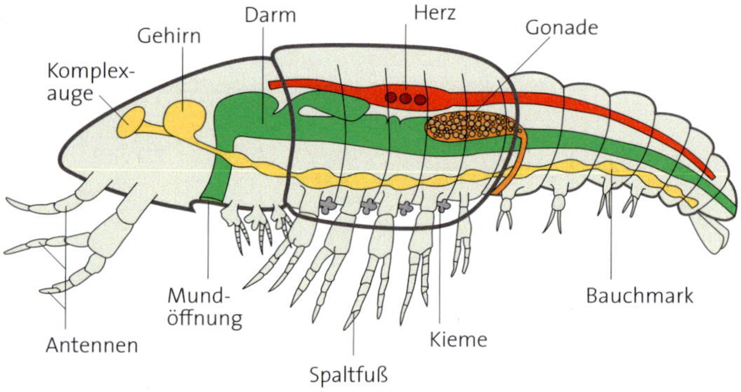


**Gliederfüßer**
segmentierter Körper, Segmente bilden Kopf, Brust, Hinterleib; Außenskelett aus Chitincuticula, durch Häutungen erneuert; je Segment ein Paar gegliederte Extremitäten (Beine, Mundwerkzeuge, Antennen); Röhrenherz und offenes Blutgefäßsystem; Zentralnervensystem aus Bauchmark und zu Gehirn verschmolzenen Ganglienpaaren

**Weichtiere**
Körper in Kopffuß, Mantel (Hautfalte der Rückenseite) und Eingeweidesack gegliedert; offenes Blutgefäßsystem mit kurzen Gefäßstämmen; vom Mantel gebildete, ursprünglich bei allen Weichtieren vorhandene Kalkschale; Zentralnervensystem aus paarigen Ganglien und sie verbindenden Strängen; Reibzunge (Radula) mit Chitinzähnchen

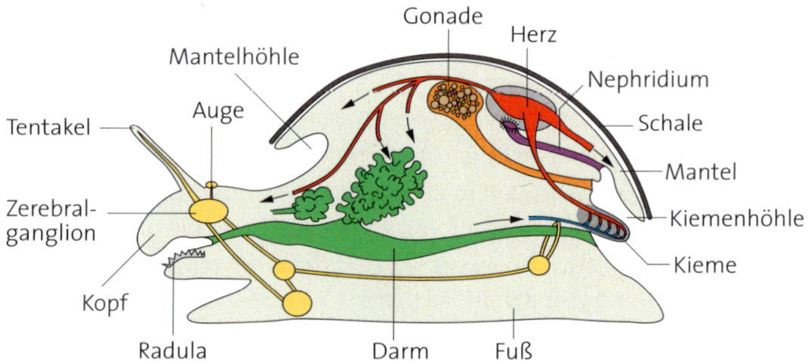


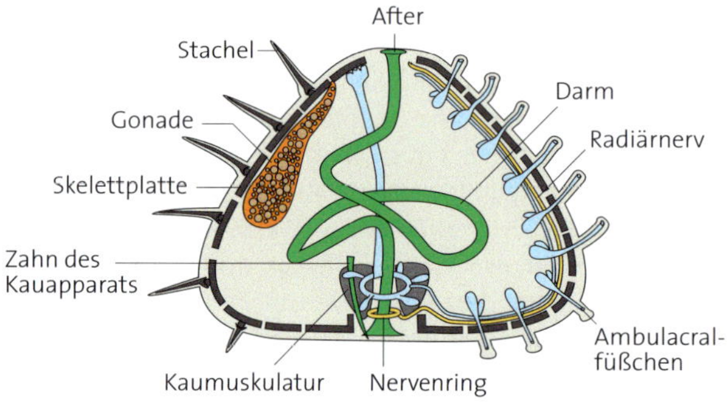


**Stachelhäuter**
Larven zweiseitig symmetrisch, Alttiere fünfstrahlig radiärsymmetrisch; Innenskelett aus Kalkplatten (oft mit Stacheln und Greifzangen) in der Haut; Wassergefäßsystem (Ambulacralsystem) mit Füßchen für Fortbewegung und Nahrungsaufnahme; Hämolymphe frei im Körper, ohne Herz und Blutgefäße; Nervensystem aus Ringnerv und Radiärnerven, kein Gehirn

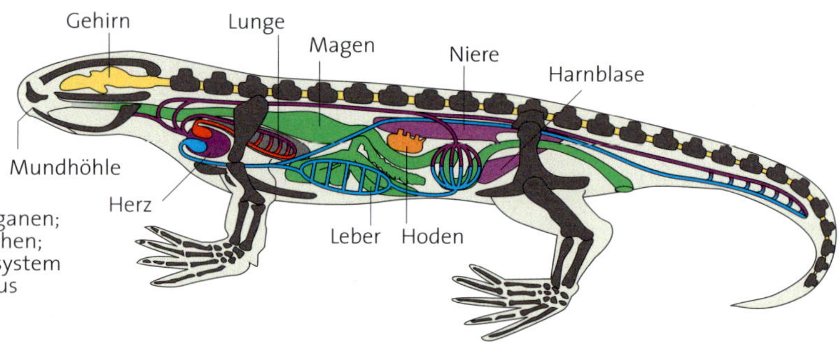


**Wirbeltiere**
Kopf mit Schädelkapsel, Gehirn und vielen Sinnesorganen; Innenskelett mit Wirbelsäule aus Knorpel oder Knochen; zweischichtige Epidermis; geschlossenes Blutgefäßsystem und mehrkammeriges Herz; Zentralnervensystem aus Rückenmark und fünfteiligem Gehirn

# Auf den Spuren der Evolution

In vielen Forschungsinstituten und Museen arbeiten Wissenschaftler an evolutionsbiologischen Fragen. Dazu gehören nicht nur das Finden, Bergen und die paläontologische Untersuchung von *Fossilien*, sondern ebenso ***vergleichende Untersuchungen an rezenten Arten*** auf allen Teilgebieten der Biologie, einschließlich der Molekularbiologie.

## Fossilien bergen und präparieren

Auch in vielen Teilen Deutschlands kann man Fossilien finden. Meist liegen sie im Gestein eingebettet und müssen erst geborgen und präpariert werden. Je nach Gesteinsart eignen sich folgende Techniken für die Präparation:

*Fossilien in Sand, Mergel und Ton:* Mit dem Messer wird ein größeres Stück ausgeschnitten und getrocknet. Mit Präpariermesser, Nadel und Pinsel legt man die Fossilien frei.

*Fossilien in hartem Gestein:* Man arbeitet mit Hammer und Meißel, wobei der Meißel leicht federnd auf die das Fossil einschließende Schicht aufgesetzt wird. Oft lässt sich der Zusammenhalt von Fossil und Gestein auch durch die „Kalt-Heiß-Methode“ lockern. Dazu bringt man das Fundstück abwechselnd in heißes und kaltes Wasser oder in Backofen und Kühlschrank.

### „Molekulare Uhren“

Gene evoluieren durch den Austausch einzelner Basen in der DNA, was Veränderungen der von ihnen codierten Aminosäuren in Proteinen nach sich zieht. Die Zahl solcher Austausche oder Substitutionen je Zeiteinheit heißt *Evolutionsrate*. Sie ist für ein bestimmtes Protein oder Gen auch über sehr lange Zeiträume weitgehend konstant und kann daher als „molekulare Uhr“ Aufschluss geben über phylogenetische Beziehungen von Lebewesen.

Mithilfe genau datierter Fossilfunde wird eine molekulare Uhr geeicht. So beträgt die Evolutionsrate von Cytochrom c, einem Protein der Atmungskette (► S. 105) in der inneren Mitochondrienmembran, etwa 1 Aminosäuresubstitution in 20 Millionen Jahren (bezogen auf 100 Aminosäuren im Molekül). Für Hämoglobin ermittelte man 1 Substitution in 5,8 Millionen Jahren und für Fibrin in 1,1 Millionen Jahren.

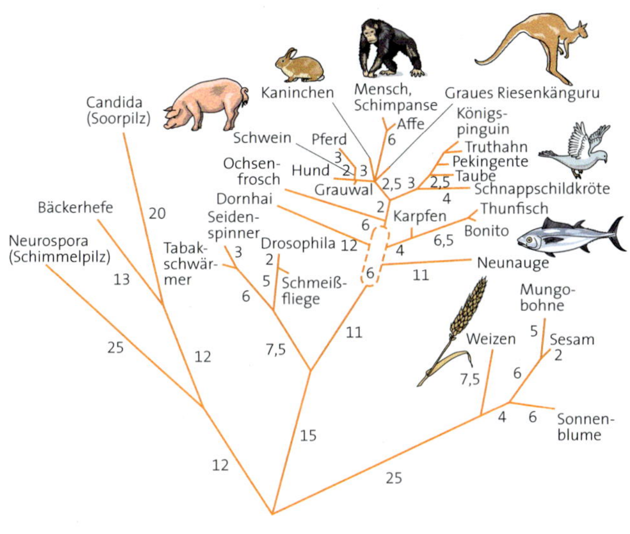


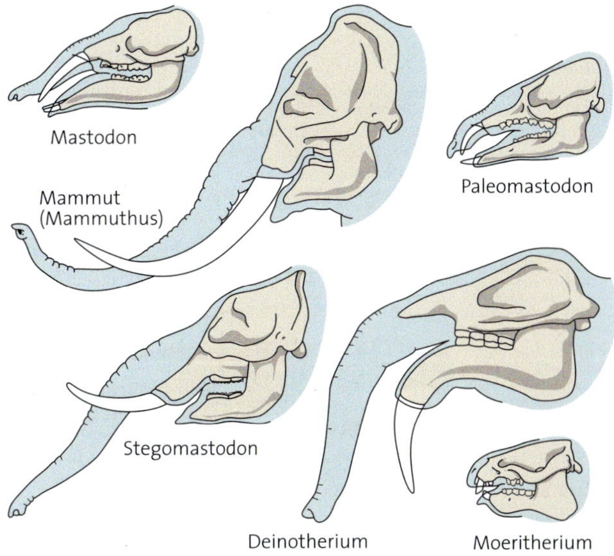


## Biologisches Arbeiten im Naturkundemuseum

Die Fülle der Präparate in großen Museen ist Voraussetzung für evolutionsbiologische Forschung, kann aber leicht „erschlagend“ wirken. Daher sollte man sich bei eigener Arbeit im Museum im Voraus auf Einzelthemen beschränken.

Folgende *Themen* bieten sich an:
- Vergleiche von Bau und Funktion verschiedener Organe
- Zwischenformen und Bindeglieder
- Gesetzmäßigkeiten und Beispiele für Abstammungsreihen
- Artbildungsmechanismen
- Fossilien und Erdgeschichte

Im *Arbeitprotokoll* sollten diese Punkte enthalten sein:
- Fragestellung
- Arbeitsgrundlagen im Museum (Vitrinen, Exponate)
- Beobachtungsergebnisse (schriftlich, in Skizzen)
- Vergleich der eigenen mit wissenschaftlichen Befunden
- Schlussfolgerung (mit weiterführenden Fragen)

**1** **Vergleichen Sie den Stammbaum von Cytochrom c (Bild links) mit dem Stammbaum der Wirbeltiere (► S. 304) und dem Stammbaum des Fünf-Reiche-Systems (► S. 306).**
**Die Zahlen im Stammbaum geben die Anzahl der Aminosäuresubstitutionen zwischen den Verzweigungen an.**

**2** **Erstellen Sie einen Stammbaum der Rüsseltiere, die im Bild oben zu sehen sind. Begründen Sie Ihre Entscheidung anhand bestimmter Entwicklungstendenzen.**

**3** **Tapir, ein Huftier, und Elefantenspitzmaus, ein Insektenfresser, besitzen wie die Elefanten einen Rüssel. Schlagen Sie einen Weg vor, wie sich entscheiden lässt, ob ihr Rüssel dem Elefantenrüssel homolog ist, und begründen Sie Ihren Vorschlag.**

### Stichworte zu weiteren Informationen

Paläontologie • Erdzeitalter • Gesteinsformationen • Trilobiten • Ammoniten • Fossilfundstätten in Deutschland wie Holzmaden, Grube Messel, Kreidefelsen von Rügen

## Kompetenzen

**Mithilfe dieses Kapitels können Sie**

- biologische Ähnlichkeit durch gemeinsame Abstammung, gleiche Funktion oder Anpassung an ähnliche Lebensbedingungen begründen und als Homologie, Analogie oder Konvergenz benennen
- ähnliche Merkmale anhand der Homologiekriterien auf Homologie oder Analogie hin prüfen
- Beispiele für Homologien aus verschiedenen Teilgebieten der Biologie angeben
- wichtige molekularbiologische Methoden der Evolutionsbiologie erklären
- die Bedeutung von Fossilien für die Evolutionsbiologie beurteilen und Methoden ihrer Datierung beschreiben
- die räumliche Verteilung von Lebewesen auf der Erde als Ergebnis der Evolution an Beispielen beschreiben
- das dem natürlichen System zugrunde liegende Ordnungsprinzip erläutern und seine Kategorien nennen
- erklären, wie man eine biologische Art abgrenzt
- Stammbaumdarstellungen analysieren
- Baupläne wichtiger Großgruppen vergleichen

**Testen Sie Ihre Kompetenzen**

Zu der in Eurasien und Afrika verbreiteten Familie Igel (Erinaceidae) zählt auch unser einheimischer Igel *Erinaceus europaeus* mit seinem charakteristischen Stachelkleid (▶ Bild oben links). Den Igeln äußerlich ähnlich sind die in je zwei Gattungen in Madagaskar verbreiteten Igeltenreks (▶ Bild oben Mitte) und die australischen Ameisenigel (▶ Bild oben rechts). Die im Bild rechts im Querschnitt gezeichneten Stacheln bestehen wie Haare, Vogelfedern oder Reptilschuppen aus dem Protein Keratin. Sie sind zur Feindabwehr durch Muskeln einzeln oder in Gruppen aufstellbar und werden von der Oberhaut gebildet.

Igel und Igeltenrek sind Placentasäugetiere (Placentalia) aus der Ordnung Insektenfresser (Insectivora). Der Ameisenigel gehört zu den Kloakentieren (Monotremata), einer ursprünglichen Säugetiergruppe, deren Angehörige noch Eier legen.

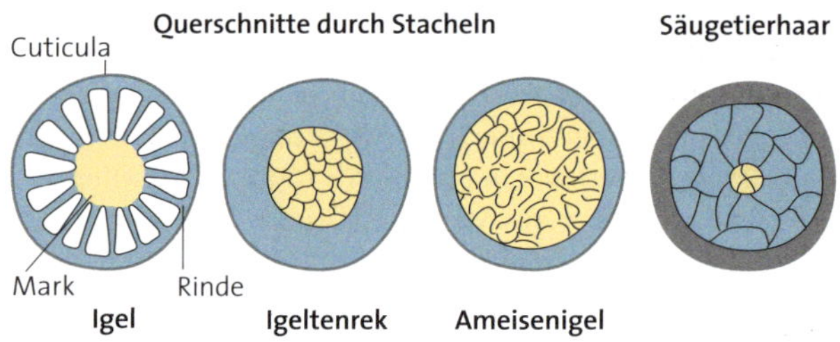


---

1. Erklären Sie, welche Ursachen die biologische Ähnlichkeit verschiedener Organismen haben kann.
2. Vergleichen Sie die drei Stacheln tragenden Säugetiere und prüfen Sie, welche Ursache für ihre Ähnlichkeit vorliegt.
3. Erörtern Sie das im nebenstehenden Text aus einem Zoologielehrbuch dargestellte Problem und wenden Sie es auf Igel und Igeltenrek an.
4. Mit modernen molekulargenetischen Verfahren ließe sich das Verwandtschaftverhältnis von Igel und Igeltenrek klären. Nennen Sie dafür geeignete Verfahren und erläutern sie diese.
5. Ordnen Sie unter Verwendung der systematischen Kategorien den einheimischen Igel in das natürliche System ein, beginnend mit der Klasse Säugetiere.
6. Erläutern Sie das Ordnungsprinzip des natürlichen Systems.

Insektenfresser besitzen eine Reihe sogenannter Primitivmerkmale. Dazu zählen vollständiges Gebiss (44 Zähne), dominierender Geruchssinn, fünfstrahlige Extremitäten, Sohlengang und Nesthockerstadium der Jungen. Da diese Merkmale jedoch fast durchweg plesiomorpher Natur sind, taugen sie nur bedingt als systematisch diagnostische Kriterien. Ob es sich daher bei bei den „Insectivora" um eine monophyletische Gruppe handelt, sei dahingestellt.

nach: WEHNER/GEHRING, Zoologie

# Vögel – Nachfahren der Saurier

*Das Interesse der Menschen an der Abstammung der Vögel besteht schon seit Langem. Nach einer englischen Sage aus dem 18. Jahrhundert entstanden Vögel aus Fischen, die an Land geworfen wurden: „Flossen werden zu Kielen, die getrockneten Schuppen zu Federn, die Haut ergibt eine Hülle aus Daunen, die Bauchflosse verwandelt sich in Füße.“ Für die 1859 veröffentlichte Evolutionstheorie von CHARLES DARWIN ist der „Urvogel“ Archaeopteryx bis heute ein Paradebeispiel. Er weist Merkmale von Reptilien und von Vögeln auf und belegt damit als „connecting link“ augenfällig die Abstammungsverwandtschaft von Reptilien und Vögeln. Es ist verständlich, dass der spektakuläre Fossilfund schon bald nach seiner Entdeckung zu heftigem Streit zwischen Verfechtern und Gegnern der Evolutionstheorie führen musste.*

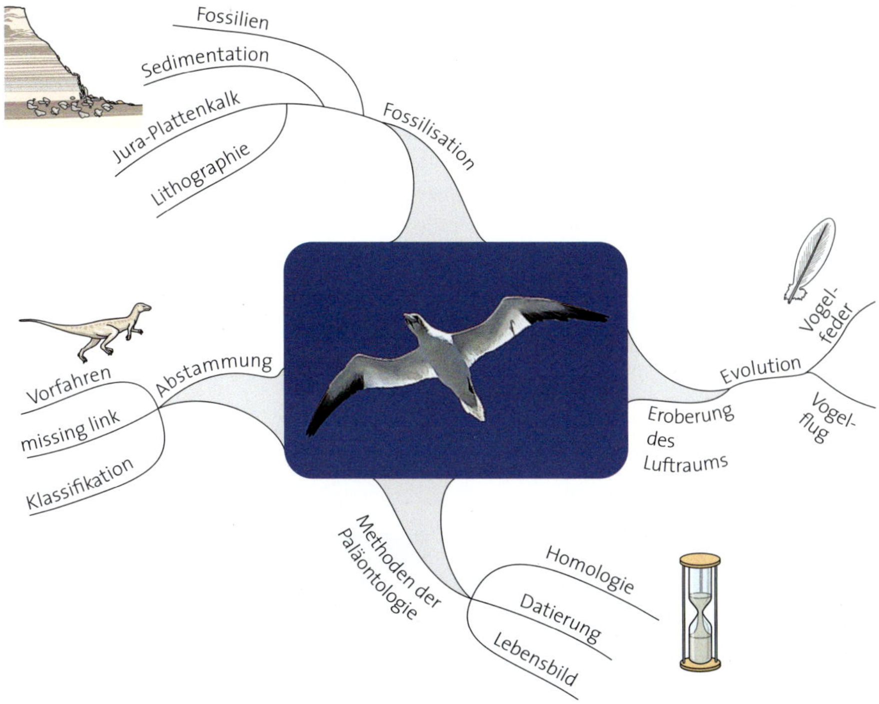


**GRUNDLAGEN** Der erste Fund eines Archaeopteryx (griech. archaios: uralt; pteryx: Feder) stammt aus dem Jahr 1861, zwei Jahre nach Veröffentlichung der „Entstehung der Arten durch natürliche Zuchtwahl“ von CH. DARWIN. In den 150 Millionen Jahre alten Schichten des Plattenkalks von Solnhofen in Bayern, vor allem für den Lithographiedruck abgebaut, wurde das fossile Skelett von der Größe einer Krähe entdeckt. Der Erstbeschreiber ANDREAS WAGNER, Leiter der paläontologischen Staatssammlung in München, interpretierte ihn trotz der Federn als Reptil und nannte ihn Griphosaurus („Rätselsaurier“). Sein Besitzer verkaufte das Fossil an das Britische Museum in London für 700 Pfund Sterling, dem zweifachen Jahresetat des Museums. Für den Direktor der naturhistorischen Abteilung, RICHARD OWEN, einen „Antidarwinisten“, handelte es sich um einen echten Vogel im Sinne der Schöpfungslehre. Die Kontroverse begann.

Erst über 100 Jahre später, 1985, konnte die Behauptung widerlegt werden, das Londoner Exemplar sei eine Fälschung, die Federn seien nachträglich aufgebracht worden. Durch Untersuchung mit dem Rasterelektronenmikroskop, unter UV-Beleuchtung und durch den Vergleich von Platte und Gegenplatte wurde die Echtheit des Fundes zweifelsfrei nachgewiesen.

Inzwischen gibt es neun weitere Funde aus dem südlichen Fränkischen Jura. Der zehnte, sehr gut erhaltene wurde erst 2005 der Wissenschaft aus einer privaten Sammlung zur Verfügung gestellt. Die Form der Funde deutet auf einen Tod durch Ertrinken in der tropischen Lagune hin, die sich dort vor 150 Millionen Jahren befand. Durch unterseeische Schwammriffe war sie in Teilbecken gegliedert, deren Wasser übersalzen, sauerstoffarm und somit lebensfeindlich war. Abgestorbene Lebewesen entgingen hier der Verwesung und konnten durch Sedimente aus feinstem Kalkschlamm eingeschlossen werden. Mit etwa 800 hier gefundenen Arten gehört der Solnhofener Plattenkalk heute zu den bedeutendsten Fossilfundstätten der Welt.

**Basisinformationen**
CHARLES DARWIN (► S. 246/247) • Fossilisation (► S. 268)

1 *Archaeopteryx lithographica (Berliner Exemplar von 1877)*

# Merkmale von Archaeopteryx

Das Mosaik aus Reptilien- und Vogelmerkmalen macht die Besonderheit von Archaeopteryx aus. Jedes Einzelmerkmal lässt sich dabei eindeutig einer der beiden Gruppen zuordnen.

Die Reptilienmerkmale von Archaeopteryx zeigen besonders große Ähnlichkeit mit den fossilen Theropoden, kleinen Raubdinosauriern aus der Ordnung der *Saurischia* (Echsenbeckensaurier; ▶ Bild 1). Der Bau ihres Beckens und der Hinterbeine deuten auf eine bipede Fortbewegung hin, der lange Schwanz übernimmt dabei die Funktion eines Balancierruders. Charakteristisch ist das schräg nach vorne gerichtete Schambein (Os pubis), das auch zur Stützung der Eingeweide dient. In die Bauchdecke sind statt eines Brustbeins sogenannte Bauchrippen (Gastralia) eingelagert, die keine Verbindung zum übrigen Skelett haben und wohl dem Schutz der Bauchseite dienten.

Bei den heutigen Vögeln ist der Bau des Schultergürtels an den Ruderflug angepasst. Dabei stützt das Rabenschnabelbein die Schultern bei der Flügelbewegung gegen das Brustbein ab. Das Gabelbein (Furcula) aus den verwachsenen Schlüsselbeinen, das bereits bei Archaeopteryx entwickelt war, dient als Ansatz für einen wichtigen Teil der Flugmuskeln. Die großen Flugmuskeln setzen am Brustbeinkamm an, sodass der Schwerpunkt des Vogels unter den Flügeln liegt.

Auch der Schädel von Archaeopteryx zeigt eine Kombination von Merkmalen: Reptilienartig sind die Schädelöffnungen und die Zähne, vogelartig sind dagegen die großen Augen und der Hirnschädel.

### Basisinformationen

Homologie (▶ S. 263) • Mosaikevolution (▶ S. 283) • Übergangsformen (▶ S. 305)

### Herstellung der Silikonform eines Fossils

**MATERIAL:** handelsüblicher Fossilabguss von Archaeopteryx, Silikonkautschuk, Härter, Trennlack, Brettchen als Unterlage, Holzleisten als Rahmenmaterial, Schüssel, Spachtel, Pinsel

**DURCHFÜHRUNG:** Der Fossilabguss wird auf der Unterlage im Abstand von ca. 0,5 cm mit dem Rahmen umbaut und zum Schutz mit Trennlack bestrichen. Nach Anweisung des Herstellers vermischt man Silikonkautschuk und Härter und verstreicht eine geringe Menge mit einem Pinsel auf dem Fossil. Dann gießt man das restliche Silikon darüber und lässt es über Nacht erhärten. Die Umrandung wird entfernt und die Silikonform abgenommen. Solche Formen können lange Zeit zur Herstellung von Abgüssen (s. u.) verwendet werden.

### Herstellung einer Fossilkopie aus Keramik

**MATERIAL:** Silikonform, Keramikpulver, Pinsel, Spachtel, Gipsbecher

**DURCHFÜHRUNG:** In dem Gipsbecher verrührt man Keramikpulver mit wenig Wasser, gießt etwas von der breiigen Masse in die Form und verstreicht sie gut mit dem Pinsel. Restliche Gießmasse einfüllen und gleichmäßig verteilen. Pinsel und Becher sofort reinigen. Nach dem Erhärten die Silikonform vorsichtig nach unten drücken und den Abguss entnehmen. Man kann den Abguss noch mit Erdfarben einfärben.

---

1. **Erstellen Sie mit Bild 1 einen tabellarischen Merkmalsvergleich von Archaeopteryx, Vogel und Theropode.**
2. **Legen Sie eine Folie über Bild 1 auf Seite 278 oder einen Fossilabguss und markieren Sie darauf mit verschiedenen Farben die typischen Vogel- und Reptilienmerkmale.**

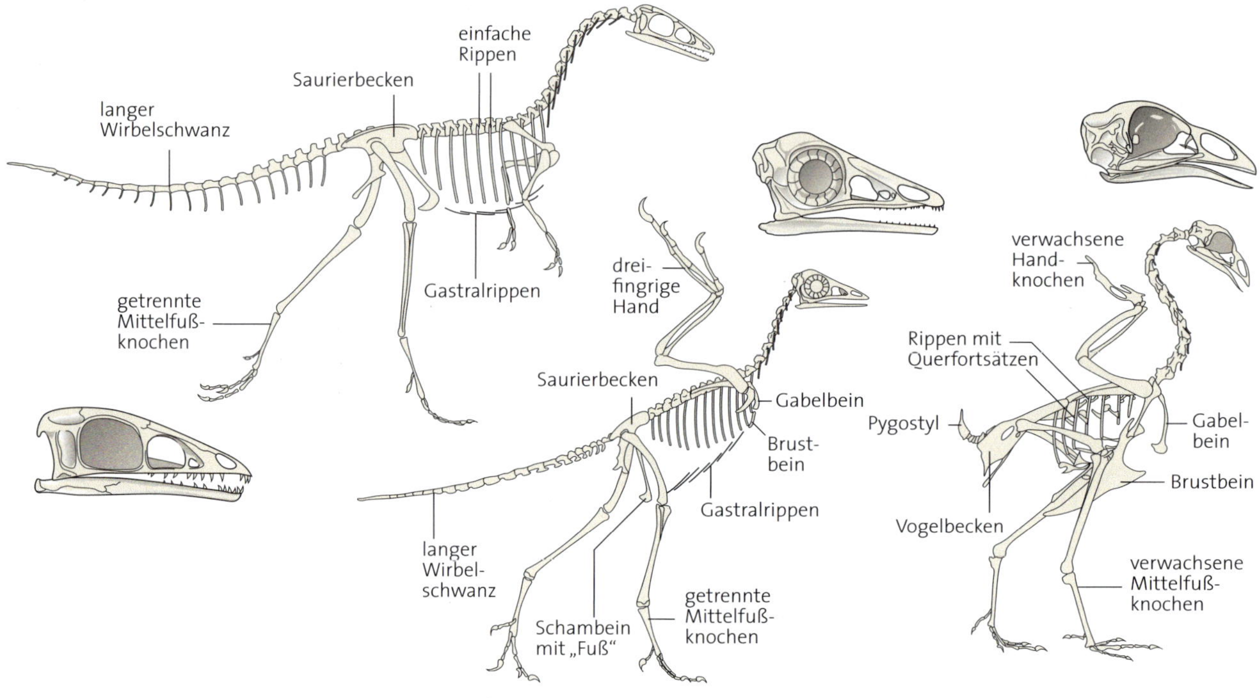


1 *Skelettvergleich (von links): Theropode, Archaeopteryx, rezenter Vogel*

# Federn und Flug des Urvogels

1 Schwanzfedern-Abdruck des Berliner Archaeopteryx

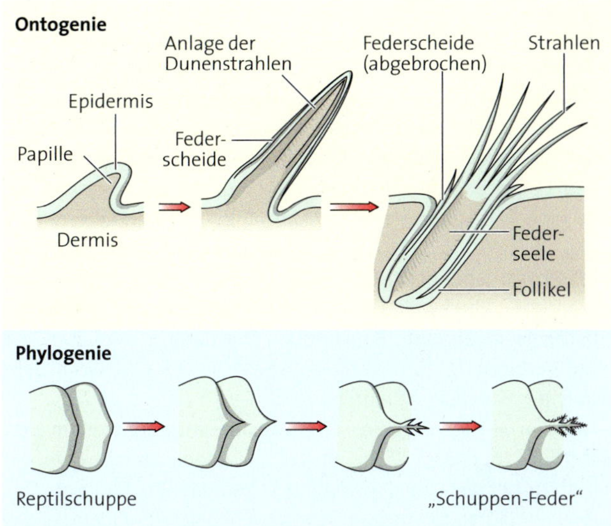


3 Federentwicklung: Ontogenie und Phylogenie (Hypothese)

**Federn.** Unter allen Merkmalen ist der Besitz von Federn das hervorragende Kennzeichen rezenter und fossiler Vögel. Dass Vogelfeder und Reptilienschuppe homolog sind, wird allgemein anerkannt. Dabei stützt man sich vor allem auf den Vergleich der frühen Stadien der Embryonalentwicklung bei Vögeln und Reptilien. Umstritten ist bislang, ob die Evolution der Federn in ursprünglichem Zusammenhang zur Entwicklung der Flugfähigkeit oder zum Wärmehaushalt steht. Auch die Entsorgung von Stoffwechselprodukten durch Federwechsel könnte infrage kommen. Es ist nicht ausgeschlossen, dass unterschiedlicher Selektionsdruck wirksam war.

In neuester Zeit in China gefundene Theropoden besitzen verzweigte Hautstrukturen, die Vorstufen der Federn von Archaeopteryx und rezenten Vögeln darstellen könnten.

### Bau und Funktion verschiedener Federtypen

**Material:** verschiedene Federtypen heute lebender Vögel, Mikroskopierzubehör, Schere

**Durchführung:** Schneiden Sie aus den Federn kleine Stücke heraus und betrachten Sie diese unter dem Mikroskop. Fertigen Sie beschriftete Zeichnungen an. Vergleichen Sie diese mit der Schwanzbefiederung von Archaeopteryx in Bild 1.

**Flugfähigkeit.** Die Abstammung der Vögel von zweifüßig auf dem Boden laufenden, mit Greifkrallen ausgestatteten Dinosauriern ist sehr wahrscheinlich. Wie lässt sich die Entstehung ihrer Flugfähigkeit unter Berücksichtigung der Merkmale von Archaeopteryx erklären?

Die *„Baumkletterer-Hypothese"* geht davon aus, dass die Vorfahren von Archaeopteryx lernten, auf Bäume zu klettern und von dort mithilfe von Federn zu Boden zu gleiten. Die *„Bodenläufer-Hypothese"* sieht den Ursprung in einem rennenden Zweifüßer, der in kleinen Sprüngen nach Beute jagt und seine Sprungweite durch Schlagen mit den Vorderextremitäten verbessert. Die Bildung von Federn vergrößerte die Fläche der Vorderextremitäten und bewirkte so einen Auftrieb.

1. **Ziehen Sie Schlussfolgerungen bezüglich des Evolutionsstands und des Flugvermögens des „Urvogels" aus Ihren Untersuchungen der verschiedenen Federtypen rezenter Vögel und Ihrem Vergleich mit Archaeopteryxfedern.**
2. **Informieren Sie sich über den Feinbau der Vogelfeder und die Funktion ihrer Teile.**
3. **Beurteilen Sie aufgrund der Angaben im Text und des Skelettvergleichs auf Seite 279 die Flugfähigkeit von Archaeopteryx.**

2 Rekonstruktionen von Archaeopteryx nach verschiedenen Hypothesen zur Entwicklung der Flugfähigkeit

## Archaeopteryx und die Evolution der Vögel

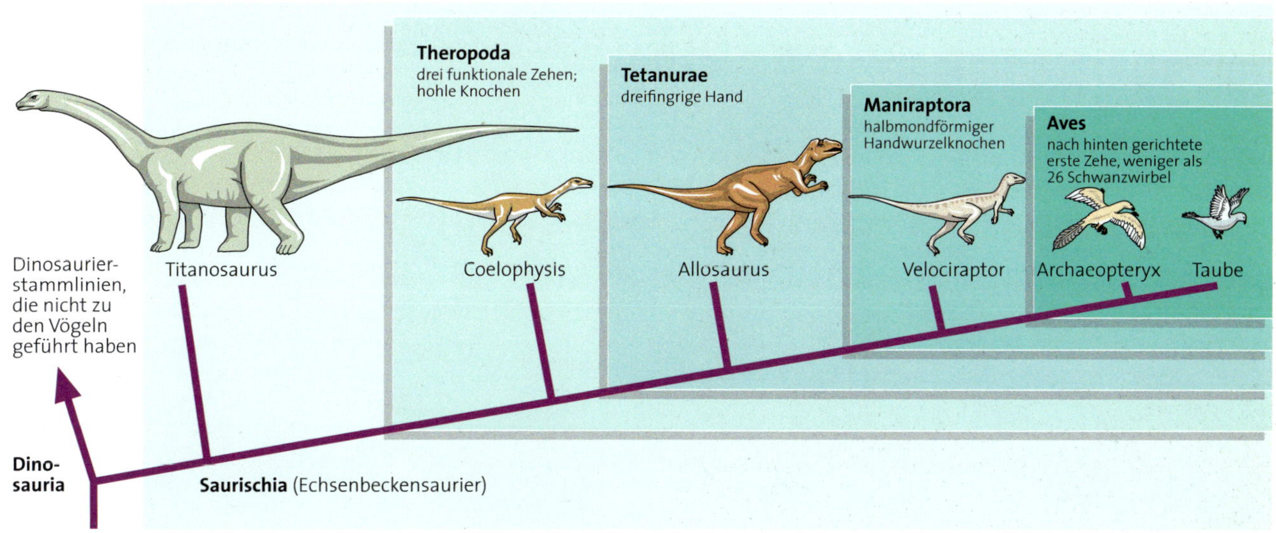


*1 Kladogramm der Echsenbeckensaurier als Vorfahren der Vögel*

Dass Archaeopteryx und die rezenten Vögel von Reptilien abstammen, gilt heute als gesichert. Zwei Hypothesen konkurrieren dabei:

- die Abstammung von den *Archosauriern* in der Trias (vor etwa 230 Millionen Jahren) und damit ein gemeinsamer Ursprung mit Krokodilen,
- die viel spätere Abstammung von den *Dinosauriern* der Ordnung *Saurischia (Echsenbeckensaurier)* im *Jura* (vor etwa 150 Millionen Jahren).

In der vergleichenden Biologie ist die phylogenetische Systematik, auch Kladistik genannt, eine Methode zur Erforschung und Darstellung verwandtschaftlicher Beziehungen (▶ S. 273). Der abgebildete Stammbaum (▶ Bild 1) stellt die Abstammung der Vögel von Dinosauriervorfahren dar. An den Verzweigungspunkten tritt jeweils eine neue Stammform auf mit einem oder mehreren Merkmalen, die in früher entstandenen Gruppen noch nicht vorhanden waren, jedoch bei allen ihren Nachkömmlingen: Synapomorphien. Demnach gehören die Theropoden zu der Klade (von griech. *klados:* Zweig) der Echsenbeckensaurier. Sie gehen auf einen Vorfahren zurück, der als Neuerung hohle Knochen und nur noch drei funktionale, nach vorn gerichtete Zehen aufwies. Von diesen stammen die Steifschwanzsaurier ab, die *Tetanurae*, aus denen die Handraubsaurier, die *Maniraptora*, hervorgingen. Die als Aves (Vögel) bezeichnete Klade umfasst sowohl den Vorfahren des Archaeopteryx als auch alle seine sonstigen Abkömmlinge.

Wie entwickelte sich die Vogelwelt nach Archaeopteryx? Neuere Fossilfunde vor allem aus China und Spanien aus der Kreidezeit zeigen, dass die Vögel schnell verschiedene Größen, Formen und Lebensweisen entwickelt haben. Äußerlich waren immer noch Flügelkrallen und häufig bezahnte Kiefer zu sehen, beispielsweise bei dem sperlingsgroßen *Sinornis santensis* (138 Millionen Jahre). Doch im Laufe der Kreidezeit wurde das Skelett immer vogelartiger. Bei *Iberomesornis victor* (125–132 Millionen Jahre; ▶ Bild 2) gibt es bereits ein ausgeprägtes *Pygostyl*, also zu einem Steißknochen verschmolzene Wirbel als Ansatz für die Schwanzfedern, sowie Veränderungen im Flugapparat. Die meisten dieser urtümlichen Vögel starben an der Grenze zum Tertiär plötzlich aus. Aus wenigen Formen, die dieses Massensterben überlebten, entwickelte sich explosionsartig die moderne Vogelwelt.

### ☞ Basisinformationen

Methoden der Klassifikation (▶ S. 272) • Synapomorphien (▶ S. 273) • Massensterben (▶ S. 300) • molekularbiologische Methoden (▶ S. 267)

---

**❶ Nach J. OSTROM stammen Vögel nicht nur von Dinosauriern ab, sondern sind selbst Dinosaurier. Begründen Sie diese Aussage.**

**❷ Der Vergleich der mitochondrialen Genome zeigt, dass heute lebende Vögel und Krokodile eng verwandt sind. Stellen Sie das Prinzip dieser Untersuchungsmethode dar.**

*2 Lebensbild von Iberomesornis, einem Vogel der Kreidezeit*

# Evolution des Menschen

1 *In der 1940 entdeckten Höhle von Lascaux sind etwa 600 gut erhaltene Malereien aus der Altsteinzeit zu bewundern.*

*Die ältesten Kunstwerke der Welt wurden vermutlich vor etwa 35 000 Jahren von den ersten Menschen unserer Art in Europa geschaffen. Wahrscheinlich sind diese Menschen von Afrika her über Vorderasien eingewandert. Ihre Kunstwerke bezeugen einen Entwicklungssprung in der menschlichen Evolution: die Fähigkeit zum abstrakten und symbolischen Denken. Dass und wie sich aus tierischen Vorfahren ein denkendes, sprechendes und kulturfähiges Wesen entwickelte, gehört zu den wichtigsten biologischen Erkenntnissen über uns selbst.*

### Im Blickpunkt

- der Mensch, ein junger Zweig am Stammbaum der Lebewesen
- einzige Art mit doppelter Evolution: biologische und kulturelle Evolution des Menschen
- Primaten, die Verwandtschaftsgruppe des Menschen, und ihre kennzeichnenden Merkmale
- Anpassungen früher Primaten an das Baumleben als Prädispositionen für die Evolution zum Menschen
- das Besondere am Menschen: ein Vergleich mit Menschenaffen
- Schlüsselereignisse in der Evolution des Menschen
- Fossilgeschichte des Menschen
- die Rekonstruktion eines menschlichen Stammbaums und ihre Schwierigkeiten
- Fragen zur Herkunft des modernen Menschen Homo sapiens

**GRUNDLAGEN** Der Mensch unterscheidet sich unverkennbar von den Tieren. Aber ebenso unverkennbar teilt er viele Merkmale mit allen Lebewesen, noch mehr mit Tieren und besonders viele mit Säugetieren. Dieser scheinbare Widerspruch wird nur verständlich, wenn man die biologische Vergangenheit des Menschen und seine Abstammung in Betracht zieht.

Aus biologischer Sicht zählt der Mensch zusammen mit Halbaffen (Nacktnasenaffen) und Affen (Haarnasenaffen) zur Ordnung Primaten. Die Trennung der Vorfahren des Menschen von denen der Menschenaffen, die sich bis dahin gemeinsam entwickelt hatten, erfolgte vor 8 bis 5 Millionen Jahren in Afrika. Die weitere durch Fossilfunde dokumentierte Entwicklung verlief mit zahlreichen Seitenlinien, von denen viele in einer Sackgasse endeten, da deren Vertreter ausstarben. Es gilt also auch für die Evolution des Menschen, dass bestehende Merkmale immer wieder variiert, der Selektion unterworfen und abgewandelt wurden.

Als DARWIN seine Evolutionstheorie aufstellte, glaubten die meisten Menschen, dass sie eine eigenständige Schöpfung Gottes seien. Viele empfinden auch heute noch die Tatsache, dass sich der Mensch aus tierischen Vorfahren entwickelt hat, als „Kränkung". Diese Menschen haben vor allem die kulturelle Evolution im Blick, die unser Leben in der Regel viel auffälliger bestimmt als die durch biologische Evolution entstandene, selbstverständlich erscheinende biologische Natur. Mit dieser doppelten Evolution sind wir tatsächlich einzigartig.

## Doppelte Evolution des Menschen

Ein herausragendes Merkmal des Menschen ist seine unvergleichliche Lernfähigkeit. Bereits frühe Vorfahren des Menschen übernahmen offensichtlich erlerntes Verhalten von erfahrenen Artgenossen. Überschritt diese Weitergabe von Erfahrung und Wissen die Generationengrenze, entstand *Tradition*. Sie ist die Grundlage von *Kultur*. Darunter versteht man die Gesamtheit erlernter Verhaltensweisen und Fähigkeiten einer Gruppe, die von Generation zu Generation weitergegeben wird. Mit der Fähigkeit zur Kultur haben die Menschen als einzige Lebewesen neben der *biologisch-genetischen Evolution* eine zweite, *kulturelle Evolution* entwickelt, um Information zu erwerben, zu vermehren und an die nächste Generation weiterzugeben.

**Kulturelle Evolution.** Im Vergleich mit der biologischen Evolution erfolgt der Informationsfluss durch kulturelle Evolution „horizontal" in der gesamten Population, nicht nur „vertikal" von Eltern auf Kinder und ist dadurch viel schneller und anpassungsfähiger. Durch die Entwicklung der *Sprache*, viel später auch durch die Erfindung der *Schrift* wurde die Wirkung dieser Besonderheiten enorm gesteigert.

Wann die Wortsprache entstanden ist, lässt sich zeitlich nur schwer zuordnen. Dagegen erlauben fossile Zeugnisse wie Werkzeugfunde, Feuerstellen, Bestattungen oder Kunstwerke nicht nur die Rekonstruktion der materiellen Kulturentwicklung der Menschen, sondern lassen auch Rückschlüsse auf ihre geistigen Leistungen und religiösen Vorstellungen zu.

Mit den Errungenschaften der kulturellen Evolution wurde der Mensch immer besser in die Lage versetzt, seine Umwelt zu verändern und den eigenen Bedürfnissen anzupassen. Der Zwang zur Anpassung an die Umwelt, wie er die biologische Evolution kennzeichnet, wird damit in sein Gegenteil verkehrt.

**Biologische Evolution.** Die Kulturfähigkeit der Menschen hat biologische Grundlagen. Dazu zählen in erster Linie:

- die mit dem *aufrechten Gang* verknüpfte Entwicklung universell verwendbarer *Greifhände*, die – von der Fortbewegungsfunktion befreit – sich zum herausragenden „Kulturorgan" entwickeln konnten;
- die als *Cerebralisation* bezeichnete Größenzunahme, Komplexitäts- und Leistungssteigerung des menschlichen Gehirns. Auf dieser Cerebralisation gründen sich letztlich Lernfähigkeit und Sprachvermögen.

Nach allen fossilen Zeugnissen, die uns vorliegen, haben sich aufrechter Gang oder *Bipedie* und Gehirn während der Evolution der Hominiden nicht im Einklang miteinander entwickelt, sondern mit unterschiedlicher Geschwindigkeit. Man spricht von *Mosaikevolution*. Zuerst entstand der aufrechte Gang. Weitgehend unabhängig davon vergrößerte sich später das Gehirn, das beim Menschen nach der Geburt noch viel länger weiterwächst als bei anderen Primaten.

**1** **Recherchieren und vergleichen Sie verschiedene Definitionen von Kultur in Lexika und im Internet.**

**2** **Kulturelle Evolution verläuft nach lamarckistischem Prinzip. Begründen Sie diese Aussage. Vergleichen Sie die Mechanismen, die bei biologischer beziehungsweise bei kultureller Evolution jeweils wirksam sind. Gehen Sie ein auf Evolutionsgeschwindigkeit und Informationsträger.**

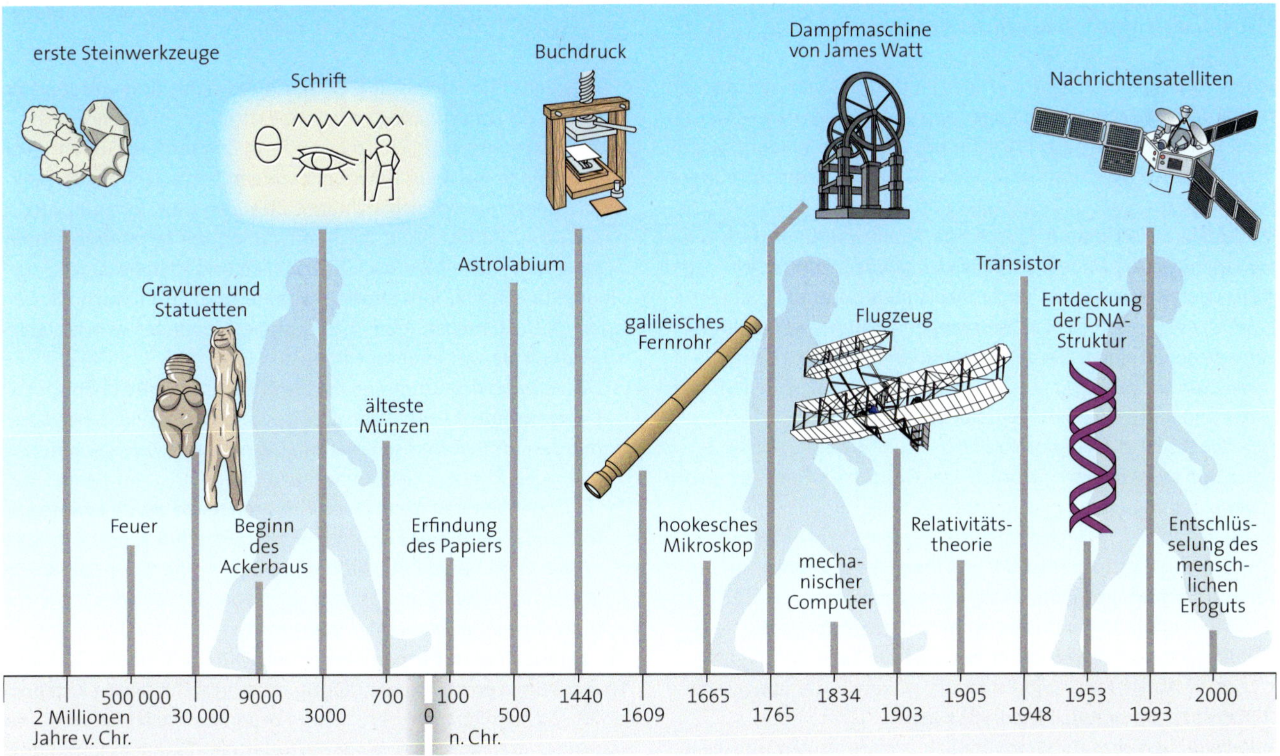


1 *Meilensteine in der kulturellen Evolution des Menschen*

## Primaten

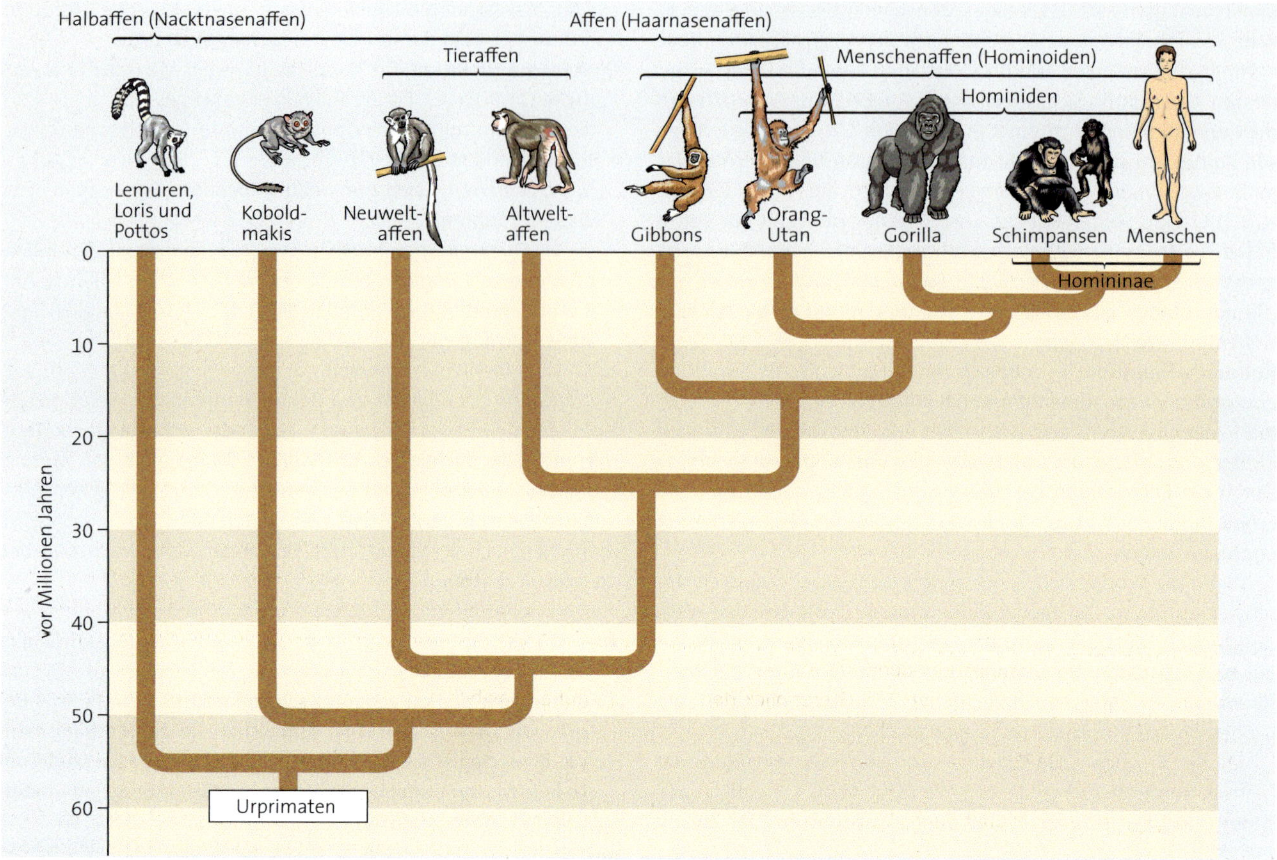


*1 Verwandtschaftsbeziehungen der Primaten*

Schon LINNÉ, der Begründer der systematischen Kategorien, stellte den Menschen zur Säugetierordnung *Primaten* – „Herrentiere" –, lange bevor die Tatsache der Evolution erkannt wurde. Diese Zuordnung ist durch eine Vielzahl von Übereinstimmungen begründet.

**Merkmale der Primaten.** Durch ihre recht ursprünglichen *Gliedmaßen mit je fünf Fingern* und das *wenig differenzierte Gebiss* sind die Primaten schwieriger zu kennzeichnen als andere Säugetierordnungen. Typisch für die überwiegend baumlebenden Bewohner warmer Gebiete ist eine Kombination von Merkmalen:
- *vier zum Greifen fähige Füße*, deren erste Zehe sich weit abspreizen und anderen Zehen gegenüberstellen lässt;
- *flache* Nägel anstelle von Krallen;
- ein *gut ausgebildeter, farbtüchtiger Gesichtssinn* mit *nach vorn gerichteten Augen*, die räumliches Sehen ermöglichen;
- ein *Gehirn*, das im Verhältnis zum übrigen Körper *groß* ist;
- relativ *späte Geschlechtsreife* und *lange Lebensdauer*.

**Verwandtschaftsgruppen.** Nach Synapomorphien (► S. 273) unterscheidet man folgende Verwandtschaftsgruppen:
- *Halbaffen* oder *Nacktnasenaffen* sind die kleinen *Galagos* und *Loris* in Afrika, Süd- und Südostasien sowie die überwiegend nachtaktiven *Lemuren* Madagaskars.
- *Koboldmakis* mit außergewöhnlich großen Augen und besonderem Sprungvermögen sind mausgroße Waldbewohner Südostasiens. Sie stehen den *Echten Affen* nahe und werden mit diesen als *Haarnasenaffen* den Halbaffen gegenübergestellt.
- *Neuweltaffen*, auch Breitnasenaffen genannt, aus Südamerika sind durchweg Baumbewohner, viele mit einem Greifschwanz.
- *Altweltaffen*, auch Schmalnasenaffen genannt, leben in Afrika, Süd- und Südostasien. Zu ihnen zählen die langschwänzigen Languren sowie Meerkatzen, Makaken und Paviane.

Neuweltaffen und Altweltaffen werden manchmal auch als *Tieraffen* den *Menschenaffen* (Überfamilie *Hominoidea* oder *Menschenähnliche*) gegenübergestellt.
- Die *Hominoidea* umfassen die als Schwinghangler hoch spezialisierten südostasiatischen *Gibbons* und die Familie *Hominidae* mit den großen Menschenaffen (Orang-Utan, Zwergschimpansen oder Bonobo, Schimpanse, Gorilla) und dem Menschen. Schimpansen und Mensch ordnet man in die gemeinsame Unterfamilie *Homininae* ein. In welchen systematischen Kategorien die enge Verwandtschaft von Mensch und Menschenaffen ausgedrückt wird, hängt jedoch davon ab, welches Gewicht man einzelnen Merkmalen zuerkennt.

**Ein eigenes Taxon für den Menschen?** Die traditionelle Systematik der Primaten zog zur Einteilung in die verschiedenen Kategorien im Wesentlichen Merkmale im Körperbau heran. Meist stand dann der Mensch als einziger Vertreter des Taxons „Hominiden" den „Pongiden" mit Orang-Utan, Gorilla und den beiden Schimpansenarten gegenüber. Auch wenn dies aufgrund der großen körperlichen und genetischen Ähnlichkeit von Mensch und Schimpansen der Logik des natürlichen Systems widersprach, sollte dadurch die besondere Stellung des Menschen hervorgehoben werden.

**Ursprüngliche Primaten.** Die Primaten leiten sich wahrscheinlich von Insektenfressern ab und bilden seit etwa 65 Millionen Jahren eine eigene Gruppe. Ursprünglich waren sie kleine, bodenlebende, nachtaktive Tiere mit gutem Geruchssinn und geringem Sehvermögen, passten sich aber früh schon an das Leben auf Bäumen an. Diese *arboricole Lebensweise* in einem dreidimensionalen, lückenreichen Lebensraum erforderte Umstellungen beim Einsatz der Fortbewegungsorgane, der Sinnesorgane und des Gehirns.

**Prädispositionen für die Evolution des Menschen.** Millionen Jahre später erwiesen sich eine ganze Reihe dieser Anpassungen an das Baumleben als wichtige *Prädispositionen* (▶ S. 251) für die Evolution des Menschen:

- *Greifhände und Plattnägel.* Greifhände mit abspreizbarem Daumen und mit Plattnägeln als Widerlager erhöhen die Griffsicherheit an Ästen.
  Für die spätere menschliche Evolution war die Entwicklung der Hand zu einem – besonders an den Fingerspitzen – hochsensiblen Greiforgan von entscheidender Bedeutung.
- *Räumliches Sehen und Farbensehen.* Der Stereoblick der nach vorn gerichteten Primatenaugen verbessert das Abschätzen von Entfernungen. Da die Tiere überwiegend tagaktiv sind, erleichtert die Unterscheidung von Farben den Nahrungserwerb. Auch unter allen Sinnesfunktionen des Menschen nimmt der Gesichtssinn eine dominierende Stellung ein.
- *Gehirn.* Mit der anspruchsvollen Sinneswahrnehmung und der notwendigen schnellen Bewegungskoordination ging bei den baumbewohnenden Primaten eine Vergrößerung und Verfeinerung von Klein- und Großhirn einher.
  Die Fähigkeit, umfangreiche Informationen im Gehirn zu speichern und zu verarbeiten, bedingt die Sonderstellung des Menschen unter allen Lebewesen. Vermutlich ist Denken an räumliches Vorstellungsvermögen gebunden.
- *Fortpflanzung.* Verglichen mit Säugetieren ähnlicher Größe dauert die Schwangerschaft bei höheren Primaten sehr lange. Fast immer kommt ein relativ unselbstständiges, einzelnes Junges zur Welt. Der enge körperliche und soziale Kontakt von Mutter und Jungem über lange Zeit ermöglicht ein ausgiebiges *Lernen durch Nachahmung*.
  Die Bildung gruppenspezifischer Traditionen ist eine wichtige Wurzel für die kulturelle Evolution des Menschen.
- *Unspezialisiertheit.* Primaten sind, verglichen mit anderen Säugetieren, wenig spezialisierte Generalisten. Diese Unspezialisiertheit erfordert aber ein „offenes" Verhaltensprogramm mit hoher Flexibilität, was wiederum eine besondere Entwicklung der Intelligenz voraussetzt.
  Die kulturelle Evolution des Menschen war nur aufgrund besonderer Intelligenz möglich.

1 *Altes Primatenerbe beim Halbaffen Plumplori: Greifzehen mit Plattnägeln und binokulares Sehen*

---

**1** **Diskutieren Sie Gemeinsamkeiten und Unterschiede, die sich aus der Interpretation der beiden Stammbäume (▶ Bild 2) ergeben. Begründen Sie, warum nach einem von beiden dem Menschen nicht als zweite Gruppe die Menschenaffen gegenübergestellt werden können.**

**2** **Primaten gelten als unspezialisiert. Nennen Sie Spezialisierungen von einigen Säugetierordnungen, in denen diese den Primaten überlegen sind.**

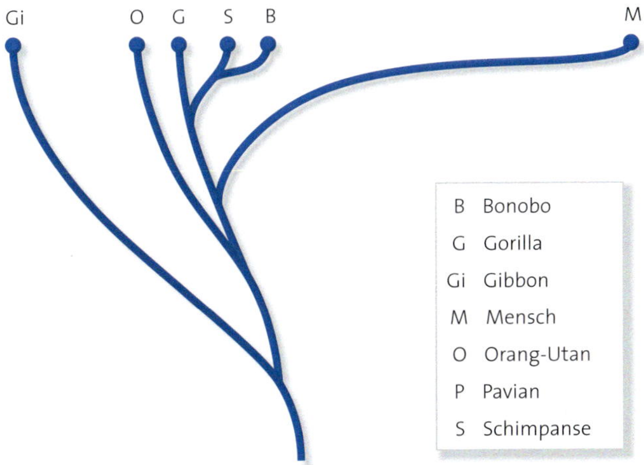


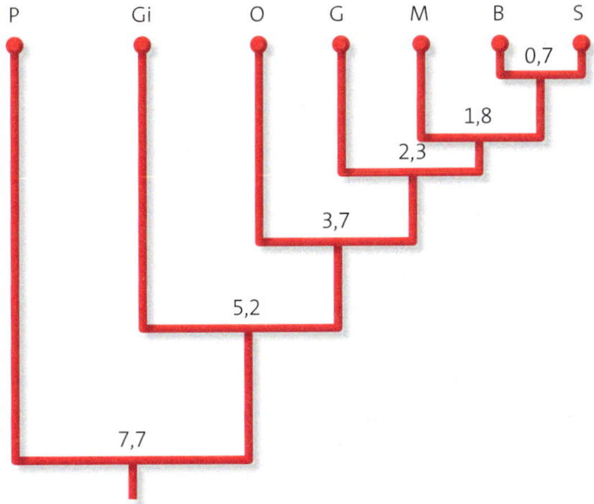


2 *Stammbaumschema der Hominoiden aufgrund anatomischer Merkmale (links) und DNA-Homologie (rechts; die Zahlen stehen für relative Unterschiede der DNA-Sequenzen)*

## Der Mensch – ein Primat mit Besonderheiten

Unter allen heutigen Primaten sind die Schimpansen mit dem Menschen am nächsten verwandt. Ihr letzter gemeinsamer Vorfahre muss vor etwa 7–5 Millionen Jahren gelebt haben. Ein Vergleich von Schimpanse und Mensch kann daher die für den Menschen typischen und besonderen Merkmale am besten aufzeigen. Dabei musste man sich lange Zeit auf Befunde der Anatomie, Physiologie und Verhaltensbiologie beschränken. Inzwischen gewinnen Daten aus molekularbiologischen Untersuchungen immer mehr an Bedeutung.

**DNA.** Das Genom von Mensch und Schimpanse stimmt nach Unterschieden in der Basensequenz ihrer DNA zu 98,7 % überein. Allerdings weisen die bislang untersuchten für Proteine codierenden Gene deutliche Unterschiede auf. Auch die Aktivitätsmuster von Genen (► S. 163) unterscheiden sich stark, besonders in Zellen des Gehirns.

**Chromosomen.** Die Chromosomen gleichen sich weitgehend in Form, Größe und Bandenmuster. Menschenaffen haben jedoch 48 Chromosomen in jeder Körperzelle, Menschen durch Fusion von Chromosom 2 und 3 nur 46 (► S. 287 Bild 1).

**Skelettbau und Fortbewegung.** Auch wenn sich Menschenaffen aufrichten und kurzzeitig aufrecht gehen können, ist der *aufrechte Gang*, die *Bipedie*, für den Menschen kennzeichnend. Damit stehen typische Merkmale seines Bewegungsapparats in Zusammenhang:

- Der Schädel wird *nahe an seinem Schwerpunkt von der Wirbelsäule unterstützt* und kommt ohne starke Nackenmuskulatur aus.
- Die Wirbelsäule ist *doppelt S-förmig gebogen*. Sie trägt Kopf und Rumpf federnd.
- Der *Schwerpunkt des Körpers* liegt *im Beckenbereich* nahe der Wirbelsäule.
- Das *schüsselförmige Becken* trägt die Eingeweide. An den breiten Darmbeinschaufeln setzen die Hüftmuskeln an, die den Rumpf beim Gehen halten und balancieren. Der kräftige Gesäßmuskel dient außerdem für den Vorschub beim Gehen.
- Die Oberschenkelknochen sind im Becken so eingehängt, dass die Knie nahe unter dem Schwerpunktlot liegen und eine kennzeichnende *X-Beinstellung* entsteht.
- Die *längs und quer gewölbte Fußsohle* federt den Druck beim Gehen ab und optimiert die eingesetzte Kraft. Die starke Großzehe ist nicht abspreizbar. Statt des Greiffußes der Menschenaffen hat der Mensch einen *Stand- und Gehfuß*.

Bis heute erinnern den Menschen häufige Skelettschäden an schwierige Kompromisse bei der Evolution des aufrechten Gangs: Bandscheibenverschleiß, Gelenkschäden von Hüfte, Knie und Fuß, Senk- und Plattfüße; außerdem Krampfadern als Folge von Blutstauungen in den Beinvenen.

**Universalhand.** Die Vordergliedmaßen von Schimpanse und Mensch stimmen in Bau und Beweglichkeit der Arme weitgehend überein. Dagegen besitzt die menschliche Hand vor allem durch die *besondere Beweglichkeit des Daumens*, der sich allen anderen Fingern gegenüberstellen lässt, viel mehr Bewegungsmöglichkeiten als die Greifhand der Menschenaffen. Insbesondere der *Präzisions-* oder *Pinzettengriff* mit Daumen und Zeigefinger ist typisch menschlich.

*1 und 2 Mensch und Zwergschimpanse gehend*

**Schädel und Gebiss.** Der *steil nach oben gewölbte Gehirnschädel* des Menschen bietet Platz für das mit etwa 1 400 $cm^3$ im Vergleich zum Schimpansen viermal größere Gehirn. Der *Gesichtsschädel* ist *deutlich kleiner*, die Kiefer sind kurz.

Die *Gebisse* von Mensch und Menschenaffen stimmen in der Zahnformel und im Schmelzfaltenmuster der Backenzähne überein. Beim Menschen bilden die Zähne jedoch eine geschlossene Reihe, die Eckzähne unterscheiden sich kaum von den Schneidezähnen. Beim Schimpansen steht den stark entwickelten Eckzähnen im Oberkiefer jeweils eine Zahnlücke im Unterkiefer gegenüber. Der *Kieferbogen* des Menschen ist *parabelförmig*, der des Schimpansen *U-förmig*.

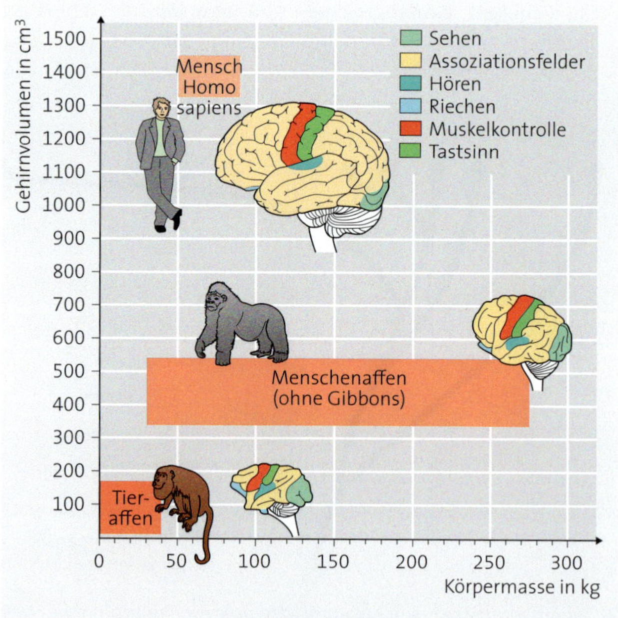


*3 Größenzunahme des Gehirns bei Primaten*

**Sprache und Gehirnleistung.** Am stärksten unterscheiden sich Menschenaffen und Mensch in der *Größe und Leistung des Gehirns*. Dem Menschen ermöglicht sein großes und komplexes Gehirn die so nur ihm eigene *Lernfähigkeit*, ein *sehr differenziertes Sozialverhalten* und die *Kommunikation durch Sprache*. Voraussetzung für das Sprechenkönnen sind der Luftraum zwischen Kehlkopfdeckel und Gaumensegel, die geschlossene Zahnreihe, die bewegliche Zunge, vor allem aber ein spezielles motorisches Sprachzentrum im Großhirn.

Auch Schimpansen sind in der Lage, eine Zeichensprache zu erlernen und zu gebrauchen. Die Wort- und Begriffssprache des Menschen ist aber einzigartig. Sie muss individuell erlernt werden, wobei die Fähigkeit zum Spracherwerb, zur differenzierten Lauterzeugung und zum exakten Hören genetisch bedingt ist.

**Lange Jugend- und Altersphase.** Menschenkinder sind – noch wesentlich länger als Schimpansenkinder – nach der Geburt viele Jahre auf Fürsorge angewiesen. Das ermöglicht ihnen ein intensives *Lernen durch Nachahmung*. Da die Lebensdauer des Menschen weit über das Fortpflanzungsalter hinausgeht, leben zudem mehrere Generationen zur gleichen Zeit. Dieser Umstand erleichtert die Weitergabe von Traditionen. Durch die lebenslang anhaltende Lernfähigkeit wird wiederum die kulturelle Entwicklung beschleunigt.

**Kultur.** Große, auf Lernfähigkeit beruhende Flexibilität im Verhalten, verbunden mit ausgeprägter Traditionsbildung innerhalb sozialer Gruppen, ist die Grundlage menschlicher *Kulturen*. Ansätze dazu finden sich auch bei Schimpansen, doch kann man Kultur als ein für den Menschen typisches Merkmal ansehen.

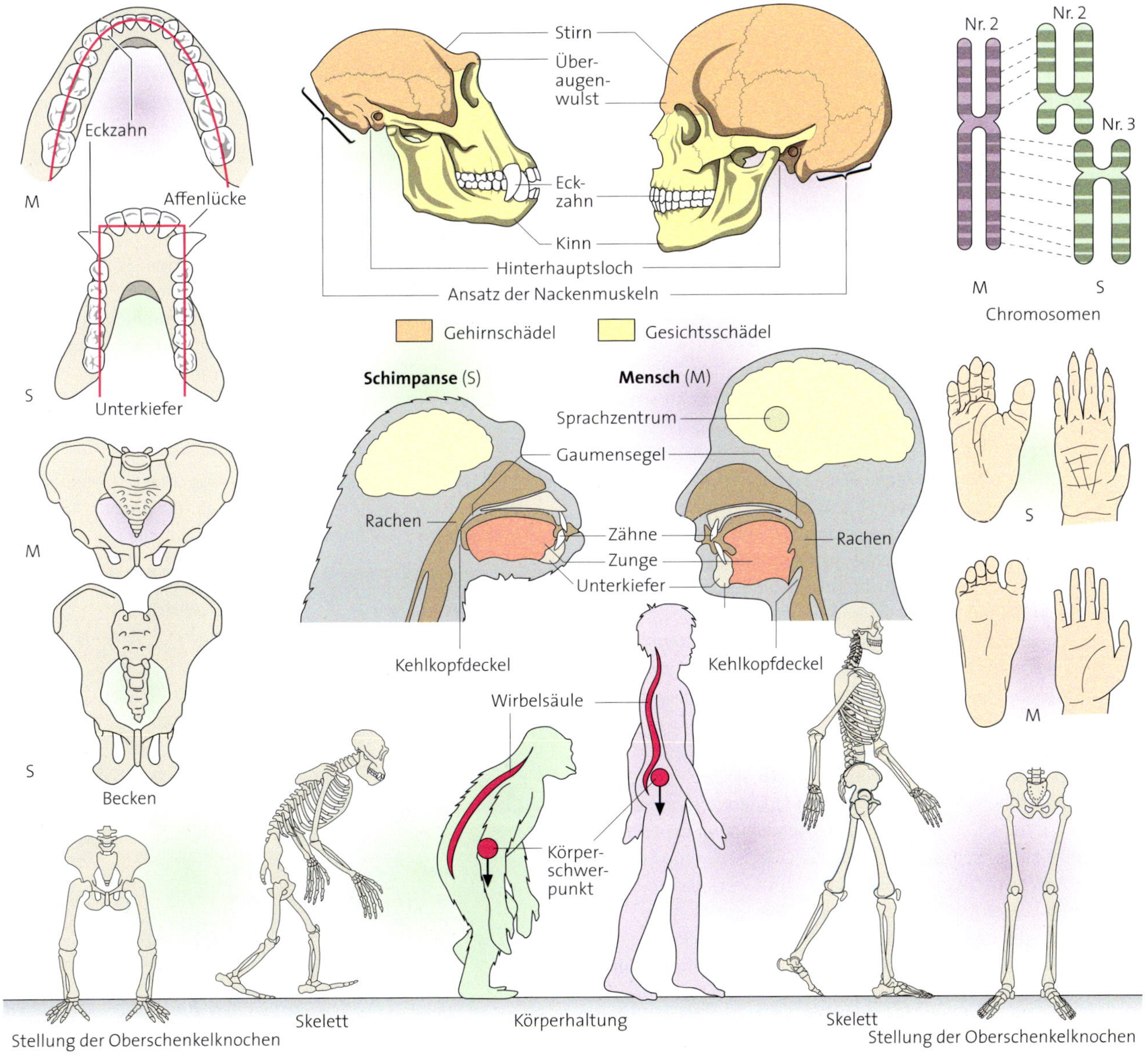


*1 Merkmale von Schimpanse und Mensch im Vergleich. Die Chromosomen können anhand ihres Bandenmusters homologisiert werden.*

## Schlüsselereignisse in der Evolution des Menschen

Aus dem Grundmuster der Primatenmerkmale (► S. 285) haben sich die spezifisch menschlichen Merkmale in einem Millionen Jahre dauernden Prozess mit vielen Umwegen und Sackgassen entwickelt. Zwar lassen sich die dabei wirksamen Faktoren im Einzelnen nicht mehr rekonstruieren, doch besteht kein Zweifel an der Wirksamkeit der bekannten Evolutionsmechanismen.

**Baumbewohner.** Die bislang ältesten Fossilien von Hominoiden sind etwa 38 bis 24 Millionen Jahre alt. Zu ihnen zählt der in Ägypten gefundene *Aegyptopithecus*, der einerseits Merkmale baumlebender, früchtefressender Tieraffen, andererseits hominoide Merkmale aufweist: Die Kronen seiner unteren Backenzähne haben 5 Höcker, getrennt durch Y-förmige Schmelzfalten. Dieses 5-Y-Muster kennzeichnet alle Hominoiden innerhalb der Primaten.

**Entstehung der Bipedie.** Zunehmende Trockenheit und Abkühlung führte vor etwa 6 Millionen Jahren zum Rückgang der tropischen Regenwälder. In Ostafrika verstärkten außerdem tektonische Landhebungen den klimatischen Effekt. Aus dem zusammenhängenden Regenwald entstanden Waldinseln und Savannen. Primaten, die wie *Ardipithecus* (► S. 290) gut klettern, sich aber am Boden auch zweibeinig bewegen konnten, hätten hier einen Selektionsvorteil gehabt. Deshalb wurde lange Zeit vermutet, dass sich der aufrechte Gang erst in der Savanne entwickelt hätte *(Savannenhypothese)*. Inzwischen kennt man aber ältere Fossilien von vermutlich aufrecht gehenden Hominiden wie *Sahelanthropus* (► S. 290), die noch zu Zeiten dichter Regenwälder lebten. Eine andere Hypothese nimmt an, die Bipedie könnte über das Waten in Gewässern entstanden sein *(Aquatic-Ape-Hypothese)*, wie man es heute gelegentlich bei Gorilla (► Bild 2) und Schimpansen beobachten kann. Auf diese Weise könnten sich frühe Hominiden mit proteinreicher Nahrung wie Muscheln versorgt haben.

Offenbar bot die Bipedie aber auch in der Savanne Selektionsvorteile: Mit den freien Vordergliedmaßen können Nahrung oder Kinder leichter getragen werden, das Aufrichten erlaubt im hohen Savannengras ein Sichern über weite Flächen und die Regulierung der Körpertemperatur fällt leichter. In Verbindung damit könnte auch die Reduktion des Haarkleids stehen, wodurch überschüssige Wärme bei körperlicher Anstrengung besser abgeleitet wird. Von den Angehörigen der Hominidengattung *Australopithecus* (► S. 290), die erstmals vor etwa 4,5 Millionen Jahren auftraten, weiß man jedenfalls, dass sie aufrecht gingen und vorwiegend Savannenbewohner waren.

**Gehirnwachstum.** Bei der Gattung *Homo* (► S. 291) übertrifft vor 2,5 Millionen Jahren das Gehirnvolumen erstmals deutlich das Niveau der Menschenaffen und verdoppelt sich etwa innerhalb einer weiteren Million Jahre. Sehr wahrscheinlich ging die Größenzunahme mit einer Komplexitäts- und Leistungssteigerung einher. Welche Faktoren dafür entscheidend waren, ist unklar; ihre Folgen – die kulturelle Evolution – sind dagegen offenkundig.

**Entwicklung einer Werkzeugkultur.** Schon die Australopithecinen benutzten vermutlich Steine oder Stöcke als Werkzeuge, ähnlich wie es heute lebende Menschenaffen tun. Doch die *systematische Herstellung und Verwendung von Werkzeugen* – die älteste Form von Kultur – setzt erst mit dem Auftreten der Gattung Homo ein. Damit könnte in Beziehung stehen, dass bei diesen Frühmenschen die zuvor auf Kraftwirkung ausgerichtete Greifhand zur vielfältig einsetzbaren Universalhand (► S. 286) wird und der Kauapparat an Bedeutung für die Zerkleinerung der Nahrung verliert und reduziert wird.

1 *In den Baumsavannen Ostafrikas lebten die ersten Hominiden.*

**Erwerb der Sprache.** Wann und unter welchem Selektionsdruck sich die Wortsprache der Menschen entwickelt hat, ist unbekannt. Manche Wissenschaftler bringen das Aufkommen von Schmuck, Elfenbeinskulpturen, Musikinstrumenten und Höhlenmalereien vor rund 30 000 Jahren damit in Zusammenhang. Die Wurzeln sprachlicher Kommunikation dürften aber viel weiter zurückreichen.

**1 Der Verlust des Haarkleids und das ausgeprägte Unterhautfettgewebe des Menschen könnten auch für die Aquatic-Ape-Hypothese sprechen. Erklären Sie die Zusammenhänge.**

2 *Gorilla beim Waten in einem Gewässer*

# Auf der Suche nach den Ursprüngen

Die *Paläoanthropologie* befasst sich mit den Ursprüngen des Menschen und den Ursachen seiner Evolution. Dabei ist sie auf die scharfsinnige Auswertung fossiler Zeugnisse angewiesen.

**Fossilien**

Um die wenigen fossil erhaltenen Reste menschlicher Vorfahren zu finden, ist viel Glück, Geduld und Können erforderlich. So trugen beispielsweise der Frankfurter Wissenschaftler FRIEDEMANN SCHRENK und seine afrikanischen Mitarbeiter in zwölfjähriger Arbeit in Malawi lediglich 599 katalogisierenswerte Bruchstücke zusammen, oft nur Knochenklumpen und -splitter. Der Fund wird fotografiert, registriert und seine Lage mit dem Global Positioning System (GPS) ermittelt. Kleinere Überreste werden zum Transport in Tüten verpackt. Oft muss der gesamte Gesteinsblock samt Fossilien freigelegt und abtransportiert werden. Erst im Labor wird jedes einzelne Bruchstück präpariert und mit anderen Funden der Umgebung verglichen.

**Werkzeugfunde**

Mit der Verwendung und Herstellung von Steinwerkzeugen kommen neuartige Zeugnisse zu den Fossilfunden hinzu. Die ältesten, etwa 2,5 Millionen Jahre alten *Werkzeuge* aus der *Olduvai-Schlucht* in Tansania sind einfache ein- oder zweiseitig grob behauene Kieselsteine („Chopper"). Diese Kulturstufe hielt sich mehr als eine Million Jahre, bis sie vor rund 1,4 Millionen Jahren in Afrika durch feiner bearbeitete Werkzeuge abgelöst wurde: Mit einem Schlagstein wurden Geröllsteine so behauen, dass scharfkantige Abschläge und ein Kernstück entstanden. Die Abschläge eigneten sich zum Schneiden von Haut, Fleisch und Sehnen, das Kernstück zum Aufschlagen von Knochen.

**Fundplatzanalyse**

Ziel einer *Fundstättenanalyse* ist die Rekonstruktion der Lebensweise früherer Populationen. Vielfach ist das bloße Vorhandensein von Steinwerkzeugen rund um fossile Tierknochen schon ein Beleg für menschliche Aktivitäten. Die Knochen werden auf mögliche Schnitt-, Säge- oder Schlagspuren untersucht. Bei der Auswertung der Ergebnisse werden alle Elemente der Fundstätte nach Alter, Anzahl, Beschaffenheit, Bearbeitung oder Veränderung analysiert und interpretiert. Solche Details erlauben Aussagen darüber, ob es sich bei der Fundstätte um Wohnplatz, Schlachtstätte, Vorratsplatz oder Kultstätte gehandelt hat.

Das Bild unten zeigt einen Fund am Turkanasee in Ostafrika. In einer 1,5 Millionen Jahre alten vulkanischen Ascheschicht, die einen ehemaligen Flussarm und seine Ufer bedeckte, wurden Steinwerkzeuge und fossile Knochen eines einzelnen Flusspferds gefunden. Unbearbeitete Steine fanden sich nicht. Die von den Paläoanthropologen über die Ausgrabungsstätte gelegten Quadrate haben eine Seitenlänge von 1 m.

**1** **Nennen Sie Fragen, die sich aus dem Fundort ergeben.**

**2** **Analysieren Sie die Funde im Hinblick darauf, ob und gegebenenfalls wie das Flusspferd erbeutet wurde.**

**3** **Fassen Sie Ihre Beobachtungen und Schlussfolgerungen tabellarisch zusammen.**

**4** **Entwickeln Sie Hypothesen zu folgenden Befunden: Tierbissspuren an den Knochen, Zusammenpassen von Abschlägen und Kernstücken.**

**Stichworte zu weiteren Informationen**

MARY und LOUIS LEAKEY • Homo habilis • Steinwerkzeuge

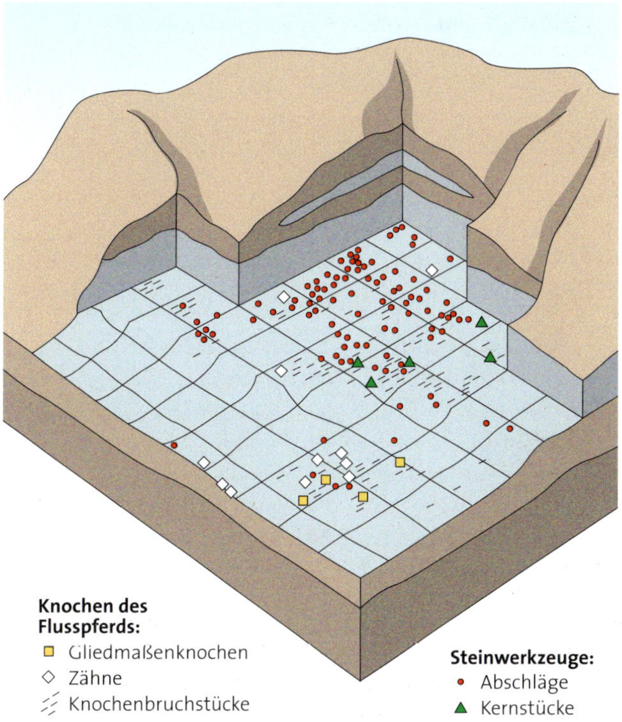

## Frühe Fossilgeschichte des Menschen

Auch ohne einen einzigen Fund fossiler Vorfahren bestünde kein Zweifel an der Primatenverwandtschaft des heutigen Menschen. Für die Rekonstruktion seiner Stammesgeschichte sind Fossilien jedoch von herausragender Bedeutung.

Seit etwa 25 000 Jahren wird die Erde nur noch von einer einzigen Menschenart bewohnt, der Art *Homo sapiens*. Fossilfunde zeigen aber, dass in den letzten 4 Millionen Jahren mehrere – verschiedenen Arten und Gattungen zugeordnete – Menschenformen teils zur gleichen Zeit, teils nacheinander existiert haben. Von manchen Formen sind umfangreiche Reste erhalten, von anderen kennt man nur Schädel- oder Kieferfragmente. So lässt sich die menschliche Abstammungsgeschichte heute in ihren Grundzügen nachzeichnen, wenngleich die Seltenheit fossiler Erhaltung eine „lückenlose" Rekonstruktion prinzipiell unmöglich macht.

**Ursprung der Hominiden.** 25 bis 9 Millionen Jahre alte Fossilfunde aus Europa und Afrika, die man als *Dryopithecinen* zusammenfasst, gelten als Stammgruppe aller Hominiden.

Etwa 7 Millionen Jahre alt ist der Schädel von *Sahelanthropus tchadensis*, dessen Einzelteile 2001 von einer Forschergruppe im Tschad gefunden und zusammengesetzt wurden. Mit relativ kleinen Eckzähnen und kurzer Schnauze zeigt er schon einige menschliche Merkmale. Es wird vermutet, dass er auch bereits aufrecht gehen konnte. Aufgrund des Einzelfunds ist eine sichere Einordnung in die Verwandtschaft des Menschen aber nicht möglich.

**Prähominine.** Als *Vormenschen* oder *Prähominine* bezeichnet man Formen, die noch nicht alle Merkmale der echten Menschen besaßen und keine Werkzeuge bearbeiteten. Man fasst die verschiedenen Gattungen und Arten in der Verwandtschaftsgruppe *Australopithecinen* zusammen:

- *Ardipithecus ramidus* lebte vor rund 4,4 Millionen Jahren in der Randzone des Regenwalds in Ostafrika, konnte aufrecht gehen, gut klettern und ähnelte stark heutigen Menschenaffen.

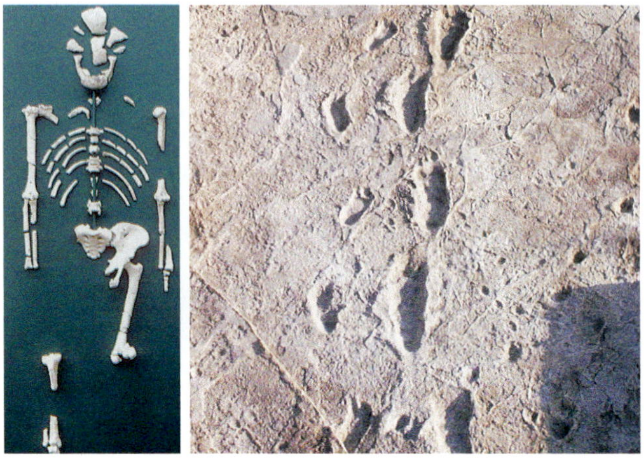

1 *Zeugen der Bipedie: „Lucy", Skelett eines Australopithecus afarensis und Fußspuren bei Laetoli (Tansania)*

- Von ***Australopithecus afarensis*** wurde zuerst ein fast komplettes weibliches Skelett gefunden und unter dem Namen „Lucy" bekannt (► Bild 1). Inzwischen liegen fossile Überreste von über 120 Individuen vor, die zwischen 3,8 und 2,9 Millionen Jahre alt sind. Die Fundorte erstrecken sich von Äthiopien bis Südafrika. Der aufrechte Gang lässt sich durch den Bau des Beckens, aber auch durch in vulkanischer Asche konservierte Fußspuren direkt belegen. Das Hirnvolumen lag zwischen 400 und 500 cm³.
- Weitere Australopithecinen wie ***Australopithecus anamensis***, ***A. africanus***, ***A. boisei*** und ***A. robustus***, die in einem Zeitraum von knapp 4 bis vor etwa 1,3 Millionen Jahren in Afrika lebten, zeichnen sich alle durch drei Merkmale aus: Sie gingen aufrecht, ihr Gehirn war kaum größer als das eines Schimpansen und ihre Eckzähne waren nur wenig größer als die übrigen Zähne.

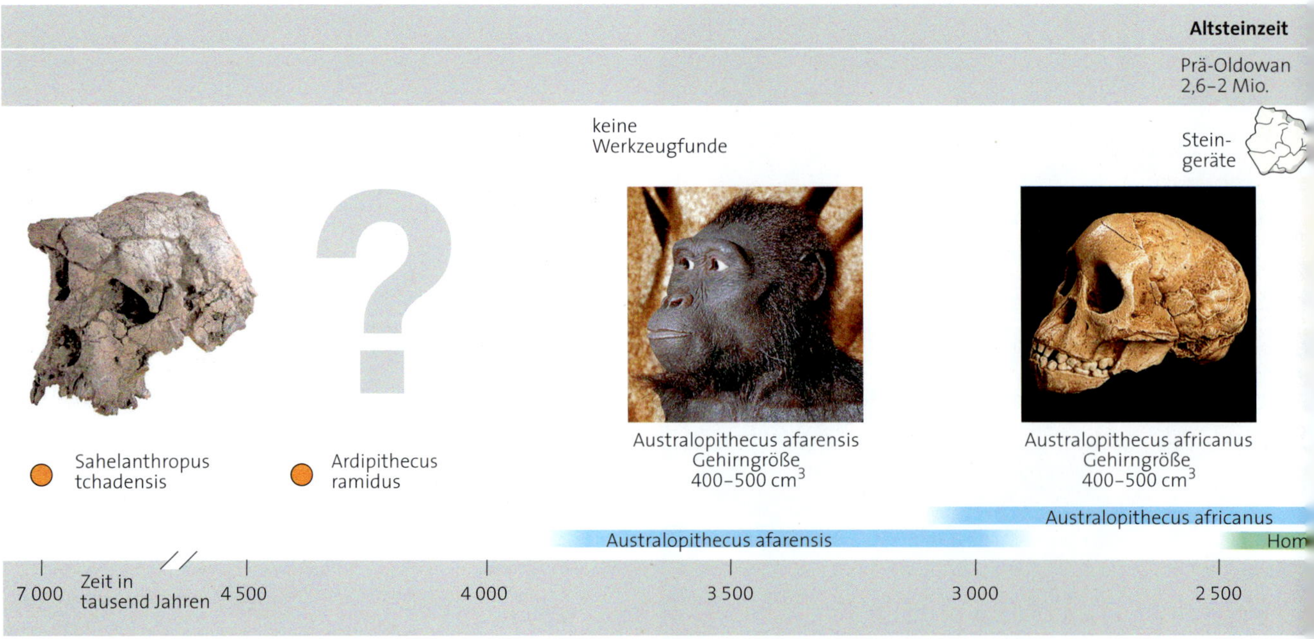


2 *Biologische und kulturelle Evolution des Menschen (Fotos: Fossilien, Rekonstruktionen und Werkzeugfunde)*

**Euhominine.** Die Vertreter der Gattung *Homo*, die als *Frühmenschen* oder *Euhominine* bezeichnet werden, finden sich erstmals vor rund 2,5 Millionen Jahren in Ostafrika, zeitgleich mit Australopithecinen. Von diesen unterscheiden sie sich durch ein deutlich größeres Gehirn, kleinere Zähne und längere Beine sowie durch das Herstellen von Werkzeugen. Man vermutet eine monophyletische Abstammung der Gattung Homo von einer der Australopithecus-Arten.

- *Homo habilis* und *Homo rudolfensis* wiesen beide ein Mosaik ursprünglicher und fortschrittlicher Merkmale auf und besaßen ein Gehirnvolumen von etwa 600 bis 750 $cm^3$. Sie konnten scharfkantige Abschläge von Steinen herstellen, die das Zerlegen von Tieren ermöglichten. Damit erschloss sich ihnen als Fleischesser gegenüber den vorwiegend von Pflanzen lebenden Australopithecinen eine neue ökologische Nische.
- Vor 1,8 Millionen Jahren tauchte mit *Homo ergaster* eine dem modernen Menschen viel ähnlichere Art auf, deren Gehirn mit 870 $cm^3$ bereits zwei Drittel des Gehirnvolumens heutiger Menschen erreichte. Er wird auch als frühe Form des Homo erectus angesehen.
- Von den vor 1,6 Millionen Jahren gleichzeitig existierenden fünf oder sechs Homininenarten überlebte schließlich nur *Homo erectus*. Angehörige dieser Art hatten ein Gehirnvolumen von 750 bis 1 250 $cm^3$. Ihr Skelett entsprach weitgehend dem des modernen Menschen. Allerdings waren die Knochen kräftiger. Die Hirnschale war länglicher und flacher, der Gesichtsschädel dagegen größer und besaß vorstehende Überaugenwülste.
  Homo erectus nutzte bereits das Feuer und stellte verschieden geformte Werkzeuge aus Feuerstein her. Er wanderte als erste der fossilen Menschenformen von Afrika aus nach Asien und Europa (▶ Bild 1). Fossilien aus den verschiedenen Teilen der Alten Welt zeigen, dass die räumlich getrennten Linien eine unterschiedliche Evolution durchliefen. In Eurasien überlebte Homo erectus bis vor etwa 250 000 Jahren, in tropischen Regionen wurde er später durch unsere eigene Art *Homo sapiens* verdrängt.

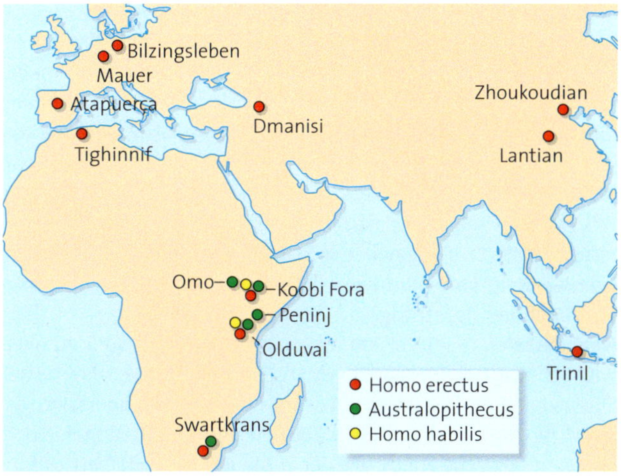


*1 Fundorte von Australopithecus, Homo habilis und Homo erectus*

**1** **Obwohl von den Australopithecinen keine Steinwerkzeuge bekannt sind, lassen die im Vergleich zu heutigen Menschenaffen relativ kleinen Eckzähne vermuten, dass sie möglicherweise Knüppel oder Steine als Waffen einsetzten. Begründen Sie diese Vermutung.**

**2** **Vertreter der Gattungen Australopithecus und Homo konnten über lange Zeit nebeneinander in Afrika existieren. Stellen Sie eine Hypothese zur Erklärung dieses Sachverhalts auf.**

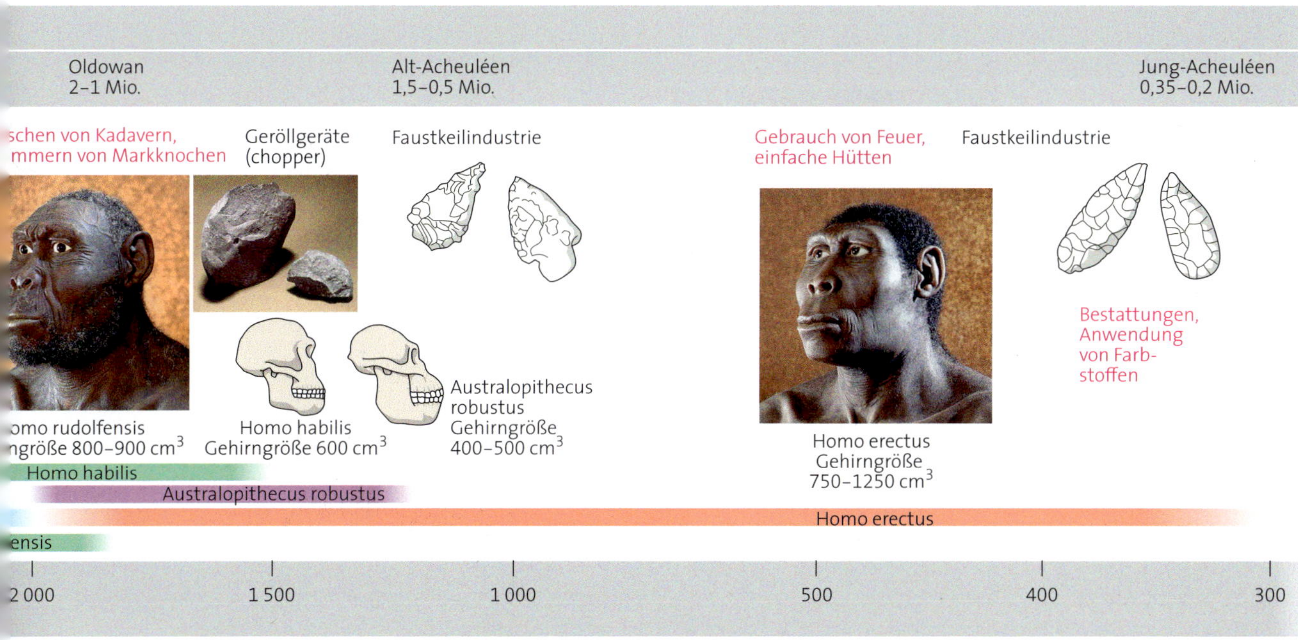

## Jüngere Fossilgeschichte des Menschen

Die Entstehung des „modernen" Menschen *Homo sapiens*, vor allem aber seine Verwandtschaft mit dem in Europa und Vorderasien während der Eiszeit verbreiteten *Neandertaler Homo neanderthalensis*, ist nicht zweifelsfrei geklärt. Wären Neandertaler direkte Vorfahren des heutigen Menschen – was man lange vermutete –, müsste die DNA der Europäer der DNA von Neandertalern mehr ähneln als die DNA anderer Menschen. Das ist nicht der Fall. Wahrscheinlich ist, dass Jetztmenschen und Neandertaler *unterschiedliche Zweige* einer etwa 500 000 Jahre alten afrikanischen *Homo-erectus-Stammgruppe* sind. Ob sie wirklich getrennten Arten zugehören, ist strittig.

**Neandertaler.** Die Bezeichnung Neandertaler geht auf den weltweit ersten Fund eines fossilen Menschen 1857 im Neandertal bei Düsseldorf zurück. Inzwischen kennt man viele Neandertaler-Fossilien. Ihr Alter liegt zwischen 130 000 und 30 000 Jahren. Noch ältere europäische Funde wie der in Mauer bei Heidelberg gefundene *Unterkiefer* oder der *Steinheimer Schädel* könnten nach Ansicht mancher Wissenschaftler von Vorfahren des Neandertalers stammen.

Der Neandertaler wurde bis 1,60 m groß, wog bis 80 kg und hatte mit 1 200 bis 1 750 $cm^3$ ein Hirnvolumen, das größer sein konnte als das des modernen Menschen. Vom Jetztmenschen unterschied er sich durch einen muskulöseren Körperbau, massivere Knochen, eine flache Stirn, Überaugenwülste und ein fliehendes Kinn. Er war als erfolgreicher Jäger an ein eiszeitliches Leben in den kühlen Regionen Europas und Vorderasiens angepasst. Zumindest gelegentlich bestattete er seine Toten in Gräbern. Ob diese Begräbnisse kultische Handlungen waren oder zum Schutz vor Raubtieren erfolgten, ist unbekannt. Den nach Europa einwandernden modernen Menschen sind die Neandertaler zunächst nicht gewichen. Bis sie schließlich vor 30 000 Jahren spurlos verschwanden, lebten beide Menschenformen einige Tausend Jahre nebeneinander, am längsten wohl im Nahen Osten.

**Homo sapiens.** Durch Artumbildung entwickelte sich aus afrikanischen Populationen des Homo erectus der *Homo sapiens*. Altertümliche Formen mit großem Gehirn und flachem Gesicht erwarben vor etwa 260 000 Jahren nach und nach immer mehr Eigenschaften, die für den modernen Menschen typisch sind. Funde aus Äthiopien gelten mit 195 000 Jahren als die ältesten Fossilien von Homo sapiens. Etwa zur gleichen Zeit nahm die Kreativität bei der Werkzeugherstellung schnell zu. Es bildeten sich in Afrika unterschiedliche Regionalstile und es wurden erstmals Schmuck und einfache Skizzen aus Ockerfarbe hergestellt.

Gegenwärtig vertritt die Mehrzahl der Forscher die Ansicht, dass alle heutigen Menschen von einer kleinen Gruppe von Afrikanern abstammen, die sich beginnend vor 100 000 Jahren von Afrika aus über die ganze Welt verbreitete. Gegen Ende der Eiszeit, vor rund 40 000 Jahren, wanderte eine Teilpopulation auch in Europa ein.

Nach Fundorten in Frankreich werden die ältesten europäischen Jetztmenschen *Cro-Magnon-Menschen* genannt. Anatomisch unterschieden sie sich von ihren Vorfahren durch kleinere Zähne, den hoch gewölbten Hirnschädel, einen Unterkiefer mit vorstehendem Kinn und einem grazileren Körperbau. Sie fertigten feinste Steinwerkzeuge an und schufen Kunstwerke wie die Höhlenmalereien von Chauvet und Lascaux (► S. 282). Die Figuren aus Mammutelfenbein aus dem Lonetal bei Ulm gelten mit einem Alter von mehr als 30 000 Jahren als älteste plastische Figuren der Menschheit.

---

❶ **Stellen Sie Hypothesen auf, die das Verschwinden des Neandertalers vor etwa 30 000 Jahren erklären können.**

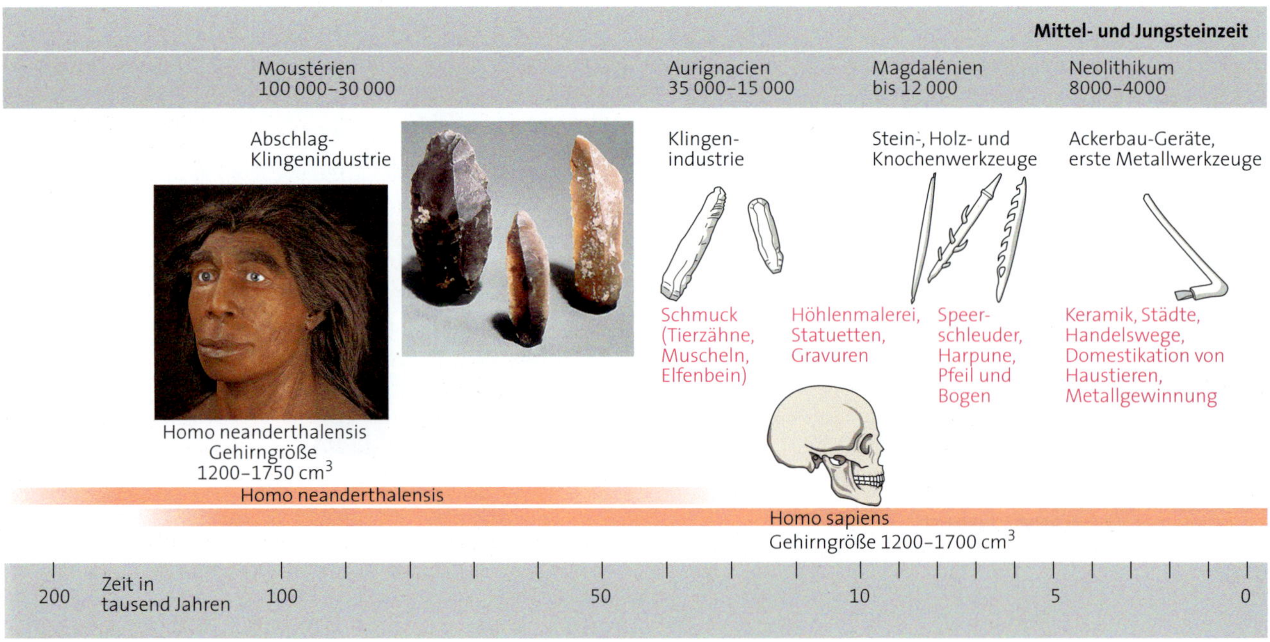


*2 Biologische und kulturelle Evolution des Menschen (Fotos: Rekonstruktionen und Werkzeugfunde)*

## Stammbaum des Menschen

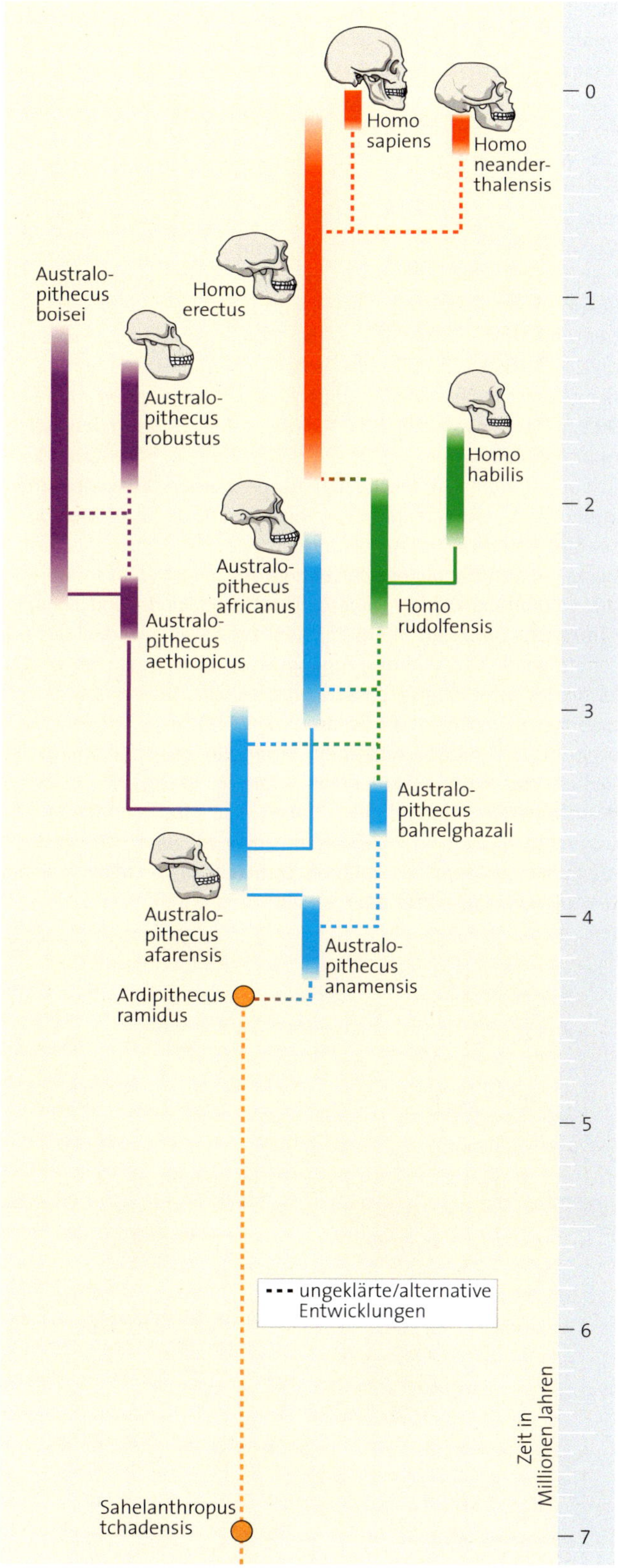


*1 Hypothetischer Stammbaum des Menschen nach heutigem Kenntnisstand*

Die *Paläoanthropologie* versucht die Evolution des Menschen in ihrem räumlich-zeitlichen und ihrem ursächlichen Gefüge zu erfassen, wobei sie *zwei prinzipiell unterschiedliche Methodenkomplexe* integriert:

**Indirekte Methoden.** Solche Methoden umfassen den Vergleich körperlicher, physiologischer, biochemischer und verhaltensbiologischer Merkmale *heute lebender Primaten*. Der Vergleich homologer DNA-Sequenzen (▶ S. 267) bei Mensch und Menschenaffen bekommt dabei zunehmende Bedeutung. Darüber hinaus werden fossile Überreste von Lagerstätten und Werkzeugen mit Befunden von *heute lebenden Jäger- und Sammlerkulturen* verglichen. Die Untersuchung des Sozialverhaltens der Menschenaffen ermöglicht Aussagen über den Zusammenhang von Gehirngröße und sozialer Kompetenz.

**Fossilien als direkte Zeugen.** Aus Einzelfunden wird versucht, *Abstammungsreihen* zum heutigen Menschen zu rekonstruieren. Deren Aussagefähigkeit wird häufig durch die geringe Anzahl der Fossilien, ihren teilweise schlechten Erhaltungszustand, Unsicherheiten in der Datierung oder das Fehlen möglicher Begleitfunde wie Werkzeuge oder Lagerplätze begrenzt.

Ein prinzipielles Problem besteht darin, Merkmalsunterschiede zwischen Fossilformen zu bewerten, wenn die individuelle oder geschlechtsspezifische Variationsbreite der Merkmale unbekannt ist. So wird verständlich, dass Aussagen zum Verlauf der Stammesgeschichte manche Unsicherheit enthalten und immer wieder aufgrund neuer Funde modifiziert oder gar revidiert werden müssen. Die Zahl der Arten und ihre Abgrenzung ist dabei weniger eindeutig, als ihre biologische Benennung vorgibt. Trotz aller Schwierigkeiten im Einzelnen ist die menschliche Fossilgeschichte in ihren Grundzügen jedoch unstrittig.

**Stammbaum.** Ordnet man entsprechende Fossilfunde zeitlich richtig ein, lässt sich erkennen, wie sich einzelne Merkmale im Lauf der Zeit verändert haben. Um Abstammungszusammenhänge zu erschließen, muss man die hypothetischen Abzweigungen einzelner Teilpopulationen ermitteln und aufgrund von *Synapomorphien* (▶ S. 273) klären, welche Teilpopulationen gemeinsame Vorfahren haben.

Die Altersdatierung und der Vergleich der Funde machen deutlich, dass sich die verschiedenen charakteristischen Merkmale des Menschen wie aufrechter Gang, großes Gehirn und Herstellung von Werkzeugen nicht parallel und zeitgleich entwickelt haben, sondern mit ganz unterschiedlicher Geschwindigkeit. Dadurch besitzt jede Art ein komplexes Mosaik ursprünglicher und abgeleiteter Merkmale: Man bezeichnet dies als *Mosaikevolution*.

Wie bei allen Lebewesen, deren Abstammung sich detailliert rekonstruieren ließ, verlief auch die Stammesgeschichte des Menschen nicht geradlinig. Zahlreiche Verzweigungen, blind endende „Sackgassen" und ein „Zickzackkurs" wechselnder Entwicklungsrichtungen kennzeichnen die menschliche Evolution. Je mehr Funde erschlossen sind, umso weniger lässt sich die Vorstellung bestätigen, dass wir Menschen das „Ziel" einer Evolution sind.

**1 Evolution verläuft in Populationen. Erörtern Sie, welche Probleme sich für die Erstellung von Stammbäumen aus dieser Tatsache ergeben.**

## Ursprung des modernen Menschen

Die Herkunft der Menschenart *Homo sapiens*, zu der alle heute lebenden Menschen gehören, ist noch immer ein Geheimnis, was vor allem an der Lückenhaftigkeit von Fossilfunden liegt. Wenngleich die Fundorte nicht die tatsächliche Verbreitung der frühen Menschheit widerspiegeln, so darf aus der Fülle der Funddaten derzeit mit großer Sicherheit geschlossen werden, dass die Evolution der Menschen in Afrika ihren Ausgang nahm. Zum Ursprung des modernen Menschen stehen sich zwei Hypothesen gegenüber:

**Multiregionaler Ursprung?** Nach dieser Hypothese, auch *multiregionales Modell* genannt, entstand die geographische Vielfalt des Menschen relativ früh, als sich *Homo erectus* vor ein bis zwei Millionen Jahren von Afrika aus über die anderen Kontinente ausbreitete. Die charakteristischen Merkmalsunterschiede der heutigen menschlichen Großgruppen wie Asiaten, Europäer oder Schwarzafrikaner hätten sich demnach in einem langen Zeitraum in den Regionen herausgebildet, wo diese Gruppen heute leben. Die genetische Ähnlichkeit aller modernen Menschen wird damit erklärt, dass durch Kreuzungen zwischen benachbarten Populationen ein Genfluss durch das gesamte geographische Verbreitungsgebiet des Menschen entstand.

**Out of Africa?** Nach dieser Hypothese, auch *Arche-Noah-Modell* genannt, entwickelte sich nur eine bestimmte Population des *Homo erectus* vor etwa 200 000 Jahren in Afrika zum *Homo sapiens*, der sich dann von dort aus über die gesamte Welt ausbreitete. Alle anderen regionalen Nachfahren des *Homo erectus* starben aus, ohne zum Genpool des heutigen Menschen beizutragen. Nach diesem Modell stammen alle heutigen Menschen von einer möglicherweise sehr kleinen *Homo-sapiens-Gründerpopulation* ab und haben eine viel längere gemeinsame Entwicklung durchlaufen, als man sie nach dem multiregionalen Modell annehmen muss.

Molekulargenetische Untersuchungen unterstützen das *Arche-Noah-Modell*. So ergeben DNA-Analysen von Menschen aus verschiedenen Erdteilen eine sehr geringe Variation des Sequenzmusters, was sowohl auf einen gemeinsamen Vorfahren hinweist als auch auf ein *geringes Alter der eigenständigen Entwicklung*.

**Die Variabilität des modernen Menschen.** Unterschiedliche Selektionsbedingungen in den Besiedlungsgebieten führten dazu, dass die verschiedenen Menschengruppen unterschiedliche Anpassungsmerkmale entwickelten. Dunklere Hautfarbe schützt beispielsweise vor intensiver tropischer Sonneneinstrahlung oder bestimmte Blutgruppen sind vermutlich bei verschiedenen Infektionskrankheiten von Vorteil. Neben der Selektion hat sicher auch die Gendrift (► S. 256) und die Isolation (► S. 254) zur Entstehung der geographischen Vielfalt des Menschen beigetragen.

**99,9 % Gemeinsamkeiten.** Unter *Rassen* oder *Unterarten* versteht man Populationen einer Art, die sich in ihrem Genbestand deutlich von anderen unterscheiden. Lange wurden beim Menschen äußerlich erkennbare, relativ einheitlich ausgeprägte Merkmale zur *typologischen Unterscheidung* von Rassen herangezogen, ohne Rücksicht auf ihre biologische Bedeutung. Inzwischen sind durch die Genomanalyse *die genetischen Unterschiede und Gemeinsamkeiten* zwischen menschlichen Populationen der wissenschaftlichen Untersuchung zugänglich und damit neu bewertbar. Es stellte sich heraus, dass die genetische Übereinstimmung zwischen zwei nicht verwandten, beliebig ausgewählten Menschen 99,9 % beträgt. Außerdem fand man, dass die genetische Vielfalt innerhalb einer Population größer ist als die zwischen verschiedenen Populationen. Daher erscheint eine Untergliederung in Rassen unangemessen. Sicher ist, dass *alle heutigen Menschen zur selben Art* gehören. Vorurteile gegen Menschen anderer Hautfarbe, Kultur oder Religion sind durch nichts zu rechtfertigen.

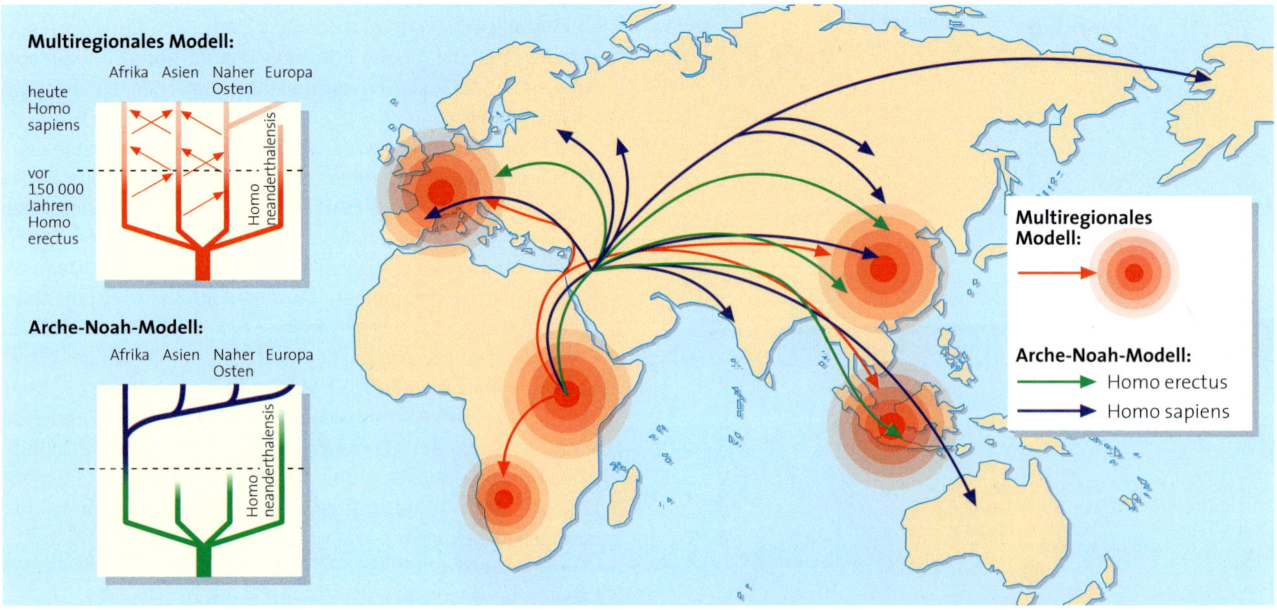


*1 Multiregionales Modell (oben) oder Arche-Noah-Modell (unten): Entwickelte sich die geographische Vielfalt des Menschen bereits vor ein bis zwei Millionen Jahren oder breitete sich der Homo sapiens erst vor etwa 100 000 Jahren von Afrika aus?*

## KOMPETENZEN

### Mithilfe dieses Kapitels können Sie

- die Sonderstellung des Menschen in der Natur aus seiner doppelten Evolution begründen und die biologische mit der kulturellen Evolution vergleichen
- den Menschen in das natürliche System einordnen und seine Stellung innerhalb der Primaten erörtern
- Anpassungen der Primaten an das Baumleben beschreiben und ihren Charakter als Prädispositionen für die Evolution des Menschen erläutern
- Mensch und Menschenaffen vergleichen und die Unterschiede und Gemeinsamkeiten begründen
- Schlüsselereignisse in der Evolution des Menschen zeitlich einordnen und ihre Bedeutung erklären
- wichtige Funde aus der Fossilgeschichte des Menschen nennen und ihre Merkmale mit denen des modernen Menschen vergleichen
- wichtige Schritte der kulturellen Evolution anhand von Kulturfossilien beschreiben
- einen einfachen Stammbaum der Hominiden skizzieren
- Hypothesen zum Ursprung des modernen Menschen diskutieren

### Testen Sie Ihre Kompetenzen

"Descended from the apes! My dear, let us hope it is not true, but if it is, let us pray that it will not become generally known!" – das soll die Frau eines anglikanischen Bischofs kurz nach DARWINS Veröffentlichung zu einer Freundin gesagt haben. Heute besteht über die Verwandtschaft des Menschen mit den anderen Primaten kein Zweifel mehr und eine beträchtliche Anzahl von Fossilfunden wirft Licht auf seine Stammesgeschichte.

1. Nennen Sie vier systematische Gruppen der Primaten und erläutern Sie die systematische Stellung des Menschen innerhalb der Primaten.
2. Beschreiben Sie mindestens drei Merkmale am Skelett des Menschen, die für ihn typisch sind und in denen er sich selbst von den Menschenaffen unterscheidet.
3. Erläutern Sie an zwei Beispielen, wie sich ursprüngliche Anpassungen der Primaten an das Baumleben als Prädispositionen für die menschliche Evolution erwiesen haben.
4. Das Bild ganz rechts zeigt das Skelett eines modernen Menschen. Teile des Skeletts sind mit Zahlen versehen, die – in Millionen Jahren – das älteste fossil belegte Auftreten des betreffenden Merkmals angeben. Beschreiben Sie die farbig markierten Merkmale und nennen Sie die zugehörigen Fossilfunde.

5. Aus dem Bild unten (Skelett) lassen sich viele Fakten zum Verlauf der Evolution des modernen Menschen erschließen. Erläutern Sie diese Fakten.
6. Die Bildreihen A und B links unten stellen zwei Hypothesen zur Abfolge von Schlüsselereignissen in der menschlichen Evolution dar (Gehirnwachstum, Übergang zum Bodenleben, Werkzeugkultur, Bipedie). Überprüfen Sie die Hypothesen anhand Ihrer Kenntnisse.

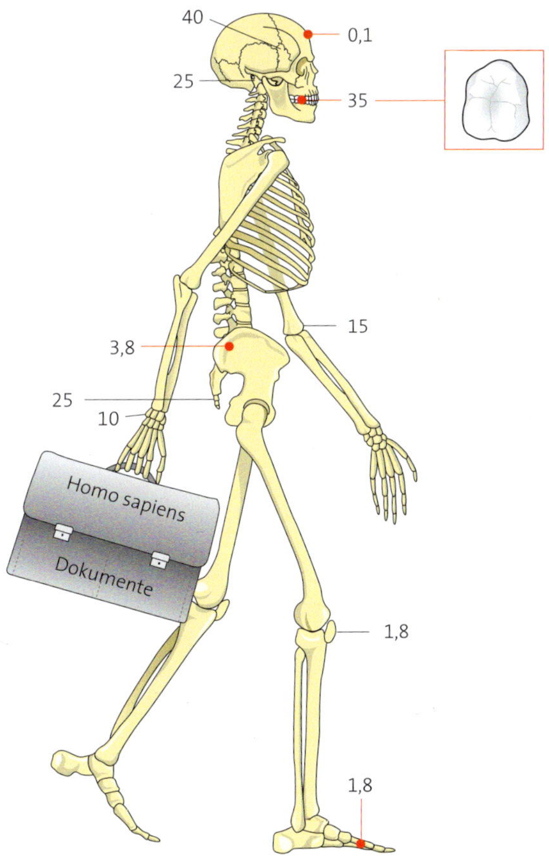

# Geschichte des Lebens

1 *Die Landschaft des Haleakala-Kraters auf der Hawaii-Insel Maui im Pazifik ist seit 1916 ein Nationalpark.*

*Die vom Vulkanismus geprägte Landschaft im Haleakala-Krater auf der Hawaii-Insel Maui bietet heute ein ähnliches Bild wie die Erde nach ihrer Entstehung vor 4,5 Milliarden Jahren. So wie die Geschichte der Erde den Verlauf der biologischen Evolution veränderte, hat auch die Geschichte des Lebens diesen Planeten geformt. Durch die Freisetzung von Sauerstoff veränderten beispielsweise pflanzliche Lebewesen die Erdatmosphäre vor 2,5 Milliarden Jahren von Grund auf. Immer neue Lebensformen entstanden im Wechselspiel von Leben und Umwelt. Heute ist eine der jüngsten Formen so erfolgreich, dass der Fortgang der Geschichte fraglich wird ...*

**Im Blickpunkt**

- Entstehung der Erde: Uratmosphäre und „Ursuppe"
- chemische Evolution als Ausgangspunkt des Lebens
- Hypothesen und Experimente zur Entstehung des Lebens
- Erdzeitalter als Wegmarken der Geschichte des Lebens
- Pflanzen werden die ersten landbewohnenden Organismen
- Evolution der Wirbeltiere: Schlüsselmerkmale auf dem Weg zu den Säugetieren und Vögeln
- Übergangsformen und lebende Fossilien – „Kronzeugen" der Stammesgeschichte
- Stammesgeschichte der Lebewesen im Überblick

**GRUNDLAGEN** Wie exakt die Geschichte des Lebens auf der Erde erforscht werden kann, hängt im Wesentlichen vom Erhaltungszustand und der Vollständigkeit der jeweiligen Zeitzeugnisse ab. Fossilien werden umso seltener und unvollständiger, je weiter sie in die Vergangenheit zurückreichen. Die ältesten Ablagerungen des Präkambriums sind durch Druck und Hitze heute so weit verändert, dass in diesen als metamorph bezeichneten Gesteinen die Erhaltung von Fossilien sehr unwahrscheinlich wird. Dagegen lassen sich die Umweltbedingungen bis in die Frühzeit der Erde aufgrund geologischer Daten verlässlich angeben.

Die ältesten Lebensspuren stammen von einfach gebauten, bis zu 3 Milliarden Jahre alten Prokaryoten. Aus 2 Milliarden Jahre alten Sedimenten kennt man Einzeller, von denen sich vielzellige Organismen ableiten. Durch einen immer komplexeren Bau, verschiedene Entwicklungszyklen, den Übergang vom Wasser- zum Landleben und unterschiedliche ökologische Ansprüche beginnen die Lebewesen sich immer mehr zu unterscheiden und entfalten eine gewaltige Artenfülle. Die Systematik unterteilt sie meist in fünf Reiche: Prokaryoten (Bakterien und Archaeen), Protisten (einzellige Eukaryoten, Algen und Tange), Pilze, Tiere und Pflanzen.

Trotz der Bedeutung von Fossilien lässt sich der Verlauf der Evolution in Grundzügen auch durch phylogenetische Merkmalsanalyse erschließen, besonders seit es gelingt, das Genom der Lebewesen als „Archiv" der Stammesgeschichte zu lesen.

## Ursprung des Lebens

**Chemische Evolution.** Leben ist über eine Folge von Evolutionsschritten durch Selbstorganisation von Molekülen und Molekülkomplexen entstanden. Dem vorausgegangen war eine lange Phase der *chemischen Evolution*, in der wichtige organische Ausgangsmoleküle durch Einwirkung verschiedener Energieformen auf die Bestandteile der frühen Atmosphäre gebildet wurden. Diese Vorstellung gilt heute als sehr wahrscheinlich. Über die einzelnen Evolutionsschritte von präbiotischen Molekülen zu frühen Lebensformen gibt es jedoch viele zum Teil widersprüchliche Hypothesen (► S. 298).

Damit sich aus abiotischen Stoffen lebende Systeme entwickeln konnten, musste eine Reihe von Bedingungen erfüllt sein:

- Die vier Substanzklassen Aminosäuren, Zucker, Nucleotidbasen und Fettsäuren sind notwendige Biomoleküle.
- Ein einfacher Stoffwechsel braucht einen abgegrenzten Raum geeigneter Größe, dessen Umgrenzung kleinere Nährstoffmoleküle und Abfallprodukte des Stoffwechsels durchlässt.
- Wichtige Biomoleküle müssen anhand von Informationsträgern in einem vererbungsähnlichen Mechanismus chemisch vermehrt werden.

**Die ursprüngliche Umwelt.** Vor 14 Milliarden Jahren verdichteten sich kosmische Wasserstoffwolken zu Sternen und Sternsystemen. Unser Sonnensystem begann sich vor 4,6 Milliarden Jahren zu entwickeln. Um die Sonne rotierten Massen kosmischen Staubs, die sich zu Planeten verdichteten. So entstand vor etwa 4,5 Milliarden Jahren auch die Erde.

Durch radioaktive Prozesse heizte sich die Erde zunächst so stark auf, dass sie glutflüssig wurde. Die von der Oberfläche her allmählich einsetzende Abkühlung führte vor etwa 4,4 Milliarden Jahren zur Entstehung einer festen Erdkruste und einer darüberliegenden Atmosphäre. Als sich der untere Teil der Uratmosphäre auf Temperaturen unter 100 °C abgekühlt hatte, kondensierte der größte Teil des Wasserdampfs zu flüssigem Wasser, das sich im Urozean sammelte. Die Uratmosphäre bestand im Wesentlichen aus Wasserdampf, Kohlenstoffdioxid, Methan ($CH_4$), Ammoniak ($NH_3$), Schwefelwasserstoff ($H_2S$), Stickstoff und wenig Wasserstoff. Sie war praktisch sauerstofffrei und wird daher als ***reduzierende Atmosphäre*** bezeichnet. Ohne freien Sauerstoff konnte sich auch kein Ozon ($O_3$) bilden, das in der gegenwärtigen Atmosphäre in höheren Schichten kurzwellige UV-Strahlung absorbiert. Folglich gelangten UV-Strahlen ungehindert auf die Erde und lieferten Energie für chemische Reaktionen zwischen den vorhandenen Stoffen. Weitere Energiequellen waren elektrische Funkenentladungen bei Gewittern, vulkanische Hitze und radioaktive Strahlung.

Aus anorganischen Stoffen entstanden organische Verbindungen, die sich am Meeresboden oder in porösem Vulkangestein ansammeln konnten. Diese Lösung aus Salzen und organischen Stoffen wird vielfach als *Ursuppe* bezeichnet. Nach der Bildung und Anreicherung organischer Moleküle mussten diese zu Makromolekülen polymerisieren. Sie wiederum waren Voraussetzung für die Bildung komplexerer Strukturen wie Membranen, Enzyme und Informationsträger. Diese Theorien beruhen auf Rückschlüssen aus unserem biochemischen Wissen und der Rekonstruktion der Bedingungen auf der jungen Erde.

**1** **Unter den Bedingungen der Uratmosphäre wäre Leben in der heutigen Form nicht möglich gewesen. Umgekehrt ist heute die abiotische Entstehung von Lebewesen auf der Erde nicht mehr möglich. Nehmen Sie dazu Stellung.**

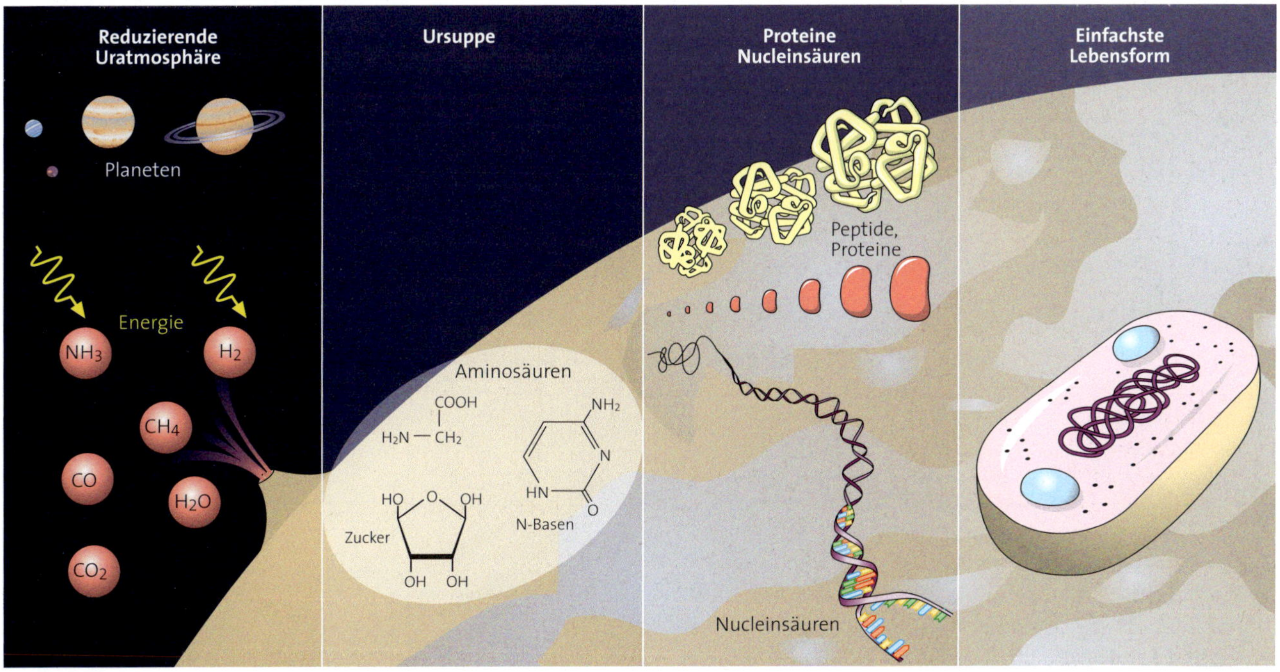


1 *Hypothetischer Weg vom Leblosen zum Leben*

## Entstehung des Lebens: Hypothesen und Experimente

In den 1920er Jahren stellten A.I.OPARIN und J.B.HALDANE die Hypothese auf, unter den spezifischen Bedingungen der frühen Erde seien organische Verbindungen aus anorganischen Vorstufen, die in der Uratmosphäre und im Urmeer vorhanden waren, synthetisiert worden.

**Simulationsexperimente.** 1953 testete STANLEY MILLER die Hypothese, indem er in einer Versuchsapparatur Bedingungen schuf, die denen auf der Urerde ähnlich waren: Ein Gasgemisch aus *Wasserdampf, Wasserstoff, Methan* und *Ammoniak* wurde mehrere Tage *elektrischen Funkenentladungen* ausgesetzt, die Blitze simulierten. In dem entstandenen Produktgemisch fand MILLER zahlreiche *organische Verbindungen* wie Formaldehyd, Ameisensäure, Milchsäure und Aminosäuren. In weiteren Simulationsexperimenten mit Zugabe anderer anorganischer Stoffe wie *Schwefelwasserstoff* und *Phosphat* wurden schließlich *alle 20 Aminosäuren* gebildet, die man in Proteinen findet. Daneben entstanden *Zucker, Fette*, die *Basen der Nucleotide* und *ATP*. Die als Bausteine des Lebens notwendigen organischen Stoffe konnten offenbar durch chemische Evolution *abiogen*, also ohne Lebewesen entstehen und sich in einer „Ursuppe" ansammeln.

**Schwarze Raucher? Kaltes Eis?** Auch weitere Hypothesen über die Bildung von Biomolekülen und erste Lebensformen werden diskutiert. In Poren und Hohlräumen schornsteinförmiger, heißer Tiefseequellen, sogenannter *Schwarzer Raucher* (► S.138), könnten sich Biomoleküle und einfachste Lebensformen gebildet haben. Hier reagieren *Schwefelwasserstoff ($H_2S$)* und *Eisensulfid (FeS)* unter Energiefreisetzung zu *Pyrit ($FeS_2$)* und *Wasserstoff*. Im Experiment lässt sich zeigen, dass in einem 100 °C heißen Gemisch aus $H_2O$, $CO_2$, $FeS_2$, $NiS_2$ und $H_2S$ *Aminosäuren* und *Oligopeptide* entstehen.

Da jedoch zum Aufbau langer Molekülketten viel Zeit nötig ist, gehen andere Hypothesen davon aus, dass das Leben in winzigen, mit Salzlösungen gefüllten Kammern im gefrorenen *Meereis* oder *an mineralischen Oberflächen* entstand.

**Membranbildung.** S.FOX erhitzte Aminosäuregemische zusammen mit porösem Lavagestein. Es bildeten sich eiweißartige, als *Proteinoide* bezeichnete Verbindungen, die sich beim Abkühlen zu kugelförmigen Gebilden anordneten, sogenannten *Mikrosphären*. Die Mikrosphären haben einen Durchmesser von etwa 2,5 µm und sind von einer selektiv permeablen Membran umgrenzt. Sie können durch Stoffaufnahme wachsen, sich durch Knospung vermehren, jedoch nicht identisch replizieren, da ihnen ein Informationsträger fehlt.

**RNA-Welt?** Gibt man zu *Nucleotiden in Lösung* einen *RNA-Strang*, kopieren sich an dieser Matrize kurze komplementäre Stränge. RNA-Moleküle können aber auch als Biokatalysatoren wirken. Als *Ribozyme* sind sie in vielen Zellen an der Synthese von RNA beteiligt. RNA-Moleküle können somit zugleich Informationsträger sein und Katalysatoren. Damit sind RNA-Moleküle in der Lage, sich vollständig selbst zu replizieren. Der „DNA-Welt" könnte also eine „RNA-Welt" vorausgegangen sein.

**Molekulare Kooperation.** Ein RNA-Strang fördert seine eigene Replikation, wenn er Aminosäuren zu einem *Polypeptid* vereinigt, das seinerseits als Enzym die Replikation des RNA-Strangs katalysiert. Veränderungen in der Polypeptidkette können den autokatalytischen Prozess beeinflussen. Dieses Zusammenwirken von Nukleinsäuren und Polypeptiden nannte M. EIGEN einen *Hyperzyklus*. Er könnte Ursprung der Translation gewesen sein. Wird ein solcher Hyperzyklus von einer Membran umschlossen, liegt eine einfache Lebensform vor, ein *Protobiont*.

---

**1 Erläutern Sie, welche Basiseigenschaften eines Lebewesens ein hypothetischer Protobiont mit einem Hyperzyklus besitzt.**

**2 Stellen Sie eine Hypothese auf, welche Ursachen zur Entstehung der DNA-Welt geführt haben könnten, obwohl ein RNA-Protobiont mit Hyperzyklus grundlegende Eigenschaften von Lebewesen besessen hätte. Berücksichtigen Sie dabei die Existenz von reverser Transkriptase.**

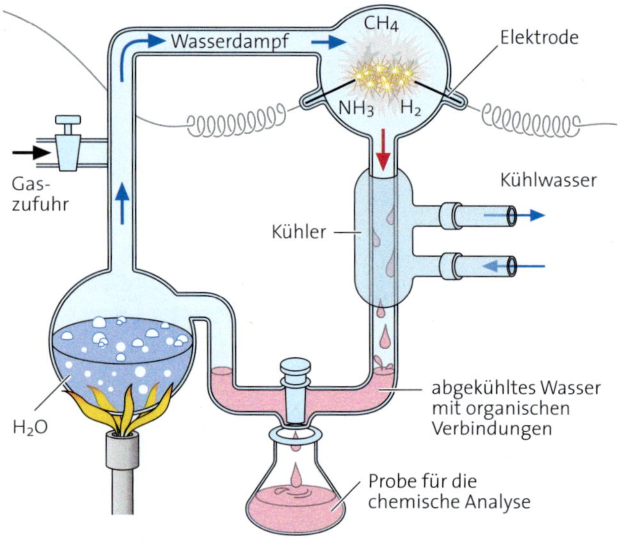


*1 Versuchsapparatur von MILLER zur abiogenen Synthese organischer Verbindungen*

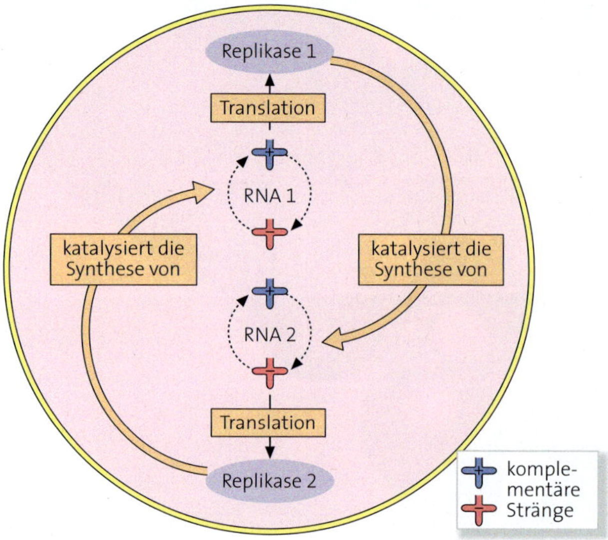


*2 Einfachster Hyperzyklus innerhalb eines membranumhüllten Kompartiments*

## Frühe biologische Evolution

Die ersten Vorläufer von Lebewesen, die *Protobionten*, müssen Eigenschaften besessen haben, wie sie nur bei lebenden Systemen vorkommen: Stoffwechsel, Wachstum, Selbstregulation, Reproduktion und Vererbung einschließlich Mutationen. Im Urozean stand ihnen ausreichend organische Substanz als Energieträger für eine heterotrophe Energiegewinnung zur Verfügung. Diese musste anaerob verlaufen, da kein freier Sauerstoff zur Verfügung stand.

**Evolution des Energiestoffwechsels.** Eine Verknappung der organischen Stoffe führte zur autotrophen Lebensweise, zunächst in Form der *Chemosynthese* und nach der Entwicklung Licht absorbierender Pigmente durch *Fotosynthese* (► S. 122). Der freigesetzte Sauerstoff wurde anfangs von Eisenionen als Eisenoxid gebunden, entwich dann aber allmählich auch in die Atmosphäre. Dadurch entstand die heutige sauerstoffhaltige Atmosphäre. Der Luftsauerstoff war Voraussetzung dafür, dass vor mehr als 1,5 Milliarden Jahren *Prokaryoten* mit aerobem Stoffwechsel entstehen konnten, die nun Zellatmung (► S. 100) betrieben.

**Evolution der Zelle.** Prokaryoten besitzen die am einfachsten gebauten Zellen (► S. 56/57). Man unterscheidet dabei die *echten Bakterien* oder *Eubakterien* von den *Archaeen* oder *Archaebakterien*. Zu den echten Bakterien zählen auch die *Cyanobakterien (Blaualgen)*, von denen mit den über 3,1 Milliarden Jahre alten *Stromatolithen* die ältesten prokaryotischen Fossilien bekannt sind. Viele Archaeen kommen heute in Lebensräumen mit extremen Bedingungen vor wie Salzseen, Faulschlämmen oder heißen vulkanischen Quellen (► S. 323). Die ältesten *Eukaryoten* traten vor etwa 2,1 Milliarden Jahren auf, wobei Übergangsformen von der Protocyte zur Eucyte fehlen. Eine Antwort auf die Frage, wie die ersten viel komplexer gebauten Eucyten aus Protocyten entstanden sind, gibt die *Endosymbiontentheorie* (► S. 58). Danach haben einfache Protocyten aerobe und fotosynthetisch aktive Protocyten als Endosymbionten aufgenommen. Die Eucyte ist also durch Vereinigung funktionell verschiedener Zellen entstanden.

Prokaryoten sind in ihrer überwiegenden Zahl einzellig und kommen nie über das Stadium einer Zellkolonie hinaus. Eukaryoten dagegen entwickeln sich in großer Formenfülle zu Vielzellern. Gegenüber den totipotenten Einzellern, die mit nur einem Zelltyp sämtliche Lebensleistungen erbringen, weisen Vielzeller unterschiedliche Zelltypen auf (► S. 30/31), die für bestimmte Aufgaben spezialisiert sind.

Die *drei großen Urreiche des Lebens*, Bakterien, Archaeen und Eukaryoten, entstammen wahrscheinlich *einer Gemeinschaft* ursprünglicher Zellen, zwischen denen noch ein intensiver Austausch genetischen Materials möglich war.

---

1. **Fassen Sie die Aussagen der Endosymbiontentheorie zur Entstehung der Eukaryotenzelle zusammen. Beziehen Sie dabei auch Seite 58 ein.**
2. **Vergleichen Sie Prokaryoten und Eukaryoten beziehungsweise Protocyte und Eucyte.**
3. **Nennen Sie Unterschiede zwischen einer Zellkolonie und einem echten Vielzeller.**

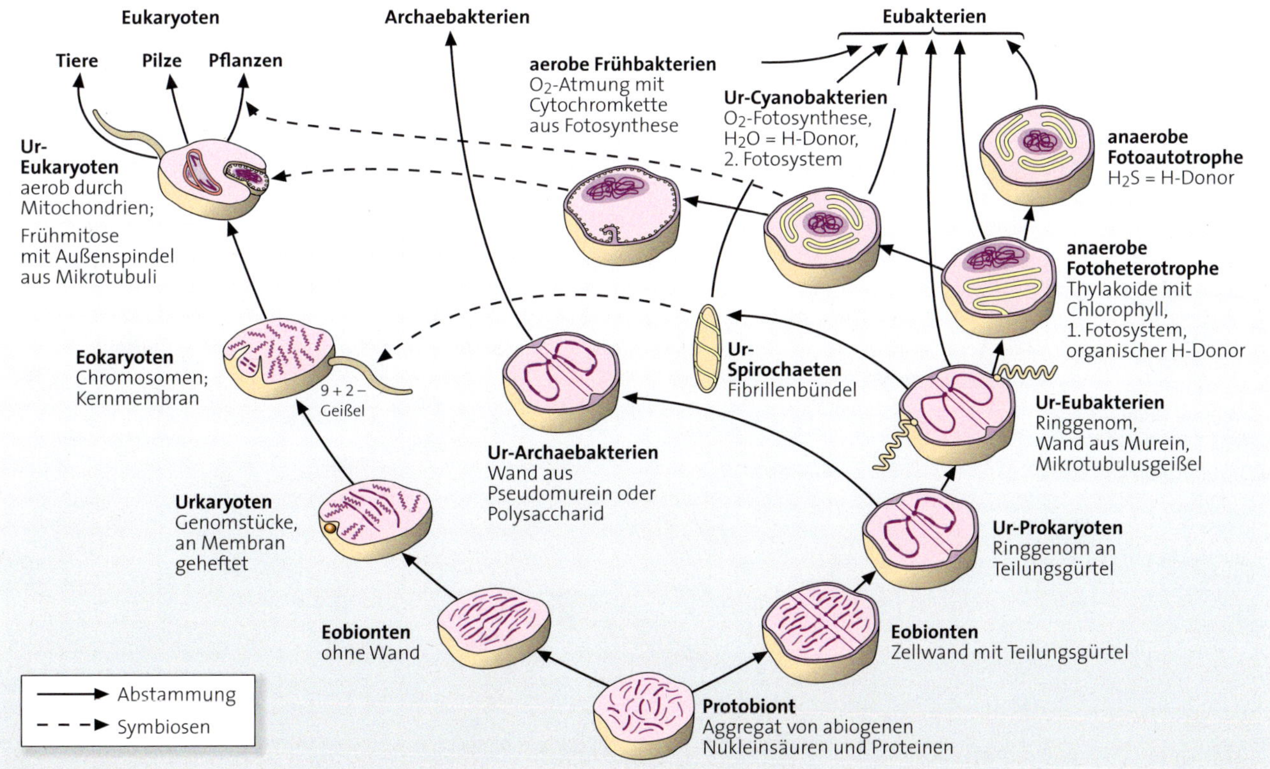


1 *Hypothetischer Evolutionsweg von Protobionten zu Ur-Eukaryoten. Endosymbiosen erfolgten wahrscheinlich mehrfach.*

## Entfaltung des Lebens vom Präkambrium bis zur Gegenwart

Alle heute existierenden Lebewesen sind in einer mehr als 3,8 Milliarden Jahre langen Stammesentwicklung aus *gemeinsamen Vorfahren* unter vielfältiger Abwandlung von Merkmalen hervorgegangen. Die Paläontologie liefert uns durch zahlreiche datierbare Fossilfunde Angaben, zu welcher Zeit die einzelnen Gruppen von Pflanzen und Tieren mit Sicherheit schon auf der Erde existierten.

Für einen besseren Überblick wurde die lange Geschichte des Lebens auf der Erde in vier große Abschnitte unterteilt: Erdfrühzeit oder *Präkambrium*, Erdaltertum oder *Paläozoikum*, Erdmittelalter oder *Mesozoikum* und Erdneuzeit oder *Känozoikum*. Jedes dieser Erdzeitalter wird wiederum in mehrere Perioden untergliedert.

**Präkambrium.** Der erste und längste Teil der Erdgeschichte ist die Erdfrühzeit. Nachdem die Oberfläche unseres Planeten erkaltet war und sich Urozeane gebildet hatten, entstanden vor 3,8 Milliarden Jahren die ersten Lebewesen. Es sind Bakterien und Cyanobakterien. Erst vor 2,1 Milliarden Jahren treten die ersten Eukaryoten auf, Vorläufer der Geißeltiere und Grünalgen. Noch ungeklärt ist die systematische Zuordnung der nach einem Fundort in Australien benannten *Ediacara-Fossilien* des späten Präkambriums. Sie könnten zu den Hohltieren oder Ringelwürmern gehören, möglicherweise bildeten sie aber auch einen ausgestorbenen Seitenzweig der Evolution. Der auffällige Mangel an Fossilfunden aus dem Präkambrium hängt wohl damit zusammen, dass schwer zersetzbare Skelettstrukturen wie Knochen, Zähne und Schalen noch nicht entwickelt waren und zahlreiche tektonische Veränderungen der Erdkruste mögliche Versteinerungen wieder zerstörten.

**Kambrium.** Mit dem Beginn des *Kambriums* vor ungefähr 570 Millionen Jahren kommt es zu einer durch Fossilfunde belegten, geradezu explosiven Entwicklung der verschiedensten Lebensformen. Bis auf einige felsenbewohnende Cyanobakterien bleiben sie alle auf das Meer beschränkt. Grün- und Rotalgen stehen am Anfang der Nahrungskette der meisten Tiere. Mit Ausnahme von Insekten und Wirbeltieren findet man in kambrischen Sedimenten Vertreter aller heute bekannten Tierstämme. Besonders zahlreich sind *Trilobiten*, Vertreter von Gliederfüßern, die heute nicht mehr existieren. Die Entwicklung zahlreicher räuberischer Arten erzeugt einen Selektionsdruck hin zu Schutzeinrichtungen wie Außenschalen oder anderen Hartteilen. In einer Koevolution, die wie ein „Wettrüsten" zwischen Angriffs- und Verteidigungseinrichtungen verläuft, entwickeln sich bei den Räubern starke Gebisse oder krallenbewehrte Gliedmaßen.

**Ordovizium.** Im *Ordovizium* treten erstmals Wirbeltiere auf. Dabei handelt es sich um kieferlose, mit Knochenplatten gepanzerte Fischformen, die eine knorpelige Wirbelsäule besitzen. Unter den Protisten finden sich die verschiedensten Algen, wobei die Braunalgen Riesentange bilden.

**Silur.** Die Weltmeere werden zunächst von Korallen, Trilobiten, Kopffüßern, Stachelhäutern und Meeresskorpionen beherrscht. Gegen Ende des *Silurs* entstehen die kiefertragenden Panzerfische. Etwa zur selben Zeit entwickeln sich als erste Landlebewesen Nacktfarne, Moose und Flechten. Dabei handelt es sich um einfach gebaute Pflanzen, die weder Blätter noch echte Wurzeln besitzen. Wenig später folgen als erste Landtiere Skorpione und Tausendfüßer.

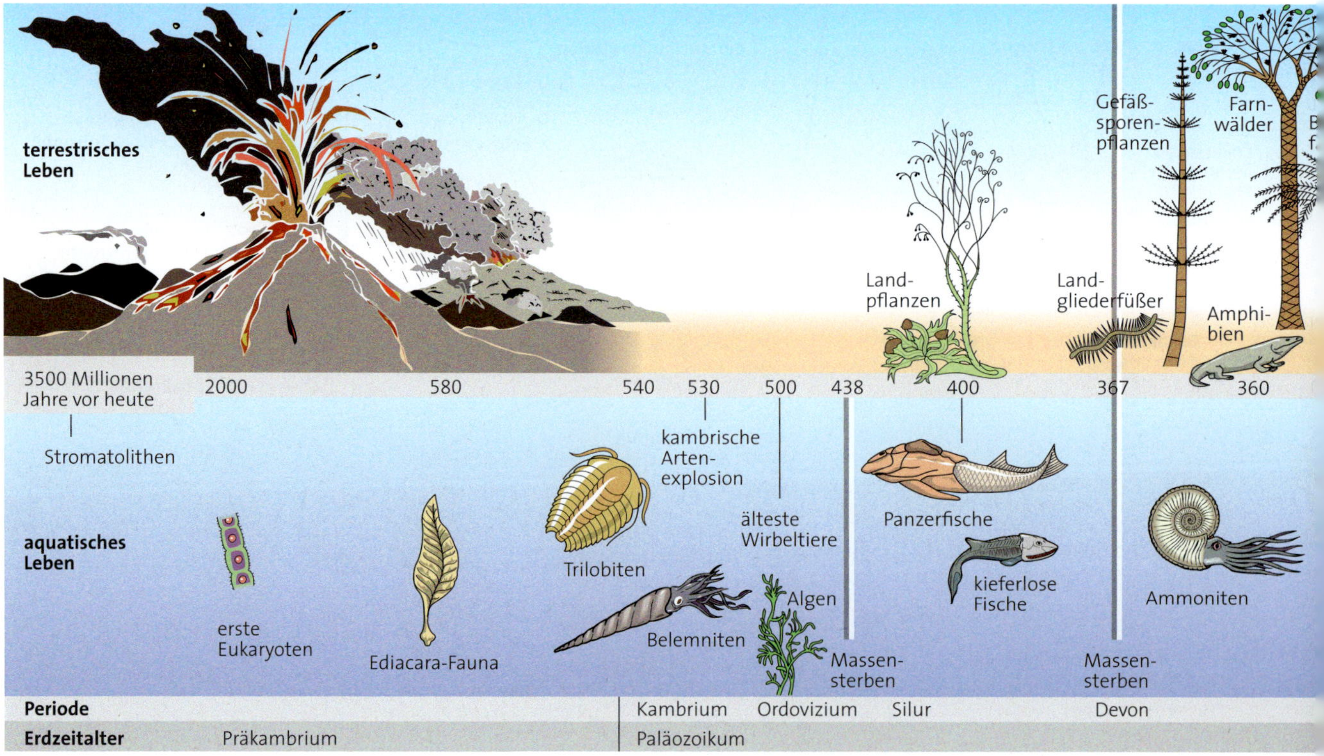


*1 Die Entwicklung des Lebens vom Präkambrium bis zur Gegenwart*

**Devon.** Erste amphibienartige Wirbeltiere verlassen im *Devon* das Wasser und entwickeln sich zu Landtieren. An Land erleben die Nacktfarne ihre Blütezeit, werden dann aber von den sich entfaltenden Gefäßsporenpflanzen, den Bärlappen, Schachtelhalmen und Urfarnen, verdrängt. Erste Samenpflanzen treten auf. Durch die Zunahme der Pflanzendecke nimmt der $CO_2$-Gehalt der Atmosphäre ab.

Das Landleben erfordert eine höhere Leistungsfähigkeit des pflanzlichen und tierischen Körpers. Es kommt zu einer Differenzierung der Zellen und somit zu verschiedenen Zelltypen; neue Fortpflanzungsmechanismen und Fortbewegungsweisen entstehen. Gleichzeitig bedeutet die Besiedlung der Kontinente auch deren Umgestaltung. Völlig neue ökologische Lizenzen bieten der Evolution neue Möglichkeiten.

**Karbon.** Riesige Farnwälder mit Schachtelhalmen, Schuppen- und Siegelbäumen bedecken im *Karbon* das Land. Die ersten Reptilien emanzipieren sich weitgehend vom Wasser und geflügelte Insekten entwickeln sich. Amphibien, Libellen, Schaben und Tausendfüßer bilden zum Teil Riesenformen aus. Gegen Ende des Karbons erscheinen die ersten Nadelbäume.

**Perm.** Das *Perm* ist die Zeit der großen Baumfarne und der Beginn der Entfaltung der Saurier. Es entstehen zahlreiche neue Gruppen von Reptilien. Aus einer von ihnen werden sich später die Säugetiere entwickeln, aus einer anderen die Vögel.

**Trias, Jura und Kreide** werden als *Erdmittelalter* zusammengefasst. Die Reptilien prägen das Leben auf der Erde und besiedeln während der *Trias* mit Land, Luft und Wasser alle Lebensbereiche. An der Grenze von der Trias zum *Jura* erscheinen erste Eier legende Säugetiere mit einem spärlichen Haarkleid, Vögel findet man in den jüngsten Schichten des Jura. Die Periode des Jura ist auch die große Zeit der Kopffüßer wie Ammoniten und Belemniten. In der *Kreidezeit* erlangen neben den Nacktsamern die Bedecktsamer erste Bedeutung. Mit der Entfaltung der Blütenpflanzen entwickeln sich die Insekten zur formenreichsten Tiergruppe. Gegen Ende des Erdmittelalters im Übergang zum Tertiär sterben die Ammoniten und Belemniten sowie die meisten Reptilien bis auf wenige Arten aus.

**Tertiär.** Die Blütenpflanzen breiten sich über die ganze Erde aus, Vögel und höhere Säugetiere entfalten sich in einer adaptiven Radiation. Gegen Ende des *Tertiärs* erscheinen frühe Menschenformen.

**Quartär.** Während der Eiszeiten sterben zunächst zahlreiche Pflanzen der wärmeren Erdepochen aus, später auch die großen Eiszeitformen wie Mammut, Wollnashorn und Riesenhirsch. Der Mensch in seiner heutigen Form wird zur beherrschenden Art. Er bestimmt fortan die Entwicklung der anderen Arten in entscheidender Weise mit.

---

1. **Bei der Evolution der Organisationsformen von Pflanzen und Tieren lassen sich im Verlauf der Erdgeschichte bestimmte Tendenzen feststellen. Nennen Sie diese und erläutern Sie.**
2. **Erörtern Sie die Behauptung, dass die Evolution der Lebewesen die Lebensbedingungen auf der Erde ständig veränderte und somit die weitere Evolution beeinflusste.**
3. **In der $CO_2$-reichen Atmosphäre des frühen Devon genügten den Landpflanzen kleine Blattflächen. Begründen Sie.**

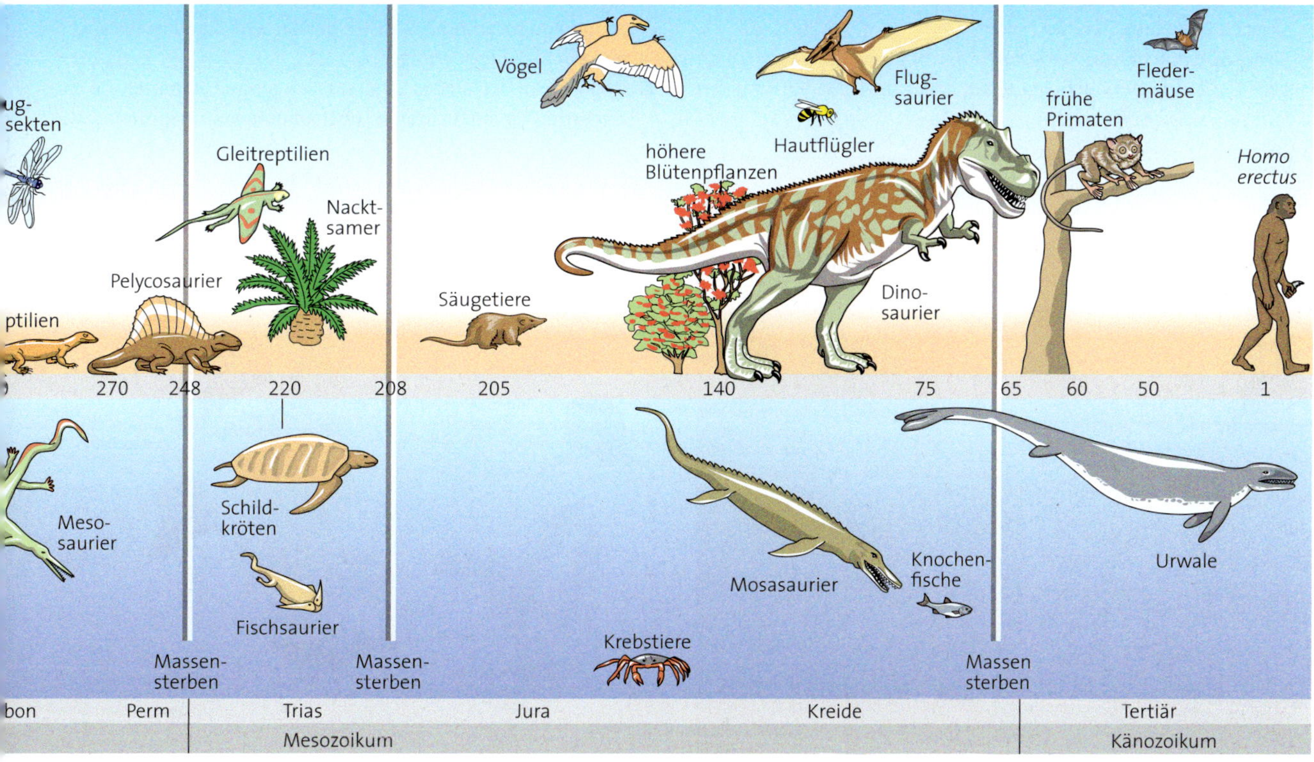

## Pflanzen besiedeln das Land

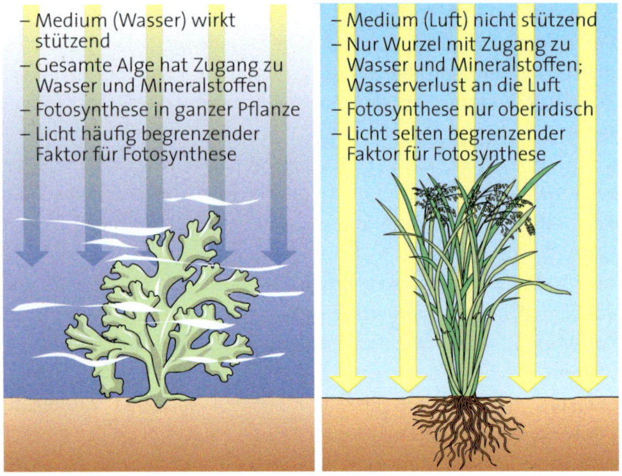


1 *Ökologischer Vergleich: Alge (Protist) und Landpflanze*

**Schlüsselereignisse in der Evolution der Pflanzen.** Die Pflanzen stammen sehr wahrscheinlich von *wasserlebenden Grünalgen* ab, also von Protisten. Ein ökologischer Vergleich von Algen und Landpflanzen (▶ Bild 1) zeigt, welche konstruktiven Veränderungen beim Übergang vom Wasser auf das Land für die Pflanzen erforderlich waren:

- *Differenzierung* in ein *unterirdisches Wurzelsystem* für Verankerung, Wasser- und Ionenaufnahme und einen *oberirdischen Vegetationskörper* für die Fotosynthese;
- *Ausbildung wasserleitender*, in Leitbündeln zusammengefasster *Gefäße*, die das von den Wurzeln aufgenommene Wasser im gesamten Pflanzenkörper verteilen;
- *Einschränkung des Wasserverlusts* im trockenen Luftraum durch eine *Cuticula*, aber auch *Regulation des Gasaustauschs* mit der Luft durch *Spaltöffnungen*;
- *Stabilisierung* des Pflanzenkörpers durch den *Turgordruck* der Zellen (▶ S. 47), durch spezielle *Festigungsgewebe* und den *Holzstoff Lignin*.

**Die ersten Landpflanzen.** Die ersten Landpflanzen waren die *Nacktfarne (Psilophyten)* im Silur. *Cooksonia* und *Rhynia*, die ältesten bekannten Landpflanzen, sind typische Mosaikformen: Die *blattlosen, gabelig verzweigten Sprosse* und die wurzelähnlichen *Rhizoide ohne Wasserleitgefäße* sind Algenmerkmale. Merkmale von Landpflanzen sind dagegen *Leitbündel* und die mit einer *Cuticula* überzogene Epidermis, in der *Spaltöffnungen* eine Regulierung des Gasaustauschs ermöglichten (▶ Bild 2).

**Farne.** Nachdem der Übergang auf das Land mit den notwendigen Anpassungen vollzogen war, kam es bei den *Farnen* zu einer adaptiven Radiation. Verfestigte Sprosse mit einem leistungsfähigen Wasserleitungssystem, echte Wurzeln, Blätter mit Spaltöffnungen und Festigungsgewebe ermöglichten ihnen Größenzunahme und aufrechten Wuchs.

Während der Steinkohlenzeit, dem Karbon, bildeten Farne zusammen mit *Bärlappgewächsen* und *Schachtelhalmen* mächtige Sumpfwälder.

Farne entwickeln sich in einem *Generationswechsel* (▶ S. 213) aus einer ungeschlechtlichen Generation, dem *diploiden Sporophyten*, und aus einer geschlechtlichen Generation, dem *haploiden Gametophyten*, der in weiblichen und männlichen Geschlechtsorganen Eizellen und bewegliche Spermatozoiden ausbildet (▶ Bild 3). In einem Wasserfilm schwimmend, gelangen die Spermatozoiden zu den Eizellen.

❶ **Stellen Sie in einer Tabelle die Aufgaben der verschiedenen Pflanzenorgane zusammen. Beschreiben Sie, wie der Wassertransport im Pflanzenkörper erfolgt.**

❷ **Obgleich im Bau an das Landleben angepasst, kommen die meisten Farne nur in feuchteren Lebensräumen vor. Begründen Sie.**

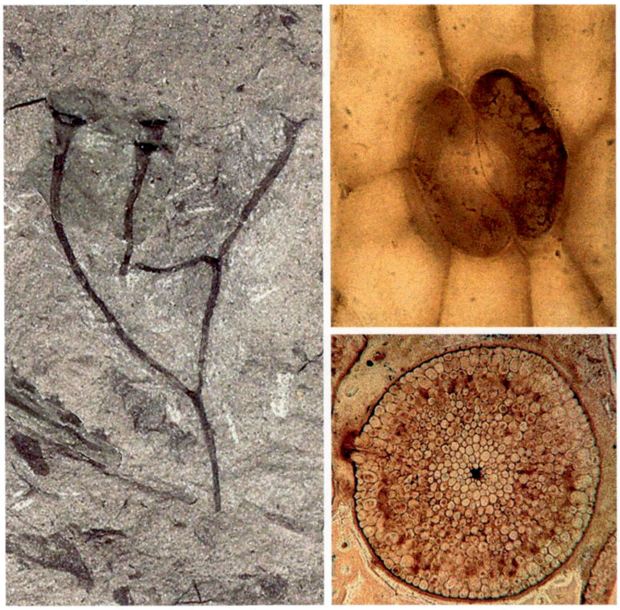

2–4 *Fossile Nacktfarne: Pflanze, Spaltöffnung und Sprossquerschnitt*

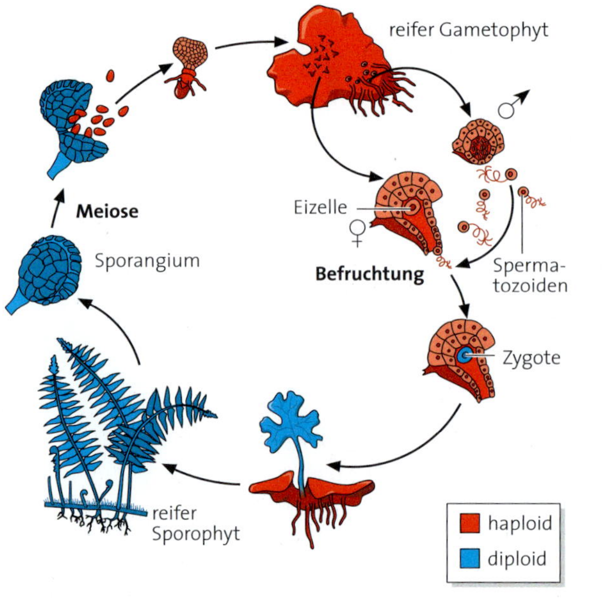


5 *Entwicklungszyklus der Farne*

## Evolution der Samenpflanzen

**Blüte und Samen.** Einer der wichtigsten Vorgänge in der Geschichte der Pflanzen ist die *Entstehung von Blüten*, in denen *Samen* gebildet werden. Pflanzen mit diesen Merkmalen werden als *Blüten-* oder *Samenpflanzen* zusammengefasst. Sie haben sich aus Farnpflanzen entwickelt. Dabei wurde der Gametophyt zugunsten des Sporophyten stark reduziert. Die ältesten Fossilien von Samenpflanzen stammen aus dem Devon.

Während Farne durch ihre Fortpflanzung mit Spermatozoiden auf Wasser angewiesen sind, werden die höher entwickelten Samenpflanzen durch den Besitz von *Pollen* unabhängig vom Wasser. Der Pollen, der die männliche Keimzelle enthält, gelangt durch Wind oder Tiere auf die weibliche Blüte. Die Zygote und später der heranreifende Embryo wird von der Mutterpflanze versorgt, bis er als fertiger Samen freigesetzt wird. Mit Reservestoffen und einer schützenden Samenhülle ausgestattet, ist er resistent gegen Trockenheit, Kälte und andere ungünstige Bedingungen.

**Nacktsamer oder Gymnospermen.** Diese Samenpflanzen besitzen *Samenanlagen*, die *ohne Umhüllung* auf einer Fruchtschuppe liegen und durch den Wind mit Pollen bestäubt werden.

Zu den *Nacktsamern* gehören die *Palmfarne*, eine stammesgeschichtlich sehr alte Gruppe, die noch Spermatozoide besitzt, der *Ginkgobaum* und alle *Nadelbäume*. Die borealen Nadelwälder am Rand der Arktis bestehen fast ausschließlich aus Nacktsamern.

**Bedecktsamer oder Angiospermen.** Die ältesten Fossilien von *Bedecktsamern* stammen aus der Kreide und sind etwa 140 Millionen Jahre alt. Bedecktsamer sind dadurch gekennzeichnet, dass Fruchtblätter einen *Fruchtknoten* bilden, der die *Samenanlage* umhüllt. Die Eizelle ist im Fruchtknoten verborgen, sodass der männliche Spermakern nur über Narbe und Griffel zur Eizelle kommen kann: Ist Pollen auf die Narbe gelangt, wächst ein Pollenschlauch zur Samenanlage, der den Spermakern zur Eizelle befördert. Nach der Befruchtung bildet der heranreifende Samen sehr schnell Nährgewebe für den Embryo, der im Fruchtknoten vor Austrocknung, Pilzinfektion und Insektenfraß geschützt ist. Aus dem Fruchtknoten – oft zusammen mit anderen Blütenteilen – entsteht die *Frucht*.

2 *Cycas, ein Palmfarn*

Samen, Frucht und querwandlose Wasserleitgefäße bedeuteten einen erheblichen Selektionsvorteil. Daher sind die Bedecktsamer heute die am weitesten verbreitete und artenreichste Pflanzengruppe auf der Erde.

**1** **Vergleichen Sie den Generationswechsel von Farn und Blütenpflanze. Beschreiben Sie, wie sich das Größenverhältnis von haploidem Gametophyten und diploidem Sporophyten verschiebt.**

**2** **Nennen Sie Fortschritte, die die Entwicklung der Blüte gegenüber dem Generationswechsel der Farne brachte.**

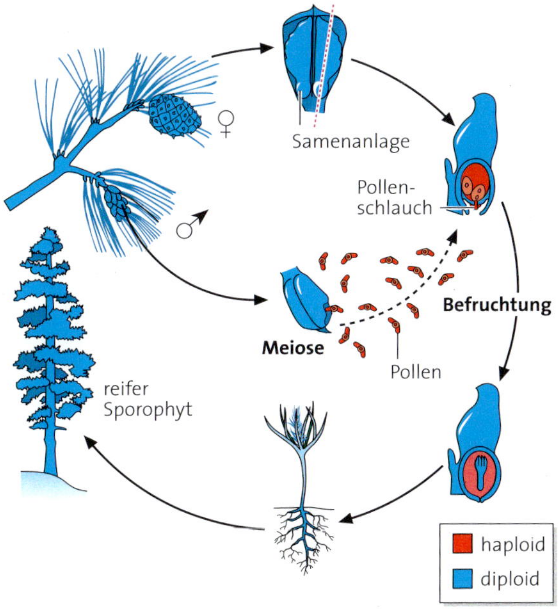


1 *Entwicklungszyklus der Nacktsamer*

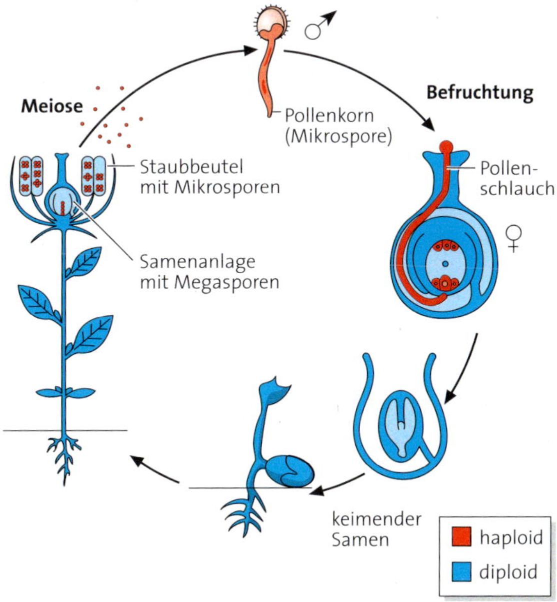


3 *Entwicklungszyklus der Bedecktsamer*

## Evolution der Wirbeltiere

Der Stamm Wirbeltiere leitet sich von einfach organisierten, im Wasser lebenden Tieren ab, bei denen ein im Rücken liegender knorpeliger Stab, die *Chorda dorsalis*, als Stütze dient. Das *Lanzettfischchen*, ein Meeresbewohner, ist ein heute lebendes *Chordatier*, das mit vielen ursprünglichen Merkmalen den Wirbeltiervorfahren sehr ähnlich ist. Die ältesten Wirbeltierfossilien, die wir kennen, stammen von fischartigen, kieferlosen Tieren, die im Ordovizium vor 500 Millionen Jahren lebten und mit den rezenten Kieferlosen eng verwandt sind.

**Fische.** Im Silur lebten nur wenige Arten urtümlicher Fische, während die anschließende Epoche des Devon als das „Zeitalter der Fische" gilt. Die Fischgruppe, aus der sich die *Landwirbeltiere* oder *Tetrapoda* als monophyletische Gruppe entwickelten, waren die *Fleischflosser*, zu denen *Quastenflosser* und *Lungenfische* zählen. Ihre Merkmale erwiesen sich als *Prädispositionen für das Landleben:* paarige Fischlungen, innere Nasenöffnungen, muskulöse, fleischige Brust- und Bauchflossen.

**Lurche.** Der Übergang vom Wasser- zum Landleben (► S. 305) erforderte eine Reihe tief greifender Strukturänderungen: Stabilisierung des Skeletts, veränderte Bewegung, Austrocknungs- und UV-Schutz, andere Atmung, Ausscheidung und Fortpflanzung. Trotz dieser neuen Merkmale sind die *Amphibien* oder *Lurche* als Nachfahren der ältesten Landwirbeltiere bis heute an feuchte Lebensräume gebunden: Ihre Haut darf nicht völlig austrocknen und zur Fortpflanzung müssen die meisten Arten das Wasser aufsuchen.

**Reptilien.** Das ganze Erdmittelalter über waren die als *Reptilien* oder *Kriechtiere* zusammengefassten Gruppen die beherrschenden Landwirbeltiere. Die Flugsaurier eroberten auch den Luftraum, Fischsaurier und manche Schildkröten gingen sekundär wieder zum Wasserleben über.

Reptilien sind die ersten an das dauernde Leben an Land angepassten Wirbeltiere. Sie besitzen Hornschuppen, die ihre fast drüsenfreie Haut vor Austrocknung schützen. Ihre Eier haben eine feste Eischale, die Atemgase durchlässt, Feuchtigkeit aber zurückhält. Erst die Evolution einer *inneren Befruchtung* ermöglichte die Entwicklung eines beschalten Eies. In dessen Innern bildet der Embryo während seiner Entwicklung eine Hautfalte, das *Amnion* (► S. 215). In der flüssigkeitsgefüllten Fruchtblase durchläuft er wie in einem „Tümpel" seine Entwicklung bis zum Schlüpfen.

Die ursprüngliche Ausscheidung von Stickstoffverbindungen als Ammoniak ins Wasser wie bei Fischen ist für Landtiere nicht möglich. Das Zellgift Ammoniak muss kontinuierlich und stark verdünnt abgegeben werden, was einen großen Wasserverlust bedeuten würde. Die Exkretionsorgane der Landtiere scheiden daher Stickstoff in konzentrierter Form in Harnstoff oder Harnsäure gebunden ab (► S. 322).

**Säugetiere und Vögel.** Aus frühen Reptiliengruppen entwickelten sich unabhängig voneinander die *gleichwarmen* oder *homoiothermen Säugetiere* und *Vögel*. Ihre konstante Körpertemperatur macht sie unabhängiger von den wechselnden Lebensbedingungen der Umwelt, hat aber einen höheren Energiebedarf zur Folge.

Von den Säugetier-Apomorphien kennt man keine direkten Beweise: Haarkleid, Homoiothermie, Zwerchfell für eine intensive Atmung, Gesichtsmuskeln zum Saugen und das hoch differenzierte Gehirn sind fossil nicht belegt.

---

**1** **Fische sind an das Leben im Wasser angepasst, Lurche leben amphibisch, Reptilien haben sich weitgehend vom Wasserleben emanzipiert. Nennen Sie für jede der drei Gruppen die für sie charakteristischen Anpassungsmerkmale.**

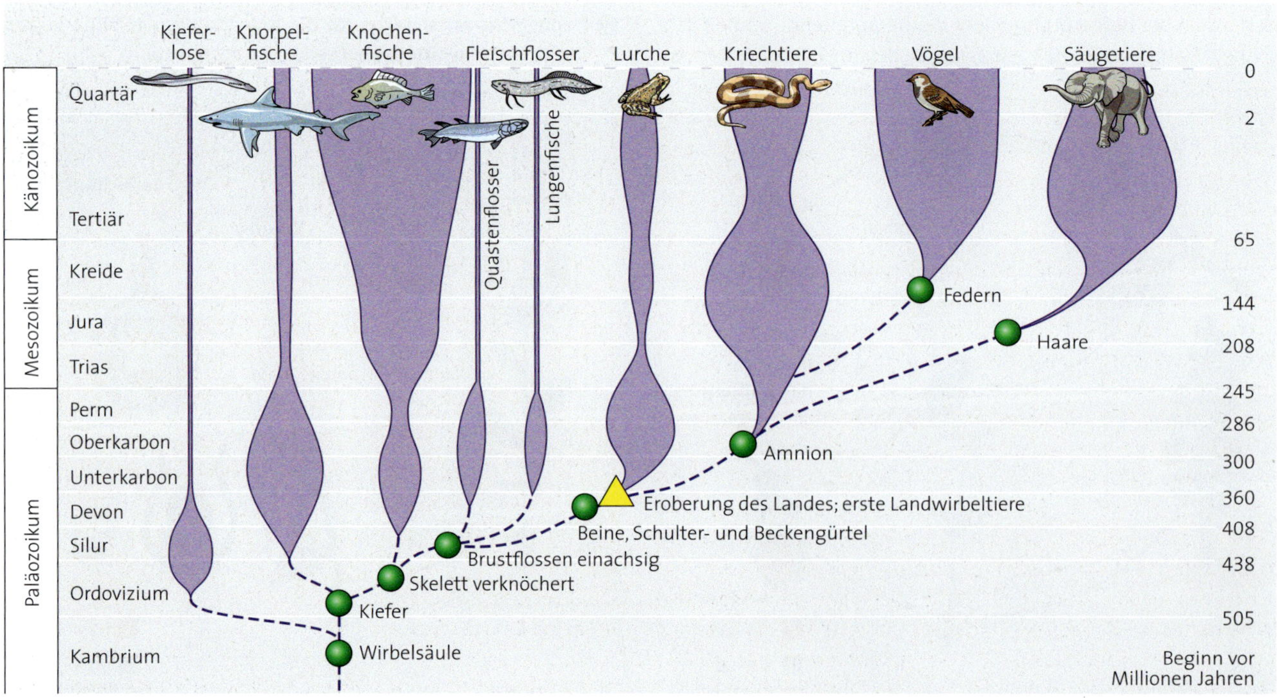


1 *Stammbaum der Wirbeltiere*

## Fossile und lebende „Kronzeugen“ der Stammesgeschichte

**Connecting links.** „Die Aussicht, fossile Arten vom Übergangsstadium zu entdecken, wird immer gering sein“, erkannte CHARLES DARWIN und sprach von „missing links“, also fehlenden Bindegliedern zwischen den Großgruppen der Organismen. Inzwischen sind zahlreiche Fossilien bekannt, die als „connecting links“ einen Eindruck vermitteln, wie die wesentlichen Merkmale einer Großgruppe in die einer anderen übergehen. Da die evolutive Umbildung verschiedener biologischer Strukturen mit unterschiedlicher Geschwindigkeit erfolgt *(Mosaikevolution)*, nehmen auch bei solchen „Übergangsformen“ oder „Brückenformen“ nie alle Merkmale eine Mittelstellung zwischen den Gruppen ein: Stets weisen Brückenformen – wie andere Arten auch – ein Mosaik aus ursprünglichen und fortschrittlichen Merkmalen auf.

Mit vielen Fossilien aus dem Devon ist zum Beispiel der Übergang von wasserlebenden Fischen zu Landwirbeltieren vor etwa 400 bis 350 Millionen Jahren belegt. Der Fleischflosserfisch *Eusthenopteron* (▶ Bild 1) lebte in flachen, sauerstoffarmen Süßgewässern. Lungen als zusätzliche Atmungsorgane, muskulöse Stützflossen mit knöchernem Skelett und ein Hautpanzer als Verdunstungsschutz ermöglichten ihm, bei Eintrocknen eines Gewässers ein neues aufzusuchen. *Acanthostega* war schon Vierfüßer, doch dienten die Beine eher zum Schwimmen als zum Laufen. Beide Fossilien belegen, dass Luftatmung und Beine als typische Merkmale der Landwirbeltiere bereits im Wasser entstanden sind. *Ichthyostega* besaß mit Schwanzflosse und Schuppen ursprüngliche Fischmerkmale, mit mehrzehigen Beinen und Lungen- sowie Hautatmung statt der Kiemenatmung aber typische Amphibienmerkmale.

Auch andere Großgruppen sind durch Mosaikformen als stammesgeschichtliche „Kronzeugen“ verknüpft: Amphibien und Reptilien durch *Seymouria*, Reptilien und Säugetiere durch *Cynognathus*, Reptilien und Vögel durch *Archaeopteryx* (▶ S. 278), Algen und Landpflanzen durch Cooksonia (▶ S. 302).

**Lebende Fossilien.** *Quastenflosser*, fossil seit dem Devon als artenreiche Fischgruppe bekannt, hielt man für lange ausgestorben, als 1938 ein lebender Quastenflosser vor Südafrika gefangen wurde. Mit zwei Arten kommen Quastenflosser der Gattung *Latimeria* an wenigen Stellen in der Tiefe des Indischen Ozeans vor. Sie weisen viele altertümliche Merkmale auf und unterscheiden sich darin kaum von 70 Millionen Jahre alten fossilen Formen. Mit einem Begriff DARWINS bezeichnet man solche Arten als *lebende Fossilien:* im natürlichen System isoliert stehende Vertreter einer einst größeren Verwandtschaftsgruppe, von der sie mit ursprünglichen, seit Millionen Jahren kaum veränderten Merkmalen Zeugnis geben. Während ihre Vorfahren weit verbreitet waren, beschränkt sich das Vorkommen der lebenden Fossilien oft nur auf kleine Gebiete. Neben Latimeria gelten der Kopffüßer *Nautilus* (▶ S. 11), der Pfeilschwanzkrebs *Limulus*, die Brückenechse *Sphenodon*, Palmfarne und Ginkgobaum (▶ S. 303) sowie die erst kürzlich entdeckte australische *Wollemikiefer* als „lebende Fossilien“.

Warum sie ihre Merkmale so lange bewahren und alle nahen Verwandten weit überleben konnten, kann man im Einzelnen nicht erklären. Latimeria und Nautilus könnten ihre lange Existenzdauer den relativ konstanten Bedingungen des Lebensraums Tiefsee verdanken.

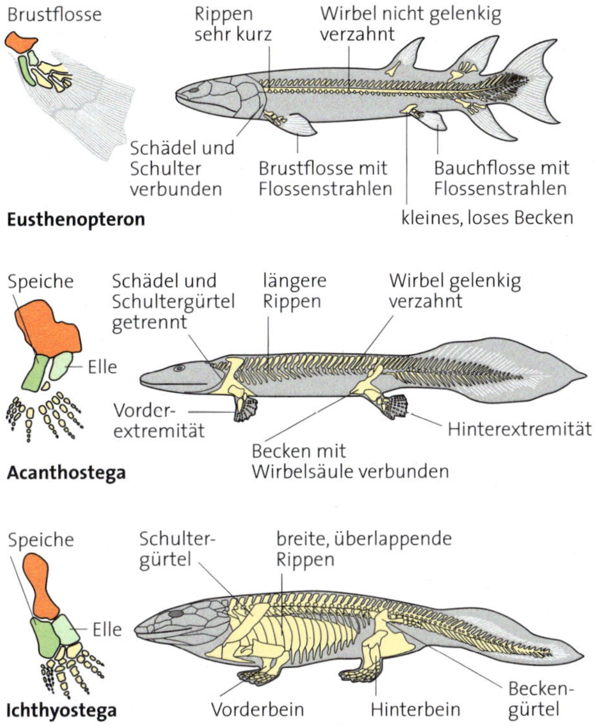


*1 Übergang von wasserlebenden Fischen zu Landwirbeltieren*

*2 Rezenter Quastenflosser*

*3 Fossiler Quastenflosser*

**1** **Bindeglied ist ein deutender Begriff, Mosaikform ein beschreibender. Erläutern Sie den Unterschied.**

## Ergebnisse der Stammesgeschichte

**Einteilung der Organismen im Spiegel der Forschung.** Seit Aufkommen der Evolutionstheorie versucht die Biologie die Organismen nach ihrer Stammesgeschichte zu gliedern. Das Ergebnis spiegelt den Wandel des wissenschaftlichen Erkenntnisstands wider:

- Die ursprüngliche *Drei-Reiche-Gliederung* in Pflanzen, Tiere und Pilze beruht im Wesentlichen auf den äußeren Baumerkmalen der Lebewesen.
- Mit der Gliederung in *Prokaryoten und Eukaryoten* wird die zelluläre Organisation zum vorrangigen Ordnungsmerkmal.
- Das heute oft verwendete *Fünf-Reiche-System* bezieht verstärkt Kriterien der Biochemie und Genetik ein.
- Aufgrund von molekularbiologischen Erkenntnissen werden seit Kurzem die eukaryotischen Einzeller – im Fünf-Reiche-System dem Reich Protista zugeordnet – noch in weitere Reiche gegliedert, da sich die Eukaryoten offensichtlich schon sehr früh stark aufgespalten haben.

**Gliederung nach dem Fünf-Reiche-System.** Das *Reich Prokaryoten*, zu dem Eubakterien, Cyanobakterien und Archaeen (Archaebakterien) gehören, umfasst einzellige Organismen mit kernlosen *Protocyten*, bei denen alle Formen der Energiegewinnung vorkommen.

Alle übrigen Organismen sind *Eukaryoten* mit kernhaltigen *Eucyten*.

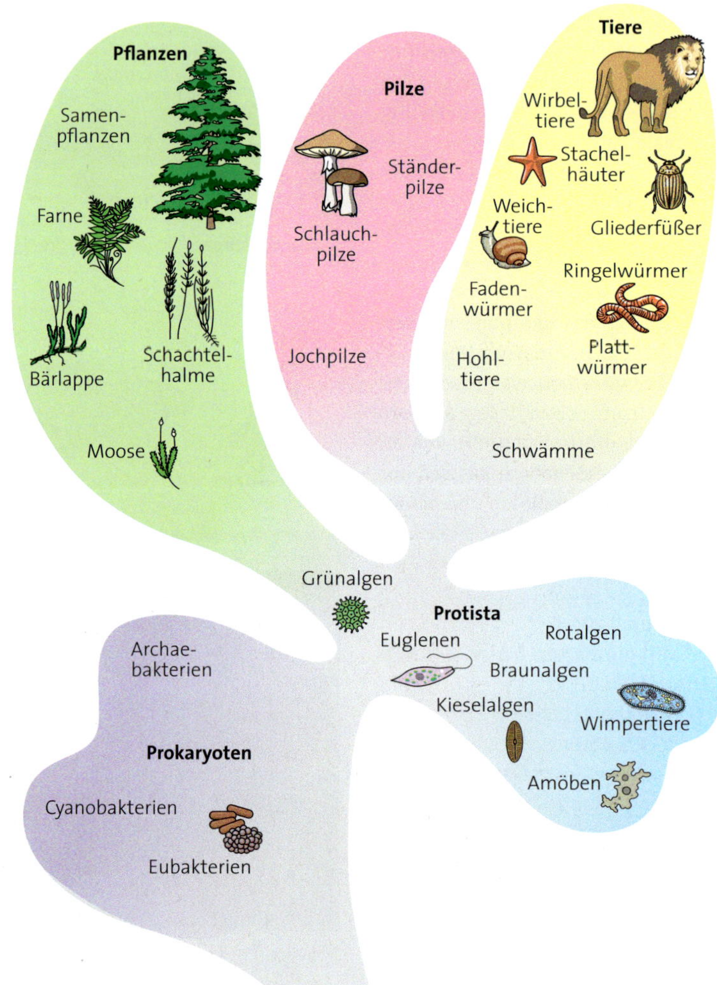


*1 Das Fünf-Reiche-System*

Die einzelligen oder kolonialen Eukaryoten sowie sämtliche Rotalgen, Braunalgen und Grünalgen, unabhängig davon, ob ein- oder vielzellig, fasst man im *Reich Protista* zusammen. Unter ihnen sind aerobe und anaerobe, heterotrophe und autotrophe Formen.

Das *Reich Pilze (Fungi)* umfasst heterotrophe Organismen mit Zellwänden aus Chitin, die saprophytisch, parasitisch oder symbiontisch leben.

Zum *Reich Pflanzen (Plantae)* zählen vielzellige, zur Fotosynthese fähige Organismen mit Generationswechsel.

Das *Reich Tiere (Animalia)* bilden die heterotrophen Vielzeller mit diploiden Körperzellen und haploiden Geschlechtszellen.

**Gibt es Gesetzmäßigkeiten in der Stammesgeschichte?** Bestimmte „Trends" der Evolution können über Millionen Jahre anhalten, zum Beispiel die Größenzunahme beim Hominidengehirn oder die Reduktion des Gametophyten bei Pflanzen. Man kann sie zu Regeln oder Gesetzmäßigkeiten verallgemeinern, doch ist deren Gültigkeit begrenzt, da sich Trends unter Umständen durch Zwänge der Umwelt abrupt ändern.

Betrachtet man den gesamten Verlauf der Stammesgeschichte, stellt man eine Zunahme an Komplexität und genetischer Information der Organismen fest, die meist als *Höherentwicklung* und *evolutiver Fortschritt* gewertet wird. Auch diese „Gesetzmäßigkeit" wurde durch Phasen des Massenaussterbens immer wieder aufgehalten. Wahrscheinlich sind mehr als 99 % aller jemals auf der Erde lebenden Arten wieder ausgestorben! Phasen des Massenaussterbens werden dabei als *Extinktion* vom mehr oder weniger gleichmäßigen „Aussterben im Hintergrund" unterschieden. Sie sind mindestens ein Dutzend Mal nachgewiesen und hatten ihre Ursache vermutlich in raschen Klimaänderungen, starkem Vulkanismus oder dem Einschlag großer Meteorite. Sie führten jeweils zu einem raschen Wechsel des Organismenbestands, der in der Paläontologie als „Faunenschnitt" festgestellt werden kann. Diesen Krisen des Lebens auf der Erde folgten jedoch immer neue adaptive Radiationen.

Die spezifische Kombination von Faktoren ist – aufgrund ihrer großen Zahl – für jeden Evolutionsschritt ein echtes historisches Ereignis, das sich in dieser speziellen Form nach aller Wahrscheinlichkeit nicht wiederholen oder umkehren wird. Selbst ähnliche Selektionsbedingungen ergeben allenfalls ähnliche Anpassungen oder Konvergenzen: *Evolution ist ein nicht wiederholbares, irreversibles Geschehen.*

---

**1 In der Gegenwart scheint sich wiederum ein Massenaussterben zu ereignen. Als Ursachen werden eine globale Klimaveränderung und der Mensch diskutiert. Nehmen Sie dazu Stellung.**

## Kompetenzen

**Mithilfe dieses Kapitels können Sie**

- erklären, was man unter chemischer Evolution versteht
- die Bedingungen auf der Urerde und die Zusammensetzung der Uratmosphäre angeben
- durch Simulationsexperimente begründete Hypothesen zur präbiotischen Synthese von Biomolekülen darstellen
- die Entstehung eukaryotischer Zellen mithilfe der Endosymbiontentheorie erklären
- wichtige Schritte in der Stammesgeschichte der Organismen nennen und den Perioden der Erdgeschichte zuordnen
- die stammesgeschichtliche Entwicklung der Pflanzen und Wirbeltiere beschreiben und die mit dem Übergang vom Wasser zum Landleben verbundenen Veränderungen begründen
- die Besonderheiten von Übergangsformen und lebenden Fossilien evolutionsbiologisch interpretieren
- erörtern, ob der Stammesgeschichte Gesetzmäßigkeiten zugrunde liegen
- die Großgruppen der Organismen stammesgeschichtlich begründet ordnen

**Testen Sie Ihre Kompetenzen**

Der Ginkgobaum *Ginkgo biloba* ist die einzige rezente Art der Ginkgogewächse, die fossil seit dem Perm mit zahlreichen Gattungen bekannt sind (► Bild rechts). Sie werden als verwandtschaftlich isolierte Gruppe zu den Gymnospermen gestellt. Der bei uns in Parks und an Straßen nicht selten angepflanzte zweihäusige Ginkgobaum kommt wild nur in einem kleinen Gebiet in China vor. Nach Fossilfunden war er aber einst weit verbreitet (► Bild Mitte). Seine Blätter (► Bilder unten), deren ursprüngliche Aderung mit mehrfacher Gabelung ohne Mittelader der mancher Farne ähnelt, haben sich seit Millionen Jahren kaum verändert. In Wuchsform und Holzstruktur zeigt der Baum Übereinstimmungen mit Nadelbäumen.

Die unscheinbaren Blüten werden durch den Wind bestäubt. Nachdem die Pollen auf die weibliche Blüte gelangt sind, bilden sie später Spermatozoide aus, die durch Wimpern beweglich sind und in einem Bestäubungströpfchen zur Eizelle schwimmen. Im Unterschied zu anderen Samenpflanzen vergehen zwischen Bestäubung und Befruchtung mehrere Monate, ähnlich wie bei den altertümlichen Palmfarnen.

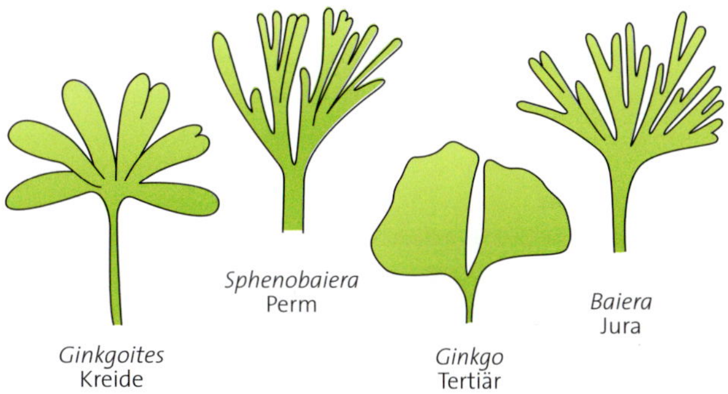


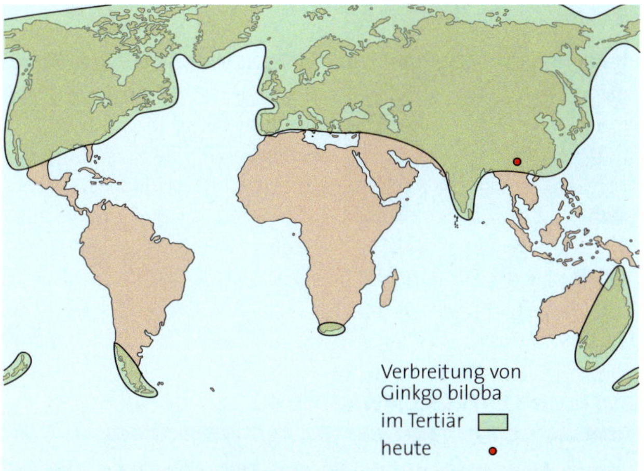

---

1. **Erläutern Sie mit den Angaben in Text und Bildern, warum man Ginkgo zu Recht als „lebendes Fossil“ bezeichnen kann.**
2. **Ordnen Sie die rechts oben abgebildeten fossilen Formen nach ihrem Alter.**
3. **Nennen Sie stammesgeschichtliche Ereignisse, die die vier im Bild rechts oben genannten Erdzeitalter kennzeichnen, aus denen man fossile Vertreter der Ginkgogewächse kennt.**
4. **Interpretieren Sie die Bildung von beweglichen Spermatozoiden bei Ginkgo aus evolutionsbiologischer Sicht.**
5. **In der Jugend gebildete Blätter von Ginkgo biloba (► Bild unten links) sind deutlich stärker gelappt oder geschlitzt als die im Alter gebildeten Blätter (► Bild unten rechts). Entwickeln Sie – unter Berücksichtigung der Blattmerkmale fossiler Ginkgogewächse – eine Hypothese, mit der sich die Veränderung der Blattform von Ginkgo biloba während der Individualentwicklung erklären lässt.**
6. **Erörtern Sie, ob die Existenz lebender Fossilien im Widerspruch zur Evolutionstheorie steht.**

# Biologische Prinzipien: Evolution

## STRUKTUR UND FUNKTION

Alle Strukturen von Lebewesen und ihre Angepasstheit an bestimmte Funktionen sind Ergebnisse der Evolution. Nach einer Jahrmillionen dauernden „Umweltprüfung" (Selektion ► S. 250) erscheinen sie uns meist perfekt, obgleich ihnen letztlich immer Kompromisse zwischen verschiedenen Zwängen zugrunde liegen.
Die Ähnlichkeit homologer, also auf gleicher Erbinformation beruhender Strukturen verschiedener Lebewesen lässt auf gemeinsame Abstammung schließen, funktionelle Übereinstimmung auf ähnliche Umweltwirkungen (► S. 263).

*Saugnäpfe am Vorderbein eines Gelbrandkäfermännchens. Mit ihnen hält sich der Käfer bei der Paarung am glatten Panzer des Weibchens fest.*

## INFORMATION UND KOMMUNIKATION

Im Lauf der Evolution ist ein riesiger Speicher an biologischer Information entstanden, der zum gegenwärtigen Zeitpunkt die Genpools aller heute lebenden Populationen umfasst. Die Entstehung neuer Arten ist mit der Unterbrechung des genetischen Informationsflusses innerhalb der Ausgangspopulation verbunden (► S. 254, 258).
Zugleich hat sich auf allen Organisationsebenen des Lebendigen ein Austausch von Information – also Kommunikation – entwickelt, angefangen von der molekularen Kommunikation innerhalb und zwischen Zellen bis hin zur Verständigung unter den Angehörigen derselben Art, zum Beispiel durch angeborene Verhaltensweisen und Signale (► S. 266) oder durch die Wortsprache beim Menschen (► S. 287/288).

*Innerartliche Kommunikation. Das Weibchen des Kleinen Leuchtkäfers lockt mit seinen Leuchtsignalen arteigene Männchen an, Männchen des Großen Leuchtkäfers reagieren darauf nicht.*

## REPRODUKTION

Durch Reproduktion sind Lebewesen mit ihren Vorfahren verbunden. Wäre die Reproduktion allerdings perfekt, die Nachkommen also mit ihren Vorfahren genetisch vollkommen identisch, gäbe es keine Evolution. Erst durch eine gewisse Ungenauigkeit in der Reproduktion des genetischen Materials aufgrund von Mutation (► S. 248, 160, 178) und – bei sexueller Fortpflanzung – Rekombination (► S. 248, 176) entstehen zahlreiche Varianten (► S. 247, 248), von denen einige mit hoher Wahrscheinlichkeit auch sich ändernden Umweltbedingungen gewachsen sein werden.

*Birken produzieren jährlich Millionen von Samen. All diese vielen Nachkommen unterliegen der Selektion.*

## STOFF- UND ENERGIEUMWANDLUNG

Seit es lebende Systeme auf der Erde gibt, ist auch ihre Versorgung mit Baustoffen und Energie der Evolution unterworfen. Von den ersten Protobionten (► S. 298) an hat die Evolution rund 2 Milliarden Jahre lang mit den verschiedensten Wegen zur Stoff- und Energieumwandlung „experimentiert". Dann waren alle wichtigen Stoffwechselwege von der Gärung über die Chemosynthese bis zu Fotosynthese und aeroben Energieversorgung evoluiert – lange bevor noch die ersten Eucyten entstanden sind (► S. 299). Bis heute zeugt von dieser frühen Enstehung der Hauptstoffwechselwege die Vielfalt der Stoffwechselprozesse, über die Bakterien verfügen, aber auch die weitgehende Übereinstimmung der zentralen Stoffwechselwege bei allen Organismen.

*Cyanobakterien sind schon seit ungefähr 3,5 Milliarden Jahren zur Fotosynthese fähig, wie Fossilfunde belegen.*

## GESCHICHTE UND VERWANDTSCHAFT

Alle Gegenstände der Biologie haben mit der Evolution, der Geschichte des Lebens auf der Erde (► S. 296), eine lange, historisch einmalige Entwicklung hinter sich. Biologie ist so gesehen eine historische Wissenschaft.

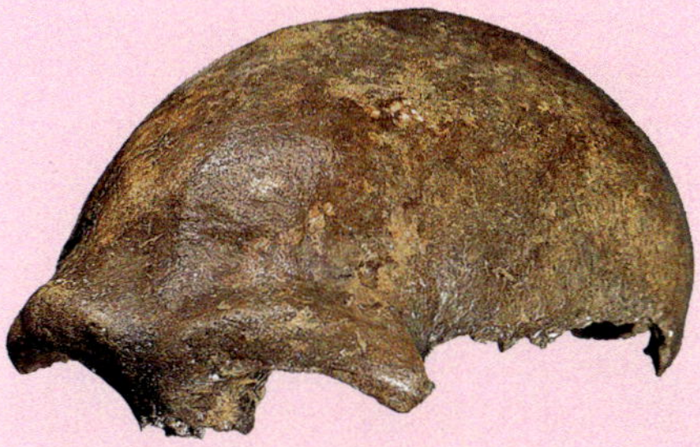

*Das 1856 im Neandertal gefundene Schädeldach löste seinerzeit heftige Diskussionen aus, ob es von einer ausgestorbenen Menschenart stamme oder krankhaft verformt sei. Noch heute ist das Verwandtschaftsverhältnis zwischen Neandertaler und Jetztmensch nicht völlig geklärt.*

Eine der wichtigsten biologischen Erkenntnisse ist die Verwandtschaft aller früheren und heutigen Lebewesen. Die Evolutionsbiologie versucht durch phylogenetische Merkmalsanalyse (► S. 273), aber auch mithilfe von Fossilien (► S. 268) sowie durch DNA-Analyse und andere molekulargenetische Verfahren (► S. 267) die Verwandtschaftsverhältnisse im Einzelnen aufzuklären und damit Ähnlichkeit und Vielfalt der Organismen auf ihre Ursachen zurückzuführen.

## KOMPARTIMENTIERUNG

Evolutionsvorgänge sind auf allen Organisationsebenen des Lebendigen mit der Aufteilung und Trennung von Räumen verbunden:

- Abgegrenzte Reaktionsräume waren einst Voraussetzung für die abiogene Entstehung von Biomolekülen und Protobionten (► S. 298).
- Die Eucyte entwickelte sich nach der Endosymbiontentheorie letztlich durch Kompartimentierung ursprünglich wenig untergliederter prokaryotischer Zellen (► S. 299, 58).
- Die Entstehung neuer Arten setzt in der Regel eine räumliche Trennung (Separation) von Populationen voraus (► S. 258).

*Schwarzer Raucher und Kammern aus seinem Kamin. In diesen winzigen Kompartimenten könnten die ersten Biomoleküle und Protobionten entstanden sein.*

## STEUERUNG UND REGELUNG

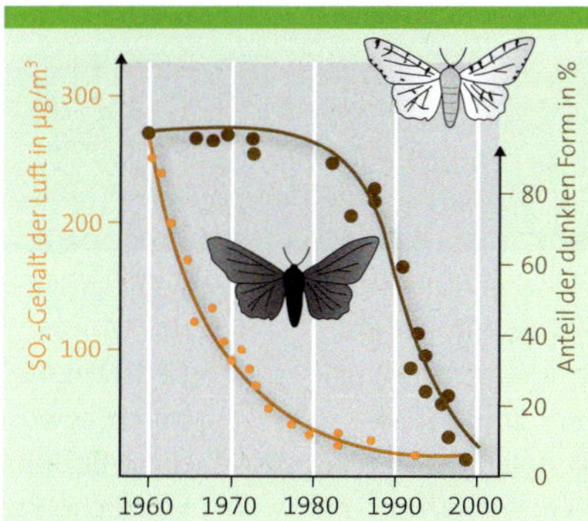


Evolution beruht zwar auf Zufallsereignissen wie Mutation und Rekombination (► S. 248) sowie Gendrift (► S. 256), wird aber durch das Wirken der Selektion in eine von der jeweiligen Umwelt bestimmte Richtung gesteuert (► S. 250). Dabei kann die Selektion stabilisierend oder verändernd wirken, länger anhaltende evolutive Trends, aber auch abrupte Richtungswechsel verursachen (► S. 251).

*Mit dem Rückgang des Luftschadstoffs $SO_2$ änderte sich in Manchester der Selektionsvorteil für die dunkle Form des Birkenspanners drastisch.*

## VARIABILITÄT UND ANGEPASSTHEIT

Dem Evolutionsbiologen ERNST MAYR zufolge bezeichnet man DARWINS Selektionstheorie (► S. 246/247) „am besten als Theorie der Evolution durch Variation“: Genetische Variabilität ist die Voraussetzung für Evolution, Variation ihr wichtigstes Produkt. Alle Lebewesen einer Population sind erbliche Varianten. Diejenigen unter ihnen, die genug Nachkommen haben, um unter den gegebenen Bedingungen den Fortbestand ihres Genotyps zu sichern, bezeichnen wir als angepasst. Die Angepasstheit wird durch Variabilität ermöglicht und durch Selektion bewirkt.

*Bei der Bienenragwurz, einer einheimischen Orchideenart, sind Zeichnung, Färbung und Duft der Blüten sehr variabel.*

# Ökofaktoren der unbelebten Umwelt

1 *Der Gletscherhahnenfuß ist noch in über 4000 m Höhe anzutreffen – ein Rekord für Blütenpflanzen in den Alpen.*

*Hoch im Gebirge inmitten von kahlem Gesteinsschutt eine kleine grüne Insel: ein Polster vom Gletscherhahnenfuß.*
*Zu seiner Umwelt gehören die niedrigen Temperaturen von Luft und Boden, eine lange Schneebedeckung, Humusarmut, intensive Strahlung, viel Wind und starke Niederschläge.*
*In Gestalt und Stoffwechsel ist der Gletscherhahnenfuß an diese Bedingungen angepasst. Feinde hat er in 4000 m Höhe kaum, doch fehlen auch Blüten bestäubende Insekten.*
*Sie würden das einzelne Pflänzchen ohnehin nur selten blühend vorfinden. Erst nach Jahren hat es wieder genügend Nährstoffe angesammelt, um Blüten zu bilden.*

### Im Blickpunkt

- Lebensbedingungen der unbelebten Umwelt
- der Einfluss der Temperatur auf Lebenserscheinungen und Verbreitung von Pflanzen und Tieren
- die Bedeutung von Licht als Energiequelle und Informationsträger für Lebewesen
- die fundamentale Rolle des Wassers
- Wasser- und Salzgehalt der Umwelt – bestimmender Faktorenkomplex im Leben der Organismen
- vom Wasserangebot im Lebensraum geprägte Lebensformen der Pflanzen und ihre Anpassungen
- Leben als Überleben: Bewohner extremer Lebensräume

**GRUNDLAGEN** Die Ökologie befasst sich mit den Beziehungen der Lebewesen zu ihrer Umwelt. In ihrer Gesamtheit machen diese Beziehungen den „Haushalt der Natur" aus. Das ist auch die wörtliche Bedeutung des Begriffs Ökologie: Lehre vom Haushalt (der Natur).

Lebewesen sind offene Systeme, das heißt, sie können nur existieren, wenn sie mit ihrer Umwelt Stoffe und Energie austauschen. Daher kann es auch kein Lebewesen „ohne Umwelt" geben. Im Unterschied zur Umgebung, die nur das räumliche Außen unabhängig von seiner Bedeutung für ein Lebewesen beschreibt, umfasst der Begriff Umwelt alle ein Lebewesen direkt und indirekt betreffenden Faktoren.

Je nachdem, ob diese Faktoren der unbelebten Umwelt entstammen, also physikalisch-chemischer Natur sind, oder durch andere Lebewesen bedingt werden, unterscheidet man abiotische und biotische Ökofaktoren. Wichtige abiotische Ökofaktoren sind Temperatur, Strahlung, Wasser und Wind. In Wasserlebensräumen kommen pH-Wert, Strömung und Salzgehalt hinzu, in Landlebensräumen Mineralstoffgehalt des Bodens und Luftfeuchtigkeit. Zu den biotischen Faktoren zählen Nahrung, Feinde und Konkurrenten, aber auch Parasiten und Symbionten. Begrenzt vorhandene Faktoren, die ein Lebewesen seiner Umwelt entnimmt und damit anderen Lebewesen entzieht, nennt man Ressourcen.

## Ökofaktor Temperatur

Temperatur ist als Ökofaktor für alle Lebewesen von größter Bedeutung. Kaum ein Lebensvorgang bleibt durch sie unbeeinflusst.

**Einfluss auf Lebensvorgänge.** Die Temperatur entspricht dem Wärme- oder Energiezustand eines Körpers und damit der ungerichteten Bewegung seiner Moleküle. Von dieser Teilchenbewegung hängt wiederum die Geschwindigkeit chemischer Reaktionen entscheidend ab: Eine Temperaturerhöhung um 10 Grad steigert die Reaktionsgeschwindigkeit um das 2- bis 3-Fache. Diese *Reaktionsgeschwindigkeit-Temperatur-Regel* (RGT-Regel) gilt grundsätzlich auch für alle biochemischen Reaktionen in den Zellen der Lebewesen, allerdings nur in einem verhältnismäßig engen Temperaturbereich zwischen 0 °C und ungefähr 40 °C:

Steigt die Temperatur der Zelle auf Werte über etwa 40 °C bis 50 °C, schädigt sie empfindliche Proteine, besonders die Enzyme, durch Denaturierung. Dabei verändert sich deren molekulare Struktur und sie verlieren ihre biologische Funktion (► S. 42, 74).

Sinkt die Temperatur in lebendem Gewebe dagegen so weit ab, dass Wasser gefriert, wird das Zellplasma ähnlich geschädigt, wie wenn es austrocknen würde.

**Untersuchung der Wirkung.** Untersucht man die Wirkung unterschiedlicher Temperaturwerte auf die Fotosyntheseleistung einer Pflanze, auf die Entwicklungsdauer eines Tieres oder auf die Stoffwechselintensität von Bakterien, erhält man meist sehr ähnliche Ergebnisse: Innerhalb eines mehr oder weniger großen Temperaturbereichs verläuft die untersuchte Lebenserscheinung optimal, bei tieferen oder höheren Temperaturen verschlechtert sie sich immer mehr, bis sie nicht mehr messbar ist. In einem Diagramm dargestellt ergibt sich eine *Optimumkurve*. Sie wird durch die drei *Kardinalpunkte Minimum, Optimum* und *Maximum* charakterisiert. Der Temperaturbereich zwischen Minimum und Maximum entspricht dem Toleranzbereich der untersuchten Art. Er wird auch als ihre *ökologische Potenz* bezeichnet und stellt ein wichtiges Merkmal dar. Temperaturen unterhalb des Minimums und oberhalb des Maximums können Schäden in den Zellen bewirken und schließlich zum Kälte- oder Hitzetod des Lebewesens führen.

**Temperaturabhängigkeit als Anpassung.** Wenn man vergleicht, wie die Lebenserscheinungen bei verschiedenen Arten von der Temperatur abhängen, zeigen sich große Unterschiede in der Lage der Kardinalpunkte. Arten mit weiter Temperaturtoleranz bezeichnet man als *eurytherm*, solche mit enger Temperaturtoleranz als *stenotherm*. Bei vielen Arten besteht ein Zusammenhang zwischen den Temperaturverhältnissen in ihrem angestammten Lebensraum und ihrer ökologischen Potenz: Die ökologische Potenz ist Teil der arttypischen Anpassungen an die Umwelt. Eine wichtige Grundlage dafür ist die Ausstattung mit passenden Enzymen. Häufig sind Isoenzyme (► S. 74), also Enzyme gleicher Funktion, aber unterschiedlicher Aminosäuresequenz für die spezifischen Anpassungen verschiedener Arten verantwortlich.

**Allgemeines Reaktionsschema.** Ökologische Potenz und Optimumkurve sind nicht nur für die Temperatur, sondern ebenso für andere Ökofaktoren typisch. Auch diese wirken sich häufig je nach Intensität entweder fördernd oder hemmend auf Lebenserscheinungen aus. Entsprechend unterscheidet man auch hier *eurypotente* Arten mit weiter Toleranz und *stenopotente* Arten mit enger Toleranz.

---

**1** **Berechnen Sie, um wie viel schneller biochemische Reaktionen in den Zellen einer Fliege verlaufen, wenn sie von 4 °C auf 34 °C erwärmt wird.**

**2** **Erläutern Sie die biologische Funktion der Enzyme. Erklären Sie, warum ihre hitzebedingte Schädigung zum Tod eines Lebewesens führen kann.**

**3** **Erklären Sie den Verlauf einer Optimumkurve der Temperatur.**

**4** **Stellen Sie Zusammenhänge her zwischen den Temperaturpotenzen der Arten in Bild 2 und den Temperaturverhältnissen in ihren Lebensräumen.**

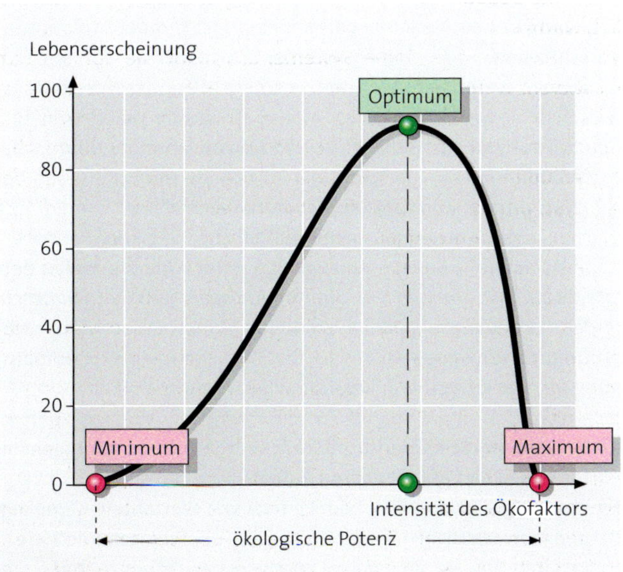


*1 Schema einer Optimumkurve*

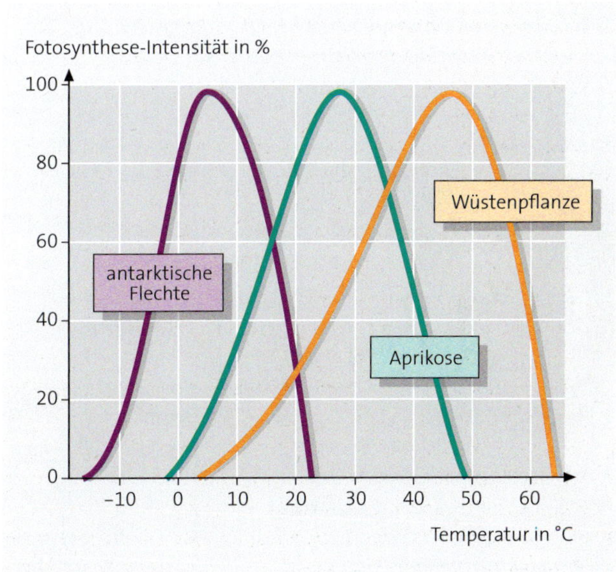


*2 Optimumkurven der Temperatur für drei Pflanzenarten*

## Pflanzen und Temperatur

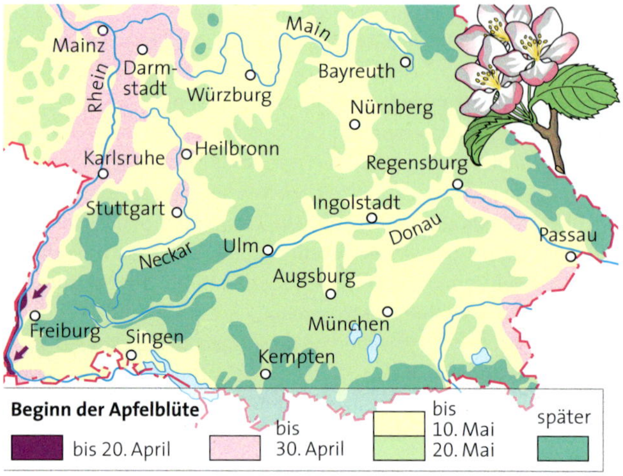


*1 Beginn der Apfelblüte in Süddeutschland. Er hängt vom jahreszeitlichen Temperaturverlauf am Standort ab.*

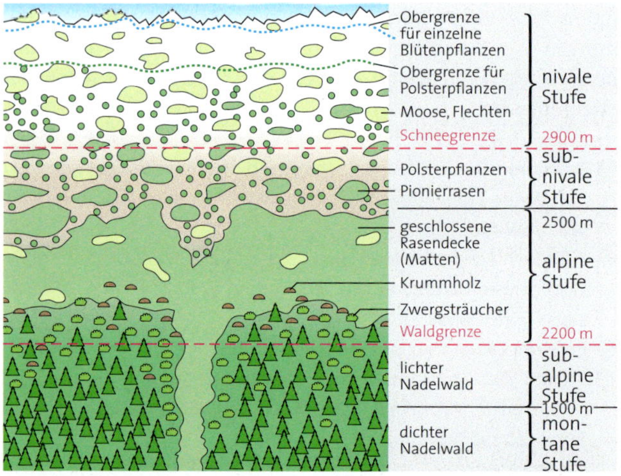


*2 Höhenzonierung in den Alpen (Schema). In der nivalen Stufe können nur noch wenige Blütenpflanzen existieren.*

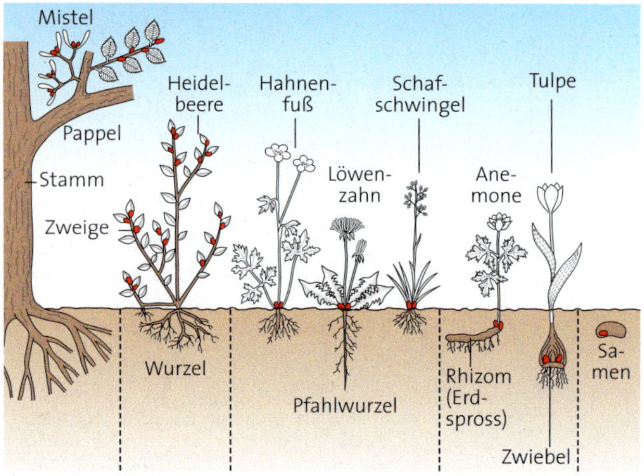


*3 Überdauerungsorgane (braun) und Erneuerungsknospen (rot) bei verschiedenen einheimischen Pflanzen*

Pflanzen sind allen Veränderungen der Temperatur an ihrem Standort ausgesetzt. Da sie kaum über Möglichkeiten zur Temperaturregulierung verfügen, nehmen sie im Allgemeinen die Temperatur ihrer Umgebung an.

**Jahreszeitliche Entwicklung.** Die *Bildung von Blütenknospen*, Beginn und Dauer der *Blüte, Fruchtreife, Laubverfärbung* und *Laubfall* werden bei heimischen Pflanzen außer durch die Tageslänge (► S. 316) vorwiegend von der Temperatur bestimmt. Sie können daher als „lebende Messinstrumente" dienen. Viele Bauernregeln, aber auch die sogenannten phänologischen Karten und Kalender für die Land- und Forstwirtschaft beruhen darauf, dass die Pflanzen in ihrer Entwicklung den jahreszeitlichen Temperaturgang insgesamt widerspiegeln. So beginnt die Apfelblüte, wenn seit Neujahr die Temperatur an 3 000 Stunden über 6 °C lag. Im phänologischen Kalender kennzeichnet die Apfelblüte den Beginn des Vollfrühlings. Nach solchen phänologischen Daten werden beispielsweise Aussaattermine bestimmt.

**Verbreitung.** Die *Verbreitung* der Pflanzen wird ebenfalls ganz wesentlich durch die Temperatur beeinflusst. So fällt in Europa die nördliche Verbreitungsgrenze der Eichen mit der Temperaturlinie zusammen, an der 4 Monate im Jahr die mittlere Tagestemperatur 10 °C beträgt.

Auch die großräumige Verbreitung der Vegetation in gürtelförmigen Zonen vom Äquator zu den Polen ist vor allem durch die Temperatur bewirkt.

**Höhenzonierung.** In den Gebirgen nimmt die Temperatur um etwa 0,5 Grad je 100 m Höhe ab. Dieses Temperaturgefälle bewirkt die typischen *Höhenstufen* der Gebirgsvegetation. Je geringer die Temperaturansprüche einer Pflanzenart sind, in umso größere Höhen kann sie vordringen.

**Anpassungen.** In den Zellen frostgefährdeter Pflanzen wirken gelöste Stoffe als Gefrierschutz, besonders Zucker und Proteine. Sie werden allerdings erst gebildet, wenn sich die Pflanzen mehrere Tage bis Wochen bei niedrigen Temperaturen abhärten konnten. Pflanzen der *nivalen Stufe* (► Bild 2) wie der Gletscherhahnenfuß besitzen Enzyme, die schon bei sehr niedriger Temperatur optimal wirksam sind.

Viele Pflanzen schützen sich – sofern die Wasserversorgung ausreicht – vor Überhitzung, indem sie durch die geöffneten Spaltöffnungen verstärkt Wasser verdunsten und die Blätter damit kühlen.

Pflanzen aus Klimazonen mit stark wechselnder Temperatur werfen meist kälte- oder hitzeempfindliche Teile wie die Blätter ab und überstehen die ungünstige Phase mit widerstandsfähigen *Überdauerungsorganen* wie *Stamm, Knospen, Knollen, Rhizomen* (Erdsprosse), *Zwiebeln* oder auch nur als *Samen*. Diese Anpassung an ungünstige Temperaturen ist fast immer zugleich eine Anpassung an eine eingeschränkte Wasserversorgung.

**1** **Nennen Sie Beispiele für pflanzliche Überdauerungsorgane. Informieren Sie sich über deren Aufbau.**

**2** **Phänologie ist die Lehre vom Einfluss von Wetter und Klima auf den jahreszeitlichen Entwicklungsgang der Pflanzen und Tiere. Erklären Sie, warum phänologische Beobachtungen trotz modernster Methoden der Temperaturmessung unentbehrlich sind.**

# Abiotische Ökofaktoren und Bioindikatoren

Nur durch *Experimente* lässt sich klären, wie und in welchem Ausmaß sich die unbelebte Umwelt auf Lebewesen auswirkt. Um die Wirkung eines bestimmten Ökofaktors auf Lebewesen zu untersuchen, verändert man die Intensität dieses einen Faktors, während alle anderen Faktoren konstant gehalten werden. Mit einem solchen *Monofaktoren-Experiment* lässt sich nur die Wirkung auf einzelne Lebenserscheinungen der untersuchten Art wie Wachstum oder Fortpflanzung ermitteln. Erst durch Auswertung vieler solcher Experimente und Messungen am Standort zeigt sich, wie die Art von ihrer unbelebten Umwelt insgesamt abhängt.

## Wachstum von Weizensprossen und Temperatur

**MATERIAL:** Weizenkörner, Klarsichtdosen, saugfähiges Papier, Pappkartons zum Verdunkeln der Dosen, ein bis zwei Kühlschränke, ein bis zwei Wärmeschränke, unterschiedlich temperierte Räume mit konstanter Temperatur, Thermometer, Schere, Lineal

**DURCHFÜHRUNG:** Lassen Sie in Wasser gequollene Weizenkörner einen Tag bei Zimmertemperatur keimen. Legen Sie je 30 von ihnen auf dem Boden mehrerer Klarsichtdosen aus, die zuvor mit einer dicken Lage feuchten Papiers bedeckt wurden.

Stellen Sie jede Dose 5–7 Tage lang bei einer anderen Temperatur auf. Dunkeln Sie die Dosen ab, um gleiche Lichtbedingungen zu erhalten. Ermitteln Sie für jede Temperatur den Mittelwert der Sprosslängen. Stellen Sie Ihre Ergebnisse in einem Diagramm dar.

### Phänologie

Daten über wiederkehrende Entwicklungsphasen von Pflanzen und Tieren zu sammeln und auszuwerten ist Aufgabe der *Phänologie*. Sie ist seit Langem eine wichtige Informationsquelle für die Land- und Forstwirtschaft. Neuerdings wird sie für die Klimaforschung wichtig, da sich klimatische Veränderungen mit solchen *Bioindikatoren* rascher und deutlicher erkennen lassen als durch meteorologische Einzelmessungen.

### Jahresringmessung

Die Breite der Jahresringe eines Baums ist ein „biologisches Protokoll" seiner Wachstumsbedingungen:

- Das helle Frühholz zeigt die Verhältnisse im Frühjahr an, aber auch Einflüsse durch die Stoffspeicherung des Vorjahrs.
- Das dunkle Spätholz lässt Schlüsse auf die sommerlichen Witterungsfaktoren zu.

Da Bäume sehr langlebig sind, hat die Jahresringanalyse vor allem für die *historische Ökoklimatologie* große Bedeutung.

---

**1** **Analysieren Sie den „Forsythienkalender" (▶ Bild Mitte) und ziehen Sie Schlüsse daraus.**

**2** **Die Jahresringe der drei Nadelholzstämme (▶ Bild rechts) zeigen gleichmäßige Wachstumsbedingungen, wechselnde Lichtverhältnisse und einzelne klimatische Extremjahre. Ordnen Sie die Teilbilder 1–3 den jeweiligen Bedingungen zu und erläutern Sie Ihre Überlegungen.**

**Stichworte zu weiteren Informationen**

Bioindikatoren • Ökoklimatologie • Klima-Atlas • Sortenprüfung

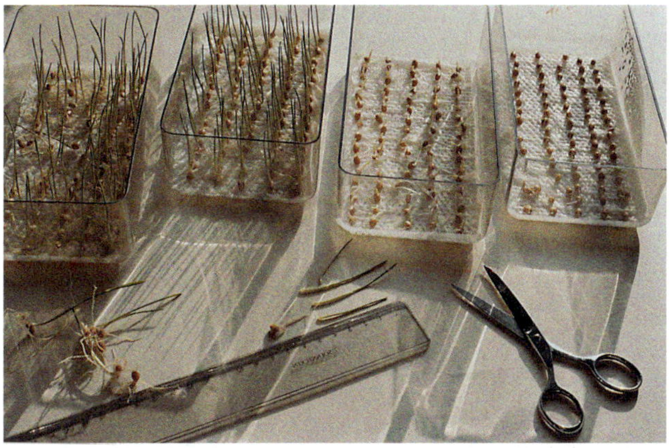

**Forsythienkalender für den Standort „Hamburger Lombardsbrücke"**
(nach Daten des Deutschen Wetterdienstes)

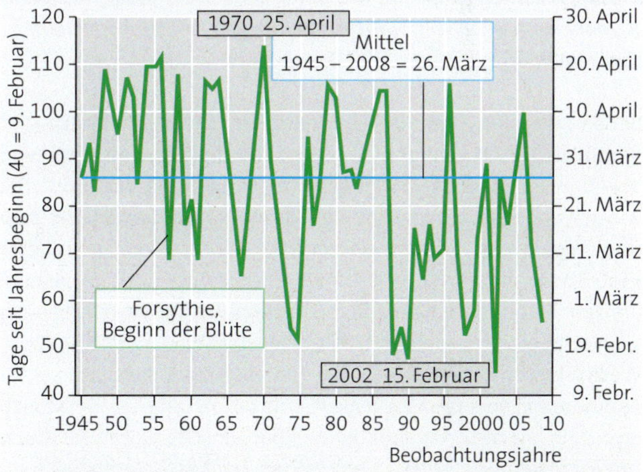

## Tiere und Temperatur

1 *Zauneidechsen in Kältestarre. Sie wird durch Temperaturen nahe dem Minimum ausgelöst.*

Bei den weitaus meisten Tieren wird die Körpertemperatur und damit die Geschwindigkeit ihrer Lebensvorgänge – ähnlich wie bei Pflanzen – von der Temperatur der Umgebung bestimmt. Sie werden daher als *ektotherme* Tiere den *endothermen Säugetieren* und *Vögeln* mit körpereigener Wärmeproduktion gegenübergestellt. Da ektotherme Tiere ihre Körpertemperatur nicht oder nur sehr eingeschränkt regulieren können, werden sie häufig auch als *wechselwarm* oder *poikilotherm* bezeichnet.

**Wechselwarme Tiere.** Durch ihre Fähigkeit zum Ortswechsel haben Tiere viel eher die Möglichkeit, eine bevorzugte Temperatur zu erreichen, als die ortsgebundenen Pflanzen. Oft halten sie durch *thermoregulatorische Verhaltensweisen* ihre Körpertemperatur im optimalen Bereich: Reptilien nehmen „Sonnenbäder", Ameisen regulieren die Nesttemperatur durch Öffnen und Schließen der Eingänge, Bienen durch „Flügelzittern", also Muskeltätigkeit. Da bei der Arbeit der Muskeln Wärme entsteht, können sich bei muskulösen und aktiven Wechselwarmen einzelne Körperabschnitte weit über die Umgebungstemperatur erwärmen. Thunfische beim schnellen Schwimmen oder Hummeln im Flug erreichen dadurch im Körperinnern eine relativ hohe und gleichmäßige Körpertemperatur.

Bei Umgebungstemperaturen in der Nähe ihres Minimums oder Maximums fallen Wechselwarme in *Kälte-* beziehungsweise *Wärmestarre* (► Bild 1). Bewohner extrem heißer oder kalter Lebensräume sind durch Hitze- oder Frostschutzstoffe speziell angepasst.

**Gleichwarme Tiere.** Die endothermen Säugetiere und Vögel nutzen die „Abwärme" des Stoffwechsels als Körperheizung und erzeugen auch gezielt Stoffwechselwärme durch „Kältezittern" der Muskulatur. Vor allem aber besitzen sie eine wirkungsvolle Thermoregulation, mit der sie ihre Körpertemperatur konstant halten. Sie beträgt im Körperinnern je nach Tierart zwischen 35 und 44 °C und schwankt nur um etwa 1 Grad. Sie werden daher als *gleichwarm* oder *homoiotherm* bezeichnet.

Die Thermoregulation gleichwarmer Tiere ist an eine ganze Reihe von Merkmalen gebunden:
- eine isolierende Körperbedeckung aus Haaren oder Federn,
- wärmedämmendes Fettgewebe in der Unterhaut,
- ein leistungsfähiger Blutkreislauf zum Wärmetransport,
- Einrichtungen zur Wärmeabgabe und Kühlung,
- ein präzis arbeitendes Regelungssystem.

**Nutzen und Kosten der Homoiothermie.** Da homoiotherme Tiere – unabhängig vom tages- oder jahreszeitlichen Gang der Außentemperatur – stets gleich aktiv sein können, sind sie auch in Polar-, Gebirgs- oder Wüstenregionen verbreitet, die für Wechselwarme überhaupt nicht oder nur zeitweise bewohnbar sind.

Andererseits müssen Vögel und Säugetiere bei niedriger Umgebungstemperatur bis zu 90 % ihres Energieumsatzes allein für die Körperheizung aufwenden! Bei hoher Außentemperatur erfordert die Kühlung durch Schwitzen, Hecheln oder verstärkte Durchblutung ebenfalls Stoffwechselenergie.

Während wechselwarme Tiere allein mithilfe der Sonnenwärme ihre „Betriebstemperatur" erreichen können, stammt die Heizenergie gleichwarmer Tiere hauptsächlich aus der Nahrung. Im Durchschnitt benötigen daher gleichwarme Tiere rund fünfmal mehr Nahrungsenergie als wechselwarme Tiere gleicher Körpermasse.

**Winterschlaf.** Fledermäuse, Igel, Siebenschläfer, Murmeltiere und Hamster überstehen den nahrungsarmen Winter in einem Zustand stark herabgesetzter Lebensfunktionen, dem *Winterschlaf*. Ihre Körpertemperatur wird in einem „Winterprogramm" etwa auf die Umgebungstemperatur abgesenkt. Dadurch verringert sich ihr Energieumsatz auf 2 % des Sommerbedarfs. Atmung und Kreislauffunktionen werden während dieser Zeit entsprechend reduziert. Anders als bei Wechselwarmen bleibt die Körpertemperatur der Winterschläfer auch im abgesenkten Zustand geregelt und wird bei Erfrierungsgefahr aktiv erhöht. Einige Vögel, zum Beispiel junge Mauersegler, senken in nahrungsarmen Zeiten ebenfalls ihre Körpertemperatur ab.

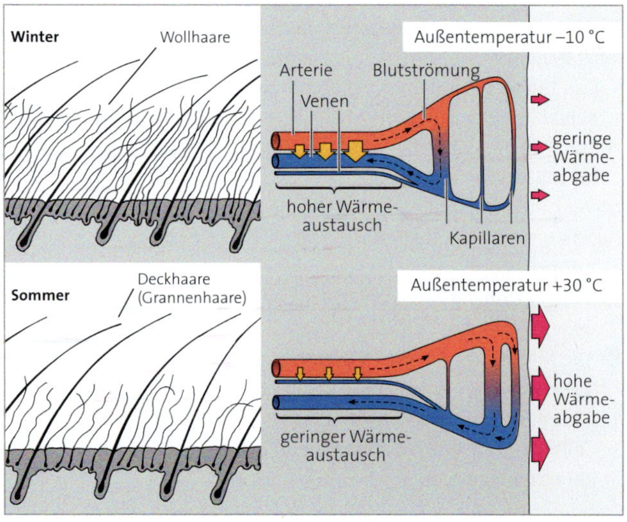


2 *Einrichtungen der Thermoregulation bei Säugetieren: isolierendes Haarkleid und Blutgefäße als Wärmeaustauscher*

**Wärmehaushalt und Klimaregeln.** Innerhalb einer homoiothermen Tierart wie Wildschwein oder Uhu sind Individuen aus kalten Gebieten durchschnittlich größer als solche aus warmen Gebieten. Auch bei verschiedenen Tierarten eines Verwandtschaftskreises, beispielsweise Tigern oder Pinguinen, findet man eine entsprechende klimabedingte Größenabstufung. Diese *bergmannsche Regel* lässt sich damit erklären, dass das für den Wärmehaushalt wichtige Verhältnis von Volumen zu Oberfläche für einen großen Körper günstiger ist als für einen kleinen. Da die Wärmebildung vor allem vom Körpervolumen, die Wärmeabstrahlung aber von der Körperoberfläche abhängt, sind große Tiere bei niedriger Außentemperatur im Vorteil. Spitzmäuse und Kolibris, die kleinsten gleichwarmen Tiere, haben relativ zu ihrer Körpermasse den höchsten Energieumsatz. Wesentlich kleinere Säugetiere und Vögel kann es daher nicht geben.

Nach der *allenschen Regel* sind Körperanhänge wie Ohren, Schwanz und Gliedmaßen bei Säugetieren kalter Zonen verhältnismäßig klein, bei Verwandten aus warmen Gebieten dagegen groß, da sie besonders viel Wärme an die Umgebung abgeben. Manche tropischen Arten wie Elefanten oder Eselhasen nutzen ihre riesigen Ohren speziell zur Wärmeabgabe.

Da Größe und Proportionen des Tierkörpers nicht nur durch die Temperatur, sondern durch viele weitere Faktoren beeinflusst werden, gibt es zahlreiche Ausnahmen von den beiden dargestellten Klimaregeln.

1. **Vergleichen Sie Kältestarre und Winterschlaf.**
2. **Ein Tiger mit 250 kg Körpermasse benötigt am Tag ungefähr 10 kg, eine Zwergspitzmaus mit 4 g Masse etwa 8 g Fleischnahrung. Setzen Sie die Werte zueinander in Beziehung und erklären Sie.**
3. **In dem Buch „Gullivers Reisen" von J. SWIFT rupfen Liliputaner eine Lerche, „kleiner als eine Fliege". Dabei hat SWIFT allerdings ein biologisches Problem nicht berücksichtigt. Erläutern Sie den Zusammenhang.**

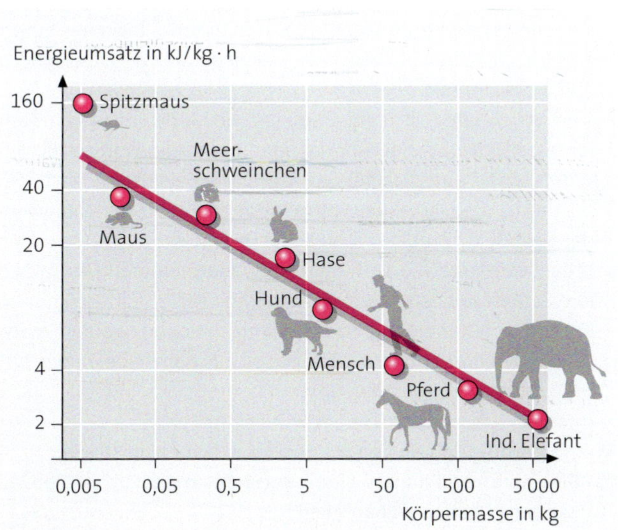


1 *Energieumsatz verschiedener Säugetiere*

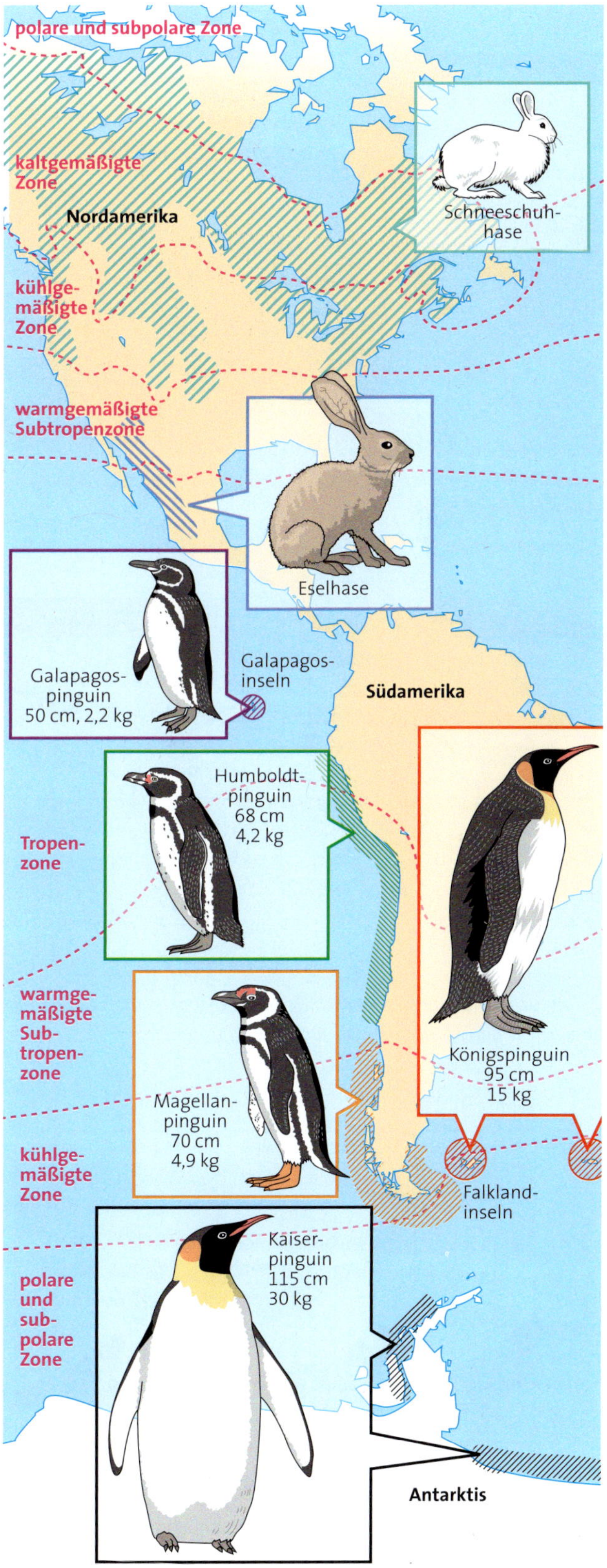


2 *Allensche Regel (oben) und bergmannsche Regel (unten)*

# Ökofaktor Licht

*1 Für die meisten Pflanzensamen ist Licht ein notwendiges Startsignal für die Keimung.*

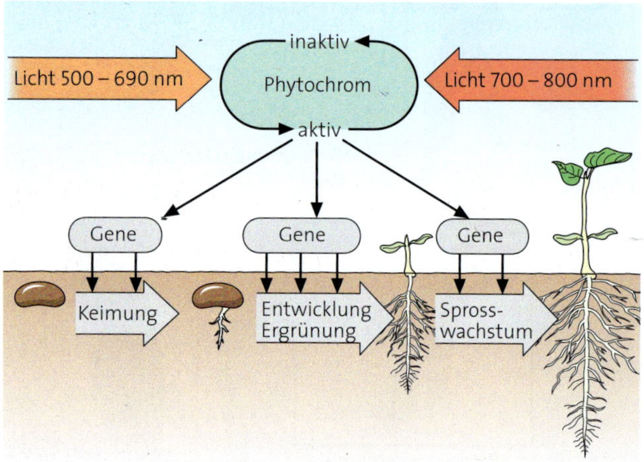


*2 Phytochrompigmente nehmen Lichtreize auf, aktivieren Gene und steuern damit Entwicklungsvorgänge bei Pflanzen.*

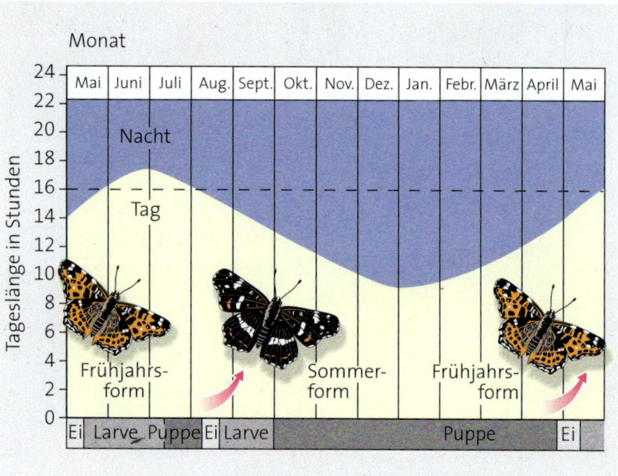


*3 Das Landkärtchen tritt – abhängig von der Tageslänge zur Larvenzeit – in zwei verschiedenen Formen auf.*

*Sonnenlicht* ist die *Grundlage des Lebens* auf der Erde. Da es Pflanzen und über die Nahrungsketten letztlich auch Tieren die zum Leben notwendige Energie liefert, kann man Licht als den entscheidenden Ökofaktor betrachten. Für viele Organismen ist es darüber hinaus ein lebenswichtiger *Informationsträger*, der ihnen die Orientierung in Raum und Zeit ermöglicht, ihr Wachstum und ihre Entwicklung steuert und ihre Gestalt beeinflusst.

**Fototropismus.** Pflanzensprosse krümmen sich zum Licht. Diese als *Lichtwendigkeit* oder *Fototropismus* bezeichnete Reaktion kommt dadurch zustande, dass die lichtabgewandte Seite des Sprosses stärker wächst. Das Licht bewirkt, dass der von der Sprossspitze nach unten gerichtete Strom des Pflanzenhormons Auxin zur beschatteten Seite gelenkt wird. Durch die höhere Konzentration des Auxins wachsen die Zellen hier stärker in die Länge als auf der belichteten Seite. Auch die Blätter gelangen durch solche Wachstumsbewegungen in eine günstige Stellung zum Lichteinfall, was besonders für Pflanzen in dichtem Bestand von Bedeutung ist.

**Steuerung der Samenkeimung.** Wird ein Stück Boden umgebrochen, ist der Lichtreiz für die in der Erde ruhenden Samen der *Lichtkeimer* wie Fingerhut, Weidenröschen und Mohn das entscheidende Signal zur Keimung (▶ Bild 1). Auf *Dunkelkeimer* wie Kürbis und Persischer Ehrenpreis wirkt Licht dagegen keimungshemmend. Für die Lichtsteuerung der Entwicklungsprozesse ist das Pigment *Phytochrom* verantwortlich. Je nach Wellenlängenbereich des Lichts schaltet es Gene an oder ab (▶ Bild 2).

**Etiolement.** Bei anhaltendem Lichtmangel bilden Pflanzen lange, bleiche Sprosse mit rückgebildeten Blättern aus. Diese kennzeichnende Gestaltänderung wird als *Etiolement* oder *Vergeilung* bezeichnet.

**Fotoperiodismus.** Der tägliche Licht-Dunkel-Wechsel, vor allem die auch als *Fotoperiode* bezeichnete Tageslänge, dient als wichtigste zeitliche Orientierungsmarke, um Lebensvorgänge in den Jahresrhythmus einzupassen:

- *Langtagpflanzen* blühen, wenn es täglich länger als 10 bis 14 Stunden hell ist. *Kurztagpflanzen*, die meist aus tropischen Regionen stammen, bilden nur Blüten unterhalb einer artspezifischen kritischen Fotoperiode. Auch daran wirkt das Phytochromsystem mit.
- Tiere orientieren sich im Hinblick auf Fortpflanzungszeiten, jahreszeitliche Wanderungen oder die Umstellung auf den Winterschlaf ebenfalls an der Tageslänge. Beim Landkärtchen bestimmt die Dauer der Fotoperiode während der Larvenzeit das spätere Farbmuster des Falters (▶ Bild 3).
- Lebensvorgänge, die dem Rhythmus einer inneren Uhr folgen, wie Schlaf- und Wachzeiten, Aktivitätsmuster von Hormonen, Enzymen, Zellteilungen oder Organfunktionen, werden meist durch die Fotoperiode als Taktgeber mit dem Tages- oder Jahresverlauf synchronisiert.

---

1. **Erläutern Sie den Nutzen des Etiolements für eine Pflanze.**
2. **Viele arktische Pflanzen sind Langtagpflanzen. Finden Sie eine Erklärung für dieses Phänomen.**
3. **Die Tageslänge ist zur Steuerung periodischer Entwicklungen bei Lebewesen besonders geeignet. Nennen Sie dafür Gründe.**

## Ökofaktor Wasser

Das Leben auf der Erde ist im *Wasser* entstanden und daran gebunden. Alle Lebensvorgänge laufen nur in wässriger Lösung ab. Sie benötigen Wasser als *Lösemittel*, als *Transportmittel* und als *Reaktionspartner*. Natürliches Wasser enthält praktisch immer gelöste Stoffe. Daher kann man den Wasserhaushalt eines Lebewesens nicht getrennt von seinem *Ionen-* oder *Salzhaushalt* betrachten. In lebenden Zellen ist Wasser das bei Weitem *häufigste Molekül*, was sich in seinem hohen Anteil am Aufbau der meisten pflanzlichen und tierischen Gewebe und Organe zeigt. So enthält zum Beispiel Muskelgewebe des Menschen 77 % Wasser und selbst Knochen noch 30 %.

Wasser bedeckt aber auch mehr als zwei Drittel der Erdoberfläche. Meere und Süßgewässer stellen die flächenmäßig bedeutendsten *Lebensräume* der Erde dar. Die herausragende Bedeutung des Wassers für Lebewesen liegt in seinen *physikalisch-chemischen Eigenschaften* begründet.

| Eigenschaften von Wasser | |
|---|---|
| Verdampfungswärme (bei 25 °C) (höchste aller Flüssigkeiten) | 2 442 kJ/kg |
| Dichte (bei 25 °C)<br>maximale Dichte (bei 4 °C) | 0,9971 g/ml<br>1,0000 g/ml |
| Viskosität (bei 25 °C)<br>Viskosität (bei 0 °C) | 0,89 Centipoise<br>1,78 Centipoise |
| spezifische Wärme (bei 15 °C) (höchste aller Flüssigkeiten) | 4,19 kJ |
| Oberflächenspannung (bei 25 °C) | $7{,}197 \cdot 10^{-5}$ N |

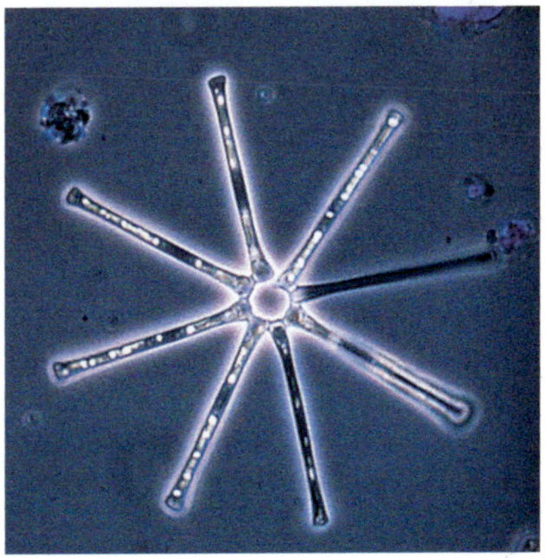

*1–6 Eigenschaften des Wassers und ihre Bedeutung für Lebewesen. Die Fotos zeigen von links nach rechts: hechelnde Hunde, Wal, Nahrung suchende Krickenten, Wasserläufer und Schwebesternchen, eine Kieselalge des Planktons.*

**Lösevermögen.** Wasser ist *polar aufgebaut* und stellt für andere polare Stoffe wie Salze, Säuren, Zucker, Alkohole, aber auch Peptide und Proteine ein ausgezeichnetes Lösemittel dar. Es nimmt die im Stoffwechselprozess benötigten oder anfallenden polaren Stoffe auf und transportiert sie in gelöster Form sowohl innerhalb wie außerhalb der Zellen. An vielen Reaktionen ist es auch selbst beteiligt.

**Verdampfungswärme.** Wenn Wasser verdampft oder verdunstet, wird wegen der Anziehungskräfte zwischen den polar aufgebauten Wassermolekülen der Umgebung viel Wärme entzogen. Durch Verdunstung von Wasser können sich daher Pflanzen und Tiere vor Überhitzung schützen.

**Dichte und Viskosität.** Wasser hat eine hohe Dichte. Sie ist rund 775-mal höher als die von Luft und entspricht etwa der des Zellplasmas. Deshalb „trägt" Wasser sogar die massigen Wale. Die hohe Dichte und die große Zähigkeit *(Viskosität)* des Wassers ermöglichen auch die Existenz des *Planktons*, der im Wasser schwebenden Kleinlebewesen.

**Dichteanomalie.** Wasser hat bei einer Temperatur von 4 °C seine größte Dichte. Daher kann das Wasser in der Tiefe eines Sees nicht kälter als 4 °C sein. Der See friert von oben nach unten zu – lebenswichtig für die Pflanzen und Tiere darin.

**Spezifische Wärme.** Um die Temperatur von Wasser zu erhöhen, ist sehr viel Wärme nötig. In Gewässern herrschen deshalb relativ ausgeglichene Temperaturverhältnisse: Sie erwärmen sich langsam und kühlen langsam wieder ab.

**Oberflächenspannung.** Durch ihre Anziehungskräfte bilden die Wassermoleküle an der Oberfläche ein gespanntes Häutchen. Manche Kleintiere, zum Beispiel Wasserläufer, können darauf laufen, ohne einzusinken.

## Wasserhaushalt der Pflanzen

Für Landpflanzen wird Wasser oft zur entscheidenden Ressource. Zwar können Flechten, landlebende Algen, Pilze, Moose und einige Farne bei eingeschränktem Stoffwechsel stark austrocknen, ohne Schaden zu nehmen. Das Zellplasma der *Samenpflanzen* zeichnet sich jedoch durch einen sehr konstanten Wassergehalt aus. Voraussetzung dafür sind typische Baumerkmale der Samenpflanzen: die *Vakuole* als zellulärer Wasservorrat, die wachshaltige *Cuticula* als Austrocknungsschutz und die *Spaltöffnungen* zur Regelung der Wasserabgabe.

**Wasseraufnahme.** Zellen der Wurzel, vor allem die dünnwandigen *Wurzelhaare*, nehmen durch *Diffusion* und *Osmose* (► S. 46) Wasser aus dem Boden auf (► Bild 1): Wasser strömt in Richtung seines Konzentrationsgefälles aus dem wasserreichen Boden in die wasserärmeren Zellen. Damit die Saugkraft der Zellen für die Wasseraufnahme ausreicht, muss ihr osmotischer Wert den des Bodenwassers übertreffen. Dies stellt an Pflanzen trockener und salzhaltiger Böden besondere Anforderungen. In der *Wurzelrinde*, dem äußeren Bereich der Wurzel, kann das Wasser sowohl über die Zellwände als auch über das Zellplasma von Zelle zu Zelle bis zur *Endodermis* gelangen. Die Endodermis ist die innerste Schicht der Wurzelrinde. Sie kontrolliert den Stoffdurchtritt zum *Zentralzylinder* im Wurzelinnern. Ihre seitlichen Zellwände sind durch den korkhaltigen *Caspary-Streifen* wasserundurchlässig. Alles Wasser mit den darin gelösten Stoffen muss daher auf seinem Weg zu den *Leitbündeln* im Zentralzylinder die selektiv permeablen Membranen und das Zellplasma der Endodermiszellen passieren.

**Ionenaufnahme.** Die als hydratisierte Ionen im Wasser gelösten *Mineralstoffe* werden *selektiv* durch die Membranen der Wurzelzellen, vor allem der Endodermis transportiert. Im Unterschied zum passiven, durch Osmose bewirkten und damit energetisch „kostenlosen“ Einstrom des Wassers in die Zellen ist die Ionenaufnahme teilweise ein *aktiver Transport*: Er kann auch gegen ein Konzentrationsgefälle erfolgen und erfordert Stoffwechselenergie in Form von ATP (► S. 101). Damit erklärt sich der arttypische, vom Boden des Standorts oft abweichende Mineralstoffgehalt der Pflanzen.

**Wassertransport.** Nach Passieren der Endodermis gelangt das Wasser mit den Mineralstoffen in die lang gestreckten, meist querwandlosen *Gefäße* des *Holzteils* oder *Xylems* der Leitbündel. Kohäsionskräfte zwischen den Wassermolekülen und Adhäsionskräfte zwischen ihnen und den Gefäßwänden sorgen dafür, dass das Wasser in zusammenhängenden Fäden von der Wurzel durch die Sprossachse bis in die Blätter gesaugt wird. Treibende Kraft ist dabei der Sog, der durch die Wasserabgabe der Blätter entsteht.

**Wasserabgabe.** Das Feuchtigkeitsgefälle zwischen den wasserreichen, in den Zellzwischenräumen mit Wasserdampf gesättigten Blättern und dem trockeneren Luftraum ist die Ursache dafür, dass eine Pflanze Wasser durch Verdunstung an die Umgebung verliert. Samenpflanzen können die Öffnungsweite ihrer Spaltöffnungen durch die Schließzellen regeln. Diese kontrollierte Abgabe von Wasserdampf wird *Transpiration* genannt. Sie richtet sich nach Temperatur, Licht und Kohlenstoffdioxid, vor allem aber nach dem vom Wasser- und Ionengehalt abhängigen Zelldruck *Turgor* (► S. 47).

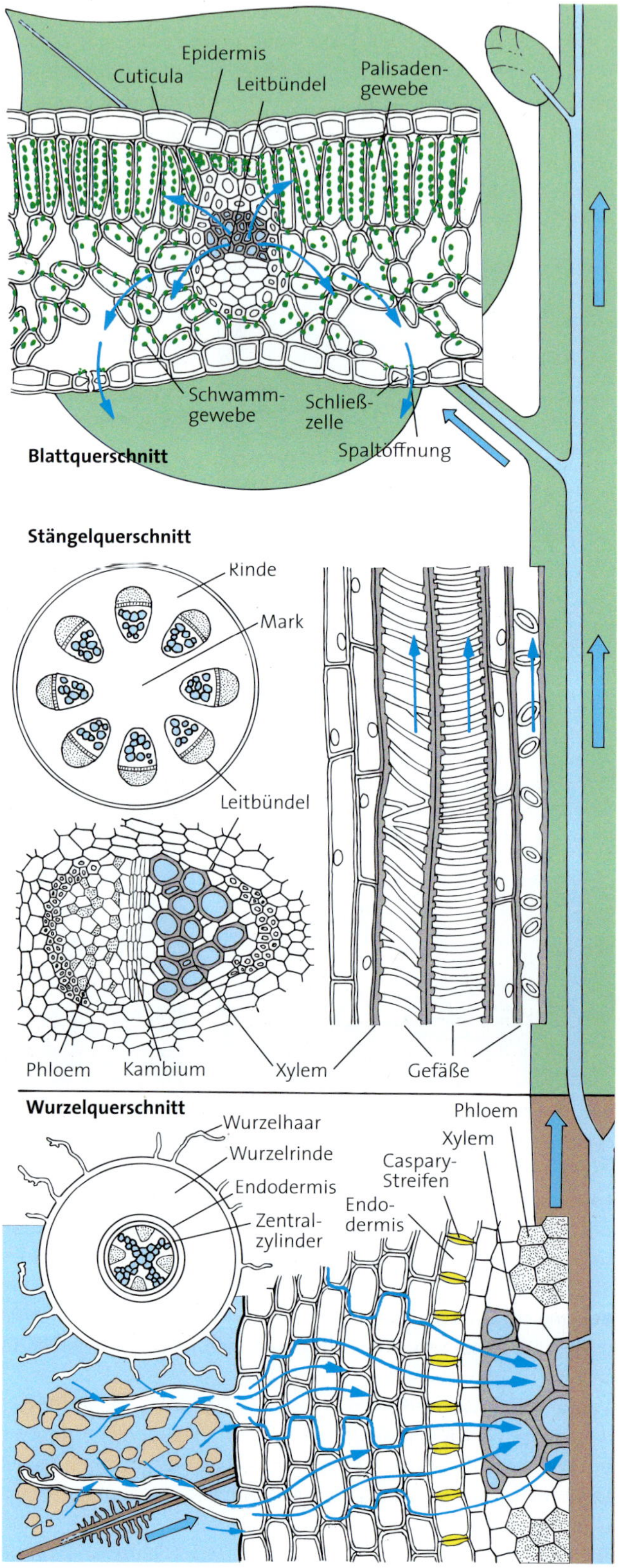


*1 Wasseraufnahme, Wassertransport und Wasserabgabe bei Samenpflanzen*

# Pflanze und Wasser

Neben der Temperatur bestimmt vor allem das Wasser das Pflanzenkleid der Landlebensräume. Untersuchungen zum *Wasserhaushalt der Pflanzen* liefern daher wichtige ökologische Basisdaten.

Zum Wasserhaushalt gehören Wasseraufnahme, Wassergehalt und Wasserabgabe. Sie lassen sich an abgeschnittenen Pflanzen oder Pflanzenteilen unter Laborbedingungen mit einfachen Mitteln untersuchen, ohne aber die Verhältnisse am Standort der Pflanzen wiederzugeben. Messungen an unbeschädigten Pflanzen, besonders unter den Bedingungen am Standort, sind oft nur unter großem Aufwand durchführbar.

## Untersuchung der Wasseraufnahme mit dem Potetometer

**MATERIAL:** frisch abgeschnittener, verholzter Pflanzenspross mit glatter Rinde (Buche, Linde, Flieder, Ahorn), Saugflasche, durchbohrter Stopfen, T-Stück, Tropftrichter, 1-ml-Messpipette, Schlauchstücke, Stativ, Stoppuhr, Waage

**DURCHFÜHRUNG:** Wiegen Sie vor Versuchsbeginn das verwendete Sprossstück. Stecken Sie dann den Spross völlig dicht und ohne ihn zu beschädigen durch die Stopfenbohrung. Setzen Sie den Stopfen mit dem Spross auf den vollständig mit Wasser gefüllten Kolben.

Bauen Sie die weitere Versuchsanordnung *(Potetometer)* nach dem Bild rechts auf. Die ganze Apparatur muss zu Beginn luftblasenfrei mit Wasser gefüllt sein. Starten Sie die Stoppuhr und bestimmen Sie anhand der in die Pipette eingesaugten Luft die Wasseraufnahme durch die Pflanze in Abhängigkeit von der Zeit. Bevor die eingesaugte Luft das Pipettenende erreicht, müssen Sie den Hahn des Tropftrichters öffnen, um Wasser nachzufüllen. Setzen Sie die Messwerte in Beziehung zu Pflanzenmasse und Blattfläche.

## Messung der Spaltöffnungsweite

**MATERIAL:** Pflanzen mit unbehaarten Blättern, Alleskleber oder farbloser Nagellack, Aceton *(F, Xi)*, Pinsel, Pinzette, Präparategläschen, Objektträger, Mikroskop mit geeichtem Messokular

*Vorsicht beim Umgang mit Aceton – brennbar!*

**DURCHFÜHRUNG:** Mischen Sie in einem Präparategläschen einige Tropfen Alleskleber oder Nagellack mit etwa derselben Menge Aceton.

Bestreichen Sie mithilfe des Pinsels kleine Flächen (etwa 5 mm x 5 mm) auf der Unterseite von Pflanzenblättern direkt am Standort mit der Lösung. (Pinsel danach in einem verschlossenen Präparateglas mit Aceton aufbewahren.)

Nehmen Sie die bestrichenen Blätter in den Arbeitsraum mit. Ziehen Sie hier das entstandene Klebstoff- oder Lackhäutchen mit einer Pinzette ab. Untersuchen Sie den Blattabdruck unter dem Mikroskop bei mittlerer Vergrößerung. Messen Sie die Öffnungsweite der Spaltöffnungen im Abdruck mit dem Messokular.

Nehmen Sie Blattabdrücke von Pflanzen desselben Standorts unter verschiedenen Bedingungen von Temperatur, Besonnung, Wind und Tageszeit ab. Messen Sie wieder jeweils die Öffnungsweite der Spaltöffnungen und vergleichen Sie die Mittelwerte aus je 10 Messungen.

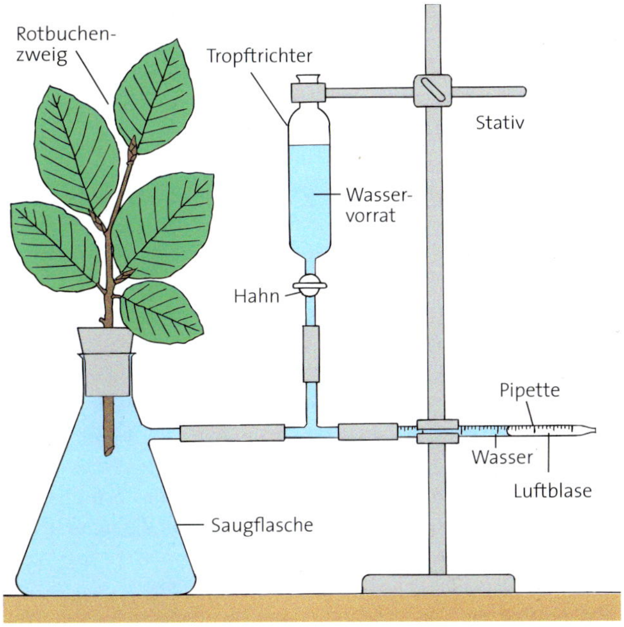


1. **Entwickeln Sie Modellversuche, mit denen sich das Bauprinzip verschiedener Einrichtungen zur Verminderung der Transpiration bei Xerophyten (▶ S. 320) veranschaulichen lässt.**
2. **Erklären Sie, warum Messungen zum Wasserhaushalt an unbeschädigten Pflanzen für die Ökologie unverzichtbar sind.**

### Stichworte zu weiteren Informationen

Wasserverfügbarkeit • Evaporation • Evapotranspiration • Welkepunkt • Wasserbilanz

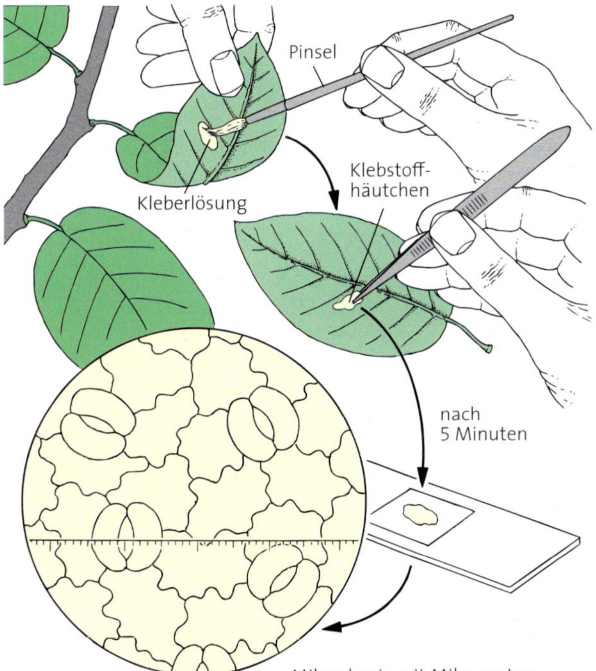


Mikroskopie mit Mikrometer

## Anpassungen von Pflanzen an die Verfügbarkeit von Wasser

**Wasserbilanz.** Ob eine Pflanze auf Dauer mit dem Wasserangebot an ihrem Standort auskommt, hängt davon ab, ob ihre *Wasserbilanz* positiv ist. Darunter versteht man die Differenz von *Wasseraufnahme* und *Wasserabgabe*. Zwar wird die Wasserabgabe bei den meisten Pflanzen über die Spaltöffnungen auf die Wasseraufnahme abgestimmt, doch verliert eine Pflanze auch bei geschlossenen Spaltöffnungen Wasser über die Epidermis und die Cuticula. Diese Wasserabgabe über die Cuticula beträgt – je nach Bauweise der Blätter – zwischen 2 und 25 % der Gesamtverdunstung.

Kann das verdunstete Wasser nicht nachgesaugt werden, weil der Boden zu trocken, gefroren oder zu salzhaltig ist, steigt der osmotische Wert des Zellsafts an. Pflanzen mit weiter Toleranz gegenüber Schwankungen ihres Wassergehalts, wie Steppenpflanzen und Hartlaubgewächse, reagieren darauf wenig empfindlich. Arten mit enger Toleranz, wie die Kräuter feuchter Wälder, ertragen dagegen nur einen geringen Anstieg des osmotischen Werts. Viele Pflanzen sind in Bau und Gestalt an die unterschiedliche Verfügbarkeit von Wasser an ihren Standorten angepasst und erreichen so einen konstanten Wassergehalt.

**Wasserpflanzen.** Wasserpflanzen oder *Hydrophyten* können Wasser, $CO_2$ und Mineralstoffe meist durch ihre zarte Epidermis über die ganze Oberfläche aufnehmen. Ein Durchlüftungsgewebe oder *Aerenchym* durchzieht oft statt Wasserleitungsbahnen die Sprosse. Schwimmblätter, zum Beispiel die der Seerose, haben die Spaltöffnungen auf der Oberseite.

**Feuchtpflanzen.** Feuchtpflanzen oder *Hygrophyten* sind in tropischen Wäldern häufig, bei uns jedoch auf Schluchten und feuchte Wälder beschränkt. Ihre dünnen, großen Blätter – oft mit lebenden Haaren, vorgewölbten Zellen und herausgehobenen Spaltöffnungen in der Epidermis – können stark transpirieren. *Wasserspalten*, auch *Hydathoden* genannt, ermöglichen es ihnen zudem, Wasser in Tropfenform auszuscheiden, wenn die Luft mit Wasserdampf gesättigt ist. Diese Wasserausscheidung wird auch als *Guttation* bezeichnet.

**Trockenpflanzen.** Trockenpflanzen oder *Xerophyten* kommen an trockenen, stark besonnten Standorten vor. Besondere Baumerkmale verhindern eine übermäßige Transpiration: kleine, oft verdornte Blätter, eine dicke Cuticula, Wachsüberzüge, tote Haare, eingesenkte Spaltöffnungen, Rollblätter.

| Maximale Verdunstung bei Pflanzen verschiedener Standorte in µmol $H_2O$ pro $m^2$ Fläche und Sekunde | |
|---|---|
| Bäume im tropischen Regenwald | bis 1800 |
| tropische Lianen | bis 2000 |
| Sträucher in subtropischen Wüsten | 2800–7000 |
| Hartlaubgewächse im Mittelmeerraum | 1500–3000 |
| sommergrüne Bäume gemäßigter Zonen | 1200–3700 |
| immergrüne Nadelbäume | 1400–1700 |
| alpine Zwergsträucher | 1800–3000 |
| Zwergsträucher in der Tundra | 150–450 |
| Wiesengräser | 3000–4500 |
| Sukkulenten | 600–1800 |
| Schwimmblattpflanzen | 5000–12000 |

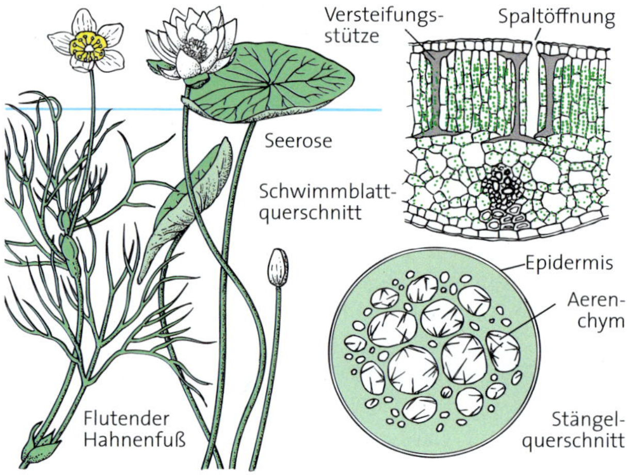


1 *Wasserpflanzen sind besonders im Bau ihrer Stängel und Blätter an Wasserlebensräume angepasst.*

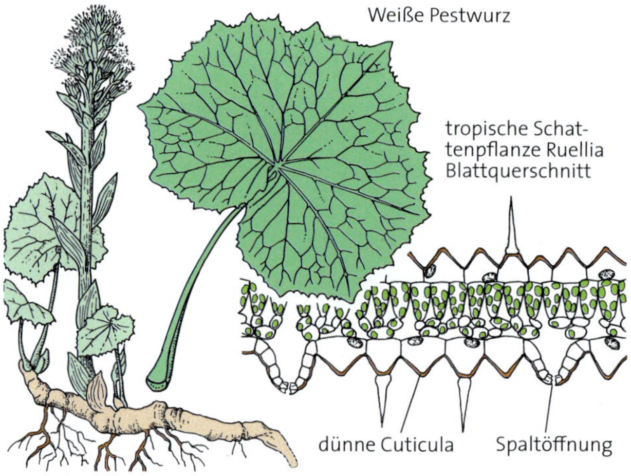


2 *Anpassungen von Feuchtpflanzen sind große, zarte Blätter, lebende Haare und herausgehobene Spaltöffnungen.*

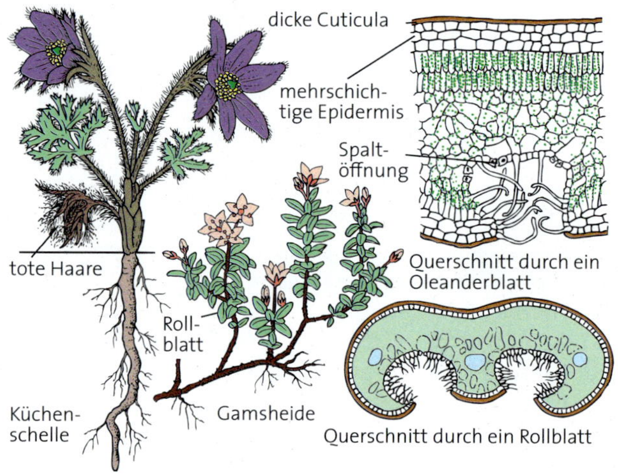


3 *Trockenpflanzen zeigen viele Baumerkmale, die die Transpiration einschränken.*

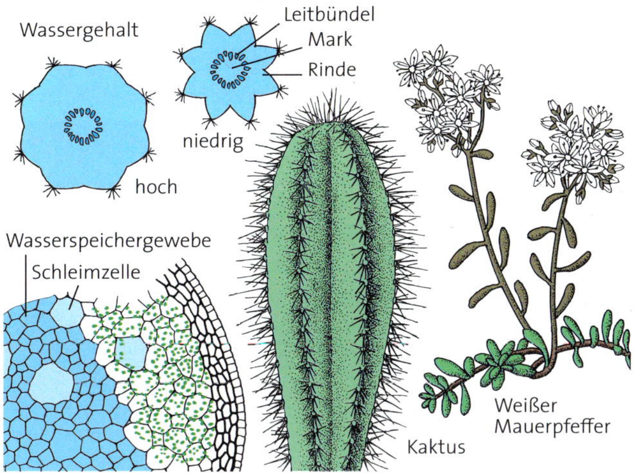


1 *Wasserspeicherpflanzen sind an seltene oder unregelmäßige Niederschläge sehr trockener Standorte angepasst.*

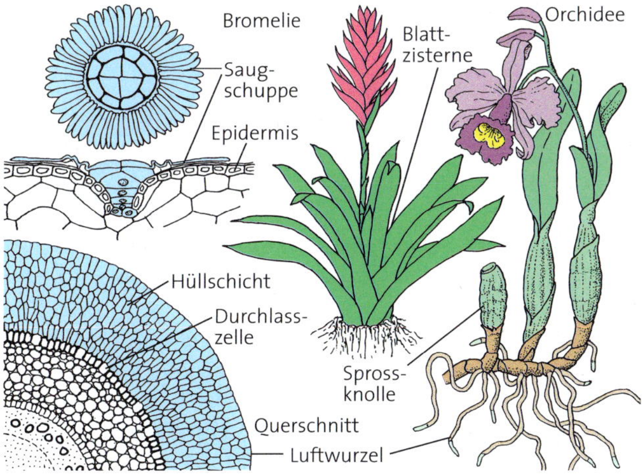


2 *Aufsitzerpflanzen sammeln und speichern Wasser mit unterschiedlichen Organen.*

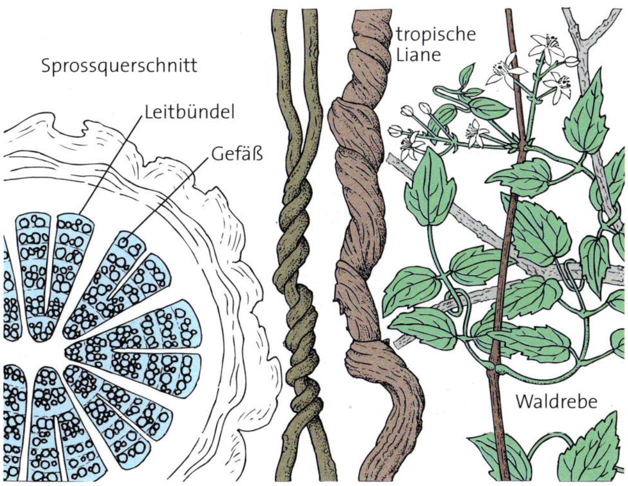


3 *Schlingpflanzen sind vor allem im Bau ihrer Gefäße auf eine schwierige Versorgung mit Wasser eingestellt.*

**Wasserspeicherpflanzen.** Die Wasserspeicherpflanzen oder *Sukkulenten* zeigen ähnliche Baumerkmale wie die Trockenpflanzen, speichern aber zusätzlich Wasser in Spross oder Blättern, seltener in der Wurzel. Bei den *Stammsukkulenten* vom Kakteentyp sind die Blätter völlig zu Dornen umgewandelt, während der Stamm die Fotosynthese übernimmt. Unter den einheimischen Pflanzen findet man einige *Blattsukkulenten*, zum Beispiel Mauerpfeffer und Hauswurz.

**Aufsitzerpflanzen.** Aufsitzerpflanzen oder *Epiphyten* wachsen auf der Rinde, den Ästen und Astgabeln von anderen Pflanzen, vor allem von Bäumen. Sie entziehen den besiedelten Pflanzen weder Wasser noch Nährstoffe und sind daher *keine Parasiten*, für die sie oft gehalten werden. Während bei uns nur Flechten und Moose epiphytisch auf Bäumen leben, gibt es in den tropischen Nebel- und Regenwäldern auch unter höheren Pflanzen zahlreiche Epiphyten, zum Beispiel viele Farne, Orchideen und Ananasgewächse. Sie erhalten zwar viel Licht, doch ist die Beschaffung von Wasser und Nährstoffen für sie schwierig.

*Ananasgewächse* bilden häufig *Blattzisternen* aus, in denen sich Regenwasser sammelt, das sie mithilfe spezieller *Schuppenhaare*, den *Saugschuppen*, aufnehmen.

Viele *Orchideenarten* speichern Wasser in *Sprossknollen* oder saugen mit *Luftwurzeln*, die von einem schwammartigen Überzug toter Zellen umhüllt sind, feinste Nebel- und Regentropfen auf.

**Schlingpflanzen.** Schlingpflanzen oder *Lianen* wachsen mit windenden Bewegungen an anderen Pflanzen in die Höhe. Sie gelangen so aus dem Schatten ans Licht, ohne wie die Bäume einen stabilen Holzkörper aufzubauen. Ähnlich den Epiphyten sind auch die meisten Lianen Bewohner der tropischen Wälder. Eine bekannte einheimische Liane ist die Waldrebe.

Auch für Lianen ist die Wasserversorgung schwierig, da sie das Wasser mitunter bis zu 60 m hoch und über eine Entfernung von 400 m transportieren müssen. Ihre bis zu 0,3 mm weiten und 5 m langen Gefäße gewährleisten einen schnellen und effizienten Wassertransport.

---

**1** **Bei Xerophyten findet man bis zu 6-mal mehr Spaltöffnungen als bei Hygrophyten. Suchen Sie nach einer Erklärung für diesen Sachverhalt.**

**2** **Nennen Sie Pflanzen, die durch Frosttrocknis, also Wasserverlust bei gefrorenem Boden, besonders gefährdet sind, und erklären Sie.**

**3** **Hygrophyten sind meist auch Schattenpflanzen, Xerophyten haben fast immer eine große Toleranz gegenüber Schwankungen ihres Wassergehalts. Erklären Sie diese Zusammenhänge.**

**4** **Stellen Sie mithilfe von Pflanzenlexika Beispiele aus der einheimischen Flora für die unterschiedlichen Anpassungen an den Ökofaktor Wasser zusammen.**

**5** **Begründen Sie, weshalb die Wasserversorgung der Lianen nicht dadurch verbessert werden kann, dass sich Gefäße mit noch größerem Durchmesser bilden.**

**6** **Guttation bei hoher Luftfeuchtigkeit zeigen zum Beispiel Frauenmantel, Kapuzinerkresse, viele Gräser, Fuchsien. Versuchen Sie das Phänomen zu beobachten und zu fotografieren.**

## Wasser- und Salzhaushalt der Tiere

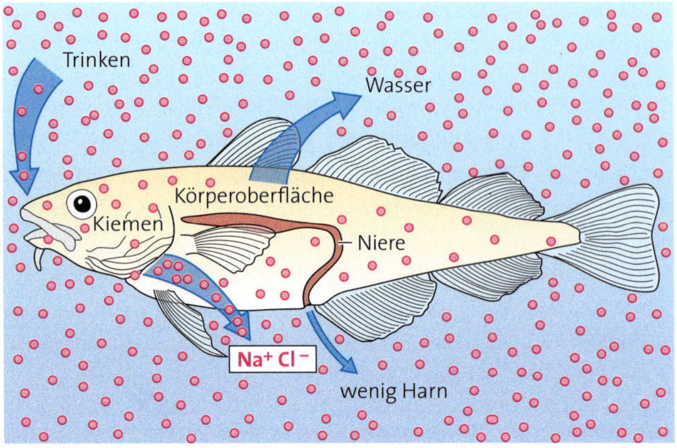


1 *Osmoregulation bei Meeresfischen: aktiver Ausgleich des osmotischen Wasserverlusts an die Umwelt*

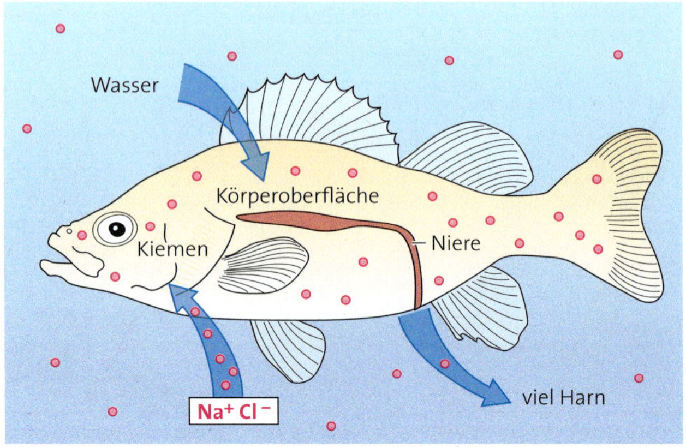


2 *Osmoregulation bei Süßwasserfischen: aktiver Ausgleich des osmotischen Wassereinstroms aus der Umwelt*

**Meerestiere.** Die meisten wirbellosen Meerestiere sind *poikiloosmotisch*, der osmotische Wert ihrer Zell- und Körperflüssigkeit stimmt also mit dem des umgebenden Meerwassers überein. Er entspricht im freien Ozean einer Salzkonzentration von 30 bis 35‰, kann aber auch – wie beispielsweise in der Ostsee – weniger als 10‰ oder im Mündungsgebiet der Flüsse unter 1‰ betragen. Wirbellose Meerestiere sind in der Regel zugleich *stenohalin*, ertragen also nur geringe Schwankungen des Salzgehalts. Daher ist ihr Vorkommen auf Meeresbereiche mit relativ konstantem Salzgehalt beschränkt. Im Gezeitenbereich, wo sich der Salzgehalt durch Regen oder Sonneneinstrahlung rasch ändern kann, leben dagegen *euryhaline* Arten, die solchen Schwankungen gewachsen sind. Sie scheiden je nach Situation Wasser aus, nehmen Ionen auf, bilden osmotisch wirksame Aminosäuren oder bauen diese ab, bis sie wieder mit ihrer Umgebung isotonisch sind.

Im Gegensatz zu den Wirbellosen sind Meeresfische *homoioosmotisch*: Ihr osmotischer Wert ist konstant und weicht vom umgebenden Meerwasser ab. Bei Knochenfischen beträgt er nur etwa ein Drittel des Werts von Meerwasser. Daher verlieren die Fische durch Osmose ständig Wasser an die Umgebung. Den Wasserverlust gleichen sie jedoch durch Trinken von Meerwasser aus. Die Salzionen, die dabei im Überschuss in den Körper gelangen, scheiden sie über spezialisierte *Chloridzellen* in den Kiemen aktiv – unter ATP-Verbrauch – wieder aus. Meeresfische sind also zur *Osmoregulation* fähig und können so ihren osmotischen Wert im hypertonischen Meerwasser aufrechterhalten.

**Süßwassertiere.** Der osmotische Wert der Zell- und Körperflüssigkeit aller *Süßwassertiere* liegt weit höher als der ihrer Wohngewässer. In der hypotonischen Umgebung sind Süßwassertiere deshalb ebenfalls auf Osmoregulation angewiesen. Dabei haben sie gerade das umgekehrte Problem wie homoioosmotische Meerestiere: Sie sind einem ständigen Einstrom von Wasser ausgesetzt und müssen mit Salzen sehr sparsam umgehen. Leistungsfähige Einrichtungen zur Ausscheidung von Wasser sind für sie kennzeichnend. *Einzeller* wie Amöbe und Pantoffeltier besitzen dazu *pulsierende Vakuolen*. *Süßwasserfische* geben über die Nieren große Mengen *stark verdünnten* Harn ab. Außerdem transportieren ihre Chloridzellen Ionen aktiv in den Körper, besonders Natrium- und Chloridionen. Weniger als 1% der Wassertiere kann sowohl im Salz- als auch im Süßwasser leben. Zu ihnen zählen die Wanderfische Aal und Lachs, die die Pumprichtung der Chloridzellen umkehren können.

**Landtiere.** Völlig auf dem Trockenen zu leben ist für Tiere, deren Vorfahren alle dem Wasser entstammen, ein gewagtes Unterfangen. Bau, Funktion und Verhalten müssen dabei zum Schutz vor dem Vertrocknen zusammenwirken:

- Der Bau der äußeren Hülle *schränkt die Wasserverdunstung ein*. Insekten und Spinnentiere besitzen wachsartige Überzüge, Landwirbeltiere verhornte Häute mit Schuppen, Federn oder Haaren.
- Stoffwechselabfälle müssen wassersparend entsorgt werden. Kot und Harn werden deshalb *stark entwässert*. Das schwierigste Problem stellen dabei die stickstoffhaltigen Endprodukte des Proteinstoffwechsels dar. Wassertiere können sie als giftiges *Ammoniak* direkt ausscheiden, weil sie im Wasser ausreichend verdünnt und weggeführt werden. Landtiere entgiften sie in Form verschiedener Endprodukte (▶ Bild 3).

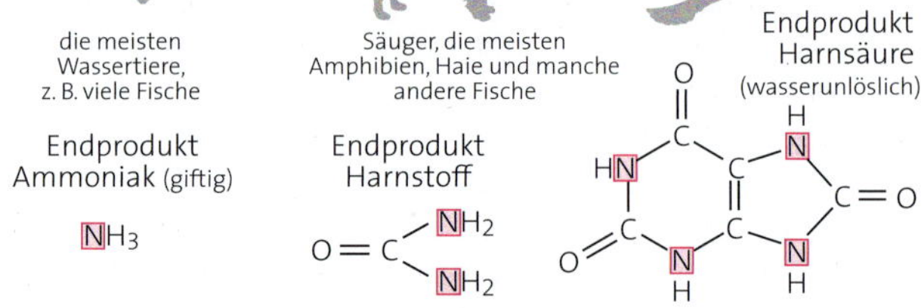


3 *Die stickstoffhaltigen Endprodukte des Proteinstoffwechsels unterscheiden sich bei Wasser- und Landbewohnern.*

## An den Grenzen des Lebens

1 *Salzbakterien bewirken die bunten Farben dieses Salzsees. Auch in Salinengewässern kommen sie vor.*

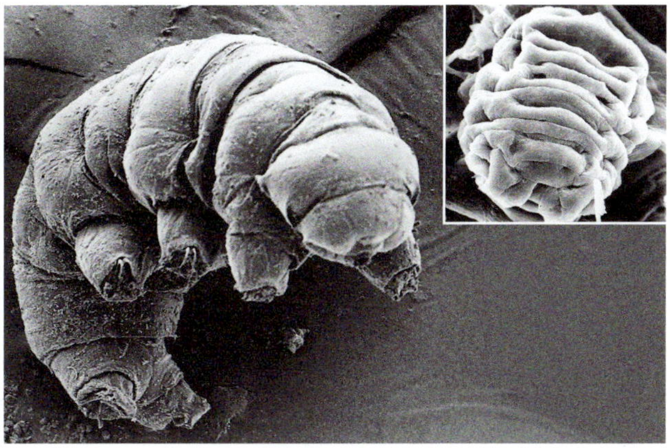

2 und 3 *Bärtierchen, Normalzustand und als Tönnchen (kleines Bild); rasterelektronenmikroskopische Aufnahmen*

Viele Bereiche auf der Erde sind lebensfeindlich. Es fehlt an Licht wie in tieferen Bodenschichten, im Innern von Höhlen und in der Tiefsee. Die Temperatur ist zu hoch wie in heißen Quellen oder zu niedrig wie auf dem Inlandeis der Antarktis. Es fehlt jede Spur von Wasser, wie in den Trockenwüsten, oder Salzablagerungen in Salzsümpfen und Salzwüsten machen jedes Leben schier aussichtslos. Aber auch in solchen extremen Lebensräumen finden sich wenige hoch spezialisierte Arten.

Dauerhaft aktives Leben ist nur dort möglich, wo es flüssiges Wasser und eine Energiequelle gibt. Manche Samen, Sporen, Eier und andere *Dauerstadien* von Lebewesen können aber absolute Trockenheit, vollkommenen Luftabschluss und Temperaturen weit unter dem Gefrierpunkt oder über dem Siedepunkt von Wasser für lange Zeit überleben.

**Archaeen.** Vulkanische Quellen, Geysire, Schwefelsümpfe, Faulschlamm oder Salzseen zählen heute zu den lebensfeindlichsten Zonen. In der Frühzeit der Erde bildeten sie die typischen Lebensräume der Urlebewesen. Als deren Nachkommen besiedeln heute *Schwefel-, Methan-, Thermo-* und *Salzbakterien* die extremsten Lebensräume. Wegen einer Reihe besonderer Stoffwechselmerkmale, die sie seit Milliarden von Jahren bewahrt haben, gelten sie als eigene Verwandtschaftsgruppe *Archaeen* oder *Archaebakterien* (► S. 56).

**Halophile.** Salzseen und Salinengewässer können mit einem Salzgehalt von über 20 % rund sechsmal salziger sein als Meerwasser. In ihnen leben neben Salzbakterien auch andere *halophile Arten* wie die 1,5 cm langen *Salinenkrebschen*, die sich von den Salzbakterien ernähren. Durch aktive Salzausscheidung über die Kiemen halten die Krebschen ihren osmotischen Wert konstant, benötigen dafür allerdings bis zu einem Drittel der aus der Nahrung gewonnenen Energie.

**Bärtierchen.** *Bärtierchen* sind winzige *Gliedertiere*. Die meisten von ihnen erreichen nicht einmal 1 mm Körperlänge. Sie bewohnen vor allem Moospolster an Mauern und auf Dächern – Lebensräume, deren Feuchtigkeit stark schwankt und die oft völlig austrocknen. Dann bilden die Bärtierchen widerstandsfähige Tönnchen. Im Experiment überstanden Bärtierchen in diesem Zustand 10 Jahre völliger Trockenheit, 20 Monate bei –200 °C, 8 Stunden bei –272 °C, also nahe am absoluten Nullpunkt, kurzzeitige Hitze von über 100 °C, völlige Sauerstofflosigkeit oder einen zehntägigen Aufenthalt im Vakuum und der Strahlung des Weltalls. Stets konnten sie durch Befeuchten innerhalb einer Stunde „wiederbelebt“ werden. Ihr Überlebenstrick: Sie entwässern ihr Zellplasma bis auf einen Wassergehalt von 3 %!

**Wüstentiere.** *Wüstenfuchs, Springmaus* und *Känguru					ratte* trinken nicht und können doch in Trockenwüsten dauerhaft leben. Ein großer Teil ihrer *Wassereinnahmen* besteht aus dem „Oxidationswasser“, das sich als *Endprodukt der Zellatmung* (► S. 100) bildet. Mit dem gewonnenen Wasser gehen die Wüstentiere äußerst sparsam um: Ihr Kot ist staubtrocken und der Urin etwa dreifach so konzentriert wie bei anderen Säugetieren. Durch Kühlung der Ausatmungsluft an der feuchten Nasenschleimhaut halten sie den größten Posten ihrer *Wasserausgaben* in Grenzen.

**1** **Nennen Sie die Vorteile, die Bewohner extremer Lebensräume haben.**

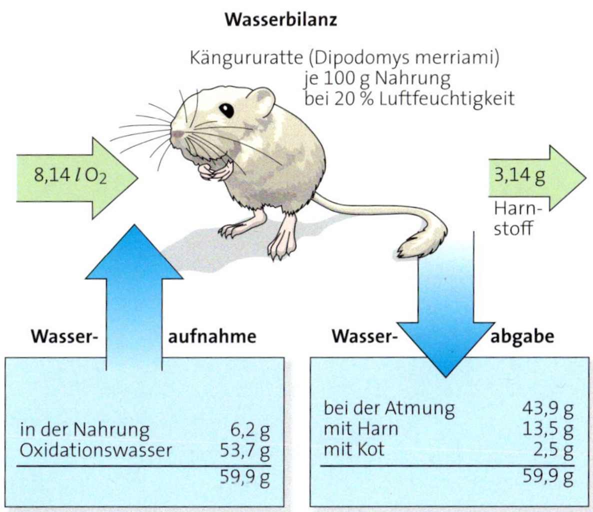


4 *Wasserbilanz der Känguruuratte, einer Bewohnerin amerikanischer Trockenwüsten*

## Zusammenwirken abiotischer Faktoren im Lebensraum

1 *Fichten an der Waldgrenze im Gebirge. Im Wuchs unterscheiden sie sich auffällig von Fichten im Tal.*

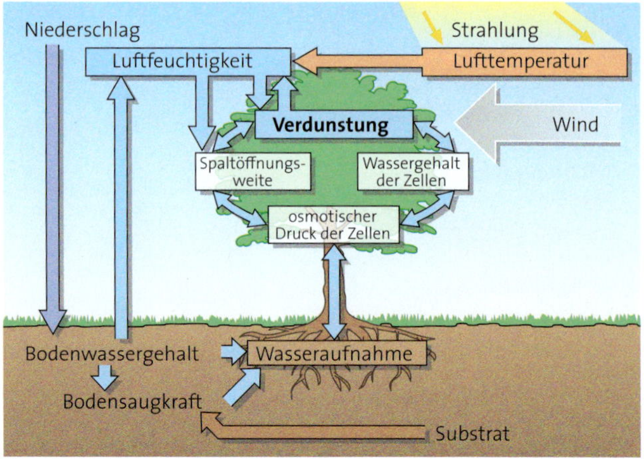


2 *Die Verdunstung eines Baums hängt von vielen Ökofaktoren an seinem Standort ab.*

Welcher Ökofaktor bewirkt den Krüppelwuchs der Bäume an der Waldgrenze im Gebirge? Wind? Temperatur? Strahlung? Schneedruck? In Wahrheit sind es alle diese Faktoren zusammen, denn die Ökofaktoren wirken nicht unabhängig voneinander auf ein Lebewesen ein, sondern als *Gesamtheit*.

**Methodenproblem.** Der Einfluss jedes Einzelfaktors lässt sich im Labor untersuchen. Wie die Ökofaktoren zusammen auf ein Lebewesen wirken, können nur *Messungen am Standort* zeigen. Dabei ist auch das Zeitmuster wichtig: Ob 30 mm Niederschlag als Wolkenbruch in wenigen Minuten vom Himmel prasseln oder als Nieselregen über eine Woche verteilt fallen, hat völlig unterschiedliche Effekte auf die Lebewesen.

Welche Bedeutung einem Einzelfaktor zukommt, ist nicht nur wegen der Vielzahl der Faktoren schwer zu durchschauen, sondern auch deshalb, weil manche von ihnen gekoppelt sind. Beispielsweise lässt sich die Wirkung von Sauerstoffgehalt und Temperatur auf Lebewesen im Gewässer nur als Faktorenkomplex ermitteln, da die Löslichkeit des Sauerstoffs im Wasser von der Temperatur abhängt. Ähnliches gilt für Lufttemperatur und Luftfeuchtigkeit am Standort einer Pflanze.

**Darstellungsproblem.** Die Wirkung von zwei Faktoren lässt sich im *Flächendiagramm* (► Bild 3) darstellen. Drei Faktoren erfordern eine *räumliche Darstellung* (► Bild 4). Mehr als drei Faktoren zugleich lassen sich in ihrer Wirkung auf ein Lebewesen schon nicht mehr quantitativ darstellen. Die Umwelt einer Art umfasst jedoch fast immer viel mehr Faktoren.

**Faktorengewichtung.** Nicht jedem Ökofaktor kommt dasselbe Gewicht zu. So wirkt sich der Faktor Strömung in einem Fließgewässer viel stärker auf die Bewohner aus als der Faktor Licht oder chemische Faktoren. Je weiter ein Faktor vom Optimum entfernt ist, desto größer ist sein relatives Gewicht. Gerät ein Faktor in den Bereich von Minimum oder Maximum der ökologischen Potenz und begrenzt damit die Existenz einer Art im Lebensraum, spricht man vom *Minimumfaktor* oder besser vom *limitierenden Faktor*.

Obwohl das Vorkommen einer Art im Lebensraum durch ein Faktorengefüge bedingt wird, lässt sich auf einzelne Faktoren rückschließen, wenn die ökologische Potenz der Art für diesen Faktor eng begrenzt ist. Stenopotente Arten eignen sich daher als *Zeigerarten (Bioindikatoren)*.

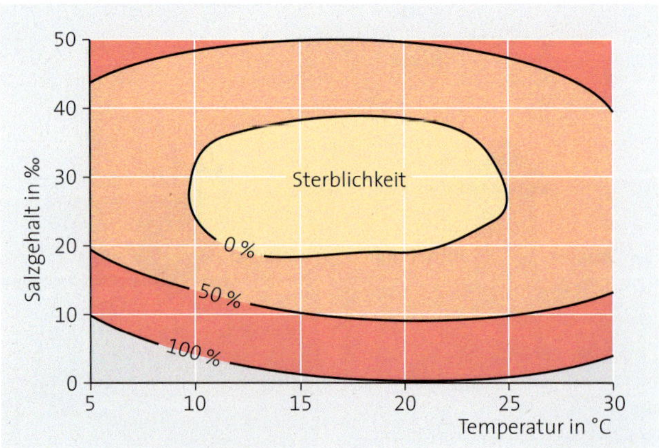


3 *Wirkung von zwei Ökofaktoren auf eine Sandgarnele, dargestellt als Flächendiagramm*

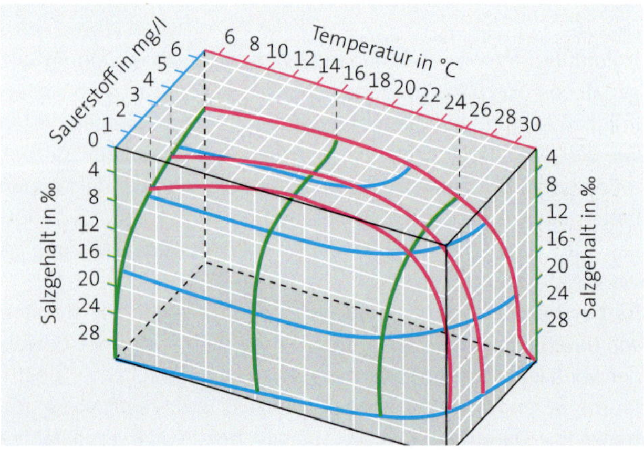


4 *Wirkung von drei Ökofaktoren auf einen Hummer, dargestellt in einem räumlichen Koordinatensystem*

**Mithilfe dieses Kapitels können Sie**

- die unbelebte Umwelt einzelner Arten beschreiben
- Optimumkurven als häufige Reaktionsnorm von Lebewesen auf abiotische Faktoren beschreiben und erklären
- die Wirkung der Ökofaktoren Temperatur, Licht und Wasser auf Lebewesen erläutern
- Merkmale von Lebewesen als Anpassungen an abiotische Faktoren erläutern
- Experimente zur Wirkung abiotischer Faktoren auf Lebewesen durchführen und die Ergebnisse deuten
- an Beispielen erklären, wie spezielle Anpassungen einzelnen Organismen ein Leben unter extremen Bedingungen ermöglichen
- Beispiele des komplexen Zusammenwirkens von Ökofaktoren analysieren

**Testen Sie Ihre Kompetenzen**

Temperatur und Salzgehalt der Umgebung wirken sich auf verschiedene Tiergruppen sehr unterschiedlich aus.

1. Zeichnen Sie ein Diagramm, das den Zusammenhang zwischen Umgebungstemperatur (waagerechte Achse) und Körpertemperatur (senkrechte Achse) im Bereich von 0 bis 40 °C für poikilotherme und für homoiotherme Tiere schematisch darstellt.
2. Ordnen Sie die Diagramme a und b im Bild unten einem Fisch beziehungsweise einem Säugetier zu und begründen Sie Ihre Zuordnung.
3. Stellen Sie die Vor- und Nachteile, die ektotherme und endotherme Tiere jeweils haben, einander gegenüber.
4. Analysieren Sie die in der Karte rechts unten dargestellte Verbreitung von drei Sardinenarten hinsichtlich der Temperatur.
5. Obwohl Sardinen küstennah verbreitet sind, findet man sie nie wie Flunder oder Stichling im Bereich der Flussmündungen oder gar ins Süßwasser einwandernd wie Aal oder Lachs.
   Ein Zoologielehrbuch von 1914 erklärt dazu: „Wir müssen annehmen, dass die euryhalinen Tiere relativ undurchlässige Körpermembranen besitzen, während die letzteren umso durchlässiger sein müssen, je ausgesprochener stenohalin eine Tierart ist."
   Erläutern Sie das Problem und prüfen Sie die Annahme in dem alten Lehrbuch mithilfe Ihrer Kenntnisse.
6. Schwertfische (▶ Bild unten) jagen bis in 600 m Meerestiefe schnell schwimmende Beutefische, die sie durch seitliche Schläge ihres Schwerts betäuben. Einer ihrer Augenmuskeln ist zum Wärmeerzeuger umgewandelt, der Auge und Gehirn auf eine konstante Temperatur von bis zu 28 °C heizt.
   Interpretieren Sie diesen Sachverhalt.

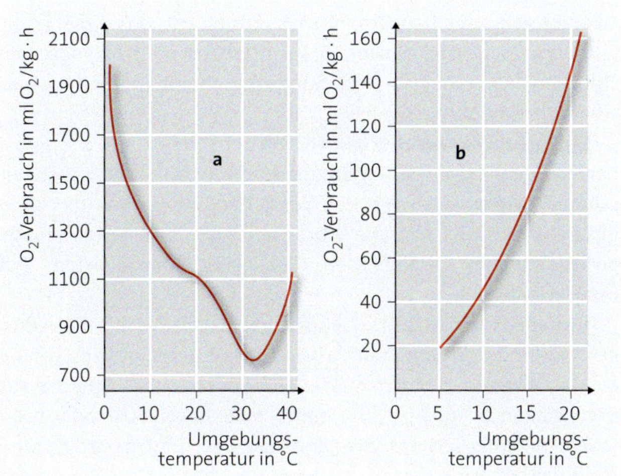


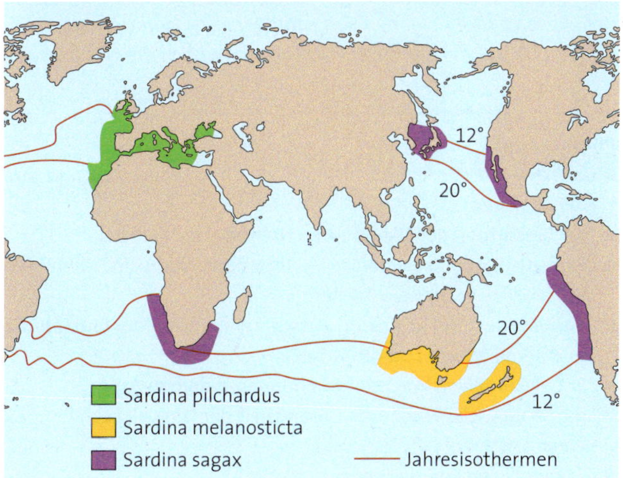

# Beziehungen zwischen Lebewesen

1 Clownfische zwischen den giftigen Fangarmen von Seeanemonen eines Korallenriffs im Indopazifik

*Jedem anderen Fisch werden Seeanemonen mit ihrem Nesselgift zur tödlichen Falle, Clownfische aber kuscheln sich sogar zwischen die Fangarme! Die Seeanemonen dienen den Fischen als Wohnung, Schlafplatz und Fluchtburg, in der sie vor Feinden sicher sind. Die Weibchen setzen selbst ihre Eier am Fuß der Anemonen ab. Gewissermaßen als Gegenleistung verteidigen die Fische „ihre" Anemone gegen Fressfeinde.*
*Der „Trick" der Clownfische besteht darin, dass sie ihre Haut ständig mit dem Schleim der Anemonen präparieren, mit dem sich diese vor dem eigenen Gift schützen. Das funktioniert jedoch nur so lange, wie der Fisch gesund und seine Haut unverletzt ist ...*

**Im Blickpunkt**
- verschiedene Beziehungsformen zwischen Lebewesen und ihre Kennzeichen
- die Bedeutung der Ökofaktoren Nahrung und Fressfeinde
- Parasitismus und Symbiose – besondere Wechselbeziehungen zwischen verschiedenen Arten
- die Rolle der Konkurrenz, ihr Zusammenhang mit der Entstehung und dem Fortbestand von Arten
- Entwicklung von Wechselbeziehungen zwischen Arten
- die ökologische Nische als Gesamtheit der Umweltbeziehungen einer Art
- Dynamik von Populationen

**GRUNDLAGEN** Selbst wenn man die Ansprüche eines Lebewesens an die unbelebte Umwelt sehr genau kennt, reicht das nicht aus, um sein Vorkommen in der Natur vollständig vorherzusagen. Minimum und Maximum der abiotischen Ökofaktoren setzen zwar seiner Existenz Grenzen, doch innerhalb dieser Grenzen wird sein Leben entscheidend von anderen Lebewesen beeinflusst. Von ihnen gehen die Wirkungen aus, die man als biotische Ökofaktoren bezeichnet.

So wird in Laborversuchen meist nur die Wirkung abiotischer Ökofaktoren auf einen Organismus untersucht. Das dabei ermittelte physiologische Optimum kann jedoch vom ökologischen Optimum, wie es sich im Beziehungsgefüge mit anderen Lebewesen zeigt, erheblich abweichen.

Biotische Ökofaktoren gehen von Lebewesen aus, die selbst höchst komplex sind. Ihre Wirkung ist daher oft schwer zu durchschauen. Vieles lässt sich erst verstehen, wenn man die biologische Evolution, also die Abstammungs- und Entwicklungsgeschichte der betreffenden Tier- und Pflanzenarten, mit berücksichtigt.

Den meisten biotischen Ökofaktoren liegen Wechselbeziehungen zugrunde, sie wirken sich also auf beide Beteiligte aus. Um sie zu klassifizieren, benutzt man meist ein einfaches Schema aus den Zeichen „+" und „–", mit denen eine vorteilhafte oder nachteilige Wirkung auf das jeweilige Lebewesen formelartig dargestellt werden kann.

## Biotische Ökofaktoren im Überblick

**Parasiten.** Lebewesen, die von anderen Lebewesen Nahrung beziehen, ohne sie sofort zu töten, nennt man *Schmarotzer* oder *Parasiten*. Das von ihnen geschädigte Lebewesen bezeichnet man als ihren *Wirt*. Die meisten Parasiten sind auf bestimmte Wirte spezialisiert. Besondere Anpassungen ermöglichen ihnen:

- die Wirte zu finden, auf die sie angewiesen sind;
- sich als *Außenschmarotzer* oder *Ektoparasiten* am Wirt festzuhalten, als *Innenschmarotzer* oder *Endoparasiten* in ihn einzudringen;
- an Stoffe des Wirts zu gelangen, sich zu vermehren und den Wirt auch wieder zu verlassen.

Lebewesen in der freien Natur sind praktisch immer von Parasiten befallen. So ist kaum ein Reh frei von Zecken, Läusen, Milben, Faden- oder Saugwürmern. Solange seine Abwehreinrichtungen den Parasitenbefall in Grenzen halten, muss es dennoch nicht als „krank" angesehen werden.

**Symbionten.** *Symbionten* sind Lebewesen, die zu verschiedenen Arten gehören und mit wechselseitigem Nutzen regelmäßig miteinander vergesellschaftet sind. Ihre als *Symbiose* bezeichnete Beziehung kann so eng sein, dass der eine Partner vom anderen weitgehend abhängig ist.

Viele Symbiosen beruhen darauf, dass Stoffwechselleistungen ergänzt oder einseitige Spezialisierungen ausgeglichen werden. Rehe beispielsweise besitzen als Wiederkäuer einen hoch spezialisierten vierteiligen Magen. Er beherbergt in zwei Abschnitten – Pansen und Blättermagen – eine riesige Zahl symbiontischer Bakterien und Wimpertiere. Diese können mithilfe ihrer Enzymausstattung die Cellulose in der Rehnahrung anaerob aufschließen und machen sie damit für die Rehe verwertbar. Dafür bietet ihnen das Reh in seinem Körper eine optimale Umwelt mit konstanter Temperatur und ständiger Nahrungszufuhr. Allerdings werden die Symbionten schließlich doch verdaut.

*1 und 2 Wichtige biotische Faktoren im Leben des Rehs. „+" bedeutet vorteilhafte, „–" nachteilige Wirkung.*

**Konkurrenten.** Die meisten für einen Organismus lebenswichtigen Faktoren, zum Beispiel Nahrung, stehen nicht unbegrenzt zur Verfügung. Um sie entsteht ein *Wettbewerb*. Lebewesen, die miteinander im Wettbewerb um einen Faktor stehen, sind *Konkurrenten*. Der Faktor wird damit zur Ressource.

Reh und Rothirsch konkurrieren beispielsweise um Knospen, Triebe, Blätter und bestimmte Kräuter. Der Schaden, den sich die Konkurrenten dabei gegenseitig zufügen, ist selten völlig gleichwertig. So beeinträchtigt die Nahrungskonkurrenz zwischen Reh und Rothirsch das Reh viel stärker als den Hirsch, da dessen Nahrungsspektrum größer ist.

Konkurrenz besteht nicht nur zwischen den Angehörigen verschiedener Arten, sondern auch unter Artgenossen. Rehe konkurrieren zum Beispiel um geeignete Gebiete zur Jungenaufzucht miteinander. Man unterscheidet demnach *zwischenartliche* von *innerartlicher Konkurrenz*. Besonders die innerartliche Konkurrenz kann ein wirksamer Selektionsfaktor sein (► S. 253).

**Fressfeinde.** Beinahe alle Lebewesen können *Fressfeinde* für andere sein oder zur *Beute* für Fressfeinde werden: Ein Reh frisst Knospen, Blätter und Triebe verschiedener Pflanzen und wird dadurch zu deren Fressfeind. Es kann jedoch auch selbst zur *Beute* werden, beispielsweise von Luchs oder Wolf, wo diese noch vorkommen.

Meist unterscheidet man zwei Typen von Fressfeinden:

- *Räuber* oder *Beutegreifer* töten und fressen andere Lebewesen.
- *Pflanzenfresser* fressen meist nur Teile von Pflanzen, ohne diese „Beute" in der Regel zu töten.

Die Einteilung ist aber nicht immer eindeutig: Frisst ein Reh ein junges Eichenpflänzchen ganz und gar, betätigt es sich streng genommen als Räuber. Holt ein Eichelhäher ein unbebrütetes Ei aus einem Buchfinkennest, ähnelt er eher einem Pflanzenfresser. Meisen fressen sowohl Insekten als auch Samen, sind also abwechselnd Räuber und Pflanzenfresser, aber nur wenn man den Pflanzenembryo im Samen nicht berücksichtigt.

## Fressfeind-Beute-Beziehung

*1 Wanderfalken sind an eine Lebensweise als schnelle Flugjäger angepasst.*

*2 Der Koala gehört zu den Nahrungsspezialisten. Er ernährt sich nur von den Blättern weniger Eucalyptusarten.*

Aus großer Höhe hat ein Wanderfalke eine Taube erspäht, stößt im Sturzflug auf sie herab und schlägt die langen Krallendolche seiner Hinterzehen in ihren Rücken. Schließlich rupft und kröpft er die abgestürzte Beute mit den Schneidekanten und der Reißhakenspitze seines Schnabels.

Wie der Wanderfalke sind alle Lebewesen, die andere fressen, an diese Lebensweise in Körpergestalt, Organen und Verhalten angepasst. Je effektivere Fangorgane sich dabei in einem langen Evolutionsprozess beim Feind entwickelt haben, desto wirksamere Abwehreinrichtungen haben sich bei der Beute herausgebildet. Man spricht in einem solchen Fall von *Koevolution* der Merkmale.

**Beutespektrum.** *Allesfresser*, wie Wanderratte, Silbermöwe oder Stubenfliege, haben ein sehr breites Nahrungsspektrum. Die meisten Fressfeinde sind aber durch Sinnesorgane, Fangorgane, Mundwerkzeuge und Verdauungssystem auf bestimmte Beutearten spezialisiert. Relativ selten kommt es vor, dass ein Fressfeind nur auf eine einzige Nahrung festgelegt ist. Solche Tiere nennt man *monophag*. Beispiele dafür sind der Koala Australiens, der nur von Eucalyptusblättern lebt, oder der Seidenspinner, dessen Raupen auf Maulbeerblätter angewiesen sind.

**Beuteerwerb.** Fressfeinde haben eine Fülle von Techniken des Beuteerwerbs und der Nahrungsaufnahme entwickelt.
- *Filtrierer* wie Enten, die großen Bartenwale oder auch Seepocken filtern Nahrung bestimmter Größe aus dem Wasser.
- *Strudler* wie Rädertierchen oder Muscheln erzeugen zum Ausfiltern der Nahrung einen Wasserstrom.
- *Sammler*, zu denen viele Vögel gehören, lesen gezielt einzelne Beuteobjekte auf.
- *Weidegänger* wie Huftiere oder Schnecken beißen Pflanzenteile ab und zerkleinern sie.
- *Fallensteller* sind die Netze bauenden Spinnen oder der Ameisenlöwe, der im Sand Fallgruben anlegt.
- *Jäger* lauern der Beute auf wie Fangschrecke und Anglerfisch oder erjagen sie im Lauf, im Flug oder schwimmend wie Gepard, Fledermaus und Hai.

**Feindabwehr.** Den Bedrohungen durch Feinde stehen Abwehrstrategien der Beute gegenüber: *Flucht, Tarnung, Schwarmbildung, Stacheln, Panzer, Schalen, Warntrachten, Abwehrdüfte* oder *Fraßgifte*. Sie wirken aber längst nicht gegen alle Feinde. Weiden etwa schützen sich mit Gift. Blattkäferlarven hindert es jedoch nicht am Fressen. Sie stellen daraus einen eigenen Abwehrstoff her!

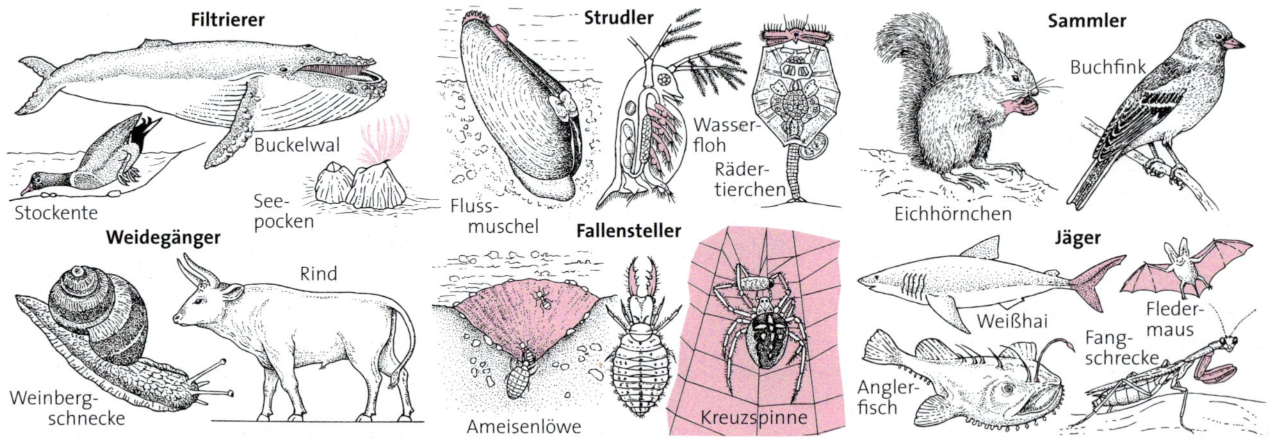


*3 Viele Tierarten verfügen über besondere Organe und Techniken zum Nahrungserwerb (rot hervorgehoben, wo möglich).*

## Parasitismus

Die parasitische Lebensweise ist im Tier- und Pflanzenreich nichts Ungewöhnliches: Rund die Hälfte aller Arten lebt ganz oder teilweise so. *Parasitismus* ist dadurch gekennzeichnet, dass der Parasit seinem Wirt Nahrung entzieht, ohne ihn zu töten, dass er besonders weitgehend an den Wirt angepasst ist und von ihm abhängt. Das Verhältnis von Parasit und Wirt gilt als Musterfall einer *Koevolution* und wird manchmal verglichen mit einem Wettrüsten der Partner. Je besser sich die Parasiten an die Wirtsart anpassen, desto wirksamere Abwehrmaßnahmen entwickeln die Wirte gegen die Parasitenart.

Auch wenn Parasitenbefall den Wirt nicht lebensbedrohlich schädigt, wirkt er sich doch negativ auf Wachstum, Fortpflanzung oder Lebensdauer aus. Selbst die Mistel, ein *Halbschmarotzer*, bewirkt bei den Bäumen, auf denen sie wächst, einen bis zu einem Fünftel geringeren Stammzuwachs.

**Formen des Parasitismus.** Nach dem englischen Ökologen CHARLES ELTON lebt „der Räuber vom Kapital, der Parasit von den Zinsen". Dieser Vergleich trifft allerdings nur auf echte Parasiten zu, beispielsweise Läuse, Bandwürmer, Saugwürmer oder Federlinge. Tatsächlich gibt es aber zwischen der Lebensweise als Räuber und der als Parasit Übergänge:

- Wenn eine Bremse an einem Säugetier Blut saugt, ist sie ein Parasit, saugt sie eine Insektenlarve vollkommen aus, entspricht sie einem Räuber.
- *Parasitoide*, das heißt Parasitenähnliche, wie Grabwespen (► Bild 2), Raupenfliegen oder Schlupfwespen, schmarotzen als Larven im Körper von anderen Insekten. Dabei verschonen sie zuerst die lebenswichtigen Organe des Wirts, töten ihn am Ende ihrer Entwicklung aber doch.

**Anpassungen.** Die Umwelt des Parasiten ist ein Lebewesen. Aus dieser Besonderheit ergeben sich spezielle *Anpassungen*:

- *Haft-* und *Klammerorgane* wie die Klammerbeine der Läuse oder die Saugnäpfe und Hakenkränze der Bandwürmer (► Bild 3) verhindern, dass die Parasiten den Wirt verlieren, was in der Regel ihren Tod zur Folge hätte.
- *Rückbildungen* sind für viele Parasiten ohne Nachteil. Den Flöhen, Läusen und Federlingen fehlen die Flügel, endoparasitische Würmer kommen ohne Sinnes- und Verdauungsorgane aus, die Mistel hat keine Wurzeln, die Kleeseide keine Blätter, die Sommerwurz kein Chlorophyll.
- *Große Eizahlen* und *komplizierte Entwicklungs- und Übertragungswege* sichern die Fortpflanzung und das Auffinden eines Wirts. Zum Beispiel werden beim Fuchsbandwurm (► Bild 3) mit jedem Bandwurmglied, das mit dem Fuchskot nach außen gelangt, 350 staubfeine Eier freigesetzt. Diese können Mäuse als *Zwischenwirte* infizieren und in deren Leber ungeschlechtliche Vermehrungsstadien bilden, die *Finnen*. Fressen Füchse oder Katzen eine finnenhaltige Maus, ist ihre Neuinfektion ziemlich sicher.

**Parasitenabwehr.** Von Parasiten befallenes Pflanzengewebe kann absterben und Abwehrstoffe freisetzen. In der Umgebung setzt eine schützende Schorfbildung ein, das Gewebe verkorkt. Tiere bekämpfen Ektoparasiten durch Putzen und Baden. Endoparasiten werden zum Teil eingekapselt oder durch Abwehrzellen, Antikörper und Enzyme angegriffen.

*1 Halbschmarotzer Mistel. Sie ist zur Fotosynthese fähig und entzieht dem Baum, auf dem sie wächst, nur Wasser.*

*2 Grabwespen gehören zu den Parasitoiden. Die gelähmte Raupe dient als Frischnahrung für die Grabwespenlarve.*

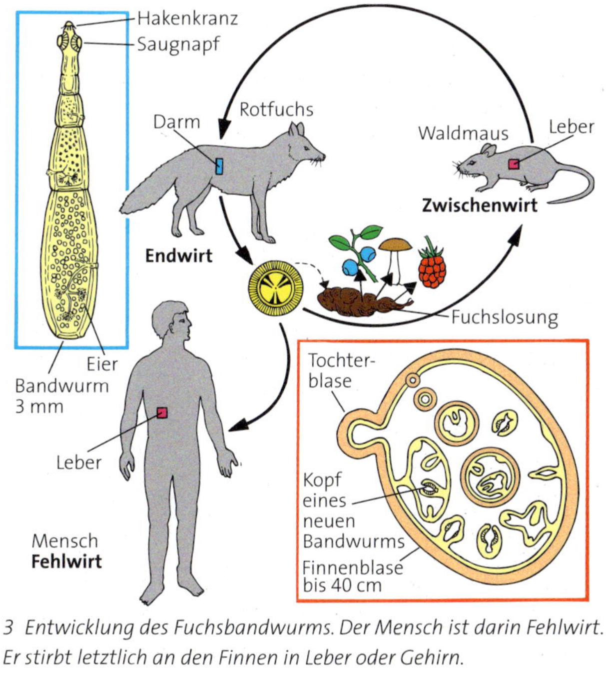


*3 Entwicklung des Fuchsbandwurms. Der Mensch ist darin Fehlwirt. Er stirbt letztlich an den Finnen in Leber oder Gehirn.*

# Symbiose

1 *Landkartenflechte auf Felsen im Hochgebirge*

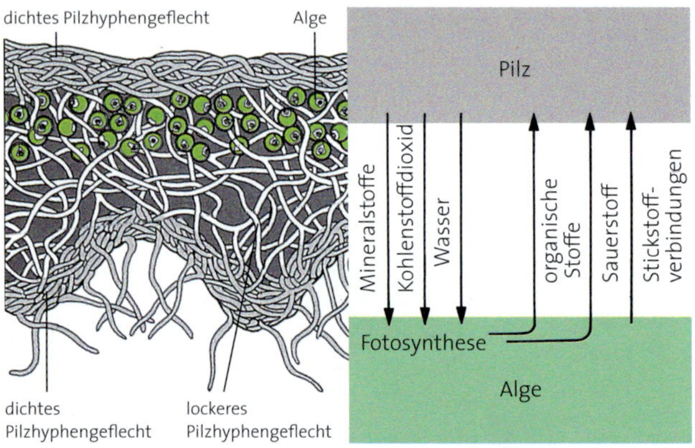


2 *Flechten sind eine Symbiose von Pilzen und Algen.*

3 *Mykorrhiza. Weißliche Pilzhyphen umspinnen die Wurzel.*

4 *Lupinenwurzel mit Wurzelknöllchen*

Den größten Teil der Biomasse auf der Erde stellen Symbionten! Das mag unglaublich klingen, doch sind nahezu alle Bäume und Sträucher, viele Gräser, alle auf Bestäubung durch Tiere angewiesenen Samenpflanzen, sämtliche Flechten und Riffkorallen mit anderen Arten zu wechselseitigem Nutzen vergesellschaftet, bilden also *Symbiosen*.

Bleiben die Partner einer Symbiose körperlich getrennt, spricht man von *Ektosymbiose*, wird einer der Partner in den Körper des anderen aufgenommen, von *Endosymbiose*.

**Flechten.** *Flechten* sind eine Symbiose von Pilzen und Algen. Gestaltlich ähneln sie keinem der Partner mehr und werden deshalb oft als eigene Verwandtschaftsgruppe betrachtet. Der Flechtenkörper ist blatt- bis krustenförmig und wird als *Thallus* bezeichnet. Im Innern sind Algenzellen von Pilzhyphen umhüllt. Die Pilzhyphen liefern den Algenzellen Wasser und Mineralstoffe und schützen sie vor Austrocknung und Tierfraß. Die Alge versorgt den Pilz mit Kohlenhydraten.

Die Symbiose erweitert die ökologischen Möglichkeiten beider Partner außerordentlich: Sie können so Felsen, Baumrinde, Holz oder Boden besiedeln und sich über Wüsten, arktische und alpine Lebensräume verbreiten, in denen sie sich einzeln nicht behaupten könnten.

**Blütenbestäubung.** Die Übertragung von Pollen durch Insekten, Vögel oder Fledermäuse wird uns kaum als Symbiose bewusst, hat aber große ökologische Bedeutung.

Der Vorteil aufseiten der Pflanze liegt darin, dass *Fremdbestäubung* sichergestellt ist. Fremdbestäubung führt zu einer höheren Variabilität der Nachkommen (► S. 337) als Selbstbestäubung. Als Gegenleistung erhalten die Bestäuber überschüssig erzeugten Pollen und Nektar. Diese Symbiose besteht seit etwa 100 Millionen Jahren. Seitdem haben sich wechselseitige Anpassungen von Blüten und Bestäubern entwickelt *(Koevolution)*: Die Blüten besitzen Lockmittel wie auffällige Farbe, Duft oder Nektar, die Bestäuber spezielle Sammeleinrichtungen oder passend gestaltete Mundwerkzeuge.

**Mykorrhiza.** Bei dieser Symbiose von Pilzen und Pflanzen, zu der etwa 90 % aller Pflanzenarten fähig sind, umspinnen Pilzhyphen die Pflanzenwurzeln mantelartig oder dringen sogar in deren Zellen ein. Die Hyphen übernehmen dabei die Aufgabe der in Symbiose nicht mehr ausgebildeten Wurzelhaare. Dafür erhalten sie Fotosyntheseprodukte. Einige Pilzarten können nur in Symbiose mit bestimmten Baumarten Fruchtkörper ausbilden und sich fortpflanzen.

**Stickstofffixierung.** Manche Pflanzen, besonders *Schmetterlingsblütengewächse* wie Soja, Lupine, Klee oder Robinie, bilden *Wurzelknöllchen* aus, in deren Zellen Bakterien der Gattung *Rhizobium* als Symbionten leben. Die Knöllchenbakterien reduzieren mithilfe ihres Enzyms *Nitrogenase* den Luftstickstoff ($N_2$) zu Ammoniak ($NH_3$). Ammoniak wird von der Pflanze zu Aminosäuren und weiter zu Proteinen umgesetzt. Diese *Stickstofffixierung* macht die beteiligten Pflanzen unabhängig von stickstoffhaltigen Mineralstoffen des Bodens (► S. 357). Damit sind sie besonders auf stickstoffarmen Standorten im Vorteil, allerdings müssen sie für diese Stickstofffixierung rund 12 % ihrer Fotosyntheseleisung an ATP aufwenden.

MATERIAL · METHODE · PRAXIS

# Biotische Ökofaktoren

Verglichen mit abiotischen Faktoren ist die experimentelle Untersuchung *biotischer Ökofaktoren* erheblich schwieriger, da die Variablen selbst Lebewesen sind. Auch hier bilden Versuche, mit denen der Einfluss einzelner Individuen oder Arten auf andere geprüft wird, die Grundlage. Dazu setzt man – ähnlich wie bei der Untersuchung abiotischer Faktoren – ein Lebewesen der abgestuften Wirkung eines biotischen Faktors aus oder schließt dessen Wirkung aus. Allerdings lässt sich auch bei biotischen Faktoren erst aus der Analyse ihrer Wirkung im natürlichen Zusammenhang erschließen, welches Gewicht ihnen tatsächlich zukommt.

## Konkurrenz im Pflanzenbeet

**MATERIAL:** Gartenbeete oder 2 Pflanzschalen mit gleicher Gartenerde, schnell keimende Samen (zum Beispiel Erbse, Sonnenblume, Kresse, Senf), Pinzette, Gartengeräte, Waage

**DURCHFÜHRUNG:** Säen Sie auf die vorbereiteten Beete oder Schalen dieselbe Anzahl Samen in gleichen Abständen. Halten Sie die Beete in den nächsten Wochen feucht. Jäten Sie auf einem der Beete jeden 3. bis 5. Tag alle „Unkräuter". Lassen Sie diese auf dem zweiten Beet wachsen.

Ernten Sie die gesamte Pflanzenmasse der beiden Versuchsbeete nach einigen Wochen. Bestimmen Sie das Gewicht der ausgesäten Pflanzen getrennt nach Beeten.

## Knöllchenbakterien

**MATERIAL:** Weißklee, Mikroskop und Zubehör, Pinzette, Rasierklinge, Färbelösung Karbolfuchsin, Erbsensamen, Pflanztöpfe, im Dampftopf (20 min, 120 °C) sterilisierte Erde

**DURCHFÜHRUNG:** Spülen Sie die Wurzeln einer Kleepflanze unter fließendem Wasser, bis die Erde vollständig entfernt ist. Präparieren Sie einige Wurzelknöllchen ab. Durchschneiden Sie diese und reiben Sie die Schnittfläche auf einen Objektträger ab.

Nach dem Anfärben finden Sie bei starker Vergrößerung die ungewöhnlich geformten Knöllchenbakterien.

Erbsenpflanzen mit und ohne Knöllchen: Keimen Sie Erbsen auf feuchter Watte an und kultivieren Sie die Pflanzen danach etwa 4 Wochen in normaler und in sterilisierter Erde.

## Nahrungsverwertung bei Schmetterlingsraupen

**MATERIAL:** Waage (Genauigkeit 0,01 g), mehrere Raupen von Schmetterlingen *(keine gefährdeten oder geschützten Arten!)*, zum Beispiel von Kohlweißling (▶ Bild rechts) oder Gespinstmotte, Futterpflanzen für die Raupen, Wägegläser, Raupenzuchtkasten, Trockenschrank

**DURCHFÜHRUNG:** Halten Sie die Raupen im Zuchtkasten mit in Wasser gestellten Futterpflanzen.

Wiegen Sie Raupen und Futterpflanzen zu Beginn des Versuchs und nach einigen Tagen beziehungsweise beim Ersetzen der abgefressenen Pflanzen.

Trocknen Sie Blätter der Futterpflanzen 1 Tag bei 105 °C und bestimmen Sie deren Trockengewicht. Nehmen Sie das Trockengewicht der Raupen zu 17 % des Lebendgewichts der Raupen an. Berechnen Sie mit den Trockengewichtswerten, welchen Anteil der Pflanzenmasse die Raupen während der Versuchszeit in körpereigene Substanz umgesetzt haben.

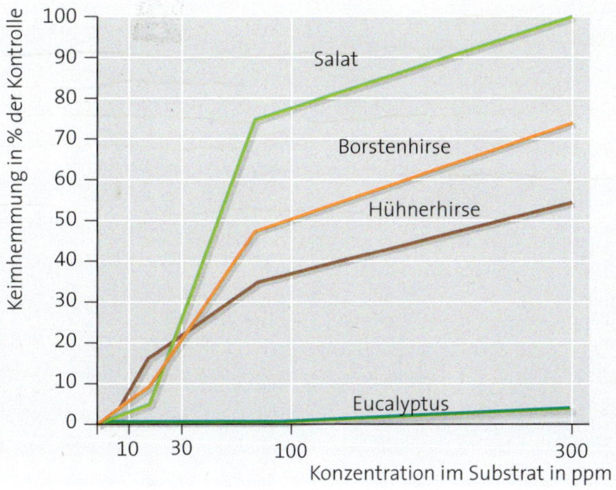


1. Das Bild oben zeigt das Ergebnis eines Experiments mit einem Stoff aus Eucalyptusblättern. Beschreiben und erklären Sie das Experiment und sein Ergebnis.
Hühnerhirse und Borstenhirse sind Wildgräser in Mais- und Hackfruchtkulturen. Könnte man sie mit Wirkstoffen aus Eucalyptusblättern bekämpfen? Begründen Sie Ihre Einschätzung.
2. Führen Sie mit Weizenkörnern oder Sonnenblumenkernen einen ähnlichen Versuch durch wie im Bild oben. Verwenden Sie dazu Wasser, in das Sie zuvor eine Woche lang Blätter des Walnussbaums eingelegt hatten.
3. Planen Sie ein Experiment, mit dem die innerartliche Konkurrenz bei Kresse oder Senf untersucht werden kann. Führen Sie das Experiment mit Keimpflanzen nach Möglichkeit auch durch.
4. Vergleichen Sie Ihre Messwerte aus dem Versuch zur Nahrungsverwertung von Schmetterlingsraupen mit den Angaben auf Seite 358 (▶ Bild 4). Entscheiden Sie, ob Insektenlarven unter diesem Blickwinkel günstige Nutztiere wären.

**Stichworte zu weiteren Informationen**
Allelopathie • Antibiose • chemische Ökologie

## Konkurrenz

1 *Nahrungskonkurrenz zwischen Hyäne und Schakal*

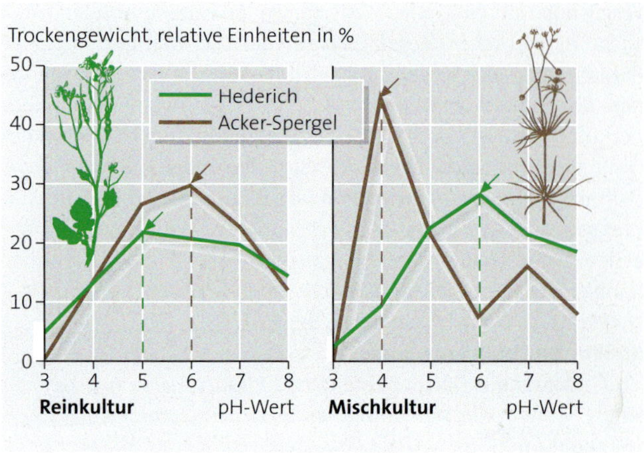


2 *Zwei Ackerwildkräuter in Rein- und Mischkultur*

Lebewesen, die gleiche Ressourcen nutzen, machen sich *Konkurrenz*. Handelt es sich um Angehörige verschiedener Arten, spricht man von *zwischenartlicher Konkurrenz*, bei Mitgliedern derselben Art von *innerartlicher Konkurrenz*. Als wichtiger Faktor im Daseinskampf beeinflusst die Konkurrenz das Entstehen und die Verbreitung der Arten.

**Mechanismen der Konkurrenz.** Tiere wirken meist direkt auf Konkurrenten ein (▶ Bild 1), stören sie oder greifen sie an. Größe, Schnelligkeit und Wehrhaftigkeit bestimmen ihre Konkurrenzkraft, aber auch wie effektiv sie ihre Ressourcen nutzen.

Der Konkurrenzkampf unter Pflanzen ist weniger spektakulär, dennoch ebenso heftig: über der Erde als Wettbewerb um Licht, unter der Erde als Entzug von Wasser und Ionen. Ihre Konkurrenzkraft hängt davon ab, wie sie Beschattung oder Austrocknung ertragen, wie groß ihre Saugkraft ist, wie rasch ihre Samen keimen oder wie schnell sie wachsen. Pflanzen wie Walnuss oder Bärlauch unterdrücken konkurrierende Arten, indem sie Stoffe ausscheiden, die auf andere Pflanzen hemmend wirken. Auch Mikroorganismen, zum Beispiel Schimmelpilze, geben *Hemmstoffe* ab. Bei ihnen nennt man diese Form der Beeinträchtigung anderer Arten *Antibiose*, wovon sich der Begriff Antibiotika ableitet.

**Auswirkungen.** Im Versuch zeigt sich die Wirkung der Konkurrenz am einfachsten beim Vergleich von *Rein-* und *Mischkultur* (▶ Bild 2). Meist stellt man fest, dass Arten, die sehr ähnliche Lebensansprüche haben, einander *innerhalb ihrer ökologischen Potenz ausweichen*. Überträgt man solche Versuchsergebnisse auf die natürlichen Lebensverhältnisse, dann bewirkt offenbar die Konkurrenz in der Regel den Unterschied zwischen *physiologischem* und *ökologischem Optimum*. So stellen die meisten unserer einheimischen Waldbäume sehr ähnliche Ansprüche an Kalkgehalt und Feuchtigkeit des Bodens. Doch nur die konkurrenzstarke Rotbuche setzt sich auf Standorten durch, die tatsächlich dem physiologischen Optimum entsprechen. Bäume anderer Arten drängt sie aus dem Optimalbereich auf schlechtere Standorte ab. Diese Konkurrenzkraft bedingt ihre Vorherrschaft in unseren Wäldern.

Ähnliche Beispiele kennt man auch von Tieren: Larven der Gemeinen Seepocke und der Sternseepocke siedeln sich an Felsen der Nordseeküste im oberen Gezeitenbereich in einer breiten Überlappungszone an. Später wird die Sternseepocke von ihrer Konkurrentin zum Teil überwachsen und in die oberste Spritzwasserzone abgedrängt. Hier ist wiederum die Sternseepocke konkurrenzkräftiger, da sie längere Trockenphasen übersteht.

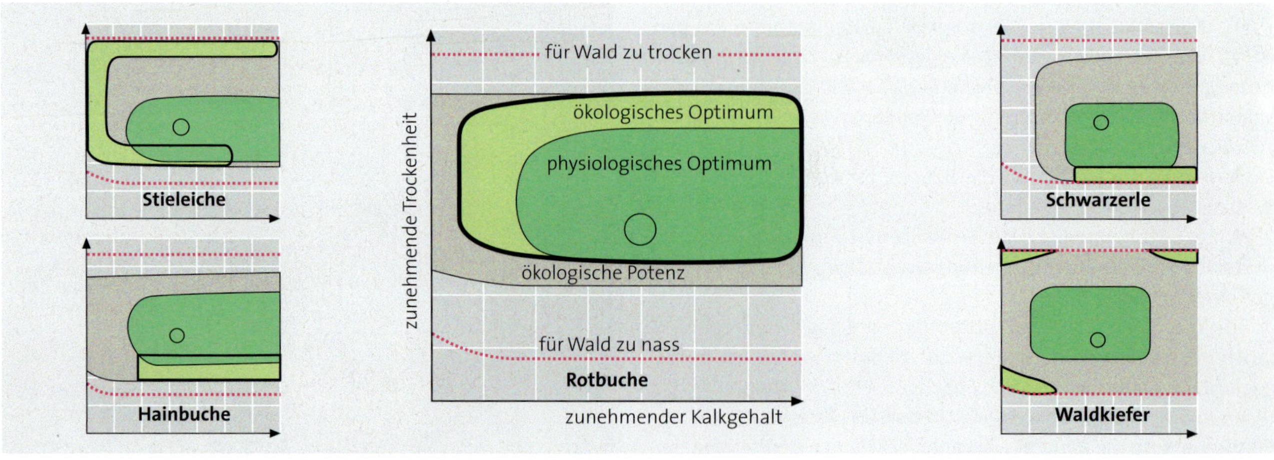


3 *Physiologisches und ökologisches Optimum bei verschiedenen einheimischen Baumarten*

# Konkurrenzabschwächung

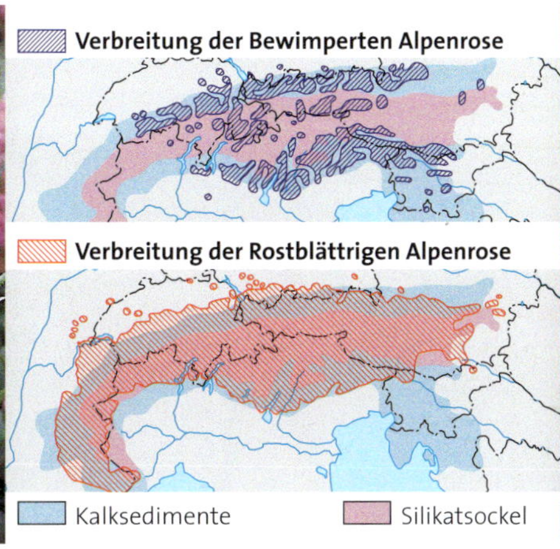

*1–3 Die Bewimperte Alpenrose (links) und die Rostblättrige Alpenrose (rechts) sind ökologisch weitgehend voneinander isoliert.*

Arten mit völlig übereinstimmenden Lebensansprüchen können nicht auf Dauer im selben Lebensraum vorkommen. Dieses *Konkurrenzausschlussprinzip* wurde bereits um 1930 von den Ökologen MONARD, VOLTERRA und GAUSE aufgrund theoretischer Überlegungen und Modellversuche formuliert. Tritt eine solche Situation ein, wird entweder eine Art aus dem gemeinsamen Gebiet verdrängt oder die Arten teilen die Ressourcen untereinander auf, indem sie diese auf unterschiedliche Weise nutzen und dadurch die Konkurrenz abschwächen.

**Ökologische Sonderung.** Unter den Nachkommen intensiv konkurrierender Arten sind jeweils diejenigen im Vorteil, deren Merkmale eine abweichende Lebensweise erlauben: anders geformte Mundwerkzeuge, Enzyme mit veränderter Wirkung, höhere Säuretoleranz oder geringerer Wasserbedarf. Die so bewirkte Auseinanderentwicklung, wie sie auch an der Entstehung neuer Arten (► S. 258) beteiligt sein kann, wird als *ökologische Sonderung* bezeichnet. Im selben Maß, wie sich die Umweltansprüche der betreffenden Lebewesen unterscheiden, nimmt die Konkurrenz zwischen ihnen ab. Man nennt sie dann *ökologisch isoliert* oder *eingenischt* wie unsere beiden auf Kalk- beziehungsweise Silikatböden spezialisierten Alpenrosenarten (► Bilder 1–3).

**Verringerung innerartlicher Konkurrenz.** Artgenossen ermöglichen die geschlechtliche Fortpflanzung und bieten als Sozialpartner Schutz, Sicherheit und Chancen zum Lernen (► S. 489), sie sind aber auch *Konkurrenten*. Da Individuen einer Art dieselben Faktoren der Umwelt nutzen, ist innerartliche Konkurrenz besonders ausgeprägt. Folgende Mechanismen können sie verringern:

- Abgrenzung von Revieren schafft vor allem für die Fortpflanzung einen konkurrenzarmen Raum.
- Große *Unterschiede zwischen Jugend- und Altersform* wie bei Raupe und Schmetterling, Kaulquappe und Frosch erlauben einer Art die Nutzung unterschiedlicher Ressourcen.
- Die Verschiedenheit zwischen den Geschlechtern, als *Sexualdimorphismus* bezeichnet, kann ähnlich groß sein wie die zwischen verschiedenen Arten. So saugen Stechmückenmännchen Nektar, die Weibchen Blut; das Habichtmännchen jagt Beute in Mausgröße, das um ein Drittel größere Weibchen bevorzugt Beute bis Hasengröße. Ähnliche Unterschiede findet man auch beim kleineren Verwandten des Habichts, dem Sperber.

**1 Finden Sie weitere Beispiele für Konkurrenzabschwächung durch biologische Verschiedenheit innerhalb einer Art.**

*4 und 5 Falter und Raupe des Kleinen Fuchses nutzen vollkommen konkurrenzfrei unterschiedliche Nahrungsquellen.*

*6 Sperberweibchen (links) und -männchen (rechts) unterscheiden sich stark in Größe und Beutespektrum.*

## Ökologische Nische

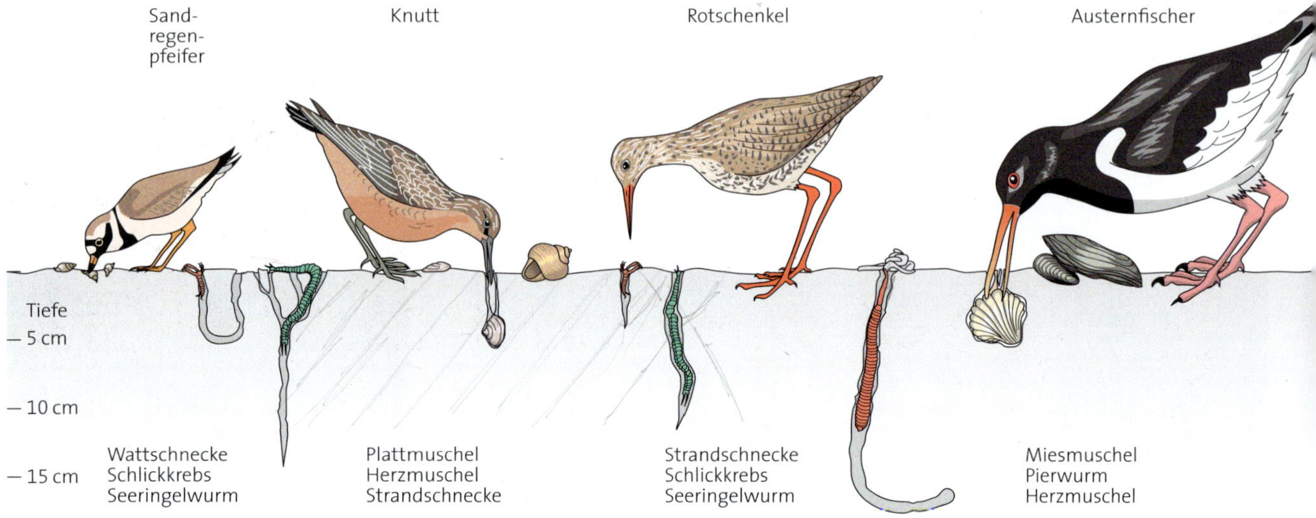


*1 Watvögel bei der Nahrungssuche im Watt: Sandregenpfeifer, Knutt, Rotschenkel, Austernfischer und ihr Nahrungsspektrum*

Wenn an der Nordseeküste das Watt bei Ebbe trockenfällt, sieht man dort Watvögel in großer Zahl auf Nahrungssuche. Bei genauer Beobachtung erkennt man, wie sich die einzelnen Arten in ihrer Ernährungsweise unterscheiden.

- Sie suchen jeweils unterschiedliche Wattbereiche ab: Sand- oder Schlickflächen, Prielränder, Seichtwasser, Muschelbänke oder den Spülsaum.
- Sie spüren die Beute in unterschiedlicher Boden- oder Wassertiefe auf.
- Manche erwerben ihre Nahrung durch Aufpicken, andere durch Ablesen, Zustechen, Stochern, Einbohren, Pflügen, Sondieren, Stöbern, Hämmern, Säbeln oder Schnattern.
- Jede Art hat ein eigenes Nahrungsspektrum. Es variiert nicht nur nach der Art der Beute, sondern auch nach deren Größe, Alter und Entwicklungsphase.

Unübersehbar sind die Anpassungen der Vögel in der Schnabelform, der Schnabellänge, den Sinnesfunktionen und Verhaltensweisen an ihre Beutetiere. Mit diesen Anpassungen als Grundlage nutzt jede Art die Nahrung des Lebensraums auf ihre Weise. Dieselbe ökologische Spezialisierung gilt aber auch für die Brutplätze, die Rastplätze bei Flut, die Überwinterungsquartiere, die Aktivitätszeiten und andere biotische und abiotische Faktoren. Zusammengenommen ergeben sie die spezifische *ökologische Nische* jeder Art.

**Ökologische Nische als „Beruf" der Art.** Die *Gesamtheit der Beziehungen zwischen einer Art und ihrer Umwelt* nennt man ihre *ökologische Nische*. Dieser zentrale Begriff der Ökologie bezeichnet demnach keinen Raum. Gibt der *Standort* oder das *Habitat* an, wo man ein Lebewesen findet, gewissermaßen seine „Adresse", so entspricht die ökologische Nische seinem „Beruf".

Selbst für gut bekannte Tier- und Pflanzenarten ist es kaum möglich, ein ökologisches „Berufsbild" zu erstellen, also die ökologische Nische vollständig zu erfassen, zu beschreiben oder gar darzustellen. Ein Koordinatensystem etwa, das sämtliche Umweltansprüche einer Art aus *n* Faktoren schematisieren wollte, wäre ein nicht vorstellbares multidimensionales Beziehungsgefüge. Oft beschränkt man sich deshalb auf die Betrachtung einer einzelnen Dimension, zum Beispiel der „Nahrungsnische".

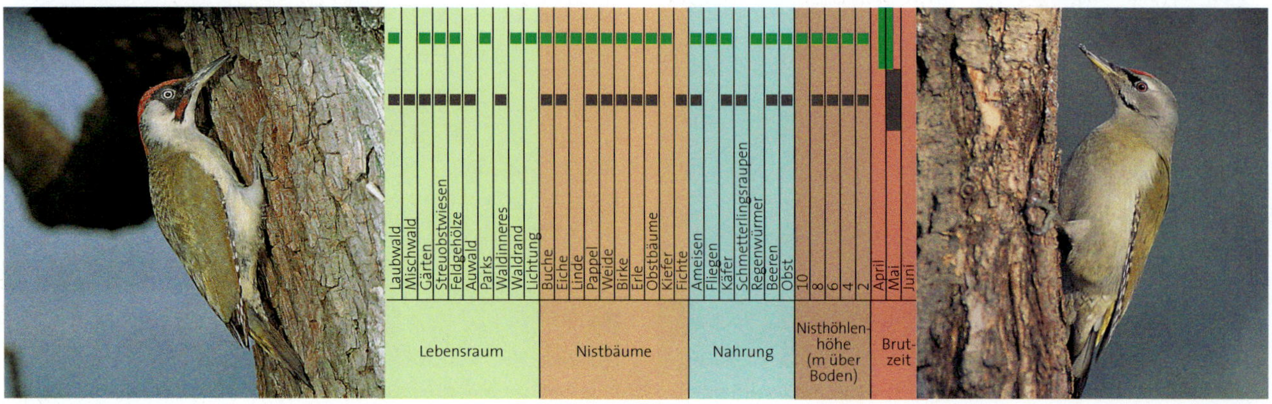


*2–4 Ökologische Nische von Grünspecht (links) und Grauspecht (rechts)*

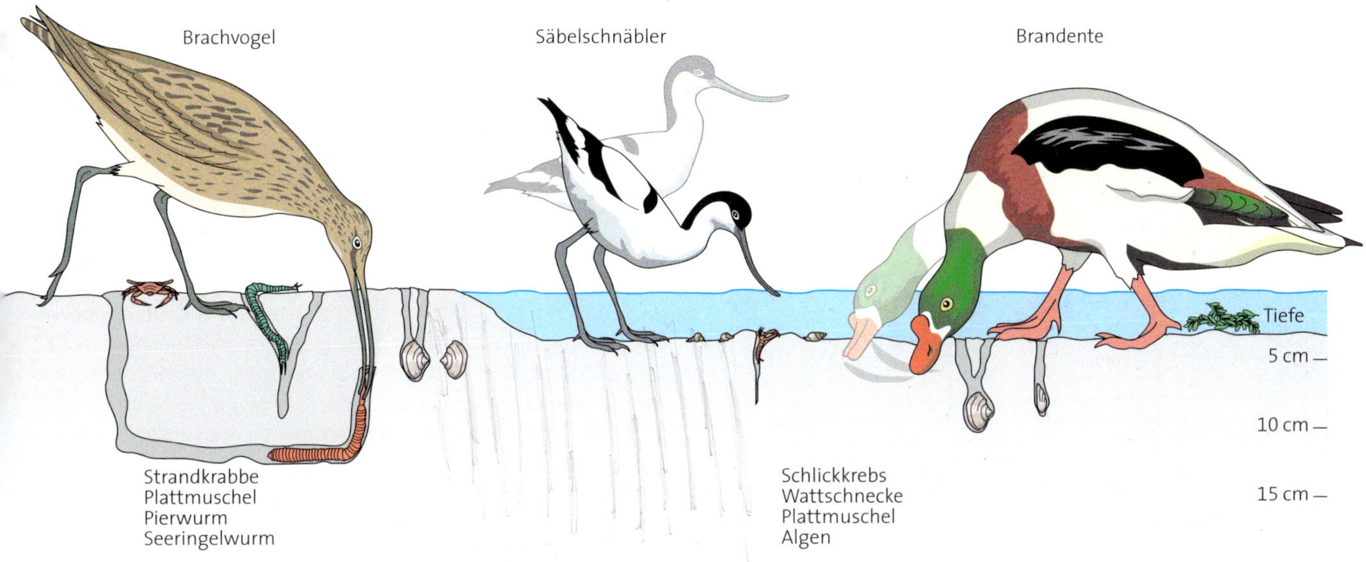


1 *Brachvogel, Säbelschnäbler, Brandente und ihr Nahrungsspektrum*

**Bildung ökologischer Nischen.** Die ökologische Nische ist ein Charakteristikum jeder Art. Ihre Ausbildung steht daher als *Einnischung* (▶ S. 254) in engem Zusammenhang mit der Entstehung einer Art durch Evolution. Für die heute lebenden Arten hat sich die Einnischung in der Vergangenheit abgespielt. Wie die Artbildung selbst geht sie vor unseren Augen weiter. Wir können sie aber wegen der langen Dauer nur ausnahmsweise und in Ansätzen beobachten.

Wo Arten mit sehr ähnlichen Umweltansprüchen existieren, lässt sich allerdings häufig rekonstruieren, wie sie durch ökologische Sonderung die Konkurrenz untereinander verringert, spezielle ökologische Nischen gebildet und diese differenziert haben:

- *Durch Besiedlung unterschiedlicher Lebensräume.* Der Waldbaumläufer kommt fast nur im Nadelwald der Mittel- und Hochgebirge vor, der Gartenbaumläufer bevorzugt Mischwald, Feldgehölze, Parks und Gärten. Der Ackergelbstern hat sich auf trockene, sandig magere Ackerböden spezialisiert, der Waldgelbstern auf feuchten, nährstoffreichen Auwaldhumus. Der Wasserfrosch besiedelt die pflanzenreiche Uferregion von Teichen und Seen, während der Grasfrosch in feuchten Wäldern und Wiesen verbreitet ist.
- *Durch Besiedlung unterschiedlicher Körperregionen.* Manche Parasiten sind in verschiedenen Körperregionen des Wirts als Lebensraum eingenischt. So finden sich beim Ibis, einem afrikanischen Stelzvogel, in jeder Gefiederpartie andere Federlinge als Ektoparasiten (▶ Bild 2). Entsprechendes gilt für Kopf- und Schamlaus beim Menschen.
- *Durch Entwicklung unterschiedlicher Körpergröße und Sonderung nach Beutegröße.* Baumfalke und Wanderfalke haben als Flugjäger eine ähnliche Jagdweise. Während der kleine Baumfalke bevorzugt Kleinvögel wie Schwalben oder Lerchen schlägt, hat die Beute des Wanderfalken meist Drossel- bis Taubengröße. Ähnlich verhält es sich beim kleinen Sperber und dem größeren Habicht.

**1** **Versuchen Sie die ökologische Nische einer selbst gewählten Pflanzen- oder Tierart zu beschreiben. Lassen Sie andere die beschriebene Art aufgrund Ihrer Beschreibung benennen.**

**2** **Vergleichen Sie die Breite der ökologischen Nische von „Generalisten", zum Beispiel Hausmaus oder Wanderratte, und „Spezialisten", zum Beispiel dem Biber. Suchen Sie weitere Beispiele.**

**3** **Manchmal wird davon gesprochen, dass ein Lebewesen eine ökologische Nische „besetzt". Erklären Sie, weshalb das nicht richtig ist, und schlagen Sie eine bessere Formulierung vor.**

2 *Unterschiedlich eingenischte Federlingsarten beim Ibis; Körperregionen farbig, Federlinge stark vergrößert*

## Stellenäquivalenz und Lebensformtyp

*1 Wo Spechte fehlen, nehmen andere Tiere mit spezialisierten Organen ihre „Stelle" als Stocherjäger auf Bäumen ein.*

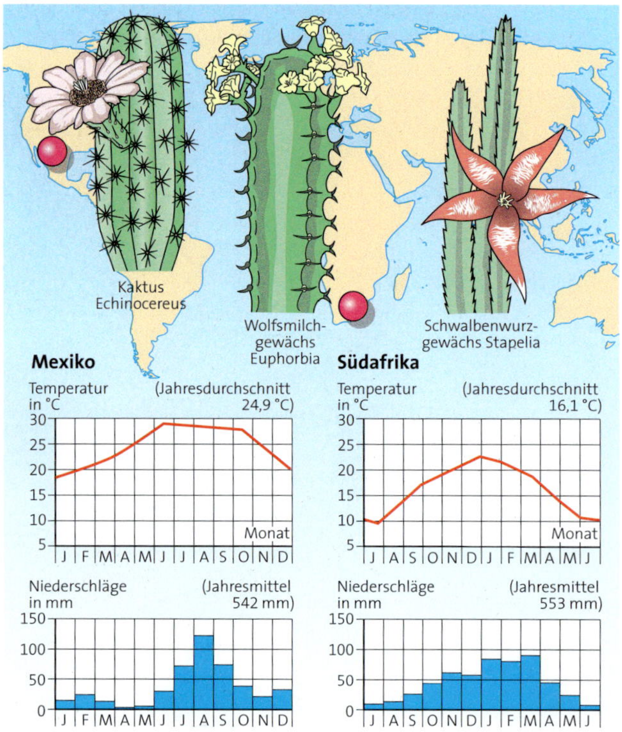


*2 Manche Wolfsmilch- und Schwalbenwurzgewächse vertreten den Kakteentyp in Afrika.*

*Spechte* sind nach Merkmalen und Lebensweise unverwechselbar: Mit Meißelschnabel, Harpunenzunge, Kletterfüßen und Stützschwanz sind sie angepasst an ein Leben als Baumkletterer. Durch Hacken und Stochern erbeuten sie versteckt lebende Insekten unter der Rinde, in Spalten, Ritzen und Holz.

Alle etwa 200 Spechtarten auf der Erde stimmen in diesen Merkmalen weitgehend überein und bilden ähnliche ökologische Nischen. Sie sind weltweit verbreitet und fehlen – außer in den Polargebieten – nur in Australien, Neuguinea, Madagaskar und anderen Inseln. Hier wird ihr „Beruf" des baumbewohnenden Hack- und Stocherjägers von völlig anderen Vogel- und Säugetierarten ausgeübt. Auch wenn diese natürlich mit Spechten nicht verwandt sind, kann man sie als „funktionelle Spechte" bezeichnen: Sie bilden im Wesentlichen deren ökologische Nischen und nehmen in ganz anderen Lebensgemeinschaften entsprechende „Stellen" ein.

**Ökologische Lizenzen – ökologische Stellen.** Wo auf der Erde vergleichbare Lebensbedingungen herrschen, haben Lebewesen die Möglichkeit, ähnliche ökologische Nischen zu bilden. Der Lebensraum vergibt dafür gewissermaßen ökologische „Lizenzen". Werden diese von verschiedenen, meist nicht verwandten Arten in ähnlicher Weise genutzt, spricht man von *Stellenäquivalenz*:

- Nektarvögel nehmen in Afrika, Honigfresservögel in Australien die Stelle der Nektar trinkenden Kolibris des amerikanischen Kontinents ein.
- Lummen und Alken der nördlichen Meere sind den Pinguinen der Südhalbkugel ökologisch äquivalent.
- Parasitische Kleinkrebse nehmen bei Walen die Stelle der Läuse anderer Säugetiere ein.
- Wolfsmilchgewächse und Schwalbenwurzgewächse entsprechen als Stammsukkulenten in Afrika ökologisch den Kakteen Amerikas (► Bild 2).

**Ähnliche Anpassungen unter ähnlichen Bedingungen.** Stellenäquivalenz erkennt man in der Regel daran, dass nicht verwandte Lebewesen übereinstimmende Anpassungen aufweisen. In ihrer Gesamtheit ergeben sie einen bestimmten *Lebensformtyp*:

- Der *Kolibrityp* besitzt einen langen, leicht gebogenen Schnabel mit Pinselzunge.
- Der *Pinguintyp* ist strömungsgünstig gestaltet mit dichtem Gefieder und weit hinten ansetzenden Beinen.
- Der *Läusetyp* ist abgeflacht mit Klammerbeinen.
- Der *Kakteentyp* ist sukkulent, bedornt und seine Fotosynthese verläuft nach dem CAM-Typ (► S. 137).

Die Anpassungsähnlichkeit hat sich im Verlauf vieler Generationen, unter jeweils ähnlichen Umweltbedingungen und unabhängig von Verwandtschaft entwickelt. Es handelt sich also um *Konvergenz* (► S. 263).

**1 Informieren Sie sich über die auf dieser Seite genannten Tiere und Pflanzen, soweit sie Ihnen unbekannt sind.**

**2 Nennen Sie die Merkmale, durch die das Fingertier (► Bild 1) – ein Halbaffe – die „Spechtstelle" einnehmen kann.**

**3 Erklären Sie mit Bild 2, unter welchen klimatischen Bedingungen die ökologische Lizenz für den Kakteentyp in einem Lebensraum vergeben wird.**

# Ökologische Vorgänge in Populationen

Forellen in einem Bach, Kormorane eines Flussgebiets, Flöhe einer Kaninchenkolonie, Hainbuchen in einer Region: Individuen einer Art, die zur gleichen Zeit im gleichen Gebiet leben und sich ohne Einschränkungen untereinander fortpflanzen, bezeichnet man als *Population* (► S. 248). Da Mitglieder einer Population weitgehend denselben Ökofaktoren ausgesetzt sind und um dieselben Ressourcen konkurrieren, lassen sich viele ökologische Vorgänge nur verstehen, wenn man sie auf der Ebene der Populationen betrachtet. Damit befasst sich die *Populationsökologie*.

**Kenndaten von Populationen.** Um den Zustand von Populationen zu beschreiben, braucht man ihre *Kenndaten*: die Individuenzahl einer Population, also ihre *Größe*, ihre *Dichte* oder *Abundanz*, *Geburten*- und *Sterberate*, *Verteilung im Raum*, *Zu*- und *Abwanderung*, vor allem aber die *Veränderung dieser Größen* im Lauf der Zeit. Damit kann man mathematische Modelle bilden, mit deren Hilfe sich die Entwicklung von Populationen zum Teil vorhersagen lässt.

Sieht man von Zu- und Abwanderungen ab, entscheiden Geburtenrate *(Natalität b)* und Sterberate *(Mortalität d)*, ob eine Population abnimmt oder wächst. Ihre Differenz ergibt die *Wachstumsrate (r)* der Population: $r = b - d$. Hat etwa eine Population von 10 000 Individuen 300 Nachkommen und sterben im gleichen Zeitraum 100 Individuen, dann ist $b = 300 : 10\,000 = 0{,}03$, $d = 100 : 10\,000 = 0{,}01$ und $r = 0{,}03 - 0{,}01 = 0{,}02$. Mit der Wachstumsrate *r* lässt sich das Wachstum einer Population berechnen.

**Exponentielles Wachstum.** Unter günstigen Bedingungen, wie sie für Lebewesen in Kultur geschaffen werden oder wie sie natürliche Populationen vorfinden, wenn sie sich neue Lebensräume oder Ressourcen erschließen, wächst eine Population *exponentiell*. Auch wenn eine Art verschleppt wird, wie das Kaninchen nach Australien, oder wenn sie kurz vor dem Aussterben unter Schutz gestellt wird, wie der Kormoran (► Bild 1), ist exponentielles Wachstum typisch.

Die Veränderung der Individuenzahl *(dN)* in einem Zeitabschnitt *(dt)* ist dann das Produkt aus der Wachstumsrate *r* und der jeweils vorhandenen Individuenzahl *(N)*:

$$\frac{dN}{dt} = r \cdot N$$

Diesem Wachstum entspricht die Zinseszinsberechnung mit *J-förmiger Wachstumskurve*.

**Logistisches oder dichteabhängiges Wachstum.** Da alle Ressourcen endlich sind, ist exponentielles Wachstum auf Dauer unmöglich. In der Regel schwächt sich daher das Wachstum einer Population mit zunehmender Dichte ab und die Populationsgröße nähert sich einem konstanten Wert. Er stellt die *Tragfähigkeits*- oder *Kapazitätsgrenze* der Umwelt für die Population dar und wird in der Formel für das *logistische Wachstum* mit dem Symbol *K* bezeichnet:

$$\frac{dN}{dt} = r\left(\frac{K - N}{K}\right) \cdot N$$

Diesem logistischen Wachstum entspricht eine *S-förmige Wachstumskurve*. Der Ausdruck in der Klammer zeigt, dass das Wachstum der Population dichteabhängig ist, also davon abhängt, wie nahe die Individuenzahl *N* der Kapazitätsgrenze *K* gekommen ist. Bei kleinem *N* ist das Wachstum exponentiell. Ist $N = K$, wird der Zuwachs 0, die Populationsgröße bleibt konstant.

1. **Anpassungen einer Art können die Geburtenrate erhöhen und die Sterberate senken. Finden Sie dafür Beispiele.**
2. **Nennen Sie Faktoren, durch die die Kapazität eines Lebensraums für eine Population begrenzt, Übernutzung also verhindert wird.**
3. **In Säugetierpopulationen mit hoher Individuendichte beobachtet man häufig „sozialen Stress“. Informieren Sie sich über seine Ursachen und Folgen.**

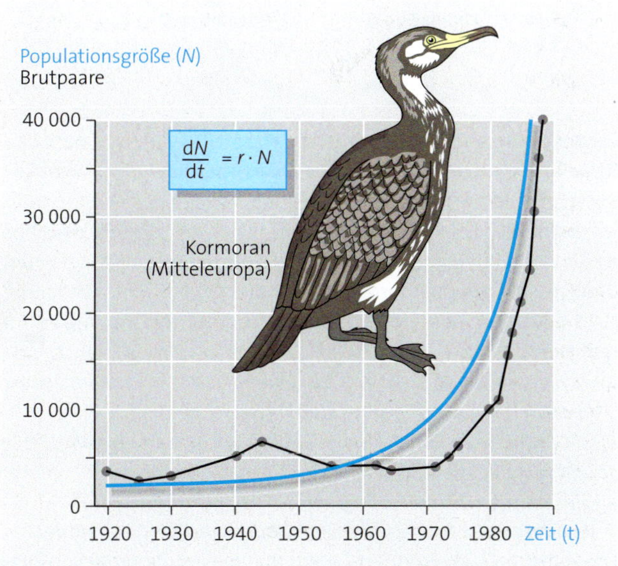


1 *Exponentielle Wachstumskurve und Realbeispiel: Wachstum der Kormoranpopulation (Unter-Schutz-Stellung 1980)*

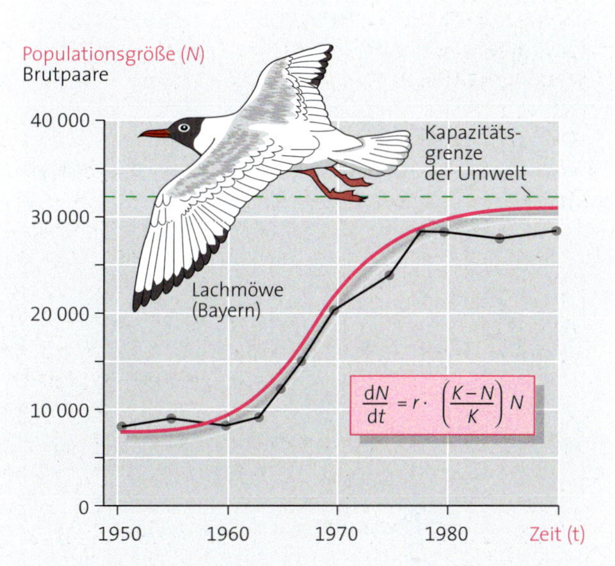


2 *Logistische Wachstumskurve und Realbeispiel: Wachstum der Lachmöwenpopulation in Bayern*

## Entwicklung von Populationen

Natürliche Populationen sind einem ständigen Wechsel unterworfen: Individuen wandern zu oder ab, wachsen nach oder sterben. Diese *Populationsdynamik* kann sich in einem *Populationsgleichgewicht* mit weitgehend konstanter Dichte äußern, in Form unregelmäßiger *Fluktuationen* oder in regelmäßigen zyklischen *Oszillationen*. Bisher gelingt es nur zum Teil, die Dynamik von Populationen zu erklären.

**Innere Dynamik von Populationen.** Bei zahlreichen Insekten, kleinen Nagetieren, einjährigen Pflanzen oder Krankheitserregern *schwankt die Populationsdichte ohne die Mitwirkung anderer Arten stark*. Einer Massenvermehrung unter günstigen Bedingungen folgt der allmähliche Rückgang oder der plötzliche Zusammenbruch der Population. Teilweise bilden sich *regelmäßige Zyklen*. So ist es zum Beispiel beim Lärchenwickler (▶ Bild 1), einem Schmetterling, dessen Raupen an Nadelbäumen fressen, und anderen Forstinsekten.

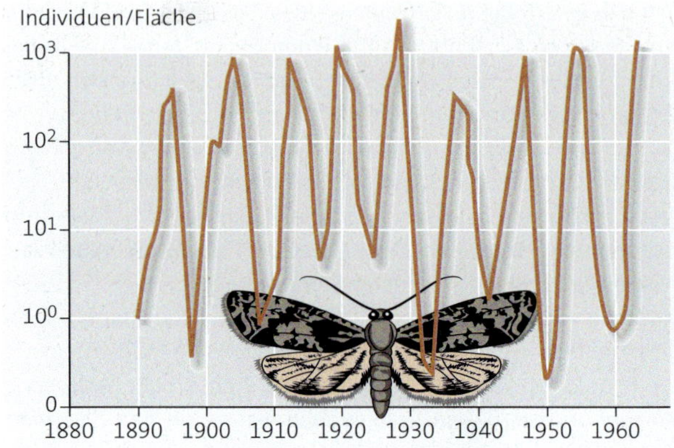


*1 Populationsschwankungen beim Lärchenwickler*

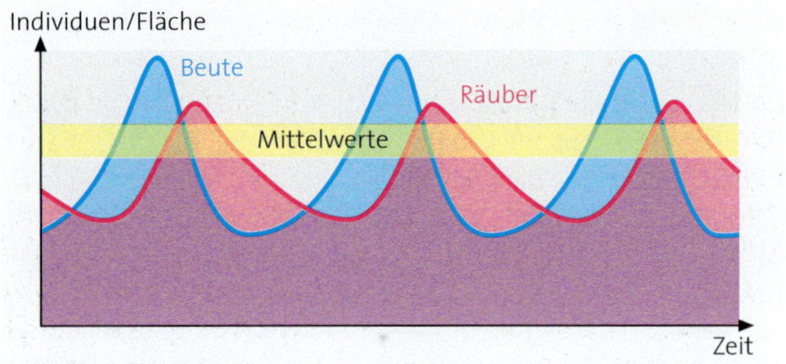


*2 Diagramm zur 1. und 2. Volterra-Regel*

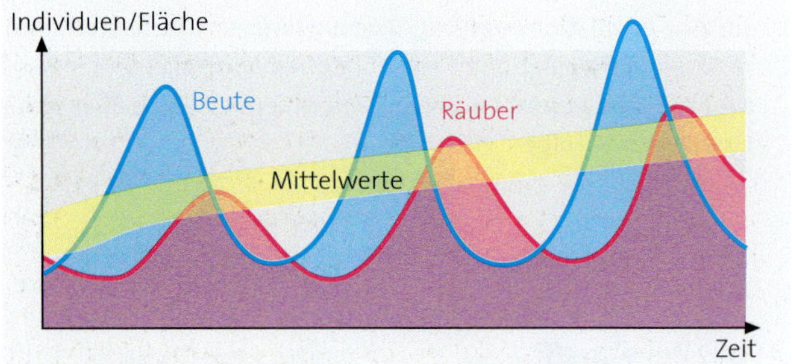


*3 Diagramm zur 3. Volterra-Regel: Die Erhöhung der Beutedichte bewirkt eine Zunahme des Räubers.*

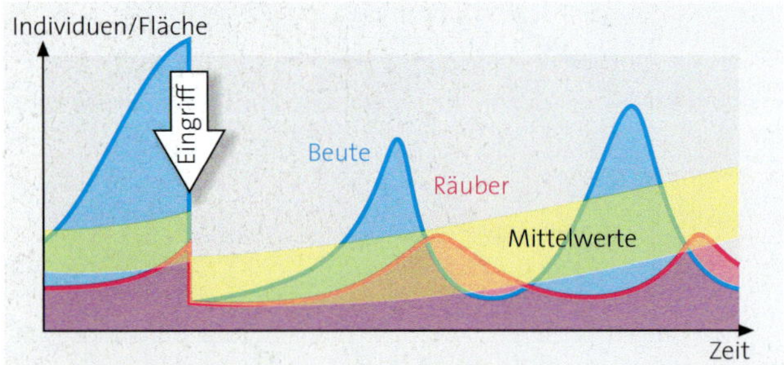


*4 Diagramm zur 3. Volterra-Regel: Werden Räuber und Beute gleich stark vermindert, erholt sich die Population der Beute schneller als die des Räubers.*

**Wechselwirkung zwischen Populationen.** Alle Ökofaktoren, die für ein Individuum von Bedeutung sind, wirken sich auch auf eine Population als Ganzes aus. Wenn zum Beispiel Feinde, Parasiten und Konkurrenten die Existenz von Individuen beeinträchtigen, hat dies natürlich auch Einfluss auf die beteiligten Populationen: Je dichter die Population einer Beute ist, desto leichter fällt es ihren Fressfeinden, Nahrung zu erwerben, desto stärker wird deren Population wachsen. Je dichter die Population eines Fressfeinds aber wird, desto weniger Beute steht dem Einzeltier zur Verfügung, desto geringer wird die Population des Fressfeinds wachsen, desto rascher wird sich die Beutepopulation wieder erholen. Auch für Konkurrenten und Parasiten existieren ähnliche *Regelkreise mit negativer Rückkopplung*, bei denen die Zunahme beziehungsweise Abnahme einer Größe auf diese selbst hemmend beziehungsweise fördernd zurückwirkt:

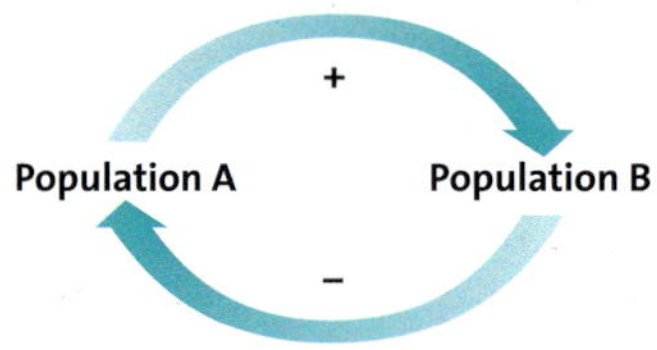


Besonders der Beziehung zwischen Fressfeind – meist einem Räuber – und Beute hat man in der Ökologie früh Aufmerksamkeit geschenkt. Laborversuche und Rechenmodelle der Wissenschaftler G. F. GAUSE, A. J. LOTKA und V. VOLTERRA führten zwischen 1920 und 1930 zu der Erkenntnis, dass die Entwicklung von Beute- und Fressfeindpopulationen durch Regeln miteinander verknüpft ist. Sie werden heute meist in Form der drei Volterra-Regeln formuliert:

1. *Die Populationsdichten von Beute und Fressfeind schwanken periodisch und zeitlich gegeneinander verschoben.*
2. *Die Dichte jeder Population schwankt um einen Mittelwert.*
3. *Erhöhung der Beutedichte bewirkt eine Zunahme der Fressfeinde. Gleich starke Verminderung beider Arten führt dazu, dass sich die Population der Beute schneller erholt als die des Fressfeinds.*

Die Volterra-Regeln können die Populationsentwicklung von zwei Arten in einem geschlossenen System gut beschreiben, zum Beispiel von Laborkulturen aus Pantoffeltier und räuberischem

1 Ein Luchs jagt einen Schneeschuhhasen.

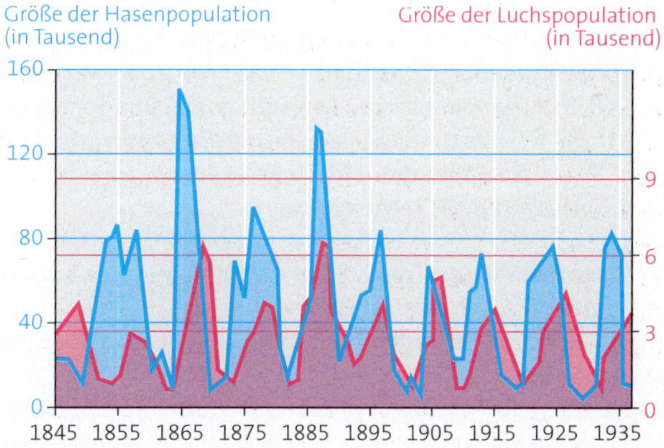


2 Populationsschwankungen bei Luchs und Schneeschuhhase

Einzeller Didinium oder von Spinnmilbe und Raubmilbe im Gewächshaus.

In natürlichen Ökosystemen werden größere Populationsschwankungen meist durch ein vielfältiges Faktorengefüge ausgeglichen. In einigen Fällen zeigt sich aber auch in der Natur eine enge Abhängigkeit der Populationen von Beute und Fressfeind, Wirt und Parasit. Das gilt beispielsweise für Lemminge und Schneeeulen in der Tundra, für Schneeschuhhasen und Luchse in Kanada (► Bild 2) oder für Kiefernspinner und Schlupfwespen in unseren Kiefernwäldern. Wahrscheinlich schwankt hier aber die Dichte der Beute auch ohne den Einfluss der Feinde oder Parasiten. Diese sind dagegen in ihrer Vermehrung an die Beute gekoppelt und machen deren Dichteschwankungen zeitlich verzögert mit.

**Schädlingspopulationen.** *Monokulturen* begünstigen einzelne Arten, deren Populationen oft massenhaft anwachsen. Für den Menschen werden sie damit zu *Schädlingen*, also zu Nahrungs- oder Rohstoffkonkurrenten. Auf die Beziehungen zwischen Nutzpflanzen und Fressfeinden beziehungsweise Parasiten lassen sich die Volterra-Regeln anwenden. So wachsen – entsprechend der 3. Volterra-Regel – nach Anwendung unspezifisch wirkender Bekämpfungsmittel die Populationen der Schädlinge viel schneller an als die ihrer Feinde. Sie müssen daher bald erneut bekämpft werden.

**Fortpflanzungsstrategien.** Je nach den Umweltbedingungen werden von der *Selektion* (► S. 250 ff.) gegensätzliche Typen der Populationsentwicklung gefördert:

- Arten mit *stark schwankender Populationsdichte* sind meist klein, kurzlebig und erzeugen schnell viele Nachkommen. Dadurch nutzen sie günstige Bedingungen ihrer sich häufig ändernden Umwelt „opportunistisch" aus. Ihre Fortpflanzungsweise wird als *r-Strategie* bezeichnet. Sie wird durch Selektion einer hohen Wachstumsrate *r* bewirkt und danach benannt. Beispiele sind einjährige Pflanzen, Blattläuse, Wasserflöhe, Rädertierchen oder Planktonalgen.
- Arten mit *langfristig konstanter Populationsdichte* sind oft groß, langlebig, haben wenige Nachkommen und sind darauf angelegt, sich trotz starker Konkurrenz in einer beständigen Umwelt dauerhaft zu behaupten. Da die Selektion die optimale Ausnutzung der Umweltkapazität bewirkt, spricht man von *K-Strategie*. Beispiele sind Bäume, große Säugetiere und der Mensch.

Zwischen reiner r- und K-Strategie existieren alle Übergänge.

| r-Strategie | | K-Strategie |
|---|---|---|
| kurz | Lebensdauer | lang |
| kurz | Zeit bis zur Geschlechtsreife | lang |
| einmalig | Häufigkeit der Fortpflanzung | mehrmals |
| viele | Zahl der Nachkommen | wenige |
| keine | elterliche Fürsorge | ausgeprägt |
| schnell | Entwicklung | langsam |
| hoch, dichteunabhängig | Sterberate | niedrig, dichteabhängig |
| wechselhaft | Umweltbedingungen | konstant |
| weit unterhalb K | Populationsgröße | nahe bei K |

3–5 Fortpflanzungsstrategien im Vergleich. Als Beispiele dienen Rosenblattlaus und Zwergschimpanse (Fotos).

# Schädlinge und Schädlingsbekämpfung

Seit Langem verwenden Menschen für die Lebewesen, die ihnen in irgendeiner Weise schaden, den Begriff *Schädlinge* und nennen solche, aus denen sie Nutzen ziehen, *Nützlinge*. Auch wenn eine solche Einteilung vom biologischen Standpunkt aus ganz ungerechtfertigt ist, hat sie im allgemeinen Sprachgebrauch einen festen Platz. Dabei sind mit Schädlingen in erster Linie die *tierischen Konkurrenten* des Menschen gemeint, die seine Nahrungspflanzen oder die daraus hergestellten Produkte fressen. Daneben sind auch solche Pilze, Bakterien und Viren darunter zu verstehen, die Krankheiten der Nutzpflanzen und Nutztiere verursachen.

Heute sind vor allem drei Methoden der *Schädlingsbekämpfung* von Bedeutung:
- *chemische Schädlingsbekämpfung* durch *Pestizide* oder *Biozide*,
- *biologische Bekämpfung* der Schädlinge durch gezielten Einsatz von deren Feinden und Parasiten,
- *biotechnische Bekämpfung* durch Verwendung von biologischen Wirkstoffen, vor allem *Pheromonen*, zum Anlocken und Fang von Schädlingen (▶ Bild rechts).

### Schädlinge und ihre Fressfeinde an Garten- und Parkpflanzen

**MATERIAL:** gelbe Plastikschalen, Klopfstock (an einem Ende mit Tuch umwickelt), weiße Tücher, Klarsichtdosen mit Deckel, Insektenstreifnetz, Federstahlpinzetten, Lupen, Sammelgläschen, Bestimmungsbücher

**DURCHFÜHRUNG:** Verschaffen Sie sich einen Überblick, welche Schädlinge und welche ihrer Fressfeinde in Garten, Hecke oder Park zur Untersuchungszeit verbreitet sind:
- *Gelbschalen*. Stellen Sie Gelbschalen mit Wasser und wenigen Tropfen Spülmittel auf, kontrollieren Sie regelmäßig und protokollieren Sie die angelockten Insekten.
- *Klopfmethode*. Streifen Sie mit dem Insektennetz über die Zweige oder klopfen Sie mehrmals kurz und kräftig mit dem Klopfstock darauf, nachdem Sie zuvor weiße Tücher darunter gelegt haben. Sammeln Sie die abgeklopften Tiere ein und versuchen Sie sie an Ort und Stelle zu identifizieren (rasch arbeiten!).

Einige Arten, auf die Sie bei der Untersuchung von Obstbäumen im Garten treffen können, zeigt das Bild unten („Schädlinge" blau unterlegt, Fressfeinde rot).

### Biologische Schädlingsbekämpfung im Modell

**MATERIAL:** zwei Insektenzuchtkästen, Pflanzen mit Blattläusen (häufig an Rosen und Holunder), Fressfeinde der Blattläuse (Florfliegenlarven, Marienkäfer, Schwebfliegenlarven; durch Absuchen der Blattlauspflanzen oder von Nützlingszüchtern im Gartenhandel beschaffen), Lupen

**DURCHFÜHRUNG:** Stellen Sie blattlausbesetzte Pflanzenzweige in Wassergläsern in beide Zuchtkästen. Setzen Sie in einen der Kästen eine abgezählte Menge Blattlaus-Fressfeinde. Protokollieren Sie in den nächsten Wochen die Entwicklung der Blattläuse in den Zuchtkästen. Wechseln Sie dabei rechtzeitig die Futterpflanzen (Tiere vorher abstreifen!).

---

❶ **Vergleichen Sie Vor- und Nachteile verschiedener Methoden der Schädlingsbekämpfung.**

❷ **Pestizide werden nach der Zielgruppe eingeteilt, auf die sie wirken: Insektizide, Fungizide, Herbizide oder Molluskizide. Finden Sie die zugehörigen Zielgruppen heraus.**

❸ **Biologische Schädlingsbekämpfung bringt die Schädlingspopulation nicht „auf null". Erklären Sie.**

### ☞ Stichworte zu weiteren Informationen

Schadschwellenprinzip • integrierter Pflanzenschutz • Resistenz • Pflanzenschutzämter • DAINet • Pheromone

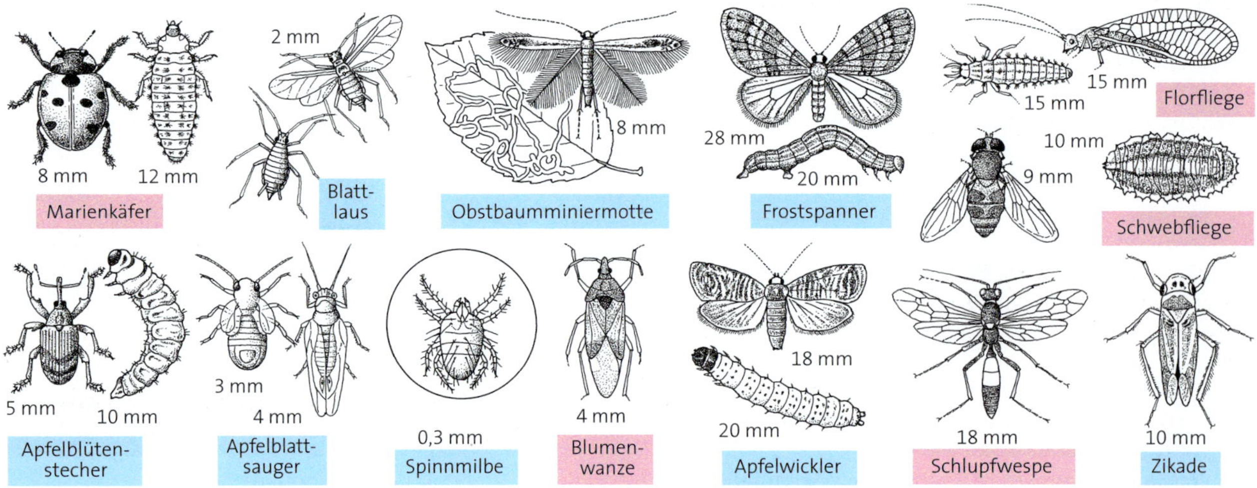

KOMPETENZEN

**Mithilfe dieses Kapitels können Sie**

- die Einflüsse von Lebewesen aufeinander als biotische Faktoren erklären und in einem „+/–“-Schema darstellen
- Unterschiede zwischen physiologischem und ökologischem Optimum mit biotischen Wirkungen begründen
- Fressfeind-Beute-Beziehungen sowie die wechselseitigen Anpassungen von Fressfeind und Beute an Beispielen beschreiben
- Merkmale parasitischer und symbiontischer Lebensweise angeben und mit Beispielen belegen
- die ökologische Bedeutung von Symbiosen begründen
- Ursachen und Folgen von Konkurrenz innerhalb einer Art und zwischen verschiedenen Arten erklären
- den Begriff „ökologische Nische“ erläutern
- den Zusammenhang zwischen Konkurrenz, ökologischer Sonderung und ökologischer Nische darstellen
- die Entwicklung von Populationen beschreiben und die Wirkung daran beteiligter Faktoren erklären

**Testen Sie Ihre Kompetenzen**

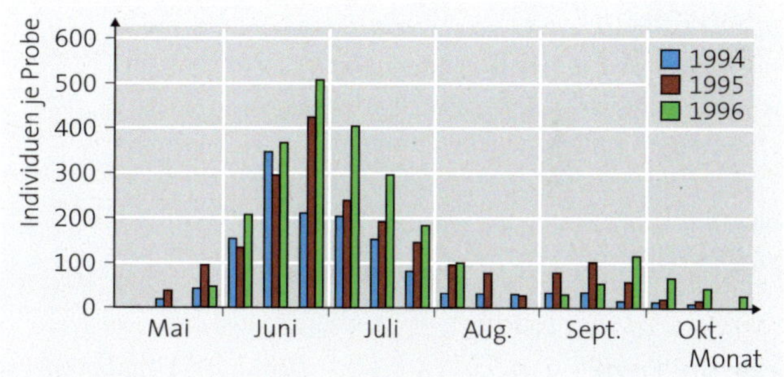


Mehrere Hundert Arten von Blattläusen kommen bei uns vor. Sie alle saugen Pflanzensaft, meist aus den Siebröhren, die sie mit ihrem hoch spezialisierten Saugrüssel anstechen. Die Pflanzen werden durch den Saftentzug und durch die Übertragung von Viren geschädigt. Da der Pflanzensaft sehr zuckerreich ist, aber arm an Stickstoffverbindungen wie Aminosäuren, scheiden die Blattläuse zuckerreichen Kot als „Honigtau“ aus. Dieser wird besonders von Ameisen aufgenommen. Manche Ameisenarten nehmen sogar Blattläuse während des Winters mit in ihr Erdnest und verteidigen sie auf den Pflanzen gegen andere Insektenarten, die wie Florfliegen, Marienkäfer, Schwebfliegen oder deren Larven Blattläuse erbeuten. Winzige Blattlauswespen bringen mit ihrem Legestachel ein Ei in den Blattlauskörper. Die aus dem Ei schlüpfende Larve entwickelt sich in der Blattlaus, wobei sie zuerst deren Eierstöcke, später auch lebenswichtige Organe verzehrt.

1. Stellen Sie die Beziehung der im Text genannten Lebewesen in einem „+/–“-Schema mit Blattläusen im Zentrum und den zugehörigen Fachbegriffen dar.
2. Erklären Sie die Kennzeichen der in Ihrem Schema dargestellten Beziehungen zwischen Lebewesen.
3. Das Diagramm rechts oben zeigt die Entwicklung einer Blattlauspopulation auf demselben Strauch in drei aufeinanderfolgenden Jahren. Erläutern Sie an diesem Beispiel die als r-Strategie bezeichnete, für Blattläuse typische Populationsentwicklung.
4. In besonderen Organen der Blattläuse, den Mycetomen, finden sich Mikroorganismen. Behandelt man Blattläuse mit Antibiotika, verschwinden diese Mikroorganismen und gleichzeitig zeigen die Läuse erhöhte Sterblichkeit, gehemmtes Wachstum und Fortpflanzungsstörungen. Das Bild unten zeigt ein Autoradiogramm des Zellsafts derart behandelter Blattläuse (A) im Vergleich mit unbehandelten Tieren (N). Die dunklen Substanzflecke über dem Startfleck sind durch Strahlung von radioaktivem Schwefel in Aminosäuren entstanden, wenn der Blattlausnahrung radioaktives Sulfat zugesetzt wurde.
Interpretieren Sie die Versuchsergebnisse und entwickeln Sie eine Hypothese zu ihrer Erklärung.
5. Schlagen Sie ein Experiment vor, das Ihre Hypothese stützt.

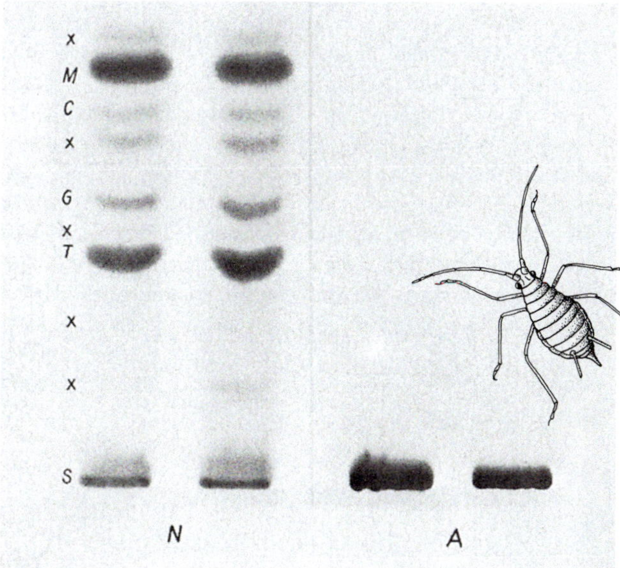

# Die Brennnessel – Beispiel ökologischer Verflechtungen

*Die Konkurrenz zwischen Wildkräutern und Kulturpflanzen macht viele Pflanzen für den Menschen zu unerwünschten Kräutern, zu „Unkräutern". Sie zu bekämpfen war ursprünglich sehr mühsam. Heute gelingt es durch Agrartechnik und Herbizideinsatz bequem, Getreidefelder ohne bunte Begleitflora hervorzubringen. Selbst an Straßenböschungen und Wegrändern, wo keine Konkurrenz zu Kulturpflanzen besteht, werden die „Unkräuter" verfolgt.*
*Inzwischen hat sich die Einstellung zu wild wachsenden Pflanzen gewandelt. Durch eine geänderte Gesetzgebung dürfen nicht genutzte Flächen meist nur noch mechanisch behandelt werden, was vielen Wildkräutern eine Überlebenschance gibt. Anders als die Ackerwildkräuter konnte die Brennnessel von der gewandelten Einstellung jedoch nicht profitieren.*

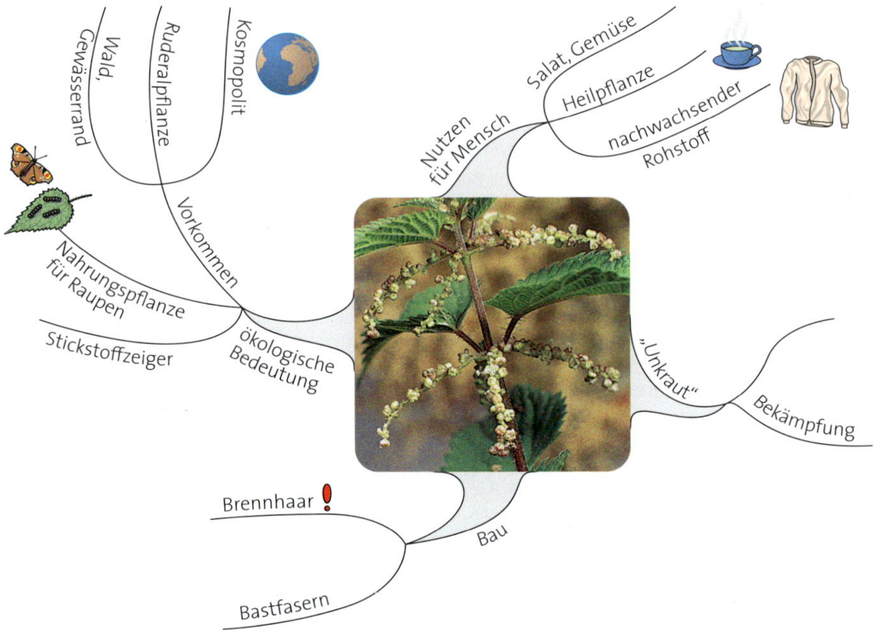


**GRUNDLAGEN** Nach wie vor ist die Brennnessel allgemein unbeliebt und wird selten geduldet. Das mag an ihren unscheinbaren Blüten liegen und der unangenehmen Eigenschaft zu brennen. Doch zeigt ihr Beispiel, wie problematisch diese einseitige Sicht der Natur ist. Man wird damit weder ihrer ökologischen Bedeutung gerecht noch der als Heilpflanze, deren Wirkung schon im Altertum geschätzt wurde. Zudem kann sie als Lieferant nachwachsender Rohstoffe für textile Fasern genutzt werden.

Die Familie der Brennnesselgewächse (Urticaceae) umfasst 42 Gattungen mit über 600 Arten. In Deutschland kommen davon 4 Arten vor, von denen die Große Brennnessel (Urtica dioica) und die Kleine Brennnessel (Urtica urens) am weitesten verbreitet sind. Die Kleine Brennnessel wird nur 0,50 m hoch und ist einjährig, während die Große Brennnessel bis zu 1,50 m hoch wird und ausdauernde unterirdische Rhizome besitzt.

Die Brennwirkung wird bei beiden Arten durch Brennhaare hervorgerufen (► Bild 1). Diese bestehen aus einem vielzelligen Sockel, in dem die eigentliche Haarzelle mit ihrem unteren, angeschwollenen Teil eingesenkt ist. Das obere Ende der Haarzelle läuft spitz zu und endet in einem Köpfchen. In die Zellwand sind Silikate eingelagert, die das Haar spröde machen. Bricht das Köpfchen bei Berührung ab, entsteht eine abgeschrägte, nadelspitze „Injektionskanüle". Durch sie gelangen die Inhaltsstoffe der Haarzelle in die Haut des „Angreifers": Ameisensäure, Acetylcholin und Histamin führen auf der menschlichen Haut zu Bläschenbildung, Brennen und Jucken.

### ☞ Basisinformationen

Intensivlandwirtschaft (► S. 383) • Konkurrenz (► S. 332) • Pflanzenzelle (► S. 20/21) • Feindabwehr (► S. 328) • Acetylcholin (► S. 414) • Histamin (► S. 229)

*1 Brennhaare. REM-Bild, Vergrößerung 200-fach*

1. Nennen Sie Gründe für den Wechsel in der Einstellung gegenüber Wildkräutern.
2. Untersuchen Sie Brennhaare von Blättern der Großen Brennnessel unter dem Mikroskop. Rasieren Sie dazu von der Unterseite einer Blattrippe oder dem Blattstiel einige der schon mit bloßem Auge sichtbaren Brennhaare mit einer Rasierklinge ab und übertragen Sie sie in einen Tropfen Wasser. Jede Berührung vermeiden, die Brennhaare brechen leicht ab! Zeichnen Sie ein Brennhaar. Vergleichen Sie mit Bild 1.
3. Die Blüten der Brennnessel sind eingeschlechtig und werden vom Wind bestäubt. Betrachten Sie die Blüten mit der Lupe. Beachten Sie: Die Große Brennnessel ist zweihäusig.

## Ökologie der Brennnessel

Brennnesseln sind *Kosmopoliten*. Sie kommen weltweit auf humusreichen, feuchten Waldstandorten und an den Ufern nährstoffreicher (eutropher) Gewässer vor. Wegen ihres hohen Stickstoffbedarfs gelten sie als *Stickstoffzeiger*. So treten sie auch bevorzugt an nährstoffreichen Ruderalstellen (lat. *rudus:* Schutt, Ruinen) auf, wie sie im Einzugsbereich des Menschen häufig sind. Ihr üppiger Wuchs an Wegrändern deutet auf organische Abfälle hin, zum Beispiel Hundekot.

Die Brennnessel findet man oft vergesellschaftet mit anderen Pflanzen, die ähnliche Umweltansprüche haben, wie *Giersch (Aegopodium podagraria), Knäuelgras (Dactylis glomerata), Klebriges Labkraut (Galium aparine)* und *Gundermann (Glechoma hederacea)* sowie *Kanadische Goldrute (Solidago canadensis).* Zwischen den verschiedenen Arten hat sich eine Koexistenz entwickelt. Sie wird dadurch ermöglicht, dass die Arten einander innerhalb ihrer ökologischen Potenz ausweichen, zum Beispiel in Bezug auf ihren Hauptwurzelhorizont, aber auch durch positive Interaktionen, also wechselseitige Förderung, beispielsweise von gegen Verbiss empfindlichen Arten durch Schutzpflanzen.

Die Kanadische Goldrute ist ein Neueinwanderer aus Nordamerika, der in *Konkurrenz* zur heimischen Pflanzenwelt tritt. Die Konkurrenz zwischen Kanadischer Goldrute und Großer Brennnessel wurde experimentell untersucht. Dazu wurden beide Arten in Reinkultur und Mischkultur unter definierten Umweltbedingungen angezogen, wobei die Individuenzahl jeweils dieselbe war. Anschließend wurde die pflanzliche Biomasse zum maximalen Entwicklungszeitpunkt bestimmt und in ein Diagramm eingetragen.

Bild 1 zeigt das Versuchsergebnis bei unterschiedlicher Bodenfeuchte, Nitratversorgung und Bodenart. Konvexe Kurven bedeuten eine relative Förderung, konkave eine relative Hemmung der jeweiligen Art bei interspezifischer Konkurrenz in Mischkultur. Hier zeigt sich zudem, dass beide Arten unter jeweils nicht optimalen Bedingungen koexistieren können. Dazu trägt auch die jahreszeitlich unterschiedliche Entwicklung beider Arten bei.

Die ökologische Bedeutung der Brennnessel wird deutlich, wenn man ihre *Stellung im Nahrungsnetz* betrachtet. Die Brennnessel dient vielen Arten als Nahrungspflanze, darunter dem *Brennnesselrüssler*, einem Käfer, der an der Unterseite der Blätter frisst, und einer *Minierfliegenlarve*, die das Innere des Blattes mit Fraßgängen durchzieht. Die Raupen von *Kleiner Fuchs, Landkärtchen* und *Admiral* leben ausschließlich von Brennnesseln. Sie sind stenök in Bezug auf ihre Nahrung. Auch *Tagpfauenauge* und *Distelfalter* legen ihre Eier bevorzugt an Brennnesseln ab. Die Falter selbst suchen jedoch als Nahrungsquelle andere Pflanzen auf. Die Raupen sind in ihrem Verhalten an die Abwehrstrategie der Brennnessel angepasst: Sie beißen die Brennnesselhärchen unten durch, sodass sie abfallen, und können dann weiterfressen, ohne gebrannt zu werden. Zwischen Raupen und Brennnessel hat eine Koevolution stattgefunden.

### ☞ Basisinformationen

Nitratbelastung (► S. 392) • physiologisches und ökologisches Optimum (► S. 332) • ökologische Nische (► S. 334/335) • Koevolution (► S. 328) • Nahrungsnetz (► S. 355)

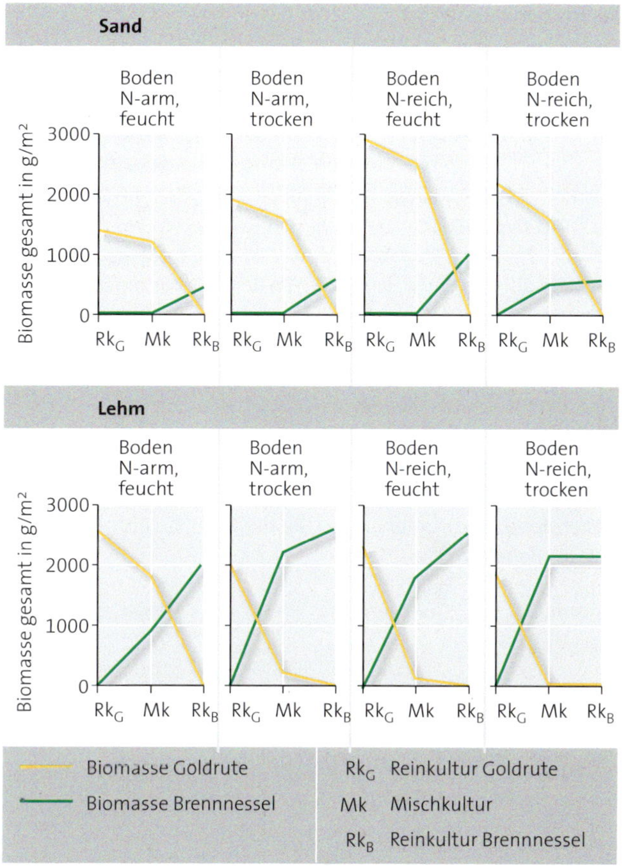


1 *Versuch zur Konkurrenz von Brennnessel und Kanadischer Goldrute*

**❶ Stellen Sie anhand von Bild 1 die Bedingungen heraus, unter denen die Arten jeweils konkurrenzstärker sind. Nennen Sie die Bedingungen, die eine ökologische Sonderung erlauben.**

**❷ Stellen Sie die Nahrungsbeziehungen zwischen der Brennnessel und den von ihr lebenden Tieren grafisch dar. Ergänzen Sie das Schema durch weitere Ihnen bekannte Nahrungsbeziehungen.**

**❸ Erläutern Sie, inwiefern die von der Brennnessel abhängigen Falter ein Beispiel für Einnischung sind.**

2 *Raupe vom Kleinen Fuchs*

## Untersuchungen zum Standort der Brennnessel

### Vegetationsaufnahme

Suchen Sie Standorte auf, an denen Brennnesseln vorkommen (▶ Bild rechts). Bestimmen Sie jeweils die Begleitarten der Brennnessel. Legen Sie von den nicht geschützten Arten ein Herbar an. Stellen Sie außerdem die Zeigerwerte für die verschiedenen Pflanzen zusammen. Benutzen Sie dazu die Tabellen von H. ELLENBERG „Zeigerwerte der Gefäßpflanzen Mitteleuropas". Aus den Tabellen lassen sich an Parametern wie Licht, Temperatur, Feuchte, Stickstoffbedarf die Standortansprüche der Pflanzen ablesen. Vergleichen Sie die Befunde für die verschiedenen Arten.

### Bodenuntersuchung

Nehmen Sie Bodenproben von den Stellen, an denen Brennnesseln vorkommen, und zum Vergleich Proben von Stellen, an denen keine Brennnesseln auftreten.

*Bodenbeschaffenheit.* Testen Sie zunächst den Boden mithilfe der Fingerprobe. Dazu untersuchen Sie die Formbarkeit und Körnigkeit des Bodens mit der Hand.

| Bodenart | Fingerprobe | Gehalt an Ton |
|---|---|---|
| Sandboden | nicht formbar, sichtbar körnig | < 10 % |
| sandiger Lehm | formbar, Sand knirscht vernehmbar | 10–30 % |
| Lehmboden | formbar, stumpfe Oberfläche | 30–50 % |
| Tonboden | formbar, klebrig, glänzende Oberfläche | > 50 % |

Die Proben werden für die weiteren Laboruntersuchungen in verschlossenen, beschrifteten Plastiktüten transportiert.

*Wassergehalt.* Wiegen Sie jeweils 100 g der Bodenproben aus. Trocknen Sie diese anschließend im Trockenschrank bei 100 °C etwa 24 Stunden und wiegen Sie sie dann erneut. Berechnen Sie den prozentualen Wassergehalt.

*pH-Wert.* Mischen Sie in einem Becherglas jeweils 25 g der luftgetrockneten Bodenprobe mit 25 ml $CaCl_2$-Lösung (0,1 %; *Xi*). Bestimmen Sie den pH-Wert (pH-Papier oder Glaselektrode).

*Kalkgehalt.* Geben Sie jeweils eine Spatelspitze der getrockneten Bodenprobe in eine Petrischale und versetzen Sie sie mit einigen Tropfen 10 %iger Salzsäure *(Xi)*. Je nach Menge des enthaltenen Kalks braust die Erde hörbar oder sichtbar auf. Schätzen Sie den Kalkgehalt nach folgender Tabelle ein:

| Beschreibung der Reaktion bei HCl-Zugabe | ungefährer Kalkgehalt in % |
|---|---|
| kein Aufbrausen zu sehen oder in Ohrnähe zu hören | kalkfrei |
| kein Aufbrausen zu sehen, aber in Ohrnähe zu hören | < 1 |
| Aufbrausen zu sehen und zu hören | 1 %–4 % |
| starkes und lange anhaltendes Aufbrausen | > 5 % |

*Nitratgehalt.* 10 g der getrockneten Bodenproben werden jeweils mit 10 ml destilliertem Wasser gut gemischt und anschließend über einen Trichter in ein Becherglas filtriert. Tauchen Sie ein Nitrat-Teststäbchen kurz ein und lesen Sie das Ergebnis nach 1 min ab. Berechnen Sie den Nitratwert.

Vergleichen Sie anschließend die Ergebnisse Ihrer Bodenuntersuchungen. Leiten Sie daraus die Standortansprüche der Brennnessel ab.

### Nachweis von Nitrat in verschiedenen Pflanzenteilen

**MATERIAL:** je 10 g Pflanzenmaterial (Stängel, Blätter, Rhizom), Nitrat-Teststäbchen, Mörser, Pistill, Filterpapier, Trichter, Becherglas

**DURCHFÜHRUNG:** Zerkleinern Sie das Pflanzenmaterial und zerreiben Sie es im Mörser. Geben Sie 40 ml destilliertes Wasser hinzu und mörsern Sie nochmals mindestens 1 min. Filtrieren Sie nun und messen Sie den Nitratwert wie oben. Berechnen Sie den Nitratgehalt. Berücksichtigen Sie dabei den Verdünnungsfaktor (Testwert × 5 = mg/kg Pflanzenmaterial).

### Nachweis von Nitrationen in der Brennnessel

**MATERIAL:** Brennnesselstängel, Rasierklinge, Lupe, Glasplatte, konz. Schwefelsäure *(C; Vorsicht, ätzend!)*, Diphenylamin *(T, N; Vorsicht, giftig!)*

**DURCHFÜHRUNG:** Fertigen Sie einen Querschnitt durch den wurzelnahen Teil des Brennnesselstängels (▶ Bild unten). Betropfen Sie ihn auf einer Glasplatte mit etwas Diphenylamin-Schwefelsäure (einige Körnchen Diphenylamin in etwas konz. Schwefelsäure gelöst). Beobachten Sie die Blaufärbung des Gewebes (Nitratspeicherung im Zellsaft).

# Vom Nutzen der Brennnessel

1 *Der fertige Stoff aus Brennnesselfasern*

**Nachwachsender Rohstoff**

Aus den Stängeln der Brennnessel lassen sich Fasern für die Herstellung von *Textilien* gewinnen. Nesselstoff gab es bereits vor Hunderten von Jahren. In Deutschland wurde er zuletzt im Zweiten Weltkrieg für Armeebekleidung hergestellt. Nach dem Krieg geriet er jedoch – ebenso wie Hanf und Flachs – durch die Einfuhr von Baumwolle und die Entwicklung preiswerter Chemiefasern in Vergessenheit. Der Wunsch der Verbraucher nach Naturstoffen – forciert durch die Zunahme von Allergien auf chemisch behandelte Textilien – führte zur Wiederbelebung der heimischen Faserpflanzenproduktion. Verwendet werden die *Bastfasern*, die in der Rinde der Brennnessel als Festigungsgewebe dienen. Durch Züchtung gelang es, den Anteil der Bastfasern von 1–6 % der Wildformen auf 12–14 % zu steigern. Ihre Länge kann bis zu 15 cm betragen. Die Fasern müssen vom restlichen Stängelmaterial getrennt werden. Dazu bleiben die gemähten Stängel zunächst zwei Wochen auf dem Feld zum „Rösten“, wobei schon natürliche Fäulnisprozesse stattfinden. Nach dem Trocknen und Zerkleinern werden die Fasern durch neu entwickelte Verfahren enzymatisch „aufgeschlossen“. Der Abbau von Kittsubstanzen wie Pektin und Hemicellulosen führt zur Abtrennung vom restlichen Gewebe. Anschließend werden die Fasern gesponnen und zu Stoffen verwebt. Der Abfall kann zu Papier, Dämmplatten u. Ä. verarbeitet werden.

## Aufarbeitung von Brennnesselstängeln zu Textilfasern durch Laugenbehandlung

**MATERIAL:** 100 g getrocknete Brennnesselstängel, 0,4%ige Sodalösung ($Na_2CO_3$; *Xi*), 2%ige Natronlauge *(Xi; Vorsicht, beide Flüssigkeiten reizend!)*, Gummihandschuhe, Dampfdrucktopf (kein Aluminiumgerät verwenden), Küchensieb

**DURCHFÜHRUNG:** Kochen Sie etwa 10 cm lange Stängelstücke in der Sodalösung 60–90 min lang. Gießen Sie dann die Sodalösung ab und waschen Sie mit Leitungswasser nach. Die Rinde wird dann vom Stängel abgezogen *(Gummihandschuhe anziehen!)* und 90 min in 2%iger Natronlauge im Dampfdrucktopf (3. Ring) unter dem Abzug gekocht. Anschließend müssen die Fasern mit starkem Wasserstrahl in einem Sieb von allen Resten freigespritzt werden. Nach mehrstündigem Trocknen bei 100 °C erhalten Sie baumwollähnliche Fasern.

**Heilpflanze**

Aufgrund ihrer zahlreichen wertvollen Inhaltsstoffe wird die Heilwirkung der Brennnessel seit Langem geschätzt (► Zitat unten). Auch finden sich in vielen Kochbüchern Hinweise auf ihre Verwendung als Salat oder Gemüse. Hierzu dürfen nur junge Triebe verarbeitet werden.

Heilend wirkt die Brennnessel nicht nur auf den Menschen: Im Naturgarten dient sie als als Dünge- und vorbeugendes Heilmittel für Kulturpflanzen. Dazu werden die – möglichst noch vor der Blüte – geschnittenen Pflanzen mit Wasser angesetzt (etwa 10 kg auf 100 l Wasser). Der Gärungsprozess ist nach ungefähr zwei Wochen abgeschlossen. Die fertige Jauche wird im Verhältnis 1 : 10 verdünnt und die Pflanzen damit gegossen.

**Brennessel, Urtica dioica L.**

Große Nessel, Nessel, Hanfnessel.

Eine 60—80 cm hohe Staude mit ausdauerndem Wurzelstock. Der vierkantige Stengel sowie die herzförmigen, grobgesägten **Blätter sind mit Brennhaaren versehen.**

**Eine überall zu findende Pflanze.**

**Blüte** (Juli—August): Rispe mit kleinen, unscheinbaren Blüten.

S.-Z. (junge Blätter und Wurzeln): Sommer.

1. Der **Tee** a) von Blättern wirkt blutreinigend (bei **Hautausschlägen**), harntreibend und wird verwendet bei **Verschleimungen** der Lunge und **Atmungsorgane**, reinigt den Magen; ferner bei **Gelbsucht** und **Hämorrhoiden.** b) Der **Tee** von Wurzeln wirkt kräftiger, besonders gut bei beginnender **Wassersucht** und bei **Blutflüssen.**

2. Der **Saft** stillt das Blutharnen (tägl. 2 Teel. voll).

3. **Wein.** In Wein oder Honig gekocht (2mal tägl. 1 kleine Tasse) gut bei **Asthma** und **Engbrüstigkeit.**

4. **Gurgelwasser.** Der Absud dient als Gurgelwasser bei **Verschleimung** des **Halses.**

5. **Waschungen.** Brennesselwasser (s. S. 19) wird zu Waschungen gegen **schwindende Glieder** empfohlen. Man taucht ein Tuch in das Wasser und reibt das kranke Glied tägl. 2—3mal ein.

6. **Haarmittel** (s. S. 19) gegen **Schuppen** und **Haarausfall.**

---

**1** Beschreiben Sie anhand des Mikrofotos auf Seite 344 die Verteilung der Bastfasern im Stängelquerschnitt.

**2** Die Brennnessel als nachwachsender Rohstoff hat viele Vorteile: Ihre Produktivität ist enorm und ihre Nutzungsdauer beträgt bis zu 20 Jahre. Zudem kann auf den Einsatz von Pflanzenschutzmitteln beim Anbau ganz verzichtet werden und sie entzieht durch ihren hohen Bedarf dem Boden Stickstoff. Begründen Sie, inwiefern diese Eigenschaften einen ökologischen Vorteil darstellen. Ziehen Sie dazu auch die Seiten 384/385 heran.

**3** Machen Sie sich von den verschiedenen Heilwirkungen der Brennnessel selbst ein Bild.
Herstellung eines Haarpflegemittels: Schneiden Sie 250 g frische Brennnesselwurzeln in kurze Stücke. Kochen Sie sie mit einem halben Liter Essig und 1 Liter Wasser eine halbe Stunde lang und sieben Sie sie anschließend durch.
Herstellung von Tee: Überbrühen Sie 1 Esslöffel gehackte Brennnesseln mit einer Tasse kochendes Wasser, lassen Sie sie 10 min ziehen und seihen Sie dann ab.

# Ökosysteme

1 An Seilen gesichert untersucht ein Biologe in 40 m Höhe den Kronenraum eines tropischen Wald-Ökosystems in Costa Rica.

*Auf einem Hektar können mehrere Hundert Baumarten wachsen, ein einziger Baum ist Lebensraum für Dutzende von Aufsitzerpflanzen und Hunderte von Tierarten: Tropische Regenwälder sind die Zentren der Artenvielfalt auf unserem Planeten. Über die Hälfte der auf der Erde vertretenen Tier- und Pflanzenarten leben hier – auf nur 7 % der Landoberfläche. Erst seit wenigen Jahrzehnten untersucht man diese Ökosysteme systematisch bis in ihre oberen, besonders artenreichen Stockwerke. Da Jahr für Jahr 1 % der Tropenwaldfläche durch Brandrodung und Abholzung verloren geht, ist es ein Wettlauf mit der Zeit ...*

### Im Blickpunkt

- Struktur von Ökosystemen
- wichtige Ökosysteme in Kurzporträts
- pflanzliche Primärproduktion als Fundament jedes Ökosystems
- Nahrungsnetz und Energiefluss
- Stoffkreisläufe – ein gigantisches Biorecycling
- Untersuchung von Ökosystemen und ihre Methoden
- Werden und Vergehen von Ökosystemen
- biologisches Gleichgewicht und seine Stabilität
- Vielfalt und Einförmigkeit der Arten im Ökosystem
- Ökosysteme aus Menschenhand

**GRUNDLAGEN** Der einzige Platz für Leben, den wir im Weltraum kennen, ist die Erde. Und auch bei ihr beschränkt sich der für Leben geeignete Bereich, die Biosphäre, auf ein dünnes „Lebenshäutchen" an der Oberfläche. Die Geobiosphäre des Bodens reicht bis 5 m Tiefe. Pflanzen ragen wegen des schwierigen Wassertransports gegen die Schwerkraft höchstens 120 m auf. Die Hydrobiosphäre der Gewässer ist in der lichtdurchfluteten Schicht bis 100 m Tiefe am dichtesten belebt.

Bei aller Vielfalt des Lebens in der Biosphäre lassen sich im Hinblick auf landschaftliche Gegebenheiten, Klima und Lebewesen einheitliche Bereiche abgrenzen, die als Ökosysteme bezeichnet werden.

- Land-Ökosysteme sind immergrüne Tropenwälder, Savannen, Wüsten, Hartlaubgehölze (Macchie), Steppen, sommergrüne Wälder, boreale Nadelwälder und Tundren.
- Zu Süßwasser-Ökosystemen zählen Seen, Flüsse, Bäche und Moore.
- Marine Ökosysteme umfassen Watten, Flussmündungen, Schelfgebiete und das offene Meer.
- Ökosysteme der menschlichen Kulturlandschaft sind Agrar- und Siedlungsgebiete.

Zwischen den verschiedenen Ökosystemen bestehen keine starren Grenzen. Gerade die Übergangsbereiche zeichnen sich oft durch eine besondere ökologische Vielfalt aus.

## Aufbau und Merkmale von Ökosystemen

Ökologische Systeme aller Größenordnungen – von der Biosphäre bis zum Ökosystem – umfassen stets einen Lebensraum oder *Biotop* und eine Lebensgemeinschaft oder *Biozönose*. Bereits im 19. Jahrhundert erkannten Wissenschaftler wie ALEXANDER VON HUMBOLDT und ERNST HAECKEL, dass unbelebte Umwelt und Lebewesen untrennbare natürliche Einheiten bilden. Der britische Ökologe A. G. TANSLEY führte hierfür 1935 den Begriff „Ökosystem" ein.

**Biotop.** Die Gesamtheit der abiotischen Ökofaktoren im Lebensraum machen den *Biotop* aus: klimatische Faktoren, Boden und Geländestruktur, Wassertiefe und Wasserbewegung.

Der Biotop bildet den unbelebten Rahmen des Ökosystems. Er liefert den Lebewesen Voraussetzungen und Begrenzungen für ihre Existenz. Viele Biotope werden durch vorherrschende Faktoren horizontal oder vertikal in *Teillebensräume* untergliedert, diese wiederum in *Kleinstlebensräume*.

**Biozönose.** Sämtliche Populationen aller Arten in einem Biotop bilden eine *Biozönose*. Ihre Zusammensetzung ist alles andere als zufällig. Sie wird einerseits durch die Eigenschaften des Biotops und die Merkmale der Lebewesen bestimmt, durch die diese an die unbelebte Umwelt angepasst sind. Andererseits stehen alle Angehörigen der Biozönose untereinander in einem komplizierten Beziehungsgeflecht. Biozönosen benachbarter Biotope lassen sich nicht scharf voneinander abgrenzen.

**Ökosysteme.** Die Verflechtung von Biotop und Biozönose zum Ökosystem bedingt völlig neue Eigenschaften dieser Struktur- und Funktionseinheit, was durch die Verwendung des Begriffs „System" auch ausgedrückt wird: Ein Ökosystem ist das Beziehungsgefüge zwischen den Lebewesen einer Biozönose untereinander sowie zwischen Biotop und Biozönose.

Alle Ökosysteme stimmen in einer Reihe von Funktionsprinzipien überein:

- Ökosysteme sind meist sehr beständige biotische Einheiten, da sie in gewissem Grad zur *Selbstregulation* fähig sind, das heißt Veränderungen durch gegenläufige Prozesse ausgleichen können (► S. 364). Allen ökologischen Regelvorgängen liegen Regelkreise zugrunde.
- Wie die Lebewesen selbst, so sind auch Ökosysteme *offene Systeme*, die nur bestehen können, wenn ihnen ständig *Energie zufließt* und sie mit ihrer Umgebung *Stoffe austauschen* können (► S. 358).
- Innerhalb der Ökosysteme ist der Energiefluss, der seinen Ausgang bei der Strahlungsenergie der Sonne nimmt und letztlich zur Freisetzung von Wärme führt, eng mit der Produktion energiereicher organischer Stoffe und deren Weitergabe in *Nahrungsketten* verknüpft (► S. 355).
- Während alle Energie, die einem Ökosystem zufließt, ihm schließlich wieder verloren geht, vollführen die Stoffe im Ökosystem einen *Kreislauf*. Dabei werden die produzierten organischen Verbindungen wieder abgebaut, bleiben jedoch als anorganische Materie dem System erhalten (► S. 357).
- Bei aller Beständigkeit unterliegen auch Ökosysteme zeitlichen Veränderungen. Diese Entwicklung verläuft oft als langsame, sich selbst organisierende, regelhafte *Sukzession* (► S. 362).

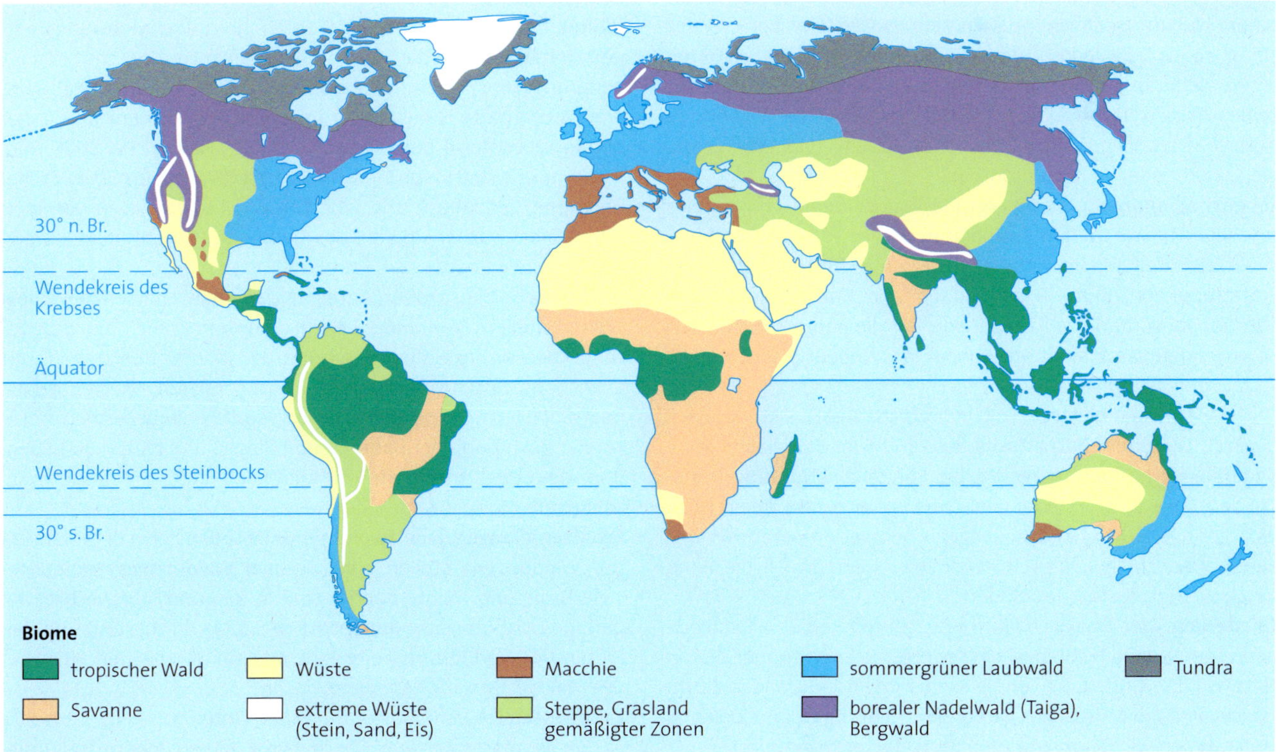


*1 Land-Ökosysteme ähnlicher klimatischer und landschaftlicher Bedingungen haben ein ähnliches Pflanzenkleid und lassen sich zu großflächigen Einheiten zusammenfassen, den Biomen.*

## Ökosystem Wald

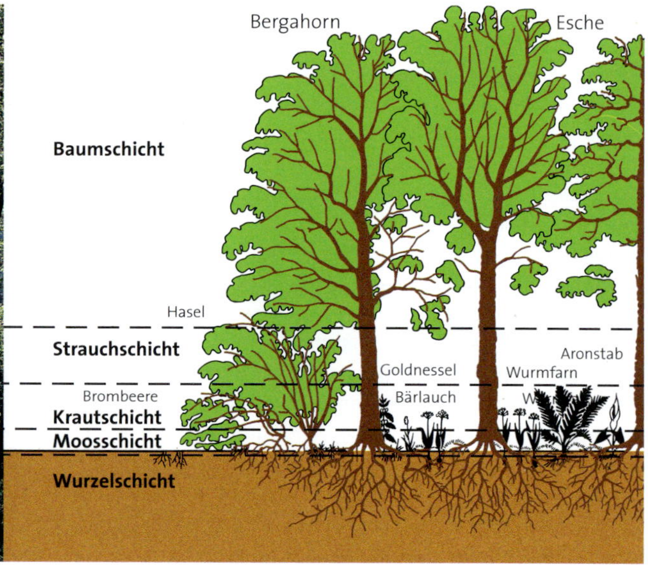


*1 und 2 In einem natürlich gewachsenen Mischwald lässt sich im Innern eine stockwerkartige Gliederung erkennen.*

Wälder sind Ökosysteme, deren Charakter durch Bäume geprägt wird. Von einem Wald sprechen wir, wenn Bäume auf einer Fläche von mindestens einem Hektar einen geschlossenen Bestand mit Kronendach bilden. In unterschiedlicher Ausprägung bedecken Wälder heute noch knapp ein Viertel der Kontinente.

Die Wald-Ökosysteme Mitteleuropas sind von Natur aus *sommergrüne, winterkahle Wälder*, in denen Laubbäume vorherrschen. Nur im Hochgebirge kommen *Nadelwälder* bei uns von Natur aus vor. Da jedoch unsere Wälder seit Langem vom Menschen vielfältig genutzt werden, gibt es heute in Mitteleuropa keine intakten Naturwälder mehr. Der größte Teil der Wälder sind Wirtschaftswälder, je nach Zusammensetzung und Wirtschaftsweise mehr oder weniger naturnah.

**Lebensbedingungen.** Sommergrüne Wälder benötigen mindestens vier Monate im Jahr Temperaturen über 10 °C und in dieser Vegetationszeit 300 bis 400 mm Niederschlag für Laubentfaltung, Stoffproduktion, Blüte, Fruchtbildung und Knospenanlage der Bäume. Die winterliche Kälteperiode, der die Bäume durch Laubabwurf angepasst sind, unterbricht das Lebensgeschehen im Ökosystem weitgehend.

In einem Wald bildet sich ein *Innenklima* aus: Das Kronendach, das sich bei einem Buchenwald aus rund 6 $m^2$ Blattfläche je $m^2$ Bodenfläche aufbaut, schwächt die Sonneneinstrahlung in das Waldesinnere so stark, dass hier – im Vergleich zum freien Feld – eine geringe Lichtintensität, ausgeglichenere Temperaturen und eine höhere Luftfeuchtigkeit herrschen. Außerdem ist die Windgeschwindigkeit stark vermindert.

**Gliederung.** Der *Stockwerkbau* (► Bild 2) mit seinen verschiedenen Vegetationsschichten ist ein Kennzeichen naturnaher Wälder. Naturwälder sind durch ungleichen Kronenschluss der Baumschicht und ein Mosaik aus Dickungen, Lichtungen und Kleinstlebensräumen wie Baumstümpfen noch stärker strukturiert.

**Lebensformen der Biozönose.** Durch ihre reiche Strukturierung und die hohe Dichte pflanzlicher Biomasse – bei einheimischem Wald rund 30 kg je $m^2$ – besitzen Wälder relativ artenreiche Biozönosen. In einheimischen Buchenwäldern lebt mit etwa 4 000 Pflanzen- und 7 000 Tierarten rund ein Fünftel aller in unseren Breiten vorkommenden Arten. Sie lassen sich – entsprechend ihren Anpassungen an die hier herrschenden Bedingungen – verschiedenen typischen Lebensformen des Waldes zuordnen und stehen untereinander in vielfältigen Nahrungsbeziehungen.

**Bäume und Sträucher.** Sie sind durch ihren überwinterungsfähigen Holzkörper und die von ihm getragenen, gut geschützten Erneuerungsknospen eine besonders langlebige, durch Laubabwurf oder winterharte Nadelblätter unserem Jahreszeitenklima angepasste Lebensform der Wälder. Rotbuche, Hainbuche, Stiel- und Traubeneiche sind ursprünglich vorherrschende Baumarten. Esche, Bergulme, Spitzahorn und Eibe kamen eher vereinzelt vor. Typische Waldsträucher sind bei uns Geißblatt, Pfaffenhütchen, Hartriegel oder Faulbaum.

**Frühblüher.** Einen großen Anteil an den Pflanzenarten der Krautschicht stellen Frühblüher, deren Speicherorgane und Erneuerungsknospen im Boden geschützt den Winter überstehen: Lerchensporn, Buschwindröschen, Scharbockskraut, Märzenbecher oder Goldstern. Gespeicherte Reservestoffe erlauben ihnen, noch vor der Belaubung der Baumkronen Blüten und Blätter zu bilden und somit die lichtreichste Zeit am Waldboden zur Fotosynthese zu nutzen.

**Schattenpflanzen.** Eine zweite typische Lebensform der Pflanzen des Waldbodens stellen zum Beispiel Waldmeister, Sauerklee, viele Farne und Moose dar. Sie sind in Bau und Stoffwechsel an geringe Lichtintensität angepasst (► S. 134). Zur Bestäubung der Blüten und Verbreitung ihrer Früchte sind die meisten Pflanzen des Waldbodens auf Tiere angewiesen.

**Laubfresser.** Obwohl Blätter nur einen Anteil von etwa 1 bis 2 % an der Biomasse unserer Mischwälder haben, leben davon die meisten Waldtiere, da Blattnahrung erheblich leichter aufschließbar ist als Rinde, Wurzeln oder Stammholz. Neben den großen pflanzenfressenden Säugetieren Hirsch und Reh sind viele Blatt- und Rüsselkäfer, Schmetterlings- und Blattwespenlarven Laubfresser.

**Blattminierer.** Dies sind meist Larven von Schmetterlingen und Zweiflüglern, die sich durch das Palisaden- oder Schwammgewebe der Blätter fressen. Die Fraßgänge, auch Minen genannt, sind von außen gut zu sehen.

**Gallbildner.** Sie veranlassen Pflanzen zur Bildung von spezifisch gestalteten Gewebewucherungen, die als *Gallen* bezeichnet werden. Sie dienen den Nachkommen der Gallbildner, vor allem Gallmücken, Gallwespen, Blattläusen oder Milben, als parasitisches Schutz- und Nährgewebe. Allein von den Blättern der Eiche kennt man über 100 Gallwespenarten.

**Säftesauger.** Vor allem Kleinzikaden und Blattläuse entziehen den Waldpflanzen unmittelbar aus dem Phloem der Leitbündel zucker- und aminosäurehaltigen Saft. Die zuckerhaltigen „Honigtau"-Ausscheidungen der Baumläuse dienen anderen Insekten, vor allem Waldameisen, als Nahrung.

**Rinden- und Holzbohrer.** Borkenkäfer, Bockkäfer und Holzwespen nutzen Rinde oder Holz der Stämme als Nahrungssubstrat für ihre Larven. Während Bockkäferlarven die Cellulose in der Holznahrung mithilfe symbiontischer Hefen, die in ihrem Verdauungssystem leben, zum Teil abbauen können, ernähren sich Borkenkäfer- und Holzwespenlarven von symbiontischen Pilzen, die in ihrem Fraßmehl wachsen.

**Baumhöhlenbewohner.** Die soliden und dauerhaften Stämme der Baumschicht bieten zahlreichen Säugetier- und Vogelarten Baumhöhlen als Schlaf- oder Brutstätten: Schläfer, Fledermäuse, Spechte, Tauben, Eulen und Meisen.

**Samenfresser.** Sie nutzen das reichhaltige Angebot des Waldes an hochwertiger Pflanzennahrung, wie Samen und Früchte es darstellen. Samenfressende Insekten wie Eichelbohrer und Fichtenzapfenwickler, Vögel wie Buchfink und Grünfink sowie Säugetiere wie Gelbhalsmaus und Eichhörnchen finden vor allem im Herbst reiche Nahrung.

**Streuzersetzer.** Rund die Hälfte aller Arten unserer Wald-Biozönosen lebt letztlich von der Streu abgestorbener Blätter und Nadeln, beispielsweise Milben, Springschwänze, Tausendfüßer, Asseln, Zweiflüglerlarven, Regenwürmer und Pilze. Sie setzen im Boden ein Vielfaches dessen um, was alle Tiere über dem Boden fressen, und führen durch ihre Tätigkeit Mineralstoffe in den Kreislauf des Ökosystems zurück.

---

1. **Stellen Sie mit Angaben aus dem Text dieser Seite und einem Tierlexikon Nahrungsketten (► S. 355) für heimische Wald-Ökosysteme auf.**
2. **Erklären Sie die ungewöhnlich lange Larvenzeit vieler Bockkäfer von 3 bis 5 Jahren.**
3. **Die Rotbuche wäre die bei uns von Natur aus vorherrschende Baumart. Erklären Sie diese Tatsache mit Bild 3 auf Seite 332.**

*1 Laubfresser: Blattkäferlarve*

*2 Gallbildner: Eichengallwespe*

*3 Rindenbohrer: Fichtenborkenkäfer*

*4 Baumhöhlenbewohner: Buntspecht*

*5 Samenfresser: Gelbhalsmaus*

*6 Streuzersetzer: Steinpilz*

## Ökosystem See

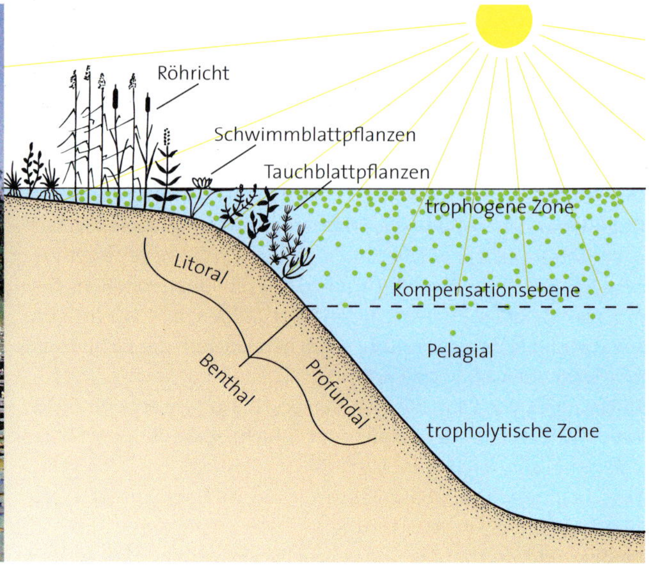


*1 und 2 Gliederung eines Sees. Die Pflanzen wachsen in unterschiedlicher Wassertiefe, dadurch entstehen die Pflanzengürtel.*

Während Meere rund 70 % und Wälder noch gut 7 % der Erdoberfläche bedecken, finden sich Gewässer mit Süßwasser nur auf 0,5 % der Erdoberfläche. Trotzdem sind diese Ökosysteme für die Biosphäre von großer Bedeutung, da viele Lebewesen an Süßwasser gebunden sind.

Nach Größe, Tiefe und Dauerhaftigkeit unterscheidet man zwischen sehr kleinen, flachen und zeitweilig bestehenden *Tümpeln*, kleinen *Teichen* und *Weihern* von geringer Tiefe und großen, tiefen *Seen*. Alle heimischen Seen sind mit einem Alter von weniger als 20 000 Jahren geologisch jung und durch ihre rasche natürliche Verlandung auch kurzlebig.

**Lebensbedingungen.** Die wesentlichen Lebensbedingungen der Gewässer-Ökosysteme werden von den Eigenschaften des Wassers vorgegeben: Lösevermögen, Dichte, Viskosität, Oberflächenspannung (► S. 317). Lebewesen im Süßwasser müssen außerdem den ständigen osmotischen Wassereinstrom in den Körper kompensieren, der durch den geringen Salzgehalt des Wassers verursacht wird (► S. 322).

Mit der Tiefe eines Sees nehmen Lichtintensität und Sauerstoffgehalt ab. Komplizierter sind die Temperaturverhältnisse. Im Sommer und Winter weist das Wasser eine *Temperaturschichtung* auf und wird durch Wind nur in den obersten Metern durchmischt. Im Herbst und Frühjahr, wenn die gesamte Wassermasse eine Temperatur von 4 °C und somit eine homogene Dichte erreicht, wird der gesamte See umgewälzt.

**Gliederung.** Ein See ist in sehr verschiedene Lebensbereiche gegliedert. Man unterscheidet das *Benthal*, die Bodenzone, vom *Pelagial*, der Freiwasserzone. Das Benthal gliedert sich in einen Uferbereich oder *Litoral* und einen Tiefenbereich oder *Profundal*. Die Grenze verläuft dort, wo – je nach Klarheit des Wassers zwischen 7 und 30 m – die Lichtintensität im Wasser für die Fotosynthese zu gering wird. Diese *Kompensationsebene* trennt im Bereich der Freiwasserzone die *trophogene Nährschicht* von der *tropholytischen Zehrschicht*. Nur in der durchlichteten trophogenen Zone können zur Fotosynthese fähige Lebewesen existieren. Das Wasser ist daher in der Regel oberhalb der Kompensationsebene sauerstoffreicher als darunter, vor allem wenn in der tropholytischen Zone viel Biomasse unter Sauerstoffverbrauch abgebaut wird.

**Lebensformen der Biozönose.** Deutlicher als im Wald sind im See die verschiedenen Lebensformen einzelnen Lebensbereichen zugeordnet. Sie bilden kennzeichnende Organismengesellschaften: *Plankton, Nekton, Neuston, Pleuston, Benthon*. Durch die vom Ufer zum Freiwasser und von der Oberfläche zum Grund abgestuften Lebensbedingungen bilden sich im Litoral vieler Seen gürtelartige Pflanzengesellschaften.

**Plankton.** So nennt man die Gesamtheit der im Freiwasser schwebenden Kleinlebewesen, deren Eigenbewegung gegenüber der Wasserbewegung unbedeutend ist. Plankton setzt sich aus pflanzlichen und tierischen Lebewesen zusammen, dem *Phytoplankton* und dem *Zooplankton*. Typisch für diese Lebensformen sind Merkmale, die das Schweben im Wasser verbessern: scheibenförmige Zellen, stern- oder bandförmige Zellkolonien, Schwebefortsätze, Öltröpfchen oder Gasvakuolen. Sie sind für das auf Licht angewiesene Phytoplankton und das von ihnen lebende Zooplankton lebenswichtig.

**Nekton.** Fische und einige Insekten wie Schwimmkäfer und Wasserwanzen, die mit ihren Flossen und Ruderbeinen auch gegen die Wasserbewegung vorankommen, bilden die Gruppe der Schwimmer, das Nekton.

**Neuston und Pleuston.** Für eine große Zahl von Organismen stellt das *Oberflächenhäutchen* eine Fläche dar, die besiedelt werden kann. Sie hängen daran, schwimmen oder laufen auf ihm. Mikroorganismen wie Algen, Bakterien und Pilze zählt man zum Neuston, größere Pflanzen und Tiere wie Wasserlinsen und Wasserläufer bilden das Pleuston. Auch Stechmückenlarven, die mit dem Haarkranz ihres Atemrohrs zur Atmung am Oberflächenhäutchen hängen, oder Wasserschnecken, die es von unten her abweiden, rechnet man dazu.

**Benthon.** Dies ist die Gesamtheit der an den Boden eines Gewässers gebundenen Lebewesen. Vor allem im durchlichteten Litoral leben die Mehrzahl der Großpflanzen und die Masse der 6 000 Tierarten unserer Seen: Würmer, Schnecken, Muscheln, Wasserasseln und viele Insektenlarven. Sie besitzen leistungsfähige Bewegungs- und Halteorgane und an das Wasserleben angepasste Atemsysteme. Eintags- und Köcherfliegenlarven atmen über blättchen- oder schlauchförmige Tracheenkiemen, Wasserkäfer, Wasserwanzen und die meisten Schnecken kommen zum Atmen an die Oberfläche, Schlammröhrenwürmer im sauerstoffarmen Profundal besitzen hämoglobinreiches Blut zur effektiven Bindung von Sauerstoff.

**Pflanzengürtel.** *Tauchblattpflanzen* wie Hornblatt, Tausendblatt und Wasserpest sind Wasserpflanzen, die ständig untergetaucht im Litoral leben. Über ihre stark zerschlitzten oder bandförmigen Blätter mit dünner Epidermis nehmen sie gelöste Mineralstoffe direkt aus dem Wasser auf. Das gut entwickelte Durchlüftungsgewebe verleiht ihren schlaffen Sprossen Auftrieb und verbessert ihren Gaswechsel.

*Schwimmblattpflanzen* sind Wasserpflanzen wie die Seerose, die häufig zur Landseite hin gürtelförmig an die Tauchblattpflanzen anschließen. Ihre Stängel und Schwimmblätter zeichnen sich durch besondere Anpassungen aus (► S. 320). Die Schwimmblätter liegen mit der Unterseite dem Wasserspiegel auf und besitzen nur auf der unbenetzbaren Oberseite Spaltöffnungen.

*Röhricht* aus Rohrkolben, Seebinse und dem vorherrschenden Schilfrohr bildet den Pflanzengürtel unmittelbar am Seeufer. Auch diese zur Lebensform der Sumpfpflanzen gerechneten Arten besitzen ein ausgeprägtes Durchlüftungsgewebe, durch das ihre im sauerstoffarmen Uferboden wachsenden Erdsprosse mit Sauerstoff versorgt werden. Das Röhricht ist als Übergangsbereich vom See zu den angrenzenden Ökosystemen besonders artenreich.

**1** **Vergleichen Sie See und Wald als Ökosysteme hinsichtlich Gliederung und maßgebender Ökofaktoren.**

**2** **Stellen Sie einen Zusammenhang her zwischen den Begriffen Kompensationspunkt und Kompensationsebene.**

**3** **Erklären Sie die Temperaturschichtung im See im Sommer (oben +20 °C, am Grund +4 °C) und Winter (oben Eisdecke, am Grund +4 °C).**

**4** **Nennen Sie typische Bewohner des Röhrichts.**

**5** **Topfpflanzen, die zu stark gegossen wurden und dadurch im Wasser stehen, sterben oft ab. Das geschieht bei Wasser- und Sumpfpflanzen jedoch nicht. Erklären Sie das Phänomen.**

*1 Phytoplankton: Grünalge*

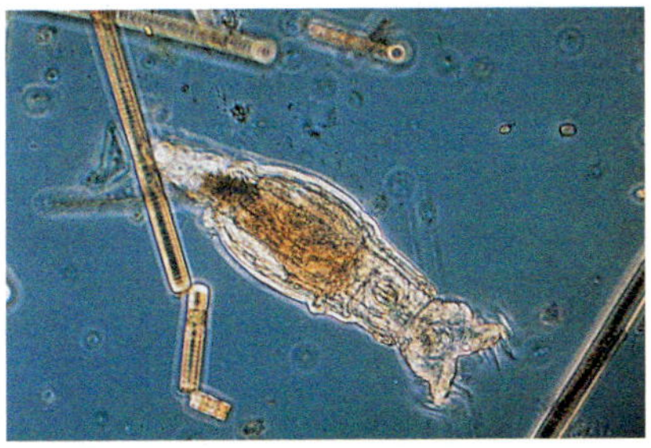

*2 Zooplankton: Rädertier*

*3 Nekton: Schwimmwanze*

*4 Nekton: Gelbrandkäfer*

*5 Pleuston: Wasserläufer*

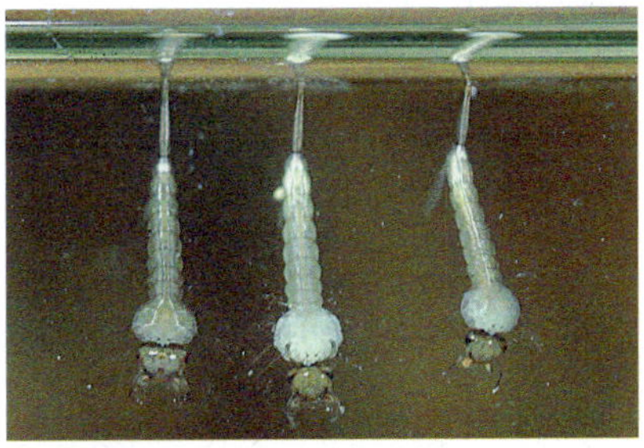

*6 Pleuston: Stechmückenlarven*

*7 Benthon: Teichmuschel*

*8 Benthon: Wasserassel*

*9 Benthon: Schlammröhrenwürmer*

## Ökosystem Bach

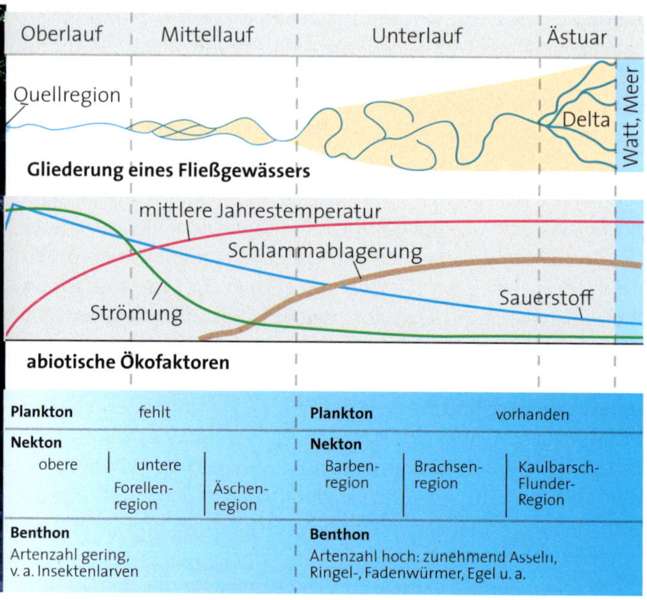


*1 und 2 Im Verlauf eines Fließgewässers verändern sich seine Lebensbedingungen. Dadurch entstehen kennzeichnende Zonen.*

Fließgewässer gelten als „Lebensadern" des festen Landes. Allein in Deutschland messen sie rund 600 000 km. Es sind Ökosysteme höchster Dynamik, die durch das ständig in eine Richtung fließende Wasser Landschaften gestalten, sich ihren eigenen Biotop schaffen, freihalten oder auch verändern. Alle Fließgewässer sind lang gestreckte Lebensräume, die ihren Charakter von der Quelle zur Mündung kontinuierlich ändern. Mit zunehmender Breite und Wasserführung unterscheidet man zwischen *Bach, Fluss* und *Strom*.

**Lebensbedingungen.** Beherrschender Ökofaktor der Fließgewässer ist die Strömung. Im Oberlauf, dem Bereich des Bachs, fließt das Wasser schnell und turbulent. Dafür sorgt vor allem das von Geröll oder Kies raue Bachbett. Sand und Schlamm können sich wegen der hohen Strömungsgeschwindigkeit nicht ablagern. Die ständige Durchmischung mit Luft bewirkt zusammen mit der in Quellnähe ganzjährig *niedrigen Wassertemperatur* eine *hohe Sauerstoffsättigung* des Wassers.

Der größte Teil der organischen Stoffe in einem Bach stammt nicht aus dem Ökosystem selbst, sondern gelangt in gelöster Form mit dem Grundwasser oder als Falllaub und dessen Zerreibsel vom Land ins Wasser. Fließgewässer sind daher viel stärker von ihrer Umgebung abhängig als Seen.

**Gliederung.** Durch die geringe Tiefe und die starke Strömung des Wassers sind Bäche von der Oberfläche zum Grund praktisch nicht gegliedert. Nur eine wenige Millimeter dicke strömungsarme Grenzschicht über dem Bachgrund und der bis zu 2 m tiefe wassergefüllte Porenraum unter der Bachsohle stellen besondere Lebensbereiche dar. Der Porenraum dient den Bachbewohnern vor allem als „Kinderstube" und Rückzugsraum bei Hochwasser oder Austrocknung.

Dagegen sind Fließgewässer in ihrem Verlauf von der Quelle zur Mündung deutlich zoniert, da sich Fließgeschwindigkeit, Wassertemperatur, Untergrund und Nährstoffzufuhr mit zunehmender Fließstrecke ändern. Diese Zonierung spiegelt sich in charakteristischen Biozönosen wider, die nach ***Leitfischen*** benannt, aber auch durch andere Lebewesen gekennzeichnet sind. Der typische Mittelgebirgsbach gehört in die Forellen- oder Äschenregion.

**Lebensformen der Biozönose.** Nur ganz wenige Großpflanzen, aber immerhin noch etwa 1 500 Tierarten – drei Viertel davon allerdings nur während ihrer Larvenzeit – kommen mit den Lebensbedingungen der heimischen Bäche zurecht. Sie gehören fast ausnahmslos zum Nekton und Benthon und bilden durch ihre speziellen Anpassungen an die Strömung eine ganz besondere Biozönose. Außerdem sind sie an relativ konstante niedrige Temperatur und die hohe Sauerstoffsättigung des Wassers angepasst.

Nach ihren Anpassungen an die Strömung und dem lebensraumspezifischen Nahrungserwerb lassen sich die Organismen des Bachs verschiedenen Lebensformen zuordnen.

**Anpassungen der Bergbachtiere an die Strömung.** Ein *Anhefter* ist zum Beispiel die strömungsgünstig geformte Mützenschnecke. Sie saugt sich mit ihrem Fuß am Untergrund fest. Strudelwürmer haften am Untergrund durch ein Schleimband ihrer Kriechsohle, Lidmückenlarven besitzen spezielle Saugnäpfe auf der Bauchseite. Weitgehend sesshaft ist die Lebensweise der Kriebelmückenlarven, die sich durch einen Häkchenkranz und Klebsekret mit ihrem Hinterende aufrecht an Steine heften.

Die Larven von mehr als der Hälfte unserer Köcherfliegenarten leben als *Beschwerer* in schnell strömenden Bächen.

Ihre aus Sandkörnern oder Steinchen gebauten Köcher erhalten bei manchen Arten durch besonders große Steinchen noch zusätzliches Gewicht.

Die *Klammerer* unter den Bergbachtieren besitzen sehr kräftig ausgebildete Beinkrallen, wie die Stein- und Eintagsfliegenlarven, oder Nachschieberklauen am Hinterende wie freilebende, also köcherlose Köcherfliegenlarven. Damit halten sich die Tiere an kleinsten Unebenheiten der Steine des Bachgrunds fest. Viele Arten sind außerdem abgeplattet und können sich in der strömungsarmen Grenzschicht, in Spalten und unter Steinen aufhalten und bewegen. Ein Beispiel hierfür ist die Eintagsfliegenlarve Ecdyonurus (► Bild 3).

Nur wenige Fischarten bilden die Gruppe der *Schwimmer*, das Bergbachnekton. Sie sind entweder durch einen rundlichen Körperquerschnitt für turbulente Strömung gebaut, wie die Bachforelle, die Elritze und die Schmerle, oder stark abgeflachte Grundfische wie die Groppe.

**Nahrungserwerb der Bergbachtiere.** *Strömungsfiltrierer* nutzen das strömende Wasser als Nahrungsträger, indem sie verdriftete Lebewesen oder deren Reste mithilfe besonderer Einrichtungen aus dem Wasser filtern. Kriebelmückenlarven (► Bild 6) besitzen dazu am Kopf zwei fächerförmige Fangrechen, die Köcherfliegenlarve Hydropsyche spinnt ein stabiles Fangnetz zwischen Steinen, die Zuckmückenlarve Rheotanytarsus besitzt ein Schleimfadennetz an ihrer Wohnröhre.

*Weidegänger* wie die Mützenschnecke und viele Eintags- und Köcherfliegenlarven schaben oder bürsten mit ihren Mundwerkzeugen den Aufwuchsrasen von Steinen ab. Er besteht vorwiegend aus Kieselalgen, Räder- und Glockentierchen sowie Bakterien.

*Räuber* finden sich unter den Bachtieren in allen Größenordnungen, von der mikroskopisch kleinen Raubmilbe bis zur Bachforelle. Sie gehen entweder aktiv auf die Jagd wie die großen Steinfliegenlarven (► Bild 9) oder warten als Lauerjäger auf die Beute wie die Groppe (► Bild 5).

*Zerkleinerer* machen sich über das Falllaub her, das besonders in Waldbächen die alleinige Nahrungsgrundlage der Flohkrebse und vieler Köcherfliegenlarven darstellt. Sie erschließen so diese Nahrungsquelle für die ganze Biozönose, die durch vielfältige Nahrungsbeziehungen ihrer Mitglieder verknüpft ist.

---

1. **Nennen Sie Gründe, warum es im Bach kein Plankton gibt.**
2. **Bergbachtiere werden als „kaltstenotherm" charakterisiert. Erklären Sie, was damit gemeint ist.**
3. **Erklären Sie den Sauerstoffreichtum des Bergbachs physikalisch.**
4. **Informieren Sie sich in einem Zoologiebuch über die Biologie der Ihnen unbekannten Tiergruppen des Bachs.**
5. **Nach einem katastrophalen Hochwasser ist ein Bach sehr schnell wieder normal besiedelt. Erklären Sie dieses Phänomen.**

*1 Anhefter: Bachstrudelwurm*

*2 Beschwerer: Köcherfliegenlarve*

*3 Klammerer: Eintagsfliegenlarve*

*4 Schwimmer: Schmerle*

*5 Schwimmer: Groppe*

*6 Filtrierer: Kriebelmückenlarven*

*7 Weidegänger: Mützenschnecke*

*8 Zerkleinerer: Flohkrebs*

*9 Räuber: Steinfliegenlarve*

## Biologische Produktion in Ökosystemen

Jedes Jahr entziehen die Pflanzen des Festlands und der Meere der Atmosphäre rund 250 Milliarden Tonnen Kohlenstoffdioxid und bilden daraus durch Fotosynthese schätzungsweise mehr als eine halbe Billion Tonnen neue Biomasse. Von dieser Bioproduktion leben praktisch alle Organismen der Erde. Sie wird daher auch als *Primärproduktion* bezeichnet und ist eine der wichtigsten Größen für den Stoffhaushalt der einzelnen Ökosysteme und der gesamten Biosphäre. Der durch *Chemosynthese* (► S. 138) erzeugte Beitrag zur Primärproduktion ist dagegen verschwindend gering.

**Brutto- und Nettoprimärproduktion.** Pflanzen verbrauchen 20 bis 75 % ihrer durch Fotosynthese erzeugten organischen Stoffe durch *Atmung* (Respiration *R*). Man unterscheidet daher zwischen *Bruttoprimärproduktion* ($P_b$) und *Nettoprimärproduktion* ($P_n$):

$$P_n = P_b - R.$$

Die Nettoprimärproduktion gibt – meist in kg Trockensubstanz je m² oder Tonnen Kohlenstoff je ha Grundfläche – den Produktionsertrag der Pflanzendecke während eines Jahres an. Um die Bruttoprimärproduktion zu errechnen, muss man dazu die in Trockensubstanz umgerechneten Werte für die Atmung *(R)* addieren. Unter *Biomasse* versteht man dagegen das Gewicht der lebenden Organismen einer Flächen- oder Volumeneinheit.

**Bioproduktivität verschiedener Ökosysteme.** Die Fotosyntheseleistung der Pflanzen hängt in erster Linie von den Ökofaktoren Wasser, Temperatur, Kohlenstoffdioxid und Licht ab. An Land wird sie oft durch die Verfügbarkeit des Wassers begrenzt. Eine relativ geringe Produktivität weisen die mineralstoffarmen Ozeane auf, wofür in Polnähe Lichtmangel, in den Tropen Mineralstoffmangel ursächlich sind. Produktive Oasen in der „blauen Wüste" der Meere sind Korallenriffe und vulkanische Tiefseeschlote (► S. 138). Insgesamt steuern die Meere nur ein Drittel zur Primärproduktion der Biosphäre bei. Etwa dieselbe Stoffmenge erzeugen auf einem Zehntel der Fläche die Wälder der Erde. Die produktivsten natürlichen Pflanzengesellschaften finden sich im Gezeitenbereich der Meere, in Marschen und Sümpfen. Insgesamt erzeugen die Pflanzen der Erde rund 170 Milliarden Tonnen Trockensubstanz pro Jahr. Auf 1 m² der Erdoberfläche bezogen entspricht diese Nettoprimärproduktion etwa 1 g am Tag.

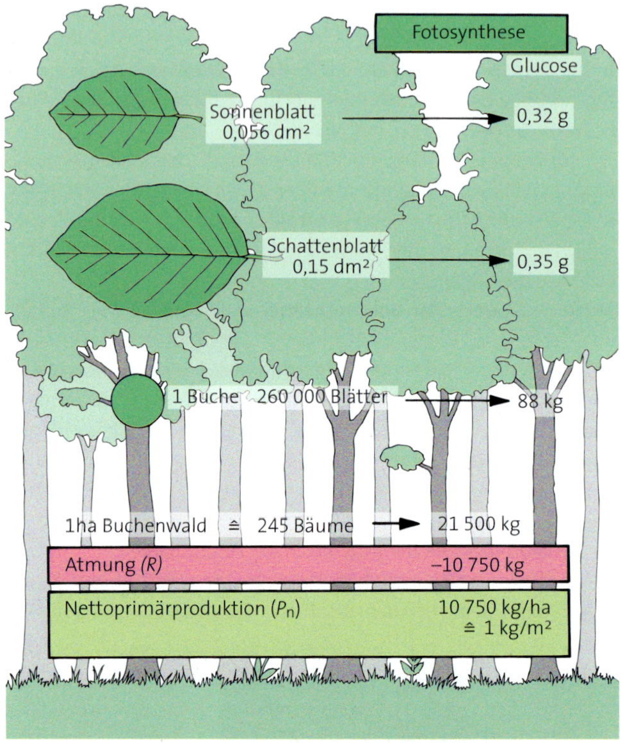


*1 Primärproduktion eines Buchenwaldes in einem Jahr*

1. **Vergleichen Sie mit den Angaben in Bild 2 die Produktivität von kühlfeuchten Wäldern und Regenwäldern warmer Länder.**
2. **Erklären Sie, wie es in den Ökosystemen Wald und See zu einer vertikalen Schichtung der Primärproduktion kommt.**
3. **Korallenriffe gehören zu den produktivsten Ökosystemen der Erde, obwohl sie in der tropischen „Wüstenzone" der Weltmeere liegen. Nennen Sie mögliche Gründe und erläutern Sie.**
4. **Obwohl die Primärproduktion der Ozeane pro Fläche 5-mal kleiner ist als die der Festland-Ökosysteme, verhält sich bei ihnen jährliche Produktion zu vorhandener Biomasse wie 14 : 1, auf dem Festland aber wie 1 : 16. Erklären Sie den Sachverhalt.**

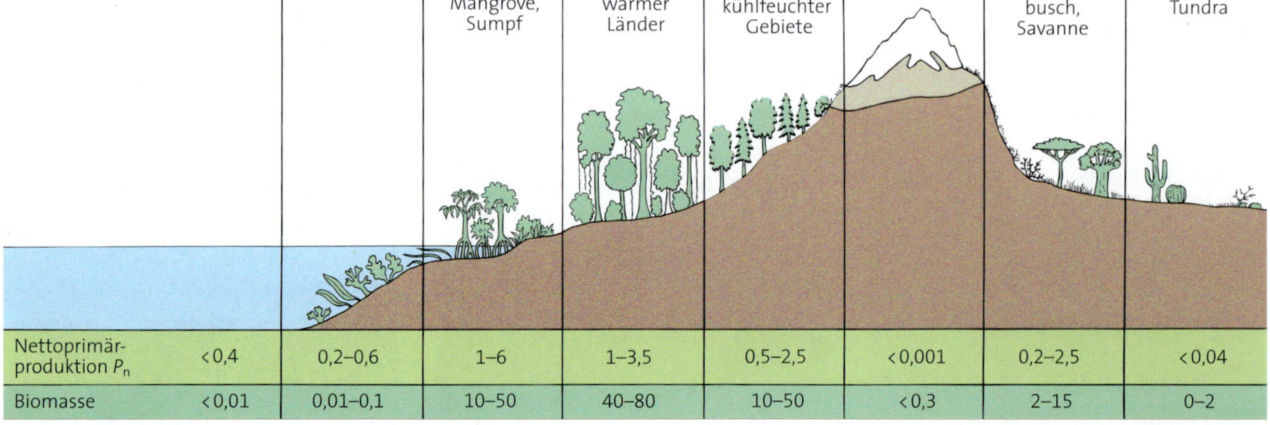

| | Ozean | Küstenzone | Gezeitenzone, Mangrove, Sumpf | Regenwald warmer Länder | Wald kühlfeuchter Gebiete | Fels, Eis | Trockenbusch, Savanne | Wüste, Tundra |
|---|---|---|---|---|---|---|---|---|
| Nettoprimärproduktion $P_n$ | < 0,4 | 0,2–0,6 | 1–6 | 1–3,5 | 0,5–2,5 | < 0,001 | 0,2–2,5 | < 0,04 |
| Biomasse | < 0,01 | 0,01–0,1 | 10–50 | 40–80 | 10–50 | < 0,3 | 2–15 | 0–2 |

*2 Nettoprimärproduktion in einem Jahr und pflanzliche Biomasse verschiedener Ökosysteme (Zahlenwerte in kg/m²)*

## Nahrungsbeziehungen

Zentraler Teil des Beziehungsgeflechts einer Biozönose sind Nahrungsbeziehungen. Sie werden durch Freilandbeobachtungen, Analysen von Kot, Gewölle und Mageninhalten erforscht. Bei der Tracer-Methode werden Stoffe radioaktiv markiert. So lässt sich ihr Weg durch das Nahrungsnetz verfolgen.

**Nahrungsketten.** Pflanzen sind die *Produzenten* im Ökosystem. Von ihnen ernähren sich die Pflanzenfresser oder *Primärkonsumenten*. Diese können Fleischfressern zum Opfer fallen, den *Sekundärkonsumenten*. Werden auch sie wieder von anderen Tieren gefressen, nennt man diese *Tertiärkonsumenten*. Das letzte Glied einer solchen *Nahrungskette* des Fressens und Gefressenwerdens wird als *Endkonsument* bezeichnet.

**Nahrungsnetz.** Da sich nur wenige Tiere ausschließlich von einer Pflanzen- oder Tierart ernähren und kaum ein Lebewesen nur von einer einzigen Feindart bedroht ist, verzweigen sich die Nahrungsketten im Ökosystem zum *Nahrungsnetz*.

Das vollständige Nahrungsnetz eines Ökosystems berücksichtigt auch Destruenten (► S. 356) sowie parasitische und symbiontische Beziehungen in der Biozönose. Es ist bislang nur für kleine, gut abgegrenzte Ökosysteme wie kleine Seen, Bachabschnitte oder Feldgehölze erstellt worden.

**Quantitative Beziehungen.** Wo es gelungen ist, die Nahrungsflüsse in einem Ökosystem mengenmäßig zu erfassen, zeigen sich wichtige Gesetzmäßigkeiten:

- Konsumenten bevorzugen meist bestimmte Nahrung, besonders wenn diese in ihrem Ökosystem häufig vorkommt. Daher verläuft der größte Teil des Nahrungsflusses oft über wenige „Schlüsselarten". So stammen mehr als zwei Drittel der Nahrung des Uhus von nur fünf Wirbeltierarten.
- Die Biomasse der Pflanzen, auch als *Phytomasse* bezeichnet, ist in einem Ökosystem viel größer als die der Tiere, die *Zoomasse*: Je $m^2$ Mischwald findet man beispielsweise 30 000 g Phytomasse und 80 g Zoomasse. Entsprechend hoch ist die Primärproduktion im Vergleich zur *Sekundärproduktion*, dem Zuwachs der Zoomasse. In den Ozeanen beträgt das Verhältnis 6 : 1, auf dem Festland 125 : 1.
- Fasst man in einem Ökosystem alle Arten mit gleicher Stellung in der Nahrungskette zu einer *Trophiestufe* zusammen, also Produzenten, Primärkonsumenten, Sekundärkonsumenten usw., dann ergibt sich eine *ökologische Pyramide*. Von einer Trophiestufe zur nächsten nehmen Produktivität, Biomasse und Individuenzahl ab, während die Körpergröße der Konsumenten im Mittel zunimmt. Diese Gliederung gelingt nicht widerspruchsfrei, da viele Tiere ihre Nahrung nicht nur aus einer Stufe beziehen.
- Die Primärproduktion als Nahrungsbasis begrenzt die Zahl der Trophiestufen. In Land-Ökosystemen finden sich meist 3 bis 5 Trophiestufen, in Gewässer-Ökosystemen bis zu 7.

---

**1** **Stellen Sie je eine Nahrungskette für die Ökosysteme Wald, See und Bach auf.**

**2** **Versuchen Sie Buntspecht und Wanderratte einer Trophiestufe zuzuordnen. Erläutern Sie die dabei auftretende Schwierigkeit.**

**3** **Produktivität und Biomasse in einer Trophiestufe sind stets geringer als in der vorhergehenden. Erklären Sie diese Tatsache.**

*1 Beim heimischen Uhu hat man über 100 Wirbeltierarten als Beute nachgewiesen.*

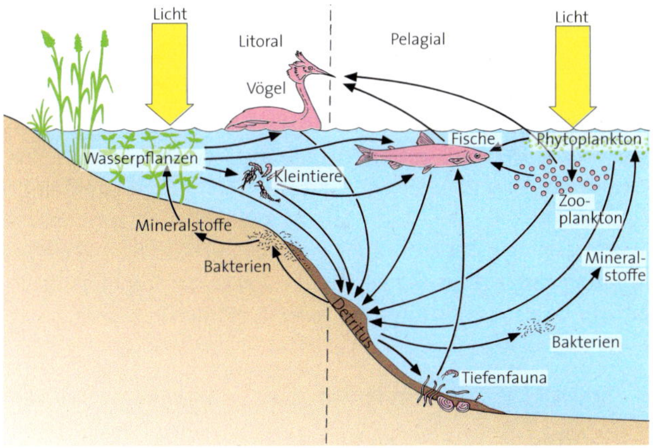


*2 Ausschnitt aus dem Nahrungsnetz eines Sees. Nur die Hauptnahrungsflüsse sind dargestellt.*

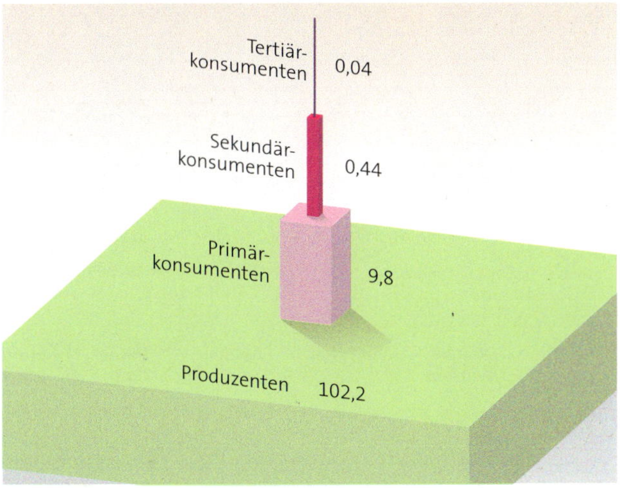


*3 Produktionspyramide für einen See. Die Zahlenwerte für die Nettoproduktion eines Jahres sind in g/$m^2$ angegeben.*

## Abbau und Kreislauf der Stoffe

**Destruenten.** Auf allen Trophiestufen eines Ökosystems entstehen als *Detritus* bezeichnete organische Reste: Abfälle wie Knospenschuppen, verwehter Blütenstaub, abgestorbene Samen und Blätter, Haare und Schuppen, Ausscheidungen wie Harn und Kot sowie Tierleichen und tote Pflanzen. Von den meist noch hochwertigen Stoffen der toten Materie leben Aas, Kot oder Abfall fressende Tiere, die *Saprophagen*.

Die letzte Stufe der Detritusverwertung übernehmen *Bakterien* und *Pilze*. Sie überführen totes organisches Material in anorganische Verbindungen, unter anderem in Mineralstoffe. Man spricht daher von *Mineralisierern*.

- Produzenten bauen organische Stoffe aus anorganischen auf, Konsumenten bauen fremde organische Stoffe in körpereigene organische Stoffe um, Mineralisierer bauen organische Stoffe vollständig zu anorganischen ab.
- Bei diesem stufenweisen Abbau energiereicher organischer Stoffe durch Mineralisierer wird Sauerstoff verbraucht. Es entstehen energiearme anorganische Verbindungen wie Kohlenstoffdioxid, Wasser und Mineralstoffe, vor allem Ammonium, Sulfat und Phosphat.
- Kein natürlicher organischer Stoff widersteht der Zersetzung. Zur vollständigen Mineralisierung sind jedoch stets mehrere Arten als Stoffwechselspezialisten nötig.

Saprophagen und Mineralisierer werden zusammen als *Destruenten* oder *Zersetzer* bezeichnet und den Produzenten und Konsumenten gegenübergestellt. Sind sie in Nahrungsketten eingebunden, die von abgestorbener statt lebender Pflanzenmasse ihren Ausgang nehmen, spricht man von *Detritus*- oder *Zersetzer-Nahrungsketten*. Destruenten lassen sich keiner Trophiestufe zuordnen, da sie ihre Nahrung aus jeder der Stufen beziehen.

**Zersetzung in verschiedenen Ökosystemen.** Im Pelagial von Meer und Seen wird der größte Teil der Biomasse vom Plankton gebildet. Dort geht der Abbau sehr schnell vor sich und wird im Wesentlichen durch Einzeller und Bakterien bewirkt. Zum Beispiel ist abgestorbenes Plankton in Seen bereits nach 10 Tagen zu 75 % mineralisiert. Dadurch sind Mineralstoffe, vor allem Nitrat und Phosphat, sofort wieder für die Primärproduktion verfügbar. Reste von großen Pflanzen und Tieren, die auf den Gewässergrund absinken, werden nur langsam zersetzt, da es im Profundal meist an Sauerstoff fehlt, der von den Mineralisierern zum vollständigen aeroben Abbau gebraucht wird.

In Land-Ökosystemen beeinflussen neben Sauerstoff vor allem Feuchtigkeit und Temperatur die Abbaugeschwindigkeit. Während sich organische Reste im tropischen Regenwald in wenigen Monaten zersetzen, benötigt Falllaub in unseren Wäldern 3 bis 6 Jahre, in nordischen Wäldern sogar 50 Jahre zur völligen Mineralisierung. Experimente zeigen, dass dazu Fraß- und Ausscheidungsvorgänge von wirbellosen Tieren und Zersetzungsprozesse durch Mikroorganismen ineinandergreifen müssen. Sie vollziehen sich alle im Boden.

**Boden und Bodenlebewesen.** Der Boden ist Bestandteil aller Land-Ökosysteme. Er kann als ihre unterste belebte Schicht aufgefasst werden, aber auch als eigenes Ökosystem. In ihm findet keine nennenswerte fotosynthetische Produktion statt, dagegen die Masse der Abbauprozesse. Daran ist eine unvorstellbar große Zahl von Bodenlebewesen beteiligt: Mikroorganismen, Kleinst- und Kleintiere. 80 % der Bodenbiomasse – ohne Pflanzenwurzeln – stellen die Mineralisierer. Neben Pilzen und Bakterien gehören dazu auch *Actinomyceten*. Das sind mycelartig wachsende besondere Bakterien.

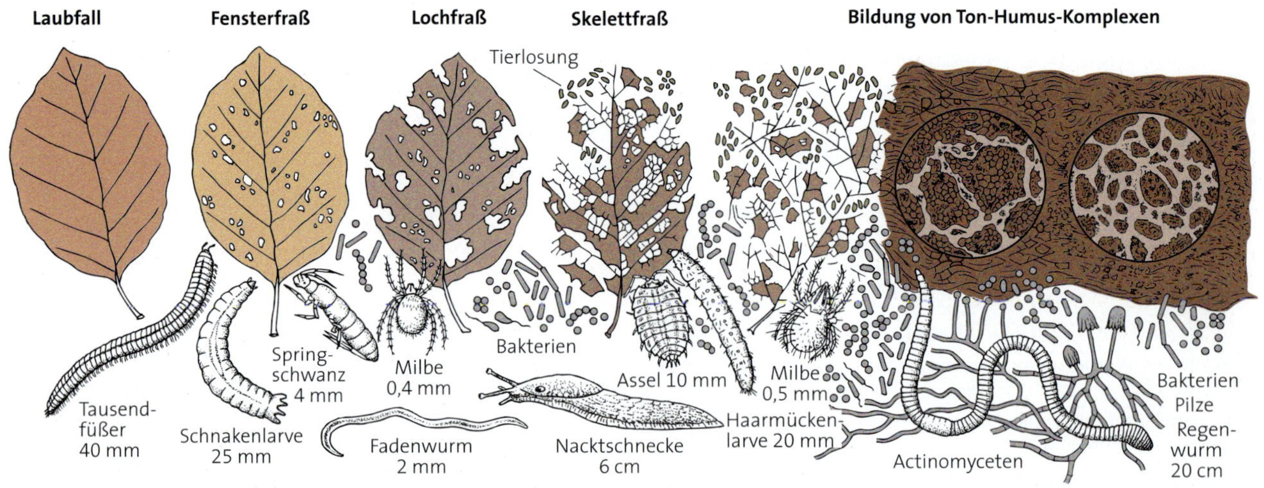


| / | Regenwürmer | Vielfüßer | Asseln | Schnecken | Springschwänze | Milben | Fadenwürmer | Pilze | Actinomyceten | Bakterien |
|---|---|---|---|---|---|---|---|---|---|---|
| **Anzahl** | 80 | 300 | 50 | 50 | 50 000 | $10^5$ | $10^6$ | $10^9$ | $10^{10}$ | $10^{12}$ |
| **Gewicht (g)** | 40 | 4,45 | 0,5 | 1 | 0,6 | 1 | 1 | 100 | 50 | 50 |

*1 Abbau der Laubstreu und Bildung von Humus durch Saprophagen und Mineralisierer. Anzahl und Gewicht der hauptsächlich daran beteiligten Organismen beziehen sich auf die obersten 30 cm von einem Quadratmeter Boden.*

**Stoffkreisläufe.** Die Bedeutung der Destruenten liegt in der Mineralisierung der im Ökosystem anfallenden organischen Stoffe. Sie bringen damit die für das Leben unverzichtbaren *Bioelemente*, vor allem Kohlenstoff, Stickstoff, Schwefel und Phosphor, in eine Form, die von den Produzenten wiederverwertet werden kann. Damit ermöglichen sie *Stoffkreisläufe*, ein fundamentales Merkmal der Ökosysteme.

Die Kreisläufe in natürlichen Ökosystemen sind in der Regel so eingespielt, dass die Stoffmengen über sehr große Zeiträume hinweg nahezu im Gleichgewicht sind und kaum schwanken. Die Ursache dafür ist die Verknüpfung biologischer und geologischer Vorgänge zu *biogeochemischen Kreisläufen*, in denen die Elemente in anorganischen Molekülen das Gestein, den Boden, das Wasser oder die Luft durchlaufen und in organischen Molekülen die Lebewesen. Die Atmosphäre – wie bei Kohlenstoff, Stickstoff und Sauerstoff – und die Erdrinde – wie bei Phosphor und Schwefel – stellen dabei große Stoffspeicher dar. Eine besondere Bedeutung kommt auch dem geophysikalischen Wasserkreislauf zu, in den die Biosphäre eingebunden ist.

**Kohlenstoffkreislauf.** Im Zentrum des biologischen Kohlenstoffkreislaufs stehen Assimilation und Dissimilation als gegenläufige, mit dem Sauerstoffkreislauf gekoppelte Prozesse. Durch Fotosynhese wird in der Biosphäre jährlich rund ein Siebtel des atmosphärischen Kohlenstoffdioxids (entsprechend etwa 100 Gigatonnen Kohlenstoff) gebunden und dieselbe Menge durch Dissimilation wieder freigesetzt.

Nur wenn Biomasse unter Luftabschluss unvollständig mineralisiert wird, so wie es bei der Entstehung von Torf und der fossilen Brennstoffe Kohle, Erdöl und Erdgas geschehen ist, wird Kohlenstoff dem Kreislauf entzogen. Durch ihre Verbrennung hat der Mensch ungefähr seit 1760, dem Beginn des Industriezeitalters, den seit 3 bis 5 Millionen Jahren weitgehend konstanten Kohlenstoffdioxidgehalt der Atmosphäre von etwa 280 auf 380 ppm (parts per million), also um etwa ein Drittel erhöht. Dadurch verstärkt sich der *Treibhauseffekt* der Atmosphäre ganz erheblich mit der Folge weltweiter Klimaveränderungen (► S. 389).

**Stickstoffkreislauf.** Obwohl die Atmosphäre zu 78 % aus Stickstoff ($N_2$) besteht, begrenzt dieses vor allem zum Aufbau der Proteine und Nukleinsäuren notwendige Bioelement in vielen Ökosystemen die biologische Produktion. Stickstoff kann von Pflanzen nur in Form von *Ammonium* ($NH_4^+$) oder *Nitrat* ($NO_3^-$) und von Tieren nur organisch gebunden aufgenommen werden. Anorganische Stickstoffverbindungen entstehen in der Natur vorwiegend durch die Tätigkeit der Destruenten in Verbindung mit spezialisierten Bakterien. Von den Destruenten werden stickstoffhaltige organische Verbindungen zu Ammonium aufgeschlossen. Dieses wird anschließend unter Verbrauch von Sauerstoff durch nitrifizierende Bakterien über *Nitrit* ($NO_2^-$) zu Nitrat oxidiert.

Manche im Boden frei lebenden oder symbiontischen Blaualgen und Bakterien können Luftstickstoff binden und in den Stickstoffkreislauf einschleusen. Knöllchenbakterien (► S. 330) fixieren etwa 200 kg Stickstoff pro Hektar – im Vergleich dazu beträgt der jährliche Verbrauch von Stickstoffdünger in Deutschland etwa 100 kg/ha.

1. **In Bächen, Höhlen und im Profundal von Seen bestehen die meisten Nahrungsketten nur aus Konsumenten und Destruenten. Erklären Sie die Ursache und suchen Sie Beispiele dafür.**
2. **Die Biomasse der Regenwürmer je Flächeneinheit im Wald übertrifft die der Hirsche um das 10-Fache, die der Füchse um das 300-Fache. Geben Sie dafür eine Erklärung.**
3. **Zeichnen Sie ein Schema vom Kreislauf des Sauerstoffs. Orientieren Sie sich dabei an Bild 1.**

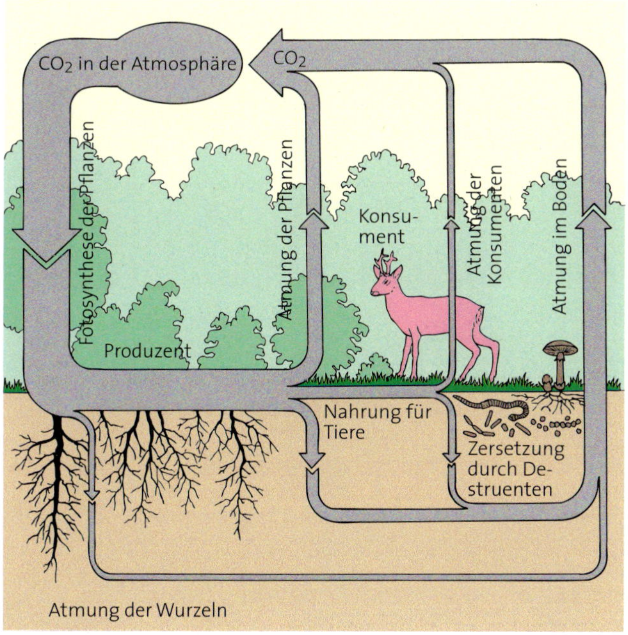


1 *Kohlenstoffkreislauf*

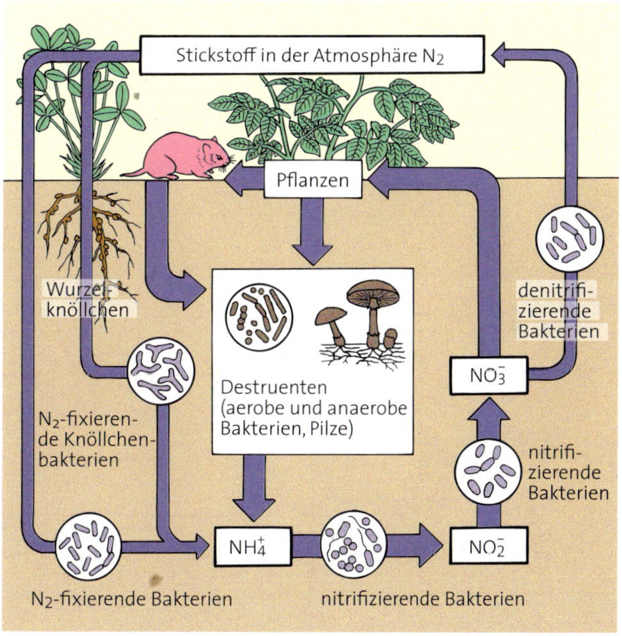


2 *Stickstoffkreislauf. Pflanzen nehmen $NH_4^+$ auch direkt auf.*

## Energiefluss

*1 bis 3 Stockente. Ein Teil der mit der Nahrung aufgenommenen Energie wird in Wachstum und Fortpflanzung investiert.*

Leben ist nur möglich, wenn ihm ständig Energie zufließt. Dies ist ein elementares Merkmal aller lebenden Systeme, von der Zelle bis zum Ökosystem. Nur durch Einsatz von Energie können sie ihre typischen, hochgeordneten Strukturen wie Zellmembranen, Organellen, Gewebe und Organe aufbauen und erhalten. Nach ihrem Tod bleibt die Energiezufuhr aus und diese geordneten Strukturen zerfallen.

**Energie – Energieumwandlung – Wärme.** Mit dem Begriff Energie beschreibt man die Fähigkeit eines Systems, aus sich heraus *Arbeit* zu leisten. Energie kann dabei weder erzeugt noch vernichtet, sondern nur von einer Energieform in eine andere umgewandelt werden. Es ist daher falsch, von „Energieverbrauch" zu sprechen, wenn die Energie in der umgewandelten Form nicht mehr nutzbar ist. Lebewesen können zum Beispiel Strahlungsenergie in chemische Energie umsetzen, chemische Energie in mechanische Energie, mechanische Energie in Bewegungsenergie. Bei jeder Umwandlung wird allerdings ein erheblicher Teil der Energie auch zu Wärme. Dieser Teil der Energie ist für Lebewesen verloren, da sie Wärme nicht wieder in andere Energieformen umwandeln können. Daher kann sich in Ökosystemen nur ein *gerichteter Fluss* der Energie ausbilden: Dem Kreislauf der Bioelemente steht eine „Einbahnstraße" der Energie gegenüber.

**Sonnenenergiebetriebene Ökosysteme.** Der Energiestrom der Sonnenstrahlung hält das Leben der gesamten Biosphäre in Gang. Jeden Quadratmeter der Erdoberfläche erreichen im Mittel 650 J/s an Strahlungsenergie. Bestenfalls 5 % davon können die Pflanzen für die Primärproduktion nutzen. Der mittleren Nettoproduktion der Biosphäre von 1 g Trockenmasse je $m^2$ und Tag entspricht sogar nur eine Nutzung von 0,1 % der Strahlungsenergie. Diese geringe Ausbeute hat viele Gründe: Ein Teil der Strahlung wird von der Vegetation reflektiert, nur ein Viertel der Strahlung liegt im nutzbaren Absorptionsbereich der Blattpigmente und selten sind die übrigen Ökofaktoren für die Fotosynthese optimal.

Letztlich bestimmt die pflanzliche Produktion die gesamte Energie, die dem Ökosystem mit allen seinen Konsumenten und Destruenten zur Verfügung steht.

**Verwertung der Energie.** Ob es sich um Individuum, Population oder eine ganze Trophiestufe im Ökosystem handelt, immer wird die aufgenommene Energie *(Konsumtion)* nach demselben Schema verwertet und auf verschiedene Teilflüsse verteilt:

- Der nutzbare Anteil wird assimiliert, also in körpereigener Substanz gebunden *(Assimilation)*.
- Nicht nutzbare Energie geht mit Kot oder Gewöllen verloren *(Defäkation)*.

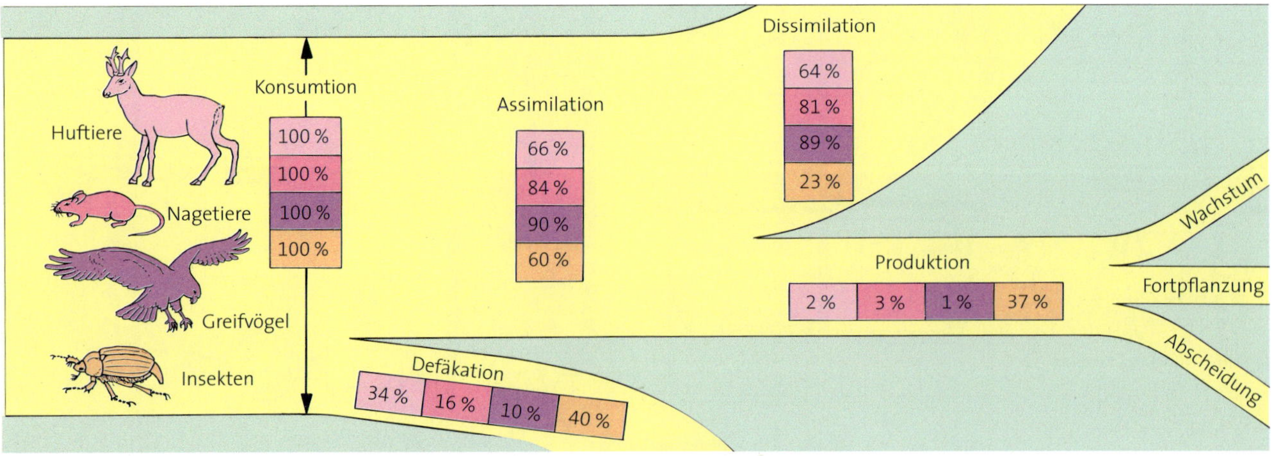


*4 Schema der Energieverwertung bei verschiedenen Konsumentengruppen im Ökosystem Wald*

– Ein erheblicher Teil der assimilierten Energie wird dazu verwendet, den Stoffwechselbetrieb der Zellen aufrechtzuerhalten. Sie wird durch *Dissimilation*, also Zellatmung oder Gärung, freigesetzt.
– Der übrig bleibende Teil der Energie fließt in die *Produktion* organischer Substanz und verteilt sich auf Vorgänge wie Wachstum, Fortpflanzung und die Bildung von Sekreten, Haut, Haaren oder Federn. Nur dieser Teil der Energie wird an die nächste Trophiestufe weitergegeben.

Der Umfang der Energie-Teilflüsse kann bei verschiedenen Lebewesen unterschiedlich groß sein. Da sich zum Beispiel Nahrung verschieden gut aufschließen lässt, ist das Verhältnis von assimilierter zu aufgenommener Energie für Samenfresser günstiger als für Grasfresser, für Fleischfresser meist besser als für Pflanzenfresser, für Mäusefresser vorteilhafter als für Insektenfresser. Besonders bei schwer aufschließbarer Nahrung können Symbionten die Bilanz verbessern. Lauf- und Flugjäger müssen erheblich höhere Energiemengen für die Dissimilation aufwenden als Fallensteller. Wechselwarme produzieren bei gleicher Nahrungsenergie etwa 10-mal mehr Masse als Gleichwarme, da deren Betriebsstoffwechsel für die Homoiothermie sehr viel Energie verschlingt.

**Energiepyramide.** Summiert man die Energie der Produktion jeder Trophiestufe des gesamten Ökosystems, ergibt sich eine *Energiepyramide*. In dieser Pyramide verringert sich der Energiegehalt von Stufe zu Stufe durchschnittlich um den Faktor 10. Man spricht auch davon, dass der *ökologische Wirkungsgrad*, also das Verhältnis weitergegebener zu aufgenommener Energie, auf jeder Trophiestufe 10 % beträgt. Wie die Analyse des Energieflusses in verschiedenen Ökosystemen zeigt, ist diese „10 %-Regel" allerdings nur ein grober Anhaltspunkt. So beträgt der durchschnittliche ökologische Wirkungsgrad in den Weltmeeren 25 %, in den tropischen Wäldern nur 5 %. Unabhängig davon fließt auf jeder Trophiestufe der Löwenanteil der Produktion – oft mehr als zwei Drittel – in die Detritus-Nahrungsketten, letztlich also den Destruenten zu.

Durch die Energiepyramide der Ökosysteme finden auch die ökologischen Pyramiden für Produktivität und Biomasse ihre Erklärung, da Stoff- und Energiefluss bis zum endgültigen Abbau der organischen Stoffe gekoppelt sind.

---

**❶ Nennen Sie Beispiele für Energieumwandlungen in Lebewesen.**

**❷ Berechnen Sie mit den Angaben auf Seite 358 und von Bild 2 auf Seite 354 den maximalen Nutzungsgrad der Lichtstrahlung durch die Pflanzen in einem Wald unserer Breiten (Energiegehalt von 1 g pflanzlicher Trockenmasse etwa 18 kJ).**

**❸ In einem Ökosystem beträgt die gesamte tierische Produktion kaum mehr als ein Zehntel der pflanzlichen. Erklären Sie den Sachverhalt. Gehen Sie dabei auch der Frage nach, wie sich die Fleischfresser auswirken.**

**❹ Begründen Sie die Tatsache, dass sich Schadstoffe, zum Beispiel synthetische Gifte und radioaktive Stoffe, von einer Trophiestufe zur nächsten anreichern.**

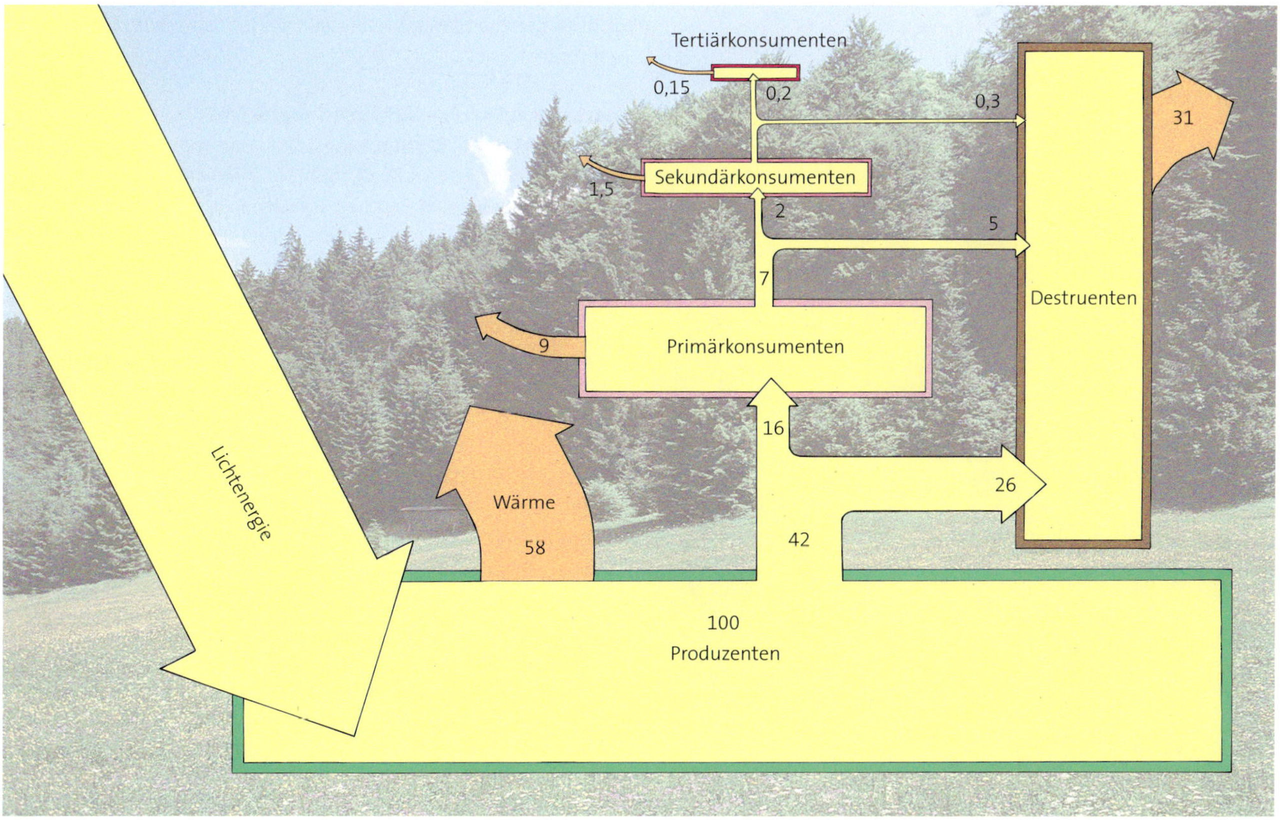


1 *Schema einer Energiepyramide. Die Zahlen sind Relativwerte und entsprechen den Mittelwerten verschiedener Ökosysteme.*

## Untersuchung von Ökosystemen

Die Untersuchung eines Ökosystems gehört zu den umfangreichsten und schwierigsten Aufgaben in der Biologie. Sie muss:
- die Faktoren der unbelebten Umwelt im Ökosystem wie Strahlung, Temperatur, Niederschlag und Verdunstung möglichst vollständig und über einen langen Zeitraum erfassen;
- alle oder zumindest die wichtigsten Lebewesen als Glieder des Ökosystems feststellen und ihre Populationsdynamik erforschen;
- die maßgeblichen Beziehungen der Organismen zueinander herausfinden und ihren Umfang analysieren;
- die Mechanismen der Selbstregulation des Systems ergründen.

Besonders schwierig wird die Systemanalyse durch die *Vielzahl der veränderlichen Faktoren* und die *langen Zeiträume*, in denen sich manche Vorgänge abspielen und Veränderungen auswirken. Durch die *Offenheit des Systems*, das zum Beispiel Sonnenenergie von außen erhält und mit den angrenzenden Ökosystemen in Wechselwirkung steht, beeinflussen zudem externe Faktoren das System. Aus diesen Gründen lassen sich auch nur schwer Voraussagen treffen, wie sich eine Veränderung im Gefüge der vielseitigen Beziehungen auf das Ökosystem insgesamt auswirken wird.

In der Regel ist es nicht möglich, das gesamte Ökosystem zu untersuchen. Daher versucht man mithilfe von *Stichproben* repräsentative Daten zu ermitteln, aus denen man auf das System hochrechnet. Je geschickter die Stichproben gewählt und je verlässlicher die Daten gewonnen werden, umso genauer ist die Analyse.

### Abschätzung der Primärproduktion im Gewässer

**MATERIAL:** zwei Messflaschen (Winkler-Flaschen) – eine davon mit schwarzem Anstrich („Hell-Dunkel-Flaschen") – notfalls Wasserflaschen mit Verschluss und Aluminiumfolie zum Abdunkeln, Bindfaden und Befestigungspflock, Reagenziensatz zur Bestimmung des Sauerstoffgehalts im Wasser nach der Winkler-Methode

**DURCHFÜHRUNG:** Bestimmen Sie zunächst den Sauerstoffgehalt des Wassers aus einem See, Teich oder Tümpel-Aquarium. So erhalten Sie den *Anfangswert*. Arbeiten Sie dabei nach der Anleitung, die dem Reagenziensatz beiliegt.

Füllen Sie dann die beiden Flaschen luftblasenfrei mit Wasser. Verschließen Sie die Flaschen und versenken Sie sie für 8 bis 12 Stunden in der gleichen Wassertiefe. Wenn Sie Wasser aus einem Tümpel-Aquarium untersuchen, müssen Sie die Messflaschen den gleichen Bedingungen wie das Tümpel-Aquarium aussetzen.

Bestimmen Sie anschließend erneut den Sauerstoffgehalt des Wassers in beiden Flaschen. Die Differenz zwischen dem in der Hell-Flasche gemessenen Sauerstoffgehalt und dem Anfangswert entspricht der *Nettoprimärproduktion* der Planktonalgen. Die Differenz zwischen Anfangswert und dem Sauerstoffgehalt in der Dunkel-Flasche entspricht der *Atmung (Respiration)*. Die *Bruttoproduktion* errechnet sich aus Nettoproduktion plus Respiration.

Rechnen Sie nach der Fotosynthesegleichung den Sauerstoff in assimilierten Kohlenstoff um. Beziehen Sie den Wert auf die Zeit, in der die Flaschen versenkt waren, und auf das Flaschenvolumen.

### Bestandsaufnahme auf einer Probefläche

**MATERIAL:** Bestimmungsbuch, Sammel- und Sortierschalen, Pinzetten, Lupen, mehrere 2-m-Maßstäbe

**DURCHFÜHRUNG:** Der Bestand von Lebewesen auf einer Probefläche soll ermittelt werden. Dabei können je nach Fragestellung die Individuen aller oder nur ausgewählter Arten gezählt werden. Die Größe der Probefläche richtet sich nach dem Arten- und Individuenreichtum des Ökosystems: Je einförmiger dessen Struktur ist, umso größer sollte die Probefläche sein.

Wählen Sie die Probefläche nach einem Zufallsverfahren aus, indem Sie zum Beispiel den zum Quadrat gefalteten Maßstab „blind" werfen. Mehrere derartige Stichproben und ihre Mittelwerte sind Grundlage für Hochrechnungen auf das gesamte Ökosystem. Seine Ausdehnung kann man mit geeigneten Methoden ermitteln: bei kleineren Ökosystemen durch die Vermessung im Gelände, bei größeren Flächen durch Entnahme der Begrenzung aus Karten.

Bestimmen Sie die gefundenen Arten möglichst unmittelbar im Gelände. Unbekannten Lebewesen können Sie zunächst dem Augenschein nach einen erfundenen provisorischen Hilfsnamen zuordnen und ihren Bestand ermitteln. Einzelne Exemplare dieser Lebewesen werden dann – unter Umständen auch konserviert – in das Labor mitgenommen. Dort können Sie mithilfe von Bestimmungsbüchern und optischen Geräten ihre tatsächliche Artzugehörigkeit ermitteln.

**Ökosystemforschung: das Solling-Projekt**

Im Solling (► Bild oben), einem Waldgebiet im Weserbergland, untersuchen Wissenschaftler der Universität Göttingen seit 1966 in einem umfangreichen Forschungsprogramm ein Wald-Ökosystem. Ein großer Teil unserer Kenntnisse über die Vorgänge in mitteleuropäischen Wald-Ökosystemen wurde im Rahmen dieses Solling-Projekts gewonnen. Besonders wichtig sind die Daten bei der Ursachenanalyse der Waldschäden, wie sie etwa seit 1970 verstärkt auftreten. Inzwischen sind die Versuchsflächen im Solling in ein europaweites Umweltbeobachtungsnetz einbezogen, das vor allem die langfristigen Wirkungen von Stoffeinträgen in Wälder erforschen soll.

1. Als Fehlerquellen des Hell-Dunkel-Flaschen-Experiments werden genannt: Bakterienatmung, Absetzen der Planktonalgen, Versuchsdauer über Nacht. Erklären Sie.
2. Überlegen Sie, wie man die Primärproduktion in einem Land-Ökosystem mit einfachen Mitteln abschätzen könnte.
3. Nennen Sie Untersuchungsmethoden, wie sie auf Probeflächen des Solling-Projekts angewandt werden und die Sie auf dem Bild oben feststellen können.
4. Ein luft- und wasserdichtes Glashaus in der Wüste Arizonas, genannt „Biosphere 2“ (► Bild links), sollte von 1990 an mehrere Menschen und „3800 sorgfältig nach ihrem ökologischen Nutzen ausgewählte Tier- und Pflanzenarten“ aufnehmen, um ein „geschlossenes, sich selbst erhaltendes Ökosystem“ als verkleinerte Nachbildung unserer Biosphäre zu schaffen (Zitate aus dem Bericht eines Teilnehmers). Stellen Sie Vermutungen an, welche Funktionsprinzipien natürlicher Ökosysteme am schwersten künstlich nachzubilden sind. Vergleichen Sie dazu auch die Seite 347.
5. Informieren Sie sich, wie das Projekt „Biosphere 2“ verlief und was heute daraus geworden ist.
6. Versuchen Sie eine „Minibiosphere“ in Form eines mit einer Glasscheibe abgedeckten und mit Klebeband versiegelten Aquariums einzurichten. Beobachten, protokollieren und dokumentieren Sie seine Entwicklung über längere Zeit hinweg. Besetzen Sie dazu das Aquarium mit Pflanzen, wenigen Kleintieren und Plankton aus einem Teich.

**Stichworte zu weiteren Informationen**

Ökosystemforschung • Systemtheorie • Quellsee Silver Springs • Plußsee • Biozönometer • Erntemethode

## Entwicklung von Ökosystemen

Wenn sich nach einem verheerenden Waldbrand die Vegetation neu einstellt, eine jüngst entstandene Vulkaninsel Schritt für Schritt besiedelt wird oder ein Teich zusehends verlandet, erkennen wir auch während eines kurzen Menschenlebens, dass Ökosysteme sich von Natur aus mit der Zeit verändern können. Dagegen ist uns kaum bewusst, dass Ökosysteme grundsätzlich eine als *Sukzession* bezeichnete allmähliche Entwicklung durchlaufen. Sie führt – in Jahrzehnten bis Jahrtausenden – von einem *Jugendstadium* über verschiedene *Folgestadien* zu einem stabilen *Reifestadium*, das man *Klimax* nennt.

In manchen Fällen entstehen während der Sukzession ökologische Zonen, wie zum Beispiel die Pflanzengürtel eines Sees. Sie spiegeln im räumlichen Nebeneinander das zeitliche Nacheinander der Entwicklung wider (► Bilder 2 und 3). Dagegen ist die Folge jahreszeitlich wiederkehrender Veränderungen im Erscheinungsbild eines Ökosystems, zum Beispiel durch Laubfall, Blüte oder Tierwanderungen, keine Sukzession.

**Formen und Ursachen von Sukzession.** Von *Primärsukzession* spricht man, wenn sie ihren Ausgang von der Erstbesiedlung unbelebter Lebensräume wie Dünen, Lavafeldern oder Gletschermoränen nimmt. *Sekundärsukzession* geht dagegen auf Störungen bestehender Ökosysteme zurück: Brand, Windwurf, Überschwemmung, Lawinen, Kahlschlag. In beiden Sukzessionsformen sind vor allem Änderungen der unbelebten Umwelt ausschlaggebend, aber immer bestimmen auch biotische Einflüsse den Ablauf der Sukzession mit: durch Pflanzenreste häufen sich Nährstoffe an, Zersetzungsprozesse verändern den pH-Wert oder den Sauerstoffgehalt eines Gewässers, hochwachsende Vegetation verringert die Sonneneinstrahlung.

**Entwicklungstendenzen.** Auch wenn jede Sukzession durch ihre Vorgeschichte, die Einflüsse der angrenzenden Ökosysteme und durch Zufälle ihre eigene Dynamik entwickelt, lassen sich eine Reihe von Tendenzen verallgemeinern:

- Die Biomasse nimmt zu und erreicht später einen konstanten Wert.
- Die Bruttoproduktion ist anfangs hoch, erreicht ein Maximum und geht dann auf einen konstanten Wert zurück.

1 *Primärsukzession auf Lava*

- Die Artenvielfalt nimmt zu, durchläuft ein Maximum und geht dann auf einen konstanten Wert zurück.
- Die Nahrungsketten verzweigen sich zunehmend.
- Anfangs dominieren sogenannte Pionierarten mit r-Strategie der Fortpflanzung, später Arten mit K-Strategie (► S. 339).

**Klimaxstadium.** Besonders für großflächige Ökosysteme kennen wir weder die Dauer bis zum Erreichen der Klimax noch deren endgültigen Zustand. So hat sich beispielsweise die Zusammensetzung der Wälder der nördlichen gemäßigten Zone seit dem Ende der letzten Eiszeit vor 10 000 Jahren ständig verändert. Auch heute hält diese Entwicklung an. In Mitteleuropa stört jedoch der Mensch seit etwa 6 000 Jahren die natürlichen Sukzessionen nachhaltig. Daher spricht man in der Regel dann vom Klimaxstadium eines Ökosystems, wenn es sich durch minimale Nettoproduktivität und hohe biozönotische Stabilität auszeichnet (► S. 364).

**1 „Naturschützer müssen viel von Sukzession verstehen!" Erklären Sie diese Aussage.**

**2 „Ein neues Habitat wird geschaffen, wenn ein Elefant den Darm entleert" (M. BEGON). Nennen Sie die Sukzessionsform, die in diesem Fall vorliegt.**

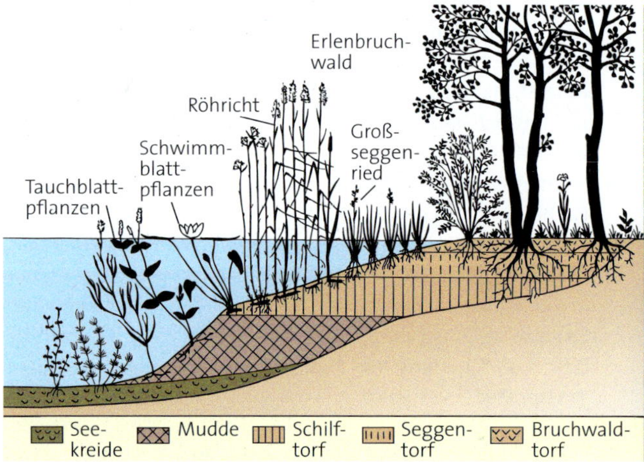

2 und 3 *Die Sukzessionsstadien eines Sees lassen sich in der Zonierung der Pflanzen erkennen. Da die Wassertiefe durch ständige Ablagerung abnimmt, rücken die Pflanzengesellschaften des Ufers gegen die Gewässermitte vor. Rechts: Bruchwald.*

# Sukzession

Die einfachste Methode, die langfristige Entwicklung von Ökosystemen zu verfolgen, ist ihre Beobachtung über Jahrzehnte hinweg. Dieses *Monitoring* erfordert allerdings lange Zeit und eine überlegte Datenerfassung. Im kleineren Umfang lassen sich Sukzessionen auch experimentell auslösen. In Form von *Mikrokosmosmodellen* führen sie relativ schnell zu Ergebnissen. Dies gilt besonders für die sogenannten *Verbrauchssukzessionen*, also für die sukzessive Besiedlung toter organischer Substanz wie Laub, Holz, Kot oder Tierleichen. Sie stellen allerdings einen Sonderfall dar, da ausschließlich Konsumenten beteiligt sind und kein dauerhafter Bestand an Organismen erreicht wird, wie er für Ökosysteme typisch ist.

Eine bewährte Methode zur Untersuchung von Sukzessionen sind Probeflächen aus *künstlichen Substraten*, deren Besiedlung sich über längere Zeit hinweg qualitativ und quantitativ verfolgen lässt.

## Sukzessionsmodell Heuaufguss

**MATERIAL:** Bechergläser, Heu, Waage, Mikroskop und Zubehör, Pipetten, Bestimmungsbücher für Mikroorganismen im Wasser

**DURCHFÜHRUNG:** Setzen Sie mehrere Heuaufgüsse parallel an, indem Sie jeweils etwa 2 g Heu in 1 l Wasser einige Minuten kochen, 1 bis 2 Tage stehen lassen und dann einige ml Teichwasser zufügen. Mikroskopieren Sie die verschiedenen Ansätze etwa 1 bis 2 Monate lang, anfangs zweimal in der Woche, später wöchentlich. Stellen Sie einen Teil der Ansätze hell, einen anderen Teil dunkel.

Identifizieren Sie die im Laufe der Zeit auftretenden Mikroorganismen und protokollieren Sie ihre Anzahl grob quantitativ (vereinzelt, zahlreich, massenhaft). Zeigen sich Unterschiede in den verschiedenen Ansätzen?

## Besiedlung künstlicher Substrate in Gewässern

**MATERIAL:** Dachziegel, Ziegelsteine, Keramikplatten, Objektträger, Pflöcke oder Pfähle, Plastikfolien, Kunststoffschnüre, Korken; Bestimmungsbücher, Lupe, Mikroskop und Zubehör, Pinsel

**DURCHFÜHRUNG:** Bringen Sie in einem Fließgewässer oder See mehrere gleichartige künstliche Substrate aus. Auf der Sohle eines Fließgewässers kann man dazu an gut zugänglicher und im Uferbereich genau markierter Stelle Ziegelsteine, Keramikplatten, Objektträger oder um einen Stein gewickelte und mit Kunststoffschnur befestigte Plastikfolien versenken. Für den Uferbereich von Seen und Teichen eignet sich ein mit Plastikfolie umwickelter, im Grund verankerter Pfahl oder ein Objektträgerfloß aus Schnur und Korken (▶ Bild rechts).

Entnehmen Sie die künstlichen Substrate im Abstand von einigen Tagen oder Wochen und ermitteln Sie auf diese Weise ihre Besiedlungsfolge. Bei Objektträgern wird eine Seite sauber gewischt. Nach dem Trocknen dieser Seite und Auflegen eines Deckglases können Sie den Objektträger direkt mikroskopieren. Steine und Platten prüfen Sie nach Augenschein und mit der Lupe auf Besiedlung durch größere Arten. Den Mikroaufwuchs wischen Sie mit dem Pinsel in ein Probengläschen mit wenig Wasser und mikroskopieren diese Probe.

**1** Erläutern Sie die prinzipielle Vorgehensweise, um Primär- und Sekundärsukzessionen experimentell zu untersuchen.

**2** Betrachtet man einen Wald allein nach seiner Holzproduktion, sollte man ihn in einem ganz bestimmten Sukzessionsstadium schlagen. Nennen Sie dieses Stadium und erläutern Sie dessen Kennzeichen. Wie lässt es sich feststellen?

**3** „Sukzession ist Ausdruck der Selbstregulation von Ökosystemen." Diskutieren Sie diese Aussage im Zusammenhang mit der im Foto oben gezeigten Pflege von Biotopen, hier im Naturschutzgebiet Wollmatinger Ried am Bodensee. Nennen Sie die Ziele, die der Eingriff durch den Menschen verfolgt.

**4** Ein Stadium der Dreifelderwirtschaft des Mittelalters war die Brache. Nennen Sie die ökologischen Folgen, die daraus resultierten.

### ☞ Stichworte zu weiteren Informationen

Pollenanalyse • Forsteinrichtung • Vulkaninsel Surtsey

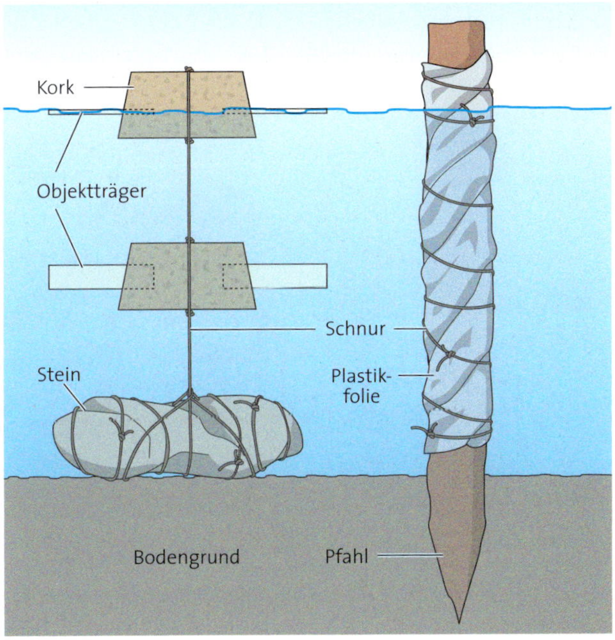

## Vielfalt – Stabilität – Gleichgewicht

1 Ein artenreiches Ökosystem: Korallenriff

2 Ein artenarmes Ökosystem: arktische Tundra

Die Vielfalt des Lebens in einem tropischen Regenwald oder einem Korallenriff fasziniert uns. Andererseits kann auch die Einheitlichkeit einer Steppe oder Tundra tief beeindrucken. Wie es kommt, dass manche Ökosysteme artenreich, andere artenarm sind, ist ein Problem, das in der Ökologie große Bedeutung hat. Mit ihm sind Fragen der Komplexität, der Stabilität und des Gleichgewichts in Ökosystemen verknüpft und damit auch viele Aspekte menschlichen Einflusses auf die Natur.

**Biozönotische Grundprinzipien.** Tropische Wälder, Riffe, Küstenzonen und nährstoffreiche Seen bieten *vielseitige Lebensbedingungen*. Dies ermöglicht eine *hohe Artendichte*, zugleich aber nur *kleine Populationen* der Arten. *Einseitige oder extreme Bedingungen*, wie man sie in Höhlen, Salzseen, Polargebieten und Grasland vorfindet, erlauben nur *wenigen, besonders spezialisierten Arten* eine Existenz, ihnen jedoch oft in *großer Individuenzahl*. Diese *biozönotischen Grundprinzipien* wurden 1920 erstmals von AUGUST THIENEMANN formuliert. Die Vielseitigkeit der Ökofaktoren schafft die Voraussetzung für die Bildung vieler ökologischer Nischen.

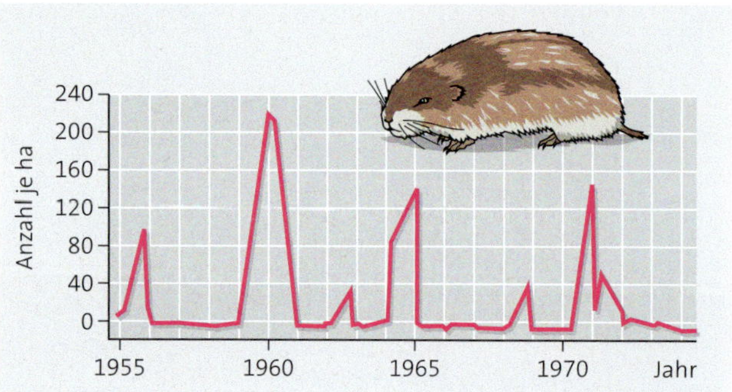


3 Selbstregulation. Bei den Lemmingen führen die Erschöpfung der Nahrung und Stress durch die hohe Bevölkerungsdichte alle 3 bis 4 Jahre zu einer Massenauswanderung und einem Zusammenbruch der Population. Danach erholt sich die Vegetation, die Zahl der Lemminge steigt wieder an.

**Stabilität durch Artenvielfalt?** Artenreiche Ökosysteme zeichnen sich durch hohe Beständigkeit aus, da sie sich von Natur aus über lange Zeiträume, zum Teil viele Jahrmillionen, kaum veränderten. Im Gegensatz dazu weisen artenarme Biozönosen, zu denen auch Forst- und Agrar-Ökosysteme gehören, häufige und starke Populationsschwankungen auf. Daher lag die Vermutung nahe, dass die Stabilität von Ökosystemen durch ihre Artenvielfalt bedingt wird.

Inzwischen hat man erkannt, dass die Zusammenhänge erheblich komplizierter sind, vor allem wenn ein Ökosystem Störungen und Belastungen ausgesetzt ist. Dazu gehören zum Beispiel extreme Witterung, Hinzukommen neuer Arten und alle vom Menschen ausgehenden Einwirkungen wie Nutzung, Entwässerung, Eingriffe in den Stoffhaushalt, Verwendung von Bioziden. Gerade die artenreichen, von Natur aus konstanten Systeme reagieren auf Störungen von außen empfindlich, während artenarme, ohnehin zur Unbeständigkeit neigende natürliche Ökosysteme Störungen oft elastisch abfedern und bald wieder zum ursprünglichen Zustand zurückkehren. Außerdem scheint Artenvielfalt nur ein – wenngleich wichtiger – Stabilitätsfaktor eines Ökosystems zu sein. Daneben sind die Vielfalt der biozönotischen Beziehungen, die Intensität ihrer Wechselwirkungen, die Vielgestaltigkeit des Standorts und der Reichtum an Ressourcen von Bedeutung. Sie machen zusammengenommen die *Komplexität* eines Ökosystems aus. Wie Komplexität und Stabilität im Einzelnen zusammenhängen und welche Bedeutung verschiedene stabilisierende Faktoren haben, ist bislang allerdings nicht klar.

**Selbstregulation.** Auch wenn offensichtlich nicht alle Ökosysteme im gleichen Ausmaß und mit derselben Geschwindigkeit fähig sind, Veränderungen auszugleichen, ist *Selbstregulation* ein prinzipielles Merkmal natürlicher Ökosysteme. Entwickeln sich beispielsweise einzelne Populationen im Übermaß, gewinnen wachstumsbegrenzende Faktoren innerhalb der Populationen an Einfluss (► S. 338). Außerdem wird der Druck von Konkurrenten, Feinden und Parasiten größer. Werden Ressourcen unverhältnismäßig beansprucht, verstärkt sich der Zwang, sie optimal zu nutzen.

Störungen der unbelebten Umwelt steht das Anpassungspotenzial der Biozönose gegenüber, das vor allem im genetisch bedingten Variantenreservoir ihrer Mitglieder besteht (► S. 334). Fallen einzelne Glieder der Biozönose aus, können ihre ökologischen Nischen – zumindest teilweise und auf längere Sicht – durch andere neu gebildet werden.

**Gleichgewicht oder Ungleichgewicht?** Solche Beobachtungen der Regulationsfähigkeit führten zu der Vorstellung von einem dynamischen Gleichgewichtszustand einer Biozönose, eines Ökosystems, womöglich der gesamten Biosphäre. Seine Kennzeichen sind:

- ein *Fließgleichgewicht für Energie und Stoffe*, das sich im quasistationären Zustand befindet, also nur scheinbar stillsteht;
- eine *stabile Biozönose*, in der die Ökofaktoren und damit das Artenspektrum sehr beständig sind und Populationen längerfristig nur um einen Mittelwert schwanken;
- ein *ausgewogenes Verhältnis seiner Produzenten, Konsumenten und Destruenten*;
- eine *hohe Elastizität*, die, sofern sie nicht überfordert wird, nach Störungen relativ schnell wieder den Ausgangszustand herbeiführt.

Inzwischen gibt es allerdings auch Befunde, die dafür sprechen, dass Ökosysteme sich relativ fern von diesem Gleichgewicht befinden. Schwankungen der Populationsdichte um einen Mittelwert lassen sich in Langzeitanalysen nicht bestätigen und mit Gleichgewichtsmodellen kann man die Entwicklung von Populationen nur für kurze Zeit vorhersagen. Selbst im Klimaxstadium, das den Gleichgewichtszustand besonders ausgeprägt repräsentieren sollte, gleicht ein Ökosystem offenbar mehr einem zufälligen *Mosaik von Teilsystemen* in unterschiedlichem Sukzessions- und Gleichgewichtszustand als einem gesetzmäßigen und homogenen Ganzen (► Bild 1).

Wo zum Beispiel in einem Klimaxwald alte Bäume zusammenbrechen, im Wattenmeer Eisgang den Boden rasiert oder an einem Stück Felsküste ein räuberischer Seestern (► Bild 2) Weidegänger und Filtrierer dezimiert, entstehen „Ungleichgewichtsinseln". Ihre Wiederbesiedlung und Sukzession in einem *Mosaik-Zyklus* stabilisiert das Gleichgewicht des Gesamtsystems offenbar entscheidend. Möglicherweise ist die Frage nach dem Gleichgewicht oder Ungleichgewicht in einem Ökosystem demnach vor allem eine Frage des Betrachtungsmaßstabs.

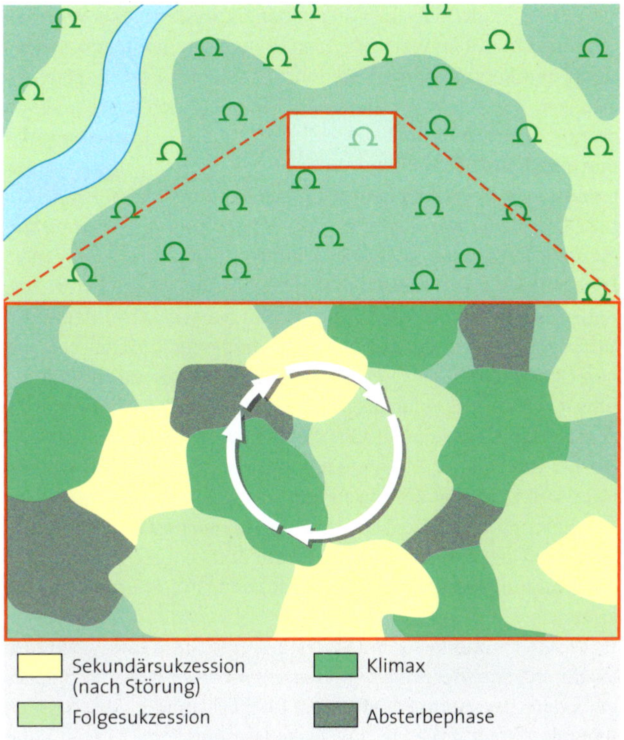


1 *In einem Klimaxwald kommen verschiedene Sukzessionsphasen wie in einem Mosaik nebeneinander vor.*

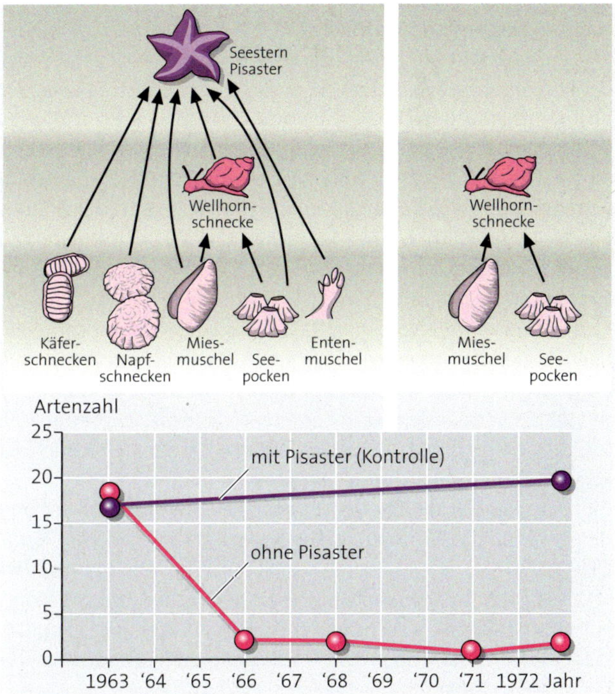


2 *Solange der räuberische Seestern Pisaster im Biotop anwesend ist, herrscht Artenvielfalt. Wird er entfernt, vermehren sich die Miesmuscheln – seine bevorzugte Beute – übermäßig und verdrängen andere Wirbellose und die meisten Algen.*

1. **Im tropischen Regenwald sind weniger als die Hälfte der Mineralstoffe des Stoffkreislaufs im Boden verfügbar, in unseren Wäldern über 90 %. Erläutern Sie die Folgen für die Regeneration der beiden Waldtypen.**
2. **140 Millionen Jahre alte Korallenriffe der Jurazeit ähneln den heutigen verblüffend in Struktur und Biozönose. Ziehen Sie daraus Schlüsse.**
3. **Begründen und erläutern Sie, ob und gegebenenfalls wie sich in einem Aquarium ein Gleichgewicht einstellen kann.**
4. **Auf 10 ha Regenwald in Borneo findet man 700 Baumarten. Vergleichen Sie mit Zahlen für Europa und Nordamerika (Lexikon).**
5. **Diskutieren Sie, ob das Mosaik-Zyklus-Konzept des ökologischen Gleichgewichts Konsequenzen für den Naturschutz hat.**

## Ökosysteme aus Menschenhand

Sind Äcker, Städte oder gar Müllhalden Ökosysteme? Da sie einen Lebensraum mit kennzeichnenden Lebewesen darstellen, passen sie in den Begriffsrahmen. Dennoch sind solche *anthropogenen*, also vom Menschen geschaffenen Systeme durch so viele Besonderheiten ausgezeichnet, dass wir sie nicht als „natürlich" empfinden und „künstlich" nennen. Will man den unterschiedlich starken Einfluss des Menschen deutlich machen, unterscheidet man *Kultur-Ökosysteme* wie Forste, Wiesen, Weiden und Äcker von *urban-industriellen Ökosystemen* wie Siedlungen oder Industrieanlagen.

**Energiefluss und Produktivität.** Obwohl die Produktivität von Agrar-Ökosystemen unserer Intensivlandwirtschaft in derselben Größenordnung liegt wie die von Wäldern oder anderen naturnahen Ökosystemen gleicher geographischer Breite, ist ihr Energieumsatz bis zum Zehnfachen höher. Großen Anteil daran haben die Energieträger Kohle und Erdöl, die für Herstellung, Transport und Einsatz von Dünger, Maschinen und Bioziden verbraucht werden. Neben wirksameren Techniken und Erfolgen in der Tier- und Pflanzenzüchtung ermöglichten sie die erstaunliche Produktionssteigerung in der Intensivlandwirtschaft und reduzierten zugleich den Nutzungsquotienten aus Produktion und Energieaufwand erheblich.

Werden moderne Agrar-Ökosysteme aber immerhin noch zum Teil durch Sonnenenergie betrieben, stammt der gigantische Energiebedarf der urbanen Systeme fast vollständig aus fossilen Brennstoffen. Auf die gleiche Fläche bezogen liegt ihr Energiebedarf um mindestens zwei Zehnerpotenzen über dem von Kultur-Ökosystemen und 1000-fach über dem von natürlichen Ökosystemen.

**Nahrungsketten und Stoffkreislauf.** Mit der Ernte von Mais, Reis, Weizen oder Kartoffeln kann der Mensch zwischen 30 und 80 % der Primärproduktion nutzen. Keine Konsumentenstufe eines natürlichen Ökosystems erreicht derart hohe ökologische Wirkungsgrade. Allerdings wird dieser Gewinn rasch wieder verspielt, wenn die pflanzlichen Produkte zur Schweinemast oder zur Erzeugung von Hühnereiern verfüttert werden: Könnte zum Beispiel eine Anbaufläche von 500 m² einen Menschen mit Maismehlprodukten ausreichend ernähren, wären 20000 m² nötig, um ihn allein mit Eierspeisen zu sättigen.

Stoffkreisläufe, ein Kennzeichen natürlicher Ökosysteme, existieren in den anthropogenen Systemen allenfalls bruchstückhaft. Zwar strebt sie der alternative Landbau verstärkt an, dafür erzwingt die Spezialisierung in der Intensivlandwirtschaft ihre weitere Reduktion. In urban-industriellen Systemen schließlich ist Recycling eher Schlagwort als Realität.

**Biozönose und Stabilität.** Der Preis für die hohe Produktivität und den unnatürlich günstigen ökologischen Wirkungsgrad der Agrar-Ökosysteme ist der Verlust an Stabilität. Ursache dieses *Produktivitäts-Stabilitäts-Dilemmas* sind die Empfindlichkeit der als Monokultur angelegten Äcker und ihr frühes Sukzessionsstadium. Beides ist in Wiesen und Forsten weniger extrem, woraus sich deren größere Stabilität im Vergleich zu Äckern erklärt.

In allen anthropogenen Ökosystemen vollzieht sich ein radikaler Wandel der ursprünglichen Biozönosen. Die Veränderung der mitteleuropäischen Vegetation – einschließlich des Artenrückgangs in den letzten 200 Jahren – ist vor allem eine Folge der Agrarwirtschaft, die in der Jungsteinzeit ihren Anfang nahm. Aber auch wenn die Entwicklung einer Urbanlandschaft vielen einst ansässigen Arten die Existenz kostet, bildet sich eine neue, den veränderten Lebensbedingungen angepasste Biozönose aus.

1 *Anthropogenes Ökosystem: intensiv bewirtschaftetes Weizenfeld*

**1 Im Forst kann man auf Düngung und Bodenbearbeitung weitgehend verzichten, nicht aber auf dem Acker. Begründen Sie diese Tatsache.**

**2 Im Mittel erreicht Lichtenergie von 0,65 kJ je m² und Sekunde die Erdoberfläche. Berechnen Sie mithilfe von Bild 2, welchen Anteil davon natürliche Ökosysteme nutzen. Nennen Sie den Anteil, den urbane Ökosysteme nutzen müssten, um allein mit Sonnenenergie auszukommen.**

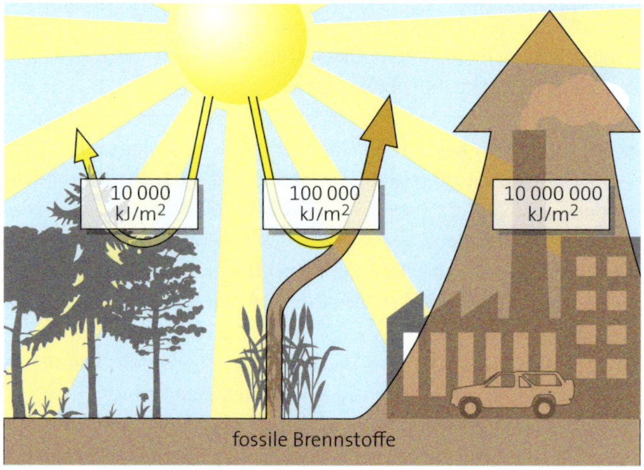


2 *Jährlicher Energiebedarf natürlicher und anthropogener Ökosysteme*

## Mithilfe dieses Kapitels können Sie

- die allgemeine Struktur eines Ökosystems angeben
- Lebensbedingungen, Gliederung und typische Lebensformen eines heimischen Ökosystems beschreiben
- begründen, weshalb die Primärproduktion die stoffliche und energetische Grundlage eines Ökosystems ist
- Nahrungsbeziehungen in einem Ökosystem qualitativ und quantitativ charakterisieren und Methoden zu ihrer Erforschung nennen
- Stoffkreisläufe als wichtiges Merkmal von Ökosystemen aus der Tätigkeit von Destruenten erklären und an Beispielen beschreiben
- den Energiefluss durch ein Ökosystem und die mit ihm verbundene Energieumwandlung und Energieverwertung durch Lebewesen erläutern
- Methoden zur Untersuchung von Ökosystemen beschreiben und in einfacher Form selbst durchführen
- Sukzession als regelhafte Entwicklung von Ökosystemen beschreiben und ihren Verlauf darstellen
- Kennzeichen eines biologischen Gleichgewichts in Ökosystemen nennen und die dabei wirksamen Faktoren erläutern
- Besonderheiten anthropogener Ökosysteme aus dem Vergleich mit natürlichen Ökosystemen ableiten

## Testen Sie Ihre Kompetenzen

Wälder sind als Ökosysteme gut erforscht. Bei der Untersuchung eines mitteleuropäischen Walds wurden für verschiedene Glieder des Ökosystems die in der Tabelle angegebenen Daten ermittelt.

| Energiebilanz verschiedener Glieder eines Mischwalds | | |
|---|---|---|
| | | (Werte in kJ je m² und Jahr) |
| Pflanzen | Bruttoprimärproduktion | 41 200 |
| | Nettoprimärproduktion | 21 000 |
| | Bestandsabfall | 8 200 |

| | insektenfressende Kleinvögel | pflanzenfressende Insekten |
|---|---|---|
| Konsumtion | 59 | 1 710 |
| Defäkation | 15 | 680 |
| Assimilation | 44 | 1 030 |
| Dissimilation | 43 | 390 |
| Produktion | 1 | 640 |

1. Stellen Sie in einem einfachen Schema die Nahrungsbeziehungen der in der Tabelle berücksichtigten Glieder des Ökosystems dar und nennen Sie die zugehörigen Trophiestufen mit ihren jeweiligen Fachbegriffen.
2. Nennen Sie Methoden zur Untersuchung von Nahrungsbeziehungen in einer Biozönose.
3. Begründen Sie, welche der in der Tabelle genannten Größen für die Produktivität des Ökosystems maßgeblich ist.
4. Erklären Sie die Begriffe Konsumtion, Defäkation, Assimilation, Dissimilation und Produktion der Tiere.
5. Erklären Sie die auffälligen Unterschiede im Verhältnis von Defäkation zu Dissimilation beim Vergleich von Kleinvögeln und Insekten.
6. Zeichnen Sie ein einfaches Pfeilschema für den Energiefluss zwischen den in der Tabelle genannten Konsumenten. Beschriften Sie dann die Pfeile mit den Begriffen und Werten der Tabelle.

Das Foto zeigt das Stadium der Sukzession eines mitteleuropäischen Walds, wie es sich nach langer Zeit und ohne menschliche Eingriffe entwickelt.

7. Erläutern Sie den Begriff Sukzession und benennen Sie das Sukzessionsstadium des abgebildeten Walds.
8. Nennen Sie Kennzeichen, die dafür sprechen, dass sich ein solcher Wald im biologischen Gleichgewicht befindet.
9. Interpretieren Sie die Entwicklung eines Walds nach einem Waldbrand (► Bild unten). Prüfen Sie, inwieweit sie für Sukzessionen typisch ist.

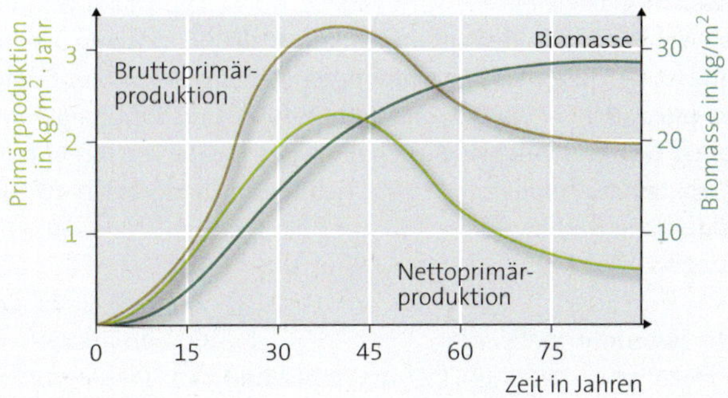

# Nachhaltiger Waldbau – Investition in die Zukunft

*Als die römischen Legionäre nach Germanien kamen, beschrieben sie das Land als von schrecklichen Wäldern oder scheußlichen Sümpfen bedeckt („aut silvis horrida aut paludibus foeda", TACITUS). Damals waren 90 % der Fläche von diesen dunklen Urwäldern bedeckt, in denen die Rotbuche dominierte. Nur in den Hochlagen der Mittelgebirge und in den Alpen kam die Fichte vor.*
*Macht man heute einen Spaziergang durch den Wald, sieht er sicher nur an wenigen Stellen so aus wie vor 2000 Jahren. Insgesamt sind nur noch etwa 30 % der Fläche Deutschlands von Wäldern bedeckt. Durch den Eingriff des Menschen wurden aber nicht nur Wälder gerodet, sondern die verbliebenen auch stark umgestaltet.*
*Lediglich in unzugänglichen Bereichen hat sich ein naturnaher Wald bis heute erhalten können.*

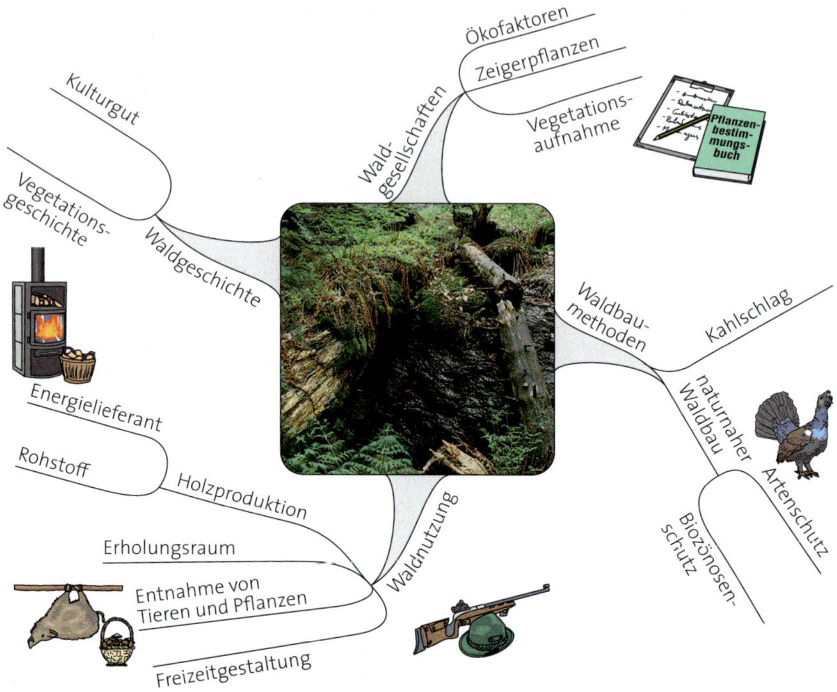


**GRUNDLAGEN** Die Rodung des Walds begann mit der Zunahme der Bevölkerung im 7. und 8. Jahrhundert. Der Holzeinschlag führte zu ersten Veränderungen der Wälder: Durch die Auslichtung wurden die Licht liebenden Birken und Kiefern gefördert. Außerdem entnahm man zu Bauzwecken gezielt Eichen. In zunehmendem Maße diente der Wald als Viehweide. Eichen- und Buchenwälder erlangten besondere Bedeutung für die Schweinemast. Noch heute findet man einzeln stehende uralte Exemplare aus dieser Zeit.

Wo die Laubwälder vor allem als Brennholz genutzt wurden, entstand die Niederwaldwirtschaft, bei der alle 10 bis 20 Jahre Bäume gefällt wurden. Das förderte Hainbuche, Weiden, Ahorn und Esche, die aus den Stümpfen durch Stockausschlag neu austreiben können.

Zu Beginn des 19. Jahrhunderts wuchs der Holzbedarf enorm an. Um die Holzversorgung langfristig zu sichern, entwickelte sich der Grundsatz der Nachhaltigkeit: Nur so viel darf abgeholzt werden, wie gleichzeitig wieder nachwächst. Es entstand eine geregelte Forstwirtschaft, die allerdings zur Wiederaufforstung in erster Linie Nadelbäume verwendete. Doch schon bald zeigten sich die Nachteile des großflächigen Nadelholzanbaus. Heute umfasst der Begriff der nachhaltigen Nutzung auch den Erhalt der biologischen Vielfalt und der Schutz- und Erholungsfunktionen des Walds. Zusätzlich haben der Ersatz von Brennholz durch fossile Brennstoffe sowie geänderte landwirtschaftliche Produktionsweisen in der Nutztierhaltung den Waldbau entlastet.

☞ **Basisinformationen**
Monokulturen (► S. 339) • Ökosystem Wald (► S. 348) • Höhenzonierung (► S. 312)

*1 Schweinemast im Wald, Darstellung aus dem 15. Jahrhundert*

1. **Stellen Sie Vor- und Nachteile von Nadelholzmonokulturen zusammen.**
2. **Nennen Sie die Funktionen des Walds.**
3. **Ermitteln Sie die Ansprüche der häufigsten Laub- und Nadelbäume mitteleuropäischer Wald-Ökosysteme.**
4. **Recherchieren Sie die Waldverbreitung in Deutschland.**

## Standortfaktoren und Waldgesellschaften

Die klimatischen Bedingungen in Mitteleuropa sind für die *Rotbuche* optimal. Aufgrund ihres schnellen Wachstums und ihrer geringen Lichtansprüche ist sie gegenüber anderen Laub- und Nadelbäumen konkurrenzstärker und kann so Standorte besiedeln, die ihrem *physiologischen Optimum* entsprechen. Auf feuchten bis mäßig nassen Böden hat dagegen die Esche Vorteile, auf trockenen Böden ist die Eiche und Kiefer bevorzugt (► Bild 1). An höher gelegenen Standorten sind Fichte und Tanne überlegen.

Vergleicht man Buchenwälder an verschiedenen Standorten, stellt man fest, dass in der Strauch- und Krautschicht bestimmte Pflanzenarten mit großer Regelmäßigkeit gemeinsam auftreten. Man spricht von *Pflanzengesellschaften*. Während die Zusammensetzung der Arten in der Baumschicht stark vom Menschen beeinflusst sein kann, haben sich in den unteren Schichten zumeist Pflanzen angesiedelt, die die gleichen Ansprüche an die Wachstums- und Entwicklungsbedingungen haben. Sie bevorzugen jeweils gleiche Konzentrationen eines bestimmten Umweltfaktors. Einige Pflanzen sind in ihrer optimalen Verbreitung fast ausschließlich für bestimmte Gesellschaften charakteristisch, sie werden als *Kennarten* oder *Zeigerarten* bezeichnet.

Vieljährige Beobachtungen zahlreicher Botaniker haben dazu geführt, jeder Pflanzenart eine Kombination *ökologischer Kennzahlen* zuzuordnen. Dabei sind bestimmte abiotische Faktoren wie *Licht (L), Feuchtigkeit (F), Bodenreaktion (R), Stickstoffanspruch (N)* in eine Skala von 1 bis 9 eingeteilt. Geringe Ansprüche werden mit niedrigen Zahlen, große mit hohen Zahlen bewertet. Die Größe „x" bedeutet, dass sich die Pflanzenart einem Faktor gegenüber indifferent verhält. Hat man aufgrund einer *Vegetationsaufnahme* eine Artenliste erstellt und fügt die Mengenangaben und Zeigerwerte hinzu, lassen sich Aussagen über die Standortbedingungen ableiten.

Vegetationsaufnahmen sind auch unentbehrlich für die Beschreibung von *Waldgesellschaften*. Diese gehen in *Waldbiotopkartierungen* ein, die von *Forstplanungsämtern* durchgeführt werden. Dabei werden die Bestände hinsichtlich ihrer Naturnähe, Vielfalt und Seltenheit eingestuft. Die Ergebnisse werden in die betriebliche Planung aufgenommen, sodass Naturschutzbelange gezielt berücksichtigt werden können.

**Basisinformationen**

physiologisches und ökologisches Optimum (► S. 332) • Faktorengewichtung (► S. 324) • Bestandsaufnahme auf einer Probefläche (► S. 360)

**1 Leiten Sie für die Vegetationsaufnahme in Bild 2 die Standortbedingungen her.**

**2 Beschreiben Sie, wie das physiologische und ökologische Optimum von Bäumen experimentell untersucht werden kann.**

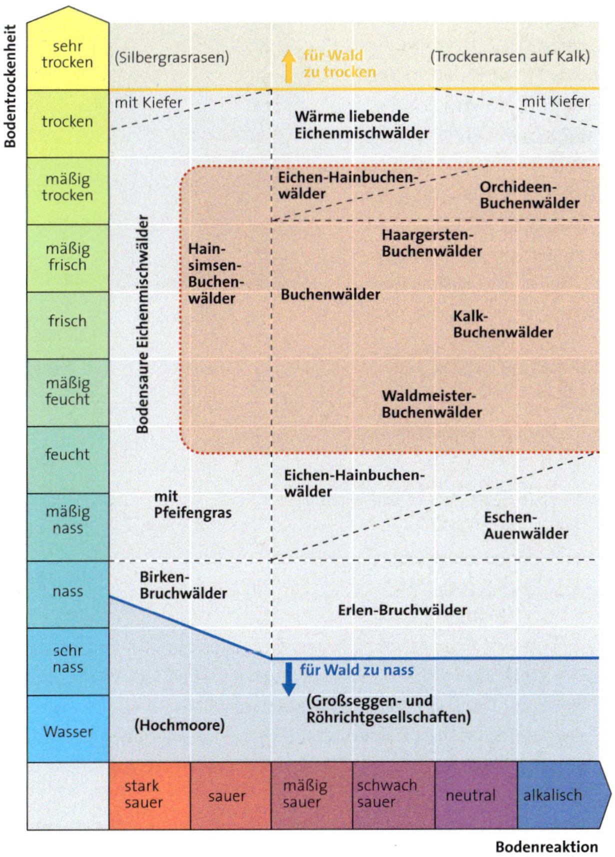


1 *Standortansprüche einheimischer Laubwaldgesellschaften*

| | | Zeigerwerte | | | |
|---|---|---|---|---|---|
| Art | Deckung | L | F | R | N |
| Rotbuche | 5 | 3 | 5 | x | x |
| Aronstab | 1 | 3 | 6 | 7 | 8 |
| Buschwindröschen | 2 | x | 5 | x | x |
| Efeu | 1 | 4 | 5 | x | x |
| Sanikel | 1 | 4 | 5 | 8 | 7 |
| Vielblütige Weißwurz | 1 | 2 | 5 | 6 | 4 |
| Waldveilchen | 1 | 4 | 5 | 7 | 6 |
| Goldnessel | 2 | 3 | 5 | 7 | 5 |
| Einblütiges Perlgras | 3 | 3 | 5 | 6 | x |
| Scharbockskraut | 2 | 4 | 7 | 7 | 7 |
| Mittelwerte | | 30:9 = 3,3 | 53:10 = 5,3 | 48:7 = 6,9 | 37:6 = 6,2 |

2 *Vegetationsaufnahme in einem Buchenwald*

## Untersuchung eines Waldstandorts

Bei der *Freilanduntersuchung* sollen der Pflanzenbestand durch eine *Vegetationsaufnahme* sowie *chemische* und *physikalische Standortfaktoren* bestimmt werden. Die weitere Bodenuntersuchung findet im Labor statt. Die Ergebnisse lassen Schlussfolgerungen über den Waldtyp zu.

*Material (Freilanduntersuchung):* topographische Karte, wenn möglich auch geologische Karte und Bodenkarte, Bestimmungsbuch, Schreibzeug, Messband, Holzpflöcke, Schnur (40 m), Thermometer, Luxmeter, Fotoapparat, Plastiktüte

### Protokollbogen zur Vegetationsaufnahme

| Aufnahme Nr.: | Schichtung | | |
|---|---|---|---|
| Ort: | Schicht | Höhe in m | Deckung in % |
| Datum: | Bäume | | |
| Höhe (ü. NN): | Sträucher | | |
| Flächengröße: | Kräuter | | |
| Hangneigung: | Moose | | |

| Liste der Pflanzen (nach Schichten geordnet) | Zeigerwerte L | F | R | N |
|---|---|---|---|---|
| | | | | |
| | | | | |
| | | | | |
| | | | | |
| | | | | |
| Summe der Zeigerwerte | | | | |
| Anzahl der bewerteten Arten | | | | |
| Mittlere Zeigerzahl | | | | |

Deckungskennzahlen:
1 = 0–5 % 3 = 25–50 % 5 = 75–100 %
2 = 5–25 % 4 = 50–75 %

### Vegetationsaufnahme

Zur Vegetationsaufnahme wählen Sie im Wald eine repräsentative Fläche von 10 m × 10 m aus und markieren Sie sie mithilfe der Pflöcke und der Schnur.

Machen Sie in einem Protokollbogen wie oben abgebildet Angaben zur Lage Ihrer Probefläche. Bestimmen Sie mithilfe der Literatur die Pflanzenarten in den jeweiligen Schichten und schätzen Sie ihren Deckungsgrad ab, also den Anteil der Bodenfläche, den die jeweilige Art – bei Betrachtung von oben – insgesamt bedecken würde. Tragen Sie die Artnamen und Deckungskennzahlen in Ihren Protokollbogen ein.

Nehmen Sie von häufigen, nicht gefährdeten Pflanzen Exemplare zum Pressen mit oder fotografieren Sie die Pflanzen.

Bestimmen Sie außerdem an festgelegten Stellen Ihrer Probefläche den Lichtwert, die Lufttemperatur in 1 m Höhe sowie die Bodenoberflächentemperatur. Vergleichen Sie diese Werte mit Messergebnissen auf einer freien Fläche außerhalb des Walds.

### Bodenuntersuchung

*Bodenbeschaffenheit.* Testen Sie zunächst den Boden mithilfe der Fingerprobe. Dazu untersuchen Sie die Formbarkeit und Körnigkeit des Bodens mit der Hand.

| Bodenart | Fingerprobe | Gehalt an Ton |
|---|---|---|
| Sandboden | nicht formbar, sichtbar körnig | < 10 % |
| sandiger Lehm | formbar, Sand knirscht vernehmbar | 10–30 % |
| Lehmboden | formbar, stumpfe Oberfläche | 30–50 % |
| Tonboden | formbar, klebrig, glänzende Oberfläche | > 50 % |

Die Bodenprobe wird dann für die Laboruntersuchungen in einer verschlossenen, beschrifteten Plastiktüte transportiert.

*Wassergehalt.* Wiegen Sie 100 g der Bodenprobe aus. Trocknen Sie diese anschließend im Trockenschrank bei 100 °C etwa 24 Stunden und wiegen Sie dann erneut. Berechnen Sie den prozentualen Wassergehalt.

*pH-Wert.* Mischen Sie in einem Becherglas jeweils 25 g der luftgetrockneten Bodenprobe mit 25 ml $CaCl_2$-Lösung (0,1 %). Bestimmen Sie den pH-Wert (pH-Papier oder Glaselektrode).

*Kalkgehalt.* Geben Sie eine Spatelspitze der getrockneten Bodenprobe in eine Petrischale und versetzen Sie sie mit einigen Tropfen 10%iger Salzsäure *(Xi)*. Je nach Menge des enthaltenen Kalks braust die Erde hörbar oder sichtbar auf. Schätzen Sie den Kalkgehalt nach der folgenden Tabelle ein:

*1 Starkes Aufbrausen*

| Reaktion bei Zugabe von 10%iger Salzsäure | ungefährer Kalkgehalt in % |
|---|---|
| kein Aufbrausen zu sehen oder in Ohrnähe zu hören | kalkfrei |
| kein Aufbrausen zu sehen, aber in Ohrnähe zu hören | < 1 |
| Aufbrausen zu sehen und zu hören | 1–4 |
| starkes und lange anhaltendes Aufbrausen | > 5 |

**1 Ermitteln Sie mithilfe der Tabelle von ELLENBERGER die Zeigerwerte für Licht, Feuchtigkeit, Reaktionswert und Nährsalzgehalt für die von Ihnen gefundenen Pflanzen. Berechnen Sie zunächst die Mittelwerte. Machen Sie anhand der Werte Aussagen über die Standortbedingungen.**

**2 Vergleichen Sie diese Aussagen dann mit den von Ihnen gemessenen Werten.**

**3 Machen Sie auch Aussagen über die Pflanzengesellschaft.**

## Nachhaltige Bewirtschaftung

Forstwirtschaft, die nur auf die Nutzung des Holzes ausgerichtet war, führte zum großflächigen Anbau nicht standortgerechter Baumarten. Im *Kahlschlagverfahren* wurden alle Bäume abgeholzt und anschließend auf den Kahlschlägen neu gepflanzt. Es entstanden so reine *Altersklassenwälder*, in denen es keine natürliche Alters- und Zerfallsphasen gibt. Die damit verbundene Problematik, die sich beispielsweise in der Anfälligkeit für Schädlinge und Windwurf zeigte, brachte schon Ende des 19. Jahrhunderts die Erkenntnis, dass Wald mehr ist als eine Ansammlung von Bäumen.

Heute wird neben der Holznutzung auch die sonstige wirtschaftliche, ökologische und gesellschaftliche Bedeutung des Walds berücksichtigt. Der Begriff *Nachhaltigkeit* wurde somit erweitert. Die moderne Forstwirtschaft muss daher die Notwendigkeit der Ressourcennutzung, die Ziele des Naturschutzes sowie die Anforderungen durch Erholungsbedarf und Freizeitgestaltung abwägen und gewichten. Voraussetzung für die Integration aller Ziele ist eine ***naturnahe Waldbewirtschaftung***.

Dass wir gesunde Wälder brauchen, ist selbstverständlich, doch was ist dafür zu tun oder zu lassen?

Die Rückkehr zum ursprünglichen Buchenwald durch natürliche *Sukzession* würde – im Widerspruch zum *Bundesnaturschutzgesetz* – zur Artenverarmung führen, da Licht liebende Bäume und Sträucher verdrängt würden, die wie zum Beispiel Eichenwälder bei uns oft nur durch menschlichen Eingriff angesiedelt sind. Hier spielt auch ein kultureller Auftrag eine Rolle, der durch „musealen" Schutz die Geschichte der Landschaft unter dem Einfluss des Menschen dokumentiert.

Wichtige Aufgaben der Waldbewirtschaftung sind die Waldverjüngung und die Waldpflege. Bei der *Waldverjüngung* geht es darum, standortgerechte Wälder aufzubauen. Ist das nicht durch eigene Aussaat möglich, bieten Forstgenbanken Hilfe bei der Versorgung mit hochwertigem Saatgut geeigneter Herkunft. *Waldpflege* muss dafür sorgen, dass in den Wäldern viele Baumarten in verschiedenen Altersstufen vertreten sind. *Durchforstung* fördert die gesündesten und wuchskräftigsten Bäume durch Entfernen konkurrierender Nachbarbäume. Bei der *Holzernte* wird auf Schonung der Umgebung geachtet, etwa durch Einsatz sogenannter Harvester, die Bäume schon während des Fällens bearbeiten. Diese Einzelbaumnutzung, also der Verzicht auf Kahlschlag, vermehrt auch das Alt- und Totholz, was wiederum zur Förderung gefährdeter Tier- und Pflanzenarten beiträgt. Der so erzielte Arten- und Strukturreichtum verspricht eine höhere Stabilität gegenüber biotischen und abiotischen Gefahren.

**☞ Basisinformationen**

Naturschutzgebiete (► S. 397) • nachhaltige Entwicklung (► S. 398) • nachwachsende Rohstoffe (► S. 380)

**Bundesnaturschutzgesetz**

§ 1 Ziele des Naturschutzes und der Landschaftspflege

Natur und Landschaft sind auf Grund ihres eigenen Wertes und als Lebensgrundlagen des Menschen auch in Verantwortung für die künftigen Generationen im besiedelten und unbesiedelten Bereich so zu schützen, zu pflegen, zu entwickeln und, soweit erforderlich, wiederherzustellen, dass

1. die Leistungs- und Funktionsfähigkeit des Naturhaushalts,
2. die Regenerationsfähigkeit und nachhaltige Nutzungsfähigkeit der Naturgüter,
3. die Tier- und Pflanzenwelt einschließlich ihrer Lebensstätten und Lebensräume sowie
4. die Vielfalt, Eigenart und Schönheit sowie der Erholungswert von Natur und Landschaft

auf Dauer gesichert sind.

*1 Auszug aus dem Bundesnaturschutzgesetz*

*2 Unterschiedliche Mischwaldbestände*

*3 Das vom Aussterben bedrohte Auerhuhn braucht große Mischwälder mit viel Unterwuchs und starken Altbäumen.*

**1** Vergleichen Sie die beiden Mischwaldbestände in Bild 2 unter dem Gesichtspunkt der Waldpflege.

**2** Informieren Sie sich über den Begriff „nachhaltige Entwicklung".

**3** Stellen Sie durch eine Befragung, zum Beispiel unter Spaziergängern im Wald, fest, ob in der Bevölkerung überhaupt Konflikte zwischen Waldwirtschaft und Naturschutz gesehen werden.

**4** Ein Waldgebiet soll unter Schutz gestellt werden. Tragen Sie mögliche Argumente von Waldbesitzern, Jägern, Naturschützern und Joggern zusammen.

**5** In sogenannten Genbanken werden die Samen von Pflanzen aufbewahrt, darunter auch die von Waldbäumen. Begründen Sie diese Maßnahme.

# Der Stadtparkteich – Lebensraum und Freizeitrevier

*Der Ruhrstausee unterhalb der Ruhruniversität Bochum wurde in den 1970er Jahren angelegt. Auslöser war der Wunsch nach einer Ruderstrecke für die Sportstudenten. Es entstand ein 125 ha großer „See“ mit einer maximalen Tiefe von 3 m. Seitdem hat er sich zu einem Freizeiteldorado mit Segel- und Surfzentrum entwickelt. Nach Feierabend trifft man sich hier, um den „See“ joggend, auf dem Fahrrad, mit Hund oder Kinderwagen zu umrunden.*
*Stadtgewässer können die verschiedensten Ursprünge haben: Nicht selten dienten sie früher als Mühl- oder Schlossteich, Burggraben, Feuerlöschteich oder Regenrückhaltebecken.*
*Gemeinsam ist ihnen allen, dass sie künstlich angelegt oder zumindest ihrer Funktion entsprechend umgestaltet wurden. Das gilt selbst für den natürlichst wirkenden Parkteich.*

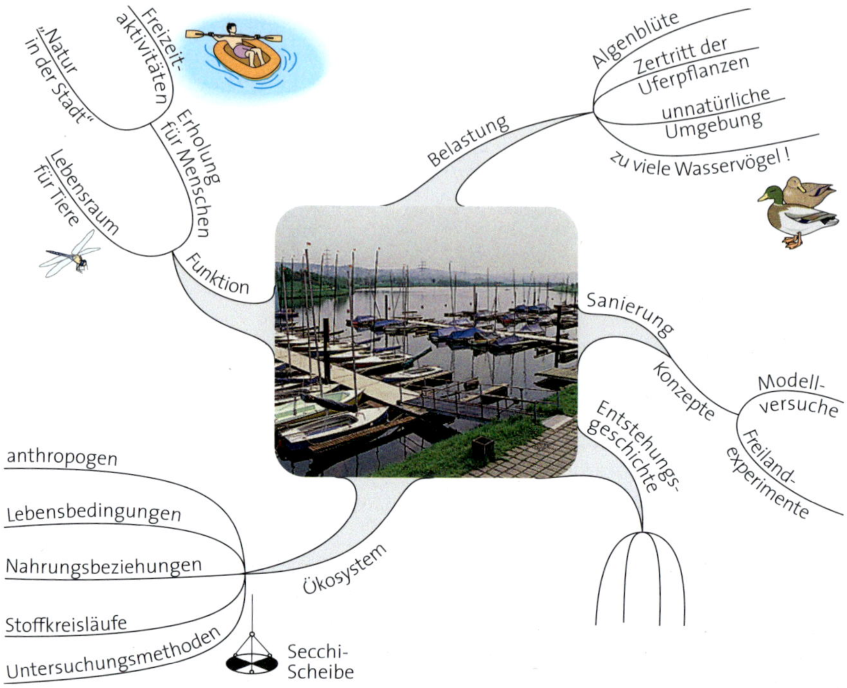


**GRUNDLAGEN** Der Stadtparkteich ist – wie der Park insgesamt – ein anthropogenes Ökosystem. Er wurde fast immer künstlich angelegt und hat in erster Linie Erholungsfunktion für die Stadtbewohner. Dazu wurde das Teichumfeld entsprechend gestaltet.
Rasenflächen und Gehölze, Spielplätze, Grillplätze und ausgebaute Wege mit Sitzgelegenheiten tragen den unterschiedlichen Vorstellungen von Freizeitgestaltung Rechnung.

Viele Spaziergänger erleben den Stadtparkteich aber auch als ein Stück Natur inmitten der Großstadt. Ohne weite Anfahrtswege auf sich nehmen zu müssen, können sie im „Grünen“ sein, sehen Seerosen blühen und Enten ihre Jungen führen. Dabei fällt oft nicht auf, wie stark die Einflüsse des Menschen auf das Ökosystem sind und welche Störungen im Vergleich zu einem naturnahen See oder Weiher auftreten:

An den Fütterungsstellen bilden sich unnatürliche Massenansammlungen von Stockenten und Blässrallen. Der soziale Stress, dem die Vögel darin ausgesetzt sind, kann zu Verhaltensauswüchsen führen, wie sie unter natürlichen Bedingungen nur in Ausnahmefällen vorkommen. Am Teichufer wird die Vegetation von den vielen Wasservögeln vertreten und verbissen, aber auch Boote, Hunde, Angler und Naturfreunde tragen erheblich zum Rückgang des Röhrichts bei. Im Sommer wird das Wasser oft zur „grünen Suppe“. Das als Algenblüte bezeichnete Phänomen ist auf die enorme Produktivität des Phytoplanktons als Folge einer Eutrophierung zurückzuführen und zudem mit Geruchsbelästigung verbunden. Auch Fischsterben können auftreten.

**☞ Basisinformationen**
anthropogene Ökosysteme (► S. 366) • Ökosystem See (► S. 350) • Eutrophierung (► S. 392)

*1 Ein Stück „Natur“ in der Stadt?*

1. Definieren Sie die Begriffe Teich, Weiher, See und Tümpel. Stellen Sie dabei die Unterschiede heraus.
2. Erkundigen Sie sich beim Amt für Umwelt, Grünflächen und Forsten (oder der entsprechenden Behörde Ihrer Stadt) nach der Entstehungsgeschichte des Teichs, den Sie untersuchen wollen.
3. Achten Sie im Park auf die Aktivitäten der Besucher. Beschreiben Sie, wie diese den Park und den Parkteich nutzen.
4. Ermitteln Sie durch eine Befragung die Freizeitgewohnheiten der Parkbesucher. Erläutern Sie die Rolle, die eine intakte Umwelt für ihre Erholung spielt.
5. Stellen Sie eine Hypothese zur Ursache der Eutrophierung vieler Parkteiche und ihrer unschönen Folgen auf.

## See und Stadtparkteich – Vergleich der Lebensbedingungen

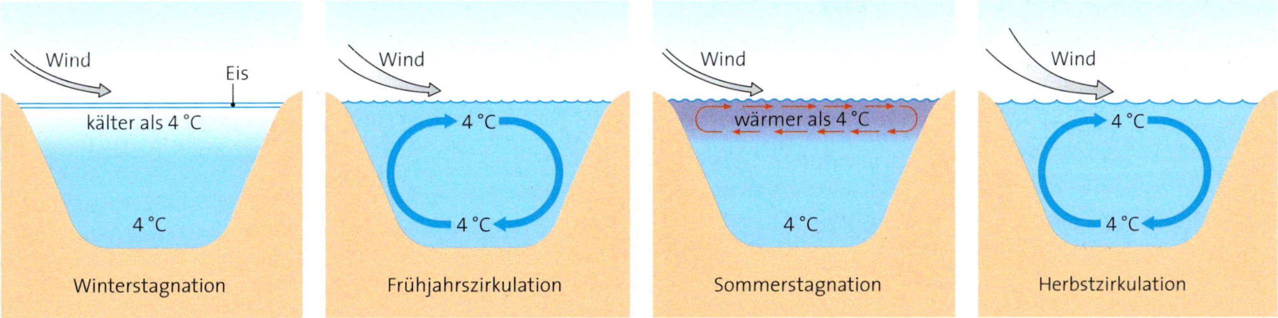


*1–4 Seen zeigen während der meisten Zeit des Jahres eine stabile Schichtung des Wasserkörpers („Stagnation").*

Tiefe *Seen* weisen eine *Schichtung* des Wasserkörpers auf. Sie zeigt im Verlauf eines Jahres typische Veränderungen, die in den besonderen physikalischen Eigenschaften des Wassers begründet sind (▶ Bilder 1–4). Das wirkt sich auf den Stoffhaushalt des Sees entscheidend aus.

*Parkteiche* haben aus Sicherheitsgründen oft nur eine geringe Tiefe mit minimalen Temperaturunterschieden zwischen Oberfläche und Grund. Große Schwankungen lassen sich dagegen im *Tagesgang der Temperatur* feststellen. Das Wasser wird häufig durchmischt, was zur Folge hat, dass die Mineralstoffe im Bodenschlamm aufgewirbelt werden und dem Phytoplankton wieder zur Verfügung stehen. Sie werden so schnell verbraucht, dass sie sich im Wasser kaum nachweisen lassen. Tageszeitliche Schwankungen treten ebenso beim Sauerstoffgehalt (▶ Bilder 5 und 6) und Kohlenstoffdioxidgehalt auf. Das beeinflusst den pH-Wert, der an sonnigen Nachmittagen Werte von 10 bis 11 erreichen kann.

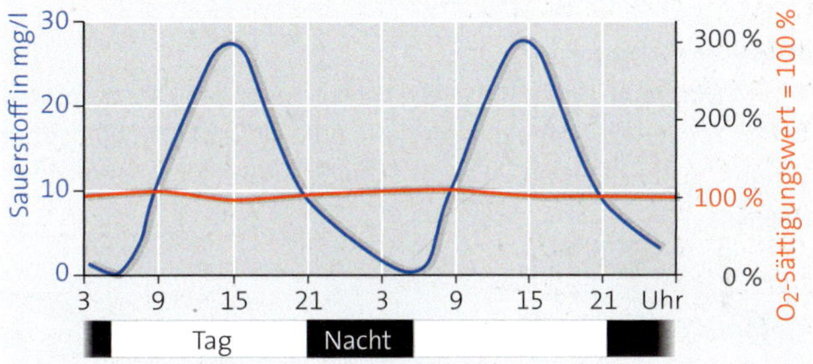


*5 Tagesgang des Sauerstoffs in einem Teich mit Algenblüte*

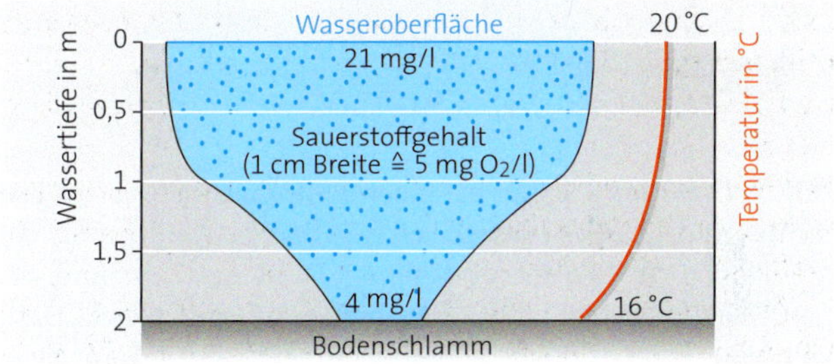


*6 Sauerstoffgehalt in einem Stadtparkteich*

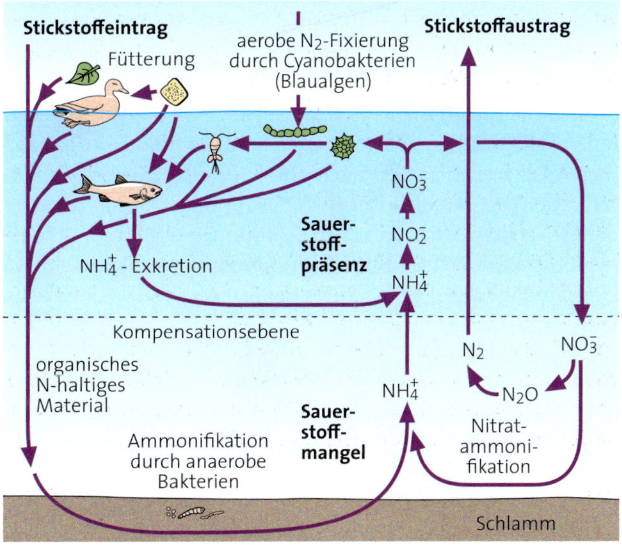


*7 Stickstoffkreislauf in einem Stadtparkteich*

### ☞ Basisinformationen

Eigenschaften des Wassers (▶ S. 317) • Ökosystem See (▶ S. 350) • Stickstoffkreislauf (S. 357)

**1** **Erklären Sie die beim Parkteich festzustellenden Schwankungen im Tagesgang der Werte aufgrund von Produktion und Atmungsprozessen.**

**2** **Einen Eingriff in den Stoffkreislauf des Parkteichs stellt das regelmäßige Füttern der Wasservögel durch „Vogelfreunde" dar. Bild 7 zeigt die Auswirkungen auf den Stickstoffkreislauf. Erklären Sie, wie die Fütterung mit kohlenhydratreichem Brot zu einem Überangebot an Stickstoff führt.**

**3** **Simulieren Sie die Sommerstagnation und die Vollzirkulation eines Sees mit den folgenden Versuchen:**
**Einem Aquarium mit gleichmäßig kaltem Wasser wird eine Messerspitze Kaliumpermanganat ($KMnO_4$) zugesetzt. Blasen Sie dann mit einem Föhn seitlich schräg über die Oberfläche.**
**Füllen Sie ein zweites Aquarium zu zwei Dritteln mit kaltem Wasser. Schichten Sie mithilfe einer Plastikfolie vorsichtig heißes Wasser darüber. Geben Sie wieder eine Spatelspitze $KMnO_4$ dazu und wiederholen Sie den Versuch mit dem Föhn.**
**Vergleichen Sie das Ergebnis in beiden Aquarien. Erläutern Sie den Modellcharakter des Versuchs im Hinblick auf einen See und einen Parkteich.**

## Untersuchung eines Parkteichs

Parkteiche in der Stadt können sehr unterschiedlich sein, was die Größe und mehr oder weniger naturnahe Gestaltung betrifft. Nicht alle Untersuchungen werden überall gleichermaßen ergiebig sein. Bei der Auswahl des Untersuchungsgewässers können die städtischen Ämter für Umwelt, Grünflächen und Forsten zurate gezogen werden. Hier bekommt man auch Informationen zu Naturschutzverordnungen sowie etwa notwendige Ausnahmegenehmigungen zur Entnahme von Organismen.

### ☞ Basisinformationen

Plankton (► S. 350) • Pflanzengürtel (► S. 350) • Belastung der Gewässer durch den Menschen (► S. 392) • Methoden der Gewässeruntersuchung (► S. 394)

### Abiotische Faktoren

**MATERIAL:** Schöpfflasche, Thermometer, pH-Papier, Testkits für verschiedene Inhaltsstoffe (wie Nitrat, Nitrit, Phosphat, Gesamthärte, pH-Wert), Secchi-Scheibe (oder weiße Porzellanscheibe)

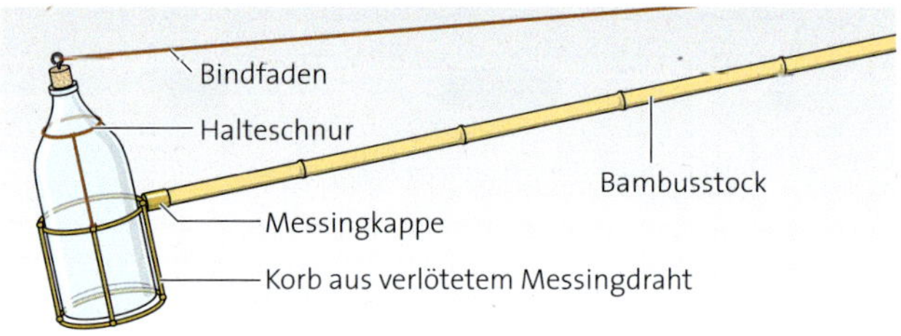


**Protokollbogen zur Gewässeranalytik**

Gewässername: ..........

Datum: .......... Wetter: ..........

Uhrzeit: .......... Lufttemperatur: ..........

Probenstelle: ..........

Tiefe der Wasserentnahme: ..........

| | |
|---|---|
| Sichttiefe | |
| Wassertemperatur | |
| Sauerstoffgehalt | |
| pH-Wert | |
| Gesamthärte | |
| Ammonium | |
| Nitrat | |
| Phosphat | |
| weitere Messungen | |

**DURCHFÜHRUNG:** Bereiten Sie einen Protokollbogen vor (► Bild rechts), in dem Sie Ihre Messwerte festhalten. Nehmen Sie die Messungen in verschiedenen Tiefen vor. Die Wasserentnahme aus größerer Tiefe gelingt mit einer Schöpfflasche (► Bild oben). Dazu wird eine Flasche in einem Drahtkorb befestigt und mit einer langen Stange (z. B. Bambus) verbunden. Als Verschluss eignet sich ein Stopfen, der nicht zu fest sein darf, damit er sich nach dem Herablassen in die gewünschte Tiefe leicht entfernen lässt. Sofort nach der Probeentnahme werden die Messungen durchgeführt.

Beim Einsatz der Testkits sind die Hinweise der Hersteller zu beachten. Die Messverfahren beruhen auf spezifischen Farbreaktionen. Die Intensität der Färbung lässt Rückschlüsse auf die Konzentration des jeweiligen Stoffs zu. Zum Vergleich kann Leitungs- oder Regenwasser parallel untersucht werden. Die Secchi-Scheibe dient dazu, die Sichttiefe des Teichs abzuschätzen. Dazu wird sie langsam ins Wasser gelassen, bis der Schwarz-Weiß-Kontrast gerade verschwindet.

### Vegetationsaufnahme

**MATERIAL:** Zeichenmaterial, Bestimmungsbücher

**DURCHFÜHRUNG:** Fertigen Sie eine Skizze des Teichs an. Tragen Sie auffällige Kennzeichen wie Stege ein. Erfassen Sie die Pflanzen der Uferzone und tragen Sie sie als Symbole in die Skizze ein. Vergleichen Sie die Ergebnisse mit einem möglichst naturnahen Weiher oder See. Ziehen Sie auch Seite 350 heran.

### Plankton

**MATERIAL:** Planktonnetz, Thermosgefäß, Mikroskop und Zubehör, Bestimmungsliteratur

**DURCHFÜHRUNG:** Ziehen Sie das Planktonnetz mehrmals kräftig durchs Wasser. Zum Transport dient ein Thermosgefäß. Beobachten Sie die Planktonorganismen unter dem Mikroskop. Zeichnen und bestimmen Sie typische Vertreter. Ordnen Sie diese nach Größenklassen. Achten Sie auf besondere Anpassungen (Fraßschutz, Schwebefähigkeit).

### Fauna

**MATERIAL:** Fernglas, Kescher, Beobachtungsgefäße, Bestimmungsbücher

**DURCHFÜHRUNG:** Beobachten und bestimmen Sie die Wasservögel unter Zuhilfenahme des Fernglases. Sind nicht einheimische Arten darunter? Zählen oder schätzen Sie die Anzahl der Individuen jeder Art. Vergleichen Sie nach Möglichkeit mit einem naturnahen Gewässer ähnlicher Größe.

Der Fischbestand lässt sich meist nur durch Befragung Angelberechtigter ermitteln. Kleintiere werden mit dem Kescher gefangen und in ein Beobachtungsglas gesetzt. Bestimmen Sie vor Ort und lassen Sie sie direkt wieder frei. Entnehmen Sie auch Schlammproben mit dem Kescher und untersuchen Sie diese ebenso. Informieren Sie sich über die vorgefundenen Organismen. Lassen sich die biozönotischen Grundprinzipien (► S. 364) an dem von Ihnen untersuchten Teich bestätigen?

# Hilfe für das Ökosystem Parkteich

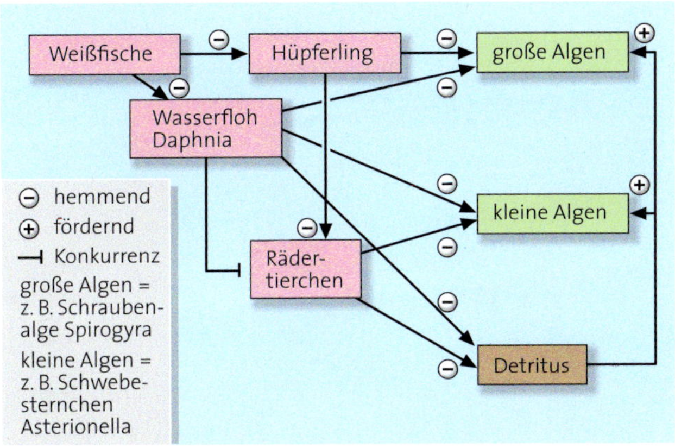


1 *Nahrungsbeziehungen im Teich*

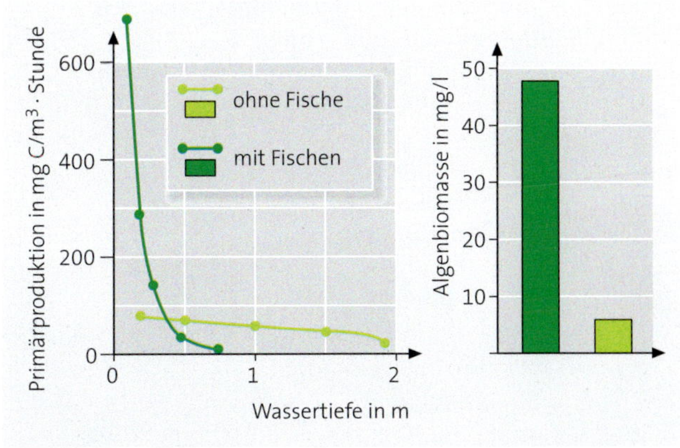


2 *Einfluss von Fischen auf die Algenblüte*

Die für Parkbesucher oft unangenehmen Auswirkungen der Entrophierung von Stadtparkteichen lassen eine Regeneration notwendig erscheinen. Das vorrangige Ziel einer *Teichsanierung* muss sein, die Algenblüte zu verhindern und so das Wasser wieder klar zu bekommen. Die Entwicklung eines Sanierungskonzepts setzt die Analyse der Beziehungen zwischen den Ökofaktoren voraus. Das geschieht mithilfe von Modellversuchen und durch gezielte Eingriffe in die biotischen Beziehungen von Gewässern, die sogenannte *Biomanipulation*.

### Basisinformationen

Nahrungsnetz (▶ S. 355) • Abbau und Kreislauf der Stoffe (▶ S. 356) • Produktion in Ökosystemen (▶ S. 354)

### Modellversuch zur Nährstoffeliminierung durch Röhrichtpflanzen

**MATERIAL:** 3 20-l-Aquarien, Aquarienleuchte, 4 Goldfische, Zypergras

**DURCHFÜHRUNG:** Füllen Sie die Aquarien mit Wasser und impfen Sie sie zusätzlich mit je 1 l Teichwasser. Während des Versuchs werden sie in gleicher Weise belichtet (Dauerlicht). Setzen Sie in zwei der Aquarien je 2 Goldfische ein. In eines dieser Becken wird zudem Zypergras als Modellart für eine Röhrichtpflanze hineingestellt. Die Fische werden nach Bedarf gefüttert. Geben Sie die gleiche Menge Fischfutter auch in das Kontrollbecken ohne Fische! Beobachten Sie die Entwicklung der Wasserblüte innerhalb von 10 bis 14 Tagen.

### Welchen Einfluss haben Fische auf die Entwicklung des Phytoplanktons?

Als Basis für Eingriffe in ein Ökosystem wie den Parkteich reichen Modellversuche in der Regel nicht aus. Dazu sind experimentelle Freilanduntersuchungen notwendig, bei denen sich aber das Problem einer exakten Kontrolle stellt.

Bei Untersuchungen an einem entrophen schwedischen See löste man das Problem so: Um den Einfluss von Fischen auf das Phytoplankton zu erforschen, wurden identische Ausschnitte des Sees geschaffen, indem man große Plastiksäcke mit der natürlichen Lebensgemeinschaft gefüllt und in das Wasser eingehängt hat. Verwendet wurden unten offene Säcke, die bis in das Seesediment in 2,20 m Tiefe reichten und einen Durchmesser von 3,00 m hatten. Ein Sack enthielt Zooplankton fressende Weißfische, der andere blieb ohne Fische.

Die Ergebnisse der vergleichenden Untersuchung zeigt Bild 2.

---

**1** Fassen Sie die Ergebnisse Ihres Modellversuchs und der schwedischen Untersuchung zusammen. Erklären Sie die Auswirkungen, die der Fischbesatz in beiden Versuchsreihen hat?

**2** Erklären Sie die Wirkung des Zypergrases auf das Wachstum des Phytoplanktons.

**3** Erläutern Sie den Vorteil des „Plastiksack-Versuchs" gegenüber einer Untersuchung, bei der ein zweiter See als Kontrolle dient.

**4** Zur Klärung des Zusammenhangs zwischen dem Vorkommen von Fischen und der Algenbiomasse müssen die Nahrungsbeziehungen im Teich betrachtet werden (▶ Bild 1).
Machen Sie sich die Beziehungen klar. Berücksichtigen Sie dabei die Lebensweise der Organismen. (Fische fressen in erster Linie gut sichtbare Beute. Daphnien sind relativ große, doch langsame Zooplankter, die einen sehr feinmaschigen Filterapparat besitzen, mit dem sie auch sehr kleine Nahrungsteilchen aufnehmen können. Hüpferlinge führen schnelle Fluchtsprünge aus.) Beschreiben und begründen Sie die Veränderungen in der Biozönose, wenn man die Zooplankton fressenden Fische entfernt.

**5** Die Biomanipulation könnte erste Schritte auf dem Weg zu einer Sanierung des Parkteichs aufzeigen. Entwerfen Sie einen Sanierungsplan, der möglichst vielen Ansprüchen gerecht wird. Berücksichtigen Sie dabei auch die Bedürfnisse von Sportanglern.

# Mensch und Umwelt

1 *Der Hambacher Tagebau – eine Mondlandschaft im rheinischen Braunkohlenrevier*

*Mitten im rheinischen Braunkohlenrevier liegt der „Hambacher Tagebau". Hier werden auf einer Fläche von 85 km² oberflächennahe Braunkohlevorkommen abgebaut – fossile Überreste der Sumpfwälder, die vor 15 Mio. Jahren hier wuchsen. Die meiste Kohle wird verstromt. Dabei werden riesige Mengen $CO_2$ freigesetzt und so der Treibhauseffekt gefördert. Um an die Kohle zu kommen, müssen Wälder und Äcker zerstört und ganze Ortschaften umgesiedelt werden. Die notwendige Absenkung des Grundwasserspiegels betrifft auch das Umland. Ausgekohlte Flächen werden teilweise rekultiviert.*
*Tief greifender als jede andere Art beeinflusst und verändert der Mensch seine Umwelt.*

## Im Blickpunkt

- Menschen gestalten und verunstalten ihre Umwelt
- Bevölkerungswachstum: Ursache für übermäßigen Energiebedarf und Intensivlandwirtschaft
- Belastung von Böden, Gewässern, Luft und Naturraum
- Klimawandel: bedrohliche Umweltbelastung durch die Tätigkeit des Menschen
- Methoden zur Messung und Überwachung der Belastungen von Gewässern und Luft
- Lebensraumzerstörung kontra Natur- und Artenschutz
- natürliche Lebensgrundlagen erhalten – aber wie?

**GRUNDLAGEN** Das Hauptproblem der Menschen besteht seit jeher darin, sich ausreichend mit Energie zu versorgen: Energie in Form von Nahrung, Energie in Form von Brennstoffen für den heimischen Herd, für Produktion und Dienstleistung. Solange nur eine kleine Anzahl von Menschen lebte, wurden die jeweiligen Ressourcen der Umgebung kaum übernutzt, da die Natur Überschüsse produzierte. Mit der Ausbreitung des Menschen und dem Anwachsen der Bevölkerung wurde sein Bedarf an Nahrungsmitteln und Brennstoffen jedoch größer und die Entnahme von Überschüssen reichte nicht mehr aus.

Durch die Entwicklung von Ackerbau, Viehzucht und der damit verbundenen Sesshaftigkeit gestalteten Menschen ihre Umwelt erstmals in großem Ausmaß um. Siedlungen und Felder wurden angelegt und aus Wildarten wurden Nutztiere und Kulturpflanzen gezüchtet. Die Nutzung und Übernutzung von Böden verursachte damals wie heute einen ständig wachsenden Flächenbedarf. So wurden im Mittelalter die Wälder Europas ebenso großflächig gerodet wie heute die Regenwälder der Tropen.

Noch drastischer vollzieht sich seit etwa 250 Jahren der Rückgriff auf die fossilen Brennstoffe, zuerst Kohle, später vor allem Erdöl und Erdgas. Sie wurden zum wichtigsten Energieträger und Motor für die Industrialisierung. Damit werden in immer kürzeren Zeiträumen immer ältere und knappere Energieressourcen verbraucht und im Gegenzug Verbrennungsabfälle wie $CO_2$ ausgestoßen, die die natürlichen Stoffkreisläufe überlasten.

# Mensch und Umwelt

*1–3 Beispiele für durch den Menschen veränderte Lebensräume*

**Die Stellung des Menschen in der Biosphäre.** Die bedeutendste ökologische Eigenschaft des Menschen besteht sicherlich darin, dass er mithilfe seiner technischen Errungenschaften weitestgehend unabhängig von abiotischen Faktoren wurde und so in nahezu alle Ökosysteme vordringen konnte. Er entnimmt Nahrung und Energieträger auch aus solchen Ökosystemen, die er selbst als Habitat nicht nutzen kann, beispielsweise aus den Weltmeeren. Um den Energiebedarf zu decken, werden unwirtliche Gebiete erschlossen, wie die Ölfelder Sibiriens und Saudi-Arabiens. Menschen beeinflussen jeden Bereich der Biosphäre. Böden, Wälder und Meere werden für menschliche Zwecke funktionalisiert, Pflanzen und Tiere einzig nach ihrer Nützlichkeit für den Menschen bewertet und entsprechend gehegt und gepflegt oder verdrängt und ausgerottet. Auch wenn Tiere und Pflanzen die Ökosysteme Wiese, Feld, Acker und Forst maßgeblich bestimmen, so sind dies doch Kultur-Ökosysteme, in denen der Mensch stark in die Stoffkreisläufe eingreift.

**Konflikt zwischen Nutzen und Schützen der Umwelt.** Entwicklungsmodelle in der Wirtschaft basieren auf ständigem Wachstum, wobei natürliche Ressourcen als nahezu unbegrenzt erneuerbar angesehen wurden. In den 1970er Jahren wurden erstmals ernsthaft „die Grenzen des Wachstums" in der berühmten „Meadows-Studie" aufgezeigt. Da aber Wissenschaft und Technik vorausgesagte Energie- und Versorgungsengpässe bisher hinauszögern konnten, herrscht ein Gefühl von Macht über die Natur immer noch vor. Dem steht eine gewisse Ohnmacht angesichts unkontrollierbarer Naturereignisse gegenüber. Aus ihr leitet sich auch ein Gefühl der Bewunderung für die Schöpfung ab. Sie findet ihren Ausdruck im Schutzgedanken für die Natur und ihre Geschöpfe.

**Urban-industrielle Ökosysteme.** Natürliche Lebensräume werden rar. Fast alle Ökosysteme sind heute vom Menschen geschaffen oder durch seine Tätigkeiten beeinflusst. Dies hat einen tief greifenden Wandel der Tier- und Pflanzengemeinschaften zur Folge. Einige Arten bringen offenbar „geeignete" Verhaltensweisen oder Merkmale mit, die es ihnen ermöglichen, den Lebensraum mit dem Menschen zu teilen.

**Die Stadtlandschaft.** Manche Arten ziehen als *Kulturfolger* in die Städte ein und erweitern damit ihren ursprünglichen Lebensraum beträchtlich. Vornehmlich wärmeliebende Tiere und Pflanzen profitieren von den in Städten höheren Durchschnittstemperaturen. Ist die Bindung an menschliche Behausungen besonders eng, wie beispielsweise bei Hausmaus, Mehlschwalbe, Mauersegler, Haussperling, Stubenfliege, Hausstaubmilbe und Kompostwurm, spricht man von *Synanthropie*. Amseln, Steinmarder, Wanderratten, selbst Füchse gelten als *fakultativ synanthrope Arten*. Sie haben ihr Optimum im Siedlungsraum des Menschen, können aber auch außerhalb davon gut existieren.

**Mauern, Wände, Gebäude.** Mauern und Wände sind manchmal besondere Trockenbiotope. In Ritzen und Fugen verstecken sich Eidechsen und viele Insekten. In manchen alten Gebäuden finden Fledermäuse Unterschlupf. Einige Arten entwickeln sich – in Ermangelung natürlicher Schlafplätze – bereits zu Synanthropen.

**Schutt, Gleise, Straßenränder.** Diese uns unwirtlich erscheinenden Biotope bieten ein hohes Nährstoffangebot. Wegen der intensiven Sonneneinstrahlung wachsen hier besonders trocken- und hitzetolerante, oft auch sehr robuste und trittfeste Pflanzen. Sogar Züge fahren über sie hinweg.

**Müllhalden.** Wenn vornehmlich organische Abfälle auf den Deponien ausgebracht werden, herrschen in etwa 20 cm Tiefe der Müllberge Temperaturen um die 40 °C bis 50 °C: ein Eldorado für wärmeliebende Arten wie Hausgrille und Ohrwurm, Schaben, Käfer und Fliegen. Masseneinfall von Krähenschwärmen und oft auch von Lach- oder Silbermöwen sind eine Folge des üppigen Nahrungsangebots, von dem auch Ratten angezogen werden.

1. „Der Mensch nutzt und benutzt die Biosphäre; er verhält sich dabei nicht so, als wäre er ein Teil von ihr." Nehmen Sie zu dieser Aussage Stellung.
2. In städtischen Ökosystemen überwiegen die Konsumenten (menschliche und tierische). Sie sind abhängig von Energie- und Warenströmen aus dem Umland. Erläutern Sie vor diesem Hintergrund die Auswirkungen der zunehmenden Verstädterung.
3. Nennen Sie Lebensräume und Lebensbedingungen, die eine Stadt für Tiere und Pflanzen bietet.
4. Manche Tierarten profitieren von unseren Nahrungsresten und vermehren sich in Städten sehr stark. Oft sprechen daher Gemeinden Fütterungsverbote aus, zum Beispiel für Schwäne, Enten oder Tauben. Prüfen Sie die Begründungen zu solchen Verboten.

## Bevölkerungswachstum und Geburtenkontrolle

Im ersten Buch Mose heißt es: „Und Gott segnete sie [die Menschen] und sprach zu ihnen: Seid fruchtbar und mehret euch und füllet die Erde und macht sie euch untertan und herrschet über die Fische im Meer und die Vögel unter dem Himmel und über das Vieh und alles Getier, das auf Erden kriecht."

Zur Zeit des Mose lebten auf der Erde schätzungsweise 200–250 Millionen Menschen. Ende 2008 waren es etwa 6,7 Milliarden Erdbewohner. Täglich werden es rund 220 000 Menschen mehr. Bis zum Jahr 2050 rechnet man mit 9,2 Milliarden. Das exponentielle Wachstum der Erdbevölkerung bewirkt, dass sich die Einwohnerzahl in immer kürzeren Zeitabständen verdoppelt.

Für wie viele Menschen reichen der Platz zum Leben, die Nahrungsmittelproduktion, die Energie- und Wasservorräte? Wann sind die Grenzen der Belastung der Meere, Böden, Wälder, der Atmosphäre erreicht, wann die Ressourcen auf der gesamten Erde und in den einzelnen Regionen erschöpft?

Regionale Überbevölkerung gibt es längst, und zwar in den Steppen und Savannen, in den Wüsten und den kargen Kälteregionen der Erde. Obwohl dort oft nur 10–20 Menschen pro Quadratkilometer leben, gelten diese Regionen als übervölkert, da die Kapazität für Nahrungsmittelerzeugung und Trinkwasserversorgung bereits ausgeschöpft ist. Kenia ist mit seinen 49 Einwohnern pro Quadratkilometer eindeutig übervölkert, während in den Niederlanden bei knapp 400 Menschen zwar von Enge, nicht aber von Übervölkerung gesprochen wird. In Bangladesch leben über 800 Menschen auf einem Quadratkilometer Land. Zwei Drittel aller Kinder leiden dort an Unter- oder Mangelernährung. Übervölkerung ist also keine absolute Größe, sondern sie zeigt die *Überlastung der Kapazität* einer bestimmten Region an.

**Regionale Wachstumsunterschiede.** Das *Bevölkerungswachstum* ist in verschiedenen Teilen der Erde *höchst unterschiedlich*. Derzeit entfallen 23 % des weltweiten Bevölkerungswachstums allein auf Afrika südlich der Sahara. In Indien wächst die Bevölkerung jährlich um rund 19 Millionen Menschen. In Europa, wo jedes Jahr etwa 900 000 Menschen mehr sterben als geboren werden, ist der Trend umgekehrt: Eine Europäerin bringt durchschnittlich 1,2 bis 1,4 Kinder zur Welt. Verallgemeinernd kann man sagen, dass in den Industrieländern eine deutliche Verlangsamung des Wachstums, mancherorts eine Stagnation eingetreten ist. Die USA sind mit 2,1 Geburten je Frau und einer starken Zuwanderung eine Ausnahme. In den Entwicklungsländern wächst die Bevölkerung dagegen exponentiell.

**Ursachen des Wachstums.** Wenn die Geburtenrate die Sterberate übersteigt, ergibt sich aus der Differenz die Wachstumsrate (► S. 337). In Mitteleuropa fand seit dem Dreißigjährigen Krieg eine rasante Bevölkerungsexplosion statt, die darauf zurückging, dass die Sterberate sank. Ursachen waren vor allem *Innovationen im Agrarbereich*. Bodenreformen, verbesserte Anbautechniken wie die Dreifelderwirtschaft, gezieltere Auswahl von Saatgut, Kreuzungsexperimente, Ent- und Bewässerungstechniken konnten die Ernährungssituation der Bevölkerung nachhaltig verbessern. Der Bau von Eisenbahnen milderte Verteilungsprobleme. Bessere *Hygiene* verhalf zu einer deutlich geminderten Seuchengefahr. Außerdem ließ der Ausbau der medizinischen Grundversorgung und Geburtshygiene mehr Kinder als zuvor überleben.

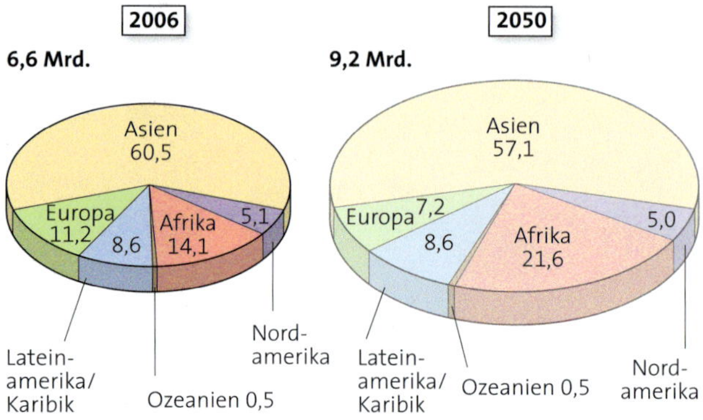

*1 Voraussichtliche Bevölkerungsentwicklung, nach Regionen getrennt (Anteile in %)*

**Demographischer Übergang.** Seit den Anfängen der Industrialisierung Europas dauerte es etwa 80 Jahre oder 3–4 Generationen, bis sich in der Bevölkerung der Glaube an bessere Überlebenschancen der Neugeborenen durchsetzte und weniger Kinder geboren wurden. Bei einer gleichzeitigen Verlängerung der Lebenserwartung dauerte die Phase des schnellen Bevölkerungswachstums noch bis in die Fünfzigerjahre des 20. Jahrhunderts an; erst danach pendelten sich Geburten- und Sterberaten auf einem nahezu konstant niedrigen Niveau ein. Man nennt diesen Verlauf der Bevölkerungsentwicklung den ***demographischen Übergang***. Die meisten Entwicklungsländer befinden sich in der frühen Übergangsphase: Aufgrund des schnellen medizinischen Fortschritts sinkt die Sterberate. Die Geburtenrate bleibt jedoch weiterhin sehr hoch. Dies führt zu einem rasanten Bevölkerungswachstum. Erst wenn die soziale Absicherung gerechter, die Ernährungs- und Ausbildungssituation der Mütter und Kinder in diesen Ländern besser würden, wäre wohl mit weniger Geburten zu rechnen.

*2 Entwicklung der Weltbevölkerung in den letzten 10 000 Jahren*

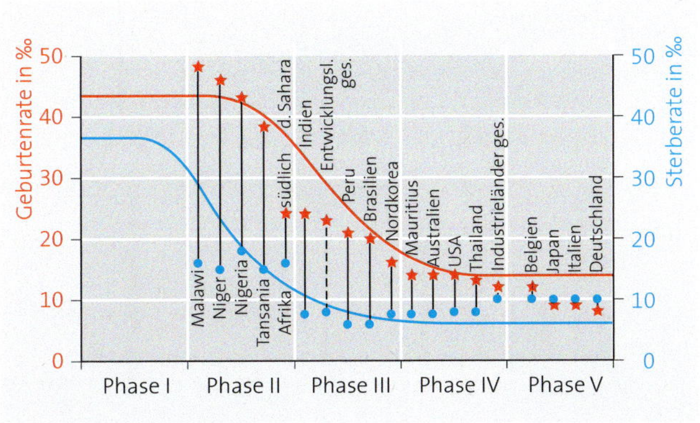


*1 Stand des demographischen Übergangs in verschiedenen Ländern 2008*

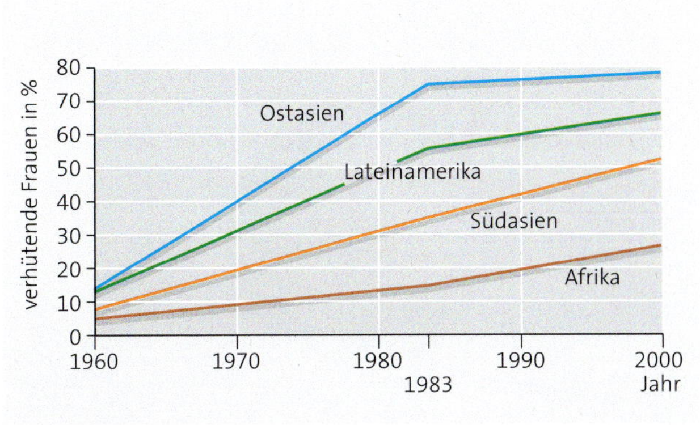


*2 Verwendung von Verhütungsmitteln in verschiedenen Regionen seit 1960*

**Geburtenkontrolle.** In China beispielsweise versucht der Staat mit sehr rigorosen Mitteln dem Bevölkerungswachstum Schranken zu setzen: Er belohnt Einzelkinder mit Fördermaßnahmen zu ihrer Erziehung und Ausbildung. Möchte eine Familie aber mehr als ein Kind aufziehen, muss sie dies von lokalen Behörden genehmigen lassen oder deutliche Kürzungen der staatlichen Unterstützung in Kauf nehmen. Eine solche Einmischung in private Entscheidungen ist menschlich höchst problematisch. Seitdem auch in vielen Entwicklungsländern eine vorgeburtliche Ultraschalluntersuchung üblich ist, werden weibliche Feten häufig nicht mehr ausgetragen, sondern abgetrieben: Kann die Familie nur eine begrenzte Kinderzahl ernähren, wird oft nur dem männlichen Fetus eine Chance gegeben. In Indien hat diese Praxis bereits zur Verschiebung des Geschlechterverhältnisses geführt.

Grundlage einer bewussten *Familienplanung* ist selbstverständlich der Zugang zu modernen *Verhütungsmethoden*. Wo aber das gesellschaftliche Ansehen von Frauen durch Mutterschaft bestimmt ist, wird die Möglichkeit zur Schwangerschaftsverhütung nur in geringem Maß angenommen. Dasselbe gilt, wenn eine möglichst hohe Kinderzahl für das Überleben und die soziale Absicherung der Familie notwendig ist oder Familienplanung aus religiösen Gründen abgelehnt wird. Entscheidend für die Zahl der Geburten ist der soziale Entwicklungsstand und das generative Verhalten der Bevölkerung des Landes: Je besser beispielsweise die Ausbildung der Mädchen ist, desto später werden sie heiraten, desto weniger Kinder werden sie gebären und desto besser sind die Überlebenschancen ihrer Neugeborenen. Diese Zusammenhänge werden weltweit beobachtet und waren auch für Europa zutreffend.

## Bevölkerungswachstum und Energiebedarf

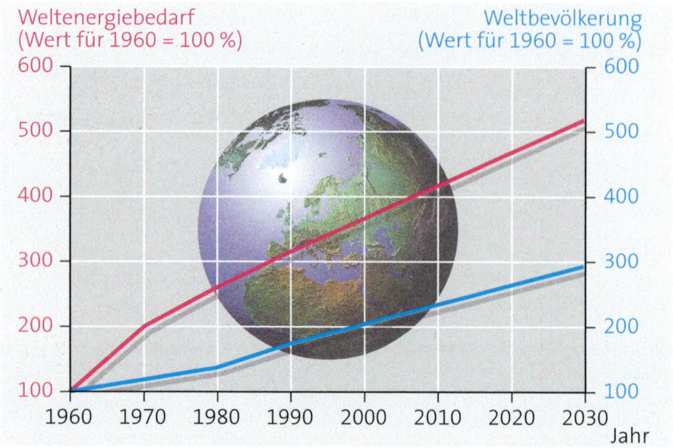


1 *Entwicklung der Weltbevölkerung und des Weltenergiebedarfs, umgerechnet als Veränderung gegenüber 1960*

2 *Offshore-Windpark zur Nutzung von Windkraft als regenerativer Energie*

Je mehr Menschen auf der Erde leben, desto größer wird der Energiebedarf. Energie wird für die Erzeugung von Nahrungsmitteln, für Licht, Wärme, Kühlung, Industrie und Verkehr benötigt. Eine standardisierte Maßeinheit für Energie ist die *Steinkohleneinheit (SKE)*. Sie entspricht 29 300 kJ, dem Energiebetrag, der beim Verbrennen von 1 kg Steinkohle frei wird. In SKE umgerechnet entsprechen 1 kg Brennholz 0,5 kg SKE, 1 kg Heizöl 1,46 kg SKE und 1 kg Natururan 15–20 t SKE.

Die *Industrieländer* haben weltweit die *höchste Energienachfrage*. Die dort lebenden 20 % der Weltbevölkerung beanspruchen insgesamt 80 % der heutigen Energieressourcen. In vielen Entwicklungsländern steht dagegen nicht einmal der minimal benötigte Energiebetrag zur Befriedigung der Grundbedürfnisse zur Verfügung. Nach Angaben der Vereinten Nationen beträgt dieser Grundbedarf etwa 1,4 t SKE/Kopf und Jahr. Der Bedarf eines Deutschen lag im Jahr 2007 bei 6,1 t SKE. Dieses Missverhältnis lässt sich an einem Beispiel verdeutlichen: In den ersten Minuten eines Tages wird in einem deutschen Haushalt mit einer erwachsenen Person und einem Kind dieselbe Energiemenge benötigt (beispielsweise für Kaffeemaschine, Milchfläschchen wärmen, elektrische Zahnbürste und Beleuchtung), die in Indien einer erwachsenen Person mit Kind innerhalb eines ganzen Tages zur Verfügung steht. Die größte relative Zunahme der Energienachfrage wird daher in den Entwicklungsländern stattfinden, vor allem in China. Hier ist das Bevölkerungswachstum am größten und der Entwicklungsbedarf enorm hoch.

**Energieeinsparung ist unerlässlich.** Die Reserven der *fossilen Energieträger* Erdöl, Erdgas und Kohle, die zu etwa drei Vierteln zum Weltenergieaufkommen beitragen, sind begrenzt. Wie lange sie reichen werden, hängt von der technologischen Entwicklung, der Effizienz ihrer Nutzung und vom Bedarf ab.

Bei der Nutzung fossiler Energieträger werden große Mengen *Treibhausgase* frei, vor allem *Kohlenstoffdioxid*. Die heute bereits messbare Erwärmung der Erdatmosphäre wird durch weitere $CO_2$-Emissionen daher noch zunehmen (► S. 388).

Die Bereitstellung von Energie wird zunehmend teurer und schmälert den Wohlstand der Nationen, besonders dann, wenn auch die *Umweltfolgekosten* eingerechnet werden.

**Regenerative Energien.** Diese „erneuerbaren" Energien gehen praktisch nie zur Neige, da sie auf primäre Energiequellen zurückgreifen: auf die Erdwärme *(geothermische Energie)*, Erdgravitation *(Gezeitenkraft)* und die Sonne *(Solarenergie, Fotovoltaik, nachwachsende Rohstoffe, Biogas)*. Auch Wind- und Wasserkraft gehen letztlich auf die Sonne zurück: Durch Temperatur- und Druckunterschiede sowie Verdunstung ist sie der Motor für Wind- und Wasserbewegungen. Mittelfristig wird es nicht möglich sein, den gesamten Energiebedarf aus regenerativen Energiequellen zu decken. Ihr Einsatz wird oft durch die natürlichen Verhältnisse eingeschränkt. So ist der lohnende Betrieb von Gezeitenkraftwerken auf wenige Küstenabschnitte begrenzt, die Sonneneinstrahlung für Kraftwerke vielerorts zu schwach und die Leistung von Windkraftanlagen sehr wechselhaft.

**Nachwachsende Rohstoffe.** Grüne Pflanzen fixieren Strahlungsenergie der Sonne als chemische Energie und wachsen immer wieder nach. Wenn sie verrotten, entsteht nutzbares *Biogas*. Getrocknet und brikettiert dienen sie als Brennstoff. Pflanzliche Stärke lässt sich auch zu Alkohol vergären und als *Treibstoff* für Motoren verwenden. Aus Pflanzenöl kann *Biodiesel* gewonnen werden. Biodiesel aus Rapsöl ist biologisch besser abbaubar und setzt bei seiner Verbrennung weniger Schadstoffe frei als herkömmlicher Diesel. Allerdings werden vermehrt Stickoxide an die Umwelt abgegeben, da die schnell wachsenden Pflanzen viel Stickstoffdünger benötigen. Im Hinblick auf $CO_2$ ist die Verwertung nachwachsender Rohstoffe unbedenklich, da nur so viel freigesetzt wird, wie die Pflanzen ursprünglich gebunden haben. Problematisch wird jedoch die Verwertung solcher „Energiepflanzen", wenn sie, anstelle von Nahrungspflanzen angebaut, die Ernährungsbasis der Menschen beeinträchtigen.

---

**1 Schlagen Sie im Atlas nach und nennen Sie Standorte in Deutschland, die Ihnen für regenerative Energiequellen geeignet erscheinen, und begründen Sie Ihre Vorschläge.**

**2 Nennen Sie Gebrauchsgüter, die traditionell aus nachwachsenden Rohstoffen hergestellt werden.**

**3 Recherchieren Sie im Internet die Mottos „Faktor 4" und „2000-Watt-Gesellschaft".**

## Ökobilanzen

In der Wirtschaft ist es üblich, das unternehmerische Risiko vor einer Investition mithilfe von *Kosten-Nutzen-Analysen* abzuschätzen. Man kann solche Bilanzierungen auch auf gesamtgesellschaftlichem Niveau durchführen. Berücksichtigt man auch den Rohstoff- und Energieverbrauch sowie eventuelle Umweltschäden, erhält man eine *Ökobilanz*. Ökobilanzen ermöglichen es Unternehmen und Behörden, bereits bei der Wahl der Produktionsmittel deren ökologische Folgen abzuschätzen. Das hilft Umweltschäden zu vermeiden.

### Ökobilanz eines Autolebens

Ein Auto braucht Kraftstoff und Öl und gibt, wenn es gefahren wird, Schadstoffe an die Umwelt ab. Wie viel Energie wird aber insgesamt benötigt, um Rohstoffe für den Bau eines Autos zu gewinnen und zu transportieren und um daraus ein Auto zu bauen? Auch der Energieaufwand, der zur Verschrottung des ausgedienten Autos nötig ist, muss berücksichtigt werden. In einer Ökobilanz wird also die *Umweltverträglichkeit der gesamten Prozesskette* untersucht. Bei den Werten in der Tabelle unten wird von einem Mittelklassewagen ausgegangen, der im Jahr rund 13 000 km gefahren wird, 1 100 kg wiegt und einen durchschnittlichen Benzinverbrauch von 10 l auf 100 km hat.

Wenn Privatleute ein Auto fahren, sind für sie nur die *Betriebskosten* von Bedeutung. Für die gesamte Gesellschaft fallen aber weitere Kosten an, die vom Staat, also letztlich über Steuergelder beglichen werden müssen. Rechnet man zum Beispiel die *Waldschäden* auf die Verursacher um, ergeben sich 30 erkrankte und 3 abgestorbene Bäume für jeden Pkw. *Unfälle* wiegen noch schwerer: Pro Pkw werden 820 Stunden Lebenszeit durch Unfalltod vernichtet; 2 800 Stunden Lebenszeit mit Behinderung werden verursacht. Dabei fährt ein Pkw bei 10-jähriger Nutzungsdauer nur etwa 2 400 Stunden!

| **Energiebedarf und Schadstoffemission eines Autos in der Prozesskette** | |
|---|---|
| Primärenergie | 22,9 t SKE/Pkw |
| $CO_2$ | 59,7 t/Pkw |
| $NO_x$ | 89,5 t/Pkw |
| Fahrbahnabrieb | 17 500 g/Pkw |
| Reifenabrieb | 750 g/Pkw |
| Bremsabrieb | 150 g/Pkw |
| Blei | 85,5 g/Pkw |
| Kupfer, Chrom und Zink | 5,3 g/Pkw |
| **Diese Mengen an Abfällen entstehen:** | |
| Abraum (Rohstoffgewinnung) | 23,4 t/Pkw |
| Schlacke | 1,6 t/Pkw |
| Sonstige Abfälle | 1,5 t/Pkw |
| Abfälle insgesamt (auch PCB) | 26,7 t/Pkw |
| **Mit dem Abwasser gelangen diese Rückstände in Grundwasser oder Boden:** | |
| Rohöl in die Weltmeere | 13,0 l/Pkw |
| Mineralöl in Deutschland | 1,1 l/Pkw |
| Blei | 14,1 g/Pkw |
| Kupfer | 6,6 g/Pkw |
| Chrom und Zink | 25,3 g/Pkw |

### Produktionszyklus einer Weißblechdose

Zur Herstellung einer Weißblechdose benötigt man Eisenerz, das aus Brasilien, China oder Australien kommt und noch vor Ort vom „tauben Gestein" getrennt wird. In Eisenhütten zerkleinert, gewaschen und in Hochöfen zu flüssigem Roheisen geschmolzen, entstehen in Warmwalzwerken daraus Blechrollen. Zur Weiterverarbeitung gelangen die Bleche erneut in Fabriken, wo eine Zinnschicht gegen Rost und eine glänzende Chromschicht aufgetragen werden. Dann werden die Bleche gestanzt und zu offenen Dosen geformt. Der Inhalt wird eingefüllt, die Dose versiegelt, sterilisiert und bedruckt. Es folgt die Auslieferung, Lagerung und Feindistribution zum Supermarkt.

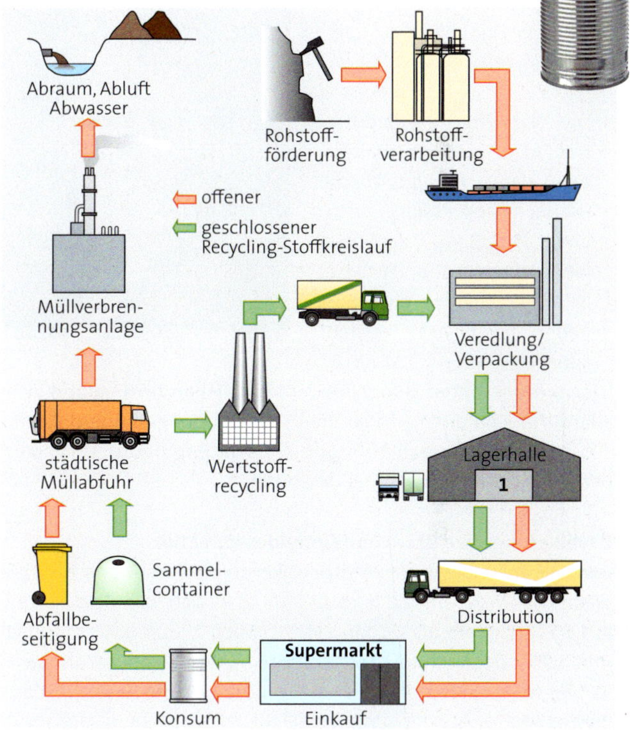


| **Energiebedarf in Megajoule (MJ)/Dose** (1 MJ = 0,27 kWh) | |
|---|---|
| Rohstoffe fördern und transportieren | 0,394 MJ |
| Rohstoffe verarbeiten und transportieren | 1,286 MJ |
| verarbeiten, verpacken, lagern, transportieren | 0,817 MJ |
| alle Transporte ab Verarbeitung, Distribution, Einkauf und Konsum | 0,057 MJ |
| Entsorgung über Müllcontainer | 0,056 MJ |
| Einsammlung über Wertstoffcontainer | 0,034 MJ |
| Entzinnung und Einschmelzen | 0,512 MJ |

**1** **Bilanzieren Sie die Energiemenge für die Herstellung einer neuen und einer Recyclingdose und ermitteln Sie den Verlust nutzbarer Energie beim Wegwerfen einer Dose.**

**Stichworte zu weiteren Informationen**

Umweltökonomie • Umweltverträglichkeitsprüfung

## Bevölkerungswachstum und Nahrungsproduktion

Die Menschheit wächst exponentiell. Die zur Ernährung des Menschen nutzbaren Flächen sind und bleiben aber begrenzt. Produktivitätssteigerungen im Agrarbereich können dieses Problem nicht grundsätzlich lösen. Verteilungskonflikte scheinen unausweichlich zu sein.

**Bevölkerungsentwicklung nach MALTHUS**

1798 veröffentlichte der britische Nationalökonom und Philosoph TH. R. MALTHUS „An Essay on the Principle of Population" mit folgenden Hauptaussagen:

- Die Bevölkerung wächst in geometrischer Progression, also exponentiell (1, 2, 4, 8 ...).
- Bei ungebremstem Wachstum verdoppelt sich die Menschheit etwa alle 25 Jahre.
- Die Nahrungsmittelproduktion kann nicht mithalten, denn sie wächst in arithmetischer Progression, also linear (1, 2, 3, 4 ...), da Ackerland begrenzt ist und pflanzliches Wachstum nicht beliebig gesteigert werden kann.

Die vorhergesagten Hungerepidemien blieben für England zwar aus, dafür sind die malthusschen Thesen über einen Teufelskreis aus Bevölkerungswachstum und Verelendung heute in Ländern der Dritten Welt Wirklichkeit geworden.

**Bevölkerungswachstum und Getreideproduktion**

Um 1960 umfasste die Weltbevölkerung 3 Mrd. Menschen. Sie wuchs jährlich um 2,5 %. Bis 2008 hat sich die Bevölkerung auf 6,7 Mrd. mehr als verdoppelt. Sie wächst jetzt zwar nur noch mit 1,2 %, dennoch ist der jährliche Zuwachs heute um rund 35 Mio. Menschen größer als vor 45 Jahren, da die Ausgangsbasis breiter ist.

Dem steht ein nur mäßiger Anstieg der weltweiten Getreideproduktion gegenüber. So wird die Ernährungsgrundlage pro Kopf insgesamt knapper. In den Entwicklungsländern sind außerdem Missernten und Dürren für stark schwankende Ernten verantwortlich.

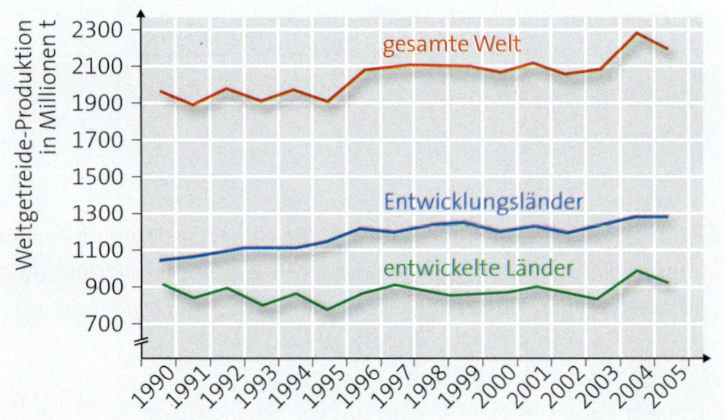


**Nahrungsproduktion und Aids**

Aids trifft vor allem Erwachsene jungen und mittleren Alters, also jene Menschen, deren Arbeit und Kenntnisse für die wirtschaftliche Produktivität besonders wichtig sind. Hochrechnungen zufolge wird es in Botswana, Namibia und Simbabwe aufgrund von HIV-Infektionen bis 2020 im Landwirtschaftsektor mehr als ein Fünftel und in acht weiteren afrikanischen Ländern mehr als ein Zehntel weniger Arbeitskräfte geben.

**Die Verfügbarkeit von Ackerland ist begrenzt**

Schon heute werden weite Teile landwirtschaftlicher Nutzfläche nur dadurch ertragreich, weil man mit aufwendigen Verfahren bewässert, weil man zu feuchte Böden trockenlegt, weil man Magerböden düngt, weil man Pflanzen- oder Tierarten züchtet, die genügsamer sind und mit extremer Trockenheit auskommen, salztolerant sind oder in einer extrem kurzen Vegetationsperiode zur Reife heranwachsen. Diese Maßnahmen haben in den Industrieländern zu erheblichen Produktivitätssteigerungen geführt. Während ein Landwirt in Deutschland um 1900 außer sich selbst nur drei weitere Personen ernährte, sind es heute über 140 Personen, die er zusätzlich versorgen kann.

Im Gegensatz dazu nimmt die Zahl der landwirtschaftlich nutzbaren Flächen jedoch ab und Siedlungen, Industrie-, Verkehrs- sowie Handelsflächen breiten sich aus. Infolge des Klimawandels wachsen weltweit Wüsten und Trockensteppen. Standen 1960 pro Kopf der Weltbevölkerung 0,44 ha Ackerland zur Verfügung, waren es im Jahr 2003 noch 0,22 ha und 2025 werden es nur noch etwa 0,17 ha sein.

---

**1 Berechnen Sie mithilfe des Bildes links den Zuwachs der Weltgetreideproduktion zwischen 1991 und 2005 in Prozent und vergleichen Sie mit dem prozentualen Bevölkerungszuwachs im selben Zeitraum (1991: 5,3 Mrd.; 2005: 6,5 Mrd.).**

**2 Gegenwärtig hält man eine Fläche von 0,4 ha (Äcker, Weide- und Grünland) zur Ernährung einer Person für ausreichend. In den USA liegt der Flächenbedarf derzeit bei 0,9 ha. Berechnen Sie, wie viele Menschen die Erde bei diesem Flächenbedarf jeweils maximal ernähren könnte. Vergleichen Sie dazu auch Seite 366.**

**Stichworte zu weiteren Informationen**

Populationsdynamik • ökologische Pyramiden • Energiefluss

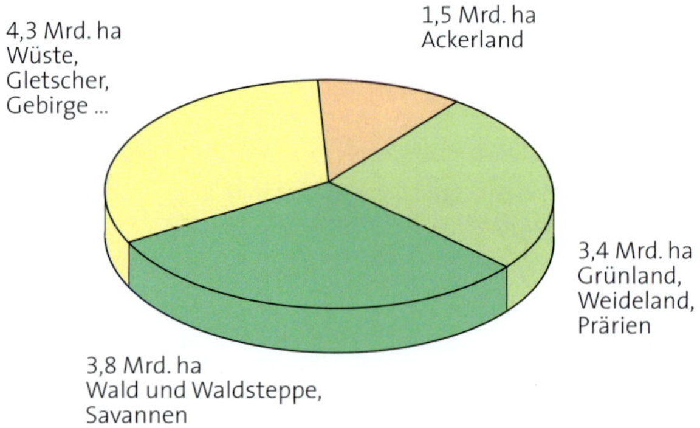

## Intensivlandwirtschaft

1 *Intensivlandwirtschaft erfordert große Flächen sowie den Einsatz von Mineraldüngern und Pestiziden.*

2 und 3 *In ihrem Bestand bedrohte Ackerwildkräuter: Sommeradonisröschen (links) und Frauenspiegel (rechts)*

Nahrungsmittelknappheit nach dem Zweiten Weltkrieg, besonders aber der Nahrungsbedarf einer ständig wachsenden Weltbevölkerung führten zur heutigen Intensivlandwirtschaft mit vielen die Produktivität steigernden Maßnahmen:
- *Flurbereinigung*, mit dem Ziel Ackerflächen zu rentablen, von Maschinen befahrbaren Flächen zusammenzulegen;
- *Vergrößerung der Betriebe* durch Zukauf oder Pacht;
- *Bodenbearbeitung, Bodenverbesserung*;
- Einsatz von *Pestiziden* sowie *Mineraldünger*;
- Einführung von *Sorten* und *Rassen mit hohem Ertrag*;
- innerbetriebliche *Umgestaltung von Produktionsabläufen*;
- enormer *Kapitaleinsatz für Maschinen und Energie*;
- *Spezialisierung* auf wenige Produkte;
- *Massentierhaltung*.

**Folgen der Intensivlandwirtschaft.** Das vorrangige Ziel der Intensivierung, ausreichend Nahrungsmittel zu produzieren, wurde schnell erreicht. In Europa und den USA werden bereits seit Jahren gigantische Überschüsse produziert, deren Transport, Lagerung, Kühlung – und oft genug gezielte Vernichtung – große Energie- und Geldsummen verschlingt, während in vielen Ländern der Dritten Welt Hunger und Mangel herrschen. Jedoch ist eine einfache Umverteilung der Überschüsse in Mangelgebiete auf Dauer gesehen schädlich, da an die heimische Produktion dieser Güter Arbeitsplätze gekoppelt sind, die durch „Kaloriengeschenke" aus den Überschussregionen zerstört werden.

Die *ökologischen Folgen* der Intensivlandwirtschaft sind nur schwer zu beziffern. Extremer „Hege" der Hochertragssorten stehen Gefährdung und Ausrottung von Wildkräutern und Wildtieren gegenüber. Der Mehraufwand an Energie steht in einem Missverhältnis zum Mehrertrag. Der Eintrag von Pestiziden und Nitrat in Böden und Grundwasser führt langfristig zu gesundheitlichen Belastungen. Die Monokulturen sind sehr anfällig für Massenvermehrungen von Schädlingen.

**Massentierhaltung.** Schweine, Rinder und Legehennen werden zunehmend in sehr großen Tierbeständen gehalten. Stallungen mit 10 000 Tieren sind bei Schweinen nicht selten. In 4 % aller Betriebe mit Legehennenhaltung sind 90 % aller deutschen Legehennen konzentriert. Die Tierhaltung auf engstem Raum in künstlicher Atmosphäre, unter dauerndem Stress durch Artgenossen und bei fehlenden Ausweichmöglichkeiten ist *nicht tiergerecht*. Bis 2011 stehen einer Legehenne in „Käfighaltung" nur 550 $cm^2$ zur Verfügung, also etwa die Fläche eines DIN-A4-Blattes. Die *Fäkalien* der Großbetriebe belasten die Umwelt erheblich. Ganze Landstriche werden nur dazu verwendet, Gülle zu entsorgen und darauf Mais als Futterpflanze anzubauen. Etwa 80 % des Getreides, darunter auch Weizen, werden an das Vieh verfüttert.

**Zucht und Gentechnik.** Bei Rindern entdeckten Forscher das „Schwarzenegger-Gen". Es steuert den Muskelzuwachs und führt bei gleichem Futterverbrauch zu einem Fünftel mehr Fleischansatz. Bereits marktreif sind Schweine mit „zusätzlichen" Rippen. Damit lässt sich die Nachfrage nach Koteletts decken. Neuzüchtungen von Tomaten, Soja und Mais wurden genetisch so verändert, dass sie langsamer faulen oder pestizidresistent sind (► S. 204/205).

**Produktivitätssteigerung bei ausgewählten landwirtschaftlichen Erzeugnissen**

| | 1950 | 1999 | 2005 |
|---|---|---|---|
| Getreide (dt/ha) | 23 | 58 | 74 |
| Zuckerrüben (dt/ha) | 362 | 586 | 581 |
| Kartoffeln (dt/ha) | 250 | 349 | 401 |
| Körnermais (dt/ha) | 26 | 51 | 93 |
| Milch (kg/Kuh) | 2498 | 4895 | 6760 |
| Eier (Stück/Henne) | 120 | 260 | 278 |

**1 Vergleichen Sie Vor- und Nachteile der Ernährung in den Jahren 1900 und 2005. Beziehen Sie ökologische Aspekte mit ein.**

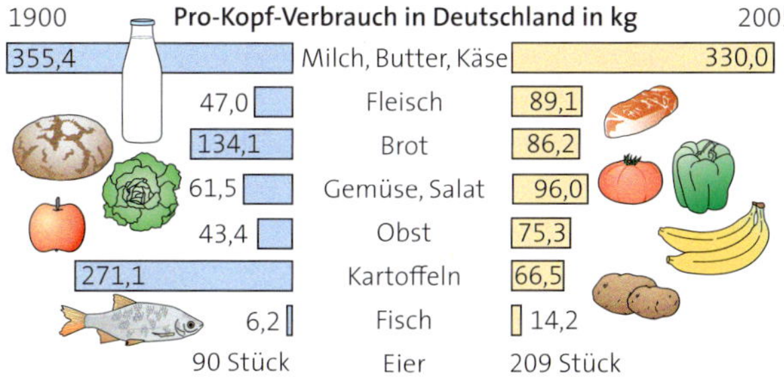


4 *Nahrungsmittelverbrauch in Deutschland*

## Belastung und Schutz der Böden

„Der Boden ist die Quelle aller Güter", erkannte schon der Chemiker JUSTUS VON LIEBIG (1803–1873). Etwa 150 Jahre später urteilte der frühere bayrische Umweltminister A. DICK: „Wir behandeln den Boden wie den letzten Dreck, treten ihn mit schmutzigen Füßen. Eigentlich ist er so kostbar, dass wir ihn auf Händen tragen müssten."

**Boden und Bodenentstehung.** Der Boden entwickelt sich oberhalb des Grundgesteins aus dessen *mineralischen Verwitterungsprodukten*. *Organische Anteile* gelangen durch Zersetzungsprozesse aus der Vegetation hinzu. Ein Boden entwickelt sich ständig weiter. Er wird zum Beispiel durch Klima, Bewuchs, Bearbeitung, Düngung und Erosion verändert. Besonders bedeutsam ist die Tätigkeit der *Bodenorganismen*, die man in ihrer Gesamtheit das *Edaphon* nennt (► S. 356/357). Regenwürmer durchmischen mineralische und organische Bestandteile und sorgen mit ihren Gängen für die Belüftung und Durchfeuchtung des Bodens. Pilzgeflechte und Pflanzenwurzeln halten die Bodenkrümelung zusammen. Asseln, Springschwänze und Milben zerkleinern und zersetzen das organische Material und arbeiten es in den Boden ein, wo es von Bakterien, Einzellern und Pilzen mineralisiert wird. Symbiontische Knöllchenbakterien der Gattung Rhizobium führen den Pflanzenwurzeln Ammonium zu. Der Zustand eines Bodens und seine Fruchtbarkeit gehen also maßgeblich auf die vielfältigen Wechselbeziehungen zwischen den Bodenorganismen untereinander sowie zwischen den Bodenorganismen und ihrem Lebensraum zurück.

*1 Profil einer Braunerde*

**Bodenhorizonte.** Ein bei uns häufig vorkommender Bodentyp ist die *Braunerde*. Sie ist in drei *Horizonte* gegliedert, die sich in Aussehen, Zusammensetzung und ihren chemisch-physikalischen Eigenschaften unterscheiden (► Bild 1). Der *A-Horizont* besteht vornehmlich aus organischen Anteilen. Ausdauernde Pflanzen wurzeln in der Regel im tiefer gelegenen *B-Horizont*. Er ist mineralhaltiger und enthält organische Partikel, die aus dem A-Horizont mit dem Niederschlag eingewaschen werden. Im *C-Horizont* verwittert das Ausgangsgestein. Ob ein Boden eher kalkreich oder sauer ist, hängt deshalb auch davon ab, ob er auf Kalkgestein oder Granit steht.

**Erosion und Bodenverdichtung.** Für die Landwirtschaft ist der Boden der *bedeutendste Produktionsfaktor*. Zunächst wird der Oberboden gelockert, damit das Saatgut keimen und wurzeln kann. Die Auflockerung belüftet den Boden und erleichtert das Eindringen von Niederschlägen. Dies fördert das Wachstum von Bodenorganismen. Wenn später Aussaat, Düngung, Schädlingsbekämpfung und Ernte in jeweils getrennten Arbeitsgängen vorgenommen werden, kommt es durch das häufige Befahren zur Ausbildung von tiefen *Erosionsrinnen*. Nach starken Regenfällen kann der Abtrag der lockeren Humusdecke beträchtlich sein. In der Tiefe führt das Befahren langfristig zu einer starken *Verdichtung* der kleinen Lufträume und Poren in den Bodenkrümeln (► Bilder 2 und 3). Sauerstoffgehalt und Feuchte nehmen darin ab und beeinträchtigen die Tätigkeit des Edaphons. Für die Kulturpflanzen wird es schwieriger, den Boden zu durchwurzeln. Moderne Maschinen mit Breitreifen erledigen bis zu drei Arbeitsgänge auf einmal und reduzieren damit die Bodenverdichtung auf ein Minimum.

**Bodenauslaugung und künstliche Düngung.** Auch fruchtbare Böden wie Löss, Schwarz- und Braunerde laugen aus, wenn sie Jahr für Jahr mit denselben Sorten bebaut werden, da jede Pflanzenart und -sorte ihre speziellen Ansprüche an die Mineralstoffversorgung stellt. In der Intensivlandwirtschaft könnten längst nicht mehr Spitzenerträge von 60 bis 80 dt Weizen/ha ohne den massiven Einsatz von *Kunstdüngern* erzielt werden. Davon wird nur ein Teil von den Pflanzen wirklich aufgenommen. Bis zu zwei Drittel werden in tiefere Bodenschichten eingespült und stören dort das Bodenleben empfindlich. Langfristig reichern sich die Stoffe in Boden und Grundwasser an.

Das gilt auch für einen Teil der *Herbizide* und *Pestizide*. Da das Oberflächenwasser zum Teil Jahre braucht, bis es bestimmte Grundwasserreservoirs erreicht, tickt unter unseren Füßen eine gesundheitliche Zeitbombe.

*2 und 3 Maschinen und Traktoren mit möglichst breiten Reifen vermindern die Gefahr der Bodenverdichtung.*

**Gründüngung und Zwischenfrucht.** Es ist sinnvoll, den Boden im Fruchtwechsel zu bebauen, weil dann seine Mineralstoffe nicht einseitig ausgelaugt werden. Durch den Anbau von schnell wachsenden *Zwischenfrüchten*, beispielsweise Klee, Lupinen oder Erbsen, lässt sich vermeiden, dass die Nutzflächen längere Zeit brachliegen und der noch vorhandene Dünger in tiefere Bodenschichten ausgewaschen wird. Auch Erosion wird so verhindert. Zudem sind die genannten Schmetterlingsblütengewächse mit den Luftstickstoff fixierenden Rhizobien vergesellschaftet (► S. 330). Werden sie zur *Gründüngung* untergepflügt, gelangen auf diese Weise 50 bis 120 kg Stickstoff pro Hektar nach und nach in den Boden. Auch Senfsaat und Phacelia, die ohne Knöllchenbakterien wachsen, werden zur Bodenverbesserung eingesetzt.

**Problem Bodenversauerung.** Die Hauptursache der *Bodenversauerung* ist der saure Regen. Er entsteht vornehmlich aus *$SO_2$-* und *$NO_x$-Emissionen*, die sich in Niederschlägen aller Art lösen und dann als Säure niedergehen. In extremen Fällen liegt der pH-Wert dieser Niederschläge zwischen 2 und 3, was dem Säuregrad von Batteriesäure oder Zitronensaft entspricht. Mancherorts sinkt dadurch der pH-Wert der Böden deutlich unter 4 ab. Das pH-Optimum der meisten Bodenorganismen liegt jedoch zwischen 6 und 7. Eine pH-Wert-Senkung bedeutet daher für sie eine massive Beeinträchtigung. Fällt die Stoffwechselleistung der Mineralisierer ab, kann das Pflanzenwachstum ebenfalls beeinträchtigt werden. Die Bodenfruchtbarkeit sinkt. Landwirte wirken deshalb der Bodenversauerung auf ihren Äckern oft durch eine *Kalkung* entgegen.

Durch die zusätzlichen Wasserstoffionen aus dem sauren Regen werden außerdem Calcium-, Magnesium- und Kaliumionen *ausgewaschen*: Der Boden verarmt und infolgedessen verhungern die Pflanzen. Auch *Aluminium-* und *Schwermetallionen* gehen verstärkt *in Lösung*. Sie werden von den Pflanzen in toxischen Konzentrationen über die Wurzeln aufgenommen und schädigen die Wurzelhaare. Stirbt schließlich auch die Hauptwurzel ab, geht die Pflanze ein.

**Problem Bodenverbrauch und Bodenversiegelung.** Städte und ihr Umland, die zunehmende Industrialisierung und Verkehrserschließung beanspruchen immer größere Flächen. Zum Teil sind es Brachefluren aus der Landwirtschaft, zum Teil wird Wald gerodet oder Ödland neu erschlossen. So nimmt die *Versiegelung* des Bodens zu. Als Folge davon sickert weniger Niederschlagswasser ein und die *Neubildung des Grundwassers* wird *verringert*. Außerdem entfällt die Filtrationswirkung des Bodens. Das Wasser fließt oberflächlich ab und sorgt nach heftigen Regengüssen für *Überschwemmungen*.

| Bevorzugte pH-Bereiche im Boden für ausgewählte Pflanzen | | | |
|---|---|---|---|
| Birke | 5,0–6,0 | Wintergerste | 6,0–7,5 |
| Buche | 6,0–8,0 | Kartoffeln | 5,0–6,5 |
| Esche | 6,0–7,5 | Zuckerrüben | 6,5–7,5 |
| Kiefer | 4,5–6,0 | Futterrüben | 5,5–7,0 |
| Linde | 6,0–8,0 | Winterraps | 6,5–7,5 |
| Tanne | 5,0–6,0 | Erbsen, Möhren | 6,0–7,0 |

*1 Gründüngung, hier mit Phacelia. Die Pflanze ist zugleich eine gute Bienenweide.*

**Bodenschutz.** Im *Bundesbodenschutzgesetz* von 1988 wird die Schutzbedürftigkeit des Bodens formuliert. Maßnahmen zur Vorsorge sehen vor, dass nicht der beste Ackerboden der Verbauung zum Opfer fallen soll. Die Gewinnung von Bodenschätzen, die Abfallentsorgung, die Industrie und der Häuserbau sollen sich auf die weniger wertvollen Flächen konzentrieren. Verseuchte Areale und Altlasten der Industrie müssen saniert werden und dürfen anschließend nicht uneingeschränkt genutzt werden. Bestimmte Gebiete werden als *Landschafts-* und *Wasserschutzgebiete* besonderen Regelungen unterstellt.

An die Landwirte wurden Empfehlungen zur *bodenschonenden Bewirtschaftung* ausgegeben. Eine landesweite Erfassung der Bodengüte bietet ihnen Entscheidungshilfe hinsichtlich Wert und Nutzung ihres Ackerlands. Die Ermittlung der Mineralstoff- und Schadstoffgehalte der Böden sind zu wichtigen Kriterien für den Dünger- und Bearbeitungsaufwand geworden.

**Ökologischer Anbau.** Die Methoden des *ökologischen Landbaus* tragen aktiv zum Bodenschutz bei. Man nutzt die Vorteile von Gründüngung und Zwischensaaten. Der Einsatz von Dünger und Pflanzenschutzmitteln wird auf ein Minimum reduziert. Es werden bodenschonende Bearbeitungsweisen praktiziert. Zwar sind die Erträge der Biobauern bei gleichzeitig höherem Arbeitsaufwand geringer. Dafür sind die Lebensmittel weniger belastet, Boden und Grundwasser werden langfristig geschont.

**1** **Füllen Sie einen gläsernen Standzylinder von unten nach oben mit Schichten von Kieselsteinchen, Lehm und Blumenerde. Gießen Sie langsam Wasser darauf. Beobachten Sie, wie schnell das Wasser jeweils durchsickert, wie viel Feuchte in den Schichten verbleibt, wie sich das Volumen der Luftporen verändert. Beschreiben Sie anschließend Ihre Beobachtungen.**

**2** **Nennen und begründen Sie Maßnahmen zur Eindämmung der Bodenerosion.**

## Belastung der Luft durch den Menschen

Je mehr Menschen auf der Erde leben, desto mehr fossile Energieträger werden verbrannt, desto mehr Schadstoffe gelangen in die Luft. Diese einfache Kausalkette gilt nach wie vor, obwohl die Luftreinhaltetechnik gute Fortschritte macht und der Anteil regenerativer Energieträger wächst.

**Emissionen.** Die beim Betrieb von Anlagen oder aus Produktionsabläufen an die Umgebung abgegebenen Gase, Stäube, Flüssigkeiten, Strahlen, Geräusche und die Wärme bezeichnet man als *Emissionen*, ihre Verursacher als *Emittenten*. Die größten Emittenten in Deutschland sind der *Verkehr* und die *Industrie*. Sie sind für ca. 60 % alle Stickoxid-, 70 % aller Kohlenstoffmonooxid- und 75 % aller Staubemissionen verantwortlich. Die Energiewirtschaft ist mit ca. 50 % Hauptverursacher der Schwefeldioxidemissionen. Aber auch Landwirtschaft und Haushalte tragen beträchtlich zur Luftverschmutzung bei.

**Immissionen.** Wenn Emissionen auf Lebewesen und Gegenstände schädlich einwirken, spricht man von *Immissionen*. Zwischen dem Herkunftsort von Emissionen und ihrem Wirkungsort als Immissionen können oft beträchtliche Entfernungen liegen: Je höher die Schornsteine, desto weiter werden die daraus entweichenden Schadstoffe in der Regel verfrachtet. So sorgen Emissionen aus skandinavischen Schornsteinen als saurer Regen mit für das Waldsterben in Harz, Erzgebirge und Bayrischem Wald. Und Schadstoffe aus Mitteldeutschland sind verantwortlich für die Gespensterwälder in Böhmen. Wegen des Ferntransports der Schadstoffe ist es notwendig, dass *Luftreinhaltepolitik* verstärkt als *internationale Aufgabe* begriffen wird.

**Sekundäre Luftschadstoffe und fotochemischer Smog.** *Smog* ist ein Kunstwort aus den englischen Wörtern *smoke* für Rauch und *fog* für Nebel. In den Wirtschaftswunderjahren benutzte man den Begriff vor allem für die dicken Rauchschwaden über den Zentren der Schwerindustrie sowie den europäischen Ballungsräumen wie London, Athen, Rom, Berlin und den Städten des Ruhrgebiets. Während seither der Anteil von Ruß-, Staub- und Schwefeldioxidemissionen der Industrie durch den Einbau von Filtern deutlich zurückging, stieg der Anteil der Verkehrsemissionen weiter an. Die Ausrüstung von Fahrzeugen mit Katalysatoren und Feinstaubfiltern soll dieses Problem mindern. Der Smog des 21. Jahrhunderts hat also mit „smoke" nicht mehr viel zu tun.

Viele der an die Umwelt abgegebenen primären Schadstoffe werden durch Reaktionen untereinander und mit den natürlichen Bestandteilen der Luft chemisch verändert. Man nennt sie dann *sekundäre Luftschadstoffe* oder – da die Energie zu den Reaktionen meist von der UV-Strahlung der Sonne stammt – *fotochemische Oxidanzien*. Eine zentrale Rolle spielt dabei das *Ozon*. Es wird vor allem an heißen Sommertagen gebildet, wenn von den *Stickoxidemissionen aus Autoabgasen* durch die Wirkung von UV-Strahlung *atomarer Sauerstoff* abgespalten wird, der mit Luftsauerstoff zu Ozon reagiert (► Bild 2). Besonders hohe Ozonwerte werden in Städten und Ballungszentren in den frühen Nachmittagsstunden gemessen, wenn sich die Stickoxide in der Atmosphäre angereichert haben. Doch wird hier das Ozon nachts wieder weitgehend abgebaut, indem es mit NO und CO reagiert. Dagegen kann sich Ozon in industrie- und verkehrsfernen Gebieten, wohin es während des Tages transportiert wird, paradoxerweise anreichern, denn hier gibt es die Luftschadstoffe kaum, die zum nächtlichen Abbau beitragen könnten.

Aus den Kohlenwasserstoffabgasen der Fahrzeuge entsteht das *Peroxyacetylnitrat*, kurz *PAN*. Es hat ähnliche oxidierende und damit schädigende Wirkungen wie das Ozon.

1. **Erläutern Sie das Reaktionsschema in Bild 2. Beginnen Sie dabei mit der Einwirkung der UV-Strahlung auf das Stickstoffdioxid.**
2. **Überlegen Sie, welchen Einfluss starke Bewölkung auf die Ozonbildung hat.**
3. **Recherchieren Sie im Internet das „global dimming".**

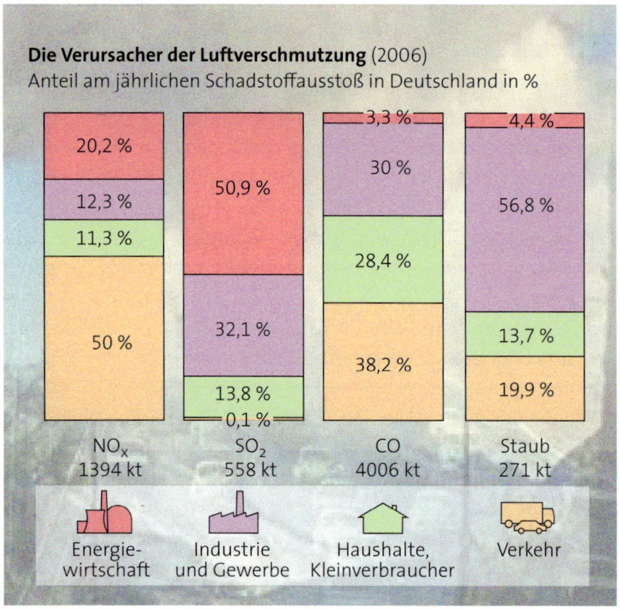


1 *Hauptemittenten der wichtigsten Luftschadstoffe*

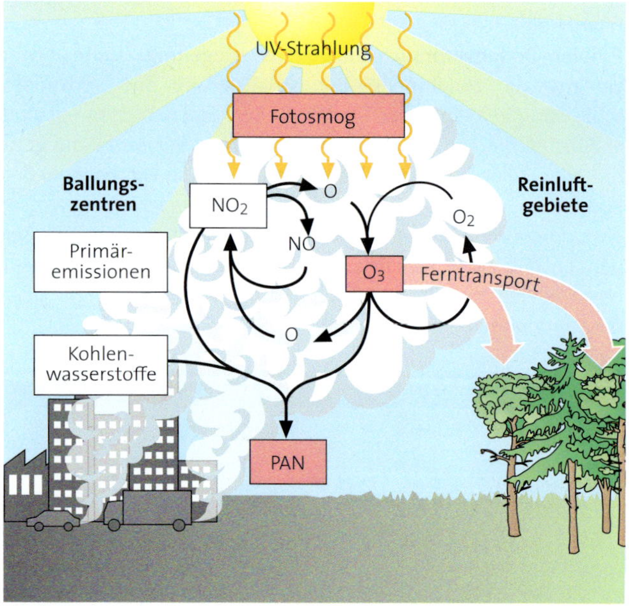


2 *Bildung der sekundären Luftschadstoffe Ozon und PAN*

MATERIAL · METHODE · PRAXIS

# Ozonsmog und Überwachung der Luftqualität

Seit das Problem der Luftverschmutzung ein wichtiges Thema in der öffentlichen Diskussion geworden ist, werden regelmäßig Messungen der Luftschadstoffe vorgenommen. In den Sommermonaten ist *Ozon* hierbei von zentraler Bedeutung.

**Gesundheitsschäden durch Ozon – Ozongrenzwerte**

Ozon kann als starkes Oxidationsmittel in höheren Konzentrationen die Schleimhäute der Atemwege und die Bindehaut der Augen reizen. Rötungen, Hustenreiz und Tränenfluss sind die – eher harmlosen – unmittelbaren Folgen. Als häufigste Reaktion auf Ozon werden Kopfschmerzen und Schwindelgefühl genannt. Chronisch Kranke und geschwächte Menschen können erheblich stärker in Mitleidenschaft gezogen werden: Asthmaanfälle, eine Schwächung des Immunsystems oder Allergien können ausgelöst werden.

1995 wurde das *Ozongesetz* verabschiedet. Es legt bei einer Ozonkonzentration von 180 µg/m³ die Information der Bevölkerung fest (Informationsschwelle) und drohende Verkehrsverbote bei der Alarmschwelle von 240 µg/m³. Zum Schutz der menschlichen Gesundheit gilt ab 2010 für die gesamte EU ein maximaler Acht-Stunden-Wert von 120 µg/m³. Dieser darf nur an 25 Tagen pro Kalenderjahr überschritten werden.

**Schädigungen in der Landwirtschaft durch Ozon**

In Los Angeles kennt man das Ozonproblem schon seit 1944. In den 1950er Jahren begann man mit der systematischen Erfassung der Ozonschäden in der südkalifornischen Landwirtschaft, da sich Ernteverluste abzeichneten und die Farmer Ausgleichszahlungen vom Staat verlangten. Daher war auch die Regierung an einer Erforschung der Ursachen wie an einer Quantifizierung der Schäden interessiert.

Forscher an der Universität in Riverside entwickelten sogenannte *fumigation chambers* (▶ Foto oben), in denen sie die häufigsten Kulturpflanzen einer exakten Ozondosis aussetzten und dann den Verlust an Blattsubstanz, Wachstum, Fruchtgewicht usw. quantifizierten. Die so ermittelten Dosis-Wirkungs-Kurven in Zusammenhang mit den Daten lokaler Luftmessstationen, die die tatsächliche Luftbelastung feststellten, führten zur Bilanzierung riesiger Verlustsummen durch Ozoneinwirkung. Das war in Kalifornien Anlass, die Ozongrenzwerte deutlich zu verschärfen. Heute liegt der „primary ozone-standard" der US-Umweltbehörde EPA für Ozon bei 80 µg/m³ und soll weiter verschärft werden.

**1** **Schildern Sie anhand der Materialien auf dieser Seite, wie Ozon auf Pflanzen wirkt.**

**2** **Vergleichen Sie Tagesverlauf und Höchstwerte der Ozonkonzentrationen zwischen Stuttgart-Bad Cannstatt und der Reinluftstation Welzheimer Wald.**

**3** **Informieren Sie sich im Internet über aktuelle Ozonwerte Ihrer Region bei Ihrer Landesanstalt für Umweltschutz oder beim Umweltbundesamt.**

**☞ Stichworte zu weiteren Informationen**

Ozonalarm • Expositionsverfahren • Flechtentafel • Blattnekrosen

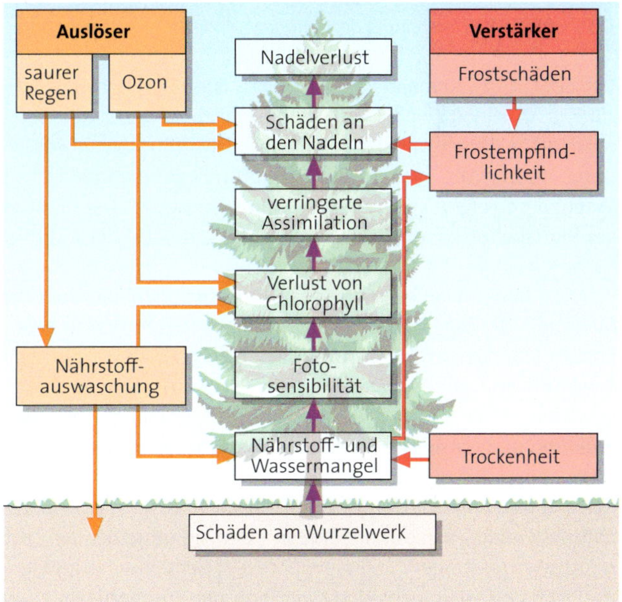


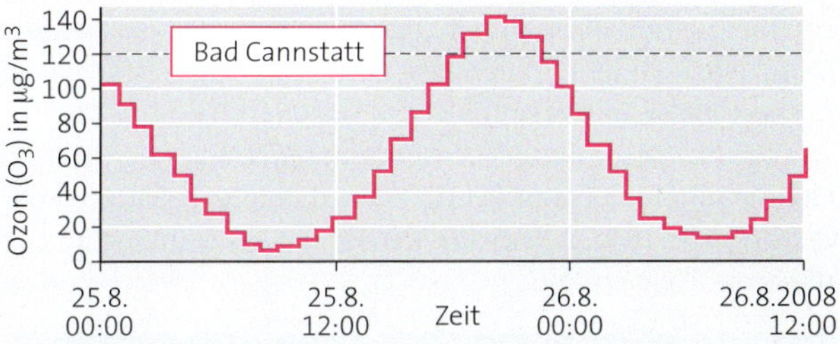


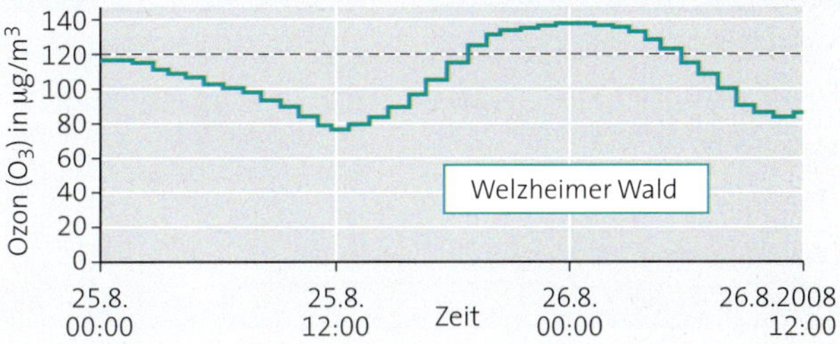

# Klimawandel

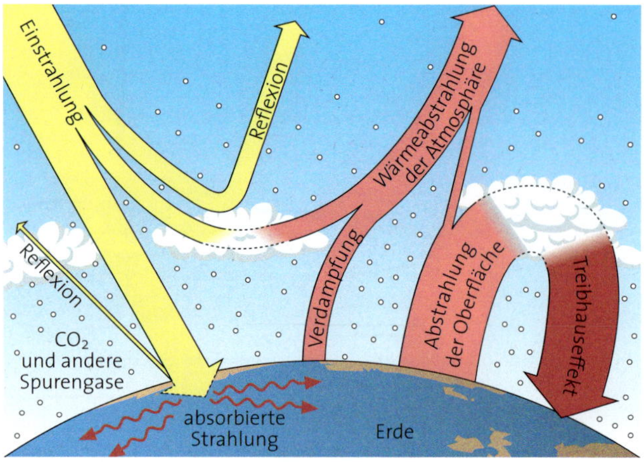


1 *Schematische Darstellung des Treibhauseffekts in der Atmosphäre*

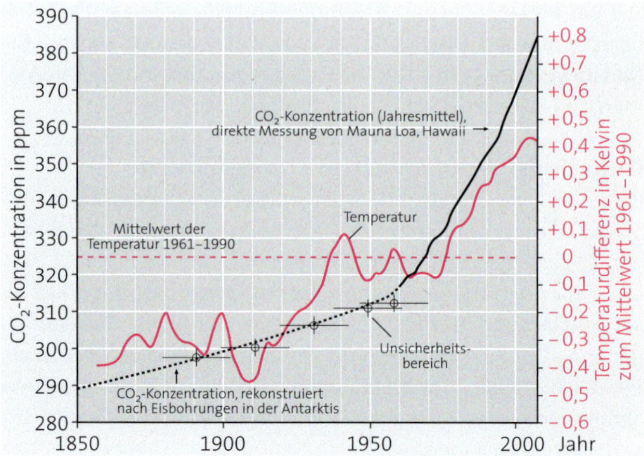


2 *$CO_2$-Konzentration in der Atmosphäre und globale Erwärmung*

Der Bericht des Klimarats der Vereinten Nationen aus dem Jahr 2007 lässt keinen Zweifel: Der hauptsächlich von uns Menschen verursachte Klimawandel durch globale Erwärmung ist in vollem Gang. Unsere Welt wird sich dadurch grundlegend und mit nicht absehbaren Folgen verändern. Nur ein sofortiges Umsteuern in der Klimapolitik könnte die dramatischen Veränderungen verhindern.

Noch bis vor wenigen Jahren schien es unvorstellbar, dass der Mensch in der Lage sein sollte, das Erdklima wesentlich zu beeinflussen. Nun werden wir gewahr, dass auch globale Systeme wie Biosphäre und Atmosphäre einem empfindlich störbaren Gleichgewicht unterliegen.

**Erdklima und natürlicher Treibhauseffekt.** In Treibhäusern ist es schwülwarm. Sonnenlicht durchdringt die Glaswände, die Wärmerückstrahlung wird unter dem Glasdach gestaut. Diese Verhältnisse lassen sich auf die Erde mit den sie umgebenden Luftschichten übertragen. Energiereiches UV-Licht durchdringt die Troposphäre fast ungehindert, wird von der Erdoberfläche zum Teil absorbiert und als Wärmestrahlung zurückgeworfen (▶ Bild 1). Diese langwellige Infrarotstrahlung wird erneut absorbiert. Wasserdampfwolken übernehmen hier die Rolle der isolierenden Glasscheiben. Weitere Spurengase, besonders $CO_2$, verstärken den Wärmeeffekt (▶ Tabelle unten).

Aufgrund dieses *natürlichen Treibhauseffekts* liegt die globale Durchschnittstemperatur bei 15 °C und damit 33 Kelvin höher als die frostigen –18 °C, die sich aus der Sonneneinstrahlung und der Erdwärme allein ergäben.

**Anthropogener Treibhauseffekt.** In den letzten 100 Jahren beobachtet man einen deutlichen Anstieg der mittleren globalen Temperatur. Sehr wahrscheinlich ist er zum größten Teil durch die vom Menschen verursachten Emissionen verschiedener Treibhausgase, vor allem $CO_2$, verursacht (▶ Bild 2) und wird daher als *anthropogener Treibhauseffekt* bezeichnet. Durch Verbrennung fossiler Energieträger werden jedes Jahr rund 10 Milliarden Tonnen $CO_2$ den globalen Stoffkreisläufen zugeführt, denen es bis dahin Jahrmillionen entzogen war. Mit 383 ppm im Jahr 2007 erreichte der $CO_2$-Gehalt der Atmosphäre einen neuen, wahrscheinlich seit 20 Millionen Jahren nicht mehr erreichten Höchststand. Andere Treibhausgase sind noch wirksamer als $CO_2$ (▶ Tabelle unten), jedoch ist ihr Anteil an den Emissionen geringer.

**Klimamodelle.** Mit Computersimulationen versuchen Wissenschaftler die künftige Entwicklung der $CO_2$-Konzentration in der Atmosphäre und die daraus resultierenden Einflüsse auf das Weltklima zu prognostizieren. Selbst wenn die derzeitigen „Klimaziele" der Regierungen erreicht werden und der Ausstoß an $CO_2$ den Wert von 1990 nicht überschreitet, kommt es nach diesen Berechnungen mit Sicherheit zu einem weiteren Temperaturanstieg. Wie hoch er ausfällt, hängt von einer Reihe verschiedener Faktoren ab wie Bevölkerungswachstum, Wirtschaftsentwicklung und dem Einsatz regenerativer Energien.

**1 Erklären Sie, welche Auswirkungen auf die Temperatur eine nahezu wasserdampffreie Atmosphäre hätte. Berücksichtigen Sie dabei die Wüstenklimate der Erde als Erklärungsmuster.**

| Erwärmungseffekt der Spurengase in Kelvin | |
|---|---|
| Wasserdampf ($H_2O$) | 20,6 |
| Kohlenstoffdioxid ($CO_2$) | 7,2 |
| bodennahes Ozon ($O_3$) | 2,4 |
| Distickstoffoxid ($N_2O$) | 1,4 |
| Methan ($CH_4$) | 0,8 |
| übrige Spurengase | 0,6 |
| **Summe** | **33,0** |

**Menge und Wirksamkeit einiger Treibhausgase**

| Treibhausgas | Konzentration 2006 in ppm | Anteil am anthropogenen Treibhauseffekt | relative Wirksamkeit pro Molekül |
|---|---|---|---|
| $CO_2$ | 379 | 50–60 % | 1 |
| $CH_4$ | 1,77 | 19–20 % | 23 |
| $NO_2$ | 0,37 | 5–6 % | 310 |
| FCKW | 0,001 | < 10 % | 14 000 |
| $O_3$ (Boden) | 0,04 | 4–8 % | 2 000 |

*1–3 Entwicklung eines Alpengletschers (Triftgletscher im Berner Oberland 1948, 2002, 2006)*

**Anzeichen des Klimawandels.** Den vom Menschen in Gang gebrachten Klimawandel vom Hintergrund natürlicher Klimaschwankungen zu unterscheiden ist sehr schwierig. Keines der beobachteten Anzeichen „beweist" für sich genommen den Klimawandel, in ihrer Summe bestätigen diese jedoch immer deutlicher die Vorhersagen der Klimamodelle.

- *Ständig neue „Jahrhundertsommer".* Seit Beginn der Temperaturaufzeichnung im 19. Jahrhundert gemessene Höchstwerte werden beinahe jährlich überboten.
- *Immer weniger Frosttage, seltener Schnee.*
- *Gletscher schmelzen im Zeitraffer.* Die 5 000 Alpengletscher verloren in nur 150 Jahren rund ein Drittel ihrer Fläche und die Hälfte der Masse. In den letzten Jahren beschleunigt sich diese Entwicklung (▶ Bilder 1–3).
- *Anstieg des Meeresspiegels.* Im 20. Jahrhundert stieg der Meeresspiegel um 15–20 cm, im Jahr 2005 allein um 3,5 mm.
- *Anwachsen des Ozonlochs.* In der Stratosphäre wird das Ozonloch größer und lässt mehr schädliches UV-Licht auf die Erde.
- *Extreme Wetterereignisse häufen sich.* Die Anzahl und Heftigkeit von Stürmen, Hitzewellen, Trockenperioden, Hagel und Starkregen nimmt zu (mit großen regionalen Unterschieden).

**Klimaprognose für 2100.** Alle Rechenprognosen des künftigen Klimas haben gemeinsam, dass sie nur Szenarien entwerfen können. Auf verschiedenen Grundannahmen basierend werden meistens ein „worst case"-Szenario, ein mittlerer und ein bester Fall hochgerechnet. Das mittlere Szenario des IPCC (Intergovernmental Panel on Climate Change) geht davon aus, dass Klimaschutz weltweit nicht offensiv vorangetrieben wird. Es führt zu folgenden Ergebnissen:

- *Globaler Temperaturanstieg.* Bis 2100 wird die Oberflächentemperatur um 2,5–4 Grad ansteigen (▶ Bild 4).
- *Meeresspiegelanstieg.* Die Klimamodelle sagen einen Anstieg um 20–30 cm voraus, Ozeanographen rechnen mit bis zu 1 m.
- *Die Arktis wird eisfrei.* Dazu kann es bereits in nur etwa 40–50 Jahren kommen.
- *Permafrostböden in der Tundra tauen auf.* Sie setzen gespeichertes Methan frei, das den Treibhauseffekt erheblich verstärken wird (▶ Tabelle S. 388).
- *Der Golfstrom wird sich abschwächen, vielleicht sogar „abreißen".* Dadurch wird das weltweite Förderband von tropischem Warmwasser ins kalte Polarmeer und den Nordatlantik und von Kaltwasser in die Tropen erlahmen.

**Verlierer Mensch.** Das Klima der Erde war von Natur aus immer wieder großen Veränderungen unterworfen. Diese Tatsache sollte jedoch nicht als Argument zur Verharmlosung des erwarteten Klimawandels verwendet werden:

- Noch niemals zuvor hat ein einzelnes Lebewesen das Erdklima wirksam und nachhaltig verändert.
- Alle derart großen Klimaänderungen der Vergangenheit, zum Beispiel die Wechsel von Kalt- und Warmzeiten, sind in Zeiträumen von Zigtausenden von Jahren verlaufen.
- Vor allem der Mensch wird aufgrund seiner hohen Individuenzahl, seiner globalen Verbreitung und seiner extrem ressourcenabhängigen Lebensweise zum Verlierer werden.

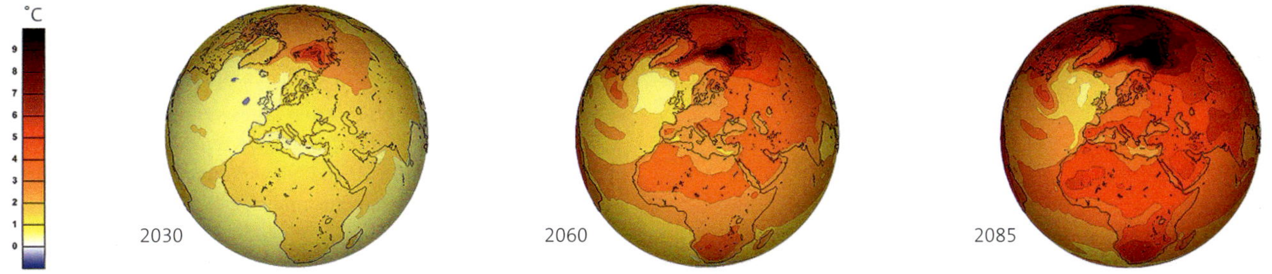


*4 Prognostizierte Temperaturentwicklung (mittleres Szenario des IPCC)*

# Ressource Wasser

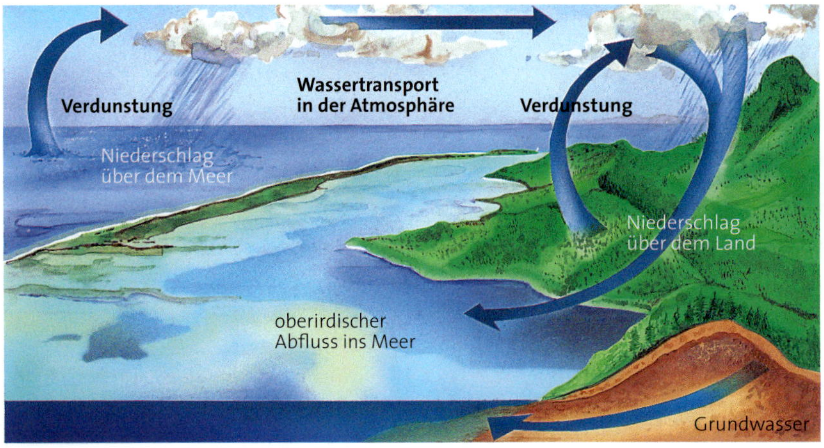


1 *Der globale Wasserkreislauf*

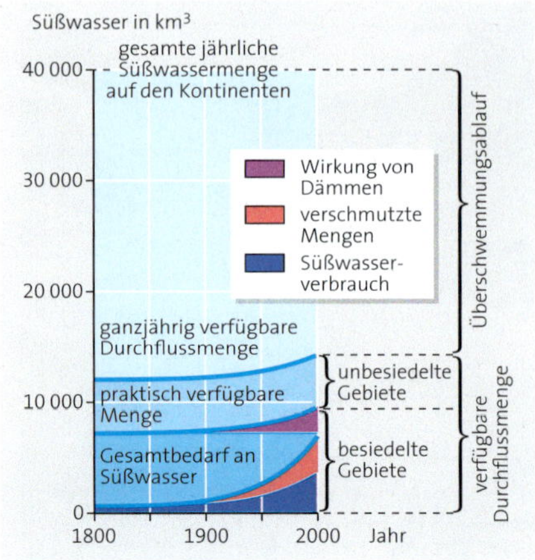


2 *Frischwasservorräte der Erde*

Rund 71 % der Erdoberfläche sind von Ozeanen bedeckt, etwa 0,5 % von Seen und Flüssen. Alle Gewässer stehen über einen Kreislauf miteinander in Verbindung. Er wird durch die von der Sonne gelieferte Energie angetrieben: Über den Landflächen und Meeren verdunstet Wasser, kondensiert dann beim Abkühlen in der Höhe und fällt als Niederschlag wieder zur Erde. Die Wassermengen, die sich in diesem Kreislauf befinden, bilden den sogenannten Durchfluss (▶ Bild 1).

**Knappe Ressource Süßwasser.** Nur etwa 2,5 % des irdischen Wassers ist Süßwasser und davon ist wiederum der größte Anteil im Eis von Polkappen und Inlandgletschern gebunden. Den gesamten jährlichen Süßwasserdurchfluss auf den Kontinenten beziffert man mit 40 000 km. Nur etwa 12 000 km³ stehen davon als regelmäßig greifbare Ressource in Grundwasser und Oberflächengewässern zur Verfügung. Der größte Teil strömt nach Starkniederschlägen und Hochwasserwellen direkt in die Meere. Der gesamte jährliche Süßwasserbedarf von Haushalten und Industrie beträgt zurzeit rund 3 700 km³, aber die Nachfrage wird steigen, weil die Weltbevölkerung wächst. Bei uns werden nur 3–4 % des Süßwasserdargebots tatsächlich genutzt. Hier hat das Einsparen von Wasser vor allem finanzielle Vorteile, außerdem entsteht weniger Abwasser. In vielen Trockenregionen ist frisches Süßwasser jedoch ein knappes und sehr kostbares Gut.

**Direkter und indirekter Wasserverbrauch.** Der Pro-Kopf-Verbrauch von 124 Litern (▶ Tabelle unten) in Deutschland erhöht sich schnell, wenn man berechnet, wie viel Wasser benötigt wird, um Nahrung und Konsumgüter herzustellen. Das sind etwa 3 000 Liter „verstecktes" Wasser pro Kopf.

| Trinkwasserverbrauch in Deutschland pro Person und Tag in Litern sowie Einsparungsmöglichkeiten | | |
|---|---|---|
| Körperpflege | 50 | duschen statt baden |
| Toilettenspülung | 32 | Spartaste benutzen |
| Wäsche waschen | 25 | Waschmaschine ganz füllen |
| Haushalt, Autowäsche | 10 | Auto seltener waschen |
| Trinken und Kochen | 3 | tropfende Hähne reparieren |
| Gartenbewässerung | 4 | Regenwasser sammeln |
| **Gesamtmenge je Tag** | **124** | |

**Trinkwasser und Wasserschutz in Deutschland.** Grund- und Mineralwasser sind die wichtigsten Quellen für unser Trinkwasser. Um Gewässer, die der Entnahme und Aufbereitung von Trinkwasser dienen, vor Verunreinigungen durch Schadstoffe (beispielsweise Pestizide, Düngemittel, Deponiewasser oder Öl) zu bewahren, werden *Wasserschutzgebiete* ausgewiesen. Überwiegend geschieht dies über Umweltauflagen und Gesetze für die Gewässernutzung. Zum Teil stellt man einzelne Gewässer unter völligen Schutz. Bei uns unterscheidet man drei Schutzzonen: Der eigentliche „Wasserfassungsbereich", die Zone I, ist besonders streng geschützt und sollte daher Eigentum des Wasserwerks sein. Zone II reicht bis zu der Entfernung, die das Wasser braucht, um in 50 Tagen – meist unterirdisch – bis zum Wasserkörper zu strömen. Hier sind die Beschränkungen für bestimmte Nutzungen noch hoch. In Zone III sind die Auflagen gelockert.

3 *Wasserschutzgebiet*

**1** **Ermitteln Sie Ihren persönlichen Tagesverbrauch an Trinkwasser, z. B. mithilfe der Wasseruhr, und bewerten Sie ihn anschließend.**

**2** **Nennen und erläutern Sie die Auswirkungen, die das verstärkte Abschmelzen der Polkappen und der Inlandgletscher auf den Süßwasserhaushalt haben.**

**3** **Informieren Sie sich über die Möglichkeiten der Meerwasserentsalzung zur Gewinnung von Trinkwasser.**

## Trinkwasseraufbereitung und Abwasserklärung

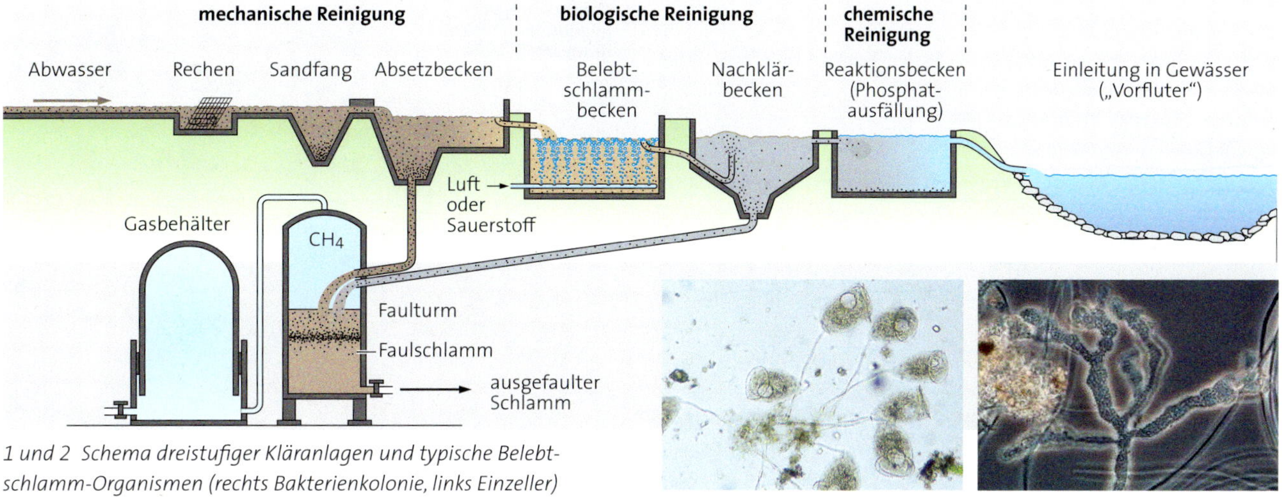


*1 und 2 Schema dreistufiger Kläranlagen und typische Belebtschlamm-Organismen (rechts Bakterienkolonie, links Einzeller)*

**Trinkwasseraufbereitung.** Unser Trinkwasser unterliegt strengen Qualitätsanforderungen. Es wird überwiegend aus Grundwasser, aber auch aus echten Quellen (beispielsweise Mineralquellen), aus geeigneten Flüssen und, wo dies wegen des Untergrundes möglich ist, aus Karstgrundwasser gewonnen. Die größten Vorkommen natürlicher Mineralquellen gibt es in Budapest und in Bad Cannstatt bei Stuttgart. Das Cannstatter Mineralwasser stammt aus der Umgebung und benötigt 15–20 Jahre für seinen Weg zu den Quellen.

Meist muss das Rohwasser erst in einer *Trinkwasseraufbereitungsanlage* behandelt werden: Durch Zugabe von Eisenchlorid oder Eisen(III)-sulfat werden Salze ausgeflockt *(Flockung)*. Dann wird das Wasser mit Ozon begast. Organische Stoffe werden dadurch oxidiert, Geruch und Geschmack verbessern sich *(Ozonierung)*. Anschließend filtert man das Wasser durch Quarzsand und in modernen Anlagen auch noch durch einen Aktivkohlefilter *(Filtration)*. Spätestens hier lagern sich die an die Eisenflocken gebundenen Schmutzpartikel und die Ozonreste ab und Trinkwasserqualität ist erreicht.

**Aus Trinkwasser wird Abwasser.** Jeder der gut 120 Liter Trinkwasser, die die Deutschen im Schnitt täglich nutzen, wird nach dem Gebrauch zu *Abwasser*. Als Abwasser bezeichnet man das nach häuslichem oder gewerblichem Gebrauch veränderte, verunreinigte, abfließende und das von Niederschlägen stammende und in die Kanalisation gelangende Wasser. Rechnet man diese Wassermengen auf die Einwohner um, erzeugt jeder von uns täglich über 3000 l Abwasser. Im Mittel sind 60 g gelöster Sauerstoff notwendig, um die Nährstoffe in diesem Abwasser wiederabzubauen. Damit wären die Gewässer hoffnungslos überfrachtet. Daher sind *Kläranlagen* für die Abwasserbeseitigung unerlässlich. Moderne Kläranlagen bestehen aus drei Stufen (▶ Bild 1).

**Mechanische Abwasserreinigung.** Diese erste Stufe der Abwasserreinigung beseitigt mithilfe von *Rechen, Sieben* und *Sandfang* grobes Material wie Karton, Papier, Steine, Zweige und Sand. Im *Vorklärbecken* reduziert man die Fließgeschwindigkeit so weit, dass sich auch feine Schwebstoffe absetzen. In einigen ländlichen Gemeinden schließt sich keine weitere Klärstufe mehr an.

**Biologische Reinigungsstufe.** Diese zweite Reinigungsstufe ahmt den Vorgang der Gewässerselbstreinigung nach. Das wichtigste Element bildet dabei das *Belebtschlammbecken*, in dem Bakterien sowie Einzeller (▶ Bild 2) die organischen Stoffe abbauen. Für den Abbau von Stickstoffverbindungen benötigen die Bakterien viel Sauerstoff, den man ihnen durch große Quirle oder die direkte Einleitung von Luft zuführt. *Nitrifizierer* oxidieren Ammonium- und Nitritverbindungen zu Nitrat. Im anaeroben Milieu reduzieren *Denitrifizierer* die entstandenen Nitratverbindungen und setzen vor allem molekularen Stickstoff ($N_2$) frei (▶ S. 357). *Schwermetalle* aus der Industrie können nicht biologisch abgebaut werden. Sie werden zum Teil von den Mikroorganismen aufgenommen, wodurch der ehemalige Belebtschlamm nach und nach zu Sondermüll wird, der dann auf Deponien gebracht werden muss. Frischer, unbelasteter Klärschlamm kann dagegen als Dünger verwendet werden.

**Chemische Reinigungsstufe.** Hier werden Phosphatreste eliminiert, indem man Eisen- und Aluminiumsalze hinzufügt. So entstehen schwer lösliche Salze, die zu Boden sinken.

Abwasser, das diese dreistufige Reinigung durchlaufen hat, verlässt die Anlagen mit einer *Abbaustufe* von 2 oder besser und wird in die Gewässer eingeleitet. Die Wasserwirtschaft unterscheidet verschiedene Abbaustufen: von 1 (sehr geringe Restverschmutzung) bis 5 (noch große Restverschmutzung).

---

1. **Bei unzureichender Sauerstoffzufuhr gelingt die Abwasserreinigung nicht. Begründen Sie.**
2. **Undichte Mülldeponien entpuppen sich als Gefahr für unser Trinkwasser. Erklären Sie den Zusammenhang.**
3. **Das Motto des Weltwassertages am 22. 3. 2008 lautete: „Sanitation", das bedeutet: „Siedlungshygiene, Abwasserentsorgung". Formulieren Sie mögliche Zusammenhänge zwischen beiden Begriffen.**
4. **Informieren Sie sich über die Abbaustufe (Restverschmutzung) des Abwassers Ihres Wohnorts.**
5. **Viren im Trinkwasser? Recherchieren Sie mit diesem Suchtext im Internet.**

## Belastung der Gewässer durch den Menschen

Schon in vorindustriellen Zeiten wurden mit Wasserkraft Mühlräder bewegt, wurde Wasser in Gerbereien, Färbereien, Brauereien und Manufakturen als Prozesswasser, Lösemittel und Transportmedium genutzt und durch Abwässer verschmutzt. Aber erst mit dem Einsetzen der Industrialisierung begann die Belastung der Gewässer in großem Maßstab. Flüsse wurden zu bevorzugten Standortfaktoren. Entlang den großen schiffbaren Flüssen begann die Ausbreitung bedeutender Industrieachsen, wie beispielsweise an Rhein, Neckar und Fils oder an Weser, Saale, Elbe und Oder. Das Wachstum von Städten und der Bevölkerung sowie die Intensivlandwirtschaft sind weitere Einflussgrößen für die steigende Gewässerbelastung.

**Kanalisierung.** Die meisten größeren Flüsse wurden zur Schiffbarmachung *kanalisiert*. Man begradigte Mäander, zwängte Flüsse in Betonbetten, schnitt Nebenarme ab, versiegelte ehemalige Überschwemmungsbereiche mit Industrie-, Hafen-, Wohnanlagen und Straßen. Dadurch erhöhte sich die Fließgeschwindigkeit und Transportkraft der Flüsse. Nach starken Niederschlägen strömen die Wassermassen aus kanalisierten Nebenflüssen so schnell in die Hauptströme, dass diese über die Ufer treten. Die sogenannten „Jahrhunderthochwasser" an Oder (▶ Bild 1), Rhein, Mosel und Weser und immer häufiger auch an kleineren Flüssen können durch „Puffergebiete" verhindert werden: *Polder* und *naturnahe Auenbereiche*, die überflutet werden dürfen und zugleich den Tier- und Pflanzenarten der Feuchtgebiete wieder Lebensräume bieten.

**Eutrophierung.** Einleitungen aus den Kläranlagen und die von Äckern ausgewaschenen Überschüsse an Stickstoffverbindungen der Mineral- und Gülledüngung sind in erster Linie für das *übernormale Nährstoffangebot* in Gewässern verantwortlich. Sie sorgen besonders in stehenden Gewässern während der bei uns etwa halbjährigen Vegetationsperiode für ein verstärktes Algenwachstum, die „Algenblüte". Sterben die Algen ab, sinken große Mengen organischer Substanz zu Boden, deren Abbau den Destruenten nur unvollständig gelingt. Infolge Sauerstoffmangels gewinnen Anaerobier die Oberhand: Am Gewässergrund herrschen *Fäulnisprozesse* vor. Die Faulgase, beispielsweise Schwefelwasserstoff, verschärfen noch die Lebensfeindlichkeit des Gewässers. Ein Fischsterben kann die Folge sein.

1 und 2 *Überschwemmung an der Oder nach Deichbruch (links); Vorfluter Gewässer: Abwassereinleitung einer Kläranlage*

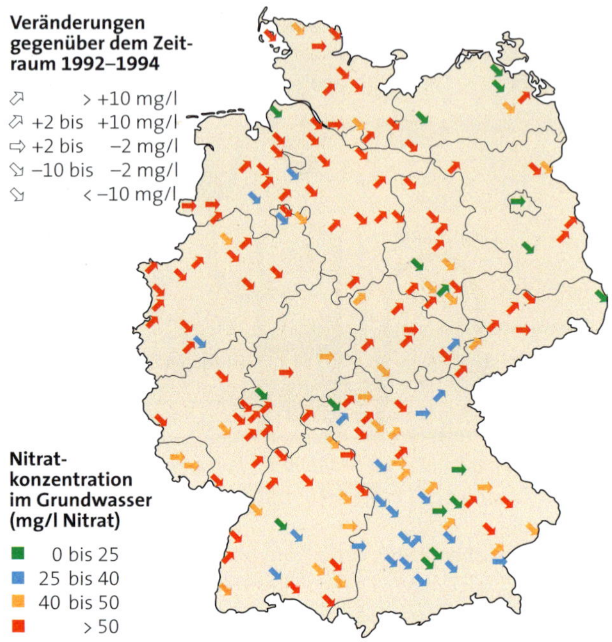


3 *Nitratgehalt des Grundwassers (Mittelwert 2000/2002)*

**Nitratbelastung des Grund- und Trinkwassers.** Nitrat wird im Stoffwechsel von Mensch und Tier in Nitrit umgewandelt, aus dem sich krebserregende *Nitrosamine* bilden können. Besonders bei Babys und Kleinkindern muss mit gesundheitlichen Schäden gerechnet werden. Daher legt die Trinkwasserverordnung einen gesetzlichen Nitratgrenzwert von 50 mg/l fest. Hauptverursacher der Nitratbelastung von Gewässern ist die Landwirtschaft. Mehr als die Hälfte der aufgebrachten Stickstoffverbindungen aus Mineraldüngern und Gülle bleibt für ein bis drei Wochen in den oberen 30 cm des Bodens und ist damit der direkten Abspülung durch Niederschläge ausgeliefert, dies gilt besonders für leicht und wasserdurchlässige Böden. Vom Rest wird ein Teil von Bodenbakterien zu Nitrat umgewandelt und kann in dieser Form von den Wurzelhaaren der Pflanzen aufgenommen werden. Der andere Teil sickert tiefer und gelangt somit irgendwann ins Trinkwasser. Vor allem in Gebieten mit Massentierhaltung und anspruchsvollen Sonderkulturen stehen Zufuhr und Abfuhr von Stickstoffverbindungen in einem umweltgefährdenden Missverhältnis.

**1** **Als Folge der Eutrophierung kann ein Gewässer „umkippen". Erläutern Sie diese Aussage.**

**2** **Informieren Sie sich hier im Buch über die an der Umwandlung von Stickstoff und Ammonium beteiligten Mikroorganismen und deren Tätigkeit.**

**3** **Ermitteln Sie die Grundwasserbelastung durch Nitrat in Ihrem Bundesland (▶ Bild 3). Beurteilen Sie die Entwicklung seit 1992–94 und überlegen Sie Gründe dafür.**

**Gewässerversauerung.** Abgase aus den Ballungsräumen können sich auf der Luvseite von Gebirgen stauen. Kommt es dort zur Bildung von Stauniederschlägen, können die Abgase als Säuren ausregnen und lokal Bäche und Seen *versauern*. Da die Schadstoffe aus der Luft kommen, hat man dieses Problem auch in Wasserschutzgebieten. Auch im Schnee können aus Abgasen Säuren entstehen, die bei der Schneeschmelze in die Gewässer verfrachtet werden und vorübergehend pH-Werte um 3 entstehen lassen. Bereits bei pH-Werten von 4 werden die zarten Kiemen von Kaulquappen, Molchen und Jungfischen verätzt, auch der Laich stirbt ab. Da „saurer Regen" überwiegend aus schwefel- und salpetersauren Abgasen entsteht, hat sich dieses Problem mit deren sinkenden Emissionen inzwischen abgeschwächt.

**Industriegifte und Schwermetallbelastung.** Selbst mit vorgeklärten Abwässern gelangen giftige Industriechemikalien über die Flüsse ins Meer und sogar bis in die Tiefsee. Im Speck von Pottwalen und in Tiefseebewohnern haben holländische Meeresbiologen Anreicherungen längst verbotener Flammhemmstoffe (polybromierte Biphenyle und polybromierte Diphenylether) gefunden. Die Schwermetalle Cadmium, Nickel und Zink können, meist als Ionen im Wasser gelöst, sehr weit verfrachtet werden. Blei und Chromverbindungen bleiben eher in der Nähe der Einleitungen zurück, da sie sich, an Schwebstoffe gebunden, meistens im Sediment ablagern. In der Nahrungskette werden jedoch auch diese Stoffe von Trophiestufe zu Trophiestufe angereichert und in Fett, Leber und Knochen der Konsumenten abgelagert. Bei hohen Konzentrationen stellen sich Lähmungen oder Krämpfe als akute Vergiftungserscheinungen ein. Spätfolgen wie Missbildungen, Unfruchtbarkeit und Organschäden sind ebenfalls bekannt.

**Erwärmung.** Die Gewässertemperatur unterliegt einem Jahresrhythmus, der von der Sonneneinstrahlung und von der Lufttemperatur abhängt. Diese Größen verändern sich in der Regel kontinuierlich und vor allem langsam, während die Temperatur durch das Einleiten von *Kühlwasser* aus Wärmekraftwerken kurzfristig stark ansteigen kann. Im Jahresmittel kann die Wassertemperatur mancher Flüsse dadurch um 3–4 Grad erhöht sein. Das führt – nach der RGT-Regel – zu einer gesteigerten biologischen Aktivität der Wasserorganismen, zugleich jedoch zu schlechterer Löslichkeit von Sauerstoff im Wasser. Aerob lebende Organismen geraten dadurch unter Sauerstoffmangel. In der Folge sinkt die biologische *Selbstreinigungskraft* des Flusses und anaerobe Fäulnisprozesse gewinnen die Überhand. In den heißen Sommern der letzten Jahre mussten vereinzelt Kraftwerke abgeschaltet werden, damit die Flüsse durch weitere Kühlwassereinleitungen nicht umkippten.

---

1. **Erstellen Sie eine Mindmap zum Thema „Belastungen der Gewässer".**
2. **Stellen Sie Zusammenhänge dar, die zwischen den einzelnen Formen der Gewässerbelastung bestehen. Beispiel: Erwärmung → $O_2$-Defizit → verringerter Schadstoffabbau → erhöhte Nitratbelastung.**
3. **Erläutern Sie Möglichkeiten, die biologische Selbstreinigungskraft in akuten Situationen künstlich zu steigern.**

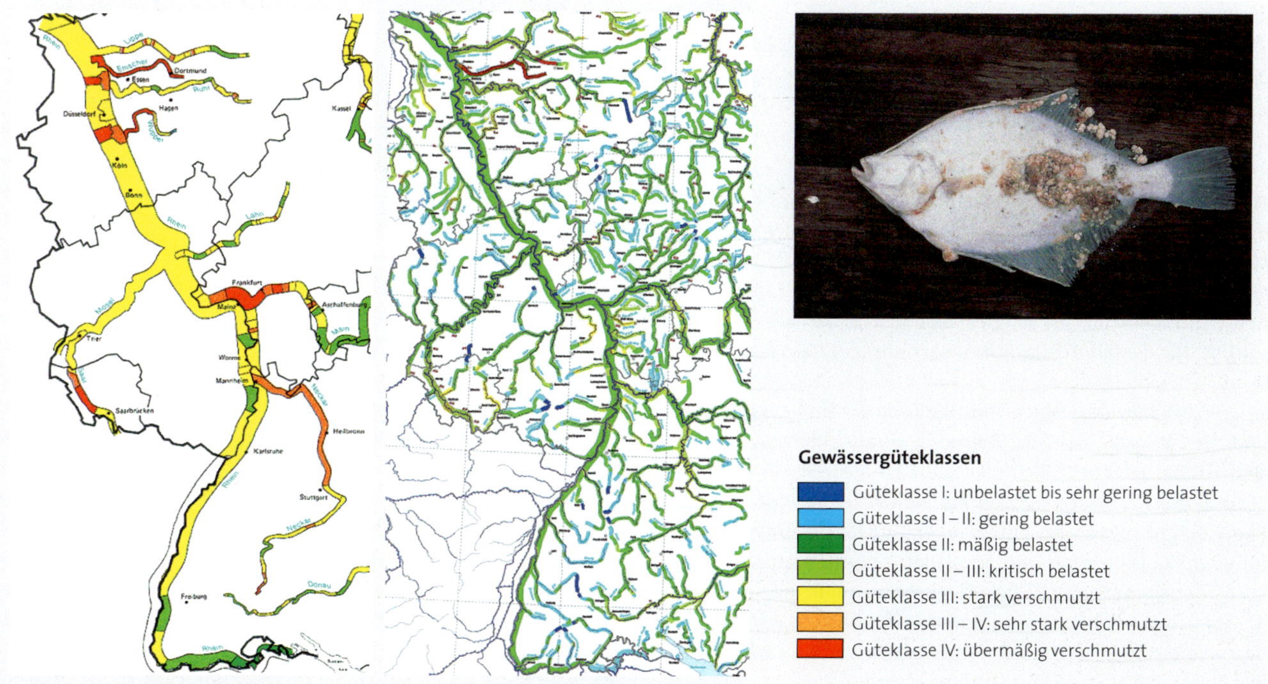


*1–3 Gewässergütekarte des Rheins und seiner Nebenflüsse, Stand 1975 und 2000. Nur die größeren Gewässer sind berücksichtigt. Die Gewässergüte hat sich durch den Bau von Kläranlagen in den letzten Jahrzehnten verbessert. Belastungen durch Industriegifte und Schwermetalle bleiben dagegen weiterhin ein Problem. Foto: Geschwüre bei einer Scholle. Solche Missbildungen finden sich bei Meeresfischen aufgrund von Schadstoffbelastungen häufig.*

# Biomonitoring und Methoden der Gewässeruntersuchung

Um die Wasserqualität eines Gewässers zu analysieren, kombiniert man meist chemische Analysen und biologische Untersuchungen. Mit standardisierten Testsets werden die wichtigsten chemisch-physikalischen Daten ermittelt Dabei handelt es sich um: Sauerstoffgehalt ($O_2$), chemischen Sauerstoffbedarf (CSB), Konzentration von Ammonium ($NH_4^+$), Nitrit ($NO_2^-$), Nitrat ($NO_3^-$), Phosphat ($PO_4^{3-}$), pH-Wert, Temperatur und elektrische Leitfähigkeit. Das gebräuchlichste Beurteilungssystem unterscheidet vier Gewässergüteklassen aufgrund chemischer und biologischer Kriterien (► Tabelle S. 395).

### Bestimmung des biochemischen Sauerstoffbedarfs

Organische Stoffe im Wasser werden durch die Stoffwechselleistung aerober Bakterien abgebaut. Je größer die organische Belastung ist, desto mehr Sauerstoff benötigen diese Bakterien, um die Stoffe biochemisch zu oxidieren. Die Menge des in einer bestimmten Zeit veratmeten Sauerstoffs (in mg/l $O_2$) ist demnach ein indirektes Maß für den Verschmutzungsgrad des Wassers. Man bestimmt den biochemischen Sauerstoffbedarf innerhalb 2 Tagen ($BSB_2$) oder 5 Tagen ($BSB_5$).

**MATERIAL:** große Flasche, 2 luftblasenfrei verschließbare Glasflaschen, Sauerstoff-Testset

**DURCHFÜHRUNG:** Entnehmen Sie dem Prüfgewässer mit einer größeren Flasche eine Wasserprobe und schütteln sie diese gründlich zur Anreicherung mit Luft. Verteilen Sie dann den Inhalt auf zwei verschließbare Gefäße: In einer der Proben ermitteln Sie mithilfe eines Sauerstoff-Testsets den $O_2$-Gehalt sofort, in der zweiten Probe, nachdem diese 5 Tage im Dunkeln, unter Luftabschluss bei 20 °C aufbewahrt wurde.

Die Differenz im Sauerstoffgehalt beider Proben entspricht dem $BSB_5$. Ordnen Sie Ihren Messwert mithilfe der Tabelle auf Seite 395 unten einer Gewässergüteklasse zu.

### Zeigerarten und Biomonitoring

*Zeigerarten.* Tier- und Pflanzenarten, die an einen sehr engen Bereich der Sauerstoff- oder Ionenkonzentrationen im Wasser angepasst sind, lassen sich als *Bioindikatoren* für eine bestimmte Wasserqualität heranziehen: Sie reagieren bereits auf geringe Abweichungen. Als im Wasser lebende „Dauer-Mess-Systeme" sind sie für die langfristige Überwachung der Gewässergüte besonders geeignet.

*Passives Monitoring.* Durch ihre Stellung in der Nahrungskette und die Fähigkeit, über die Kiemen Spurenstoffe aufzunehmen, sind Fische geeignete Bioindikatoren. Fische von Fließgewässerarten wie Barbe, Rotauge und Aal werden einmal pro Jahr den überwachten Gewässern entnommen und ihr Gesundheitsstatus untersucht. Milz, Leber und Muskulatur werden auf chemische Rückstände untersucht. Milz und Leber akkumulieren Schadstoffe (beispielsweise Schwermetalle) wegen ihres hohen Stoffwechsels besonders stark, die fettreiche Muskulatur der Aale ist vor allem mit lipophilen organischen Stoffen belastet.

*Aktives Monitoring.* Muscheln sind sessil und filtrieren bei geöffneter Schale mit ihren Kiemen Schwebstoffe aus dem Atemwasserstrom. Dabei nehmen sie im Wasser gelöste oder an die Schwebstoffe gebundene Stoffe auf und reichern sie im Körper an. Für das Monitoring werden Muscheln wie die Dreikantmuschel *(Dreissena polymorpha)* oder die Teichmuschel *(Anodonta cygnea)* aus weitgehend unbelasteten Gewässern in die zu überwachenden Gewässer eingebracht. Sie werden dabei in speziellen Netzkäfigen gehalten, die mit Stahlseilen am Ufer fixiert sind. Monatlich kontrolliert man die Muscheln auf ihren Zustand und entnimmt sie endgültig nach 6 Monaten zur Untersuchung ihrer Weichkörper auf Schadstoffe.

*Muschelmonitor als biologisches Frühwarnsystem.* In einem mit Flusswasser durchströmten Becken arbeiten mehrere Dreikantmuscheln als „verdeckte Ermittler": Jede Muschel trägt einen Magneten auf der Schale. Über einen Sensor wird damit das Bewegungsmuster und die Öffnungsweite ihrer Schalen gemessen und von einem Computerprogramm ausgewertet. Gelangen toxische Stoffe ins Wasser, ändern die Muscheln sehr schnell ihr Schalenbewegungsmuster.

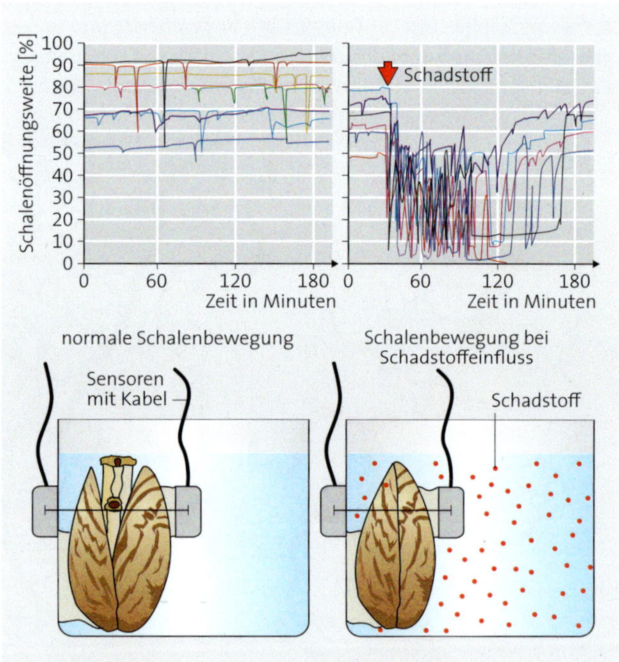


1. **Informieren Sie sich auf den Seiten Ihres jeweiligen Landesamts für Umwelt über den Einsatz von Biomonitoren in der Gewässerüberwachung.**
2. **„Muscheln sind als Biomonitore besonders geeignet." Begründen Sie diese Aussage.**
3. **Erklären Sie, warum bei der Messung des $BSB_5$ die Probe mit reinem Sauerstoff belüftet und verdünnt werden muss, wenn ein sehr hoher Messwert zu erwarten ist.**

**Beurteilung der Gewässergüte mit dem Saprobienindex.** Der *Saprobienindex* ist eine biologische DIN-Norm für die Beurteilung der Gewässergüte mit Zeigerarten. Mikroskopisch kleine Saprophagen (► S. 356) nennt man *Saprobien*. Mit dem Saprobienindex meint man – vergröbernd gesagt – den Fäulniszustand des Gewässers.

Als Zeigerarten dienen Pflanzen oder Tiere, deren ökologische Ansprüche an die Sauberkeit und den Sauerstoffgehalt des Gewässers weitestgehend bekannt sind (► Bild rechts, Tabelle unten). Jedem dieser Organismen ist eine Maßzahl für die Gewässergüte, der Saprobienwert *s*, zugeordnet. Die Abundanz *h* der Zeigerart (von 1 = Einzelfund bis 7 = massenhaft) ist für die Wichtung und Stichhaltigkeit der Einzelprobe von Bedeutung:

$s \times h$ = Einzelsumme einer Zeigerart.

Um aussagekräftig zu sein, muss die Stichprobe statistisch abgesichert sein. Deshalb werden noch die Häufigkeiten aller erfassten Zeigerarten zur Gesamthäufigkeit $h_{ges}$ und alle Einzelsummen zur Gesamtsumme $\Sigma_{ges}$ bilanziert und gewichtet:

$$\frac{\Sigma_{ges}}{h_{ges}} = \textit{Saprobienindex}.$$

Auf diese Weise wird bundesweit die Gewässergüte ermittelt. Ein Beispiel zeigt die Tabelle unten:

| Zeigerart | Saprobienwert *s* | Häufigkeit *h* | *s* × *h* |
|---|---|---|---|
| Alpenstrudelwurm | 1,0 | | |
| Steinfliegenlarven | 1,0 | | |
| Hakenkäfer, -larven | 1,5 | | |
| flache Eintagsfliegenlarven | 1,5 | | |
| Bachstrudelwurm | 1,5 | | |
| Köcherfliegenlarven (mit Köcher) | 1,5 | 1 | 1,5 |
| runde Eintagsfliegenlarven (m. Kiemenbüscheln) | 1,5 | 3 | 4,5 |
| Köcherfliegenlarven (ohne Köcher) | 2,0 | 1 | 2,0 |
| runde Eintagsfliegenlarven (m. Kiemenblättchen) | 2,0 | 2 | 4,0 |
| Mützenschnecke | 2,0 | 2 | 4,0 |
| Bachflohkrebs | 2,0 | | |
| Köcherfliegenlarven (m. 3 Rückenschildern) | 2,0 | | |
| weiße Strudelwürmer | 2,5 | | |
| Schneckenegel | 2,5 | 1 | 2,5 |
| Plattegel | 2,5 | | |
| Kriebelmückenlarven, -puppen | 2,5 | | |
| Wasserassel | 3,0 | 1 | 3,0 |
| Rollegel | 3,0 | | |
| Rote Zuckmückenlarven | 3,6 | | |
| Schlammröhrenwürmer | 3,8 | | |
| | | $h_{ges} = 11$ | $\Sigma_{ges} = 21{,}5$ |

$$\text{Saprobienindex} = \frac{\Sigma_{ges}}{h_{ges}} = \frac{21{,}5}{11} \approx 2$$

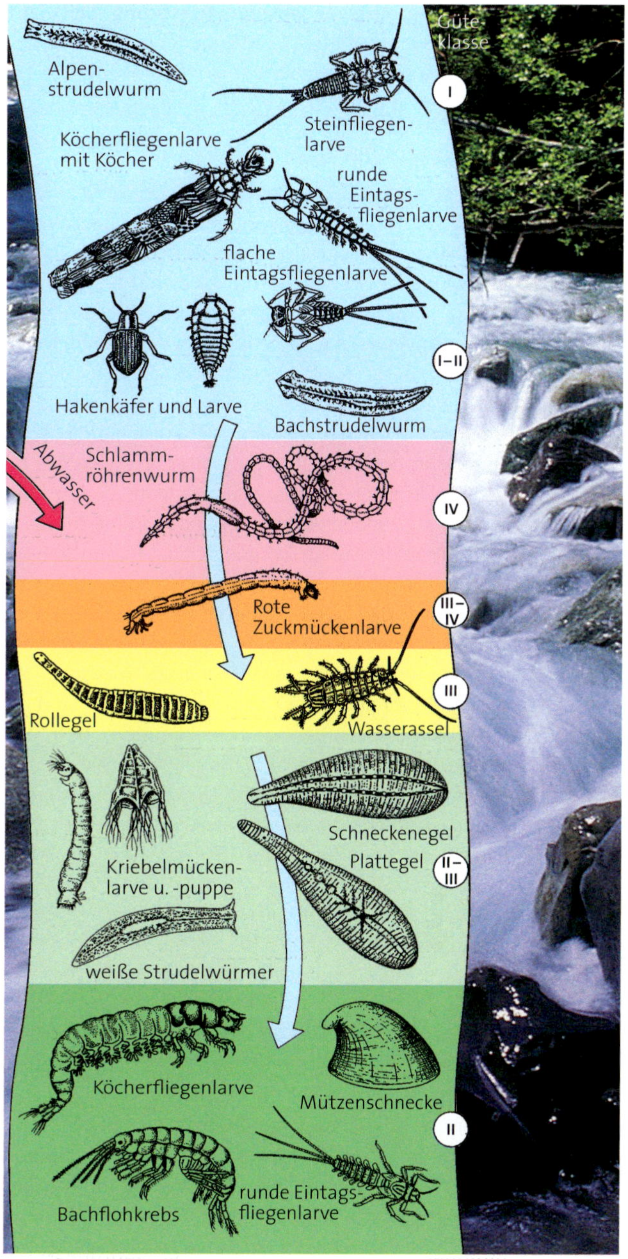


**❶ Ermitteln Sie die Güteklasse eines nahe gelegenen Gewässers nach den aufgeführten biologischen und chemischen Verfahren. Protokollieren Sie Ihre Ergebnisse.**

**☞ Stichworte zu weiteren Informationen**

Gewässergütekarten • stenöke Arten • Wasserwirtschaftsamt • DIN 38410 • Einwohnergleichwert • LAWA

**Gewässergüteklassen nach dem Saprobienindex und chemischen Verfahren**

| Güteklasse | I | II | III | IV |
|---|---|---|---|---|
| Saprobienindex | 1,0–<1,8 | 1,8–<2,7 | 2,7–<3,5 | 3,5–4,0 |
| $BSB_5$ (mg/l $O_2$) | 1 | 2–6 | 7–20 | >20 |
| $O_2$-Minimum (mg/l $O_2$) | >8 | >6 | >2 | <2 |
| $NH_4^+$ (mg/l) | ≤0,1 | 0,1–1 | >2 | 10 |
| $NO_3^-$ (mg/l) | 1,2–1,7 | 3–3,9 | 4–7 | >7 |
| Gesamtphosphat (mg/l) | 0,06–0,08 | 0,2–0,3 | 1–1,7 | ≥2,5 |

# Gefährdung der Artenvielfalt durch Ausrottung

**Weltweite Ausrottung durch Lebensraumzerstörung.** Seit dem 17. Jahrhundert sind weltweit etwa 150 Säugetier- und 120 Vogelarten durch den Menschen ausgelöscht worden. Häufigste Ursache der Ausrottung ist die *Zerstörung der Lebensräume* von Tieren und Pflanzen. Gerade die vielfältigsten Lebensräume, die *tropischen Regenwälder*, mit einem geschätzten Artenbestand von 10 bis 50 Millionen, sind besonders bedroht: Der Food and Agriculture Organization (FAO) zufolge werden von den heute noch rund 1,7 Mrd. ha Regenwald auf der Erde jährlich 15 Mio. ha abgeholzt. Täglich werden zwischen 10 und 20 bisher unbekannte Tierarten entdeckt, vornehmlich Insekten der tropischen Regenwälder. Jedoch verschwinden nach Angaben des WWF täglich zwischen 3 und 130 Arten! Die Aussterberate wäre danach 100- bis 1 000-mal höher als von Natur aus.

**Direkte Ausrottung.** Die wenigsten Tierarten wurden *direkt* vom Menschen *ausgerottet*, doch auch hierfür gibt es Beispiele: Der *Ur* oder *Auerochse*, die Urform des Hausrinds, wurde im 17. Jahrhundert als Fleischlieferant zu Tode bejagt. Das *Quagga*, eine Zebraart, wurde 1880 letztmals in Südafrika erlegt. Die flugunfähigen Großvögel *Dodo* auf Mauritius (†1680) und *Riesenalk* auf Island (†1880) wurden durch das übermäßige Einsammeln ihrer Eier ausgerottet.

Heute bedroht besonders der *illegale Tierhandel* exotische Tierarten aus den Tropen. Vor allem die *K-Strategen* (► S. 339) sind gefährdet: Sie erzeugen eine zu geringe Nachkommenschaft, um eine drastische Dezimierung ihrer Populationen auszugleichen.

**Artenrückgang in Deutschland und seine Ursachen.** In unserem Land sind von den einst bekannten Arten etwa 520 Tier- und etwa 512 Pflanzenarten verschwunden. Rund 70 % von ihnen mussten der Intensivlandwirtschaft weichen.

In den seit etwa 1980 geführten, ständig aktualisierten *Roten Listen* der gefährdeten Arten unterscheidet man potenziell gefährdete, gefährdete, stark gefährdete und vom Aussterben bedrohte Arten. Von bisher über 40 000 Tier- und Pflanzenarten Deutschlands, die hinsichtlich ihrer Gefährdung bewertet wurden, gelten über ein Viertel als bedroht oder bereits als ausgestorben. Auch viele Nutztierrassen wie das Hinterwälder Rind oder das Schwäbisch-Hällische Schwein sind gefährdet.

Die *Zerschneidung ehemals zusammenhängender Biotope* schränkt heute den Lebensraum vieler Tierarten bedrohlich ein, weil ihre „Verbreitungsinseln" zu klein oder zu einförmig strukturiert sind. Ein Feldhase zum Beispiel hat einen Aktionsradius zwischen 5 und 50 ha, zu dem Acker, Waldrand und Gebüsch gehören. Früher war das kein Problem: Die Felder waren durch Hecken und Baumschutzstreifen miteinander vernetzt. Im Zuge der *Flurbereinigung* sind die Hecken jedoch weitgehend verschwunden. Erdkröten streifen im Sommer nicht weiter als 75 m um ihr Versteck. Nur wenn sie auf diesem engen Raum passende Bedingungen wie Feuchtigkeit, Wasserstellen, Moos und hohes Gras finden, können sie existieren.

Neben der veränderten landwirtschaftlichen Nutzung sind besonders *Flussbegradigung* und *Entwässerung von Feuchtgebieten* verantwortlich für den Rückgang vieler Arten, darunter Storch, Bekassine, Brachvogel und andere Vogelarten, Froschlurche, Wasserinsekten, Weichtierarten, Hygro- und Hydrophyten. Die eigentliche Ursache für den Artenrückgang ist also der Lebensraumverlust, lediglich 12 % der Arten sind direkt durch Jagd oder Fallenstellerei bedroht.

1 *Abbrennen des tropischen Regenwalds*

2 *Riesenmuntjak, erst 1994 im Regenwald von Vietnam entdeckt*

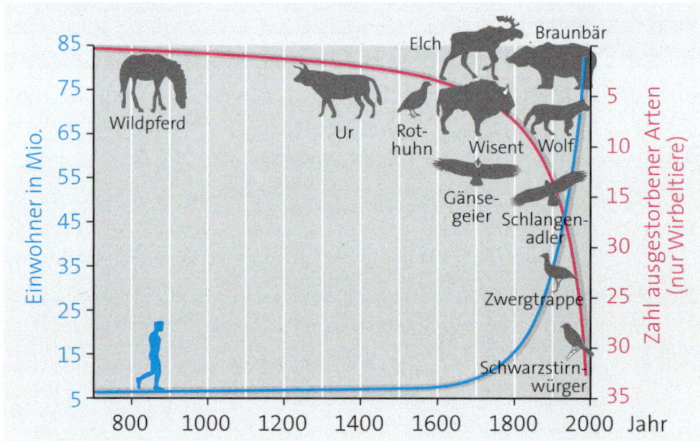


3 *Artensterben und Bevölkerungswachstum in Deutschland*

**1** **„Warum Tierarten hinterhertrauern, die man nicht gekannt hat?" Bewerten Sie diese Frage.**

**2** **Ist es fair, nur die Wilderer und kleinen Händler zu bestrafen, wenn sie die Konsumwünsche unserer Gesellschaft z. B. nach Biosouvenirs bedienen? Nehmen Sie dazu Stellung.**

**3** **Informieren Sie sich bei Naturschutzverbänden oder im Internet über die Ziele folgender internationaler Naturschutzvereinbarungen: Washingtoner Artenschutzabkommen, Ramsar-Konvention zum Schutz von Feuchtgebieten, Vogelschutzrichtlinie.**

## Naturschutz: Erhaltung der Biodiversität

Die *Bewahrung der Artenvielfalt* sowie ihrer Lebensräume, kurz der *Erhalt der Biodiversität* (► S.245), ist für uns Menschen nicht nur ethische Pflicht, sondern lebensnotwendig: Auch wenn uns technische Entwicklungen dies leicht vergessen lassen, sind wir immer noch *Teil von Ökosystemen*, für deren dauerhafte Stabilität die Artenvielfalt ein elementarer Faktor ist.

Natur- und Artenschutz schließt so gesehen auch den Schutz der menschlichen Umwelt ein. Die Natur ist unsere Lebensgrundlage, unsere einzige *Ressource für zukünftige Nutzpflanzen und -tiere* sowie *für natürliche Arznei- und Wirkstoffe*. Daher wurde 1992 auf der UN-Konferenz von Rio (► S.398) die *Convention of Biological Diversity (CBD)* ins Leben gerufen. Ihre Unterzeichnerländer, darunter Deutschland und bisher etwa 190 weitere Staaten, verpflichten sich, den weiteren Artenschwund nachhaltig einzudämmen.

**Internationaler Naturschutz.** Ökosysteme enden nicht an Ländergrenzen. Naturschutz muss daher eine *globale Aufgabe* sein, die ausdrücklich auch die Entwicklungsländer einschließt: Hier, wo etwa 90 % aller Tier- und Pflanzenarten vorkommen, dürfen Naturschutz und Entwicklungsprojekte nicht in Konflikt geraten und gegeneinander ausgespielt werden.

Seit 1980 strebt die UNESCO mit dem Programm „Man and the Biosphere" ein weltumspannendes Netz schützenswerter Ökosystemtypen an. Anfang 2008 gab es über 531 solcher *Biosphärenreservate*, 13 davon in Deutschland. Mit dem Programm „Natura 2000" werden europaweit über Ländergrenzen hinweg zusammenhängende Flächen unter Schutz gestellt. Nach dem Vorbild anderer Länder sind auch in Deutschland von 1970 an *Nationalparks* entstanden (► Bild 2). Dabei handelt es sich um großflächige Gebiete mit mindestens 10 000 ha, die ähnlich den Naturschutzgebieten unter strengem gesetzlichem Schutz stehen. Zumindest in ihrer Kernzone darf keine wirtschaftliche Nutzung erfolgen.

**Naturschutz in Deutschland.** Die gesetzliche Grundlage dafür bildet das *Bundesnaturschutzgesetz* von 2002. Landesgesetze konkretisieren seinen Rahmen. Es enthält neben Zielen und Grundsätzen des Naturschutzes konkrete Vorschriften für den Einzelnen, zum Beispiel für das Verhalten in Schutzgebieten.

*Naturschutzgebiete* sind die nach dem Gesetz am strengsten geschützten Flächen. Diese aus wissenschaftlichen, ökologischen oder kulturellen Gründen geschützten Gebiete dürfen nur auf den ausgewiesenen Wegen betreten und nicht verändert werden. Ihre Größe ist oft gering. In Baden-Württemberg zum Beispiel umfassen alle Naturschutzgebiete zusammen rund 60 000 ha – das entspricht 1,6 % der Landesfläche. Seit 1991 sind weitere 6 % der Landesfläche durch ein *Biotopschutzgesetz* geschützt. Es verbietet die nachhaltige Beeinträchtigung bestimmter Biotoptypen wie Moore, Auwälder, Wacholderheiden, Hohlwege, Höhlen und Trockenmauern. Nach Expertenmeinung wären aber mindestens 15 % der Landesfläche für einen effektiven Naturschutz nötig.

Der Schutzgrad von *Landschaftsschutzgebieten* ist dagegen viel geringer. Es handelt sich um größere zusammenhängende Kulturlandschaften, die unter Auflagen land- und forstwirtschaftlich genutzt werden. *Naturparks* werden eingerichtet, um naturnahe Erholungsräume zu erhalten.

1 *Im Nationalpark Bayrischer Wald*

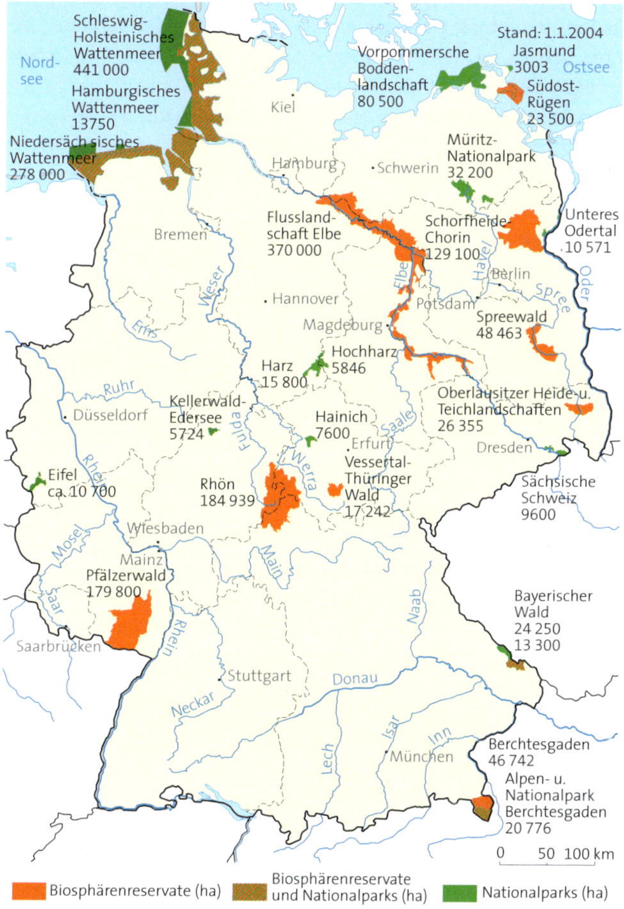


2 *Nationalparks und Biosphärenreservate in Deutschland*

**❶** Schlagen Sie im Atlas unter „Naturschutz" oder „Nationalparks" in Europa, in Deutschland und in Ihrem Bundesland nach.

**❷** Fordern Sie bei einer Nationalparkverwaltung Informationsmaterial über die Vorschriften, Informationsangebote, Besonderheiten und das „Park-Management" an. Einige Parks haben Homepages im Internet.

**❸** Erkundigen Sie sich bei Ihrer Sparkasse, bei großen Banken, Versicherungen oder ähnlichen Einrichtungen nach Umweltstiftungen, deren Förderzielen und Förderrichtlinien.

## Nachhaltige Entwicklung

**Leitbild Nachhaltigkeit.** Im 18. Jahrhundert erkannten – nach langen Zeiten des Raubbaus – weitsichtige Forstleute, dass Wälder *nachhaltig* bewirtschaftet werden müssen: Wenn man die Wälder dauerhaft erhalten will, darf man nur so viel Holz einschlagen wie nachwächst. Inzwischen ist klar geworden, dass das Prinzip der Nachhaltigkeit für die gesamte Biosphäre gelten muss, weil in einer Welt mit begrenzten Ressourcen, Umweltzerstörung und Armut bei rasch wachsender Bevölkerung die Lebensqualität der Menschen sonst nicht dauerhaft gesichert ist.

Der Begriff *nachhaltige Entwicklung (sustainable development)* wurde 1987 von der *Weltkommission für Umwelt und Entwicklung* geprägt. Er bezeichnet eine Entwicklung, die die ***heutigen Bedürfnisse*** nach intakter Umwelt, sozialer Gerechtigkeit und wirtschaftlichem Wohlstand ***zu decken*** vermag, ohne dabei die ***Möglichkeiten zukünftiger Generationen zu beschränken***. Dabei gilt es die drei „Säulen der Nachhaltigkeit" – *Ökologie, Ökonomie und soziale Gerechtigkeit* – in Einklang zu bringen, national und global.

**Die UN-Konferenz von Rio.** Im Jahr 1992 fand in Rio de Janeiro der bis dahin größte Erdgipfel aller Zeiten statt, die *UN-Konferenz für Umwelt und Entwicklung*. Teilnehmer waren neben Regierungsmitgliedern und UN-Delegierten auch Vertreter von Nichtregierungsorganisationen wie Greenpeace, Internationales Rotes Kreuz, Ärzte ohne Grenzen oder Kirchengruppen. Sie vereinbarten eine *nachhaltige Entwicklung* als *international verbindliches politisches Leitmotiv*. In Rio wurde zum ersten Mal für die Weltöffentlichkeit klar ausgesprochen, was bis dahin immer nur einzelnen „Mahnern und Kritikern" vorbehalten war:

- Die *Industrieländer* sind mit ihrer Produktion und ihrem Verbrauch *Hauptverursacher der globalen Umweltbelastungen*. Daher stehen sie in der Pflicht, den größeren Anteil am Umweltschutz zu übernehmen.
- Den Menschen in den Entwicklungsländern steht die gleiche Chance auf wirtschaftliche Entwicklung zu. Sie sollen dabei die verschwenderischen Wirtschaftsweisen der Industrieländer nicht nachahmen, sondern durch fairen Handel, finanzielle Unterstützung und Informationsaustausch die Möglichkeit zur nachhaltigen Entwicklung erhalten.
- Die Bekämpfung der Armut in den Entwicklungsländern steht im Vordergrund: Raubbau an der Natur – um zu überleben – kann nur gebremst werden, wenn die Lebensbedürfnisse der Menschen gesichert sind.

**Ergebnisse von Rio.** Mit der *Agenda 21*, dem globalen Aktionsprogramm für das 21. Jahrhundert, haben die 179 Unterzeichnerstaaten in Rio das Abschlussdokument der Konferenz verabschiedet. In ihm sind die dringlichsten Probleme der Menschheit, Lösungsmöglichkeiten für eine nachhaltige Entwicklung und Wege zur Umsetzung angesprochen: Armutsbekämpfung, Eindämmung des Bevölkerungswachstums, nachhaltige Ressourcennutzung, Schutz vor Wüstenbildung, Schutz der Ozeane und Süßgewässer, Schutz der menschlichen Gesundheit, nachhaltige Landwirtschaft, umweltgerechter Umgang mit Biotechnologien und vieles mehr.

Besonders hervorzuheben sind neben der Agenda 21 drei weitere Rahmenvereinbarungen:

- *Erhalt und nachhaltige Bewirtschaftung der Wälder*;
- *Klima-Rahmenkonvention* mit dem Ziel der Reduzierung von Treibhausgasemissionen, allen voran $CO_2$;
- *Convention of Biological Diversity* mit dem Ziel, den Artenverlust zu bremsen und die Vorteile aus der Nutzung der biologischen und genetischen Vielfalt gerecht zu ermöglichen (► S. 397).

**Nachhaltigkeit und Agenda 21 in Deutschland.** Im Jahr 1998 wurde Nachhaltigkeit als Regierungsziel festgeschrieben und für die Rio-Folgekonferenz in Johannesburg 2002 die erste Nachhaltigkeitsstrategie verabschiedet. Neben Zielen, die nur in internationaler Zusammenarbeit erreichbar sind, enthält sie konkrete nationale Aufgaben, zum Beispiel:

- bis 2010 den Anteil des ökologischen Landbaus auf 20 % auszuweiten,
- bis 2015 die Güterverkehrsleistung der Schiene gegenüber 1997 zu verdoppeln,

1 *Demonstration für ein „Klima der Gerechtigkeit" und gegen die als schleppend empfundene Umsetzung der Klima-Rahmenkonvention*

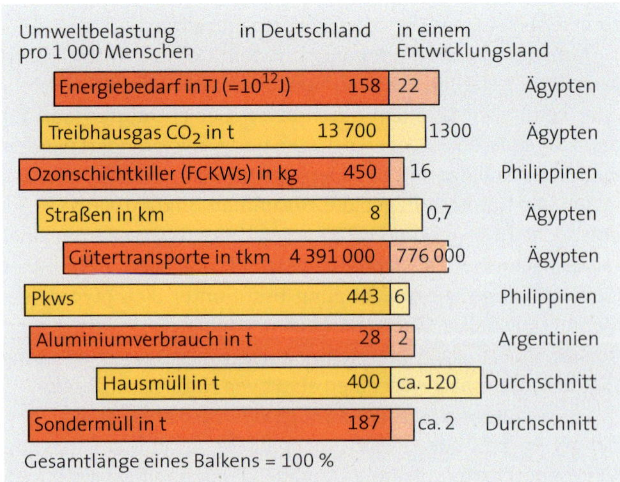


2 *Umweltbelastung durch den Menschen in Deutschland und in einem Entwicklungsland*

- bis 2020 den Flächenverbrauch von heute 130 auf 30 Hektar pro Tag zu verringern,
- bis 2020 den Anteil erneuerbarer Energien an der Stromerzeugung auf 20 % zu steigern.

**Global denken – lokal handeln.** Unter diesem Motto sind alle Länder und Kommunen gesetzlich gehalten, Ziele der Agenda 21 zu konkretisieren und umzusetzen. Inzwischen haben die meisten Gemeinden gemeinsam mit Bürgern, örtlichen Organisationen und Wirtschaft lokale Agenden eingesetzt. Darin wird beispielsweise festgelegt, ob Dächer öffentlicher Gebäude mit Fotovoltaikanlagen ausgerüstet werden, mit welchem „Sprit" öffentliche Verkehrsträger fahren, ob sich die Gemeinde an ein Fernwärmenetz anschließt, Mülltrennung durchführt, Energiesparlampen in öffentlichen Gebäuden einsetzt, für Neubauten Energiesparhäuser vorsieht und ähnliche Maßnahmen.

**Lässt sich ökologische Nachhaltigkeit messen?** Ob eine Energiesparlampe für teures Geld oder die herkömmliche Glühbirne für ein paar Cent nachhaltiger ist, lässt sich nach Aussage der Hersteller schnell beantworten. Sie rechnen uns vor, dass die höheren Preise durch eingesparte Energiekosten und längere Haltbarkeit wettgemacht werden. Aber sind auch Herstellung und Entsorgung der Sparlampe „ökologischer" als die der herkömmlichen?

Auch wenn es noch keine allgemein verbindlichen Standards für Nachhaltigkeit gibt, lässt sich der Bedarf an Ressourcen für Produkte und Prozesse mithilfe verschiedener Instrumente vergleichen:

- *MIPS* (Material-Input pro Serviceeinheit). Dieses Konzept misst den „Naturverbrauch" (Rohstoffe, Energieträger, Emissionen) eines Produkts über seinen gesamten Lebenszyklus in „kg Natur pro kg Material". Dies ergibt das Gewicht seines *„ökologischen Rucksacks"*: Er wird leichter, indem man den „Input" verringert (durch intelligentere Auswahl der Rohstoffe oder durch ressourcenschonendes Wirtschaften). Auch der Nutzen, die „Serviceeinheit", ist messbar und kann zum Beispiel durch Langlebigkeit, Recycling und Reparierbarkeit erhöht werden.

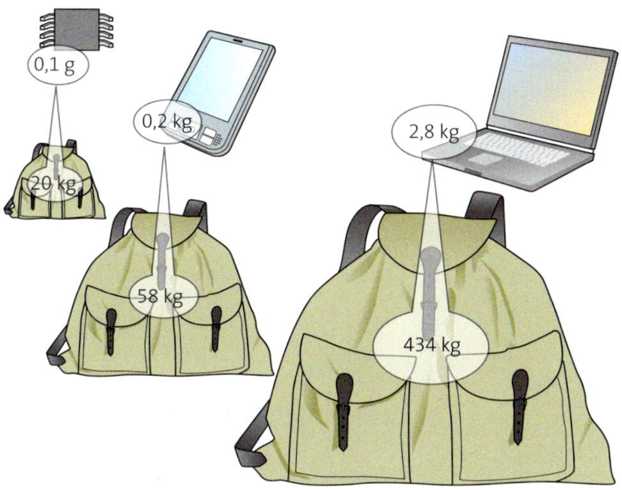

1 *„Ökologischer Rucksack" von Mikrochip, Taschencomputer und Notebook im Vergleich zum Eigengewicht*

**Vergleich von Glühbirne und Energiesparlampe**

| | Glühbirne | Energiesparlampe |
|---|---|---|
| **Leistung** (in W) | 60 | 11 |
| **Lebensdauer** (in Stunden) | 1 000 | 8 000 |
| **Anschaffungskosten** (in EUR) | 0,75 | 7,50 |
| **Stromkosten** (0,18 EUR/kWh) (in EUR) | 86,40 | 15,84 |
| **Gesamtkosten** (in EUR) | 92,40 | 23,34 |
| **$CO_2$-Ausstoß** (in kg) | 276,96 | 50,78 |

Die ermittelten Zahlen lassen einen direkten Vergleich wesentlicher Umwelteigenschaften von Produkten, Verfahren und Dienstleistungen zu. Über ihre Sozialverträglichkeit oder Sicherheitsaspekte geben MIPS-Daten keine Auskunft.

- Der *„ökologische Fußabdruck"* oder *global footprint* gibt die Größe produktiver Land- und Wasserflächen an, die bei heutigem Stand der Technik nötig ist, Ressourcen für unseren Konsum bereitzustellen und unseren Abfall aufzunehmen (► S. 400).

Und die Energiesparlampe? Ist sie jetzt nachhaltiger? Über die höhere Serviceeinheit erzielt sie gegenüber der herkömmlichen Glühbirne tatsächlich eine viel bessere Gesamtbewertung.

1. **Informieren Sie sich auf den Internetseiten der großen Kirchen, von Umwelt-Schutzorganisationen oder Globalisierungskritikern wie attac über deren aktuellen „Umgang" mit den Rio-Vereinbarungen. Herrscht Kritik oder Aufbruchsstimmung? Nennen Sie Ziele und Schwerpunkte der momentanen Arbeit.**
2. **Erläutern Sie, welche „höheren Ziele" mit den oben aufgeführten nationalen Aufgaben verfolgt werden sollen. Vergleichen Sie mit dem Abschnitt „Ergebnisse von Rio" auf Seite 398.**
3. **Informieren Sie sich in Ihrer Gemeinde über die lokale Agenda 21. Gibt es ein Gesamtkonzept oder eher Einzelprojekte?**
4. **Recherchieren Sie die Nachhaltigkeitsbestrebungen eines Unternehmens. Achten Sie dabei verstärkt auch auf Konzepte zur „sozialen Gerechtigkeit".**
5. **Suchen Sie Informationen im Internet mit den folgenden Suchbegriffen: MIPS, Nachhaltigkeit, Energiesparlampe.**

## Was können wir tun?

Wenn wir Zusammenhänge zwischen unserem Verhalten und den daraus resultierenden Umweltbelastungen begreifen, sollten uns über Betroffenheit hinaus auch persönliche Konsequenzen möglich werden. Oft liegt unser Nichtstun daran, dass wir anderen die „Schuld" zuweisen oder uns machtlos fühlen: „Was kann ich allein schon ausrichten?" Doch mit dieser Haltung wird nichts bewegt.

**Einsicht als Motiv für Beschränkung.** Es geht vor allem darum, uns selbst als Teil von Ökosystemen zu begreifen, von deren Stabilität auch unser Überleben abhängt. Dass wir in Stoffkreisläufe eingreifen, lässt sich nicht vermeiden. Jedoch müsste uns die Einsicht in diese Stoffkreisläufe zwingen, den Verbrauch an Ressourcen so schonend und effizient wie möglich zu gestalten. Entnahme von Rohstoffen, Nahrung oder Energieträgern sollte im Gleichgewicht stehen mit der Rückgabe von Abfällen und Emissionen. Da die Grenzen der Belastbarkeit vieler Ökosysteme überschritten sind, könnte man es mit „egoistischer Einsicht" begründen, wenn wir individuelle Spielräume für den Erhalt unserer Lebensgrundlagen beschränken.

Der *„ökologische Fußabdruck"* misst den Ressourcenverbrauch eines Einzelnen, einer Gruppe oder der gesamten Menschheit. Er gibt die Größe an produktiven Land- und Wasserflächen an, die – beim heutigen technologischen Stand – notwendig sind, Ressourcen für den Konsum dieser Menschen bereitzustellen und deren Abfall aufzunehmen. Auch Unternehmen, Städte und Nationen erhalten auf diese Weise ein Instrument, um das biologische Kapital, von dem sie leben – Wälder, Ackerflächen, Flüsse oder Meere – besser zu managen.

Der ökologische Fußabdruck eines Deutschen beträgt im Schnitt 6,2 Hektar (2008). In Deutschland stehen dem aber nur 2,4 Hektar an biologisch produktiver Fläche gegenüber. Das Defizit wird über Importe gedeckt. Dies bedeutet aber, dass wir durch unseren Lebensstil die Ressourcen anderer belasten, vor allem in den Entwicklungsländern.

**Selbst Entscheidungen treffen und zur Bewusstseinsbildung beitragen.** Es beruht auf einer Fehleinschätzung, wenn sich Schülerinnen und Schüler als ohnmächtige Rädchen im Getriebe der Erwachsenenwelt fühlen. Gerade diejenigen, an die sich dieses Buch wendet, können aufgrund ihrer Schulbildung später in Wirtschaft und Politik bedeutsame Entscheidungen herbeiführen! In einer Demokratie hat jede und jeder das Recht und die Möglichkeit, die eigene Meinung einzubringen und Veränderungen anzuregen. Ein gesellschaftlicher Bewusstseinswandel geschieht nur sehr langsam. Dennoch stellen sich Erfolge ein, die beweisen, dass sich Umweltarbeit und Naturschutz lohnen – für den einzelnen wie für die Gesellschaft.

**Aktivitäten in der Schule**

Die SMV ist ein Gremium mit Entscheidungskompetenz. Sie hat Mitspracherecht in der Schulkonferenz. Daher ist die SMV die richtige Ebene für langfristige Umweltprojekte wie:

- Einführung der Mülltrennung in allen Klassen in Kombination mit einer Info-Aktion zur Müllvermeidung;
- Beantragung einer Solaranlage zur Unterstützung der schulischen Energieversorgung; Betreuung durch AG oder SMV;
- Gründung eines Umweltausschusses, der mit eigenem Finanzbudget Informationsveranstaltungen mit Fachleuten organisiert und die Schulgemeinde dazu einlädt;
- Teilnahme an Umweltwettbewerben oder „Jugend forscht";
- Beantragung und Betreuung eines ökologisch bewirtschafteten Schulgartens, der auch ein Klassenzimmer im Freien sein kann;
- Anlage und Pflege eines Feuchtbiotops.

**Aktivitäten im Privatbereich**

Auch außerschulisch kann man für die Umwelt aktiv werden, zum Beispiel indem man:

- Mitglied eines Naturschutzverbandes wird (Mitgliedsbeiträge für Schüler/-innen sind meist niedrig);
- Eltern beim Haushaltscheck berät; Anleitungen gibt es bei Greenpeace und Naturschutzverbänden: umweltgefährdende Putzmittel, Lacke, Säuren, Baumaterialien ... ersetzen, den „Müll" sachgerecht trennen und entsorgen;
- bewusst einkauft und auch andere dazu anhält;
- die Energie- und Wasserkostenaufstellung der Wohnung überprüft und nach Einsparungsmöglichkeiten sucht;
- in der Gruppenarbeit (Jugendtreff, Kirchen ...) Themen wie Individualverkehr oder eigenes Konsumverhalten aufgreift;
- demokratische Rechte wahrnimmt und das eigene Wahlverhalten auf seine „Umweltverträglichkeit" hin untersucht.

## Kompetenzen

### Mithilfe dieses Kapitels können Sie

- den Einfluss des Menschen auf verschiedene Teilbereiche seiner Umwelt beschreiben und an Beispielen aufzeigen
- das unterschiedliche Wachstum der Weltbevölkerung regional zuordnen und begründen
- die globale Entwicklung des Energiebedarfs quantifizieren, räumliche Schwerpunkte benennen und die Bedeutung von Energieeinsparung und regenerativen Energien begründen
- den Zusammenhang zwischen Bevölkerungswachstum und Problemen der Ernährungssicherung beschreiben sowie Maßnahmen der Ertragssteigerung erläutern
- das Instrument der Ökobilanzierung an einem Beispiel erläutern und anwenden
- die Belastungen von Boden, Luft und Wasser durch den Menschen erläutern sowie Möglichkeiten zum Schutz der Ökosysteme aufzeigen
- Kennzeichen des Klimawandels nennen, Daten zu seinem Ausmaß analysieren und Ursache-Wirkungs-Zusammenhänge erklären
- ein Gewässer untersuchen und seinen Gütezustand abschätzen
- den aktuellen Verlust an Biodiversität und Maßnahmen zu deren Erhalt begründen
- Nachhaltigkeit definieren und Beispiele für nachhaltiges Handeln auf privater, kommunaler, nationaler und internationaler Ebene erläutern

### Testen Sie Ihre Kompetenzen

Der Mensch belastet seine Umwelt durch einen vielfältigen Bedarf an Ressourcen wie Energie und Nahrung, aber auch durch Emissionen wie Kohlenstoffdioxid. Diese Belastungen sind in Industrie-, Schwellen- und Entwicklungsländern sehr unterschiedlich.

1. Analysieren Sie die im Bild rechts dargestellte Entwicklung von Bevölkerung, Getreideernte und Ackerfläche auf der Erde und begründen Sie den Verlauf jeder der drei Kurven.
2. Diskutieren Sie mit Ihrem Wissen über Energieumwandlung in der Nahrungskette, welche Konsequenzen ein hoher Fleischkonsum für die Welternährung hat.
3. „Aids bremst das Bevölkerungswachstum." Diskutieren Sie diese Aussage mit Blick auf die Nahrungsproduktion.
4. Ordnen Sie die Daten der Tabelle unten jeweils begründet einem Entwicklungs- bzw. Industrieland zu.
5. Erläutern Sie den in der oben stehenden Aussage eines Klimareferenten zugrunde gelegten Ursache-Wirkungs-Zusammenhang. Überprüfen Sie den Wahrheitsgehalt mithilfe Ihrer Kenntnisse.
6. Analysieren Sie die in Bild rechts unten dargestellten Fakten und Zusammenhänge.
7. Erklären Sie die Berechnungen und Erhebungen, die durchgeführt werden müssen, um eine solche ökologische Bilanz zu erhalten.
8. Ermitteln Sie rechnerisch die Veränderung für Pkw und Eisenbahn-Nahverkehr bei Verdopplung der Auslastung und diskutieren Sie die Glaubwürdigkeit Ihres Ergebnisses.
9. Erläutern Sie Wirkung und Bedeutung von Kohlenstoffdioxid als Luftschadstoff.

| Ungeordnete Kenndaten eines Entwicklungs- und eines Industrielandes | | |
|---|---|---|
| jährl. Bevölkerungswachstum in % | 2,2 | 0,2 |
| tägl. Nahrungsmenge in kJ je Kopf | 7985 | 12920 |
| Energiebedarf in t SKE je Kopf | 7,8 | 2,4 |
| Anteil fossiler Energieträger in % | 78 | 42 |
| „ökologischer Fußabdruck" in ha je Kopf | 2,7 | 6,2 |

„Wer keine Industrie hat, benötigt kaum Energie und belastet auch die Umwelt nicht mit $CO_2$. Die größten Verschwender und Dreckschleudern sind die Schwellenländer, nicht etwa die alten Industrienationen!"

Klimareferent

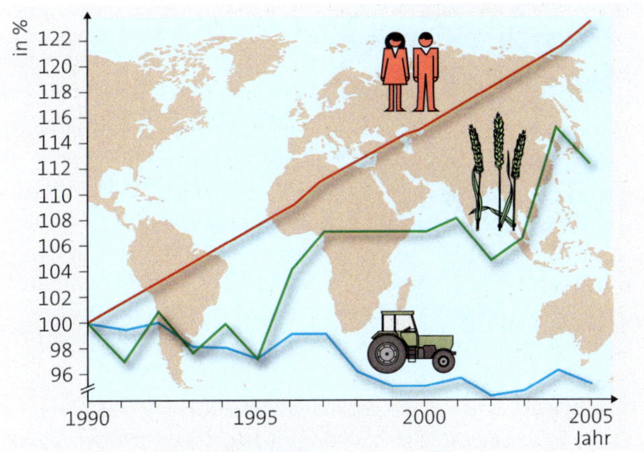


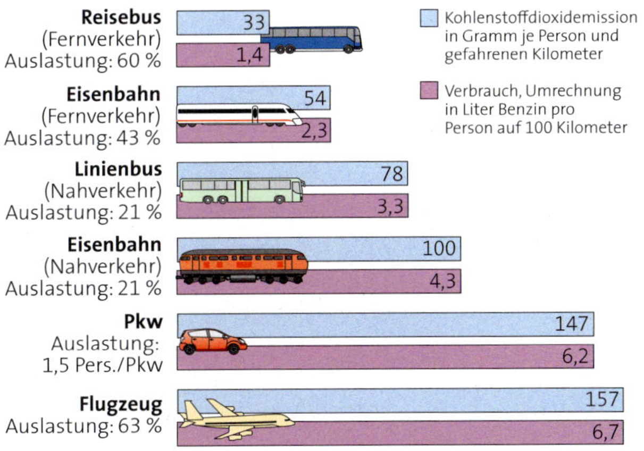

# Biologische Prinzipien: Ökologie

## STRUKTUR UND FUNKTION

Die Umwelt eines Lebewesens umfasst alle Faktoren, die für seine Existenz von Bedeutung sind. Damit es auf Dauer überleben kann, müssen Bau und Arbeitsweise seiner Zellen, Organe und des ganzen Organismus der Umwelt entsprechen (► S. 252/253, 312, 314, 320). Diese Anpassung zwischen den Strukturen der Organismen und ihren Funktionen einerseits und den Anforderungen der Umwelt andererseits ist ein Grundmerkmal des Lebendigen. Wo Arten mit extremen Umweltbedingungen zurechtkommen, ist der Zusammenhang besonders augenfällig (► S. 323).

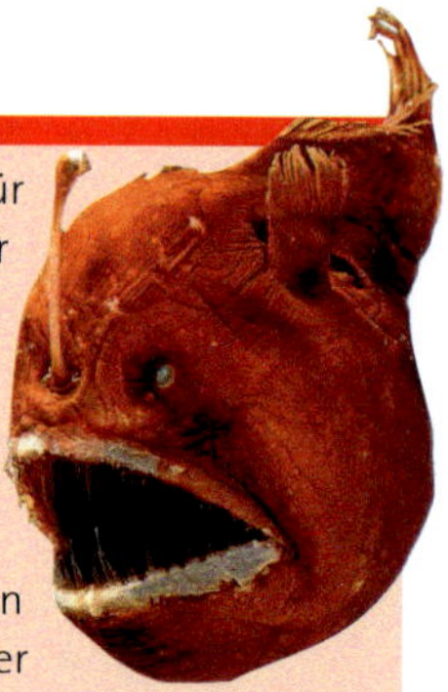

*Anglerfisch. Mit Laternenköder und Saugfallenmaul ist er an die extremen Bedingungen der lichtlosen, nahrungsarmen Tiefsee angepasst.*

## GESCHICHTE UND VERWANDTSCHAFT

Dass eine Art unter den Bedingungen ihrer Umwelt existieren kann, verdankt sie im Wesentlichen den ihr vorangegangenen Generationen. Deren Umwelten bestimmten, welche Merkmale unter den gegebenen Bedingungen vorteilhaft waren. Die entstandenen Anpassungen machen ein Überleben ihrer Träger unter ähnlichen Bedingungen auch in der Zukunft wahrscheinlich. So hat sich das gesamte Beziehungsgefüge zwischen einer Art und ihrer Umwelt, ihre ökologische Nische, im Verlauf der Evolution herausgebildet (► S. 334–336). Nutzen Populationen einer Art ihre Umwelt auf unterschiedliche Weise, kann das zur Bildung getrennter ökologischer Nischen führen. Diese Einnischung ist ein wichtiger Vorgang bei der Entstehung neuer Arten (► S. 254/255) und ganzer Verwandtschaftsgruppen (► S. 259).

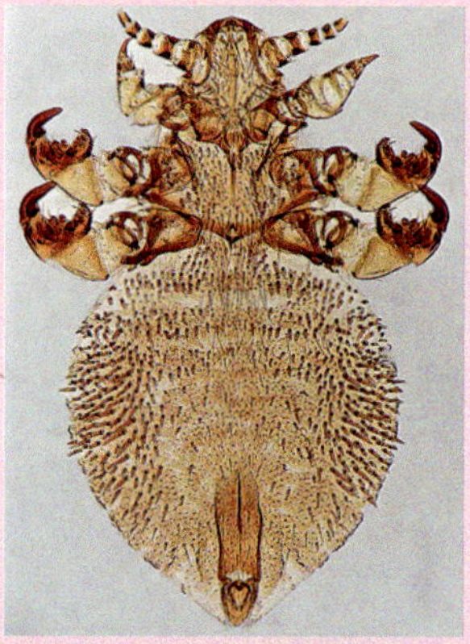

*Robbenläuse folgten ihren Wirten während der Evolution vom Land ins Meer. Sie entwickelten dabei Chitinschuppen, zwischen denen ein Luftmantel die Atmung unter Wasser ermöglicht.*

## KOMPARTIMENTIERUNG

Ökologische Systeme – von der Biosphäre bis zum Ökosystem – sind räumlich strukturiert (► S. 346–348, 350, 352). Die Gliederung in Biotope, Teil- und Kleinstlebensräume mit ihrer Lebewelt in Form von Biozönosen, Populationen und Individuen kann man als Kompartimentierung auffassen. Allerdings lassen sich die Kompartimente und ihre Artenzusammensetzung nicht eindeutig gegeneinander abgrenzen.

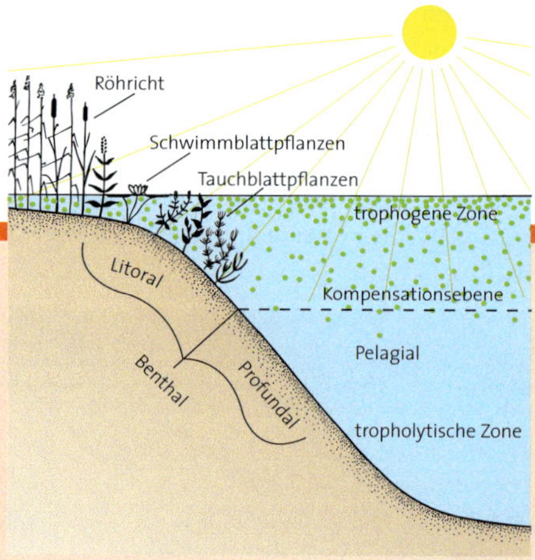


*Ökosysteme können eine Kompartimentierung in unterschiedliche Lebensbereiche aufweisen.*

## VARIABILITÄT UND ANGEPASSTHEIT

Aus der Sicht eines Menschenlebens erscheinen die Merkmale der Organismen wie unveränderliche Angepasstheiten. In jeder Generation wird jedoch ihre Passung zur Umwelt aufs Neue überprüft. Die große Variabilität unter den Individuen natürlicher Populationen führt dazu, dass durch diese „Umweltprüfung" die jeweils passendsten Merkmalsträger bei der Fortpflanzung bevorzugt sind. Schon geringe Vor- oder Nachteile im Anpassungswert von Merkmalen wirken sich auf lange Sicht in diesem Wettstreit um Fortpflanzungserfolg aus. Sie können zur Optimierung von Anpassungen, aber auch zum Aussterben der betreffenden Individuen führen (► S. 250/251). Nur der Mensch konnte sich weitgehend aus diesem biologischen Anpassungszwang befreien, seit er die Umwelt seinen Bedürfnissen anpasst (► S. 283, 377).

*Kampfläufermännchen zur Brutzeit. Nur selten ist die Variabilität in Populationen so auffällig wie hier.*

## REPRODUKTION

Für Lebewesen besteht zwischen den Ressourcen ihrer Umwelt und der Reproduktion von Nachkommen ein enger Zusammenhang. Auch der Mensch muss inzwischen erkennen, dass seine Vermehrung die Kapazität der Umwelt überfordert (► S. 378/379, 382).
Bei manchen Arten hängt sogar die Art und Weise der Fortpflanzung von ökologischen Faktoren ab: Je nach Stabilität der Umwelt kann asexuelle beziehungsweise unisexuelle oder sexuelle Fortpflanzung vorteilhaft sein, da sich im einen Fall die angepassten Merkmale unverändert vererben, im anderen aber durch Neukombination der Erbanlagen sehr variable Nachkommen entstehen (► S. 213, 339).

*Wasserfloh mit Dauereiern. Wasserflöhe pflanzen sich bei ungünstigen Bedingungen sexuell fort und bilden widerstandsfähige Dauereier. Günstige Bedingungen nutzen sie zu unisexueller Fortpflanzung (Parthenogenese).*

## STEUERUNG UND REGELUNG

Aktives Leben ist nur innerhalb eng begrenzter Umweltbedingungen möglich. In noch engeren Grenzen verläuft es optimal. Ständig können Ökofaktoren diese Grenzen unter- oder überschreiten. Dann wirken zahlreiche physiologische Mechanismen des Organismus steuernd und regelnd, um die Bedingungen für das Individuum nahe am Optimum oder wenigstens im Toleranzbereich der ökologischen Potenz zu halten (► S. 98, 112, 314/315, 322).
Typische ökologische Regelungsprozesse zeigen Ökosysteme, wenn sich in ihnen Gleichgewichte ausbilden: zwischen Stoffaufbau und Stoffabbau, Ressourcen und Populationsdichte, Beute und Fressfeinden oder im Artenspektrum ihrer Biozönose (► S. 338/339, 364/365).

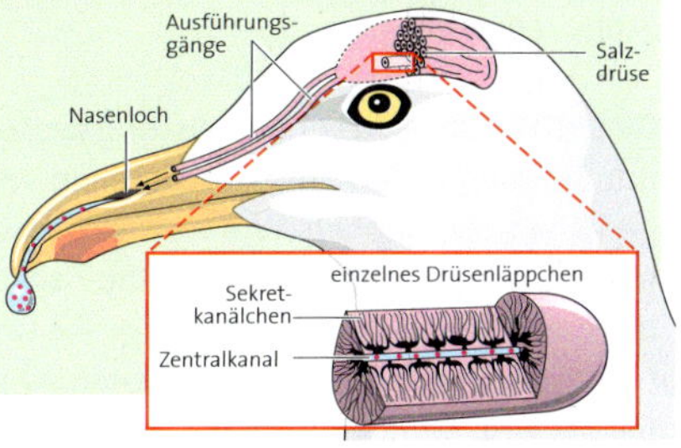


*Möwen nehmen mit der Nahrung viel Salzwasser auf. Mithilfe der Salzdrüse können sie den Salzgehalt des Blutes regeln.*

## STOFF- UND ENERGIEUMWANDLUNG

*Die Körpermasse der Florfliege ist das Ergebnis einer dreifachen Energieumwandlung.*

Ein großer Teil der Beziehungen zwischen Organismen und Umwelt hat mit der Gewinnung von Energie und Stoffen für die Lebensvorgänge zu tun, wie Bioproduktion, Nahrungsbeziehungen und Stoffkreisläufe. Stoff- und Energieumwandlungen sind dabei eng gekoppelt (► S. 354–359, 366).
Werden die durch Primärproduktion gebildeten Stoffe in den Nahrungsketten der Ökosysteme weitergegeben, verringert sich ihr Gehalt an Biomasse und Energie auf jeder Trophiestufe erheblich, da die damit verbundenen Energieumwandlungen einen hohen Verlust in Form von Wärme zur Folge haben. Mit dem Abbau der organischen Stoffe durch Mineralisierung wird der Energiefluss vom Stofffluss entkoppelt. Während die Energie am Ende verloren geht, stehen die Stoffe über die Stoffkreisläufe wieder zur Verfügung. Der Mensch beginnt gerade, dieses Naturgesetz auch auf sein Leben in der Zivilisation anzuwenden (► S. 380, 385).

## INFORMATION UND KOMMUNIKATION

Lebewesen sind nicht nur auf Energie und Materie, sondern auch auf Informationen aus ihrer Umwelt angewiesen. Nur so können sie ihre Lebensprozesse auf die Gegebenheiten der Umwelt einstellen. Temperatur, Tageslänge, Helligkeit, Wasserangebot und andere Ökofaktoren wirken dabei steuernd auf Wachstum, Entwicklung und Verhaltensweisen von Lebewesen (► S. 312–314, 316).
Für das Leben in einer Biozönose sind Informationen über Feinde, Parasiten, Konkurrenten, Beute, Nahrung und Sozialpartner wichtig. Oft besteht diese Information aus spezifisch wirkenden Stoffen: Insekten identifizieren ihre spezielle Nahrungspflanze am Geruch; Farb- und Duftsignale von Blüten locken Bestäuber an; Gift- und Bitterstoffe wirken als Kontakt- oder Fraßgifte (► S. 328, 330).
Information wird auch durch Kommunikation zwischen den Gliedern der Lebensgemeinschaft ausgetauscht: Vogelgesang markiert Reviere, Sexualpheromone führen Geschlechtspartner zusammen, Ausscheidungen von Pflanzenwurzeln aktivieren Knöllchenbakterien zur Symbiose (► S. 330).

*Das Landkärtchen tritt abhängig von der Tageslänge zur Larvenzeit in einer hellen Frühjahrsform und einer dunklen Sommerform auf.*

# Erregungsbildung – Erregungsleitung

1 Eine Ringelnatter fixiert die potenzielle Beute. Noch ist offen, wessen Reaktion schneller sein wird.

*Eine Situation, wie sie alltäglich in der Natur vorkommt: Ein Räuber nimmt die Beute ins Visier. Der Angriff steht unmittelbar bevor. Sowohl für den Räuber als auch für das potenzielle Beutetier ist es jetzt von entscheidender Bedeutung, über ein System zur Informationsverarbeitung zu verfügen, das ein schnelles Erfassen der Situation und eine präzis gesteuerte Reaktion ermöglicht.*
*Nervenzellen sind im Verlauf der Evolution schon früh entstanden. Sie können Informationen mit hoher Geschwindigkeit über längere Strecken weiterleiten. Der Selektionsdruck in Richtung auf eine schnelle Informationsverarbeitung ist enorm: Schließlich geht es beim Wettstreit zwischen Räuber und Beute um nichts weniger als das Leben ...*

## Im Blickpunkt

- das Neuron – Grundelement der Informationsverarbeitung im Nervensystem
- elektrische Eigenschaften von Zellen
- die Ionentheorie von Ruhepotenzial und Aktionspotenzial
- alles oder nichts – das Aktionspotenzial als aktives Signal von Nervenzellen
- das Neuron, ein Kabel? – Erregungsleitung innerhalb der Nervenzelle
- Erregungsübertragung zwischen Nervenzellen: Synapsen

**GRUNDLAGEN** Über die Leistung des Nervensystems kann man nur staunen. In Sekundenbruchteilen verarbeitet es große Mengen an Informationen. Wie lässt sich etwas so Komplexes verstehen? Tatsächlich herrscht über die Funktionsweise zum Beispiel des menschlichen Gehirns noch große Unklarheit. Doch über Bau und Funktion der Zellen, aus denen es sich zusammensetzt, ist bereits eine Menge bekannt.

Zwei Haupttypen von Zellen bauen das Nervensystem auf: Gliazellen und Nervenzellen.

Gliazellen sind Bindegewebszellen, die für die hoch spezialisierten und nicht mehr teilungsfähigen Nervenzellen unter anderem Stützfunktion übernehmen und sie teilweise mit ernähren.

Die Nervenzellen selbst, auch Neurone genannt, sind heute besser erforscht als irgendein anderer Zelltyp. Alle Neurone haben denselben Grundbauplan und arbeiten nach gemeinsamen Prinzipien – gleich, ob sie Sinnesreize aufnehmen, im Gehirn Gedächtnisfunktion haben oder Muskelzellen zur Kontraktion veranlassen: Sie transportieren Informationen in Form von elektrischer Erregung. Welche Funktion eine Nervenzelle übernimmt, wird nur durch ihre Lage im Nervensystem und ihre Verschaltung mit anderen Neuronen bestimmt. Ein Einblick in ihre Struktur und Funktion erleichtert daher das Verständnis so verschiedener Vorgänge wie Sehen, Denken, Fühlen und die Steuerung von Bewegungen.

## Das Neuron als Grundelement des Nervensystems

**Bau und Funktion von Nervenzellen.** Die Funktion einer Zelle und ihr Bau stehen in engem Zusammenhang. Daher verraten auch die Baumerkmale von Nervenzellen bereits einiges über deren Funktion: Deutlich erkennt man verschiedene Strukturen, die auf die Aufnahme, Weiterleitung und Übertragung von Signalen spezialisiert sind.

Neurone sind in der Regel extrem lang gestreckte Zellen. Einige werden über einen Meter lang, wobei der Durchmesser des Zellkörpers meist geringer als 0,1 mm ist. Hier drängt sich ein Vergleich mit der Technik auf: Nervenzellen erinnern an Kabel. Dies gilt umso mehr, wenn man weiß, dass auch Neurone elektrisch aktiv sind. Einige sind sogar ähnlich wie Kabel elektrisch isoliert. Bei den meisten Nervenzellen lassen sich drei Abschnitte gut voneinander abgrenzen:

- Der *Zellkörper* ist das biosynthetische Zentrum der Zelle. Er enthält den Zellkern und alle Zellorganellen, die für die Proteinbiosynthese notwendig sind: Ribosomen, endoplasmatisches Reticulum und Golgi-Apparat. Vom Zellkörper geht also das Wachstum der Nervenzelle aus.
- Die *Dendriten* (von griech. *dendron:* Baum) sind weitverzweigte Zellfortsätze, die sich wie Antennen im Raum ausbreiten. Die Dendriten stellen eine große Oberfläche für den Empfang von Signalen anderer Nervenzellen bereit. Bei einer typischen Nervenzelle gibt es an den Dendriten mehrere Tausend Verbindungen mit anderen Nervenzellen – sogenannte *Synapsen*. Der elektronenmikroskopische Bildausschnitt (► Bild 1) lässt ihre große Zahl erahnen.
- Das *Axon*, auch *Nervenfaser* genannt, ist ein einzelner Zellfortsatz, der länger als die Dendriten ist. Über das Axon werden die von den Dendriten aufgenommenen Signale weitergeleitet. Elektronenmikroskopische Bilder zeigen, dass im Axon Mitochondrien liegen. Das lässt darauf schließen, dass die Weiterleitung der elektrischen Signale im Axon ein aktiver, Energie benötigender Prozess ist. Axone von Wirbeltiernervenzellen sind oft von einer *Myelinscheide* umgeben (► Bild 3). Sie wird nicht von Neuronen, sondern von besonderen Gliazellen gebildet, den *schwannschen Zellen*. Die Myelinscheide isoliert das Axon elektrisch und hat eine wichtige Funktion bei der Erregungsleitung (► S. 413).
- Nahe seinem Ende verzweigt sich das Axon wieder und teilt sich in viele verdickte Strukturen auf. Das sind die *präsynaptischen Endigungen* der Nervenzelle. Sie bilden mit den Dendriten anderer Neurone oder mit Muskelzellen Synapsen. Hier werden die von der Nervenzelle transportierten Signale übertragen. Das elektronenmikroskopische Bild von präsynaptischen Endigungen (► Bild 4) zeigt Mitochondrien und mit Sekret gefüllte Vesikel. Das lässt bereits Rückschlüsse über die Art der Informationsübertragung an den Synapsen zu.

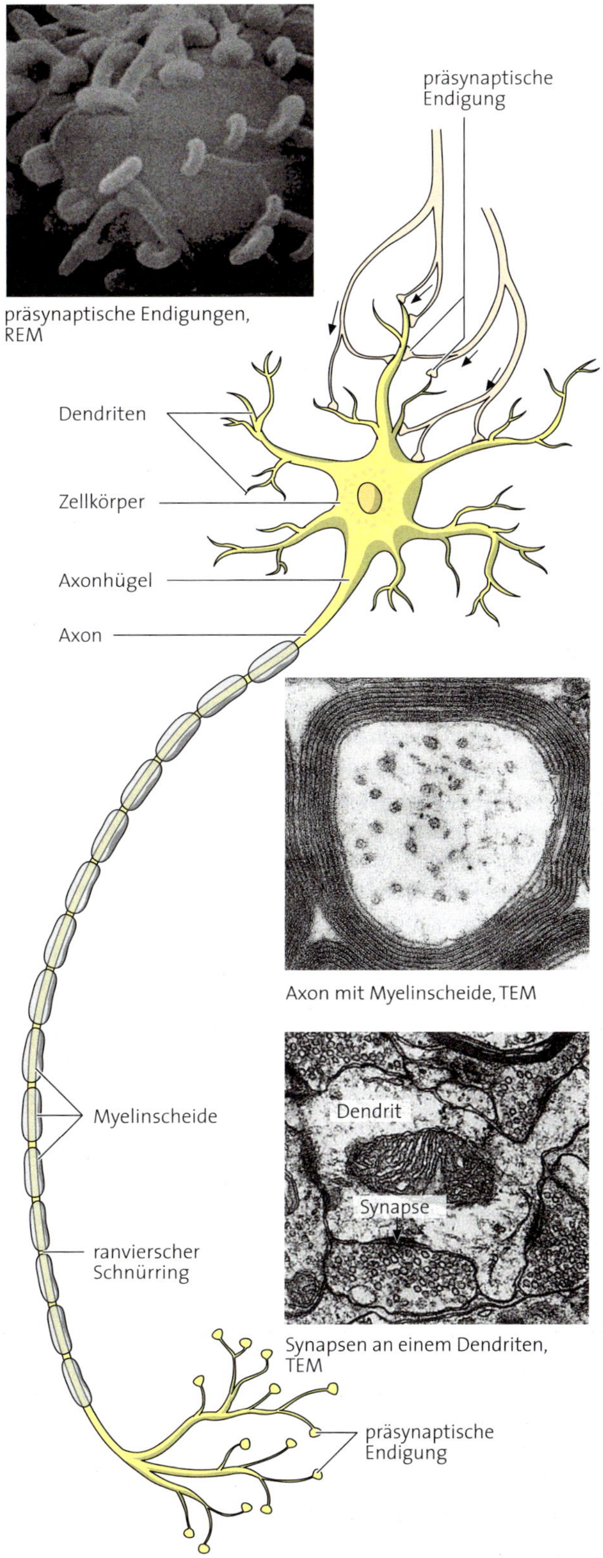


präsynaptische Endigungen, REM

Axon mit Myelinscheide, TEM

Synapsen an einem Dendriten, TEM

*1–4 Schema eines typisch gebauten Wirbeltierneurons. Die elektronenmikroskopischen Bildausschnitte stammen nicht alle von derselben Zelle.*

**1** **Welche Rückschlüsse über die Art der Informationsübertragung würden Sie aus der Anwesenheit von Mitochondrien und von sekretgefüllten Vesikeln in den präsynaptischen Endigungen ziehen? Begründen Sie Ihre Auffassung.**

**2** **Vergleichen Sie eine Nervenzelle mit einem Antennenkabel. Wo gibt es Gemeinsamkeiten? Wo sehen Sie Unterschiede?**

## Elektrophysiologische Untersuchungen

Ein Techniker untersucht einen elektronischen Schaltkreis, indem er die Elektroden eines Messgeräts in den Schaltkreis einfügt und dann Spannungen und Ströme misst. Die elektrischen Eigenschaften von Zellen werden im Prinzip genauso untersucht: Da bei Zellen Spannungen zwischen dem Zellinnern und der Zellaußenseite auftreten, sticht man eine Elektrode – die *Ableitelektrode* – in die Zelle ein und misst die Potenzialdifferenz gegenüber einer zweiten Elektrode außerhalb der Zelle – *der Referenzelektrode* (► Bild rechts).

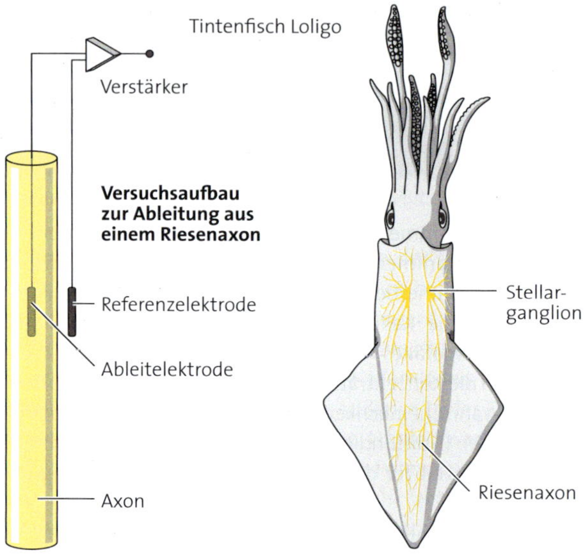


### Kleine Elektroden ...

Selbstverständlich kann man nicht die Elektroden eines handelsüblichen Digitalmultimeters in eine winzige Nervenzelle einstechen. Deshalb konnten so lange keine direkten Ableitungen aus Nervenzellen gelingen, bis Ende der 1940er Jahre Glaskapillar-Mikroelektroden entwickelt wurden, deren Spitzendurchmesser nur 0,5–1 µm beträgt. Mit diesen Elektroden kann man in Nervenfasern einstechen, ohne sie ernsthaft zu beschädigen. Die Elektroden sind mit einer elektrisch leitenden Flüssigkeit (meist Kaliumchloridlösung) gefüllt, in die ein Silberdraht hineinragt.

### ... und Riesenzellen

Bevor die Mikrotechnik perfektioniert wurde, suchte man nach Zellen, die für die Messung mit Drahtelektroden groß genug waren. Man fand sie in den sogenannten Stellarganglien des Tintenfischs *Loligo* (► Bild rechts). Hier gibt es Nervenzellen, deren Axone über 0,5 mm dick werden können – man hielt sie wegen ihrer Größe zuerst für Blutgefäße. In diese Riesenaxone konnten Drahtelektroden für Ableitungen sogar in Längsrichtung des Axons eingeführt werden.

### Verstärken und Aufzeichnen von Signalen

Da elektrische Signale von Nervenzellen nur winzige Ströme (im Bereich von µA = millionstel Ampere) und Spannungen (mV = tausendstel Volt) liefern, müssen leistungsfähige Verstärker eingesetzt werden. Das *Oszilloskop* ist ein solcher Verstärker, der zusätzlich auch die gemessenen Signale sichtbar macht. Es besteht im Wesentlichen aus einer *Kathodenstrahlröhre*, die einen Elektronenstrahl erzeugt, und einem fluoreszierenden Bildschirm (► Bild links). Während der Elektronenstrahl einen Punkt auf den Bildschirm schreibt, sorgen plattenförmige *Ablenkelektroden* dafür, dass der Strahl von links nach rechts geführt wird. Es entsteht ein horizontaler Strich auf dem Schirm, der der Zeitachse eines Diagramms entspricht. Auf ein zweites Paar Ablenkelektroden wird das elektrische Signal einer Zelle gelegt. Die Spannungsänderungen, die von der Ableitelektrode gemessen werden, zeigen sich als vertikale Ablenkung des Elektronenstrahls.

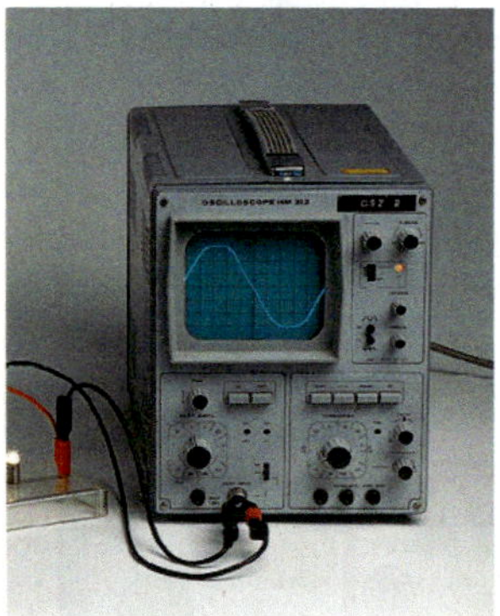

### Modellversuch zum Gleichgewichtspotenzial

**MATERIAL:** Plastikwanne, durch eine kationenpermeable Membran in 2 Kammern getrennt, empfindliches Voltmeter, 2 Silberblechelektroden, Kabel, KCl-Lösung (10 %), Pipette
**DURCHFÜHRUNG:** Füllen Sie die Kammern mit demineralisiertem Wasser und bringen Sie in jeder Kammer eine Elektrode an, die über ein Kabel mit einem Eingang des Voltmeters verbunden wird. Stellen Sie das Voltmeter falls erforderlich auf null. Geben Sie in eine der Kammern wenig KCl und protokollieren Sie den Zeitverlauf der Spannungsänderung, die Sie am Voltmeter ablesen. Wird ein konstanter Wert erreicht?

Wiederholen Sie den Versuch mit größeren und kleineren Mengen zugegebener KCl. Wenn Sie ein Digitalmultimeter verwenden, können Sie auch den Zeitverlauf des Stromflusses messen. Interpretieren Sie Ihre Ergebnisse.

---

**1 In einem Oszilloskop befinden sich zwei Paar Ablenkelektroden. Die Messwerte vom untersuchten Objekt gelangen nur auf die vertikalen Elektroden. Wären die horizontalen Ablenkelektroden dann nicht verzichtbar? Beschreiben Sie, wie das Bild auf dem Bildschirm ohne die horizontalen Ablenkelektroden aussähe.**

### Stichworte zu weiteren Informationen

Elektrotechnik • A. L. HODGKIN und A. F. HUXLEY • Mikroelektroden

## Ruhepotenzial

Sticht man mit Mikroelektroden in eine beliebige Körperzelle ein, misst man immer eine Potenzialdifferenz gegenüber dem Umgebungsmedium. Fast immer ist das Zellinnere gegenüber der Außenseite negativ geladen. Bei dieser Potenzialdifferenz, die allen tierischen Zellen eigen ist, spricht man vom *Ruhepotenzial*.

**$K^+$ und $Na^+$ bestimmen das Ruhepotenzial.** Das Gleichgewichtspotenzial (► S. 406) stellt sich nur im hypothetischen Modell ein, bei dem die trennende Membran nur für eine Ionenart permeabel ist. Die Zellmembran der Zelle ist aber für verschiedene Ionen durchlässig. Alle vorkommenden Ionen zusammen bestimmen das Ruhepotenzial der Zelle.

Jedes Membranpotenzial kommt durch Ionen zustande, die Ladungen von der einen Seite der Membran auf die andere transportieren. Weil die Membran für einige der Ionen nicht permeabel ist, entsteht eine Ladungstrennung. Man kann weiter folgern, dass der Beitrag einer Ionenart zum Membranpotenzial umso kleiner sein wird, je geringer die Permeabilität für diese Ionenart ist. Daher wird die Ionenart, die am leichtesten die Membran durchdringt, den größten Beitrag zum Ruhepotenzial leisten.

Das Ruhepotenzial eines Säugetierneurons liegt typischerweise zwischen −40 und −75 mV. Dieser Wert ist positiver als das Gleichgewichtspotenzial von $K^+$, aber weit negativer als das Gleichgewichtspotenzial von $Na^+$ (► Tabelle S. 407). Das hat seinen Grund darin, dass die Zellmembran in Ruhe wesentlich besser für $K^+$ als für $Na^+$ permeabel ist. Das Ruhepotenzial von Neuronen wird demnach hauptsächlich durch $K^+$ bestimmt. Weil aber immer etwas $Na^+$ in die Zelle einsickert, leistet auch dieses Ion seinen Beitrag.

**Gespeicherte Energie im Ruhepotenzial.** Auch wenn $Na^+$-Ionen im Ruhezustand wenig zum Membranpotenzial einer Nervenzelle beitragen, lohnt es sich zu fragen, was passieren würde, wenn die Membran für $Na^+$-Ionen permeabel wäre: Für $Na^+$-Ionen ist das Konzentrationsgefälle ins Zellinnere gerichtet. Gleichzeitig werden diese Ionen vom elektrisch negativen Zellinnern angezogen (► Bild 1). Es besteht also eine sehr starke Tendenz für $Na^+$-Ionen, ins Zellinnere einzudringen – vergleichbar Wassermassen, die sich hinter einem Staudamm stauen. Das Ruhepotenzial stellt also eine Form von gespeicherter ***elektrochemischer Energie*** dar. Diese Energie kann sich in einen Stromfluss verwandeln, sobald die Membran für Natriumionen durchlässig wird.

**Aufrechterhaltung des Ruhepotenzials.** Da im Ruhezustand ständig einige Natriumionen in die Zelle einsickern, müsste das Ruhepotenzial eigentlich immer kleiner werden und allmählich verschwinden. Das ist nicht der Fall. Ein Transportprotein in der Zellmembran entfernt ständig die eindringenden $Na^+$-Ionen. Diese sogenannte *Natrium/Kalium-Pumpe* nimmt auf der Zellinnenseite Natriumionen auf und transportiert sie auf die Zellaußenseite. Im Gegenzug befördert dieser Carrier (► S. 48) Kaliumionen ins Zellinnere. Dabei wird ATP verbraucht.

In Nervenzellen werden 50–70 % des gesamten Energieumsatzes für die $Na^+/K^+$-Pumpe aufgewendet. Die elektrochemische Energie, die das Ruhepotenzial darstellt, dient hier zur Erzeugung von elektrischen Signalen, den *Aktionspotenzialen* (► S. 410). Da Aktionspotenziale mit einem Einstrom von $Na^+$ in die Zelle verbunden sind, muss die $Na^+/K^+$-Pumpe verstärkt aktiv werden, um immer wieder das Ruhepotenzial zu regenerieren. Elektrisch inaktive Zellen, die kein Aktionspotenzial erzeugen, wenden dagegen nur 30 % ihres Energieumsatzes für die $Na^+/K^+$-Pumpe auf.

---

**❶ Im Zellinnern spielen negativ geladene organische Substanzen, wie Proteine und Aminosäuren, eine große Rolle. Diese Substanzen tragen nur indirekt zum Ruhepotenzial bei. Begründen Sie, weshalb das so ist.**

**❷ Beschreiben Sie, in welcher Hinsicht das Ruhepotenzial gespeicherter elektrochemischer Energie entspricht.**

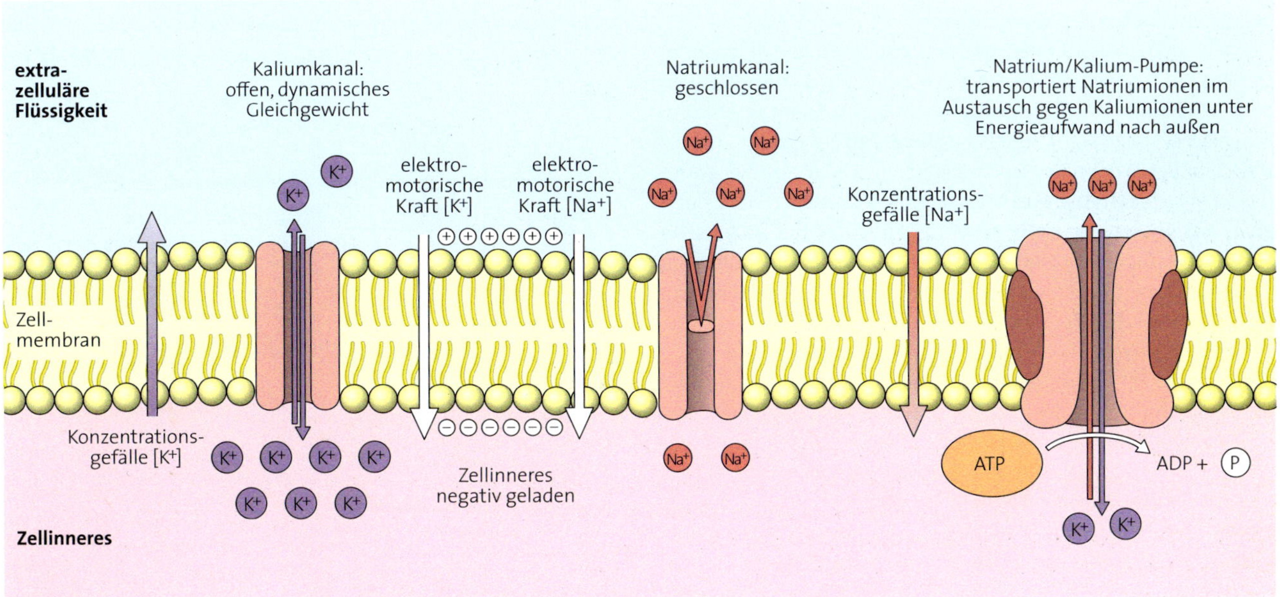


1 *Zusammenfassung der wesentlichen Vorgänge, die zur Entstehung und Erhaltung des Ruhepotenzials beitragen*

## Aktionspotenzial

Wird die Zellmembran eines Neurons im Versuch mit einem kurzen Strompuls gereizt, lassen sich zwei grundsätzlich verschiedene Reaktionen beobachten (▶ Bild 1):

- Das Membranpotenzial kann *passiv* dem Reizstrom folgen und dann langsam zum Ruhepotenzial zurückkehren. Passiv nennt man die Reaktion deshalb, weil die Membran hier einfach wie ein Kondensator elektrische Ladung aufnimmt und dann ableitet. Diese Reaktion tritt auf, wenn der Strompuls eine *Hyperpolarisation* der Membran bewirkt, das Membranpotenzial also zunimmt (negativer wird), oder bei einer *schwachen Depolarisation*, wenn das Membranpotenzial etwas abnimmt (positiver wird).
- Wird die Membran des Neurons dagegen bis zu einem bestimmten *Schwellenwert* depolarisiert, erfolgt nicht die erwartete passive Antwort (▶ Bild 1, gestrichelte rote Linie), sondern es wird aktiv ein elektrisches Signal erzeugt (▶ Bild 1, durchgezogene rote Linie), das *Aktionspotenzial*, auch *Nervenimpuls* genannt. Dass es sich beim Aktionspotenzial um ein von der Zelle aktiv und unter Energieverbrauch erzeugtes Signal handelt, erkennt man daran, dass der Strom, der während des Impulses fließt, stärker ist als der Reizstrom. Das Ausgangssignal wird also verstärkt.

**Eigenschaften des Aktionspotenzials.** Zu den Eigenschaften von Aktionspotenzialen gehört es, dass sie nach dem *Alles-oder-nichts-Prinzip* ausgelöst werden: Die Höhe des Aktionspotenzials hängt nicht mit der Stärke des Reizstroms zusammen. Entweder wird das Schwellenpotenzial erreicht, dann entsteht ein voll ausgebildetes Aktionspotenzial, oder das Aktionspotenzial kommt gar nicht zustande. Die Situation ist vergleichbar mit dem Betätigen eines Lichtschalters: Wenn der Druck stark genug ist, den Schalter umzulegen, geht das Licht an, sonst bleibt es aus. Es ist nicht so, dass der Druck, mit dem der Lichtschalter betätigt wird, die Helligkeit der Lampe beeinflusst. Genauso hängt die Höhe des Aktionspotenzials, seine *Amplitude*, nicht vom Reizstrom, sondern von den Eigenschaften der Nervenzelle ab.

Stellt man Ableitungen von Aktionspotenzialen auf einem Oszilloskop dar, fällt ihre charakteristische Form auf. Nach einem eher langsamen Anstieg der Membrandepolarisierung bis zum Schwellenwert erfolgt eine blitzschnelle Depolarisation, die das Membranpotenzial über den Nullwert hinaus in positive Werte hinein verschiebt. Fast ebenso schnell wird die Membran dann aber *repolarisiert*, das heißt, sie wird gegenüber der Außenseite wieder negativ. Oft wird das Ruhepotenzial dabei sogar kurzzeitig unterschritten (Hyperpolarisation). Aktionspotenziale dauern meist nur 1 bis 2 Millisekunden.

Entsteht an einer Stelle der Zellmembran ein Impuls (▶ Bild 2), dann kann dort für eine gewisse Zeit kein zweiter Impuls gebildet werden. Offenbar ist die Membran direkt nach einem Aktionspotenzial nicht erregbar. Diese Zeitspanne, in der kein Impuls erzeugt werden kann, nennt man *Refraktärzeit*. Aus Bild 2 wird ersichtlich, dass es eine *absolute Refraktärzeit* gibt, in der die Erregbarkeit der Membran auf null absinkt. Ihr schließt sich eine *relative Refraktärzeit* an, in der die Membranerregbarkeit vermindert ist. Das Schwellenpotenzial ist dann höher als normal, die Amplitude der Impulse kleiner. Das Vorhandensein einer Refraktärzeit hat vor allem zwei Konsequenzen: Aktionspotenziale können nicht zu einer Art Dauererregung verschmelzen und es gibt eine *maximale Impulsfrequenz* für jede Nervenzelle, die von der Länge der Refraktärzeit abhängt.

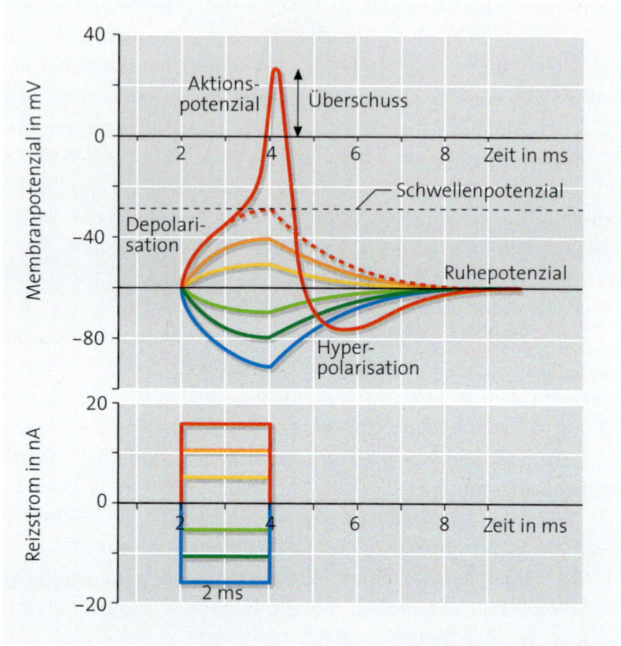


*1 Die Membran eines Neurons kann passiv auf Reizströme reagieren oder mit einem Aktionspotenzial.*

**Entstehung des Aktionspotenzials.** Wie Sie bereits wissen, ist im Ruhezustand das Zellinnere des Neurons gegenüber der Außenseite negativ geladen. $Na^+$-Ionen haben daher – und weil sie auf der Zellaußenseite etwa 10-fach höher konzentriert sind – eine starke Tendenz, ins Zellinnere einzudringen (▶ S. 409), doch ist die Zellmembran des Neurons für $Na^+$-Ionen fast undurchlässig. In der Membran gibt es zwar Ionenkanäle, die spezifisch für $Na^+$-Ionen

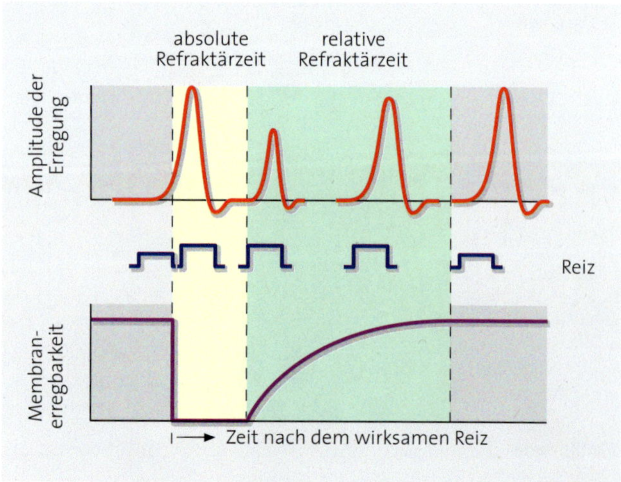


*2 Direkt nach einem Aktionspotenzial ist die Membran eine Zeit lang nicht oder nur vermindert erregbar.*

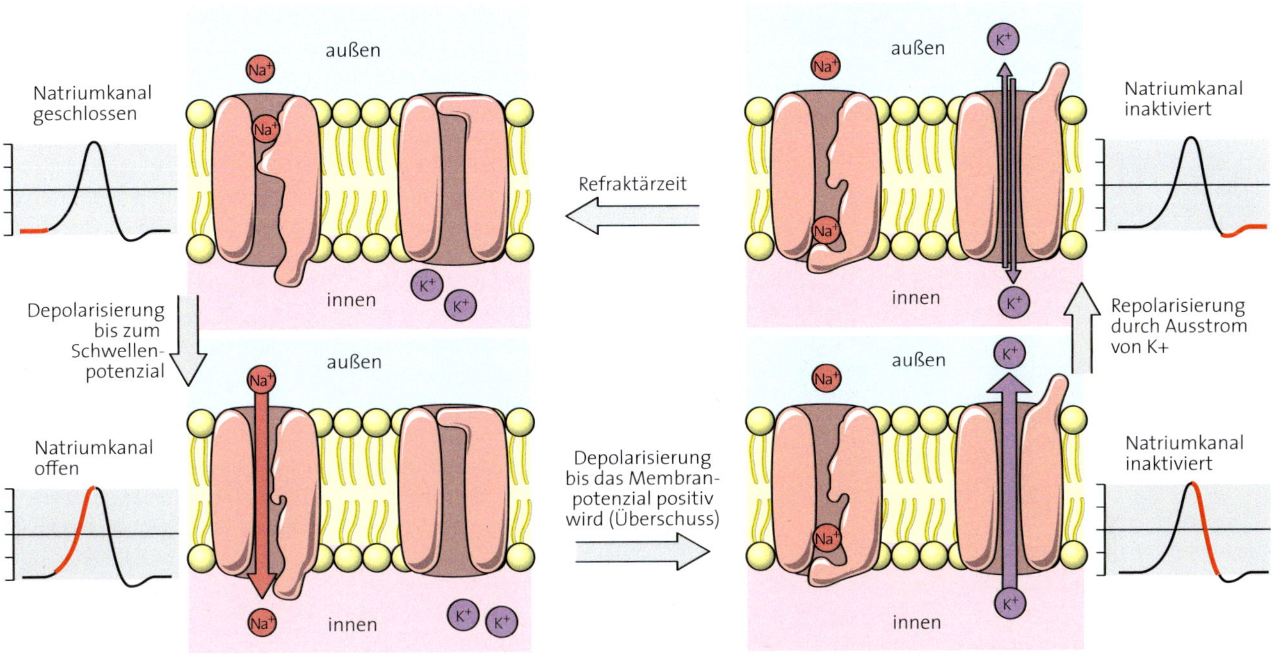


*1 Vorgänge in der Zellmembran während eines Aktionspotenzials. Spannungsabhängige Natriumkanäle ermöglichen die Depolarisation. Die vier Teilbilder zeigen den Zustand der Ionenkanäle in den rot markierten Phasen des Aktionspotenzials.*

sind, sie sind aber normalerweise verschlossen (▶ Bild 1 links oben). Die herausragende Besonderheit dieser Natriumkanäle liegt in ihrer *Spannungsabhängigkeit*: Als Antwort auf eine Membrandepolarisation können sich die Natriumkanäle öffnen. Somit kommt ein Aktionspotenzial folgendermaßen zustande:

Wird die Zellmembran des Neurons bis zum Schwellenwert depolarisiert, beginnen sich einige Natriumkanäle zu öffnen (▶ Bild 1 links unten). Nun können $Na^+$-Ionen in die Zelle eindringen. Dadurch wird das Membranpotenzial positiver.

Je positiver das Membranpotenzial wird, desto mehr Natriumkanäle öffnen sich. Folglich dringen auch mehr $Na^+$-Ionen in die Zelle ein und umso schneller verschiebt sich das Membranpotenzial zum Positiven. Dieses Verhalten der Natriumkanäle ist eines der wenigen Beispiele für einen durch *positive Rückkopplung* gesteuerten Vorgang in der Biologie. Es erklärt, warum die Depolarisation so „explosionsartig“ erfolgt.

Wenn sich das Membranpotenzial dem Natrium-Gleichgewichtspotenzial von etwa +50 mV nähert (▶ Tabelle S. 407), schließen sich die Natriumkanäle wieder, denn ein zweites „Tor“ in den Kanälen sorgt dafür, dass sie immer nur kurzzeitig geöffnet bleiben (▶ Bild 1 rechts unten). Der Natriumeinstrom versiegt. Jetzt ist das Zellinnere im Vergleich zur Außenseite positiv geladen.

Das hat Auswirkungen auf die $K^+$-Ionen: Für sie zeigt das Konzentrationsgefälle von innen nach außen und durch den Natriumeinstrom ist das Zellinnere jetzt positiv geladen. Wenn also – mit leichter Verzögerung gegenüber den Natriumkanälen – spannungsabhängige Kaliumkanäle in der Zellmembran öffnen, werden $K^+$-Ionen mit großer Kraft aus der Zelle getrieben, sodass das Zellinnere wieder negativ wird, es wird *repolarisiert*. Das Ruhepotenzial stellt sich wieder ein. Durch die Repolarisierung regenerieren sich die Natriumkanäle langsam wieder. Eine Konformationsänderung bringt sie in ihren ursprünglichen Zustand zurück. Erst dann sind die Natriumkanäle wieder durch eine Membrandepolarisierung erregbar. Die Zeit, die vergeht, bis alle Natriumkanäle wieder regeneriert sind, entspricht der Refraktärzeit.

**Impuls und Information.** Das Entstehen von Aktionspotenzialen ist der zentrale Vorgang der *Erregungsbildung*. Solche Nervenimpulse sind die Voraussetzung für das Funktionieren von Nervensystemen. Denn nur bei Aktionspotenzialen wird das Ausgangssignal verstärkt. So lassen sich Signale verlustfrei über weite Strecken im Nervensystem fortleiten (▶ S. 412).

Die Amplitude eines Impulses ist etwa 5-mal höher als das Schwellenpotenzial. Das stellt eine Absicherung gegenüber Informationsverlust dar. Gleichzeitig bewirkt die Signalverstärkung auch eine Empfindlichkeitssteigerung, zum Beispiel von Sinnesorganen.

Die Fähigkeit, Aktionspotenziale zu bilden, war Voraussetzung dafür, dass sich in der Evolution Neurone entwickeln konnten, deren Axone viele Zentimeter lang sind. Tatsächlich sind Neurone, die keine Aktionspotenziale bilden, immer sehr klein. Das gilt zum Beispiel für die Horizontalzellen in der Netzhaut (▶ S. 424).

1. **Finden Sie weitere Beispiele für Vorgänge, die nach dem Alles-oder-nichts-Prinzip ausgelöst werden.**
2. **Verdeutlichen Sie die Bedeutung der Kaliumionen für das Zustandekommen eines Aktionspotenzials.**
3. **Erklären Sie, weshalb ein Aktionspotenzial in einem Neuron keine positiveren Werte annehmen kann als das Gleichgewichtspotenzial von Natrium.**

## Erregungsleitung im Axon

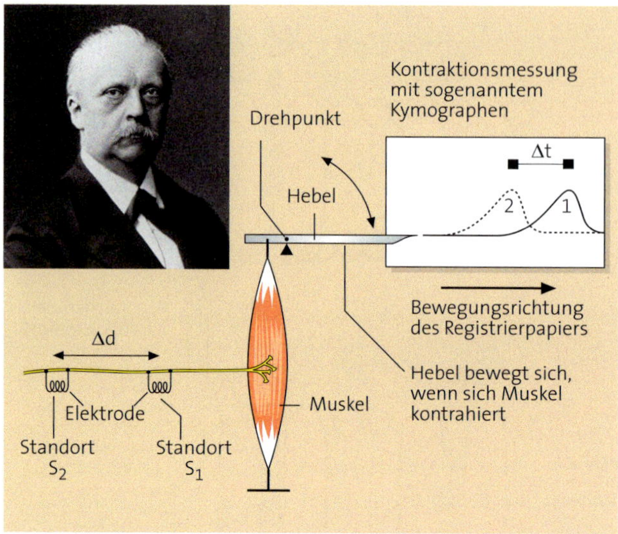


*1 und 2 VON HELMHOLTZ und sein Experiment zur Bestimmung der Leitungsgeschwindigkeit im Axon*

**Leitungsgeschwindigkeit im Axon.** Anfang des 19. Jahrhunderts herrschte die Meinung, dass elektrische Signale mit derselben Geschwindigkeit durch einen Nerv laufen wie elektrischer Strom durch ein Kabel – also fast mit Lichtgeschwindigkeit. Von HELMHOLTZ bewies mit einem einfachen Experiment das Gegenteil: Er präparierte einen Froschmuskel mit dem dazugehörigen Nerv und spannte den Muskel in eine Apparatur zur Kontraktionsmessung (► Bild 2). Nun reizte er den zuleitenden Nerv mit einer Elektrode ($S_1$) und bestimmte die Zeit bis zur Muskelzuckung. Dann platzierte er die Reizelektrode 3 cm weiter entfernt vom Muskel auf dem Nerv ($S_2$). Wieder wurde die Zeit bis zur Muskelzuckung gemessen. Der Abstand der Reizelektroden geteilt durch den Zeitunterschied bis zur Muskelzuckung ergaben dann die Leitungsgeschwindigkeit im Nerv, in diesem Fall 3 m/s. Inzwischen sind die Leitungsgeschwindigkeiten für eine Vielzahl von Nervenzellen gemessen worden. Je nach Zelltyp liegen sie zwischen 40 cm/s und 120 m/s.

**Fortleitung von Aktionspotenzialen.** Wenn bei einem Aktionspotenzial die $Na^+$-Ionen ins Neuroninnere einströmen, entsteht ein ins Axon gerichteter elektrischer Strom und das Zellinnere wird an dieser Stelle vorübergehend positiv geladen. Da in den benachbarten Bereichen die Innenseite der Membran immer noch negativ geladen ist, kommt es jetzt innerhalb des Axons zu einem seitlichen Stromfluss (► Bild 3), sodass nun auch Membranbereiche vor und hinter dem Aktionspotenzial *depolarisiert* werden. Ist diese Depolarisierung stark genug, dass durch sie das *Schwellenpotenzial* der Membran erreicht wird, öffnen sich auch an dieser Stelle der Membran Natriumkanäle. Ein neues Aktionspotenzial wird ausgelöst. So bewegt sich der Impuls wie eine Welle über das Axon: Der Natriumeinstrom während eines Aktionspotenzials verursacht einen elektrischen Strom, der sich entlang des Axons ausbreitet. Dadurch werden *vor* dem Aktionspotenzial liegende Bereiche der Membran depolarisiert, sodass dort ein neues Aktionspotenzial entsteht. Diese sogenannte *Strömchentheorie* erklärt, wie Impulse über das Axon weitergeleitet werden. Die Aktionspotenziale entstehen meist in der Nähe des Zellkörpers am Axonhügel (► S. 405) und laufen von dort bis zu den *präsynaptischen Endigungen*. Man kann sich fragen, warum die Impulse diesen Weg nicht auch wieder zurücklaufen, denn schließlich breitet sich der durch einen Impuls verursachte Strom in *beide* Richtungen aus (► Bild 3). Der Natriumeinstrom eines Impulses depolarisiert zwar auch Membranbereiche, die entgegen der Ausbreitungsrichtung liegen. Dadurch werden aber keine Impulse ausgelöst, weil die Natriumkanäle in dieser Membranregion noch in der *Refraktärphase* sind. Neurone können Nervenimpulse deshalb immer nur in einer Richtung – vom Zellkörper zu den präsynaptischen Endigungen – weiterleiten.

**Schnelle und langsame Axone.** Das Prinzip der Erregungsleitung im Axon ist für alle Nervenzellen gleich. Trotzdem leiten Axone verschiedener Nervenzelltypen die Aktionspotenziale unterschiedlich schnell. Bei manchen von ihnen bedeutet eine schnelle Impulsleitung einen großen Selektionsvorteil. Das trifft vor allem für Neurone zu, die an der Steuerung von Fluchtreaktionen oder Schutzreflexen beteiligt sind.

Man kann messen, dass ein Axon Impulse umso schneller leitet, je größer sein Durchmesser ist. Der Grund hierfür liegt in den passiven elektrischen Eigenschaften des Axons: Je größer der Durchmesser eines Axons ist, desto kleiner wird sein *Innenwiderstand* im Vergleich zum *Membranwiderstand*. Ein Strom, der – wie beim Aktionspotenzial – ins Axon eindringt, fließt also nicht so leicht über die Membran zurück, sondern breitet sich im Innern des Axons weiter aus (► Bild 3). Ein Aktionspotenzial kann also bei einem dicken Axon weiter vorn liegende Membranbereiche überschwellig depolarisieren als bei einem dünnen Axon. Damit steigt die Leitungsgeschwindigkeit. Die Axone von Nervenzellen, die schnelle Bewegungen steuern, sind daher bei vielen wirbellosen Tieren sehr dick. Ein berühmtes Beispiel sind die Riesenaxone des Tintenfischs *Loligo* (► S. 408).

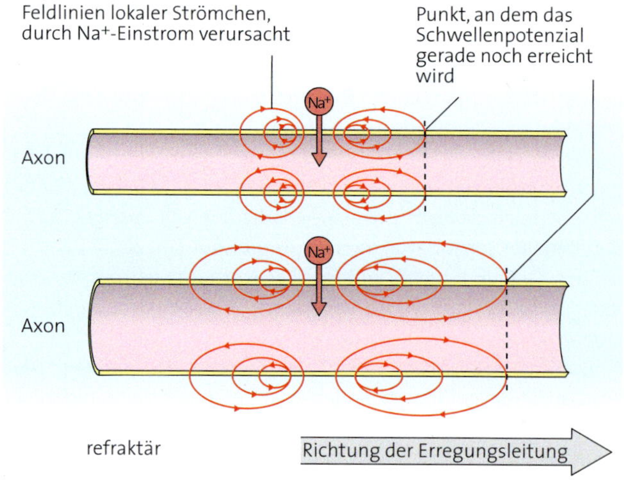


*3 Je dicker ein Axon ist, desto weiter werden von einem Impuls verursachte lokale Strömchen vorausgeschickt.*

**Saltatorische Erregungsleitung.** Bei Wirbeltieren hat die Evolution einen anderen Weg beschritten. Da die Leitungsgeschwindigkeit im Axon immer dann steigt, wenn mehr Strom im Innern des Axons fließt als über die Membran, kann dieser Effekt auch durch Erhöhung des Membranwiderstands erzielt werden. Ist der Stromfluss über die Membran erschwert, muss ebenfalls mehr Strom im Innern des Axons fließen. Aus diesem Grund sind bei Wirbeltieren zum Beispiel Neurone, die Willkürbewegungen steuern, mit einer *Myelinscheide* umgeben. Sie wird von einem bestimmten Typ von Gliazellen gebildet, den *schwannschen Zellen*. Das sind extrem abgeflachte Zellen, die sich in vielen Schichten um das Axon herumwickeln. Im Querschnitt erkennt man deshalb viele Anschnitte der Zellmembran. Dadurch wird das myelinisierte Axon elektrisch isoliert wie ein mit Kunststoff umhülltes Stromkabel. Nur an den regelmäßig auftretenden *ranvierschen Schnürringen* entlang des Axons fehlt die Myelinscheide.

Entsteht an einem dieser Schnürringe ein Aktionspotenzial, fließt ein von $Na^+$-Ionen getragener elektrischer Strom ins Axon. Dieser Strom kann frühestens am nächsten Schnürring wieder aus der Zelle austreten (▶ Bild 1). Hier wird die Zellmembran depolarisiert und ein neues Aktionspotenzial ausgelöst. Die Impulse in Axonen mit Myelinscheide entstehen also nur noch an den Schnürringen. Die myelinisierten Bereiche werden sozusagen übersprungen. Durch diese *saltatorische Erregungsleitung* (von lat. *saltare:* springen, tanzen) wird die Leitungsgeschwindigkeit auch in dünnen Axonen enorm gesteigert (▶ Tabelle). Außerdem ist die saltatorische Erregungsleitung energetisch günstiger, weil die $Na^+/K^+$-Pumpe nur im Membranbereich der Schnürringe arbeitet.

**Passive Erregungsleitung.** Aktionspotenziale können nur entlang des Axons einer Nervenzelle gebildet werden. Einige Zellen des Nervensystems sind aber sehr klein und besitzen kein Axon. Ein Beispiel hierfür sind bestimmte Zelltypen in der Netzhaut (▶ S. 424). Diese Zellen treten nur mit unmittelbar benachbarten Neuronen in Kontakt. Auf elektrische Erregung reagieren sie mit einer Änderung des Membranpotenzials, die sich rein passiv – also ohne dass sich die Durchlässigkeit von Ionenkanälen ändert – über eine gewisse Distanz entlang des Zellkörpers ausbreitet. Dabei schwächt sich das elektrische Signal mit zunehmender Entfernung ab. Aus diesem Grund kann sich eine solche Membranpotenzialänderung nur dann über größere Strecken hinweg ausbreiten, wenn sie relativ groß ist.

Passive Erregungsleitung ist jedoch nicht auf besondere Neurontypen beschränkt. Man findet sie auch bei Neuronen, die Aktionspotenziale ausbilden können: Die Erregungsleitung von den Dendriten bis zum Axonhügel erfolgt immer passiv.

**Leitungsgeschwindigkeiten verschiedener Neurone**

| Tierart, Fasertyp | Durchmesser in µm | Geschwindigkeit in m/s |
|---|---|---|
| Qualle | 6–12 | 0,5 |
| Schabe, Bauchmark | 50 | 7 |
| Loligo, Riesenfaser | 650 | 25 |
| Frosch, myelinisierte Faser | 15 | 30 |
| Katze, myelinisierte Faser | 13–17 | 70–100 |
| Katze, nicht myelinisierte Faser | 0,5–1,0 | 0,6–2 |

**1** **Beschreiben Sie die Vorgänge bei der saltatorischen Erregungsleitung im myelinisierten Axon. Weshalb wurde der Begriff „saltatorisch" gewählt?**

**2** **Die Geschwindigkeit der Erregungsleitung kann auf verschiedene Weise gesteigert werden. Welche Vorteile sehen Sie in der Myelinisierung im Vergleich zur Steigerung des Axondurchmessers? Bedenken Sie bei Ihrer Antwort, dass das Zentralnervensystem des Menschen mehrere Milliarden Neurone enthält.**

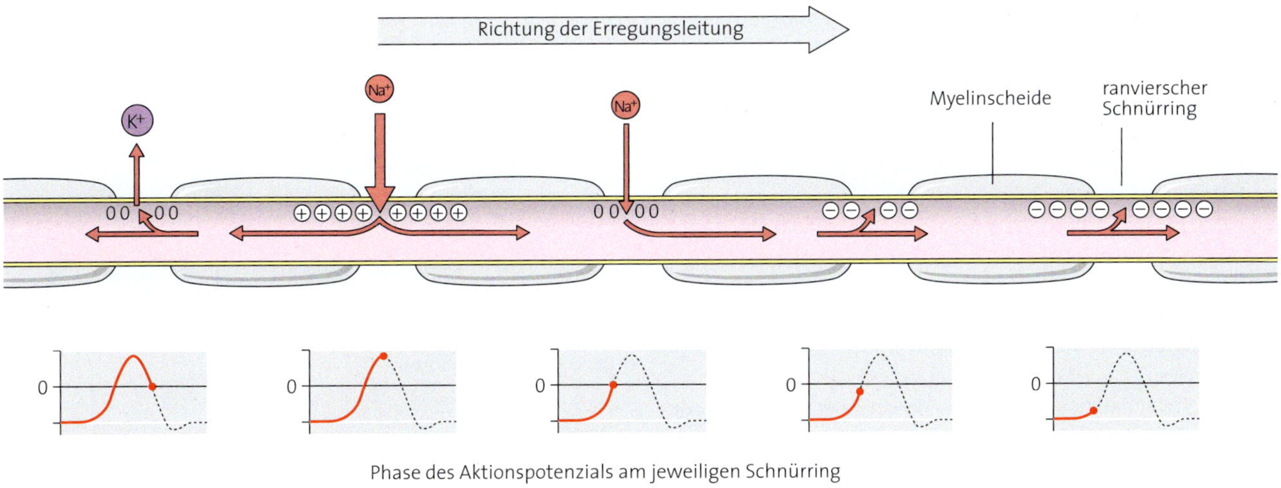


*1 Saltatorische Erregungsleitung. Die elektrischen Ströme an den verschiedenen Schnürringen sind als rote Pfeile dargestellt. Der ungefähre Wert des Membranpotenzials am jeweiligen Schnürring wird durch +, – oder 0 angedeutet.*

## Erregungsübertragung an den Synapsen

Die Erregungsleitung innerhalb eines Neurons erfolgt durch elektrische Signale. Man könnte daher annehmen, dass auch zwischen den Nervenzellen elektrische Signale direkt ausgetauscht werden. Diesen Fall gibt es tatsächlich, nämlich wenn die betreffenden Zellen über *Kommunikationskontakte*, auch *gap junctions* genannt, miteinander in Verbindung stehen (► S. 45). Man spricht dann von einer *elektrischen Synapse*. Meist erfolgt die Kommunikation zwischen zwei Nervenzellen jedoch auf stofflichem Weg. Die Struktur, an der sich eine solche Signalübertragung vollzieht, nennt man *chemische Synapse*.

**Bau chemischer Synapsen.** An der Synapse lassen sich drei verschiedene Bereiche unterscheiden:
- die präsynaptische Endigung des Neurons, das die Informationen überträgt, der präsynaptischen Zelle; jede präsynaptische Endigung enthält mehrere Hundert synaptische Vesikel mit den als *Neurotransmitter* bezeichneten Überträgersubstanzen;
- der etwa 20–40 nm breite synaptische Spalt zwischen den beiden Neuronen; er ist mit Mucopolysacchariden gefüllt, die die präsynaptische Endigung am nachgeschalteten Neuron befestigen;
- die Zellmembran des nachgeschalteten Neurons, der postsynaptischen Zelle. Sie weist meist keine deutlich erkennbaren Ultrastrukturmerkmale auf. Es finden sich hier aber andere Ionenkanäle als im Axon.

**Informationsübertragung an der Synapse.** Damit ein Impuls über eine chemische Synapse übertragen wird, sind eine Reihe von aufeinanderfolgenden Ereignissen notwendig (► Bild 1):

Wenn ein Aktionspotenzial in einer präsynaptischen Endigung eintrifft, wird die Zellmembran depolarisiert. Dadurch öffnen sich *spannungsabhängige Calciumkanäle* in der Membran: Die Konzentration von Calciumionen in der präsynaptischen Endigung steigt dabei umso stärker an, je größer die Impulsfrequenz ist.

Der Anstieg der intrazellulären Calciumkonzentration wirkt als ein Signal, das dazu führt, dass einige synaptische Vesikel mit der Zellmembran verschmelzen *(Exocytose)*. Wie viele Vesikel ihren Inhalt in den synaptischen Spalt ergießen, hängt vom Anstieg der Calciumkonzentration ab. Es erfolgt aber immer eine Verstärkung des Ausgangssignals, denn jeder Vesikel enthält mehrere Tausend Moleküle Neurotransmitter.

Diese Transmittermoleküle aus den Vesikeln diffundieren schnell zur postsynaptischen Membran. Sie enthält *Transmitter gesteuerte Ionenkanäle,* die sich nur öffnen, wenn der passende Transmitter an sie bindet. Die Öffnung der Ionenkanäle bleibt zeitlich begrenzt, denn der Neurotransmitter wird durch ebenfalls in der postsynaptischen Membran liegende Enzyme schnell wieder gespalten. Die Transmitter gesteuerten Ionenkanäle sind also nur so lange geöffnet, wie sich Transmitter im synaptischen Spalt befindet.

Das Öffnen der Ionenkanäle bewirkt einen Ioneneinstrom, der so lange dauert, wie Transmitter im synaptischen Spalt vorhanden ist. Durch den Ioneneinstrom verändert sich das Membranpotenzial der postsynaptischen Membran. Die Amplitude der Potenzialänderung ist variabel, sie hängt von der Zahl der geöffneten Ionenkanäle ab. Dieses sogenannte *postsynaptische Potenzial (PSP)* ist damit also der ausgeschütteten Transmittermenge proportional.

Kann das PSP die postsynaptische Membran überschwellig depolarisieren, entsteht am Axonhügel dieses Neurons ein neues Aktionspotenzial. Da die Amplitude des PSP von der ausgeschütteten Transmittermenge und damit letztlich von der Erregung des präsynaptischen Neurons abhängt, ist gewährleistet, dass die Erregungsübertragung an der chemischen Synapse ohne Informationsverlust abläuft.

**Neurotransmitter werden recycelt.** Durch die enzymatische Spaltung des Transmitters an der postsynaptischen Membran wird sichergestellt, dass ein einzelnes Aktionspotenzial der präsynaptischen Zelle keine Dauererregung in der postsynaptischen Zelle hervorrufen kann. Manche Substanzen (Gifte, Drogen, Pharmaka) beruhen in ihrer Wirkung jedoch darauf, dass die Dauer der Transmitterwirkung verändert wird (► S. 416).

In der präsynaptischen Endigung muss also immer wieder neu Transmitter synthetisiert werden. Dieser Nachteil wird dadurch gemildert, dass die Abbauprodukte des Transmitters *recycelt* werden. Im Fall des weitverbreiteten Transmitters *Acetylcholin,* der in Cholin und Essigsäure aufgespalten wird, diffundiert Cholin zur präsynaptischen Endigung zurück und wird dort aktiv aufgenommen. Hier wird ein Essigsäurerest auf das Cholin übertragen, sodass Acteylcholin entsteht. Der neu synthetisierte Transmitter wird dann wieder in synaptische Vesikel transportiert und steht für einen neuen Zyklus zur Verfügung (► Bild 1).

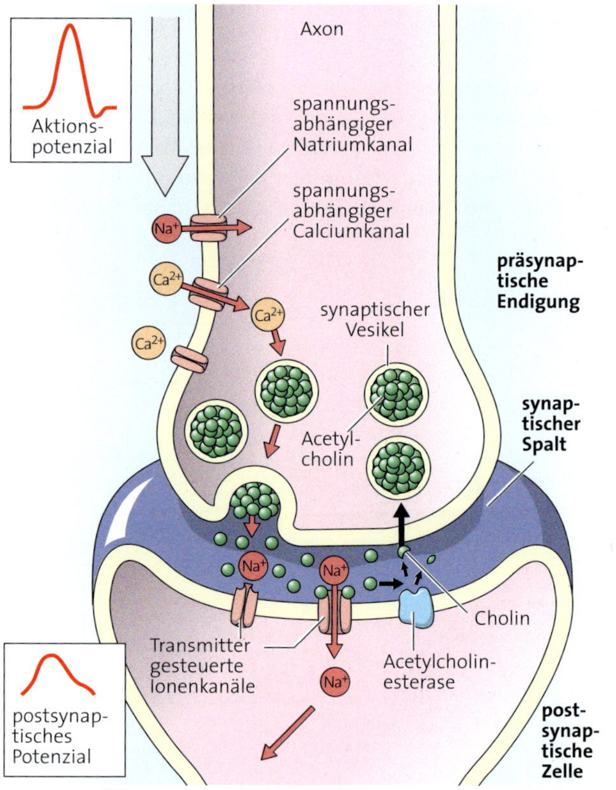


*1 Signalübertragung an einer chemischen Synapse. Als Beispiel für einen Transmitter wurde Acetylcholin gewählt.*

**Codierung von Information im Nervensystem.** Prinzipiell kommt es bei jeder Art von Informationsübermittlung darauf an, die Information so zu verschlüsseln, dass sie später wieder rekonstruiert werden kann. In Neuronen werden Informationen in Veränderungen des Membranpotenzials „übersetzt". Der Inhalt der Information bezieht sich immer auf die *Dauer* und die *Intensität* der Erregung beziehungsweise des Reizes. An verschiedenen Stellen des Neurons wird diese Botschaft aber auf unterschiedliche Weise verschlüsselt (codiert):
Die Dendriten und der Zellkörper des Neurons können keine Aktionspotenziale erzeugen. Auf eine Erregung (die Information) reagieren sie mit einer passiven Veränderung des Membranpotenzials (▶Bild 1). Auch ein PSP ist eine solche passive Potenzialverschiebung. Hierbei wird die Information über den Reiz *analog* codiert: Je länger der Reiz dauert, desto länger bleibt die Potenzialverschiebung erhalten, und je stärker der Reiz ist, desto größer ist die *Amplitude* der Potenzialverschiebung. Analoge Codierung bedeutet also, dass das Signal die Form des Reizes nachbildet.

Im Axon werden Informationen in Form von Nervenimpulsen weitergeleitet. Hier ist die Information *digital* codiert: Die Dauer der Erregung ist nicht in der Dauer des einzelnen Impulses codiert, denn jeder Impuls dauert gleich lang. Stattdessen werden so lange Impulse gebildet, wie die Erregung anhält. Die Stärke der Erregung beeinflusst demnach nicht die Amplitude des Einzelimpulses, sondern die *Frequenz* der Impulsfolge. Schwache Erregungen erzeugen wenige Impulse pro Zeiteinheit, starke Erregungen dagegen viele Impulse.

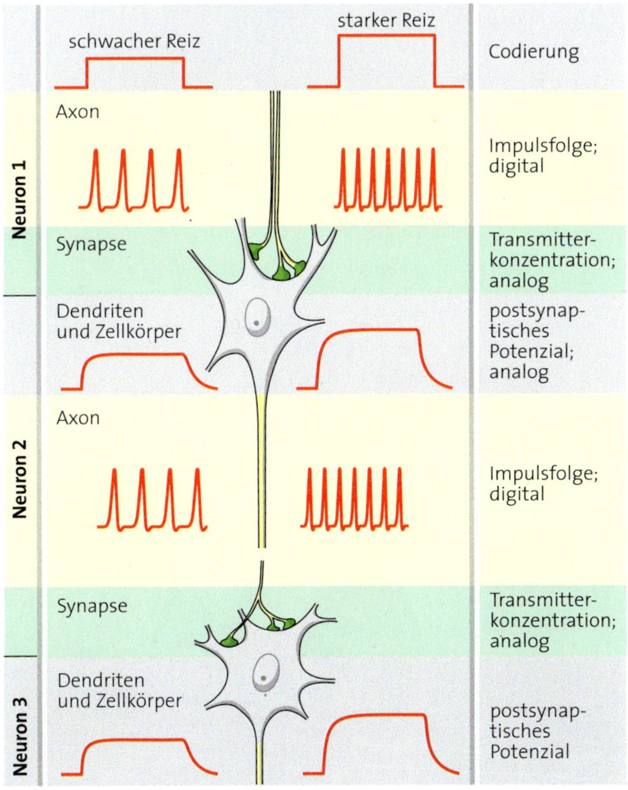


*1 Bei der Erregungsleitung von einem Neuron zum nächsten wird die Information über die Erregung mehrfach umcodiert.*

Bei der Erregungsübertragung von einem Neuron zum nächsten wird die Information mehrfach umcodiert: Es erfolgt ein ständiger Wechsel zwischen der digitalen Information der Impulse im Axon und der analogen Information bei der Erregungsübertragung an der Synapse.

**Synaptische Integration.** Nervenzellen empfangen über ihre Dendriten Informationen von bis zu 8000 anderen Neuronen. Da nicht alle Zellen denselben Transmitter ausschütten – es sind heute etwa 30 verschiedene Transmittersubstanzen bekannt –, lässt sich die Herkunft bestimmter Signale anhand der ausgeschütteten Substanz erkennen.

Die verschiedenen Transmitter haben zum Teil entgegengesetzte Wirkungen auf die postsynaptische Zelle. Die meisten Transmitter, zum Beispiel *Acetylcholin, Serotonin* und *Dopamin,* öffnen Ionenkanäle, die eine *Depolarisierung* der Dendritenmembran bewirken. Man spricht hier von einem *erregenden postsynaptischen Potenzial, EPSP.* Einige Transmitter, zum Beispiel *γ-Aminobuttersäure,* bewirken dagegen eine *Hyperpolarisierung,* das PSP wird negativer. Ein solches PSP hat eine *hemmende* Wirkung, es macht die Entstehung eines Aktionspotenzials unwahrscheinlicher. Man bezeichnet es als *inhibitorisches postsynaptisches Potenzial, IPSP.*

Sind an den Dendriten eines Neurons verschiedene Synapsen gleichzeitig aktiv, beeinflussen sich deren postsynaptische Potenziale gegenseitig. Beispielsweise könnte ein Neuron Aktionspotenziale bilden, wenn es von fünf anderen Neuronen schwache erregende Signale erhält, von denen keines für sich allein eine Aktivierung zu bewirken vermag. Die an den fünf Synapsen entstehenden EPSPs summieren sich, sodass die Amplitude der Membrandepolarisierung größer wird als die jedes einzelnen EPSP. Dagegen werden keine Impulse gebildet, wenn gleichzeitig noch eine hemmende Synapse aktiv ist, denn die durch das IPSP verursachte Hyperpolarisierung der Dendritenmembran schwächt die Depolarisierung durch die EPSPs ab.

Die Erregung eines Neurons entspricht also der *Summe* der Signale, die diese Zelle über ihre Synapsen empfängt. Die Summation verschiedener synaptischer Inputs, die man *Verrechnung* oder *synaptische Integration* nennt, ist die zelluläre Grundlage der *Informationsverarbeitung* im Nervensystem. Jede Nervenzelle „überprüft" dabei anhand der Stärke der Erregung, ob eine Information wichtig genug ist, um weitergeleitet zu werden. Gleichzeitig werden eventuelle hemmende Einflüsse berücksichtigt.

In bestimmten Fällen kann das postsynaptische Potenzial allerdings wesentlich höher ausfallen, als es einer Summation entspricht (Langzeitpotenzierung, Bahnung ▶S. 438).

**1 Verfolgen Sie Schritt für Schritt die Informationsübertragung an einer chemischen Synapse beginnend mit der Impulsfolge im präsynaptischen Axon. Wie wird bei jedem Einzelschritt Dauer und Stärke der Erregung codiert?**

**2 Erläutern Sie den Begriff „synaptische Integration" genauer: Was wird integriert? Welche Mechanismen liegen der synaptischen Integration zugrunde? Worin besteht ihre Bedeutung?**

## Angriffspunkt Synapse: Stoffe wirken auf das Nervensystem

**Ionenkanäle für elektrische und chemische Signale.** Die Frage, ob die Informationsübertragung im Nervensystem vorwiegend auf chemischen oder elektrischen Signalen beruht, ist eigentlich unsinnig: Während Informationen innerhalb der Nervenzelle elektrisch weitergeleitet werden, erfolgt der Informationsaustausch zwischen Nervenzellen meist auf chemischem Weg. In beiden Fällen spielen *Ionenkanäle* die wichtigste Rolle. Spannungsabhängige Ionenkanäle im Axon ermöglichen Potenzialänderungen wie das Aktionspotenzial (► S. 410), Transmitter gesteuerte Ionenkanäle in der postsynaptischen Membran reagieren auf Neurotransmitter, also chemische Einflüsse (► S. 414). Daher bemühen sich Grundlagenforscher schon lange, Aufbau und Funktion der verschiedenen Ionenkanäle genauer zu verstehen.

**Die Patch-Clamp-Methode.** Während elektrische Ableitungen aus ganzen Zellen schon seit den 1950er Jahren möglich sind, gelang E. NEHER und B. SAKMANN in den 1970er Jahren die elektrische Ableitung von einzelnen Ionenkanälen. Dazu werden Glaspipetten mit extrem dünner Spitze auf eine Zellmembran aufgesetzt. Dann wird der Inhalt leicht angesaugt. So entsteht ein elektrisch isolierter Membranfleck, der sich einzeln untersuchen lässt (► Bild 1 A). Damit konnte das Öffnen einzelner Ionenkanäle in Anwesenheit von Acetylcholin nachgewesen werden (► Bild 2). Es entstehen dabei „Elementarströme" von nicht mehr als 2,5 Picoampere (1 pA = $10^{-12}$ A). Mit Geschick lässt sich der Membranfleck in andere Lösungen überführen (► Bild 1 B) oder durch Ansaugen entfernen, sodass die ganze Zelle untersucht werden kann (► Bild 1 C).

**Stoffliche Einflüsse auf das Nervensystem.** Eine Vielzahl von Stoffen kann auf das Nervensystem einwirken. Nach ihrer Wirkung unterscheidet man Narkotika, Drogen, Pharmaka und Gifte. Die meisten von ihnen beeinflussen die Informationsübertragung an den Synapsen und lassen sich auf die Wechselwirkung mit Ionenkanälen zurückführen (► Bild 3):

- So blockiert das Bakterientoxin *Botulin (Botox)* die Freisetzung von Transmittern, indem es die Fusion mit der präsynaptischen Membran verhindert.
- Das Pfeilgift *Curare* blockiert als kompetitiver Hemmstoff von Acetylcholin dessen Rezeptoren in der postsynaptischen Membran.
- Andere Stoffe wie das Pilzgift *Muscarin*, aber auch *Nicotin* binden ähnlich dem Transmitter Acetylcholin an Rezeptoren der postsynaptischen Membran und wirken daher erregend.
- Manche Depressionen sind auf eine zu geringe Aktivität bestimmter Nervenzellen zurückzuführen. Antidepressiva erhöhen daher die Wirksamkeit der von diesen Nervenzellen ausgeschütteten Transmitter wie Dopamin, Noradrenalin oder Serotonin. Das kann durch eine Hemmung der Wiederaufnahme dieser Transmitter aus dem synaptischen Spalt erreicht werden, aber auch durch eine Hemmung derjenigen Enzyme, die die Transmitter abbauen.
- Viele Rauschdrogen verstärken die Wirkung von Dopamin, das im „Belohnungszentrum" des Gehirns ausgeschüttet wird. Sie führen zu rauschhaften Glückszuständen, aber auch zur Sucht, weil durch die Dauerreizung die Zahl der Dopaminrezeptoren abnimmt und die Dosis des Suchtmittels immer weiter gesteigert wird.

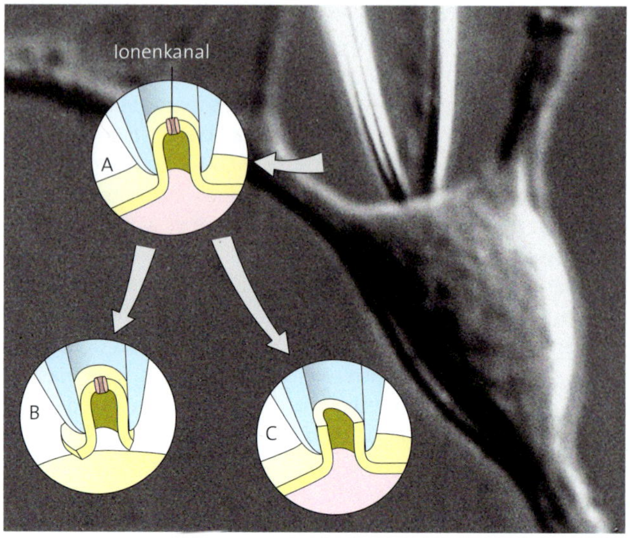


1 *Patch-Clamp-Methode zur Untersuchung einzelner Ionenkanäle*

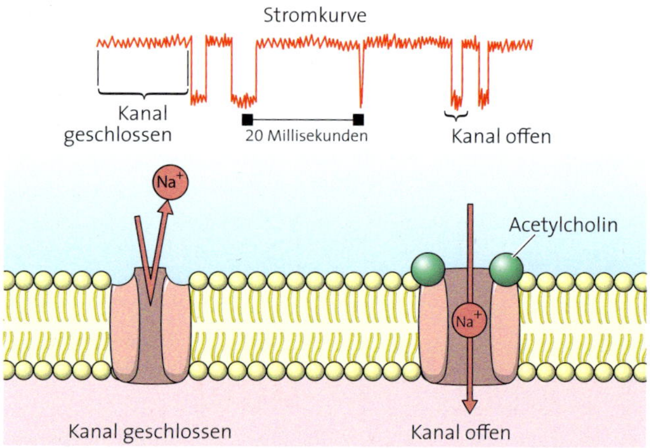


2 *Gemessene Ströme beim Öffnen eines Ionenkanals*

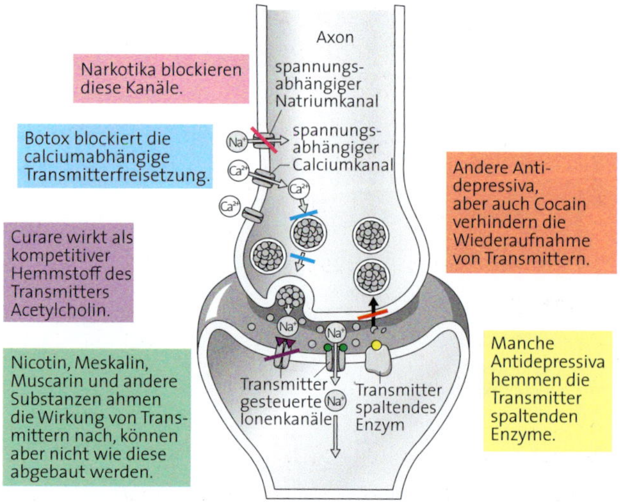


3 *Angriffspunkte verschiedener Drogen und Gifte an Synapsen*

KOMPETENZEN

## Mithilfe dieses Kapitels können Sie

- eine typische Nervenzelle skizzieren, beschreiben und die Zusammenhänge von Struktur und Funktion aufzeigen
- erklären, welche Eigenschaften von Biomembranen dafür verantwortlich sind, dass sich zwischen Innenseite und Außenseite jeder Zelle eine elektrische Ladung aufbaut
- Methoden zur Untersuchung der Funktion von Neuronen beschreiben
- beschreiben, wie das Ruhepotenzial einer Nervenzelle zustande kommt, und erklären, weshalb im Ruhepotenzial elektrochemische Energie gespeichert ist
- Charakteristika eines Aktionspotenzials grafisch darstellen und erklären
- das Alles-oder-nichts-Prinzip am Beispiel eines Aktionspotenzials erklären
- die Vorgänge bei der Erregungsleitung in Nervenzellen erläutern
- die Erregungsleitung in verschiedenen Neuronentypen vergleichen
- Bau und Funktion chemischer Synapsen beschreiben
- erklären, wie mittels synaptischer Integration innerhalb von Neuronenverbänden Informationen verarbeitet werden
- Charakteristika analog und digital codierter Signale zeichnerisch darstellen und erklären
- die Beeinflussung des Nervensystems durch die Wirkung von Stoffen auf Synapsen an Beispielen erklären

## Testen Sie Ihre Kompetenzen

Bei manchen Insektenarten, die sich ausschließlich von Pflanzen ernähren, weist das Nervensystems eine Besonderheit auf: Die Nervenstränge sind von einer Hülle, dem Perineurium, umgeben. Diese Hülle schafft ein mit Flüssigkeit gefülltes Kompartiment, das die Nerven von der Hämolymphe (Insektenblut) abschottet.

1. Erläutern Sie, weshalb pflanzenfressende Insekten unter einem starken Natriummangel leiden. Beachten Sie dazu die Angaben unten.
2. Erörtern Sie, welche Konsequenzen es für die Funktion des Nervensystems haben dürfte, wenn die Flüssigkeit außerhalb der Zellen wenig Natrium enthält.
3. Stellen Sie eine Hypothese über die Funktion des Perineuriums auf. Gehen Sie dabei davon aus, dass die vom Perineurium umschlossene Flüssigkeit nicht dieselbe Zusammensetzung haben muss wie die Hämolymphe.
4. Landwirte, die ihr Vieh ausschließlich auf der Weide halten und nur mit Gras ernähren, geben den Tieren Lecksteine aus Kochsalz. Diskutieren Sie im Zusammenhang mit den Ergebnissen der Aufgaben 1–3, welchen Nutzen die Maßnahme hat.

**Konzentrationen von Natrium- und Kaliumionen in der Hämolymphe pflanzenfressender Insekten**

| Art | $Na^+$ in mmol pro Liter | $K^+$ in mmol pro Liter |
|---|---|---|
| Seidenspinner | 9,0 | 41,3 |
| Ligusterschwärmer | 3,6 | 49,8 |
| Pfauenspinner | 2,5 | 54,1 |
| Stabheuschrecke | 15,0 | 18,0 |
| Zum Vergleich: | | |
| Küchenschabe (Allesfresser) | 161,0 | 7,9 |

Die Asche von Blättern enthält 30 % Kaliumoxid und nur 3 % Natriumoxid.

Natrium spielt auch bei der Entstehung von postsynaptischen Potenzialen (PSP) eine Rolle. Im Bild unten deuten die roten Punkte die Dichte der spannungsabhängigen Natriumkanäle an. Gleichzeitig finden Sie in der Grafik Angaben über die Amplitude eines PSP in Abhängigkeit von der Entfernung zur Synapse.

5. Erklären Sie, warum Impulse immer am Axonhügel entstehen, obwohl das PSP im Dendriten und im Zellkörper wesentlich höher ist.
6. Erörtern Sie die biologische Bedeutung der Tatsache, dass Aktionspotenziale immer am Axonhügel entstehen. Welche Konsequenzen hat dies für die synaptische Integration? Bedenken Sie, dass an den Dendriten einer Nervenzelle meist viele präsynaptische Endigungen Transmitter ausschütten. Dabei kann es sich um erregende und um hemmende Transmitter handeln.

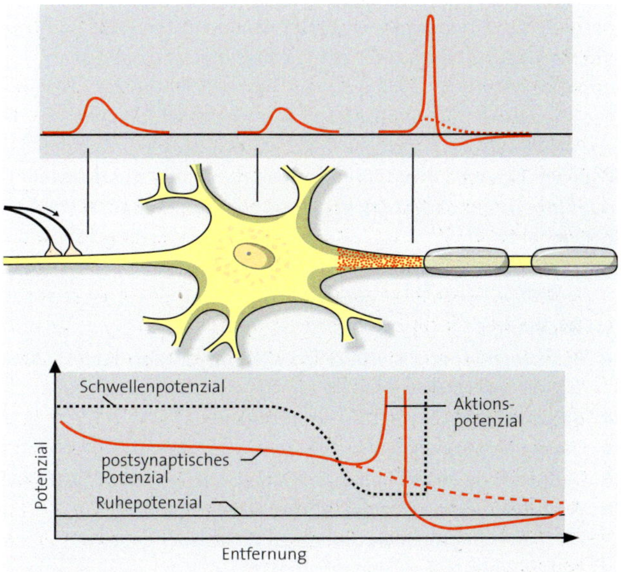

# Sinnesorgane – Sinnesfunktionen

1 *Der zur Familie der Nilhechte gehörende Elefantenfisch kann elektrische Felder wahrnehmen.*

*Elefantenfische leben in oft sehr trüben Süßgewässern Afrikas. Sie bauen mithilfe von elektrischen Organen an der Schwanzwurzel ein elektrisches Feld um sich herum auf.*
*Jedes Objekt, das eine andere Leitfähigkeit als Wasser hat, verzerrt das elektrische Feld und kann von den Fischen mit besonderen Sinnesorganen geortet werden. Dabei ist es unerheblich, ob sich das Objekt vor, hinter, neben oder über ihnen befindet.*
*Die Sinneswelt der Elefantenfische ist uns vollständig verschlossen. Welche Informationen Tiere und Menschen über die Welt um sich herum empfangen, wird durch ihre Ausstattung mit Sinnesorganen festgelegt. Sinnesorgane sind die Fenster zur Umwelt ...*

### Im Blickpunkt

- Rezeptoren: spezialisierte Zellen, die Umweltreize in elektrische Signale umwandeln
- Bau und Funktion von Lichtsinnesorganen
- molekulare Grundlagen des Sehens
- Verarbeitung optischer Informationen – erste Instanz Netzhaut
- wie Sinnesorgane Reizintensitäten codieren
- Mechanorezeptoren als Grundlage verschiedener Sinne
- andere Tiere, andere Sinneswelten

**GRUNDLAGEN** Sinnesorgane sind die einzigen Informationskanäle zwischen der Umwelt und dem Zentralnervensystem (ZNS). Alles, was wir über unsere Umwelt wissen, gelangt über die Sinne in unser Bewusstsein. Diese Feststellung ist weniger trivial, als es zunächst scheint, denn sie bedeutet, dass die Informationen, die wir über die Umwelt erhalten, nicht nur auf deren Eigenschaften zurückzuführen sind, sondern auch auf die Eigenschaften unserer Sinnesorgane. Unseren Sinnen erschließt sich nur ein kleiner Ausschnitt der Umwelt und von den Eigenschaften der Sinnesorgane hängt jeweils ab, welcher Ausschnitt der Umwelt im Einzelnen erfasst werden kann.

Wichtigster Bestandteil jedes Sinnesorgans sind die Sinneszellen oder Rezeptoren. Diese hoch spezialisierten Zellen reagieren auf ganz bestimmte Umweltreize mit elektrischen Signalen.

Viele Sinnesorgane enthalten darüber hinaus Hilfsstrukturen, die eine genaue Analyse der Umweltreize erst möglich machen. Beispielsweise ermöglichen paarig angelegte, trichterförmige Ohrmuscheln eine genaue Ortung der Schallquelle. Und während die nur aus Sinneszellen bestehenden Augen einiger Muschelarten allein die Unterscheidung von hell und dunkel zulassen, sind die Linsenaugen von Tintenfischen und Wirbeltieren aufgrund von Hilfsstrukturen wie der Linse in der Lage, ein detailliertes Bild der Umwelt zu erzeugen. Oft bedingen die Hilfsstrukturen den komplexen Bau der Sinnesorgane.

## Sinneszellen als Reizwandler

Die Neurone im Gehirn kann man mit Licht bestrahlen, berühren oder mit noch so lauten Geräuschen beschallen: Auf solche Umweltreize sprechen sie nicht an. Informationen über Vorgänge in der Umwelt oder im eigenen Körper können nur ins Bewusstsein gelangen, wenn sie zuvor in elektrische Erregung umgewandelt wurden. *Reizaufnahme* und *Reizumwandlung* sind Aufgaben der *Sinneszellen* oder *Rezeptoren* in den Sinnesorganen.

**Rezeptortypen.** Üblicherweise unterscheidet man fünf Sinne: *Sehen, Hören, Riechen, Schmecken* und *Tasten*. Diese Einteilung zeigt aber nur, dass uns bestimmte Sinne stärker bewusst werden als andere, ebenfalls wichtige Sinne. Zum Beispiel können wir mit geschlossenen Augen aufrecht stehen, haben also einen *Gleichgewichtssinn*. Deshalb ordnet man Sinneszellen besser nach der Reizart, für die sie besonders empfindlich sind:

- *Chemorezeptoren* sind Sinneszellen, die auf bestimmte chemische Substanzen ansprechen. Sie sind Grundlage für den Geruchs- und Geschmackssinn.
- *Fotorezeptoren* sind lichtempfindliche Sinneszellen.
- *Thermorezeptoren* sind Sinneszellen, die auf Temperaturunterschiede reagieren.
- *Mechanorezeptoren* reagieren auf Verformung. Sie ermöglichen unter anderem das Hören, den Gleichgewichtssinn, den Tastsinn und die Wahrnehmung der Körperstellung.
- *Elektrorezeptoren* reagieren sehr empfindlich auf Veränderungen im elektrischen Feld. Sie kommen beim Menschen nicht vor, aber zum Beispiel beim Elefantenfisch und bei Haien.

**Gemeinsamkeiten von Rezeptoren.** Auch wenn die verschiedenen Rezeptortypen auf unterschiedliche Reize ansprechen, lassen sich viele gemeinsame Funktionsprinzipien erkennen (▶Bild 1):

Alle Rezeptoren sind *hochselektiv:* Fotorezeptoren zum Beispiel sprechen nur auf Licht an, für Schall sind sie völlig unempfindlich. Die Reizart – auch *Modalität* genannt –, für die ein Rezeptor besonders empfindlich ist, nennt man seinen *adäquaten Reiz*.

Rezeptoren wandeln Reize in *elektrische Erregung* um. Auf einen adäquaten Reiz reagieren sie stets mit einer Veränderung des Membranpotenzials. Das Ausgangssignal aller Rezeptoren ist damit gleich.

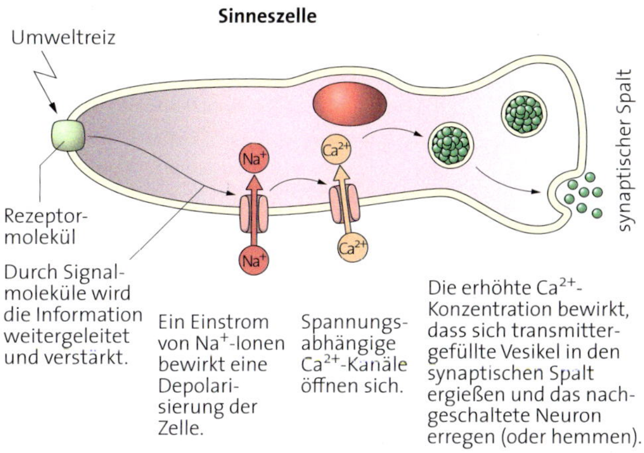


1 *Funktionsprinzip einer Sinneszelle*

Rezeptoren sind leistungsfähige Verstärker. Selbst schwache Reize können in deutliche elektrische Signale umgewandelt werden: Bei Fotorezeptoren kann das Eingangssignal, ein einzelnes Lichtquant, zu einem 170 000-fach verstärkten Ausgangssignal führen.

**Informationsübertragung ans Gehirn.** Sinneszellen sind über Synapsen mit Nervenzellen verbunden, die die Information über die Erregung der Sinneszellen ans Gehirn weiterleiten. Solche zum Zentralnervensystem führenden Nervenzellen nennt man *sensorische* oder *afferente* Neurone. Selbstverständlich übermitteln alle afferenten Neurone ihre Informationen in Form von *Impulsfolgen* (▶S.415). Da alle Aktionspotenziale gleich sind, gelingt die Zuordnung zur dazugehörigen Reizmodalität nur dadurch, dass die Sinnesorgane mit jeweils unterschiedlichen Hirnregionen verknüpft sind (▶S.436). Daher ist Empfindung und Wahrnehmung eines Umweltreizes erst im Gehirn möglich.

---

❶ **Nennen Sie Beispiele für verschiedene Sinnesorgane und bestimmen Sie jeweils den dazugehörigen Rezeptortyp.**

❷ **Vergleichen Sie die Funktionsweise von Ohr und Mikrofon mithilfe von Bild 2.**

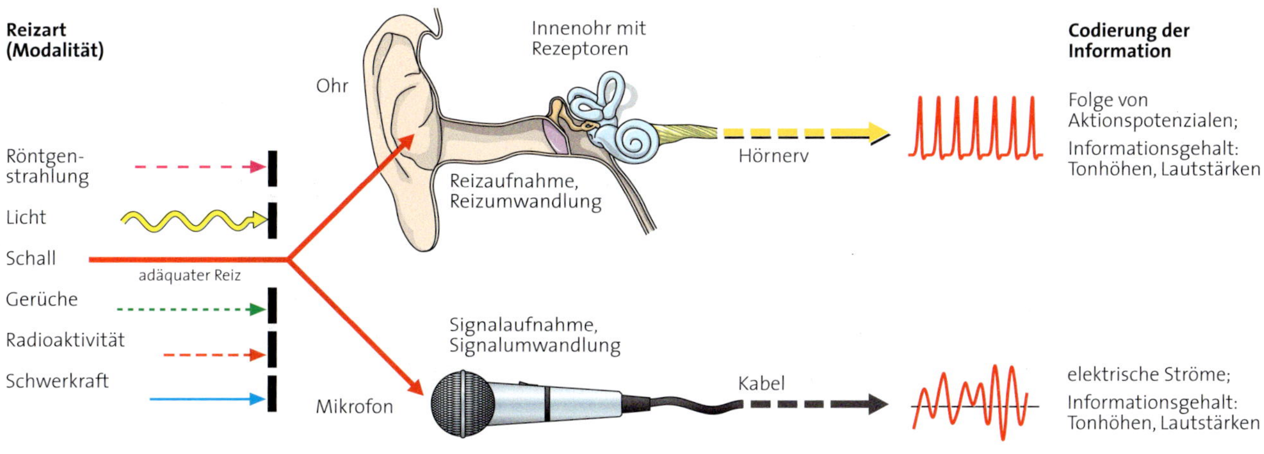


2 *Sinneszelle und technisches Gerät im Vergleich. Die Funktionsweise ist ähnlich.*

## Lichtsinnesorgan Auge

Licht ist offenbar eine wertvolle Informationsquelle. Sogar Tiere ohne Augen wie Regenwürmer können auf Licht reagieren. Bei ihnen liegen *einzelne Fotorezeptoren* mit lichtempfindlichen *Sehpigmenten* frei in der Haut. *Augen* aus einem bis sehr vielen Fotorezeptoren und Hilfsstrukturen sind im Lauf der Evolution bei den meisten Tiergruppen entstanden. Bemerkenswert dabei ist, dass ihre Leistungsfähigkeit im Verlauf der Evolution vor allem dadurch zunahm, dass sich immer kompliziertere Hilfsstrukturen entwickelten. Die Fotorezeptoren selbst sind dagegen in Form und Funktion im Wesentlichen unverändert geblieben.

**Einfach gebaute Augen.** *Grubenaugen,* wie man sie zum Beispiel bei manchen Schnecken findet (▶ Bild 1), sind sehr einfach gebaut. Die Fotorezeptoren bilden hier ein flächiges *Epithel,* das eine Grube auskleidet. Seitlich einfallendes Licht erregt nicht alle Sinneszellen, weil die Grube einen Schatten wirft. Dadurch wird neben der Unterscheidung von hell und dunkel auch ein *Richtungssehen* möglich. Je kleiner die Grubenöffnung ist, desto genauer kann die Position der Lichtquelle bestimmt werden.

Stellt man sich ein Grubenauge vor, bei dem sich die Öffnung verengt, die Grube selbst aber zu einer Blase erweitert hat, erhält man ein *Blasenauge*. Es funktioniert wie eine Lochkamera und entwirft ein scharfes, aber lichtschwaches Bild. Weitet sich die Öffnung des Blasenauges, wird es lichtempfindlicher, das Bild aber auch schnell unscharf. Dieser Augentyp kommt bei einigen Hohltieren, Schnecken und beim Tintenfisch *Nautilus* (▶ Bild 1) vor.

**Linsenaugen.** Beim Linsenauge ist das Problem der Lichtempfindlichkeit elegant gelöst: Die Öffnung ist groß und das einfallende Licht wird durch eine *Sammellinse* so gebrochen, dass wie bei einer Kamera ein seitenverkehrtes, auf dem Kopf stehendes Bild entsteht. Die *Brechkraft* der Linse ist so eingestellt, dass das erzeugte Bild auf der hinter der Linse liegenden *Netzhaut* scharf abgebildet wird. Die auch *Retina* genannte Netzhaut enthält die Fotorezeptoren. Jeder Fotorezeptor erzeugt (maximal) einen Bildpunkt des Gesamtbilds, denn er kann nur Informationen über Helligkeit (und manchmal auch Farbe) des auf ihn fallenden Lichts weitergeben. Das Bild, das auf der Retina entsteht, wird also in einzelne *Rasterpunkte* aufgelöst. Von der Zahl und Dichte der Fotorezeptoren hängt folglich das *räumliche Auflösungsvermögen* von Linsenaugen ab. Nicht nur Wirbeltiere und damit der Mensch, sondern auch einige Schnecken und Tintenfische besitzen Linsenaugen (▶ Bild 1).

**Komplexaugen.** Die Linsenaugen der Wirbeltiere stellen in ihrer Entwicklungslinie einen Höhepunkt dar. Ebenfalls sehr leistungsfähige, jedoch völlig anders gebaute Augen haben Insekten und Krebse. Ihre Augen setzen sich aus Hunderten bis Tausenden von Einzelaugen, den *Ommatidien,* zusammen. Man nennt sie daher *Komplexaugen*. Jedes Ommatidium besitzt einen lichtbrechenden Apparat aus einer *Linse,* die ein Teil der Hornhaut ist, und dem *Kristallkegel,* der aus vier durchsichtigen Zellen besteht und das einfallende Licht zu den Fotorezeptoren lenkt (▶ Bild 2). Pro Ommatidium sind 6 bis 9 Fotorezeptoren vorhanden. Sie registrieren Licht mithilfe eines Saums fingerförmiger Ausstülpungen, der die Sehpigmente enthält und *Rhabdomer* genannt wird (oder *Rhabdom,* wenn die Rhabdomere miteinander verwachsen sind). Durch *Pigmentzellen* sind die Ommatidien voneinander abgegrenzt.

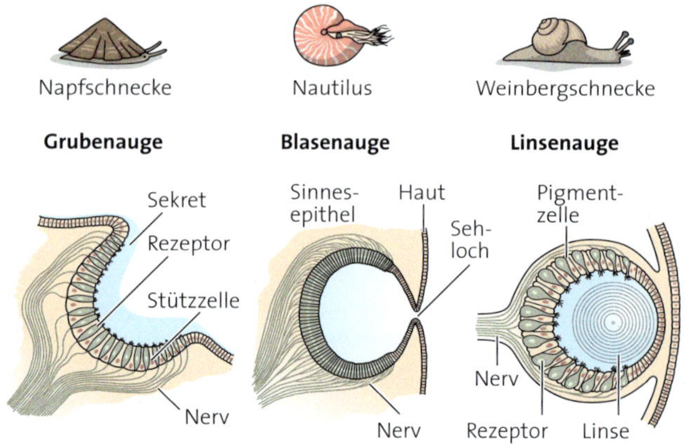


1 *Verschiedene Augentypen im Vergleich*

Beim Komplexauge wird das einfallende Bild also nicht erst durch die Fotorezeptoren gerastert; der Sehvorgang beginnt bereits mit der Rasterung des Bilds: Der Ausschnitt des Gesichtsfelds, der von einem Ommatidium erfasst wird, erzeugt einen einzigen Bildpunkt. Die räumliche Auflösung dieses *Mosaikbilds* hängt hier also mit der Dichte der Einzelaugen zusammen, denn die Auflösung berechnet sich aus der Dichte der Bildpunkte pro Flächeneinheit. Selbst bei Käfern und Libellen, deren Komplexaugen bis zu 30 000 Ommatidien aufweisen, ist das *räumliche Auflösungsvermögen* demnach eher gering. Dafür ist das *zeitliche Auflösungsvermögen* enorm: Während wir höchstens 60 Bilder pro Sekunde voneinander getrennt wahrnehmen können, verarbeiten Insekten bis zu 300 Bilder pro Sekunde. Einen Fernsehfilm würden Insekten also als gemächliche Abfolge von Einzelbildern registrieren.

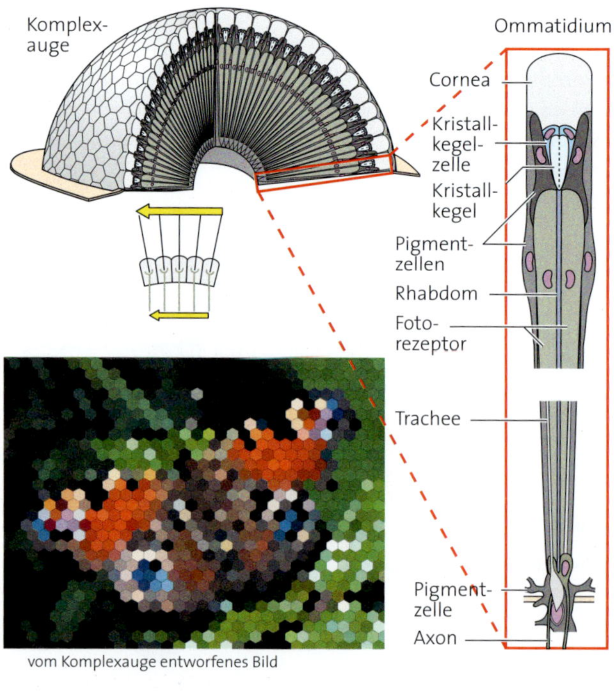


2 *Bau und Leistung von Komplexaugen*

## Das menschliche Auge als Beispiel für ein Wirbeltierauge

**Akkommodation.** Die besondere Leistungsfähigkeit der Wirbeltier-Linsenaugen beruht zu einem großen Teil auf ihrer Fähigkeit zur *Akkommodation*. Darunter versteht man die Anpassung des Auges an unterschiedliche Objektabstände. Nur so ist sichergestellt, dass das von der Linse erzeugte Bild immer genau auf die Netzhaut fällt. Weil in unserem Auge der gallertige Glaskörper (▶ Bild 1) den Abstand zwischen Linse und Netzhaut festlegt, ***verändert sich die Brechkraft der Linse***, um nahe und entfernte Objekte gleichermaßen scharf abbilden zu können: Fällt der Blick auf ein weit entferntes Objekt (Abstand >5 m), wird die Linse durch die *Zonulafasern*, an denen sie aufgehängt ist, flach gezogen. In diesem Zustand ist die Brechkraft der Linse gering. Ist der Abstand des Objekts zum Auge kleiner, kontrahiert sich der *Ziliarmuskel*, ein die Linse umgebender Ringmuskel, an dem die Zonulafasern ansetzen. Die Zonulafasern erschlaffen. Damit wird Zugkraft von der Linse genommen und sie rundet sich durch ihre *Eigenelastizität* ab. Die Brechkraft der Linse steigt.

**Bau der Netzhaut.** An der Rückseite des Glaskörpers liegt die nur 0,2 mm dicke Retina. Sie enthält zwei Typen von Fotorezeptoren: die lang gestreckten *Stäbchen*, die besonders lichtempfindlich sind und daher auch in der Dämmerung noch arbeiten, und die kurzen *Zapfen*, die der Farbwahrnehmung dienen (▶ Bilder 2 und 3). Die Netzhaut des Menschen enthält etwa 120 Mio. Stäbchen und 6 Mio. Zapfen. Das Zentrum des von der Linse erzeugten Bilds fällt auf eine kleine, gelb erscheinende Fläche: In diesem Bereich, dem *gelben Fleck*, befinden sich nur Zapfen. Hier ist die Zone des schärfsten Sehens, denn die Sinneszellen stehen hier am dichtesten. Stäbchen und Zapfen sind über verschiedene zwischengeschaltete Neurone (▶ S. 424) mit den *Ganglienzellen* verbunden. Deren Axone bilden den *Sehnerv*, der die Information über optische Eindrücke zum Gehirn leitet. An der Stelle, wo der Sehnerv die Netzhaut verlässt, liegt der *blinde Fleck*.

**Fotorezeptoren.** Die Umwandlung von Lichtreizen in elektrische Erregung erfolgt in den Stäbchen und Zapfen. An beiden Fotorezeptortypen kann man jeweils ein *Innensegment* und ein *Außensegment* unterscheiden, die durch eine kurze *Cilie* miteinander verbunden sind (▶ Bild 3).

Das Innensegment enthält den Zellkern und alle Organellen, die für die Aufrechterhaltung des Zellstoffwechsels notwendig sind. Es verfügt zudem über eine präsynaptische Endigung, über die nachgeschaltete Zellen aktiviert werden.

Das Außensegment ist beim Stäbchen ein röhrenförmiger Fortsatz, in dem etwa 2000 hohle Scheiben aus Zellmembran, *Disk* genannt, gestapelt sind. Die Disks entstehen am ciliennahen Bereich durch Einstülpung der Zellmembran, von der sie später ablösen. In die Membranen der Disks sind pro Stäbchen etwa 100 Mio. lichtempfindliche Pigmentmoleküle eingebettet. Das *Rhodopsin* oder *Sehpurpur* genannte Pigment besteht aus dem Protein *Opsin* und einer prosthetischen Gruppe, dem *Retinal* (▶ Bild 4, rot). Während Opsin vom Körper selbst synthetisiert werden kann, muss zur Synthese von Retinal seine Vorstufe, das Vitamin $A_1$, mit der Nahrung aufgenommen werden.

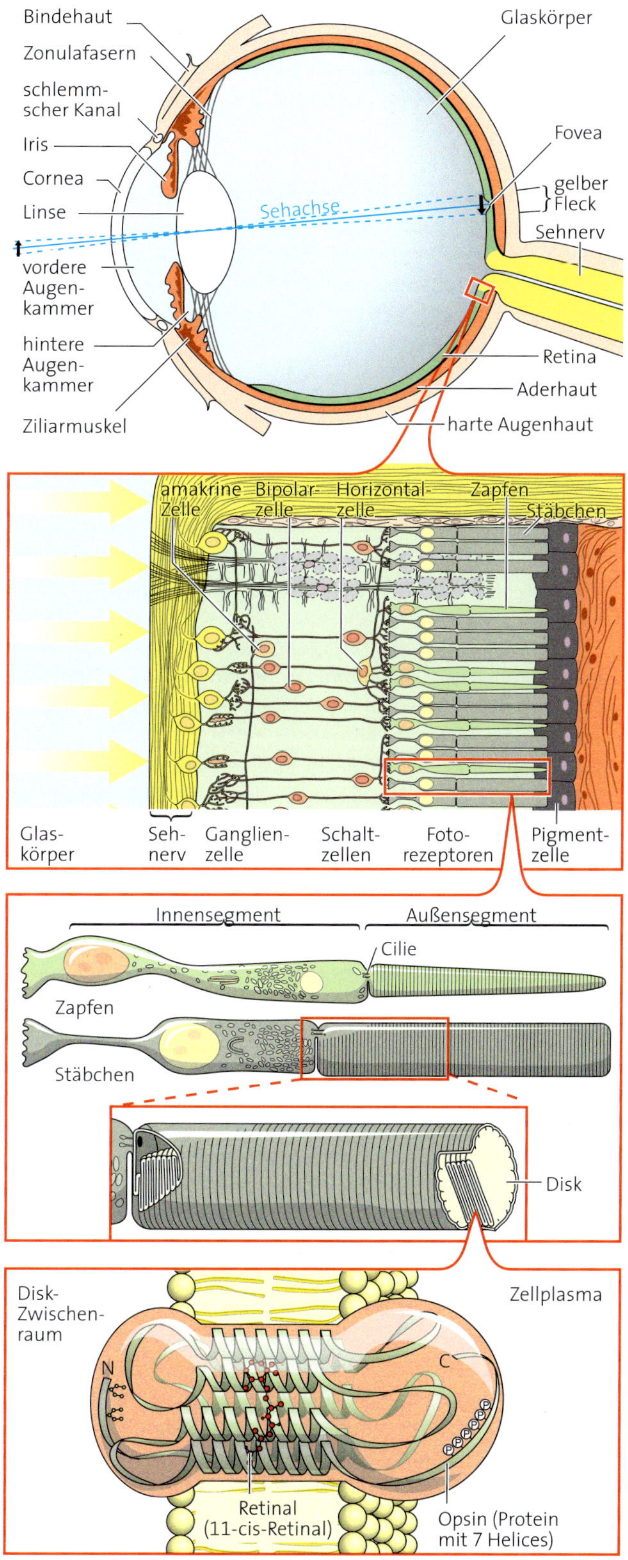


*1–4 Struktur des menschlichen Auges. Von oben nach unten: Übersichtsbild, Bau der Netzhaut mit Fotorezeptoren und Nervenzellen, Bau der Rezeptoren und Struktur der Diskmembran*

**❶ Skizzieren Sie den Vorgang der Akkommodation unter Berücksichtigung von Linse, Zonulafasern und Ziliarmuskel.**

# Fotorezeption

**Elektrische Aktivität der Stäbchen.** Unsere Fähigkeit zu sehen verdanken wir den Fotorezeptoren in der Netzhaut, die Lichtenergie in elektrische Signale umwandeln können. Diese Signale sind bei Fotorezeptoren ungewöhnlich: Lichtsinneszellen sind *im Dunkeln* – also im unerregten Zustand – *leicht depolarisiert*. Der Grund hierfür sind besondere *Natriumkanäle* in der Zellmembran des Außensegments, die im Dunkeln geöffnet sind. Es strömen also ständig positive Ladungen ein. Das erzeugt den *Dunkelstrom* (► Bild 1). Der $Na^+$-Einstrom wird durch $Na^+/K^+$-Pumpen und einen $K^+$-Ausstrom im Innensegment des Rezeptors ausgeglichen. *Bei Belichtung* schließen sich die $Na^+$-Kanäle im Außensegment. Infolgedessen *vermindert* sich der Dunkelstrom (► Bild 1), da nun weniger positive Ladungen ins Stäbchen eindringen. Das Membranpotenzial wird negativer *(Hyperpolarisation)*.

**Erregungskaskade und Signalverstärkung.** Wenn Licht auf einen Fotorezeptor fällt, wird in den Membranen des Außensegments eine *molekulare Kettenreaktion* angestoßen. Dabei wird das Ausgangssignal (der Lichtreiz) lawinenartig verstärkt. Das Ergebnis dieser *Erregungskaskade* ist, dass sich Ionenkanäle schließen. Auf diese Weise wird Lichtenergie in elektrische Erregung übersetzt (Signaltransduktion).

Der erste Schritt dieser Erregungskaskade ist die Absorption von Licht durch das *Rhodopsin*. Die Aufnahme von Lichtenergie bewirkt eine *Isomerisierung von Retinal:* Aus der geknickten 11-cis-Form wird die gestreckte all-trans-Form (► Bild 2). Dadurch geht das gesamte Rhodopsinmolekül in einen angeregten Zustand über (► Bild 3). Derart aktiviertes Rhodopsin zerfällt zwar schnell. Doch zuvor löst es noch den nächsten Teilschritt der Erregungskaskade aus: Angeregte Rhodopsinmoleküle aktivieren jeweils Hunderte Transducinmoleküle. Dadurch wird das Signal der Lichteinwirkung hundertfach verstärkt. *Transducin* aktiviert seinerseits die *Phosphodiesterase (PDE)*. Dieses Enzym spaltet – solange es aktiv ist – Tausende der Moleküle, durch die die $Na^+$-Kanäle im Außensegment offen gehalten werden: *cyclisches Guanosinmonophosphat (cGMP)*.

Durch die lawinenartige Verstärkung der Erregung kann ein einziges aktiviertes Rhodopsinmolekül Hunderttausende Ionenkanäle schließen (► Bild 3).

**Regeneration.** Durch Lichteinwirkung aktiviertes Rhodopsin zerfällt rasch in Opsin und Retinal. Anschließend muss Rhodopsin neu synthetisiert werden. Das hat Konsequenzen für den Sehvorgang: In Fotorezeptoren, auf die starkes Licht fällt, kann Rhodopsin nicht so rasch regeneriert werden, wie es zerfällt. Blickt man auf ein sehr helles Objekt, etwa eine Kerzenflamme, und wendet dann den Blick ab, sieht man ein *negatives Nachbild:* In den zuvor stark belichteten Fotorezeptoren ist noch nicht genügend Rhodopsin regeneriert worden. Daher sinkt dort die Lichtempfindlichkeit. Das ist ein wesentlicher Mechanismus der *Adaptation* (► S. 423). Auch das zeitliche Auflösungsvermögen wird durch die Geschwindigkeit begrenzt, mit der Rhodopsin regeneriert werden kann.

---

**1** **Erläutern Sie, an welchen Stellen der Erregungskaskade es zu einer Verstärkung des ursprünglichen Reizes kommt.**

**2** **Begründen Sie, inwiefern die Bezeichnung „Augenvitamin" für Vitamin A gerechtfertigt ist.**

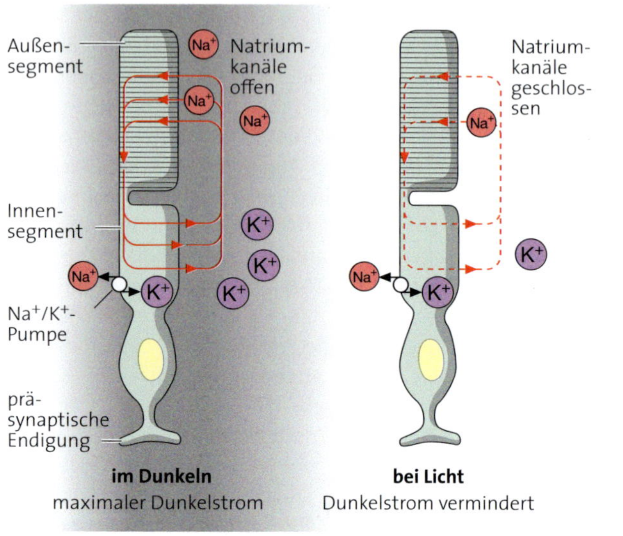


*1 Elektrische Aktivität eines Stäbchens im Dunkeln und im Licht*

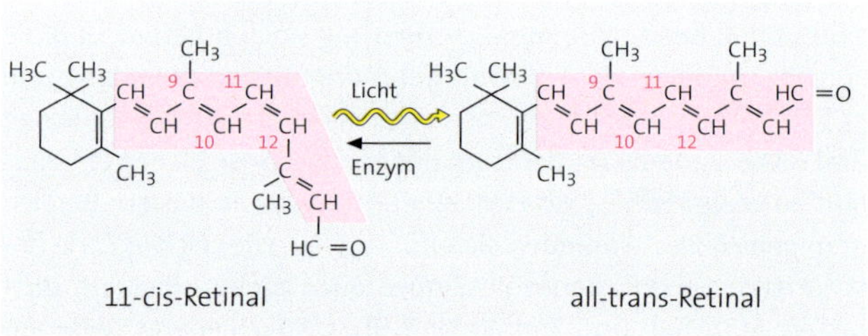


*2 Isomerisierung des Retinals durch Licht*

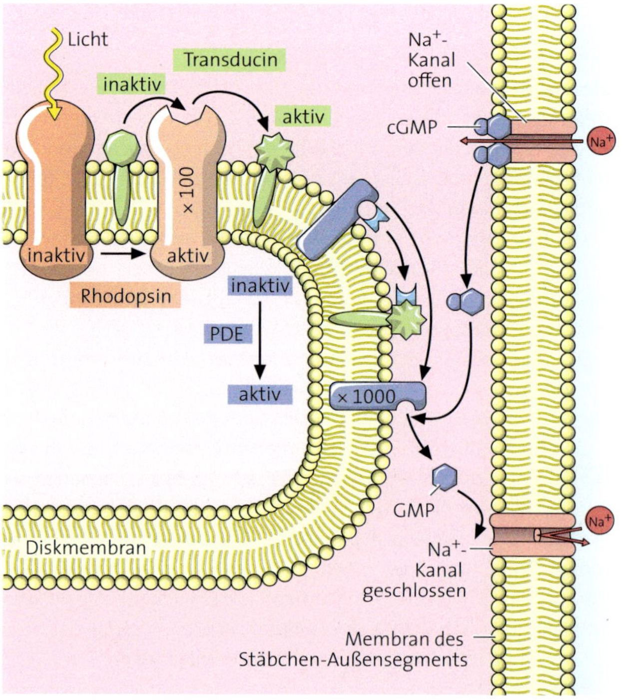


*3 Erregungskaskade. Über mehrere Zwischenschritte beeinflusst die Umwandlung von Rhodopsin die $Na^+$-Kanäle.*

## Intensitätscodierung

Dass wir sowohl bei hellem Sonnenlicht als auch bei Mondlicht sehen können, ist eigentlich höchst erstaunlich. Sonnenlicht ist eine Milliarde Mal heller! Wie gelingt die Codierung so unterschiedlicher *Reizintensitäten*?

**Dynamischer Bereich.** Stäbchen und Zapfen sind in der Lage, über einen weiten Bereich von Reizintensitäten Helligkeitsunterschiede zu codieren. Dieser Reizintensitätsbereich wird ihr *Arbeitsbereich* oder *dynamischer Bereich* genannt. Dessen Untergrenze ist die *Reizschwelle*, also der Reiz, der gerade groß genug ist, um überhaupt eine Antwort des Fotorezeptors auszulösen. Die Obergrenze des dynamischen Bereichs ist erreicht, wenn die *maximale Impulsfrequenz im nachgeschalteten Neuron* erzeugt wird.

Bei schwachen Reizen können sehr kleine Reizunterschiede codiert werden, bei starken Reizen nur noch sehr große. So erscheint die gleiche Kerzenflamme an einem trüben Adventsnachmittag recht hell, während sie in der prallen Sommersonne fast unsichtbar ist. Ähnliches gilt grundsätzlich für alle Rezeptortypen: Der kleinste Reizunterschied, der gerade noch festgestellt werden kann, hängt von der Größe des jeweiligen Ausgangsreizes ab (► Bild 1). Die Psychologen WEBER und FECHNER haben diesen Zusammenhang als Erste aufgedeckt. Seine mathematische Beschreibung wird *Weber-Gesetz* genannt:

$\Delta I : I =$ konstant.

Dabei steht $I$ für die Intensität des Reizes und $\Delta I$ für den kleinsten wahrnehmbaren Reizunterschied.

Das Auge als Ganzes hat einen sehr viel größeren dynamischen Bereich als ein einzelner Fotorezeptor: Die Stäbchen in der Netzhaut sind viel lichtempfindlicher als die Zapfen. Sind nur Stäbchen erregt, muss es also dunkel sein. Ist es so hell, dass alle Stäbchen maximal erregt sind, können über die Zapfen noch immer Helligkeitsunterschiede vermittelt werden. Auch bei anderen Sinnesorganen findet man eine solche Aufteilung des Antwortbereichs verschiedener Rezeptoren (► Bild 1).

**Adaptation.** Noch eine zweite Möglichkeit gibt es, den dynamischen Bereich eines Sinnesorgans zu erweitern: die *Veränderung der Empfindlichkeit* gegenüber dem Reiz. Kommt man zum Beispiel nach einem Kinobesuch ins Sonnenlicht, ist man zunächst geblendet. Wenig später empfindet man das Licht als angenehm. Die Anpassung der Empfindlichkeit des Sinnesorgans an die Reizstärke nennt man *Adaptation*. Beim Auge findet Adaptation auf mehreren Ebenen statt:

- In den *Fotorezeptoren* zerfällt bei starker Belichtung mehr Sehpigment, als regeneriert werden kann, sodass die Lichtempfindlichkeit sinkt.
- Die *Pupille als Hilfsstruktur* des Auges verengt sich bei starker Belichtung und lässt weniger Licht auf die Netzhaut fallen (► Bilder 2 und 3).
- *Im Gehirn* können Dauerreize ignoriert werden.

Adaptation tritt bei fast allen Rezeptortypen auf, geschieht jedoch unterschiedlich schnell. Langsam adaptierende Rezeptoren – auch *tonische Rezeptoren* genannt – vermitteln Informationen über Dauerreize. Die sensorischen Fasern in den Muskelspindeln (► S. 450) sind dafür ein Beispiel. Schnell adaptierende *phasische Rezeptoren* sind auf die Vermittlung von Reizänderungen spezialisiert. Die Haarzellen in den Gleichgewichtsorganen des Innenohrs (► S. 428) zählen hierzu. Die Fotorezeptoren im Auge nehmen eine Stellung zwischen beiden Extremen ein und werden daher als *phasisch-tonisch* bezeichnet (► Bild 4).

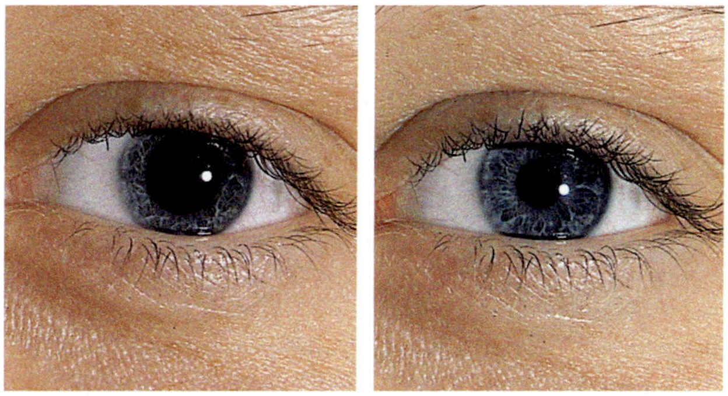

*2 und 3 Pupillenreaktion. Links: dunkeladaptiertes Auge; rechts: helladaptiertes Auge*

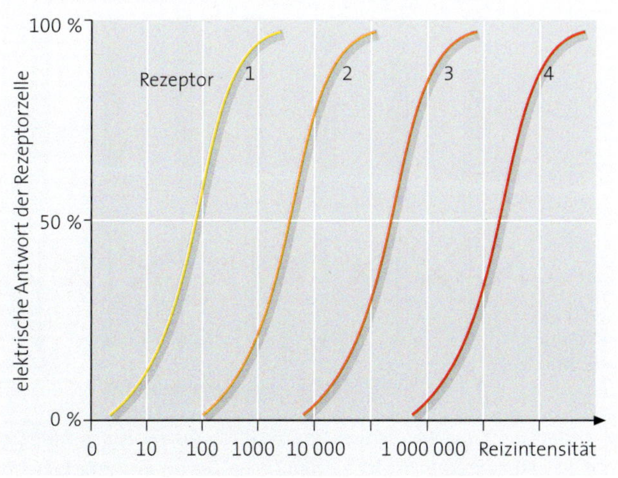


*1 Intensitätscodierung. Mehrere Rezeptortypen vergrößern den Arbeitsbereich eines Sinnesorgans.*

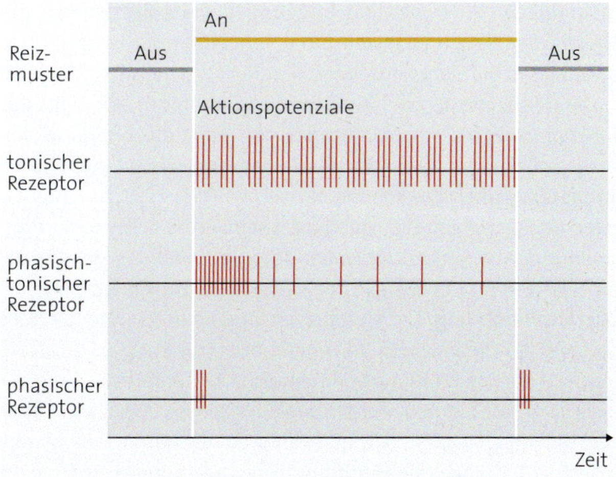


*4 Auf das gleiche Reizmuster reagieren verschiedene Rezeptortypen sehr unterschiedlich.*

## Bildverarbeitung in der Netzhaut

**Fehlerhafte Augen?** „Würde mir jemand ein optisches Gerät mit solchen Fehlern anbieten, würde ich es in aller Deutlichkeit zurückweisen“, soll der berühmte Forscher HERMANN VON HELMHOLTZ vor 150 Jahren über das Auge gesagt haben. Im Grunde ist seine Kritik nicht unberechtigt: Die Netzhaut ist nicht eben, sondern entspricht einer Kugeloberfläche. Daher ist das von der Linse erzeugte Bild auf der Netzhaut immer etwas unscharf und verzerrt. Auch ist die Hornhaut meist nicht so exakt gekrümmt wie eine exakt geschliffene Glaslinse. Die aus mehreren Schichten bestehende Netzhaut ist zudem *invers* aufgebaut. Das heißt, die Stäbchen und Zapfen liegen ausgerechnet in der von Linse und Glaskörper am weitesten abgewandten Schicht. Das Licht muss erst die anderen Zellschichten durchdringen, bis es die Fotorezeptoren erreicht (► Bild 1). Der Sehvorgang wird dadurch aber nur wenig beeinflusst, da die Netzhaut insgesamt sehr dünn ist.

Dennoch gilt es, einen scheinbaren Widerspruch aufzuklären: Warum ist das menschliche Auge in vieler Hinsicht leistungsfähiger als die teuerste Kamera, wenn das Bild auf der Netzhaut als eher mangelhaft bezeichnet werden muss? Schon HELMHOLTZ hatte vermutet, dass die Netzhaut kein exaktes Abbild des von der Linse erzeugten Bilds weiterleitet, sondern bereits eine Interpretation dieses Bilds.

Tatsächlich erfolgen bereits in der Netzhaut sehr komplexe Schritte der *Bildverarbeitung*. Besonders bedeutsame Informationen werden verstärkt, unwichtige vernachlässigt. Die Informationen werden also nach ihrer Bedeutung für uns *gewichtet*. Dabei sind zum einen *Kontraste* sehr wichtig, denn sie erleichtern die *Formwahrnehmung*. So wird zum Beispiel die Form der Buchstaben auf dieser Seite durch Schwarz-Weiß-Kontraste definiert. Zum anderen ist für jedes Tier *Bewegung* von großer Bedeutung. Ein bewegter Gegenstand kann auf ein Beutetier, einen Artgenossen oder eine herannahende Gefahr hindeuten. Daher wird in der Netzhaut die *Bewegungswahrnehmung* verstärkt.

**Informationsfluss in der Netzhaut.** Nur die *Ganglienzellen* (► Bild 1) können Informationen (in Form von Impulsfolgen) ans Gehirn weiterleiten. Die Erregung wird von den Fotorezeptoren auf die Ganglienzellen auf unterschiedlichen Wegen übertragen. Auf *direktem Weg* wird die Erregung der Fotorezeptoren auf *Bipolarzellen* übertragen und diese vermitteln die Erregung unmittelbar an die Ganglienzellen.

Zusätzlich gibt es zwei *indirekte Wege* des Informationsflusses: *Horizontalzellen* können Informationen über die Erregung von Fotorezeptoren an deren Nachbarn weiterleiten und diese so beeinflussen. Außerdem können *amakrine Zellen* zwischen Bipolarzellen und Ganglienzellen geschaltet sein. Beide Zelltypen ermöglichen einen seitlichen *(lateralen)* Informationsfluss, der für die Informationsverarbeitung in der Netzhaut unverzichtbar ist.

**Laterale Hemmung.** Die *Kontrastverstärkung durch laterale Hemmung* ist ein Beispiel für Informationsverarbeitung in der Netzhaut, bei der die Erregung von benachbarten Fotorezeptoren verrechnet wird. Dadurch werden die Grenzlinien zwischen hellen und dunklen Flächen betont (► Bild 2). Ein einfaches Modell erklärt, wie die laterale Hemmung zustande kommt: Jeder Fotorezeptor wird so stark erregt, wie es seiner Belichtung entspricht. Diese Erregung wird auf die nachgeschalteten Bipolarzellen übertragen. Gleichzeitig hemmt aber jeder Fotorezeptor die Bipolarzellen der benachbarten Rezeptoren. Dabei ist die hemmende Wirkung umso größer, je stärker ein Fotorezeptor selbst erregt ist. Im Beispiel (► Bild 2) wurde ein hemmender Effekt von 20 % angenommen. Die laterale Hemmung wird durch Horizontalzellen vermittelt, die benachbarte Rezeptoren über hemmende Synapsen verknüpfen.

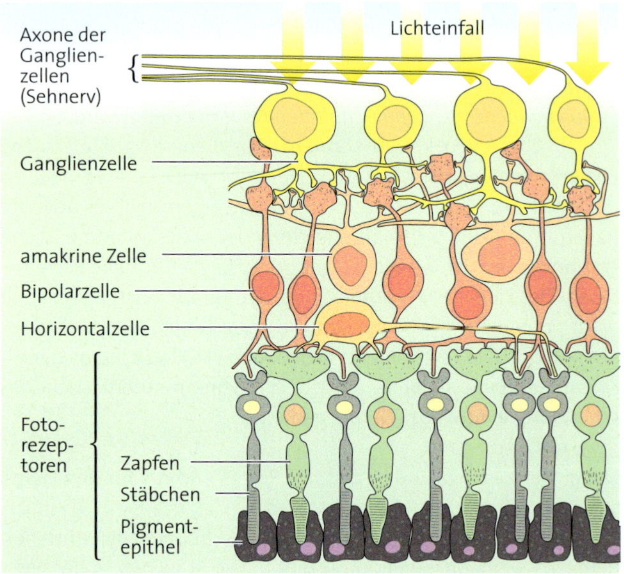


1 *Mehrschichtiger Aufbau der Netzhaut mit den fünf wesentlichen Zelltypen*

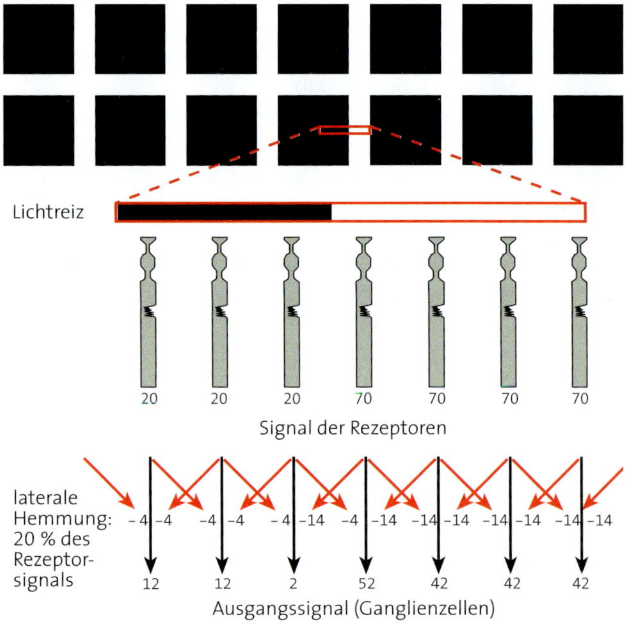


2 *Gittertäuschung. Betrachten Sie das Gittermuster oben. Achten Sie auf die Kreuzungspunkte der weißen Linien. Die beobachtete Gittertäuschung kommt durch laterale Hemmung der Rezeptoren zustande (unten). Weitere Erklärung im Text.*

**Rezeptive Felder.** Wie codieren die Ganglienzellen Informationen über Lichtreize? Die Reaktion der Ganglienzellen lässt sich am besten mithilfe ihres ***rezeptiven Felds*** beschreiben. Das ist die Fläche auf der Netzhaut, innerhalb derer ein Lichtreiz zu einer elektrischen Antwort der betreffenden Ganglienzelle führt. Es sind immer mehrere bis viele Fotorezeptoren zu einem rezeptiven Feld zusammengefasst, senden also ihre Signale an eine gemeinsame Ganglienzelle: Die Erregung von knapp 130 Mio. Fotorezeptoren in der Netzhaut läuft bei etwa 1 Million Ganglienzellen zusammen. Die Größe rezeptiver Felder hängt sehr von ihrer Lage in der Netzhaut ab. Im gelben Fleck, auf dem das Zentrum des Gesichtsfelds abgebildet wird, besteht ein rezeptives Feld aus nur wenigen Zapfen. Derart kleine Felder ermöglichen eine hohe Sehschärfe. Sie haben jedoch den Nachteil einer sehr geringen Lichtempfindlichkeit. Am seitlichen Rand der Netzhaut bilden dagegen mehrere 1000 Stäbchen das rezeptive Feld einer Ganglienzelle. Ein solches Feld ist extrem lichtempfindlich, erlaubt aber nur sehr unscharfes Sehen.

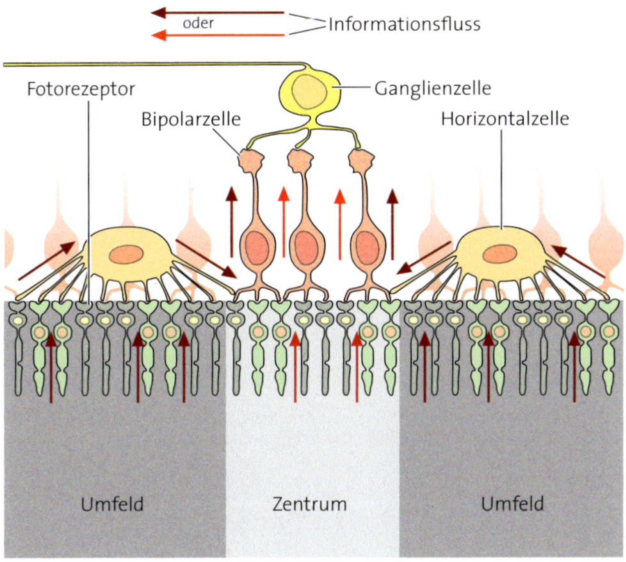


1 *Struktur des rezeptiven Felds einer Ganglienzelle und Informationsfluss im rezeptiven Feld*

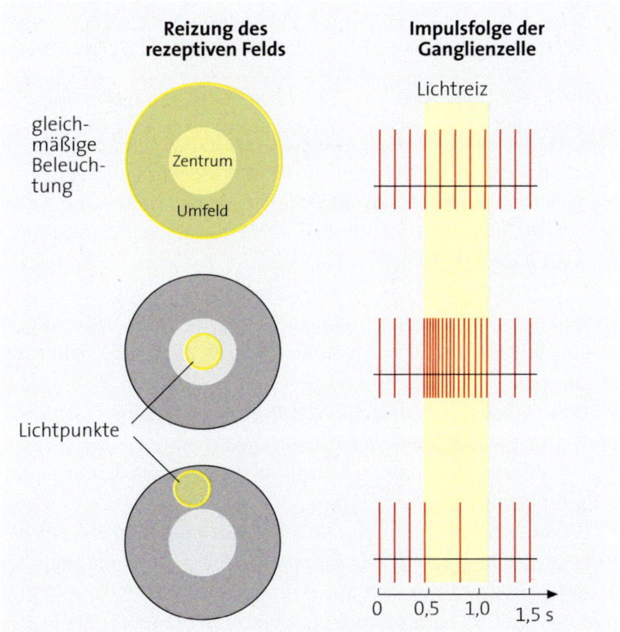


2 *Reiz-Reaktions-Schema einer Ganglienzelle, die durch Belichtung im Zentrum des rezeptiven Felds erregt wird, durch Belichtung im Umfeld dagegen gehemmt. Es gibt daneben noch andere Typen von Ganglienzellen in der Netzhaut.*

**Zentrum und Umfeld.** Die meisten rezeptiven Felder sind in ein *Zentrum* und ein *Umfeld* gegliedert. Fällt ein Lichtreiz ins Zentrum des rezeptiven Felds, wird die Erregung der Fotorezeptoren direkt über die Bipolarzellen an die Ganglienzelle weitergegeben (► Bild 1). Informationen über Lichtreize aus dem Umfeld gelangen über den Umweg der Horizontalzellen oder der amakrinen Zellen zur Ganglienzelle. Dieser Unterschied in der neuronalen Verschaltung macht sich in der elektrischen Antwort der Ganglienzelle bemerkbar. Da Ganglienzellen im Dunkeln eine konstante Impulsfolge abgeben, können sie sowohl Erregung (die Impulsfrequenz steigt) als auch Hemmung (die Impulsfrequenz nimmt ab) signalisieren (► Bild 2). Ein Lichtpunkt, der die Ganglienzelle erregt, wenn er ins Zentrum des rezeptiven Felds fällt, löst im Umfeld des rezeptiven Felds eine Hemmung derselben Ganglienzelle aus. Rezeptive Felder, bei denen so Zentrum und Umfeld als Gegenspieler wirken, dienen der *Kontrastverstärkung*. Die zugehörigen Ganglienzellen reagieren am stärksten auf helle Flecken vor dunklem Hintergrund. Das Bild einer gleichmäßig hellen Fläche auf der Netzhaut löst eine viel schwächere Erregung aus.

**Parallele Bildverarbeitung.** Es gibt verschiedene Typen von Ganglienzellen, die sich anhand ihrer rezeptiven Felder unterscheiden lassen. Rezeptive Felder für *Helligkeitskontraste* wurden schon vorgestellt. Inzwischen hat man auch Ganglienzellen entdeckt, die richtungsspezifisch auf *Bewegungen* reagieren. Andere Studien weisen darauf hin, dass *Farbunterschiede* von anderen Ganglienzellen codiert werden als Helligkeitsunterschiede.

Das bedeutet aber letztlich, dass Informationen über ein und dasselbe Objekt schon in der Netzhaut auf unterschiedlichen Wegen verarbeitet werden. Sehen wir zum Beispiel ein Auto an uns vorbeifahren, werden die Informationen über die Farbe des Wagens von anderen Ganglienzellen verarbeitet als die Informationen über die Form oder die Bewegungsrichtung. Die Bildinformationen werden also *in Einzelaspekte aufgetrennt, parallel verarbeitet* und *getrennt weitergeleitet.* Dabei werden wichtige Aspekte betont, andere vernachlässigt.

---

**1 Das Signal der Ganglienzellen codiert eher eine Interpretation des Netzhautbilds als dessen genaues Abbild. Erörtern Sie diese These.**

**2 Erklären Sie die Beobachtung, dass man schwach leuchtende Sterne dann am besten sieht, wenn man sie nicht fixiert, sondern seitlich an ihnen vorbeischaut. Auf welchen Bereich der Netzhaut fällt das Bild des Sterns jeweils? Benutzen Sie bei Ihrer Erklärung den Begriff des rezeptiven Felds.**

## Farbensehen

Farben werden im Tierreich häufig zur inner- und zwischenartlichen Kommunikation genutzt. So zeigen beispielsweise bunte „Hochzeitskleider" Paarungsbereitschaft an und Warnfarben schrecken Fressfeinde ab. Pflanzen haben mit ihren Blüten farbige Schauapparate entwickelt, die Bestäuber schon von Weitem anlocken. Solche „Botschaften in Farbe" wirken natürlich nur auf Tiere, die Farben unterscheiden können. Viele Tierarten sind dazu in der Lage, wie sich zum Beispiel mit Dressurexperimenten überprüfen lässt.

**Licht und Farbe.** Eigentlich ist „Licht" keine vom Menschen unabhängige physikalische Erscheinung. Schließlich nennt man nur solche elektromagnetischen Wellen Licht, die für das menschliche Auge sichtbar sind. Sichtbar sind aber nur Wellen, die vom Sehpigment absorbiert werden. Das trifft lediglich für Wellenlängen zwischen 400 und 760 nm zu (► S. 123).

Auch was als Farbe wahrgenommen wird, hängt von den Eigenschaften der Fotorezeptoren ab. Die Fähigkeit zur Farbwahrnehmung hat ein Tier dann, wenn es zwischen Licht gleicher Helligkeit (gleichen Grauwerts), aber unterschiedlicher Wellenlänge unterscheiden kann. Bei der Farbwahrnehmung gibt es artspezifische Unterschiede: Ein bekanntes Beispiel sind Bienen und andere Insekten, die UV-Licht bis 350 nm als Farbe sehen, dafür aber unempfindlich für rotes Licht sind. Daher sind von Bienen bestäubte Blüten fast nie rot, zeigen dagegen oft Muster, die nur im UV-Bereich sichtbar sind (► Bild 2).

**Drei Zapfentypen.** Wie stark ein Fotorezeptor durch Licht einer bestimmten Wellenlänge erregt wird, hängt davon ab, wie gut sein Sehpigment Licht dieser Wellenlänge absorbiert. Während *alle Stäbchen* in der Netzhaut dasselbe Pigment – *Rhodopsin* – enthalten, hat man bei vielen Wirbeltieren *drei Klassen von Zapfen mit unterschiedlichen Sehpigmenten* gefunden. Die Pigmente enthalten alle *Retinal*, unterscheiden sich jedoch im Proteinanteil. Die drei Zapfentypen sprechen auf unterschiedliche Wellenlängen maximal an. Beim Menschen liegen ihre Empfindlichkeitsmaxima bei 419 nm, 531 nm und 559 nm (► Bild 3). Entsprechend diesen Maxima im kurzen, mittleren und langen Wellenlängenbereich werden die Zapfentypen mit *K, M* und *L* bezeichnet. Trotz der Unterschiede in der maximalen Empfindlichkeit überlappen die Absorptionsspektren der drei Zapfentypen stark. Ein Farbeindruck kann also nicht dadurch zustande kommen, dass bei Licht einer Wellenlänge nur ein bestimmter Zapfentyp aktiv ist und bei Licht einer anderen Wellenlänge ein anderer. Auf diese Weise könnten nur drei Farben erkannt werden.

**Farbensehen.** Experimente haben ergeben, dass Menschen mit ihren nur drei Zapfentypen etwa 7 Millionen Farbnuancen unterscheiden können. Das ist möglich, weil bei der Entstehung des Farbeindrucks alle drei Zapfentypen grundsätzlich zusammenwirken. Um die Farbe eines Lichtreizes zu ermitteln, wird nicht die Erregung eines einzelnen Zapfentyps, sondern das *Verhältnis der Erregung* aller drei Zapfentypen herangezogen: Licht, das K-Zapfen stark, M-Zapfen wenig und L-Zapfen gar nicht erregt, erzeugt den Farbeindruck blau. Wenn dagegen K-Zapfen kaum erregt sind und M-Zapfen stärker ansprechen als L-Zapfen, kann es sich folglich nur um grünes Licht handeln usw. (► Bild 3). Bereits in der Netzhaut findet ein erster Vergleich der Erregung der verschiedenen Zapfentypen durch die Ganglienzellen statt, deren rezeptive Felder im Zentrum einen anderen Zapfentyp haben als im Umfeld.

*1 und 2 Blüte der Sumpfdotterblume. Links normales Foto, rechts eine Aufnahme, bei der durch Einsatz von Filtern nur UV-Licht den Film belichtete. Man erkennt die Saftmale, an denen sich Insekten orientieren.*

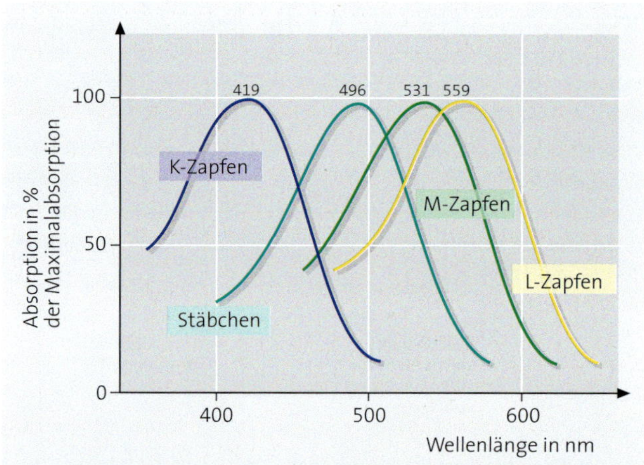


*3 Lichtabsorption der Stäbchen und der drei Zapfenklassen des Menschen. Man beachte, dass Stäbchen, die keinen Farbeindruck vermitteln, dennoch für verschiedene Wellenlängen unterschiedlich emfindlich sind.*

Das Farbensehen mithilfe von drei verschiedenen Zapfentypen – auch *trichromatisches Farbensehen* genannt – erklärt eine Eigenheit unserer Farbwahrnehmung, die sonst vollkommen rätselhaft bliebe:

Wenn Licht mit einer Wellenlänge von etwa 600 nm auf die Netzhaut fällt, entsteht der Farbeindruck orange. Aber auch bei einem Lichtstrahl, der sich aus den Wellenlängen 570 nm (gelb) und 630 nm (rot) zusammensetzt, sieht man orangefarbiges Licht, denn das Verhältnis der Erregung der drei Zapfentypen ist identisch. Daher lässt sich aus Licht in den drei Grundfarben Rot, Grün und Blau jede für uns wahrnehmbare Farbe mischen. Auf diesem Prinzip der *additiven Farbmischung* beruht zum Beispiel das Farbfernsehen (▶ Bild 1). Die Farbpigmente der Malerfarben wirken dagegen wie Filter: Fällt weißes Licht auf sie, werden bestimmte Wellenlängen reflektiert und alle anderen absorbiert. Tritt Licht zum Beispiel durch eine gelbe und eine blaue Farbfolie, erreicht nur noch grünes Licht das Auge. Hier spricht man von *subtraktiver Farbmischung*.

Ganz anders arbeitet beispielsweise der Hörsinn. Hier sind Sinnesreize nicht in gleicher Weise mischbar: Erklingt gleichzeitig ein hoher und ein tiefer Ton, nehmen wir zwei getrennte Töne wahr.

**Evolution der Sehpigmente.** Die für uns und viele Tagtiere wichtige Fähigkeit zur Farbwahrnehmung beruht darauf, dass es drei verschiedene Sehpigmente mit unterschiedlichen Absorptionseigenschaften in den Zapfen gibt. Wie sind sie entstanden? Als wahrscheinlich gilt heute, dass alle Sehpigmente aus einer gemeinsamen „Stammform" hervorgegangen sind (▶ Bild 2). Die Gene für den Opsinanteil der Sehpigmente wurden vermutlich durch Mutation dupliziert. Die daraus hervorgegangenen Duplikate haben sich dann auseinanderentwickelt. *Sequenzanalysen* dieser Gene weisen darauf hin, dass zuerst Rhodopsin und ein Zapfenpigment mit Absorptionsmaximum im kurzwelligen Bereich (K) entstanden sind. Aus diesem ersten Zapfenpigment entstand bald ein zweites mit Absorptionsmaximum im langwelligen Bereich (L). Auch heute lebende Neuweltaffen haben nur zwei Zapfenpigmente (K und L). Erst vor weniger als 30 Mio. Jahren entstand das Pigment M, das im mittleren Wellenlängenbereich maximal empfindlich ist. Neueren Untersuchungen zufolge haben viele Vögel vier Zapfenpigmente, daher ist ihr Unterscheidungsvermögen für Farbnuancen wahrscheinlich erheblich besser als das des Menschen.

**Sehen bei Tag und Nacht.** Nur mithilfe der Zapfen ist Farbensehen möglich, doch Zapfen und ihre Sehpigmente sind nicht sehr lichtempfindlich: Sie arbeiten nur tagsüber und in der Dämmerung. Bei sehr geringer Beleuchtung sind nur noch die Stäbchen funktionstüchtig, deren Sehpigment Rhodopsin bei 496 nm (blaugrün) sein Absorptionsmaximum hat. Unter diesen Bedingungen entsteht zwar kein Farbeindruck („Nachts sind alle Katzen grau"), aber auch Stäbchen sind für Licht verschiedener Wellenlängen unterschiedlich empfindlich. Daher erscheinen blaue Flächen nachts relativ heller, rote Flächen dagegen fast schwarz.

**Störungen des Farbensehens.** Mehr als 8 % der Westeuropäer haben Schwierigkeiten, bestimmte Farben zu unterscheiden. Dies liegt daran, dass bei ihnen ein oder mehrere Gene für die Sehpigmente in den Zapfen von einer Mutation betroffen sind. Je nach Art der Mutation treten unterschiedliche Farbwahrnehmungsstörungen auf. Am häufigsten sind Störungen des Rot-Grün-Unterscheidungsvermögens (▶ Bild 3). Die Betroffenen verwechseln Rot, Gelb, Orange und Grün miteinander, Violett empfinden sie als Blau und Dunkelrot als Schwarz. *Rot-Grün-Blindheit* tritt auf, wenn das Gen für das Sehpigment L oder M fehlt. Häufiger sind aber *Rot-Grün-Schwächen*. Dabei wird statt der Pigmente L und M ein Sehpigment gebildet, das in seinen Eigenschaften zwischen beiden liegt. Von solchen Störungen des Rot-Grün-Unterscheidungsvermögens sind nur 0,4 % der Frauen, aber 8 % der Männer betroffen. Das hängt damit zusammen, dass die Farbanomalie X-chromosomal rezessiv vererbt wird (▶ S. 181). Frauen zeigen die Farbwahrnehmungsstörung also nur, wenn beide X-Chromosomen mutierte Gene tragen.

Sehr viel seltener ist ein Ausfall des Gelb-Blau-Unterscheidungsvermögens, bei dem Wellenlängen zwischen 565 und 575 nm als unbunt empfunden werden.

---

**1** **Beschreiben Sie das Erregungsmuster der K-, M- und L-Zapfen, sobald weißes Licht auf die Netzhaut fällt.**

**2** **Vergleichen Sie additive und subtraktive Farbmischung. Beschreiben Sie jeweils die spektrale Zusammensetzung des Lichts vor und nach erfolgter Mischung.**

**3** **Bei Rot-Grün-Blindheit wird Violett als Blau empfunden. Begründen Sie dieses Phänomen.**

*1 Farbbildschirm. In jedem Bildpunkt findet eine additive Farbmischung statt.*

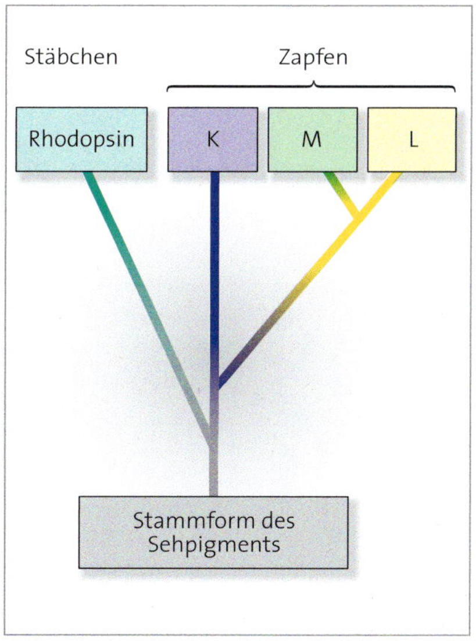


*2 Wahrscheinlicher Stammbaum unserer Sehpigmente*

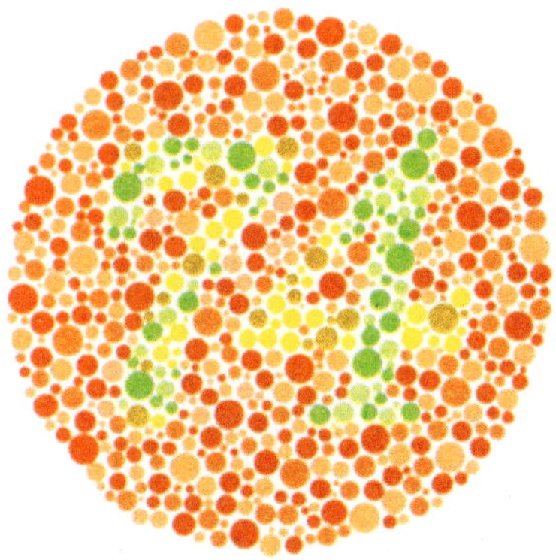

*3 Testbild: Normalsichtige erkennen die Zahl 74.*

## Die vielseitigen Mechanorezeptoren

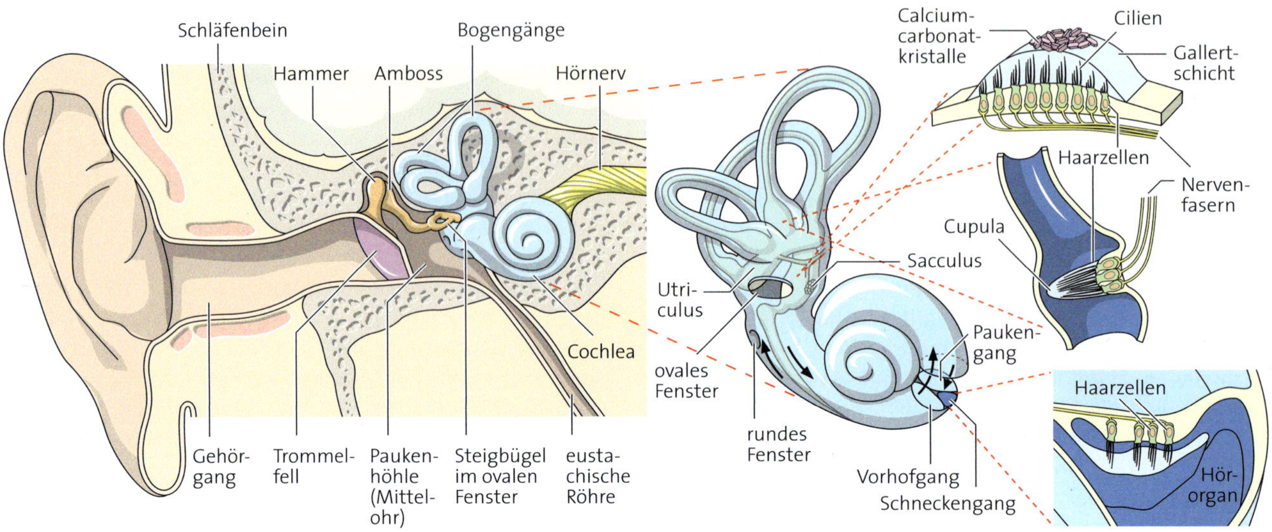


*1 Übersicht über den Bau des Ohrs und Innenohr mit Gehör- und Gleichgewichtsorganen*

*Gehör, Lagesinn* und *Beschleunigungssinn* scheinen auf den ersten Blick nichts gemeinsam zu haben. Die zugehörigen Sinnesorgane sitzen jedoch alle im Innenohr (▶ Bild 1) und sind mit demselben Rezeptortyp ausgestattet, nämlich mit *Haarzellen*. Dabei handelt es sich um hochsensible *Mechanorezeptoren*, die auf Verformung ansprechen. Im Lauf der Evolution sind offenbar aus einem Rezeptortyp verschiedenste Sinnesorgane hervorgegangen. Unterschiedliche Hilfsstrukturen „übersetzen" darin den ursprünglichen Reiz (Schall, Beschleunigung) in mechanische Verformungen der Haarzellen.

**Besonderheiten der Haarzellen.** Die zylindrischen Haarzellen haben ihren Namen von den 30 bis 150 haarförmigen Zellfortsätzen, die am oberen Ende aus der Zelle herausragen (▶ Bilder 2 und 3). Man bezeichnet sie als *Cilien*, obwohl sie – anders als die Cilien von Einzellern (▶ S. 32) – unbeweglich sind und einen anderen Feinbau aufweisen. Am unteren Ende bildet jede Haarzelle eine Synapse mit einem sensorischen Neuron. Da sie schon im Ruhezustand Neurotransmitter ausschüttet, entstehen im sensorischen Neuron mit einer konstanten Frequenz Impulse. Werden die Cilien in Richtung auf das längste Cilium – das *Kinocilium* – ausgelenkt, reagiert die Haarzelle mit vermehrter Transmitterausschüttung. Die Impulsfrequenz des Neurons steigt. Bei einer Auslenkung vom Kinocilium weg wird die Transmitterausschüttung vermindert. Die Impulsfrequenz des Neurons sinkt. Haarzellen reagieren also nicht nur sehr empfindlich auf Verformungen der Cilien, ihre Antwort ist auch *richtungsspezifisch*.

**Lage- und Beschleunigungssinn.** Gibt man Götterspeise aus der Sturzform auf den Teller, verformt sie sich sehr leicht in die Richtung, in die der Teller gekippt wird. Der Effekt kann noch verstärkt werden, wenn man Kieselsteine oben auf die Götterspeise legt. Nach diesem Prinzip sind unsere *Gleichgewichtsorgane* aufgebaut: In zwei flüssigkeitsgefüllten Kammern des Innenohrs, *Utriculus* und *Sacculus* genannt, befinden sich Felder von Haarzellen. Ihre Cilien ragen in eine gallertige Masse, in die viele kleine Calcium-

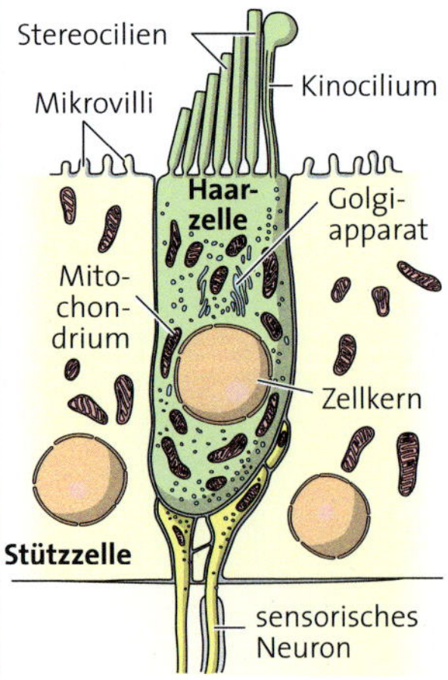


*2 und 3 Haarzellen. Links REM-Bild der Cilien, rechts schematische Darstellung einer Haarzelle*

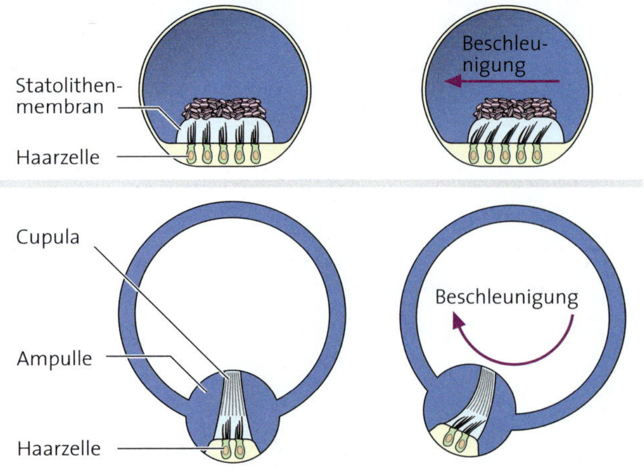


*4 Funktionsprinzip von Utriculus und Sacculus (oben) und den Bogengängen (unten)*

carbonatkristalle eingelagert sind, die *Statolithenmembran*. Die Kristalle beschweren die Membran so, dass sie leicht in die eine oder andere Richtung ausschert, wenn der Kopf geneigt wird (► Bild 4, S.428). Die Auslenkung der Membran wird auf die Cilien der Haarzellen übertragen und löst hier eine richtungsspezifische elektrische Antwort aus. Daher können die Haarzellen in Utriculus und Sacculus Informationen über die Lage des Kopfes im Schwerefeld der Erde und über Beschleunigungen codieren.

Die drei *Bogengänge* ermöglichen es, Drehbeschleunigungen wahrzunehmen. Sie sind ebenfalls flüssigkeitsgefüllt und stehen in den drei Raumrichtungen jeweils rechtwinklig zueinander. In Ausbuchtungen der Bogengänge, den *Ampullen*, befinden sich Haarzellen, die in eine gallertige Substanz, die *Cupula*, eingebettet sind. Wird der Kopf – oder der ganze Körper – gedreht, bewegt sich die Flüssigkeit in den Bogengängen aufgrund der Trägheitskraft zunächst nicht mit. Es kommt zu einer Auslenkung der Cupula, wodurch die Haarzellen gereizt werden (► Bild 4, S.428). Durch die räumliche Anordnung der Bogengänge werden Drehbewegungen in allen Raumrichtungen erfasst.

**Hörsinn.** Bei der Wahrnehmung von Schallwellen kann das menschliche Ohr zwei Qualitäten unterscheiden: die *Lautstärke*, die durch die *Amplitude* der Luftschwingungen bestimmt ist, und die *Tonhöhe*, die sich mit der *Frequenz* der Luftschwingungen ändert. Besonders um mithilfe der Haarzellen Tonhöhenunterschiede wahrnehmen zu können, sind komplizierte Hilfsstrukturen notwendig.

Haarzellen können nur im wässrigen Milieu arbeiten – Schallwellen sind jedoch Luftschwingungen. Daher müssen die Schallwellen vorher auf eine Flüssigkeit übertragen werden. Sie werden von der *Ohrmuschel* aufgenommen, durchlaufen den *äußeren Gehörgang* und setzen das *Trommelfell* in Bewegung. Die Schwingungen des Trommelfells werden über die Gehörknöchelchen *Hammer, Amboss* und *Steigbügel* auf das *ovale Fenster* der Schnecke im Innenohr übertragen. Die Schnecke oder *Cochlea* ist das eigentliche Hörorgan. Sie besteht aus einem flüssigkeitsgefüllten Schlauch, der wie ein Schneckengehäuse aufgerollt und durch Membranen in drei Kompartimente aufgeteilt ist. Von diesen Kompartimenten stehen der *Vorhofgang* und der *Paukengang* am Ende der Cochlea miteinander in Verbindung. Dazwischen befindet sich der *Schneckengang*, dessen untere Begrenzung die *Basilarmembran* bildet. Auf ihr liegt das *cortische Organ*, das die Haarzellen enthält (► Bild 1).

Treffen Schallwellen auf das Ohr, versetzen die Bewegungen des ovalen Fensters die dahinterliegende Flüssigkeit im Vorhofgang, die *Perilymphe*, in Schwingungen. Es entsteht eine *Wanderwelle*, die die gesamte Cochlea bis zum *runden Fenster* im Paukengang durchläuft. Sie verformt die Basilarmembran und das cortische Organ. Die dabei auftretenden Scherkräfte (► Bild 1) bewirken eine Reizung der Haarzellen.

**Tonhöhenwahrnehmung.** Die Basilarmembran ist auf der dem ovalen Fenster zugewandten Seite schmal und unelastisch und wird in ihrem weiteren Verlauf immer elastischer und breiter. Das hat zur Folge, dass die in der Cochlea entstehenden Wanderwellen eine bestimmte Form annehmen (► Bild 1). Es entsteht an einer Stelle eine maximale Amplitude. Entsprechend werden dort die Haarzellen am stärksten gereizt. Der Ort der maximalen Amplitude hängt dabei von der Frequenz der Wanderwelle ab, also letztlich von der Tonhöhe. Im Gehirn wird ausgewertet, wie stark die Haarzellen in der Cochlea gereizt wurden und an welcher Stelle die maximale Reizung lag. Daraus rekonstruiert das Gehirn Lautstärke und Tonhöhe des ursprünglichen Schallreizes.

Junge Menschen können Tonhöhen zwischen 20 und 20000 Hertz wahrnehmen. Im Alter nimmt die Elastizität der Basilarmembran ab, damit sinkt zunächst die obere Hörschwelle, das heißt, hohe Töne werden schlechter wahrgenommen. Später sind auch tiefere Töne betroffen.

---

**1** **Lässt sich aus dem Ausgangssignal einzelner Haarzellen in der Cochlea auf die Tonhöhe des Schalls zurückschließen? Begründen Sie Ihre Antwort.**

**2** **Erklären Sie die Tatsache, dass Haarzellen nur dann richtungsspezifisch arbeiten, wenn sie in Ruhe Transmitter ausschütten.**

**3** **Diskutieren Sie folgende Aussage: „Das menschliche Ohr arbeitet wie ein Lautsprecher, nur in umgekehrter Richtung."**

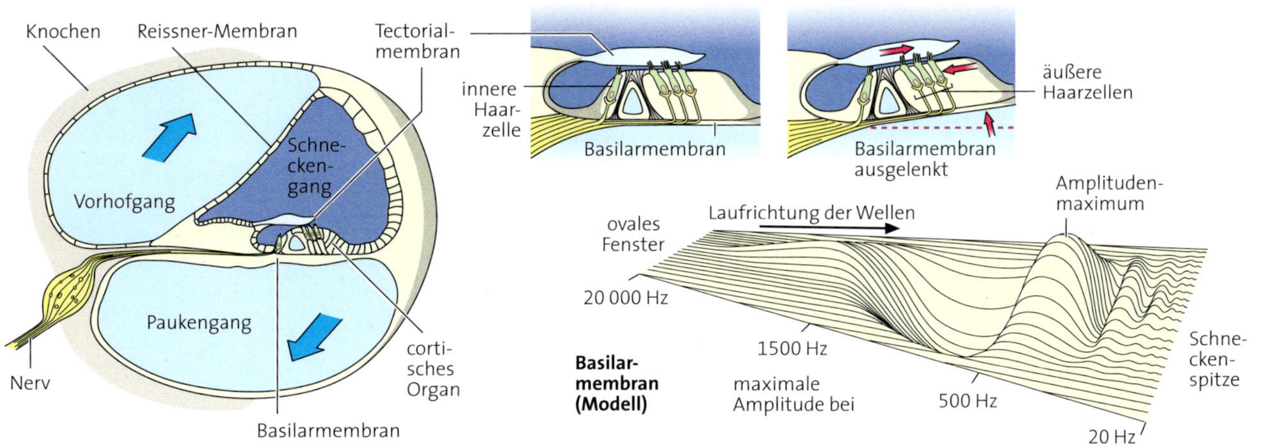


*1 Schnitt durch die Cochlea (links), Verformung des cortischen Organs durch Schallwellen (Mitte) und dreidimensionales Modell einer Wanderwelle, die über die Basilarmembran läuft (rechts)*

## Fremde Sinneswelten

Die Leistungsfähigkeit unserer Sinnesorgane bestimmt unsere Vorstellung von der Welt: Was die Sinnesorgane nicht erfassen können, existiert für uns nicht. Erst ein Vergleich mit dem Tierreich zeigt, wie viel unserer Wahrnehmung entgeht.

**Thermorezeption.** Klapperschlangen sind selbst in dunkelster Nacht in der Lage, ihre Beute – kleine Säugetiere wie Mäuse und Ratten – aufzuspüren und zielsicher auf sie zuzustoßen. Dabei helfen ihnen nicht die Augen, sondern ihre Grubenorgane. Diese Organe liegen in einer Einsenkung zwischen Nasenöffnung und Auge und enthalten äußerst empfindliche Thermorezeptoren (▶ Bild 1). Die Klapperschlangen können mit den Grubenorganen noch eine Temperaturerhöhung um 0,002 °C wahrnehmen. Diese Empfindlichkeit reicht aus, um eine Maus, die 10 °C wärmer als ihre Umgebung ist, in 40 cm Entfernung zu erkennen. Da die beiden Grubenorgane seitlich am Kopf liegen, kann die Schlange mit ihnen die Richtung der Wärmequelle sehr genau lokalisieren (▶ Bild 2).

**Vibration und Druckwellen im Wasser.** Unter Schall verstehen wir Luftschwingungen, die mit dem menschlichen Ohr hörbar sind. Aus diesem Grund hielt man Schlangen für taub, denn die Ohren der Schlangen sprechen auf Luftschwingungen nicht sehr gut an. Schlangen können aber Vibrationen, die durch den Boden laufen, extrem sensibel wahrnehmen. Sie haben buchstäblich „immer ein Ohr am Boden".

Auch Druckwellen im Wasser würde man nicht als Schall bezeichnen. Fische nehmen solche Druckwellen mit ihrem Seitenlinienorgan wahr. Fischschwärme können sich daher auch in trübem Wasser so koordiniert bewegen, dass sie fast wie ein einziges Lebewesen erscheinen (▶ Bilder 3 und 4). Über die Mechanorezeptoren im Seitenlinienorgan – Haarzellen wie im menschlichen Innenohr – wird jeder Fisch schnell und zuverlässig über Richtung und Geschwindigkeit seiner Schwarmnachbarn informiert.

**Chemische Sinne.** Für wasserlebende Tiere sind gelöste Aminosäuren meist ein deutlicher Hinweis auf eine Nahrungsquelle. Viele von ihnen haben deshalb Chemorezeptoren, die besonders empfindlich auf Aminosäuren ansprechen. Von einem Katzenwels zum Beispiel könnten 23 mg Alanin – weniger als ein hundertstel Teelöffel voll – selbst dann noch wahrgenommen werden, wenn man das Alanin in einem 50-m-Schwimmbecken mit 2 600 $m^3$ Wasservolumen auflöst!

Die Chemorezeptoren der Fische liegen nicht wie beim Menschen in der Nasenschleimhaut oder auf der Zunge, sondern über den ganzen Körper verteilt, besonders dicht aber vorn am Kopf und bei Welsen auf den Barteln (▶ Bilder 5 und 6). Auch bei Gliedertieren befinden sich die Chemorezeptoren meist an für uns ungewohnten Orten: Nicht nur die Mundwerkzeuge, sondern auch die Antennen und in aller Regel auch die Füße sind mit Chemorezeptoren ausgestattet.

---

1. **Die Sinnesleistungen jeder Tierart sind als Anpassungen an die jeweilige Lebensweise zu verstehen. Erklären Sie das anhand der Beispiele im Text.**
2. **Informieren Sie sich über die Chemorezeptoren des Menschen und vergleichen Sie deren Bau und Leistung.**

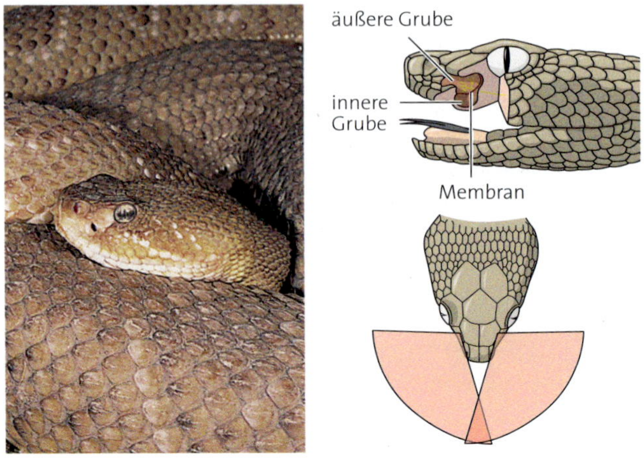

*1 und 2 Grubenorgane der Klapperschlangen. Rechts unten sind die Bereiche dargestellt, aus denen jeweils Wärmestrahlung in das rechte oder linke Grubenorgan gelangt.*

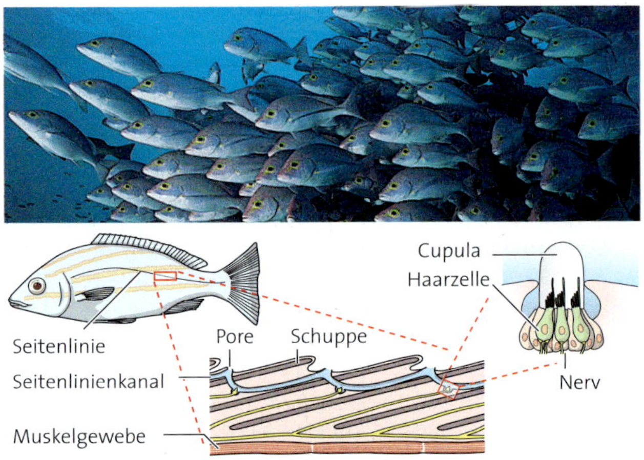

*3 und 4 Seitenlinienorgan der Fische. Die Druckwellen treten von außen durch Poren ein und lenken die Haarzellen im Kanal aus. Oben: Schnapperschwarm*

*5 und 6 Dichte der Chemorezeptoren (Punkte) auf dem Fischkörper. Oben: Katzenwels*

## Mithilfe dieses Kapitels können Sie

- das allgemeine Funktionsprinzip von Rezeptoren als wichtigsten Bestandteil von Sinnesorganen beschreiben
- die fünf verschiedenen Rezeptortypen und ihre jeweiligen adäquaten Reize nennen
- an Beispielen erläutern, wie Hilfsstrukturen in Sinnesorganen die Art und Qualität der wahrgenommenen Reize beeinflussen
- am Beispiel von Lichtsinneszellen den Weg vom Reiz bis zur elektrischen Erregung der Sinneszelle auf molekularer Ebene beschreiben
- die Lichtadaptation des Auges beschreiben und dazu einfache Versuche durchführen
- das Prinzip der lateralen Hemmung bei den Sinneszellen der Netzhaut mithilfe eines einfachen Zahlenmodells erläutern
- erklären, wie die drei Zapfentypen der Netzhaut in der Lage sind, Millionen verschiedener Farbnuancen zu codieren
- einfache Versuche entwerfen und durchführen, die den Unterschied zwischen additiver und subtraktiver Farbmischung verdeutlichen
- den Bau der Gehör- und Gleichgewichtsorgane im Innenohr skizzieren und ihre Funktion erklären
- Sinnesorgane von Tieren beschreiben, die ganz andere Umweltreize wahrnehmen können als wir

## Testen Sie Ihre Kompetenzen

Weitaus die meisten aller heute lebenden Tierarten besitzen Lichtsinneszellen, etwa 85 % haben bilderzeugende Augen. Offenbar stellt es für die meisten Tierarten einen Überlebensvorteil dar, wenn sie sich „ein Bild von ihrer Umwelt machen“ können.

1. Erläutern Sie am Beispiel von Lichtsinneszellen die charakteristischen Eigenschaften von Rezeptoren.
2. Nennen Sie drei verschiedene Augentypen, die in der Lage sind, Bilder zu erzeugen. Geben Sie jeweils mindestens eine Tierart oder Tiergruppe an, bei der dieser Augentyp vorkommt.
3. Erläutern Sie jeweils anhand einer Skizze, durch welche Hilfsstrukturen der drei Augentypen Bilder der Umwelt entstehen.
4. Das Diagramm unten zeigt die spektrale Empfindlichkeit der drei Zapfentypen des Weinschwärmers, eines dämmerungsaktiven Nachtfalters. Vergleichen Sie mit diesem Bild und Grafik 3 auf Seite 426 das Farbensehen von Mensch und Weinschwärmer.
5. Überprüfen Sie aufgrund Ihres Vergleichs, ob Weinschwärmer bzw. Menschen Licht folgender Wellenlängen als farbig empfinden: 630 nm, 530 nm, 430 nm, 330 nm.

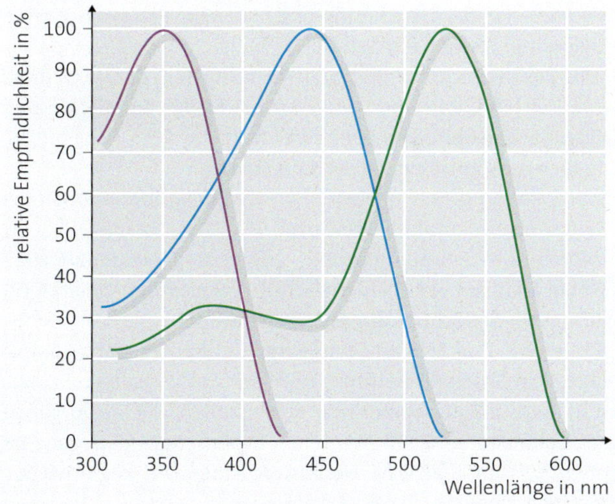


Das Foto unten zeigt eine Ohrenqualle. Der Rand ihres Schirms ist mit verschiedenen Sinnesorganen besetzt. Darunter sind auch Statocysten, die Haarsinneszellen enthalten. In der Grafik erkennt man, wie sie gebaut sind.

6. Vergleichen Sie die Statocysten der Ohrenqualle mit den Sinnesorganen im Innenohr des Menschen. Leiten Sie hieraus eine Vermutung über die Funktionsweise der Statocysten ab.
7. Beschreiben Sie mithilfe einer Skizze die vermutete Funktionsweise der Statocysten.
8. Oft sind es die Hilfsstrukturen, die den adäquaten Reiz eines Sinnesorgans festlegen. Erläutern Sie den Sachverhalt am Beispiel von Sinnesorganen, die Haarzellen enthalten.

# Gehirn – Wahrnehmung – Speicherung

1 *Nur ein kleiner Teil unserer Milchstraße ist auf dieser Aufnahme zu erkennen ...*

*Betrachtet man die Milchstraße mit dem Fernrohr, löst sie sich in Sternwolken mit reicher Struktur auf und die Komplexität des Milchstraßensystems mit seinen etwa 200 bis 300 Milliarden Sonnen lässt sich erahnen.*
*Die komplexeste bekannte Struktur in diesem Universum liegt uns allerdings wesentlich näher: Es ist unser eigenes Gehirn. Es besteht aus etwa $10^{11}$ Nervenzellen – das ist dieselbe Größenordnung wie die Zahl der Sterne in der Milchstraße!*
*Durch Synapsen verbinden sich die Nervenzellen zu präzisen und außerordentlich komplexen Netzwerken. Letztlich sind es diese neuronalen Netzwerke, die uns zu allen intellektuellen Leistungen befähigen – unser Staunen über die unvorstellbaren Weiten des Weltraums inbegriffen.*

### Im Blickpunkt

- das Gehirn – zentrale Steuerungseinheit des Menschen
- Bau und Funktion einzelner Hirnteile
- Methoden der Hirnforschung
- Wahrnehmung als aktiver Vorgang im Gehirn
- Grundlagen von Lernen und Gedächtnis
- das Organ, das den Menschen ausmacht: Hirnfunktionen, Bewusstsein und Persönlichkeitsmerkmale
- Gehirn und Drogen: Drogenwirkung und -abhängigkeit

**GRUNDLAGEN** Bei einem Vergleich der Nervensysteme ursprünglicher und hoch entwickelter Tiergruppen fällt ein Trend zur Gehirnbildung auf: Während einfach organisierte Vielzeller wie Quallen ein diffus über den ganzen Körper verteiltes Nervennetz besitzen, konzentrieren sich bei den meisten übrigen Tiergruppen Zellkörper und Dendriten in Ganglien und – zusammen mit Axonen – Marksträngen. Dabei verschmelzen die Ganglien am Vorderende der Tiere häufig und bilden bei den am höchsten entwickelten Formen ein Gehirn.

Das besonders leistungsfähige Nervensystem der Wirbeltiere gliedert sich in Zentralnervensystem (ZNS), das aus Gehirn und Rückenmark besteht, und peripheres Nervensystem. Wesentliche Aufgaben des Zentralnervensystems sind:

– Wahrnehmung. Erst im Gehirn werden die Informationen der Sinnesreize erkannt und bewertet.
– Informationsverarbeitung und -speicherung. Neuronale Netzwerke erlauben verschiedene Schritte: Neues kann gelernt, Gelerntes im Gedächtnis abgespeichert werden.
– Steuerung. Das ZNS als übergeordnete Steuerinstanz kontrolliert die meisten Körperfunktionen und das Verhalten.

Erst in neuerer Zeit beginnt man zu verstehen, wie die Vorgänge im Detail ablaufen. Beim Menschen bleibt jedoch eine ganz besondere wissenschaftliche Herausforderung: Das kognitive System „Gehirn“ muss sich selbst erforschen.

## Informationsverarbeitung im Zentralnervensystem

Über die Synapsen verbinden sich Nervenzellen zu einem komplexen Netzwerk, dem *Nervensystem*. Bei Wirbeltieren ist es in *Zentralnervensystem (ZNS)* mit Gehirn und Rückenmark und *peripheres Nervensystem* gegliedert. Wer sich näher mit Bau und Funktion des Zentralnervensystems und besonders des Gehirns befassen möchte, kann leicht vom komplexen Bau und der Vielzahl der Funktionen des Organs verwirrt werden. Das Verständnis fällt jedoch leichter, wenn man nach einem allen Vorgängen im ZNS gemeinsamen Prinzip sucht, das zur Orientierung dienen kann.

**Das EVA-Prinzip.** Unabhängig von der Komplexität des einzelnen Vorgangs folgt jede Informationsverarbeitung im ZNS grundsätzlich demselben Prinzip:

- Sinneszellen nehmen Reize aus der Umwelt oder aus dem Körper selbst auf und leiten die darin enthaltenen Informationen über *sensorische Nerven* in Form von Aktionspotenzialen ins ZNS. Das entspricht einer *Informationseingabe*.
- Im ZNS werden die eingehenden Informationen erkannt, bewertet, manchmal auch mit gespeicherten Informationen verglichen; die Informationen werden also *verarbeitet*.
- Als Ergebnis der Informationsverarbeitung erfolgt oft eine sichtbare oder messbare Reaktion. Handelt es sich dabei um eine Bewegung oder Bewegungsfolge, werden vom ZNS *motorische Nerven* aktiviert, deren Aktionspotenziale von den Muskeln in Kontraktionen umgesetzt werden. Die Reaktion ist also das Ergebnis einer *Informationsausgabe* des ZNS.

Man kann so jeden Prozess, an dem das ZNS beteiligt ist, in *E*ingabe, *V*erarbeitung und *A*usgabe aufschlüsseln. Nach den Anfangsbuchstaben der Teilschritte wird diese Form der Informationsverarbeitung *EVA-Prinzip* genannt.

Informationsverarbeitung nach dem EVA-Prinzip ist in verschiedenen Komplexitätsstufen realisiert:

Im einfachsten Fall ist ein sensorisches Neuron zugleich Rezeptor und direkt mit einem motorischen Neuron gekoppelt (► Bild 1). Ein derart einfaches System ist in seiner Reaktion völlig unflexibel: Wird das sensorische Neuron durch einen Reiz erregt, gibt es seine Erregung direkt an das motorische Neuron weiter. Das heißt, dass unabhängig von sonstigen Bedingungen auf jeden Reiz unmittelbar die immer gleiche Reaktion folgt. Bestimmte Reflexe (► S. 444) sind Beispiele dafür. Solche einfachen neuronalen Verschaltungen findet man bei allen Tieren mit Nervensystem, bei Quallen ebenso wie beim Menschen.

Wenn zwischen sensorische und motorische Neurone *Interneurone* geschaltet sind, entstehen zum Teil sehr komplexe *neuronale Schaltkreise*: Mit jedem eingefügten Interneuron steigt die Zahl der Synapsen zwischen Informationseingabe und Informationsausgabe. An jeder Synapse können erregende und hemmende Einflüsse (► S. 415) aus anderen Bereichen des ZNS einbezogen werden.

Erblickt beispielsweise ein Leopard in der Steppe eine Gazelle, wird er vielleicht versuchen die Beute zu schlagen. Das geschieht aber nicht immer und schon gar nicht immer auf dieselbe Weise: Die Entscheidung, ob und wie ein Angriff erfolgt, hängt von der *Motivation* des Tiers ab – wenn der Leopard satt ist, wird er nicht jagen –, aber auch von einer Reihe äußerer Einflüsse wie Windrichtung, zur Verfügung stehende Deckung, Nähe anderer Raubtiere ... Auch *Gedächtnisinhalte* in Form von *Erfahrungen* können die Entscheidung beeinflussen. Auf diese Weise können zwischen Informationseingabe und Informationsausgabe viele Verarbeitungsschritte liegen (► Bild 1). Solche komplexen neuronalen Schaltkreise ermöglichen ein *situationsangepasstes Verhalten*.

Allgemein gilt: Je komplexer und flexibler ein vom ZNS gesteuerter Vorgang ist, desto mehr Interneurone sind zwischen Informationseingabe und -ausgabe geschaltet. Doch unabhängig davon wird die Information meist nach dem EVA-Prinzip behandelt.

**1 Das Konzept des EVA-Prinzips ist der Informatik entliehen. Ordnen Sie bei einer Computeranlage Eingabe- und Ausgabegeräte zu. Wo findet im Computer die Informationsverarbeitung statt?**

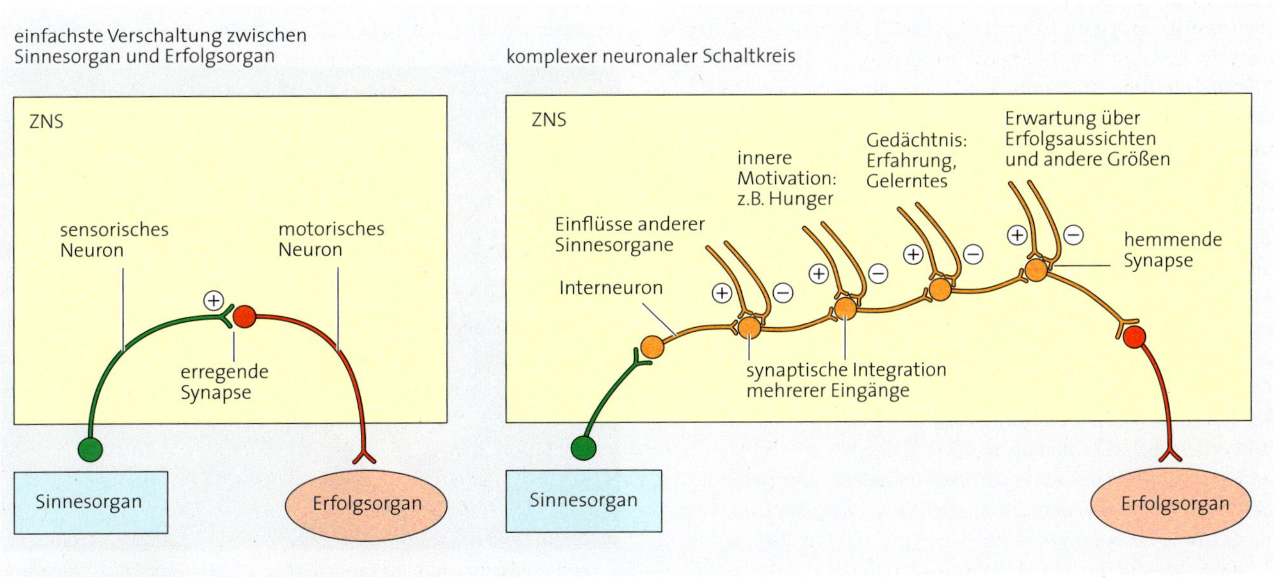


*1 Einfaches und komplexes Beispiel für die Informationsverarbeitung nach dem EVA-Prinzip*

## Bau des Gehirns und Funktion der Hirnteile

Das Gehirn aller Wirbeltiere ist sehr ähnlich gebaut und nach Zahl und Anordnung der Hirnteile bei allen Wirbeltierklassen homolog (► S. 264). Unterschiede bestehen hauptsächlich in der relativen Größe und in der Funktion einzelner Hirnabschnitte (► Bild 1).

**Hirnstamm.** Den Übergang vom Rückenmark zum Gehirn bilden das *verlängerte Mark* und die *Brücke*, die man als *Nachhirn* zusammenfasst. Das Nachhirn und das darauffolgende *Mittelhirn* werden oft auch als *Hirnstamm* bezeichnet. Der Hirnstamm ist vor allem eine Durchgangsstation für Nervenbahnen, die vom Rückenmark ins Gehirn und in umgekehrter Richtung laufen. Mit Ausnahme von Riech- und Sehnerv ist der Hirnstamm Ursprungs- bzw. Zielgebiet aller *Hirnnerven*:

Augenmuskel-, Gesichts-, Zungen-, Kehlkopf-, Ohr- und Vagusnerv. Über sie werden – von *Funktions- oder Reflexzentren* des Hirnstamms aus – wichtige Körperfunktionen gesteuert und kontrolliert: Atmung und Herzschlag, Speichelfluss, Schlucken, Husten, Pupillen- und Augenbewegung.

**Zwischenhirn.** Ans Mittelhirn schließt sich das *Zwischenhirn* an, das im Wesentlichen aus Thalamus und Hypothalamus besteht. Der *Thalamus* ist die Hauptumschaltstelle zwischen den sensorischen Nerven von Auge, Innenohr sowie Haut und den Nervenbahnen, die ins Großhirn ziehen. Damit ist er zugleich die zentrale Sammelstelle für alle Sinnesinformationen.

Im relativ kleinen, aber sehr wichtigen *Hypothalamus* liegen die Steuer- und Regelzentren für eine große Zahl von Körperfunktionen wie Körpertemperatur, Wasserhaushalt, Blutzuckerkonzentration und Blutdruck. Der Hypothalamus ist eng mit dem Hormonsystem verknüpft und ist dessen übergeordnetes Steuerzentrum (► S. 461), da hier spezialisierte Neurone, sogenannte *neurosekretorische Zellen*, Hormone erzeugen, die die Tätigkeit der eng benachbarten Hypophyse und anderer Hormondrüsen steuern. Auf diesem Weg steuert und synchronisiert der Hypothalamus auch Keimzellenreifung, Sexualverhalten und Schlaf-Wach-Rhythmus.

**Kleinhirn.** Anders als der Name vermuten lässt, ist das *Kleinhirn* der zweitgrößte Teil des menschlichen Gehirns. Seine Aufgabe liegt vor allem in der Koordination von Bewegungsabläufen und der Orientierung im Raum. Wird diese Funktion beeinträchtigt, beispielsweise durch einen Alkoholrausch, wird der Gang unsicher und schwankend und Bewegungen verfehlen oft ihr Ziel.

Bei allen Wirbeltieren, deren Bewegung besonders hohe Koordinationsleistungen erfordert, wie das Schwimmen der Fische, das Laufen der Säuger und das Fliegen der Vögel, ist das Kleinhirn auffallend groß und differenziert. Beim Menschen beträgt sein Anteil am Gesamtgewicht des Gehirns kurz nach der Geburt nur etwa 5 %, verdoppelt diesen Anteil aber in nur zwei Jahren fast auf den Wert des Erwachsenen.

**Großhirn.** Das *Großhirn* ist der entwicklungsgeschichtlich jüngste Teil unseres Gehirns. Ursprünglich war es nur das Riechhirn der Wirbeltiere, hat sich aber bei den Säugetieren zum höchsten, den anderen Abschnitten übergeordneten Gehirnteil entwickelt. Vor allem bei Primaten – allen voran den Menschen – ist es zu besonderer Größe herangewachsen.

Eine Längsfurche teilt es in zwei Hälften oder *Hemisphären*, die durch den *Balken* – eine Struktur aus über 200 Millionen Axonen – verbunden sind. Drei tiefe Furchen unterteilen jede Hirnhälfte in *Stirn-*, *Scheitel*, *Hinterhaupts-* und *Schläfenlappen*. Weitere Furchen und Windungen vergrößern die Oberfläche beim Menschen auf 1 000 $cm^2$. Dies ist insofern bedeutsam, als die Informationsverarbeitung in der nur 2 mm dicken *Großhirnrinde*, dem *Cortex*, abläuft. Er enthält als ***graue Substanz*** vollständige Neurone; dagegen besteht die ***weiße Substanz*** des Gehirninnern nur aus Axonen.

In der Großhirnrinde findet sich etwa ein Drittel der etwa 150 Milliarden Neurone, aus denen das gesamte Nervensystem besteht. Jedes Neuron im Cortex bildet im Durchschnitt 8 000 Synapsen aus. Insgesamt gibt es also etwa $4 \cdot 10^{14}$ Synapsen im Großhirn. Über wenige Interneurone ist hier praktisch jedes Neuron mit jedem anderen verbunden. Daraus ergibt sich eine unvorstellbare Zahl an Kombinationsmöglichkeiten neuronaler Zusammenarbeit. Sie ist die Grundlage aller unserer kognitiven Fähigkeiten wie Lernen, Gedächtnis, Intelligenz, Sprache und Bewusstsein.

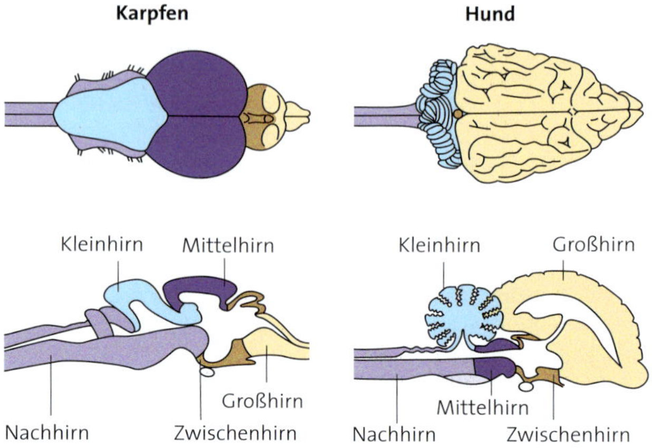


*1 Gehirn von Knochenfisch und Säugetier im Vergleich. Oben Aufsicht, unten Längsschnitt*

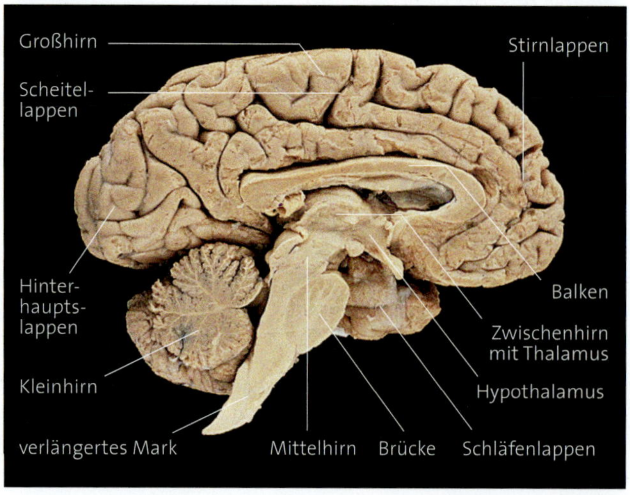


*2 Menschliches Gehirn im Längsschnitt. Charakteristisch ist die stark gefurchte Großhirnrinde.*

## Die Felder der Großhirnrinde

Verschiedene Bereiche der Großhirnrinde erfüllen so unterschiedliche Funktionen wie die Bewegungssteuerung des kleinen Fingers, die Wahrnehmung von Tonhöhen oder das Speichern von Vokabeln. Ein erster Überblick über die verwirrende Vielfalt dieser Funktionen wird möglich, wenn man Areale der Gehirnrinde, die man als *Rindenfelder* bezeichnet, danach unterscheidet, ob sie Informationen von Sinnesorganen aufnehmen, Steuerbefehle an Muskeln ausgeben oder keines von beidem tun (► Bild 1):

- In *sensorischen Rindenfeldern* laufen Informationen von den Sinnesorganen ein.
- *Motorische Rindenfelder* steuern willkürlich ausgeführte Bewegungen.
- Die *assoziativen Rindenfelder* haben keine dieser Funktionen. Ihre Neurone verarbeiten Informationen, indem sie beispielsweise Sinneseindrücke mit Gedächtnisinhalten vergleichen, selbst Gedächtnisfunktion haben oder verschiedene Stimmungen gegeneinander abwägen.

Mithilfe der assoziativen Felder können wir Handlungen im Geiste durchspielen und auf ihre Erfolgsaussichten untersuchen. Diese Rindenfelder ermöglichen also planvolles *Denken*. Im Großhirn der meisten Wirbeltiere findet man fast ausschließlich motorische und sensorische Felder. Daher können Pferde oder Vögel nur begrenzt einsichtig handeln, während Primaten durch den Besitz assoziativer Rindenfelder in der Lage sind, komplexe Probleme zu lösen (► S. 490).

**Lokalisation von Hirnfunktionen.** Vor 150 Jahren war man davon überzeugt, dass geistige Fähigkeiten nicht an bestimmte Hirnstrukturen gebunden sind, sondern vom Gehirn als Ganzem erbracht werden. Durch verschiedene Untersuchungsmethoden (► S. 436) konnte diese Vorstellung inzwischen widerlegt werden: Bestimmten Großhirnarealen lassen sich ganz bestimmte Funktionen zuordnen (► Bild 1). So werden beispielsweise optische Sinneseindrücke im Hinterhauptslappen verarbeitet, akustische dagegen im Schläfenlappen. Vor und hinter der Zentralfurche liegen zwei Felder, in denen jeweils der gesamte Körper repräsentiert ist: Im Stirnlappen liegt das *primäre motorische Feld*, von dem aus alle bewusst ausgeführten Bewegungen gesteuert werden.

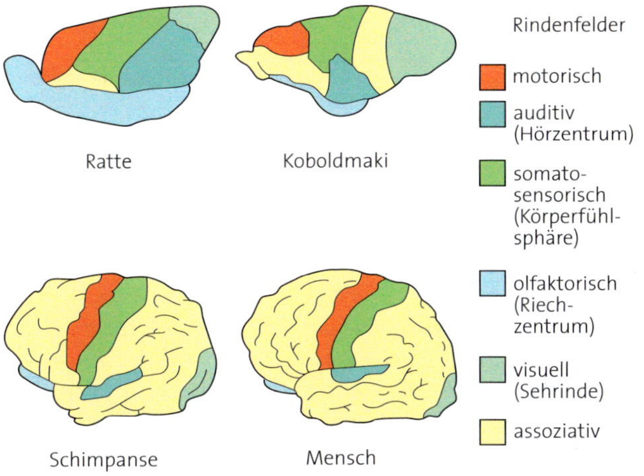


*2 Anteil von assoziativen Feldern an der Großhirnrinde bei verschiedenen Säugetieren*

Dahinter im Scheitellappen liegt die ***Körperfühlsphäre***, auch *somatosensorisches Rindenfeld* genannt (► Bild 3). Hier laufen alle Informationen von den Sinnesorganen der Haut (Tastsinn, Temperatursinn, Schmerz) zusammen. In beiden Hirnarealen sind benachbarte Körperbereiche ebenfalls benachbart. Die „Abbildung" des Körpers ist aber nicht maßstabsgetreu. Gesicht und Hände sind zum Beispiel deutlich überrepräsentiert.

Die Lokalisation von Hirnfunktionen in der Großhirnrinde hat allerdings Grenzen, denn die Zuordnung bestimmter Hirnareale zu bestimmten Funktionen ist keineswegs völlig starr. So kann unter Umständen nach Schädigung eines Hirnbereichs ein anderer die Funktion des ausgefallenen Bereichs teilweise oder vollständig übernehmen. Auch ist inzwischen erwiesen, dass die Größe eines bestimmten Areals durch Gebrauch oder Vernachlässigung von Organen veränderbar ist (► S. 439).

**1 Erklären Sie die Tatsache, dass verschiedene Körperteile in den Feldern der Großhirnrinde unterschiedlich repräsentiert sind.**

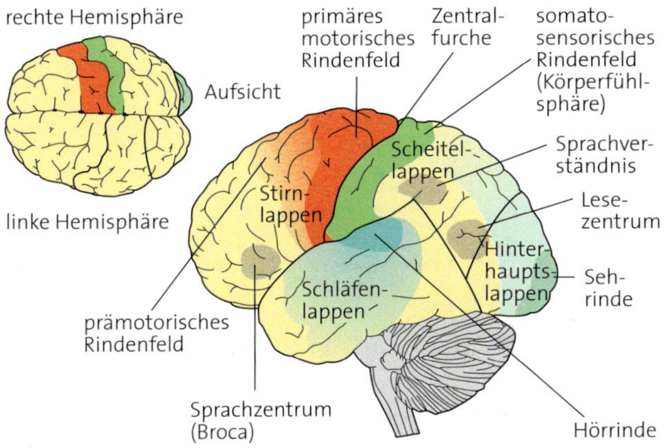


*1 Bau des menschlichen Großhirns und Funktion der Rindenfelder*

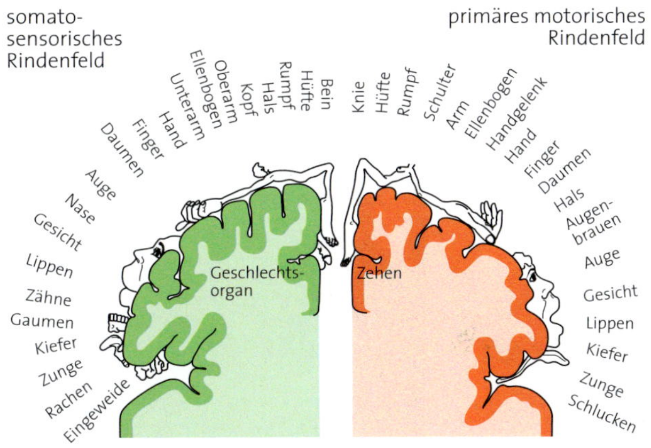


*3 Körperfühlsphäre (links) und primäres motorisches Rindenfeld mit den dort repräsentierten Körperteilen*

## Erforschung der Hirnfunktionen

Was im Kopf eines Menschen vorgeht, war bislang einer wissenschaftlichen Untersuchung komplett unzugänglich. Reges Interesse an der Frage, wie das Gehirn arbeitet, stachelte die Forscher allerdings schon lange an. Seit Ende des vergangenen Jahrhunderts rückt die Möglichkeit langsam näher, vielleicht einmal die Gedanken eines Menschen lesen zu können.

**Läsionsforschung.** Schon im 19. Jahrhundert entdeckte der französische Arzt PIERRE PAUL BROCA, dass Patienten mit einer Verletzung in einem eng umgrenzten Bereich des linken Stirnlappens im Großhirn kaum noch sprechen konnten. Das Areal war wohl bei gesunden Menschen für die Sprachsteuerung unentbehrlich. Mit dieser Entdeckung wurde die *Läsionsforschung* geboren.

Auch heute noch studieren Neurowissenschaftler Funktionsausfälle, die aufgrund einer Läsion im Gehirn entstehen. Streng genommen erfährt man aber durch das Studium von Läsionen wenig über die Gehirnfunktion bei gesunden Menschen. Auch kommt es vor, dass die Funktion beschädigter Gehirnareale von anderen Bereichen übernommen wird.

**Tomographische Verfahren.** Heute stehen Wissenschaftlern Methoden zur Verfügung, mit denen man räumliche Bilder von Gehirnen lebender Menschen erzeugen kann. Spezielle bildgebende Verfahren ermöglichen sogar *Funktionsanalysen*, ohne dass Eingriffe ins Gehirn von außen nötig wären. Man kann sozusagen einem gesunden Gehirn beim Denken zuschauen.

Die Entwicklung der *Computertomographie (CT)* brachte den Durchbruch. Bei diesem Verfahren wird der Körper mit eng gebündelten Röntgenstrahlen durchleuchtet, die sich in einer Röhre kreisförmig um den Patienten herum bewegen. Fächerförmig angeordnete Detektoren auf der gegenüberliegenden Seite fangen die nicht vom Körper absorbierte Strahlung auf (▶ Bild 1). Weil der Körper aus mehreren Richtungen durchleuchtet wird, erhält man als Messergebnis viele verschiedene Schnittbilder des Körpers. Daraus kann ein Computer ein räumliches Bild errechnen. Bei einem CT-Scan fallen Datenmengen bis über hundert Gigabyte an. Die Entwicklung solcher Verfahren war daher erst möglich, nachdem leistungsstarke Computer zur Verfügung standen.

Die *Magnetresonanztomographie (MRT)* ähnelt im Prinzip der CT. Hier wird der Körper jedoch einem starken Magnetfeld ausgesetzt. Innerhalb des Magnetfelds können bestimmte Moleküle im Körper dazu angeregt werden, Signale auszusenden, die gemessen und zur Rekonstruktion eines Schnittbilds verwendet werden. Die MRT eignet sich besonders, um Fette, Wasser, Ödeme und Tumore sichtbar zu machen. CT und MRT werden auch als Voraussetzung für Funktionsanalysen eingesetzt: Nur wenn vorher eine „Gehirnkarte" der Testperson erstellt wurde, kann man zuordnen, welche Areale bei bestimmten Aufgaben aktiv werden.

**Funktionsanalysen.** Die *Positronen-Emissions-Tomographie (PET)* ist ein tomographisches Verfahren, bei dem nicht Strukturen, sondern die *Stoffwechselaktivität*, also die Funktion eines Gewebes dargestellt wird. Für die Gehirnforschung sind PET-Scans von Nutzen, weil sie zeigen, welche Gehirnbereiche bei bestimmten Aufgabenstellungen besonders beansprucht werden. Als Marker für aktive Gehirnareale wird die stärkere Durchblutung gemessen: In stärker durchbluteten Bereichen tritt Wasser aus den Kapillaren ins Gewebe über. Wurde vor Versuchsbeginn radioaktiv markiertes Wasser gespritzt, lässt sich das messen.

Bei der *funktionellen Magnetresonanztomographie (fMRT)* sind nicht einmal radioaktive Marker nötig. Hier wird die stärkere Durchblutung über ein verändertes Verhältnis von oxigeniertem und desoxigeniertem Hämoglobin gemessen. Bei PET und fMRT muss jeder Versuch im *Subtraktionsverfahren* durchgeführt werden. Dabei werden Tomogramme von zwei verschiedenen Situationen aufgenommen: einer Kontrollbedingung (zum Beispiel Augen geschlossen) und einer Versuchsbedingung (zum Beispiel Augen offen). Anschließend werden mithilfe einer speziellen Software die Tomogramme voneinander abgezogen. So kann man die Stoffwechselaktivität ermitteln, die für die gestellte Aufgabe zusätzlich gebraucht wurde (▶ Bild 2).

**1 Erläutern Sie den Grundgedanken, der hinter dem Subtraktionsverfahren steckt, das bei der Erforschung der Hirnfunktion mittels PET und fMRT oft angewandt wird.**

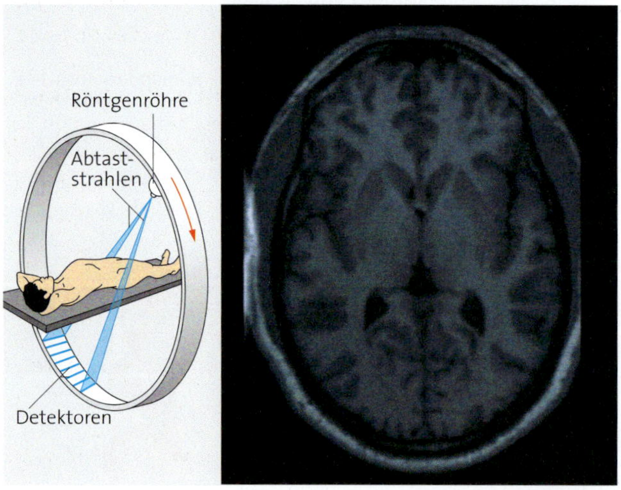


*1 CT-Scanner und eines der Schnittbilder, die mit dieser Methode gemessen werden können*

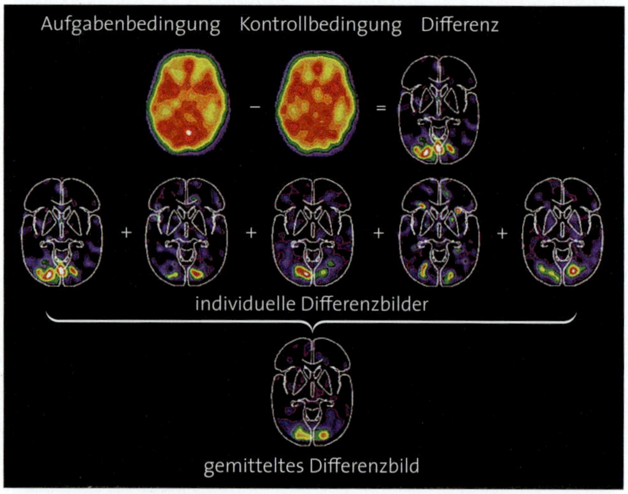


*2 PET-Scans, aufgenommen unter Versuchs- und Kontrollbedingung, und daraus durch Subtraktion entstandene Differenzbilder*

## Wahrnehmung am Beispiel Sehen

Sehen ist mehr als unsere Augen aufnehmen: Kommt jemand auf uns zu, haben wir nicht den Eindruck, die Person würde wachsen, obwohl ihr Bild auf der Netzhaut immer größer wird. Winkt die Person, ändert sich das Bild der Hand auf der Netzhaut ständig; trotzdem wird es immer als Hand wahrgenommen. Die optischen Informationen der Netzhaut werden im Gehirn offenbar nicht nur passiv aufgenommen, sondern aktiv bearbeitet, verknüpft und interpretiert. Mit diesem als *Wahrnehmung* bezeichneten Prozess rekonstruieren wir aus Sinnesdaten ein stimmiges Bild unserer Umwelt. Ihm entspricht das Aktivitätsmuster von Neuronen im Gehirn.

**Sehbahn.** Die Axone der Ganglienzellen in der Netzhaut bilden den Sehnerv (► S. 424). Die Axone der inneren, nasenseitigen Netzhauthälften überkreuzen sich (► Bild 1). So gelangen die Informationen der linken Hälfte der Gesichtsfelder von beiden Augen in die rechte Hirnhälfte, die der rechten Hälfte der Gesichtsfelder in die linke Hirnhälfte. Auf diese Weise wird räumliches Sehen möglich: Jede Hirnhälfte erhält Informationen von beiden Augen und kann sie – verbunden über den Balken – miteinander vergleichen.

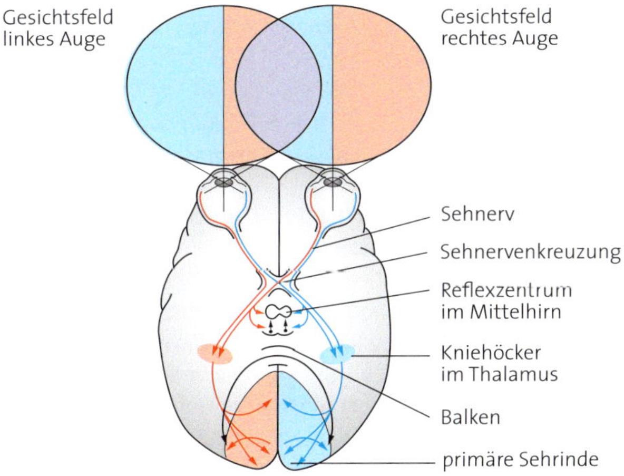


1 *Übersicht über die Sehbahn*

Der Sehnerv führt zum seitlichen Kniehöcker im *Thalamus*. Ein Teil der Fasern zweigt allerdings schon vorher zu den ***Zentren des Pupillen- und Akkommodationsreflexes*** im Hirnstamm ab. Die Sehbahn selbst verläuft zur ***primären Sehrinde*** im Hinterhauptslappen des Großhirns (► Bild 1). Die Synapsen im Thalamus sind so ausgebildet, dass sowohl im seitlichen Kniehöcker als auch in der primären Sehrinde eine ***neuronale Karte*** der Netzhaut entsteht: Benachbarte Neurone der Hirnbereiche empfangen ihre Signale von ebenfalls benachbarten rezeptiven Feldern der Netzhaut. Das auf die Netzhaut fallende Bild erfährt damit im Gehirn eine räumliche Rekonstruktion.

**Parallele Bildverarbeitung in der Sehrinde.** Frühere Vorstellungen gingen davon aus, dass die Informationen aus der Netzhaut unverändert an die primäre Sehrinde weitergeleitet würden. Nach einem Vergleich der Erregungsmuster mit Gedächtnisinhalten würden bekannte Muster dann als Gegenstände identifiziert.

2 *Unterschiedliche Aspekte eines Objekts werden in verschiedenen Regionen der Hirnrinde getrennt verarbeitet.*

Inzwischen hat man erkannt, dass das Bild bereits interpretiert wird, bevor wir es bewusst wahrnehmen. Die interpretierende Bildbearbeitung beginnt schon in der Netzhaut, wo zum Beispiel durch Kontrastverstärkung Konturen hervorgehoben werden (► S. 424). Die Verarbeitung der Bildinformation wird im Thalamus fortgeführt und ist auch in der primären Sehrinde noch nicht abgeschlossen. Ihr sind höhere Sehrindenfelder in verschiedenen Hirnregionen nachgeschaltet, die auf die Verarbeitung einzelner Aspekte des Netzhautbilds spezialisiert sind: Farbe, Kontrast, Umrisse, Bewegung (► Bild 2). Ein Feld ist beispielsweise für die Verarbeitung der dynamischen Form zuständig, wodurch wir ein bewegtes Objekt trotz seiner Bewegung als formkonstant wahrnehmen.

Die parallele Bildverarbeitung – von den ersten Verarbeitungsprozessen in der Netzhaut (► S. 425) bis zu den Vorgängen in den Sehrindenfeldern – hat den Vorteil, dass sich große Informationsmengen gleichzeitig verarbeiten lassen und besonders wichtige Aspekte des Netzhautbilds, beispielsweise bewegte Formen, sofort „ins Auge fallen".

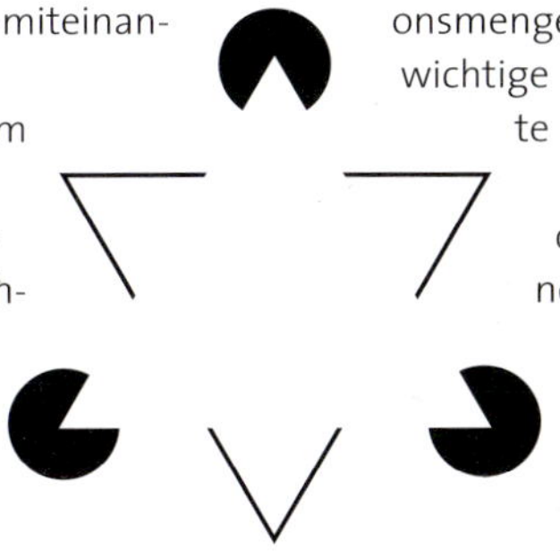

Die interpretierende Wahrnehmung kann allerdings auch zu Fehlleistungen führen, wie an Sinnestäuschungen deutlich wird. So werden beispielsweise Konturen von Formen so sehr verstärkt, dass es manchmal sogar dann zur Formwahrnehmung kommt, wenn objektiv gar keine Form vorhanden ist (► Bild links). Dass wir die Täuschung durchschauen, verhindert sie erstaunlicherweise nicht.

1. **Betrachten Sie bei ausgestreckter Hand Ihren Daumen abwechselnd mit dem rechten und dem linken Auge. Deuten Sie Ihre Beobachtung.**
2. **Geben Sie Beispiele für optische Täuschungen und versuchen Sie zu erklären, wie diese zustande kommen.**
3. **Die sehr kontrastreiche Fellfärbung von Tiger und Zebra hat dennoch Tarnwirkung. Versuchen Sie dieses Phänomen zu erklären.**

## Lernen und Gedächtnis

Von den Informationsmengen, die in jeder Sekunde über die Sinnesorgane auf uns einströmen, wird uns das allermeiste nicht bewusst. Und selbst von dem, was bewusst erlebt wird, kann man später nur noch lückenhaft berichten. Einige wenige Informationen aber werden zu neuem Wissen. Den Erwerb neuen Wissens oder Verhaltens nennt man *Lernen*. Unter *Gedächtnis* versteht man die Fähigkeit, dieses Wissen abrufbar zu speichern.

**Verschiedene Lernformen.** Es gibt eine Reihe verschiedener Lernformen, die sich in Ablauf und Komplexität unterscheiden (► S. 485–490). Einen Text auswendig zu lernen ist etwas anderes als Radfahren zu lernen. Auch aus neurobiologischer Sicht lassen sich zwei grundsätzlich verschiedene Lernformen unterscheiden:

Als *kognitives, deklaratives* oder *explizites Lernen* wird das bezeichnet, was man auch im allgemeinen Sprachgebrauch unter Lernen versteht, also alles Lernen, das eine bewusste Anteilnahme erfordert. Charakteristisch für diese Lernform ist, dass man die Lerninhalte sprachlich wiedergeben kann. Oft werden dabei Begriffe logisch verknüpft. Hierzu müssen die neuronalen Netze, die die Begriffe repräsentieren, *gleichzeitig aktiv* sein.

Beim *nichtkognitiven, prozeduralen* oder *impliziten Lernen* ist eine bewusste Anteilnahme nicht erforderlich. Es handelt sich mehr um ein Einüben. Typisch für implizites Lernen ist, dass hier eine *Abfolge von Ereignissen* erlernt wird. Beim Binden einer Schleife zum Beispiel kommt es auf die Abfolge der Handbewegungen an.

Die Vorgänge, die sich beim Lernen auf der Ebene der Neuronen abspielen, folgen jedoch immer demselben Prinzip: Die Lerneffekte beruhen darauf, dass sich die *Wirksamkeit von Synapsen* zwischen zwei Neuronen *verändert*, also bei gleicher Erregung mehr oder auch weniger Transmitter ausgeschüttet wird.

**Implizites Lernen durch Bahnung.** Viele Menschen zucken zusammen, sobald sie das Geräusch eines Zahnarztbohrers hören. Wer oft genug die Erfahrung gemacht hat, dass auf dieses Geräusch ein Schmerzreiz folgt, reagiert bereits auf das Geräusch allein. Bei diesem Lernvorgang handelt es sich um eine *klassische Konditionierung*. Hierbei wird ein neutraler Reiz zu einem reaktionsauslösenden (konditionierten) Reiz. Die klassische Konditionierung kann als Beispiel für implizites Lernen dienen.

Bei einem neutralen Reiz führt die Erregung im sensorischen Nerv zur Ausschüttung von nur wenig Transmitter an der Synapse zum Motoneuron. Dessen Erregung ist daher unterschwellig. Trifft an dieser Synapse, kurz nachdem sie aktiv war, ein stark erregendes Signal ein, reichern sich Calciumionen in der präsynaptischen Endigung an. Das führt zu einer Reihe von Veränderungen, die eine vermehrte Transmitterausschüttung zur Folge haben (► Bild 2). Jetzt wirkt auch der ehemals neutrale Reiz reaktionsauslösend. Das starke Signal muss dazu kurz nach der Aktivierung der Synapse eintreffen. In Bild 2 stammt es von einem sensorischen Neuron, das Informationen über einen Schmerzreiz transportiert und über ein Interneuron vermittelt wird. Da die Verstärkung der Synapsenwirksamkeit nur eintritt, wenn sie gerade aktiv war, spricht man von *aktivitätsabhängiger Bahnung*.

**Explizites Lernen durch Langzeitpotenzierung.** Für explizites Lernen sind mehrere Mechanismen von Bedeutung, darunter die *Langzeitpotenzierung*. Dabei wird die Wirksamkeit einer Synapse erhöht, wenn sie zuvor eine Serie schnell aufeinanderfolgender Aktionspotenziale übermittelte. Über Stunden oder Tage hat dann auch ein einzelnes Aktionspotenzial einen stärkeren Effekt als zuvor. Dieser Zustand wird durch ein Signal der postsynaptischen Zelle – vermutlich *Stickstoffmonooxid* – an die präsynaptische Zelle bewirkt. Bei der assoziativen Form der Langzeitpotenzierung wird die Wirkung einer schwach erregten Synapse verstärkt, wenn eine benachbarte Synapse gleichzeitig viel Transmitter ausschüttet. Man kann sich vorstellen, dass logische Verknüpfungen oder räumliche Beziehungen so gelernt werden.

**Gedächtnisebenen.** Eine Telefonnummer, die man zugerufen bekommt, kann man sich nur so lange merken, bis man sie eingetippt hat. Seine Muttersprache oder manche Kindheitserinnerungen vergisst man dagegen ein Leben lang nicht. Informationen werden offenbar je nach ihrer Bedeutung für uns unterschiedlich lange gespeichert. Man unterscheidet daher verschiedene Gedächtnisebenen.

*1 Implizites Lernen. Die Bewegungsabfolge beim Schleifenbinden wird eingeübt.*

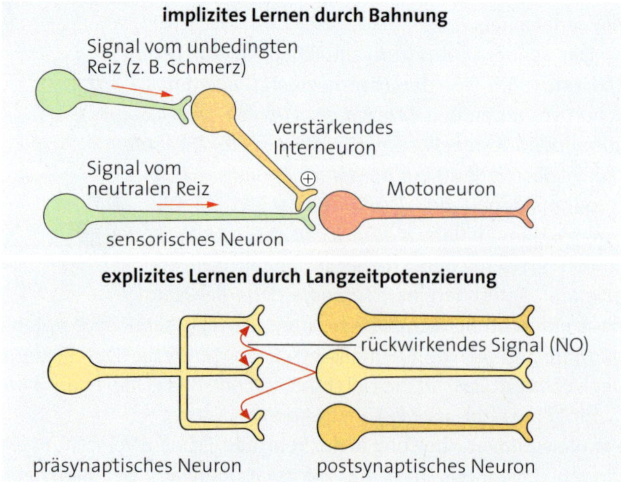


*2 Neuronale Verschaltungen, die explizitem und implizitem Lernen zugrunde liegen (Schema)*

- Das *sensorische Gedächtnis* oder *Ultrakurzzeitgedächtnis* (► Bild 1) beruht auf einem Nachschwingen neuronaler Erregung auf der Ebene der Sinnesorgane. Nicht alle Wissenschaftler bezeichnen das schon als Gedächtnisleistung.
- Das *Kurzzeitgedächtnis* wird oft noch in das *primäre Gedächtnis* und das *Arbeitsgedächtnis* untergliedert. Im primären Gedächtnis sind die Informationen abgelegt, die uns momentan bewusst sind. Das sind nur etwa 7 Einzelinformationen gleichzeitig. Werden sie nicht mehr gebraucht, sind sie nach 30 Sekunden vergessen. Das Arbeitsgedächtnis hat eine größere Kapazität und hält Informationen bis zu einer Stunde verfügbar. Grundlage des Kurzzeitgedächtnisses sind Aktivitätsveränderungen an Synapsen wie etwa durch Langzeitpotenzierung.
- Im *Langzeitgedächtnis* sind Informationen auf Dauer gespeichert. Das ist mit einer permanenten Veränderung der Wirksamkeit von Synapsen verbunden. Wie groß die Kapazität des Langzeitgedächtnisses ist, lässt sich bisher kaum abschätzen: Im Lauf eines Lebens könnte die dauerhaft gespeicherte Information $10^{10}$ bis $10^{14}$ Bit umfassen, was dem Inhalt von 3000 bis 30 Millionen Büchern vom Umfang dieses Buchs entspräche.

**Ort und Art der Speicherung.** Im *Hippocampus* und im *Mandelkern*, die beide zum limbischen System (► S. 441) gehören, werden Informationen ins Langzeitgedächtnis überführt. Die *Konsolidierung* genannte Fähigkeit ist an diese Hirnregionen gebunden. Schädigungen – wie auch Schädigungen von Thalamus, Riechhirn und Großhirnrinde – können zu Gedächtnisstörungen führen.

Die dauerhafte Speicherung von Gedächtnisinhalten erfolgt stufenweise: Erst werden Synapsen verstärkt, zum Beispiel durch Bahnung. Dann werden Gene aktiviert, die für Proteine codieren, die die Signalübertragung beeinflussen. So können beispielsweise vermehrt Ionenkanäle in präsynaptischen Endigungen entstehen. Eine dauerhafte Fixierung von Inhalten wird erreicht, indem sich zwischen oft gebrauchten Verknüpfungen von Neuronen zusätzliche Synapsen bilden; an selten gebrauchten Verknüpfungen werden Synapsen abgebaut. Selbst die Neubildung von Neuronen spielt für das Lernen eine Rolle, etwa im Hippocampus.

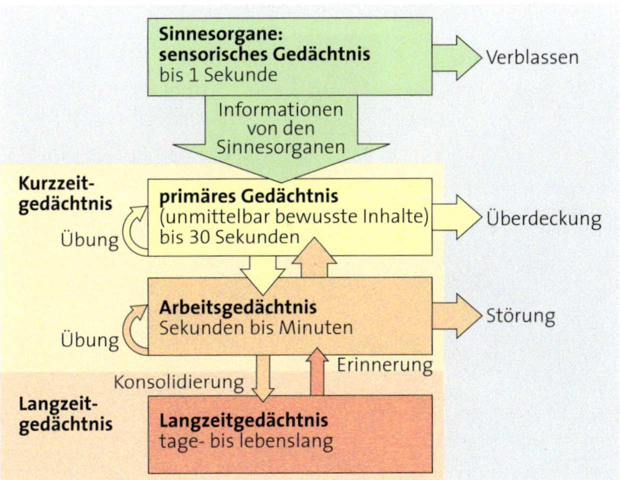


*1 Gedächtnisinhalte bleiben in der verschiedenen Gedächtnisebenen unterschiedlich lange erhalten.*

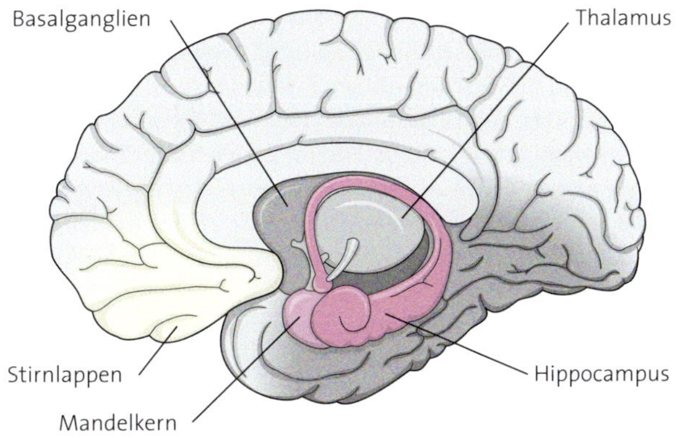


*2 Hirnregionen, deren Schädigung in der Regel Gedächtnisstörungen zur Folge hat*

**Erfahrungen verändern das Gehirn.** Am impliziten Lernen ist der Hippocampus nicht beteiligt, dafür oft Basalganglien und Kleinhirn. Es ließ sich zeigen, dass Lernprozesse strukturelle Veränderungen im Gehirn bewirken. So fand man in Untersuchungen an Nachtaffen, dass sich die somatosensorischen Rindenfelder (► S. 435) häufig gebrauchter Körperteile vergrößern (► Bild 3).

**Erinnern.** Heute beginnt man zu verstehen, was im Gehirn abläuft, wenn wir uns an etwas erinnern. Bei der Erinnerung handelt es sich wohl um eine Art *Protokoll* eines *neuronalen Aktivitätsmusters*. Wenn wir uns zum Beispiel an einen Apfel erinnern, werden dieselben Nervenzellen im Gehirn aktiv, die auch beim Anblick, beim Betasten, Riechen und Schmecken des Apfels erregt waren. Dabei steht das Aktivitätsmuster der Neuronen – nicht die Nervenzellen selbst – für den Begriff. So kann ein Neuron an der Repräsentation verschiedener Begriffe beteiligt sein. Offenbar bilden Gruppen neuronaler Netze zusammen einen Begriff: So könnte eine Gruppe für Nahrung stehen, eine zweite für Obst und eine dritte – kleinere – für Apfel. Durch diese Aufteilung des Begriffs auf verschiedene „Module" lassen sich Informationen sehr platzsparend abspeichern.

*3 Durch Training bestimmter Finger vergrößerten sich bei Nachtaffen die zugehörigen somatosensorischen Felder.*

## Denken – Sprechen – Fühlen

Verglichen mit anderen Tieren, sind wir Menschen seltsame Wesen: Wir können sprechen, haben Kulturen hervorgebracht, tragen Schmuck, bauen Musikinstrumente, fürchten uns vor dem Tod und rätseln über den Ursprung der Welt. Alle Eigenschaften, die eine Sonderstellung des Menschen im Tierreich begründen könnten, sind auf die Komplexität und die Leistungsfähigkeit seines Gehirns zurückzuführen: Das typisch Menschliche am Menschen ist sein Gehirn, in erster Linie sein Großhirn. Tatsächlich lassen sich manche typisch menschlichen Fähigkeiten wie das Sprechen an bestimmten Großhirnarealen festmachen.

**Sprache.** Wesentlich für die Sprachfähigkeit des Menschen ist das *Denken in Begriffen*: Dabei werden mit den Sinnen erfasste Eindrücke nach bestimmten Kriterien klassifiziert. Zwar können auch einige hoch entwickelte Säugetiere und Vögel Begriffe bilden, aber diese *vorsprachlichen* oder *averbalen Begriffe* beschränken sich vor allem auf Dinge und Lebewesen, die direkt mit den Sinnen erfahrbar sind. Dagegen kann sich das Denken beim Menschen davon völlig lösen: *Abstrakte Begriffe* wie „Demokratie" oder „Primzahl" sind *Symbole* für komplizierte Zusammenhänge, die sich nur mithilfe von Sprache erklären lassen. Die *Symbolsprache* befähigt den Menschen, sich über nicht Gegenwärtiges und nicht mit den Sinnen Erfahrbares zu verständigen. Ihre Entwicklung war ein entscheidender Motor der kulturellen Evolution (► S. 283).

Das Denken in Begriffen ist eine Leistung von assoziativen Feldern der gesamten Großhirnrinde. Ein weiteres System im Gehirn repräsentiert Laute und enthält auch die Regeln für die Kombination von Lauten, sodass sich Wörter und Sätze ergeben. Eine dritte Instanz im Großhirn ist notwendig, um zwischen den ersten beiden zu vermitteln: Bestimmte Lautkombinationen werden Begriffen so zugeordnet, dass zum Beispiel das Wort „rot" den dazugehörigen Farbeindruck repräsentiert.

Die Läsionsforschung sowie PET-Scans (► S. 436) haben gezeigt, dass die beiden letztgenannten Systeme nicht diffus im Gehirn verteilt, sondern in eng umgrenzten Bereichen des Stirn- und Scheitellappens lokalisiert sind (► Bild 1). Besonders auffällig ist dabei, dass diese *Sprachzentren* immer nur in einer Hirnhälfte, meist in der linken, zu finden sind. Obwohl das Gehirn des Menschen symmetrisch gebaut ist, beschränkt sich demnach die Sprachfähigkeit auf eine Gehirnhälfte. Man spricht hier von *funktioneller Asymmetrie* und vermutet ihre Ursache in Koordinationsschwierigkeiten, die dann entstehen könnten, wenn die Sprache von zwei gleichberechtigten Zentren gesteuert würde.

**Das Rätsel Bewusstsein.** Neben der Sprache und der Fähigkeit zum abstrakten Denken gilt das Bewusstsein als typisch menschliches Merkmal: Wir erfahren unser *„Selbst"* im *Denken und Wahrnehmen* als eine von der Umwelt getrennte Einheit. Nur wenige Tierarten, darunter die Menschenaffen, sind sich ihrer selbst bewusst: Beim Spiegeltest (► Bild 2) untersuchen sie meist das eigene Gesicht, sie erkennen sich also selbst, während andere Tiere das Spiegelbild untersuchen oder den vermeintlichen Fremdling zu verjagen suchen.

Die Erforschung des Bewusstseins stellt Wissenschaftler vor große *methodische Probleme*, da es zwar subjektiv erfahrbar, aber mit objektiven Verfahren schwer zu untersuchen ist. Einige kennzeichnende Merkmale lassen sich beschreiben:

- Es gibt kein eng umgrenztes Hirnareal für Bewusstsein. Doch können nur solche Ereignisse bewusst erlebt werden, die von einer Aktivität der assoziativen Felder der Großhirnrinde begleitet werden. Was nicht in der assoziativen Großhirnrinde abläuft, wird uns auch nicht bewusst.
- Die Kapazität des Bewusstseins ist sehr begrenzt: Nur etwa sieben Einzelinformationen pro Sekunde können bewusst erlebt werden. Dies entspricht nur einem winzigen Bruchteil der Datenmenge, die das ganze Gehirn verarbeitet.
- Bewusstseinszustände wie Wachen und Schlafen werden nicht von der Großhirnrinde, sondern unter anderem vom Hirnstamm gesteuert. Schon kleinste Verletzungen einer bestimmten Region im Hirnstamm führen zu tiefer Bewusstlosigkeit.

**Sitz der Gefühle.** Auch Gefühle wie Glück, Ärger oder Verliebtheit stehen mit bestimmten Gehirnstrukturen in Zusammenhang. Manche Gefühle wie Angst kann man sich andererseits nicht vorstellen, ohne gleichzeitig auch an *körperliche Reaktionen* wie Herzrasen, kalten Schweiß und flachen Atem zu denken. Daher ist es nicht verwunderlich, dass es im Gehirn eine Struktur gibt, die Ner-

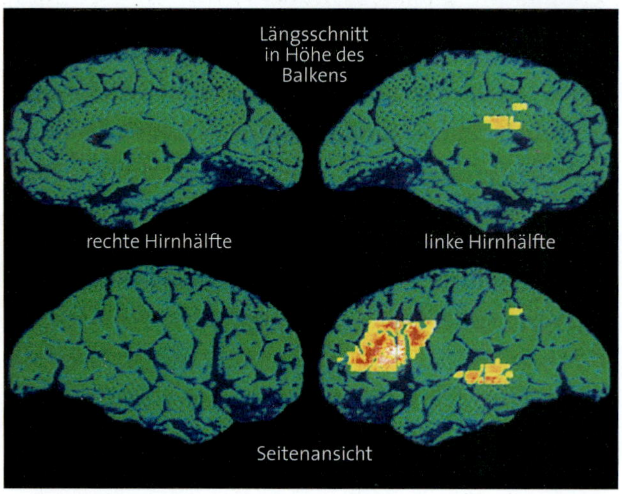


*1 PET-Scan einer Testperson beim Wortebilden*

*2 Schimpanse beim Spiegeltest*

venverbindungen sowohl zu den assoziativen Feldern der Großhirnrinde als auch zum Hypothalamus (► S.434) hat, der über das Hormonsystem körperliche Reaktionen steuert. Bei diesem „Gefühlshirn" handelt es sich um das *limbische System* (► Bild 1).

**Gefühle – kein Luxus.** Von einigen Philosophen ist die Ansicht vertreten worden, dass Gefühle nichts als „niedere Instinkte" sind, der Vernunft des Menschen weit unterlegen. Solche Ansichten sind heute zumindest fragwürdig geworden.

Gefühle liefern Anreize dafür, bestimmte Dinge zu tun und andere zu lassen: Wer würde mühevoll arbeiten, wenn damit nicht die Aussicht auf Wohlstand oder gesellschaftliche Anerkennung verbunden wäre? Wie viele Menschen würden in Abgründe stürzen, wenn niemand Angst vor großen Höhen hätte? Wer „vernünftige Entscheidungen" trifft, spielt zunächst verschiedene Handlungsmöglichkeiten in Gedanken durch. Die Erwartung positiver oder negativer Gefühle wird dann – oft unbewusst – als Entscheidungshilfe eingesetzt, um zwischen mehreren Handlungsalternativen zu wählen. Hierbei spielen die Assoziationsfelder im Stirnlappen und das limbische System eine bedeutende Rolle.

**Motivation und Neurotransmitter.** Auf die Frage, welche Vorgänge im Gehirn mit positiven und daher motivierenden Gefühlen verbunden sind, wurden bereits Teilantworten gefunden. Bestimmte Neurone im limbischen System schütten immer dann den Transmitter *Dopamin* aus, wenn eine Handlung erfolgreich war, wenn sich also ein Gefühl der Befriedigung einstellt. Die Dopaminausschüttung im limbischen System ist gleichsam eine Belohnung für eine erfolgreiche Aktion. Andere Neuronengruppen reagieren auf *Endorphine* und *Enkephaline*. Ihre Freisetzung hat eine schmerzlindernde Wirkung und löst Glücksgefühle aus bis hin zur Euphorie.

**Drogenwirkung.** Manche Menschen unterliegen der Versuchung, starke Glücksgefühle gleichsam auf Knopfdruck auszulösen. Die dazu eingesetzten *Drogen* oder *Rauschmittel* beeinflussen die Wirkungweise von Transmittern (► S.414) im Gehirn:

- *Aufputschmittel* wie Amphetamin, Cocain und Ecstasy verstärken die Wirkung von Dopamin. Das geschieht in der Regel dadurch, dass diese Substanzen die Wiederaufnahme des Transmitters in die präsynaptische Endigung verzögern. Man fühlt sich stark angeregt, verspürt kaum Hunger oder Müdigkeit.
- *Opiate* wie Heroin ähneln in ihrer Struktur den Endorphinen und Enkephalinen. Daher löst der Konsum stark euphorisierende Rauschzustände aus.
- *Alkohol* verstärkt die Wirkung von hemmenden Neuronen, deren Transmitter *γ-Aminobuttersäure (GABA)* ist (► Bild 2). Diese kontrollieren in bestimmten Bereichen des limbischen Systems Zellen, die Angstgefühle erzeugen. Alkoholkonsumenten verlieren daher Ängste und Hemmungen.

Alle diese Rauschmittel schädigen den Körper als *Gifte* auf verschiedene Weise und können außerdem zu *Abhängigkeit* führen.

Wie Abhängigkeit entsteht, ist ein komplizierter und vielschichtiger Prozess, der noch nicht völlig verstanden ist. Oft wird die künstliche Verstärkung der Transmitterwirkung vom Gehirn kompensiert, indem die Transmitter immer mehr an Wirkung einbüßen. Zum Beispiel nimmt bei dauerndem Heroinkonsum die Zahl der Endorphinrezeptoren im Gehirn ab. Daher ist die Rauschdroge bald schon notwendig, um einen normalen Gefühlszustand aufrechtzuerhalten.

Ohne die Droge stellen sich *Entzugserscheinungen* ein. Der Konsument ist *süchtig* geworden. Neben einer *seelischen Abhängigkeit*, also dem Verlangen nach dem nächsten „Trip", entwickelt sich eine *körperliche Abhängigkeit*. Da ein Rausch dann nur noch mit immer steigenden Dosen erreichbar ist, zerstört der Süchtige nicht selten sein Leben durch die Giftwirkung der Droge. Die chemische „Belohnung" durch Rauschdrogen setzt die Vernunft außer Kraft.

---

**❶ Endorphine und Enkephaline werden auch als „endogene Opiate" bezeichnet. Erklären Sie diese Bezeichnung.**

**❷ Auch manche Tiere verwenden eine Art Sprache. So benutzen zum Beispiel bestimmte Meerkatzen für verschiedene Beutegreifer unterschiedliche Warnrufe. Hat Ihrer Ansicht nach die Sprache des Menschen tatsächlich die Sonderstellung verdient, die ihr normalerweise zugebilligt wird? Begründen Sie Ihre Auffassung.**

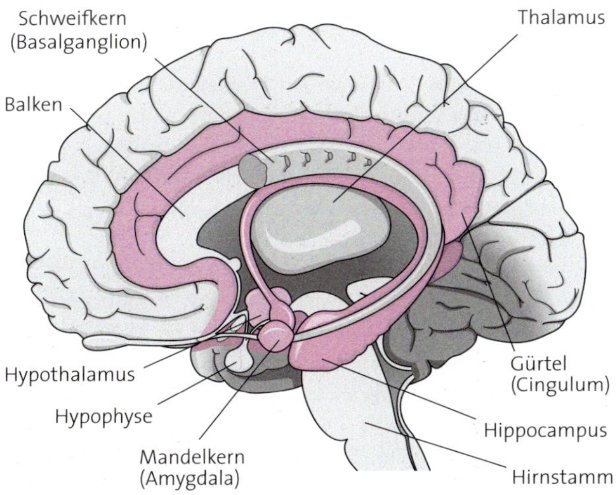


*1 Das limbische System umgibt den Balken wie ein Saum.*

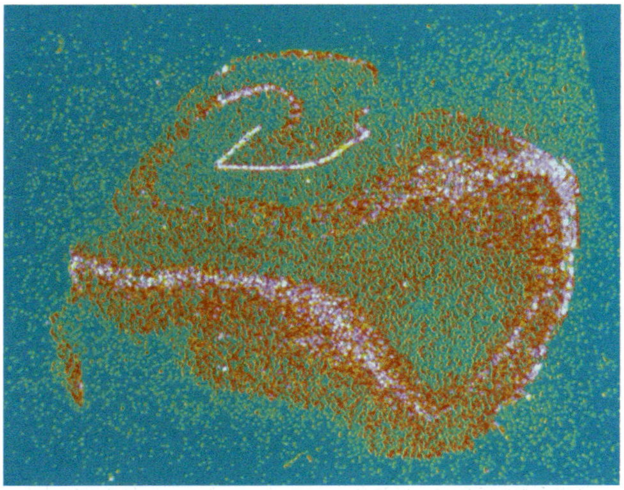

*2 Zellen mit GABA-Rezeptoren (weiß) im Hippocampus*

## Medikament oder Rauschdroge?

Neue Medikamente dürfen heute nur auf den Markt gebracht werden, wenn sichergestellt ist, dass sie keine gravierenden Nebenwirkungen haben. Zu solchen möglichen Nebenwirkungen zählt das Suchtpotenzial mancher Stoffe. Beispielsweise wurde Ende des 19. Jahrhunderts Heroin als Medikament eingesetzt, bis man erkannte, dass es abhängig macht.

**Untersuchung des Suchtpotenzials im Tierversuch**

Bevor ein neuer Wirkstoff klinisch – das bedeutet an Menschen – getestet wird, muss seine Unschädlichkeit erst durch Tierversuche erwiesen werden. Ob ein Wirkstoff süchtig machen kann, zeigt sich in Tests mit Säugetieren, meist Ratten.

Der Versuchsaufbau ist dabei einfach: Einer Ratte wird in eine Vene ein Katheter eingeführt, der mit einer Pumpe in Verbindung steht (► Bild rechts). Die Lösung mit der zu testenden Substanz wird in die Pumpe gefüllt. Diese kann von der Ratte selbst in Gang gesetzt werden, wenn sie lernt, einen Hebel zu bedienen, der mit einem Steuergerät in Verbindung steht. Die Ratte bedient den Hebel nur, wenn sie dafür belohnt wird. Wenn die Injektion der zu testenden Substanz als Belohnung empfunden wird – das ist zum Beispiel bei Cocain der Fall –, weist das darauf hin, dass die Substanz ein gewisses Suchtpotenzial hat.

**Wo im Hirn wirkt die Substanz?**

Meist wird durch ein Rauschmittel die Wirkungsweise eines bestimmten Neurotransmitters verändert. Für viele Transmitter sind inzwischen kompetitive Hemmstoffe (► S. 76) gefunden worden, die mit dem Transmitter um die jeweiligen Rezeptoren konkurrieren. Mischt man im oben beschriebenen Tierversuch das Rauschmittel mit steigenden Dosen des Hemmstoffs, ergeben sich Werte, wie sie im Diagramm unten dargestellt sind: Je mehr Hemmstoff die Testlösung enthält, desto mehr Lösung injizieren sich die Ratten selbst, wohl um den gleichen Rauscheffekt zu erzielen. Bei sehr hohen Hemmstoffkonzentrationen spritzen sich die Ratten keine Testlösung – offenbar unterbleibt der belohnende Effekt.

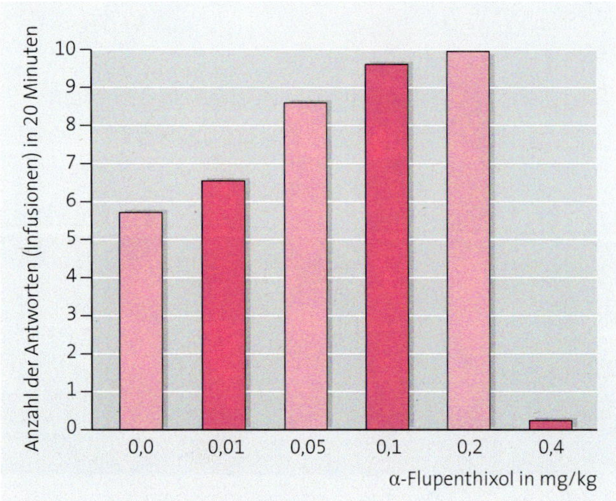


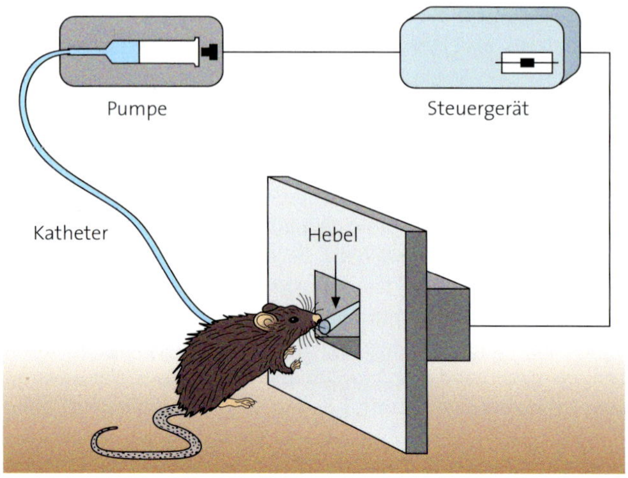


**Klinische Tests und Verschreibungspflicht**

Wenn sich eine Substanz im Tierversuch als unbedenklich erwiesen hat, untersucht man in klinischen Tests ihre Wirkung auf den Menschen.

Bei der Auswertung der Tests wird nicht nur die heilende Wirkung überprüft, sondern auch gezielt nach Nebenwirkungen geforscht. Dabei wird unter anderem untersucht, ob Testpersonen, die die Substanz eingenommen hatten, Anzeichen von körperlicher oder seelischer Abhängigkeit zeigen. Wird ein neues Medikament zugelassen, ist es zunächst automatisch für fünf Jahre verschreibungspflichtig. Nach Ablauf dieser Zeit wird überprüft, ob den Ärzten, die das Medikament verschrieben haben, Nebenwirkungen aufgefallen sind. Von diesen letzten Tests hängt es ab, ob die Verschreibungspflicht für ein Medikament aufgehoben wird.

1. **Der im Text beschriebene Tierversuch wird als Indiz dafür angesehen, dass die getestete Substanz süchtig macht. Begründen Sie diese Schlussfolgerung.**
2. **Bei diesem Versuch verhindern hohe Dosen des Dopaminhemmstoffs die Drogeneinnahme bei der Ratte, während kleine und mittlere Dosen zu einer Erhöhung des Konsums führen. Erklären Sie dieses Ergebnis.**
3. **Vor allem bei der Zulassung von Schmerzmitteln und Psychopharmaka (also Wirkstoffen zur Behandlung von psychischen Erkrankungen) fordert der Gesetzgeber eine besonders gründliche Untersuchung des möglichen Suchtpotenzials. Begründen Sie die Einschätzung dieser Medikamente als besonders gefährlich im Hinblick auf ihr Suchtpotenzial.**
4. **Die Verschreibung von Medikamenten, deren Suchtpotenzial erwiesenermaßen hoch ist, wird durch das Betäubungsmittelgesetz geregelt. Erkundigen Sie sich, welche Maßnahmen in diesem Gesetz vorgeschrieben sind, um einem möglichen Missbrauch der Medikamente vorzubeugen.**

**☞ Stichworte zu weiteren Informationen**

Betäubungsmittelgesetz • operante Konditionierung • klinische Tests • Neurotransmitter

## Mithilfe dieses Kapitels können Sie

- die Aufgaben des Zentralnervensystems nennen
- erläutern, dass sich alle Vorgänge der Informationsverarbeitung im Nervensystem auf ein gemeinsames Prinzip zurückführen lassen
- Methoden der Hirnforschung nennen und die mit ihnen erzielten Erkenntnisse beschreiben
- den Grundaufbau des Wirbeltiergehirns beschreiben
- die Bedeutung des Großhirns für typisch menschliche Fähigkeiten wie Denken, Sprechen und Bewusstsein erläutern
- die Gliederung der Großhirnrinde in verschiedene Felder und die Lokalisation wichtiger Funktionen in ihnen angeben
- am Beispiel des Sehens erklären, dass Wahrnehmung auf Verarbeitungsprozessen von Sinnesdaten in der Großhirnrinde beruht
- verschiedene Lernformen nennen und erklären, wie Lernvorgänge auf der Ebene der Neuronen ablaufen
- darstellen, inwiefern das Gehirn durch Lernprozesse und Erfahrungen verändert wird
- begründen, weshalb Drogen starke Gefühlsreaktionen auslösen, unsere Entscheidungsfähigkeit beeinträchtigen und körperliche Abhängigkeit verursachen

## Testen Sie Ihre Kompetenzen

Dass die Erforschung der Gehirnfunktionen so gewaltige Fortschritte macht, liegt vor allem auch daran, dass es erst seit wenigen Jahrzehnten geeignete Untersuchungsmethoden gibt. PET-Scans zum Beispiel erlauben hochaufgelöste Einblicke in die Arbeitsweise eines gesunden Gehirns.

**❶ Vergleichen Sie die beiden PET-Scans im Bild unten. Der Bildausschnitt zeigt jeweils die linke Großhirnhälfte von der Seite, wie die Umrisslinien verdeutlichen. Ordnen Sie den jeweiligen Zentren der Aktivität (gelb bis hellrot) ein Großhirnareal zu.**

**❷ Nennen Sie die Aufgaben, die den Testpersonen vermutlich bei der Aufnahme der PET-Scans gestellt wurden. Begründen Sie Ihre Vermutung unter Einbeziehung von Bild 1 auf Seite 435.**

**❸ Stellen Sie die Untersuchung in einen größeren Zusammenhang, indem Sie einen Überblick über die Lokalisation von Gehirnfunktionen in der Großhirnrinde geben. Gehen Sie auch darauf ein, in welche drei Gruppen die Rindenfelder eingeteilt werden.**

**❹ Erläutern Sie, inwiefern insbesondere das Großhirn zu den Leistungen beiträgt, die man im Allgemeinen als typisch menschlich ansieht.**

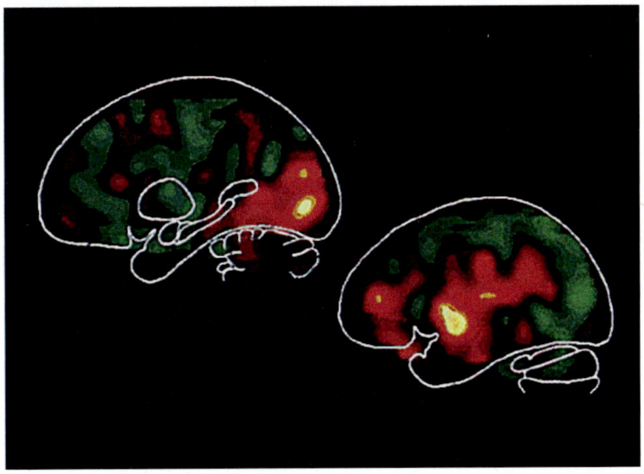

Unsere Lernfähigkeit beruht darauf, dass das Gehirn plastisch auf Umwelteinflüsse reagieren kann. Selbst relativ einfache Lebewesen wie Nacktschnecken sind lernfähig. In einem Experiment, dessen Ergebnisse unten dargestellt sind, wurde Schnecken beigebracht, einen Reiz entweder zu ignorieren, weil er bedeutungslos für sie war (Habituation), oder diesen Reiz im Gegenteil besonders zu beachten, weil er von einem Schmerzreiz gefolgt wurde (Sensitivierung). Als Kontrolle untersuchte man Tiere, die diesem Reiz noch nie ausgesetzt waren.

**❺ Interpretieren Sie die im Bild unten dargestellten Versuchsergebnisse im Hinblick auf die Frage, welche Veränderungen der Lernprozess im Nervensystem der Nacktschnecken ausgelöst hat.**

**❻ Stellen Sie dar, welche Vorgänge auf neuronaler Ebene mit Lernen einhergehen. Wie lassen sich in diesem Zusammenhang die verschiedenen Gedächtnisebenen erklären?**

**❼ Erklären Sie, weshalb Patienten mit einer Läsion im Hippocampus sich zwar noch an alles bis dahin Gelernte zu erinnern vermögen, aber ab dem Zeitpunkt der Läsion keine neuen Fakten mehr dazulernen können.**

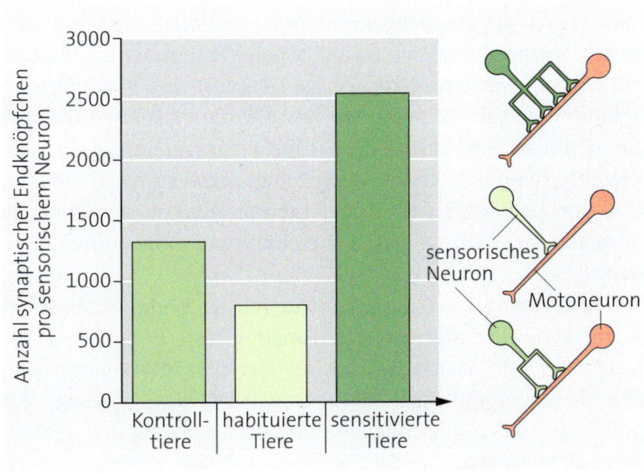

# Pharmaka – Nutzen und Risiken

*„Alle Dinge sind Gift und nichts ohn Gift. Allein die Dosis macht, dass ein Ding kein Gift ist." Dieses Zitat wird PHILIPPUS AUREOLUS THEOPHRASTUS VON HOHENHEIM, genannt PARACELSUS (1493–1541), zugeschrieben. Danach gibt es keine giftigen und ungiftigen Stoffe, die Wirkung hängt immer von der Menge ab. Dass Heil- und Giftwirkung oft nah beieinanderliegen, darauf weist schon das Wort Pharmakon hin. Es wird meist mit „Arzneimittel" gleichgesetzt, bedeutete im Griechischen aber ursprünglich Zaubermittel – Gift ebenso wie Heilmittel. Tatsächlich wirken zum Beispiel Inhaltsstoffe des Fingerhuts Digitalis, bei einer Tagesdosis von 0,2 mg als herzstärkendes Heilmittel, während eine Tagesdosis von 1 mg bereits schwerste Schäden verursacht. Selbst Kochsalz und Vitamin A werden bei Überdosierung zum Gift.*

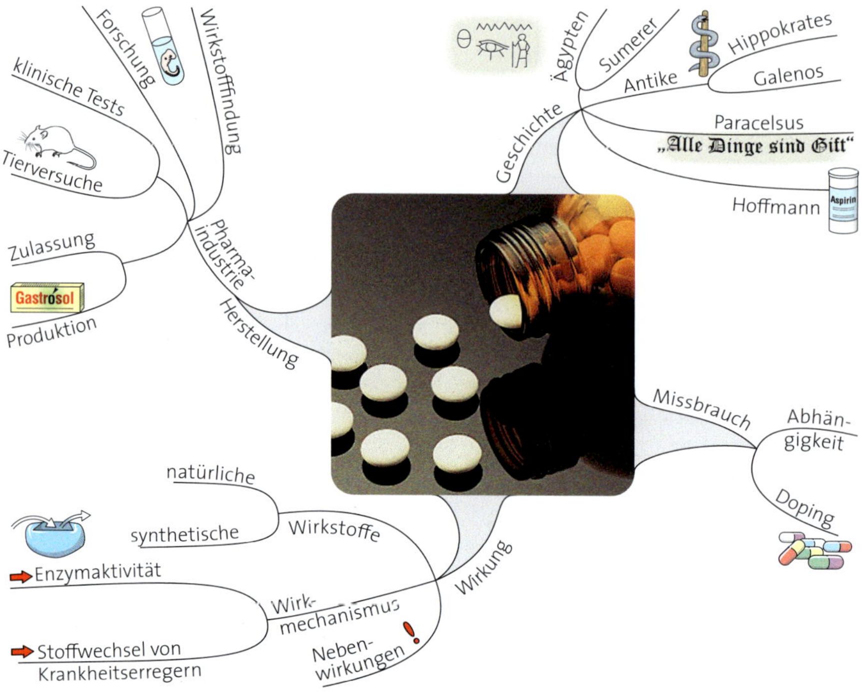


**GRUNDLAGEN** Versuche, Krankheiten und Verletzungen zu behandeln, sind wohl so alt wie die Menschheit. Schon früh machten dabei Menschen die Erfahrung, dass manche Pflanzen giftig oder bei Krankheit und Verletzung heilsam sind. Die ältesten schriftlichen Aufzeichnungen mit pharmazeutischen Angaben kennt man von sumerischen Keilschrifttafeln aus dem 3. Jahrtausend v. Chr. Ein altägyptischer Papyrus verzeichnet bereits 700 Arzneistoffe und 800 Rezepte, darunter auch eines zur Behandlung von entzündeten Wunden mithilfe von Weidenblättern. Der darin enthaltene Wirkstoff Salicin ist verwandt mit Acetylsalicylsäure, dem Inhaltsstoff des Aspirins.

Ursprünglich war die Zubereitung der Arzneimittel priesterlichen Ärzten vorbehalten und erfolgte unter besonderen Zeremonien. Durch die griechische Ärzteschule auf Kos, deren Repräsentant HIPPOKRATES (460–377 v. Chr.) war, wurde eine Heilkunde begründet, die sich von magischen und religiösen Vorstellungen löste. Durch genaue Beobachtung und Beschreibung von Krankheiten wurde sie zu einer empirischen Wissenschaft. Die Zubereitung von Arzneimitteln, wie sie GALENOS von Pergamon im 2. Jahrhundert n. Chr. beschrieb, hatte Bestand bis in die Neuzeit. Der Einfluss von PARACELSUS führte zur Vereinfachung von Rezeptformeln und Verwendung neuer Arzneistoffe. Er betrachtete den Körper als chemisches Laboratorium, in dem die sich abspielenden Prozesse durch chemische Mittel beeinflusst werden können.

Heute kennt man verschiedene solcher Wirkmechanismen. Arzneistoffe beeinflussen die Funktion von Rezeptoren, die Enzymaktivität, Membranprozesse oder den Stoffwechsel von Krankheitserregern. Fortschritte bei der Erforschung dieser Vorgänge sind daher entscheidend für die Entwicklung und den Einsatz von Pharmaka.

*1 HIPPOKRATES und GALENOS, die berühmtesten Ärzte der Antike, auf einem Wandgemälde aus dem 13. Jahrhundert*

**Basisinformationen**

Bau der Biomembran (► S. 44) • Synapsen (► S. 414) • Ionenkanäle (► S. 48, 406 ff.) • Enzymhemmung (► S. 75 f.)

1. Suchen Sie Beispiele für Wirkstoffe aus Pflanzen, Tieren und Mikroorganismen.
2. Alternative Heilmethoden wollen das Problem unerwünschter Nebenwirkungen umgehen. Informieren Sie sich über Homöopathie, Akupunktur und weitere Methoden.

## Arzneimittelwirkung am Beispiel der Betarezeptorenblocker (β-Blocker)

Seit 1963 werden zur Behandlung von Herzkrankheiten wie Angina Pectoris und von Bluthochdruck *β-Rezeptorenblocker (β-Blocker)* eingesetzt. Diese Arzneimittel vermindern den Einfluss des sympathischen Nervensystems auf das Herz und die Blutgefäße, indem sie die Erregungsübertragung an den Synapsen blockieren.

Normalerweise werden durch die Aktivierung des Sympathicus bei Aufregung, Ärger oder körperlicher Anstrengung der Herzschlag beschleunigt und der Blutdruck erhöht. Dazu schütten die Synapsen der sympathischen Nervenenden *Noradrenalin* in den synaptischen Spalt aus. Der Transmitter bindet an β-Rezeptoren der postsynaptischen Membran.

Diese Rezeptoren sind Transmembran-Proteine, die durch Signalübertragung Reaktionskaskaden auslösen, wodurch in jedem Gewebe spezifische Effekte hervorgerufen werden. Während am Herzen die Schlagfrequenz und Herzkraft erhöht werden, kommt es an der glatten Muskulatur der Bronchien und Blutgefäße zur Erschlaffung und damit zur Erweiterung (► Bild 1).

Die β-Rezeptoren lassen sich aufgrund unterschiedlicher Empfindlichkeit gegenüber bestimmten Pharmaka in *$\beta_1$-* und *$\beta_2$-Rezeptoren* einteilen. Am Herzen finden sich überwiegend $\beta_1$-Rezeptoren, in der Lunge und an den Gefäßen $\beta_2$-Rezeptoren. β-Blocker, die spezifisch mit $\beta_1$-Rezeptoren reagieren, wirken daher vor allem am Herzen. Unspezifische β-Blocker wie Propranolol heben an beiden Rezeptortypen die Wirkung der Transmitter auf, indem sie diese *kompetitiv hemmen*.

β-Blocker sind für viele Menschen mit Herzkrankheiten oder Bluthochdruck segensreiche Medikamente, ihre Anwendung birgt aber – wie immer bei Arzneimitteln – das Risiko von *Nebenwirkungen*. Zum Beispiel reagiert der Körper auf ihre Einnahme mit Erhöhung der β-Rezeptoren-Dichte („up-regulation"). Wird der β-Blocker plötzlich abgesetzt, können Angina-Pectoris-Anfälle die Folge sein mit der Gefahr eines Herzinfarkts. Probleme treten auch bei Patienten auf, die an Asthma leiden, denn das Medikament blockiert die bronchienerweiternde Wirkung von Noradrenalin bei der Einatmung. Da manche β-Blocker aufgrund ihrer guten Lipidlöslichkeit ins ZNS eindringen, können sie Schwindel, Halluzinationen und Albträume auslösen. Bei selektiv wirksamen und hydrophilen Blockern sind solche Nebenwirkungen seltener.

Da β-Blocker die Ruhefrequenz des Herzens senken, wurden sie auch von Sportschützen, Bobfahrern und Skispringern eingenommen, die sich dann ruhiger und leistungsfähiger fühlten. Inzwischen gelten β-Blocker als *Dopingmittel*.

**☞ Basisinformationen**

Synapsen und Transmitter (► S. 414 f.) • vegetatives Nervensystem (► S. 460) • Herz (► S. 84–87) • kompetitive Enzymhemmung (► S. 75 f.) • Muskeltypen (► S. 110)

1. **Erläutern Sie die Vorgänge an den Noradrenalin ausschüttenden, adrenergen Synapsen in Bild 1.**
2. **Beschreiben Sie die Aussage von Bild 2. Erklären Sie die Wirkung von Propranolol mithilfe von Bild 1.**
3. **Bewerten Sie die Tatsache, dass β-Blocker als Dopingmittel eingestuft werden.**

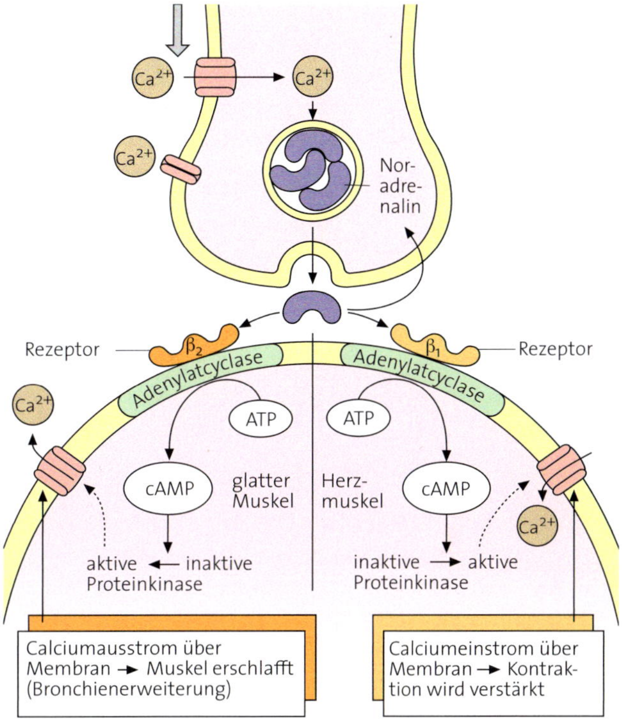


*1 Wirkung des Transmitters Noradrenalin auf die postsynaptische Zelle: links glatter Muskel (Bronchien), rechts Herzmuskel*

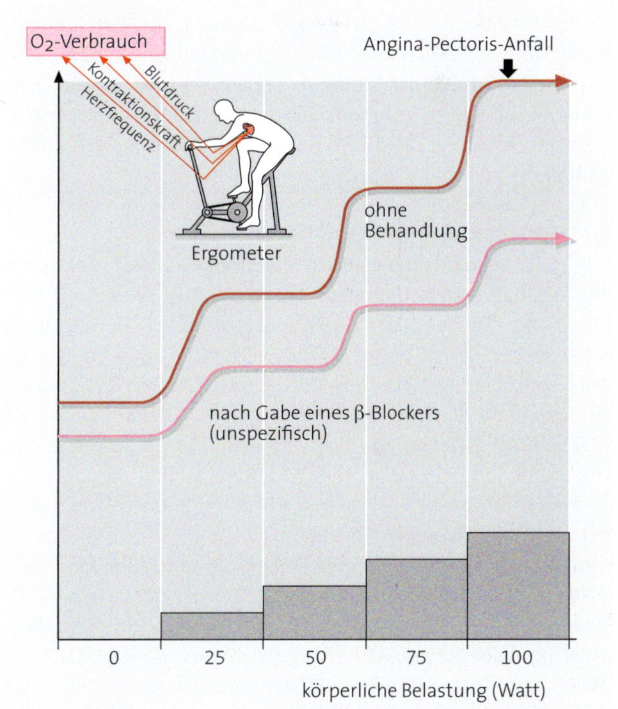


*2 β-Blocker im Test. Gemessen wurde jeweils der $O_2$-Verbrauch von Versuchspersonen bei körperlicher Belastung – einmal unbehandelt, einmal nach Einnahme des β-Blockers.*

# Versuche zu Pharmaka

## Modellversuch zur Arzneimittelresorption

Lipophile Arzneimittel werden schneller resorbiert als hydrophile, da lipophile Stoffe leichter die Zellmembran durchdringen. Anhand des Modells Butanol/Wasser soll der Durchtritt von Stoffen durch die Zellmembran imitiert werden.

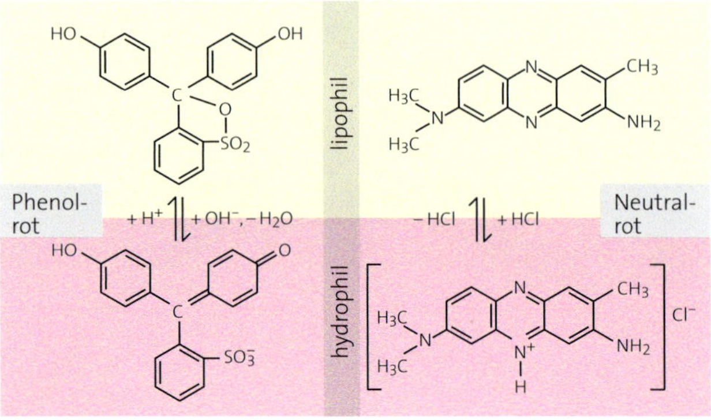


**Material:** Neutralrot (0,1 g/100 ml), Phenolrot (0,1 g/100 ml), HCl (0,4 %), NaOH verdünnt *(Xi)*, Butanol *(Xn)*, Messzylinder, Pasteurpipetten, Reagenzgläser, Stopfen, Scheidetrichter zur Abtrennung des Butanols für die Entsorgung

**Durchführung:** Je 50 ml der Neutralrot- und Phenolrotlösung werden durch Zusatz von NaOH basisch gemacht bzw. durch Zugabe von HCl angesäuert. 4 Reagenzgläser werden mit 2 ml der jeweiligen Lösung gefüllt und mit 1 ml Butanol überschichtet, mit einem Stopfen verschlossen und geschüttelt.

Beschreiben Sie nach der Phasentrennung die Verteilung der Farbstoffe auf die wässrige bzw. organische Phase. Leiten Sie daraus die Löslichkeit der Stoffe ab. Stellen Sie unter Berücksichtigung der pH-Werte des menschlichen Verdauungstrakts fest, in welchen Bereichen die Stoffe jeweils bevorzugt aufgenommen würden.

## Weidenrinde und ihre Wirkstoffe

„2 Teelöffel gepulverte Weidenrinde *(Cortex Salicis)* mit 1 Tasse kaltem Wasser ansetzen, zum Sieden erhitzen, jedoch nicht kochen, nach 5–10 Minuten durch ein Sieb schütten." Nach diesem Rezept wurde seit HIPPOKRATES ein schmerz- und fiebersenkendes Mittel hergestellt. Sein Wirkstoff Salicylsäure war Grundlage für die Entwicklung des Aspirins. Gewonnen wird die Weidenrinde („Fieberrinde") aus im Frühjahr gesammelten, getrockneten jungen Zweigen der Purpurweide *Salix purpurea* oder anderer Arten. In der frischen Rinde liegt der Wirkstoff an Glucose gebunden als Glykosid Salicin vor.

**Material:** Weidenrindenpulver, Mikroskop und Zubehör, frische Weidenrinde, konz. Schwefelsäure *(C)*, Schutzbrille

**Durchführung:** Untersuchen Sie das Pulver unter dem Mikroskop auf seine Bestandteile: lange, dickwandige Bastfasern, begleitet von Kristallzellreihen, Rindenparenchymzellen mit Calciumoxalat-Kristallen, bräunlicher Kork, Steinzellen, Gefäße.

Schälen Sie frische Weidenzweige, prüfen Sie Geruch und Geschmack der Rinde. Betupfen Sie die Rindeninnenseite mit Schwefelsäure (Glasstab!). Rotfärbung zeigt Salicin an.

## Chromatographie von Schmerzmitteln

Viele Schmerzmittel enthalten dieselben Wirkstoffe. Das lässt sich mit Dünnschicht-Chromatographie (DC) nachweisen.

**Material:** verschiedene Schmerztabletten, Salicylsäure *(Xn)*, Acetylsalicylsäure *(Xn)*, Paracetamol, Ethanol *(F)*, DC-Platten mit Kieselgel R, Cyclohexan *(F, Xn, N)*, Essigsäureethylester *(F,Xi)*, Eisessig *(C)*, Eisen(III)-chlorid-Hexahydrat (3 %; *Xn*), Kaliumhexacyanoferrat (3 %), Schutzbrille, Trennkammer, Föhn, Auftragskapillaren, Filter, Mörser, Pipetten (2, 5 und 10 ml), Reagenzgläser, UV-Lampe *(Vorsicht: Salicylsäure, Acetylsalicylsäure und Eisen(III)-chlorid-Hexahydrat sind schwach giftig; Eisessig ätzt; Ethanol, Cyclohexan und Essigsäureethylester sind leicht entzündlich! Schutzbrille verwenden! Keine offene Flamme! Augen und Haut vor UV-Licht mit Sonnenbrille bzw. Schutzcreme schützen!)*

**Durchführung:** Zermörsern Sie jeweils die Schmerztabletten und lösen Sie je eine Spatelspitze in 2 ml Ethanol (evtl. filtrieren). Lösen Sie 0,2 g der Reinsubstanzen in je 2 ml Ethanol. Tragen Sie von jeder Lösung 5 µl mit einer Kapillare auf die DC-Platte auf. Mischen Sie in der Trennkammer Cyclohexan, Ethanol, Eisessig, Essigsäureethylester im Verhältnis 10 : 1 : 1 : 5 als Fließmittel. Stellen Sie die DC-Platte für etwa 15 Minuten in die Trennkammer. Markieren Sie mit Bleistift die nach dem Trocknen im UV-Licht (254 nm) erkennbaren Substanzflecken. Das Chromatogramm wird 5 Minuten im Wärmeschrank auf 110 °C erwärmt und anschließend dünn mit einem Sprühreagenz aus gleichen Teilen Eisen(III)-chlorid- und Kaliumhexacyanoferratlösung besprüht. Salicylsäure und Acetylsalicylsäure erscheinen als violetter, Paracetamol und andere Wirkstoffe als blauer Fleck (► Bild unten).

Berechnen Sie die $R_f$-Werte. Bestimmen Sie die Inhaltsstoffe der verschiedenen Schmerzmittel. Informieren Sie sich über deren Wirkungen und Nebenwirkungen.

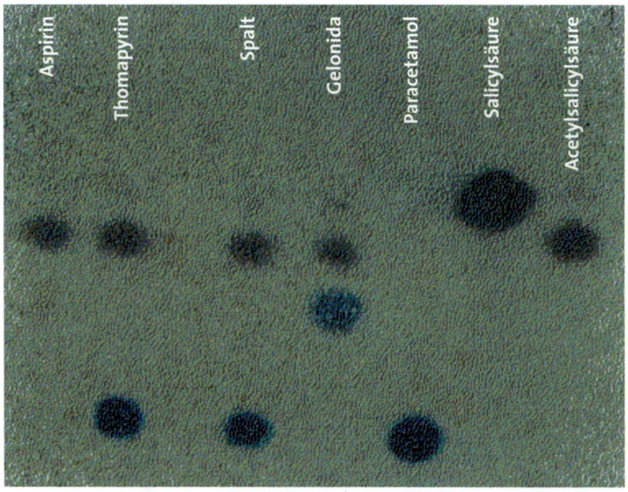


**1** **Informieren Sie sich über Salicin, Saligenin, Salicylsäure und die Entwicklung von Aspirin.**

**2** **Glykoside wie das Salicin sind Naturstoffe aus Zucker und einem weiteren Molekül, unter denen viele als Arznei-, aber auch als Giftstoffe bekannt sind. Suchen Sie Beispiele.**

## Vom Wirkstoff zum Arzneimittel

Mit der Isolierung reiner Inhaltsstoffe zu Beginn des 19. Jahrhunderts begann die gezielte Entwicklung von Arzneimitteln. Ein Beispiel dafür ist das seit über 100 Jahren verwendete Aspirin und sein Wirkstoff *Acetylsalicylsäure*.

Auf der Suche nach einem Ersatz für das fiebersenkende Chinin isolierte BUCHNER 1828 erstmals aus dem Rindensaft von Weiden *Salicin*, 1859 gelang KOLBE die chemische Synthese seines Wirkstoffs *Salicylsäure* und 1897 konnte HOFFMANN dessen Verträglichkeit durch die Umwandlung zu Acetylsalicylsäure entscheidend verbessern. Es war das erste Medikament, das vor seiner Verwendung *klinisch geprüft* wurde. 1974 entdeckte VANE die irreversible Blockierung des Enzyms Cyclooxigenase als *Wirkmechanismus*. Täglich erscheinen rund 10 Publikationen, die sich mit diesem Arzneimittel befassen.

Die Entwicklung eines neuen Arzneimittels in der *pharmazeutischen Industrie* dauert heute – von der Wirkstoffsuche bis zum fertigen Präparat – durchschnittlich 12 Jahre und kostet etwa 150 Millionen Euro. Der Gewinnung des Wirkstoffs schließen sich die *vorklinische* und die *klinische Prüfung* an:

Zunächst wird die Wirksamkeit im sogenannten *Screening* getestet. Das geschieht durch Modellversuche mit Zellkulturen, Erregerkulturen, isolierten Organen oder im Tierversuch. Von 1000 geprüften Stoffen bleiben danach oft nur zwei oder drei übrig.

Anschließend wird die Wirkung des Stoffs auf den Organismus untersucht. Dabei wird geklärt, in welche physiologischen Funktionen er eingreift, man beschäftigt sich also mit der *Pharmakodynamik*. Außerdem wird geprüft, wie der Stoff vom Organismus aufgenommen, verteilt, abgebaut und ausgeschieden wird, in diesem Fall geht es um die *Pharmakokinetik* (▶ Bild 2).

Von besonderer Bedeutung sind die Prüfungen auf Giftigkeit, krebserregende Wirkung und Erzeugung von Missbildungen beim Ungeborenen.

Erst in der folgenden klinischen Phase werden die Substanzen am Menschen erprobt. Zunächst werden an gesunden Versuchspersonen die Verträglichkeit, Dosierung und Kinetik getestet sowie subjektive Wirkungen erfasst.

Verlaufen die Tests im Sinne der *Nutzen-Risiko-Bewertung* positiv, erfolgt die Erprobung an ausgesuchten Patienten. Dabei muss geklärt werden, ob eine beobachtete Besserung tatsächlich auf die Wirkung des Medikaments zurückzuführen ist oder andere Gründe hat.

Therapeutische Großversuche in mehreren Prüfzentren schließen sich an. Parallel dazu laufen weiterhin vorklinische Tests, zum Beispiel zur Prüfung der *chronischen Toxizität*.

Trotz dieser umfangreichen Prüfungen lassen sich unerwartete Nebenwirkungen, vor allem wegen individueller Unterschiede der Menschen, niemals völlig ausschließen. Sind alle Untersuchungen abgeschlossen, kann die *Zulassung* des Medikaments beim *Bundesgesundheitsamt* beantragt werden.

**☞ Basisinformationen**

Stofftransport an Biomembranen (▶ S. 46, 48) • Stress und Stresshormone (▶ S. 466) • Embryonalentwicklung des Menschen (▶ S. 216 ff.) • Krebs (▶ S. 164, 240)

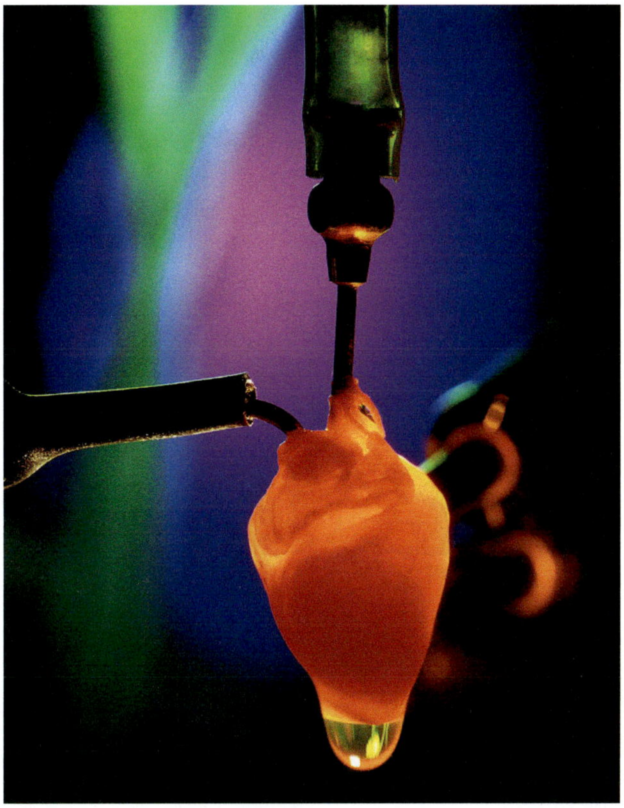

1 *Prüfung der Wirksamkeit am isolierten Organ*

**1 Die Pharmaindustrie ist bemüht, die Zahl der Tierversuche zu verringern. Informieren Sie sich über deren Häufigkeit in den vergangenen Jahren. Diskutieren Sie die Notwendigkeit solcher Versuche.**

**2 Die Resorption und die Verteilung der Arzneistoffe sind abhängig vom Transport durch Membranen. Erläutern Sie die zur Verfügung stehenden Transportmechanismen.**

**3 Das Problem der Nutzen-Risiko-Abwägung wird deutlich beim Einsatz von Glucocorticoidpräparaten wie Cortison (▶ S. 467). Stellen Sie die erwünschten und unerwünschten Wirkungen bei längerer Behandlungsdauer gegenüber.**

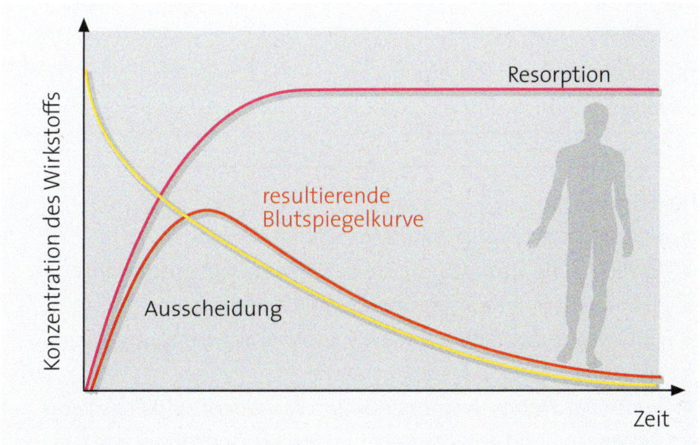


2 *Prüfung der Pharmakokinetik*

# Bewegungskontrolle

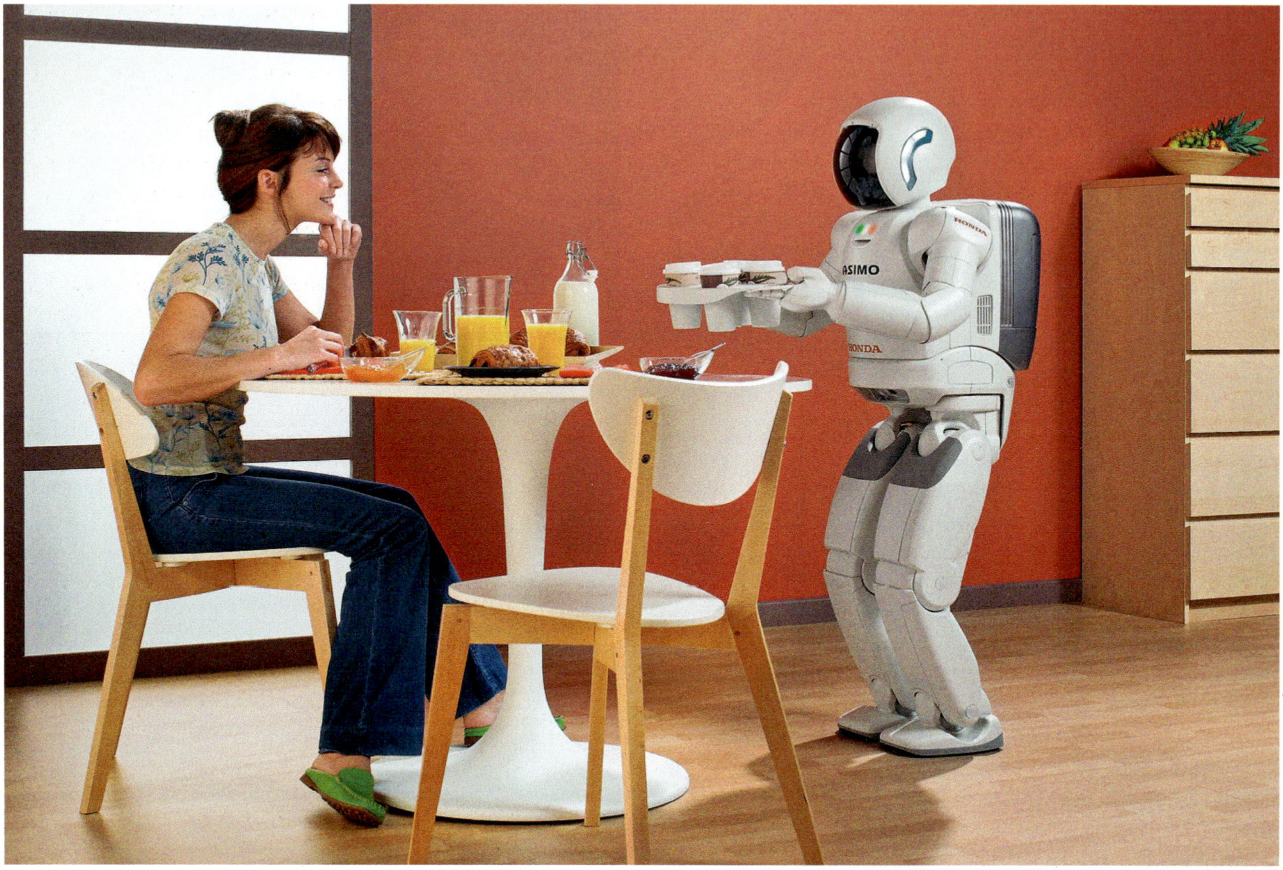


1 *Auf zwei Beinen gehende Roboter – „Standardausstattung" von Science-Fiction-Filmen – Sind sie schon bald Realität?*

*Wer kennt sie nicht aus Film und Fernsehen, die zweibeinigen Roboter, die mit ihrem Stahlskelett mindestens ebenso schnell und wendig gehen können wie wir Menschen? Doch der Versuch, menschenähnliche Roboter zu entwickeln, erwies sich in der Realität als viel schwieriger als gedacht. Besonders das Gehen auf zwei Beinen stellte Techniker und Ingenieure vor unerwartete Probleme. Selbst die neuesten Robotermodelle bewegen sich noch recht unsicher. Dass Menschen mit dem aufrechten Gang normalerweise keine Schwierigkeiten haben, stellt eine Meisterleistung der Bewegungskoordination dar: Ständig informieren sensorische Nerven über den Bewegungszustand und die Stellung der Gliedmaßen. Auf diesen Daten basierend wird der Bewegungsablauf den realen Bedingungen angepasst. Eine solche Feinabstimmung der Bewegung ist schwer nachzubauen.*

### Im Blickpunkt

- vom Aktionspotenzial zur Muskelkontraktion
- Reflexe – die Grundelemente des Bewegungsprogramms
- Steuerung von Bewegungen durch das Gehirn
- Entlastung des Bewusstseins – autonome Bewegungsprogramme
- wenn das Nervensystem erkrankt: Alzheimer und Parkinson
- Bewegung und Bewegungsabfolgen als Grundlage von Verhalten

**GRUNDLAGEN** Bewegung ist ein so auffallendes Merkmal von Lebewesen – zumindest bei Tieren –, dass die Fähigkeit zur Bewegung oft als wichtiges Kennzeichen des Lebendigen angesehen wird. Bei vielzelligen Tieren müssen zwei Elemente zusammenwirken, um eine Bewegung auszuführen: Muskelzellen, die sich unter Energieverbrauch kontrahieren, führen die eigentliche Bewegung aus. Als Auslöser für die Kontraktion sind Aktionspotenziale von motorischen Nervenzellen oder kurz Motoneuronen notwendig, die diese Muskeln ansteuern.

Eine koordinierte, also zielgerichtete Bewegung kommt dadurch zustande, dass im ZNS Motoneurone im richtigen Ausmaß und in der richtigen Reihenfolge aktiviert werden, sodass Muskeln und Muskelgruppen bei der Bewegung eines Körperteils koordiniert zusammenarbeiten.

Bewegungen können nur dann ihr Ziel erreichen, wenn eine Erfolgskontrolle durch Sinnesorgane erfolgt. Besonders wichtig sind hierbei nicht nur die Augen und der Lagesinn, sondern vor allem auch die Sinnesorgane, die in den Muskeln und Gelenken selbst sitzen und hier Informationen über Muskelspannung und Gelenkstellung erfassen. Durch diese Sinnesorgane erhält das ZNS Rückmeldungen über die Lage und Stellung der einzelnen Körperteile. Bewegungskontrolle umfasst also nicht nur die Steuerbefehle vom ZNS an die Muskeln, sondern auch die sensorische Rückmeldung über deren Erfolg an das ZNS.

## Vom Aktionspotenzial zur Muskelkontraktion

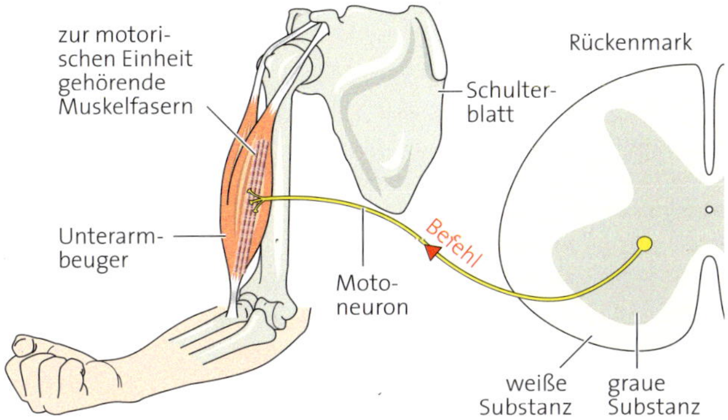


*1 α-Motoneuron und zugehörige motorische Einheit*

Die Hände des Menschen sind vielseitig einsetzbare Werkzeuge: Sie eignen sich zum festen Zupacken mit großem Kraftaufwand – etwa beim Holzhacken – genauso gut wie für ausgesprochene Feinarbeit, wie sie etwa ein Juwelier oder Chirurg ausführt. Solche gezielten Bewegungen sind aber nur dann erfolgreich, wenn sich jeder beteiligte Muskel zu einem bestimmten Zeitpunkt mit einer bestimmten Kraft kontrahiert. Diese *Bewegungskoordination* geht vom ZNS aus.

**Innervierung der Skelettmuskeln.** Damit ein Muskel auf Steuerbefehle des ZNS ansprechen kann, muss er mit Nervenzellen verbunden sein. Die Zellkörper der Neurone, die mit den Muskeln verbunden sind, liegen im bauchwärts gelegenen Teil des Rückenmarks (▶ Bild 1). Von dort ziehen ihre Axone bis zu den zugehörigen Muskeln. Jede dieser Nervenzellen, die *α-Motoneurone* genannt werden, zweigt sich im Muskel in viele präsynaptische Endigungen auf und bildet mit ungefähr 100 Muskelfasern (▶ S. 110) Synapsen. Das Motoneuron und die mit ihm verbundenen Muskelfasern bilden eine *motorische Einheit*. Da Muskeln oft viele Tausend Muskelfasern enthalten, werden sie über Hunderte von motorischen Einheiten angesteuert. Je nachdem, wie viele dieser motorischen Einheiten aktiv sind, kontrahiert sich der Muskel mit geringer oder großer Kraft.

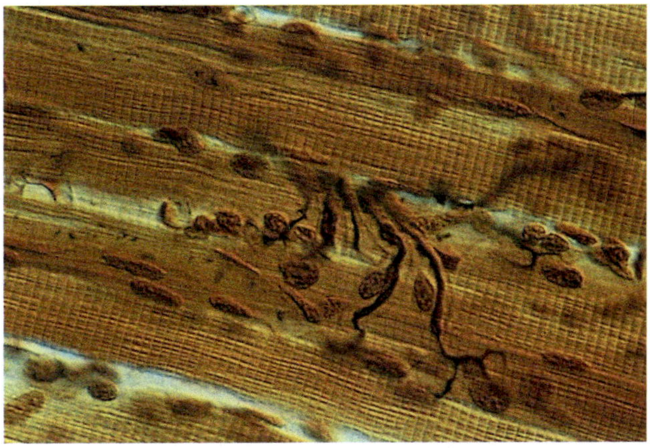

*2 Synapsen zwischen Motoneuron und Muskel im Lichtmikroskop, Vergrößerung 20-fach*

**Informationsübertragung vom Nerv zum Muskel.** Die elektrischen Signale, also die Aktionspotenziale, die durch das Motoneuron zum Muskel laufen, müssen mehrfach umgewandelt werden, bis die Muskelkontraktion erfolgt:

Zunächst laufen die Aktionspotenziale in den präsynaptischen Endigungen der Motoneurone ein. Hier bewirken sie die Ausschüttung von Transmitter. Bei Synapsen mit der Skelettmuskulatur (▶ Bild 2) handelt es sich dabei immer um *Acetylcholin*.

Ähnlich wie bei Synapsen zwischen Nervenzellen (▶ S. 414) hat die Transmitterausschüttung eine Depolarisierung der postsynaptischen Membran zur Folge, hier also der Membran der Muskelfaser. Skelettmuskeln sind in der Lage, bei genügend großer Depolarisation *Aktionspotenziale* zu erzeugen. Diese Impulse laufen über die gesamte Oberflächenmembran der Muskelfaser.

Jeweils in Höhe der Z-Scheiben der Sarkomere (▶ S. 110) führen fingerförmige Einstülpungen der Membran, die *T-Tubuli*, bis tief

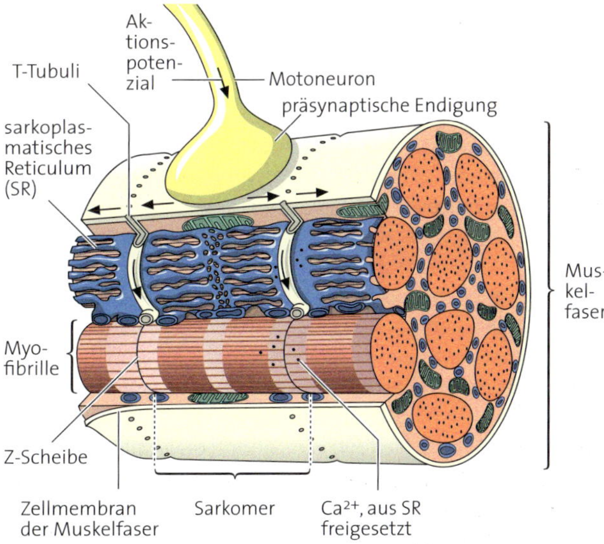


*3 System der T-Tubuli und des SR in einer Muskelfaser*

ins Innere der Muskelfaser (▶ Bild 3). Auch dort hinein laufen die Aktionspotenziale. Hier haben die T-Tubuli engen Kontakt mit einer speziellen Form des endoplasmatischen Reticulums, das im Muskel *sarkoplasmatisches Reticulum (SR)* genannt wird.

Im Ruhezustand nimmt das sarkoplasmatische Reticulum ständig aktiv $Ca^{2+}$-Ionen aus dem Cytoplasma auf. Dadurch ist die $Ca^{2+}$-Konzentration im Cytoplasma sehr gering und der Muskel kann sich nicht spontan kontrahieren, denn $Ca^{2+}$ ist für die Kontraktion unabdingbar (▶ S. 111). Wird das sarkoplasmatische Reticulum aber durch Aktionspotenziale depolarisiert, die durch die T-Tubuli laufen, schüttet es das gespeicherte $Ca^{2+}$ aus. Die $Ca^{2+}$-Konzentration im Cytoplasma steigt und der Muskel kontrahiert sich.

**1 EDTA ist eine Substanz, die sehr effektiv Calcium an sich bindet. Beschreiben Sie das zu erwartende Ergebnis, wenn man einem freipräparierten Muskel EDTA zusetzt und anschließend sein zugehöriges Motoneuron elektrisch reizt. Begründen Sie.**

## Reflexe als Grundelemente der Bewegungskoordination

Wer beim Gehen mit dem Fuß umknickt, reagiert fast immer blitzartig mit ausgleichenden Bewegungen und verhindert so den Sturz. Bis man sich voll bewusst ist, dass man stolpert, ist die Gefahr schon wieder vorbei. Wie in diesem Beispiel sorgen meist *Reflexe* dafür, dass rasch auf unvorhergesehene Störungen im Bewegungsablauf reagiert werden kann.

**Eigenreflexe.** Ein Reflex ist eine stereotype, stets gleich ablaufende Reaktion auf einen bestimmten Reiz. Reflexe werden meist vom Rückenmark oder Nachhirn gesteuert. Das Großhirn wird nicht eingeschaltet. Die einfachsten Reflexe sind *Eigenreflexe*. Hier liegen die Sinnesorgane, die den Reiz aufnehmen, in demselben Organ, das auch die Reaktion ausführt, nämlich in einem Muskel. Bei den Sinnesorganen handelt es sich um *Muskelspindeln* (► Bild 2), die ständig die Länge des Muskels messen, in dem sie liegen.

Muskelspindeln sind Muskelfaserbündel mit spezialisiertem Bau: Nur an den Enden der Spindeln befinden sich Sarkomere; die mittleren Bereiche der Spindel bestehen aus *elastischem Bindegewebe*. In diesem mittleren Bereich findet sich ein besonderer Typ von Mechanorezeptoren, die *Dehnungsrezeptoren*. Es sind die Endigungen sogenannter *1a-afferenter Fasern*. Die Axone führen direkt ins Rückenmark. Wie alle sensorischen Nerven treten sie in seinem hinteren, rückenwärts gelegenen Teil ein, dem *Hinterhorn* (► Bild 1). Die Zellkörper der afferenten Fasern liegen in *Spinalganglien* genannten Verdickungen außerhalb des Rückenmarks.

Wird ein Muskel passiv gedehnt, werden die Muskelspindeln in die Länge gezogen. Dadurch erhöht sich die Impulsfrequenz der 1a-afferenten Fasern. Im Rückenmark werden die Fasern direkt auf die *α-Motoneurone* dieses Muskels umgeschaltet: Der Muskel reagiert mit einer kurzen Kontraktion, die der passiven Dehnung entgegenwirkt (► Bild 2).

Die neuronale Verbindung vom Sinnesorgan (hier der Muskelspindel) zum Rückenmark und von dort aus zum Erfolgsorgan (hier einem Muskel) nennt man *Reflexbogen*. Beim Eigenreflex beinhaltet der Reflexbogen nur eine einzige Synapse. Daher nennt man Eigenreflexe auch *monosynaptische Reflexe*. Weil nur eine Synapse zwischengeschaltet ist, sind sie – mit 20 bis 50 ms zwischen Reiz und Reaktion – sehr schnelle, aber auch völlig starre Reaktionen. Meist schützen Eigenreflexe vor passiver Überdehnung der Muskeln.

**Muskelspindeln und Muskelspannung.** Selbst wer nur im Bett liegt, spannt einige seiner Muskeln an. Die meisten Muskeln sind auch im Ruhezustand leicht kontrahiert. Man nennt diese Grundspannung der Muskulatur den *Ruhetonus*. Ohne ihn könnte keine Körperhaltung beibehalten werden.

Für die Kontrolle des Ruhetonus sind die Muskelspindeln unentbehrlich:

Beginnt die Haltemuskulatur zu erschlaffen, dehnt sich der Muskel passiv. Dadurch werden auch die Muskelspindeln gedehnt, was zur Folge hat, dass die Impulsfrequenz der 1a-afferenten Fasern steigt. Die erhöhte Impulsfolge bewirkt eine verstärkte Aktivierung der α-Motoneurone. Jetzt kontrahiert sich der Muskel so lange, bis die Dehnung der Muskelspindeln nachlässt.

Wenn sich umgekehrt der Muskel zu stark kontrahiert, lässt die Dehnung der Muskelspindeln nach und die Impulsfrequenz der 1a-afferenten Fasern sinkt. Infolgedessen werden die α-Motoneurone deaktiviert, bis der Ruhetonus wieder erreicht ist. Muskelspindeln und Muskel wirken also wie in einem *Regelkreis* (► S. 459) zusammen, durch den die Muskelspannung über *negative Rückkopplung* auf einem bestimmten *Sollwert* gehalten wird.

Was geschieht aber, wenn die Muskelspannung bewusst verändert werden soll, wenn man zum Beispiel sein Buch näher vor die Augen führen will? Zum Zweck der Sollwertveränderung gibt es sogenannte *γ-Motoneurone*, die die Sarkomere an den Enden der Muskelspindelfasern innervieren (► Bild 2). Wenn diese γ-Motoneurone aktiviert werden, bewirken sie, dass die elastischen Fasern in der Muskelspindel in die Länge gezogen werden. Dadurch steigt die Impulsfrequenz der 1a-afferenten Fasern, die

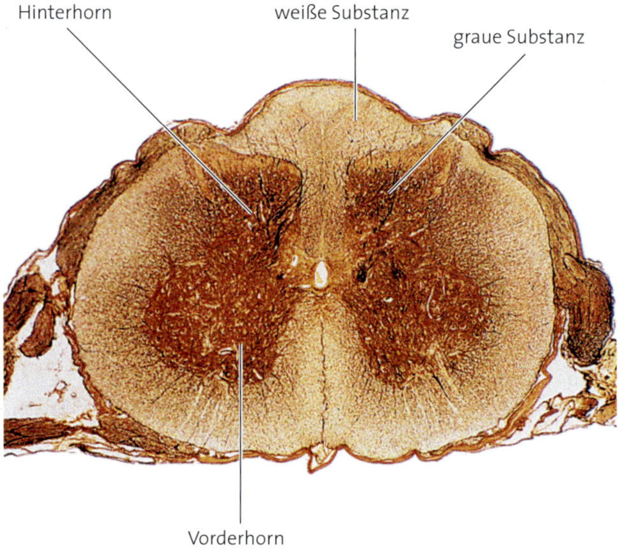


1 *Querschnitt durch das Rückenmark*

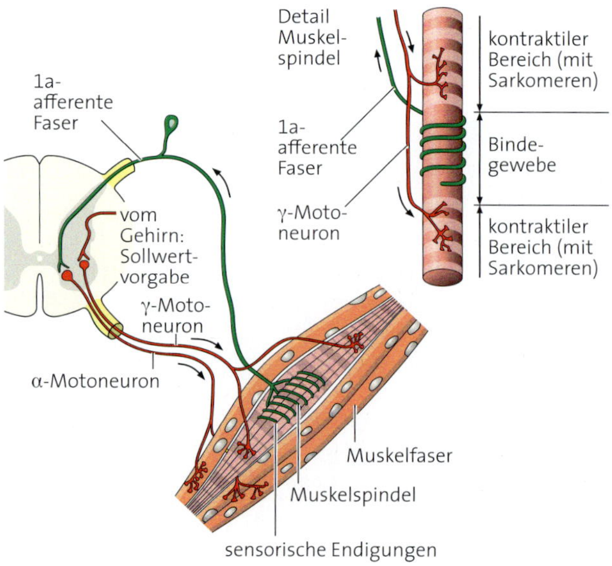


2 *Monosynaptischer Reflexbogen und Muskelspindel*

dann ihrerseits die α-Motoneurone zu einer höheren Impulsfrequenz veranlassen. Der Muskel verkürzt sich, bis der neue Sollwert erreicht ist.

Ganz allgemein dient das System der Muskelspindeln zur *Feinregulierung der Haltemuskulatur*, die zum Beispiel beim Stehen oder Sitzen gebraucht wird. Welche wichtige Rolle die Muskelspindelreflexe für die Bewegungskontrolle haben, merkt man am deutlichsten dort, wo sie ausgefallen sind: Bei einem Tabes dorsalis genannten Krankheitssyndrom sind die Spinalganglien zerstört, wodurch alle afferenten Fasern ausfallen. Patienten mit diesem Syndrom gehen sehr unsicher und ihre Bewegungen schießen oft über das Ziel hinaus. Vor allem sind solche Patienten nicht in der Lage, mit geschlossenen Augen zu stehen: Sie beginnen zu schwanken und fallen schließlich um.

**Fremdreflexe.** Jeder hat sich schon einmal verbrüht und weiß, dass die Reaktion auf diesen Schmerzreiz extrem schnell und unwillkürlich erfolgt. Durch einen *Rückziehreflex* wird das gefährdete Körperteil schnell aus der Gefahrenzone entfernt. Anders als beim Eigenreflex liegt hier das Sinnesorgan – Schmerzrezeptoren in der Haut – weit vom Erfolgsorgan entfernt. Deshalb spricht man von einem *Fremdreflex*. Der Reflexbogen von Fremdreflexen enthält immer *Interneurone*, es sind also mehrere Synapsen vorhanden. Daher werden Fremdreflexe auch als *polysynaptische Reflexe* bezeichnet.

Ein Rückziehreflex kann nur dann eine koordinierte Bewegung bewirken, wenn mehr als ein einziger Muskel angesteuert wird. Ein Beispiel: Jemand tritt auf einen spitzen Gegenstand und zieht reflektorisch das Bein an. Hierfür muss sich der Beuger im Oberschenkel kontrahieren. Dadurch wird aber der Strecker im Oberschenkel dieses Beins passiv gedehnt. Damit sich der Strecker nun nicht seinerseits reflexartig kontrahiert, müssen seine α-Motoneurone gehemmt werden (► Bild 1). Das wird durch die Aktivierung eines *hemmenden Interneurons* erreicht.

Wenn man blitzartig ein Bein anzieht, hat das andere Bein plötzlich das ganze Körpergewicht zu tragen. Damit es unter der Last nicht einknickt, muss sich auf dieser Seite die Streckmuskulatur kontrahieren. Gleichzeitig muss dann die Beugemuskulatur gehemmt werden (► Bild 1). Selbst ein einfacher Rückziehreflex stellt also in Wirklichkeit eine komplexe Koordinationsaufgabe dar.

**Bedeutung der Reflexe.** Reflexbewegungen werden allein durch Neurone des Rückenmarks gesteuert. Es zeigt sich, dass das Rückenmark mehr als nur Durchgangsstation für Nerven ist, die vom Körper zum Gehirn und umgekehrt laufen. Reflektorische Bewegungen der Skelettmuskulatur stabilisieren die Körperhaltung oder dienen als Schutzreflexe. Auch Schlucken, Husten, die Lichtadaptation der Pupille (► S. 423) oder bestimmte Kreislaufreaktionen sind Reflexe. Neben Muskeln können auch Drüsen die Erfolgsorgane von Reflexen sein: Ein solcher *Sekretionsreflex* ereignet sich zum Beispiel, wenn uns das Wasser im Mund zusammenläuft. Fremdreflexe sind die Grundlage einfacher Lernformen (► S. 488).

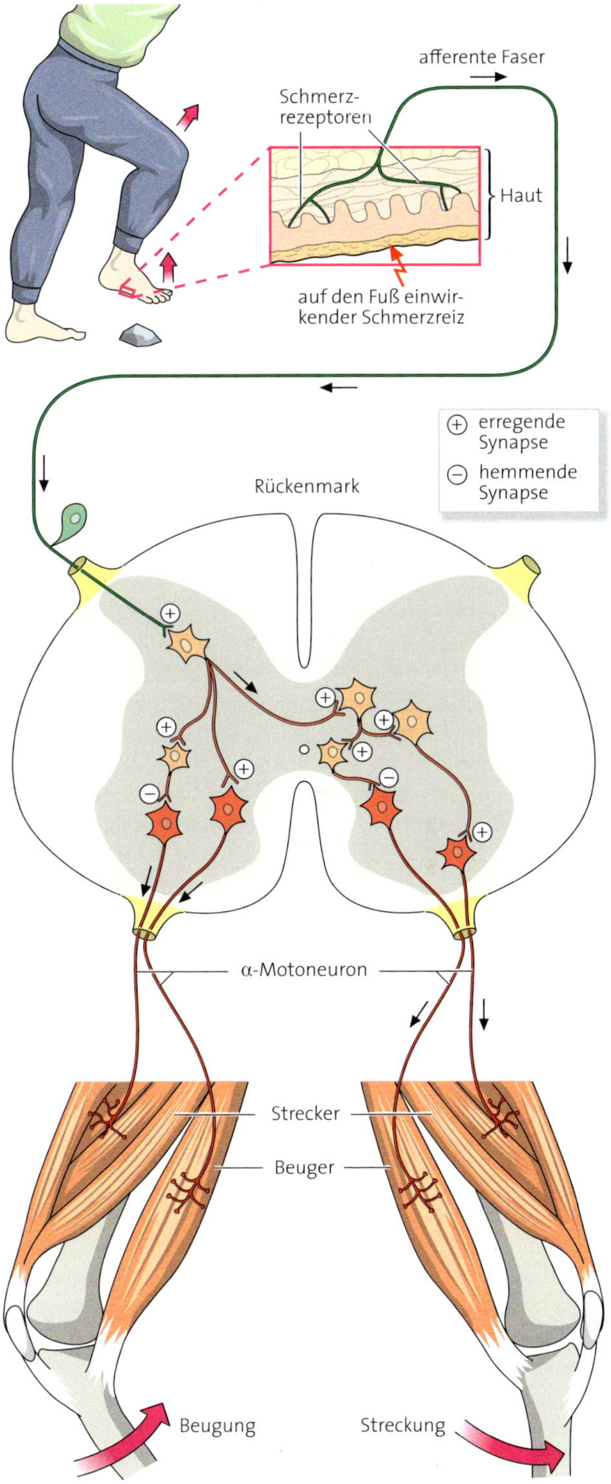


*1 Beim Rückziehreflex des Fußes müssen verschiedene Muskeln koordiniert zusammenarbeiten.*

**1** **Fremdreflexe dauern etwa viermal länger als Eigenreflexe. Versuchen Sie dafür eine Erklärung zu geben.**

**2** **Erklären Sie die Tatsache, dass sich Fremdreflexe durch Lernvorgänge beeinflussen lassen, nicht aber Eigenreflexe.**

## Bewegungskontrolle durch das Gehirn

Während Reflexe meist ohne Mitwirkung des Gehirns ablaufen, ist für das Ausführen von *Willkürbewegungen* das Gehirn von zentraler Bedeutung. Dabei spielen aber nicht nur wenige, eng begrenzte Areale der Großhirnrinde eine Rolle: Die Planung, Ausführung und Kontrolle von Bewegungsabläufen ist eine komplexe Aufgabe, zu der zahlreiche Hirnteile beitragen.

**Motorische Rindenfelder und Pyramidenbahn.** Jeder quer gestreifte Muskel im Körper, also jeder Skelettmuskel, kann willkürlich bewegt werden. Das ist nur möglich, weil in der Großhirnrinde motorische Felder (▶ S. 434) liegen, die für die Steuerung dieser Muskeln zuständig sind. Besonders hervorzuheben ist eine Hirnwindung, die direkt vor der Zentralfurche im Stirnlappen liegt und *primäres motorisches Rindenfeld* genannt wird. Hier liegen Neurone, die je ein bestimmtes Gebiet des Körpers ansteuern, sodass jeder Körperteil wie auf einer Karte im Gehirn repräsentiert ist (▶ S. 435). Viele Willkürbewegungen werden direkt von hier gesteuert. Für komplexe Koordinationsaufgaben, wie Sprechen oder Schreiben, gibt es aber spezialisierte Rindenfelder, die die notwendigen Bewegungsprogramme „errechnen" (▶ S. 440).

Von den motorischen Rindenfeldern aus ziehen die Nervenbahnen ohne Unterbrechung bis in verschiedene Abschnitte des Rückenmarks, wo eine Umschaltung auf die α-Motoneurone erfolgt. Diese Verbindung zwischen Gehirn und Rückenmark läuft auf der Bauchseite des Hirnstamms entlang und sieht hier im Querschnitt pyramidenförmig aus. Sie wird daher als *Pyramidenbahn* bezeichnet. Von besonderer Bedeutung ist dabei, dass sich im Hirnstamm die von der rechten und linken Großhirnhälfte kommenden Nervenstränge überkreuzen. Das erklärt, weshalb die rechte Hirnhälfte die linke Körperseite steuert und umgekehrt.

**Basalganglien.** Mitten im Gehirn, wo Großhirn und Zwischenhirn sich berühren, liegen Ansammlungen von Nervenzellen, die als *Basalganglien* zusammengefasst werden. Einige dieser Ganglien haben ebenfalls eine wichtige Aufgabe bei der Bewegungskontrolle. Sie bewirken eine Feinabstimmung des jeweils gerade ablaufenden Bewegungsprogramms. Ausmaß und Richtung jeder Bewegung werden hier ständig kontrolliert und korrigiert. Das geschieht ohne Beteiligung des Bewusstseins. Aber ohne das Wirken der Basalganglien wären auch bewusst ausgeführte Bewegungen sehr unbeholfen.

**Kleinhirn.** Im Kleinhirn wird auf verschiedenen Ebenen eine Feinabstimmung von Willkürbewegungen erreicht:

- Noch bevor überhaupt eine bewusste Bewegung einsetzt, ist das Kleinhirn an der Entwicklung eines detaillierten *Bewegungsplans* beteiligt. Wenn wir zum Beispiel Treppen steigen, tun wir dies zwar aus freiem Willen, aber wir müssen uns nicht darauf konzentrieren, wann welcher Muskel sich wie stark zu kontrahieren hat. An dieser Aufgabe wirkt das Kleinhirn mit.
- Bei jeder gerade ablaufenden Bewegung wird im Kleinhirn kontrolliert, ob die von Sinnesorganen in den Muskeln und Gelenken registrierten Bewegungen mit dem Bewegungsplan übereinstimmen. Abweichungen werden korrigiert.
- Wenn ein Bewegungsablauf mit der Verlagerung des Körperschwerpunkts verbunden ist, sorgt das Kleinhirn, das sensorische Informationen aus den Lagesinnesorganen (▶ S. 428) erhält, dafür, dass man das Gleichgewicht nicht verliert. Zu diesem Zweck werden bestimmte Muskelgruppen für Ausgleichsbewegungen aktiviert; gleichzeitig erfolgt eine Koordination der Augenbewegungen.

**Hirnstamm.** Auch im Hirnstamm liegen Gruppen von Neuronen, die ohne Beteiligung des Bewusstseins bestimmte Details von Bewegungsabläufen koordinieren. Wie im Kleinhirn wird hier die Körperhaltung ständig so korrigiert, dass man das Gleichgewicht nicht verliert. Das geschieht im Hirnstamm aber vorwiegend durch die Kontrolle der Halte- und Stützmuskulatur des Körpers. Im Hirnstamm werden also die Sollwerte festgelegt, die über die γ-Motoneurone der Muskelspindeln (▶ S. 450) die Muskelspannung regulieren. Daher greifen die motorischen Neurone des Hirnstamms immer dann korrigierend ins laufende Bewegungsprogramm ein, wenn die Körperhaltung verändert wird. Auch das dient der Erhaltung des Gleichgewichts.

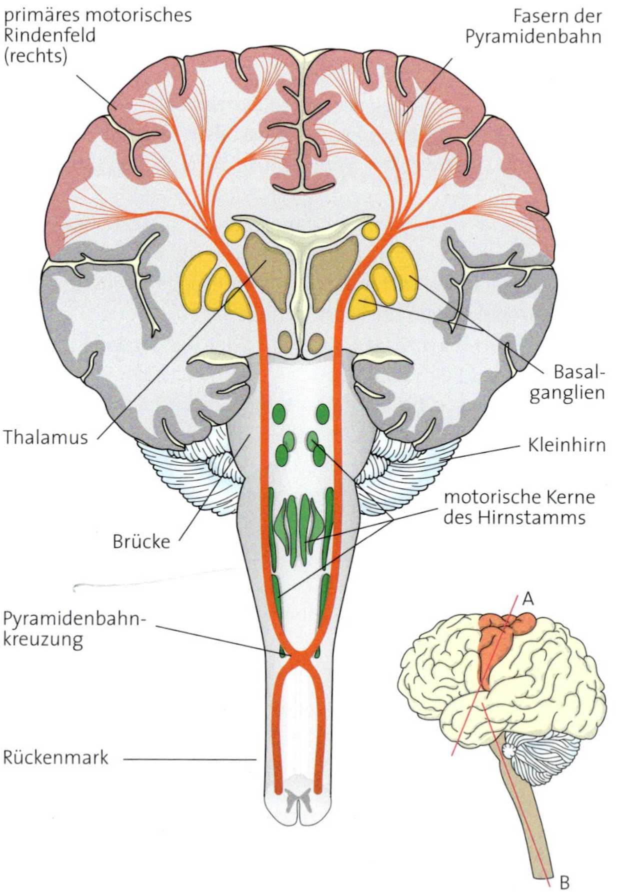


*1 Hirnareale im Dienst der Bewegungskoordination. In der Grafik sind verschiedene Schnittebenen kombiniert.*

**1 Eine Bewegung wird durch α-Motoneurone ausgelöst, die erregende Synapsen mit Muskeln ausbilden. Die Bewegungskoordination durch das Kleinhirn erfolgt aber über hemmende Synapsen. Schlagen Sie einen Mechanismus hierfür vor und erläutern Sie diesen.**

## Von der Absicht zur Bewegung

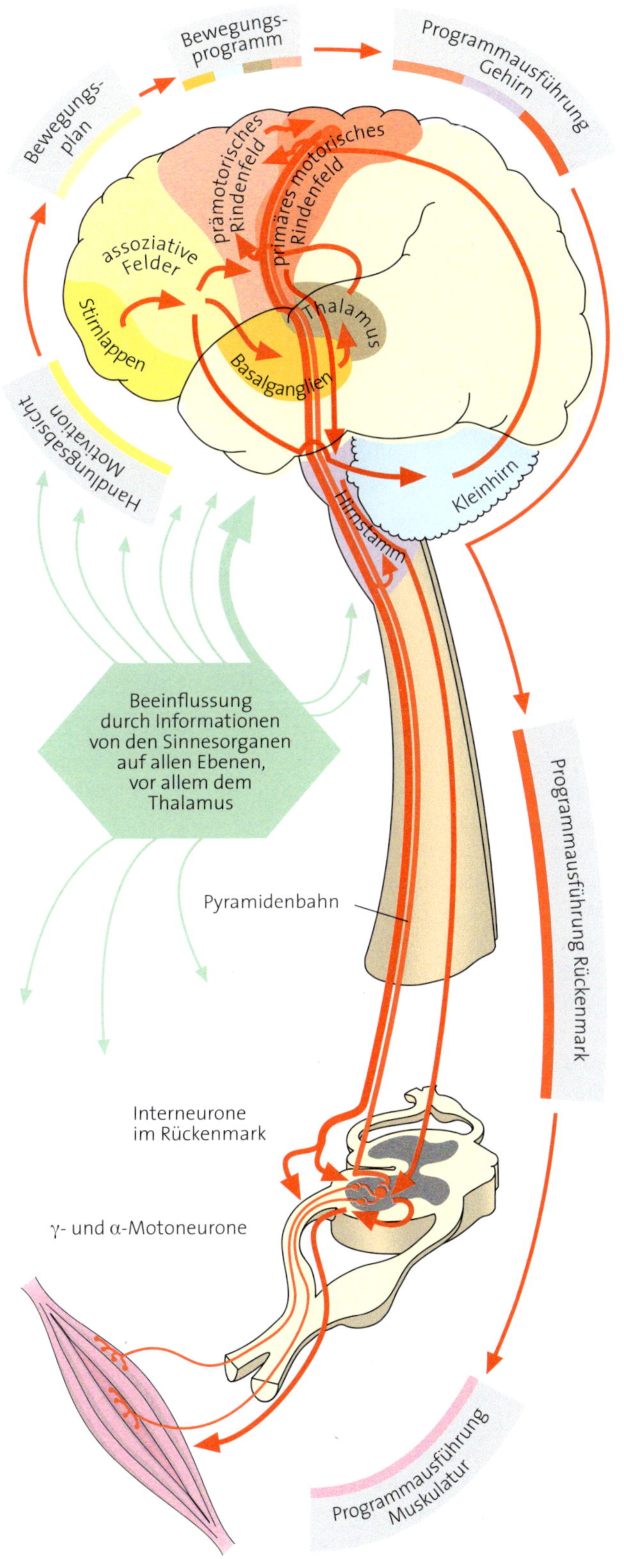


1 *Ablauf einer Willkürbewegung*

Wer Klavier spielt, kann mit Recht behaupten, dass es sich hierbei um eine vom Bewusstsein gesteuerte Bewegungsabfolge handelt. Aber wer könnte schon genau beschreiben, welche seiner Muskeln sich in welcher Reihenfolge kontrahieren, um ein bestimmtes Lied zu spielen? Man kann im Gegenteil sogar annehmen, dass man sich viel häufiger verspielt, wenn man sich zu sehr auf seine Finger konzentriert. Offensichtlich wird das Bewusstsein auch bei Willkürbewegungen von vielen Detailaufgaben entlastet.

**Motivation und Bewegungsplan.** Willkürbewegungen setzen eine Absicht voraus. Mit einer Bewegungsabfolge soll ein bestimmtes *Ziel* erreicht werden. Insofern entstehen Willkürbewegungen zunächst im *limbischen System* (von lat. *limbus:* Saum), das den Balken saumartig umgibt (► S. 441), und im *Stirnlappen des Großhirns* – also in zwei Bereichen, die eng mit der *Willensbildung* zusammenhängen. Wie das Beispiel oben zeigt, hat man meist keine konkrete Vorstellung von der Bewegungsabfolge selbst, sondern nur von dem Ziel, das durch die Bewegung erreicht werden soll (► Bild 1).

Wie die Bewegung aussehen muss, um das beabsichtigte Ziel zu erreichen, wird in den *assoziativen Feldern* der Großhirnrinde errechnet. Es entsteht ein *Bewegungsplan*, sozusagen ein Ablaufschema für die Bewegung.

**Bewegungsprogramm.** Informationen über den Bewegungsplan gelangen nun an die Basalganglien, den Hirnstamm und das Kleinhirn. Hier wird überprüft, ob die geplanten Bewegungen mit Veränderungen der Körperhaltung oder einer Verlagerung des Körperschwerpunkts verbunden sind. Wenn das der Fall ist, wird der Bewegungsplan um geeignete Ausgleichsbewegungen ergänzt. Es entsteht ein detailliertes *Bewegungsprogramm*, das alle notwendigen Teilschritte und deren zeitliche Abfolge enthält. Dieses Bewegungsprogramm wird zu den primären motorischen Rindenfeldern geleitet. Dort beginnt dann die Ausführung der Bewegung.

**Programmablauf.** Das Bewegungsprogramm wird Schritt für Schritt abgearbeitet, indem Steuerbefehle von den primären motorischen Rindenfeldern über die Pyramidenbahn ins Rückenmark gelangen. Hier werden α- und γ-Motoneurone aktiviert, die die Muskeln zu Kontraktionen veranlassen.

Gleichzeitig laufen auf jeder der genannten Ebenen sensorische Informationen über den Erfolg der Bewegungsabfolge ein (► Bild 1). So halten zum Beispiel die Eigenreflexe der Muskeln die angestrebte Muskelspannung aufrecht, die Lagesinnesorgane informieren ständig über die Körperhaltung und mit den Augen wird erfasst, ob die Bewegungsabfolge zum Ziel führt. Ständig werden kleine Abweichungen vom Bewegungsprogramm gemeldet und entsprechend korrigiert.

---

**1 Führen Sie eine Bewegung oder Bewegungsabfolge möglichst bewusst aus. Beschreiben Sie detailliert alle Einzelkomponenten dieser Bewegung und die Erfahrung, die Sie dabei machen. Erklären Sie diese Erfahrung mithilfe des Textes.**

**2 Bewegungsabfolgen, die man schon oft eingeübt hat, erfordern nur noch wenig Aufmerksamkeit. Erklären Sie, worin hier der Lernerfolg besteht.**

# Autonome Bewegungsprogramme

**Entlastung des Bewusstseins.** Obwohl die Atemmuskulatur willkürlich beweglich ist, muss man nicht ständig darauf achten, dass man das Atmen nicht vergisst. Die Koordination bestimmter Bewegungsabfolgen kann ohne Beteiligung des Bewusstseins ablaufen. Das ist auch notwendig: Müsste jede Körperfunktion bewusst gesteuert werden, könnten wir auf Sinneseindrücke aus der Umwelt gar nicht mehr reagieren, denn nur etwa sieben Einzelinformationen pro Sekunde werden bewusst verarbeitet. *Autonome Bewegungsprogramme* entlasten das Bewusstsein von Routineaufgaben der Bewegungskontrolle. So werden auch die Atembewegungen meist unbewusst gesteuert und nur in bestimmten Situationen, etwa um den Duft einer Blume einzuatmen, wird Luftholen zu einer bewusst erlebten Bewegung.

**Autonome Bewegungsprogramme.** Genau wie bei Willkürbewegungen (► S.453) enthält ein autonomes Bewegungsprogramm genaue Anweisungen über das Ausmaß und die zeitliche Abfolge der Muskelkontraktionen, aus denen sich die Gesamtbewegung zusammensetzt. Der Zusatz autonom weist darauf hin, dass das Bewusstsein nicht beteiligt ist.

Typischerweise sind es *Bewegungszyklen*, die durch autonome Bewegungsprogramme gesteuert werden: Es besteht ein ständiger Wechsel zwischen der Kontraktion einer Muskelgruppe und der Kontraktion von deren Gegenspielern. Solche Bewegungsmuster treten nicht nur bei Atembewegungen, sondern auch beim Gehen, Schwimmen oder Fliegen auf. Autonome Bewegungsprogramme sind bei Tieren mit einfachem Nervensystem besonders gut untersucht. Beispielsweise folgen die Flügelbewegungen der Wanderheuschrecke einem im ZNS des Tiers erzeugten Muster. Auch ohne „Erfolgskontrolle" durch sensorische Nerven kommt es zu regelmäßigen Auf- und Abbewegungen der Flügel (► Bild 2).

**Sensorische Programmüberwachung.** Wenn das ZNS von sich aus in der Lage ist, ein fehlerfreies Bewegungsprogramm zu erzeugen,

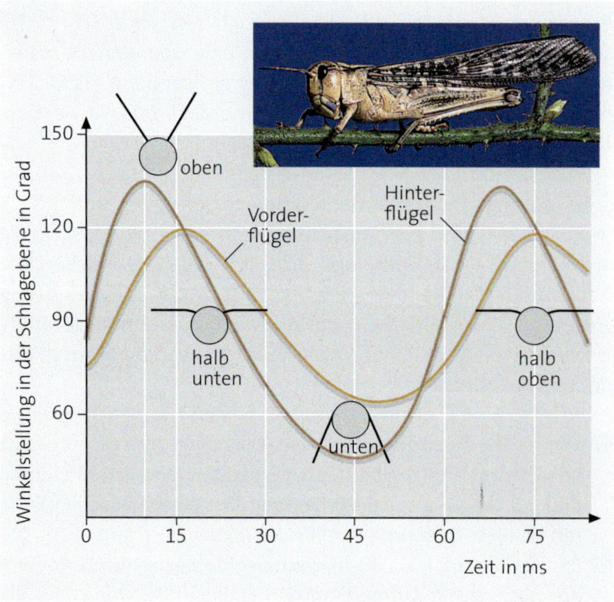


*1 und 2 Wanderheuschrecke und Muster ihrer Flügelbewegung*

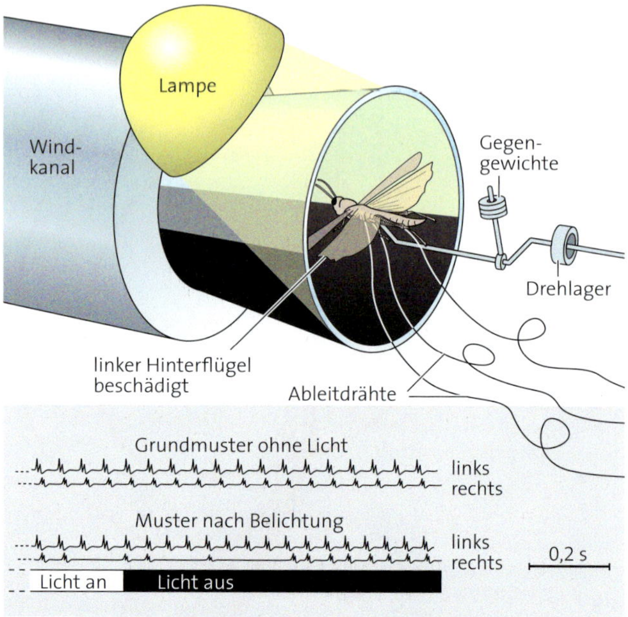


*3 Versuchsaufbau und Ableitung der Flugmuskelaktivität auf der linken und rechten Körperseite*

warum erhält es dann überhaupt über sensorische Nerven Rückmeldungen von den Erfolgsorganen? Auch diese Frage konnte am Modell des Heuschreckenflugs experimentell geklärt werden.

Dazu wurde eine Heuschrecke auf einem drehbaren Drahtgestell im Windkanal befestigt (► Bild 3). Mit Elektroden wurden auf jeder Körperseite die zur Flugmuskulatur laufenden Impulse abgeleitet. Sobald das Tier einem Luftstrom ausgesetzt wird, beginnt es mit den Flügeln zu schlagen. Muss die Heuschrecke bei völliger Dunkelheit fliegen, kann sie ihre Lage relativ zum Horizont nicht beurteilen. Dann läuft das autonome Bewegungsprogramm „Fliegen" ohne sensorische Rückmeldung ab. In diesem Fall sind die Befehlsfolgen des ZNS für beide Körperseiten immer symmetrisch. Wird einer der Flügel gestutzt, führt die Heuschrecke starke Rollbewegungen um ihre Längsachse aus, denn eigentlich müsste nun der intakte Flügel zum Ausgleich schwächer schlagen. Bei Licht gelangen dann aber Informationen über die Körperlage von den Augen ins ZNS. Nun wird das Bewegungsprogramm so angeglichen, dass ein störungsfreier Horizontalflug möglich wird (► Bild 3).

Sensorische Rückmeldungen sind also notwendig, um unvorhergesehene Störungen des Bewegungsablaufs korrigieren zu können. Bei den Atembewegungen haben die sensorischen Informationen an das Gehirn eine zweite Funktion: Die Atembewegungen stehen im Dienst der Sauerstoffversorgung des Körpers. Wenn sich der Sauerstoffbedarf ändert, müssen die Atembewegungen entsprechend angeglichen werden. Daher erhalten die Atemzentren im Hirnstamm nicht nur sensorische Informationen über den Dehnungszustand des Brustkorbs, die über den Ablauf der Atembewegungen informieren. Sie werden zusätzlich auch mit Meldungen über den Sauerstoff- und $CO_2$-Gehalt des Bluts versorgt (► S.97).

## Erkrankungen des Nervensystems

Das Zentralnervensystem (ZNS) des Menschen verarbeitet Sinneseindrücke, steuert Bewegungen und ist Sitz von Gedächtnis und Persönlichkeit. Entsprechend können Erkrankungen des ZNS zu Sinnestäuschungen, Lähmungen, Sprachstörungen sowie zu Beeinträchtigungen von Intelligenz, Gedächtnis und Persönlichkeit führen – je nach betroffenen Gehirnarealen. Welche Auswirkungen krankhafte Veränderungen des ZNS haben können, zeigen die folgenden drei Beispiele.

**Multiple Sklerose.** Mit 80–120 Erkrankten auf 100 000 Einwohner ist die *Multiple Sklerose* eine der häufigsten neurologischen Erkrankungen in Mitteleuropa. Sie betrifft überwiegend Frauen. Meist treten erste Symptome zwischen dem 20. und 40. Lebensjahr auf. Im Rahmen dieser Erkrankung greift das Immunsystem körpereigene Zellen an, nämlich die Myelinscheiden von Neuronen im ZNS. Diese lipidreichen Zellen umhüllen die Axone von verschiedenen Neuronentypen im ZNS (► S. 405, 413). Gehen sie zugrunde, sterben bald auch die Axone ab und mit ihnen die ganze Nervenzelle. Die dadurch entstehenden Ausfallerscheinungen wie Doppelbilder, Muskelschwäche, Gefühlstaubheit oder Sprach- und Persönlichkeitsstörungen lassen sich nicht wieder rückgängig machen. Daher beschränken sich Therapieansätze darauf, den Krankheitsverlauf zu verlangsamen.

Die Angriffe des Immunsystems ereignen sich meist schubweise und sind dann von heftigen Entzündungsreaktionen begleitet (► Bild 1). Man versucht daher, die Symptome mit Cortison und anderen entzündungshemmenden Medikamenten zu mildern. Die genauen Ursachen der Multiplen Sklerose sind unter Experten noch umstritten. Sicher ist nur, dass die Entzündungen auf einer *Autoimmunreaktion* beruhen. Aber ob diese Immunreaktion eventuell durch eine vorangegangene Infektion oder durch bestimmte Umweltfaktoren begünstigt wird (die Krankheit tritt fast nur in Mitteleuropa und Nordamerika auf), weiß man noch nicht. Auch eine erbliche Komponente ist sehr wahrscheinlich.

**Parkinson-Syndrom.** Das *Parkinson-Syndrom,* auch *Schüttellähmung* genannt, wird meist durch eine degenerative Erkrankung des ZNS verursacht. Die genaue Ursache dieser bislang unheilbaren Erkrankung ist noch nicht bekannt. Obduktionen ergaben, dass bei Betroffenen Nervenzellen in den Basalganglien zugrunde gehen, die den Neurotransmitter Dopamin ausschütten. Mit bildgebenden Verfahren lässt sich der Dopaminmangel am lebenden Patienten nachweisen (► Bild 2). Da die Basalganglien, die von der Krankheit betroffen sind, eine wichtige Rolle bei der Bewegungssteuerung haben (► S. 452), sind für Parkinson-Patienten Lähmungen, zittrige und sehr langsame Bewegungen sowie eine instabile Körperhaltung typisch. Die Standardbehandlung erfolgt mit Dopamin oder ähnlich wirkenden Substanzen.

**Alzheimer-Demenz.** Als Konsequenz der medizinischen Errungenschaften des letzten Jahrhunderts werden die Menschen in den Industrienationen heute erheblich älter. Daher häufen sich solche Erkrankungen des Nervensystems, die meist erst in der zweiten Lebenshälfte auftreten. Bei der *Alzheimer-Demenz,* die innerhalb von 8 bis 15 Jahren nach dem ersten Auftreten zum Tod führt, glaubt man zu wissen, weshalb im Verlauf der Krankheit immer mehr Nervenzellen absterben und schließlich zum völligen Verlust von Gedächtnis und Persönlichkeit sowie zuletzt zum Versagen auch der Körperfunktionen führen: Beim Abbau eines bestimmten Membranproteins entstehen wasserunlösliche Bruchstücke, die β-Amyloid genannt werden. Entstehen sie in großer Menge, bilden sich außerhalb der Nervenzellen *Amyloid-Plaques*. Diese Ablagerungen stören den Stoffwechsel der Nervenzellen offenbar so sehr, dass die Zellen zugrunde gehen können.

Außerdem scheint auch innerhalb der Nervenzellen einiges zu entgleisen: Bestimmte Proteine, die die normale Struktur der Mikrotubuli im Innern der Neuronen stabilisieren, entarten. Daher ist der Stofftransport in den Zellen nicht mehr gewährleistet. Therapieansätze zielen meist darauf ab, die Bildung von Amyloid-Plaques zu verhindern. Ein Durchbruch ist hier aber noch nicht in Sicht.

---

**1** **Demenzerkrankungen spielten vor dem Ende des Zweiten Weltkriegs in der Medizin praktisch keine Rolle. Entwickeln Sie dazu eine Hypothese.**

**2** **Bei Multipler Sklerose treten Lähmungen auf, die die Patienten an den Rollstuhl fesseln, während beim Parkinson-Syndrom die Bewegungen unsicher und unkoordiniert werden. Lesen Sie dazu die Seiten 452/453 im Lehrbuch und erklären Sie.**

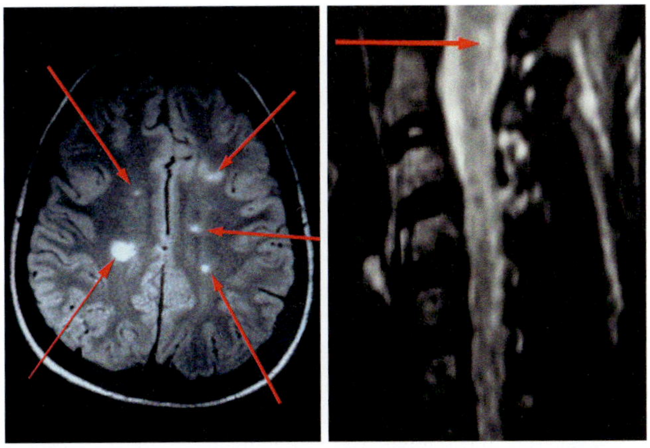

*1 Bei Multipler Sklerose lassen sich Entzündungsherde in Gehirn und Rückenmark mit MRT-Scans nachweisen.*

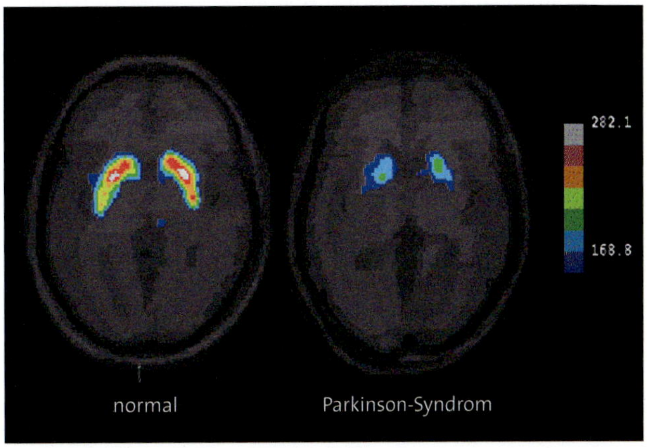


*2 Typisch für die Parkinsonkrankheit ist ein Mangel an Dopamin im Gehirn, der sich mit bildgebenden Verfahren sichtbar machen lässt.*

## Neurobiologie und Verhalten

Ob es sich nun um das Schwanzwedeln eines Hundes, das Grinsen eines Schimpansen oder um das Nestbauverhalten eines Laubenvogels handelt – letztlich lässt sich fast jede Verhaltensweise eines Tiers als Folge von Muskelkontraktionen beschreiben. Hinter diesen Bewegungsfolgen stehen Bewegungsprogramme, die vom ZNS erzeugt und gesteuert werden. Tierisches Verhalten hat also seine Grundlage in der Bewegungssteuerung durch das ZNS.

**Feste und offene Programme.** Auf einen entsprechenden Reiz hin geht ein Flusskrebs mit hocherhobenen Scheren in Abwehrstellung (▶ Bild 1). Dieses Verhalten ist völlig stereotyp, es wird von allen Flusskrebsen in gleicher Weise ausgeführt. Andererseits kann man zum Beispiel Raubkatzen die verschiedensten Bewegungsfolgen antrainieren, wenn man sie dafür belohnt, selbst solche, die sie sonst nie ausführen (▶ Bild 2). Offensichtlich lassen sich verschiedene Verhaltensweisen danach einteilen, ob sie völlig starr oder flexibel ablaufen. Und diese Unterschiede müssten auch in der neuronalen Steuerung ihre Entsprechung finden. Das ist der Fall:

Stereotyp ablaufenden Verhaltensweisen liegen feste, unveränderliche neuronale Verschaltungen oder Bewegungsprogramme zugrunde. So kann die Abwehrstellung des Flusskrebses durch elektrische Reizung eines einzigen Neurons im ZNS des Tiers ausgelöst werden. Wird dieses sogenannte *Befehlsinterneuron* genügend stark gereizt, aktiviert es über weitverzweigte Nervenendigungen bestimmte Motoneurone, während gleichzeitig andere Motoneurone gehemmt werden. Dadurch kontrahieren sich bestimmte Muskeln in den Scheren, den Laufbeinen und dem Hinterkörper, während die zugehörigen Gegenspieler erschlaffen. Es kommt zu einer koordinierten Bewegung, die den ganzen Körper einbezieht. Auch in der Meeresnacktschnecke Tritonia fand man ein Befehlsinterneuron, das bei Aktivierung verschiedene Motoneurone in Gang setzt, die dann ihrerseits Schwimmbewegungen auslösen (▶ Bild 3).

Flexiblen Verhaltensweisen, also zum Beispiel solchen, die durch Lernen beeinflussbar sind, liegen andere neuronale Mechanismen zugrunde. Meist beinhalten diese Verhaltensweisen Willkürbewegungen, deren Ausführung von der *Motivationslage* des Tiers beeinflusst wird. Die zugrunde liegenden Bewegungsprogramme sind also nicht „fest verdrahtet", sondern offen, plastisch und durch Erfahrungen beeinflussbar. Eine solche offene Programmierung von Verhaltensweisen ist nur dann möglich, wenn viele Interneurone zwischen sensorischen und motorischen Nerven liegen. Ein Eigenreflex (▶ S. 450) wäre beispielsweise niemals durch Lernen modifizierbar, da der zugehörige Reflexbogen überhaupt kein Interneuron enthält. Flexible Verhaltensweisen beruhen also darauf, dass sich durch Lernen neue neuronale Schaltkreise bilden, indem die Synapsen zwischen bestimmten Interneuronen in ihrer Wirkung verstärkt werden (▶ S. 438).

1 Ein Flusskrebs hebt die geöffneten Scheren in Abwehrstellung.

2 Bei einer Zirkusdressur zeigen Raubkatzen neu gelernte Verhaltensweisen.

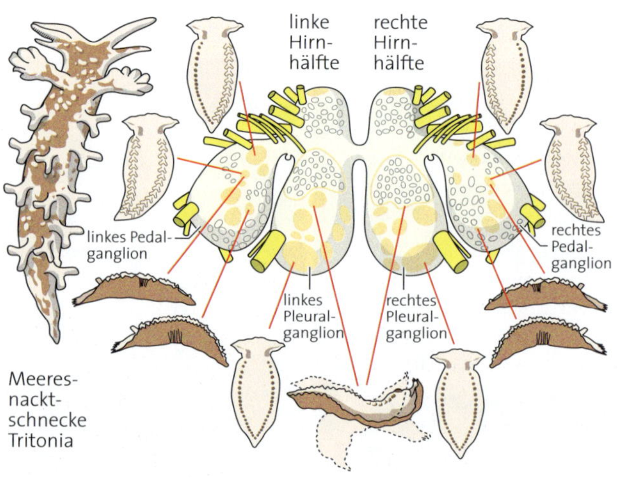


3 Die Reizung einzelner Nervenzellen im ZNS von Tritonia führt zu den gezeigten Körperstellungen und Bewegungen.

---

❶ **Suchen Sie weitere Beispiele für flexible Verhaltensweisen und für solche, die starr und stereotyp ablaufen.**

❷ **Offene Verhaltensprogramme bieten eine Reihe von Vorteilen. Dennoch wurden stereotype Verhaltensprogramme auch bei hoch entwickelten Säugetieren und Vögeln nicht einfach im Verlauf der Evolution „abgeschafft". Nennen Sie dafür Gründe.**

## Kompetenzen

### Mithilfe dieses Kapitels können Sie

- Bedingungen nennen, die für das Zustandekommen koordinierter Bewegungen erfüllt sein müssen
- die Informationsübertragung zwischen Motoneuron und Muskelfaser im Detail erklären
- einen einfachen Reflexbogen skizzieren und seine Funktionsweise erläutern
- den Aufbau einer Muskelspindel beschreiben und ihr Zusammenwirken mit dem Muskel als Regelkreis mit negativer Rückkopplung interpretieren
- Eigen- und Fremdreflexe miteinander vergleichen
- die Bedeutung der Reflexe für die Bewegungskoordination und den Schutz des Körpers vor Verletzungen erläutern
- die Gehirnareale nennen, die an der Planung, Ausführung und Kontrolle von Willkürbewegungen beteiligt sind
- den Ablauf einer Willkürbewegung von der Absicht bis zur Erfolgskontrolle beschreiben
- an Beispielen erklären, wie Erkrankungen des ZNS die Bewegungsfähigkeit der betroffenen Patienten einschränken
- den Zusammenhang zwischen Bewegungsprogrammen und Verhaltensweisen von Tieren an Beispielen darstellen

### Testen Sie Ihre Kompetenzen

Manche Bewegungen vollführt der Körper „reflexartig" – meist zu unserem Schutz –, ohne dass das Bewusstsein überhaupt daran beteiligt ist.

1. Erklären Sie, inwiefern Reflexe für die Feinabstimmung von Willkürbewegungen wichtig sind.
2. Sowohl das Wort „Reflex" als auch das Wort „reflektieren" beinhalten denselben Wortstamm (von lat. *reflectere:* zurückbiegen, zurückwenden). Vergleichen Sie Reflexbewegungen mit der Reflexion von Licht in einem Spiegel. Wo sehen Sie Gemeinsamkeiten, wo Unterschiede? Nehmen Sie diesen Vergleich für Eigen- und Fremdreflexe getrennt vor.

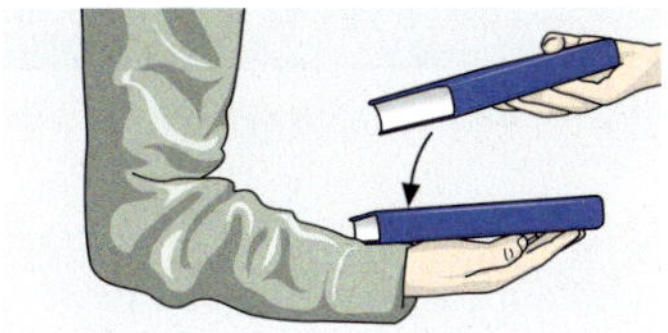

3. Führen Sie den rechts oben abgebildeten Versuch durch: Geben Sie einer Versuchsperson ein Buch auf die ausgestreckte Hand. Der Unterarm soll immer im rechten Winkel zum Oberarm gehalten werden. Legen Sie nun ein zweites Buch auf die Hand der Versuchsperson. Beobachten und beschreiben Sie deren Reaktion genau.
4. Erklären Sie mithilfe der Abbildung, durch welche Vorgänge in den Muskelspindeln des Oberarmbeugers die beobachtete Reaktion zustande kommt.

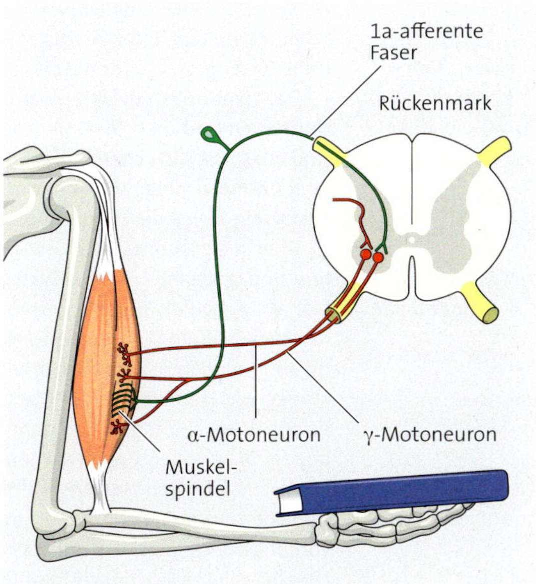


Oft erhält man einen Einblick in die Funktionsweise eines Systems, wenn man untersucht, welche Ausfallerscheinungen dadurch auftreten, dass man bestimmte Elemente dieses Systems stört. Im Fall der Willkürmotorik sind verschiedene neurodegenerative Erkrankungen, aber auch Alkohol solche Störfaktoren.

5. Das Kleinhirn reagiert besonders empfindlich auf Alkohol. Deuten Sie auf Basis dieser Information die folgenden Symptome eines Alkoholrauschs: weit ausladende, über das Ziel hinausschießende Bewegungen, stark beeinträchtigte Feinmotorik, Schwierigkeiten mit der Auge-Hand-Koordination, schlecht artikulierte Sprache, Schwindelgefühle.
6. Erklären Sie, woran es liegen könnte, dass Patienten mit Parkinson-Syndrom manchmal für Betrunkene gehalten werden, obwohl ihr Kleinhirn völlig unbeeinträchtigt arbeitet.
7. Chorea Huntington (► S. 188/189) ist eine Erbkrankheit, die außer zu Demenz auch zu motorischen Störungen führt („Veitstanz"). Informieren Sie sich und erklären Sie, weshalb motorische Störungen, jedoch keine Lähmungen auftreten.
8. Als Tabes dorsalis wird eine Krankheit bezeichnet, bei der als Spätfolge einer Syphilisinfektion die Spinalganglien des Rückenmarks zugrunde gehen. Erklären Sie aufgrund dieser Information folgende Symptome: allgemein nachlassende Muskelspannung, unkoordinierte und über das Ziel hinausschießende Bewegungen, die Unfähigkeit, mit geschlossenen Augen aufrecht zu stehen. Erklären Sie darüber hinaus, warum bei Patienten mit Tabes dorsalis der Kniesehnenreflex nicht mehr auslösbar ist.
9. Begründen Sie, weshalb die in den Aufgaben 5–8 geschilderten Störungen zu weitgehend ähnlichen Symptomen führen.

# Regelung und Integration der Körperfunktionen

1 Ein Kampfadler hat ein junges Warzenschwein geschlagen und verteidigt seine Beute nun gegen die aufgebrachte Mutter.

*Eine Kampfsituation – nervenzerreißend für beide Kontrahenten. Wie effektiv die Höchstleistungen der Sinne, die blitzartige Verarbeitung ihrer Informationen und die Kontraktion der richtigen Muskeln miteinander verknüpft und aufeinander abgestimmt werden, entscheidet über beider Erfolg. Sinne, Nerven, Gehirn, Herz, Lunge, Kreislaufsystem und Bewegungsapparat müssen dabei durch Nervenimpulse und Hormone koordiniert werden. Aber selbst wenn die Situation – von wem auch immer – erfolgreich überstanden ist: Die anschließenden Erholungs- und Ruhephasen bedürfen ebenfalls der Regulation.*

### Im Blickpunkt

- Homöostase: die Erhaltung eines stabilen inneren Milieus
- präzise Kontrolle: die doppelte Innervierung der Eingeweide durch das vegetative Nervensystem
- Hormone: Nachrichtenüberträger im Körper
- Schilddrüsenhormone regeln den Energiestoffwechsel
- Gegenspieler: Insulin und Glucagon regulieren den Blutzuckerspiegel
- Keimdrüsenhormone beeinflussen den weiblichen Zyklus
- Stressreaktionen: eine Kooperation von Stresshormonen und vegetativem Nervensystem
- Wirkungsmechanismen der Hormone in den Zielzellen

**GRUNDLAGEN** Alle Wirbeltiere und die meisten Wirbellosen besitzen zwei voneinander getrennte Kommunikationssysteme.

Das eine besteht aus den Zentralorganen und Bahnen des Nervensystems. Seine Signale werden in direkter „Verdrahtung" zwischen Nerv und Effektor durch Aktionspotenziale und Neurotransmitter gezielt übermittelt.

Das zweite System ist das Hormonsystem aus Hormondrüsen, Hormonen und dem Blut als Übertragungskanal. Seine Signale sind ausschließlich chemischer Natur. Die Informationsübermittlung erfolgt flächig, wobei nur mit spezifischen Rezeptoren ausgestattete Zellen die Hormonbotschaft empfangen können.

Über die „Schnittstelle" Hypothalamus im Zentralnervensystem sind beide Informationssysteme miteinander verknüpft. Von hier aus gehen die Befehle getrennte Wege, um sich zeitlich und räumlich in ihren Wirkungen zu ergänzen oder um sich gegenseitig zu modulieren. Fast immer wird ein bestimmter Vorgang im Körper wie Herztätigkeit, Verdauung oder Ausscheidung durch beide Systeme geregelt und damit doppelt gesichert. Besonders eng ist die Kooperation zwischen dem die Eingeweide innervierenden vegetativen Nervensystem und dem Hormonsystem. Die zeitliche und räumliche Abstimmung der ineinandergreifenden Vorgänge unterliegt dem Zentralnervensystem. Die Verknüpfung aller beteiligten Systeme erfolgt über die Hormone.

## Homöostase durch Steuerung und Regelung

Ein Lebewesen muss sich so auf die Bedingungen einer wandelbaren Umwelt einstellen können, dass sein von den Genen bestimmter physiologischer Reaktionsrahmen, in dem seine Zellen arbeiten können, nicht überschritten wird. So wird beispielsweise die Körpertemperatur der Homoiothermen unabhängig von den äußeren Bedingungen konstant bei 37 °C oder 38 °C gehalten. Dies geschieht durch „Aufheizen" mit Muskelzittern und Verengung der Kapillaren oder „Abkühlen" mit Schwitzen und Weitung der Gefäße (► S. 314). Vergleichbare Mechanismen sorgen für die Konstanz des pH-Wertes, der Salz- oder Gaskonzentrationen in Körperflüssigkeit und Zellen (► S. 322).

Die Gesamtheit der Vorgänge, die durch Steuerung und Regelung in Zellen, Geweben, Organen und dem ganzen Körper ein stabiles, funktionssicherndes inneres Milieu aufrechterhalten, nennt man *Homöostase*.

**Steuerung.** Dieser Begriff bezeichnet eine ***quantitative Beeinflussung der Intensität*** oder ***Richtung*** von Größen oder Vorgängen. So hängt zum Beispiel die Kontraktionsstärke eines Muskels von der Acetylcholinkonzentration an der motorischen Endplatte ab. Die Glucoseaufnahme von Muskelzellen wird dagegen von der Insulinkonzentration im Blut beeinflusst. Tropine wiederum, die Steuerungshormone der Hypophyse, wirken dosisabhängig auf die Aktivität der nachgeordneten Hormondrüsen ein (► S. 461). Steuerungsvorgänge können zu Wirkungsketten verknüpft oder Bestandteil von Regelkreisen sein.

**Regelung.** Im Unterschied zur Steuerung wird durch Regelung eine Größe oder ein Vorgang so beeinflusst, dass die Veränderung auf die verändernde Ursache zurückwirkt. Diese Rückwirkung bezeichnet man in der Sprache der Regeltechnik als *Rückkopplung* oder *Feedback*. Positive Rückkopplung führt zur Selbstverstärkung einer Größe, negative Rückkopplung zu ihrer Abschwächung. Regelungsvorgänge in Organismen sind fast immer negativ rückgekoppelt: Sie wirken Veränderungen entgegen, um Abweichungen von einem Gleichgewichtszustand zu kompensieren. Jeder Regelung einer Größe liegt demnach ein Kreisprozess mit Rückkopplung zugrunde, der als ***Regelkreis*** dargestellt wird (► Bild 1).

**Beispiel Blutdruckregelung.** Im Zustand körperlicher Ruhe liegt der menschliche Blutdruck *(Regelgröße)* während der Systole bei 125 mmHg, während der Diastole bei 80 mmHg. Blutverlust oder körperliche Anstrengung können als *Störgrößen* den Blutdruck verändern. Diesen Abweichungen wirkt die Regelung entgegen (► Bild 2). In einer Verdickung der Halsschlagader, dem Carotissinus, messen Sinneszellen *(Fühler)* die Wandspannung *(Istwert)* der Halsschlagadern. Diese Information wird über den Sinusnerv an das verlängerte Rückenmark *(Regler)* übermittelt *(Signalübertragung)* und hier mit dem von der Großhirnrinde *(Sollwertgeber)* als Führungsgröße übertragenen Sollwert verglichen. Je nach Abweichung des Istwerts vom Sollwert erteilt der Regler entsprechende Befehle *(Stellgröße)* an die Wandmuskulatur sämtlicher Blutgefäße *(Stellglieder)*. Ihre Verengung oder Erweiterung korrigiert daraufhin die Blutdruckabweichung.

---

**1 Erklären Sie die Begriffe Homöostase, Steuerung und Regelung. Schlagen Sie auch in Lexika nach.**

**2 Regelkreise gibt es auch in der Technik. Einfache Beispiele sind die Kühlschrankkühlung oder die Wasserstandsregelung im Toilettenspülkasten. Entwerfen Sie entsprechende Schemata.**

**3 Vergleichen Sie den hier abgebildeten Regelkreis mit weiteren Schemata auf den Seiten 462 und 463.**

**4 Schlagen Sie im Buch nach, welche Vorgänge Systole und Diastole kennzeichnen.**

**5 Benennen Sie mögliche Konsequenzen eines starken Blutdruckabfalls für den Kreislauf und die Organversorgung.**

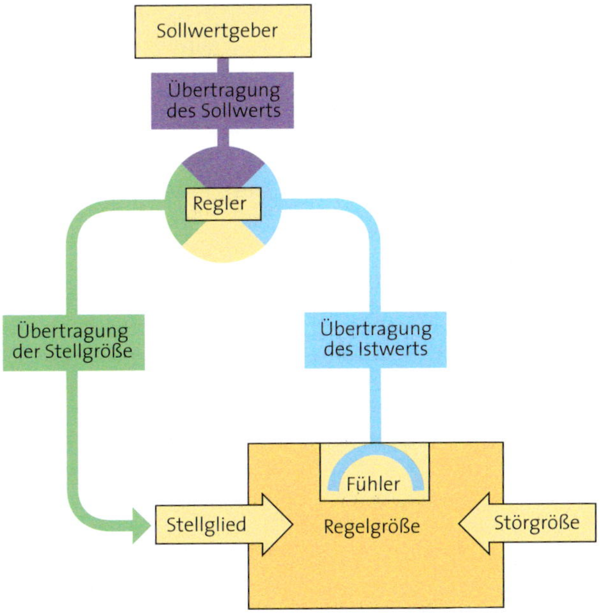


*1 Allgemeines Regelkreisschema*

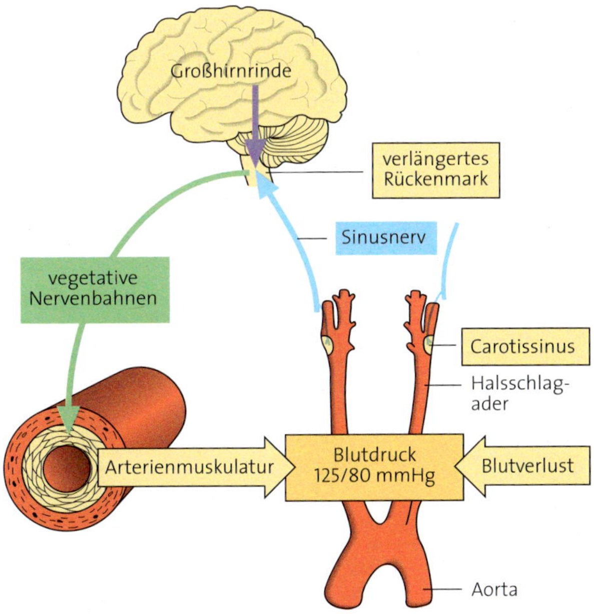


*2 Regelkreisschema zur Einstellung des Blutdrucks*

## Vegetatives Nervensystem

**Autonome Regulation.** Bei Wirbeltieren und dem Menschen steht die Regulation der lebenserhaltenden Stoffwechselvorgänge wie Atmung, Verdauung und Ausscheidung sowie die Tätigkeit der entsprechenden Organe unter Kontrolle des *Eingeweide-* oder *vegetativen Nervensystems*. Seine sensiblen Neurone übermitteln beispielsweise Informationen über Blutdruck (► S. 459), Füllung von Magen, Darm und Harnblase oder den Dehnungsgrad der Lungen. Seine effektorischen Neurone leiten Befehle an die inneren Organe. Da diese Vorgänge in der Regel willentlich kaum beeinflussbar sind, spricht man auch vom *autonomen Nervensystem*.

Hypothalamus und Hypophyse bilden eine Art Schnittstelle von Zentralnervensystem und vegetativem Nervensystem. Daher können im Zentralnervensystem verarbeitete, bewusst gewordene Reize aus der Umwelt auch vegetative Reaktionen auslösen. Beispiele sind schweißfeuchte Hände oder ein roter Kopf bei großer Aufregung. Sie treten auf, wenn als physiologische Vorbereitung einer vom Zentralnervensystem geplanten Flucht besonders beanspruchten Muskelgruppen vermehrt Glucose und Sauerstoff zugeführt werden.

**Gliederung.** Die peripheren Teile des vegetativen Nervensystems bestehen aus den beiden Teilsystemen *Sympathicus* und *Parasympathicus* (► Bild 1).

Sympathicusnerven verlassen das Rückenmark zwischen den Wirbelkörpern und münden in zwei beiderseits der Wirbelsäule liegende Ganglienketten, die *sympathischen Grenzstränge*. Die hier gebündelten Zellkörper der nachgeschalteten zweiten Neurone des Sympathicus sind über efferente und afferente Fasern mit allen inneren Organen verbunden.

Der Parasympathicus ist weitläufiger verzweigt, dafür liegen seine Ganglien näher an den Zielgeweben. Sein stärkster Nerv ist der im verlängerten Mark entspringende *Nervus vagus*, der sich in Ästen zu Lunge, Herz und Darm verzweigt.

Da an allen Synapsen des Parasympathicus Acetylcholin als Neurotransmitter dient, wird er auch als *cholinerges System* bezeichnet. Der Sympathicus verwendet diesen Transmitter dagegen nur an seinen ersten, präganglionären Synapsen. Postganglionär arbeitet der Sympathicus mit Noradrenalin und wird daher auch *adrenerges System* genannt.

**Antagonismus.** Bis auf das ausschließlich adrenerg beeinflusste Nebennierenmark sind alle inneren Organe von beiden Teilen des vegetativen Nervensystems versorgt, also *doppelt innerviert*. Sympathicus und Parasympathicus entfalten hier, basierend auf den unterschiedlichen Neurotransmittern, jeweils gegensätzliche Wirkungen. Sie arbeiten also als Gegenspieler oder Antagonisten. Vereinfachend gilt, dass

- der Sympathicus die körperliche Leistung steigert, Energiereserven mobilisiert, den Körper in Alarm- und Fluchtbereitschaft versetzt;
- der Parasympathicus eher Erholungsvorgänge, Entspannung, Schlaf und Regeneration sowie den Aufbau von Energiereserven fördert.

Das koordinierte Wechselspiel beider Anteile ermöglicht eine besonders feine, schnelle und präzise Einstellung körperlicher Funktionen und damit den Erhalt der Homöostase.

---

**1 Erläutern Sie die Bedeutung der doppelten Innervierung der inneren Organe für deren Funktion.**

**2 Atropin, das Gift der Tollkirsche, hemmt die Acetylcholinrezeptoren des vegetativen Nervensystems. Stellen Sie die Wirkungen des Atropins auf die glatte Darmmuskulatur, den Herzmuskel und die Irismuskulatur zusammen.**

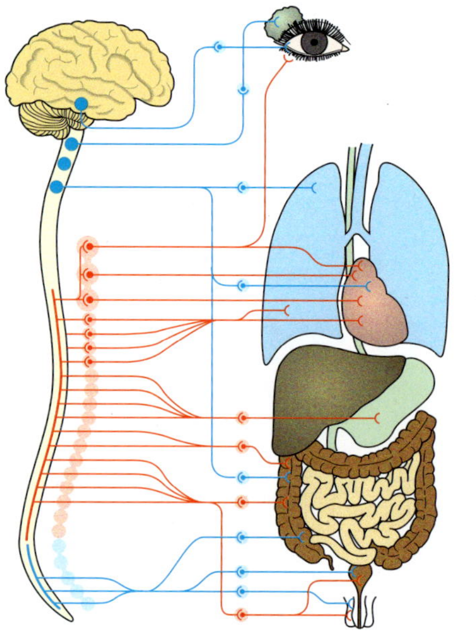

*1 Innervierung durch Sympathicus (rot) und Parasympathicus (blau)*

**Wirkungen von Sympathicus und Parasympathicus**

| Organ/Zielgewebe | Sympathicus | Parasympathicus |
|---|---|---|
| Tränendrüse, Pupille, Ciliarmuskel | Weitung der Pupille, Fernakkommodation | Bildung von Tränenflüssigkeit, Verengung der Pupille, Nahakkommodation |
| Speicheldrüsen | Sekretion zähflüssigen Speichels | Sekretion wässrigen Speichels |
| Schweißdrüsen | zähflüssiger Schweiß | dünnflüssiger Kühlungsschweiß |
| Herz und Gefäße | Erhöhung von Herzschlagfrequenz und Schlagvolumen | Verlangsamung von Herzschlagfrequenz und Schlagvolumen |
| Bronchien und Lunge | Weitung, verstärkte Respiration | Verengung, Schleimsekretion, Verlangsamung der Respiration |
| Magen und Darm | Hemmung der Peristaltik, Kontraktion des Schließmuskels | Anregung der Peristaltik, Erschlaffung des Schließmuskels |
| Leber | Glykogenabbau, Fettabbau | Glykogenbildung, Fettsynthese |
| Pankreas | Hemmung der Drüsentätigkeit | Anregung der Drüsentätigkeit |
| Nebennierenmark | Adrenalinsekretion | keine Innervierung |
| Blase | Erschlaffung der Blasenwand, Kontraktion des Schließmuskels | Kontraktion der Blasenwand, Erschlaffung des Schließmuskels |
| Geschlechtsorgane | Ejakulation, Kontraktion der Gebärmutter- und Scheidenmuskulatur | Erektion, verstärkte Durchblutung der Schleimhäute, Sekretion |

## Hormonsystem

Hormone sind Botenstoffe, die in spezialisierten Zellen *endokriner Drüsen* hergestellt und von diesen direkt in die Blut- und Lymphbahn abgegeben werden. Sie wirken an bestimmten Zielzellen, die mit *hormonspezifischen Rezeptorproteinen* ausgerüstet sind. Ihr Informationsgehalt ist dabei rein qualitativ: eine Art Kommando zur Ingangsetzung, Aufrechterhaltung oder zum Abbruch intrazellulärer Reaktionen. Beispiele sind die Absenkung des Blutzuckerspiegels (Insulin), Erhöhung des Grundumsatzes (Schilddrüsenhormone), Steigerung der Zellteilungsrate (Somatotropin) und Proliferation von Keimzellen (Geschlechtshormone). Gewebe, die nicht über passende Hormonrezeptoren verfügen, sind für das Kommando unempfindlich.

Andererseits kann dasselbe Hormon unterschiedliche Wirkungen entfalten, wenn es wie zum Beispiel Adrenalin an zweierlei Rezeptortypen binden kann.

**Wirkmenge und Wirkdauer.** Bereits ein einziges Hormonmolekül reicht für die Auslösung eines Wirkmechanismus aus. Voraussetzung ist, dass dieses an der Membran oder im Cytoplasma der Zielzelle einen *Hormon-Rezeptor-Komplex* eingeht. Die Wirkung ist umso stärker, je mehr Rezeptoren von Hormonmolekülen besetzt sind *(Konzentrationscode)*.

Das Hormon wirkt, bis es abgebaut wird oder der Komplex zerfällt. Die dafür benötigte Zeit ist sehr unterschiedlich. Adrenalinwirkungen ebben in Sekundenschnelle ab. Schilddrüsenhormone oder Östrogen sind über Stunden hinweg wirksam.

**Endokrine Drüsen.** Da Hormondrüsen (► Bild 1) ihre Stoffe nicht wie Schweiß- oder Talgdrüsen als Sekrete nach außen, sondern als Inkrete an das Blut abgeben, werden sie als endokrine Drüsen bezeichnet. Den Körperdrüsen übergeordnet ist die *Hypophyse* oder Hirnanhangsdrüse. Sie wird vom obersten Steuerzentrum des Hormonsystems, dem *Hypothalamus*, kontrolliert. Dieser wiederum untersteht der Großhirnrinde.

Die Hypophyse ist etwa erbsengroß und besteht aus dem *Hypophysenvorderlappen* (HVL, Adenohypophyse) und dem *Hypophysenhinterlappen* (HHL, Neurohypophyse). Ersterer enthält als echte Hormondrüse spezialisierte Zellen, die Steuerungshormone oder Tropine mit Wirkung auf weitere Hormondrüsen abgeben. Im Gegensatz dazu besteht der HHL aus Axonen hormonproduzierender Neurone des Hypothalamus.

Der Hypothalamus gibt einerseits über den HHL Neurohormone direkt an die Blutbahn ab. Er wirkt aber andererseits auch hemmend oder fördernd über Steuerhormone auf die Hormonsekretion des HVL ein.

**Stoffklassen der Hormone.** Die für Wirbeltiere bedeutsamsten Hormone gehören zu drei Stoffklassen. *Peptidhormone* aus Ketten von etwa 8 bis 100 Aminosäuren sind Insulin, Glucagon, Parathormon und Calcitonin sowie die Hormone von Hypophyse und Hypothalamus. Sie sind lipidunlöslich und binden daher an Rezeptoren der Zellmembran (► S. 468). Dasselbe gilt, mit Ausnahme des Thyroxins, für die *Aminosäurederivate* Adrenalin, Noradrenalin und Melatonin. *Steroidhormone* sind Abkömmlinge des Cholesterins. Zu ihnen zählen die Sexualhormone der Keimdrüsen und die Corticoide der Nebennierenrinde. Sie gelangen durch erleichterte Diffusion (► S. 48) ins Cytoplasma, wo sie an cytoplasmatische Rezeptoren binden.

**Andere Botenstoffe.** Neben den Hormonen im engeren Sinn gibt es viele andere Botenstoffe, die inner- und außerhalb des Organismus Informationen übermitteln. Die Grenzen zwischen ihnen sind fließend. *Neurotransmitter* – chemisch zum Teil mit Drüsenhormonen identisch – übertragen Informationen an den Synapsen. *Gewebshormone* gelangen nicht in die Blutbahn und wirken nur lokal im umgebenden Gewebe. *Pheromone* sind nach außen abgegebene, an Artgenossen gerichtete Signalstoffe für Anlockung, Abwehr, Alarmierung oder andere soziale Kommunikation.

**1** **Erklären Sie, warum eine Hormonbotschaft sehr spezifisch ist, obwohl die meisten Hormone über die Blutbahn im ganzen Körper verbreitet werden.**

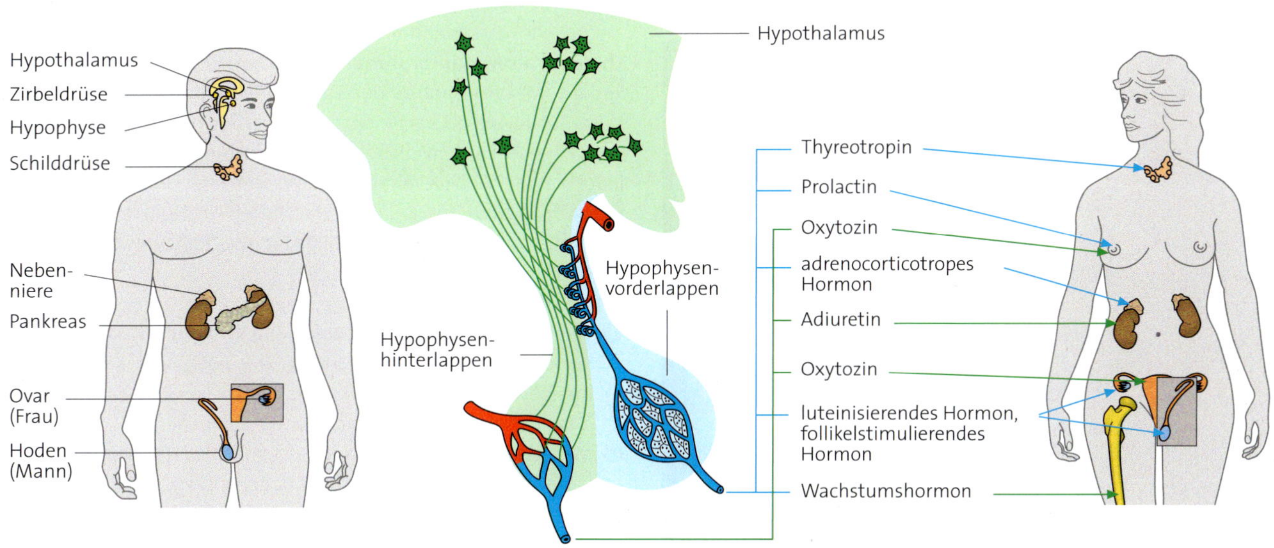


1 *Hormondrüsen beim erwachsenen Menschen (links), Steuerungshormone von Hypothalamus und Hypophyse (rechts)*

## Schilddrüse und Energieumsatz

Alle lebenden Zellen eines vielzelligen Lebewesens tragen zur Energiegewinnung des Organismus bei, indem sie die chemische Energie der Nährstoffe in Arbeit und Wärme umwandeln. Diesen Energieumsatz fast aller Zellen steuern die Hormone der Schilddrüse.

**Schilddrüsenhormone und ihre Wirkung.** Die vor dem Schildknorpel des Kehlkopfs gelegene Schilddrüse oder Thyreoidea produziert zwei iodhaltige Hormone, das *Tetraiodthyronin ($T_4$ = Thyroxin)* und das biologisch wirksame *Triiodthyronin ($T_3$)*. Letzteres aktiviert die aeroben Abbauvorgänge der Zellatmung (►S.100), insbesondere die der Kohlenhydrate. Somit fördert $T_3$ indirekt Wachstum, Entwicklung, Fruchtbarkeit und die Aktivität des Zentralnervensystems.

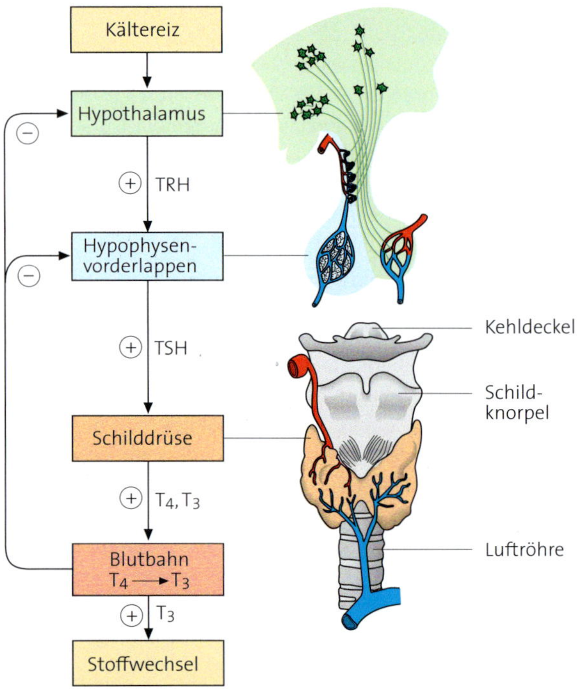


1 *Regulation der Schilddrüsenhormone*

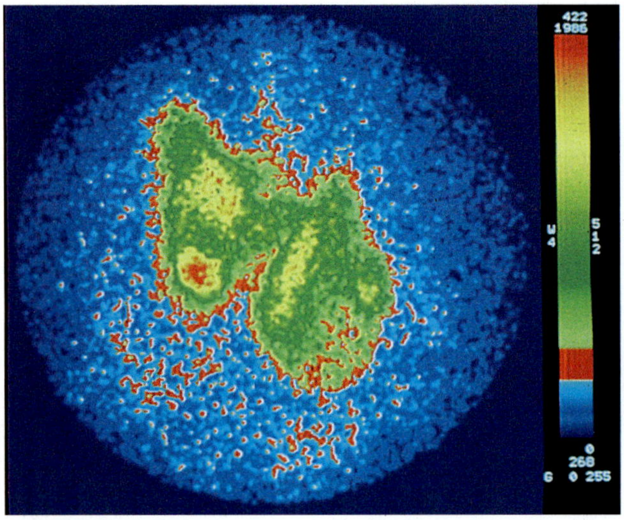

2 *Schilddrüsenszintigramm; rot: Funktionsstörungen*

**Regelung der Schilddrüsenfunktion.** Die Schilddrüsenaktivität wird unter Berücksichtigung des Energiebedarfs des Körpers, so etwa bei Kälte, Schlaf, Wachstum oder gemäß des Entwicklungszustands, durch den Hypothalamus vorgegeben. Der Sollwert wird durch das *Thyreotropin-Releasing-Hormon* (TRH = Thyreoliberin) an die Hypophyse weitergeleitet und von hier mit dem *Thyreoidea-stimulierenden Hormon* (TSH = Thyreotropin) als Stellgröße der Schilddrüse übermittelt. Die von ihr folglich ausgeschütteten Hormone wirken durch negative Rückkopplung auf Hypophyse und Hypothalamus zurück.

**Schilddrüsenunterfunktion.** Anhaltender Iodmangel, angeborene Iodverwertungsstörungen oder TSH-Mangel können zur Unterfunktion der Schilddrüse führen. Betroffene leiden unter Trägheit, Unlust, niedrigem Blutdruck und Konzentrationsschwäche. Häufig vergrößert sich dabei die Schilddrüse und ein *Kropf* bildet sich. Fällt das Krankheitsbild stärker aus und ist von Apathie, Fettansatz und Ödemen begleitet, spricht man vom *Myxödem*.

Mangel an Iod in der Nahrung, wie er besonders in den Gebirgen des Binnenlandes häufig ist, lässt sich durch zusätzliche Iodgaben, beispielsweise durch iodiertes Speisesalz, ausgleichen. Angeborene Funktionsstörungen der Schilddrüse müssen durch Thyroxingaben behandelt werden. Andernfalls führen sie zu schweren Störungen der körperlichen und geistigen Entwicklung (►S.154).

**Schilddrüsenüberfunktion.** Sie führt zu einer Erhöhung des Energieumsatzes durch Zellatmung: Körpertemperatur, Herz- und Atemfrequenz sind erhöht, die Erregbarkeit ist gesteigert. Trotz reichlichen Essens magern die Betroffenen ab, sind nervös, rastlos, schlaflos. Häufig treten die Augen durch eine Gewebezunahme im Augenhintergrund nach vorne. Auch hier wird ein *Kropf* ausgebildet. Ursachen sind tumorartig vermehrtes Schilddrüsengewebe oder eine als *basedowsche Krankheit* bezeichnete Autoimmunreaktion (►S.239), bei der Immunglobuline die TSH-Rezeptoren der Schilddrüse anhaltend aktivieren.

**Thyroxin als Metamorphosehormon.** Bei Amphibien regelt Thyroxin die Metamorphose der Larven. Beim mexikanischen Querzahnmolch Axolotl verhindert erblicher Thyroxinmangel die Metamorphose. Diese Molche werden zwar geschlechtsreif, bleiben jedoch zeitlebens larvenähnliche Wassertiere. Diese Erscheinung nennt man *Neotenie*. Bei den verwandten Grottenolmen geht die Neotenie auf eine Unempfindlichkeit der Zielgewebe gegenüber dem Schilddrüsenhormon zurück.

---

**1** **Eine Tagesration Iod für Erwachsene im Alter zwischen 15 und 50 Jahren liegt bei rund 200 µg. Das entspricht einer Iodsalzmenge von 10 g. Die Aufnahme von zu viel Salz ist ungesund. Informieren Sie sich über alternative Iodquellen.**

**2** **Man bezeichnet Thyroxin auch als „anaboles Hormon". Notieren Sie Stichpunkte, die diese Benennung stützen.**

**3** **Hormone sind nicht artspezifisch, jedoch wirkungsspezifisch. Erläutern Sie diese Aussage am Beispiel der Amphibienmetamorphose.**

## Pankreas und Blutzuckerregelung

Die Bauchspeicheldrüse oder der Pankreas produziert als Verdauungsdrüse der Wirbeltiere Verdauungsenzyme (▶ S. 90), die über einen Ausführgang in den Zwölffingerdarm sekretiert werden. Außerdem erzeugt der Pankreas in speziellen Gewebebereichen, den *Langerhans-Inseln*, die Hormone Insulin und Glucagon, die direkt an das Blut abgegeben werden und die Zuckerkonzentration des Blutes regeln (▶ S. 472 Bild 2).

Obwohl Glucose nur mit etwa 0,1 % im Blut gelöst ist, ist dieser Zucker als Grundstoff für Synthesen und die Energiegewinnung von zentraler Bedeutung für alle Zellen. Seine Konzentration im Blut, der sogenannte Blutzuckerspiegel, wird daher durch Regelung möglichst konstant gehalten. Im Normalfall liegt der Wert zwischen 0,8 und 1 g/l (das entspricht 80–100 mg/100 ml). Zuckerwerte unter 0,5 g/l stellen eine lebensgefährliche „Unterzuckerung" dar. Störgrößen des Blutzuckerspiegels sind vor allem Nahrungsaufnahme und Muskelarbeit (▶ Bild 1).

**Regelung bei erhöhtem Blutzuckerspiegel.** Steigt der Blutzuckerwert durch Aufnahme von Nahrung, besonders wenn diese reich an Kohlenhydraten ist, wird aus den *β-Zellen der Langerhans-Inseln* das Peptidhormon *Insulin* ausgeschüttet. Insulin bindet an extrazelluläre Rezeptorproteine und aktiviert verschiedene Prozesse, die den Blutzuckerspiegel senken:
- Im Cytoplasma von Muskel- und Fettzellen werden Transportproteine (▶ S. 48) für Glucose mobilisiert, die als Carrier die Glucoseaufnahme in die Zellen steigern.
- Die Protein- und Fettsynthese aus Glucose wird stimuliert.
- Über mehrere enzymatische Schritte wird in Leber und Muskulatur der Aufbau von Glykogen aus Glucose bewirkt.
- Der Abbau von Glucose durch Zellatmung wird gesteigert.

**Regelung bei erniedrigtem Blutzuckerspiegel.** Fällt der Blutzuckerspiegel durch den Zuckerverbrauch bei der Zellatmung ab, wird aus den *α-Zellen der Langerhans-Inseln* das Peptidhormon *Glucagon* ausgeschüttet. Glucagon bewirkt als Gegenspieler des Insulins den Abbau der Glykogenreserven in der Leber und die Neubildung von Glucose aus Aminosäuren. Die Glucagonwirkungen werden noch durch eine Aktivierung des Sympathicus und die damit verbundene Ausschüttung von Adrenalin aus dem Nebennierenmark unterstützt. Zugleich hemmt der Sympathicus die Freisetzung von Insulin.

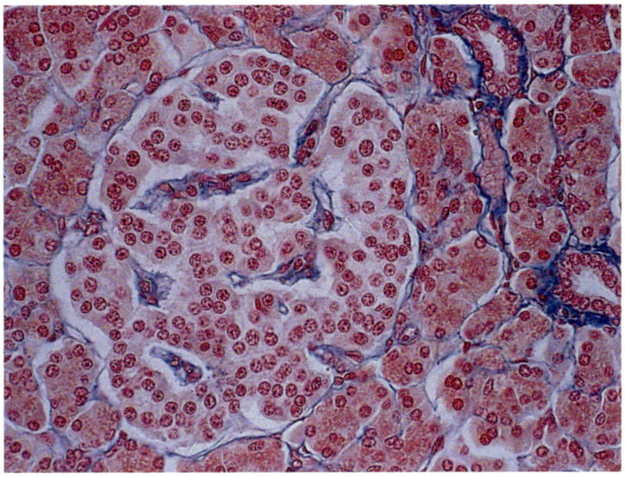

2 Mikroschnitt durch eine Langerhans-Insel mit α- und β-Zellen

**Besonderheiten der Blutzuckerregelung.** An der Regelung des Blutzuckerspiegels sind das vegetative Nervensystem sowie das Hormonsystem beteiligt und mehrere Regelkreise sind miteinander verknüpft. Glucagon, Adrenalin und Glucocorticoide wirken erhöhend auf den Blutzuckerspiegel, während Insulin bei der Blutzuckersenkung allein steht (▶ Bild 1). Störungen des Insulinsystems, beispielsweise Diabetes (▶ S. 470), haben daher drastische Folgen. Offenbar hatte die mehrfache Sicherung vor gefährlicher Unterzuckerung in der Evolution einen besonders hohen Selektionswert.

---

**1** **Entwerfen Sie einen Regelkreis für den Fall einer Unterzuckerung.**

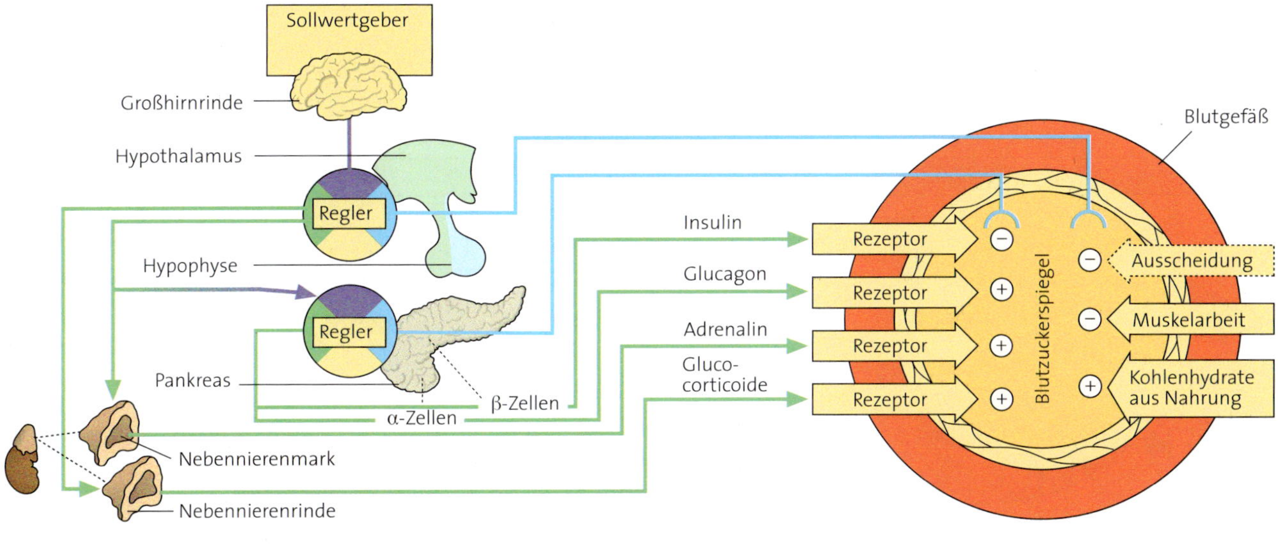


1 Regelung des Blutzuckerspiegels

## Hormone und Keimdrüsenfunktionen

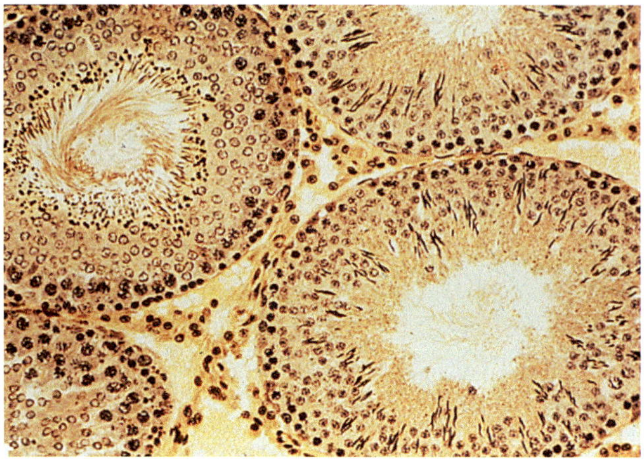

1 *Querschnitt mehrerer Hodenkanälchen*

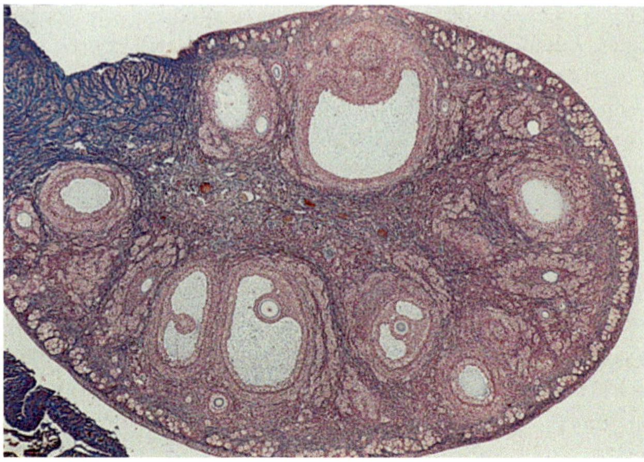

2 *Eierstockquerschnitt mit verschiedenen Follikelstadien*

**Chromosomales und hormonales Geschlecht.** Ob ein Mensch männlich oder weiblich ist, wird bereits bei der Befruchtung durch die Geschlechtschromosomen entschieden: In der Zygote einer künftigen Frau liegen neben den 44 Autosomen zwei X-Chromosomen, bei einem künftigen Mann je ein X- und ein kleineres Y-Chromosom vor (► S. 175). Die Geschlechtschromosomen initiieren die Entwicklung der zunächst einheitlichen Urgonaden. Ist kein Y-Chromosom vorhanden, steuern X-chromosomale Gene im dritten Embryonalmonat die Verweiblichung der Urgonaden. Eierstöcke entstehen und deren Hormone, die *Östrogene* und *Gestagene*, bewirken die weitere Reifung der weiblichen Organe. Ist dagegen ein Y-Chromosom vorhanden, bilden sich Hoden. Dafür ist die Aktivierung des nur auf dem Y-Chromosom liegenden *SRY-Gens (sex determinating region of Y)* verantwortlich, nach dessen Bauanweisung ein Regulatorprotein synthetisiert wird, das „weibliche" Gene auf dem X-Chromosom abschaltet. Nach Ausbildung der Hoden produzieren deren Leydig-Zellen die als *Androgene* bezeichneten männlichen Geschlechtshormone, und zwar vor allem *Testosteron*. Besitzt das Gewebe Androgenrezeptoren, beginnt eine Weiterentwicklung zum Jungen und später zum Mann.

**Intersexualität.** Fehlen Androgenrezeptoren bei einem chromosomalen Jungen mit männlich fortentwickelten Urgonaden, wird dieser äußerlich zum Mädchen, das allerdings keine Menstruation erleben und unfruchtbar bleiben wird *(XY-Frau)*. Aber auch Personen mit weiblichen Urgonaden können männliche Körpermerkmale besitzen, wenn die hormonelle Entwicklung im Kindesalter oder in der Pubertät untypisch verläuft.

Die Ursachen für das Vorhandensein von *Merkmalen beider Geschlechter* und die äußeren Erscheinungsformen sind vielfältig. Das seelische Erleben des eigenen Körpers und seine Erscheinung können von den betroffenen Personen als „unstimmig" empfunden werden, was manchmal zu dem Wunsch führt, sich von Fachärzten hormonell und operativ dem „Wunschgeschlecht" angleichen zu lassen. Vor dem chirurgischen Eingriff werden die Betroffenen langsam hormonell „eingestellt", um zu prüfen, ob sie sich mit dem künftigen Geschlecht identifizieren können.

**Männliche und weibliche Geschlechtshormone.** Die Hormone werden größtenteils geschlechtsspezifisch in bestimmten Zellen von Hoden und Eierstöcken gebildet, die daher auch als *Keimdrüsen* bezeichnet werden. Jedoch produziert auch die Nebennierenrinde geschlechtsunabhängig *Androgene, Östrogene* und *Gestagene*. Chemisch gehören sie zu den Steroidhormonen und sind im Bau dem Cholesterin sehr ähnlich. Sie steuern und regeln die Funktion der primären Geschlechtsorgane und die Ausbildung sekundärer Geschlechtsmerkmale.

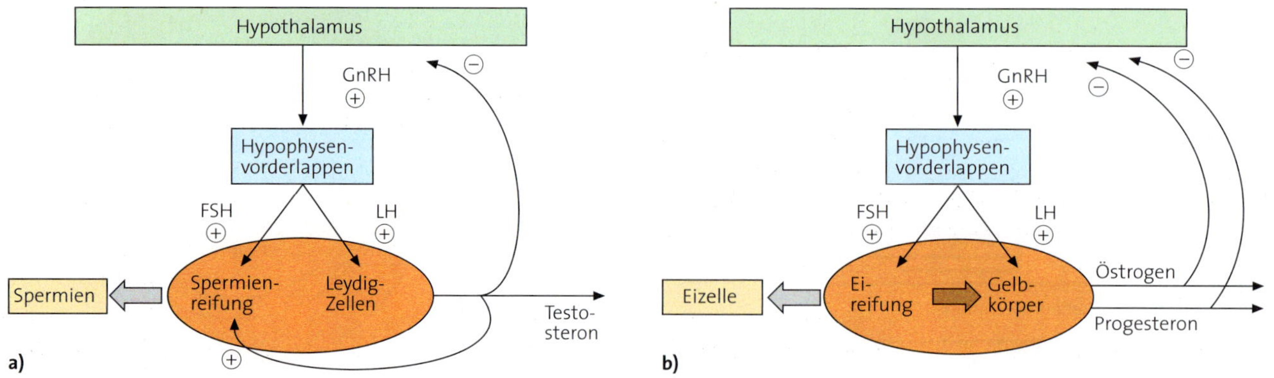


3 *Hormonelle Steuerung der männlichen (a) und weiblichen (b) Keimdrüsenfunktionen (+ stimulierende, – hemmende Wirkung)*

**Regelung der Keimdrüsenfunktion.** Die hormonelle Regelung der Fortpflanzungsfunktionen geschieht auf drei Ebenen: Hypothalamus, Hypophyse und Keimdrüse. Das *Gonadotropin Releasing Hormon (GnRH)* des Hypothalamus wirkt auf die Hypophyse ein. Diese schüttet zwei gonadotrope Hormone aus: *follikelstimulierendes Hormon (FSH)* und *luteinisierendes Hormon (LH)* (▶ S. 464 Bild 3). Beide Hormone wirken auf die Keimdrüsen: FSH fördert bei Männern die Spermienbildung in den Hodenkanälchen, bei Frauen die Reifung eines Eifollikels und die Bildung von *Östrogen* in den Thekazellen des Eierstocks. LH führt beim Mann dazu, dass die Leydig-Zwischenzellen im Hodengewebe Testosteron freigeben, das die Vitalität der Spermien steigert. Bei Frauen beeinflusst LH nach der Ovulation, also dem Eisprung, die Umbildung des Follikels zum Gelbkörper, der seinerseits *Progesteron* oder Gelbkörperhormon abgibt. Sowohl Testosteron als auch Östrogen und Progesteron wirken negativ rückkoppelnd auf den Hypothalamus. Während der Testosteronspiegel der Männer nahezu konstant bleibt und erst mit zunehmendem Alter kontinuierlich sinkt, sind Östrogen- und Progesteronbildung bei Frauen zyklischen monatlichen Schwankungen unterworfen und unterbleiben nach der Menopause ganz.

**Der weibliche Zyklus.** Während der *Menstruationsphase* wird die Gebärmutterschleimhaut, die in den vorausgegangenen drei Wochen aufgebaut wurde, zusammen mit einer unbefruchteten Eizelle abgestoßen. Nach dem Abklingen der Blutung wird unter dem Einfluss von *Östradiol*, dem wichtigsten Östrogen, eine neue Schleimhaut aufgebaut *(Proliferationsphase)*. Ein bis zwei Tage nach der Ovulation beginnt unter der Wirkung des Progesterons die Einlagerung von Nährstoffen als Vorbereitung auf die mögliche Einnistung einer Zygote *(Sekretionsphase)*.

In den rund 14 Tagen vor der Ovulation reift der Follikel durch die FSH-Stimulation heran und produziert selbst steigende Mengen von Östradiol. Dadurch hemmt er eine weitere FSH-Ausschüttung, was den FSH-Spiegel sinken lässt, und stimuliert zugleich die Hypophyse zur LH-Ausschüttung. Jetzt kommt es zur Ovulation. Der Follikelrest entwickelt sich zum *Gelbkörper* oder *Corpus luteum*. Sein Hormon Progesteron hemmt die Ausschüttung von LH. Da auch der Gelbkörper noch Östradiol bildet, kommt es zu einem zweiten kleinen Konzentrationsanstieg dieses Hormons und seiner hemmenden Wirkung auf die LH- und FSH-Bildung.

**Schwangerschaftshormone.** Wenn eine Eizelle befruchtet wird, übernimmt die Gebärmutter die hormonelle Steuerung. Ab dem siebten Tag kann das von ihr gebildete Hormon *HCG (Human Chorionic Gonadotropin)* nachgewiesen werden. Es erhält den Gelbkörper so lange, bis die Placenta selbst die Synthese des Progesterons leistet. Wegen seiner Hemmwirkung auf die FSH-Bildung der Hypophyse reift kein weiterer Follikel, unterbleibt eine Blutung und die Schwangerschaft bleibt bestehen. Unter dem Einfluss des Hormons *Prolactin* aus der Hypophyse und dem *HPL (Human Placental Lactogen)* der Placenta wachsen und verändern sich die Milchdrüsen.

Auch an der Auslösung des Geburtsvorgangs sind Hormone beteiligt: Das Neurohypophysenhormon *Oxytozin* ist Wehen auslösend und stimuliert die Abgabe von *Prostaglandinen*, die die Kontraktionen der Gebärmutter verstärken.

---

**1** Informieren Sie sich über „gonosomale Aberrationen" und deren Folgen auf die Entwicklung.

**2** Erarbeiten Sie mithilfe von Internet und Fachliteratur zwei unterschiedliche Entstehungsursachen von Intersexualität.

**3** Zur Vermeidung von Frühgeburten behandelt man Schwangere manchmal mit künstlichen Gestagenen zur Schwangerschaftserhaltung. Sie können „androgene" Nebenwirkungen haben. Nennen Sie mögliche geschlechtsspezifische Einflüsse auf den Fetus.

**4** Erläutern Sie den weiblichen Zyklus mithilfe von Bild 1.

**5** Herkömmliche Schwangerschaftstests liefern bereits kurz nach dem Ausbleiben der Periode ein recht sicheres Ergebnis. Es beruht auf dem Nachweis des HCG im Urin der Testperson. Erklären Sie, wann und wo HCG gebildet wird und wieso es sich für einen Schwangerschaftstest eignet.

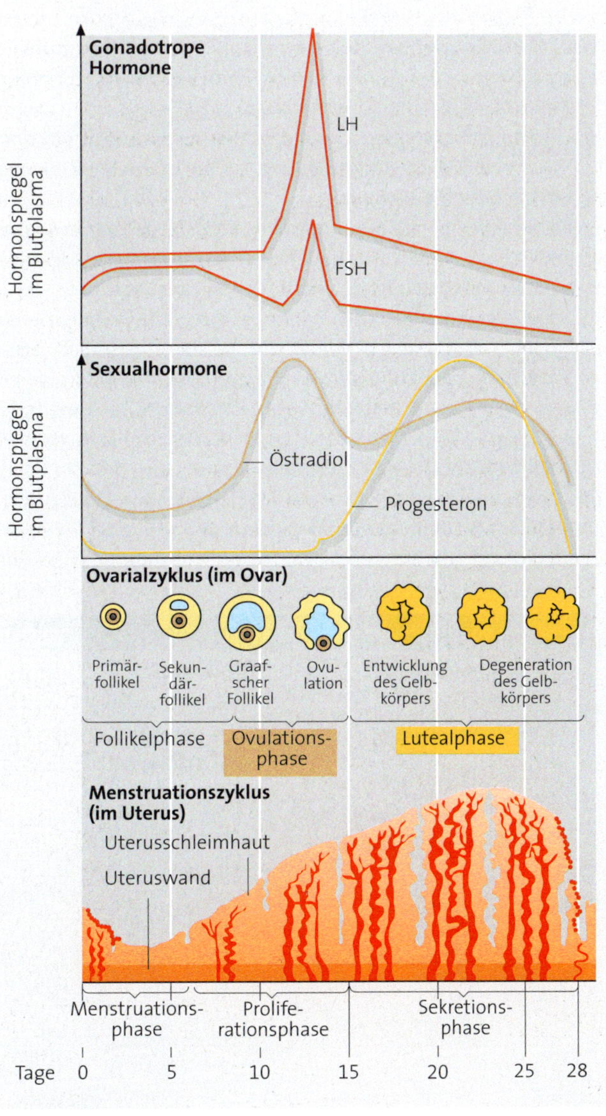


1 *Weiblicher Zyklus*

## Stress und Stresshormone

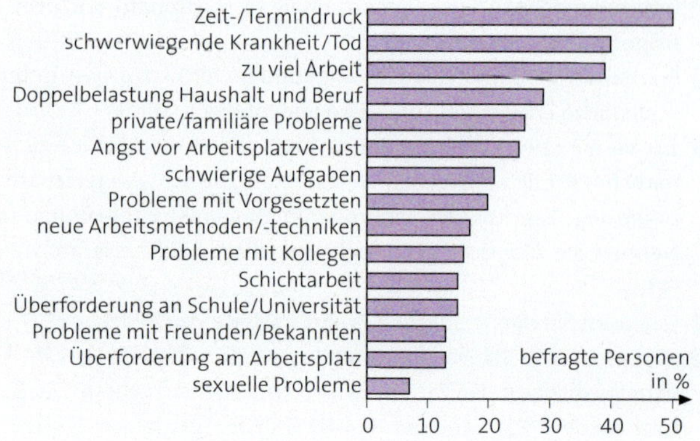


*1 Stress auslösende Faktoren. Ergebnis einer Umfrage von 1 000 Personen, Mehrfachnennungen waren möglich (nach DAK, 1997)*

*2 In einer akuten Gefahrensituation muss blitzschnell reagiert werden. Hier hilft nur die „Flucht“ vor dem herannahenden Fahrzeug.*

**Stress.** Im Alltag steht Stress für eine subjektiv wahrgenommene Beeinträchtigung des Wohlbefindens, wenn jemand mit erhöhten Anforderungen kaum oder nur schwer fertig zu werden scheint. Die Ursachen sind vielfältig (► Bild 1). Was als „stressig“ empfunden wird, ist allerdings individuell ebenso verschieden wie die Methoden der Stressbewältigung.

Biologisch definiert man Stress als *körperliche Anpassungsreaktion* auf bestimmte Belastungen oder Stressoren. Diese können der äußeren Umwelt oder dem inneren Milieu entstammen, etwa Durst bei Wasserverlust oder Fieber bei Infektionen. Typische *unspezifische Anpassungsreaktionen* sind beispielsweise eine Erhöhung des Blutdrucks und der Herzfrequenz. Damit wird eine allgemeine von den jeweiligen Auslösern nahezu unabhängige Steigerung der körperlichen Leistung und Reaktionsfähigkeit erzielt, die für Mensch und Tier in vielen Situationen diffuser Belastung oder Bedrohung offenbar einen Selektionsvorteil bedeutet.

**Sympathicus-Nebennierenmark-System und FFS.** Eine kurzfristige Einwirkung von Stressoren wird vor allem durch das schnell reagierende Kurzzeit-Stresssystem Sympathicus-Nebennierenmark beantwortet. Über das Zentralnervensystem wird der Stressor wahrgenommen und der Hypothalamus aktiviert den Sympathicus des vegetativen Nervensystems. Dessen anregende Wirkung auf das Nebennierenmark führt zur Ausschüttung der Stresshormone ***Adrenalin*** und ***Noradrenalin*** (► S. 467 Bild 1). Dabei ist die Wirkung des Sympathicus-Neurotransmitters ***Noradrenalin*** mit der Wirkung der Hormone Adrenalin und Noradrenalin synergistisch. Sie lösen die Symptome des *Fight-or-Flight-Syndroms (FFS)* aus. Darunter versteht man alle physiologischen Reaktionen, die den Organismus in die Lage versetzen, blitzschnell zu reagieren, um sich aus einer Gefahrensituation zu befreien. Dies kann durch Angriff (Fight) oder durch Flucht (Flight) geschehen. In beiden Fällen muss das Herz-Kreislauf-System schneller und effizienter arbeiten, um den gesteigerten Sauerstoff- und Glucosebedarf zu decken. Gehirn und Skelettmuskeln müssen besser durchblutet werden. Glykogenreserven aus Leber und Muskulatur werden mobilisiert, alle im Augenblick unwichtigen Körperfunktionen wie

**Wirkungen von Adrenalin und Cortisol**

| | Herz-Kreislauf | Stoffwechsel | Immunsystem | Verdauung | Hypophyse |
|---|---|---|---|---|---|
| **Adrenalin** | + Herztätigkeit<br>Verengung der Blutgefäße in Haut und Eingeweiden<br>Erweiterung der Blutgefäße in Skelettmuskeln | + Glykogenabbau (Leber und Muskeln)<br>+ Fettabbau<br>+ Eiweißabbau (Leber)<br>– Insulinfreisetzung<br>+ Körpertemperatur<br>+ Schweißsekretion | kurzfristige Aktivierung der Abwehrreaktionen | Hemmung der Darmbewegungen und Verdauungssaftsekretion | Steigerung der ACTH-Freisetzung |
| **Cortisol** | Unterstützung der Wirkung des Adrenalins auf Herz-Kreislauf und Blutgefäße | + Glykogenaufbau (Leber)<br>+ Fettabbau<br>+ Eiweißabbau (Muskeln)<br>– Eiweißsynthese<br>– Glucoseaufnahme<br>– Glucoseabbau<br>– Glucoseneubildung aus Aminosäuren (Leber) | Hemmung der Abwehrreaktionen<br>Hemmung der Antikörperbildung | Steigerung der Magensaftsekretion | Hemmung der ACTH-Freisetzung (negative Rückkopplung) |

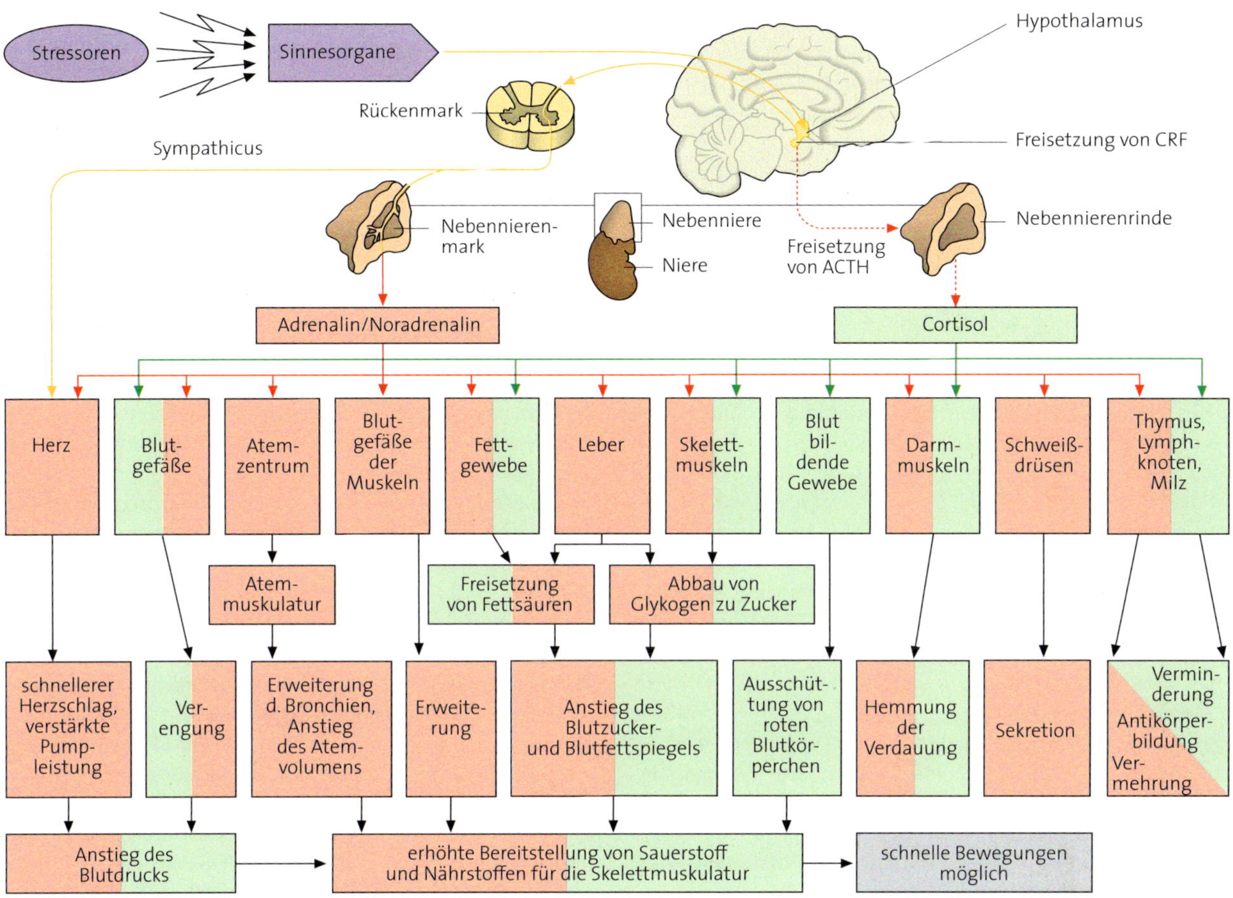


*1 Schematische Darstellung einer Stresssituation*

Verdauung oder Sexualfunktionen reduziert. Ist die Gefahr überstanden, regeneriert sich der Körper in einer durch den Parasympathicus vermittelten Erholungsphase.

**Hypophysen-Nebennierenrinden-System und AAS.** Lebensumstände, die uns längerfristig beeinträchtigen, wie beispielsweise Examina, Trennung, Arbeitslosigkeit, chronische Erkrankungen oder Unterernährung, setzen im Körper ein Langzeit-Stresssystem in Gang, das Hypophysen-Nebennierenrinden-System (► Bild 1). Wiederum unter der Führung des Hypothalamus erfolgt durch eine Neurosekretion von *CRF (Corticotropin releasing Factor)* eine Stimulation der Hypophyse. Diese antwortet mit vermehrter Bildung des Hormons *ACTH (adrenocorticotropes Hormon)*, das die Ausschüttung von *Glucocorticoiden* bewirkt. Diese Stresshormone der Nebennierenrinde, beim Menschen vornehmlich *Cortisol*, bei Tieren *Corticosteron*, haben vielfältige Effekte: Sie unterstützen die Wirkung von Adrenalin auf Herz und Kreislauf, steigern wie diese den Fettsäuregehalt im Blut und mobilisieren durch den Abbau von Muskelproteinen zur Energiegewinnung letzte Reserven. Indem sie die Proteinsynthese abschwächen, unterdrücken sie Entzündungsprozesse und Abwehrreaktionen (► Tabelle S. 466). Diese Wirkung macht man sich auch bei einer Therapie mit dem Corticoidmedikament Cortison zunutze, zum Beispiel gegen Rheuma oder nach einer Organtransplantation (► S. 234).

Zu den Folgen dauerhaft erhöhter Corticoidspiegel gehören eine Vergrößerung der Nebennieren, Bluthochdruck, in dessen Folge wiederum Arteriosklerose auftreten kann, sowie die Entstehung von Magengeschwüren. Diese körperlichen Veränderungen sind Erscheinungen des *Allgemeinen Anpassungssyndroms*, kurz *AAS*. Seine Bedeutung liegt ursprünglich darin, den Organismus möglichst lange in einer Art „Stand-by-Position" zu halten, in der das Herz-Kreislauf-System in erhöhter Bereitschaft, der übrige Stoffwechsel jedoch gedrosselt ist.

**Interaktionen.** Zwischen dem Kurzzeit- und Langzeit-Stresssystem bestehen Querbeziehungen. So steigert die Adrenalinausschüttung auch die Tätigkeit der neurosekretorischen Zellen im Hypothalamus und somit die Corticoidproduktion. Die Corticoide fördern wiederum eine Neubildung von Adrenalin aus Aminosäuren des Eiweißabbaus und hemmen die ACTH-Freisetzung über eine negative Rückkopplung. Dadurch drosseln sie wiederum die Adrenalinwirkung auf die Hypophyse.

---

1. **Verfolgen Sie die in Bild 1 dargestellte Steigerung des Blutdrucks und vergleichen Sie sie mit dem Regelkreisschema in Bild 2 auf Seite 459.**
2. **Chronischer Stress führt zu einer drastischen Abnahme der Lymphocytenkonzentration im Blut. Erklären Sie.**

## Zelluläre Hormonwirkungen

Hormone werden auch als Botenstoffe bezeichnet. Die Beschreibung als Stoffboten wäre allerdings wesentlich genauer: Hormone sind Nachrichtenüberbringer und keineswegs die Nachricht selbst. In jedem Fall muss die Zielzelle passende Hormonrezeptoren aufweisen, sonst bleibt das Hormon wirkungslos. Beispiele dafür sind die Thyroxinresistenz des Grottenolms oder die Wirkungslosigkeit des Prolactins beim Mann.

Je nach Stoffklasse und Molekülgröße entfaltet sich die Hormonbotschaft *intrazellulär* und *direkt* oder sie wird *indirekt* vermittelt, wenn das Hormon *extrazellulär* gebunden wird, weil es die Zellmembran nicht passieren kann (► Bild 1).

**Direkte Hormonwirkungen.** Das Schilddrüsenhormon Thyroxin kann zunächst ungehindert die Zellmembran passieren. Dann wird es im Cytoplasma an ein Rezeptorprotein gebunden, mit dem es gemeinsam in den Zellkern transportiert wird. Dort aktiviert es als „Genschalter" bestimmte DNA-Abschnitte und induziert die Bildung von Enzymen.

Auch die Steroide aus Nebennierenrinde (Glucocorticoide) und Keimdrüsen wirken auf die Genaktivität, nachdem sie von einem Transportprotein an der Zellmembran angeliefert und intrazellulär von einem Rezeptor übernommen wurden.

**Indirekte und Second-Messenger-Wirkungen.** Alle Peptidhormone entfalten indirekte Wirkungen. Sie beeinflussen beispielsweise die *Membranpermeabilität* ihrer Zielzellen und sorgen somit für einen Einstrom bestimmter Ionen (häufig $Ca^{2+}$) oder Moleküle. Dazu gehört auch die durch Insulin verstärkte Wirkung der Glucosecarrier (► S. 463). Immer wird ein extrazellulärer Hormon-Rezeptor-Komplex ausgebildet. Im Fall des Insulins wird der Rezeptor durch die Bindung aktiviert und selbst als *Proteinkinase* wirksam. Diese aktiviert weitere cytoplasmatische Proteine und führt letztlich zum Aufbau von Glykogen in der Leber.

Die meisten Peptidhormone aber, zum Beispiel FSH, LH, ADH, Glucagon, und die Aminosäurederivate Adrenalin und Noradrenalin vermitteln ihre Information über *„second messengers"*, also *„zweite Botenstoffe"*, in das Zellinnere. Der bekannteste Second Messenger ist das *cyclische Adenosinmonophosphat (cAMP)*. Das cAMP entsteht, wenn durch den Hormon-Rezeptor-Komplex das membranständige Enzym *Adenylatcyclase* aktiviert wird. Über das cAMP kann nun eine weitere Signalkette – oft als Kaskade mit Verstärkungseffekten – in Gang gesetzt, die Membranpermeabilität für Ionen verändert oder Gene aktiviert werden. Auf ähnliche Weise sind auch hemmende Zellantworten vorstellbar. So kann eine Konformationsänderung des membranständigen Rezeptors beispielsweise die Bildung von cAMP und die darauffolgenden Enzymkaskaden verhindern.

**Signalbeendigung.** Das Hormonmolekül wird schließlich durch den Rezeptor selbst oder durch Enzyme gespalten bzw. modifiziert. Damit verliert es seine spezifische Wirkung. Nur auf diese Weise bewahrt die Zelle ihre Reaktionsfähigkeit gegenüber einer weiteren Nachrichtenübermittlung durch das jeweilige Hormon.

❶ **Fassen Sie mithilfe von Bild 1 die Möglichkeiten direkter und indirekter Hormonwirkungen zusammen.**

❷ **Thyroxin treibt als „anaboles" Hormon den Stoffwechsel an. Entwickeln Sie eine Hypothese zu seiner Wirkungsweise.**

❸ **Coffein verzögert den Abbau von cAMP. Welche Hormonwirkungen könnten dadurch beeinflusst werden? Vergleichen Sie mit den Ihnen bekannten Folgen des Coffeinkonsums.**

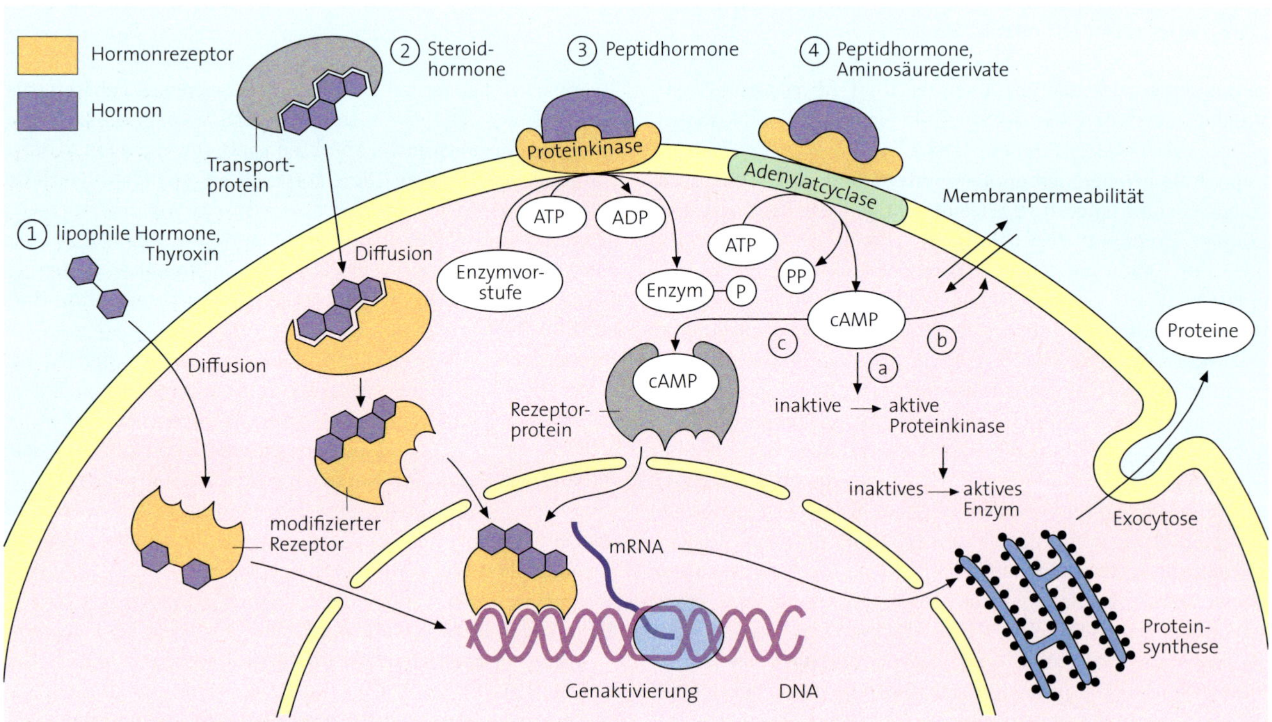


*1 Zelluläre Wirkungsweisen von Hormonen*

KOMPETENZEN

## Mithilfe dieses Kapitels können Sie

- erläutern, dass Tiere ihre Körperfunktionen zweigleisig auf nervösem und hormonellem Weg regeln
- die Bedeutung des Hypothalamus als „Schnittstelle" für Integration und Modulation hormoneller und nervöser Signale beschreiben und an einem Beispiel erläutern
- den Begriff der Homöostase definieren und seine Bedeutung an beispielhaften Regelkreisen darstellen
- das vegetative Nervensystem in Bau und Funktion beschreiben und die autonome Regulation von Körperfunktionen übergreifend darstellen
- einzelne Hormone und deren Wirkung nennen sowie an ausgewählten Beispielen vertieft erläutern
- zelluläre Wirkungsweisen von Hormonen unterscheiden und mit ihrem molekularen Bau begründen
- organische und physiologische Fehlfunktionen durch Störungen der hormonellen Regulation beispielhaft aufzeigen und begründen
- das komplexe Zusammenwirken von Stresshormonen, Nervensystem und Immunsystem in kurz- und langfristige Anpassungen gegliedert darstellen
- die Bedeutung von Stress für einen tierischen Organismus evolutionsbiologisch und medizinisch beurteilen

## Testen Sie Ihre Kompetenzen

Bei den sozial lebenden Tupajas Südostasiens (► Bild links) führt eine plötzliche Feindkonfrontation, eine unharmonische Verpaarung oder eine in Gefangenschaft herbeigeführte Überbevölkerung zu „sozialem Stress". Bei den gestressten Tieren findet man im Blut unter anderem erhöhte Adrenalinwerte (► Bild unten).

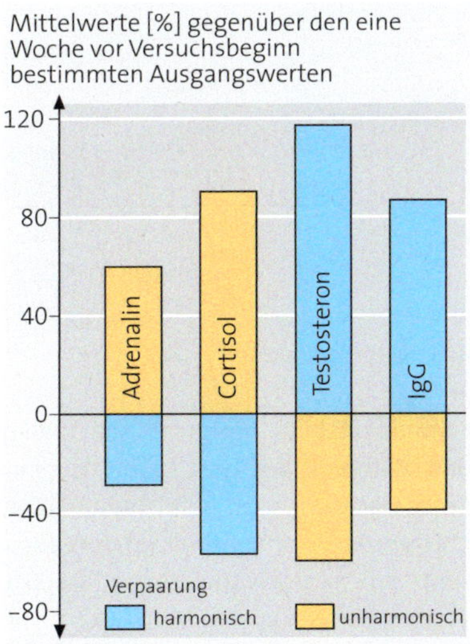


❶ Adrenalin hat als Hormon und Neurotransmitter eine Doppelbedeutung. Seine Wirkungen sind mit der des Noradrenalins synergistisch. Stellen Sie stichwortartig zusammen, welche physiologischen Reaktionen es hervorruft.

❷ Beurteilen Sie, inwiefern diese Zweigleisigkeit des Adrenalins „biologisch sinnvoll" ist.

❸ Als Hormon kann Adrenalin wegen seiner Molekülstruktur nicht direkt in die Zielzelle eindringen, es benötigt einen Second Messenger. Beschreiben Sie dieses Wirkungsprinzip.

❹ Werten Sie die weiteren Ergebnisse des Diagramms aus und stellen Sie Ursache-Wirkungs-Zusammenhänge dar.

❺ Als Medikament wirkt Cortisol immunsupressiv. Es lindert beispielsweise die Symptome einer Allergie und hemmt die Bildung von Entzündungsmediatoren wie Prostaglandin und Histamin (► S. 229). Als Steroidhormon entfaltet Cortisol eine direkte Hormonwirkung. Entwickeln Sie eine Hypothese, wie Cortisol die genannten Immunreaktionen beeinflusst.

❻ Das männliche Geschlechtshormon Testosteron steht immer wieder mit Doping in Zusammenhang. Es wirkt „vermännlichend", fördert Muskelaufbau, Energieumsatz und Kampfgeist, auch bei gedopten Frauen. Begründen Sie unter Einbindung von Bild 3 auf Seite 464, welche Nebenwirkungen der Missbrauch bei Frauen haben kann.

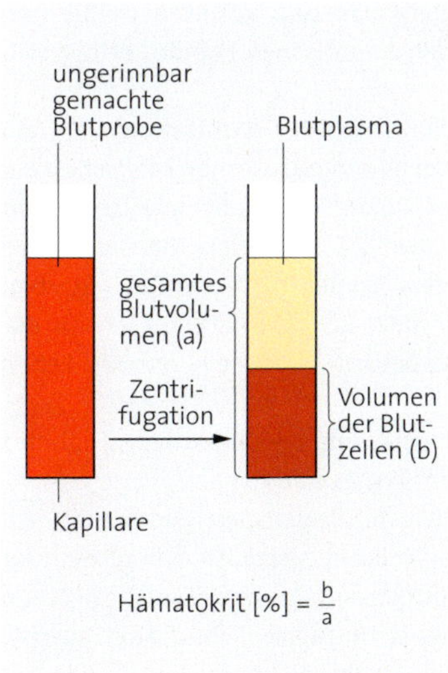


❼ Die Nieren bilden das Hormon Erythropoetin (EPO). Es fördert im Knochenmark die Neubildung von Erythrocyten. Die EPO-Konzentration erhöht sich beim Höhentraining in sauerstoffarmer Luft und führt zu einer Anhebung des Hämatokrits (Bild links). Als normal gilt ein Wert von 37 bis 47 % bei Frauen und 40 bis 54 % bei Männern.

Mit synthetischem EPO kann gedopt werden. Ab einem Hämatokrit von 50 % geht man im deutschen Radrennsport bereits von Doping aus.

Erklären Sie die Abbildung. Begründen Sie den Anstieg des Hämatokrits infolge von EPO. Diskutieren Sie dessen Eignung als Dopingnachweis und mögliche „Dopingeffekte".

# Diabetes mellitus – eine Krankheit wird beherrschbar

*In einem 3500 Jahre alten ägyptischen Papyrus aus einem Grab in Theben werden bereits die Symptome der Zuckerkrankheit beschrieben. Die Bezeichnung Diabetes (von griech. dia: durch; baino: gehen, fließen) geht auf das 2. Jh. n. Chr. zurück: „Diabetes ist eine sonderbare Erkrankung, die bewirkt, dass Fleisch und Knochen im Urin zusammenlaufen." Indische Ärzte erkannten im 6. Jh. n. Chr., dass der Urin von Erkrankten süß schmeckt. Zwölf Jahrhunderte später wurde die Glucose als süßer Bestandteil identifiziert. Seitdem fügt man dem Namen der Krankheit das Wort „mellitus" (honigsüß) hinzu, um sie von anderen Erkrankungen wie Diabetes insipidus zu unterscheiden, bei denen ebenfalls übermäßig viel Harn ausgeschieden wird, aber ohne Zucker darin. Intensive Forschung seit über 100 Jahren macht die Zuckerkrankheit zunehmend beherrschbar.*

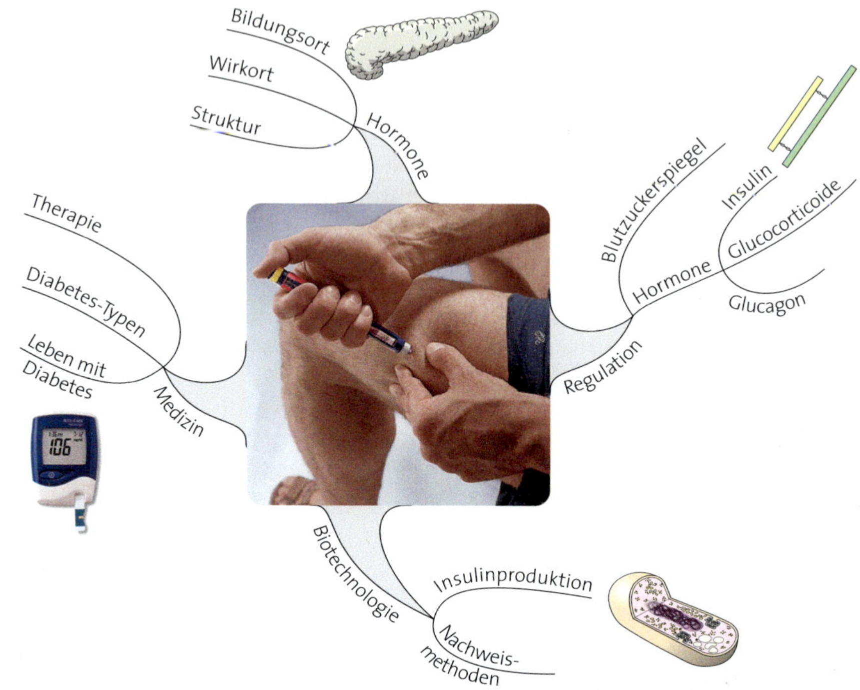


**GRUNDLAGEN** Bereits 1889 erkannten MINKOWSKI und VON MEHRING, dass die Zellen der Langerhans-Inseln in der Bauchspeicheldrüse (Pankreas) eine Substanz abgeben, die den Glucosestoffwechsel regelt. 1921 gelang BANTING und BEST die Isolierung dieses als Insulin bezeichneten Wirkstoffs, indem sie mit eiskaltem saurem Alkohol seinen Abbau durch Enzyme der Bauchspeicheldrüse während der Extraktion verhinderten. Sie injizierten das so gewonnene Insulin einem Hund, dem zuvor die Bauchspeicheldrüse entfernt worden war, und konnten damit den erhöhten Blutzuckerspiegel des diabetischen Hundes erfolgreich senken.

Nach Definition der WHO (World Health Organization) liegt ein Diabetes mellitus vor, wenn bei einem nüchternen Menschen der Wert von 120 mg Glucose/100 ml Blut überschritten wird. Allein in Deutschland sind etwa 2,5 Millionen Menschen von dieser häufigsten Stoffwechselkrankheit betroffen. Starben vor Entdeckung des Insulins noch 60 % der Erkrankten im diabetischen Koma, können Diabetiker heute ein aktives Leben führen.

Diabetes mellitus beruht auf Insulinmangel. Beim Typ-I-Diabetes ist dieser Mangel absolut, beim Typ II relativ:

- Bei Typ I sterben die β-Zellen der Bauchspeicheldrüse ab, wodurch die Insulinproduktion erlischt. Vermutlich liegt eine Autoimmunerkrankung mit Antikörperbildung gegen die β-Zellen zugrunde. Da dieser Typ meist im jugendlichen Alter auftritt, wird er auch als Jugend-Diabetes bezeichnet.
- Der Typ II beruht vor allem auf einer Störung der Insulinwirkung im Zielgewebe, beispielsweise durch einen Mangel an Insulinrezeptoren. Er tritt vor allem bei älteren Menschen auf (Erwachsenen- oder Alters-Diabetes), besonders häufig, wenn sie Übergewicht haben.

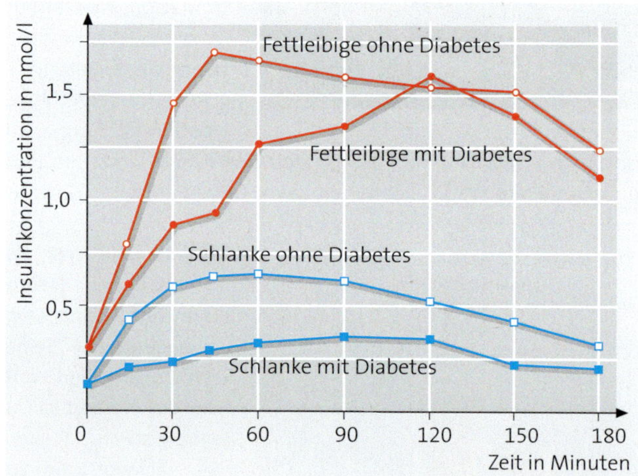


*1 Änderung der Insulinkonzentration im Blutplasma verschiedener Testpersonen nach Aufnahme von 100 g Glucose*

Aus den unterschiedlichen Krankheitsbildern ergeben sich Konsequenzen für die Behandlung. Während der Typ-I-Diabetiker mit Insulin behandelt werden muss, erreicht man beim Typ-II-Diabetiker durch Diät und Gewichtsreduktion oft eine verbesserte Insulinempfindlichkeit oder kann durch oral verabreichte Medikamente die Insulinbildung steigern.

**☞ Basisinformationen**

Glucose (► S. 92) • Autoimmunkrankheit (► S. 239) • Pankreas (► S. 463) • Zielgewebe (► S. 460)

**1** Erläutern Sie das Ergebnis des Versuchs in Bild 1.

## Diabetes und seine Folgen

Im Körper eines gesunden Menschen stellt ein fein abgestimmter Regelmechanismus sicher, dass die Glucosekonzentration im Blut konstant gehalten wird und alle Zellen kontinuierlich mit Glucose versorgt werden. Abweichungen vom Normwert, beispielsweise durch körperliche Arbeit oder Nahrungsaufnahme, führen zu einer entsprechenden Gegenregelung durch die Hormone Glucagon und Insulin (► S. 463 Bild 1).

Bei Diabetikern führt der Ausfall der Insulinproduktion bzw. die mangelnde Reaktionsfähigkeit der Zielgewebe zu einem Anstieg der Glucosekonzentration im Blut. Da die Zellen keine Glucose aufnehmen können, kommt es durch den Anstieg der Osmolarität des Blutes zu einer Wasserverschiebung aus dem intrazellulären in den extrazellulären Raum.

Übersteigt die Glucosekonzentration den Wert von 180 mg pro 100 ml, schafft es die Niere nicht mehr, den Zucker vollständig zu resorbieren. Man spricht daher von der „Nierenschwelle". Bei Überschreiten der Nierenschwelle wird Glucose mit dem Harn ausgeschieden. Aus osmotischen Gründen muss zusätzlich vermehrt Wasser abgegeben werden. Da Glucose in den Zellen nicht mehr für die Energiegewinnung zur Verfügung steht, kommt es außerdem zu einem verstärkten Abbau von Fetten, was wiederum zu einer Übersäuerung des Blutes durch Fettsäuren führt. Beim Abbau der Fettsäuren entstehen sogenannte „Ketonkörper" wie beispielsweise Aceton. Schließlich findet auch ein verstärkter Abbau von Proteinen statt, vor allem in den Muskelzellen (► Bild 2).

Werden die Warnsignale einer Überzuckerung nicht beachtet, kann sich ein lebensbedrohliches sogenanntes *diabetisches Koma* entwickeln.

Fällt der Blutzuckerspiegel dagegen unter 60 mg/100 ml, etwa durch Überdosierung von Insulin, so bekommt der Betroffene Heißhunger und beginnt zu zittern. Schnell kann er in ein *hypoglykämisches Koma* verfallen. Er hat Bewusstseinsstörungen und mitunter Lähmungserscheinungen.

Langfristig verursacht Diabetes mellitus vor allem Gefäßschäden. Am häufigsten sind davon Nieren, Netzhaut, Herz und Gehirn betroffen, Nierenversagen, Erblindung, Herzinfarkt oder Gehirnschlag die Folgen.

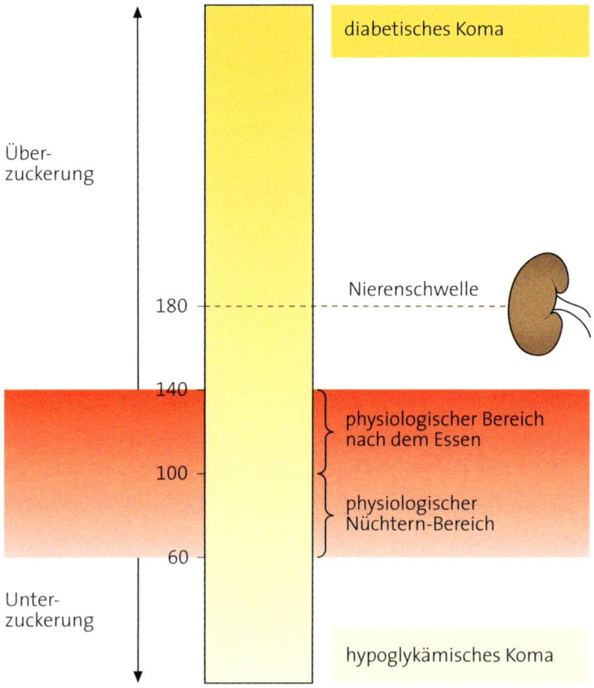


*1 Normalwert der Blutzuckerkonzentration, seine Abweichungen und deren Folgen; Werte in mg pro 100 ml*

**Basisinformationen**

Regelkreis (► S. 459) • Regulation des Blutzuckerwerts (► S. 463) • Osmolarität (► S. 118)

---

**1 Nicht behandelte Diabetiker klagen häufig über ein ständiges Durstgefühl. Außerdem verlieren sie oft an Gewicht, obwohl sie viel essen. Sie fühlen sich gleichzeitig matt und kraftlos. Erklären Sie diese Symptome mithilfe des Lehrbuchtexts.**

**2 Mit Insulin behandelte Diabetiker sollten immer einige Zuckerstücke bei sich haben. Begründen Sie diese Aussage.**

**3 Beschreiben Sie die Stoffwechselvorgänge bei schwerem Diabetes mellitus mithilfe des Bilds unten.**

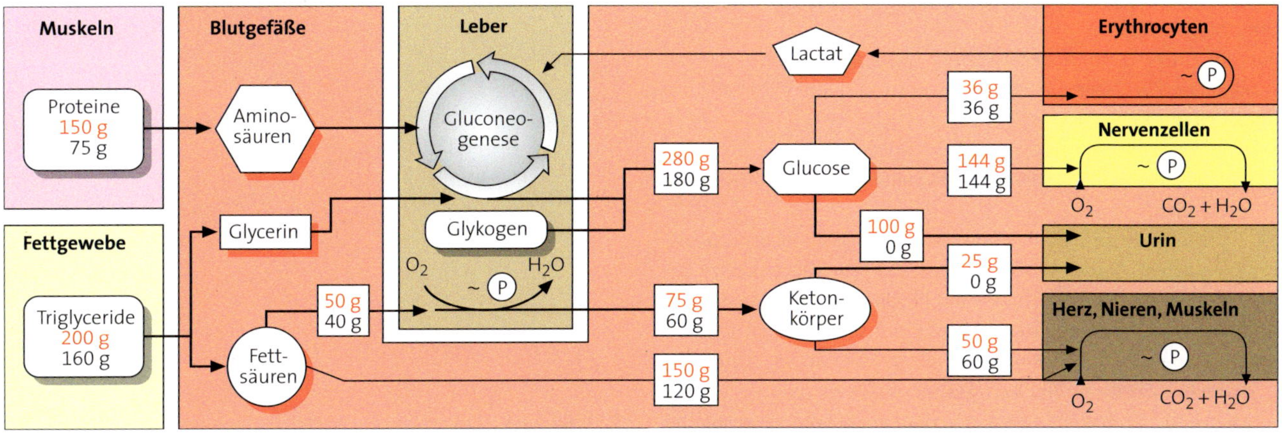


*2 Tagesumsatz verschiedener Stoffe bei schwer erkrankten Diabetikern (rote Zahlen) und Gesunden (schwarze Zahlen)*

## Untersuchung von Pankreasgewebe – Testmethoden für Zucker

Die Bauchspeicheldrüse *(Pankreas)*, die sich bei allen Wirbeltieren findet, ist ein Drüsenorgan mit einem *exokrinen* Drüsenteil, der Verdauungssäfte produziert, und einem *endokrinen* Drüsenteil, der Hormone bildet. Beim Menschen entfallen lediglich etwa 2 % des Organs auf die nach ihrem Entdecker PAUL LANGERHANS (1847–1888) benannten Langerhans-Inseln, die für die Regelung des Blutzuckerspiegels von entscheidender Bedeutung sind (► Bild 1).

Bei Diabetikern ist die regelmäßige Bestimmung der Glucosekonzentration im Blut für die Einstellung des Blutzuckerwerts erforderlich. Den betroffenen Personen stehen verschiedene Nachweismethoden zur Verfügung. Teststäbchen ermöglichen beispielsweise das Ablesen der Glucosekonzentration anhand einer Farbskala. Da bei diesem Verfahren, vor allem im Grenzbereich zur Hypoglykämie, leicht Ablesefehler auftreten können, werden immer häufiger Messgeräte (Reflektometer) eingesetzt, die die Untersuchung der Blutzuckerwerte erleichtern und präzisieren. Sie funktionieren nach dem gleichen Prinzip wie die Teststreifen. Die chemischen Reaktionen führen jedoch nicht zur Bildung eines Farbkomplexes, sondern werden direkt in elektrische Signale umgesetzt (► S. 77).

### Mikroskopische Untersuchung der Langerhans-Inseln

**MATERIAL:** Fertigpräparate der Bauchspeicheldrüse von Mensch, Rind oder Schwein, Mikroskop

**DURCHFÜHRUNG:** Vergleichen Sie die im mikroskopischen Präparat erkennbaren Strukturen mit den in Bild 1 dargestellten Schemazeichnungen.

### Testmethoden für Zucker

**MATERIAL:** verschiedene Zucker (z. B. Fructose, Galactose, Glucose, Saccharose, Lactose), Fehling I und Fehling II *(C)*, destilliertes Wasser, Teststäbchen zum Glucosenachweis im Urin aus der Apotheke, Reagenzgläser, Holzklammer, Bunsenbrenner, Schutzbrille

**DURCHFÜHRUNG:** Geben Sie jeweils eine Spatelspitze des zu untersuchenden Zuckers in zwei beschriftete Reagenzgläser. Lösen Sie den Zucker jeweils in 3 ml destilliertem Wasser.

Tauchen Sie die Reaktionszone eines Teststäbchens kurz in die erste Probe und prüfen Sie nach etwa 10 Sekunden, ob ein Farbumschlag erfolgt ist.

Für die Untersuchung der zweiten Probe mischen Sie je 5 ml Fehling I und II. Geben Sie 1 ml dieser Lösung zu der Zuckerlösung und erhitzen Sie vorsichtig.

---

1. **Vergleichen Sie die Ergebnisse der beiden durchgeführten Testmethoden.**
2. **Eine Methode zur Diagnose von Diabetes mellitus ist der Glucose-Toleranztest. Dabei wird zunächst der Blutzuckergehalt bei Patienten im nüchternen Zustand bestimmt. Nachdem sie eine Traubenzuckerlösung (100 g Glucose) getrunken haben, wird im Stundenabstand der Blutzuckerspiegel erneut bestimmt. Beschreiben Sie die in Bild 3 dargestellten Kurvenverläufe. Vergleichen und interpretieren Sie den Verlauf der Kurven bei gesunden Testpersonen und Diabetikern.**

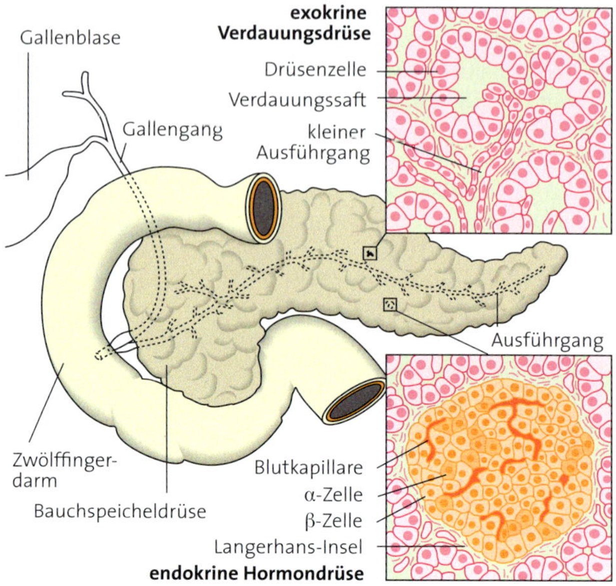


1 *Schematische Darstellung der Bauchspeicheldrüse*

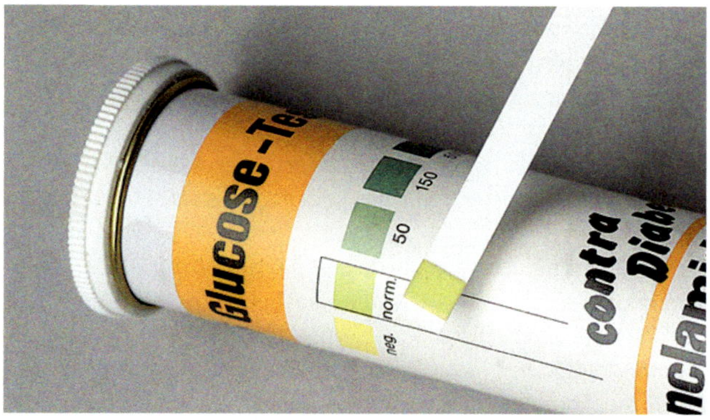


2 *Glucose-Teststreifen zur Untersuchung des Urins*

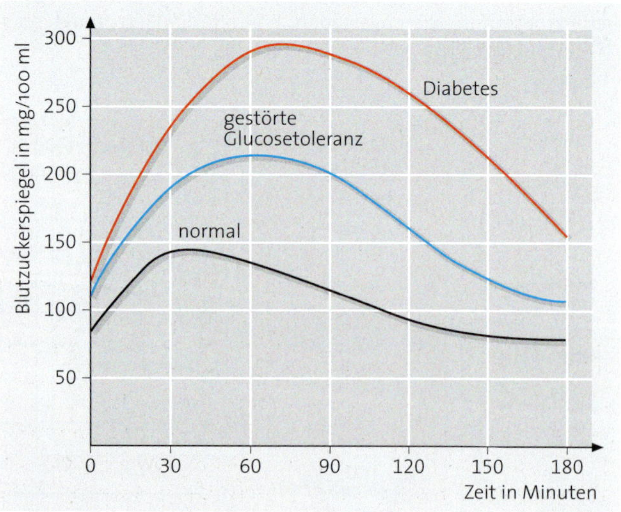


3 *Verlauf des Glucose-Toleranztests bei gesunden Testpersonen und Diabetikern*

## Insulin

1953 gelang der Arbeitsgruppe um FREDERICK SANGER beim Insulin die erste Entschlüsselung der vollständigen Primärstruktur eines Proteins. Dabei setzte er proteinverdauende Enzyme ein, die Aminosäureketten an spezifischen Stellen spalten. Trypsin katalysiert beispielsweise die Hydrolyse hinter Lysin- und Argininresten, Chymotrypsin hinter Phenylalanin, Tryptophan- und Tyrosinresten. Die entstehenden Fragmente wurden chromatographisch aufgetrennt. Durch chemische Methoden analysierte er die Sequenzen der kleinen Bruchstücke. Bei dem Vergleich der Stücke konnte er Überlappungen feststellen, aus denen sich die vollständige Sequenz ermitteln ließ. Beispiel: Ser-His-Leu-Val-Glu
Leu-Val-Glu-Ala-Leu-Tyr
ergibt die Sequenz Ser-His-Leu-Val-Glu-Ala-Leu-Tyr.

Die Analyse ergab, dass Insulin aus zwei Peptidketten besteht, der A-Kette mit 21 und der B-Kette mit 30 Aminosäuren, die über zwei Schwefelbrücken verbunden sind. Die Biosynthese des Insulins verläuft in den β-Zellen des Pankreas über die Vorstufe *Proinsulin*, das im Golgi-Apparat in das funktionsfähige Hormon umgewandelt wird (► Bild 1).

Der Vergleich mit dem Insulin anderer Säuger zeigt, dass sich das Rinderinsulin lediglich in drei, das Schweineinsulin nur in der letzten Aminosäure der B-Kette vom menschlichen Insulin unterscheidet (► Bild 2). Hinsichtlich der Funktion gibt es keine Unterschiede. Deshalb kann man mit Insulin, das nach der von BANTING und BEST entdeckten Methode aus Bauchspeicheldrüsen von Schlachttieren gewonnen wird, Diabetes beim Menschen behandeln.

Aus 1 Kilogramm Bauchspeicheldrüsengewebe können etwa 0,1 Gramm Insulin gewonnen werden. Nimmt man für einen insulinabhängigen Diabetiker einen Tagesbedarf von etwa 2 Milligramm Insulin an, so müssten pro Jahr an die 140 Schweine- oder 30 Rinder-Bauchspeicheldrüsen aufgearbeitet werden.

Legt man in Deutschland einen jährlichen Verbrauch von 300 Kilogramm Insulin zugrunde, so müsste man 3 Millionen Kilogramm dieses Organs aufarbeiten. Weltweit schätzt die WHO die Zahl der Diabetesfälle auf ungefähr 120 Millionen. Aufgrund des Bevölkerungswachstums und der veränderten Lebensweise wird zudem mit einem weiteren Anstieg gerechnet.

Durch Fortschritte in der Gentechnik ist eine befürchtete Insulinverknappung dennoch ausgeblieben: Humaninsulin kann nämlich von Mikroorganismen hergestellt werden, in die das Insulingen zuvor mitsamt den entsprechenden Regulationssequenzen eingeschleust wurde (► S. 162). Seit 1983 steht ein solches gentechnisches Produkt als Medikament zur Verfügung.

Mit diesem Medikament hat sich auch die Gefahr allergischer Reaktionen gegenüber Insulin für Diabetiker deutlich verringert. Solche Reaktionen waren bei der Diabetestherapie mit Säugetierinsulin auch dann nicht völlig zu vermeiden, wenn die von der Primärstruktur des menschlichen Insulins abweichenden Abschnitte ersetzt wurden. Verantwortlich dafür waren in erster Linie Proinsulin-Moleküle, die als Verunreinigungen in den Präparaten enthalten waren.

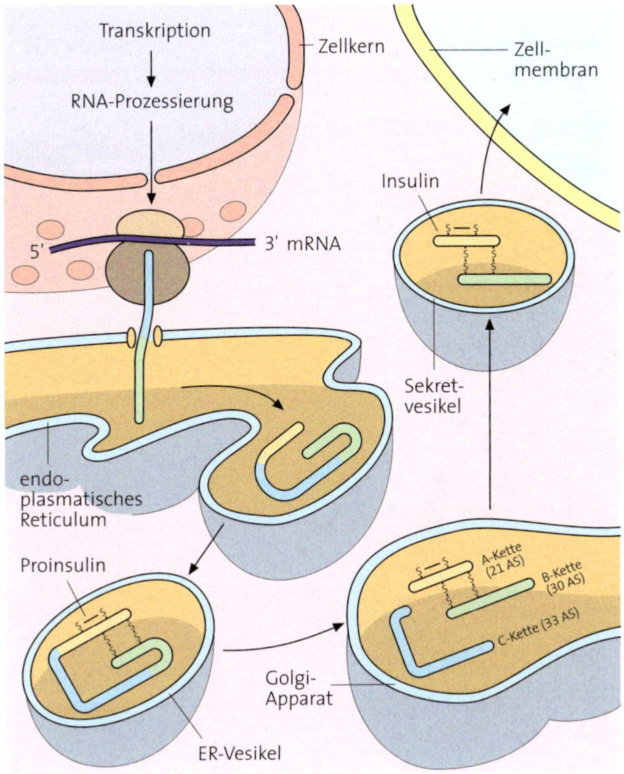


1 *Insulinsynthese in den β-Zellen der Langerhans-Inseln der Bauchspeicheldrüse*

**Basisinformationen**

Bau der Proteine (► S. 41) • Methoden der Gentechnik (► S. 192) • Gentherapie (► S. 209)

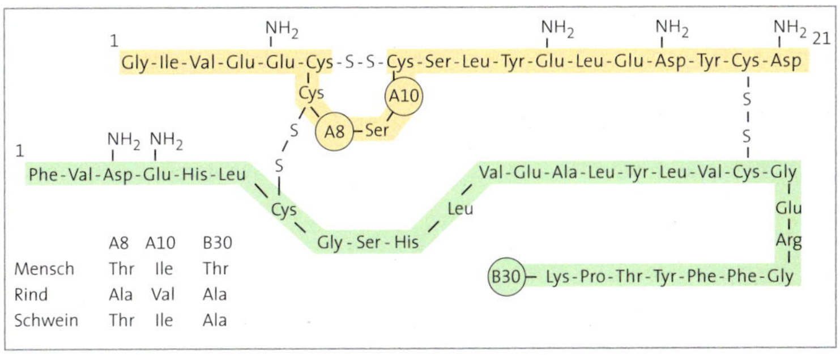


2 *Primärstruktur von Human-, Schweine- und Rinderinsulin*

❶ **Informieren Sie sich über den Einfluss des Diabetes auf die Lebensführung der Erkrankten.**

❷ **Eine kontinuierliche Blutzuckerbestimmung ohne Blutentnahme und eine präzise auf die jeweiligen Stoffwechselbedingungen abgestimmte Insulingabe würden eine Verbesserung der Diabetestherapie bedeuten. Informieren Sie sich über den Stand der Forschung und technischen Entwicklung.**

❸ **Die Gentherapie von Körperzellen wird als Möglichkeit angesehen, den Diabetes zu heilen. Beschreiben Sie theoretisch denkbare Ansätze.**

# Biologische Prinzipien: Informationsverarbeitung und Regelung

## KOMPARTIMENTIERUNG

Die Kompartimentierung von Zellen durch Membranen ist Grundlage für alle Formen von Bioelektrizität (► S. 406/407). Nur an einer selektiv permeablen Membran kann sich eine ungleiche Verteilung von Ionen zwischen Innenseite und Außenseite aufbauen und aufrechterhalten werden, wie sie für Ruhepotenzial und Aktionspotenzial von Nervenzellen erforderlich ist (► S. 409–411).
Auch Rückenmark und Gehirn insgesamt sind in Bereiche mit unterschiedlichen Funktionen kompartimentiert (► S. 435).

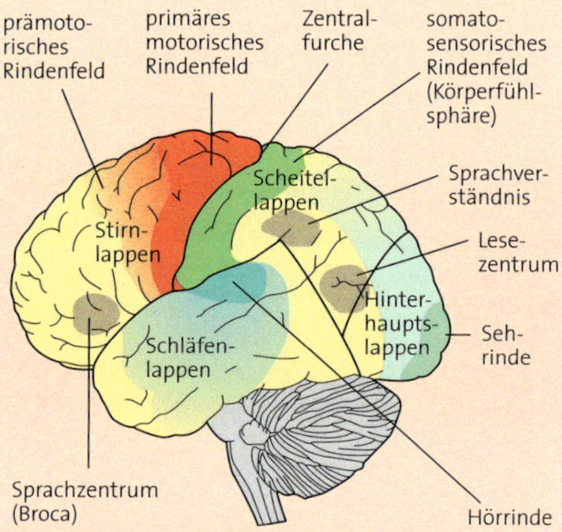


*Rindenfelder des Gehirns. Die verschiedenen Kompartimente haben unterschiedliche Funktion.*

## STRUKTUR UND FUNKTION

*Auge eines Wasserfroschs. Trotz der für uns ungewöhnlichen Lage ist es aufgrund seiner Hilfsstrukturen unzweifelhaft als Lichtsinnesorgan zu erkennen.*

Nervenzellen dienen der Aufnahme, Verarbeitung und Weiterleitung von Informationen (► S. 405). Diese Funktion erklärt den besonderen Bau der hoch spezialisierten Zellen, aber auch ihre starke Vernetzung untereinander. Zur Informationsverarbeitung im Gehirn sind Nervenzellen in Rindenfeldern mit speziellen Aufgaben organisiert (► S. 435); Reflexbögen (► S. 450, 480) und autonome Bewegungsprogramme (► S. 454) bilden die strukturelle Grundlage für einfache Verhaltensweisen (► S. 482).
Bei Sinnesorganen ist der Zusammenhang von Struktur und Funktion besonders deutlich: Für welche spezifischen Reize ein Sinnesorgan empfindlich ist, erschließt sich meist schon aus dem Bau seiner Rezeptoren und Hilfsstrukturen (► S. 419–421, 428–430).

## VARIABILITÄT UND ANGEPASSTHEIT

*Dank ihrer Lernfähigkeit hat sich die Kohlmeise eine neue Nahrungsressource erschlossen.*

In einer sich ständig ändernden Umwelt, in der Ressourcen knapp und ungleich verteilt sind, haben starre Verhaltensprogramme einen geringen Anpassungswert. Offene Verhaltensprogramme erlauben es dagegen, flexibel auf veränderte Bedingungen zu reagieren. Voraussetzung hierfür ist die Fähigkeit zu lernen (► S. 438/439), über die sehr viele Tierarten zumindest in einfacher Form verfügen. Sie beruht auf der Plastizität neuronaler Verschaltungen im Zentralnervensystem: Häufig gebrauchte Synapsen werden verstärkt, nicht gebrauchte abgebaut (► S. 438/439).
Auch die Ausstattung verschiedener Tierarten mit spezifischen Sinnesorganen ist eine Anpassung an die jeweilige Umwelt und Lebensweise (► S. 430).

## INFORMATION UND KOMMUNIKATION

Für Lebewesen sind Informationen über die Umwelt und ihr Austausch mit der Umwelt ebenso lebenswichtig wie die Information und Kommunikation innerhalb des Organismus. Dafür stehen ihnen mit Nerven- und Hormonsystem zwei verschiedene Informationssysteme zur Verfügung.
Rezeptoren nehmen die Informationen meist hochspezifisch auf. Das gilt für die Rezeptorproteine der Hormone in den Zellmembranen ihrer Zielzellen gleichermaßen wie für Sinneszellen. Während Hormone aber eine Folge rein chemischer Prozesse bewirken (► S. 461, 468), wandeln Sinneszellen die Reize in elektrische Erregung um (► S. 419). Die Verstärkung der aufgenommenen Signale ist dagegen bei allen Rezeptortypen die Regel (► S. 422, 468).
Die Informationsverarbeitung im Nervensystem folgt immer demselben Prinzip: Zwischen Reiz und Reaktion liegen die Schritte Eingabe, Verarbeitung, Ausgabe (► S. 433). Auch wenn sie vorwiegend im Zentralnervensystem geschieht, sind doch die Sinnesorgane daran beteiligt, indem sie wichtige Informationen verstärken, unwichtige ausfiltern.

*Kraken passen ihre Farbe an die Umgebung an. Die Augen liefern die Information dazu.*

## STOFF- UND ENERGIEUMWANDLUNG

Die Arbeit des Nervensystems erfordert einen hohen Energieumsatz. Bis zu 70 % ihres Grundumsatzes wenden Sinnes- und Nervenzellen für die Natrium/Kalium-Pumpe auf, die das Ruhepotenzial aufrechterhält (► S. 409) und so die Voraussetzung für Aufnahme und Weiterleitung von Informationen schafft.

In Sinneszellen wird die Reizenergie – beispielsweise Licht oder Schall – in elektrische Potenzialänderungen umgewandelt (► S. 419, 422) und dabei die Energie des ursprünglichen Reizes vielfach verstärkt. Auch dazu ist Stoffwechselenergie notwendig.

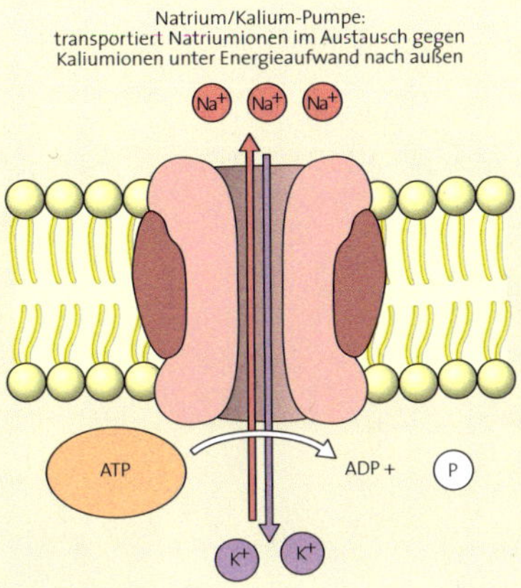


Der Energieumsatz im ganzen Körper wird vor allem durch das Hormonsystem, das zweite Informationssystem des Organismus, gesteuert und geregelt. Zentrale Bedeutung haben die Hormone der Schilddrüse (► S. 462). Wenn eine akute Bedrohung die schnelle Mobilisierung von Reserven nötig macht, wirken vegetatives Nervensystem und Hormonsystem zusammen (Stressreaktion ► S. 466/467).

*Für ihre Arbeit, die Aufrechterhaltung des Ruhepotenzials, benötigt die Natrium/Kalium-Pumpe viel Energie.*

## STEUERUNG UND REGELUNG

Viele Körperfunktionen sind an ein konstantes inneres Milieu gebunden. Die betreffenden Zustände werden über Regelkreise aufrechterhalten (► S. 459). Die Regelung kann wie beim Muskeltonus der Haltemuskulatur (► S. 450) über das Zentralnervensystem erfolgen, wie bei der Einstellung des Blutdrucks (► S. 459) über das vegetative Nervensystem (► S. 460) oder wie bei der Regelung des Blutzuckerspiegels (► S. 463) vor allem über das Hormonsystem. Auch die Steuerung von Vorgängen im Körper erfolgt über beide Informationssysteme. Beispiel für einen vom Zentralnervensystem gesteuerten Vorgang ist der Ablauf von Willkürbewegungen (► S. 452/453), Beispiel für einen hormonell gesteuerten Vorgang der Eintritt der Pubertät bei Jugendlichen oder die Metamorphose bei Insekten. Das Hormonsystem wirkt dabei in der Regel langsam, anhaltend und an allen Zellen und Geweben mit passenden Rezeptoren (► S. 461), während das Nervensystem Signale rasch und direkt übermittelt. Das Gehirn – mit dem Hypothalamus als Schnittstelle zwischen beiden Systemen – ist stets die zentrale, koordinierende Instanz.

*Allgemeines Regelkreisschema. Auch die Pupillenreaktion – hier beim Katzenauge – lässt sich als Regelkreis beschreiben, durch den Veränderungen im Lichteinfall ausgeglichen werden sollen.*

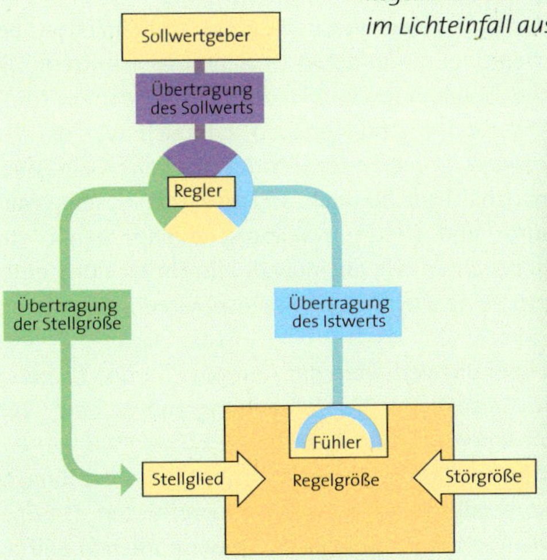


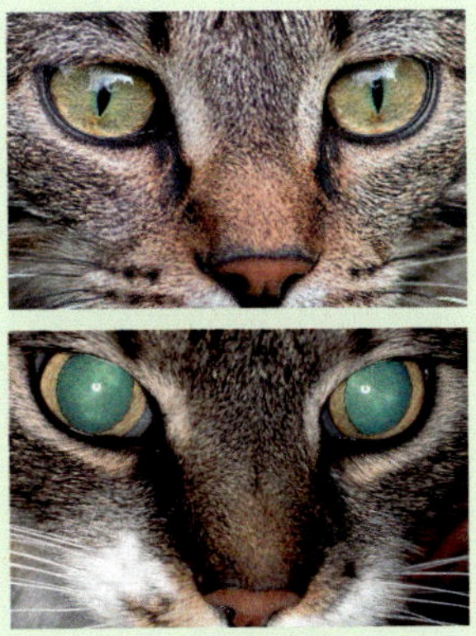

## GESCHICHTE UND VERWANDTSCHAFT

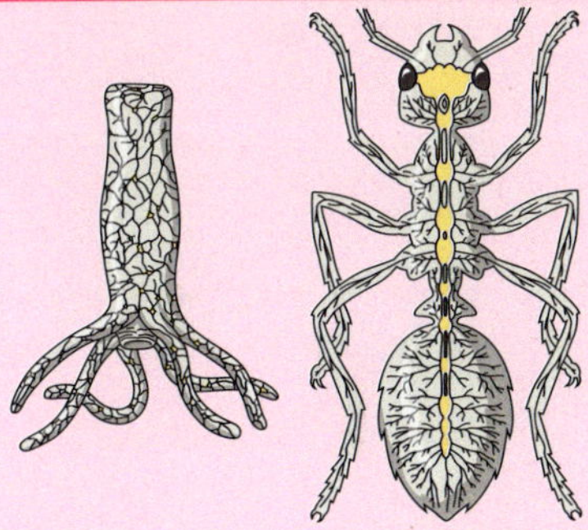

*Nervennetz eines Hohltiers und Strickleiternervensystem eines Insekts. Die Tendenz zur Zentralisation und Gehirnbildung nahm im Verlauf der Stammesgeschichte zu.*

Alle echten Vielzeller unter den Tieren besitzen Nervenzellen, deren spezifische Qualität des Feinbaus einen gemeinsamen Ursprung sehr wahrscheinlich macht (► S. 264). Da Nervenzellen Neurotransmitter und andere Neurosekrete bilden können, vermutet man eine gemeinsame Wurzel mit hormonproduzierenden Zellen.

Im Verlauf der Evolution nahm die Leistungsfähigkeit von Sinnesorganen sowie von Nerven- und Hormonsystem der Tiere zu. Bei Sinnesorganen verfeinerten sich vor allem die Hilfstrukturen (► S. 420); Nervensysteme wurden durch zunehmend stärkeren Zusammenschluss von Neuronen zentralisiert (► S. 434) und die Zusammenarbeit von Nerven- und Hormonsystem immer besser koordiniert (► S. 463, 466/467).

# Verhalten

1 Brutkolonie der Kaiserpinguine mit „Kindergarten"

*Mit Einbruch des antarktischen Winters beginnt die Fortpflanzungszeit der Kaiserpinguine. Sie verlassen das Meer und bilden auf dem Eisrand der Festlandküste riesige Kolonien. Die Tiere zeigen ein erstaunliches Brutverhalten. Das Weibchen legt ein Ei, übergibt es dem Partner und kehrt ins Meer zurück. Das Männchen hält das etwa 500 g schwere Ei während der zweimonatigen Brutzeit auf seinen Schwimmfüßen und hüllt es mit der Bauchtasche ein. Zum Zeitpunkt des Schlüpfens kommt das Weibchen zurück und übernimmt das Jungtier. In den nächsten Wochen wechseln sich die Eltern in der Betreuung ab. Mit etwa sechs Wochen schließen sich die Jungtiere in „Kindergärten" zusammen. Bei Stürmen werden sie von einigen alten und den noch nicht brutfähigen Vögeln geschützt, indem diese sie in ihre Mitte nehmen. Die Eltern erkennen ihr Junges an seinen Rufen und füttern es bis zum Anbruch des antarktischen Sommers, den die Tiere wieder im Meer verbringen.*

**Im Blickpunkt**

- Methoden der Verhaltensbiologie
- Erbinformationen und Umwelteinflüsse bedingen das Verhalten von Tier und Mensch
- proximate und ultimate Ursachen der Verhaltensweisen
- Arten des Lernens
- Formen des Sozialverhaltens

**GRUNDLAGEN** Zum Verhalten von Tier und Mensch zählt man deren Aktivitäten und wie sie diese zeigen. Die beobachtbaren Verhaltensweisen sind äußerst vielfältig und zeigen immer wieder, dass die Tiere in hohem Maße an die jeweiligen Lebensbedingungen angepasst sind beziehungsweise sich auf diese einstellen können. Dabei verhält sich ein Tier selbst unter gleichen Bedingungen durchaus nicht immer gleich.

Die Verhaltensforschung versucht Gesetzmäßigkeiten bei Verhaltenserscheinungen und deren Ursachen zu ermitteln. Die dabei gestellten Fragen sowie die zu deren Beantwortung angewandten Methoden sind genauso zahlreich wie die Verhaltensweisen selbst. Immer erfordert das Verstehen eines Verhaltens eine ganzheitliche Betrachtung des Lebewesens. Man muss also neuro- und sinnesphysiologische oder genetische Aspekte ebenso beachten wie die individuelle Entwicklung eines Lebewesens und seine vielfältigen Wechselwirkungen mit der Umwelt.

Das Wissen über das Verhalten der Tiere war für den früheren Menschen zum Beispiel im Zusammenhang mit seinem Nahrungserwerb oft lebenswichtig. Auch heute können wir von entsprechenden Kenntnissen in der Tierhaltung, der Schädlingsregulation, Hygiene oder beim Artenschutz profitieren. Darüber hinaus leistet die Verhaltensbiologie einen wesentlichen Beitrag zum Selbstverständnis des Menschen.

## Methoden der Verhaltensbiologie: Beobachten und Beschreiben

Im Regenwald am Amazonas leben farbenprächtige Pfeilgiftfrösche (▶ Bild 1). Treffen zwei Männchen aufeinander, umklammern sie sich mit den Vorderbeinen und ringen miteinander unter lautem Schreien. Im Südosten der Vereinigten Staaten finden sich zu Beginn der kalten Jahreszeit viele Kolibris ein, die in Südamerika überwintern werden. Sie machen sich auf den langen Weg und fliegen zunächst nach Osten – aufs offene Meer hinaus. An dem auch in unseren Regionen vorkommenden Sommerflieder sieht man während der Sommermonate viele Schmetterlinge, die ihre langen Rüssel in die Blüten stecken (▶ Bild 2).

Dem Betrachter stellen sich zahlreiche Fragen zum Verhalten der Tiere: Was machen die Tiere und welchen Grund gibt es dafür? Oft stehen solche Fragen am Anfang der Erforschung eines Verhaltens, dessen Gesetzmäßigkeiten und Ursachen formuliert werden sollen. Eine Einschätzung der aus Beobachtungen oder Versuchen abgeleiteten Aussagen ist nur möglich, wenn die zugrunde liegende Methodik bekannt ist und hinterfragt werden kann.

**Beobachten.** In einem ersten Schritt ist es wichtig, das Verhalten eines Tieres umfassend zu beobachten. Da möglichst das an die natürlichen Lebensbedingungen angepasste Verhalten erfasst werden soll, werden im Idealfall Freilandbeobachtungen durchgeführt. Dabei gilt es, Daten zu sammeln und Verhaltensweisen exakt zu dokumentieren. Früher hat man versucht von einem Tier möglichst einen kompletten Verhaltenskatalog, ein sogenanntes *Ethogramm*, zu erstellen. Dies ist aber oft nicht möglich und auch nicht immer erforderlich. Liegt eine konkrete Fragestellung als Arbeitshypothese vor, können Art und Umfang der Datenerfassung gezielt eingegrenzt werden.

Zur Beobachtung werden vielfältige Hilfsmittel eingesetzt. Videoaufzeichnungen ermöglichen die Dokumentation ganzer Verhaltenssequenzen in Echtzeit. Lautäußerungen werden per Tonträger registriert und stehen damit für vielfältige, oft vollautomatische Analysemethoden zur Verfügung. Kleinste Sender erlauben ein Aufspüren und Verfolgen eines Tieres auch ohne Sichtkontakt, teilweise sogar über weite Entfernungen (▶ Bild 3). So wird die Begrenztheit der Sinnesfunktionen des Beobachters durch geeignete Techniken überwunden. Trotzdem kann aber immer nur ein Teil der Umwelt eines Lebewesens und der „Vorgeschichte“ eines Verhaltens erfasst werden. Die Kenntnis darüber ist aber unter Umständen für die Interpretation einer Beobachtung wichtig. Manche Parameter können wir trotz technischer Hilfsmittel kaum erfassen. Wollen wir zum Beispiel einen Blütenduft beschreiben, dann fließen sehr schnell subjektive Wahrnehmungen in die Umschreibungen mit ein, es sei denn, die entsprechenden Moleküle sind bekannt.

**Beschreiben.** Schwierig ist die wertneutrale Beschreibung und Benennung des Verhaltens. Oft sind in der Literatur die entsprechenden Verhaltensweisen oder -sequenzen bereits geschildert und mit prägnanten, beschreibenden Begriffen definiert. Solche Begriffe sollten übernommen werden. In den gewählten Formulierungen steckt jedoch unter Umständen schon eine Analyse des Datenmaterials. Bezeichnet man den Flug eines Schmetterlings zur Blüte als Futterflug, beinhaltet dies bereits eine Interpretation zur Funktion des Verhaltens. Übernimmt man diesen Begriff, muss man sich vergewissern, dass das Tier nicht etwa einen Balzflug durchführt. Verwendet man beschreibende Begriffe wie Schwirrflug, Gleitflug oder Horizontalflug, riskiert man keine vorzeitige Interpretation.

*1 Begegnung zweier Azur-Baumsteiger (Pfeilgiftfrösche)*

*2 Distel- und Gamma-Falter an Blüten des Sommerflieders*

*3 Ortung von mit Sendern versehenen Wanderratten*

1. **Erläutern Sie die Formulierung „wertneutrale Begriffe“.**
2. **Skizzieren Sie Vor- und Nachteile von Studien im Freiland, Zoo und Labor.**

## Methoden der Verhaltensbiologie: Messen, Auswerten und Analysieren

Ist eine Fragestellung zu einem bestimmten Verhalten überprüfbar formuliert, kann man gezielt beobachten und messen. Zur Analyse der Ursachen ist es oftmals erforderlich, einzelne Umweltfaktoren zu ändern, um dann die Reaktionen des Tieres beobachten zu können. Solche Experimente unter kontrollierten Bedingungen sind teilweise im Freien durchführbar, erfordern eventuell aber auch Untersuchungen im Labor. Dabei ist zu beachten, dass sich die Tiere in einer künstlichen Umwelt in der Regel anders verhalten als im Freiland.

**Messen.** In Afrika kann man an vielen Blüten Vögel beobachten, die nach Nektar suchen. Die Nektarvögel können mithilfe des langen, leicht gekrümmten Schnabels und der an der Spitze zu zwei Saugröhren umgebildeten Zunge tief in die Blüten eindringen. Bei ihrer Nahrungssuche bestäuben sie die Blüten. Es liegt also eine Symbiose (▶ S. 327, 330) vor. Für die Pflanzen ist es wichtig, dass die Nektarvögel möglichst viele Blüten aufsuchen.

Als Frage könnte formuliert werden: Beeinflusst die Beschaffenheit des Nektars, beispielsweise dessen Zuckerkonzentration, die Häufigkeit der Besuche durch die Vögel? Entsprechende Versuche wurden im Labor mit Gelbbauchnektarvögeln an einer künstlichen Blüte (▶ Bild 1) durchgeführt. In dieser wurden nacheinander Saccharoselösungen unterschiedlicher Konzentration angeboten und registriert, wie oft das jeweilige Versuchstier während der festgelegten Versuchsdauer von einer Stunde an die künstliche Futterquelle kam. Um zu einer fundierten Erklärung des Verhaltens zu kommen, muss man unter gleichen Bedingungen eine größere Zahl an Messungen vornehmen.

**Auswerten.** Die gesammelten Daten werden in der Regel statistisch bearbeitet. Man errechnet beispielsweise einen Mittelwert für die Anzahl der Blütenbesuche, die jedes Versuchstier bei Angebot der einzelnen Konzentrationen an Zuckerlösung pro Stunde getätigt hat. Die ermittelten Werte kann man dann grafisch darstellen (▶ Bild 2).

**Analysieren.** In einem ersten interpretatorischen Ansatz behandelt man das Versuchstier wie eine *Blackbox* (▶ Bild 3). Man beobachtet das Verhalten des Tieres, also den Output der Blackbox, bei verschiedenen Umweltbedingungen, also bei unterschiedlichem Input. Die Vorgänge im Organismus werden dabei zunächst ausgeklammert. Beobachtet man unter gleichen Bedingungen gleiches Verhalten, kann man als Hypothese eine Wenn-dann-Regel formulieren. In unserem Beispiel also etwa: Bietet man in der künstlichen Blüte eine hoch konzentrierte Saccharoselösung an, dann besuchen die Nektarvögel diese seltener als bei Vorhandensein einer niedrig konzentrierten Zuckerlösung. Solche Hypothesen gilt es in weiteren Versuchen zu bestätigen, zu modifizieren oder gegebenenfalls auch zu falsifizieren.

---

**❶ Das Verhalten des Nektarvogels in Abhängigkeit von der „Qualität" einer Blüte soll untersucht werden. Entwickeln Sie Experimente unter Einsatz der künstlichen Futterquelle.**

**❷ Die in Bild 2 dargestellten Werte wurden während des Vormittags erfasst. Begründen Sie, warum nicht für den ganzen Tag ein einziger Wert ermittelt wurde.**

**❸ Erläutern Sie, warum den in Volieren gehaltenen Nektarvögeln als Nahrung Fliegen und eine Zuckerlösung angeboten werden.**

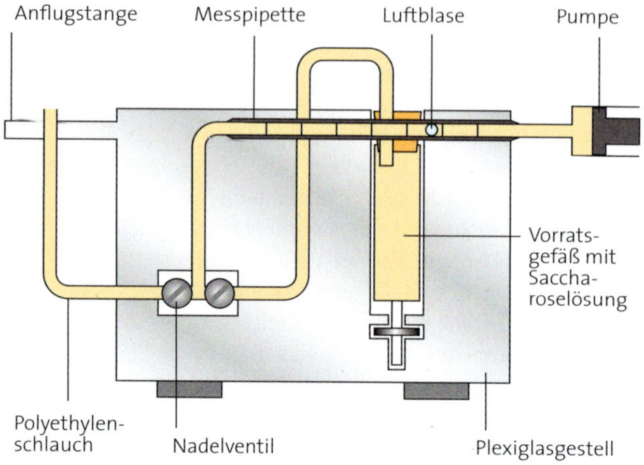


*1 Künstliche Blüte*

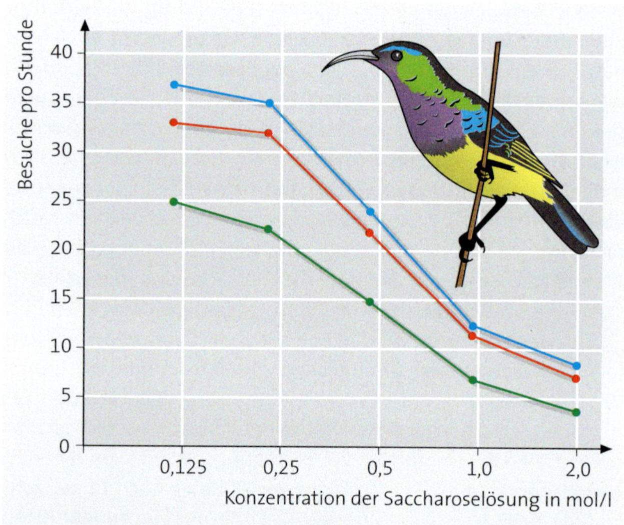


*2 „Blütenbesuche" dreier Nektarvögel*

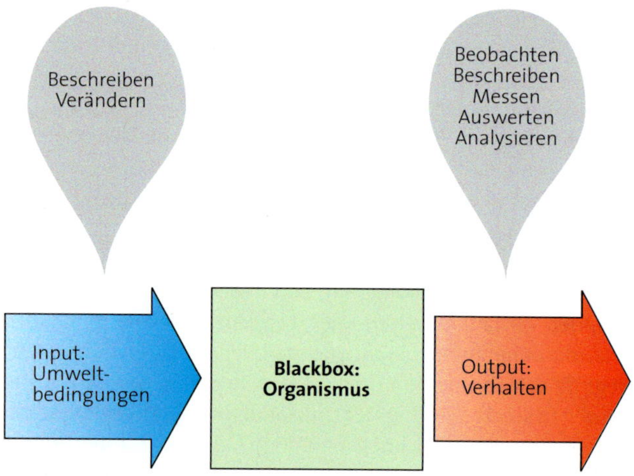


*3 Blackbox-Modell*

## Betrachtungsebenen des Verhaltens

Das Verhalten eines Tieres und somit auch des Menschen besteht aus abgrenzbaren Verhaltensweisen. Wie diese Abgrenzung im Rahmen von wissenschaftlichen Untersuchungen erfolgt, hängt vor allem von der Fragestellung des Betrachters ab. Interessiert zum Beispiel im Verhalten der Nektarvögel nur, ob diese eine Blüte besuchen oder nicht, so stellt der Besuch selbst eine definierbare Verhaltensweise dar. Ist aber das Verhalten während des Blütenbesuchs Gegenstand der Betrachtung, dann muss diese Verhaltensweise weiter unterteilt werden: Landung, Nektar trinken, Abflug.

Alle Verhaltensweisen schlüssig und widerspruchsfrei zu ordnen ist sehr schwierig. Verschiedene Betrachtungsebenen und Ordnungskriterien können zu unterschiedlichen Ergebnissen führen.

**Funktionskreise.** Ordnet man den Verhaltensweisen ihre unmittelbaren biologischen Funktionen zu, erhält man eine einfache Klassifizierung nach Funktionskreisen: Verhalten der Ernährung, Körperpflege, Fortpflanzung, Brutpflege oder Feindabwehr. Es entspricht weitgehend einer Bestandsaufnahme: *Was geschieht?* Damit lassen sich Verhaltensweisen verschiedener Arten gut vergleichen, andererseits ist die Zuordnung zu einem bestimmten Funktionskreis nicht immer eindeutig.

**Angeboren oder erlernt?** Wie alle biologischen Strukturen wird auch das Verhalten von Tier und Mensch durch Erbinformationen und Umwelteinflüsse bedingt. Je nach deren Anteil am Zustandekommen einer Verhaltensweise und ihrer Ausprägungsform definiert man beispielsweise Reflexe (► S. 480), Instinkthandlungen (► S. 482) und Lernverhalten wie Prägung (► S. 486), Konditionierung (► S. 488), Nachahmung (► S. 489) oder Kognition (► S. 490): *Wie sind diese Verhaltensformen entstanden?*

Lange Zeit war die Erforschung des Verhaltens von Tier und Mensch auf die Frage nach der Bedeutung der ererbten gegenüber den erworbenen Anteilen fixiert. Diese Anlage-Umwelt- oder „nature versus nurture"-Kontroverse, die weit über die Biologie hinausreichte, gilt heute als überwunden. Inzwischen steht viel mehr das Zusammenwirken von Erbanlagen und Umweltbedingungen im Mittelpunkt des Interesses.

**Proximate Ursachen.** Verhalten äußert sich beispielsweise in Bewegungen, Farbwechsel oder Lautäußerungen. Allen diesen Aktionen liegen innere und äußere Ursachen zugrunde: physiologische Prozesse in Sinnes-, Nerven- und Muskelzellen oder Hormondrüsen und die verschiedensten Reize aus der Umwelt des Lebewesens (► Bild 1). Sind diese unmittelbaren, proximaten Mechanismen analysiert, lässt sich ein bestimmtes Verhalten als Resultat von auslösenden Reizen und innerem Zustand des Individuums erklären: *Warum tritt ein bestimmtes Verhalten auf?*

Auch bei Verhalten, das uns vergleichsweise einfach erscheint, sind allerdings die proximaten Mechanismen oft derart komplex, dass es bisher erst für wenige Verhaltensweisen gelingt, sie zu einem stimmigen Erklärungsmodell zusammenzufügen.

**Ultimate Ursachen.** Man muss den Anpassungswert eines Verhaltens erklären, um dieses möglichst umfassend zu verstehen: *Wozu ist es nützlich?* Diese ultimate Erklärung zielt darauf ab, den Beitrag des Verhaltens zur biologischen Fitness (► S. 250) eines Tieres aufzuzeigen; wodurch es also die Fortpflanzungschancen des Individuums verbessert und das Überleben der Population sichert.

Wie für die körperlichen Merkmale der heute existierenden Arten gilt auch für ihre Verhaltensweisen, dass sie nur deshalb vorhanden sind, weil sie sich in der Reihe ihrer Vorfahren bewährt haben. Verhalten besser zu verstehen, indem man seinen evolutionsbiologisch begründeten Nutzen erklärt, ist das Ziel der Soziobiologie (► S. 491).

**1** Erläutern Sie, was man unter dem „Anpassungswert eines Verhaltens" versteht.

**2** Geben Sie Funktionskreise für die Verhaltensweisen des Menschen an.

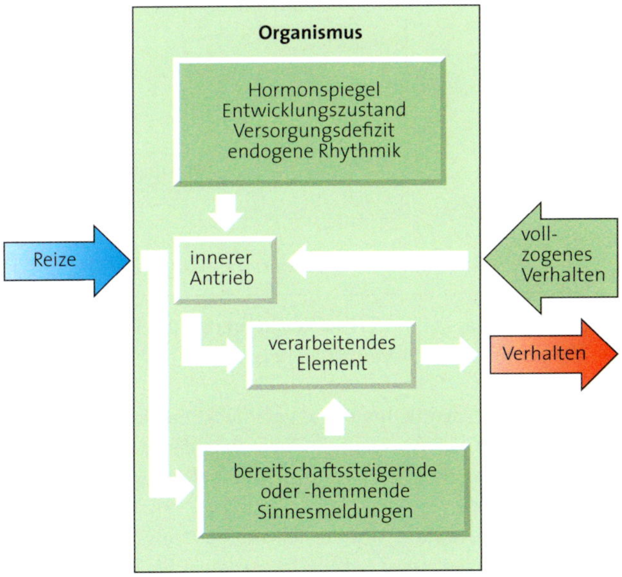


*1 Funktionsschema zur Wirkung proximater Ursachen*

*2 Ein Flussregenpfeifer lockt einen Feind vom Nest weg.*

## Reflexe

Berührt man mit dem Finger die Handinnenfläche eines Säuglings im ersten Lebenshalbjahr, so greift dieser danach (► Bild 1). Fällt plötzlich grelles Licht in unser Auge, verengt sich sehr schnell die Pupille. Sowohl das Greifen der Hand des Neugeborenen als auch die Änderung der Pupillenweite sind Reaktionen des Organismus, die meist in gleicher Weise ablaufen und nur von einem bestimmten *Reiz* ausgelöst werden können. Solche Reaktionen bezeichnet man als *Reflexe* (► S. 450).

Voraussetzung für das Auftreten solcher Verhaltensweisen ist die Fähigkeit eines Organismus, Reize aufnehmen, diese verarbeiten und schließlich durch eine Reaktion beantworten zu können. Bei einzelligen Lebewesen erfolgt dieser Prozess in einer Zelle, bei vielzelligen Organismen in der Regel im Zusammenspiel von Sinnesorganen, Nerven und Muskeln.

Die Reflexe treten als kaum veränderliche Bewegungsabläufe direkt auf bestimmte Reize auf, zeigen also eine relativ starre Reiz-Reaktions-Kopplung. Auch beim Menschen sind eine Vielzahl solcher Reflexe bekannt, die unter anderem als *Schutzreflexe*, wie der Nies-, Husten- oder Pupillenreflex, den Körper vor Schaden bewahren sollen oder als *Halte- und Stellreflexe* für den Bewegungsablauf wichtig sind.

**Unbedingter Reflex.** Aufgrund ihrer Bedeutung für den Organismus, ihres formkonstanten Ablaufs, der einfachen neuronalen Verschaltung und der damit verbundenen kurzen Reaktionszeit ging man davon aus, dass Reflexe *angeborenermaßen* vorhanden sind. Trifft dies zu, dann spricht man auch von einem *unbedingten Reflex*. Er wird durch den zugehörigen *unbedingten Reiz* ausgelöst.

Neuere Beobachtungen belegen aber, dass manche Reflexe durchaus beeinflussbar sind. Feten schlucken beispielsweise Fruchtwasser und trainieren so das Zusammenspiel der beim Schluckvorgang beteiligten Nerven und Muskeln. Man kann also davon ausgehen, dass der Schluckreflex zumindest teilweise nicht angeborene Komponenten aufweist. Der Ablauf mancher Reflexe hängt auch vom momentanen Zustand des Lebewesens ab und kann modifiziert werden.

**Bedingter Reflex.** In vielen Versuchen konnte gezeigt werden, dass einige unbedingte Reflexe auch durch Außenreize ausgelöst werden können, die normalerweise nicht in der Lage sind, die betreffende Reaktion hervorzurufen.

Normalerweise schließt sich das Augenlid, wenn es einen Luftzug verspürt. Ein Summton oder ein schwacher Lichtblitz zeigen dagegen keine Wirkung. Wird das Auge aber jedes Mal von einem Lichtstrahl getroffen, kurz bevor der Luftstrom dieses trifft, dann genügt schon nach mehreren Versuchen der Lichtstrahl allein, um den Lidschluss auszulösen. Das Licht wirkt dann als Reiz für den Lidschluss.

Wird also ein *neutraler Reiz* zeitlich eng mit einem unbedingten Reiz kombiniert, kann er nach mehrmaligem Auftreten alleine die gleiche Reaktion wie ein unbedingter Reiz auslösen. Der neutrale Reiz ist damit zu einem *bedingten Reiz* geworden, der eine bedingte Reaktion, den sogenannten *bedingten Reflex*, auslöst (► Bild 2). Bedingte Reflexe gehen jedoch rasch wieder verloren, wenn sie mehrfach durch den bedingten Reiz allein ausgelöst werden.

*1 Greifreflex beim Säugling*

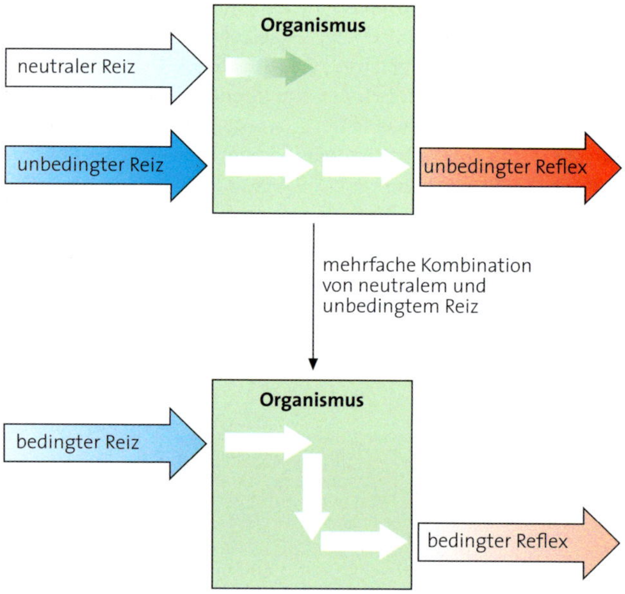


*2 Schema zur Entstehung eines bedingten Reflexes*

1. **Die Larven des Mehlkäfers suchen immer dunkle Stellen auf. Wie könnte man dieses Verhalten bezeichnen und experimentell überprüfen?**
2. **Wenn eine Erdkröte ihre Beute geschluckt hat, kann man beobachten, dass sich das Tier mit einem Bein das Maul „abwischt". Erläutern Sie, ob es sich bei dieser Verhaltensweise um einen Reflex handelt.**
3. **Erörtern Sie, warum sowohl der „Aufbau" als auch das „Verschwinden" bedingter Reflexe in der Regel biologisch sinnvoll ist.**

# Reflexe

Vom Einzeller bis zum hoch entwickelten Säugetier zeigen Tiere reflektorische Verhaltensweisen. Diese basieren auf einfachen neuronalen Verschaltungen und erlauben ein schnelles Reagieren auf Außenreize, was mitunter lebenswichtig ist. Manche Reflexe sind Bestandteil komplexer Verhaltensmuster. Sieht man Reflexe als angeborene Verhaltensweisen an, erfordert ihr Nachweis einen Ausschluss von Vorerfahrungen, die im Rahmen eines Lernprozesses zur Aneignung entsprechender Verhaltensweisen führen könnten.

**Reflexe in der medizinischen Diagnostik**

Durch Überprüfung von Reflexen wird bei ärztlichen Untersuchungen der Entwicklungsstand des Zentralnervensystems oder die Funktionsfähigkeit des sensomotorischen Systems kontrolliert. Ein Hinweis auf eine zerebrale Störung bei Säuglingen ist das Fehlen oder verlängerte Bestehenbleiben der frühkindlichen Reflexe. Dazu gehören Reflexe der Nahrungsaufnahme (Suchreflex, Saugreflex), des Lage- und Bewegungssinns (Umklammerungsreflex) sowie Stell- und Greifreflexe (▶ Tabelle).

**Beugereflex beim Hund**

Bei Reflexen und anderen Verhaltensweisen tritt eine Latenzzeit auf, eine Verzögerung zwischen dem Reiz und dem Sichtbarwerden der entsprechenden Reaktion. So zieht beispielsweise ein Hund bei schmerzhaften Hautreizen am Bein dieses zurück. Die Latenzzeit bei diesem Beugereflex beträgt 60 bis 200 ms. Das Ausmaß und die Dauer der Beugung sowie die Latenzzeit wurden bei unterschiedlicher Reizstärke gemessen (▶ Bild unten).

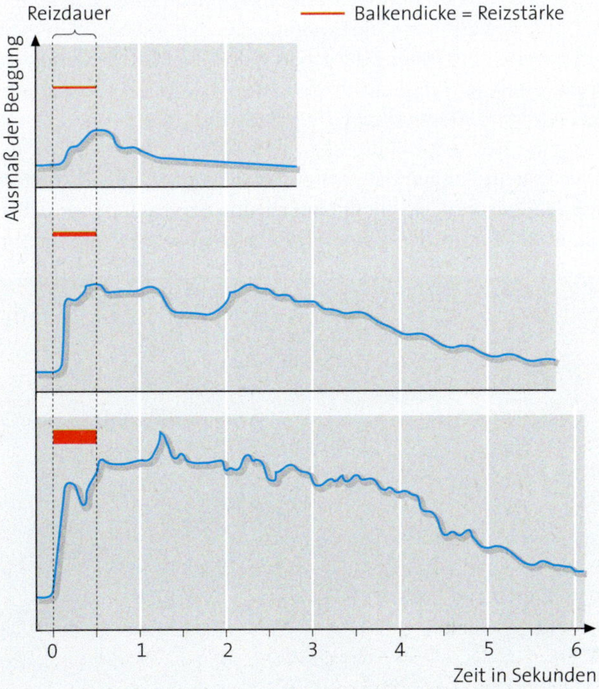


| Beispiele frühkindlicher Reflexe | Auslösung | Verhalten des Säuglings |
|---|---|---|
| Suchreflex<br>verschwindet etwa im 3. Lebensmonat | Berührung der Wange | Drehen des Kopfes in Richtung des Reizes; Verziehen des Mundes |
| Saugreflex<br>verschwindet etwa im 3. Lebensmonat | Berührung der Lippen | Saugbewegungen |
| Umklammerungsreflex<br>verschwindet etwa im 3.–6. Lebensmonat | laute Geräusche, abruptes Zurückfallenlassen des Kopfes | Spreizen der Finger und Ausbreitung der Arme; diese werden danach wieder langsam über der Brust zusammengeführt |

### Lidschlussreflex beim Menschen

**MATERIAL:** kleiner Blasebalg mit Gummischlauch, feine Düse aus Papier oder Kunststoff, Stativmaterial

**DURCHFÜHRUNG:** Befestigen Sie in Augenhöhe an einem Stativ einen Gummischlauch mit Düse. Diese sollte im Abstand von einigen Zentimetern seitlich des Auges einer Versuchsperson angebracht sein. Betätigen Sie vorsichtig den Blasebalg, sodass ein Luftstrom auf das Auge trifft. Beobachten Sie das Auge und wiederholen Sie den Versuch mehrmals.

### Rückziehreflex beim Regenwurm

**MATERIAL:** 20 cm langes Glasrohr mit einem Durchmesser von 1 cm, lichtundurchlässige Papierhülle, Pinsel, Taschenlampe, Regenwürmer

**DURCHFÜHRUNG:** Befeuchten Sie die Innenseite des Glasrohrs, stülpen Sie außen die Papierhülle über und lassen Sie einen Regenwurm in das Glasrohr kriechen. Verschieben Sie die Papierhülle, bis das Vorderende des Regenwurms sichtbar wird. Strahlen Sie dies mit einer Taschenlampe an und beobachten Sie das Verhalten des Regenwurms. Als Zusatzversuch kann das Experiment bei verschiedenen Helligkeiten durchgeführt werden oder man verwendet eine Hülle aus roter Folie.

---

1. **Beim Berühren eines heißen Gegenstands mit der Hand zieht man diese sofort zurück. Erstellen Sie für diese Reaktion ein vereinfachtes Funktionsschaltbild unter Verwendung der entsprechenden Fachbegriffe.**
2. **Erläutern Sie, warum die Latenzzeit beim Auslösen von Reflexen oft deutlich kürzer ist als diejenige von komplexen Verhaltensweisen.**
3. **Interpretieren Sie die in der Grafik zum Beugereflex des Hundes dargestellten Ergebnisse.**
4. **Erklären Sie, warum Reflexe eine relativ stabile und niedrige Reizschwelle haben.**

### Stichworte zu weiteren Informationen

Reflexbogen • Eigenreflex • Fremdreflex

# Instinkthandlungen

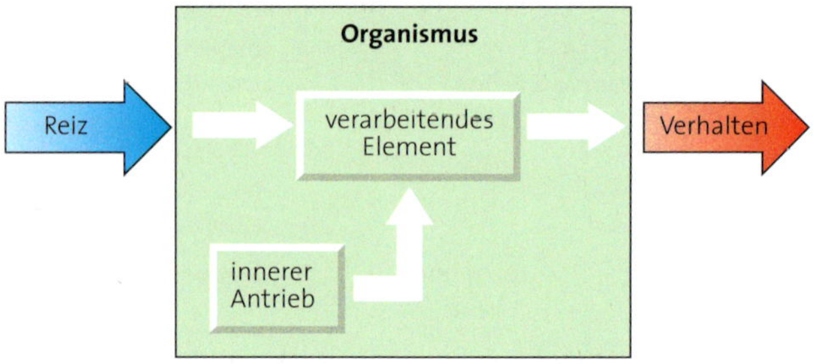


1 *Außenreiz und innerer Antrieb wirken zusammen.*

**Innerer Antrieb.** Reflexe werden in der Regel durch die ihnen entsprechenden Reize ausgelöst. Daneben gibt es eine Vielzahl von Verhaltensweisen, die selbst bei Anwesenheit der zugehörigen auslösenden Reize nicht immer auftreten. So wird ein Tier, das ausreichend gefressen hat, angebotene Nahrung nicht beachten. Es muss also neben dem auslösenden Reiz einen weiteren Parameter geben, der für das Auftreten des Verhaltens relevant ist. Der *innere Antrieb*, auch als innere Bereitschaft, Motivation, Reaktionsbereitschaft oder Handlungsbereitschaft bezeichnet, muss vorhanden sein (► Bild 1). Die Stärke dieser Bereitschaft wird durch mehrere Faktoren bedingt, wie Außen- und Innenreize oder auch durch das vorausgegangene Verhalten. Sie lässt sich nicht direkt messen, kann aber indirekt über das beobachtbare Verhalten und vorausgegangene Reize erschlossen werden.

**Schlüsselreiz.** Setzt man ein Hühnerküken unter eine schalldichte Glasglocke, so kommt ihm die Glucke nicht zu Hilfe, obwohl sie das Junge sehen kann. Andererseits reagiert sie sofort auch ohne Blickkontakt, wenn sie den speziellen Angstruf des Kükens hört (► Bild 2). Hühner erkennen angeborenermaßen ihre Küken nur an deren Lautäußerungen und reagieren mit einem zugeordneten Verhalten.

Hängt man im Revier eines Rotkehlchenmännchens ein Büschel rostroter Federn auf, so werden diese vom Revierinhaber genauso attackiert wie ein lebender Artgenosse. Färbt man aber den roten Brustfleck eines naturgetreuen Präparats dunkel, so wird dieses überhaupt nicht beachtet. Nur der rote Fleck löst das aggressive Verhalten aus. Spezifische Außenreize, die ein bestimmtes Verhalten auslösen, nennt man *Schlüsselreize*. Handelt es sich um einen innerartlich wirkenden Reiz, wird er auch als *Auslöser* bezeichnet.

Schlüsselreize bestehen häufig aus Merkmalskombinationen. Um sie zu finden, arbeitet man nicht mit lebenden Objekten, sondern mit *Attrappen*. Dies sind Nachbildungen des Originals, die in Größe, Farbe oder anderen Eigenschaften variieren.

**Auslösemechanismus.** Da Tiere nur auf ganz bestimmte Reizkonstellationen reagieren, folgert man, dass das Nervensystem die Vielzahl der von den Sinneszellen aufgenommenen Meldungen entsprechend auswertet und nur das betreffende Reizmuster zur Wirkung kommen lässt. Man hat die Vorstellung, dass es in den Sinnesorganen und dem Zentralnervensystem ein analysierendes System gibt, das als *Auslösemechanismus (AM)* bezeichnet wird. Dabei handelt es sich um einen neurosensorischen Filter, der angeboren oder erworben sein kann. Man spricht dann von einem *angeborenen Auslösemechanismus (AAM)* oder einem *erlernten Auslösemechanismus (EAM)*.

Ein Verhalten wird also dann ausgelöst, wenn neben den äußeren Reizen die inneren Bedingungen sowie die entsprechenden zentralnervösen Verarbeitungsmechanismen zueinanderpassen.

Auch beim Menschen gibt es bestimmte Reizmuster, auf die wir mit einem vorhersagbaren Verhalten reagieren. Das Aussehen kleiner Kinder löst bei Erwachsenen Zuwendungsverhalten aus. Das „Kindchenschema" ist unter anderem gekennzeichnet durch einen im Verhältnis zum Rumpf großen Kopf, große Augen, Pausbacken, rundliche Körperformen sowie kurze und dicke Extremitäten.

**Erbkoordination.** Eine Erdkröte zeigt beim Nahrungserwerb immer die gleichen Verhaltensweisen. Sie sitzt mitunter längere Zeit regungslos an einem Platz, sucht gelegentlich eine andere Stelle auf und verharrt auch dort. Hat sie eine Beute erspäht, wie beispielsweise eine Fliege oder einen Wurm, wendet sie den Körper so, dass ihr Kopf zur Beute hin gerichtet ist und sie diese beidäugig fixieren kann. Dann klappt sie blitzschnell ihre Zunge aus und fängt das Tier (► S. 483 Bild 1).

Das Beutefangverhalten der Erdkröte lässt sich in drei Abschnitte gliedern. Ist die entsprechende Bereitschaft vorhanden, sucht das Tier in der ersten Phase scheinbar ziellos in der Um-

2 *Hühner erkennen ihre Küken an Lautäußerungen.*

3 *Rotkehlchen*

gebung nach Nahrung. Diesem ungerichteten Suchen nach bestimmten Schlüsselreizen oder *Appetenzverhalten* folgt nach Wahrnehmung einer Beute eine Orientierungsreaktion, die *Einstellbewegung*. Die dritte Komponente ist die biologisch wichtige *Endhandlung*, die zum Absinken der zugrunde liegenden Handlungsbereitschaft führt.

Dieses Verhaltensprogramm wird als *Instinkthandlung* bezeichnet. Instinkthandlungen sind teilweise vollständig ererbt, zum Teil aber auch modifizierbar. Ist die Bewegungsfolge ausschließlich erblich festgelegt, verwendet man auch den Begriff *Erbkoordination*. Auch bei anderen Tieren sind viele Verhaltensweisen ähnlich strukturiert.

**Handlungskette.** Die einzelnen Phasen eines komplexen Verhaltensablaufs müssen koordiniert ablaufen. Eine sinnvolle Abfolge von Verhaltensweisen zu einer Handlungs- oder Reaktionskette kann entstehen, wenn eine Aktion den Schlüsselreiz für die nächste Handlung darstellt.

Ein klassisches Beispiel ist das Brutpflegeverhalten der Weibchen bei der Sandwespenart *Ammophila pubescens* (▶ Bild 2). In der ersten Phase des Verhaltenskomplexes gräbt das Weibchen eine Höhle in den Sandboden, bringt eine erbeutete Schmetterlingsraupe hinein, legt auf diese ein Ei und verschließt das Nest. Während der zweiten Phase wird die junge Larve im Verlauf mehrerer Tage mit weiteren Raupen versorgt. Die dritte Phase umfasst die Versorgung der älteren Larve. Diese erhält an einem „Vielraupentag" kurz hintereinander drei bis fünf Proviantierbesuche mit je einer Raupe. Danach wird das Nest endgültig verschlossen. Die Larve spinnt sich ein. Während der beiden letzten Abschnitte kommt das Weibchen einige Male zum Nest, trägt aber keine Raupe hinein. Das Aufsuchen oder Graben eines anderen Nestes erfolgt ausschließlich zwischen den Phasen.

Stört man den geschilderten Ablauf, kann man herausfinden, durch welche Reize das Verhalten der Sandwespe gesteuert wird. Wird vor einem raupenlosen Besuch die Larve entfernt oder durch ein Ei ersetzt, macht die Wespe keine Proviantierbesuche mehr. Setzt man anstelle der Raupe mit Ei eine Larve, bringt die Wespe bis zu fünf Raupen. Ersetzt man eine ältere Larve, die noch mit vielen Raupen hätte versorgt werden müssen, durch eine sich einspinnende Larve, so verschließt die Wespe das Nest endgültig.

1 *Verhalten einer Erdkröte beim Fangen von Beute*

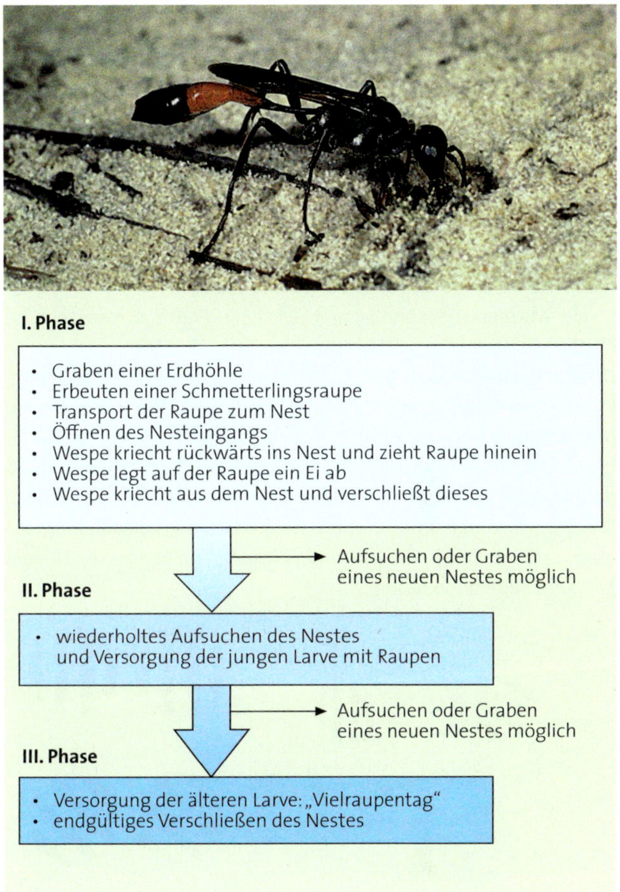


2 *Brutpflegeverhalten der Sandwespe im zeitlichen Ablauf*

Diese Beobachtungen zeigen, dass die Wespe beim raupenlosen Besuch den Zustand des Nestes inspiziert und das nachfolgende Verhalten entsprechend bestimmt wird. Nimmt man Veränderungen aber vor einem Proviantierbesuch vor, beeinflusst dies das folgende Verhalten nicht. Das Brutpflegeverhalten der Sandwespe ist also auf den Entwicklungsstand der Larve abgestimmt und läuft nicht in allen Teilen nach einem starren Muster ab.

---

**1** **Erläutern Sie, warum in der Werbebranche oft das Kindchenschema verwendet wird.**

**2** **Bestimmte Rufe mancher Vogelarten, die beim Anblick eines Feindes geäußert werden, werden als Warnrufe gedeutet. Entwickeln Sie Attrappenversuche, mit denen man diese Hypothese überprüfen kann.**

**3** **Präsentiert man einer Pute das Stopfpräparat eines Marders, der über einen eingebauten Lautsprecher Kükenpiepen ausstrahlt, versucht sie diesen ins Nest zu ziehen und ihn unter ihre Flügel zu nehmen. Erklären Sie dieses Verhalten.**

**4** **Stellen Sie die Abfolge der einzelnen Verhaltensweisen der Sandwespe mit den zugehörigen Schlüsselreizen tabellarisch dar. Entwickeln Sie weitere Störversuche, mit denen man den Verhaltenskomplex der Wespe auf starr ablaufende Komponenten hin untersuchen könnte.**

# Schlüsselreize

Nur mithilfe von Experimenten kann man herausfinden, von welcher Beschaffenheit Außenreize sein müssen, damit sie als Schlüsselreize wirken können. Für viele Versuche ist es entscheidend, dass sich die Tiere in einem geeigneten „inneren Zustand" befinden. So können beispielsweise Experimente zum Fortpflanzungsverhalten nur während der entsprechenden Jahreszeit durchgeführt werden. Dies macht solche Untersuchungen langwierig und schwierig.

## Optische Reizmuster für Stabheuschrecken

**MATERIAL:** Stabheuschrecken, helle Platte, schwarzer und weißer Karton, Glühbirne

**DURCHFÜHRUNG:** Man befestigt einen weißen Karton halbkreisförmig auf einer hellen Platte. Entsprechend dem unteren Bild bringt man jeweils zwei Musterscheiben an dem Karton an, leuchtet die Apparatur gleichmäßig aus und lässt die Tiere einzeln ab dem Startpunkt laufen. Das Wahlverhalten der Tiere bei diesem *Simultanverfahren* wird notiert. Bei weiteren Versuchen muss man darauf achten, die einzelnen Muster nicht immer auf der gleichen Seite anzubieten.

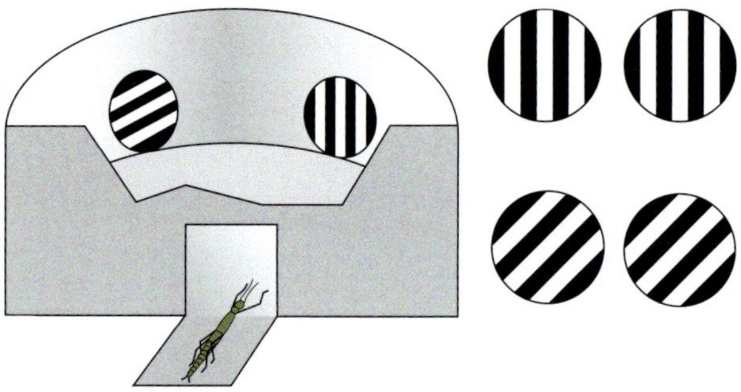

## Attrappenversuche mit Erdkröten

Bei der Nahrungssuche (► S. 483) wenden sich die Tiere einem in der Nähe befindlichen, sich bewegenden Objekt zu. Durch eine geeignete Versuchsanordnung kann man herausfinden, welche Merkmale, beispielsweise Größe, dieses Objekt haben muss, um die entsprechende Reaktion der Kröte auszulösen. Als Maß für die Wirksamkeit der eingesetzten Attrappen verwendet man die Zuwendungsreaktion des Tieres. Da die Attrappen bei den Versuchen nacheinander angeboten werden, spricht man von einem *Sukzessivverfahren*.

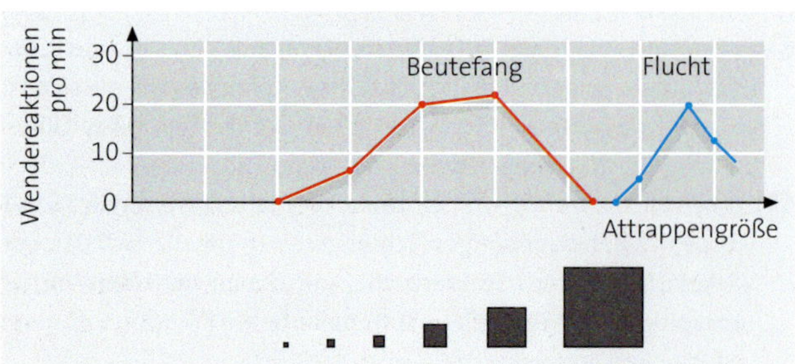


## Reize beim Kopulationsverhalten des Rotkehlchens

Faktoren, die das Kopulationsverhalten beim männlichen Rotkehlchen auslösen, werden mithilfe von Attrappenversuchen analysiert. Man bietet in getrennten Volieren gehaltenen männlichen Rotkehlchen jeweils ein Stopfpräparat eines weiblichen Tieres an und registriert die Anzahl der Begattungsversuche bei den verschiedenen Reizsituationen. Unter Berücksichtigung von Beobachtungen an frei lebenden Tieren wird die Bedeutung folgender Parameter bei der Kopulationsaufforderung durch das Weibchen untersucht: dessen Körperhaltung, das heißt der Grad der Drehung der Körperlängsachse, sowie dessen Äußern von Gesang oder speziellen Kurzlauten. Die einzelnen Parameter bietet man entweder einzeln oder in verschiedener Kombination an.

Die Versuche zeigen, dass akustische Reize für die Auslösung des männlichen Kopulationsverhaltens nicht ausreichen. Die alleinige Präsentation von optischen Reizen genügt jedoch durchaus. Letztere sind in Verbindung mit akustischen Reizen noch wirksamer: Die Männchen begatten die weibliche Attrappe ohne Lautäußerungen in 58 % der Versuche, die Attrappe kombiniert mit weiblichem Gesang oder mit Kurzlauten in 87 bzw. 96 % der Versuche.

---

1. **Erörtern Sie, warum die „Reizwirksamkeit" mehrerer Muster am besten durch Simultanwahlversuche untersucht werden kann.**
2. **Interpretieren Sie die Ergebnisse der Attrappenversuche mit Erdkröten.**
3. **Nennen Sie Ursachen für das in der Grafik dargestellte unterschiedliche Kopulationsverhalten der Rotkehlchen.**

### Stichworte zu weiteren Informationen

Auslöser • Sender-Empfänger-Problematik • Signaltäuschung

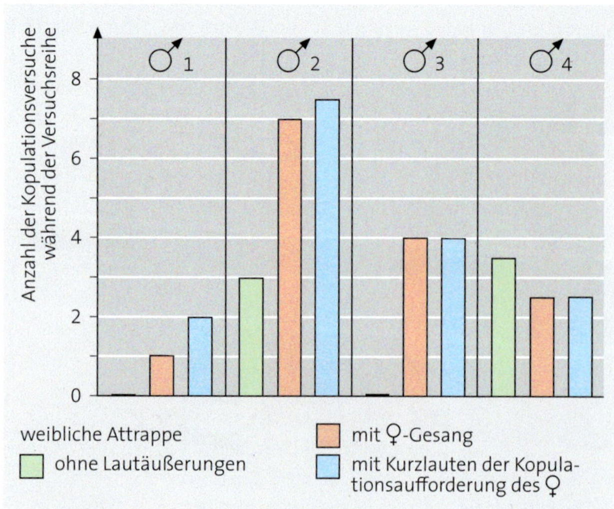

## Angeborenes Verhalten – Reifung – Lernen

Während der Ontogenese vieler Verhaltensweisen greifen angeborene Prozesse und durch Lernen erworbene Elemente ineinander. Deshalb ist es oft nicht möglich zu klären, ob ein Verhalten genetisch bedingt oder erlernt ist.

Hinweise über genetisch determinierte Anteile liefern beispielsweise *Kaspar-Hauser-Versuche*. Dabei versucht man isolierte Individuen reizarm aufzuziehen. Verhalten sich die Tiere dann trotzdem arttypisch, müssen bezüglich der untersuchten Verhaltensweise angeborene Komponenten vorliegen. Auf diese Weise gehaltene Tiere zeigen aber oft Fehlentwicklungen im Verhalten.

Auch ein starres, bei Tieren einer Art immer wieder zu beobachtendes Verhalten deutet auf eine genetisch festgelegte *Reaktionsnorm* hin (► S. 171).

**Reifung.** Ein weiterer Hinweis auf ein angeborenes Verhaltensmuster liegt vor, wenn Tiere bereits zum Zeitpunkt der Geburt Verhaltensweisen zeigen wie ältere Individuen. Andererseits bedeuten fehlende Verhaltensweisen bei der Geburt nicht, dass diese erst noch erworben werden müssten. Sie sind zwar genetisch determiniert, bedürfen auch keiner Übung, doch müssen die entsprechenden Strukturen erst ausgebildet werden. In diesen Fällen spricht man von *Reifung*.

Reifungsprozesse kann man nachweisen, wenn man Jungtiere während der Zeit der Vervollkommnung einer Handlung an deren Ausführung hindert und das Verhalten dieser Tiere später mit dem normal aufgewachsener Artgenossen vergleicht.

Frisch geschlüpfte Haushuhnküken picken nach allen körnerartigen Gegenständen, doch zielen sie im Gegensatz zu vier Tage alten Jungtieren oft daneben. Innerhalb weniger Tage wird die Zielgenauigkeit also deutlich verbessert (► Bild 1). Um zu überprüfen, ob dies nicht auf Lernprozessen beruht, wurden Küken nach dem Schlüpfen im Dunkeln gehalten. Sie konnten also keine optischen Erfahrungen sammeln. Anschließend wurden ihnen Hauben mit Prismenbrillen übergestülpt, wodurch sie alle Objekte der Umwelt seitlich versetzt sahen. Auch bei diesen Tieren stellte sich unabhängig von Erfolg oder Misserfolg eine verbesserte Zielgenauigkeit ein. Die Versuche belegen, dass die Pickreaktion der Küken angeboren ist, der „Zielmechanismus“ aber heranreift.

**Lerndisposition.** Auch Lernprozesse basieren mitunter auf angeborenen Komponenten. Honigbienen beispielsweise orientieren sich bei der Futtersuche an der Sonne, charakteristischen Landmarken und optischen Merkmalen in der Nähe der Futterstelle. Dressiert man Bienen der Carnica- bzw. der Ligustica-Rasse auf eine künstliche Futterquelle, in deren Umgebung keine besonderen Orientierungspunkte vorhanden sind, so lernen beide Rassen ungefähr gleich gut deren Lage. Nach einigen Besuchen fliegt die Hälfte der Tiere zur richtigen Stelle. Trotz weiterer Besuche zeigt sich jedoch kein höherer „Lernerfolg“. Die Bienen besitzen eine begrenzte genetisch fixierte *Lerndisposition*. Befinden sich aber nahe der angebotenen Futterquelle zusätzliche optische Orientierungshilfen, zeigt sich zwischen beiden Rassen ein deutlicher Unterschied (► Bild 2): Individuen der Carnica-Rasse lernen schneller und besser. Die Lerndisposition ist bei beiden Rassen unterschiedlich.

*1 Verbesserung der Pickgenauigkeit bei Haushuhnküken*

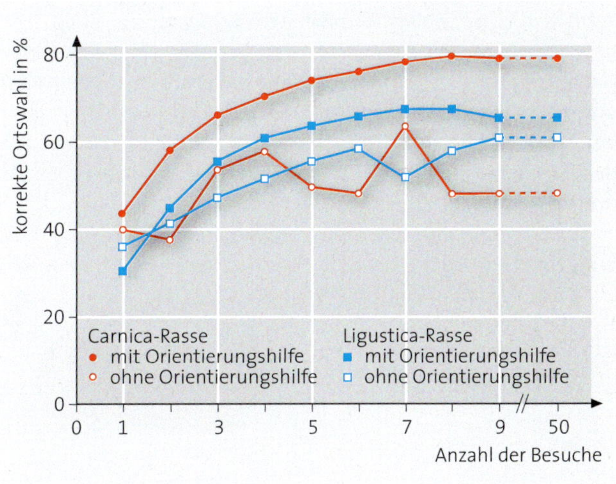


*2 Lerndisposition bei Bienen*

Lernprozesse führen zu individuellen Verhaltensanpassungen an die Umweltbedingungen. Die gewonnenen Erfahrungen werden gespeichert und sind abrufbar.

**1** Nach dem Schlüpfen unter Dauernarkose gehaltene Kaulquappen können nach Beendigung der Narkose ebenso gut schwimmen wie nicht betäubte Tiere. Erläutern Sie.

**2** Erfahrungslos aufgezogene Marder verfolgen, packen und schütteln ein sich bewegendes Beutetier, doch sie beherrschen erst nach einigen Versuchen den erfolgreichen Nackenbiss zum Töten. Diskutieren Sie dies.

**3** Bietet man einer jungen Erdkröte als Nahrung eine Wespe an, so wird sie nach dem Insekt schnappen. Beim erneuten Anbieten wird sie dieses verschmähen. Erklären Sie.

# Prägung

1 LORENZ mit auf ihn geprägten Nonnengans-Küken

2 Prägungskarussell

**Nachfolgeprägung.** KONRAD LORENZ entdeckte an einem im Brutschrank ausgebrüteten Graugansküken ein ungewöhnliches Verhalten. Er hatte das Tier nach dem Schlüpfen für einige Zeit beobachtet und es dann unter das Gefieder einer brütenden Hausgans gesteckt. Das Junge flüchtete aber sofort aus dem Nest und watschelte fortan dem Forscher auf Schritt und Tritt hinterher. Unter normalen Umständen folgen Gänseküken kurz nach dem Schlüpfen ihrer Mutter. LORENZ war für das Küken zur Ersatzmutter geworden.

In weiteren Versuchen zeigte sich, dass man die Jungtiere dazu bringen kann, einem Ersatzobjekt zu folgen (▶ Bild 2): Küken werden nach dem Schlüpfen bis zum Beginn des Experiments im Dunkeln gehalten und dann in ein Prägungskarussell gesetzt. Die in dieser Apparatur eingebaute Attrappe kann optisch variiert und im Kreis bewegt werden. Über einen eingebauten Lautsprecher lassen sich verschiedenartige Laute vorspielen. Bei den Versuchen wird das Verhalten der Tiere beobachtet.

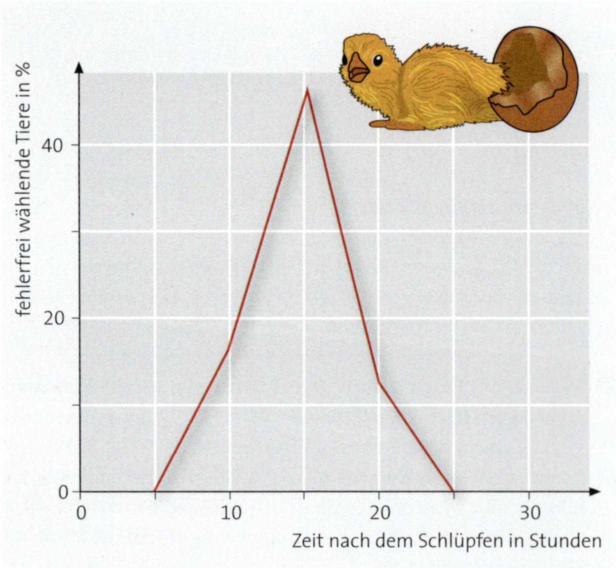


3 *Verlauf der sensiblen Phase bei Hühnerküken. Überprüft wurde, wie viele Tiere nach dem Prägungsvorgang in einem Test die entsprechende Attrappe erkannten.*

Ein konkretes Mutterbild ist den Gänseküken nicht angeboren. Wenige Stunden nach dem Schlüpfen nähern sie sich Objekten in ihrer Umgebung, die sich bewegen und Laute äußern. Deren äußere Gestalt spielt kaum eine Rolle. Beim ersten Nachfolgen speichern die Jungen irreversibel die Merkmale des präsentierten Objekts. Nur dieses kann danach das Nachfolgeverhalten der Jungen auslösen und selbst ihre biologische Mutter kann sie nicht mehr davon fortlocken. LORENZ bezeichnete den zugrunde liegenden Vorgang als *Prägung*. Lernen durch Prägung erfolgt nur während der genetisch festgelegten ***sensiblen Phase*** (▶ Bild 3). Diese zeigt bei Hühnerküken 13 bis 16 Stunden nach dem Schlüpfen ein Maximum. Die Merkmale des Prägungsobjekts werden dauerhaft gespeichert.

Die Nachfolgeprägung ist nicht nur von Vögeln, sondern auch von Säugetieren bekannt. Junge Haus- und Feldspitzmäuse werden bei Störungen von ihrer Mutter zu einem anderen Ort geführt. Dabei beißen sich die Jungen am Schwanz des Elterntieres oder an einem Geschwister fest und bilden eine Karawane. Wie Experimente zeigen, werden junge Spitzmäuse zwischen 5 und 14 Tagen nach der Geburt auf den Geruch des Individuums geprägt, das sie säugt. Nur dieses Tier, in der Regel die Mutter, kann die Karawanenbildung auslösen. Bringt man aber 5 Tage alte Spitzmäuse zum Beispiel zu einer Hausmaus als Ersatzmutter, werden sie auf diese geprägt. Nach Ablauf der Prägungsphase folgen sie weder ihrer leiblichen Mutter noch einem Geschwister, wohl aber einem mit dem Geruch der Pflegemutter imprägnierten Stück Stoff. Die Prägung erfolgt hier auf einen chemischen Sinnesreiz hin.

1 *Karawanenbildung bei der Feldspitzmaus*

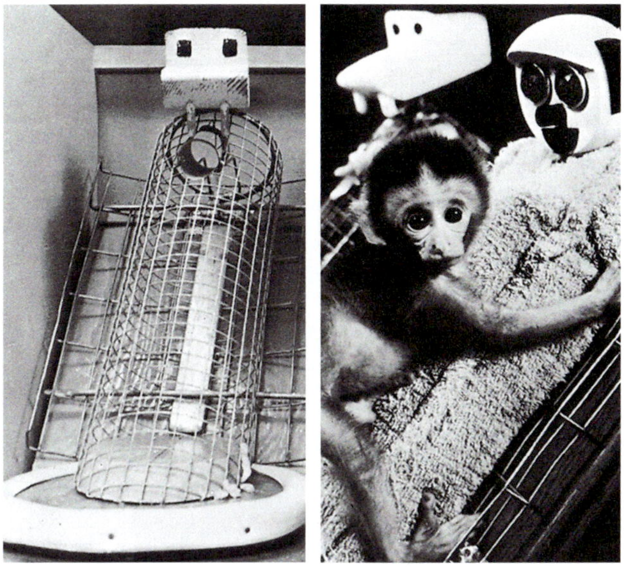

2 *Junger Rhesusaffe und die ihm angebotenen „Ersatzmütter"*

**Sexuelle Prägung.** Viele Vogelarten erfahren neben der Nachfolgeprägung während einer weiteren sensiblen Phase auch eine Prägung auf das Elternbild. Dessen Merkmale sind nicht oder nur teilweise angeboren und müssen erworben werden, damit später die Geschlechtspartner zusammenfinden. Lässt man zum Beispiel Zebrafinken von einer verwandten Finkenart aufziehen, balzen sie als erwachsene Männchen Weibchen der Art ihrer Pflegeeltern an, auch bei Anwesenheit eines arteigenen Weibchens. Diese Präferenz behalten die fehlgeprägten Individuen über einen langen Zeitraum, zum Teil lebenslang bei. Sowohl die Nachfolgeprägung als auch die sexuelle Prägung sind *Objektprägungen*. Die Tiere prägen sich meistens in früher Jugend Merkmale der Objekte ein, auf die das entsprechende Verhalten gerichtet ist. Der Ablauf des Verhaltens, wie Nachlaufen oder Balz, ist wahrscheinlich angeboren. Die Prägungsprozesse sind völlig unabhängig voneinander. So kann eine Gans in ihrem Nachfolgeverhalten auf Schwäne und sexuell auf den Menschen geprägt sein, da die zugehörigen sensiblen Phasen nicht zeitgleich sind. Auch ihre Reihenfolge ist von Art zu Art verschieden. Von Gänsen ist bekannt, dass sie zuerst auf ein Nachfolgeobjekt, dann sexuell geprägt werden, während es bei Dohlen genau umgekehrt ist.

**Prägungsartige Vorgänge.** Manche Lernformen von Tieren weisen ähnliche Kennzeichen wie die genannten Prägungserscheinungen auf. Lachse wandern als Jungtiere ins Meer und kehren Jahre später zum Ablaichen wieder in ihre Heimatgewässer zurück, wobei sie sich geruchlich orientieren. Auch Zugvögel zeigen bei ihren Wanderungen solche *Ortsprägungen*. Manche Insekten sind auf eine bestimmte Nahrung spezialisiert. Ihre *Nahrungsprägung* erfolgt bei der ersten Nahrungsaufnahme.

Im menschlichen Verhalten spielen prägungsähnliche Prozesse bzw. Prägungsvorgänge wahrscheinlich eine große Rolle. Diese experimentell nachzuweisen ist praktisch nicht möglich. Hinweise zum Verständnis liefern hauptsächlich Tier-Mensch-Vergleiche. Attrappenversuche mit Rhesusaffen belegen, dass junge Tiere ein großes Kontaktbedürfnis haben. Sie bevorzugen weiche Stoffattrappen gegenüber Drahtattrappen, obwohl sie ausschließlich bei den „Drahtmüttern" Nahrung bekommen (► Bild 2). Isoliert aufgezogene Individuen zeigen später deutliche Entwicklungsschäden wie stereotype Bewegungsabläufe oder hohe Aggressionsbereitschaft sowie Störungen im Spielverhalten und beim Lernvermögen. Insbesondere die Mutter-Kind-Beziehung scheint wichtig für den Sozialisierungsprozess zu sein. Fehlt diese, treten in vielen Verhaltensbereichen Störungen auf.

3 *Rhesusaffe mit Jungtier*

❶ **Erläutern Sie, warum gerade für Nestflüchter der Vorgang der Nachfolgeprägung von großer Bedeutung ist.**

❷ **Amphibien kehren aufgrund prägungsartiger Vorgänge meist zum Ablaichen in das Gewässer zurück, in dem ihre frühe Entwicklung stattfand. Erötern Sie, weshalb eine Umsiedlung des Laiches meist wirkungsvoller ist als Schutzmaßnahmen bei der Krötenwanderung.**

# Konditionierung

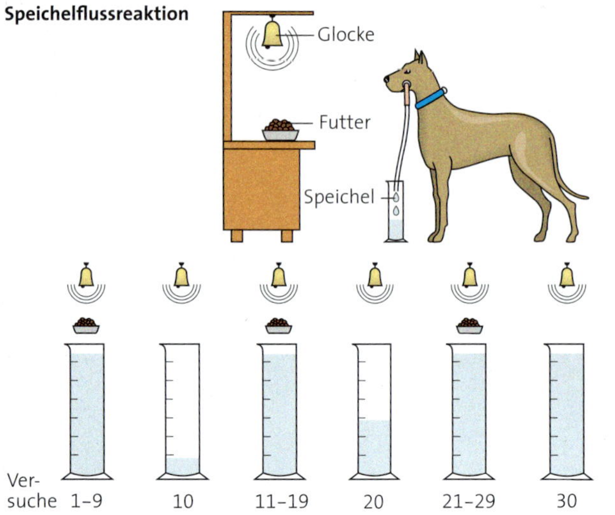


1 *Versuchsanordnung von PAWLOW*

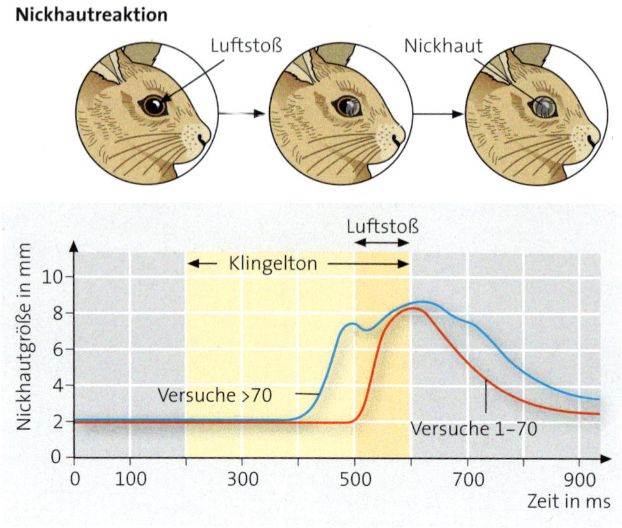


2 *Klassische Konditionierung beim Kaninchen*

**Klassische Konditionierung.** Der russische Physiologe PAWLOW bot einem Hund beim Füttern regelmäßig einen bestimmten Schallreiz. Nach einiger Zeit beobachtete er, dass bei dem Hund Speichelfluss einsetzte, wenn dieser den Schall wahrnahm. Das passierte auch dann, wenn kein Futter angeboten wurde (▶ Bild 1). Der Hund hat ein bestimmtes Geräusch mit dem Futterangebot assoziiert. Der Speichelfluss ist normalerweise eine unbedingte Reaktion auf den unbedingten Reiz, das Futter, und erfolgt nicht auf ein akustisches Zeichen. Dieser neutrale Reiz wird durch die Erfahrung zu einem bedingten Reiz, der eine bedingte Reaktion auslöst, den bedingten Reflex (▶ S. 480). Diese Form des Lernens bezeichnet man als *klassische Konditionierung*.

Für den Lernprozess ist es wichtig, dass der unbedingte Reiz zeitlich eng mit dem neutralen Reiz gekoppelt wird. Eine Lernleistung gelingt besonders gut, wenn der neutrale Reiz kurz vor dem unbedingten Reiz erfolgt (▶ Bild 2). Durch vielfaches Wiederholen stabilisiert sich das Lernergebnis. Dies ist ein Hinweis darauf, dass im Zentralnervensystem physiologische Prozesse ablaufen. Bei Kaninchen hat man nach einer klassischen Konditionierung den Bereich des Vorderhirns untersucht, in dem Informationen aus den beteiligten Sinnesorganen zusammentreffen. In den untersuchten Neuronen konnte eine bleibende Veränderung festgestellt werden: Der Kalium-Ionenstrom durch die Membrankanäle war reduziert. Diese Zellen sind dadurch leichter erregbar.

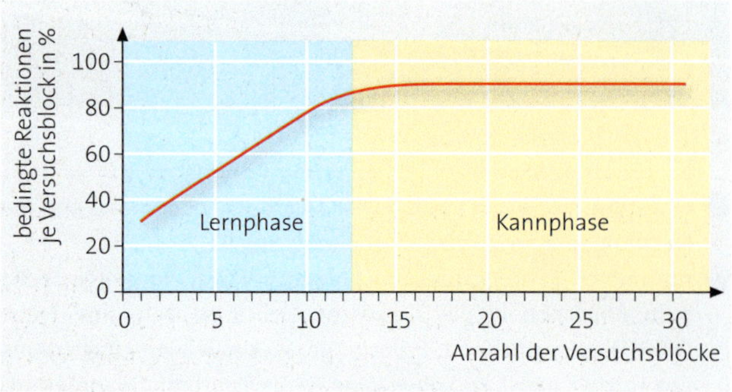


3 *Lernkurve bei Konditionierung, idealisierter Verlauf*

**Operante Konditionierung.** Schließt man hungrige Ratten in einen Käfig ein, versuchen sie an das außerhalb stehende Futter zu kommen. Drücken die Tiere einen Knopf, öffnet sich die Tür des Käfigs. Sie probieren zunächst alle möglichen Verhaltensweisen, um zur Nahrung zu gelangen. Haben sie Erfolg, kann man das kurz zuvor gezeigte Verhalten immer häufiger beobachten und die Tiere handeln schließlich zielgerichtet, sobald sie in den Käfig gesetzt werden. Sie haben über Versuch und Irrtum am Erfolg gelernt. Die Nahrung stellt eine Belohnung für das richtige Handeln dar. Auch durch Bestrafung ist Konditionierung möglich. Bei dieser Form des Lernens spricht man von *operanter Konditionierung*. SKINNER legte bei seinen Versuchen zur operanten Konditionierung ein besonderes Augenmerk auf die Verstärkungsmethode, also auf die Art und Weise, wie die Belohnung angeboten wird. Geschieht dies zum Beispiel unregelmäßig, ist der Lernerfolg größer als bei einer Futterbelohnung nach jeder richtigen Verhaltensweise. An sogenannten Lernkurven sind Lernfortschritte grafisch gut erkennbar (▶ Bild 3).

Konditionierungen sind im Tierreich weit verbreitet, wobei die zugrunde liegenden Gesetzmäßigkeiten ähnlich sind. Auch der Mensch bildet bedingte Reaktionen aus: So läuft uns das Wasser im Mund zusammen, wenn wir im Restaurant das Auftragen der Speisen am Nachbartisch beobachten.

❶ **Vergleichen Sie die klassische mit der operanten Konditionierung.**

❷ **Bei der operanten Konditionierung wird die Belohnung immer direkt nach der gewünschten Handlung geboten. Erläutern Sie, warum eine Verzögerung zu diesem Zeitpunkt den Lernerfolg nachhaltig beeinflussen kann.**

❸ **PAWLOW hat in seinen Vorversuchen den Speichelfluss bei Angebot von Futter beziehungsweise bei alleiniger Gabe des Schallreizes gemessen. Erläutern Sie.**

## Nachahmung und Tradition

*1 Werkzeuggebrauch eines Schimpansen beim Termitenfang*

*2 Ein Rotgesichtsmakake wäscht Süßkartoffeln.*

**Lernen durch Beobachtung.** In Westafrika kann man Schimpansen beobachten, die hartschalige Nüsse mithilfe von zwei Steinen öffnen. Diese Form des Werkzeuggebrauchs lernen junge Schimpansen, indem sie ihren Müttern zuschauen. Später versuchen sie selbst Nüsse auf diese Weise zu öffnen. Durch *Versuch und Irrtum* werden ihre Bemühungen effektiver und schließlich können sie die Nüsse perfekt knacken. Auch die Fähigkeit der Schimpansen, Termiten mit einem Stöckchen aus deren Bau herauszuangeln (▶ Bild 1), beruht auf der Nachahmung eines bei anderen Individuen beobachteten Verhaltens. Dabei wählen die Tiere das Stöckchen sorgfältig aus und modifizieren es teilweise sogar, indem sie die Rinde entfernen oder ein umgebogenes Ende abbeißen. Junge Schimpansen spielen zwar auch mit Halmen und Ästchen, sie benutzen diese jedoch nicht zum Nahrungserwerb. Erst im Alter von einigen Jahren sind sie geschickt genug, um mit einem Zweig die Insekten erbeuten zu können. Die zum Erlangen der Nahrung eingesetzten Gegenstände werden als regelrechte Werkzeuge benutzt. Die Fähigkeit zur Anwendung von Werkzeug resultiert wahrscheinlich aus einer Mischung von Nachahmung und speziellen Lernvorgängen bei angeborener Lerndisposition. Bei diesem „Lernen durch Beobachtung" werden Erfahrungen auf indirektem Weg gesammelt.

**Tradiertes Verhalten.** Erlernte Verhaltensmuster können bei sozial lebenden Tieren auf nicht genetischem Weg von einer Generation zur nächsten weitergegeben werden. Es bildet sich eine Verhaltenstradition aus. Japanische Forscher fütterten Rotgesichtmakaken mit Süßkartoffeln (▶ Bild 2), um die Tiere besser beobachten zu können. Ein Affe wurde beobachtet, wie er eine Kartoffel wusch und danach verzehrte. Dieses Verhalten wurde von diesem Tier immer wieder gezeigt und innerhalb von zehn Jahren von den meisten Tieren innerhalb der Gruppe übernommen. Nicht beobachtet wurde es zu diesem Zeitpunkt allerdings bei ganz jungen und über zwölf Jahre alten Tieren. Heute ist diese „Kartoffelwaschkultur" bei den Nachfahren im Verhaltensrepertoire fest etabliert.

Das *Lernen durch Nachahmung* hat für ein Individuum große Vorteile. So können die lernenden Tiere einerseits eigene risikoreiche Erfahrungen vermeiden, andererseits von positiven Erfahrungen profitieren. Bei Tieren beruht das Nachahmungslernen oft auf dem Erwerb und der Verfeinerung motorischer Fähigkeiten und ist objektgebunden. Auch der Mensch lernt am Objekt durch Nachahmung. Er kann aber auch durch verbale Informationsweitergabe, das heißt ohne Objekt, nachahmen und dadurch lernen.

*3 Diese Kohlmeise hat eine Milchflasche geöffnet.*

**1** **Nennen Sie Beispiele für das Lernen durch Nachahmung beim Menschen.**

**2** **1940 hat man in England vereinzelt Blaumeisen beobachtet, die Löcher in den Aluminiumverschluss einer Milchflasche pickten, um an den Inhalt zu gelangen. Dieses Verhalten hat sich mittlerweile weiter ausgebreitet (▶ Bild 3). Erklären Sie das Zustandekommen dieses Phänomens.**

## Kognitives Lernen

**Einsichtiges Verhalten.** Angehörige vieler Tierarten sind in der Lage, im Kontext einer unbekannten Situation zu lernen. Findet dieser Prozess losgelöst von der Lernsituation, also „in der Vorstellung“ statt, spricht man auch von *kognitivem Lernen*. Es bedingt das *einsichtige Verhalten*. Besonders bei Primaten ist ein solches Verhalten, das ein gedankliches Erfassen des Problems und eine Vorplanung des Lösungsweges voraussetzt, vielfach beschrieben worden. Dies erfordert geistige Fähigkeiten, die besondere Leistungen von Gehirn und Gedächtnis zur Voraussetzung haben. Die Lernprozesse und Lernleistungen werden von Erwartungen und Wertungen beeinflusst. Der Organismus ist in der Lage, die Verhältnisse zwischen Reiz und Reaktion „vorherzusagen“.

Wichtige Voraussetzung beim experimentellen Nachweis ist, dass die Tiere nicht im Vorfeld etwa durch Konditionierung oder Ausprobieren bereits die Lösung kennengelernt haben.

Eine einfache Form einsichtigen Verhaltens kann im *Umwegversuch* nachgewiesen werden. Dabei kann das Tier nicht den direkten Weg zum Ziel nehmen, es muss vielmehr einen Umweg ausführen. Solche Leistungen sind vor allem von Säugetieren, aber beispielsweise auch vom Chamäleon bekannt (▶ Bild 1).

Der Psychologe WOLFGANG KÖHLER machte von 1913 bis 1917 in seiner Beobachtungsstation auf Teneriffa Versuche mit Schimpansen. Er bot ihnen sichtbar Futter an, das die Tiere aber nur dann erreichen konnten, wenn sie Hilfsmittel verwendeten. Er stellte den Affen verschiedene Gegenstände wie Kisten oder ineinanderschiebbare Stöcke zur Verfügung. Vom experimentellen Ansatz her hatten die Tiere die Möglichkeit, nicht nur über Versuch und Irrtum an die Nahrung zu gelangen. Einige von ihnen waren in der Lage, die Aufgaben zu lösen, indem sie verschiedene Verhaltensformen neu kombinierten (▶ Bild 2). Die Lösung eines Problems wurde dann als erfolgreich beurteilt, wenn die Tiere unter mehreren Möglichkeiten auf Anhieb die richtige auswählten.

**Abstraktionsvermögen.** Schimpansen sind offensichtlich in der Lage, abstrakte Formen als Symbole für reale Gegenstände anzusehen (▶ Bild 3). Das lässt eine Art von „Wissen, dass“ bei den Tieren vermuten. So lernte die Schimpansin Sarah 120 Plastiksymbole sinngemäß anzuwenden. Durch Kombination mehrerer Symbole konnte sie sogar einfache Fragen beantworten. Schimpansen können auch Aufgaben zur sogenannten transitiven Interferenz lösen. Das heißt, wenn die Relationen F > E, E > D, D > C bekannt sind, wird analog erschlossen, dass F > C ist.

**Selbsterkennen.** Wir können unser Spiegelbild uns selbst zuordnen. Diese von Säugetieren bekannte Fähigkeit wird einer nur bei ihnen vorhandenen Gehirnstruktur, dem Neocortex, zugeschrieben. Das Selbsterkennen ist eine Voraussetzung für Selbstreflexion und damit für eine höhere Hirnleistung. Elstern wurde an einer nur im Spiegel erkennbaren Körperstelle eine Markierung angebracht. Das verstärkte Reagieren der Tiere auf diese Stelle vor dem Spiegel wies auf das Selbsterkennen hin. Dieses scheint demnach auch über andere Organisationsformen des Gehirns möglich.

**1 Zeigen Versuchstiere höhere Lernleistungen, sind sie nicht als reine „Reiz-Reaktions-Wesen“ zu bezeichnen. Begründen Sie.**

**2 Diskutieren Sie, bei welchen Tierarten kognitive Fähigkeiten wahrscheinlich nicht beobachtet werden können.**

*1 Das Chamäleon wählt gezielt den Ast, von dem es die Beute mit der Zunge erreichen kann.*

*2 Ein Orang-Utan gelangt durch die Kombination mehrerer Stangen an die Futterdose.*

*3 Ein Zwergschimpanse äußert sich mithilfe grafischer Symbole auf einer Computertastatur.*

## Konzepte der Verhaltensökologie und Soziobiologie

Die Verhaltensbiologie untersuchte ursprünglich vor allem die physiologischen und regulatorischen Grundlagen des Verhaltens, seine Kontrollmechanismen, Abläufe und Muster. Diese Ansätze haben inzwischen durch die Konzepte der *Verhaltensökologie* und *Soziobiologie* eine wichtige Erweiterung erfahren: Die Verhaltensökologie untersucht *Wechselbeziehungen zwischen ökologischen Faktoren und Verhalten*, die Soziobiologie den *Anpassungswert des Sozialverhaltens*.

**Kosten-Nutzen-Analyse.** Alles, was dazu beiträgt, das Überleben eines Lebewesens zu sichern und seine Vermehrungschance zu steigern, gehört zum *Nutzen* seines Verhaltens, alles, was diese Parameter erniedrigt, zu den *Kosten*. An der Küste Westkanadas lebende Krähen beispielsweise nehmen Wellhornschnecken vom Boden auf, fliegen damit in die Höhe und versuchen durch Abwerfen deren Gehäuse aufzubrechen (▶ Bild 1). Das eventuell notwendige mehrmalige Auffliegen und die daraus resultierende Flugstrecke gehört zu den Kosten, der über die gewonnene Nahrung erzielte Energiegewinn zum Nutzen. Insbesondere das experimentelle Variieren einzelner Faktoren wie beispielsweise der Schneckengröße ermöglicht Aussagen darüber, in welchem Umfang diese das Verhalten beeinflussen und zur Kosten-Nutzen-Bilanz beitragen.

**Optimierungsmodelle.** Auf der Basis von Kosten-Nutzen-Analysen lassen sich quantitative Modelle zum optimalen Verhalten unter bestimmten Bedingungen entwickeln.

So ist die Verteidigung eines Reviers dann ökonomisch, wenn der Nutzen größer ist, als es die Kosten sind (▶ Bild 2). Das daraus abgeleitete Konzept der ökonomischen Verteidigung besagt: Mit der Reviergröße steigen die Kosten wie der Energiebedarf, weil mehr Auseinandersetzungen zur Verteidigung des Reviers stattfinden. Aber auch der Nutzen, also die im Territorium zur Verfügung stehende Nahrungsmenge oder die Wahrscheinlichkeit einer Verpaarung, wird größer. Ab einer bestimmten Reviergröße bringt das reichlichere Nahrungsangebot jedoch keinen zusätzlichen Gewinn mehr. Dagegen kann die Zahl der Eindringlinge so groß werden, dass die Kosten für eine Revierverteidigung nicht mehr aufzubringen sind. Ist die Qualität des Territoriums sehr spärlich, bringt der Ausschluss von Konkurrenten im Vergleich zur verteidigten Nahrungsmenge ebenfalls keinen Gewinn. Die Differenz aus dem Energiegewinn und den Kosten erlaubt eine Aussage über die bei der jeweiligen Reviergröße gegebene Energiebilanz und damit auch über die optimale Reviergröße. Das Tier wird sich entsprechend den jeweiligen Bedingungen territorial verhalten oder auf ein eigenes Territorium verzichten.

**Fitness.** Geht man davon aus, dass zwischen einem bestimmten Verhalten und der Anzahl der fortpflanzungsfähigen Nachkommen über die Generationen hinweg eine Korrelation besteht, wird die Vermehrungsrate ein wichtiges Maß für die Qualität dieses Verhaltens. In der Konkurrenz mit Artgenossen und im Grad der Anpassung an die Lebensbedingungen sind die einzelnen Individuen unterschiedlich erfolgreich. Die Größe des Erfolgs bezüglich der Überlebensfähigkeit und der Fortpflanzungsrate eines Individuums sowie seiner Nachkommen bezeichnet man als *Fitness* (▶ S. 250). Die natürliche Auslese oder Selektion bestimmt, durch welche Eigenschaften ein Tier größere Fitness gewinnt.

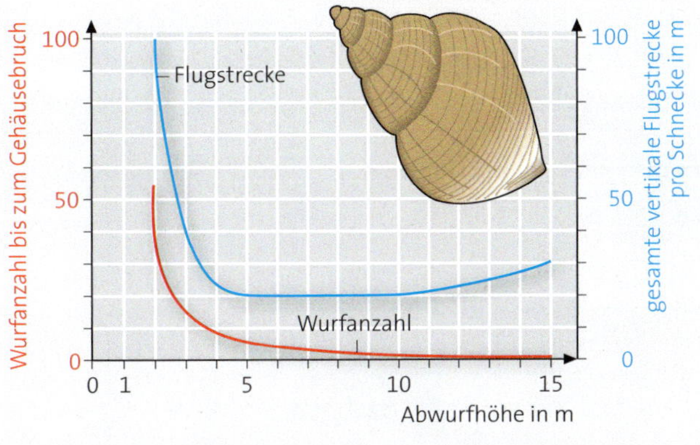


*1 Ergebnisse von Experiment (rot) und Freilandbeobachtungen (blau) zum Nahrungserwerb kanadischer Krähen*

Dabei setzt die Selektion zwar am Individuum an, aus evolutionsbiologischer Sicht ist jedoch das genetische Programm, das es an seine Nachkommen weitergibt, die relevante Bezugsgröße. Erhöhen bestimmte Gene den Fortpflanzungserfolg eines Individuums, werden sie mit größerer Wahrscheinlichkeit in der nächsten Generation im Genpool der Population vertreten sein, ihren relativen Anteil am Genpool also erhöhen. Mit diesem Konzept lassen sich auch scheinbar widersinnige Verhaltensweisen wie Brutpflegedienste bei Verwandten oder Töten von Nachkommen in der eigenen Population erklären, wenn sie die Fitness erhöhen.

Die Konkurrenz um begrenzte Ressourcen wie Nahrung, Revier oder Geschlechtspartner scheint ein entscheidender Selektionsfaktor zu sein. Bei vielen Tieren ist zu beobachten, dass sich ein Anpassungstyp an die Gesamtheit der Umweltbedingungen einer Art herausbildet. Dieser ist durch spezielle Lebens- und auch Fortpflanzungsstrategien (r- und K-Strategien, ▶ S. 339) charakterisiert.

**1 Erläutern Sie, inwiefern man die marktwirtschaftlichen Begriffe Kosten und Nutzen auf biologische Systeme übertragen kann.**

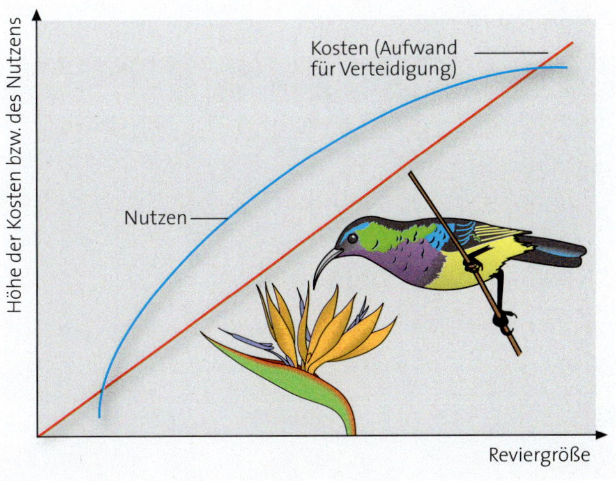


*2 Reviergröße und Kosten-Nutzen-Bilanz*

## Kooperation und Konflikte in Gruppen

1 *Rote Waldameisen schaffen eine Raupe zum Nest (oben). Eine Rote Waldameise übergibt der anderen Nahrung (unten).*

2 *Jagderfolg des Habichts*

3 *Wolfsrudel auf der Jagd*

Bei vielen Tierarten schließen sich Artgenossen über die Paarbildung hinaus zu Gruppen zusammen. Neben dem eher zufälligen, vorübergehenden Treffen von Individuen an bestimmten Orten wie der Tränke sind vielfältige Ausprägungsformen einer dauerhaften Gruppenbildung bekannt: Fisch- und Vogelschwärme, Staaten bildende Insekten, Rudel bei hundeartigen Raubtieren oder Familien bei Menschenaffen.

Kennen sich die Mitglieder eines Zusammenschlusses von Tieren einer Art, spricht man von einem *individualisierten Verband*. Dies ist bei Wölfen und Löwen der Fall. Bienen und Ameisen bilden dagegen *geschlossene anonyme Verbände*, deren Mitglieder sich am spezifischen Gruppenduft, aber nicht individuell erkennen (► Bild 1). Artgenossen einer anderen Gruppe gegenüber verhalten sich Mitglieder dieser beiden Kategorien von Verbänden feindlich. In *offenen anonymen Verbänden*, wie den riesigen Heuschreckenschwärmen, kennen sich die einzelnen Tiere untereinander nicht. Artgenossen werden in diese Verbände aufgenommen.

**Schutz gegen Räuber.** Ringel- und Haustaube machen fast die Hälfte der Gesamtbeute des Habichts aus. Sie bewohnen abwechslungsreiches Gelände mit Lichtungen und Büschen, die ihnen reichlich Deckung bieten. Für den Jagderfolg des Greifvogels ist das Überraschungsmoment entscheidend. Er ist oft erfolgreich, wenn er eine einzelne Taube erspäht hat. Treten die Tiere in Schwärmen auf, sinkt die Erfolgsrate mit der Größe der Taubenschar (► Bild 2). Dafür gibt es mehrere Gründe:

- Viele Individuen und damit eine große Anzahl an Sicherungsblicken erhöhen die Wahrscheinlichkeit, den Fressfeind rechtzeitig zu entdecken. Experimente mit einem gezähmten Habicht zeigen: Je mehr Tauben sich in einem Schwarm befinden, auf desto größere Entfernung wird der Fressfeind entdeckt. Fliegt dann ein Tier auf, folgen die anderen sofort. Trotz dieser erhöhten Wachsamkeit verbringt die einzelne Taube in der Gruppe weniger Zeit mit Umherspähen, als wenn sie allein ist. Das Individuum im Schwarm hat also durch das Zusammenleben mehr Zeit zum Fressen bei gleichzeitig erhöhter Sicherheit vor Feinden.
- Einem Räuber fällt es schwer, aus einer großen Zahl untereinander ähnlicher Beutetiere ein Individuum auszuwählen. Dieser *Verwirrungseffekt* führt dazu, dass ein gezielter Angriff später beginnt und die Erfolgsaussicht sinkt.
- Das Leben in der Gruppe erbringt über den *Verdünnungseffekt* einen weiteren Vorteil. Der Habicht erbeutet bei einem erfolgreichen Angriff nur ein Tier. Für die einzelne Taube verringert sich also die Gefährdung bei einer Attacke des Fressfeindes, wenn die Gruppe recht groß ist.

**Vorteile beim Nahrungserwerb.** Wölfe sind Beutegreifer und können mit Elch, Hirsch oder Wildschaf Tiere erbeuten, deren Körpergewicht mehr als das Zehnfache ihres Eigengewichts beträgt. Nur das gemeinschaftliche Jagen im Rudel (► Bild 3) ermöglicht es den Wölfen, derart große Tiere aufzuspüren und zu erbeuten.

Von Schimpansen ist bekannt, dass sie sich zu einer kooperativen Gruppenjagd auf Stummelaffen zusammenschließen. Während die Erfolgsquote eines einzelnen Schimpansen nur etwa 16 % beträgt, sind Gruppen von mehr als sechs Tieren bei rund 80 % aller Beutezüge erfolgreich.

**Gemeinsame Verteidigung.** Beutetiere können sich als Gruppe durchaus gegen Räuber wehren. So kann man etwa beobachten, dass in Lachmöwenkolonien viele Tiere gemeinsam räuberische Krähen attackieren, die sich den Nestern nähern. Dadurch reduziert sich die Erfolgsaussicht der Krähen, Möweneier zu erbeuten.
**Energieeinsparung.** Das im Hochgebirge lebende Alpenmurmeltier ist an die dort sehr kalten Winter angepasst: Es frisst sich Fettreserven an und hält Winterschlaf, während dem es durch physiologische Umstellungen seinen Energiebedarf reduziert. Indem mehrere Tiere eng nebeneinanderliegend überwintern, kann jedes von ihnen seine Wärmeabgabe an die Umgebung verringern. Da sie den Winterschlaf zudem fast zeitgleich unterbrechen, muss das einzelne Tier nicht den gesamten Energiebetrag für die dabei erfolgende Erhöhung der Körpertemparatur aufbringen. Die Mortalitätsrate kann durch diese Maßnahmen gesenkt werden.
**Erhöhtes Infektionsrisiko.** Parasiten (► S. 329) stellen einen Selektionsdruck gegen die Entstehung großer Sozialverbände dar. In einer Rauchschwalbenkolonie hat man in den Nestern blutsaugende Milben gefunden. Diese befallen die Nestlinge und schwächen sie. In stark befallenen Nestern sterben sogar viele Jungtiere. Diese durch den Milbenbefall bestehenden Risiken bei der Jungenaufzucht hängen von der Größe der Brutkolonie ab (► Bild 2).
**Konkurrenz um Ressourcen.** Mit der sozialen Lebensweise entstehen für das Individuum auch Kosten durch einen erhöhten Konkurrenzdruck. So ist dieser umso höher, je mehr Individuen um ein bestimmtes Nahrungsangebot konkurrieren.

Bei Javaneraffen auf Sumatra wurde für unterschiedlich große Gruppen der Aufwand für die Nahrungssuche erfasst (► Bild 3). Da die bevorzugte Nahrung nicht gleichmäßig verteilt in ihrem Aufenthaltsgebiet vorkommt, benötigen die Mitglieder einer großen Gruppe viel Zeit für die Nahrungssuche. Sie haben deshalb auch vergleichsweise wenig Zeit für Ruhepausen.

Außerdem werden häufiger aggressive Verhaltensweisen beobachtet und das gegenseitige Lausen, dem eine aggressionsmindernde Funktion zukommt, tritt seltener auf. Die an das Gruppenleben gekoppelten individuellen Nachteile sind am Fortpflanzungserfolg erkennbar. So ist die Geburtenrate in kleinen Gemeinschaften von Javaneraffen höher als in großen Gruppen.

1. **Informieren Sie sich über die Anpassungen in der Fressfeind-Beute-Beziehung von Wanderfalke und Taube (► S. 328). Recherchieren Sie auch in der Fachliteratur.**
2. **Das Rebhuhn wird vom Habicht vorwiegend während der Balzzeit geschlagen. Im Herbst und Winter, wenn sich die Hühner zu Völkern zusammenschließen, erbeutet der Habicht nur noch selten ein Rebhuhn. Deuten Sie diesen Befund.**
3. **Stellen Sie für die geschilderten Fälle Kosten-Nutzen-Abschätzungen auf und diskutieren Sie die Ergebnisse unter dem Gesichtspunkt der Fitness.**
4. **Das urbane Leben des Menschen bedingt sowohl gesundheitlich als auch sozial gesehen Vor- und Nachteile. Erörtern Sie dies an geeigneten Beispielen und vergleichen Sie dabei auch mit den im Text genannten Nachteilen des Gruppenlebens im Tierreich.**

*1 Eine Rauchschwalbe versorgt die Jungvögel im Nest.*

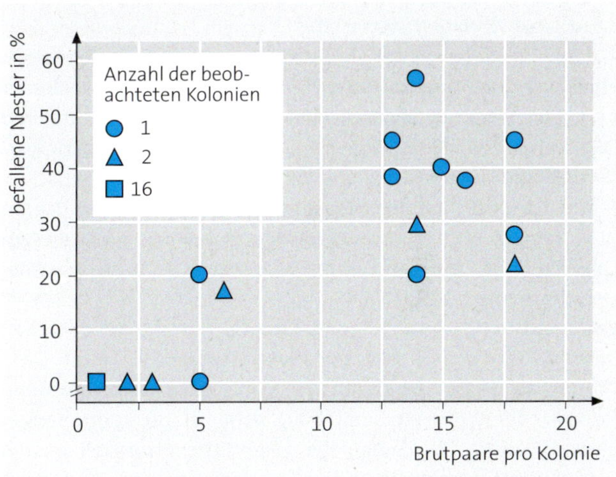


*2 Milbenbefall in verschieden großen Schwalbenkolonien*

*3 Wegstrecken der Nahrungssuche bei Javaneraffen-Gruppen*

## Kampfverhalten

Männliche Kaffernbüffel zeigen bei Auseinandersetzungen folgendes Verhalten: Die Kontrahenten gehen im Stechschritt mit erhobenem Kopf aufeinander zu, schütteln die Köpfe und stampfen mit den Hufen. In einigen Metern Entfernung voneinander bleiben sie stehen. Dann wendet sich entweder eines der Tiere ab und trottet davon oder beide senken die Hörner und stürmen aufeinander los. Die Tiere rammen die Stirnwülste krachend aneinander, nehmen immer wieder Anlauf und schieben sich gegenseitig hin und her (▶ Bild 1). Schließlich macht einer kehrt und räumt das Feld.

Stehen Tieren nur knappe Ressourcen wie Nahrung, Brutplätze oder Geschlechtspartner zur Verfügung, sind solche *innerartlichen Konfliktsituationen* zu beobachten. Bei den aggressiven Auseinandersetzungen kommt es aber nicht immer zu einem physischen Kampf.

**Droh- und Imponierverhalten.** In der Regel zeigen die Kontrahenten zunächst Imponierverhalten. Dieses tritt je nach Tierart in unterschiedlicher Ausprägungsform auf.

Bei den Brunftkämpfen des Rothirsches findet zunächst ein *akustischer Wettstreit* statt. Nähert sich ein Herausforderer dem Platzhirsch, fordert er diesen durch Röhren heraus. Es kommt zu einem Wechselröhren zwischen den Rivalen. Zieht sich keiner zurück, zeigen Eindringling und Rudelinhaber das Parallelparadieren. Dabei schreiten beide einige Minuten lang parallel nebeneinander her und mustern sich aus der Nähe. Bei diesem optischen Kräfteabschätzen werden besonders die Körpergröße und das Geweih begutachtet. Bei vielen Begegnungen tritt nach diesem Drohverhalten ein Rivale kampflos den Rückzug an, oft ist es der Herausforderer.

**Komment- und Beschädigungskämpfe.** Kommt es zwischen Tieren zu kämpferischen Auseinandersetzungen, verlaufen diese oftmals nach einer festen Abfolge. Man spricht dann von einem Turnier- oder Kommentkampf. Dabei verletzen die Kontrahenten einander nicht. So werden die gefährlichen Hornspitzen der Kaffernbüffel bei innerartlichem aggressivem Verhalten nicht wirksam. Bei dem Kräftemessen handelt sich um eine relativ risikoarme Verdrängung des Konkurrenten. Auch das Kampfverhalten der Rothirsche ist darauf abgestimmt, dass beim Aufeinanderprallen der Geweihe kein Spross durch das Geweih des Gegners dringt und diesen verletzt (▶ Bild 2). Trotzdem erleiden etwa 25 % der Tiere eine nachhaltige Verletzung.

*1 Kämpfe zwischen Kaffernbüffelbullen führen in der Regel nicht zu Verletzungen.*

Bei einigen Tierarten sind Beschädigungskämpfe dagegen häufig zu beobachten. So verletzen sich beispielsweise Ratten gegenseitig durch Bisse, und aggressive Auseinandersetzungen zwischen Wölfen können tödlich enden.

Kämpferische Auseinandersetzungen werden durch Flucht eines Kontrahenten, bei manchen Arten auch durch eine Beschwichtigungsgebärde beendet, bei der eine besonders empfindliche Körperstelle dem Gegner zugekehrt wird. Dies trägt zur Vermeidung negativer Auswirkungen innerartlicher Aggression bei.

Die „Kampforgane" werden nicht nur bei innerartlichen Auseinandersetzungen benutzt. Nashörner und Elefanten beispielsweise setzen ihre Hörner beziehungsweise Stoßzähne auch gegen artfremde Konkurrenten und Feinde ein (▶ Bild 3).

*2 Kämpfende Rothirsche*

*3 Elefantenbulle und Breitmaulnashorn in Kampfsituation*

1 *Dominanzverhalten eines Alpha-Wolfes gegenüber einem rangniederen Tier*

2 *Relative Paarungshäufigkeit von See-Elefantenbullen in Abhängigkeit von der Rangposition (Zahl) in der Gruppe*

**Rangordnung.** Markiert man Haushühner, die einander nicht kennen, mit unterschiedlichen Farbtupfern auf dem Rücken und gibt sie in ein Gehege, kann man das individuelle Verhalten in der Gruppe beobachten. Jedes Tier versucht die anderen von der Nahrung wegzujagen, wobei die Hühner auch mit den Schnäbeln aufeinander einhacken. Spätestens nach einigen Tagen tritt Kampfverhalten praktisch nicht mehr auf. Es hat sich eine *Hackordnung* ausgebildet. Aus historischen Gründen bezeichnet man das ranghöchste Tier nach dem griechischen Alphabet als Alpha-Huhn ($\alpha$-Huhn). Geht dieses zum Futternapf, weichen alle anderen aus. Das Tier steht an der Spitze der Gruppe und kontrolliert das Verhalten aller anderen Gruppenmitglieder. Das $\beta$-Huhn unterjocht alle anderen bis auf das $\alpha$-Huhn. Diese Rangordnung reicht bis zum rangniedrigsten $\omega$-Tier, das vor allen anderen Gruppenmitgliedern ausweicht.

Innerhalb individualisierter Verbände findet man oft eine solche Hierarchie (▶ Bild 1). In dem geschilderten Beispiel der Hühnerschar liegt eine lineare Dominanzbeziehung vor. Daneben gibt es im Tierreich auch Dreiecksbeziehungen, bei denen etwa $\beta$ über $\gamma$, $\gamma$ über $\delta$, aber $\delta$ wieder über $\beta$ steht. Beide Beziehungsformen setzen voraus, dass sich die Tiere gegenseitig kennen.

Liegen stabile Hierarchien vor, sind kostspielige Kämpfe mehr oder weniger überflüssig, da das Ergebnis einer aggressiven Auseinandersetzung zwischen zwei Tieren mit einem hohen Grad an Wahrscheinlichkeit vorauszusehen ist. Für ein dominantes Individuum reicht häufig Drohverhalten, um respektiert zu werden. Ranghohe Tiere genießen in der Regel gewisse Vorrechte, wie etwa beim Paarungsverhalten (▶ Bild 2), an der Futterstelle oder bei der Nutzung bevorzugter Ruheplätze. Daneben übernehmen sie aber als Anführer oder Wächter auch bestimmte Aufgaben.

Unter den Wölfen eines Rudels bestehen zwei getrenntgeschlechtliche Rangordnungen. Die $\alpha$-Wölfin kontrolliert das Paarungsverhalten der anderen Weibchen. Ist reichlich Nahrung vorhanden, paart sie sich und gestattet dies auch anderen Wölfinnen. Bei Nahrungsknappheit lässt sie weniger oder keine Paarungen anderer Weibchen zu und sichert so ihren eigenen Jungen eine größere Überlebenschance.

Rangordnungen zeigen trotz ihrer Stabilität eine gewisse Dynamik. Immer wieder kann es zumindest zwischen den Rangnachbarn zu Verschiebungen kommen. Die einzelnen Tiere können so im Rang auf- oder absteigen.

1. **Vergleichen Sie das Imponierverhalten mit dem Beschädigungskampf unter Kosten-Nutzen-Gesichtspunkten.**
2. **Nennen Sie Merkmale, die zum individuellen Status eines in einer Gruppe lebenden Tieres beitragen könnten.**
3. **Wie kann sich der Rang eines Jungtieres in einer Gorillagruppe mit der Zeit ändern? Erläutern Sie mithilfe von Bild 3 den Begriff „gleitende Rangordnung".**

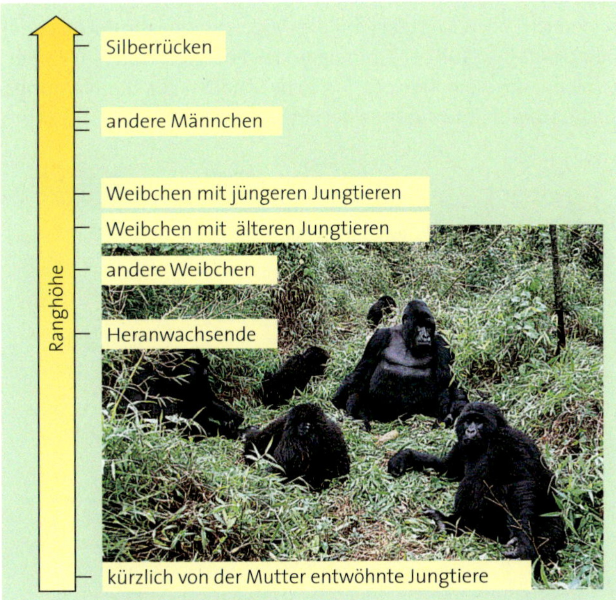


3 *Rangordnung in einer Gorillagruppe*

## Territorialität

Ein *Revier* oder *Territorium* ist ein Gebiet, das von Tieren markiert und mittels Droh- und Kampfverhalten meist gegen Artgenossen verteidigt wird. Davon zu unterscheiden ist das *Streifgebiet*, in dem sich Tiere durchaus regelmäßig aufhalten, aus dem Artgenossen aber nicht vertrieben werden. Oft ist dies ein neutraler Raum zwischen Territorien oder ein Gebiet, das eine nur selten vorkommende natürliche Ressource wie eine Wasserstelle enthält und dessen Verteidigung nicht möglich oder zu aufwendig wäre. Territorialität oder Revierverhalten kommt bei Wirbeltieren aller Klassen, bei Insekten und vereinzelt auch bei Spinnen und Krebsen vor.

**Bedeutung des Reviers.** Der Besitz eines Reviers spielt beim Nahrungserwerb, der Paarung und Jungenaufzucht oder einer Kombination dieser Aktivitäten eine wichtige Rolle. Es sichert seinem Inhaber, also einem Individuum, einem Paar oder einer Gruppe, exklusive Nutzungsmöglichkeiten, ohne dass Artgenossen dauernd stören. Insgesamt gesehen wird die Zahl der kämpferischen Auseinandersetzungen, selbst die Häufigkeit des Drohverhaltens zeitlich eingeschränkt und Aggressionsschäden können vermieden werden. Auch der Fortpflanzungserfolg des Besitzers wird erhöht.

**Energetische Aspekte der Territorialität.** Obwohl den genannten Vorteilen auch Nachteile wie zum Beispiel ein erhöhter Energieaufwand für Verteidigung gegenüberstehen, ist die Kosten-Nutzen-Bilanz für den Revierinhaber in der Regel positiv.

Quantitativ konnte dies am Sichelnektarvogel nachgewiesen werden. Der in Afrika vorkommende Blütenbesucher eignet sich gut für derartige Betrachtungen, weil sich der Energiegehalt seiner Nahrung sowie sein Energieumsatz bei verschiedenen Tätigkeiten gut ermitteln lässt. So verbrauchen diese Vögel für die Nektarsuche ca. 4200 J/h, für die Revierverteidigung ca. 12600 J/h und beim Sitzen ca. 1680 J/h. Die Tiere sind nicht territorial, wenn die Nektarproduktion in den Blüten überall gleich ist. Ist diese auch nur innerhalb eines Tages an verschiedenen Stellen unterschiedlich hoch, verteidigen die Vögel ein bestimmtes Areal. Berechnungen auf der Grundlage des Energieverbrauchs haben ergeben, dass ein Tier pro Tag acht Stunden für die Nahrungssuche aufwenden muss, um bei einem Nektarangebot von 1 µl pro Blüte seinen Energiebedarf zu decken. Sind es 3 µl, muss der Vogel nur noch 2,7 Stunden aufwenden. Verteidigt der Sichelnektarvogel die Blüten, so steht ihm dadurch ein größeres Nektarvolumen pro Blüte zur Verfügung, da diese nicht von anderen Vögeln ausgebeutet werden. Selbst bei einem Zeitaufwand von über einer Stunde pro Tag für die Revierverteidigung resultiert trotz der erhöhten Kosten ein Energiegewinn.

**Reviertypen.** *Nahrungs- und Fortpflanzungsreviere* sind die häufigsten Formen. Beide können räumlich identisch, aber auch getrennt sein. In den gemäßigten Breiten sind viele Tierarten nur während einer Jahreszeit territorial. *Dauerreviere* sind hier nur von wenigen Arten wie von Fuchs und Dachs bekannt, kommen in den Tropen aber oft vor.

**Reviergröße.** Normalerweise sind Territorien ortsfest. Ihre Größe ist bis zu einem gewissen Grad artspezifisch, kann jedoch auch individuell schwanken. So ändern Kornweihen die Reviergröße in Abhängigkeit von der Nahrungsverfügbarkeit (▶ Bild 1). Die Körpergröße und das Ernährungsverhalten des betreffenden Inhabers beeinflussen die Territoriumsgröße ebenfalls. Reine Brut- oder Balzreviere sind kleiner als Nahrungsreviere.

**Reviermarkierung.** Damit ein Revier seine spezifischen Funktionen erfüllen kann, muss es als solches kenntlich gemacht werden. Das kann auf unterschiedliche Weise und über mehrere Sinnesmodalitäten geschehen. Die *akustische Revierkennzeichnung* ist bei Vögeln weit verbreitet, bei Säugetieren eher selten. Zu den wenigen Beispielen gehören das Röhren der Rothirsche, die Rufe der Gibbons oder das Heulen der Wölfe. Säugetiere grenzen ihr Territorium häufig mithilfe von Duftstoffen ab. Für diese *olfaktorische Markierung* verwenden sie entweder vom Körper abgeschiedene Stoffe, wie den Kot bei Flusspferden oder den Harn bei hunde- und katzenartigen Raubtieren, oder in speziellen Duftdrüsen produzierte Substanzen (▶ Bild 2). Da die chemische Zusammensetzung solcher Sekrete individuell variiert, können sich die Tiere einer Gruppe sogar untereinander erkennen. Von manchen Fischarten ist *elektrische Reviermarkierung* bekannt. Einige Tierarten patrouillieren häufig entlang der Reviergrenzen oder zeigen sich wie die Prachtlibellen an exponierter Stelle. Sie demonstrieren *optisch* ihre Territoriumsgrenzen.

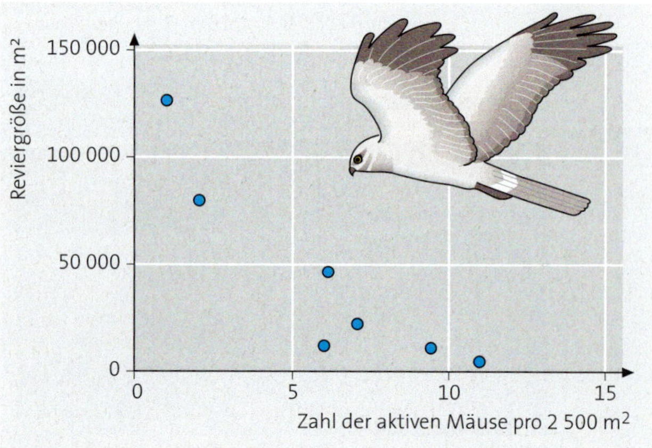


*1 Reviergröße in Abhängigkeit vom Nahrungsangebot bei Kornweihen*

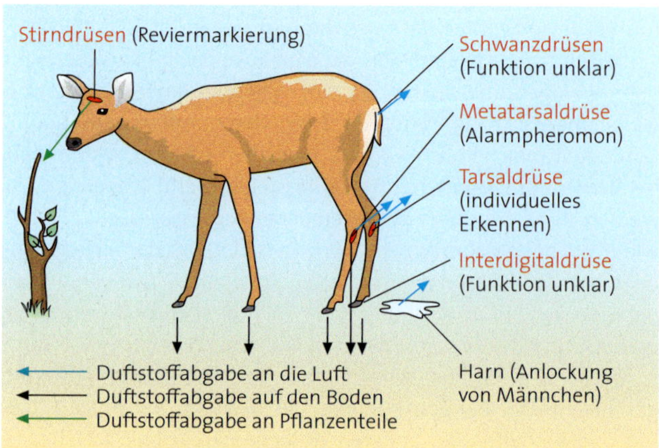


*2 Weibliche Großohrhirsche geben über verschiedene Drüsen Duftstoffe an Luft, Boden und Pflanzenteile ab.*

## Uneigennütziges Verhalten

1 *Sichernde Zwergmanguste*

**Altruismus.** Bei Zwergmangusten (▶ Bild 1) ist ein erstaunliches Verhalten zu beobachten: In einer Gruppe hält ein einzelnes Tier Wache und stößt beim Erblicken eines Feindes Warnrufe aus. Danach erst bringt es sich in Sicherheit, gelegentlich greift es sogar selbst den Fressfeind an. Während sich dieses Tier in große Gefahr begibt, haben die Artgenossen Zeit zur Flucht. Ein solches uneigennütziges Verhalten, das zu einem Vorteil für ein anderes Individuum, unter Umständen aber zum Nachteil des auf diese Weise handelnden Tieres führt, nennt man *Altruismus*. Entsprechende Beobachtungen liegen auch für andere Tierarten wie Murmeltiere oder in Gruppen lebende Primaten und Vögel vor. Geht man von der Grundannahme aus, dass jedes Individuum darauf programmiert ist, seine eigenen Gene weiterzugeben, ist ein solches Verhalten zunächst nicht verständlich.

**Helfer.** Exakte Beobachtungen am in Florida lebenden Blaubuschhäher lieferten Hinweise für das Verständnis altruistischen Verhaltens. Man findet die Vögel konzentriert nur an bestimmten Stellen. Außerhalb dieser Areale ist die Gegend für sie unbewohnbar. In den ganzjährig bestehenden Revieren lebt nicht nur ein Paar, sondern bis zu sechs weitere Vögel helfen diesem bei der Nestverteidigung und dem Füttern der Jungen. Das Brutpaar profitiert von der Anwesenheit dieser sogenannten Helfer und kann mehr Jungen großziehen als andere Paare ohne oder mit weniger Helfern. Diese sind zum Großteil frühere Nachkommen des Brutpaares und damit Geschwister der durch sie mitversorgten Jungen.

Aus genetischer Sicht bedeutet dies, dass Brutpaar und Helfer viele gleiche Allele besitzen. Die Helfer sorgen durch ihre Helferdienste auch dafür, dass Kopien ihrer eigenen Allele an die nächste Generation weitergegeben werden. Das gilt allerdings nur, wenn die unterstützten und die unterstützenden Individuen nahe miteinander verwandt sind.

Eigentlich würde ein Blaubuschhäher einen größeren genetischen Gewinn erzielen, wenn er ein eigenes Revier errichten und selbst brüten würde. Durch den begrenzten Lebensraum und die große Zahl der Vögel stehen aber keine weiteren Territorien zur Verfügung. Die größte Chance, ein eigenes Revier zu bekommen, besteht für ein junges Männchen überdies darin, den Eltern dabei zu helfen, ihr Revier zu vergrößern. Dann kann es selbst einen Teil davon für sich bekommen oder später in das elterliche Revier nachrücken. In den meisten daraufhin untersuchten Fällen bedeutet dies, dass auch die zusammenarbeitenden Individuen letztendlich ihren eigenen Vorteil suchen, also aus „genetischem Egoismus“ handeln.

**Reziproker Altruismus.** Im Tierreich sind auch altruistische Verhaltensweisen zwischen Nichtverwandten bekannt. Attackiert beispielsweise eine Dohle einen Fuchs, der ihren Partner angegriffen hat, so begibt sie sich in Gefahr. Wird ihr in umgekehrtem Fall aber ebenfalls geholfen, so hat das Tier statistisch gesehen einen Vorteil von seinem Verhalten. Bei solchen Leistungen auf Gegenseitigkeit spricht man von *reziprokem Altruismus*.

**1** **Die im Text genannten Zwergmangusten sind untereinander verwandt. Erklären Sie das Verhalten der Tiere aus soziobiologischer Sicht.**

**2** **Nehmen Sie Stellung zu folgender Hypothese: „Reziproker Altruismus tritt umso wahrscheinlicher auf, je häufiger vertraute Paare miteinander agieren bzw. je seltener Migrationen zu einer Veränderung in der Gruppenzusammensetzung führen.“**

2 *Zahl der Helfer und Fortpflanzungserfolg beim Schabrackenschakal*

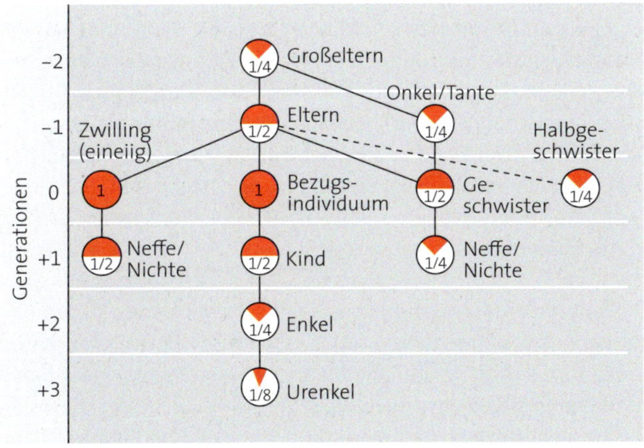


3 *Verwandtschaftsgrad bei Familienangehörigen (Begriffe der menschlichen Verwandtschaft verwendet)*

## Geschlechterbeziehungen

Bei der geschlechtlichen Fortpflanzung sind nicht nur die Fitnessinteressen eines Individuums berührt, sondern auch die des Geschlechtspartners. Obwohl prinzipiell jeder Artgenosse ein Konkurrent ist, müssen Angehörige verschiedener Geschlechter bei der Fortpflanzung miteinander kooperieren. Die verschiedenen Aspekte des Fortpflanzungsverhaltens sind soziobiologisch von besonderem Interesse, da sich die Fitness eines Individuums in der Zahl der Nachkommen ausdrückt.

**Zusammenführung der Geschlechter.** Leben die Geschlechter einer Art nicht paarweise zusammen, müssen sie zur Paarung zusammenfinden. Dabei lockt mit Ausnahme vieler Insektenarten in der Regel das Männchen die Partnerin an. Verschiedene Sinnesmodalitäten werden eingesetzt:

Besonders häufig ist die *optische Anlockung* wie zum Beispiel durch das farbige Gefieder bei Vögeln oder die Lichtsignale bei Glühwürmchen. Der Vogelgesang, die Rufe der Froschlurche oder das Zirpen der Grillen und Zikaden dienen unter anderem der *akustischen Anlockung* eines Geschlechtspartners. Bei vielen Insekten- und manchen Säugetierarten spielt auch die Anlockung *mithilfe von Duftstoffen* eine Rolle.

Im Rahmen des Balzverhaltens ist oft eine Sequenz von Erbkoordinationen als komplexes artspezifisches Balzritual zu beobachten. Dieses gewährleistet den Partnern nicht nur, dass das andere Tier der gleichen Art und dem anderen Geschlecht angehört, sondern auch im richtigen physiologischen Zustand für eine Paarung ist.

**Innergeschlechtliche Konkurrenz und Partnerwahl.** Männliche Ochsenfrösche konkurrieren durch Rufe und Ringkämpfe um die besten Reviere in Tümpeln und kleinen Seen. Qualitätsmerkmale eines Territoriums sind beispielsweise die Wassertemperatur und die Vegetationsdichte. Beide Faktoren sind für die Entwicklung der Embryonen von Bedeutung. Im warmen Wasser entwickeln sich die Eier schnell und sind somit der Gefährdung durch Egel nur kurze Zeit ausgesetzt. Bei schwachem Pflanzenbewuchs ist der Laich kugelförmig angeordnet, ansonsten in Form einer dünnen Schicht. Im ersten Fall wird er von Egeln nicht so leicht befallen. Die größten und stärksten Männchen erobern die besten Plätze und werden auch von den Weibchen bevorzugt ausgewählt (▶ Bild 2).

Um sich fortpflanzen zu können, müssen die Männchen ein qualitativ gutes Territorium erobern und dies akustisch anzeigen. Die Kosten, die ein Individuum dafür und damit auch für die Überlebenschancen der eigenen Nachkommen aufwendet, werden als *Investment* bezeichnet. Für die Fitness der Weibchen ist es wichtig, im Sinne der Fortpflanzung eine sorgfältige Partnerwahl zu treffen. Dies ist zum Beispiel über die Anzahl der Rufe eines Männchens, die mit dessen Körpergröße positiv korreliert ist, möglich.

Eine andere Form, väterliches Investmentvermögen zu demonstrieren, ist das Präsentieren von „Geschenken“. Bei Mückenhaften, einer Insektenart, fangen die Männchen eine Fliege oder Spinne und bieten sie einem angelockten Weibchen an. Fängt dieses an zu fressen, beginnt das Männchen mit der Kopulation. Ist die Beute groß genug, dauert die Paarung im Mittel 23 Minuten, ansonsten wird sie vom Weibchen innerhalb von 5 Minuten abgebrochen. Da die Zahl der übertragenen Samenzellen von der Kopulationsdauer abhängt (▶ S. 499, Bild 1), haben die Männchen, die eine große Beute anbieten, einen Fitnessvorteil.

1 *Männliche Fregattvögel blasen ihren roten Kehlsack während der Balz ballonartig auf.*

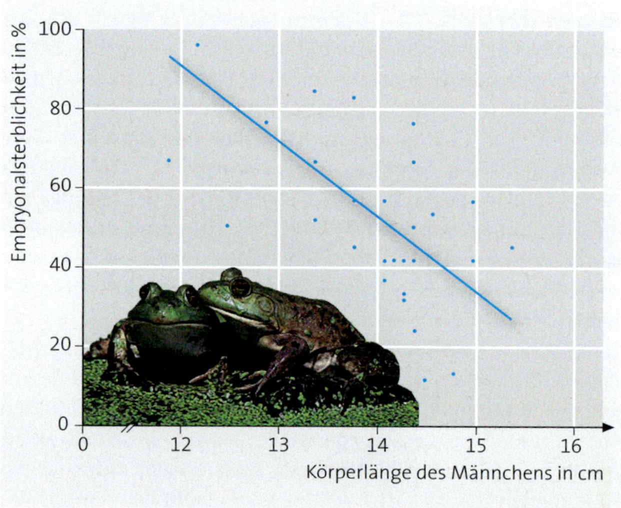


2 *Weibchen bevorzugen große Männchen, in deren Territorium geringe Embryonensterblichkeit herrscht.*

**Sexuelle Selektion.** Die Fähigkeiten der Männchen, ein Weibchen für sich zu gewinnen, unterliegen einem starken Selektionsdruck. Diese sexuelle Selektion kann auf zweierlei Weise wirksam werden:

- als intrasexuelle Selektion, wenn die Männchen zum Beispiel in Kämpfen direkt miteinander konkurrieren;
- als intersexuelle Selektion, wenn die Weibchen anhand bestimmter Merkmale unter den Männchen auswählen.

In der Regel wirken beide Selektionstypen zusammen. So dienen etwa die Rufe der Ochsenfrösche sowohl zur Revierverteidigung gegenüber anderen Männchen als auch zur Anlockung eines Weibchens.

Die Stärke der sexuellen Selektion kann ganz verschieden sein. Sie ist bei einem ausgeglichenen Geschlechterverhältnis reduziert. Können sich aber wegen zeitversetzter Fortpflanzungsperioden der Weibchen nur wenige Männchen paaren, ist die Paarungskonkurrenz sehr hoch und die Selektion wirkt intensiv. Neben dem Geschlechterverhältnis spielt auch der Umfang der elterlichen Leistungen bei der Jungenaufzucht für die Stärke der sexuellen Selektion eine Rolle.

**Paarungssysteme.** Art und Dauer des Zusammenschlusses von Männchen und Weibchen sind sehr unterschiedlich (▶ Bild 2). Man spricht von ***Monogamie***, wenn ein Männchen und ein Weibchen dauerhaft – zumindest für eine Fortpflanzungsperiode – sexuelle Beziehungen miteinander haben. Daneben sind verschiedene ***polygame Formen*** bekannt. Bei der ***Polygynie*** hat ein Männchen, bei der ***Polyandrie*** ein Weibchen jeweils zu mehreren Individuen des anderen Geschlechts dauerhafte Beziehungen. Haben sowohl Männchen als auch Weibchen sexuelle Kontakte mit mehreren Partnern, spricht man von ***Polygynandrie*** oder ***Promiskuität***.

Ein wichtiger ultimater Faktor für die Evolution der Paarungssysteme sind die Bedürfnisse der Jungen. Vögel, die ihre Jungen nach dem Schlüpfen versorgen, sind oft monogam. In diesem Fall sind beide Elternteile an der Jungenaufzucht beteiligt, wodurch sich die Überlebenschancen der Jungen erhöhen. Bei Säugetieren ist Muttermilch zeitweise die einzige Nahrung der Jungen und die Männchen sind an der Jungenaufzucht häufig kaum beteiligt. Oft schart dann ein Männchen einen Harem von Weibchen um sich und paart sich mit vielen von ihnen. Zusammenhänge zwischen Paarungssystemen, Lebensbedingungen und Lebensweisen sind zwar bekannt, bedürfen aber für eine Verallgemeinerung noch weiterer Forschung.

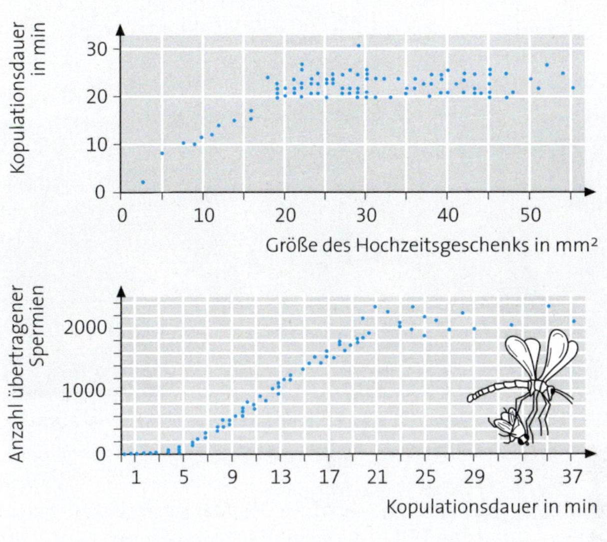


*1 Die Größe des Hochzeitsgeschenks beim Mückenhaft beeinflusst die Kopulationsdauer und damit die Anzahl übertragener Spermien.*

❶ **Erläutern Sie, inwiefern die Investition in die Nachkommen bei Weibchen oft deutlich größer ist als bei Männchen.**

❷ **Ein Investieren in Balzverhalten und Konkurrenzstreitigkeiten ist mit Kosten und eventuell auch mit Nutzen verbunden. Erläutern Sie dies an einigen Beispielen.**

❸ **Ein weiterer Faktor, der die Art des Paarungssystems und die elterliche Fürsorge beeinflusst, ist die Gewissheit über die Vaterschaft. Diskutieren Sie diese Hypothese unter soziobiologischen Gesichtspunkten.**

*2 Paarungssysteme bei Gibbons, Schimpansen und Orang-Utans*

## Methoden zur Untersuchung menschlicher Verhaltensweisen

1 *Schwimmender Markt, Thailand. Vergleiche verschiedener Kulturen liefern wichtige Informationen über menschliche Verhaltensweisen.*

Sowohl die körperlichen Merkmale des Menschen als auch sein Verhalten sind Ergebnisse der Evolution. Dies gilt nicht nur für die in verschiedenen Funktionskreisen erkennbaren angeborenen Komponenten, sondern auch für das erlernte Verhalten.

Erkenntnisse der Biologie über das menschliche Verhalten sind für viele Fachbereiche von Bedeutung, beispielsweise für Psychologie, Pädagogik, Soziologie, Rechtswissenschaft, Politik und Philosophie. Zudem stehen viele Aspekte unseres Zusammenlebens damit in unmittelbarem Zusammenhang.

**Komplexität des menschlichen Verhaltens.** Entscheidende Unterschiede zum Verhalten von Tieren sind vor allem auf die *Größe und Leistungsfähigkeit des menschlichen Gehirns* sowie die Existenz einer kulturellen Evolution zurückzuführen. So ist der Mensch zu sehr komplexem Verhalten befähigt: Er kann seine Reaktionen auf Reize in weitem Maß steuern. Zudem ist er in der Lage, Reize innerlich zu verarbeiten, ohne mit einem nach außen gerichteten Verhalten zu reagieren, und kann mit einer Vielzahl erlernter Verhaltensweisen reflektiert handeln.

Zur Analyse des menschlichen Verhaltens bedarf es vielfältiger spezifischer Methoden der Biologie und der Psychologie. Da selbstverständlich jedes Experiment unterbleiben muss, das zu einer Schädigung der Versuchspersonen führt, sind Untersuchungen methodisch deutlich eingeschränkt. Auch können Fragestellungen zum Verhalten des Menschen oft weniger vollständig beantwortet werden als erwartet, weil dieses sehr komplex ist.

**Primatenvergleich.** Das Wissen um die stammesgeschichtliche Herkunft und die auf ihr beruhende *abgestufte Ähnlichkeit* der biologischen Merkmale einer Organismengruppe begründen diesen Forschungsansatz.

Man vergleicht hier die Verhaltensweisen verschiedener Primaten mit denen des Menschen. Besonders geeignet für diese Untersuchungen sind die mit dem Menschen am nächsten verwandten Menschenaffen. Mit den Methoden der Evolutionsbiologie (► S. 264) lassen sich Homologien im Verhalten auffinden und einige menschliche Verhaltensweisen auf ihre stammesgeschichtliche Herkunft zurückführen (► Bild 2).

**Beobachtung der kindlichen Entwicklung.** Eine Fülle von Erkenntnissen über die *Anlagen und die Entwicklung* des menschlichen Verhaltens verdanken wir systematischen Untersuchungen der frühkindlichen Entwicklung, besonders zu Wahrnehmung, Lernen, Denken und Spracherwerb. Viele dieser Forschungsarbeiten entstanden aus der uralten Kontroverse um die Bedeutung von Anlage und Umwelt für unser Verhalten. Ihre mit immer mehr verfeinerten Methoden gewonnenen Ergebnisse lassen heute erkennen, dass in der Verhaltensentwicklung des Menschen genetische Faktoren und Umweltfaktoren äußerst kompliziert ineinander verwoben sind.

**Kulturenvergleich.** Die Erforschung von Naturvölkern sowie der Vergleich zwischen *verschiedenen Kulturen* (► Bild 1) *und Gesellschaftsstrukturen* erlauben Aussagen über universale und tradierte Verhaltensmuster, deren Ausprägungsformen und Wirkungen.

Auch die Hypothese, ob sich Änderungen im Lebensstil genetisch manifestieren, scheint überprüfbar. So zeigen beispielsweise Völker, die traditionell von der Jagd leben, keine Lactosetoleranz. Diese ist aber bei den meisten Erwachsenen anderer Völker, die von Milchprodukten leben, vorhanden.

**Erhebung von Daten.** Viele Beschreibungen von menschlichen Verhaltensweisen basieren auf schriftlich fixierten Beobachtungen oder Auswertungen von Filmaufnahmen. Solche Vorgehensweisen sollten möglichst das *ungestellte Verhalten im normalen Kontext* dokumentieren. Eingesetzt werden auch aus der psychologischen Forschung bekannte multivariante Methoden, bei denen an einem Untersuchungsobjekt gleichzeitig mehrere Variablen erfasst werden.

Häufig kommt es auch zum Einsatz von Fragebögen, da der Mensch hinsichtlich seiner Verhaltensweisen und deren Intentionen befragt werden kann.

2 *„Stummes Zähnezeigen" als homologe Ausdrucksform zum menschlichen Lächeln. A Meerkatze, B Makak, C Schimpanse, D Mensch*

## Kommunikation zwischen Menschen

1 Lachender Junge

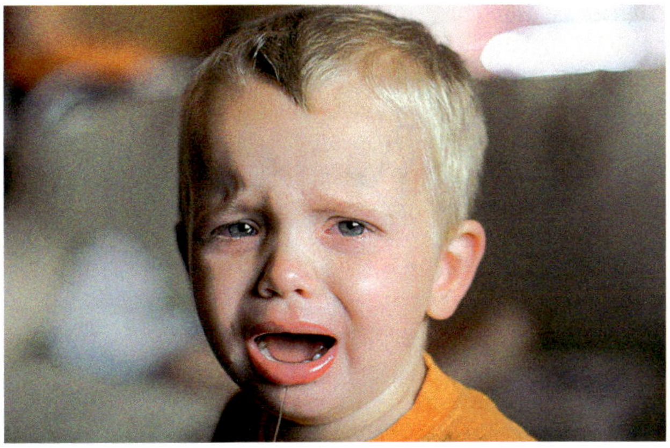

2 Weinender Junge

Menschen sind von Natur aus soziale Wesen und damit auf die Verständigung untereinander angewiesen. Diese erfolgt in erster Linie *visuell* und *sprachlich*. Voraussetzung ist, dass sich die kommunizierenden Partner verstehen.

**Mimik.** Die meisten mimischen Ausdrucksbewegungen des Menschen sind offenbar angeboren. Sie finden sich in allen Kulturen sowie bei taub oder blind geborenen Kindern, aber auch zum Teil in ähnlicher Form bei Menschenaffen.

Die Mimik ist ein differenziertes, für Primaten typisches Signalsystem, mit dessen Hilfe bestimmte *Stimmungen* wie Angst, Freude, Nachdenklichkeit oder auch Wut ausgedrückt werden (► Bilder 1 und 2). Ausdrucksbewegungen können mit verschiedener Intensität auftreten und einander überlagern, lassen sich aber auf zentrale Grundelemente zurückführen.

Zur Klärung der Frage, ob eine bestimmte kulturell gestaltete Mimik (Theatermimik) interkulturell gleich oder verschieden interpretiert wird, wurden vielen Personen in Japan und Europa Porträtfotos japanischer Kabuki-Schauspieler vorgelegt. Die Auswertung zeigt, dass die *Gesichtsausdrücke* größtenteils *gleich interpretiert* werden. In kultureller Hinsicht differenzierter ausgeprägt als mimische Verhaltensweisen sind die Gesten. Da beide häufig willkürlich ausgeführt werden können, kann der Mensch bestimmte Stimmungen auch vortäuschen.

Als optische Signale werden auch Kleidung und Schmuck verwendet. Sie können beispielsweise die Zugehörigkeit zu einer Gruppe oder auch eine soziale Stellung zum Ausdruck bringen.

**Wortsprache.** Unsere nonverbale Kommunikation über Mimik und Gestik ist mit derjenigen vieler Tiere vergleichbar. Die Verständigung durch eine *Wortsprache* ist dagegen *einzigartig* unter allen Organismen. Mit der Wortsprache verfügt der Mensch über ein innerartliches Verständigungssystem, mit dessen Hilfe er sich objektunabhängig ausdrücken, völlig Neues gestalten, argumentieren, Erfahrungen weitergeben oder auch Wissen tradieren kann. Außerdem hat er mit der *Schrift* und leistungsfähigen technischen Informationsträgern weitere Möglichkeiten der Wissensweitergabe geschaffen.

Zwar zeigen auch Menschenaffen unter experimentellen Bedingungen kommunikative Fähigkeiten (► S. 490), es ist aber nicht bekannt, dass sie sich im Freiland entsprechend verhalten. Sprache als *abstraktes Kommunikationssystem*, das eine Satzlehre aufweist, gibt es nur beim Menschen (► Bild 3). Ihre Ausbildung war gekoppelt an die Entwicklung des Stimmapparats, des Gehirns sowie der kulturellen Entwicklung der Hominiden (► S. 287). Die meisten Untersuchungen zum Spracherwerb sprechen dafür, dass er in kritischen oder sensiblen Phasen der Individualentwicklung erfolgt und die Voraussetzungen dafür angeboren sind.

Der verbalen Kommunikation kommt als *Steuerungselement des sozialen Zusammenlebens* große Bedeutung zu. Sprache hat sich wahrscheinlich als ideales Mittel zur Klärung sozialer Probleme ohne tätliche Auseinandersetzungen erwiesen. Soweit bekannt, haben Alltagsgespräche unter Naturvölkern hauptsächlich soziale Aspekte zum Gegenstand.

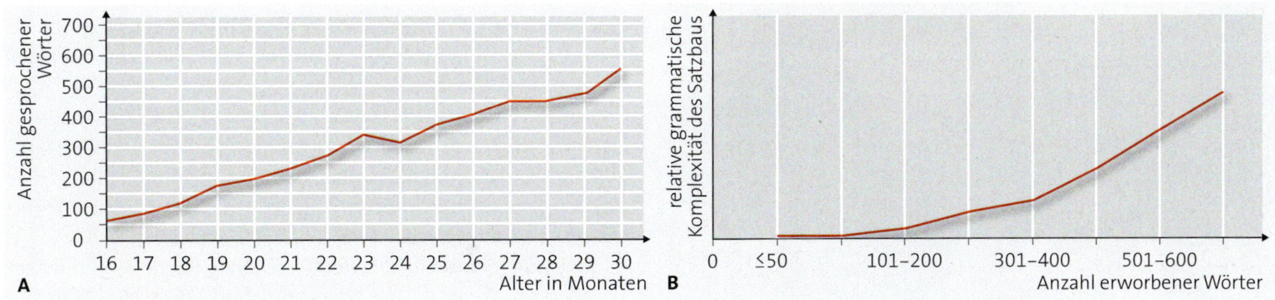


3 *Bei vielen Kindern erweitert sich das Vokabular im 2. Lebensjahr deutlich (A). Vermutlich erwerben Kinder Wörter in komplexen Strukturen, aus denen sie grammatische Regeln ableiten, wenn zuvor eine ausreichende Anzahl von Beispielen gelernt wurde (B).*

# Biologische Muster im zwischenmenschlichen Verhalten

Die Vielfalt menschlicher Verhaltensweisen ist kaum zu überblicken. Beim Umgang miteinander lassen sich jedoch in allen Kulturen und Gesellschaften ähnliche oder übereinstimmende, mit großer Beständigkeit *wiederkehrende Muster* feststellen. Zum großen Teil sind entsprechende Verhaltensweisen auch bei nicht menschlichen Primaten zu beobachten. Sie gehören sehr wahrscheinlich zu unserer stammesgeschichtlich erworbenen biologischen Grundausstattung.

Aus der Feststellung solcher Verhaltensmuster dürfen allerdings – was als „naturalistischer Fehlschluss" immer wieder geschieht – keine Normen für das menschliche Verhalten abgeleitet werden: Grundsätzlich gilt in der Ethik, dass aus dem, was ist, nicht folgt, was sein soll. Die Fähigkeit zu bewusstem, reflektiertem Handeln als Grundlage unseres freien Willens fordert jeweils unsere individuelle Entscheidung.

**Bindung.** Bei einigen hoch entwickelten Tierarten konnte eine enge Bindung einzelner Individuen an Artgenossen, meist nahe Verwandte oder Geschlechtspartner, beobachtet werden. Bezüglich Umfang, Dauer und Intensität der *persönlichen Bindungen* an anderen Individuen übertrifft aber der Mensch jede andere Art. Zwar sind auch bei ihm die Beziehungen zu Partner bzw. Partnerin und den weiteren Familienmitgliedern besonders intensiv, doch reichen sie weit darüber hinaus. Die Entstehung von Verbundenheit setzt allerdings *persönliche Vertrautheit* voraus, Fremden gegenüber bildet sie sich gewöhnlich nicht oder erst nach einer gewissen Zeit des Kennenlernens aus.

**Fremdenscheu.** Haben Kleinkinder Blickkontakt zu Fremden, steigt ihre Pulsfrequenz, beim Wegschauen nimmt diese wieder ab. Aber nicht nur während der kurzen Entwicklungsphase, in der ein kleines Kind die vertrauten von fremden Menschen zu unterscheiden lernt, neigen wir zum „Fremdeln": Zurückhaltung, Vorsicht, Scheu, zumindest aber ein Gefühl geringerer Verbundenheit kennzeichnet das Verhalten gegenüber fremden Mitmenschen.

Nähert sich eine fremde Person, fühlt man sich „eingeengt" oder gar bedroht (▶ Bild 1). Wird der sogenannte *Individualraum* verletzt, also eine bestimmte Distanz unterschritten, führt das zu einer physiologischen Erregung, die anhand einer veränderten elektrischen Leitfähigkeit der Haut messbar ist. Dabei zeigt sich, dass die Individualdistanz keinen konstanten Wert aufweist, sondern davon abhängt, wie vertraut man mit einer sich nähernden Person ist.

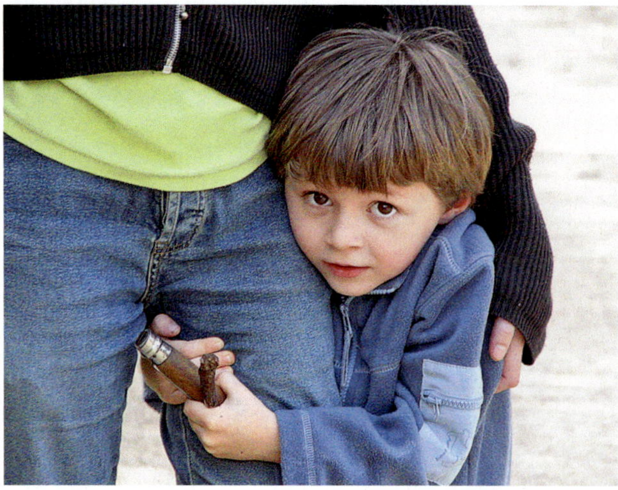

1 *Ein fremdelndes Kind sucht Schutz bei einer vertrauten Person.*

2 *Deutsche Fußballfans*

Auch wenn unsere weltweite Mobilität und die modernen Kommunikationsmittel in jüngster Zeit dazu beitragen, die *Distanziertheit gegenüber Fremden* abzubauen, bleibt sie im Grundsatz bestehen.

**Gruppenabgrenzung.** Ein äußerst stabiles Muster menschlichen Verhaltens ist die Bildung von Gruppen, die sich gegenüber anderen abgrenzen. Diese Neigung zeigt sich auf allen Ebenen menschlichen Zusammenlebens, von der Kindergruppe bis zu Nationen und Ethnien. Mit den Angehörigen der eigenen Gruppe identifizieren wir uns eher unkritisch, ihnen gilt unsere Loyalität. Angehörigen von Fremdgruppen begegnen wir meist ablehnend, misstrauisch oder gar diskriminierend. *Symbole* und *Embleme* (▶ Bild 2), besonders aber eine gemeinsame *Gruppensprache* dienen als Zeichen der Gruppenzugehörigkeit.

Viele Beispiele aus Geschichte und Gegenwart lehren, welch unheilvolles Potenzial die Abgrenzung von Menschengruppen besitzt, besonders aber ihre manipulative Nutzung zur Erzeugung von Feindbildern, Hass und Aggression.

**Territoriales Verhalten.** Wir errichten Zäune und Mauern, bewachen unsere Grenzen, legen einen persönlichen Gegenstand als Platzhalter auf den Tisch und kennzeichnen beanspruchte Gebiete – ob als Einzelner oder Staat (▶ S. 503 Bild 1). In der Regel werden diese *Markierungszeichen* respektiert.

Lange Zeit hielt sich die Vorstellung, die Neigung zu territorialem Verhalten sei durch die Zivilisation bedingt und im „Naturzustand" unbekannt. Von vielen Jäger- und Sammlervölkern, wie den !Ko-Buschleuten in Afrika, sind jedoch differenzierte territoriale Verhaltensweisen bekannt:

Eine aus mehreren Familien bestehende Horde lebt in einem eindeutig begrenzten und beanspruchten Gebiet. Innerhalb dieses für die gemeinsame Jagd oder das Sammeln genutzten Areals gibt es Bereiche, die jeweils von einer einzelnen Familie bean-

1 Territoriales Strandleben

sprucht und von den anderen auch respektiert werden. Ein einzelner Jäger hält sich in der Regel nur in diesem Bereich auf, ohne dass es aber einen territorialen Anspruch der Familie gibt. Will eine Horde auch nur vorübergehend das Gebiet einer anderen betreten, muss um Erlaubnis gefragt werden. Enge verwandtschaftliche und sprachliche Beziehungen bestehen zwischen räumlich benachbarten Horden. Sie bilden einen Nexus, der von einem anderen Nexus-Territorium durch eine Art Niemandsland getrennt ist.

Territoriales Verhalten findet kulturell mannigfache Ausprägungen und ist nicht immer an aggressives Verhalten gekoppelt. Vielmehr ist es oft von speziellen *ökologischen* und *historischen Bedingungen* abhängig. Stämme der australischen Ureinwohner beispielsweise betreiben einen Ahnenkult. Danach stammen sie von einem Totemahn ab, von dem sie das Land erhielten und der über dieses wacht. Dieser Ahnenschutz ist gegenüber anderen Stämmen ein wirksames Mittel der Territoriumsverteidigung.

**Aggressives Verhalten.** Der Mensch verfügt über ein breites Repertoire aggressiv motivierter Verhaltensweisen, die er zur Erreichung unterschiedlichster Ziele einsetzt. Dies reicht von *verbalem oder gestischem Drohen* bis zum schlimmsten Fall, den *kriegerischen Auseinandersetzungen*. Solche Verhaltensweisen sind bereits von Frühzeitmenschen über Höhlenmalereien, von heute lebenden Naturvölkern und auch von sogenannten zivilisierten Gesellschaften bekannt (▶ Bild 2).

Auch im Bereich aggressiver Verhaltensweisen gibt es deutliche Hinweise auf angeborene Komponenten. Die Ausdrucksbewegungen in diesem Kontext sind bei taub und blind geborenen Kindern in gleicher Weise zu beobachten wie bei gesunden Kindern. So werden die Fäuste geballt, mit dem Fuß aufgestampft oder der Drohblick gezeigt. Gleiche oder ähnliche Verhaltensmuster sind in fast allen Kulturkreisen und bei verschiedenen Affenarten zu beobachten.

Das jeweilige Verhalten kann eine *Reaktion auf bedrohlich empfundene Außenreize* sein, aber auch von dem Individuum selbst ausgehen. So versuchen Kinder und Jugendliche, durch *explorative Aggression* ihren sozialen Handlungsspielraum zu erkunden. Sie nehmen beispielsweise anderen Kindern einen Gegenstand weg oder werden tätlich. Dies erfordert eine entsprechende Reaktion der Erwachsenen oder Erzieher. Auch von gesellschaftlichen Gruppierungen oder Staaten wird zuweilen bewusst dieser Weg eingeschlagen, um zum Beispiel eigene Vorstellungen durchzusetzen oder bestimmte Ressourcen zu erlangen.

Es gibt keine Aggressionstheorie, mit der die entsprechenden Verhaltensweisen alle erklärt werden könnten. Nach dem motivationspsychologischen Modell liegt im Menschen eine *Disposition für Aggression* vor. Das Motiv und seine Stärke für die Auslösung eines solchen Verhaltens variieren aber und hängen entscheidend von den *individuellen Erfahrungen* ab, die im Laufe der Entwicklung bei der Interaktion mit der Umwelt gemacht wurden. Dementsprechend schwierig ist auch die Ermittlung von Ursachen für das Auftreten aggressiver Verhaltensweisen.

**Lösung von Konflikten.** Dialoge im Kontext aggressiven Verhaltens bieten eine sehr gute Möglichkeit der *Deeskalation*. Wichtig ist dabei, dass man dem Partner und damit sich selbst Möglichkeiten zu alternativem Handeln offenhält, also keine ultimativen Strategien verwendet.

So sind beispielsweise aus dem Bereich der Psychologie *kommunikative Verfahrensweisen* bekannt, die zur Konfliktlösung dienen. Dabei formulieren zunächst beide Parteien ihre Sicht der Dinge. In einem zweiten Schritt werden gemeinsam Kompromisse gefunden und Zielvereinbarungen festgelegt. Diese werden nach einer gewissen Zeit überprüft. Entsprechend wird auch bei Mediationsverfahren vorgegangen, die unter der Leitung einer neutralen Person ablaufen. Voraussetzung für den Erfolg solcher Verfahren ist die *Kompromissbereitschaft* der beteiligten Parteien und das Bemühen um eine sachliche Auseinandersetzung.

---

**1 Kriminalitätsstatistiken zeigen einen Zusammenhang zwischen der Bevölkerungsdichte und der Zahl der Straftaten. Diese sind umso häufiger, je mehr Menschen auf einer bestimmten Fläche leben. Diskutieren Sie den Befund unter der Annahme, dass der Mensch stammesgeschichtlich ein Kleingruppenwesen ist.**

2 Ein Streit zwischen Jugendlichen

## Menschliches Sexualverhalten

Menschliches Sexualverhalten dient zwar primär der *Fortpflanzung*, ist darüber hinaus aber von großer Bedeutung für die *Bindung der Partner*. Mit Blick auf die für den Menschen entscheidende Weitergabe von tradiertem Wissen, von Normen und Werten ist sie für den Zusammenhalt eines Paars als kleinster sozialer Einheit von großer gesellschaftlicher Bedeutung. Das Sexualverhalten unterliegt daher nicht nur der biologischen, sondern auch der kulturellen Evolution, die in komplexer Weise zusammenwirken.

**Beispiel Auslöser.** Als Merkmale im sexuellen Kontext, die Auslöser für *angeborene geschlechtsspezifische Verhaltensweisen* sind, können beispielsweise die breiten Schultern bei Männern und die breiten Hüften bei Frauen genannt werden.

Im Rahmen einer Versuchsreihe sollten Jugendliche beiderlei Geschlechts Silhouettenattrappen von Männern und Frauen hinsichtlich ihrer Präferenz beurteilen. Vor dem Einsetzen der Pubertät wurde oft die Silhouette des eigenen Geschlechts bevorzugt. Danach kehrte sich das Wahlverhalten um. Es scheinen entwicklungs- und hormonbedingte Prozesse abzulaufen, die in diesem Fall zu einer anderen Wertung der Reize führen.

In fast allen Kulturen findet man Beispiele für die *Betonung der geschlechtstypischen Formen* etwa durch Schmuck und Kleidung. Es sind aber auch Fälle zu beobachten, in denen diese Merkmale gezielt unterdrückt werden.

**Beispiel Partnerwahl.** Männer und Frauen zeigen bei der Partnersuche und -wahl hinsichtlich des *bevorzugten Alters* in den unterschiedlichsten Ländern weltweit Übereinstimmungen. So belegt eine in über 30 Ländern aller Erdteile durchgeführte Studie unter anderem Folgendes: Männer bevorzugen in der Regel Ehefrauen, die jünger als sie sind. Frauen wünschen sich dagegen durchweg Ehemänner, die ein höheres Alter als sie selbst aufweisen (▶ Bild 1 und 2).

Aus Sicht der Männer spielt die *Fruchtbarkeit der Frau* eine wichtige Rolle. Diese nimmt mit zunehmendem Alter der Frau ab. Deshalb sollten Männer aus soziobiologischer Sicht jüngere Frauen bevorzugen, die ihnen noch viele Kinder gebären können. Aus Sicht der Frauen ist das *väterliche Investment* für das Überleben der Nachkommen von Bedeutung. Sie achten deshalb besonders auf hohen Sozialstatus bei den Männern. Dieser kann unterschiedlich begründet sein. Bei Eingeborenen in Paraguay erreichen die Kinder guter Jäger häufiger das fortpflanzungsfähige Alter als diejenigen, deren Väter weniger Wild erbeuten. Bei Eingeborenenstämmen in Kenia ist die Überlebensrate der Kinder einer Frau positiv korreliert mit dem Landbesitz des Mannes.

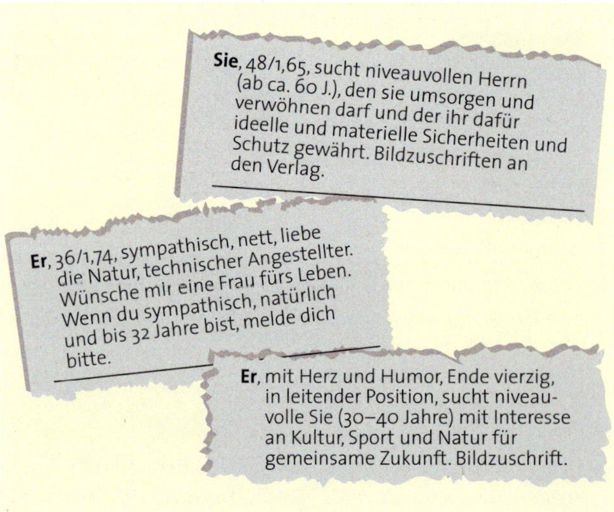
**Sie**, 48/1,65, sucht niveauvollen Herrn (ab ca. 60 J.), den sie umsorgen und verwöhnen darf und der ihr dafür ideelle und materielle Sicherheiten und Schutz gewährt. Bildzuschriften an den Verlag.

**Er**, 36/1,74, sympathisch, nett, liebe die Natur, technischer Angestellter. Wünsche mir eine Frau fürs Leben. Wenn du sympathisch, natürlich und bis 32 Jahre bist, melde dich bitte.

**Er**, mit Herz und Humor, Ende vierzig, in leitender Position, sucht niveauvolle Sie (30–40 Jahre) mit Interesse an Kultur, Sport und Natur für gemeinsame Zukunft. Bildzuschrift.

*1 Inserate aus einer deutschen Tageszeitung*

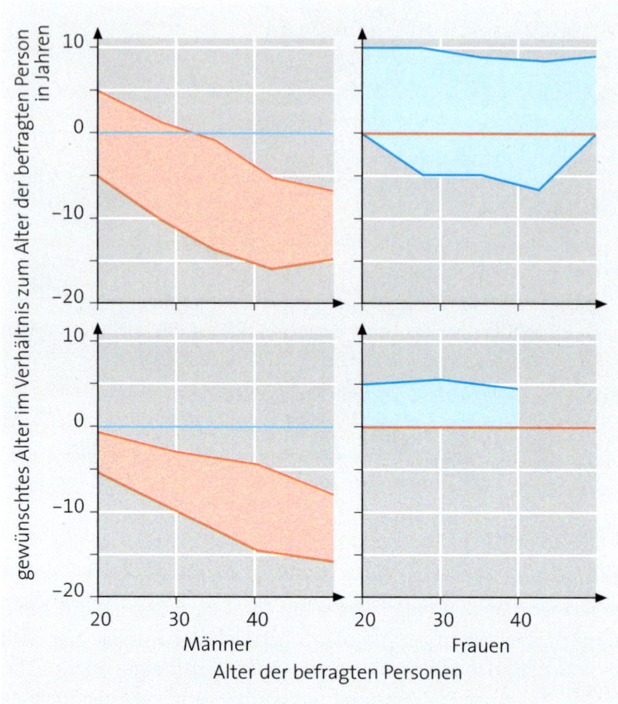


*2 Bevorzugtes Alter eines Partners bei Männern und Frauen (oben: Arizona; unten: Indien)*

Ein solcher Zusammenhang zwischen Reichtum und Fortpflanzungserfolg findet sich in vielen Gesellschaftsformen. Auch die in den verschiedenen menschlichen Kulturen herrschenden Eheformen sind auf der Grundlage solcher Zusammenhänge im Sinne einer *Fitnessmaximierung* verständlich. In den meisten ist Polygynie erlaubt, das heißt, ein Mann hat dauerhaft Bindungen zu mehreren Frauen. Der umgekehrte Fall, also Polyandrie, ist dagegen äußerst selten.

**1 Deuten Sie folgende Beobachtungen unter soziobiologischen Gesichtspunkten:**
**– In vielen Gesellschaften sorgen Männer für die Kinder ihrer Schwestern.**
**– Eine Studie an Familien auf Trinidad ergab, dass Eltern mit ihren eigenen Kindern seltener Auseinandersetzungen haben als mit Stiefkindern. Letztere verließen auch häufiger das Elternhaus und zogen zu Verwandten.**
**– Polyandrie ist in allen Kulturkreisen sehr selten zu beobachten.**
**– Männer in modernen Industriegesellschaften, die über ein hohes Einkommen verfügen, zeugen entgegen soziobiologischer Vermutungen keine besonders große Zahl von Kindern.**

### Mithilfe dieses Kapitels können Sie

- Methoden der Verhaltensforschung beschreiben und in einfacher Form selbst anwenden
- anhand geeigneter Beispiele aufzeigen, dass viele Verhaltensweisen durch Erbinformationen und Umwelteinflüsse bedingt sind
- die verschiedenen Betrachtungsebenen des Verhaltens exemplarisch aufzeigen
- charakteristische Merkmale von Reflexen nennen
- die Bedeutung von Attrappenversuchen für die Erforschung von Instinkthandlungen erläutern
- den typischen Ablauf von Prägungsvorgängen anhand von Beispielen aufzeigen
- die Vorgänge beim Ablauf der klassischen Konditionierung erläutern
- verschiedene Formen von Lernvorgängen angeben und die Unterschiede zwischen diesen darlegen
- wichtige Konzepte der Soziobiologie wiedergeben
- die Vor- und Nachteile des Zusammenlebens in Gruppen erläutern
- Formen aggressiven Verhaltens nennen und deren Bedeutung für die Lebewesen im Kontext der Fortpflanzung bzw. des Nahrungserwerbs aufzeigen
- einige Verhaltensweisen des Menschen unter verhaltensbiologischen Gesichtspunkten bewerten

### Testen Sie Ihre Kompetenzen

Die unter anderem in Afrika lebenden Gelbbauchnektarvögel (▶ Bild rechts) decken ihren Nahrungsbedarf durch Blütennektar und Arthropoden. Im Labor wurde eine Versuchsreihe mit zweistündigen Laborversuchen durchgeführt, bei denen den Vögeln in einer Futterquelle jeweils eine Saccharoselösung bestimmter Konzentration angeboten wurde. Die Zuckerlösung und zusätzlich angebotene Arthropoden (Drosophila-Fliegen) standen dabei stets in ausreichender Menge zur Verfügung. Bei den Versuchen wurden pro Vogel die in der folgenden Tabelle angegebenen Durchschnittswerte ermittelt.

| Konzentration der Saccharoselösung in mol/l | An der Futterquelle aufgenommene Zuckerlösung pro Besuch in µl | Zahl der Besuche an der Futterquelle | Zahl der gefressenen Fliegen |
|---|---|---|---|
| 2 | 72 | 9 | 29 |
| 1 | 112 | 11 | 28 |
| 0,5 | 192 | 13 | 28 |
| 0,25 | 230 | 22 | 29 |
| 0,125 | 148 | 37 | 42 |
| 0,06 | 13 | 39 | 57 |
| 0,03 | 3 | 46 | 59 |
| 0,015 | 3 | 3 | 60 |

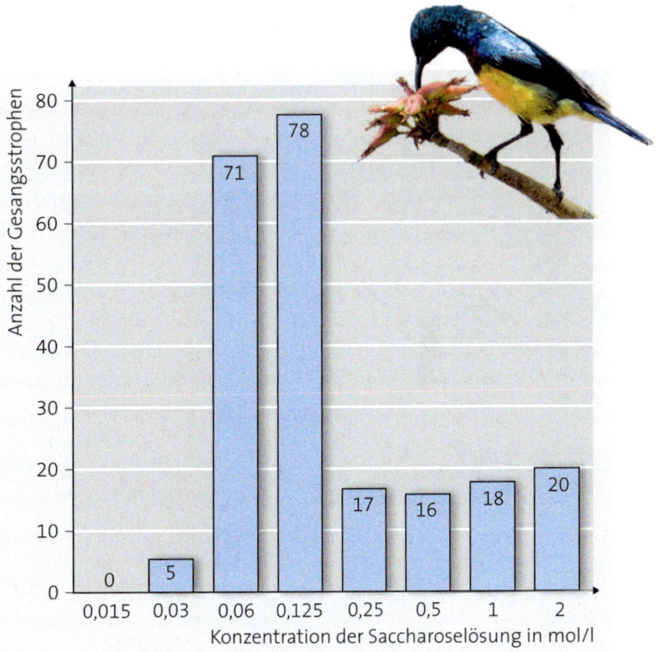


❶ Erläutern Sie, wieso man bei der Beziehung zwischen Vogelblume und blütenbesuchendem Vogel von einer Symbiose spricht.

❷ Mithilfe der beschriebenen Versuchsreihe sollte geklärt werden, welchen Einfluss das Zuckerangebot im Nektar auf die aufgenommenen Nahrungsbestandteile hat. Stellen Sie dazu die oben angegebenen Messwerte in geeigneten Grafiken dar. Diskutieren Sie die Ergebnisse mit Blick auf die energetischen Erfordernisse des Vogels. Die aus einer Fliege gewonnene Energie beträgt 5,2 Joule. Beim Verzehr von 1 µl einer 1-molaren Saccharoselösung stehen dem Vogel 5,4 Joule zur Verfügung.

❸ Bei den Experimenten wurde auch das Gesangsverhalten der einzelnen Vögel registriert (▶ Bild oben). Interpretieren Sie dieses unter der Annahme, dass es der Verteidigung eines Nahrungsreviers dient. Wenden Sie das Kosten-Nutzen-Modell an.

❹ Beim Beobachten von Bienen, Hummeln oder anderen blütenbesuchenden Tieren kann man feststellen, dass diese oft nacheinander die Blüten einer Pflanzenart aufsuchen. Dieses blütenstete Verhalten ist Voraussetzung für die Bestäubung einer Pflanze. Planen Sie ein Experiment, das Aussagen über den Einfluss des Nektarangebots auf die Blütenstetigkeit des Nektarvogels ermöglicht.

❺ Das Nektarangebot der verschiedenen Pflanzenarten ändert sich relativ schnell. Diskutieren Sie, inwieweit dies seitens des Nektarvogels eine besondere Lernfähigkeit voraussetzt.

# Biologische Prinzipien: Verhaltensbiologie

## STOFF- UND ENERGIEUMWANDLUNG

*Der Energiebedarf für den Schwirrflug der Kolibris übertrifft die Werte aller flugfähigen Wirbeltiere.*

Die Gewinnung von Nährstoffen und damit von Energie zur Abdeckung des eigenen Bedarfs ist für jedes Lebewesen sehr wichtig. Bei der Suche und Verteidigung geeigneter Nahrungsquellen spielen Kosten-Nutzen-Abwägungen eine große Rolle (► S. 491, 496). Darüber hinaus gibt es verhaltensbiologische Anpassungen zur Regulierung des Energiebedarfs, zum Beispiel als Reaktion auf eisige Winter (► S. 314, 493).

Auch die Investition von Zeit und Energie in den Nachwuchs ist für jedes Elternteil von großer Bedeutung. So können beide in gleichen Anteilen Energie in ihre Nachkommen investieren oder die Brutfürsorge wird von einem Partner allein übernommen. Verglichen damit ist bei Brutschmarotzern ihr Energieaufwand für die Aufzucht der Jungen erheblich reduziert.

## STRUKTUR UND FUNKTION

*Männliche Pfauen stellen bei der Balz ihre Schwanzfedern radartig auf.*

Viele Körpermerkmale besitzen eine Funktion als Signalgeber. Zum Beispiel schätzen zwei Hirsche die Kraft des Gegners anhand dessen Geweih und Körpergröße ab (► S. 494). Das häufig prächtige Gefieder männlicher Vögel dient zur Anlockung einer Geschlechtspartnerin (► S. 498). Die „Augen" der Schwanzfedern männlicher Pfaue symbolisieren vermutlich Körner, wie sie bei anderen Hühnern als echtes Futter vor der Paarung präsentiert werden.

Auf zellulärer Ebene hat das Verhalten eine wesentliche Grundlage in den Verschaltungen der Neurone im zentralen Nervensystem (► S. 456). Während stereotyp ablaufende Verhaltensweisen auf festen neuronalen Steuerungsprogrammen beruhen, sind diejenigen variabler Verhaltensmuster offener und modifizierbar.

## INFORMATION UND KOMMUNIKATION

Alle Lebewesen nehmen sowohl aus ihrer Innenwelt als auch aus ihrer Umgebung Informationen auf. Deren Verarbeitung kann zu Verhaltensweisen führen, die sich bei allen Angehörigen einer Art gleichen oder individuell sehr unterscheiden. Das Verhalten selbst beinhaltet häufig Informationen für Artgenossen, aber auch für Tiere einer anderen Art.

Kommunikation ist essenziell bei der Paarbildung und -bindung (► S. 498). Sie hat eine entscheidende Bedeutung im Rahmen territorialen und aggressiven Verhaltens (► S. 494, 496, 503), beim Informationsaustausch innerhalb von Gruppen (► S. 501) sowie bei der Ausbildung sozialer Beziehungen. Im Verlauf der Evolution haben sich artspezifische Kommunikationssysteme entwickelt, bei denen die Interaktionen äußerst vielfältig sind.

Informationsaustausch ist auch eine wichtige Komponente im Kontext der kulturellen Evolution des Menschen (► S. 283).

*Seidenspinnermännchen können mithilfe ihrer Antennen das Pheromon eines paarungsbereiten Weibchens wahrnehmen, das mehrere Kilometer entfernt ist.*

## STEUERUNG UND REGELUNG

Zur Aufrechterhaltung von Grundfunktionen des Organismus wie Energie- und Wasserhaushalt oder der Regulation der Körpertemperatur dienen neben den physiologischen Prozessen auch viele Verhaltensweisen eines Tieres (► S. 314).

Bei vielen Staaten bildenden Insekten wie Ameisen oder Bienen sind die thermoregulatorischen Verhaltensweisen so weit entwickelt, dass in ihren Nestern eine sehr gleichmäßige Temperatur herrscht. Sie erreichen dies zum Beispiel durch Nestumbau oder Flügelzittern.

*Ein Borstenhörnchen mit seinem „Sonnenschirm"*

Neben den Verhaltensweisen zum „Aufheizen" des Körpers gibt es auch solche, die der „Abkühlung" dienen wie das Aufsuchen von schattigen Stellen oder das Einlegen von Ruhepausen. Viele in Wüstenregionen lebende Nagetiere sind nachtaktiv und verbringen den Tag in Erdhöhlen. Eine Borstenhörnchenart in der baum- und strauchlosen Kalahari setzt seinen buschigen Schwanz als „Sonnenschirm" ein. Dadurch heizt sich das Tier weniger auf und kann länger auf Nahrungssuche gehen.

## VARIABILITÄT UND ANGEPASSTHEIT

Die verschiedenen Verhaltensweisen von Tier und Mensch sind, ebenso wie alle morphologischen sowie physiologischen Merkmale und Prozesse, ein Ergebnis der Evolution. Das Zusammenspiel zwischen den Umweltfaktoren einerseits und der „Ausstattung" eines Individuums andererseits bestimmt dessen Fitness (► S. 491).

*Kaiserpinguine auf ihrer langen Wanderung*

Einige Verhaltensweisen treten dabei stetig in jeder Generation wieder auf. Beispielsweise wandern die Kaiserpinguine, die auf dem Packeis im Südpolarmeer rund um die Antarktis leben, jedes Jahr erneut bis zu 200 Kilometer zu ihren Paarungs- und Brutplätzen. Diese liegen in Gegenden, in denen während des Sommers das Eis nicht schmilzt.
Da die im Kontext konkreter Umweltsituationen gezeigten Verhaltensweisen vielfach angeborene und erlernte Komponenten aufweisen, treten jedoch innerhalb einer Population durchaus auch abweichende Verhaltensmuster auf, die unterschiedlich selektiert werden können.

## KOMPARTIMENTIERUNG

Aus Sicht der Verhaltensbiologie können beispielsweise Territorien als Kompartimente innerhalb eines möglichen Lebensraumes angesehen werden. Diese sind aber hinsichtlich ihrer zeitlichen beziehungsweise räumlichen Begrenzung teilweise sehr variabel (► S. 496, 502). Sie werden zu unterschiedlichen Zwecken von Individuen, Paaren oder auch Gruppen errichtet und gegen Artgenossen verteidigt.
Die Organisation von sozialen Strukturen innerhalb von Populationen ist aus soziobiologischer Sicht sehr interessant, aber nur in Teilen erforscht.

*Bei den Wölfen dient das gemeinschaftliche Heulen der Rudelmitglieder zur Reviermarkierung. Es wird meist von benachbarten Rudeln beantwortet.*

## REPRODUKTION

*Ein männliches Seepferdchen pumpt unter großer Anstrengung ein Jungtier aus seiner Bauchtasche.*

Neben den das Überleben eines Tieres sichernden Verhaltensweisen sind diejenigen im Kontext der Reproduktion von zentraler Bedeutung (► S. 498). Fast jede Tierart zeigt dabei spezifische Verhaltensmuster, die in ihrem Ablauf sehr komplex sein können. Beispielsweise übernimmt bei den Seepferdchen das Männchen die Eier von seiner Partnerin und verstaut diese in einer verschließbaren Bauchtasche. Bei der Befruchtung stellt es weniger Spermien bereit, als es von jedem anderen Wirbeltier bekannt ist; vermutlich, weil es sich seiner Vaterschaft stets ganz sicher sein kann.
Obwohl die genetische Codierung von Verhaltensweisen weitgehend unbekannt ist, kann man angeborene Verhaltensweisen wie Prägungsvorgänge (► S. 486) oder Reflexe (► S. 480) über die Konstanz ihrer Abläufe recht gut von modifizierbaren, auch auf Erfahrung beruhenden Verhaltensweisen wie etwa Lernvorgängen unterscheiden (► S. 489, 490).

## GESCHICHTE UND VERWANDTSCHAFT

Die vielfältigen Verhaltensmuster von Tier und Mensch sind zum Teil formkonstant, werden häufig aber aufgrund von Lernprozessen im Verlauf des Lebens eines Individuums auch modifiziert oder treten sogar spontan auf. Sie entstehen als neue oder abgeänderte Lösungen für Probleme und gelten somit als Verhaltensinnovationen.
Erlernte Verhaltensmuster können bei sozial lebenden Tieren auf nicht genetischem Weg von einer Generation zur nächsten weitergegeben werden (► S. 489). So lernen beispielsweise junge Schimpansen hartschalige Nüsse mithilfe von zwei Steinen zu öffnen, indem sie ihren Müttern zuschauen. Auch das Waschen von Süßkartoffeln vor dem Verzehr, das zunächst nur bei einem einzelnen Rotgesichtsmakaken beobachtet werden konnte, wurde innerhalb von zehn Jahren von den meisten Tieren innerhalb seiner Gruppe übernommen.

*Ein Rotgesichtsmakake wäscht Süßkartoffeln.*

# Glossar wichtiger Fachbegriffe

**abiotisch:** die unbelebte Umwelt betreffend. Ggs.: ▶ biotisch.
**Absorption:** Abschwächung von Strahlung und Umwandlung in eine andere Energieform beim Durchgang durch Materie.
**Adaptation:** 1) Empfindlichkeitseinstellung eines Rezeptors oder Sinnesorgans auf die Reizintensität; 2) ▶ Anpassung.
**adaptive Radiation:** Aufspaltung einer Stammart in zahlreiche neue Arten durch ▶ Einnischung und ▶ Anpassung innerhalb eines evolutiv kurzen Zeitraums.
**Adenosintriphosphat:** ▶ ATP.
**aerob:** in Anwesenheit von Sauerstoff verlaufende Stoffwechselvorgänge. Ggs.: ▶ anaerob.
**afferent:** von ▶ Rezeptoren zum ▶ ZNS führend.
**Agglutination:** Verklumpung von Einzelzellen (Blutzellen, Bakterien) durch ▶ Antikörper.
**Aggression:** Auseinandersetzung zwischen Menschen oder Tieren im Konflikt.
**Akkommodation:** Scharfstellung des Auges auf unterschiedlich weit entfernte Objekte.
**Aktionspotenzial (Nervenimpuls, Impuls):** kurze Änderung (Depolarisation und Repolarisation) des ▶ Ruhepotenzials einer erregbaren Zelle (Neuron, Muskelzelle), ausgelöst durch das Öffnen und Schließen spannungsabhängiger Natrium- und Kaliumkanäle in der Zellmembran.
**aktiver Transport:** Stofftransport gegen ein Konzentrationsgefälle unter Energieeinsatz (▶ Resorption, ▶ Sekretion). Ggs.: ▶ passiver Transport.
**aktives Zentrum:** der für Bindung und Umsetzung des Substrats spezifisch wirksame Teil eines Enzymmoleküls.
**Aktivierungsenergie:** zur Überführung von Stoffen in einen reaktionsbereiten Zustand erforderliche ▶ Energie.
**Allel:** Variante oder Zustandsform eines ▶ Gens; ihre unterschiedliche ▶ Information entsteht durch Genmutation.
**Allelfrequenz:** Häufigkeit eines ▶ Allels im ▶ Genpool einer ▶ Population.
**altruistisch:** uneigennützig, zum Vorteil anderer Individuen.
**Amnion:** innere Embryonalhülle (Schafhaut) der Amniota (Reptilien, Vögel, Säuger).
**Amplitude:** Schwingungsweite, Differenz von Minimal- und Maximalwert einer zeitlich veränderten Größe.
**anabol:** Stoffwechselvorgang mit aufbauender Wirkung im ▶ Baustoffwechsel. Ggs.: ▶ katabol.
**anaerob:** unter Mangel oder Ausschluss von Sauerstoff verlaufende Stoffwechselvorgänge. Ggs.: ▶ aerob.
**Anagenese (Höherentwicklung):** zunehmende Komplexität der Organismen im Verlauf der ▶ Phylogenese.
**Analogie:** Ähnlichkeit biologischer Strukturen durch ähnliche Funktion, meist mit ▶ Konvergenz verbunden.
**Anpassung (Angepasstheit):** lebenserhaltend zweckmäßige Übereinstimmung eines Lebewesens mit seiner Umwelt in Bau, Entwicklung, Leistung und Verhalten. Anpassungen entstehen durch ▶ Selektion über viele Generationen und Anhäufung entsprechender genetischer Information im ▶ Genpool.
**Anpassungswert:** ▶ Fitness.
**antagonistisch:** entgegengesetzt wirkend (Muskel, Hormon).
**Antigen:** Stoff, der eine ▶ Immunantwort auslöst.
**Antikörper:** von B-Lymphocyten bzw. Plasmazellen gebildete, spezifisch an ▶ Antigene bindende ▶ Proteine (Immunglobuline).
**apomorph:** abgeleitet, evolutiv neu entwickelt. Ggs.: ▶ plesiomorph.
**Apoptose:** geregelte Eliminierung einzelner Zellen (programmierter Zelltod) während der Keimesentwicklung oder aufgrund krankhafter Veränderung der Zellen.
**Archaeen (Archaebakterien):** bakterienähnliche ▶ Prokaryoten, in einigen Merkmalen von den Bakterien abweichend; oft in extremen Lebensräumen.
**Art:** Gruppe von ▶ Populationen, die sich tatsächlich oder potenziell kreuzen und von anderen solchen Gruppen durch ▶ Isolationsmechanismen in der Fortpflanzung isoliert sind (Biospezies-Definition) und deren Individuen daher in allen wesentlichen Merkmalen übereinstimmen (Morphospezies).
**Artaufspaltung (Kladogenese):** Evolutionsvorgang, bei dem neue Arten durch Unterbrechung des Genaustauschs zwischen ▶ Populationen einer ▶ Art und nachfolgender ▶ Isolation entstehen.
**Artefakt:** durch Menschen bearbeitetes oder gefertigtes Objekt, v.a. Werkzeug oder Kunstwerk.
**Artenschutz:** Schutzmaßnahmen für vom Aussterben bedrohte Arten.
**Artumwandlung:** Genom- und Merkmalswandel einer Art durch gerichtete ▶ Selektion.
**Assimilation:** ▶ Baustoffwechsel.
**Atmung:** Austausch der Atemgase $O_2$ und $CO_2$ (äußere Atmung); Aufnahme und Verarbeitung von Sauerstoff in den Zellen zur ▶ aeroben Energiegewinnung in ▶ Mitochondrien (innere Atmung, ▶ Zellatmung).
**Atmungskette:** Kette von ▶ Redoxreaktionen zur Oxidation von Wasserstoff durch Sauerstoff bei der ▶ Zellatmung und zur Gewinnung von ATP (Atmungsketten- ▶ Phosphorylierung); Grundlage sind hintereinandergeschaltete Redoxsysteme (Multienzymkomplexe) der inneren ▶ Mitochondrien-Membran.
**ATP (Adenosintriphosphat):** wichtigster ▶ Energieträger im Zellstoffwechsel aller Lebewesen; überträgt durch Abspaltung einer ▶ Phosphatgruppe und Bildung von Adenosindiphosphat (ADP) 29 kJ/mol chemische Energie auf die verschiedensten Substrate bei ▶ endergonischen Reaktionen.
**Attrappe:** Nachbildung von Verhalten auslösenden Reizen.
**Auflösungsvermögen:** Fähigkeit, Objekte geringen Abstands getrennt voneinander abzubilden (räumliches A.), begrenzt die Leistung eines optischen Systems (Auge, Mikroskop).
**autonom:** nicht ▶ willkürlich gesteuert.
**Autoradiographie:** fotografischer Nachweis radioaktiv markierter Stoffe aufgrund ihrer Strahlung, oft kombiniert mit biochemischen Trennverfahren wie ▶ Chromatographie.
**Autosomen:** ▶ Chromosomen eines ▶ Chromosomensatzes mit Ausnahme der ▶ Gonosomen.
**autotroph:** „sich selbst ernährend"; Stoffwechsel, der nur anorganische Ausgangsstoffe benötigt, z.B. ▶ Fotosynthese und ▶ Chemosynthese. Ggs.: ▶ heterotroph.
**Axon (Neurit):** der Erregung in Form von ▶ Aktionspotenzialen (auch als Nervenimpulse oder Impulse bezeichnet) leitende Fortsatz eines ▶ Neurons.

**Bahn (Nervenbahn):** Bündel parallel verlaufender ▶ Nervenfasern im ▶ ZNS.
**Bakteriophagen (Phagen):** ▶ Viren, die Bakterienzellen infizieren und sich in ihnen vermehren.
**Balz:** Verhaltensweisen zur Steigerung der Paarungsbereitschaft bei Tieren.
**Base:** Stoff, der bei Reaktion ▶ Protonen aufnimmt. Ggs.: Säure; stickstoffhaltige organische Basen (Purine, Pyrimidine) sind Bausteine der ▶ Nucleinsäuren ▶ DNA und ▶ RNA.
**Basenpaarung:** spezifische Reaktion der ▶ Basen in doppelsträngiger ▶ DNA und ▶ RNA.
**Basensequenz:** Reihenfolge der Basen in Nucleinsäuren, ▶ codiert die Erbinformation in der ▶ DNA.
**Bastard:** ▶ Hybride.
**Bauplan:** verallgemeinerter, anschaulich dargestellter Grundbestand der gemeinsamen ▶ Homologien einer Organismengruppe.
**Baustoffwechsel:** Aufbau eigener Substanz aus aufgenommenen Stoffen (Assimilation). Ggs.: ▶ Betriebsstoffwechsel.
**Betriebsstoffwechsel:** abbauender Stoffwechsel zur Energiegewinnung (Dissimilation). Ggs.: ▶ Baustoffwechsel.
**Bewusstsein:** Fähigkeit zur inneren Repräsentation der Außenwelt und seiner selbst im Denken und Wahrnehmen, wohl auf den Menschen und (ansatzweise) die Menschenaffen beschränkt.
**binäre Nomenklatur:** von LINNÉ eingeführte wissenschaftliche Benennung von Lebewesen mit Gattungs- und Artnamen.
**Biodiversität:** Vielfalt des Lebens auf der Ebene der Gene, Arten und Ökosysteme.
**Bioelemente:** am Aufbau von Lebewesen beteiligte Elemente; v. a. C, O, H, N, S, P, K, Ca, Mg.
**biogenetische Grundregel:** von HAECKEL aufgestellte Regel, nach der die Keimesentwicklung (Ontogenese) wie eine schnelle, unvollständige Wiederholung der Stammesgeschichte (Phylogenese) verläuft.
**Bioindikator:** ▶ Zeigerart.
**Biokatalysator:** ▶ Enzym.
**Biomasse:** Substanz einzelner Organismen oder aller Lebewesen je Flächen- oder Volumeneinheit eines Lebensraums.
**Biomembran:** ▶ Membran.
**Biosphäre:** von Lebewesen besiedelter Bereich der Erde.
**Biotechnologie:** Verfahren zur industriellen Produktion von Gütern auf der Grundlage (mikro)biologischer Vorgänge.
**biotisch:** die belebte Umwelt betreffend. Ggs.: ▶ abiotisch.
**Biotop:** Lebensraum für Lebewesen eines ▶ Ökosystems, umfasst die Summe der ▶ abiotischen ▶ Ökofaktoren.
**Biozönose:** Lebensgemeinschaft aller Arten eines ▶ Ökosystems mit einer Vielzahl ▶ biotischer Beziehungen und kennzeichnenden ▶ Lebensformen.
**Blackbox:** Modell eines ▶ Systems, von dem nur Eingangssignale (input) und Reaktion (output), nicht aber Struktur und Funktionsweise bekannt sind.
**blotting:** positionsgenaues Übertragen von DNA-Fragmenten oder Proteinen aus einem Trenngel auf eine Trägerfolie.
**Blutgruppen:** als ▶ Antigene wirksame Membraneigenschaften der Erythrocyten.
**Brennwert:** Energiegehalt eines Stoffs bei Verbrennung im ▶ Kalorimeter (physikalischer B.) oder beim Abbau im Körper (physiologischer B.).
**$C_3$-Pflanzen:** Pflanzen mit Fotosyntheseweg, dessen erstes Produkt Phosphoglycerinsäure (mit 3 C-Atomen) ist.
**$C_4$-Pflanzen:** Pflanzen mit speziellem Fotosyntheseweg; binden $CO_2$ in Form von Dicarbonsäuren (mit 4 C-Atomen).
**Calvinzyklus:** zyklische Reaktionsfolge der ▶ Sekundärreaktionen der Fotosynthese, bei der aus $CO_2$ Glucose entsteht.
**CAM-Pflanzen:** Sukkulenten mit nächtlicher Bindung von $CO_2$ an Dicarbonsäuren zur Wasser sparenden Fotosynthese.
**Carrier:** Transportproteine der ▶ Membranen zum kontrollierten ▶ passiven oder ▶ aktiven Stofftransport in Zellen.
**chemische Evolution:** abiogene Entstehung und Umbildung biologisch wichtiger Stoffe auf der Urerde.
**Chemosynthese (Chemolithotrophie):** Stoffwechsel mancher Bakterien, die aus der Oxidation anorganischer Stoffe chemische Energie in Form von ▶ ATP gewinnen; die chemoautotrophen Formen unter ihnen können außerdem Kohlenhydrate aus Kohlenstoffdioxid synthetisieren.
**Chlorophyll:** wichtigstes Blattpigment zur ▶ Absorption von Licht bei der ▶ Fotosynthese.
**Chloroplasten:** Organellen der Fotosynthese; ▶ Plastiden.
**Chorion:** äußere Embryonalhülle (Zottenhaut) der Amniota (Reptilien, Vögel, Säugetiere).
**Chromatiden:** Spalthälften eines ▶ Chromosoms vor dessen Teilung bei der ▶ Mitose; die beiden Chromatiden eines Chromosoms enthalten je ein identisches ▶ DNA-Molekül.
**Chromatin:** mit basischen Farbstoffen färbbares Material entspiralisierter ▶ Chromosomen im Arbeitskern.
**Chromatographie:** Trennmethode für Stoffgemische aufgrund ihrer unterschiedlich starken Adsorption an eine stationäre und Löslichkeit in einer mobilen Phase.
**Chromosom:** während der ▶ Mitose (nach Färbung) im Mikroskop sichtbare fadenförmige Struktur charakteristischer Gestalt; Träger der Erbinformation; besteht je nach Phase im ▶ Zellzyklus aus einem oder zwei identischen ▶ Chromatiden.
**Chromosomenmutation:** ▶ Mutation.
**Chromosomensatz:** Gesamtheit unterschiedlicher Chromosomen einer Zelle.
**Cilien:** kurze Zellfortsätze (Wimpern, Flimmerhärchen) der Eucyte, gebildet aus ▶ Mikrotubuli; dienen meist zur Fortbewegung oder Erzeugung von Wasserströmungen.
**Citratzyklus (Citronensäure-, Tricarbonsäurezyklus):** zentraler, zyklisch verlaufender Abschnitt der ▶ Zellatmung, vor allem zur Gewinnung von ▶ NADH + $H^+$ in den ▶ Mitochondrien.
**Code:** Zeichenvorrat für Speicherung und Übertragung von ▶ Information (▶ genetischer C., Impuls-C. der ▶ Erregung).
**Codierung:** Verschlüsselung, Formulierung einer ▶ Information in einem ▶ Code.
**Codon:** ▶ RNA-Codewort aus 3 ▶ Nucleotiden für eine bestimmte Aminosäure bei der ▶ Proteinbiosynthese.
**Coenzym:** organischer, nicht proteinartiger Bestandteil eines ▶ Enzyms; manche Coenzyme wie ▶ $NAD^+$ werden parallel zum Substrat umgesetzt und daher Cosubstrate genannt.

**Crossing-over:** Austausch von Chromatidenabschnitten während der ▶ Meiose; dadurch kommt es zur ▶ Rekombination gekoppelter ▶ Allele.
**Cuticula:** Schutzüberzug auf der Epidermis.
**Cyanobakterien:** zur Fotosynthese fähige ▶ Prokaryoten („Blaualgen") mit chlorophyllhaltigen ▶ Thylakoiden.
**Cytoplasma (Zellplasma):** die ▶ Organellen umgebender, von der Zellmembran umschlossener Zellinhalt.
**Darwinismus:** oft als Ideologie missverstandene, abkürzende Bezeichnung für die Evolutionstheorie DARWINS.
**Decarboxylierung:** Abspaltung von $CO_2$ aus Verbindungen.
**Denaturierung:** Veränderung der ▶ Konformation von ▶ Nucleinsäuren und ▶ Proteinen, z.B. durch Hitze oder hohe Ionenkonzentration, unter Verlust der biologischen Aktivität.
**Depolarisierung (Depolarisation):** Verringerung einer ▶ Potenzialdifferenz.
**Destruenten:** Lebewesen, die organische Stoffe zu anorganischen abbauen und so dem ▶ Stoffkreislauf wieder zuführen.
**Detritus:** Reste lebender und toter Pflanzen und Tiere.
**Deuterostomier (Neumünder):** Tiergruppen, bei denen sich der definitive Mund während der Embryonalentwicklung neu bildet und nicht aus dem Urmund entsteht. Ggs: ▶ Protostomier.
**Dictyosom:** Stapel flacher Membranzisternen im ▶ Cytoplasma, in denen Syntheseprodukte des ▶ endoplasmatischen Reticulums verarbeitet und in ▶ Vesikel verpackt werden. Die Gesamtheit der Dictyosomen einer Zelle wird als Golgi-Apparat bezeichnet.
**Differenzierung:** Vorgang, durch den Zellen eine für ihre Funktion spezifische Ausgestaltung erfahren.
**Diffusion:** selbstständige Durchmischung der Teilchen gasförmiger, flüssiger oder gelöster Stoffe bis zum Konzentrationsausgleich aufgrund ihrer ungerichteten Wärmebewegung.
**diploid:** mit zwei ▶ homologen ▶ Chromosomensätzen ausgestattet. Ggs.: ▶ haploid.
**Diplonten:** Lebewesen, deren Zellen mit Ausnahme der ▶ Gameten ▶ diploid sind. Ggs.: Haplonten.
**Dissimilation:** ▶ Betriebsstoffwechsel.
**DNA (Desoxyribonucleinsäure):** „Erbsubstanz"; Makromolekül aus einem Doppelstrang von ▶ Nucleotid- ▶ Monomeren, die ihrerseits aus je einem Molekül Desoxyribose, Phosphat und einer von vier verschiedenen organischen ▶ Basen bestehen. Die durch ▶ Wasserstoffbrücken verbundenen Nucleotidstränge ermöglichen eine identische Verdopplung (▶ Replikation) des Moleküls. Die ▶ Basensequenz entspricht der Erbinformation.
**Domestikation:** Umwandlung von wild lebenden Pflanzen und Tieren in ▶ Kulturformen durch ▶ Züchtung.
**dominant:** Allel, das sich gegen ▶ rezessive ▶ Allele bei der ▶ Expression eines Merkmals durchsetzt.
**Droge:** Stoff, der Abhängigkeit erzeugen kann.
**efferent:** vom ZNS zu Erfolgsorganen führend; ▶ motorisch.
**Einnischung:** Bildung neuer ▶ ökologischer Nischen im Zusammenhang mit ▶ Artaufspaltung oder ▶ Artumwandlung.
**Ektoderm:** äußeres der ▶ Keimblätter.
**Emissionen:** in die Umwelt gelangende Stoffe und Wirkungen technischer Prozesse.
**Empfindung:** subjektiver Sinneseindruck auf ▶ Reize.
**endergonisch:** chemische Reaktionen, die der Zufuhr von Energie bedürfen (Differenz freier Energie $\Delta G > 0$). Ggs.: ▶ exergonisch.
**Endocytose:** Aufnahme von Stoffen in eine Zelle durch Einschluss in ▶ Vesikel. Ggs.: ▶ Exocytose. Endocytose fester Teilchen heißt Phagocytose, die von Flüssigkeit Pinocytose.
**endoplasmatisches Reticulum (ER):** inneres Membransystem der ▶ Eucyte für Synthese, Verarbeitung und Transport von Stoffen; im Muskel sarkoplasmatisches Reticulum genannt.
**Energie:** Fähigkeit eines ▶ Systems, Arbeit zu leisten.
**Energiefluss:** Weitergabe von Energie in ▶ Ökosystemen.
**Energieträger:** Stoff, durch dessen Umsetzung Energie gewonnen, also nutzbar gemacht werden kann.
**Energieumsatz:** bilanzierende Betrachtung der Energieumwandlung bei ▶ Betriebs- und ▶ Baustoffwechsel mit aufgenommener, gespeicherter und in Arbeit und Wärme umgewandelter Energie. Fälschlich manchmal als „Energieverbrauch" bezeichnet.
**Entoderm:** inneres der ▶ Keimblätter.
**Entropie:** Zustandsgröße der Materie; Maß für den Ordnungszustand eines ▶ Systems.
**Entwicklung:** zeitlich gerichtete Veränderung von Individuen (Individual-E., Ontogenese) oder Arten (Stammes-E., Stammesgeschichte, Phylogenese).
**Enzyme:** als ▶ Biokatalysatoren wirksame ▶ Proteine (selten RNA); beschleunigen biochemische Reaktionen spezifischer Stoffe (Substrate) nach deren vorübergehender Bindung (Enzym-Substrat-Komplex); Benennung mit Endung -ase.
**Epithel:** Deck- und Abschlussgewebe.
**Erbgang:** Art und Weise der Vererbung von Merkmalen von Vorfahren auf Nachkommen.
**Erdzeitalter:** geologisch-paläontologisch abgegrenzte große Abschnitte der Erdgeschichte, weiter unterteilt in Perioden.
**Erfolgsorgan:** Zielorgan von Nervenimpulsen oder Hormon.
**Erregung:** Zustand von ▶ Neuronen, Drüsen- und Muskelzellen, wenn sie Information durch Änderung ihres ▶ Membranpotenzials codieren und weiterleiten.
**Erregungsleitung:** Fortleitung von ▶ Aktionspotenzialen als Impuls-Code entlang einer Membran.
**Ethogramm:** Verzeichnis aller Verhaltensweisen einer Art.
**Eucyte:** Zelle der ▶ Eukaryoten mit Zellkern und weiteren z.T. membranumhüllten ▶ Organellen. Ggs.: ▶ Protocyte.
**Eukaryoten:** ein- und vielzellige Lebewesen aus ▶ Eucyten; Zellen meist differenziert. Ggs.: ▶ Prokaryoten.
**Eutrophierung:** Zufuhr von Nährstoffen, v.a. Nitrat und Phosphat, in Gewässer mit der Folge übermäßiger Produktion und unvollständiger Zersetzung durch $O_2$-Mangel.
**Evolution:** Gesamtheit aller auf biologischer Information und ihrer Weitergabe beruhender Prozesse der Entstehung, Umwandlung und Weiterentwicklung des Lebens auf der Erde, durch die es zu seiner heutigen Form und Vielfalt gelangt ist.
**Evolutionstheorie:** ▶ Theorie von der gemeinsamen Abstammung der Organismen und ihrer Ursache.
**exergonisch:** chemische Reaktionen, die Energie freisetzen (Differenz freier Energie $\Delta G < 0$). Ggs.: ▶ endergonisch.
**Exocytose:** Ausschleusung von Stoffen aus einer Zelle nach Einschluss in ▶ Vesikel. Ggs.: ▶ Endocytose.

**Exon:** ▶ Mosaikgene. Ggs.: ▶ Intron.

**Expression:** ▶ Genexpression.

**Familienforschung:** Untersuchung des Abstammungszusammenhangs menschlicher Merkmale.

**Farbe:** durch Licht bestimmter Wellenlänge erzeugte ▶ Empfindung.

**Farbensehen:** Fähigkeit zur Unterscheidung von Licht unterschiedlicher Wellenlänge, auch bei gleicher Helligkeit.

**Fitness (Selektionswert):** Beitrag eines Individuums – und evtl. auch seiner nahen Verwandten (Gesamt-F.) – zum ▶ Genpool seiner ▶ Population, gemessen als Fortpflanzungserfolg.

**Fixierung:** konservierende Behandlung biologischer Objekte zur Herstellung haltbarer Präparate; Ziel ist v.a. die ▶ Denaturierung der ▶ Proteine unter Erhalt der Struktur.

**Fließgleichgewicht:** Gleichgewichtszustand in offenen ▶ Systemen mit ständigem Durchfluss von Stoffen und Energie.

**Fluoreszenz:** Abstrahlung von Licht gleicher oder größerer Wellenlänge nach Belichtung.

**Fossilien:** durch Fossilisation in Gestein oder anderem Material erhaltene Reste und Spuren vorzeitlicher Lebewesen.

**Fotosynthese:** Summe aller Vorgänge, durch die fototroph genannte Lebewesen Strahlungsenergie des Sonnenlichts in chemisch gebundene ▶ Energie überführen.

**Fotosysteme:** Molekülkomplexe der ▶ Chloroplasten zur Umwandlung von Lichtenergie in chemische ▶ Energie.

**Frequenz:** Häufigkeit, z.B. ▶ Allelfrequenz im Genpool oder ▶ Aktionspotenziale je Zeiteinheit.

**Gameten:** Keimzellen, Fortpflanzungszellen.

**Gametophyt:** ▶ Gameten bildende ▶ haploide Generation im pflanzlichen ▶ Generationswechsel.

**Ganglion** (Mz. **Ganglien**)**:** Ansammlung von Zellkörpern funktionell verknüpfter ▶ Neurone im Nervensystem.

**Gärung:** ▶ anaerobe Form der Energiegewinnung mit verschiedenen relativ energiereichen Endprodukten.

**Gedächtniszelle:** langlebiger, durch ▶ Immunreaktion gebildeter ▶ Lymphocyt, der bei erneutem Kontakt mit demselben ▶ Antigen aktiviert wird.

**Gelelektrophorese:** Methode zur Trennung von Proteinen oder Nucleinsäuren nach Molekülmasse und Ladung.

**Gen:** Abschnitt der ▶ DNA, der die ▶ Information zur Synthese eines bestimmten Proteins ▶ codiert und damit Struktur oder Funktion erblicher Merkmale bestimmt.

**Gendiagnose:** Verfahren zur Feststellung bestimmter ▶ Gene und Gendefekte bei einem Individuum.

**Gendrift:** vollkommen zufällige, nicht durch ▶ Selektion bewirkte Veränderung des ▶ Genpools.

**Generationswechsel:** unterschiedliche Fortpflanzungsweise aufeinanderfolgender Generationen derselben Art.

**genetische Information:** die in der ▶ DNA ▶ codierte ▶ Information von Lebewesen.

**genetische Marker:** individuell variable DNA-Sequenzen bei Angehörigen derselben Art, z.B. Punktmutationen, RFLPs oder ▶ Satelliten-DNA.

**genetischer Code:** Zuordnung von ▶ Codons zu bestimmten Aminosäuren bei der ▶ Proteinbiosynthese.

**genetischer Fingerabdruck:** bestimmte Merkmale der DNA (▶ genetische Marker), die für ein Individuum charakteristisch sind.

**Genexpression:** Verwirklichung der ▶ genetischen Information durch Biosynthese bestimmter Proteine zur Ausprägung von Merkmalen.

**Genkartierung:** experimentelle Ermittlung der Lage und Reihenfolge von ▶ Genen auf einem ▶ Chromosom.

**Genkopplung:** eingeschränkte ▶ Rekombination von ▶ Genen durch Lage auf dem gleichen ▶ Chromosom.

**Genom:** Gesamtheit der ▶ Erbinformation (▶ Gene und nicht codierende ▶ DNA-Abschnitte) eines Organismus.

**Genotyp:** Gesamtheit der Gene eines Individuums, Genkombination.

**Genpool:** Gesamtheit der ▶ Gene einer ▶ Population.

**Genregulation:** Vorgänge zur ▶ Regulation der Genaktivität, vor allem durch Regulatorproteine und Transkriptionsfaktoren bei der ▶ Transkription.

**Gensonde:** radioaktiv markierter, einsträngiger Nucleinsäure-Abschnitt, der mit komplementärer Nucleinsäure ▶ hybridisiert und diese dadurch auffindbar macht.

**Gentechnik:** Verfahren zur Isolierung bestimmter ▶ DNA-Abschnitte, deren Analyse, ▶ Rekombination und Einschleusung in Wirtszellen mit dem Ziel ihrer ▶ Replikation und ▶ Expression.

**Gentherapie:** Heilung von Erbkrankheiten durch ▶ Gentransfer.

**Gentransfer (Genübertragung):** Übertragung von DNA in ▶ eukaryotische (Transfektion) oder ▶ prokaryotische Zellen (Transformation) auf direktem Weg oder mit ▶ Vektoren.

**Gewebe:** Verband gleichartig ▶ differenzierter Zellen.

**Gewebeverträglichkeitsmoleküle:** ▶ MHC-Proteine.

**Glykolyse:** Abbauweg der ▶ Kohlenhydrate zur Gewinnung von ▶ ATP; ▶ anaerob als (Milchsäure- oder alkoholische) ▶ Gärung abgeschlossen, ▶ aerob in ▶ Citratzyklus und ▶ Atmungskette mündend.

**Gonosomen (Geschlechtschromosomen):** Chromosomen, in denen sich die Geschlechter unterscheiden und die mit der Geschlechtsbestimmung zusammenhängen. Ggs.: ▶ Autosomen.

**haploid:** mit nur einem ▶ Chromosomensatz ausgestattet.

**heterotroph:** auf organische Stoffe als Energie- und Kohlenstoffquelle angewiesener Stoffwechsel. Ggs.: ▶ autotroph.

**Heterozygotie (Mischerbigkeit):** Vorhandensein unterschiedlicher ▶ Allele eines Gens. Ggs.: ▶ Homozygotie.

**Hominiden:** Familie der ▶ Primaten, zu der auch der Mensch gehört.

**homologe Chromosomen:** nach Struktur und Genorten einander entsprechende Chromosomen väterlicher und mütterlicher Herkunft, bilden ▶ diploiden Chromosomenbestand.

**Homologie:** Ähnlichkeit biologischer Strukturen verschiedener Arten aufgrund übereinstimmender Erbinformation durch gemeinsame Abstammung.

**Homöostase:** konstantes „inneres Milieu“ biologischer ▶ Systeme (Zellen, Organismen) durch ▶ Regulation.

**homöotische Gene:** Gene zur Steuerung der Körpergliederung in der ▶ Ontogenese; enthalten einen bei vielen Arten gleichen Genabschnitt (Homöobox), der für ein genregulatorisches Protein (Homöodomäne) codiert.

**Homozygotie (Reinerbigkeit):** Vorhandensein gleicher ► Allele eines Gens. Ggs.: ► Heterozygotie.
**Hormon:** im Organismus gebildeter Botenstoff, löst in Zellen mit spezifischen ► Rezeptoren eine bestimmte Wirkung aus.
**Hybride (Bastard):** Mischling, Nachkomme von erbverschiedenen Eltern.
**Hybridisierung:** 1) Entstehung von Mischlingen unter Individuen oder Zellen (Zell-H.); 2) Verbindung komplementärer Nucleinsäure-Einzelstränge durch ► Wasserstoffbrücken.
**Hydrolyse:** Spaltung einer chemischen Bindung unter Umsetzung von $H_2O$ und Einbau von dessen H- und OH-Gruppe.
**hydrophil:** „Wasser liebend". Ggs.: ► lipophil (hydrophob). ► polar.
**Hypothese:** wissenschaftlich begründete Vermutung hoher Wahrscheinlichkeit.
**Immissionen:** belastende Einflüsse der Umwelt auf Lebewesen, besonders in urban-industriellen ► Ökosystemen.
**Immunabwehr:** hochspezifische, individuell entwickelte Abwehr von Fremdstoffen und Zellen durch Bildung von ► Antikörpern und ► Gedächtniszellen. Ggs.: ► Resistenz.
**Immunantwort (Immunreaktion):** Vorgänge der ► Immunabwehr bei erstmaligem (primäre I.) oder wiederholtem (sekundäre I.) Kontakt mit einem ► Antigen.
**Immunisierung:** künstliches Herbeiführen einer ► Immunität durch kontrollierten ► Antigenkontakt (aktive I., Impfung) oder Zufuhr von fremden ► Antikörpern (passive I.).
**Immunität:** Fähigkeit zur erfolgreichen Abwehr von ► Antigenen bei wiederholtem Kontakt durch antigenspezifische ► Gedächtniszellen (aktive I., Ergebnis einer ► Immunantwort) oder durch übertragene fremde Antikörper (passive I.).
**Immunschwäche:** Funktionsmangel des Immunsystems.
**Impfung:** ► Immunisierung.
**Impuls:** ► Aktionspotenzial.
**Infektion:** Eindringen von Krankheitserregern (Bakterien, Viren, Pilze, Parasiten) in den Organismus.
**Information:** Nachricht, wird durch Zeichen ► codiert und hat eine bestimmte Bedeutung für Sender und Empfänger.
**inhibitorisch:** mit hemmender Wirkung.
**Innervierung:** Versorgung von Organen mit ► Nerven.
**Instinkthandlung:** angeborene Verhaltensweise, die bei Vorhandensein einer spezifischen Bereitschaft durch ganz bestimmte Reize (Schlüsselreize) ausgelöst wird.
**intermediär:** Merkmalsausprägung bei ► Heterozygotie zu einem mittleren, zwischen den ► Phänotypen der Homozygoten liegenden Phänotyp. Ggs.: dominant, rezessiv, kodominant.
**Intron:** ► Mosaikgene. Ggs.: ► Exon.
**in vitro:** „im Glas", außerhalb des Organismus. Ggs.: ► in vivo.
**in vivo:** im lebenden System. Ggs.: ► in vitro.
**Inzucht:** Fortpflanzung unter nahe verwandten Individuen.
**Ion:** Materieteilchen mit ein bis drei positiven (Kation) oder negativen (Anion) Elementarladungen.
**Ionenkanal:** durch Proteine in der Membran von erregbaren Zellen gebildeter Kanal, steuert die Permeabilität der Membran für Ionen spannungsabhängig oder durch ► Transmitter.
**Isolation:** Verhinderung des Genaustauschs zwischen Individuen oder Populationen durch ► Isolationsmechanismen.
**Isolationsmechanismen:** Faktoren, die Angehörige verschiedener Arten daran hindern, gemeinsame Nachkommen hervorzubringen (Bastardierungssperren).
**Kalorimeter:** Messgerät zur Bestimmung des Energiegehalts (► Brennwert) von Stoffen durch Verbrennung.
**Kardinalpunkte:** Minimum, Optimum und Maximum als kennzeichnende Werte der Wirkung eines ► Ökofaktors.
**Karyogramm:** ► Karyotyp in geordneter Darstellung.
**Karyotyp:** Gesamtheit der ► Chromosomen einer Zelle.
**katabol:** Stoffwechselvorgang mit abbauender Wirkung im ► Betriebsstoffwechsel. Ggs.: ► anabol.
**Katalysator:** Stoff, der die Geschwindigkeit chemischer Reaktionen erhöht, indem er die ► Aktivierungsenergie erniedrigt.
**Keimblätter:** 1) bei Pflanzen die ersten embryonalen Blätter; 2) bei Tieren embryonale Zellschichten (Ekto-, Ento-, Mesoderm), aus denen verschiedene Organe hervorgehen.
**Kernphasenwechsel:** Wechsel zwischen ► haploider und ► diploider Phase in der Entwicklung eines Lebewesens.
**Kladogenese:** ► Artaufspaltung.
**Kladogramm:** ► Stammbaum.
**Klassifikation:** systematische Ordnung von Lebewesen im natürlichen ► System auf Grundlage der ► binären Nomenklatur.
**Klimawandel:** prognostizierte Veränderungen des globalen Klimas aufgrund des anthropogenen, auf menschliche Einflüsse zurückzuführenden ► Treibhauseffekts.
**Klimax:** Endzustand der ► Sukzession eines ► Ökosystems mit hoher ► Stabilität der ► Biozönose.
**Klon:** Gesamtheit erbgleicher Nachkommen eines Individuums oder einer Zelle.
**Klonierung:** 1) Erzeugung eines ► Klons; 2) in der Gentechnik (Genklonierung) die Vervielfachung von DNA-Fragmenten nach Einschleusen in Wirtszellen.
**kodominant:** volle Ausprägung unterschiedlicher ► Allele bei ► Heterozygotie.
**Koevolution:** ► Evolution verschiedener Arten und ihrer Merkmale unter wechselseitiger ► Anpassung aneinander.
**Kohlenhydrate:** wichtige biologische Bau-, Gerüst- und Reservestoffe; Grundstoffe des Energiestoffwechsels, meist nach der Summenformel $C_n(H_2O)_n$ zusammengesetzt.
**Kommentkampf:** innerartliche ► ritualisierte ► Aggression.
**Kommunikation:** Austausch von ► Information zwischen Sender und Empfänger mit Signalcharakter; findet auf verschiedenen Organisationsebenen des Lebendigen statt.
**Kompartimente:** abgegrenzte Bereiche biologischer Systeme mit unterschiedlichen Bedingungen und daran gebundenen Funktionen; besonders die durch Membranen umschlossenen Bereiche von Zellen oder ► Organellen.
**Kompartimentierung:** Bildung oder Existenz von ► Kompartimenten.
**Konditionierung:** ► Lernen durch Verknüpfung oder Verstärkung eines ► Reizes mit einer Reaktion.
**Konformation:** räumliche Gestalt eines Moleküls.
**Konjugation:** 1) natürliche Übertragung von DNA zwischen Bakterien über eine Plasmabrücke; 2) besondere sexuelle Fortpflanzung bei Wimpertieren.

**Konkurrenz:** Einschränkung einer ► Ressource für ein Lebewesen durch ein anderes, das dieselbe Ressource nutzt.

**Konkurrenzausschlussprinzip:** Prinzip, demzufolge Arten mit übereinstimmenden Bedürfnissen im gleichen Lebensraum nicht dauerhaft koexistieren können.

**Konsumenten:** Organismen, die direkt (Primärk.) oder indirekt die organischen Stoffe der Produzenten verbrauchen.

**Kontinentaldrift:** Verschiebung der Kontinente und Meere durch Kräfte des Erdmantels.

**Konvergenz:** Anpassungsähnlichkeit, unabhängig von Verwandtschaft unter ähnlichen Umweltbedingungen entwickelt.

**Konzentration:** Gehalt einer Lösung an einem gelösten Stoff; Anteil eines Gases an einem Gasgemisch. Konzentrationsunterschiede werden auch als Konzentrationsgefälle bezeichnet.

**Krebs:** bösartige Geschwülste (Tumoren) durch unkontrollierte Zellvermehrung und Bildung von Tochtergeschwülsten.

**Kreuzung:** sexuelle Vereinigung verschiedener Individuen.

**Kultur:** 1) Gesamtheit erlernter Verhaltensweisen und Fähigkeiten einer Gruppe, die von Generation zu Generation weitergegeben werden; 2) Bestand gezüchteter Lebewesen.

**kulturelle Evolution:** auf erworbener ► Information und ihrer Weitergabe durch ► Tradition beruhende Prozesse, die die Weiterentwicklung der Menschheit bestimmen.

**Kulturformen:** durch ► Domestikation aus Wildformen gezüchtete Kulturpflanzen und Haustiere.

**Lamarckismus:** (heute widerlegte) ► Theorie LAMARCKS über die Vererbung erworbener Eigenschaften und einen Vervollkommnungswillen als Ursachen der Evolution.

**lebendes Fossil:** ► rezenter Organismus mit urtümlichen Merkmalen ausgestorbener Vorfahren, meist reliktartig verbreitet und im natürlichen ► System isoliert.

**Lebensform:** durch ähnliche Merkmale (► Konvergenz) ausgezeichnete Gruppe artverschiedener Lebewesen.

**Lerndisposition:** erbliche Grundlage für Lernvorgänge.

**Lernen:** erfahrungsbedingte individuelle Veränderung des Verhaltens oder Wissens.

**Lichtkompensationspunkt:** Beleuchtungsstärke, bei der die $O_2$-Produktion durch Fotosynthese den $O_2$-Verbrauch durch Atmung gerade kompensiert.

**limbisches System:** Emotionen steuernder Großhirnbereich, auch an ► Lernen und Gedächtnis beteiligt.

**Lipide:** heterogene Stoffgruppe mit schlechter Wasserlöslichkeit; dazu zählen u. a. Fette, Phospholipide und Wachse.

**lipophil:** in unpolaren organischen Stoffen, v. a. Kohlenwasserstoffen oder ► Lipiden, löslich. Ggs.: ► hydrophil, ► polar.

**lymphatische Organe:** Organe, in denen sich Abwehrzellen bilden oder reifen (Knochenmark, Thymus, Lymphknoten).

**Lymphocyten:** Abwehrzellen, die eine besondere Reifung (Immunkompetenz) in ► lymphatischen Organen erwerben.

**Lymphsystem:** Lymphgefäße und ► lymphatische Organe.

**Lysosomen:** vesikelartige Organellen (► Eucyte) mit Enzymen zum Abbau zelleigener und fremder Stoffe.

**Markergen:** in der Gentechnik verwendetes Gen für ein bestimmtes Stoffwechselprodukt, das das Auffinden (Selektion) gentechnisch veränderter Zellen ermöglicht.

**Meiose:** Zellteilungen zur Bildung ► haploider ► Gameten.

**Membran (Biomembran):** grundlegendes Bauelement aller Zellen zur Abgrenzung von der Umgebung und von Reaktionsräumen, Träger von Enzymen und Rezeptormolekülen, sorgt für kontrollierten Stoffaustausch; Baugerüst aller Membranen ist eine Lipiddoppelschicht mit integrierten, funktionsabhängig verschiedenen Proteinen und Kohlenhydraten.

**Membranpotenzial:** ► Potenzialdifferenz zwischen den beiden Seiten einer selektiv permeablen Membran, an der sich ein Diffusionsgleichgewicht von Ionen als Ladungsträger einstellt (Diffusions-, Gleichgewichtspotenzial).

**Metamorphose:** Umwandlung einer Larve zum fortpflanzungsfähigen Tier.

**MHC(major histocompatibility complex)-Proteine:** für jedes Individuum spezifische Proteine der Zellmembranen zur Selbst-Fremd-Unterscheidung durch das Immunsystem.

**Mikrotubuli:** röhrenförmige Proteinstrukturen, an der Bildung von Cytoskelett, Cilien und Mitosespindel beteiligt.

**Mimikry:** täuschende Nachahmung der Signale einer anderen, meist giftigen oder wehrhaften Art.

**Minimumfaktor:** Ökofaktor im Minimum- oder Maximumbereich der ► ökologischen Potenz, dadurch mit limitierender Wirkung für Lebewesen.

**Mitochondrien:** von Doppelmembran umhüllte Organellen der ► Zellatmung, mit Enzymen von ► Citratzyklus und ► Atmungskette ausgestattet; in allen ► Eucyten vorhanden.

**Mitose:** Kernteilung, bei der die beiden ► Chromatiden jedes ► Chromosoms auf die entstehenden Zellen verteilt werden; geht der Teilung des Cytoplasmas (Cytokinese) voraus.

**Modell:** stark vereinfachende, abstrahierende Darstellung von Strukturen oder Vorgängen, oft in anderer Dimension.

**Modifikation:** umweltbedingte, nicht erbliche ► Variabilität im ► Phänotyp; ihr Ausmaß (Variationsbreite) ist durch die Reaktionsnorm auf Innen- und Außenfaktoren erblich festgelegt.

**Mol:** Einheit der Stoffmenge; ein Mol entspricht $6 \cdot 10^{23}$ Teilchen und der relativen Atom- bzw. Molekülmasse in g.

**Monokultur:** land- oder forstwirtschaftliche Kultur aus einer einzigen Pflanzenart.

**Monomere:** ► Polymer.

**monophyletisch:** ► Taxon, das alle Nachkommen einer gemeinsamen Stammart umfasst und durch ► Synapomorphien gekennzeichnet ist.

**Mosaikevolution:** unterschiedlich schnelle Evolution einzelner Merkmale; besonders ausgeprägt bei ► Übergangsformen.

**Mosaikgene:** Gene von Eukaryoten, deren für ein Protein codierende DNA-Basensequenz durch Einschübe nicht codierender Abschnitte (Introns) in mehrere codierende Abschnitte (Exons) unterteilt ist (► Spleißen).

**motorisch:** vom ► ZNS zu Muskeln und Drüsen führend.

**Mutation:** sprunghafte, nicht durch Vererbung bedingte Veränderung der Erbinformation; sie kann auf der Ebene der ► DNA (Gen-M.), der Chromosomenstruktur (Chromosomen-M.) oder der Chromosomenzahl (Genom-M.) erfolgen.

**Mykorrhiza:** ► Symbiose zwischen Pilzen und Wurzeln von Samenpflanzen.

**Nachhaltigkeit (sustainable development):** Entwicklung, die soziale Gerechtigkeit und Wohlergehen aller Menschen anstrebt, ohne die natürlichen Lebensgrundlagen zu gefährden.
**$NAD^+$, $NADP^+$ (Nicotinamidadenindinucleotid, -phosphat):** wichtiges Wasserstoff (► Protonen) und Elektronen übertragendes ► Coenzym (Cosubstrat) bei Redoxreaktionen (► Reduktionsäquivalent, ► Redoxsystem).
**NADH + $H^+$, NADPH + $H^+$:** reduzierte Form von ► $NAD^+$ bzw. $NADP^+$.
**Natrium/Kalium-Pumpe:** spezielles Transportprotein in der Membran tierischer Zellen zum ► aktiven Transport von Ionen; in Neuronen entscheidend für die Aufrechterhaltung der Erregbarkeit.
**natürliches System:** ► System.
**Nerv:** durch Hüllen abgegrenzte Bündel von ► Nervenfasern.
**Nervenfaser:** ► Axon mit Hüllen.
**Neuron (Nervenzelle):** auf die Bildung und Weiterleitung von ► Erregung spezialisierte tierische Zelle, Bau- und Funktionseinheit des Nervensystems.
**Neurotransmitter (Transmitter):** Stoff zur Übertragung von ► Erregung an den ► Synapsen.
**Nucleinsäuren:** Makromoleküle (► DNA, ► RNA), dienen vor allem zur Speicherung und Übertragung von Erbinformation.
**Nucleotid:** ► Monomere der Nucleinsäuren ► DNA und ► RNA, aus Zucker, Phosphat und organischer ► Base bestehend.
**Ökobilanz:** Summe aller Aufwendungen an Stoffen, an ► Energie und der ökologischen Wirkungen für ein Produkt.
**Ökofaktor:** Lebensbedingung, Umweltfaktor; physikalisch-chemischer oder biologischer Einfluss auf Lebewesen.
**Ökologie:** Teilgebiet der Biologie, das sich mit den Beziehungen der Lebewesen zu ihrer ► Umwelt befasst.
**ökologische Nische:** Gesamtheit der Beziehungen zwischen einer ► Art und ihrer ► Umwelt.
**ökologische Potenz:** Existenzbereich einer Art hinsichtlich eines Ökofaktors, gekennzeichnet durch ► Kardinalpunkte.
**ökologische Pyramide:** regelhafte Veränderung biologischer Größen, z. B. der Biomasse, in der Abfolge der ► Trophiestufen.
**ökologisches Gleichgewicht:** Zustand ökologischer Systeme mit der Fähigkeit zur ► Selbstregulation.
**Ökosystem:** Struktur- und Funktionseinheit der ► Biosphäre, bestehend aus ► Biotop und ► Biozönose.
**Ontogenese (Keimesentwicklung):** ► Entwicklung.
**Operon:** Funktionseinheit zur Regulation der Genaktivität, bestehend aus ► Promotor, Operator und Strukturgen (für ein Protein codierendes Gen).
**Organ:** nach Bau und Funktion abgrenzbarer Teil vielzelliger Lebewesen aus mehreren ► Geweben.
**Organellen:** nach Bau und Funktion abgrenzbare Bestandteile eukaryotischer Zellen (► Eucyte), im engeren Sinn nur ihre durch Membranen abgegrenzten Kompartimente (Mitochondrien, Chloroplasten, endoplasmatisches Reticulum, Dictyosomen).
**Osmoregulation:** ► Regulation des Wasser- und Ionengehalts.
**Osmose:** ► Diffusion durch Membranen. Durch ungleiche Diffusion von Wasser und gelösten Stoffen an selektiv permeablen Membranen entsteht ein osmotischer Druck.
**Oxidation:** Abgabe von Elektronen. Ggs.: ► Reduktion.
**Parasitismus:** Beziehung zwischen verschiedenen Arten, bei der eine Art (Parasit) der anderen (Wirt) Nahrung entzieht und sie schädigt, ohne sie zu töten.
**Parasympathicus:** Teilsystem des ► vegetativen Nervensystems.
**Parenchym:** Grundgewebe aus wenig spezialisierten Zellen.
**Partialdruck:** von einem Gas ausgeübter Druck in einem Gasgemisch, entspricht seiner Konzentration oder Teilchenzahl.
**passiver Transport:** Transport von Stoffen in Richtung eines Konzentrationsgefälles. Ggs.: ► aktiver Transport.
**PCR:** ► Polymerasekettenreaktion.
**Pestizide:** chemische Schädlingsbekämpfungsmittel.
**Phagen:** ► Bakteriophagen.
**Phagocytose:** ► Endocytose.
**Phän:** erkennbares Merkmal eines Lebewesens.
**Phänotyp:** Erscheinungsbild eines Lebewesens, Gesamtheit der erkennbaren Merkmale.
**Pheromon:** Signalstoff zur Kommunikation zwischen Angehörigen einer Art.
**Phosphat (Phosphatgruppe):** Säurerest bzw. Anion der Phosphorsäure; an organische Moleküle (z. B. Adenosin, Guanosin, Kreatin) gebunden, wichtigste Energieträger im Stoffwechsel (energiereiche Phosphate: ► ATP).
**Phosphorylierung:** Übertragung von Phosphatgruppen unter Energieaufwand; Bildung von ► ATP in der ► Atmungskette (Atmungsketten-Ph.) oder ► Fotosynthese (Foto-Ph.).
**pH-Wert:** Maßzahl für die ► Protonenkonzentration in Lösungen; bei pH < 7 ist eine Lösung sauer, bei pH > 7 basisch.
**Phylogenese (Stammesgeschichte):** ► Entwicklung.
**Phylogramm:** ► Stammbaum.
**physiologisch:** die Lebensvorgänge betreffend.
**Plasmid:** doppelsträngiger DNA-Ring mit wenigen Genen im Zellplasma von Bakterien; Plasmide sind wichtige ► Vektoren.
**Plastiden:** pflanzliche Organellen zur Fotosynthese (Chloroplasten), Farbstoff- (Chromoplasten) oder Stärkespeicherung (Amyloplasten).
**plesiomorph:** ursprünglich. Ggs.: ► apomorph.
**Pluripotenz:** Fähigkeit embryonaler Zellen (Stammzellen), sich zu unterschiedlichem Gewebe zu differenzieren.
**polar:** Stoffe, deren Moleküle (Teil-)Ladungen tragen, daher mit Wassermolekülen ► Wasserstoffbrücken bilden und somit ► hydrophil, d. h. in Wasser gut löslich, sind. Im Unterschied dazu sind unpolare (apolare) Stoffe hydrophob, d. h. Wasser abweisend, und ► lipophil, d. h. in Fetten löslich oder sie bindend.
**Polygenie:** Beteiligung mehrerer Gene an der Ausbildung eines Merkmals.
**Polymer:** Makromolekül, aus vielen gleichen oder ähnlichen Grundbausteinen, den ► Monomeren, aufgebaut.
**Polymerasekettenreaktion (PCR):** Vervielfältigung von ► DNA-Abschnitten ► in vitro durch wiederholtes Trennen und Polymerisieren der Molekülstränge.
**Polymorphismus:** Unterschiedlichkeit von Merkmalen und den sie bedingenden Genen bei Individuen einer Population.
**Polyphänie:** Mitwirkung eines Gens an der Ausprägung mehrerer Merkmale.
**polyploid:** mehr als zwei Chromosomensätze besitzend.

**Population:** Gruppe artgleicher Individuen, die zur gleichen Zeit im gleichen Gebiet leben und sich ohne Einschränkungen untereinander fortpflanzen, also Gene austauschen können.
**Populationsgenetik:** untersucht die Vererbungsvorgänge in einer ▶Population und deren ▶Genpool.
**postsynaptisch:** Membran oder Zelle nach einer ▶Synapse. Ggs.: ▶präsynaptisch.
**Potenzialdifferenz:** elektrische Spannung; Differenz der potenziellen Energie einer Ladung im elektrischen Feld, abkürzend meist nur Potenzial genannt.
**Prädisposition (Präadaptation):** Merkmal, das später zur Voraussetzung für einen Evolutionsschritt wird, indem es dann einen besonderen Selektionswert erlangt.
**Prägung:** nicht mehr löschbarer Lernvorgang mit ausgeprägter sensibler Phase.
**präsynaptisch:** Membran oder Zelle vor einer ▶Synapse. Ggs.: ▶postsynaptisch.
**Primärproduktion:** natürliche Produktion organischer Stoffe, meist durch Fotosynthese, selten durch ▶Chemosynthese.
**Primärreaktionen:** erster Fotosynthese-Abschnitt, in dem sich ▶ATP und ▶NADPH + $H^+$ bilden. ▶Sekundärreaktionen.
**Primaten (Herrentiere):** Ordnung der Säugetiere, zu der Affen und Menschen gehören.
**Prokaryoten:** einzellige, ▶protocytische Lebewesen (Bakterien, Cyanobakterien und Archaeen). Ggs.: ▶Eukaryoten.
**Promotor:** Startsignal auf der DNA für die ▶Transkription.
**Proteinbiosynthese:** Bildung von Proteinen nach der in der DNA codierten Information; im Abschnitt Transkription wird die DNA-Basensequenz in mRNA umgeschrieben; im Abschnitt Translation wird an den Ribosomen mithilfe von tRNA die Basensequenz der mRNA in die Aminosäuresequenz des Proteins übersetzt; 3 Nucleotide (Codons) codieren dabei jeweils für eine bestimmte Aminosäure (▶genetischer Code).
**Proteine (Eiweißstoffe):** an fast allen Strukturen und Prozessen des Lebens beteiligte große Makromoleküle (Polypeptide) aus Aminosäure- ▶Monomeren, die durch Peptidbindung (C-N-Bindung) verbunden sind; die genetisch festgelegte, spezifische Aminosäuresequenz jedes Proteins bestimmt seine v.a. durch ▶Wasserstoffbrücken stabilisierte ▶Konformation und damit seine biologischen Eigenschaften.
**Protobiont:** einfachste hypothetische Lebensform mit Fähigkeit zur Selbstvermehrung.
**Protocyte:** Zelle der ▶Prokaryoten; ohne Zellkern, andere membranumhüllte Organellen und Cytoskelett. Ggs.: ▶Eucyte.
**Proton:** Wasserstoffion $H^+$, liegt in Wasser stets als $H_3O^+$ (Oxoniumion) vor.
**Protonengradient (elektrochemischer P.):** Konzentrations- und Potenzialdifferenz von Protonen an einer Membran; Grundlage der Energiegewinnung durch ▶Phosphorylierung.
**Protostomier (Urmünder):** alle Tiergruppen, bei denen sich der Urmund während der Embryonalentwicklung zur definitiven Mundöffnung entwickelt. Ggs.: ▶Deuterostomier.
**proximat:** unmittelbar ursächlich. Ggs.: ▶ultimat.
**Rangordnung:** hierarchische Struktur in vielen Sozialverbänden wie Wolfsrudeln oder Pavianhorden.
**Rasse (Unterart):** ▶Populationen einer ▶Art, die sich in ihrem Genbestand deutlich von anderen Populationen derselben Art unterscheiden.
**Reaktionsnorm:** ▶Modifikation.
**Redoxpotenzial:** Fähigkeit eines Stoffs, bei ▶Redoxreaktionen Elektronen abzugeben oder aufzunehmen; als Maß für die bei der Reaktion frei werdende Energie verwendbar.
**Redoxreaktion:** Reaktion, bei der ein Reaktionspartner reduziert, der andere gleichzeitig oxidiert wird.
**Redoxsystem:** Stoff (oft ▶Enzym), der reversibel vom oxidierten in den reduzierten Zustand übergehen kann; bewirkt ▶Redoxreaktionen im Stoffwechsel.
**Reduktion:** Aufnahme von Elektronen. Ggs.: ▶Oxidation.
**Reduktionsäquivalent:** 1 mol Elektronen, die bei ▶Redoxreaktionen übertragen werden, entweder direkt oder in Form reduzierter Coenzyme, z.B. ▶NADH + $H^+$.
**Reflex:** weitgehend angeborene Reaktion, die auf bestimmte Reize hin auf festgelegter Nervenbahn (Reflexbogen) in meist gleicher Weise abläuft.
**refraktär:** nicht erregbar.
**Regelkreis:** Funktionssystem einer ▶Regelung aus Fühler, Signalübertragung, Regler und Stellglied.
**Regelung:** Wirkungsprinzip zur Aufrechterhaltung eines bestehenden Zustands (▶Fließgleichgewicht); wirkt Änderungen einer Größe durch negative ▶Rückkopplung entgegen. Die an einer Regelung beteiligten Strukturen bilden einen ▶Regelkreis.
**Regulation:** Gesamtheit von Vorgängen der ▶Steuerung und ▶Regelung.
**Reiz:** auf einen Organismus von außen oder innen wirkende Zustandsänderung; bei Tier und Mensch durch spezialisierte ▶Rezeptoren als adäquater Reiz aufgenommene Information bestimmter Modalität (z.B. Licht, Schall).
**rekombinante DNA:** ▶in vitro neu kombinierte DNA.
**Rekombination:** Um- und Neukombination genetischer Information bei der ▶Meiose, der sexuellen Fortpflanzung oder durch ▶Gentechnik.
**Replikation:** identische Verdopplung von DNA, geht der ▶Mitose voraus.
**Resistenz:** angeborene Widerstandsfähigkeit gegen schädigende Einflüsse (▶abiotische Faktoren, Gifte, Erreger) durch verschiedene Mechanismen; ist gegen Erreger weniger spezifisch als die ▶Immunabwehr.
**Resorption:** Stoffaufnahme in Zellen oder den Körper durch ▶aktiven Transport oder ▶Osmose.
**Ressource:** lebenswichtiger, begrenzt vorhandener ▶Ökofaktor, von Lebewesen der Umwelt entnommen und dadurch in der Verfügbarkeit für andere Lebewesen eingeschränkt.
**Restriktion:** sequenzspezifisches Schneiden von DNA durch bakterielle Enzyme (Restriktionsenzyme) in der Gentechnik.
**Revier (Territorium):** gegen Artgenossen abgegrenztes und aggressiv verteidigtes Gebiet.
**rezent:** in der geologischen Gegenwart lebend. Ggs.: fossil.
**Rezeptor:** Molekül, Organell oder Zelle (Sinneszelle) zur Aufnahme spezifischer Signale aus der Umwelt oder der Innenwelt eines Organismus.

**rezessiv:** Allel, das sich im Phänotyp nur ausprägt, wenn kein dominantes Allel desselben Gens im Genotyp vorhanden ist. Ggs.: ► dominant.

**RFLP (Restriktionsfragment-Längenpolymorphismus):** ► genetische Marker.

**RGT(Reaktionsgeschwindigkeit-Temperatur)-Regel:** Eine um 10 °C höhere Temperatur steigert die Geschwindigkeit einer chemischen Reaktion um das 2- bis 3-Fache.

**Ribosomen:** elektronenmikroskopisch erkennbare Organellen der ► Proteinbiosynthese, aufgebaut aus RNA und Proteinen.

**Rindenfeld:** Bereich der Großhirnrinde mit bestimmter ► sensorischer, ► motorischer oder assoziativer Funktion.

**Ritualisierung:** Funktionswechsel von Verhalten, der dessen Signalwirkung auf den Sozialpartner verbessert.

**RNA (Ribonucleinsäure):** Bau ähnlich ► DNA, jedoch mit Ribose anstelle von Desoxyribose; dient als einsträngige mRNA (Messenger-RNA) und tRNA (Transfer-RNA) zur Übertragung der Erbinformation bei der ► Proteinbiosynthese.

**Rote Liste:** Verzeichnis gefährdeter Arten.

**Rückkopplung (Feedback):** Veränderung einer Größe, die auf die verändernde Ursache zurückwirkt. ► Regelung.

**Rudiment:** funktionsloser Rest einer bei Vorfahren funktionstüchtigen Struktur; liefert häufig Hinweise auf die Abstammung.

**Ruhepotenzial:** ► Membranpotenzial erregbarer Zellen im Ruhezustand.

**Samen:** Fortpflanzungs- und Verbreitungseinheit der Samenpflanzen, besteht aus dem jungen ► Sporophyten (Embryo), dem Nährgewebe und der Samenschale.

**Second Messenger:** (auf ein Signal von außen hin) innerhalb einer Zelle wirksamer sekundärer Botenstoff.

**Sedimentgestein:** durch Ablagerung und Verfestigung von Sediment (Geröll, Sand, Ton) entstandenes Schichtgestein.

**Sehbahn:** ► Bahn für die Leitung visueller Informationen im Gehirn.

**Sehpigmente:** Licht ► absorbierende, ► Erregung erzeugende Farbstoffe der Fotorezeptoren.

**Sekretion:** Abscheidung ausgewählter oder in Drüsenzellen produzierter Stoffe (Sekrete) durch ► aktiven Transport.

**Sekundärreaktionen:** abschließende, Glucose erzeugende Reaktionsfolge (► Calvinzyklus) der ► Fotosynthese; Ausgangsstoffe sind die Produkte der ► Primärreaktionen.

**Selbstregulation:** Fähigkeit eines ► Ökosystems, Störungen durch gegenläufige Prozesse auszugleichen.

**Selektion (natürliche Auslese):** unterschiedlicher Fortpflanzungserfolg von Individuen verschiedenen ► Phänotyps in einer ► Population; als künstliche Selektion (Auslese, Zuchtwahl) durch den Menschen in vergleichbarer Weise bei der ► Züchtung angewandt.

**Selektionsfaktor:** Umwelteinfluss, der ► Selektion bewirkt.

**Selektionswert:** ► Fitness.

**sensorisch (sensibel, afferent):** von ► Rezeptoren zum ► ZNS führend (Neuron, Nerv, Nervenbahn) oder mit Auswertung von Sinnesdaten befasst (► Rindenfeld). Ggs.: ► motorisch.

**Separation:** räumliche Trennung von Populationen mit Behinderung des Genflusses; oft Ursache für ► Artaufspaltung.

**Sequenzanalyse:** Bestimmung der ► Basensequenz in ► DNA oder der Aminosäuresequenz in ► Proteinen.

**Sexualdimorphismus:** deutliche Verschiedenheit der Geschlechter einer Art.

**Sinneszellen:** Zellen mit der Funktion von ► Rezeptoren; auf adäquate ► Reize spezialisiert, die sie in ► Erregung umwandeln; nach Reizqualität unterscheidet man z.B. Foto-, Mechano-, Chemo-, Thermorezeptoren.

**Spaltöffnungen:** von Schließzellen gebildete Blattporen zur Regulierung von Gasaustausch und Wasserdampfabgabe.

**Spleißen:** enzymatisches Herausschneiden der Abschnitte aus Vorläufer-mRNA, die durch ► Transkription der Introns von ► Mosaikgenen entstanden sind. Entsprechend der ► Basensequenz der durch Spleißen gebildeten mRNA wird in der ► Proteinbiosynthese ein Protein erzeugt.

**Sporophyt:** Sporen bildende diploide Generation im pflanzlichen ► Generationswechsel.

**Stabilität:** durch ► Selbstregulation bedingte Beständigkeit von ► Ökosystemen gegenüber sich ändernden Bedingungen.

**Stammbaum:** Darstellung eines Abstammungszusammenhangs; als Phylogramm mit Darstellung von Trennungszeitpunkt und Ausmaß evolutiver Verschiedenheit der ► Taxa; als Kladogramm mit Darstellung der Aufspaltung von Stammeslinien in der Folge des evolutiven Neuerwerbs von Merkmalen.

**Stammesgeschichte:** ► Phylogenese, ► Entwicklung.

**Stammzelle:** undifferenzierte Zelle mit der Fähigkeit zu unterschiedlicher ► Differenzierung (► Pluripotenz).

**Stellenäquivalenz:** Bildung weitgehend übereinstimmender ► ökologischer Nischen durch verschiedene, meist nicht verwandte Lebewesen in unterschiedlichen ► Ökosystemen.

**Steuerung:** quantitative Beeinflussung der Richtung oder Intensität von Größen oder Vorgängen.

**Stoffkreislauf:** wiederkehrendes Auftreten und erneute Verwendung von ► Bioelementen und deren Verbindungen im Stoffhaushalt von ► Ökosystemen.

**Stoffwechsel:** Gesamtheit der chemischen Reaktionen in einer Zelle oder einem Organismus.

**Stress:** körperliche Anpassungsreaktion auf bestimmte der äußeren Umwelt oder dem inneren Milieu entstammende Belastungen (Stressoren).

**Sukzession:** regelhafte zeitliche Entwicklung von ► Ökosystemen.

**Symbiose:** gesetzmäßige Vergesellschaftung artverschiedener Lebewesen (Symbionten) mit wechselseitigem Nutzen.

**Sympathicus:** Teilsystem des ► vegetativen Nervensystems.

**Synapomorphie:** gemeinsames ► apomorphes Merkmal einer ► monophyletischen Gruppe von Lebewesen.

**Synapse:** besondere Struktur zur Kommunikation zwischen ► Neuron und nachgeschalteter Zelle (Neuron, Drüsenzelle, Muskelzelle). Bei chemischen Synapsen wird hier die ► Erregung über ► Neurotransmitter weitergeleitet.

**Syndrom:** Komplex typischer Krankheitsmerkmale.

**synthetische Theorie:** um moderne biologische Erkenntnisse, insbesondere der ► Populationsgenetik, erweiterte ► Evolutionstheorie DARWINS.

**System:** 1) gegen die Umwelt abgegrenztes, geordnetes Ganzes aus untereinander in Beziehung stehenden und sich wechselseitig beeinflussenden Teilen, das zur ► Selbstregulation fähig ist; 2) biologisches Ordnungssystem der Lebewesen (natürliches System) auf Grundlage phylogenetischer ► Verwandtschaft.
**Systematik (Taxonomie):** Teilgebiet der Biologie, befasst sich mit der Beschreibung, Abgrenzung und Ordnung (Klassifikation) von Organismen.
**Taxon** (Mz. **Taxa):** Ordnungseinheit, Rangstufe des biologischen Ordnungssystems (Art, Gattung usw.).
**Territorium:** ► Revier.
**Theorie:** umfassende, widerspruchsfreie Modellvorstellung zur Erklärung der Wirklichkeit.
**Thylakoide:** ► Chlorophyll tragendes Membransystem.
**Totipotenz (Omnipotenz):** Fähigkeit einer Zelle oder eines Zellkerns zur Bildung eines ganzen vielzelligen Organismus.
**Tradition:** generationsübergreifende Weitergabe von Erfahrung und Wissen im Sozialverband, besonders des Menschen.
**Transduktion:** natürlicher oder experimenteller ► Gentransfer mithilfe von ► Viren als ► Vektoren.
**Transformation:** unmittelbarer ► Gentransfer von ► DNA in ► Prokaryoten.
**transgener Organismus:** Lebewesen mit einem durch ► Gentechnik übertragenen fremden Gen (Transgen) im Genom.
**Transkription:** ► Proteinbiosynthese.
**Translation:** ► Proteinbiosynthese.
**Transmitter:** ► Neurotransmitter.
**Transpiration:** geregelte Wasserdampfabgabe von Pflanzen.
**Transplantation:** Übertragung von (meist individuen- oder artfremden) Organen, Geweben, Zellen oder Zellbestandteilen.
**Treibhauseffekt:** temperaturerhöhende Wirkung der Atmosphäre aufgrund ihrer Infrarot- ► Absorption.
**Trophiestufe:** Organismen mit gleicher Stellung in den Nahrungsketten eines Ökosystems: Produzenten, Primär-, Sekundär-, Tertiärkonsumenten usw.
**Tumor:** ► Krebs.
**Übergangsform:** fossile Art mit Mosaik (► Mosaikevolution) von Merkmalen verschiedener systematischer Großgruppen, zwischen denen sie als „connecting link" vermittelt.
**ultimat:** letztlich (z.B. evolutionsbedingt) ursächlich. Ggs.: ► proximat.
**Ultrastruktur:** biologische Struktur unterhalb der Auflösungsgrenze (► Auflösungsvermögen) des Lichtmikroskops.
**Umwelt:** Gesamtheit der für ein Lebewesen direkt und indirekt bedeutsamen Faktoren.
**Umweltschutz:** Maßnahmen zum Erhalt der natürlichen Lebensgrundlagen; häufig nur auf den Menschen bezogen.
**Vakuolen:** flüssigkeitsgefüllte Räume in ► Zellen (Zellsaft-, Nahrungs-, pulsierende Vakuole) aus fusionierten ► Vesikeln.
**Variabilität:** Verschiedenheit im ► Phänotyp.
**Variation:** Verschiedenheit eines bestimmten Merkmals.
**Variationsbreite:** ► Modifikation.
**vegetativ:** 1) die inneren Organe betreffend (vegetatives Nervensystem); 2) ungeschlechtlich (vegetative Fortpflanzung bei Pflanzen, Einzellern, manchen Tieren).
**Vektor:** Hilfsmittel zum ► Gentransfer, v.a. ► Plasmide und ► Viren werden dafür eingesetzt.
**Verdauung:** Abbau großer Nährstoffmoleküle mithilfe von ► Enzymen in resorbierbare (► Resorption) Bruchstücke.
**Vererbung:** Weitergabe ► genetischer Information von Generation zu Generation.
**Verhalten:** Gesamtheit der Bewegungen, Lautäußerungen, Farb- und Formänderungen von Tier und Mensch.
**Verwandtschaft:** durch Abstammung miteinander verbundene Personen oder ► Taxa (phylogenetische V.).
**Vesikel:** membranumhüllte Bläschen im ► Cytoplasma für Aufnahme (► Endocytose), Abgabe und Transport von Stoffen.
**Vielzeller:** Tiere und Pflanzen mit vielzelligem Organismus aus differenzierten Zellen oder Geweben. Ggs.: Einzeller.
**Viren:** Gebilde aus Nucleinsäure und Proteinhülle ohne Stoffwechsel, darauf angewiesen, von Wirtszellen nach deren Infizierung vermehrt zu werden.
**Wahrnehmung:** aus Sinnesdaten und deren Bearbeitung, Verbindung und Interpretation rekonstruiertes inneres Abbild der Welt im menschlichen Gehirn; bei Tieren wohl in der Regel auf Reizaufnahme und Verarbeitung beschränkt.
**Wasserstoffbrücken(bindung):** schwache elektrostatische Bindungskräfte zwischen gebundenen Wasserstoffatomen und den freien Elektronenpaaren benachbarter O- und N-Atome; ist für die Tertiärstruktur von ► Proteinen wesentlich.
**willkürlich:** absichtlich, dem Willen unterworfen.
**Wirkungsgrad:** Verhältnis von nutzbarer zu aufgewendeter ► Energie bei Energieumwandlungen.
**Zeigerart:** Art, deren Vorkommen an eine bestimmte Ausprägung von ► Ökofaktoren gebunden ist.
**Zellatmung:** ► aerobe Energiegewinnung in den Zellen, findet teils im Cytoplasma (► Glykolyse), teils in den ► Mitochondrien statt.
**Zelle:** kleinste selbstständig lebens- und vermehrungsfähige biologische Bau- und Funktionseinheit.
**Zellkern:** Organell, das die Erbinformation enthält; steuert die Funktion der ► Eucyte.
**Zellkolonie:** Verband gleichartiger, undifferenzierter ► Zellen, die weitgehend eigenständig und vermehrungsfähig sind.
**Zellplasma:** ► Cytoplasma.
**Zellteilung (Cytokinese):** die auf die Kernteilung (► Mitose) folgende Teilung des ► Cytoplasmas.
**Zellzyklus:** regelmäßige Folge von Wachstum und Teilung einer ► Zelle.
**ZNS (Zentralnervensystem):** Teil des Nervensystems zur Verarbeitung von Sinnesinformationen, Koordination von ► Erfolgsorganen und Speicherung von Gedächtnisinhalten.
**Züchtung:** gezielte Entwicklung und Erhaltung von Lebewesen mit erwünschten Eigenschaften.
**Zuchtwahl:** ► Selektion.
**Zwillingsmethode:** Ähnlichkeitsanalyse von Zwillingen zur Ermittlung des Erb- und Umweltanteils an der Ausprägung von Merkmalen beim Menschen.
**Zygote:** durch Vereinigung von Keimzellen entstandene Zelle; befruchtete Eizelle.

# Register

# Bildverzeichnis

**Fotos**

A. Medworld AG, Berlin: 189.1–2 | A1PIX/BIS: 109.2 | Académie de Besançon, SVT: 113.1 | action press: 205.1 | Affymetrix Inc. : 203.2 l. | Agentur Focus/ Ferorelli : 289.1, 490.3, /Revy: 198.1, /Meckes: 242.5, /Meckes/Ottwas: 342.1, /Menzel: 361 u. l., /SPL: 12.2, 56.1, 57.1, 57.3, 85.1, 90.1, 161.2, 226.1, 228.1, 233.3, 243.2, 268.1, 290.1 r., 290.2.4, 428.2, /SPL/CNRI: 242.3, /SPL/ Gschmeissner: 242.2, /SPL/Kightley: 60.4, /SPL/MPJ/Berger: 243.4, /SPL/ Murti : 224.4, 242.1 | AgroConcept, Bonn: 385.1 | AKG-Images: 106.1, 118.2, 172.3, 246.1–4, 282.1, 368.1, 382.1, 412.1, 444.1 | Alexander, Richard, University Pennsylvania: 225.3 | Angermayer, Holzkirchen: 326.1, 328.1, 333.4, /Pfletschinger: 214.1.1 o., 214.1.2 o., 214.1.3 o., 215.1.8 o., 314.1, 349.2, 351.4, 351.6, 339.3, 492.1.1–2, /Reinhard: 317.1, 430.5 | Arco Images/ Reinhard: 507.1 | Arnold, John, Hawaii: 11.1 | Astrofoto, Leichlingen: 432.1 | Aventis Pharma: 192.1 | Baecker, J./Wikimedia: 10.3 | Bartscherer, München: 64.1 | Bayer AG, Leverkusen: 78.2, 447.1 | Behnke, C., Eschborn: 271.1 | Bellmann, H., Lonsee: 66.1, 353.1–3, 353.7 | Berichte der Deutschen Botanischen Gesellschaft, Band 24, 1906: 125.1 | Berns, Wilfried/Wikipedia/ CC-2.0-BY-SA: 277.2 | Bevilacqua/Cedri: 216.3 | Bilderberg/Ernsting/ Rekonstruktion Schnaubelt & Kieser, Wild Life Art: 290.2.3, 291.2.1, 291.2.4, 292.1.1 | Bio-Info/Kratz: 349.3, /Markmann: 368 o. r. | Biosphoto/ Sidamon-Pesson & Allemand: 367 m. r. | BIUM, Paris: 188 o. | blickwinkel/ Kottmann: 308.3, /Layer: 285.1, /McPHOTO: 402.3 | Bosch, S., Leingarten: 363 o. r. | bpk/J. Liepe: 80.1 | Bräuner, G., Institut für Humanbiologie, Hamburg: 290.1 l. | Breuer, Th., MPI – EVA/WCS: 88.2 | British Museum of Natural History London: 402.2 | Bruce Colemann Collection, Uxbridge (Günter Ziesler): 244.1 | Brunckhorst/LKN-SH: 140.4 | Bundesamt für Naturschutz, Bonn: 397.1 | Buff, W., Biberach: 12.3, 22.1, 47.1–3, 124.3, 124.7, 126.1 | Bulls Press, Frankfurt: 170.1 | Carl Zeiss Jena GmbH, Jena: 16.1, 17.5, 19.1–6, 20.1, 37.2 | CMLS: 138.2a | Corbis/Westmorland: Titel, 10.1, /Frink: 140.1 | Danegger, M., Owingen-Haigerl.: 349.4 | Das Fotoarchiv/ Jochen Tack: 166 o., /Ted Spiegel: 206.2 | Delius, Dr. Hajo, DKFZ, Heidelberg: 146.1 | Dietz, Th.: 384.1 | Digitalstock.de: 70.2, 74.3, 92.1 u. l., 92.1 u. r., 474.4 | Dinand, Taschenbuch der Heilpflanzen, 33. Auflage: 345.2 | DKRZ, Deutsches Klimarechenzentrum GmbH: 389.4 | Döring, V., Hohen Neuendorf: 71.3, 191.1, 305.3, 528 u. | dpa/ZB: 210.2, 376.1, 377.2, 377.3 | Eck, H., Ammerbuch: 78.1 | Eisner, Thomas, Ithaca/New York, Cornell University: 426.1, 426.2 | Ellison, Ruth/Wikipedia, CC-BY: 141.2 | Embley, Bob, NOAA/PMEL: 138.1 | Erhardt, W.J. Kloft, Ökologie der Tiere: 341.3 l. | Esders, S.: 387.1 | Esposito, Luigi: 256.2 | eye of science/O. Meckes: 221.2 | F1 online/Wirtz: 70.1 | Forschungszentrum Waldökosysteme, Uni Göttingen: 361 o. | Fotolia.com/Andre Auge: 277.1, /Carina Hansen: 380.2, /Falco: 390.3 (Schild), /Franz Pfluegl: 155.3, /Herbie: 399.2, /Kseniya Abramova: 474.3, / Martin Hoster: 140.3, /Martina Berg: 383.1, /Oliv: 502.1, /Paul-André Belle-Isle: 474.1, /Rtimages:381.1, /southmind: 112.1, /Sunnydays: 224.2, / Tina Stumpp: 475.3 r., /Udo Kroener: 242.4, /Václav Mach: 307.3 | GEN-AU: 203.2 r. | Geologisch-Paläontologisches Institut, Universität Münster: 302.3–4 | Georg Thieme Verlag, Stuttgart 2007, Wehner/Gehring: Zoologie, 24. Aufl., S. 252, Abb. 3.31a+c: 221.1 | Getty Images/Wothe: 98.1 | GfÖ, Deutscher Brauerbund e.V. Berlin: 71.1 | Götting, Prof. Dr. K.-J., Gießen: 408 o. r. | Gräbe, G., Sprockhövel: 86 o., 169.3, 370.1, 446.2 | Greenpeace/ Langrock: 398.1, 400.1, /Rathje: 393.3 | Greven, H., Düsseldorf: 323.2–3 | Gröschl, Holger/Wikimedia: 403.4 | Hans Erni Stiftung, Luzern: 142.1 | Hauck, A., Pfalzgrafenweiler: 28.1 | Hausmann, K., Berlin: 37.1, 39.2, 52.1, 53.1, 55 u. l. | Hecker, Panten-Hammer: 70.3, 477.3, /Sauer: 33.1, 317.6, 351.1–2, 353.6, 456.1 | Heinrich, D.:350.1 | Helga Lade Fotoagentur: 402.1 | Hillewaert, Hans/Wikimedia/CC-3.0-BY-SA: 309.4a–b | Hollatz, J., Heidelberg: 330.4, 472.2 | Honda Motor Europe (North) GmbH: 448.1 | Hoyer, E., Galenbeck: 316.1 | IFA, Ottobrunn/K. Thielc. 456.2, /Kopfle: 493.3 Hintergrund, /Köhler: 13.1 | Immelmann, Prof. Dr. K., Bielefeld, aus: „Verhalten" 1980: 486.2 | Institut für Humangenetik und Anthropologie, Erlangen: 17.6 | Institut für Obstzüchtung, Dresden: 178.2. o. r., 178.2. u. r. | Institut für Pflanzengentechnik und Kulturpflanzenforschung Gatersleben, Genbank Außenstelle Groß Lüsewitz /Schüler: 193.1 u. | Institut für Plastination, Heidelberg: 84 o. r. | Institut für wissenschaftliche Fotografie Kage, Lauterstein: 22.2, 23.3, 38.2, 108.1 l., 164.1 | IRAMIS, CEA: 138.2d | iStockphoto.com/Jennifer Daley: 506.2, /Jim Kruger: 507.2, /Kiyoshi Takahase Segundo: 506.1, /Mark Goddard: 480.1, /Nico Smit: 506.4, /Petko Danov: 141.3, /Sergey Kashkin: 141.4, /Tom Horyn: 501.2, /Tom Young: 501.1, /Brasil2: 396.1 | Jacob, H.J., Hinrichsen, K., Rasterelektronenmikroskopische Dokumentation zur Entwicklung von Hand und Fuß bei menschlichen Embryonen, Verh. Anat. Ges. 78, S.285–287: 29.1–2 | Jastrow, H., Gau-Oderheim: 59.1, u. l. | Jung, A.: 391.2 l. | Juniors/Weiss: 487.3 | Kalas, S., Pöndorf/Austria: 15.2, 486.1 | Karly, F., München: 179 u. l., 344 u. r., 436.1, / Wanner: 47.4–6, 56.2, 129.2–3 | Keystone: 236.2, /Schulz: 202.2 | Kleesattel, W., Schwäbisch Gmünd: 252.2, 252.6, 268.2–3, 303.2, 499.2.2, 499.2.4 | Kleinert, R., Hanau: 21.1–2 | Kleinig, H., Freiburg, /Falk: 50.2–3, 51.3–4, 52.2, 55 o. r., 55 u. r., 126.3, /Schliewa: 52.3, /V.Speth: 39.3, 50.1 | Kollmann, Kiel: 51.1 | Kreuzinger, N., TU Wien: 391.2 r. | LAIF/Hoa-Qui: 309.2 | Landesmuseum Bonn: 309.1 | LAWA, Bundesumweltamt: 393.1 | Leica Microsysteme GmbH, Wien/Austria: 38.1 | Lethmate, J., Ibbenbüren: 440.2, 490.2.1–2 | Lieder, Ludwigsburg: 21.3, 24.1, 27.1–9, 30.2–4, 31.1–3, 60.2, 91 u. l., 147.2 r., 174.1 r., 176.1, 225.2, 464.2 | Limbrunner, A., Dachau: 262.1, 317.4, 333.6 | Lobo Press International/Wulff: 396.2 | Lüder, Rita/Wikimedia/GNU Free Documentation License: 309.4c | Lupus, Moos-Weiler/M. Rügner: 494.2 | Madigan/Martinko: Brock Mikrobiologie, München 2006, S. 506, Abb. 14.2: 60.1. | mauritius images/age fotostock: 438.1, /Foto-Take New York: 152.1, / Keyphotos Intern.: 339.1, /Kuchlbauer: 62 o. r., /Oechslein: 180.2, /Phototake: 216.1–2, /Vidler: 323.1 | MEMOREC Stoffel GmbH, Köln: 206.1 | Mission Paléoanthropologique Franco-Tchadienne (M.P.F.T.): 290.2.1 | Montreal, Neurological Institute, BIC: 455.2 | MPI für Züchtungsforschung, Köln/Kurt Stüber: 14.2 | Museum für Naturkunde, Paläonthologie, Berlin: 278.1 | Mutschler, Arzneimittelwirkungen, S. 659: 77.3 l. | NAJU, www.NAJU.de: 400.2 | Naturalist's voyage on the Beagle – Darwin: 14.3 | Naturwissenschaftliche Rundschau 53, S. 512, 2000, (Stephan Davies): 189.3 | Navalon, Waldshut-Tiengen: 98.3 | Neher, E., Göttingen: 416.1 | Nilsson, L., Stockholm: 155.1 Hintergrund, 216.4, 216.5, 225.4 | Nordzucker GmbH: 92.1 o. r. | Nygaard, Stig/Wikimedia/CC-2.0-BY: 505 r. | Okapia/A. Hartl: 351.3, 353.5, /A. Visage/P. Arnold, Inc.: 490.1, /A. Wellmann/Natur im Bild: 330.1, / Biophoto Ass./Science Source: 91 u. r., 36.1, /Biophoto Associates: 53.2, / Birke: 32.1, /Ca. Biological/ Phototake: 213.1, /Cattlin: 506.3, /CNRJ/De Meyr: 26.1, /Dan McCoy/Rainbow: 118 o., /Doug/OSF: 392.1, /E. Pott: 248.1, /E. Reschke/P. Arnold, Inc.: 119.4, 450.1, /E. Thielscher: 492.2 Hintergrund, /G. Ziesler/P. Arnold, Inc.: 437.2, /Gehlken: 140.2, 341.1, /H. & J. Beste: 328.2, /H. Arndt: 252.5, /H. Lange: 178.2. o. l., /H. Schweiger: 493.1, /Hartl: 404, /I. Arndt: 477.1, /J. McDonald: 498.2, /J. Sauvanet/BIOS: 439.3, /Kage: 80 o., 119.5, 228.2, 308.4, 405.1, 463.2, /Kuchling: 371.3, /Laguna Design: 403.1, / LSF/OSF: 434.2, /M. & C. Denis-Hüst/Bros: 332.1, /N. Bromhall/OSF: 216.6, / NAS/Biophoto: 464.1, 469.1, 449.2, /NAS/D.M. Phillips: 177.2, /NAS/ Dimijian: 88.1, /NAS/Michael Tweedie: 250.1, /NAS/S. Berth: 498.1, /NAS/T. Mc Hugh: 495.2, /NAS/Zahl: 507.3, /O. Eckstein: 377.1, /P. Koch/Science Source: 87.2, /R. Bender: 482.3, /Reinhard: 243.5, 329.1, 342 o. r., 383.2, 476.1, /St. Osolinski/OSF: 489.1.1–2, /V. Steger/P. Arnold, Inc.: 462.2, /W. Lummer: 362.1, /W. Weinhäupl: 444 o., /Wisniewski: 364.2 | Ökophysiologie der Pflanzen – nach Schweingruber (et.al.): 313 u. r. | Paul, A., Göttingen: 489.2, 507.4 | PDB, Protein Data Bank: 72.1 | Perry, D., Branchport N.Y.: 346.1 | Peter Arnold/Ed Reschke: 35.1, 60.5, 61.4 | Pette, D., Konstanz: 115.4 | Pforr, M., Langenpreising: 358.1–3, 479.2 | Philips GmbH Bildröhrenfabrik, Aachen: 427.1 | picture-alliance/dpa: 114.2, 224.3, 340.1, 502.2, 503.2, /Keystone: 117.2, /Okapia/Wothe: 397.1 | plus 49/Visum: 166.2, /Visum/Pflaum: 208.1 | Poeck, K., Aache: 140.1 | Prisma/Schröder: 423.2–3 | Project Photos: 13.2, 83 o. l., 114 o., 286.1, 313.3 Hintergrund, 352.1, 359.1 Hintergrund, 378–379, 390.3 Wald, 395.1, 500.1 | Raichle, Prof. M. E., Washington University: 436.2, 443.1 | Redeker, T., Gütersloh: 362.3 | Regional Primate Res. Center, Wisconsin: 487.2.1–2 | Reinhard, Heiligkreuzsteinach: 13.3, 101.1, 122.1, 178.2 u. l., 215.1.8 u., 327.1, 333.1–3, 343.2, 348.1, 349.5–6, 353.4, 366.1, 369.2, 372.1, 383.3, 384.2, 406.1, 418.1 | Reise, K., List/Sylt: 360 u. l. | Reisigl, H., Innsbruck: 310.1 | Renault/HP: 466.2 | Richard, Michael: 138.2c | Robinson, Heidelberg: 49.2.1–3 | Roche, Mannheim: 77.1 o. | ROCHE-Magazin, August 1992: 441.2 | Rose, John, Utah: 455.1 | Russel, Michael, University of Glasgow: 309.2 r. | Sammlung Gesellschaft für ökologische Forschung, Schweiz: 389.1–3 | Schauer, J.: 305.2 | Schwebler, H.: 330.3 | Science Museum/Science & Society Picture Library, London: 17.1, 17.3 | Science Source/Photo Researchers Inc., New York: 145.1 | Silvestris: 278 r., 329.2, 355.1, 364.1, /A. Aitken: 430.3, /A.N.T.: 317.3, /Bühler: 392.2, / Fleetham: 296.1, /G. Roland: 483.2 o., /Giehe: 334.4, /H.R. Hepper: 344 o. r., /

Hanneforth: 333.5, /Hecker: 351.8–9, 353.9, /Höfels: 317.5, 351.5, /Kehrer: 430.1, /Kuch: 214.1.1 u., /Lacz: 339.5, /Lane: 489.3, /Lenz: 252.3, /N.Pelka: 263.2.2, /O. Stadler: 372 o. r., /O. Willner: 252.4, /R. Cramm: 431.2 o., /Skibbe: 252.1, /W. Layer: 497.2 Hintergrund, /W. Willner: 454.1, 353.8, /W. Wisniewski: 288.1, /Weinzierl: 351.7, /Wilmshurst: 334.2 | Speicher, Dr. M., München, LMU: 179 m., 179 r., 180.1 | Springer Verlag/Jan Fridén, aus: Cell and Tissue Resarch (1984) 236, Seite 370: 114.1 | Steinbach, Prof. Dr. Peter, Uniklinik Ulm Humangenetik/DNA-Diagnostik: 190 u. | Stoffkontor Kranz AG, Lüchow/Wendland: 345.1 | Storopack GmbH & Co. KG, Metzingen: 65.3 | Studio TV-Film, Schriesheim: 291.2.2 o., 292.1.2 | Syngenta: 210.1 | Thomas, C., Allgemeine Pathologie, 2. Auflage, S. 133, Stuttgart/New York: Schattauer, 2001: 229.1 | ullstein bild/Camera Press: 15.1 | Universität Tübingen, Institut for Ophthalmic Research: 71.2 | Universitätsbibliothek Heidelberg: 17.2 | University of California, JGI Eukaryotic Genomics: 138.2b, 138.2e | Uribe, Rufino/Wikipedia: 92.1 o. l. | Visum/Aufwind-Luftbilder: 503.1 | W.H. Freeman & Co., New York, E.C. Friedberg: 168 r. | Wachmann, E., Berlin: 403.3 | Walz, Uwe, Wohltorf: 458.1 | Wanner, Prof. G., Moosburg nach M.J. Schleiden: 17.4 | WaterFrame/Ushioda: 325.1 | Weber, U., Süßen: 9.2, 72.2, 82 r., 124.1, 124.2, 124.5–6, 133.2, 201 u. r., 308.2, 313.1, 324.1, 349.1 | Wellnhofer, P., Fürstenfeldbruck: 280.1 | Wikimedia/publicdomain: 308.1 | Wikipedia/public domain: 272.2 | 394.1, /Allan Whittome: 277.3 | Wildlife: 475.3 r., /A. Shah: 494.1, /Daniel J. Cox: 492.3, 495.1, /Harvey: 286.2, /K. Ammann: 494.3, /Klaus Bogon: 477.2, /M. Harvey: 495.3, 499.2.1, /Norbert Wu: 212.1, /Poelzer: 60.3, /Usher: 141.1 | Woehl, Germano, Jr.: 77.2 o. | Wort & Bild Verlag, München, Apotheken-Umschau: 470 o. | www.earthhistory.org.uk: 302.2 | Zentgraf, Dr. H., DKFZ, Heidelberg: 146.2 | Zellbiologie, Spektrum Akademischer Verlag, Heidelberg/Berlin, 1999: 405.3–4 | Ziesler, G., Füssen: 497.1 | Zippelius, Hanna-Maria, Die Karawanenbildung bei Feld- und Hausspitzmaus, in Zeitschrift für Tierpsychologie 1972: 487.1
Die nicht aufgeführten Bilder entstammen dem Archiv des Verlags.

**Grafiken**
Birker, St., Viernheim: 85.3 | Gattung, A., Edingen-Neckarhausen: 266.2 | Haydin, H., Bensheim: 280.2 | Ishihara's Test for Colour-Blindness, Kenehara Shuppon Co. Ltd., Tokyo: 427.3 | Krischke, K., Marbach/N.: 23.1–2, 30.1, 32.2, 33.2, 33.3, 34.1, 63.1, 81 o. r., 82 o.l, 85.2, 86 m., 90.1 u. r., 94.1, 108.1, 110.1, 111 o. l., 111.1, 111 o. r., 112.2, 119.1–3, 126.2, 126.4–6, 134.1, 135.1–2, 135.4, 137.1, 263.1, 265.1, 314.2 l., 318.1, 319.1–2, 320.1–3, 321.1–3, 328.3, 329.3, 330.2, 340.2, 341.3 r., 348.2, 350.2, 354.1–2, 355.2, 356.1, 357.1–2, 358.4, 359.1, 362.2, 395.1, 402.4 | Mackensen, U., Heidelberg: 193.1, 194.1–2, 195.2, 213.2, 439.2, 441.1, 452.1, 453.1 | Mair, J., München: 9.1, 10.2, 11.2, 14.1, 18.3, 22.3, 24.2, 25.1, 26.2, 27.1, 35.2, 37.3, 38.3, 39.1, 40.1–3, 41.1–3, 42.1–2, 43.1–2, 44.1, 45.1, 46.1, 48.1–2, 49.1, 50.4, 51.2, 52 m. r., 53 m. l., 54 u. r., 57.2, 57.4, 58.1, 59 o. r., 59 u. r., 61.1–3, 62 o. r., 62.1, 63.2, 65.1–2, 67.1, 69.2, 74.1–2, 75.1, 76.1–2, 77.1 u., 77.3 r., 80 o., 81.1–2, 84.1, 85 o. r., 85.4, 86 u., 87.1, 92.2, 93, 94.2, 95.1–2, 96.1–3, 97.1, 98.2, 99.1–3, 100.1, 101.2–3, 4, 102.1–2, 103.1, 104.1, 105.1, 107.1, 109.1, 113.2–3, 114 o., 115.2–3, 116.1, 117.1, 118.1, 118. o., 120.1–2, 121.1–2, 123.1, 127.1–3, 128.1, 129.1, 130.1–4, 131.1–3, 132.1–2, 133.1, 135.3, 139 u.l, m. r., u. r., 143.1, 143.2, 146.3, 147.1–2, 152.2, 153.1–2, 154.1–2, 158.1, 159.1, 161.1, 3, 162.1–2, 163.1–2, 164.2, 165.1–2, 166 o., 166.1, 3, 167.2, 168 l., 169.1–2, 171.1–2, 172.1–2, 173.1, 174.1 l., 175.1–2, 176.3, 177.1, 3–4, 182.2, 186.1–2, 188 o., 188.1, 195.1, 200.1, 203.1, 204.1–2, 205.2, 209.1, 211 m. l., 214.1.2 u., 214.1.3 u., 214.1.4, 215.1.5–7, 217.1–4, 219.1, 220.1–2, 222 o. r., 223.1–2, 225.1, 245.1, 247.1, 248.2, 249.1, 250.2, 251.1, 253.1, 254.1, 255.1, 256.1, 257.1–3, 258.1–2, 259.1, 261 m. r., 261 u., 264.1–3, 265.2–3, 266.1, 267.2, 268.4, 269.1–2, 270.1–2, 271.2, 273.1, 274.1 o., u., 275 o. l., u. l., o. r., m. r., u. r., 276 l., r., 278 r., 279.1, 280.3, 281.1–2, 283.1, 284.1, 285.2, 287.1, 289.2, 291.1, 291.2.3, 291.2.5, 292.1.3, 293.1, 294.1, 297.1, 298.1–2, 299.1, 300–301, 302.1, 5, 303.1, 303.3, 304.1, 306.1, 311.1–2, 312.1–3, 313.2, 314.2 r., 315.1–2, 316.2–3, 322.1–3, 323.4, 324.2–4, 327.2, 331.1, 332.2–3, 333.2, 334.1, 3, 335.1–2, 336.1–2, 337.1–2, 338.1–4, 339.2, 343 o. r., 343.1, 347.1, 352.2, 355.3, 363 u. r., 364.3, 365.1–2, 366.2, 368 o. r., 369.1, 371.2, 372 o. r., 373.1–7, 374 m. l., o. r., 375.1–2, 375 u. l., 378.2, 379.2, 380.1, 382.3, 384.3, 386.1–2, 387.2–3, 388.1–2, 390.2, 391.1, 396.3, 403.2, 405.2, 406.2, 407.1, 408 o. r., 409.1, 410.1–2, 411.1, 412.2–3, 413.1, 414.1, 415.1, 416.2–4, 417 u. r., 419.1–2, 420.1–2, 421.1–4, 422.1–3, 423.1, 424.1–2, 425.1–2, 426.3, 427.2, 428.1,3, 428.4, 429.1, 430.2,4,6, 433.1, 436.1, 442. u. l., 443.2, 444 o., 445.2, 446.1, 447.2, 449.1, 3, 450.2, 451.1, 454.2–3, 456.3, 457 u. m, 470 o., 475.1, 475.2, Vorsatz hinten | Mall, K., Berlin: 18.1–2, 29.3, 54 m. l., u. l., 64 u. r., 67.2, 68.1–2, 69.1, 73.1, 75.2, 77.2 u., 79 u. l., m. r., u. r., 87.3, 89.2, 90.1 o., 91.1, 106.2, 115.1, 116.2, 136.1, 138.2 r., 144.1–2, 145.2–3, 148.1–3, 149.1, 150.1, 151.1–2, 155.1–2, 156.1–2, 157.1–2, 160.1, 167.1,3–4, 178.1, 181.1, 182.1, 3, 183.1, 184.1, 185.1, 187.1, 188.2, 190 o., u., 191.2, 196.1, 197.1, 198.2, 199.1, 201 o. r., 207.1 o., 211 m. r., u. r., 218.1, 221.3, 222 u. l., 227.1–2, 228.3, 229.2, 230.1–2, 231.1–2, 232.1–2, 233.1–2, 234.1–2, 235.1–2, 236.1, 237.1–2, 238.1, 239.1, 240.1, 241.1–2, 243.1,3, 272.1, 277.4, 286.3, 295 l., r., 305.1, 307.1–2, 309.3, 325.2–3, 341.2, 367 u. r., 378.1, 379.1, 381.1, 382.2, 383.4, 392.3, 394.2, 398.2, 399.1, 401.1–2, 423.4, 431.1, 431.2 u., u. r., 434.1, 435.1–3, 437.1–2, 438.2, 439.1, 3, 442 o. r., 445.1, 459.1–2, 460.1, 461.1, 462.1, 463.1, 464.3, 465.1, 466.1, 467.1, 468.1, 469.2, 469.3, 470.1, 471.1–2, 472.1, 3, 473.1–2, 474.2, 475.3 l., 478.1–3, 479.1, 480.2, 481 u. l., 482.1–2, 483.1, 483.2 u., 484 m. l., u. l., u. r., 485.1–2, 486.3, 488.1–3, 491.1–2, 492.2, 493.2–3, 495.2–3, 496.1–2, 497.2–3, 498.2, 499.1, 499.2.3, 501.3, 504.1–2, 505 r. | Möller, H., Rödenthal: 260.1, 500.2 | Schrörs, M., Bad Dürkheim: 390.1

# Hinweise zum Umgang mit Gefahrstoffen und Gefahrenhinweise

Im Lehrbuch werden *Experimente* vorgeschlagen, die im Rahmen des Biologieunterrichts in der Kursstufe üblicherweise durchgeführt werden. Auch wurde darauf geachtet, dass möglichst wenig *Gefahrstoffe* und diese in möglichst geringen Mengen zum Einsatz kommen. Dennoch ist es für ein sicheres Experimentieren unerlässlich, dass jede Schülerin und jeder Schüler die in den Versuchsanleitungen verwendeten ***Kennbuchstaben*** und die zugehörigen ***Gefahrensymbole***, wie sie auf Chemikalienetiketten zu finden sind, kennt und über entsprechende Sicherheitshinweise unterrichtet ist. Sollten sie Ihnen nicht aus dem Chemieunterricht geläufig sein, machen Sie sich bitte mit den Hinweisen rechts gründlich vertraut. Im Dezember 2010 trat eine internationale Vereinheitlichung der Kennzeichnung von Gefahrstoffen in Kraft, die u. a. teilweise andere Symbole verwendet (► rechte Seite). Auch diese sollten Sie kennen. Beachten Sie beim Experimentieren die speziellen Sicherheitshinweise Ihrer Lehrerin oder Ihres Lehrers genauestens und halten Sie die allgemeinen Regeln für das praktische/experimentelle Arbeiten in Biologie ein (► unten).

**Allgemeine Regeln**

- Informieren Sie sich über die Notfalleinrichtungen (Notausschalter, Feuerlöscher, Erste Hilfe) im Arbeitsraum.
- Halten Sie Ihren Arbeitsplatz sauber und ordnen Sie ihn übersichtlich.
- Essen und trinken Sie niemals während der praktischen/experimentellen Arbeit.
- Schützen Sie Ihre Augen beim Umgang mit Chemikalien grundsätzlich durch eine Schutzbrille.
- Pipettieren Sie niemals mit dem Mund, sondern immer mit einer Pipettierhilfe.
- Achten Sie außer auf Ihre eigene Sicherheit immer auch auf die Ihrer Mitschülerinnen und Mitschüler.
- Sollten Sie sich bei der Arbeit verletzen, informieren Sie bitte sofort Ihre Lehrerin/Ihren Lehrer.
- Für Experimente mit Mikroorganismen gelten besondere Sicherheitshinweise, über die Sie Ihre Lehrerin/Ihr Lehrer informiert.
- Waschen Sie sich nach praktischer/experimenteller Arbeit stets gründlich die Hände.

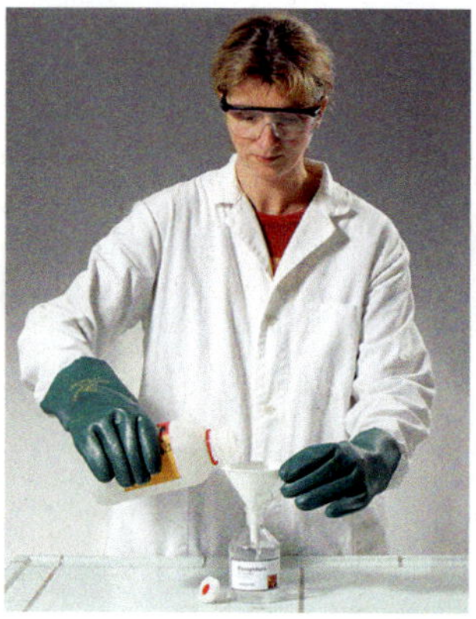

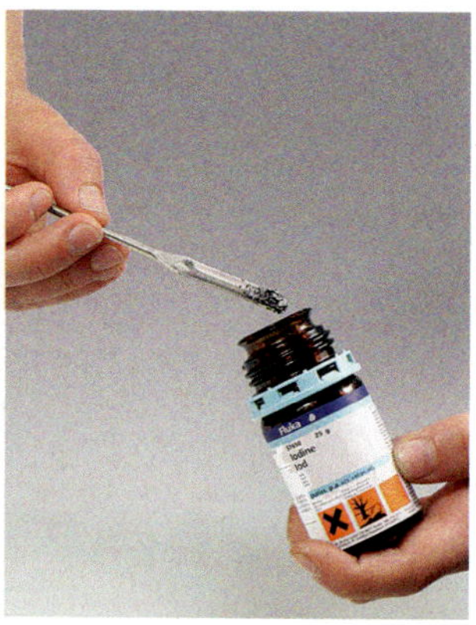

**GEFAHRENSYMBOLE, KENNBUCHSTABEN UND GEFAHRENBEZEICHNUNGEN (AUSWAHL)**

T

**Giftige Stoffe (sehr giftige Stoffe T+)** verursachen durch Einatmen, Verschlucken oder Aufnahme durch die Haut meist erhebliche Gesundheitsschäden oder gar den Tod.
*Was tun?* Nicht direkt berühren! Unwohlsein sofort der Lehrerin oder dem Lehrer melden!

Xn

**Gesundheitsschädliche Stoffe** können durch Einatmen, Verschlucken oder Aufnahme durch die Haut gesundheitsschädigend wirken.
*Was tun?* Nicht direkt berühren! Unwohlsein sofort der Lehrerin oder dem Lehrer melden!

C

**Ätzende Stoffe** zerstören das Hautgewebe oder die Oberfläche von Gegenständen.
*Was tun?* Berührung mit der Haut, Augen und Kleidung vermeiden! Dämpfe nicht einatmen!

Xi

**Reizende Stoffe** haben Reizwirkung auf Haut, Augen und Atmungsorgane.
*Was tun?* Berührung mit Haut, Augen und Atmungsorganen vermeiden! Nicht einatmen!

F

**Leicht entzündliche Stoffe (hochentzündliche Stoffe F+)** entzünden sich von selbst an heißen Gegenständen. Zu ihnen gehören selbstentzündliche Stoffe, leicht entzündliche gasförmige Stoffe, brennbare Flüssigkeiten und Stoffe, die mit Feuchtigkeit brennbare Gase bilden.
*Was tun?* Vorsicht beim Umgang mit offenen Flammen und Wärmequellen! Keine Berührung mit brandfördernden Stoffen!

O

**Brandfördernde Stoffe** können brennbare Stoffe entzünden oder ausgebrochene Brände fördern.
*Was tun?* Kontakt mit brennbaren Stoffen vermeiden!

E

**Explosionsgefährliche Stoffe** können unter bestimmten Bedingungen explodieren.
*Was tun?* Schlag, Stoß, Reibung, Funkenbildung und Hitzeeinwirkung vermeiden!

N

**Umweltgefährliche Stoffe** sind sehr giftig, giftig oder schädlich für Wasserorganismen und können in Gewässern längerfristig schädliche Wirkungen haben. In der nichtaquatischen Umwelt sind sie giftig für Pflanzen, Tiere, Bodenorganismen und Bienen, können auf die Umwelt längerfristig schädliche Wirkungen haben und für die Ozonschicht gefährlich sein.
*Was tun?* Freisetzung der Stoffe in die Umwelt vermeiden, Stoffe der Problemabfallentsorgung zuführen!

## Kennzeichnung von Gefahrstoffen nach dem neuen GHS (Globally Harmonized System of Classification and Labelling Chemicals)

Die internationale Vereinheitlichung der Kennzeichnung von Gefahrstoffen trat im Dezember 2010 in Kraft. Bis Juni 2015 ist die alte Kennzeichnung weiterhin zulässig. Daher werden Sie beim Experimentieren vor allem mit ihr (etwa auf Chemikalienetiketten) konfrontiert werden. Zu Ihrer eigenen Sicherheit sollten Sie aber auch die neuen Gefahrenpiktogramme und Piktogrammcodes kennen. Da mit dem GHS die Kriterien für die Einstufung der Gefahrstoffe neu festgelegt wurden, ist einfaches „Umetikettieren" auf der Grundlage der Einstufung nach der alten Gefahrstoffverordnung nicht möglich. Die Übersicht unten kann aber eine ungefähre Orientierung geben, welche Einstufung zu erwarten ist.

| Gefahrenpiktogramm und Piktogrammcode | Mit dem Gefahrenpiktogramm gekennzeichnete Stoffe und Gemische | Signalwort | Kennzeichnung nach alter Gefahrstoffverordnung | |
|---|---|---|---|---|
| | | | Gefahrensymbol | Kennbuchstabe |
| GHS01 | explosive und sehr gefährliche selbstzersetzliche Stoffe und Gemische sowie sehr gefährliche organische Peroxide | Gefahr oder Achtung | | E |
| GHS02 | entzündbare, selbsterhitzungsfähige und gefährliche selbstzersetzliche Stoffe und Gemische, pyrophore Stoffe sowie Stoffe und Gemische, die bei Berührung mit Wasser entzündbare Gase entwickeln | Gefahr oder Achtung | oder – | F+, F |
| GHS02 | gefährliche organische Peroxide | Gefahr oder Achtung | | O |
| GHS03 | Stoffe und Gemische mit oxidierender Wirkung | Gefahr oder Achtung | | O |
| GHS04 | Gase unter Druck | Achtung | – | |
| GHS05 | Stoffe und Gemische, die korrosiv auf Metalle wirken | Achtung | – | |
| GHS05 | Stoffe und Gemische, die schwere Verätzungen der Haut und/oder schwere Augenschäden verursachen | Gefahr | | C, Xi |
| GHS06 | lebensgefährliche und giftige Stoffe und Gemische | Gefahr | | T+, T |
| GHS07 | gesundheitsschädliche Stoffe und Gemische | Achtung | | Xn |
| GHS07 | Stoffe und Gemische, die Haut- und/oder Augenreizungen verursachen und/oder allergische Hautreaktionen, Reizungen der Atemwege und/oder Schläfrigkeit und Benommenheit verursachen können  Stoffe und Gemische, die Haut- und/oder Augenreizungen verursachen und/oder allergische Hautreaktionen, Reizungen der Atemwege und/oder Schläfrigkeit und Benommenheit verursachen können | Achtung | | Xi |
| GHS08 | Stoffe und Gemische, die bei Verschlucken und Eindringen in die Atemwege tödlich sein können und/oder eine Gefahr für die Gesundheit darstellen. Diese Stoffe und Gemische schädigen bestimmte Organe und/oder können Krebs erzeugen, die Fruchtbarkeit beeinträchtigen, das Kind im Mutterleib schädigen und/oder genetische Defekte und/oder beim Einatmen Allergien, asthmaartige Symptome oder Atembeschwerden verursachen. | Gefahr und Achtung | | T+, T<br>Xn |
| GHS09 | Stoffe und Gemische, die sehr giftig oder giftig für Wasserorganismen sind | Achtung oder – | | N |

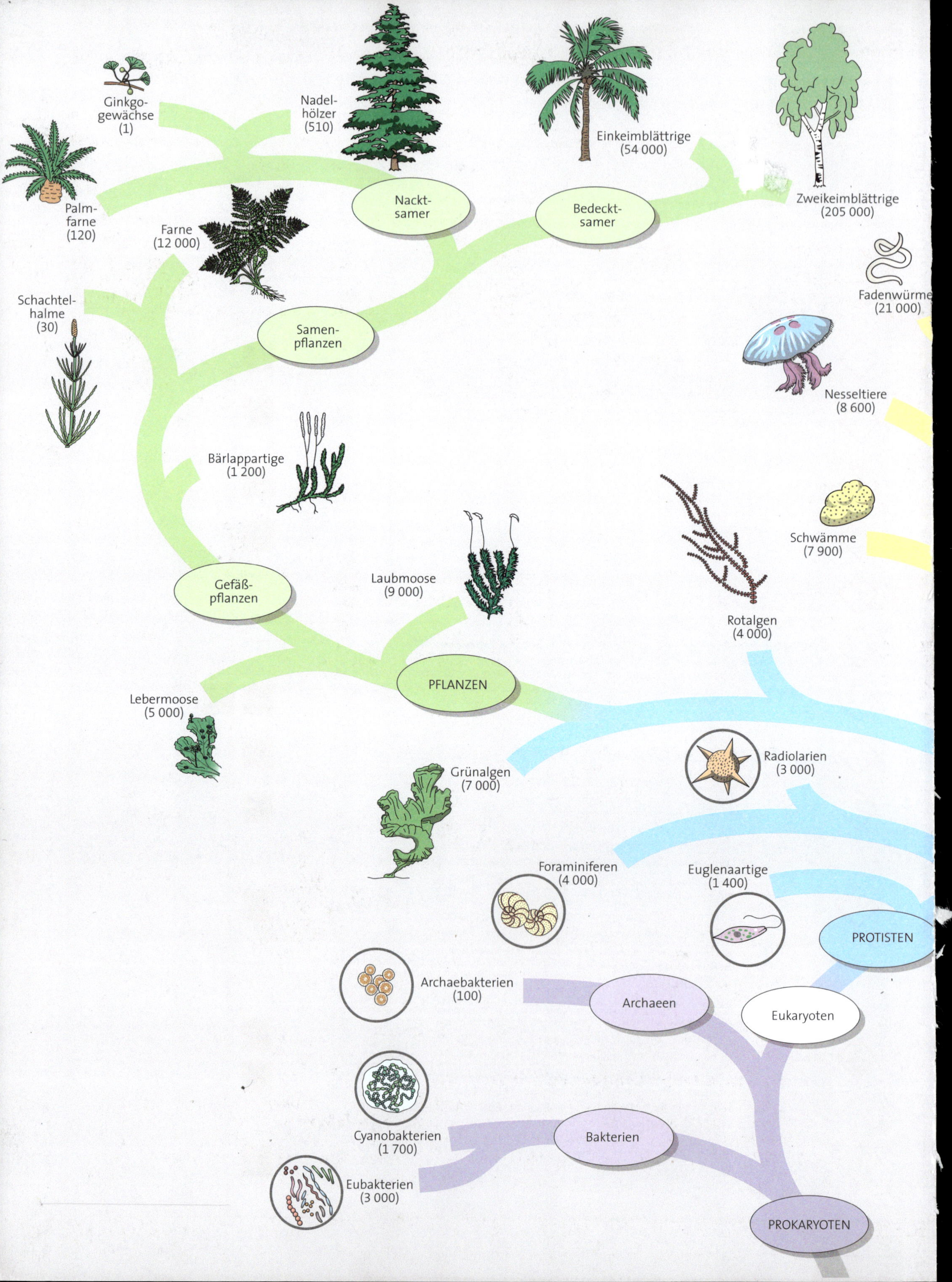

Ginkgo-
gewächse
(1)
Nadel-
hölzer
(510)
Einkeimblättrige
(54 000)
Palm-
farne
(120)
Nackt-
samer
Bedeckt-
samer
Zweikeimblättrige
(205 000)
Farne
(12 000)
Fadenwürme
(21 000)
Schachtel-
halme
(30)
Samen-
pflanzen
Nesseltiere
(8 600)
Bärlappartige
(1 200)
Schwämme
(7 900)
Laubmoose
(9 000)
Gefäß-
pflanzen
Rotalgen
(4 000)
PFLANZEN
Lebermoose
(5 000)
Radiolarien
(3 000)
Grünalgen
(7 000)
Foraminiferen
(4 000)
Euglenaartige
(1 400)
PROTISTEN
Archaebakterien
(100)
Archaeen
Eukaryoten
Cyanobakterien
(1 700)
Bakterien
Eubakterien
(3 000)
PROKARYOTEN